KUNSTSTOFFE

Technische Daten von Handelsprodukten

Thermoplaste

Merkblätter 2801-3200

8

Herausgegeben vom
Deutschen Kunststoff-Institut

Bearbeitet von
B. Carlowitz und J. Wierer

Springer-Verlag Berlin Heidelberg GmbH

Deutsches Kunststoff-Institut
Schloßgartenstraße 6R
6100 Darmstadt

Dr.-Ing. Bodo Carlowitz
Am Erdbeerstein 54
6240 Königstein im Taunus

Dipl.-Chem. Jutta Wierer
Deutsches Kunststoff-Institut
Schloßgartenstraße 6R
6100 Darmstadt

Die vorliegende Datensammlung stellt eine Auswahl
aus der Datenbank „Polymat" dar

ISBN 978-3-662-12465-9   ISBN 978-3-662-12464-2 (eBook)
DOI 10.1007/978-3-662-12464-2

Geleitwort

Die für den Forschungs- und Entwicklungsprozeß in Wissenschaft und Praxis benötigten Informationen werden in zunehmendem Maße über Datenbanken zur Verfügung gestellt, die den direkten Zugriff auf Literaturhinweise, auf Fakten oder auch auf den Volltext eines Dokumentes gestatten. Die Bundesregierung fördert den Aufbau derartiger Datenbanken, da sie der Überzeugung ist, hiermit einen Beitrag zur Schaffung optimaler Voraussetzungen für den wissenschaftlichen Fortschritt und den industriellen Innovationsprozeß zu erbringen. Die gerade in der Bundesrepublik auf einer anerkannten Tradition beruhenden gedruckten Informationsdienste verlieren gegenüber elektronischer Fachinformation aber keineswegs an Bedeutung, da sie als preiswerte Nachschlagewerke jederzeit verfügbar sind.

Mit den vorliegenden ersten Bänden der Datensammlung „Kunststoffe – Technische Daten von Handelsprodukten" liegt ein Werk vor, das auf der Datenbank POLYMAT aufbaut. Diese Datenbank des Deutschen Kunststoff-Instituts wird vom Fachinformationszentrum Chemie über das Fachinformationszentrum Karlsruhe im internationalen Verbundsystem Scientific and Technical Information Network (STN) im Online-Zugriff angeboten. Im vorliegenden Werk sehe ich einen wichtigen Beitrag zur Forschung und Entwicklung in einem immer bedeutender werdenden Werkstoffbereich und bin davon überzeugt, daß hiermit allen auf diesem Gebiet Tätigen ein nützliches und gerne genutztes Informationsmittel in die Hand gegeben wird.

Dr. Albert Probst
Parlamentarischer Staatssekretär im
Bundesministerium für Forschung und Technologie

Vorwort

Die vorliegende Sammlung technischer Daten soll Konstrukteuren, Verarbeitern und Anwendern von Kunststoffen den Überblick über das Werkstoffangebot erleichtern. Sie soll bei der Werkstoffauswahl unterstützen und den Zugriff auf die für moderne, rechner-gestützte Fertigungsverfahren erforderlichen Daten vereinfachen.

Wie jede Zusammenstellung von Werkstoffkennwerten auf Merkblättern kann auch diese Sammlung nur die gegenwärtige Situation widerspiegeln. Lücken bei der Verfügbarkeit von Meßwerten und Unzulänglichkeiten bei der Vereinheitlichung der Prüfverfahren werden auf diese Weise deutlicher sichtbar. Aufgabe der für die Kunststoffprüfung und die Normung zuständigen Gremien und der Rohstoff-Hersteller ist es, sich um weitere Verbesserungen zu bemühen. Auch der Fachmann, der die tabellierten Werte zur Lösung seiner konstruktiven Aufgaben verwendet, wird aus der Verantwortung für die Beurteilung und Interpretation der Daten nicht entlassen. Das vorliegende Werk kann und soll weder Fachwissen noch Erfahrung ersetzen, sondern nur von der unproduktiven Arbeit des Suchens entlasten und das bestehende Angebot an Werkstoffen und an Werkstoffdaten transparent machen.

Für das Sammeln, Beurteilen und Auswählen der Daten wie auch für ihre Präsentation auf den Merkblättern zeichnet Herr Dr. B. Carlowitz verantwortlich. Die dokumentarische und organisatorische Betreuung des Werkes oblag Frau Dipl.-Chem. J. Wierer, die dabei von weiteren Mitarbeitern des Deutschen Kunststoff-Instituts unterstützt wurde. Hier sind vor allem die Herren Dipl.-Ing. N. Herrlich und Dipl.-Ing. V. Mauler zu nennen. An der Harmonisierung und Korrektur der chemischen Bezeichnungen und der Datei Chemikalienbeständigkeit haben Frau Dipl.-Chem. G. Klump und Frau Dipl.-Ing. S. Zopf mitgewirkt. Die Fachinformationszentrum Chemie GmbH hat die Programmierung und Datenverarbeitung für die Selektion und Aufbereitung der Daten für den Druck übernommen und die Register erstellt; beteiligt hierbei waren insbesondere Herr Dr. F. Ehrhardt und Herr Dipl.-Chem. U. Klingebiel.

Schließlich sei nicht versäumt, auf die Bemühungen von Herrn Dr. A. Franck, Stuttgart, um die Veröffentlichung des Werkes hinzuweisen.

Die Datensammlung und die ihr zugrunde liegende Datenbank wurde vom Bundesminister für Forschung und Technologie gefördert.

Allen, die am Zustandekommen dieses Werkes mitgewirkt haben, sei an dieser Stelle für Ihren Einsatz, für zahlreiche Anregungen und für wertvolle ideelle und materielle Hilfe gedankt.

Prof. Dr. D. Braun
Leiter des Deutschen Kunststoff-Instituts
Darmstadt, April 1989

Gesamtinhaltsverzeichnis

Produkt	Ionomer, Zn-Typ	**E/A**
Handelsname	**Surlyn 1705**	
Hersteller	DU PONT	
DIN-Bez 1		
DIN-Bez 2		

Zusätze		Füllstoffe/ Verstärkung	
Bevorzugte Verarbeitung	Coextrudieren; Extrusionsbeschichtung	Lieferform	Granulat
		Farben	Natur
Besondere Merkmale	Modifizierte Version von Surlyn 1652; Verbesserte Haftung zu Polyamid; Niedrige Siegeltemperatur	Bevorzugte Anwendungen	Coextrusion mit Polyamid; Extrusionsbeschichtung auf Aluminiumfolie

Dichte	g/cm³	0.94	Schmelzindex	g/10 min	5.5: 190/2.16
Schüttdichte	g/cm³		Volumenfließindex	cm³/10 min	:
Viskositätszahl	ml/g				

Verarbeitungsbedingungen für Spritzgießen

Massetemp.	°C		Schwindung	%	lgs , quer
Werkzeugtemp.	°C		Bemerkungen		
Spritzdruck	bar				

Zugversuch 23 °C   ASTM D-638;

Probekörper:	Form	Herstellung	Pressen
	Zustand	Vorbehandlung	Normalklima
Streckspannung	N/mm² 12	Dehnung bei Streckspannung	%
Zugfestigkeit	N/mm² 26	Reißdehnung	% 435
Reißfestigkeit	N/mm²	% Dehnspannung	N/mm²
E-Modul	N/mm²	Dehnung bei % Dehnspg.	%

Kriechmoduln und Zeitstandwerte 23 °C

Probekörper:	Form	Herstellung	
	Zustand	Vorbehandlung	
Kriechmodul	1 min N/mm²	Zeitstandzugfestigkeit	h N/mm²
Kriechmodul	1000 h N/mm²	Zeitdehnspg. %	h N/mm²
bei Spannung	N/mm²		

Biegeversuch 23 °C   ASTM D-790-A;

Probekörper:	Form 6.4 x 12.7 x 127 mm	Herstellung	Spritzgiessen
	Zustand	Vorbehandlung	Normalklima
Biegefestigkeit	N/mm²	E-Modul	N/mm² 253
3,5% Biegespannung	N/mm²		

Härte 23 °C

Probekörper:	Zustand	Herstellung	Spritzgiessen
		Vorbehandlung	Normalklima
Kugeldruckhärte	N/mm² bei N, s	Shore-Härte A	
Rockwellhärte		Shore-Härte D	59

Schlagversuch

Probekörper:	(1)		
	(2)	Herstellung	
	Zustand	Vorbehandlung	
	°C °C	°C	Probekörper-Form

Schlagzähigkeit	kJ/m²
Kerbschlagzähigkeit (1)	kJ/m²
IZOD-Kerbschlagzähigkeit (2)	J/m
Kerbschlagzugzähigkeit	kJ/m²

Abrieb und Reibung

Taber-Abrieb (Reibradverfahren)　　　　　　　　　mm³/100 U
Abriebfaktor LNP (Thrust washer) Vergleichswert
Statische Reibungszahl
Dynamische Reibungszahl　　　　　　　　　　　(p · v = 　　　N/mm² ·　　　m/min)
Zulässiger p · v Wert　　　　　　　　　　　　　N/mm² · (m/min)　v = 　　　m/min
　　　　　　　　　　　　　　　　　　　　　　　　　　　　　　v = 　　　m/min

Thermische Eigenschaften

Formbeständigkeit in der Wärme　　　*Verfahren*　B　　　　　　　　　　　　　47 °C
　　　　　　　　　　　　　　　　　　　Verfahren　　　　　　　　　　　　　　°C
Vicat Erweichungstemperatur (VST)　*Verfahren*　B/50　　　　　　　　　　　66 °C
　　　　　　　　　　　　　　　　　　　Verfahren　　　　　　　　　　　　　　°C
Kristallit-Schmelzpunkt　　　　　　　*Verfahren*　DTA　　　　　　　　　　　87 °C

Längenausdehnungskoeffizient　　　*Bereich*　　　　　°C　　　　　　　　　　$\cdot 10^{-4} \mathrm{K}^{-1}$
　　　　　　　　　　　　　　　　　　Temperatur 23 °C　　　　　　　　1.1–1.3 $\cdot 10^{-4} \mathrm{K}^{-1}$
Wärmeleitfähigkeit　　　　　　　　　*Verfahren*　　　　　　　　23 °C　　　0.24 W/(K · m)

Spezifische Wärmekapazität　　　　　*Verfahren*　　　　　　　　0 °C　　　1.75 J/(K · g)

Glasumwandlungstemperatur　　　　　*Torsionsschwingungsversuch*　　　°C
　　　　　　　　　　　　　　　　　　　Differentialkalorimetrie　　　　　　°C

Brandverhalten

UL-Test vertikal　　　　　　　　　　　Dicke　　mm, Wert
　　　　　　　　　　　　　　　　　　　　Dicke　　mm, Wert

	Norm	*Bewertung*		*Abmessungen*
Sauerstoff-Index	ASTM D 2863			
Glühstab-Verfahren				
Brandverhalten	DIN 4102			
MVSS				
FAR				

Elektrische Eigenschaften

		Hz	°C		*Probekörper, Form*
Dielektrizitätszahl		50			
		10^3			
		10^6			
Dielektrischer Verlustfaktor tan δ		50			
		10^3			
		10^6			
Spezifischer Durchgangs-					
* widerstand*	Ohm · cm				
Durchschlagfestigkeit	kV/mm				mm dick
Oberflächenwiderstand	Ohm				
Kriechstromfestigkeit		KC	KB	KA	
Elektrolytische Korrosionswirkung					
Lichtbogenfestigkeit nach DIN					
* nach ASTM*	s				

Beständigkeit *(Chemische Beständigkeit siehe Anhang)*

Wasseraufnahme

Feuchtigkeitsaufnahme Normalklima　　　　　　　　　　　　　　　　　　　　　%
Wetterbeständigkeit

Spannungskorrosion

Optische Eigenschaften

Brechungszahl n_D
Transmissionsgrad τ_c　　　%　　　　　　　　　mm dick
Lichtdurchlässigkeit

			E/A
Produkt	Ionomer, Zn-Typ		
Handelsname	**Surlyn 1706**		
Hersteller	DU PONT		
DIN-Bez 1			
DIN-Bez 2			
Zusätze		*Füllstoffe/ Verstärkung*	
Bevorzugte Verarbeitung	Coextrudieren; Extrudieren von Folien	*Lieferform*	Granulat
		Farben	Natur
Besondere Merkmale	Zaeh	*Bevorzugte Anwendungen*	Coextrudat; Folie

Dichte	g/cm^3	0.94	*Schmelzindex*	g/10 min	0.7 : 190/2.16
Schüttdichte	g/cm^3		*Volumenfließindex*	cm^3/10 min	:
Viskositätszahl	ml/g				

Verarbeitungsbedingungen für Spritzgießen

Massetemp.	°C		*Schwindung*	%	lgs , quer
Werkzeugtemp.	°C		*Bemerkungen*		
Spritzdruck	bar				

Zugversuch 23 °C   ASTM D-638;

	Probekörper:	*Form*	*Herstellung*	Pressen
		Zustand	*Vorbehandlung*	Normalklima
Streckspannung	N/mm^2 13		*Dehnung bei Streckspannung*	%
Zugfestigkeit	N/mm^2 27		*Reißdehnung*	% 282
Reißfestigkeit	N/mm^2		% *Dehnspannung*	N/mm^2
E-Modul	N/mm^2		*Dehnung bei* % *Dehnspg.*	%

Kriechmoduln und Zeitstandwerte 23 °C

	Probekörper:	*Form*	*Herstellung*	
		Zustand	*Vorbehandlung*	
Kriechmodul	1 min N/mm^2		*Zeitstandzugfestigkeit*	h N/mm^2
Kriechmodul	1000 h N/mm^2		*Zeitdehnspg.* %	h N/mm^2
bei Spannung	N/mm^2			

Biegeversuch 23 °C   ASTM D-790-A;

	Probekörper:	*Form*	6.4 x 12.7 x 127 mm	*Herstellung* Spritzgiessen
		Zustand		*Vorbehandlung* Normalklima
Biegefestigkeit	N/mm^2		*E-Modul*	N/mm^2 331
3,5% Biegespannung	N/mm^2			

Härte 23 °C

	Probekörper:	*Zustand*	*Herstellung*	Spritzgiessen
			Vorbehandlung	Normalklima
Kugeldruckhärte	N/mm^2	bei N, s	*Shore-Härte* A	
Rockwellhärte			*Shore-Härte* D	66

Schlagversuch

	Probekörper:	*(1)*		
		(2)	*Herstellung*	
		Zustand	*Vorbehandlung*	
		°C	°C	°C	*Probekörper-Form*

Schlagzähigkeit	kJ/m^2
Kerbschlagzähigkeit (1)	kJ/m^2
IZOD-Kerbschlagzähigkeit (2)	J/m
Kerbschlagzugzähigkeit	kJ/m^2

Abrieb und Reibung

Taber-Abrieb (Reibradverfahren)	mm^3/100 U
Abriebfaktor LNP (Thrust washer) Vergleichswert	
Statische Reibungszahl	
Dynamische Reibungszahl	(p · v = N/mm^2 · m/min)
Zulässiger p · v Wert	N/mm^2 · (m/min) v = m/min
	v = m/min

Thermische Eigenschaften

Formbeständigkeit in der Wärme	*Verfahren*	B		44 °C
	Verfahren			°C
Vicat Erweichungstemperatur (VST)	*Verfahren*	B/50		61 °C
	Verfahren			°C
Kristallit-Schmelzpunkt	*Verfahren*	DTA		81 °C
Längenausdehnungskoeffizient	*Bereich*	°C		· 10^{-4}K^{-1}
	Temperatur			· 10^{-4}K^{-1}
Wärmeleitfähigkeit	*Verfahren*		23 °C	0.24 W/(K · m)
Spezifische Wärmekapazität	*Verfahren*		0 °C	1.75 J/(K · g)
Glasumwandlungstemperatur	*Torsionsschwingungsversuch*		°C	
	Differentialkalorimetrie		°C	

Brandverhalten

UL-Test vertikal	*Dicke* mm, *Wert*	
	Dicke mm, *Wert*	

	Norm	*Bewertung*	*Abmessungen*
Sauerstoff-Index	ASTM D 2863		
Glühstab-Verfahren			
Brandverhalten	DIN 4102		
MVSS			
FAR			

Elektrische Eigenschaften

	Hz	*°C*	*Probekörper, Form*
Dielektrizitätszahl	50		
	10^3		
	10^6		
Dielektrischer Verlustfaktor tan δ	50		
	10^3		
	10^6		
Spezifischer Durchgangs-			
widerstand	Ohm · cm		
Durchschlagfestigkeit	kV/mm		mm dick
Oberflächenwiderstand	Ohm		
Kriechstromfestigkeit	KC	KB	KA
Elektrolytische Korrosionswirkung			
Lichtbogenfestigkeit nach DIN			
nach ASTM	s		

Beständigkeit *(Chemische Beständigkeit siehe Anhang)*

Wasseraufnahme

Feuchtigkeitsaufnahme Normalklima   %
Wetterbeständigkeit

Spannungskorrosion

Optische Eigenschaften

Brechungszahl n$_D$
Transmissionsgrad τ$_c$ %   mm dick
Lichtdurchlässigkeit

Produkt	Ionomer, Na-Typ	**E/A**
Handelsname	**Surlyn 1707**	
Hersteller	DU PONT	
DIN-Bez 1		
DIN-Bez 2		

Zusätze		Füllstoffe/ Verstärkung	
Bevorzugte Verarbeitung	Extrudieren von Folien	Lieferform	Granulat
		Farben	Natur
Besondere Merkmale	Hohe Steifigkeit; Ausgezeichnete optische Eigenschaften	Bevorzugte Anwendungen	Folie

---

Dichte	g/cm³	0.94	Schmelzindex	g/10 min	0.9: 190/2.16
Schüttdichte	g/cm³		Volumenfließindex	cm³/10 min	:
Viskositätszahl	ml/g				

Verarbeitungsbedingungen für Spritzgießen

Massetemp.	°C		Schwindung	%	lgs , quer
Werkzeugtemp.	°C		Bemerkungen		
Spritzdruck	bar				

Zugversuch 23 °C   ASTM D-638;

				Herstellung	Pressen
	Probekörper:	Form		Vorbehandlung	Normalklima
		Zustand			

Streckspannung	N/mm²	16	Dehnung bei Streckspannung	%	
Zugfestigkeit	N/mm²	35	Reißdehnung	%	346
Reißfestigkeit	N/mm²		% Dehnspannung	N/mm²	
E-Modul	N/mm²		Dehnung bei % Dehnspg.	%	

Kriechmoduln und Zeitstandwerte 23 °C

			Herstellung	
Probekörper:	Form		Vorbehandlung	
	Zustand			

Kriechmodul	1 min N/mm²	Zeitstandzugfestigkeit	h N/mm²	
Kriechmodul	1000 h N/mm²	Zeitdehnspg. %	h N/mm²	
bei Spannung	N/mm²			

Biegeversuch 23 °C   ASTM D-790-A;

				Herstellung	Spritzgiessen
	Probekörper:	Form	6.4 x 12.7 x 127 mm	Vorbehandlung	Normalklima
		Zustand			

Biegefestigkeit	N/mm²	E-Modul	N/mm² 379	
3,5% Biegespannung	N/mm²			

Härte 23 °C

			Herstellung	Spritzgiessen
Probekörper:	Zustand		Vorbehandlung	Normalklima

Kugeldruckhärte	N/mm²	bei N, s	Shore-Härte A	
Rockwellhärte			Shore-Härte D	68

Schlagversuch

Probekörper:	(1)	
	(2)	Herstellung
	Zustand	Vorbehandlung

°C	°C	°C	Probekörper-Form

Schlagzähigkeit	kJ/m²	
Kerbschlagzähigkeit (1)	kJ/m²	
IZOD-Kerbschlagzähigkeit (2)	J/m	
Kerbschlagzugzähigkeit	kJ/m²	

Abrieb und Reibung

Taber-Abrieb (Reibradverfahren)   mm^3/100 U
Abriebfaktor LNP (Thrust washer) Vergleichswert
Statische Reibungszahl
Dynamische Reibungszahl   (p·v =   N/mm^2 ·   m/min)
Zulässiger p · v Wert   N/mm^2 · (m/min)   v =   m/min
                                                                          v =   m/min

Thermische Eigenschaften

Formbeständigkeit in der Wärme   Verfahren   B   45 °C
                                        Verfahren   °C
Vicat Erweichungstemperatur (VST)   Verfahren   B/50   59 °C
                                        Verfahren   °C
Kristallit-Schmelzpunkt   Verfahren   DTA   88 °C

Längenausdehnungskoeffizient   Bereich   °C   · 10^{-4}K^{-1}
                                        Temperatur   · 10^{-4}K^{-1}
Wärmeleitfähigkeit   Verfahren   23 °C   0.24 W/(K · m)

Spezifische Wärmekapazität   Verfahren   0 °C   1.75 J/(K · g)

Glasumwandlungstemperatur   Torsionsschwingungsversuch   °C
                                        Differentialkalorimetrie   °C

Brandverhalten

UL-Test vertikal   Dicke   mm, Wert
                                        Dicke   mm, Wert

	Norm	Bewertung		Abmessungen
Sauerstoff-Index	ASTM D 2863			
Glühstab-Verfahren				
Brandverhalten	DIN 4102			
MVSS				
FAR				

Elektrische Eigenschaften

	Hz	°C		Probekörper, Form
Dielektrizitätszahl	50			
	10^3			
	10^6			
Dielektrischer Verlustfaktor tan δ	50			
	10^3			
	10^6			

Spezifischer Durchgangs-
   widerstand   Ohm · cm
Durchschlagfestigkeit   kV/mm   mm dick
Oberflächenwiderstand   Ohm

Kriechstromfestigkeit   KC   KB   KA
Elektrolytische Korrosionswirkung
Lichtbogenfestigkeit nach DIN
            nach ASTM   s

Beständigkeit (Chemische Beständigkeit siehe Anhang)

Wasseraufnahme

Feuchtigkeitsaufnahme Normalklima   %
Wetterbeständigkeit

Spannungskorrosion

Optische Eigenschaften

Brechungszahl n$_D$
Transmissionsgrad τ$_c$ %   mm dick
Lichtdurchlässigkeit

Produkt	Ionomer, Zn-Typ		**E/A**
Handelsname	**Surlyn 1801**		
Hersteller	DU PONT		

DIN-Bez 1
DIN-Bez 2

Zusätze   Füllstoffe/
                                                                 Verstärkung

Bevorzugte   Extrudieren von Blasfolien; Extrudieren   Lieferform   Granulat
Verarbeitung   von Flachfolien

                                                            Farben   Natur

Besondere   Extrem hohe Dehnbarkeit; Sehr gute   Bevorzugte   Folie; Verbundfolie
Merkmale   Abriebfestigkeit   Anwendungen

Dichte	g/cm³	0.94	Schmelzindex	g/10 min	1.0:	190/2.16
Schüttdichte	g/cm³		Volumenfließindex	cm³/10 min	:	
Viskositätszahl	ml/g					

Verarbeitungsbedingungen für Spritzgießen

Massetemp.	°C	Schwindung	%	lgs	, quer
Werkzeugtemp.	°C	Bemerkungen			
Spritzdruck	bar				

Zugversuch 23 °C   ASTM D-638;

Probekörper: Form   Herstellung   Pressen
              Zustand   Vorbehandlung   Normalklima

Streckspannung	N/mm² 11	Dehnung bei Streckspannung	%	
Zugfestigkeit	N/mm² 30	Reißdehnung	%	427
Reißfestigkeit	N/mm²	% Dehnspannung	N/mm²	
E-Modul	N/mm²	Dehnung bei % Dehnspg.	%	

Kriechmoduln und Zeitstandwerte 23 °C

Probekörper: Form   Herstellung
              Zustand   Vorbehandlung

Kriechmodul	1 min N/mm²	Zeitstandzugfestigkeit	h N/mm²
Kriechmodul	1000 h N/mm²	Zeitdehnspg. %	h N/mm²
bei Spannung	N/mm²		

Biegeversuch 23 °C   ASTM D-790-A;

Probekörper: Form   6.4 x 12.7 x 127 mm   Herstellung   Spritzgiessen
              Zustand   Vorbehandlung   Normalklima

| Biegefestigkeit | N/mm² | E-Modul | N/mm² 262 |
| 3,5% Biegespannung | N/mm² | | |

Härte 23 °C   Probekörper: Zustand   Herstellung   Spritzgiessen
                                                     Vorbehandlung   Normalklima

| Kugeldruckhärte | N/mm² | bei | N, s | Shore-Härte A | |
| Rockwellhärte | | | | Shore-Härte D | 54 |

Schlagversuch   Probekörper: (1)
                                  (2)   Herstellung
                                  Zustand   Vorbehandlung

              °C   °C   °C   Probekörper-Form

Schlagzähigkeit	kJ/m²
Kerbschlagzähigkeit (1)	kJ/m²
IZOD-Kerbschlagzähigkeit (2)	J/m
Kerbschlagzugzähigkeit	kJ/m²

Abrieb und Reibung

Taber-Abrieb (Reibradverfahren)	mm³/100 U
Abriebfaktor LNP (Thrust washer) Vergleichswert	
Statische Reibungszahl	
Dynamische Reibungszahl	$(p \cdot v =$ $N/mm^2 \cdot$ m/min)
Zulässiger p · v Wert	$N/mm^2 \cdot$ (m/min) v = m/min
	v = m/min

Thermische Eigenschaften

Formbeständigkeit in der Wärme	Verfahren	B	43 °C
	Verfahren		°C
Vicat Erweichungstemperatur (VST)	Verfahren	B/50	71 °C
	Verfahren		°C
Kristallit-Schmelzpunkt	Verfahren	DTA	88 °C
Längenausdehnungskoeffizient	Bereich	°C	$\cdot 10^{-4} K^{-1}$
	Temperatur		$\cdot 10^{-4} K^{-1}$
Wärmeleitfähigkeit	Verfahren	23 °C	0.24 W/(K · m)
Spezifische Wärmekapazität	Verfahren	0 °C	1.75 J/(K · g)
Glasumwandlungstemperatur	Torsionsschwingungsversuch	°C	
	Differentialkalorimetrie	°C	

Brandverhalten

UL-Test vertikal	Dicke	mm, Wert
	Dicke	mm, Wert

	Norm	Bewertung	Abmessungen
Sauerstoff-Index	ASTM D 2863		
Glühstab-Verfahren			
Brandverhalten	DIN 4102		
MVSS			
FAR			

Elektrische Eigenschaften

	Hz	°C	Probekörper, Form
Dielektrizitätszahl	50		
	10^3		
	10^6		
Dielektrischer Verlustfaktor tan δ	50		
	10^3		
	10^6		

Spezifischer Durchgangs-widerstand	Ohm · cm			
Durchschlagfestigkeit	kV/mm			mm dick
Oberflächenwiderstand	Ohm			
Kriechstromfestigkeit	KC	KB	KA	
Elektrolytische Korrosionswirkung				
Lichtbogenfestigkeit nach DIN				
nach ASTM	s			

Beständigkeit *(Chemische Beständigkeit siehe Anhang)*

Wasseraufnahme

Feuchtigkeitsaufnahme Normalklima	%
Wetterbeständigkeit	

Spannungskorrosion

Optische Eigenschaften

Brechungszahl n_D		
Transmissionsgrad τ_c	%	mm dick
Lichtdurchlässigkeit		

Produkt	Ionomer, Zn-Typ		**E/A**
Handelsname	**Surlyn 1855**		
Hersteller	DU PONT		

DIN-Bez 1
DIN-Bez 2

Zusätze		Füllstoffe/ Verstärkung	
Bevorzugte Verarbeitung	Coextrudieren	Lieferform	Granulat
		Farben	Natur
Besondere Merkmale	Hohe Durchstossfestigkeit	Bevorzugte Anwendungen	Folie; Einwickelfolie; Coextrudat mit Polyamid und Polyethylen; Duenne Haftfolie

---

Dichte	g/cm³	0.94	Schmelzindex	g/10 min	1.0:	190/2.16
Schüttdichte	g/cm³		Volumenfließindex	cm³/10 min	:	
Viskositätszahl	ml/g					

Verarbeitungsbedingungen für Spritzgießen

Massetemp.	°C	Schwindung	%	lgs	, quer
Werkzeugtemp.	°C	Bemerkungen			
Spritzdruck	bar				

Zugversuch 23 °C   ASTM D-638;

| Probekörper: | Form | | Herstellung | Pressen |
| | Zustand | | Vorbehandlung | Normalklima |

Streckspannung	N/mm² 25	Dehnung bei Streckspannung	%	
Zugfestigkeit	N/mm² 25	Reißdehnung	%	520
Reißfestigkeit	N/mm²	% Dehnspannung	N/mm²	
E-Modul	N/mm²	Dehnung bei % Dehnspg.	%	

Kriechmoduln und Zeitstandwerte 23 °C

| Probekörper: | Form | Herstellung |
| | Zustand | Vorbehandlung |

Kriechmodul	1 min N/mm²	Zeitstandzugfestigkeit	h N/mm²
Kriechmodul	1000 h N/mm²	Zeitdehnspg. %	h N/mm²
bei Spannung	N/mm²		

Biegeversuch 23 °C   ASTM D-790-A;

| Probekörper: | Form | 6.4 x 12.7 x 127 mm | Herstellung | Spritzgiessen |
| | Zustand | | Vorbehandlung | Normalklima |

| Biegefestigkeit | N/mm² | E-Modul | N/mm² 90 |
| 3,5% Biegespannung | N/mm² | | |

Härte 23 °C

| Probekörper: | Zustand | Herstellung | Spritzgiessen |
| | | Vorbehandlung | Normalklima |

| Kugeldruckhärte | N/mm² | bei | N, s | Shore-Härte A | |
| Rockwellhärte | | | | Shore-Härte D | 56 |

Schlagversuch

Probekörper:	(1)		
	(2)	Herstellung	
	Zustand	Vorbehandlung	
	°C	°C	°C	Probekörper-Form

Schlagzähigkeit	kJ/m²
Kerbschlagzähigkeit (1)	kJ/m²
IZOD-Kerbschlagzähigkeit (2)	J/m
Kerbschlagzugzähigkeit	kJ/m²

Abrieb und Reibung

Taber-Abrieb (Reibradverfahren)   mm³/100 U
Abriebfaktor LNP (Thrust washer) Vergleichswert
Statische Reibungszahl
Dynamische Reibungszahl   ($p \cdot v =$ N/mm² ·   m/min)
Zulässiger p · v Wert   N/mm² · (m/min)   v =   m/min
                                                          v =   m/min

Thermische Eigenschaften

Formbeständigkeit in der Wärme	*Verfahren*	B	40 °C
	Verfahren		°C
Vicat Erweichungstemperatur (VST)	*Verfahren*	B/50	59 °C
	Verfahren		°C
Kristallit-Schmelzpunkt	*Verfahren*	DTA	80 °C

Längenausdehnungskoeffizient   *Bereich*   °C $\cdot 10^{-4}\mathrm{K}^{-1}$
                                       Temperatur $\cdot 10^{-4}\mathrm{K}^{-1}$
Wärmeleitfähigkeit   *Verfahren*   23 °C   0.24 W/(K · m)

Spezifische Wärmekapazität   *Verfahren*   0 °C   1.75 J/(K · g)

Glasumwandlungstemperatur   *Torsionsschwingungsversuch*   °C
                                       Differentialkalorimetrie   °C

Brandverhalten

UL-Test vertikal   Dicke   mm, Wert
                                  Dicke   mm, Wert

	Norm	*Bewertung*	*Abmessungen*
Sauerstoff-Index	ASTM D 2863		
Glühstab-Verfahren			
Brandverhalten	DIN 4102		
MVSS			
FAR			

Elektrische Eigenschaften

	Hz	°C	*Probekörper, Form*
Dielektrizitätszahl	50		
	10^3		
	10^6		
Dielektrischer Verlustfaktor $\tan \delta$	50		
	10^3		
	10^6		

Spezifischer Durchgangs-
   widerstand   Ohm · cm
Durchschlagfestigkeit   kV/mm   mm dick
Oberflächenwiderstand   Ohm

Kriechstromfestigkeit   KC   KB   KA
Elektrolytische Korrosionswirkung
Lichtbogenfestigkeit nach DIN
            nach ASTM   s

Beständigkeit *(Chemische Beständigkeit siehe Anhang)*

Wasseraufnahme

Feuchtigkeitsaufnahme Normalklima   %
Wetterbeständigkeit

Spannungskorrosion

Optische Eigenschaften

Brechungszahl n_D
Transmissionsgrad τ_c %   mm dick
Lichtdurchlässigkeit

Produkt	Ionomer, Na-Typ	**E/A**
Handelsname	**Surlyn 1856**	
Hersteller	DU PONT	
DIN-Bez 1		
DIN-Bez 2		

Zusätze		*Füllstoffe/ Verstärkung*	
Bevorzugte Verarbeitung	Extrudieren von Blasfolien	*Lieferform*	Granulat
		Farben	Natur
Besondere Merkmale	Hoechste Wechselbiegefestigkeit und Rissbestaendigkeit aller Surlyn-Typen; Sehr gute Heissklebefestigkeit	*Bevorzugte Anwendungen*	Blasfolie

Dichte	g/cm^3	0.94	*Schmelzindex*	g/10 min	1.0:	190/2.16
Schüttdichte	g/cm^3		*Volumenfließindex*	cm^3/10 min	:
Viskositätszahl	ml/g				

Verarbeitungsbedingungen für Spritzgießen

Massetemp.	°C		*Schwindung*	%	lgs	, quer
Werkzeugtemp.	°C		*Bemerkungen*		
Spritzdruck	bar				

Zugversuch 23 °C ASTM D-638;

	Probekörper:	*Form*	*Herstellung*	Pressen
		Zustand	*Vorbehandlung*	Normalklima
Streckspannung	N/mm^2	29	*Dehnung bei Streckspannung*	%	
Zugfestigkeit	N/mm^2	29	*Reißdehnung*	%	514
Reißfestigkeit	N/mm^2		*% Dehnspannung*	N/mm^2	
E-Modul	N/mm^2		*Dehnung bei % Dehnspg.*	%	

Kriechmodul und Zeitstandwerte 23 °C

	Probekörper:	*Form*	*Herstellung*
		Zustand	*Vorbehandlung*
Kriechmodul	1 min N/mm^2	*Zeitstandzugfestigkeit*	h N/mm^2
Kriechmodul	1000 h N/mm^2	*Zeitdehnspg. %*	h N/mm^2
bei Spannung	N/mm^2		

Biegeversuch 23 °C ASTM D-790-A;

	Probekörper:	*Form*	6.4 x 12.7 x 127 mm	*Herstellung*	Spritzgiessen
		Zustand		*Vorbehandlung*	Normalklima
Biegefestigkeit	N/mm^2		*E-Modul*	N/mm^2 69	
3,5% Biegespannung	N/mm^2				

Härte 23 °C

	Probekörper:	*Zustand*	*Herstellung*	Spritzgiessen
			Vorbehandlung	Normalklima
Kugeldruckhärte	N/mm^2	bei N, s	*Shore-Härte A*	
Rockwellhärte			*Shore-Härte D*	58

Schlagversuch

	Probekörper:	*(1)*	
		(2)	*Herstellung*
		Zustand	*Vorbehandlung*
		°C °C °C	*Probekörper-Form*

Schlagzähigkeit	kJ/m^2
Kerbschlagzähigkeit (1)	kJ/m^2
IZOD-Kerbschlagzähigkeit (2)	J/m
Kerbschlagzugzähigkeit	kJ/m^2

Abrieb und Reibung

Taber-Abrieb (Reibradverfahren) mm³/100 U
Abriebfaktor LNP (Thrust washer) Vergleichswert
Statische Reibungszahl
Dynamische Reibungszahl (p · v =   N/mm² ·   m/min)
Zulässiger p · v Wert N/mm² · (m/min)   v =   m/min
  v =   m/min

Thermische Eigenschaften

Formbeständigkeit in der Wärme Verfahren B 40 °C
  Verfahren °C
Vicat Erweichungstemperatur (VST) Verfahren B/50 57 °C
  Verfahren °C
Kristallit-Schmelzpunkt Verfahren DTA 81 °C

Längenausdehnungskoeffizient Bereich °C $\cdot 10^{-4} K^{-1}$
  Temperatur $\cdot 10^{-4} K^{-1}$
Wärmeleitfähigkeit Verfahren 23 °C 0.24 W/(K · m)

Spezifische Wärmekapazität Verfahren 0 °C 1.75 J/(K · g)

Glasumwandlungstemperatur Torsionsschwingungsversuch °C
  Differentialkalorimetrie °C

Brandverhalten

UL-Test vertikal Dicke mm, Wert
  Dicke mm, Wert

	Norm	*Bewertung*	*Abmessungen*
Sauerstoff-Index	ASTM D 2863		
Glühstab-Verfahren			
Brandverhalten	DIN 4102		
MVSS			
FAR			

Elektrische Eigenschaften

	Hz	°C			*Probekörper, Form*
Dielektrizitätszahl	50				
	10^3				
	10^6				
Dielektrischer Verlustfaktor tan δ	50				
	10^3				
	10^6				

Spezifischer Durchgangs-
  widerstand Ohm · cm
Durchschlagfestigkeit kV/mm mm dick
Oberflächenwiderstand Ohm

Kriechstromfestigkeit KC KB KA
Elektrolytische Korrosionswirkung
Lichtbogenfestigkeit nach DIN
  nach ASTM s

Beständigkeit *(Chemische Beständigkeit siehe Anhang)*

Wasseraufnahme

Feuchtigkeitsaufnahme Normalklima %
Wetterbeständigkeit

Spannungskorrosion

Optische Eigenschaften

Brechungszahl n_D
Transmissionsgrad τ_c % mm dick
Lichtdurchlässigkeit

Produkt	Acrylnitril-Butadien-Styrol-Polymerisat	**ABS**
Handelsname	**Novodur P2M**	
Hersteller	BAYER	
DIN-Bez 1	16772-ABS,MG,095-15-20C	
DIN-Bez 2		

Zusätze		*Füllstoffe/ Verstärkung*	
Bevorzugte Verarbeitung	Spritzgiessen	*Lieferform*	Granulat
		Farben	Natur; Standard
Besondere Merkmale	Harter Konstruktionswerkstoff; Mittlere bis hohe Schlagzaehigkeit; Ausgezeichnete Oberflaechenqualitaet; Standard-Spritzgiesstyp mit guter Waermeformbestaendigkeit	*Bevorzugte Anwendungen*	Kfz-Industrie (Aussenteil; Innenteil); Haushaltsgeraeteteil; Rundfunkindustrie; Phonoindustrie; TV-Industrie; Bueromaschinenteil; Spielwaren; Photoindustrie; Gehaeuse; Abdeckung

---

Dichte	g/cm^3	1.04	*Schmelzindex*	g/10 min	:
Schüttdichte	g/cm^3		*Volumenfließindex*	cm^3/10 min	17: 220/10
Viskositätszahl	ml/g				

Verarbeitungsbedingungen für Spritzgießen

Massetemp.	°C		*Schwindung*	%	lgs , quer
Werkzeugtemp.	°C		*Bemerkungen*		
Spritzdruck	bar				

Zugversuch 23 °C DIN 53455; DIN 53457

Probekörper:	*Form*	Nr.3 (4 mm)	*Herstellung*	Spritzgiessen
	Zustand		*Vorbehandlung*	Normalklima

Streckspannung	N/mm^2	40	*Dehnung bei Streckspannung*	%	2.1
Zugfestigkeit	N/mm^2		*Reißdehnung*	%	$\geqq 25$
Reißfestigkeit	N/mm^2		*% Dehnspannung*	N/mm^2	
E-Modul	N/mm^2	2400	*Dehnung bei % Dehnspg.*	%	

Kriechmoduln und Zeitstandwerte 23 °C

Probekörper:	*Form*	*Herstellung*	
	Zustand	*Vorbehandlung*	

Kriechmodul	1 min N/mm^2	*Zeitstandzugfestigkeit*	h	N/mm^2
Kriechmodul	1000 h N/mm^2	*Zeitdehnspg. %*	h	N/mm^2
bei Spannung	N/mm^2			

Biegeversuch 23 °C DIN 53452; DIN 53457

Probekörper:	*Form*	80mm x 10mm x 4mm	*Herstellung*	Spritzgiessen
	Zustand		*Vorbehandlung*	Normalklima

Biegefestigkeit	N/mm^2	*E-Modul*	N/mm^2 2200
3,5% Biegespannung	N/mm^2 68		

Härte 23 °C

Probekörper:	*Zustand*	*Herstellung*	Spritzgiessen
		Vorbehandlung	Normalklima

Kugeldruckhärte	N/mm^2 100	bei N, 30 s	*Shore-Härte* A
Rockwellhärte			*Shore-Härte* D

Schlagversuch

Probekörper:	(1) U-Kerbe		
	(2)	*Herstellung*	Spritzgiessen
	Zustand	*Vorbehandlung*	Normalklima

		°C	°C	°C	*Probekörper-Form*
Schlagzähigkeit	kJ/m^2	23 o.B.	-40 90		NKS
Kerbschlagzähigkeit (1)	kJ/m^2	23 14	0 12	-40 6	NKS
IZOD-Kerbschlagzähigkeit (2)	J/m				
Kerbschlagzugzähigkeit	kJ/m^2				

Abrieb und Reibung

Taber-Abrieb (Reibradverfahren)	mm³/100 U
Abriebfaktor LNP (Thrust washer) Vergleichswert	
Statische Reibungszahl	
Dynamische Reibungszahl	(p·v = N/mm² · m/min)
Zulässiger p · v Wert	N/mm² · (m/min) v = m/min
	v = m/min

Thermische Eigenschaften

Formbeständigkeit in der Wärme	*Verfahren*	A	89 °C
	Verfahren	B	95 °C
Vicat Erweichungstemperatur (VST)	*Verfahren*	B/50	98 °C
	Verfahren		°C
Kristallit-Schmelzpunkt	*Verfahren*		
Längenausdehnungskoeffizient	*Bereich*	23–80 °C	$0.97 \cdot 10^{-4}\,\mathrm{K}^{-1}$
	Temperatur		$\cdot 10^{-4}\,\mathrm{K}^{-1}$
Wärmeleitfähigkeit	*Verfahren*	DIN 52612 23 °C	$0.19\,\mathrm{W/(K \cdot m)}$
Spezifische Wärmekapazität	*Verfahren*		$\mathrm{J/(K \cdot g)}$
Glasumwandlungstemperatur	*Torsionsschwingungsversuch*		°C
	Differentialkalorimetrie		°C

Brandverhalten

UL-Test vertikal   Dicke 1.6   mm, Wert HB
                 Dicke   mm, Wert

	Norm	*Bewertung*	*Abmessungen*
Sauerstoff-Index	ASTM D 2863		
Glühstab-Verfahren			
Brandverhalten	DIN 4102		
MVSS			
FAR			

Elektrische Eigenschaften

		Hz	°C		*Probekörper, Form*
Dielektrizitätszahl		50	23	2.9	80mm x 80mm x 1mm
		10^3	23	2.9	80mm x 80mm x 1mm
		10^6	23	2.8	80mm x 80mm x 1mm
Dielektrischer Verlustfaktor tan δ		50	23	0.005	80mm x 80mm x 1mm
		10^3	23	0.005	80mm x 80mm x 1mm
		10^6	23	0.008	80mm x 80mm x 1mm
Spezifischer Durchgangs-widerstand	Ohm · cm		23	1.0*10**15	
Durchschlagfestigkeit	kV/mm		23	33	1.0 mm dick
Oberflächenwiderstand	Ohm		23	1.0*10**15	

Kriechstromfestigkeit	KC	KB	KA
Elektrolytische Korrosionswirkung			
Lichtbogenfestigkeit nach DIN			
nach ASTM	s		

Beständigkeit *(Chemische Beständigkeit siehe Anhang)*

Wasseraufnahme 1L Bis zur Saettigung	0.3 %
Feuchtigkeitsaufnahme Normalklima	%
Wetterbeständigkeit	
Spannungskorrosion	

Optische Eigenschaften

Brechungszahl n_D		
Transmissionsgrad τ_c	%	mm dick
Lichtdurchlässigkeit		

Produkt	Acrylnitril-Butadien-Styrol-Polymerisat	**ABS**
Handelsname	**Novodur P2M-AT**	
Hersteller	BAYER	
DIN-Bez 1 *DIN-Bez 2*	16772-ABS,MG,095-25-20C	

Zusätze	Antistatikum	*Füllstoffe/* *Verstärkung*	
Bevorzugte *Verarbeitung*	Spritzgiessen	*Lieferform*	Granulat
		Farben	Natur; Standard
Besondere *Merkmale*	Harter Konstruktionswerkstoff; Mittlere bis hohe Schlagzaehigkeit; Ausgezeichnete Oberflaechenqualitaet; Standard-Spritzgiesstyp mit guter Waermeformbestaendigkeit	*Bevorzugte* *Anwendungen*	Kfz-Industrie (Aussenteil; Innenteil); Haushaltsgeraeteteil; Rundfunkindustrie; Phonoindustrie; TV-Industrie; Bueromaschinenteil; Spielwaren; Photoindustrie; Gehaeuse; Abdeckung

Dichte	g/cm³	1.04	*Schmelzindex*	g/10 min	:
Schüttdichte	g/cm³		*Volumenfließindex*	cm³/10 min	20: 220/10
Viskositätszahl	ml/g				

Verarbeitungsbedingungen für Spritzgießen

Massetemp.	°C		*Schwindung*	%	lgs , quer
Werkzeugtemp.	°C		*Bemerkungen*		
Spritzdruck	bar				

Zugversuch 23 °C DIN 53455; DIN 53457

Probekörper:	*Form*	Nr.3 (4 mm)	*Herstellung*	Spritzgiessen	
	Zustand		*Vorbehandlung*	Normalklima	
Streckspannung	N/mm² 39		*Dehnung bei Streckspannung*	%	2.1
Zugfestigkeit	N/mm²		*Reißdehnung*	%	≥ 30
Reißfestigkeit	N/mm²		% *Dehnspannung*	N/mm²	
E-Modul	N/mm² 2400		*Dehnung bei* % *Dehnspg.*	%	

Kriechmoduln und Zeitstandwerte 23 °C

Probekörper:	*Form*		*Herstellung*	
	Zustand		*Vorbehandlung*	
Kriechmodul	1 min N/mm²		*Zeitstandzugfestigkeit*	h N/mm²
Kriechmodul	1000 h N/mm²		*Zeitdehnspg.* %	h N/mm²
bei Spannung	N/mm²			

Biegeversuch 23 °C DIN 53452; DIN 53457

Probekörper:	*Form*	80mm x 10mm x 4mm	*Herstellung*	Spritzgiessen
	Zustand		*Vorbehandlung*	Normalklima
Biegefestigkeit	N/mm²		*E-Modul*	N/mm² 2200
3,5% Biegespannung	N/mm² 63			

Härte 23 °C

Probekörper:	*Zustand*		*Herstellung*	Spritzgiessen
			Vorbehandlung	Normalklima
Kugeldruckhärte	N/mm² 100	bei N, 30 s	*Shore-Härte* A	
Rockwellhärte			*Shore-Härte* D	

Schlagversuch

Probekörper:	(1) U-Kerbe				
	(2)		*Herstellung*	Spritzgiessen	
	Zustand		*Vorbehandlung*	Normalklima	
	°C	°C	°C	*Probekörper-Form*	
Schlagzähigkeit	kJ/m² 23 o.B.	-40 80		NKS	
Kerbschlagzähigkeit (1)	kJ/m² 23 14	0 12	-40 6	NKS	
IZOD-Kerbschlagzähigkeit (2)	J/m				
Kerbschlagzugzähigkeit	kJ/m²				

Abrieb und Reibung

Taber-Abrieb (Reibradverfahren)	mm^3/100 U	
Abriebfaktor LNP (Thrust washer) Vergleichswert		
Statische Reibungszahl		
Dynamische Reibungszahl	(p·v = N/mm^2 · m/min)	
Zulässiger p · v Wert	N/mm^2 · (m/min) v = m/min	
	v = m/min	

Thermische Eigenschaften

Formbeständigkeit in der Wärme	Verfahren A	85 °C
	Verfahren B	95 °C
Vicat Erweichungstemperatur (VST)	Verfahren B/50	96 °C
	Verfahren	°C
Kristallit-Schmelzpunkt	Verfahren	
Längenausdehnungskoeffizient	Bereich 23–80 °C	$1.00 \cdot 10^{-4} \mathrm{K}^{-1}$
	Temperatur	$\cdot 10^{-4} \mathrm{K}^{-1}$
Wärmeleitfähigkeit	Verfahren DIN 52612 23 °C	0.19 W/(K · m)
Spezifische Wärmekapazität	Verfahren	J/(K · g)
Glasumwandlungstemperatur	Torsionsschwingungsversuch °C	
	Differentialkalorimetrie °C	

Brandverhalten

UL-Test vertikal   Dicke 1.6   mm, Wert HB
                     Dicke   mm, Wert

	Norm	Bewertung	Abmessungen
Sauerstoff-Index	ASTM D 2863		
Glühstab-Verfahren			
Brandverhalten	DIN 4102		
MVSS			
FAR			

Elektrische Eigenschaften

		Hz	°C		Probekörper, Form
Dielektrizitätszahl		50	23	3.1	80mm x 80mm x 1mm
		10^3	23	3.1	80mm x 80mm x 1mm
		10^6	23	3.0	80mm x 80mm x 1mm
Dielektrischer Verlustfaktor tan δ		50	23	0.006	80mm x 80mm x 1mm
		10^3	23	0.005	80mm x 80mm x 1mm
		10^6	23	0.008	80mm x 80mm x 1mm
Spezifischer Durchgangs- widerstand	Ohm · cm		23	1.0*10**15	
Durchschlagfestigkeit	kV/mm		23	33	1.0 mm dick
Oberflächenwiderstand	Ohm		23	1.0*10**14	
Kriechstromfestigkeit	KC		KB	KA	
Elektrolytische Korrosionswirkung					
Lichtbogenfestigkeit nach DIN					
nach ASTM	s				

Beständigkeit *(Chemische Beständigkeit siehe Anhang)*

Wasseraufnahme 1L Bis zur Saettigung		0.3 %
Feuchtigkeitsaufnahme Normalklima		%
Wetterbeständigkeit		
Spannungskorrosion		

Optische Eigenschaften

Brechungszahl n_D
Transmissionsgrad τ_c %   mm dick
Lichtdurchlässigkeit

Produkt	Acrylnitril-Butadien-Styrol-Polymerisat	**ABS**
Handelsname	**Novodur P2K**	
Hersteller	BAYER	
DIN-Bez 1	16772-ABS,MG,095-04-20C	
DIN-Bez 2		

Zusätze		*Füllstoffe/ Verstärkung*	
Bevorzugte Verarbeitung	Spritzgiessen	*Lieferform*	Granulat
		Farben	Natur; Standard
Besondere Merkmale	Harter Konstruktionswerkstoff; Erhoehte Kaelteschlagzaehigkeit; Ausgezeichnete Oberflaechenqualitaet; Standard-Spritzgiesstyp mit guter Waermeformbestaendigkeit	*Bevorzugte Anwendungen*	Kfz-Industrie (Aussenteil; Innenteil); Haushaltsgeraeteteil; Rundfunkindustrie; Phonoindustrie; TV-Industrie; Bueromaschinenteil; Spielwaren; Photoindustrie; Gehaeuse; Abdeckung

Dichte	g/cm^3	1.04	*Schmelzindex*	g/10 min	:
Schüttdichte	g/cm^3		*Volumenfließindex*	cm^3/10 min	4: 220/10
Viskositätszahl	ml/g				

Verarbeitungsbedingungen für Spritzgießen

Massetemp.	°C		*Schwindung*	%	lgs , quer
Werkzeugtemp.	°C		*Bemerkungen*		
Spritzdruck	bar				

Zugversuch 23 °C DIN 53455; DIN 53457

Probekörper:	Form	Nr.3 (4 mm)	*Herstellung*	Spritzgiessen	
	Zustand		*Vorbehandlung*	Normalklima	
Streckspannung	N/mm^2 36		*Dehnung bei Streckspannung*	%	2.5
Zugfestigkeit	N/mm^2		*Reißdehnung*	%	$\geqq$15
Reißfestigkeit	N/mm^2		% *Dehnspannung*	N/mm^2	
E-Modul	N/mm^2 2000		*Dehnung bei* % *Dehnspg.*	%	

Kriechmoduln und Zeitstandwerte 23 °C DIN 53444

Probekörper:	Form	Stab Nr. 3 (4 mm)	*Herstellung*	Spritzgiessen	
	Zustand		*Vorbehandlung*	Normalklima	
Kriechmodul	1 min N/mm^2 1600		*Zeitstandzugfestigkeit*	h N/mm^2	
Kriechmodul	1000 h N/mm^2 700		*Zeitdehnspg.* %	h N/mm^2	
bei Spannung	N/mm^2				

Biegeversuch 23 °C DIN 53452; DIN 53457

Probekörper:	Form	80mm x 10mm x 4mm	*Herstellung*	Spritzgiessen	
	Zustand		*Vorbehandlung*	Normalklima	
Biegefestigkeit	N/mm^2		*E-Modul*	N/mm^2 1900	
3,5% Biegespannung	N/mm^2 57				

Härte 23 °C

Probekörper:	Zustand		*Herstellung*	Spritzgiessen
			Vorbehandlung	Normalklima
Kugeldruckhärte	N/mm^2 75	bei N, 30 s	*Shore-Härte* A	
Rockwellhärte			*Shore-Härte* D	

Schlagversuch

Probekörper:	(1) U-Kerbe			
	(2)		*Herstellung*	Spritzgiessen
	Zustand		*Vorbehandlung*	Normalklima
	°C	°C	°C	Probekörper-Form
Schlagzähigkeit kJ/m^2	23 o.B.	-40 100		NKS
Kerbschlagzähigkeit (1) kJ/m^2	23 18	0 16	-40 13	NKS
IZOD-Kerbschlagzähigkeit (2) J/m				
Kerbschlagzugzähigkeit kJ/m^2				

Abrieb und Reibung

Taber-Abrieb (Reibradverfahren)	mm³/100 U
Abriebfaktor LNP (Thrust washer) Vergleichswert	
Statische Reibungszahl	
Dynamische Reibungszahl	(p·v = 　　　N/mm² ·　　　m/min)
Zulässiger p · v Wert	N/mm² · (m/min)　v =　　m/min
	v =　　m/min

Thermische Eigenschaften

Formbeständigkeit in der Wärme	Verfahren	A	95 °C
	Verfahren	B	99 °C
Vicat Erweichungstemperatur (VST)	Verfahren	B/50	95 °C
	Verfahren		°C
Kristallit-Schmelzpunkt	Verfahren		
Längenausdehnungskoeffizient	Bereich	23–80　　°C	$1.10 \cdot 10^{-4} K^{-1}$
	Temperatur		$\cdot 10^{-4} K^{-1}$
Wärmeleitfähigkeit	Verfahren	DIN 52612　　23 °C	0.19 W/(K · m)
Spezifische Wärmekapazität	Verfahren		J/(K · g)
Glasumwandlungstemperatur	Torsionsschwingungsversuch		°C
	Differentialkalorimetrie		°C

Brandverhalten

UL-Test vertikal　　　　　Dicke 1.6　mm, Wert　HB
　　　　　　　　　　　　　Dicke　　　mm, Wert

	Norm	Bewertung	Abmessungen
Sauerstoff-Index	ASTM D 2863		
Glühstab-Verfahren			
Brandverhalten	DIN 4102		
MVSS			
FAR			

Elektrische Eigenschaften

		Hz	°C		Probekörper, Form
Dielektrizitätszahl		50	23	3.0	80mm x 80mm x 1mm
		10^3	23	3.0	80mm x 80mm x 1mm
		10^6	23	2.9	80mm x 80mm x 1mm
Dielektrischer Verlustfaktor tan δ		50	23	0.009	80mm x 80mm x 1mm
		10^3	23	0.005	80mm x 80mm x 1mm
		10^6	23	0.007	80mm x 80mm x 1mm
Spezifischer Durchgangs-widerstand	Ohm · cm		23	1.0*10**15	
Durchschlagfestigkeit	kV/mm		23	34	1.0　mm dick
Oberflächenwiderstand	Ohm		23	1.0*10**15	
Kriechstromfestigkeit	KC		KB		KA
Elektrolytische Korrosionswirkung					
Lichtbogenfestigkeit nach DIN					
nach ASTM　s					

Beständigkeit *(Chemische Beständigkeit siehe Anhang)*

Wasseraufnahme 1L　Bis zur Saettigung	0.3 %
Feuchtigkeitsaufnahme Normalklima	%
Wetterbeständigkeit	
Spannungskorrosion	

Optische Eigenschaften

Brechungszahl n_D		
Transmissionsgrad τ_c	%	mm dick
Lichtdurchlässigkeit		

Produkt	Acrylnitril-Butadien-Styrol-Polymerisat	**ABS**
Handelsname	**Novodur P2K-AT**	
Hersteller	BAYER	
DIN-Bez 1	16772-ABS,MG,095-08-20C	
DIN-Bez 2		

Zusätze	Antistatikum	*Füllstoffe/ Verstärkung*	
Bevorzugte Verarbeitung	Spritzgiessen	*Lieferform*	Granulat
		Farben	Natur; Standard
Besondere Merkmale	Harter Konstruktionswerkstoff; Erhoehte Kaelteschlagzaehigkeit; Ausgezeichnete Oberflaechenqualitaet; Standard-Spritzgiesstyp mit guter Waermeformbestaendigkeit	*Bevorzugte Anwendungen*	Kfz-Industrie (Aussenteil; Innenteil); Haushaltsgeraeteteil; Rundfunkindustrie; Phonoindustrie; TV-Industrie; Bueromaschinenteil; Spielwaren; Photoindustrie; Gehaeuse; Abdeckung

---

Dichte	g/cm³	1.04	*Schmelzindex*	g/10 min	:
Schüttdichte	g/cm³		*Volumenfließindex*	cm³/10 min	5: 220/10
Viskositätszahl	ml/g				

Verarbeitungsbedingungen für Spritzgießen

Massetemp.	°C		*Schwindung*	%	lgs , quer
Werkzeugtemp.	°C		*Bemerkungen*		
Spritzdruck	bar				

Zugversuch 23 °C　DIN 53455; DIN 53457

Probekörper:	*Form*	Nr.3 (4 mm)	*Herstellung*	Spritzgiessen
	Zustand		*Vorbehandlung*	Normalklima

Streckspannung	N/mm²	36	*Dehnung bei Streckspannung*	%	2.4
Zugfestigkeit	N/mm²		*Reißdehnung*	%	≧ 15
Reißfestigkeit	N/mm²		% *Dehnspannung*	N/mm²	
E-Modul	N/mm²	2000	*Dehnung bei* % *Dehnspg.*	%	

Kriechmoduln und Zeitstandwerte 23 °C

Probekörper:	*Form*	*Herstellung*	
	Zustand	*Vorbehandlung*	

Kriechmodul	1 min N/mm²	*Zeitstandzugfestigkeit*	h N/mm²	
Kriechmodul	1000 h N/mm²	*Zeitdehnspg.* %	h N/mm²	
bei Spannung	N/mm²			

Biegeversuch 23 °C　DIN 53452; DIN 53457

Probekörper:	*Form*	80mm x 10mm x 4mm	*Herstellung*	Spritzgiessen
	Zustand		*Vorbehandlung*	Normalklima

Biegefestigkeit	N/mm²		*E-Modul*	N/mm² 1900
3,5% Biegespannung	N/mm² 54			

Härte 23 °C

Probekörper:	*Zustand*	*Herstellung*	Spritzgiessen
		Vorbehandlung	Normalklima

Kugeldruckhärte	N/mm² 75	bei N, 30 s	*Shore-Härte* A
Rockwellhärte			*Shore-Härte* D

Schlagversuch

Probekörper:	(1) U-Kerbe		
	(2)	*Herstellung*	Spritzgiessen
	Zustand	*Vorbehandlung*	Normalklima

	°C	°C	°C	*Probekörper-Form*
Schlagzähigkeit kJ/m²	23 o.B.	-40 100		NKS
Kerbschlagzähigkeit (1) kJ/m²	23 18	0 16	-40 13	NKS
IZOD-Kerbschlagzähigkeit (2) J/m				
Kerbschlagzugzähigkeit kJ/m²				

Abrieb und Reibung

Taber-Abrieb (Reibradverfahren)	mm³/100 U
Abriebfaktor LNP (Thrust washer) Vergleichswert	
Statische Reibungszahl	
Dynamische Reibungszahl	$(p \cdot v =$ N/mm² · m/min$)$
Zulässiger p · v Wert	N/mm² · (m/min) v = m/min
	v = m/min

Thermische Eigenschaften

Formbeständigkeit in der Wärme	*Verfahren*	A		94 °C
	Verfahren	B		98 °C
Vicat Erweichungstemperatur (VST)	*Verfahren*	B/50		92 °C
	Verfahren			°C
Kristallit-Schmelzpunkt	*Verfahren*			
Längenausdehnungskoeffizient	*Bereich*	23–80 °C		$1.15 \cdot 10^{-4} \mathrm{K}^{-1}$
	Temperatur			$\cdot 10^{-4} \mathrm{K}^{-1}$
Wärmeleitfähigkeit	*Verfahren*	DIN 52612	23 °C	0.19 W/(K · m)
Spezifische Wärmekapazität	*Verfahren*			J/(K · g)
Glasumwandlungstemperatur	*Torsionsschwingungsversuch*		°C	
	Differentialkalorimetrie		°C	

Brandverhalten

UL-Test vertikal   Dicke 1.6   mm, Wert HB
Dicke   mm, Wert

	Norm	*Bewertung*	*Abmessungen*
Sauerstoff-Index	ASTM D 2863		
Glühstab-Verfahren			
Brandverhalten	DIN 4102		
MVSS			
FAR			

Elektrische Eigenschaften

	Hz	°C		*Probekörper, Form*
Dielektrizitätszahl	50	23	3.0	80mm x 80mm x 1mm
	10^3	23	3.0	80mm x 80mm x 1mm
	10^6	23	2.9	80mm x 80mm x 1mm
Dielektrischer Verlustfaktor tan δ	50	23	0.009	80mm x 80mm x 1mm
	10^3	23	0.005	80mm x 80mm x 1mm
	10^6	23	0.007	80mm x 80mm x 1mm
Spezifischer Durchgangs-widerstand	Ohm · cm	23	1.0*10**15	
Durchschlagfestigkeit	kV/mm	23	34	1.0 mm dick
Oberflächenwiderstand	Ohm	23	1.0*10**14	
Kriechstromfestigkeit	KC		KB	KA
Elektrolytische Korrosionswirkung				
Lichtbogenfestigkeit nach DIN				
nach ASTM	s			

Beständigkeit *(Chemische Beständigkeit siehe Anhang)*

Wasseraufnahme 1L Bis zur Saettigung	0.3 %
Feuchtigkeitsaufnahme Normalklima	%
Wetterbeständigkeit	
Spannungskorrosion	

Optische Eigenschaften

Brechungszahl n_D
Transmissionsgrad τ_c %   mm dick
Lichtdurchlässigkeit

Produkt	Acrylnitril-Butadien-Styrol-Polymerisat	**ABS**
Handelsname	**Novodur P2MT**	
Hersteller	BAYER	
DIN-Bez 1	16772-ABS,MG,105-08-20C	
DIN-Bez 2		

Zusätze		*Füllstoffe/ Verstärkung*	
Bevorzugte Verarbeitung	Spritzgiessen	*Lieferform*	Granulat
		Farben	Natur; Standard
Besondere Merkmale	Harter Konstruktionswerkstoff; Mittlere bis hohe Schlagzaehigkeit; Ausgezeichnete Oberflaechenqualitaet; Erhoehte Waermeformbestaendigkeit	*Bevorzugte Anwendungen*	Kfz-Industrie (Aussenteil; Innenteil); Haushaltsgeraeteteil; Rundfunkindustrie; Phonoindustrie; TV-Industrie; Bueromaschinenteil; Spielwaren; Photoindustrie; Gehaeuse; Abdeckung

Dichte	g/cm^3	1.04	*Schmelzindex*	g/10 min	:	
Schüttdichte	g/cm^3		*Volumenfließindex*	cm^3/10 min	8:	220/10
Viskositätszahl	ml/g					

Verarbeitungsbedingungen für Spritzgießen

Massetemp.	°C		*Schwindung*	%	lgs	, quer
Werkzeugtemp.	°C		*Bemerkungen*			
Spritzdruck	bar					

Zugversuch 23 °C DIN 53455; DIN 53457

Probekörper:	*Form*	Nr.3 (4 mm)		*Herstellung*	Spritzgiessen
	Zustand			*Vorbehandlung*	Normalklima
Streckspannung	N/mm^2	48	*Dehnung bei Streckspannung*	%	2.4
Zugfestigkeit	N/mm^2		*Reißdehnung*	%	$\geqq$ 15
Reißfestigkeit	N/mm^2		% *Dehnspannung*	N/mm^2	
E-Modul	N/mm^2	2700	*Dehnung bei* % *Dehnspg.*	%	

Kriechmoduln und Zeitstandwerte 23 °C

Probekörper:	*Form*		*Herstellung*		
	Zustand		*Vorbehandlung*		
Kriechmodul	1 min	N/mm^2	*Zeitstandzugfestigkeit*	h	N/mm^2
Kriechmodul	1000 h	N/mm^2	*Zeitdehnspg.* %	h	N/mm^2
bei Spannung		N/mm^2			

Biegeversuch 23 °C DIN 53452; DIN 53457

Probekörper:	*Form*	80mm x 10mm x 4mm	*Herstellung*		Spritzgiessen
	Zustand		*Vorbehandlung*		Normalklima
Biegefestigkeit	N/mm^2		*E-Modul*	N/mm^2	2500
3,5% Biegespannung	N/mm^2	70			

Härte 23 °C

Probekörper:	*Zustand*		*Herstellung*	Spritzgiessen
			Vorbehandlung	Normalklima
Kugeldruckhärte	N/mm^2 110	bei N, 30 s	*Shore-Härte* A	
Rockwellhärte			*Shore-Härte* D	

Schlagversuch

Probekörper:	(1) U-Kerbe			
	(2)		*Herstellung*	Spritzgiessen
	Zustand		*Vorbehandlung*	Normalklima

		°C	°C	°C	*Probekörper-Form*
Schlagzähigkeit	kJ/m^2	23 80	-40 60		NKS
Kerbschlagzähigkeit (1)	kJ/m^2	23 11	0 9	-40 5	NKS
IZOD-Kerbschlagzähigkeit (2)	J/m				
Kerbschlagzugzähigkeit	kJ/m^2				

Abrieb und Reibung

Taber-Abrieb (Reibradverfahren)	mm³/100 U	
Abriebfaktor LNP (Thrust washer) Vergleichswert		
Statische Reibungszahl		
Dynamische Reibungszahl	$(p \cdot v =$	N/mm² ·	m/min)
Zulässiger $p \cdot v$ Wert	N/mm² · (m/min) v =	m/min
	v =	m/min

Thermische Eigenschaften

Formbeständigkeit in der Wärme	Verfahren	A	96 °C
	Verfahren	B	100 °C
Vicat Erweichungstemperatur (VST)	Verfahren	B/50	103 °C
	Verfahren		°C
Kristallit-Schmelzpunkt	Verfahren		
Längenausdehnungskoeffizient	Bereich 23–80 °C		$0.90 \cdot 10^{-4} \mathrm{K}^{-1}$
	Temperatur		$\cdot 10^{-4} \mathrm{K}^{-1}$
Wärmeleitfähigkeit	Verfahren DIN 52612	23 °C	0.17 W/(K · m)
Spezifische Wärmekapazität	Verfahren		J/(K · g)
Glasumwandlungstemperatur	Torsionsschwingungsversuch		°C
	Differentialkalorimetrie		°C

Brandverhalten

UL-Test vertikal

Dicke 1.6 mm, Wert HB
Dicke   mm, Wert

	Norm	Bewertung	Abmessungen
Sauerstoff-Index	ASTM D 2863		
Glühstab-Verfahren			
Brandverhalten	DIN 4102		
MVSS			
FAR			

Elektrische Eigenschaften

		Hz	°C		Probekörper, Form
Dielektrizitätszahl		50	23	3.0	80mm x 80mm x 1mm
		10^3	23	2.9	80mm x 80mm x 1mm
		10^6	23	2.9	80mm x 80mm x 1mm
Dielektrischer Verlustfaktor tan δ		50	23	0.011	80mm x 80mm x 1mm
		10^3	23	0.005	80mm x 80mm x 1mm
		10^6	23	0.006	80mm x 80mm x 1mm
Spezifischer Durchgangs- widerstand	Ohm · cm		23	1.0*10**15	
Durchschlagfestigkeit	kV/mm		23	35	1.0 mm dick
Oberflächenwiderstand	Ohm		23	1.0*10**15	
Kriechstromfestigkeit		KC		KB	KA
Elektrolytische Korrosionswirkung					
Lichtbogenfestigkeit nach DIN					
nach ASTM	s				

Beständigkeit (Chemische Beständigkeit siehe Anhang)

Wasseraufnahme 1L Bis zur Saettigung	0.3 %
Feuchtigkeitsaufnahme Normalklima	%
Wetterbeständigkeit	
Spannungskorrosion	

Optische Eigenschaften

Brechungszahl n_D
Transmissionsgrad τ_c %   mm dick
Lichtdurchlässigkeit

Produkt	Acrylnitril-Butadien-Styrol-Polymerisat		**ABS**
Handelsname	**Novodur P2MT-AT**		
Hersteller	BAYER		
DIN-Bez 1	16772-ABS,MG,095-08-15C		
DIN-Bez 2			

Zusätze	Antistatikum	*Füllstoffe/ Verstärkung*	
Bevorzugte Verarbeitung	Spritzgiessen	*Lieferform*	Granulat
		Farben	Natur; Standard
Besondere Merkmale	Harter Konstruktionswerkstoff; Mittlere bis hohe Schlagzaehigkeit; Ausgezeichnete Oberflaechenqualitaet; Erhoehte Waermeformbestaendigkeit	*Bevorzugte Anwendungen*	Kfz-Industrie (Aussenteil; Innenteil); Haushaltsgeraeteteil; Rundfunkindustrie; Phonoindustrie; TV-Industrie; Bueromaschinenteil; Spielwaren; Photoindustrie; Gehaeuse; Abdeckung

---

Dichte	g/cm^3	1.04	*Schmelzindex*	g/10 min	:
Schüttdichte	g/cm^3		*Volumenfließindex*	cm^3/10 min	8: 220/10
Viskositätszahl	ml/g				

Verarbeitungsbedingungen für Spritzgießen

Massetemp.	°C		*Schwindung*	%	lgs , quer
Werkzeugtemp.	°C		*Bemerkungen*		
Spritzdruck	bar				

Zugversuch 23 °C DIN 53455; DIN 53457

Probekörper:	*Form*	Nr.3 (4 mm)	*Herstellung*	Spritzgiessen
	Zustand		*Vorbehandlung*	Normalklima

Streckspannung	N/mm^2	46	*Dehnung bei Streckspannung*	%	2.4
Zugfestigkeit	N/mm^2		*Reißdehnung*	%	$\geqq$ 15
Reißfestigkeit	N/mm^2		*% Dehnspannung*	N/mm^2	
E-Modul	N/mm^2	2500	*Dehnung bei % Dehnspg.*	%	

Kriechmoduln und Zeitstandwerte 23 °C

Probekörper:	*Form*	*Herstellung*	
	Zustand	*Vorbehandlung*	

Kriechmodul	1 min N/mm^2	*Zeitstandzugfestigkeit*	h N/mm^2	
Kriechmodul	1000 h N/mm^2	*Zeitdehnspg. %*	h N/mm^2	
bei Spannung	N/mm^2			

Biegeversuch 23 °C DIN 53452; DIN 53457

Probekörper:	*Form*	80mm x 10mm x 4mm	*Herstellung*	Spritzgiessen
	Zustand		*Vorbehandlung*	Normalklima

Biegefestigkeit	N/mm^2	*E-Modul*	N/mm^2 2300	
3,5% Biegespannung	N/mm^2 70			

Härte 23 °C

Probekörper:	*Zustand*	*Herstellung*	Spritzgiessen
		Vorbehandlung	Normalklima

Kugeldruckhärte	N/mm^2 100	bei N, 30 s	*Shore-Härte* A
Rockwellhärte			*Shore-Härte* D

Schlagversuch

Probekörper:	(1) U-Kerbe		
	(2)	*Herstellung*	Spritzgiessen
	Zustand	*Vorbehandlung*	Normalklima

	°C	°C	°C	*Probekörper-Form*
Schlagzähigkeit	kJ/m^2 23 80	-40 60		NKS
Kerbschlagzähigkeit (1)	kJ/m^2 23 11	0 9	-40 5	NKS
IZOD-Kerbschlagzähigkeit (2)	J/m			
Kerbschlagzugzähigkeit	kJ/m^2			

Abrieb und Reibung

Taber-Abrieb (Reibradverfahren)	mm^3/100 U	
Abriebfaktor LNP (Thrust washer) Vergleichswert		
Statische Reibungszahl		
Dynamische Reibungszahl	(p·v = N/mm^2 · m/min)	
Zulässiger p·v Wert	N/mm^2 · (m/min) v = m/min	
	v = m/min	

Thermische Eigenschaften

Formbeständigkeit in der Wärme	Verfahren	A		96 °C
	Verfahren	B		100 °C
Vicat Erweichungstemperatur (VST)	Verfahren	B/50		100 °C
	Verfahren			°C
Kristallit-Schmelzpunkt	Verfahren			
Längenausdehnungskoeffizient	Bereich	23–80 °C		1.00 · 10^{-4}K^{-1}
	Temperatur			· 10^{-4}K^{-1}
Wärmeleitfähigkeit	Verfahren	DIN 52612	23 °C	0.19 W/(K · m)
Spezifische Wärmekapazität	Verfahren			J/(K · g)
Glasumwandlungstemperatur	Torsionsschwingungsversuch		°C	
	Differentialkalorimetrie		°C	

Brandverhalten

UL-Test vertikal   Dicke 1.6   mm, Wert HB
                 Dicke   mm, Wert

	Norm	Bewertung	Abmessungen
Sauerstoff-Index	ASTM D 2863		
Glühstab-Verfahren			
Brandverhalten	DIN 4102		
MVSS			
FAR			

Elektrische Eigenschaften

		Hz	°C		Probekörper, Form
Dielektrizitätszahl		50	23	3.0	80mm x 80mm x 1mm
		10^3	23	2.9	80mm x 80mm x 1mm
		10^6	23	2.9	80mm x 80mm x 1mm
Dielektrischer Verlustfaktor tan δ		50	23	0.006	80mm x 80mm x 1mm
		10^3	23	0.005	80mm x 80mm x 1mm
		10^6	23	0.007	80mm x 80mm x 1mm
Spezifischer Durchgangs-widerstand	Ohm · cm		23	1.0*10**15	
Durchschlagfestigkeit	kV/mm		23	41	1.0 mm dick
Oberflächenwiderstand	Ohm		23	1.0*10**14	

Kriechstromfestigkeit   KC   KB   KA
Elektrolytische Korrosionswirkung
Lichtbogenfestigkeit nach DIN
             nach ASTM   s

Beständigkeit *(Chemische Beständigkeit siehe Anhang)*

Wasseraufnahme 1L Bis zur Saettigung		0.3 %
Feuchtigkeitsaufnahme Normalklima		%
Wetterbeständigkeit		
Spannungskorrosion		

Optische Eigenschaften

Brechungszahl n$_D$
Transmissionsgrad τ_c %   mm dick
Lichtdurchlässigkeit

Produkt	Acrylnitril-Butadien-Styrol-Polymerisat	**ABS**
Handelsname	**Novodur PKT2**	
Hersteller	BAYER	
DIN-Bez 1	16772-ABS,MG,095-08-20C	
DIN-Bez 2		

Zusätze		*Füllstoffe/ Verstärkung*	
Bevorzugte Verarbeitung	Spritzgiessen	*Lieferform*	Granulat
		Farben	Natur; Standard
Besondere Merkmale	Harter Konstruktionswerkstoff; Mittlere bis hohe Schlagzaehigkeit; Ausgezeichnete Oberflaechenqualitaet; Erhoehte Waermeformbestaendigkeit	*Bevorzugte Anwendungen*	Kfz-Industrie (Aussenteil; Innenteil); Haushaltsgeraeteteil; Rundfunkindustrie; Phonoindustrie; TV-Industrie; Bueromaschinenteil; Spielwaren; Photoindustrie; Gehaeuse; Abdeckung

Dichte	g/cm^3	1.04	*Schmelzindex*	g/10 min	:
Schüttdichte	g/cm^3		*Volumenfließindex*	cm^3/10 min	5: 220/10
Viskositätszahl	ml/g				

Verarbeitungsbedingungen für Spritzgießen

Massetemp.	°C		*Schwindung*	%	lgs , quer
Werkzeugtemp.	°C		*Bemerkungen*		
Spritzdruck	bar				

Zugversuch 23 °C   DIN 53455; DIN 53457

	Probekörper: Form	Nr.3 (4 mm)	*Herstellung*	Spritzgiessen
	Zustand		*Vorbehandlung*	Normalklima

Streckspannung	N/mm^2 40	*Dehnung bei Streckspannung*	%	2.6
Zugfestigkeit	N/mm^2	*Reißdehnung*	%	$\geqq$20
Reißfestigkeit	N/mm^2	% Dehnspannung	N/mm^2	
E-Modul	N/mm^2 2200	*Dehnung bei* % Dehnspg.	%	

Kriechmoduln und Zeitstandwerte 23 °C   DIN 53444

	Probekörper: Form	Stab Nr. 3 (4 mm)	*Herstellung*	Spritzgiessen
	Zustand		*Vorbehandlung*	Normalklima

Kriechmodul	1 min N/mm^2 2300	*Zeitstandzugfestigkeit*	h	N/mm^2
Kriechmodul	1000 h N/mm^2 1300	*Zeitdehnspg.* %	h	N/mm^2
bei Spannung	N/mm^2			

Biegeversuch 23 °C   DIN 53452; DIN 53457

	Probekörper: Form	80mm x 10mm x 4mm	*Herstellung*	Spritzgiessen
	Zustand		*Vorbehandlung*	Normalklima

Biegefestigkeit	N/mm^2	*E-Modul*	N/mm^2 2400
3,5% Biegespannung	N/mm^2 67		

Härte 23 °C

	Probekörper: Zustand	*Herstellung*	Spritzgiessen
		Vorbehandlung	Normalklima

Kugeldruckhärte	N/mm^2 85 bei N, 30 s	*Shore-Härte* A	
Rockwellhärte		*Shore-Härte* D	

Schlagversuch

	Probekörper: (1) U-Kerbe		
	(2)	*Herstellung*	Spritzgiessen
	Zustand	*Vorbehandlung*	Normalklima

	°C	°C	°C	Probekörper-Form
Schlagzähigkeit kJ/m^2	23 o.B.	-40 71		NKS
Kerbschlagzähigkeit (1) kJ/m^2	23 15	0 11	-40 7	NKS
IZOD-Kerbschlagzähigkeit (2) J/m				
Kerbschlagzugzähigkeit kJ/m^2				

Abrieb und Reibung

Taber-Abrieb (Reibradverfahren)	mm³/100 U
Abriebfaktor LNP (Thrust washer) Vergleichswert	
Statische Reibungszahl	
Dynamische Reibungszahl	(p·v = N/mm² · m/min)
Zulässiger p · v Wert	N/mm² · (m/min) v = m/min
	v = m/min

Thermische Eigenschaften

Formbeständigkeit in der Wärme	Verfahren	A	96 °C
	Verfahren	B	100 °C
Vicat Erweichungstemperatur (VST)	Verfahren	B/50	100 °C
	Verfahren		°C
Kristallit-Schmelzpunkt	Verfahren		
Längenausdehnungskoeffizient	Bereich	23–80 °C	$0.92 \cdot 10^{-4}\,K^{-1}$
	Temperatur		$\cdot 10^{-4}\,K^{-1}$
Wärmeleitfähigkeit	Verfahren	DIN 52612 23 °C	$0.18\ W/(K \cdot m)$
Spezifische Wärmekapazität	Verfahren		$J/(K \cdot g)$
Glasumwandlungstemperatur	Torsionsschwingungsversuch	°C	
	Differentialkalorimetrie	°C	

Brandverhalten

UL-Test vertikal Dicke 1.6   mm, Wert HB
Dicke   mm, Wert

	Norm	Bewertung	Abmessungen
Sauerstoff-Index	ASTM D 2863		
Glühstab-Verfahren			
Brandverhalten	DIN 4102		
MVSS			
FAR			

Elektrische Eigenschaften

		Hz	°C		Probekörper, Form
Dielektrizitätszahl		50	23	2.8	80mm x 80mm x 1mm
		10^3	23	2.9	80mm x 80mm x 1mm
		10^6	23	3.0	80mm x 80mm x 1mm
Dielektrischer Verlustfaktor tan δ		50	23	0.007	80mm x 80mm x 1mm
		10^3	23	0.007	80mm x 80mm x 1mm
		10^6	23	0.009	80mm x 80mm x 1mm
Spezifischer Durchgangs- widerstand	Ohm · cm		23	1.0*10**14	
Durchschlagfestigkeit	kV/mm		23	33	1.0 mm dick
Oberflächenwiderstand	Ohm		23	1.0*10**14	

Kriechstromfestigkeit   KC   KB   KA
Elektrolytische Korrosionswirkung
Lichtbogenfestigkeit nach DIN
         nach ASTM   s

Beständigkeit *(Chemische Beständigkeit siehe Anhang)*

Wasseraufnahme 1L Bis zur Saettigung	0.3 %
Feuchtigkeitsaufnahme Normalklima	%
Wetterbeständigkeit	
Spannungskorrosion	

Optische Eigenschaften

Brechungszahl n_D
Transmissionsgrad τ_c %   mm dick
Lichtdurchlässigkeit

Produkt	Acrylnitril-Butadien-Styrol-Polymerisat	**ABS**
Handelsname	**Novodur P2MC**	
Hersteller	BAYER	
DIN-Bez 1	16772-ABS,MG,095-25-20C	
DIN-Bez 2		

Zusätze		*Füllstoffe/ Verstärkung*	
Bevorzugte Verarbeitung	Spritzgiessen	*Lieferform*	Granulat
		Farben	Natur; Standard
Besondere Merkmale	Harter Konstruktionswerkstoff; Mittlere bis hohe Schlagzaehigkeit; Ausgezeichnete Oberflaechenqualitaet; Galvanotyp	*Bevorzugte Anwendungen*	Technisches Formteil mit chemogalvanischer Metallisierung; Bedarfsartikel mit chemogalvanischer Metallisierung

Dichte	g/cm^3	1.04	*Schmelzindex* g/10 min	:
Schüttdichte	g/cm^3		*Volumenfließindex* cm^3/10 min	22: 220/10
Viskositätszahl	ml/g			

Verarbeitungsbedingungen für Spritzgießen

Massetemp.	°C	*Schwindung* %	lgs , quer
Werkzeugtemp.	°C	*Bemerkungen*	
Spritzdruck	bar		

Zugversuch 23 °C   DIN 53455; DIN 53457

Probekörper:	Form	Nr.3 (4 mm)	*Herstellung*	Spritzgiessen
	Zustand		*Vorbehandlung*	Normalklima

Streckspannung	N/mm^2 42	*Dehnung bei Streckspannung*	%	2.4
Zugfestigkeit	N/mm^2	*Reißdehnung*	%	$\geq$ 35
Reißfestigkeit	N/mm^2	% *Dehnspannung*	N/mm^2	
E-Modul	N/mm^2 2200	*Dehnung bei* % *Dehnspg.*	%	

Kriechmoduln und Zeitstandwerte 23 °C

Probekörper:	Form	*Herstellung*	
	Zustand	*Vorbehandlung*	

Kriechmodul	1 min N/mm^2	*Zeitstandzugfestigkeit*	h N/mm^2
Kriechmodul	1000 h N/mm^2	*Zeitdehnspg.* %	h N/mm^2
bei Spannung	N/mm^2		

Biegeversuch 23 °C   DIN 53452; DIN 53457

Probekörper:	Form	80mm x 10mm x 4mm	*Herstellung*	Spritzgiessen
	Zustand		*Vorbehandlung*	Normalklima

Biegefestigkeit	N/mm^2	*E-Modul*	N/mm^2 2100
3,5% Biegespannung	N/mm^2 66		

Härte 23 °C

Probekörper:	Zustand		*Herstellung*	Spritzgiessen
			Vorbehandlung	Normalklima

Kugeldruckhärte	N/mm^2 95	bei N, 30 s	*Shore-Härte* A
Rockwellhärte			*Shore-Härte* D

Schlagversuch

Probekörper:	(1) U-Kerbe			
	(2)		*Herstellung*	Spritzgiessen
	Zustand		*Vorbehandlung*	Normalklima

	°C	°C	°C	*Probekörper-Form*
Schlagzähigkeit kJ/m^2	23 o.B.	-40 80		NKS
Kerbschlagzähigkeit (1) kJ/m^2	23 14	0 12	-40 8	NKS
IZOD-Kerbschlagzähigkeit (2) J/m				
Kerbschlagzugzähigkeit kJ/m^2				

Abrieb und Reibung

Taber-Abrieb (Reibradverfahren)	mm³/100 U
Abriebfaktor LNP (Thrust washer) Vergleichswert	
Statische Reibungszahl	
Dynamische Reibungszahl	(p·v = N/mm² · m/min)
Zulässiger p · v Wert	N/mm² · (m/min) v = m/min
	v = m/min

Thermische Eigenschaften

Formbeständigkeit in der Wärme	Verfahren	A	92 °C
	Verfahren	B	96 °C
Vicat Erweichungstemperatur (VST)	Verfahren	B/50	95 °C
	Verfahren		°C
Kristallit-Schmelzpunkt	Verfahren		
Längenausdehnungskoeffizient	Bereich	23–80 °C	$1.00 \cdot 10^{-4} \mathrm{K}^{-1}$
	Temperatur		$\cdot 10^{-4} \mathrm{K}^{-1}$
Wärmeleitfähigkeit	Verfahren	DIN 52612 23 °C	0.19 W/(K · m)
Spezifische Wärmekapazität	Verfahren		J/(K · g)
Glasumwandlungstemperatur	Torsionsschwingungsversuch		°C
	Differentialkalorimetrie		°C

Brandverhalten

UL-Test vertikal   Dicke 1.6   mm, Wert HB
             Dicke   mm, Wert

	Norm	Bewertung	Abmessungen
Sauerstoff-Index	ASTM D 2863		
Glühstab-Verfahren			
Brandverhalten	DIN 4102		
MVSS			
FAR			

Elektrische Eigenschaften

	Hz	°C		Probekörper, Form
Dielektrizitätszahl	50	23	2.8	80mm x 80mm x 1mm
	10^3	23	2.8	80mm x 80mm x 1mm
	10^6	23	2.7	80mm x 80mm x 1mm
Dielektrischer Verlustfaktor tan δ	50	23	0.005	80mm x 80mm x 1mm
	10^3	23	0.005	80mm x 80mm x 1mm
	10^6	23	0.007	80mm x 80mm x 1mm
Spezifischer Durchgangs-widerstand	Ohm · cm	23	1.0*10**15	
Durchschlagfestigkeit	kV/mm	23	34	1.0 mm dick
Oberflächenwiderstand	Ohm	23	1.0*10**15	
Kriechstromfestigkeit	KC	KB	KA	
Elektrolytische Korrosionswirkung				
Lichtbogenfestigkeit nach DIN				
nach ASTM	s			

Beständigkeit *(Chemische Beständigkeit siehe Anhang)*

Wasseraufnahme 1L Bis zur Saettigung	0.3 %
Feuchtigkeitsaufnahme Normalklima	%
Wetterbeständigkeit	
Spannungskorrosion	

Optische Eigenschaften

Brechungszahl n_D
Transmissionsgrad τ_c %   mm dick
Lichtdurchlässigkeit

Produkt	Acrylnitril-Butadien-Styrol-Polymerisat	**ABS**
Handelsname	**Novodur P2HE**	
Hersteller	BAYER	
DIN-Bez 1	16772-ABS,EG,095-08-20C	
DIN-Bez 2		

Zusätze		*Füllstoffe/ Verstärkung*	
Bevorzugte Verarbeitung	Extrudieren	*Lieferform*	Granulat
		Farben	Natur; Standard
Besondere Merkmale	Sehr gute Kaelteschlagzaehigkeit	*Bevorzugte Anwendungen*	Kuehlmoebel

---

Dichte	g/cm^3	1.04	*Schmelzindex*	g/10 min	:
Schüttdichte	g/cm^3		*Volumenfließindex*	cm^3/10 min	7: 220/10
Viskositätszahl	ml/g				

Verarbeitungsbedingungen für Spritzgießen

Massetemp.	°C		*Schwindung*	%	lgs , quer
Werkzeugtemp.	°C		*Bemerkungen*		
Spritzdruck	bar				

Zugversuch 23 °C DIN 53455; DIN 53457

Probekörper:	*Form* Nr.3 (4 mm)	*Herstellung*	Spritzgiessen
	Zustand	*Vorbehandlung*	Normalklima

Streckspannung	N/mm^2 42	*Dehnung bei Streckspannung*	%	2.3
Zugfestigkeit	N/mm^2	*Reißdehnung*	%	$\geqq$ 30
Reißfestigkeit	N/mm^2	*% Dehnspannung*	N/mm^2	
E-Modul	N/mm^2 2500	*Dehnung bei % Dehnspg.*	%	

Kriechmoduln und Zeitstandwerte 23 °C

Probekörper:	*Form*	*Herstellung*	
	Zustand	*Vorbehandlung*	

Kriechmodul	1 min N/mm^2	*Zeitstandzugfestigkeit*	h N/mm^2	
Kriechmodul	1000 h N/mm^2	*Zeitdehnspg. %*	h N/mm^2	
bei Spannung	N/mm^2			

Biegeversuch 23 °C DIN 53452; DIN 53457

Probekörper:	*Form* 80mm x 10mm x 4mm	*Herstellung*	Spritzgiessen
	Zustand	*Vorbehandlung*	Normalklima

Biegefestigkeit	N/mm^2	*E-Modul*	N/mm^2 2300
3,5% Biegespannung	N/mm^2 70		

Härte 23 °C

Probekörper:	*Zustand*	*Herstellung*	Spritzgiessen
		Vorbehandlung	Normalklima

Kugeldruckhärte	N/mm^2 105 bei N, 30 s	*Shore-Härte*	A
Rockwellhärte		*Shore-Härte*	D

Schlagversuch

Probekörper:	(1) U-Kerbe		
	(2)	*Herstellung*	Spritzgiessen
	Zustand	*Vorbehandlung*	Normalklima

	°C	°C	°C	*Probekörper-Form*
Schlagzähigkeit	kJ/m^2 23 o.B.	-40 90		NKS
Kerbschlagzähigkeit (1)	kJ/m^2 23 14	0 12	-40 6	NKS
IZOD-Kerbschlagzähigkeit (2)	J/m			
Kerbschlagzugzähigkeit	kJ/m^2			

Abrieb und Reibung

Taber-Abrieb (Reibradverfahren)	mm³/100 U
Abriebfaktor LNP (Thrust washer) Vergleichswert	
Statische Reibungszahl	
Dynamische Reibungszahl	(p·v = N/mm² · m/min)
Zulässiger p · v Wert	N/mm² · (m/min) v = m/min
	v = m/min

Thermische Eigenschaften

Formbeständigkeit in der Wärme	*Verfahren*	A	94 °C
	Verfahren	B	98 °C
Vicat Erweichungstemperatur (VST)	*Verfahren*	B/50	98 °C
	Verfahren		°C
Kristallit-Schmelzpunkt	*Verfahren*		
Längenausdehnungskoeffizient	*Bereich*	23–80 °C	$0.90 \cdot 10^{-4} \mathrm{K}^{-1}$
	Temperatur		$\cdot 10^{-4} \mathrm{K}^{-1}$
Wärmeleitfähigkeit	*Verfahren*	DIN 52612	23 °C 0.18 W/(K · m)
Spezifische Wärmekapazität	*Verfahren*		J/(K · g)
Glasumwandlungstemperatur	*Torsionsschwingungsversuch* ·		°C
	Differentialkalorimetrie		°C

Brandverhalten

UL-Test vertikal Dicke 1.6 mm, Wert HB
Dicke mm, Wert

	Norm	Bewertung	Abmessungen
Sauerstoff-Index	ASTM D 2863		
Glühstab-Verfahren			
Brandverhalten	DIN 4102		
MVSS			
FAR			

Elektrische Eigenschaften

		Hz	°C		Probekörper, Form
Dielektrizitätszahl		50	23	3.0	80mm x 80mm x 1mm
		10^3	23	3.0	80mm x 80mm x 1mm
		10^6	23	2.9	80mm x 80mm x 1mm
Dielektrischer Verlustfaktor tan δ		50	23	0.009	80mm x 80mm x 1mm
		10^3	23	0.005	80mm x 80mm x 1mm
		10^6	23	0.007	80mm x 80mm x 1mm
Spezifischer Durchgangs-					
widerstand	Ohm · cm		23	1.0*10**15	
Durchschlagfestigkeit	kV/mm		23	34	1.0 mm dick
Oberflächenwiderstand	Ohm		23	1.0*10**15	
Kriechstromfestigkeit	KC		KB	KA	
Elektrolytische Korrosionswirkung					
Lichtbogenfestigkeit nach DIN					
nach ASTM	s				

Beständigkeit *(Chemische Beständigkeit siehe Anhang)*

Wasseraufnahme 1L Bis zur Saettigung		0.3 %
Feuchtigkeitsaufnahme Normalklima		%
Wetterbeständigkeit		
Spannungskorrosion		

Optische Eigenschaften

Brechungszahl n_D
Transmissionsgrad τ_c % mm dick
Lichtdurchlässigkeit

Produkt	Acrylnitril-Butadien-Styrol-Polymerisat	**ABS**
Handelsname	**Novodur P3LE**	
Hersteller	BAYER	
DIN-Bez 1	16772-ABS,EG,095-08-20C	
DIN-Bez 2		

Zusätze		Füllstoffe/ Verstärkung	
Bevorzugte Verarbeitung	Extrudieren	Lieferform	Granulat
		Farben	Natur; Standard
Besondere Merkmale	Sehr gute Kaelteschlagzaehigkeit	Bevorzugte Anwendungen	Kuehlmoebel; Tiefkuehlschrank

---

Dichte	g/cm^3	1.04	Schmelzindex	g/10 min	:
Schüttdichte	g/cm^3		Volumenfließindex	cm^3/10 min	8: 220/10
Viskositätszahl	ml/g				

Verarbeitungsbedingungen für Spritzgießen

Massetemp.	°C		Schwindung	%	lgs , quer
Werkzeugtemp.	°C		Bemerkungen		
Spritzdruck	bar				

Zugversuch 23 °C DIN 53455; DIN 53457

	Probekörper:	Form	Nr.3 (4 mm)	Herstellung	Spritzgiessen
		Zustand		Vorbehandlung	Normalklima

Streckspannung	N/mm^2 45	Dehnung bei Streckspannung	%	2.5
Zugfestigkeit	N/mm^2	Reißdehnung	%	$\geqq$ 35
Reißfestigkeit	N/mm^2	% Dehnspannung	N/mm^2	
E-Modul	N/mm^2 2500	Dehnung bei % Dehnspg.	%	

Kriechmoduln und Zeitstandwerte 23 °C

	Probekörper:	Form	Herstellung	
		Zustand	Vorbehandlung	

Kriechmodul	1 min N/mm^2	Zeitstandzugfestigkeit	h N/mm^2	
Kriechmodul	1000 h N/mm^2	Zeitdehnspg. %	h N/mm^2	
bei Spannung	N/mm^2			

Biegeversuch 23 °C DIN 53452; DIN 53457

	Probekörper:	Form	80mm x 10mm x 4mm	Herstellung	Spritzgiessen
		Zustand		Vorbehandlung	Normalklima

Biegefestigkeit	N/mm^2	E-Modul	N/mm^2 2200
3,5% Biegespannung	N/mm^2 67		

Härte 23 °C

	Probekörper:	Zustand	Herstellung	Spritzgiessen
			Vorbehandlung	Normalklima

Kugeldruckhärte	N/mm^2 90 bei N, 30 s	Shore-Härte A	
Rockwellhärte		Shore-Härte D	

Schlagversuch

	Probekörper:	(1) U-Kerbe		
		(2)	Herstellung	Spritzgiessen
		Zustand	Vorbehandlung	Normalklima

	°C	°C	°C	Probekörper-Form
Schlagzähigkeit	kJ/m^2 23 o.B.	-40 95		NKS
Kerbschlagzähigkeit (1)	kJ/m^2 23 17	0 14	-40 7	NKS
IZOD-Kerbschlagzähigkeit (2)	J/m			
Kerbschlagzugzähigkeit	kJ/m^2			

Abrieb und Reibung

Taber-Abrieb (Reibradverfahren)   mm³/100 U
Abriebfaktor LNP (Thrust washer) Vergleichswert
Statische Reibungszahl
Dynamische Reibungszahl   (p·v=   N/mm²·   m/min)
Zulässiger p·v Wert   N/mm²·(m/min)   v=   m/min
                                                                          v=   m/min

Thermische Eigenschaften

Formbeständigkeit in der Wärme	Verfahren	A		97 °C
	Verfahren	B		100 °C
Vicat Erweichungstemperatur (VST)	Verfahren	B/50		100 °C
	Verfahren			°C
Kristallit-Schmelzpunkt	Verfahren			

Längenausdehnungskoeffizient   Bereich   23–80   °C $0.93 \cdot 10^{-4} K^{-1}$
                                        Temperatur $\cdot 10^{-4} K^{-1}$
Wärmeleitfähigkeit   Verfahren   DIN 52612   23 °C   0.18 W/(K·m)

Spezifische Wärmekapazität   Verfahren   J/(K·g)

Glasumwandlungstemperatur   Torsionsschwingungsversuch   °C
                                        Differentialkalorimetrie   °C

Brandverhalten

UL-Test vertikal   Dicke 1.6   mm, Wert HB
                                        Dicke   mm, Wert

	Norm	Bewertung	Abmessungen
Sauerstoff-Index	ASTM D 2863		
Glühstab-Verfahren			
Brandverhalten	DIN 4102		
MVSS			
FAR			

Elektrische Eigenschaften

	Hz	°C		Probekörper, Form
Dielektrizitätszahl	50	23	3.0	80mm x 80mm x 1mm
	10^3	23	3.0	80mm x 80mm x 1mm
	10^6	23	2.9	80mm x 80mm x 1mm
Dielektrischer Verlustfaktor tan δ	50	23	0.009	80mm x 80mm x 1mm
	10^3	23	0.005	80mm x 80mm x 1mm
	10^6	23	0.007	80mm x 80mm x 1mm

Spezifischer Durchgangs-
   widerstand   Ohm·cm   23   1.0*10**15
Durchschlagfestigkeit   kV/mm   23   34   1.0   mm dick
Oberflächenwiderstand   Ohm   23   1.0*10**15

Kriechstromfestigkeit   KC   KB   KA
Elektrolytische Korrosionswirkung
Lichtbogenfestigkeit nach DIN
             nach ASTM   s

Beständigkeit (Chemische Beständigkeit siehe Anhang)

Wasseraufnahme 1L   Bis zur Saettigung   0.3 %

Feuchtigkeitsaufnahme Normalklima   %
Wetterbeständigkeit

Spannungskorrosion

Optische Eigenschaften

Brechungszahl n_D
Transmissionsgrad τ_c %   mm dick
Lichtdurchlässigkeit

Produkt	Acrylnitril-Butadien-Styrol-Polymerisat	**ABS**

Handelsname   **Novodur P2KE**

Hersteller   BAYER

DIN-Bez 1   16772-ABS,EG,095-04-20C
DIN-Bez 2

Zusätze		*Füllstoffe/ Verstärkung*
Bevorzugte Verarbeitung	Extrudieren	*Lieferform* Granulat
		Farben Natur; Standard
Besondere Merkmale	Ausgezeichnetes Schlagverhalten	*Bevorzugte Anwendungen* Hochschlagzaehe Tafel

---

Dichte	g/cm^3	1.04	*Schmelzindex* g/10 min	:
Schüttdichte	g/cm^3		*Volumenfließindex* cm^3/10 min	4: 220/10
Viskositätszahl	ml/g			

Verarbeitungsbedingungen für Spritzgießen

Massetemp.	°C	*Schwindung* % lgs , quer	
Werkzeugtemp.	°C	*Bemerkungen*	
Spritzdruck	bar		

Zugversuch 23 °C   DIN 53455; DIN 53457

Probekörper:	*Form* Nr.3 (4 mm)	*Herstellung*	Spritzgiessen
	Zustand	*Vorbehandlung*	Normalklima

Streckspannung	N/mm^2	38	*Dehnung bei Streckspannung* %	2.4
Zugfestigkeit	N/mm^2		*Reißdehnung* %	$\geqq$ 15
Reißfestigkeit	N/mm^2		% *Dehnspannung* N/mm^2	
E-Modul	N/mm^2	2100	*Dehnung bei* % *Dehnspg.* %	

Kriechmoduln und Zeitstandwerte 23 °C

Probekörper:	*Form*	*Herstellung*
	Zustand	*Vorbehandlung*

Kriechmodul	1 min N/mm^2	*Zeitstandzugfestigkeit* h N/mm^2	
Kriechmodul	1000 h N/mm^2	*Zeitdehnspg.* % h N/mm^2	
bei Spannung	N/mm^2		

Biegeversuch 23 °C   DIN 53452; DIN 53457

Probekörper:	*Form* 80mm x 10mm x 4mm	*Herstellung*	Spritzgiessen
	Zustand	*Vorbehandlung*	Normalklima

Biegefestigkeit	N/mm^2	*E-Modul*	N/mm^2 2000
3,5% Biegespannung	N/mm^2 60		

Härte 23 °C

Probekörper:	*Zustand*	*Herstellung*	Spritzgiessen
		Vorbehandlung	Normalklima

Kugeldruckhärte	N/mm^2 80 bei N, 30 s	*Shore-Härte* A	
Rockwellhärte		*Shore-Härte* D	

Schlagversuch

Probekörper:	(1) U-Kerbe		
	(2)	*Herstellung*	Spritzgiessen
	Zustand	*Vorbehandlung*	Normalklima

	°C	°C	°C	*Probekörper-Form*
Schlagzähigkeit kJ/m^2	23 o.B.	-40 o.B		NKS
Kerbschlagzähigkeit (1) kJ/m^2	23 18	0 15	-40 12	NKS
IZOD-Kerbschlagzähigkeit (2) J/m				
Kerbschlagzugzähigkeit kJ/m^2				

Abrieb und Reibung

Taber-Abrieb (Reibradverfahren)	mm³/100 U	
Abriebfaktor LNP (Thrust washer) Vergleichswert		
Statische Reibungszahl		
Dynamische Reibungszahl	$(p \cdot v =$ N/mm² · m/min)	
Zulässiger p · v Wert	N/mm² · (m/min) v = m/min	
	v = m/min	

Thermische Eigenschaften

Formbeständigkeit in der Wärme	*Verfahren* A		94 °C
	Verfahren B		98 °C
Vicat Erweichungstemperatur (VST)	*Verfahren* B/50		96 °C
	Verfahren		°C
Kristallit-Schmelzpunkt	*Verfahren*		
Längenausdehnungskoeffizient	*Bereich* 23–80 °C		$1.15 \cdot 10^{-4} K^{-1}$
	Temperatur		$\cdot 10^{-4} K^{-1}$
Wärmeleitfähigkeit	*Verfahren* DIN 52612	23 °C	0.18 W/(K · m)
Spezifische Wärmekapazität	*Verfahren*		J/(K · g)
Glasumwandlungstemperatur	*Torsionsschwingungsversuch*	°C	
	Differentialkalorimetrie	°C	

Brandverhalten

UL-Test vertikal   Dicke 1.6   mm, Wert HB
                 Dicke   mm, Wert

	Norm	*Bewertung*	*Abmessungen*
Sauerstoff-Index	ASTM D 2863		
Glühstab-Verfahren			
Brandverhalten	DIN 4102		
MVSS			
FAR			

Elektrische Eigenschaften

		Hz	°C		*Probekörper, Form*
Dielektrizitätszahl		50	23	2.9	80mm x 80mm x 1mm
		10^3	23	2.9	80mm x 80mm x 1mm
		10^6	23	2.8	80mm x 80mm x 1mm
Dielektrischer Verlustfaktor tan δ		50	23	0.005	80mm x 80mm x 1mm
		10^3	23	0.005	80mm x 80mm x 1mm
		10^6	23	0.008	80mm x 80mm x 1mm
Spezifischer Durchgangs-widerstand	Ohm · cm		23	1.0*10**15	
Durchschlagfestigkeit	kV/mm		23	23	1.0 mm dick
Oberflächenwiderstand	Ohm		23	1.0*10**15	
Kriechstromfestigkeit	KC		KB	KA	
Elektrolytische Korrosionswirkung					
Lichtbogenfestigkeit nach DIN					
nach ASTM	s				

Beständigkeit *(Chemische Beständigkeit siehe Anhang)*

Wasseraufnahme 1L Bis zur Saettigung		0.3 %
Feuchtigkeitsaufnahme Normalklima		%
Wetterbeständigkeit		
Spannungskorrosion		

Optische Eigenschaften

Brechungszahl n_D
Transmissionsgrad τ_c %   mm dick
Lichtdurchlässigkeit

Produkt	Acrylnitril-Butadien-Styrol-Polymerisat	**ABS**

Handelsname **Novodur P2HGV**

Hersteller BAYER

DIN-Bez 1 16772-ABS,MG,105-04-06C,GV
DIN-Bez 2

Zusätze		*Füllstoffe/ Verstärkung*	Glasfaser
Bevorzugte Verarbeitung	Spritzgiessen	*Lieferform*	Granulat
		Farben	Natur; Standard
Besondere Merkmale	Harter Konstruktionswerkstoff; Hoher Modul; Hohe Festigkeit	*Bevorzugte Anwendungen*	Spule; Steifes Bauelement; Technisches Formteil

---

Dichte	g/cm^3	1.18	*Schmelzindex*	g/10 min	:
Schüttdichte	g/cm^3		*Volumenfließindex*	cm^3/10 min	5: 220/10
Viskositätszahl	ml/g				

Verarbeitungsbedingungen für Spritzgießen

Massetemp.	°C		*Schwindung*	%	lgs , quer
Werkzeugtemp.	°C		*Bemerkungen*		
Spritzdruck	bar				

Zugversuch 23 °C DIN 53455; DIN 53457

Probekörper:	*Form*	Nr.3 (4 mm)	*Herstellung*	Spritzgiessen
	Zustand		*Vorbehandlung*	Normalklima

Streckspannung	N/mm^2	60	*Dehnung bei Streckspannung*	%	2.4
Zugfestigkeit	N/mm^2		*Reißdehnung*	%	$\geqq 2$
Reißfestigkeit	N/mm^2		% *Dehnspannung*	N/mm^2	
E-Modul	N/mm^2	4800	*Dehnung bei* % *Dehnspg.*	%	

Kriechmoduln und Zeitstandwerte 23 °C

Probekörper:	*Form*	*Herstellung*	
	Zustand	*Vorbehandlung*	

Kriechmodul	1 min	N/mm^2	*Zeitstandzugfestigkeit*	h	N/mm^2
Kriechmodul	1000 h	N/mm^2	*Zeitdehnspg.* %	h	N/mm^2
bei Spannung		N/mm^2			

Biegeversuch 23 °C DIN 53452; DIN 53457

Probekörper:	*Form*	80mm x 10mm x 4mm	*Herstellung*	Spritzgiessen
	Zustand		*Vorbehandlung*	Normalklima

Biegefestigkeit	N/mm^2		*E-Modul*	N/mm^2 4200
3,5% Biegespannung	N/mm^2	105		

Härte 23 °C

Probekörper:	*Zustand*	*Herstellung*	Spritzgiessen
		Vorbehandlung	Normalklima

Kugeldruckhärte	N/mm^2 140	bei N, 30 s	*Shore-Härte* A	
Rockwellhärte			*Shore-Härte* D	

Schlagversuch

Probekörper:	(1) U-Kerbe		
	(2)	*Herstellung*	Spritzgiessen
	Zustand	*Vorbehandlung*	Normalklima

		°C	°C	°C	*Probekörper-Form*
Schlagzähigkeit	kJ/m^2	23 15	-40 17		NKS
Kerbschlagzähigkeit (1)	kJ/m^2	23 6	0 4	-40 3	NKS
IZOD-Kerbschlagzähigkeit (2)	J/m				
Kerbschlagzugzähigkeit	kJ/m^2				

Abrieb und Reibung

Taber-Abrieb (Reibradverfahren)	mm³/100 U
Abriebfaktor LNP (Thrust washer) Vergleichswert	
Statische Reibungszahl	
Dynamische Reibungszahl	(p·v = N/mm² · m/min)
Zulässiger p · v Wert	N/mm² · (m/min) v = m/min
	v = m/min

Thermische Eigenschaften

Formbeständigkeit in der Wärme	Verfahren	A	102 °C
	Verfahren	B	105 °C
Vicat Erweichungstemperatur (VST)	Verfahren	B/50	102 °C
	Verfahren		°C
Kristallit-Schmelzpunkt	Verfahren		
Längenausdehnungskoeffizient	Bereich	23–80 °C	$0.54 \cdot 10^{-4} K^{-1}$
	Temperatur		$\cdot 10^{-4} K^{-1}$
Wärmeleitfähigkeit	Verfahren	DIN 52612 23 °C	0.2 W/(K · m)
Spezifische Wärmekapazität	Verfahren		J/(K · g)
Glasumwandlungstemperatur	Torsionsschwingungsversuch		°C
	Differentialkalorimetrie		°C

Brandverhalten

UL-Test vertikal	Dicke 1.6 mm, Wert HB
	Dicke mm, Wert

	Norm	Bewertung	Abmessungen
Sauerstoff-Index	ASTM D 2863		
Glühstab-Verfahren			
Brandverhalten	DIN 4102		
MVSS			
FAR			

Elektrische Eigenschaften

		Hz	°C		Probekörper, Form
Dielektrizitätszahl		50	23	2.9	80mm x 80mm x 1mm
		10^3	23	2.9	80mm x 80mm x 1mm
		10^6	23	3.1	80mm x 80mm x 1mm
Dielektrischer Verlustfaktor tan δ		50	23	0.004	80mm x 80mm x 1mm
		10^3	23	0.006	80mm x 80mm x 1mm
		10^6	23	0.006	80mm x 80mm x 1mm
Spezifischer Durchgangs- widerstand	Ohm · cm		23	1.0*10**15	
Durchschlagfestigkeit	kV/mm		23	32	1.0 mm dick
Oberflächenwiderstand	Ohm		23	1.0*10**15	
Kriechstromfestigkeit	KC		KB	KA	
Elektrolytische Korrosionswirkung					
Lichtbogenfestigkeit nach DIN					
nach ASTM	s				

Beständigkeit (Chemische Beständigkeit siehe Anhang)

Wasseraufnahme 1L Bis zur Saettigung	0.3 %
Feuchtigkeitsaufnahme Normalklima	%
Wetterbeständigkeit	
Spannungskorrosion	

Optische Eigenschaften

Brechungszahl n_D	
Transmissionsgrad τ_c %	mm dick
Lichtdurchlässigkeit	

Produkt	Acrylnitril-Butadien-Styrol-Polymerisat	**ABS**
Handelsname	**Novodur PTGV**	
Hersteller	BAYER	
DIN-Bez 1	16772-ABS,MG,105-04-06C,GV	
DIN-Bez 2		

Zusätze		*Füllstoffe/ Verstärkung*	Glasfaser
Bevorzugte Verarbeitung	Spritzgiessen	*Lieferform*	Granulat
		Farben	Natur; Standard
Besondere Merkmale	Harter Konstruktionswerkstoff; Hoher Modul; Hohe Festigkeit	*Bevorzugte Anwendungen*	Spule; Steifes Bauelement; Technisches Formteil fuer Textilindustrie

---

Dichte	g/cm^3	1.18	*Schmelzindex*	g/10 min		:
Schüttdichte	g/cm^3		*Volumenfließindex*	cm^3/10 min	2:	220/10
Viskositätszahl	ml/g					

Verarbeitungsbedingungen für Spritzgießen

Massetemp.	°C		*Schwindung*	%	lgs	, quer
Werkzeugtemp.	°C		*Bemerkungen*			
Spritzdruck	bar					

Zugversuch 23 °C   DIN 53455; DIN 53457

Probekörper:	*Form*	Nr.3 (4 mm)	*Herstellung*	Spritzgiessen	
	Zustand		*Vorbehandlung*	Normalklima	
Streckspannung	N/mm^2	65	*Dehnung bei Streckspannung*	%	2.0
Zugfestigkeit	N/mm^2		*Reißdehnung*	%	$\geqq 2$
Reißfestigkeit	N/mm^2		*% Dehnspannung*	N/mm^2	
E-Modul	N/mm^2	6000	*Dehnung bei % Dehnspg.*	%	

Kriechmoduln und Zeitstandwerte 23 °C

Probekörper:	*Form*		*Herstellung*		
	Zustand		*Vorbehandlung*		
Kriechmodul	1 min	N/mm^2	*Zeitstandzugfestigkeit*	h	N/mm^2
Kriechmodul	1000 h	N/mm^2	*Zeitdehnspg. %*	h	N/mm^2
bei Spannung		N/mm^2			

Biegeversuch 23 °C   DIN 53452; DIN 53457

Probekörper:	*Form*	80mm x 10mm x 4mm	*Herstellung*	Spritzgiessen	
	Zustand		*Vorbehandlung*	Normalklima	
Biegefestigkeit	N/mm^2		*E-Modul*	N/mm^2	5000
3,5% Biegespannung	N/mm^2	100			

Härte 23 °C

Probekörper:	*Zustand*		*Herstellung*	Spritzgiessen	
			Vorbehandlung	Normalklima	
Kugeldruckhärte	N/mm^2	130	bei N, 30 s	*Shore-Härte* A	
Rockwellhärte				*Shore-Härte* D	

Schlagversuch

Probekörper:	(1) U-Kerbe				
	(2)		*Herstellung*	Spritzgiessen	
	Zustand		*Vorbehandlung*	Normalklima	

		°C	°C	°C	*Probekörper-Form*
Schlagzähigkeit	kJ/m^2	23 15	-40 15		NKS
Kerbschlagzähigkeit (1)	kJ/m^2	23 5	0 4	-40 3	NKS
IZOD-Kerbschlagzähigkeit (2)	J/m				
Kerbschlagzugzähigkeit	kJ/m^2				

Abrieb und Reibung

Taber-Abrieb (Reibradverfahren)	mm³/100 U
Abriebfaktor LNP (Thrust washer) Vergleichswert	
Statische Reibungszahl	
Dynamische Reibungszahl	(p·v = N/mm² · m/min)
Zulässiger p · v Wert	N/mm² · (m/min) v = m/min
	v = m/min

Thermische Eigenschaften

Formbeständigkeit in der Wärme	*Verfahren*	A	111 °C
	Verfahren	B	118 °C
Vicat Erweichungstemperatur (VST)	*Verfahren*	B/50	113 °C
	Verfahren		°C
Kristallit-Schmelzpunkt	*Verfahren*		
Längenausdehnungskoeffizient	*Bereich*	23–80 °C	$0.30 \cdot 10^{-4} \mathrm{K}^{-1}$
	Temperatur		$\cdot 10^{-4} \mathrm{K}^{-1}$
Wärmeleitfähigkeit	*Verfahren*	DIN 52612 23 °C	$0.2\ \mathrm{W/(K \cdot m)}$
Spezifische Wärmekapazität	*Verfahren*		$\mathrm{J/(K \cdot g)}$
Glasumwandlungstemperatur	*Torsionsschwingungsversuch*		°C
	Differentialkalorimetrie		°C

Brandverhalten

UL-Test vertikal   Dicke 1.6 mm, Wert HB
                    Dicke   mm, Wert

	Norm	*Bewertung*	*Abmessungen*
Sauerstoff-Index	ASTM D 2863		
Glühstab-Verfahren			
Brandverhalten	DIN 4102		
MVSS			
FAR			

Elektrische Eigenschaften

		Hz	°C		*Probekörper, Form*
Dielektrizitätszahl		50	23	3.2	80mm x 80mm x 1mm
		10^3	23	3.3	80mm x 80mm x 1mm
		10^6	23	3.2	80mm x 80mm x 1mm
Dielektrischer Verlustfaktor tan δ		50	23	0.006	80mm x 80mm x 1mm
		10^3	23	0.005	80mm x 80mm x 1mm
		10^6	23	0.008	80mm x 80mm x 1mm
Spezifischer Durchgangs-widerstand	Ohm · cm		23	1.0*10**15	
Durchschlagfestigkeit	kV/mm		23	44	1.0 mm dick
Oberflächenwiderstand	Ohm		23	1.0*10**15	
Kriechstromfestigkeit	KC		KB		KA
Elektrolytische Korrosionswirkung					
Lichtbogenfestigkeit nach DIN					
nach ASTM	s				

Beständigkeit *(Chemische Beständigkeit siehe Anhang)*

Wasseraufnahme 1L Bis zur Saettigung		0.3 %
Feuchtigkeitsaufnahme Normalklima		%
Wetterbeständigkeit		
Spannungskorrosion		

Optische Eigenschaften

Brechungszahl n_D
Transmissionsgrad τ_c %   mm dick
Lichtdurchlässigkeit

Produkt	Polyamid 6		**PA**
Handelsname	**Albis Polyamid 6 PA 45/0**		
Hersteller	ALBIS		
DIN-Bez 1			
DIN-Bez 2			
Zusätze		*Füllstoffe/ Verstärkung*	
Bevorzugte Verarbeitung	Spritzgiessen	*Lieferform*	Granulat
		Farben	Natur; Standard
Besondere Merkmale	Normales Fliessverhalten	*Bevorzugte Anwendungen*	Technisches Formteil; Bedarfsartikel

Dichte	g/cm^3	1.13	*Schmelzindex*	g/10 min		:
Schüttdichte	g/cm^3		*Volumenfließindex*	cm^3/10 min		:
Viskositätszahl	ml/g					

Verarbeitungsbedingungen für Spritzgießen

Massetemp.	°C		*Schwindung*	%	lgs	, quer
Werkzeugtemp.	°C		*Bemerkungen*			
Spritzdruck	bar					

Zugversuch 23 °C DIN 53455; DIN 53457

	Probekörper: *Form*	*Herstellung*	Spritzgiessen
	Zustand Spritzfrisch	*Vorbehandlung*	

Streckspannung	N/mm^2 70	*Dehnung bei Streckspannung*	%	
Zugfestigkeit	N/mm^2	*Reißdehnung*	%	$\geqq 200$
Reißfestigkeit	N/mm^2	% *Dehnspannung*	N/mm^2	
E-Modul	N/mm^2 2600	*Dehnung bei* % *Dehnspg.*	%	

Kriechmoduln und Zeitstandwerte 23 °C

	Probekörper: *Form*	*Herstellung*	
	Zustand	*Vorbehandlung*	

Kriechmodul	1 min N/mm^2	*Zeitstandzugfestigkeit*	h N/mm^2
Kriechmodul	1000 h N/mm^2	*Zeitdehnspg.* %	h N/mm^2
bei Spannung	N/mm^2		

Biegeversuch 23 °C DIN 53452;

	Probekörper: *Form*	*Herstellung*	Spritzgiessen
	Zustand Spritzfrisch	*Vorbehandlung*	

Biegefestigkeit	N/mm^2 100	*E-Modul*	N/mm^2
3,5% Biegespannung	N/mm^2		

Härte 23 °C

	Probekörper: *Zustand*	*Herstellung*	
		Vorbehandlung	

Kugeldruckhärte	N/mm^2	bei N, s	*Shore-Härte* A	
Rockwellhärte			*Shore-Härte* D	

Schlagversuch

	Probekörper: *(1)* U-Kerbe		
	(2)	*Herstellung*	Spritzgiessen
	Zustand Spritzfrisch	*Vorbehandlung*	
	°C	°C	°C	*Probekörper-Form*

Schlagzähigkeit	kJ/m^2	23 o.B.	
Kerbschlagzähigkeit (1)	kJ/m^2	23 2.5	
IZOD-Kerbschlagzähigkeit (2)	J/m		
Kerbschlagzugzähigkeit	kJ/m^2		

Abrieb und Reibung

Taber-Abrieb (Reibradverfahren)	mm³/100 U
Abriebfaktor LNP (Thrust washer) Vergleichswert	
Statische Reibungszahl	
Dynamische Reibungszahl	(p·v = N/mm² · m/min)
Zulässiger p · v Wert	N/mm² · (m/min) v = m/min
	v = m/min

Thermische Eigenschaften

Formbeständigkeit in der Wärme	*Verfahren*	A	55 °C
	Verfahren	B	145 °C
Vicat Erweichungstemperatur (VST)	*Verfahren*	B/50	≧ 200 °C
	Verfahren		°C
Kristallit-Schmelzpunkt	*Verfahren*	Kofler-Heizbank	217–220 °C
Längenausdehnungskoeffizient	*Bereich*	°C	$\cdot 10^{-4} K^{-1}$
	Temperatur		$\cdot 10^{-4} K^{-1}$
Wärmeleitfähigkeit	*Verfahren*		W/(K · m)
Spezifische Wärmekapazität	*Verfahren*		J/(K · g)
Glasumwandlungstemperatur	*Torsionsschwingungsversuch*	°C	
	Differentialkalorimetrie	°C	

Brandverhalten

UL-Test vertikal

Dicke 1.6   mm, Wert V-2
Dicke 3.2   mm, Wert V-2

	Norm	*Bewertung*	*Abmessungen*
Sauerstoff-Index	ASTM D 2863		
Glühstab-Verfahren			
Brandverhalten	DIN 4102		
MVSS			
FAR			

Elektrische Eigenschaften

		Hz	°C		*Probekörper, Form*
Dielektrizitätszahl		50			
		10^3			
		10^6			
Dielektrischer Verlustfaktor tan δ		50			
		10^3			
		10^6			
Spezifischer Durchgangs-widerstand	Ohm · cm		23	1.0*10**15	
Durchschlagfestigkeit	kV/mm				mm dick
Oberflächenwiderstand	Ohm		23	1.0*10**14	
Kriechstromfestigkeit		KC 600	KB	KA	
Elektrolytische Korrosionswirkung					
Lichtbogenfestigkeit nach DIN					
nach ASTM s					

Beständigkeit *(Chemische Beständigkeit siehe Anhang)*

Wasseraufnahme 23 C	1 d	10–12 %
Feuchtigkeitsaufnahme Normalklima		%
Wetterbeständigkeit		
Spannungskorrosion		

Optische Eigenschaften

Brechungszahl n_D
Transmissionsgrad τ_c %   mm dick
Lichtdurchlässigkeit

Produkt	Polyamid 6		**PA**

Handelsname **Albis Polyamid 6 PA 45/1**

Hersteller ALBIS

DIN-Bez 1
DIN-Bez 2

Zusätze		*Füllstoffe/ Verstärkung*	
Bevorzugte Verarbeitung	Spritzgiessen	*Lieferform*	Granulat
		Farben	Natur; Standard
Besondere Merkmale	Leicht entformbar; Erhoehte Waermealterungsbestaendigkeit	*Bevorzugte Anwendungen*	Technisches Formteil; Bedarfsartikel

---

Dichte	g/cm³	1.13	*Schmelzindex*	g/10 min	:
Schüttdichte	g/cm³		*Volumenfließindex*	cm³/10 min	:
Viskositätszahl	ml/g				

Verarbeitungsbedingungen für Spritzgießen

Massetemp.	°C		*Schwindung*	%	lgs	, quer
Werkzeugtemp.	°C		*Bemerkungen*			
Spritzdruck	bar					

Zugversuch 23 °C DIN 53455; DIN 53457

	Probekörper:	Form		Herstellung	Spritzgiessen
		Zustand	Spritzfrisch	Vorbehandlung	

Streckspannung	N/mm²	80	*Dehnung bei Streckspannung*	%	
Zugfestigkeit	N/mm²		*Reißdehnung*	%	50
Reißfestigkeit	N/mm²		% *Dehnspannung*	N/mm²	
E-Modul	N/mm²	3200	*Dehnung bei % Dehnspg.*	%	

Kriechmoduln und Zeitstandwerte 23 °C

	Probekörper:	Form	Herstellung	
		Zustand	Vorbehandlung	

Kriechmodul	1 min	N/mm²	*Zeitstandzugfestigkeit*	h	N/mm²
Kriechmodul	1000 h	N/mm²	*Zeitdehnspg.* %	h	N/mm²
bei Spannung		N/mm²			

Biegeversuch 23 °C DIN 53452;

	Probekörper:	Form		Herstellung	Spritzgiessen
		Zustand	Spritzfrisch	Vorbehandlung	

Biegefestigkeit	N/mm²	105	*E-Modul*	N/mm²
3,5% Biegespannung	N/mm²			

Härte 23 °C

	Probekörper:	Zustand	Herstellung	
			Vorbehandlung	

Kugeldruckhärte	N/mm²	bei	N, s	Shore-Härte A
Rockwellhärte				Shore-Härte D

Schlagversuch

	Probekörper:	(1) U-Kerbe			
		(2)		Herstellung	Spritzgiessen
		Zustand	Spritzfrisch	Vorbehandlung	
		°C	°C	°C	Probekörper-Form

Schlagzähigkeit	kJ/m²	23	o.B.
Kerbschlagzähigkeit (1)	kJ/m²	23	2.5
IZOD-Kerbschlagzähigkeit (2)	J/m		
Kerbschlagzugzähigkeit	kJ/m²		

Abrieb und Reibung

Taber-Abrieb (Reibradverfahren)   mm³/100 U
Abriebfaktor LNP (Thrust washer) Vergleichswert
Statische Reibungszahl
Dynamische Reibungszahl   (p · v =   N/mm² ·   m/min)
Zulässiger p · v Wert   N/mm² · (m/min)   v =   m/min
                                                                     v =   m/min

Thermische Eigenschaften

Formbeständigkeit in der Wärme   Verfahren   A   65 °C
                                        Verfahren   B   175 °C
Vicat Erweichungstemperatur (VST)   Verfahren   B/50   ≧ 200 °C
                                        Verfahren   °C
Kristallit-Schmelzpunkt   Verfahren   Kofler-Heizbank   217–220 °C

Längenausdehnungskoeffizient   Bereich   °C $\cdot 10^{-4} K^{-1}$
                                        Temperatur $\cdot 10^{-4} K^{-1}$
Wärmeleitfähigkeit   Verfahren   W/(K · m)

Spezifische Wärmekapazität   Verfahren   J/(K · g)

Glasumwandlungstemperatur   Torsionsschwingungsversuch   °C
                                        Differentialkalorimetrie   °C

Brandverhalten

UL-Test vertikal   Dicke 1.6   mm, Wert V-2
                                        Dicke 3.2   mm, Wert V-2

                   Norm   Bewertung   Abmessungen

Sauerstoff-Index   ASTM D 2863
Glühstab-Verfahren
Brandverhalten   DIN 4102
MVSS
FAR

Elektrische Eigenschaften

                                        Hz   °C   Probekörper, Form

Dielektrizitätszahl   50
                                        10^3
                                        10^6
Dielektrischer Verlustfaktor tan δ   50
                                        10^3
                                        10^6
Spezifischer Durchgangs-
  widerstand   Ohm · cm   23   1.0*10**15
Durchschlagfestigkeit   kV/mm   mm dick
Oberflächenwiderstand   Ohm   23   1.0*10**14

Kriechstromfestigkeit   KC 600   KB   KA
Elektrolytische Korrosionswirkung
Lichtbogenfestigkeit nach DIN
              nach ASTM   s

Beständigkeit (Chemische Beständigkeit siehe Anhang)

Wasseraufnahme 23 C   1 d   9–10 %

Feuchtigkeitsaufnahme Normalklima   %
Wetterbeständigkeit

Spannungskorrosion

Optische Eigenschaften

Brechungszahl n_D
Transmissionsgrad τ_c %   mm dick
Lichtdurchlässigkeit

Produkt	Polyamid 6		**PA**
Handelsname	**Albis Polyamid 6 PA 45/3 FS**		
Hersteller	ALBIS		
DIN-Bez 1			
DIN-Bez 2			
Zusätze	Brandschutzmittel, halogenfrei	*Füllstoffe/ Verstärkung*	
Bevorzugte Verarbeitung	Spritzgiessen	*Lieferform*	Granulat
		Farben	Natur; Standard
Besondere Merkmale	Reduziertes Schlagverhalten	*Bevorzugte Anwendungen*	Technisches Formteil; Bedarfsartikel

Dichte	g/cm^3	1.17	*Schmelzindex*	g/10 min	:
Schüttdichte	g/cm^3		*Volumenfließindex*	cm^3/10 min	:
Viskositätszahl	ml/g				

Verarbeitungsbedingungen für Spritzgießen

Massetemp.	°C		*Schwindung*	%	lgs	, quer
Werkzeugtemp.	°C		*Bemerkungen*			
Spritzdruck	bar					

Zugversuch 23 °C DIN 53455; DIN 53457

	Probekörper:	*Form*	*Herstellung*	Spritzgiessen
		Zustand Spritzfrisch	*Vorbehandlung*	

Streckspannung	N/mm^2	75	*Dehnung bei Streckspannung*	%	
Zugfestigkeit	N/mm^2		*Reißdehnung*	%	20
Reißfestigkeit	N/mm^2		*% Dehnspannung*	N/mm^2	
E-Modul	N/mm^2	3000	*Dehnung bei % Dehnspg.*	%	

Kriechmoduln und Zeitstandwerte 23 °C

	Probekörper:	*Form*	*Herstellung*
		Zustand	*Vorbehandlung*

Kriechmodul	1 min N/mm^2	*Zeitstandzugfestigkeit*	h	N/mm^2
Kriechmodul	1000 h N/mm^2	*Zeitdehnspg. %*	h	N/mm^2
bei Spannung	N/mm^2			

Biegeversuch 23 °C DIN 53452;

	Probekörper:	*Form*	*Herstellung*	Spritzgiessen
		Zustand Spritzfrisch	*Vorbehandlung*	

Biegefestigkeit	N/mm^2	100	*E-Modul*	N/mm^2
3,5% Biegespannung	N/mm^2			

Härte 23 °C

	Probekörper:	*Zustand*	*Herstellung*
			Vorbehandlung

Kugeldruckhärte	N/mm^2 bei N, s	*Shore-Härte*	A
Rockwellhärte		*Shore-Härte*	D

Schlagversuch

	Probekörper:	*(1)* U-Kerbe	
		(2)	*Herstellung* Spritzgiessen
		Zustand Spritzfrisch	*Vorbehandlung*
		°C °C	°C *Probekörper-Form*

Schlagzähigkeit	kJ/m^2	23	40
Kerbschlagzähigkeit (1)	kJ/m^2	23	2.0
IZOD-Kerbschlagzähigkeit (2)	J/m		
Kerbschlagzugzähigkeit	kJ/m^2		

Abrieb und Reibung

Taber-Abrieb (Reibradverfahren)	mm^3/100 U	
Abriebfaktor LNP (Thrust washer) Vergleichswert		
Statische Reibungszahl		
Dynamische Reibungszahl	(p·v =　　　N/mm^2 ·　　　m/min)	
Zulässiger p·v Wert	N/mm^2 · (m/min)　v =　　m/min	
	v =　　m/min	

Thermische Eigenschaften

Formbeständigkeit in der Wärme	*Verfahren*	A	65 °C
	Verfahren	B	185 °C
Vicat Erweichungstemperatur (VST)	*Verfahren*	B/50	198 °C
	Verfahren		°C
Kristallit-Schmelzpunkt	*Verfahren*	Kofler-Heizbank	217–220 °C
Längenausdehnungskoeffizient	*Bereich*	°C	·10^{-4}K^{-1}
	Temperatur		·10^{-4}K^{-1}
Wärmeleitfähigkeit	*Verfahren*		W/(K · m)
Spezifische Wärmekapazität	*Verfahren*		J/(K · g)
Glasumwandlungstemperatur	*Torsionsschwingungsversuch*	°C	
	Differentialkalorimetrie	°C	

Brandverhalten

UL-Test vertikal	Dicke 1.6　mm, Wert V-0	
	Dicke 3.2　mm, Wert V-0	

	Norm	*Bewertung*	*Abmessungen*
Sauerstoff-Index	ASTM D 2863		
Glühstab-Verfahren			
Brandverhalten	DIN 4102		
MVSS			
FAR			

Elektrische Eigenschaften

		Hz	°C		*Probekörper, Form*
Dielektrizitätszahl		50			
		10^3			
		10^6			
Dielektrischer Verlustfaktor tan δ		50			
		10^3			
		10^6			
Spezifischer Durchgangs-widerstand	Ohm · cm		23	1.0*10**15	
Durchschlagfestigkeit	kV/mm				mm dick
Oberflächenwiderstand	Ohm		23	1.0*10**14	
Kriechstromfestigkeit		KC 600	KB	KA	
Elektrolytische Korrosionswirkung					
Lichtbogenfestigkeit nach DIN					
nach ASTM	s				

Beständigkeit *(Chemische Beständigkeit siehe Anhang)*

Wasseraufnahme 23 C		1 d	8–9 %
Feuchtigkeitsaufnahme Normalklima			%
Wetterbeständigkeit			
Spannungskorrosion			

Optische Eigenschaften

Brechungszahl n$_D$		
Transmissionsgrad τ$_c$	%	mm dick
Lichtdurchlässigkeit		

Produkt	Polyamid 6		**PA**
Handelsname	**Albis Polyamid 6 PA 55/2**		
Hersteller	ALBIS		
DIN-Bez 1			
DIN-Bez 2			
Zusätze		*Füllstoffe/ Verstärkung*	
Bevorzugte Verarbeitung	Spritzgiessen	*Lieferform*	Granulat
		Farben	Natur; Standard
Besondere Merkmale	Schnell fliessend; Schnell erstarrend; Leicht entformbar	*Bevorzugte Anwendungen*	Technisches Formteil; Bedarfsartikel

---

Dichte	g/cm³	1.13	*Schmelzindex*	g/10 min		:
Schüttdichte	g/cm³		*Volumenfließindex*	cm³/10 min		:
Viskositätszahl	ml/g					

Verarbeitungsbedingungen für Spritzgießen

Massetemp.	°C		*Schwindung*	%	lgs	, quer
Werkzeugtemp.	°C		*Bemerkungen*			
Spritzdruck	bar					

Zugversuch 23 °C DIN 53455; DIN 53457

	Probekörper:	*Form*		*Herstellung*	Spritzgiessen
		Zustand Spritzfrisch		*Vorbehandlung*	
Streckspannung	N/mm² 80		*Dehnung bei Streckspannung*	%	
Zugfestigkeit	N/mm²		*Reißdehnung*	%	50
Reißfestigkeit	N/mm²		% *Dehnspannung*	N/mm²	
E-Modul	N/mm² 3200		*Dehnung bei* % *Dehnspg.*	%	

Kriechmoduln und Zeitstandwerte 23 °C

	Probekörper:	*Form*	*Herstellung*	
		Zustand	*Vorbehandlung*	
Kriechmodul	1 min N/mm²		*Zeitstandzugfestigkeit*	h N/mm²
Kriechmodul	1000 h N/mm²		*Zeitdehnspg.* %	h N/mm²
bei Spannung	N/mm²			

Biegeversuch 23 °C DIN 53452;

	Probekörper:	*Form*	*Herstellung*	Spritzgiessen
		Zustand Spritzfrisch	*Vorbehandlung*	
Biegefestigkeit	N/mm² 105	*E-Modul*	N/mm²	
3,5% Biegespannung	N/mm²			

Härte 23 °C

	Probekörper:	*Zustand*	*Herstellung*	
			Vorbehandlung	
Kugeldruckhärte	N/mm²	bei N, s	*Shore-Härte* A	
Rockwellhärte			*Shore-Härte* D	

Schlagversuch

	Probekörper:	*(1)* U-Kerbe		
		(2)	*Herstellung*	Spritzgiessen
		Zustand Spritzfrisch	*Vorbehandlung*	
		°C °C	°C	*Probekörper-Form*

Schlagzähigkeit	kJ/m²	23 o.B.
Kerbschlagzähigkeit (1)	kJ/m²	23 2.5
IZOD-Kerbschlagzähigkeit (2)	J/m	
Kerbschlagzugzähigkeit	kJ/m²	

Abrieb und Reibung

Taber-Abrieb (Reibradverfahren)	mm^3/100 U
Abriebfaktor LNP (Thrust washer) Vergleichswert	
Statische Reibungszahl	
Dynamische Reibungszahl	(p·v = N/mm^2 · m/min)
Zulässiger p · v Wert	N/mm^2 · (m/min) v = m/min
	v = m/min

Thermische Eigenschaften

Formbeständigkeit in der Wärme	*Verfahren*	A	65 °C
	Verfahren .	B	185 °C
Vicat Erweichungstemperatur (VST)	*Verfahren*	B/50	$\geqq$ 200 °C
	Verfahren		°C
Kristallit-Schmelzpunkt	*Verfahren*	Kofler-Heizbank	217–220 °C
Längenausdehnungskoeffizient	*Bereich*	°C	· 10^{-4}K^{-1}
	Temperatur		· 10^{-4}K^{-1}
Wärmeleitfähigkeit	*Verfahren*		W/(K · m)
Spezifische Wärmekapazität	*Verfahren*		J/(K · g)
Glasumwandlungstemperatur	*Torsionsschwingungsversuch*		°C
	Differentialkalorimetrie		°C

Brandverhalten

UL-Test vertikal	Dicke 1.6 mm, Wert V-2	
	Dicke 3.2 mm, Wert V-2	

	Norm	*Bewertung*	*Abmessungen*
Sauerstoff-Index	ASTM D 2863		
Glühstab-Verfahren			
Brandverhalten	DIN 4102		
MVSS			
FAR			

Elektrische Eigenschaften

		Hz	*°C*		*Probekörper, Form*
Dielektrizitätszahl		50			
		10^3			
		10^6			
Dielektrischer Verlustfaktor tan δ		50			
		10^3			
		10^6			
Spezifischer Durchgangs-widerstand	Ohm · cm		23	1.0*10**15	
Durchschlagfestigkeit	kV/mm				mm dick
Oberflächenwiderstand	Ohm		23	1.0*10**14	
Kriechstromfestigkeit		KC 600	KB	KA	
Elektrolytische Korrosionswirkung					
Lichtbogenfestigkeit nach DIN					
nach ASTM	s				

Beständigkeit *(Chemische Beständigkeit siehe Anhang)*

Wasseraufnahme 23 C		1 d	9–10 %
Feuchtigkeitsaufnahme Normalklima			%
Wetterbeständigkeit			
Spannungskorrosion			

Optische Eigenschaften

Brechungszahl n$_D$			
Transmissionsgrad τ_c	%	mm dick	
Lichtdurchlässigkeit			

Produkt	Polyamid 6	**PA**
Handelsname	**Albis Polyamid 6 PA 55 WM**	
Hersteller	ALBIS	
DIN-Bez 1		
DIN-Bez 2		

Zusätze		*Füllstoffe/ Verstärkung*	
Bevorzugte Verarbeitung	Spritzgiessen	*Lieferform*	Granulat
		Farben	Natur; Standard
Besondere Merkmale	Trockenschlagzaeh; Mittleres Kerb-schlagzaehigkeitsniveau	*Bevorzugte Anwendungen*	Technisches Formteil; Bedarfsartikel

Dichte	g/cm^3	1.11		*Schmelzindex*	g/10 min		:
Schüttdichte	g/cm^3			*Volumenfließindex*	cm^3/10 min		:
Viskositätszahl	ml/g						

Verarbeitungsbedingungen für Spritzgießen

Massetemp.	°C		*Schwindung*	%	lgs	, quer
Werkzeugtemp.	°C		*Bemerkungen*			
Spritzdruck	bar					

Zugversuch 23 °C DIN 53455; DIN 53457

	Probekörper:	*Form*	*Herstellung*	Spritzgiessen
		Zustand Spritzfrisch	*Vorbehandlung*	

Streckspannung	N/mm^2	60	*Dehnung bei Streckspannung*	%	
Zugfestigkeit	N/mm^2		*Reißdehnung*	%	50
Reißfestigkeit	N/mm^2		% *Dehnspannung*	N/mm^2	
E-Modul	N/mm^2	2300	*Dehnung bei* % *Dehnspg.*	%	

Kriechmoduln und Zeitstandwerte 23 °C

	Probekörper:	*Form*	*Herstellung*
		Zustand	*Vorbehandlung*

Kriechmodul	1 min	N/mm^2	*Zeitstandzugfestigkeit*	h	N/mm^2
Kriechmodul	1000 h	N/mm^2	*Zeitdehnspg.* %	h	N/mm^2
bei Spannung		N/mm^2			

Biegeversuch 23 °C DIN 53452;

	Probekörper:	*Form*	*Herstellung*	Spritzgiessen
		Zustand Spritzfrisch	*Vorbehandlung*	

Biegefestigkeit	N/mm^2	90	*E-Modul*	N/mm^2
3,5% Biegespannung	N/mm^2			

Härte 23 °C

	Probekörper:	*Zustand*	*Herstellung*
			Vorbehandlung

Kugeldruckhärte	N/mm^2	bei N, s	*Shore-Härte* A	
Rockwellhärte			*Shore-Härte* D	

Schlagversuch

	Probekörper:	*(1)* U-Kerbe	
		(2)	*Herstellung* Spritzgiessen
		Zustand Spritzfrisch	*Vorbehandlung*
		°C °C	°C *Probekörper-Form*

Schlagzähigkeit	kJ/m^2	23 o.B.	
Kerbschlagzähigkeit (1)	kJ/m^2	23 6	
IZOD-Kerbschlagzähigkeit (2)	J/m		
Kerbschlagzugzähigkeit	kJ/m^2		

Abrieb und Reibung

Taber-Abrieb (Reibradverfahren)   mm³/100 U
Abriebfaktor LNP (Thrust washer) Vergleichswert
Statische Reibungszahl
Dynamische Reibungszahl   (p·v =   N/mm² ·   m/min)
Zulässiger p · v Wert   N/mm² · (m/min)   v =   m/min
                                                                            v =   m/min

Thermische Eigenschaften

Formbeständigkeit in der Wärme	Verfahren	A	55 °C
	Verfahren	B	150 °C
Vicat Erweichungstemperatur (VST)	Verfahren	B/50	190 °C
	Verfahren		°C
Kristallit-Schmelzpunkt	Verfahren	Kofler-Heizbank	217–220 °C

Längenausdehnungskoeffizient   Bereich   °C $\cdot 10^{-4} K^{-1}$
                                              Temperatur $\cdot 10^{-4} K^{-1}$
Wärmeleitfähigkeit   Verfahren   W/(K · m)

Spezifische Wärmekapazität   Verfahren   J/(K · g)

Glasumwandlungstemperatur   Torsionsschwingungsversuch   °C
                                              Differentialkalorimetrie   °C

Brandverhalten

UL-Test vertikal   Dicke 1.6   mm, Wert HB
                                              Dicke 3.2   mm, Wert HB

	Norm	Bewertung	Abmessungen
Sauerstoff-Index	ASTM D 2863		
Glühstab-Verfahren			
Brandverhalten	DIN 4102		
MVSS			
FAR			

Elektrische Eigenschaften

		Hz	°C			Probekörper, Form
Dielektrizitätszahl		50				
		10^3				
		10^6				
Dielektrischer Verlustfaktor tan δ		50				
		10^3				
		10^6				
Spezifischer Durchgangs-widerstand	Ohm · cm		23	1.0*10**15		
Durchschlagfestigkeit	kV/mm					mm dick
Oberflächenwiderstand	Ohm		23	1.0*10**14		
Kriechstromfestigkeit		KC 600	KB	KA		
Elektrolytische Korrosionswirkung						
Lichtbogenfestigkeit nach DIN						
nach ASTM	s					

Beständigkeit (Chemische Beständigkeit siehe Anhang)

Wasseraufnahme 23 C   1 d   8.5–9.5 %

Feuchtigkeitsaufnahme Normalklima   %
Wetterbeständigkeit

Spannungskorrosion

Optische Eigenschaften

Brechungszahl n_D
Transmissionsgrad τ_c %   mm dick
Lichtdurchlässigkeit

Produkt	Polyamid 6	**PA**
Handelsname	**Albis Polyamid 6 PA 55/5 TSZ**	
Hersteller	ALBIS	
DIN-Bez 1		
DIN-Bez 2		

Zusätze		*Füllstoffe/ Verstärkung*	
Bevorzugte Verarbeitung	Spritzgiessen	*Lieferform*	Granulat
		Farben	Natur; Standard
Besondere Merkmale	Trockenschlagzaeh; Erhoehtes Kerb-schlagzaehigkeitsniveau	*Bevorzugte Anwendungen*	Technisches Formteil; Bedarfsartikel

Dichte	g/cm³	1.11	*Schmelzindex*	g/10 min	:
Schüttdichte	g/cm³		*Volumenfließindex*	cm³/10 min	:
Viskositätszahl	ml/g				

Verarbeitungsbedingungen für Spritzgießen

Massetemp.	°C		*Schwindung*	%	lgs , quer
Werkzeugtemp.	°C		*Bemerkungen*		
Spritzdruck	bar				

Zugversuch 23 °C DIN 53455; DIN 53457

	Probekörper:	*Form*	*Herstellung*	Spritzgiessen
		Zustand Spritzfrisch	*Vorbehandlung*	

Streckspannung	N/mm² 65	*Dehnung bei Streckspannung*	%	
Zugfestigkeit	N/mm²	*Reißdehnung*	%	90
Reißfestigkeit	N/mm²	% *Dehnspannung*	N/mm²	
E-Modul	N/mm² 2500	*Dehnung bei* % *Dehnspg.*	%	

Kriechmoduln und Zeitstandwerte 23 °C

	Probekörper:	*Form*	*Herstellung*
		Zustand	*Vorbehandlung*

Kriechmodul	1 min N/mm²	*Zeitstandzugfestigkeit*	h N/mm²
Kriechmodul	1000 h N/mm²	*Zeitdehnspg.* %	h N/mm²
bei Spannung	N/mm²		

Biegeversuch 23 °C DIN 53452;

	Probekörper:	*Form*	*Herstellung* Spritzgiessen
		Zustand Spritzfrisch	*Vorbehandlung*

Biegefestigkeit	N/mm² 90	*E-Modul*	N/mm²
3,5% Biegespannung	N/mm²		

Härte 23 °C

	Probekörper:	*Zustand*	*Herstellung*
			Vorbehandlung

Kugeldruckhärte	N/mm²	bei N, s	*Shore-Härte* A
Rockwellhärte			*Shore-Härte* D

Schlagversuch

	Probekörper:	(1) U-Kerbe	
		(2)	*Herstellung* Spritzgiessen
		Zustand Spritzfrisch	*Vorbehandlung*
		°C °C	°C *Probekörper-Form*

Schlagzähigkeit	kJ/m²	23 o.B.
Kerbschlagzähigkeit (1)	kJ/m²	23 12
IZOD-Kerbschlagzähigkeit (2)	J/m	
Kerbschlagzugzähigkeit	kJ/m²	

Abrieb und Reibung

Taber-Abrieb (Reibradverfahren)	mm³/100 U
Abriebfaktor LNP (Thrust washer) Vergleichswert	
Statische Reibungszahl	
Dynamische Reibungszahl	(p·v = N/mm² · m/min)
Zulässiger p · v Wert	N/mm² · (m/min) v = m/min
	v = m/min

Thermische Eigenschaften

Formbeständigkeit in der Wärme	*Verfahren*	A	60 °C
	Verfahren	B	160 °C
Vicat Erweichungstemperatur (VST)	*Verfahren*	B/50	190 °C
	Verfahren		°C
Kristallit-Schmelzpunkt	*Verfahren*	Kofler-Heizbank	217–220 °C
Längenausdehnungskoeffizient	*Bereich*	°C	$\cdot 10^{-4} K^{-1}$
	Temperatur		$\cdot 10^{-4} K^{-1}$
Wärmeleitfähigkeit	*Verfahren*		$W/(K \cdot m)$
Spezifische Wärmekapazität	*Verfahren*		$J/(K \cdot g)$
Glasumwandlungstemperatur	*Torsionsschwingungsversuch*	°C	
	Differentialkalorimetrie	°C	

Brandverhalten

UL-Test vertikal	Dicke 1.6 mm, Wert HB	
	Dicke 3.2 mm, Wert HB	

	Norm	*Bewertung*	*Abmessungen*
Sauerstoff-Index	ASTM D 2863		
Glühstab-Verfahren			
Brandverhalten	DIN 4102		
MVSS			
FAR			

Elektrische Eigenschaften

	Hz	*°C*		*Probekörper, Form*
Dielektrizitätszahl	50			
	10^3			
	10^6			
Dielektrischer Verlustfaktor tan δ	50			
	10^3			
	10^6			
Spezifischer Durchgangs-widerstand	Ohm · cm	23	1.0*10**15	
Durchschlagfestigkeit	kV/mm			mm dick
Oberflächenwiderstand	Ohm	23	1.0*10**14	
Kriechstromfestigkeit	KC 600	KB	KA	
Elektrolytische Korrosionswirkung				
Lichtbogenfestigkeit nach DIN				
nach ASTM	s			

Beständigkeit *(Chemische Beständigkeit siehe Anhang)*

Wasseraufnahme 23 C		1 d	8.5–9.5 %
Feuchtigkeitsaufnahme Normalklima			%
Wetterbeständigkeit			
Spannungskorrosion			

Optische Eigenschaften

Brechungszahl n_D			
Transmissionsgrad τ_c	%	mm dick	
Lichtdurchlässigkeit			

Produkt	Polyamid 6	**PA**
Handelsname	**Albis Polyamid 6 PA 45/1 GF 25**	
Hersteller	ALBIS	
DIN-Bez 1		
DIN-Bez 2		

Zusätze		*Füllstoffe/ Verstärkung*	25.0% Glasfaser
Bevorzugte Verarbeitung	Spritzgiessen	*Lieferform*	Granulat
		Farben	Natur; Standard
Besondere Merkmale	Hohe Festigkeit; Hohe Steifigkeit; Er-hoehte Waermealterungsbestaendig-keit	*Bevorzugte Anwendungen*	Technisches Formteil; Bedarfsartikel

---

Dichte	g/cm³	1.32	*Schmelzindex*	g/10 min	:
Schüttdichte	g/cm³		*Volumenfließindex*	cm³/10 min	:
Viskositätszahl	ml/g				

Verarbeitungsbedingungen für Spritzgießen

Massetemp.	°C		*Schwindung*	% lgs	, quer
Werkzeugtemp.	°C		*Bemerkungen*		
Spritzdruck	bar				

Zugversuch 23 °C　　DIN 53455; DIN 53457

Probekörper:	Form	*Herstellung*	Spritzgiessen
	Zustand　Spritzfrisch	*Vorbehandlung*	

Streckspannung	N/mm² 160	*Dehnung bei Streckspannung*	%	
Zugfestigkeit	N/mm²	*Reißdehnung*	%	3.5
Reißfestigkeit	N/mm²	% *Dehnspannung*	N/mm²	
E-Modul	N/mm² 8000	*Dehnung bei* % *Dehnspg.*	%	

Kriechmoduln und Zeitstandwerte 23 °C

Probekörper:	Form	*Herstellung*	
	Zustand	*Vorbehandlung*	

Kriechmodul	1 min　N/mm²	*Zeitstandzugfestigkeit*	h	N/mm²
Kriechmodul	1000 h N/mm²	*Zeitdehnspg.* %	h	N/mm²
bei Spannung	N/mm²			

Biegeversuch 23 °C　　DIN 53452;

Probekörper:	Form	*Herstellung*	Spritzgiessen
	Zustand　Spritzfrisch	*Vorbehandlung*	

Biegefestigkeit	N/mm² 215	*E-Modul*	N/mm²
3,5% Biegespannung	N/mm²		

Härte 23 °C

Probekörper:	Zustand	*Herstellung*	
		Vorbehandlung	

Kugeldruckhärte	N/mm²	bei　N, s	*Shore-Härte* A
Rockwellhärte			*Shore-Härte* D

Schlagversuch

Probekörper:	(1) U-Kerbe	
	(2)	*Herstellung*　Spritzgiessen
	Zustand　Spritzfrisch	*Vorbehandlung*

°C	°C	°C	*Probekörper-Form*

Schlagzähigkeit	kJ/m²	23　40	
Kerbschlagzähigkeit (1)	kJ/m²	23　10	
IZOD-Kerbschlagzähigkeit (2)	J/m		
Kerbschlagzugzähigkeit	kJ/m²		

Abrieb und Reibung

Taber-Abrieb (Reibradverfahren)	mm^3/100 U
Abriebfaktor LNP (Thrust washer) Vergleichswert	
Statische Reibungszahl	
Dynamische Reibungszahl	(p · v = N/mm^2 · m/min)
Zulässiger p · v Wert	N/mm^2 · (m/min) v = m/min
	v = m/min

Thermische Eigenschaften

Formbeständigkeit in der Wärme	*Verfahren*	A	200 °C
	Verfahren	B	215 °C
Vicat Erweichungstemperatur (VST)	*Verfahren*	B/50	≧ 200 °C
	Verfahren		°C
Kristallit-Schmelzpunkt	*Verfahren*	Kofler-Heizbank	217–220 °C
Längenausdehnungskoeffizient	*Bereich*	°C	· 10^{-4}K^{-1}
	Temperatur		· 10^{-4}K^{-1}
Wärmeleitfähigkeit	*Verfahren*		W/(K · m)
Spezifische Wärmekapazität	*Verfahren*		J/(K · g)
Glasumwandlungstemperatur	*Torsionsschwingungsversuch*	°C	
	Differentialkalorimetrie	°C	

Brandverhalten

UL-Test vertikal   Dicke 1.6   mm, Wert HB
                            Dicke 3.2   mm, Wert HB

	Norm	*Bewertung*	*Abmessungen*
Sauerstoff-Index	ASTM D 2863		
Glühstab-Verfahren			
Brandverhalten	DIN 4102		
MVSS			
FAR			

Elektrische Eigenschaften

		Hz	°C		*Probekörper, Form*
Dielektrizitätszahl		50			
		10^3			
		10^6			
Dielektrischer Verlustfaktor tan δ		50			
		10^3			
		10^6			
Spezifischer Durchgangs-widerstand	Ohm · cm		23	1.0*10**15	
Durchschlagfestigkeit	kV/mm				mm dick
Oberflächenwiderstand	Ohm		23	1.0*10**14	
Kriechstromfestigkeit		KC 525	KB	KA	
Elektrolytische Korrosionswirkung					
Lichtbogenfestigkeit nach DIN					
nach ASTM	s				

Beständigkeit *(Chemische Beständigkeit siehe Anhang)*

Wasseraufnahme 23 C   1 d   6–7 %

Feuchtigkeitsaufnahme Normalklima   %
Wetterbeständigkeit

Spannungskorrosion

Optische Eigenschaften

Brechungszahl n$_D$
Transmissionsgrad τ$_c$ %   mm dick
Lichtdurchlässigkeit

Produkt	Polyamid 6	**PA**
Handelsname	**Albis Polyamid 6 PA 45/1 GF 30**	
Hersteller	ALBIS	
DIN-Bez 1		
DIN-Bez 2		

Zusätze		*Füllstoffe/ Verstärkung*	30.0% Glasfaser
Bevorzugte Verarbeitung	Spritzgiessen	*Lieferform*	Granulat
		Farben	Natur; Standard
Besondere Merkmale	Hohe Festigkeit; Hohe Steifigkeit; Er-hoehte Waermealterungsbestaendig-keit	*Bevorzugte Anwendungen*	Technisches Formteil; Bedarfsartikel

---

Dichte	g/cm^3	1.36	*Schmelzindex*	g/10 min	:
Schüttdichte	g/cm^3		*Volumenfließindex*	cm^3/10 min	:
Viskositätszahl	ml/g				

Verarbeitungsbedingungen für Spritzgießen

Massetemp.	°C		*Schwindung*	%	lgs , quer
Werkzeugtemp.	°C		*Bemerkungen*		
Spritzdruck	bar				

Zugversuch 23 °C DIN 53455; DIN 53457

Probekörper:	*Form*	*Herstellung*	Spritzgiessen
	Zustand Spritzfrisch	*Vorbehandlung*	

Streckspannung	N/mm^2 170	*Dehnung bei Streckspannung*	%	
Zugfestigkeit	N/mm^2	*Reißdehnung*	%	3.5
Reißfestigkeit	N/mm^2	% *Dehnspannung*	N/mm^2	
E-Modul	N/mm^2 9000	*Dehnung bei* % *Dehnspg.*	%	

Kriechmoduln und Zeitstandwerte 23 °C

Probekörper:	*Form*	*Herstellung*	
	Zustand	*Vorbehandlung*	

Kriechmodul	1 min N/mm^2	*Zeitstandzugfestigkeit*	h N/mm^2
Kriechmodul	1000 h N/mm^2	*Zeitdehnspg.* %	h N/mm^2
bei Spannung	N/mm^2		

Biegeversuch 23 °C DIN 53452;

Probekörper:	*Form*	*Herstellung*	Spritzgiessen
	Zustand Spritzfrisch	*Vorbehandlung*	

Biegefestigkeit	N/mm^2 240	*E-Modul*	N/mm^2
3,5% Biegespannung	N/mm^2		

Härte 23 °C

Probekörper:	*Zustand*	*Herstellung*	
		Vorbehandlung	

Kugeldruckhärte	N/mm^2 bei N, s	*Shore-Härte* A	
Rockwellhärte		*Shore-Härte* D	

Schlagversuch

Probekörper:	*(1)* U-Kerbe		
	(2)	*Herstellung*	Spritzgiessen
	Zustand Spritzfrisch	*Vorbehandlung*	

°C	°C	°C	*Probekörper-Form*

Schlagzähigkeit	kJ/m^2	23 50	
Kerbschlagzähigkeit (1)	kJ/m^2	23 11	
IZOD-Kerbschlagzähigkeit (2)	J/m		
Kerbschlagzugzähigkeit	kJ/m^2		

Abrieb und Reibung

Taber-Abrieb (Reibradverfahren)	mm^3/100 U	
Abriebfaktor LNP (Thrust washer) Vergleichswert		
Statische Reibungszahl		
Dynamische Reibungszahl	$(p \cdot v =$ N/mm$^2 \cdot$ m/min$)$	
Zulässiger p · v Wert	N/mm$^2 \cdot$ (m/min)	v = m/min
		v = m/min

Thermische Eigenschaften

Formbeständigkeit in der Wärme	*Verfahren*	A	200 °C
	Verfahren	B	215 °C
Vicat Erweichungstemperatur (VST)	*Verfahren*	B/50	$\geqq$ 200 °C
	Verfahren		°C
Kristallit-Schmelzpunkt	*Verfahren*	Kofler-Heizbank	217–220 °C
Längenausdehnungskoeffizient	*Bereich*	°C	$\cdot 10^{-4}$K^{-1}
	Temperatur		$\cdot 10^{-4}$K^{-1}
Wärmeleitfähigkeit	*Verfahren*		W/(K · m)
Spezifische Wärmekapazität	*Verfahren*		J/(K · g)
Glasumwandlungstemperatur	*Torsionsschwingungsversuch*	°C	
	Differentialkalorimetrie	°C	

Brandverhalten

UL-Test vertikal Dicke 1.6 mm, Wert HB
Dicke 3.2 mm, Wert HB

	Norm	Bewertung	Abmessungen
Sauerstoff-Index	ASTM D 2863		
Glühstab-Verfahren			
Brandverhalten	DIN 4102		
MVSS			
FAR			

Elektrische Eigenschaften

		Hz	°C			Probekörper, Form
Dielektrizitätszahl		50				
		10^3				
		10^6				
Dielektrischer Verlustfaktor tan δ		50				
		10^3				
		10^6				
Spezifischer Durchgangs-						
widerstand	Ohm · cm		23	1.0*10**15		
Durchschlagfestigkeit	kV/mm					mm dick
Oberflächenwiderstand	Ohm		23	1.0*10**14		
Kriechstromfestigkeit		KC 500		KB	KA	
Elektrolytische Korrosionswirkung						
Lichtbogenfestigkeit nach DIN						
nach ASTM	s					

Beständigkeit *(Chemische Beständigkeit siehe Anhang)*

Wasseraufnahme 23 C		1 d	6–7 %
Feuchtigkeitsaufnahme Normalklima			%
Wetterbeständigkeit			
Spannungskorrosion			

Optische Eigenschaften

Brechungszahl n$_D$		
Transmissionsgrad τ_c	%	mm dick
Lichtdurchlässigkeit		

Produkt	Polyamid 6	**PA**
Handelsname	**Albis Polyamid 6 PA 45/2 GF 30**	
Hersteller	ALBIS	
DIN-Bez 1		
DIN-Bez 2		

Zusätze		*Füllstoffe/ Verstärkung*	30.0% Glasfaser
Bevorzugte Verarbeitung	Spritzgiessen	*Lieferform*	Granulat
		Farben	Natur; Standard
Besondere Merkmale	Hohe Festigkeit; Hohe Steifigkeit	*Bevorzugte Anwendungen*	Technisches Formteil; Bedarfsartikel

---

Dichte	g/cm^3	1.36		*Schmelzindex*	g/10 min		:
Schüttdichte	g/cm^3			*Volumenfließindex*	cm^3/10 min		:
Viskositätszahl	ml/g						

Verarbeitungsbedingungen für Spritzgießen

Massetemp.	°C		*Schwindung*	%	lgs	, quer
Werkzeugtemp.	°C		*Bemerkungen*			
Spritzdruck	bar					

Zugversuch 23 °C DIN 53455; DIN 53457

			Herstellung	Spritzgiessen
Probekörper:	*Form*			
	Zustand	Spritzfrisch	*Vorbehandlung*	

Streckspannung	N/mm^2	170	*Dehnung bei Streckspannung*	%		
Zugfestigkeit	N/mm^2		*Reißdehnung*	%	3.5	
Reißfestigkeit	N/mm^2		% *Dehnspannung*	N/mm^2		
E-Modul	N/mm^2	9000	*Dehnung bei* % *Dehnspg.*	%		

Kriechmoduln und Zeitstandwerte 23 °C

			Herstellung	
Probekörper:	*Form*			
	Zustand		*Vorbehandlung*	

Kriechmodul	1 min	N/mm^2	*Zeitstandzugfestigkeit*	h	N/mm^2
Kriechmodul	1000 h	N/mm^2	*Zeitdehnspg.* %	h	N/mm^2
bei Spannung		N/mm^2			

Biegeversuch 23 °C DIN 53452;

			Herstellung	Spritzgiessen
Probekörper:	*Form*			
	Zustand	Spritzfrisch	*Vorbehandlung*	

Biegefestigkeit	N/mm^2	240	*E-Modul*	N/mm^2
3,5% Biegespannung	N/mm^2			

Härte 23 °C

			Herstellung	
Probekörper:	*Zustand*		*Vorbehandlung*	

Kugeldruckhärte	N/mm^2	bei	N, s	*Shore-Härte* A	
Rockwellhärte				*Shore-Härte* D	

Schlagversuch

Probekörper:	(1) U-Kerbe	
	(2)	*Herstellung* Spritzgiessen
	Zustand Spritzfrisch	*Vorbehandlung*

°C	°C	°C	*Probekörper-Form*

Schlagzähigkeit	kJ/m^2	23	50
Kerbschlagzähigkeit (1)	kJ/m^2	23	11
IZOD-Kerbschlagzähigkeit (2)	J/m		
Kerbschlagzugzähigkeit	kJ/m^2		

Abrieb und Reibung

Taber-Abrieb (Reibradverfahren)	mm^3/100 U
Abriebfaktor LNP (Thrust washer) Vergleichswert	
Statische Reibungszahl	
Dynamische Reibungszahl	(p · v = N/mm^2 · m/min)
Zulässiger p · v Wert	N/mm^2 · (m/min) v = m/min
	v = m/min

Thermische Eigenschaften

Formbeständigkeit in der Wärme	*Verfahren*	A	200 °C
	Verfahren	B	215 °C
Vicat Erweichungstemperatur (VST)	*Verfahren*	B/50	$\geqq$ 200 °C
	Verfahren		°C
Kristallit-Schmelzpunkt	*Verfahren*	Kofler-Heizbank	217–220 °C
Längenausdehnungskoeffizient	*Bereich*	°C	· 10^{-4}K^{-1}
	Temperatur		· 10^{-4}K^{-1}
Wärmeleitfähigkeit	*Verfahren*		W/(K · m)
Spezifische Wärmekapazität	*Verfahren*		J/(K · g)
Glasumwandlungstemperatur	*Torsionsschwingungsversuch*		°C
	Differentialkalorimetrie		°C

Brandverhalten

UL-Test vertikal
Dicke 1.6   mm, Wert HB
Dicke 3.2   mm, Wert HB

	Norm	*Bewertung*	*Abmessungen*
Sauerstoff-Index	ASTM D 2863		
Glühstab-Verfahren			
Brandverhalten	DIN 4102		
MVSS			
FAR			

Elektrische Eigenschaften

		Hz	°C		*Probekörper, Form*
Dielektrizitätszahl		50			
		10^3			
		10^6			
Dielektrischer Verlustfaktor tan δ		50			
		10^3			
		10^6			
Spezifischer Durchgangs-					
widerstand	Ohm · cm		23	1.0*10**15	
Durchschlagfestigkeit	kV/mm				mm dick
Oberflächenwiderstand	Ohm		23	1.0*10**14	
Kriechstromfestigkeit		KC 500	KB	KA	
Elektrolytische Korrosionswirkung					
Lichtbogenfestigkeit nach DIN					
nach ASTM	s				

Beständigkeit *(Chemische Beständigkeit siehe Anhang)*

Wasseraufnahme 23 C		1 d	6–7 %
Feuchtigkeitsaufnahme Normalklima			%
Wetterbeständigkeit			
Spannungskorrosion			

Optische Eigenschaften

Brechungszahl n$_D$
Transmissionsgrad τ_c %   mm dick
Lichtdurchlässigkeit

Produkt	Polyamid 6	**PA**
Handelsname	**Albis Polyamid 6 PA 45/1 GF 35**	
Hersteller	ALBIS	
DIN-Bez 1		
DIN-Bez 2		

Zusätze		*Füllstoffe/ Verstärkung*	35.0% Glasfaser
Bevorzugte Verarbeitung	Spritzgiessen	*Lieferform*	Granulat
		Farben	Natur; Standard
Besondere Merkmale	Hohe Festigkeit; Hohe Steifigkeit; Erhoehte Waermealterungsbestaendigkeit	*Bevorzugte Anwendungen*	Technisches Formteil; Bedarfsartikel

Dichte	g/cm^3	1.41	*Schmelzindex*	g/10 min	:
Schüttdichte	g/cm^3		*Volumenfließindex*	cm^3/10 min	:
Viskositätszahl	ml/g				

Verarbeitungsbedingungen für Spritzgießen

Massetemp.	°C		*Schwindung*	%	lgs	, quer
Werkzeugtemp.	°C		*Bemerkungen*			
Spritzdruck	bar					

Zugversuch 23 °C DIN 53455; DIN 53457

	Probekörper:	*Form*	*Herstellung*	Spritzgiessen
		Zustand Spritzfrisch	*Vorbehandlung*	

Streckspannung	N/mm^2	180	*Dehnung bei Streckspannung*	%	
Zugfestigkeit	N/mm^2		*Reißdehnung*	%	3
Reißfestigkeit	N/mm^2		*% Dehnspannung*	N/mm^2	
E-Modul	N/mm^2	10000	*Dehnung bei* % *Dehnspg.*	%	

Kriechmoduln und Zeitstandwerte 23 °C

	Probekörper:	*Form*	*Herstellung*
		Zustand	*Vorbehandlung*

Kriechmodul	*1 min* N/mm^2	*Zeitstandzugfestigkeit*	h	N/mm^2
Kriechmodul	*1000 h* N/mm^2	*Zeitdehnspg.* %	h	N/mm^2
bei Spannung	N/mm^2			

Biegeversuch 23 °C DIN 53452;

	Probekörper:	*Form*	*Herstellung*	Spritzgiessen
		Zustand Spritzfrisch	*Vorbehandlung*	

Biegefestigkeit	N/mm^2 250	*E-Modul*	N/mm^2
3,5% Biegespannung	N/mm^2		

Härte 23 °C

	Probekörper:	*Zustand*	*Herstellung*
			Vorbehandlung

Kugeldruckhärte	N/mm^2 bei N, s	*Shore-Härte* A	
Rockwellhärte		*Shore-Härte* D	

Schlagversuch

	Probekörper:	*(1)* U-Kerbe	
		(2)	*Herstellung* Spritzgiessen
		Zustand Spritzfrisch	*Vorbehandlung*

°C	°C	°C	*Probekörper-Form*

Schlagzähigkeit	kJ/m^2	23	55
Kerbschlagzähigkeit (1)	kJ/m^2	23	12
IZOD-Kerbschlagzähigkeit (2)	J/m		
Kerbschlagzugzähigkeit	kJ/m^2		

Abrieb und Reibung

Taber-Abrieb (Reibradverfahren)	mm³/100 U
Abriebfaktor LNP (Thrust washer) Vergleichswert	
Statische Reibungszahl	
Dynamische Reibungszahl	$(p \cdot v =$ N/mm² · m/min)
Zulässiger p · v Wert	N/mm² · (m/min) v = m/min
	v = m/min

Thermische Eigenschaften

Formbeständigkeit in der Wärme	*Verfahren*	A	200 °C
	Verfahren	B	215 °C
Vicat Erweichungstemperatur (VST)	*Verfahren*	B/50	$\geqq$ 200 °C
	Verfahren		°C
Kristallit-Schmelzpunkt	*Verfahren*	Kofler-Heizbank	217–220 °C
Längenausdehnungskoeffizient	*Bereich*	°C	$\cdot 10^{-4} K^{-1}$
	Temperatur		$\cdot 10^{-4} K^{-1}$
Wärmeleitfähigkeit	*Verfahren*		W/(K · m)
Spezifische Wärmekapazität	*Verfahren*		J/(K · g)
Glasumwandlungstemperatur	*Torsionsschwingungsversuch*	°C	
	Differentialkalorimetrie	°C	

Brandverhalten

UL-Test vertikal	Dicke 1.6 mm, Wert HB	
	Dicke 3.2 mm, Wert HB	

	Norm	*Bewertung*	*Abmessungen*
Sauerstoff-Index	ASTM D 2863		
Glühstab-Verfahren			
Brandverhalten	DIN 4102		
MVSS			
FAR			

Elektrische Eigenschaften

		Hz	°C			*Probekörper, Form*
Dielektrizitätszahl		50				
		10^3				
		10^6				
Dielektrischer Verlustfaktor tan δ		50				
		10^3				
		10^6				
Spezifischer Durchgangs- widerstand	Ohm · cm		23	1.0*10**15		
Durchschlagfestigkeit	kV/mm					mm dick
Oberflächenwiderstand	Ohm		23	1.0*10**14		
Kriechstromfestigkeit		KC 500	KB		KA	
Elektrolytische Korrosionswirkung						
Lichtbogenfestigkeit nach DIN						
nach ASTM	s					

Beständigkeit *(Chemische Beständigkeit siehe Anhang)*

Wasseraufnahme 23 C		1 d	5.5–6.5 %
Feuchtigkeitsaufnahme Normalklima			%
Wetterbeständigkeit			
Spannungskorrosion			

Optische Eigenschaften

Brechungszahl n_D			
Transmissionsgrad τ_c	%		mm dick
Lichtdurchlässigkeit			

Produkt	Polyamid 6		**PA**
Handelsname	**Albis Polyamid 6 PA 50/1 MR 30**		
Hersteller	ALBIS		
DIN-Bez 1			
DIN-Bez 2			
Zusätze		*Füllstoffe/ Verstärkung*	30.0% Mineral
Bevorzugte Verarbeitung	Spritzgiessen	*Lieferform*	Granulat
		Farben	Natur; Standard
Besondere Merkmale	Verzugsarm	*Bevorzugte Anwendungen*	Technisches Formteil; Bedarfsartikel

---

Dichte	g/cm^3	1.35	*Schmelzindex*	g/10 min	:
Schüttdichte	g/cm^3		*Volumenfließindex*	cm^3/10 min	:
Viskositätszahl	ml/g				

Verarbeitungsbedingungen für Spritzgießen

Massetemp.	°C		*Schwindung*	%	lgs	, quer
Werkzeugtemp.	°C		*Bemerkungen*			
Spritzdruck	bar					

Zugversuch 23 °C DIN 53455; DIN 53457

	Probekörper:	*Form*	*Herstellung*	Spritzgiessen
		Zustand Spritzfrisch	*Vorbehandlung*	
Streckspannung	N/mm^2 80		*Dehnung bei Streckspannung*	%
Zugfestigkeit	N/mm^2		*Reißdehnung*	% 10
Reißfestigkeit	N/mm^2		% *Dehnspannung*	N/mm^2
E-Modul	N/mm^2 4500		*Dehnung bei* % *Dehnspg.*	%

Kriechmoduln und Zeitstandwerte 23 °C

Probekörper:	*Form*	*Herstellung*	
	Zustand	*Vorbehandlung*	
Kriechmodul	1 min N/mm^2	*Zeitstandzugfestigkeit*	h N/mm^2
Kriechmodul	1000 h N/mm^2	*Zeitdehnspg.* %	h N/mm^2
bei Spannung	N/mm^2		

Biegeversuch 23 °C DIN 53452;

Probekörper:	*Form*	*Herstellung*	Spritzgiessen
	Zustand Spritzfrisch	*Vorbehandlung*	
Biegefestigkeit	N/mm^2 130	*E-Modul*	N/mm^2
3,5% Biegespannung	N/mm^2		

Härte 23 °C

Probekörper:	*Zustand*	*Herstellung*	
		Vorbehandlung	
Kugeldruckhärte	N/mm^2 bei N, s	*Shore-Härte* A	
Rockwellhärte		*Shore-Härte* D	

Schlagversuch

Probekörper:	*(1)* U-Kerbe		
	(2)	*Herstellung*	Spritzgiessen
	Zustand Spritzfrisch	*Vorbehandlung*	
	°C °C	°C	*Probekörper-Form*
Schlagzähigkeit	kJ/m^2 23 o.B.		
Kerbschlagzähigkeit (1)	kJ/m^2 23 5		
IZOD-Kerbschlagzähigkeit (2)	J/m		
Kerbschlagzugzähigkeit	kJ/m^2		

Abrieb und Reibung

Taber-Abrieb (Reibradverfahren)   mm³/100 U
Abriebfaktor LNP (Thrust washer) Vergleichswert
Statische Reibungszahl
Dynamische Reibungszahl   (p·v =   N/mm² ·   m/min)
Zulässiger p · v Wert   N/mm² · (m/min)   v =   m/min
                                                                            v =   m/min

Thermische Eigenschaften

Formbeständigkeit in der Wärme	Verfahren	A	90 °C
	Verfahren	B	185 °C
Vicat Erweichungstemperatur (VST)	Verfahren	B/50	$\geqq$ 200 °C
	Verfahren		°C
Kristallit-Schmelzpunkt	Verfahren	Kofler-Heizbank	217–220 °C

Längenausdehnungskoeffizient   Bereich   °C $\cdot 10^{-4} \mathrm{K}^{-1}$
                                        Temperatur $\cdot 10^{-4} \mathrm{K}^{-1}$
Wärmeleitfähigkeit   Verfahren   W/(K · m)

Spezifische Wärmekapazität   Verfahren   J/(K · g)

Glasumwandlungstemperatur   Torsionsschwingungsversuch   °C
                                        Differentialkalorimetrie   °C

Brandverhalten

UL-Test vertikal   Dicke 1.6   mm, Wert HB
                                        Dicke 3.2   mm, Wert HB

	Norm	Bewertung	Abmessungen
Sauerstoff-Index	ASTM D 2863		
Glühstab-Verfahren			
Brandverhalten	DIN 4102		
MVSS			
FAR			

Elektrische Eigenschaften

		Hz	°C		Probekörper, Form
Dielektrizitätszahl		50			
		10³			
		10⁶			
Dielektrischer Verlustfaktor tan δ		50			
		10³			
		10⁶			
Spezifischer Durchgangs-widerstand	Ohm · cm		23	1.0*10**15	
Durchschlagfestigkeit	kV/mm				mm dick
Oberflächenwiderstand	Ohm		23	1.0*10**14	
Kriechstromfestigkeit		KC 550	KB	KA	
Elektrolytische Korrosionswirkung					
Lichtbogenfestigkeit nach DIN					
nach ASTM	s				

Beständigkeit (Chemische Beständigkeit siehe Anhang)

Wasseraufnahme 23 C   1 d   5.5–6.5 %

Feuchtigkeitsaufnahme Normalklima   %
Wetterbeständigkeit

Spannungskorrosion

Optische Eigenschaften

Brechungszahl n_D
Transmissionsgrad τ_c %   mm dick
Lichtdurchlässigkeit

Produkt	Polyamid 6	**PA**
Handelsname	**Albis Polyamid 6 PA 50/1 MR 40**	
Hersteller	ALBIS	
DIN-Bez 1		
DIN-Bez 2		

Zusätze		*Füllstoffe/ Verstärkung*	40.0% Mineral
Bevorzugte Verarbeitung	Spritzgiessen	*Lieferform*	Granulat
		Farben	Natur; Standard
Besondere Merkmale	Verzugsarm	*Bevorzugte Anwendungen*	Technisches Formteil; Bedarfsartikel

---

Dichte	g/cm³	1.48	*Schmelzindex*	g/10 min		:
Schüttdichte	g/cm³		*Volumenfließindex*	cm³/10 min		:
Viskositätszahl	ml/g					

Verarbeitungsbedingungen für Spritzgießen

Massetemp.	°C		*Schwindung*	%	lgs　　, quer
Werkzeugtemp.	°C		*Bemerkungen*		
Spritzdruck	bar				

Zugversuch 23 °C　　DIN 53455; DIN 53457

	Probekörper:	*Form*	*Herstellung*	Spritzgiessen
		Zustand　Spritzfrisch	*Vorbehandlung*	

Streckspannung	N/mm²	90	*Dehnung bei Streckspannung*	%	
Zugfestigkeit	N/mm²		*Reißdehnung*	%	6
Reißfestigkeit	N/mm²		*% Dehnspannung*	N/mm²	
E-Modul	N/mm²	6000	*Dehnung bei　% Dehnspg.*	%	

Kriechmoduln und Zeitstandwerte 23 °C

	Probekörper:	*Form*	*Herstellung*	
		Zustand	*Vorbehandlung*	

Kriechmodul	1 min N/mm²		*Zeitstandzugfestigkeit*	h N/mm²	
Kriechmodul	1000 h N/mm²		*Zeitdehnspg. %*	h N/mm²	
bei Spannung	N/mm²				

Biegeversuch 23 °C　　DIN 53452;

	Probekörper:	*Form*	*Herstellung*	Spritzgiessen
		Zustand　Spritzfrisch	*Vorbehandlung*	

Biegefestigkeit	N/mm²	145	*E-Modul*	N/mm²
3,5% Biegespannung	N/mm²			

Härte 23 °C

	Probekörper:	*Zustand*	*Herstellung*
			Vorbehandlung

Kugeldruckhärte	N/mm²　　　bei　　N, s	*Shore-Härte* A	
Rockwellhärte		*Shore-Härte* D	

Schlagversuch

	Probekörper:	*(1)* U-Kerbe		
		(2)	*Herstellung*	Spritzgiessen
		Zustand　Spritzfrisch	*Vorbehandlung*	
		°C　　　　°C	°C	*Probekörper-Form*

Schlagzähigkeit	kJ/m²	23	90
Kerbschlagzähigkeit (1)	kJ/m²	23	5
IZOD-Kerbschlagzähigkeit (2)	J/m		
Kerbschlagzugzähigkeit	kJ/m²		

Abrieb und Reibung

Taber-Abrieb (Reibradverfahren)	mm^3/100 U	
Abriebfaktor LNP (Thrust washer) Vergleichswert		
Statische Reibungszahl		
Dynamische Reibungszahl	(p·v = N/mm^2 · m/min)	
Zulässiger p · v Wert	N/mm^2 · (m/min) v = m/min	
	v = m/min	

Thermische Eigenschaften

Formbeständigkeit in der Wärme	*Verfahren*	A	110 °C
	Verfahren	B	195 °C
Vicat Erweichungstemperatur (VST)	*Verfahren*	B/50	$\geqq$ 200 °C
	Verfahren		°C
Kristallit-Schmelzpunkt	*Verfahren*	Kofler-Heizbank	217–220 °C
Längenausdehnungskoeffizient	*Bereich*	°C	· 10^{-4}K^{-1}
	Temperatur		· 10^{-4}K^{-1}
Wärmeleitfähigkeit	*Verfahren*		W/(K · m)
Spezifische Wärmekapazität	*Verfahren*		J/(K · g)
Glasumwandlungstemperatur	*Torsionsschwingungsversuch*		°C
	Differentialkalorimetrie		°C

Brandverhalten

UL-Test vertikal   Dicke 1.6   mm, Wert HB
                    Dicke 3.2   mm, Wert HB

	Norm	*Bewertung*	*Abmessungen*
Sauerstoff-Index	ASTM D 2863		
Glühstab-Verfahren			
Brandverhalten	DIN 4102		
MVSS			
FAR			

Elektrische Eigenschaften

		Hz	°C		*Probekörper, Form*
Dielektrizitätszahl		50			
		10^3			
		10^6			
Dielektrischer Verlustfaktor tan δ		50			
		10^3			
		10^6			
Spezifischer Durchgangs-widerstand	Ohm · cm		23	1.0*10**15	
Durchschlagfestigkeit	kV/mm				mm dick
Oberflächenwiderstand	Ohm		23	1.0*10**14	
Kriechstromfestigkeit	KC 550		KB	KA	
Elektrolytische Korrosionswirkung					
Lichtbogenfestigkeit nach DIN					
nach ASTM	s				

Beständigkeit *(Chemische Beständigkeit siehe Anhang)*

Wasseraufnahme 23 C		1 d	5–6 %
Feuchtigkeitsaufnahme Normalklima			%
Wetterbeständigkeit			
Spannungskorrosion			

Optische Eigenschaften

Brechungszahl n$_D$			
Transmissionsgrad τ$_c$	%		mm dick
Lichtdurchlässigkeit			

Produkt	Polyamid 66	**PA**
Handelsname	**Albis Polyamid 66 PA 150/1**	
Hersteller	ALBIS	

DIN-Bez 1
DIN-Bez 2

Zusätze		*Füllstoffe/ Verstärkung*	
Bevorzugte Verarbeitung	Spritzgiessen	*Lieferform*	Granulat
		Farben	Natur; Standard
Besondere Merkmale	Schnell fliessend	*Bevorzugte Anwendungen*	Technisches Formteil; Bedarfsartikel

---

Dichte	g/cm^3	1.13	*Schmelzindex*	g/10 min	:
Schüttdichte	g/cm^3		*Volumenfließindex*	cm^3/10 min	:
Viskositätszahl	ml/g				

Verarbeitungsbedingungen für Spritzgießen

Massetemp.	°C		*Schwindung*	%	lgs , quer
Werkzeugtemp.	°C		*Bemerkungen*		
Spritzdruck	bar				

Zugversuch 23 °C   DIN 53455; DIN 53457

	Probekörper: *Form*		*Herstellung* Spritzgiessen
	Zustand Spritzfrisch		*Vorbehandlung*

Streckspannung	N/mm^2	80	*Dehnung bei Streckspannung*	%	
Zugfestigkeit	N/mm^2		*Reißdehnung*	%	30
Reißfestigkeit	N/mm^2		% *Dehnspannung*	N/mm^2	
E-Modul	N/mm^2	3300	*Dehnung bei* % *Dehnspg.*	%	

Kriechmoduln und Zeitstandwerte 23 °C

	Probekörper: *Form*		*Herstellung*
	Zustand		*Vorbehandlung*

Kriechmodul	1 min N/mm^2	*Zeitstandzugfestigkeit*	h N/mm^2	
Kriechmodul	1000 h N/mm^2	*Zeitdehnspg.* %	h N/mm^2	
bei Spannung	N/mm^2			

Biegeversuch 23 °C   DIN 53452;

	Probekörper: *Form*		*Herstellung* Spritzgiessen
	Zustand Spritzfrisch		*Vorbehandlung*

Biegefestigkeit	N/mm^2	115	*E-Modul*	N/mm^2
3,5% Biegespannung	N/mm^2			

Härte 23 °C

	Probekörper: *Zustand*		*Herstellung*
			Vorbehandlung

Kugeldruckhärte	N/mm^2	bei N, s	*Shore-Härte* A	
Rockwellhärte			*Shore-Härte* D	

Schlagversuch

	Probekörper: (1) U-Kerbe		
	(2)		*Herstellung* Spritzgiessen
	Zustand Spritzfrisch		*Vorbehandlung*

	°C	°C	°C	*Probekörper-Form*

Schlagzähigkeit	kJ/m^2	23 o.B.
Kerbschlagzähigkeit (1)	kJ/m^2	23 3
IZOD-Kerbschlagzähigkeit (2)	J/m	
Kerbschlagzugzähigkeit	kJ/m^2	

Abrieb und Reibung

Taber-Abrieb (Reibradverfahren)	mm³/100 U
Abriebfaktor LNP (Thrust washer) Vergleichswert	
Statische Reibungszahl	
Dynamische Reibungszahl	(p · v = N/mm² · m/min)
Zulässiger p · v Wert	N/mm² · (m/min) v = m/min
	v = m/min

Thermische Eigenschaften

Formbeständigkeit in der Wärme	*Verfahren*	A	90 °C
	Verfahren	B	210 °C
Vicat Erweichungstemperatur (VST)	*Verfahren*	B/50	$\geqq$ 200 °C
	Verfahren		°C
Kristallit-Schmelzpunkt	*Verfahren*	Kofler-Heizbank	250–255 °C
Längenausdehnungskoeffizient	*Bereich*	°C	$\cdot 10^{-4}\mathrm{K}^{-1}$
	Temperatur		$\cdot 10^{-4}\mathrm{K}^{-1}$
Wärmeleitfähigkeit	*Verfahren*		W/(K · m)
Spezifische Wärmekapazität	*Verfahren*		J/(K · g)
Glasumwandlungstemperatur	*Torsionsschwingungsversuch*		°C
	Differentialkalorimetrie		°C

Brandverhalten

UL-Test vertikal	Dicke 1.6 mm, Wert V-2	
	Dicke 3.2 mm, Wert V-2	

	Norm	*Bewertung*	*Abmessungen*
Sauerstoff-Index	ASTM D 2863		
Glühstab-Verfahren			
Brandverhalten	DIN 4102		
MVSS			
FAR			

Elektrische Eigenschaften

	Hz	°C		*Probekörper, Form*
Dielektrizitätszahl	50			
	10^3			
	10^6			
Dielektrischer Verlustfaktor tan δ	50			
	10^3			
	10^6			
Spezifischer Durchgangs-widerstand	Ohm · cm	23	1.0*10**15	
Durchschlagfestigkeit	kV/mm			mm dick
Oberflächenwiderstand	Ohm	23	1.0*10**14	
Kriechstromfestigkeit	KC 600	KB	KA	
Elektrolytische Korrosionswirkung				
Lichtbogenfestigkeit nach DIN				
nach ASTM	s			

Beständigkeit *(Chemische Beständigkeit siehe Anhang)*

Wasseraufnahme 23 C		1 d	8–9 %
Feuchtigkeitsaufnahme Normalklima			%
Wetterbeständigkeit			
Spannungskorrosion			

Optische Eigenschaften

Brechungszahl n_D		
Transmissionsgrad τ_c	%	mm dick
Lichtdurchlässigkeit		

Produkt	Polyamid 66		**PA**
Handelsname	**Albis Polyamid 66 PA 140/1 GF 30**		
Hersteller	ALBIS		
DIN-Bez 1			
DIN-Bez 2			
Zusätze		*Füllstoffe/ Verstärkung*	30.0% Glasfaser
Bevorzugte Verarbeitung	Spritzgiessen	*Lieferform*	Granulat
		Farben	Natur; Standard
Besondere Merkmale	Hohe Festigkeit; Hohe Steifigkeit; Erhoehte Waermealterungsbestaendigkeit	*Bevorzugte Anwendungen*	Technisches Formteil; Bedarfsartikel

---

Dichte	g/cm³	1.36	*Schmelzindex*	g/10 min	:
Schüttdichte	g/cm³		*Volumenfließindex*	cm³/10 min	:
Viskositätszahl	ml/g				

Verarbeitungsbedingungen für Spritzgießen

Massetemp.	°C		*Schwindung*	%	lgs , quer
Werkzeugtemp.	°C		*Bemerkungen*		
Spritzdruck	bar				

Zugversuch 23 °C   DIN 53455; DIN 53457

	Probekörper:	Form		*Herstellung*	Spritzgiessen
		Zustand	Spritzfrisch	*Vorbehandlung*	

Streckspannung	N/mm²	175	*Dehnung bei Streckspannung*	%	
Zugfestigkeit	N/mm²		*Reißdehnung*	%	3
Reißfestigkeit	N/mm²		*% Dehnspannung*	N/mm²	
E-Modul	N/mm²	10000	*Dehnung bei % Dehnspg.*	%	

Kriechmoduln und Zeitstandwerte 23 °C

	Probekörper:	Form	*Herstellung*
		Zustand	*Vorbehandlung*

Kriechmodul	1 min	N/mm²	*Zeitstandzugfestigkeit*	h N/mm²
Kriechmodul	1000 h	N/mm²	*Zeitdehnspg. %*	h N/mm²
bei Spannung		N/mm²		

Biegeversuch 23 °C   DIN 53452;

	Probekörper:	Form		*Herstellung*	Spritzgiessen
		Zustand	Spritzfrisch	*Vorbehandlung*	

Biegefestigkeit	N/mm²	250	*E-Modul*	N/mm²
3,5% Biegespannung	N/mm²			

Härte 23 °C

	Probekörper:	Zustand	*Herstellung*
			Vorbehandlung

Kugeldruckhärte	N/mm²	bei N, s	*Shore-Härte*	A
Rockwellhärte			*Shore-Härte*	D

Schlagversuch

	Probekörper:	(1) U-Kerbe			
		(2)		*Herstellung*	Spritzgiessen
		Zustand	Spritzfrisch	*Vorbehandlung*	

		°C	°C	°C	Probekörper-Form

Schlagzähigkeit	kJ/m²	23	40
Kerbschlagzähigkeit (1)	kJ/m²	23	9
IZOD-Kerbschlagzähigkeit (2)	J/m		
Kerbschlagzugzähigkeit	kJ/m²		

Abrieb und Reibung

Taber-Abrieb (Reibradverfahren)   mm³/100 U
Abriebfaktor LNP (Thrust washer) Vergleichswert
Statische Reibungszahl
Dynamische Reibungszahl   (p·v =   N/mm² ·   m/min)
Zulässiger p · v Wert   N/mm² · (m/min)   v =   m/min
                                                                           v =   m/min

Thermische Eigenschaften

Formbeständigkeit in der Wärme	Verfahren	A	250 °C
	Verfahren	B	250 °C
Vicat Erweichungstemperatur (VST)	Verfahren	B/50	$\geq$ 200 °C
	Verfahren		°C
Kristallit-Schmelzpunkt	Verfahren	Kofler-Heizbank	250–255 °C

Längenausdehnungskoeffizient   Bereich   °C $\cdot 10^{-4} K^{-1}$
                                       Temperatur $\cdot 10^{-4} K^{-1}$
Wärmeleitfähigkeit   Verfahren $W/(K \cdot m)$

Spezifische Wärmekapazität   Verfahren $J/(K \cdot g)$

Glasumwandlungstemperatur   Torsionsschwingungsversuch   °C
                                       Differentialkalorimetrie   °C

Brandverhalten

UL-Test vertikal   Dicke 1.6   mm, Wert HB
                                       Dicke 3.2   mm, Wert HB

	Norm	Bewertung	Abmessungen
Sauerstoff-Index	ASTM D 2863		
Glühstab-Verfahren			
Brandverhalten	DIN 4102		
MVSS			
FAR			

Elektrische Eigenschaften

	Hz	°C		Probekörper, Form
Dielektrizitätszahl	50			
	10^3			
	10^6			
Dielektrischer Verlustfaktor tan δ	50			
	10^3			
	10^6			
Spezifischer Durchgangs-				
widerstand	Ohm · cm	23	1.0*10**15	
Durchschlagfestigkeit	kV/mm			mm dick
Oberflächenwiderstand	Ohm	23	1.0*10**14	
Kriechstromfestigkeit	KC 525	KB	KA	
Elektrolytische Korrosionswirkung				
Lichtbogenfestigkeit nach DIN				
nach ASTM	s			

Beständigkeit (Chemische Beständigkeit siehe Anhang)

Wasseraufnahme 23 C   1 d   4.5–5.5 %

Feuchtigkeitsaufnahme Normalklima   %
Wetterbeständigkeit

Spannungskorrosion

Optische Eigenschaften

Brechungszahl n_D
Transmissionsgrad τ_c %   mm dick
Lichtdurchlässigkeit

Produkt	Polyamid 66	**PA**
Handelsname	**Albis Polyamid 66 PA 140/1 GF 35**	
Hersteller	ALBIS	
DIN-Bez 1		
DIN-Bez 2		

Zusätze		*Füllstoffe/ Verstärkung*	35.0% Glasfaser
Bevorzugte Verarbeitung	Spritzgiessen	*Lieferform*	Granulat
		Farben	Natur; Standard
Besondere Merkmale	Hohe Festigkeit; Hohe Steifigkeit; Erhoehte Waermealterungsbestaendigkeit	*Bevorzugte Anwendungen*	Technisches Formteil; Bedarfsartikel

---

Dichte	g/cm³	1.41	*Schmelzindex*	g/10 min		:
Schüttdichte	g/cm³		*Volumenfließindex*	cm³/10 min		:
Viskositätszahl	ml/g					

Verarbeitungsbedingungen für Spritzgießen

Massetemp.	°C		*Schwindung*	%	lgs , quer
Werkzeugtemp.	°C		*Bemerkungen*		
Spritzdruck	bar				

Zugversuch 23 °C DIN 53455; DIN 53457

	Probekörper: Form		*Herstellung*	Spritzgiessen
	Zustand	Spritzfrisch	*Vorbehandlung*	

Streckspannung	N/mm² 190	*Dehnung bei Streckspannung*	%	
Zugfestigkeit	N/mm²	*Reißdehnung*	%	3
Reißfestigkeit	N/mm²	% Dehnspannung	N/mm²	
E-Modul	N/mm² 10500	*Dehnung bei*	% Dehnspg.	%

Kriechmoduln und Zeitstandwerte 23 °C

	Probekörper: Form	*Herstellung*	
	Zustand	*Vorbehandlung*	

Kriechmodul	1 min N/mm²	*Zeitstandzugfestigkeit*	h N/mm²
Kriechmodul	1000 h N/mm²	*Zeitdehnspg.* %	h N/mm²
bei Spannung	N/mm²		

Biegeversuch 23 °C DIN 53452;

	Probekörper: Form		*Herstellung*	Spritzgiessen
	Zustand	Spritzfrisch	*Vorbehandlung*	

Biegefestigkeit	N/mm² 265	*E-Modul*	N/mm²
3,5% Biegespannung	N/mm²		

Härte 23 °C

	Probekörper: Zustand	*Herstellung*	
		Vorbehandlung	

Kugeldruckhärte	N/mm²	bei N, s	*Shore-Härte* A
Rockwellhärte			*Shore-Härte* D

Schlagversuch

	Probekörper: (1) U-Kerbe		
	(2)	*Herstellung*	Spritzgiessen
	Zustand Spritzfrisch	*Vorbehandlung*	
	°C °C	°C	*Probekörper-Form*

Schlagzähigkeit	kJ/m²	23 45	
Kerbschlagzähigkeit (1)	kJ/m²	23 10	
IZOD-Kerbschlagzähigkeit (2)	J/m		
Kerbschlagzugzähigkeit	kJ/m²		

Abrieb und Reibung

Taber-Abrieb (Reibradverfahren)	mm³/100 U
Abriebfaktor LNP (Thrust washer) Vergleichswert	
Statische Reibungszahl	
Dynamische Reibungszahl	$(p \cdot v = \quad N/mm^2 \cdot \quad m/min)$
Zulässiger p · v Wert	$N/mm^2 \cdot (m/min) \quad v = \quad m/min$
	$v = \quad m/min$

Thermische Eigenschaften

Formbeständigkeit in der Wärme	*Verfahren*	A	250 °C
	Verfahren	B	250 °C
Vicat Erweichungstemperatur (VST)	*Verfahren*	B/50	≧ 200 °C
	Verfahren		°C
Kristallit-Schmelzpunkt	*Verfahren*	Kofler-Heizbank	250–255 °C
Längenausdehnungskoeffizient	*Bereich*	°C	$\cdot 10^{-4} K^{-1}$
	Temperatur		$\cdot 10^{-4} K^{-1}$
Wärmeleitfähigkeit	*Verfahren*		$W/(K \cdot m)$
Spezifische Wärmekapazität	*Verfahren*		$J/(K \cdot g)$
Glasumwandlungstemperatur	*Torsionsschwingungsversuch*	°C	
	Differentialkalorimetrie	°C	

Brandverhalten

UL-Test vertikal	Dicke 1.6	mm, Wert HB
	Dicke 3.2	mm, Wert HB

	Norm	*Bewertung*	*Abmessungen*
Sauerstoff-Index	ASTM D 2863		
Glühstab-Verfahren			
Brandverhalten	DIN 4102		
MVSS			
FAR			

Elektrische Eigenschaften

		Hz	°C		*Probekörper, Form*
Dielektrizitätszahl		50			
		10^3			
		10^6			
Dielektrischer Verlustfaktor $\tan \delta$		50			
		10^3			
		10^6			
Spezifischer Durchgangswiderstand	Ohm · cm	23	1.0*10**15		
Durchschlagfestigkeit	kV/mm				mm dick
Oberflächenwiderstand	Ohm	23	1.0*10**14		
Kriechstromfestigkeit	KC 525	KB	KA		
Elektrolytische Korrosionswirkung					
Lichtbogenfestigkeit nach DIN					
nach ASTM	s				

Beständigkeit *(Chemische Beständigkeit siehe Anhang)*

Wasseraufnahme 23 C		1 d	4–5 %
Feuchtigkeitsaufnahme Normalklima			%
Wetterbeständigkeit			
Spannungskorrosion			

Optische Eigenschaften

Brechungszahl n_D		
Transmissionsgrad τ_c	%	mm dick
Lichtdurchlässigkeit		

Produkt	Polyamid 66	**PA**
Handelsname	**Albis Polyamid 66 PA 145/1 MR 40**	
Hersteller	ALBIS	

DIN-Bez 1
DIN-Bez 2

Zusätze		*Füllstoffe/ Verstärkung*	40.0% Mineral
Bevorzugte Verarbeitung	Spritzgiessen	*Lieferform*	Granulat
		Farben	Natur; Standard
Besondere Merkmale	Verzugsarm	*Bevorzugte Anwendungen*	Technisches Formteil; Bedarfsartikel

---

Dichte	g/cm^3	1.5	*Schmelzindex*	g/10 min	:
Schüttdichte	g/cm^3		*Volumenfließindex*	cm^3/10 min	:
Viskositätszahl	ml/g				

Verarbeitungsbedingungen für Spritzgießen

Massetemp.	°C	*Schwindung*	%	lgs	, quer
Werkzeugtemp.	°C	*Bemerkungen*			
Spritzdruck	bar				

Zugversuch 23 °C DIN 53455; DIN 53457

Probekörper:	*Form*	*Herstellung*	Spritzgiessen
	Zustand Spritzfrisch	*Vorbehandlung*	

Streckspannung	N/mm^2 90	*Dehnung bei Streckspannung*	%	
Zugfestigkeit	N/mm^2	*Reißdehnung*	%	6
Reißfestigkeit	N/mm^2	% *Dehnspannung*	N/mm^2	
E-Modul	N/mm^2 6500	*Dehnung bei* % *Dehnspg.*	%	

Kriechmoduln und Zeitstandwerte 23 °C

Probekörper:	*Form*	*Herstellung*	
	Zustand	*Vorbehandlung*	

Kriechmodul	1 min N/mm^2	*Zeitstandzugfestigkeit*	h N/mm^2
Kriechmodul	1000 h N/mm^2	*Zeitdehnspg.* %	h N/mm^2
bei Spannung	N/mm^2		

Biegeversuch 23 °C DIN 53452;

Probekörper:	*Form*	*Herstellung*	Spritzgiessen
	Zustand Spritzfrisch	*Vorbehandlung*	

Biegefestigkeit	N/mm^2 150	*E-Modul*	N/mm^2
3,5% Biegespannung	N/mm^2		

Härte 23 °C

Probekörper:	*Zustand*	*Herstellung*	
		Vorbehandlung	

Kugeldruckhärte	N/mm^2 bei N, s	*Shore-Härte* A	
Rockwellhärte		*Shore-Härte* D	

Schlagversuch

Probekörper:	*(1)* U-Kerbe		
	(2)	*Herstellung*	Spritzgiessen
	Zustand Spritzfrisch	*Vorbehandlung*	

°C	°C	°C	*Probekörper-Form*

Schlagzähigkeit	kJ/m^2	23 80
Kerbschlagzähigkeit (1)	kJ/m^2	23 4
IZOD-Kerbschlagzähigkeit (2)	J/m	
Kerbschlagzugzähigkeit	kJ/m^2	

Abrieb und Reibung

Taber-Abrieb (Reibradverfahren)   mm³/100 U
Abriebfaktor LNP (Thrust washer) Vergleichswert
Statische Reibungszahl
Dynamische Reibungszahl $(p \cdot v =$ N/mm² ·   m/min$)$
Zulässiger p · v Wert   N/mm² · (m/min)   v =   m/min
                                                                            v =   m/min

Thermische Eigenschaften

Formbeständigkeit in der Wärme	Verfahren	A	120 °C
	Verfahren	B	235 °C
Vicat Erweichungstemperatur (VST)	Verfahren	B/50	$\geqq$ 200 °C
	Verfahren		°C
Kristallit-Schmelzpunkt	Verfahren	Kofler-Heizbank	250–255 °C
Längenausdehnungskoeffizient	Bereich	°C	$\cdot 10^{-4} \mathrm{K}^{-1}$
	Temperatur		$\cdot 10^{-4} \mathrm{K}^{-1}$
Wärmeleitfähigkeit	Verfahren		W/(K · m)
Spezifische Wärmekapazität	Verfahren		J/(K · g)
Glasumwandlungstemperatur	Torsionsschwingungsversuch		°C
	Differentialkalorimetrie		°C

Brandverhalten

UL-Test vertikal   Dicke 1.6   mm, Wert HB
                                       Dicke 3.2   mm, Wert HB

	Norm	Bewertung	Abmessungen
Sauerstoff-Index	ASTM D 2863		
Glühstab-Verfahren			
Brandverhalten	DIN 4102		
MVSS			
FAR			

Elektrische Eigenschaften

		Hz	°C			Probekörper, Form
Dielektrizitätszahl		50				
		10^3				
		10^6				
Dielektrischer Verlustfaktor tan δ		50				
		10^3				
		10^6				
Spezifischer Durchgangs-widerstand	Ohm · cm		23	1.0*10**15		
Durchschlagfestigkeit	kV/mm					mm dick
Oberflächenwiderstand	Ohm		23	1.0*10**14		
Kriechstromfestigkeit		KC 550	KB		KA	
Elektrolytische Korrosionswirkung						
Lichtbogenfestigkeit nach DIN						
nach ASTM	s					

Beständigkeit (Chemische Beständigkeit siehe Anhang)

Wasseraufnahme 23 C   1 d   4.5–5.5 %

Feuchtigkeitsaufnahme Normalklima   %
Wetterbeständigkeit

Spannungskorrosion

Optische Eigenschaften

Brechungszahl n_D
Transmissionsgrad τ_c %   mm dick
Lichtdurchlässigkeit

Produkt	Polypropylen	**PP**

Handelsname **Albis Polypropylen A 12 H - GF 20**

Hersteller ALBIS

DIN-Bez 1 16774-PP-H,MG,XX-M045,GF20
DIN-Bez 2

Zusätze		*Füllstoffe/ Verstärkung*	20.0% Glasfaser
Bevorzugte Verarbeitung	Spritzgiessen	*Lieferform*	Granulat
		Farben	Natur; Standard
Besondere Merkmale	Guenstige mechanische Eigenschaf-ten	*Bevorzugte Anwendungen*	Technisches Formteil; Bedarfsartikel

---

Dichte	g/cm³	1.03	*Schmelzindex* g/10 min	5.5: 230/2.16
Schüttdichte	g/cm³		*Volumenfließindex* cm³/10 min	:
Viskositätszahl	ml/g			

Verarbeitungsbedingungen für Spritzgießen

Massetemp.	°C	*Schwindung* % lgs	, quer
Werkzeugtemp.	°C	*Bemerkungen*	
Spritzdruck	bar		

Zugversuch 23 °C DIN 53455; DIN 53457

	Probekörper: Form	*Herstellung*	Spritzgiessen
	Zustand	*Vorbehandlung*	Normalklima

Streckspannung	N/mm² 45	*Dehnung bei Streckspannung*	%
Zugfestigkeit	N/mm²	*Reißdehnung*	% 2
Reißfestigkeit	N/mm²	% *Dehnspannung*	N/mm²
E-Modul	N/mm² 4100	*Dehnung bei* % *Dehnspg.*	%

Kriechmoduln und Zeitstandwerte 23 °C

	Probekörper: Form	*Herstellung*	
	Zustand	*Vorbehandlung*	

Kriechmodul	1 min N/mm²	*Zeitstandzugfestigkeit*	h N/mm²
Kriechmodul	1000 h N/mm²	*Zeitdehnspg.* %	h N/mm²
bei Spannung	N/mm²		

Biegeversuch 23 °C DIN 53452;

	Probekörper: Form	*Herstellung*	Spritzgiessen
	Zustand	*Vorbehandlung*	Normalklima

Biegefestigkeit	N/mm² 60	*E-Modul*	N/mm²
3,5% Biegespannung	N/mm²		

Härte 23 °C

	Probekörper: Zustand	*Herstellung*	
		Vorbehandlung	

Kugeldruckhärte	N/mm² bei N, s	*Shore-Härte* A	
Rockwellhärte		*Shore-Härte* D	

Schlagversuch

	Probekörper: (1) U-Kerbe		
	(2)	*Herstellung*	Spritzgiessen
	Zustand	*Vorbehandlung*	Normalklima

°C	°C	°C	*Probekörper-Form*

Schlagzähigkeit	kJ/m²	23 11	
Kerbschlagzähigkeit (1)	kJ/m²	23 5	
IZOD-Kerbschlagzähigkeit (2)	J/m		
Kerbschlagzugzähigkeit	kJ/m²		

Abrieb und Reibung

Taber-Abrieb (Reibradverfahren)	mm³/100 U
Abriebfaktor LNP (Thrust washer) Vergleichswert	
Statische Reibungszahl	
Dynamische Reibungszahl	$(p \cdot v =$　　　N/mm² ·　　　m/min)
Zulässiger p · v Wert	N/mm² · (m/min)　　v =　　　m/min
	v =　　　m/min

Thermische Eigenschaften

Formbeständigkeit in der Wärme	*Verfahren*	A	134 °C
	Verfahren		°C
Vicat Erweichungstemperatur (VST)	*Verfahren*	B/50	105 °C
	Verfahren		°C
Kristallit-Schmelzpunkt	*Verfahren*		
Längenausdehnungskoeffizient	*Bereich*	°C	$\cdot 10^{-4} \mathrm{K}^{-1}$
	Temperatur		$\cdot 10^{-4} \mathrm{K}^{-1}$
Wärmeleitfähigkeit	*Verfahren*		W/(K · m)
Spezifische Wärmekapazität	*Verfahren*		J/(K · g)
Glasumwandlungstemperatur	*Torsionsschwingungsversuch*		°C
	Differentialkalorimetrie		°C

Brandverhalten

UL-Test vertikal	Dicke	mm, Wert	
	Dicke	mm, Wert	

	Norm	*Bewertung*	*Abmessungen*
Sauerstoff-Index	ASTM D 2863		
Glühstab-Verfahren			
Brandverhalten	DIN 4102		
MVSS			
FAR			

Elektrische Eigenschaften

		Hz	°C		*Probekörper, Form*
Dielektrizitätszahl		50			
		10^3			
		10^6			
Dielektrischer Verlustfaktor $\tan \delta$		50			
		10^3			
		10^6			
Spezifischer Durchgangs-					
widerstand	Ohm · cm		23	1.0*10**16	
Durchschlagfestigkeit	kV/mm				mm dick
Oberflächenwiderstand	Ohm		23	1.0*10**14	
Kriechstromfestigkeit		KC		KB	KA
Elektrolytische Korrosionswirkung					
Lichtbogenfestigkeit nach DIN					
nach ASTM	s				

Beständigkeit *(Chemische Beständigkeit siehe Anhang)*

Wasseraufnahme

Feuchtigkeitsaufnahme Normalklima	%
Wetterbeständigkeit	

Spannungskorrosion

Optische Eigenschaften

Brechungszahl n_D		
Transmissionsgrad τ_c	%	mm dick
Lichtdurchlässigkeit		

Produkt	Polypropylen	**PP**

Handelsname **Albis Polypropylen A 12 H - GF 20 C**

Hersteller ALBIS

DIN-Bez 1 16774-PP-H,MG,XX-M045,GF20
DIN-Bez 2

Zusätze		*Füllstoffe/ Verstärkung*	20.0% Glasfaser, chemisch gekoppelt
Bevorzugte Verarbeitung	Spritzgiessen	*Lieferform*	Granulat
		Farben	Natur; Standard
Besondere Merkmale	Guenstige mechanische Eigenschaften; Erhoehte Steifigkeit	*Bevorzugte Anwendungen*	Technisches Formteil; Bedarfsartikel

---

Dichte	g/cm^3	1.03	*Schmelzindex* g/10 min	5: 230/2.16
Schüttdichte	g/cm^3		*Volumenfließindex* cm^3/10 min	:
Viskositätszahl	ml/g			

Verarbeitungsbedingungen für Spritzgießen

Massetemp.	°C	*Schwindung* % lgs	, quer
Werkzeugtemp.	°C	*Bemerkungen*	
Spritzdruck	bar		

Zugversuch 23 °C DIN 53455; DIN 53457

	Probekörper: Form	*Herstellung*	Spritzgiessen
	Zustand	*Vorbehandlung*	Normalklima

Streckspannung	N/mm^2 60	*Dehnung bei Streckspannung*	%
Zugfestigkeit	N/mm^2	*Reißdehnung*	% 3.5
Reißfestigkeit	N/mm^2	*% Dehnspannung*	N/mm^2
E-Modul	N/mm^2 4100	*Dehnung bei % Dehnspg.*	%

Kriechmoduln und Zeitstandwerte 23 °C

	Probekörper: Form	*Herstellung*	
	Zustand	*Vorbehandlung*	

Kriechmodul	1 min N/mm^2	*Zeitstandzugfestigkeit*	h N/mm^2
Kriechmodul	1000 h N/mm^2	*Zeitdehnspg. %*	h N/mm^2
bei Spannung	N/mm^2		

Biegeversuch 23 °C DIN 53452;

	Probekörper: Form	*Herstellung*	Spritzgiessen
	Zustand	*Vorbehandlung*	Normalklima

Biegefestigkeit	N/mm^2 80	*E-Modul*	N/mm^2
3,5% Biegespannung	N/mm^2		

Härte 23 °C

	Probekörper: Zustand	*Herstellung*	
		Vorbehandlung	

Kugeldruckhärte	N/mm^2 bei N, s	*Shore-Härte* A	
Rockwellhärte		*Shore-Härte* D	

Schlagversuch

	Probekörper: (1) U-Kerbe		
	(2)	*Herstellung*	Spritzgiessen
	Zustand	*Vorbehandlung*	Normalklima

	°C	°C	°C	*Probekörper-Form*

Schlagzähigkeit	kJ/m^2	23	20
Kerbschlagzähigkeit (1)	kJ/m^2	23	6
IZOD-Kerbschlagzähigkeit (2)	J/m		
Kerbschlagzugzähigkeit	kJ/m^2		

Abrieb und Reibung

Taber-Abrieb (Reibradverfahren)	mm³/100 U
Abriebfaktor LNP (Thrust washer) Vergleichswert	
Statische Reibungszahl	
Dynamische Reibungszahl	(p·v = N/mm² · m/min)
Zulässiger p · v Wert	N/mm² · (m/min) v = m/min
	v = m/min

Thermische Eigenschaften

Formbeständigkeit in der Wärme	Verfahren	A	138 °C
	Verfahren		°C
Vicat Erweichungstemperatur (VST)	Verfahren	B/50	126 °C
	Verfahren		°C
Kristallit-Schmelzpunkt	Verfahren		
Längenausdehnungskoeffizient	Bereich	°C	$\cdot 10^{-4} K^{-1}$
	Temperatur		$\cdot 10^{-4} K^{-1}$
Wärmeleitfähigkeit	Verfahren		$W/(K \cdot m)$
Spezifische Wärmekapazität	Verfahren		$J/(K \cdot g)$
Glasumwandlungstemperatur	Torsionsschwingungsversuch		°C
	Differentialkalorimetrie		°C

Brandverhalten

UL-Test vertikal	Dicke	mm, Wert
	Dicke	mm, Wert

	Norm	Bewertung	Abmessungen
Sauerstoff-Index	ASTM D 2863		
Glühstab-Verfahren			
Brandverhalten	DIN 4102		
MVSS			
FAR			

Elektrische Eigenschaften

		Hz	°C			Probekörper, Form
Dielektrizitätszahl		50				
		10^3				
		10^6				
Dielektrischer Verlustfaktor tan δ		50				
		10^3				
		10^6				
Spezifischer Durchgangs-widerstand	Ohm · cm		23	1.0*10**16		
Durchschlagfestigkeit	kV/mm					mm dick
Oberflächenwiderstand	Ohm		23	1.0*10**14		
Kriechstromfestigkeit		KC		KB	KA	
Elektrolytische Korrosionswirkung						
Lichtbogenfestigkeit nach DIN						
nach ASTM	s					

Beständigkeit (Chemische Beständigkeit siehe Anhang)

Wasseraufnahme	
Feuchtigkeitsaufnahme Normalklima	%
Wetterbeständigkeit	
Spannungskorrosion	

Optische Eigenschaften

Brechungszahl n_D		
Transmissionsgrad τ_c	%	mm dick
Lichtdurchlässigkeit		

Produkt	Polypropylen			**PP**
Handelsname	**Albis Polypropylen A 12 H - GF 30**			
Hersteller	ALBIS			
DIN-Bez 1	16774-PP-H,MG,XX-M045,GF30			
DIN-Bez 2				
Zusätze		*Füllstoffe/ Verstärkung*	30.0% Glasfaser	
Bevorzugte Verarbeitung	Spritzgiessen	*Lieferform*	Granulat	
		Farben	Natur; Standard	
Besondere Merkmale	Guenstige mechanische Eigenschaften	*Bevorzugte Anwendungen*	Technisches Formteil; Bedarfsartikel	

Dichte	g/cm³	1.12	*Schmelzindex*	g/10 min	6: 230/2.16
Schüttdichte	g/cm³		*Volumenfließindex*	cm³/10 min	:
Viskositätszahl	ml/g				

Verarbeitungsbedingungen für Spritzgießen

Massetemp.	°C		*Schwindung*	%	lgs , quer
Werkzeugtemp.	°C		*Bemerkungen*		
Spritzdruck	bar				

Zugversuch 23 °C DIN 53455; DIN 53457

	Probekörper:	*Form*	*Herstellung*	Spritzgiessen
		Zustand	*Vorbehandlung*	Normalklima
Streckspannung	N/mm² 55		*Dehnung bei Streckspannung*	%
Zugfestigkeit	N/mm²		*Reißdehnung*	% 2
Reißfestigkeit	N/mm²		*% Dehnspannung*	N/mm²
E-Modul	N/mm² 5200		*Dehnung bei % Dehnspg.*	%

Kriechmoduln und Zeitstandwerte 23 °C

	Probekörper:	*Form*	*Herstellung*	
		Zustand	*Vorbehandlung*	
Kriechmodul	1 min N/mm²		*Zeitstandzugfestigkeit*	h N/mm²
Kriechmodul	1000 h N/mm²		*Zeitdehnspg. %*	h N/mm²
bei Spannung	N/mm²			

Biegeversuch 23 °C DIN 53452;

	Probekörper:	*Form*	*Herstellung*	Spritzgiessen
		Zustand	*Vorbehandlung*	Normalklima
Biegefestigkeit	N/mm² 75		*E-Modul*	N/mm²
3,5% Biegespannung	N/mm²			

Härte 23 °C

	Probekörper:	*Zustand*	*Herstellung*	
			Vorbehandlung	
Kugeldruckhärte	N/mm²	bei N, s	*Shore-Härte* A	
Rockwellhärte			*Shore-Härte* D	

Schlagversuch

	Probekörper:	*(1)* U-Kerbe		
		(2)	*Herstellung*	Spritzgiessen
		Zustand	*Vorbehandlung*	Normalklima
		°C °C	°C	*Probekörper-Form*

Schlagzähigkeit	kJ/m²	23	12
Kerbschlagzähigkeit (1)	kJ/m²	23	5
IZOD-Kerbschlagzähigkeit (2)	J/m		
Kerbschlagzugzähigkeit	kJ/m²		

Abrieb und Reibung

Taber-Abrieb (Reibradverfahren)	mm³/100 U
Abriebfaktor LNP (Thrust washer) Vergleichswert	
Statische Reibungszahl	
Dynamische Reibungszahl	(p·v = $\quad$ N/mm² · $\quad$ m/min)
Zulässiger p · v Wert	N/mm² · (m/min)　v = $\quad$ m/min
	v = $\quad$ m/min

Thermische Eigenschaften

Formbeständigkeit in der Wärme	Verfahren	A	138 °C
	Verfahren		°C
Vicat Erweichungstemperatur (VST)	Verfahren	B/50	110 °C
	Verfahren		°C
Kristallit-Schmelzpunkt	Verfahren		
Längenausdehnungskoeffizient	Bereich	°C	$\cdot 10^{-4} \mathrm{K}^{-1}$
	Temperatur		$\cdot 10^{-4} \mathrm{K}^{-1}$
Wärmeleitfähigkeit	Verfahren		W/(K · m)
Spezifische Wärmekapazität	Verfahren		J/(K · g)
Glasumwandlungstemperatur	Torsionsschwingungsversuch	°C	
	Differentialkalorimetrie	°C	

Brandverhalten

UL-Test vertikal	Dicke $\quad$ mm, Wert	
	Dicke $\quad$ mm, Wert	

	Norm	Bewertung	Abmessungen
Sauerstoff-Index	ASTM D 2863		
Glühstab-Verfahren			
Brandverhalten	DIN 4102		
MVSS			
FAR			

Elektrische Eigenschaften

	Hz	°C		Probekörper, Form
Dielektrizitätszahl	50			
	10^3			
	10^6			
Dielektrischer Verlustfaktor tan δ	50			
	10^3			
	10^6			
Spezifischer Durchgangs-widerstand	Ohm · cm	23	1.0*10**16	
Durchschlagfestigkeit	kV/mm			mm dick
Oberflächenwiderstand	Ohm	23	1.0*10**14	
Kriechstromfestigkeit	KC	KB	KA	
Elektrolytische Korrosionswirkung				
Lichtbogenfestigkeit nach DIN				
nach ASTM	s			

Beständigkeit *(Chemische Beständigkeit siehe Anhang)*

Wasseraufnahme

Feuchtigkeitsaufnahme Normalklima	%
Wetterbeständigkeit	

Spannungskorrosion

Optische Eigenschaften

Brechungszahl n_D	
Transmissionsgrad τ_c $\quad$ %	mm dick
Lichtdurchlässigkeit	

Produkt	Polypropylen	**PP**
Handelsname	**Albis Polypropylen A 12 H - GF 30 C**	
Hersteller	ALBIS	
DIN-Bez 1	16774-PP-H,MG,XX-M045,GF30	
DIN-Bez 2		

Zusätze		*Füllstoffe/* *Verstärkung*	30.0% Glasfaser, chemisch gekoppelt
Bevorzugte *Verarbeitung*	Spritzgiessen	*Lieferform*	Granulat
		Farben	Natur; Standard
Besondere *Merkmale*	Guenstige mechanische Eigenschaften; Erhoehte Steifigkeit	*Bevorzugte* *Anwendungen*	Technisches Formteil; Bedarfsartikel

Dichte	g/cm^3	1.12	*Schmelzindex*	g/10 min	4: 230/2.16
Schüttdichte	g/cm^3		*Volumenfließindex*	cm^3/10 min	:
Viskositätszahl	ml/g				

Verarbeitungsbedingungen für Spritzgießen

Massetemp.	°C		*Schwindung*	%	lgs , quer
Werkzeugtemp.	°C		*Bemerkungen*		
Spritzdruck	bar				

Zugversuch 23 °C DIN 53455; DIN 53457

Probekörper:	Form	*Herstellung*	Spritzgiessen
	Zustand	*Vorbehandlung*	Normalklima

Streckspannung	N/mm^2	70	*Dehnung bei Streckspannung*	%
Zugfestigkeit	N/mm^2		*Reißdehnung*	% 3
Reißfestigkeit	N/mm^2		*% Dehnspannung*	N/mm^2
E-Modul	N/mm^2	5400	*Dehnung bei % Dehnspg.*	%

Kriechmoduln und Zeitstandwerte 23 °C

Probekörper:	Form	*Herstellung*	
	Zustand	*Vorbehandlung*	

Kriechmodul	1 min N/mm^2	*Zeitstandzugfestigkeit*	h N/mm^2
Kriechmodul	1000 h N/mm^2	*Zeitdehnspg. %*	h N/mm^2
bei Spannung	N/mm^2		

Biegeversuch 23 °C DIN 53452;

Probekörper:	Form	*Herstellung*	Spritzgiessen
	Zustand	*Vorbehandlung*	Normalklima

Biegefestigkeit	N/mm^2	100	*E-Modul*	N/mm^2
3,5% Biegespannung	N/mm^2			

Härte 23 °C

Probekörper:	Zustand	*Herstellung*	
		Vorbehandlung	

Kugeldruckhärte	N/mm^2 bei N, s	*Shore-Härte* A	
Rockwellhärte		*Shore-Härte* D	

Schlagversuch

Probekörper:	(1) U-Kerbe		
	(2)	*Herstellung*	Spritzgiessen
	Zustand	*Vorbehandlung*	Normalklima
	°C °C	°C	*Probekörper-Form*

Schlagzähigkeit	kJ/m^2	23 20
Kerbschlagzähigkeit (1)	kJ/m^2	23 7
IZOD-Kerbschlagzähigkeit (2)	J/m	
Kerbschlagzugzähigkeit	kJ/m^2	

Abrieb und Reibung

Taber-Abrieb (Reibradverfahren)   mm³/100 U
Abriebfaktor LNP (Thrust washer) Vergleichswert
Statische Reibungszahl
Dynamische Reibungszahl   (p · v =   N/mm² ·   m/min)
Zulässiger p · v Wert   N/mm² · (m/min)   v =   m/min
                                                                      v =   m/min

Thermische Eigenschaften

Formbeständigkeit in der Wärme   *Verfahren*   A   142 °C
                                      Verfahren   °C
Vicat Erweichungstemperatur (VST)   *Verfahren*   B/50   130 °C
                                      Verfahren   °C
Kristallit-Schmelzpunkt   *Verfahren*

Längenausdehnungskoeffizient   *Bereich*   °C $\cdot 10^{-4} \text{K}^{-1}$
                                      Temperatur $\cdot 10^{-4} \text{K}^{-1}$
Wärmeleitfähigkeit   *Verfahren*   W/(K · m)

Spezifische Wärmekapazität   *Verfahren*   J/(K · g)

Glasumwandlungstemperatur   *Torsionsschwingungsversuch*   °C
                                      Differentialkalorimetrie   °C

Brandverhalten

UL-Test vertikal   Dicke   mm, Wert
                                      Dicke   mm, Wert

                    Norm   *Bewertung*   *Abmessungen*

Sauerstoff-Index   ASTM D 2863
Glühstab-Verfahren
Brandverhalten   DIN 4102
MVSS
FAR

Elektrische Eigenschaften

                                      Hz   °C   *Probekörper, Form*

Dielektrizitätszahl   50
                                      10³
                                      10⁶
Dielektrischer Verlustfaktor tan δ 50
                                      10³
                                      10⁶
Spezifischer Durchgangs-
  widerstand   Ohm · cm   23   1.0*10**16
Durchschlagfestigkeit kV/mm   mm dick
Oberflächenwiderstand Ohm   23   1.0*10**14
Kriechstromfestigkeit   KC   KB   KA
Elektrolytische Korrosionswirkung
Lichtbogenfestigkeit nach DIN
           nach ASTM   s

Beständigkeit *(Chemische Beständigkeit siehe Anhang)*

Wasseraufnahme

Feuchtigkeitsaufnahme Normalklima   %
Wetterbeständigkeit

Spannungskorrosion

Optische Eigenschaften

Brechungszahl n$_D$
Transmissionsgrad τ_c %   mm dick
Lichtdurchlässigkeit

Produkt	Polypropylen	**PP**
Handelsname	**Albis Polypropylen A 12 H - GK 20 / GF 20 C**	
Hersteller	ALBIS	
DIN-Bez 1	16774-PP-H,MG,XX-M045,GF20 + GK20	
DIN-Bez 2		

Zusätze		Füllstoffe/ Verstärkung	40.0% Glasfaser; Glaskugel; 1:1
Bevorzugte Verarbeitung	Spritzgiessen	Lieferform	Granulat
		Farben	Natur; Standard
Besondere Merkmale	Verringerte Verzugsneigung	Bevorzugte Anwendungen	Technisches Formteil; Bedarfsartikel

Dichte	g/cm³	1.2	Schmelzindex	g/10 min	6:　230/2.16
Schüttdichte	g/cm³		Volumenfließindex	cm³/10 min	:
Viskositätszahl	ml/g				

Verarbeitungsbedingungen für Spritzgießen

Massetemp.	°C		Schwindung	%	lgs , quer
Werkzeugtemp.	°C		Bemerkungen		
Spritzdruck	bar				

Zugversuch 23 °C DIN 53455; DIN 53457

	Probekörper:	Form	Herstellung	Spritzgiessen
		Zustand	Vorbehandlung	Normalklima
Streckspannung	N/mm² 50		Dehnung bei Streckspannung	%
Zugfestigkeit	N/mm²		Reißdehnung	% 3
Reißfestigkeit	N/mm²		% Dehnspannung	N/mm²
E-Modul	N/mm² 4500		Dehnung bei % Dehnspg.	%

Kriechmoduln und Zeitstandwerte 23 °C

	Probekörper:	Form	Herstellung	
		Zustand	Vorbehandlung	
Kriechmodul	1 min N/mm²		Zeitstandzugfestigkeit	h N/mm²
Kriechmodul	1000 h N/mm²		Zeitdehnspg. %	h N/mm²
bei Spannung	N/mm²			

Biegeversuch 23 °C DIN 53452;

	Probekörper:	Form	Herstellung	Spritzgiessen
		Zustand	Vorbehandlung	Normalklima
Biegefestigkeit	N/mm² 75		E-Modul	N/mm²
3,5% Biegespannung	N/mm²			

Härte 23 °C

	Probekörper:	Zustand	Herstellung	
			Vorbehandlung	
Kugeldruckhärte	N/mm²	bei N, s	Shore-Härte A	
Rockwellhärte			Shore-Härte D	

Schlagversuch

	Probekörper:	(1) U-Kerbe		
		(2)	Herstellung	Spritzgiessen
		Zustand	Vorbehandlung	Normalklima
		°C　　　　°C	°C	Probekörper-Form
Schlagzähigkeit	kJ/m²	23 12		
Kerbschlagzähigkeit (1)	kJ/m²	23 5		
IZOD-Kerbschlagzähigkeit (2)	J/m			
Kerbschlagzugzähigkeit	kJ/m²			

Abrieb und Reibung

Taber-Abrieb (Reibradverfahren)   mm³/100 U
Abriebfaktor LNP (Thrust washer) Vergleichswert
Statische Reibungszahl
Dynamische Reibungszahl   (p·v =   N/mm² ·   m/min)
Zulässiger p · v Wert   N/mm² · (m/min)   v =   m/min
                                                                             v =   m/min

Thermische Eigenschaften

Formbeständigkeit in der Wärme   Verfahren   A   140 °C
                                        Verfahren   °C
Vicat Erweichungstemperatur (VST)   Verfahren   B/50   125 °C
                                        Verfahren   °C
Kristallit-Schmelzpunkt   Verfahren

Längenausdehnungskoeffizient   Bereich   °C $\cdot 10^{-4} K^{-1}$
                                        Temperatur $\cdot 10^{-4} K^{-1}$
Wärmeleitfähigkeit   Verfahren   W/(K · m)

Spezifische Wärmekapazität   Verfahren   J/(K · g)

Glasumwandlungstemperatur   Torsionsschwingungsversuch   °C
                                        Differentialkalorimetrie   °C

Brandverhalten

UL-Test vertikal   Dicke   mm, Wert
                                        Dicke   mm, Wert

	Norm	Bewertung		Abmessungen
Sauerstoff-Index	ASTM D 2863			
Glühstab-Verfahren				
Brandverhalten	DIN 4102			
MVSS				
FAR				

Elektrische Eigenschaften

		Hz	°C		Probekörper, Form
Dielektrizitätszahl		50			
		10^3			
		10^6			
Dielektrischer Verlustfaktor tan δ		50			
		10^3			
		10^6			
Spezifischer Durchgangs-widerstand	Ohm · cm		23	1.0*10**16	
Durchschlagfestigkeit	kV/mm				mm dick
Oberflächenwiderstand	Ohm		23	1.0*10**14	

Kriechstromfestigkeit   KC   KB   KA
Elektrolytische Korrosionswirkung
Lichtbogenfestigkeit nach DIN
                nach ASTM   s

Beständigkeit (Chemische Beständigkeit siehe Anhang)

Wasseraufnahme

Feuchtigkeitsaufnahme Normalklima   %
Wetterbeständigkeit

Spannungskorrosion

Optische Eigenschaften

Brechungszahl n_D
Transmissionsgrad τ_c %   mm dick
Lichtdurchlässigkeit

Produkt	Polypropylen	**PP**

Handelsname   **Albis Polypropylen A 12 H - V0**

Hersteller   ALBIS

DIN-Bez 1   16774-PP-H,MFG,XX-M012
DIN-Bez 2

Zusätze   Brandschutzmittel   *Füllstoffe/*
                                                 Verstärkung

Bevorzugte   Spritzgiessen   *Lieferform*   Granulat
Verarbeitung
                                                 Farben   Natur

Besondere   Guenstige mechanische Eigenschaf-   *Bevorzugte*   Technisches Formteil; Bedarfsartikel
Merkmale   ten   *Anwendungen*

Dichte   g/cm³   1.39   *Schmelzindex*   g/10 min   1:   230/2.16
Schüttdichte   g/cm³   *Volumenfließindex*   cm³/10 min   :
Viskositätszahl ml/g

Verarbeitungsbedingungen für Spritzgießen

Massetemp.   °C   *Schwindung*   %   lgs   , quer
Werkzeugtemp. °C   *Bemerkungen*
Spritzdruck   bar

Zugversuch 23 °C   DIN 53455; DIN 53457
                       Probekörper: *Form*   *Herstellung*   Spritzgiessen
                                        Zustand   *Vorbehandlung* Normalklima

Streckspannung   N/mm² 17   *Dehnung bei Streckspannung*   %
Zugfestigkeit   N/mm²   *Reißdehnung*   %   200
Reißfestigkeit   N/mm²   *% Dehnspannung*   N/mm²
E-Modul   N/mm² 2000   *Dehnung bei*   *% Dehnspg.* %

Kriechmoduln und Zeitstandwerte 23 °C
                       Probekörper: *Form*   *Herstellung*
                                        Zustand   *Vorbehandlung*

Kriechmodul   1 min N/mm²   *Zeitstandzugfestigkeit*   h N/mm²
Kriechmodul   1000 h N/mm²   *Zeitdehnspg. %*   h N/mm²
bei Spannung   N/mm²

Biegeversuch 23 °C   DIN 53452;
                       Probekörper: *Form*   *Herstellung*   Spritzgiessen
                                        Zustand   *Vorbehandlung* Normalklima

Biegefestigkeit   N/mm² 28   *E-Modul*   N/mm²
3,5% Biegespannung   N/mm²

Härte 23 °C   *Probekörper:*   *Zustand*   *Herstellung*
                                                                  Vorbehandlung

Kugeldruckhärte   N/mm²   bei   N, s   *Shore-Härte* A
Rockwellhärte   *Shore-Härte* D

Schlagversuch   *Probekörper:*   *(1)* U-Kerbe
                                        (2)   *Herstellung*   Spritzgiessen
                                        Zustand   *Vorbehandlung* Normalklima

                                        °C   °C   °C   *Probekörper-Form*

Schlagzähigkeit   kJ/m²   23 30
Kerbschlagzähigkeit (1)   kJ/m²   23 8
IZOD-Kerbschlagzähigkeit (2) J/m
Kerbschlagzugzähigkeit   kJ/m²

Abrieb und Reibung

Taber-Abrieb (Reibradverfahren)	mm³/100 U
Abriebfaktor LNP (Thrust washer) Vergleichswert	
Statische Reibungszahl	
Dynamische Reibungszahl	(p·v =　　　　N/mm² ·　　　m/min)
Zulässiger p · v Wert	N/mm² · (m/min)　v =　　　m/min
	v =　　　m/min

Thermische Eigenschaften

Formbeständigkeit in der Wärme	*Verfahren*	A	65 °C
	Verfahren	B	120 °C
Vicat Erweichungstemperatur (VST)	*Verfahren*	B/50	71 °C
	Verfahren		°C
Kristallit-Schmelzpunkt	*Verfahren*		
Längenausdehnungskoeffizient	*Bereich*	°C	$\cdot 10^{-4} \mathrm{K}^{-1}$
	Temperatur		$\cdot 10^{-4} \mathrm{K}^{-1}$
Wärmeleitfähigkeit	*Verfahren*		W/(K · m)
Spezifische Wärmekapazität	*Verfahren*		J/(K · g)
Glasumwandlungstemperatur	*Torsionsschwingungsversuch*		°C
	Differentialkalorimetrie		°C

Brandverhalten

UL-Test vertikal　　　　　Dicke 1.6　mm, Wert V-0
　　　　　　　　　　　　　Dicke 3.2　mm, Wert V-0

	Norm	*Bewertung*	*Abmessungen*
Sauerstoff-Index	ASTM D 2863		
Glühstab-Verfahren			
Brandverhalten	DIN 4102		
MVSS			
FAR			

Elektrische Eigenschaften

		Hz	°C			*Probekörper, Form*
Dielektrizitätszahl		50				
		10^3				
		10^6				
Dielektrischer Verlustfaktor tan δ		50				
		10^3				
		10^6				
Spezifischer Durchgangs-widerstand	Ohm · cm		23	1.0*10**16		
Durchschlagfestigkeit	kV/mm					mm dick
Oberflächenwiderstand	Ohm		23	1.0*10**14		
Kriechstromfestigkeit		KC		KB	KA	
Elektrolytische Korrosionswirkung						
Lichtbogenfestigkeit nach DIN						
nach ASTM	s					

Beständigkeit *(Chemische Beständigkeit siehe Anhang)*

Wasseraufnahme

Feuchtigkeitsaufnahme Normalklima　　　　　　　　　　　　　　　　　　　　　%
Wetterbeständigkeit

Spannungskorrosion

Optische Eigenschaften

Brechungszahl n_D
Transmissionsgrad τ_c　　　%　　　　　　　　mm dick
Lichtdurchlässigkeit

Datenbank-Nr.	**T04677**	*Merkblatt-Nr.* **2842**

Produkt	Polypropylen	**PP**

Handelsname   **Albis Polypropylen A 12 H - TV 20**

Hersteller   ALBIS

DIN-Bez 1   16774-PP-H,MG,XX-M022,T20
DIN-Bez 2

Zusätze		*Füllstoffe/ Verstärkung*	20.0% Talkum
Bevorzugte Verarbeitung	Spritzgiessen	*Lieferform*	Granulat
		Farben	Natur
Besondere Merkmale	Guenstige mechanische Eigenschaften	*Bevorzugte Anwendungen*	Technisches Formteil; Bedarfsartikel

---

Dichte	g/cm³	1.06	*Schmelzindex*	g/10 min	2:	230/2.16
Schüttdichte	g/cm³		*Volumenfließindex*	cm³/10 min	:	
Viskositätszahl	ml/g					

Verarbeitungsbedingungen für Spritzgießen

Massetemp.	°C	*Schwindung*	%	lgs	, quer
Werkzeugtemp.	°C	*Bemerkungen*			
Spritzdruck	bar				

Zugversuch 23 °C   DIN 53455; DIN 53457

	Probekörper:	Form	*Herstellung*	Spritzgiessen
		Zustand	*Vorbehandlung*	Normalklima

Streckspannung	N/mm² 28	*Dehnung bei Streckspannung*	%
Zugfestigkeit	N/mm²	*Reißdehnung*	% 100
Reißfestigkeit	N/mm²	% *Dehnspannung*	N/mm²
E-Modul	N/mm² 2200	*Dehnung bei* % Dehnspg.	%

Kriechmoduln und Zeitstandwerte 23 °C

	Probekörper:	Form	*Herstellung*
		Zustand	*Vorbehandlung*

Kriechmodul	1 min N/mm²	*Zeitstandzugfestigkeit*	h N/mm²
Kriechmodul	1000 h N/mm²	*Zeitdehnspg. %*	h N/mm²
bei Spannung	N/mm²		

Biegeversuch 23 °C   DIN 53452;

	Probekörper:	Form	*Herstellung*	Spritzgiessen
		Zustand	*Vorbehandlung*	Normalklima

Biegefestigkeit	N/mm² 50	*E-Modul*	N/mm²
3,5% Biegespannung	N/mm²		

Härte 23 °C

	Probekörper:	Zustand	*Herstellung*
			Vorbehandlung

Kugeldruckhärte	N/mm²	bei N, s	*Shore-Härte* A
Rockwellhärte			*Shore-Härte* D

Schlagversuch

	Probekörper:	(1) U-Kerbe		
		(2)	*Herstellung*	Spritzgiessen
		Zustand	*Vorbehandlung*	Normalklima
		°C °C °C	*Probekörper-Form*	

Schlagzähigkeit	kJ/m²	23 40
Kerbschlagzähigkeit (1)	kJ/m²	23 4.5
IZOD-Kerbschlagzähigkeit (2)	J/m	
Kerbschlagzugzähigkeit	kJ/m²	

Abrieb und Reibung

Taber-Abrieb (Reibradverfahren)	mm^3/100 U
Abriebfaktor LNP (Thrust washer) Vergleichswert	
Statische Reibungszahl	
Dynamische Reibungszahl	(p · v = N/mm^2 · m/min)
Zulässiger p · v Wert	N/mm^2 · (m/min) v = m/min
	v = m/min

Thermische Eigenschaften

Formbeständigkeit in der Wärme	Verfahren	A	75 °C
	Verfahren	B	120 °C
Vicat Erweichungstemperatur (VST)	Verfahren	B/50	105 °C
	Verfahren		°C
Kristallit-Schmelzpunkt	Verfahren		
Längenausdehnungskoeffizient	Bereich	°C	· 10^{-4}K^{-1}
	Temperatur		· 10^{-4}K^{-1}
Wärmeleitfähigkeit	Verfahren		W/(K · m)
Spezifische Wärmekapazität	Verfahren		J/(K · g)
Glasumwandlungstemperatur	Torsionsschwingungsversuch	°C	
	Differentialkalorimetrie	°C	

Brandverhalten

UL-Test vertikal		Dicke	mm, Wert
		Dicke	mm, Wert

	Norm	Bewertung	Abmessungen
Sauerstoff-Index	ASTM D 2863		
Glühstab-Verfahren			
Brandverhalten	DIN 4102		
MVSS			
FAR			

Elektrische Eigenschaften

	Hz	°C			Probekörper, Form
Dielektrizitätszahl	50				
	10^3				
	10^6				
Dielektrischer Verlustfaktor tan δ	50				
	10^3				
	10^6				
Spezifischer Durchgangs-widerstand	Ohm · cm	23	1.0*10**16		
Durchschlagfestigkeit	kV/mm				mm dick
Oberflächenwiderstand	Ohm	23	1.0*10**14		
Kriechstromfestigkeit	KC		KB	KA	
Elektrolytische Korrosionswirkung					
Lichtbogenfestigkeit nach DIN					
nach ASTM	s				

Beständigkeit *(Chemische Beständigkeit siehe Anhang)*

Wasseraufnahme

Feuchtigkeitsaufnahme Normalklima   %
Wetterbeständigkeit

Spannungskorrosion

Optische Eigenschaften

Brechungszahl n$_D$
Transmissionsgrad τ_c %   mm dick
Lichtdurchlässigkeit

Produkt	Polypropylen	**PP**

Handelsname **Albis Polypropylen A 12 H - TV 40**

Hersteller ALBIS

DIN-Bez 1 16774-PP-H,MG,XX-M012,T40
DIN-Bez 2

Zusätze		*Füllstoffe/ Verstärkung* 40.0% Talkum
Bevorzugte Verarbeitung Spritzgiessen		*Lieferform* Granulat
		Farben Natur
Besondere Merkmale Guenstige mechanische Eigenschaften		*Bevorzugte Anwendungen* Technisches Formteil; Bedarfsartikel

---

Dichte g/cm³ 1.24	*Schmelzindex* g/10 min	1.5: 230/2.16
Schüttdichte g/cm³	*Volumenfließindex* cm³/10 min	:
Viskositätszahl ml/g		

Verarbeitungsbedingungen für Spritzgießen

Massetemp. °C	*Schwindung* % lgs , quer
Werkzeugtemp. °C	*Bemerkungen*
Spritzdruck bar	

Zugversuch 23 °C DIN 53455; DIN 53457

Probekörper: Form	*Herstellung*	Spritzgiessen
Zustand	*Vorbehandlung*	Normalklima

Streckspannung N/mm² 29	*Dehnung bei Streckspannung* %	
Zugfestigkeit N/mm²	*Reißdehnung* % 10	
Reißfestigkeit N/mm²	% *Dehnspannung* N/mm²	
E-Modul N/mm² 3000	*Dehnung bei* % *Dehnspg.* %	

Kriechmoduln und Zeitstandwerte 23 °C

Probekörper: Form	*Herstellung*	
Zustand	*Vorbehandlung*	

Kriechmodul 1 min N/mm²	*Zeitstandzugfestigkeit* h N/mm²
Kriechmodul 1000 h N/mm²	*Zeitdehnspg.* % h N/mm²
bei Spannung N/mm²	

Biegeversuch 23 °C DIN 53452;

Probekörper: Form	*Herstellung*	Spritzgiessen
Zustand	*Vorbehandlung*	Normalklima

Biegefestigkeit N/mm² 50	*E-Modul* N/mm²
3,5% Biegespannung N/mm²	

Härte 23 °C

Probekörper: Zustand	*Herstellung*	
	Vorbehandlung	

Kugeldruckhärte N/mm² bei N, s	*Shore-Härte* A
Rockwellhärte	*Shore-Härte* D

Schlagversuch

Probekörper: (1) U-Kerbe		
(2)	*Herstellung*	Spritzgiessen
Zustand	*Vorbehandlung*	Normalklima

°C	°C	°C	*Probekörper-Form*

Schlagzähigkeit kJ/m²	23 17
Kerbschlagzähigkeit (1) kJ/m²	23 3.5
IZOD-Kerbschlagzähigkeit (2) J/m	
Kerbschlagzugzähigkeit kJ/m²	

Abrieb und Reibung

Taber-Abrieb (Reibradverfahren)	mm^3/100 U	
Abriebfaktor LNP (Thrust washer) Vergleichswert		
Statische Reibungszahl		
Dynamische Reibungszahl	(p · v = $\quad$ N/mm^2 · $\quad$ m/min)	
Zulässiger p · v Wert	N/mm^2 · (m/min) $\quad$ v = $\quad$ m/min	
	v = $\quad$ m/min	

Thermische Eigenschaften

Formbeständigkeit in der Wärme	*Verfahren*	A	95 °C
	Verfahren	B	135 °C
Vicat Erweichungstemperatur (VST)	*Verfahren*	B/50	105 °C
	Verfahren		°C
Kristallit-Schmelzpunkt	*Verfahren*		
Längenausdehnungskoeffizient	*Bereich*	°C	· 10^{-4}K^{-1}
	Temperatur		· 10^{-4}K^{-1}
Wärmeleitfähigkeit	*Verfahren*		W/(K · m)
Spezifische Wärmekapazität	*Verfahren*		J/(K · g)
Glasumwandlungstemperatur	*Torsionsschwingungsversuch*	°C	
	Differentialkalorimetrie	°C	

Brandverhalten

UL-Test vertikal	*Dicke*	mm, Wert	
	Dicke	mm, Wert	

	Norm	*Bewertung*	*Abmessungen*
Sauerstoff-Index	ASTM D 2863		
Glühstab-Verfahren			
Brandverhalten	DIN 4102		
MVSS			
FAR			

Elektrische Eigenschaften

		Hz	°C	.	*Probekörper, Form*
Dielektrizitätszahl		50			
		10^3			
		10^6			
Dielektrischer Verlustfaktor tan δ		· 50			
		10^3			
		10^6			
Spezifischer Durchgangs-widerstand	Ohm · cm		23	1.0*10**16	
Durchschlagfestigkeit	kV/mm				mm dick
Oberflächenwiderstand	Ohm		23	1.0*10**14	
Kriechstromfestigkeit		KC		KB	KA
Elektrolytische Korrosionswirkung					
Lichtbogenfestigkeit nach DIN					
nach ASTM	s				

Beständigkeit *(Chemische Beständigkeit siehe Anhang)*

Wasseraufnahme

Feuchtigkeitsaufnahme Normalklima $\hfill$ %
Wetterbeständigkeit

Spannungskorrosion

Optische Eigenschaften

Brechungszahl n$_D$
Transmissionsgrad τ_c $\quad$ % $\qquad$ mm dick
Lichtdurchlässigkeit

Produkt	Acetalcopolymerisat	**POM**
Handelsname	**Ultraform Z 2320 X - 003**	
Hersteller	BASF	
DIN-Bez 1	16781-POM,MGC,36-07-03	
DIN-Bez 2		
Zusätze		*Füllstoffe/ Verstärkung*
Bevorzugte Verarbeitung	Spritzgiessen	*Lieferform* Granulat
		Farben Schwarz
Besondere Merkmale	Extrem leicht fliessende Marke	*Bevorzugte Anwendungen* Duennwandiges Formteil mit unguenstigem Fliessweg/Wanddickenverhaeltnis

Dichte	g/cm^3	1.41	*Schmelzindex*	g/10 min	50: 190/2.16
Schüttdichte	g/cm^3		*Volumenfließindex*	cm^3/10 min	:
Viskositätszahl	ml/g				

Verarbeitungsbedingungen für Spritzgießen

Massetemp.	°C	180–220	*Schwindung*	%	lgs 1.7–2.7, quer 1.7–2.7
Werkzeugtemp.	°C	60–120	*Bemerkungen*		
Spritzdruck	bar				

Zugversuch 23 °C DIN 53455; DIN 53457

	Probekörper:	*Form*		*Herstellung*	Spritzgiessen
		Zustand		*Vorbehandlung*	Normalklima
Streckspannung	N/mm^2	68	*Dehnung bei Streckspannung*	%	8
Zugfestigkeit	N/mm^2		*Reißdehnung*	%	15–20
Reißfestigkeit	N/mm^2		% *Dehnspannung*	N/mm^2	
E-Modul	N/mm^2	3100	*Dehnung bei* % *Dehnspg.*	%	

Kriechmoduln und Zeitstandwerte 23 °C

	Probekörper:	*Form*		*Herstellung*
		Zustand		*Vorbehandlung*
Kriechmodul	1 min N/mm^2		*Zeitstandzugfestigkeit*	h N/mm^2
Kriechmodul	1000 h N/mm^2		*Zeitdehnspg.* %	h N/mm^2
bei Spannung	N/mm^2			

Biegeversuch 23 °C

	Probekörper:	*Form*		*Herstellung*
		Zustand		*Vorbehandlung*
Biegefestigkeit	N/mm^2		*E-Modul*	N/mm^2
3,5% Biegespannung	N/mm^2			

Härte 23 °C

	Probekörper:	*Zustand*	*Herstellung*	Spritzgiessen
			Vorbehandlung	Normalklima
Kugeldruckhärte	N/mm^2 160	bei 358 N, 30 s	*Shore-Härte* A	
Rockwellhärte			*Shore-Härte* D	

Schlagversuch

	Probekörper:	(1) U-Kerbe		
		(2) V-Kerbe	*Herstellung*	Spritzgiessen
		Zustand	*Vorbehandlung*	Normalklima
		°C	°C	°C	*Probekörper-Form*

Schlagzähigkeit	kJ/m^2	23 80–o.B.	-40 60–80			NKS
Kerbschlagzähigkeit (1)	kJ/m^2	23 3–5				NKS
IZOD-Kerbschlagzähigkeit (2)	J/m	23 50	-40 40			
Kerbschlagzugzähigkeit	kJ/m^2					

Abrieb und Reibung

Taber-Abrieb (Reibradverfahren)	mm^3/100 U
Abriebfaktor LNP (Thrust washer) Vergleichswert	
Statische Reibungszahl	
Dynamische Reibungszahl	(p·v = N/mm^2 · m/min)
Zulässiger p · v Wert	N/mm^2 · (m/min) v = m/min
	v = m/min

Thermische Eigenschaften

Formbeständigkeit in der Wärme	*Verfahren*	A	110 °C
	Verfahren	B	160 °C
Vicat Erweichungstemperatur (VST)	*Verfahren*		°C
	Verfahren		°C
Kristallit-Schmelzpunkt	*Verfahren*		164–168 °C
Längenausdehnungskoeffizient	*Bereich*	°C	· 10^{-4}K^{-1}
	Temperatur 23 °C		1.1 · 10^{-4}K^{-1}
Wärmeleitfähigkeit	*Verfahren*		W/(K · m)
Spezifische Wärmekapazität	*Verfahren*	23 °C	1.5 J/(K · g)
Glasumwandlungstemperatur	*Torsionsschwingungsversuch*	°C	
	Differentialkalorimetrie	°C	

Brandverhalten

UL-Test vertikal

Dicke 1.6   mm, Wert HB
Dicke   mm, Wert

	Norm	*Bewertung*	*Abmessungen*
Sauerstoff-Index	ASTM D 2863		
Glühstab-Verfahren			
Brandverhalten	DIN 4102		
MVSS			
FAR			

Elektrische Eigenschaften

		Hz	°C			*Probekörper, Form*
Dielektrizitätszahl		50				
		10^3				
		10^6				
Dielektrischer Verlustfaktor tan δ		50				
		10^3				
		10^6				
Spezifischer Durchgangs-widerstand	Ohm · cm		23	1.0*10**15		
Durchschlagfestigkeit	kV/mm		23	$\geqq$ 55		1.0 mm dick
Oberflächenwiderstand	Ohm					
Kriechstromfestigkeit		KC		KB	KA	
Elektrolytische Korrosionswirkung						
Lichtbogenfestigkeit nach DIN						
nach ASTM	s					

Beständigkeit *(Chemische Beständigkeit siehe Anhang)*

Wasseraufnahme 23 C Bis zur Saettigung	0.8 %
Feuchtigkeitsaufnahme Normalklima	%
Wetterbeständigkeit	
Spannungskorrosion	

Optische Eigenschaften

Brechungszahl n$_D$
Transmissionsgrad τ_c %   mm dick
Lichtdurchlässigkeit

Produkt	Acetalcopolymerisat		**POM**
Handelsname	**Ultraform Z 2330 X - 003**		
Hersteller	BASF		
DIN-Bez 1	16781-POM,MG,48-07-03		
DIN-Bez 2			
Zusätze	Antistatikum	*Füllstoffe/ Verstärkung*	
Bevorzugte Verarbeitung	Spritzgiessen	*Lieferform*	Granulat
		Farben	Schwarz
Besondere Merkmale	Extrem leichtfliessende Marke	*Bevorzugte Anwendungen*	Duennwandiges Formteil mit unguenstigem Fliessweg/Wanddickenverhaeltnis

---

Dichte	g/cm³	1.41	*Schmelzindex*	g/10 min	50:　190/2.16
Schüttdichte	g/cm³		*Volumenfließindex*	cm³/10 min	:
Viskositätszahl	ml/g				

Verarbeitungsbedingungen für Spritzgießen

Massetemp.	°C	180–220	*Schwindung*	%	lgs 1.7–2.7, quer 1.7–2.7
Werkzeugtemp.	°C	60–120	*Bemerkungen*		
Spritzdruck	bar				

Zugversuch 23 °C　　DIN 53455; DIN 53457

	Probekörper:	*Form*	*Herstellung*	Spritzgiessen
		Zustand	*Vorbehandlung*	Normalklima
Streckspannung	N/mm² 68		*Dehnung bei Streckspannung*	%　.8
Zugfestigkeit	N/mm²		*Reißdehnung*	%　15–20
Reißfestigkeit	N/mm²		*% Dehnspannung*	N/mm²
E-Modul	N/mm² 3100		*Dehnung bei　% Dehnspg.*	%

Kriechmoduln und Zeitstandwerte 23 °C

	Probekörper:	*Form*	*Herstellung*	
		Zustand	*Vorbehandlung*	
Kriechmodul	*1 min* N/mm²		*Zeitstandzugfestigkeit*	h N/mm²
Kriechmodul	*1000 h* N/mm²		*Zeitdehnspg. %*	h N/mm²
bei Spannung	N/mm²			

Biegeversuch 23 °C

	Probekörper:	*Form*	*Herstellung*	
		Zustand	*Vorbehandlung*	
Biegefestigkeit	N/mm²		*E-Modul*	N/mm²
3,5% Biegespannung	N/mm²			

Härte 23 °C

	Probekörper:	*Zustand*	*Herstellung*	Spritzgiessen
			Vorbehandlung	Normalklima
Kugeldruckhärte	N/mm² 160	bei 358 N, 30 s	*Shore-Härte* A	
Rockwellhärte			*Shore-Härte* D	

Schlagversuch

	Probekörper:	*(1)* U-Kerbe		
		(2) V-Kerbe	*Herstellung*	Spritzgiessen
		Zustand	*Vorbehandlung*	Normalklima

		°C	°C	°C	*Probekörper-Form*
Schlagzähigkeit	kJ/m²	23 80–o.B.	-40 60–80		NKS
Kerbschlagzähigkeit (1)	kJ/m²	23 3–5			NKS
IZOD-Kerbschlagzähigkeit (2)	J/m	23 50	-40 40		
Kerbschlagzugzähigkeit	kJ/m²				

Abrieb und Reibung

Taber-Abrieb (Reibradverfahren)	mm³/100 U
Abriebfaktor LNP (Thrust washer) Vergleichswert	
Statische Reibungszahl	
Dynamische Reibungszahl	(p·v = N/mm² · m/min)
Zulässiger p · v Wert	N/mm² · (m/min) v = m/min
	v = m/min

Thermische Eigenschaften

Formbeständigkeit in der Wärme	*Verfahren*	A	110 °C
	Verfahren	B	160 °C
Vicat Erweichungstemperatur (VST)	*Verfahren*		°C
	Verfahren		°C
Kristallit-Schmelzpunkt	*Verfahren*		164–168 °C
Längenausdehnungskoeffizient	*Bereich*	°C	$\cdot 10^{-4} \mathrm{K}^{-1}$
	Temperatur 23 °C		$1.1 \cdot 10^{-4} \mathrm{K}^{-1}$
Wärmeleitfähigkeit	*Verfahren*		W/(K · m)
Spezifische Wärmekapazität	*Verfahren*	23 °C	1.5 J/(K · g)
Glasumwandlungstemperatur	*Torsionsschwingungsversuch*	°C	
	Differentialkalorimetrie	°C	

Brandverhalten

UL-Test vertikal   Dicke 1.6   mm, Wert HB
                         Dicke   mm, Wert

	Norm	*Bewertung*	*Abmessungen*
Sauerstoff-Index	ASTM D 2863		
Glühstab-Verfahren			
Brandverhalten	DIN 4102		
MVSS			
FAR			

Elektrische Eigenschaften

		Hz	°C			*Probekörper, Form*
Dielektrizitätszahl		50				
		10^3				
		10^6				
Dielektrischer Verlustfaktor tan δ		50				
		10^3				
		10^6				
Spezifischer Durchgangswiderstand	Ohm · cm		23	1.0*10**15		
Durchschlagfestigkeit	kV/mm		23	≧ 55		1.0 mm dick
Oberflächenwiderstand	Ohm					
Kriechstromfestigkeit		KC		KB	KA	
Elektrolytische Korrosionswirkung						
Lichtbogenfestigkeit nach DIN						
nach ASTM	s					

Beständigkeit *(Chemische Beständigkeit siehe Anhang)*

Wasseraufnahme 23 C Bis zur Saettigung		0.8 %
Feuchtigkeitsaufnahme Normalklima		%
Wetterbeständigkeit		
Spannungskorrosion		

Optische Eigenschaften

Brechungszahl n_D			
Transmissionsgrad τ_c	%		mm dick
Lichtdurchlässigkeit			

Produkt	Acetalcopolymerisat	**POM**
Handelsname	**Ultraform W 2320 - 003**	
Hersteller	BASF	
DIN-Bez 1 *DIN-Bez 2*	16781-POM,MG,24-07-03	

Zusätze		*Füllstoffe/* *Verstärkung*	
Bevorzugte *Verarbeitung*	Spritzgiessen	*Lieferform*	Granulat
		Farben	Schwarz; Spezialeinfaerbungen lieferbar
Besondere *Merkmale*	Sehr leicht fliessende Marke; Schnell erstarrend	*Bevorzugte* *Anwendungen*	Formteil mit geringeren mechanischen Anforderungen

---

Dichte	g/cm^3	1.41	*Schmelzindex*	g/10 min	30:	190/2.16
Schüttdichte	g/cm^3		*Volumenfließindex*	cm^3/10 min	:	
Viskositätszahl	ml/g					

Verarbeitungsbedingungen für Spritzgießen

Massetemp.	°C	180–220	*Schwindung*	%	lgs 1.7–2.7, quer 1.7–2.7
Werkzeugtemp.	°C	60–120	*Bemerkungen*		
Spritzdruck	bar				

Zugversuch 23 °C   DIN 53455; DIN 53457

	Probekörper:	*Form*	*Herstellung*	Spritzgiessen	
		Zustand	*Vorbehandlung*	Normalklima	
Streckspannung	N/mm^2	68	*Dehnung bei Streckspannung*	%	8
Zugfestigkeit	N/mm^2		*Reißdehnung*	%	15–20
Reißfestigkeit	N/mm^2		*% Dehnspannung*	N/mm^2	
E-Modul	N/mm^2	3100	*Dehnung bei % Dehnspg.*	%	

Kriechmoduln und Zeitstandwerte 23 °C

	Probekörper:	*Form*	*Herstellung*	
		Zustand	*Vorbehandlung*	
Kriechmodul	1 min	N/mm^2	*Zeitstandzugfestigkeit*	h N/mm^2
Kriechmodul	1000 h	N/mm^2	*Zeitdehnspg. %*	h N/mm^2
bei Spannung		N/mm^2		

Biegeversuch 23 °C

	Probekörper:	*Form*	*Herstellung*	
		Zustand	*Vorbehandlung*	
Biegefestigkeit	N/mm^2		*E-Modul*	N/mm^2
3,5% Biegespannung	N/mm^2			

Härte 23 °C

	Probekörper:	*Zustand*	*Herstellung*	Spritzgiessen
			Vorbehandlung	Normalklima
Kugeldruckhärte	N/mm^2 160	bei 358 N, 30 s	*Shore-Härte* A	
Rockwellhärte			*Shore-Härte* D	

Schlagversuch

	Probekörper:	*(1)* U-Kerbe			
		(2) V-Kerbe	*Herstellung*	Spritzgiessen	
		Zustand	*Vorbehandlung*	Normalklima	
		°C	°C	°C	*Probekörper-Form*
Schlagzähigkeit	kJ/m^2	23 o.B.	-40 80–100		NKS
Kerbschlagzähigkeit (1)	kJ/m^2	23 4–6			NKS
IZOD-Kerbschlagzähigkeit (2)	J/m	23 55	-40 45		
Kerbschlagzugzähigkeit	kJ/m^2				

Abrieb und Reibung

Taber-Abrieb (Reibradverfahren)	mm³/100 U
Abriebfaktor LNP (Thrust washer) Vergleichswert	
Statische Reibungszahl	
Dynamische Reibungszahl	(p·v= N/mm² · m/min)
Zulässiger p · v Wert	N/mm² · (m/min) v = m/min
	v = m/min

Thermische Eigenschaften

Formbeständigkeit in der Wärme	*Verfahren* A		110 °C
	Verfahren B		160 °C
Vicat Erweichungstemperatur (VST)	*Verfahren*		°C
	Verfahren		°C
Kristallit-Schmelzpunkt	*Verfahren*		164–168 °C
Längenausdehnungskoeffizient	*Bereich* °C		$\cdot 10^{-4}\mathrm{K}^{-1}$
	Temperatur 23 °C		$1.1 \cdot 10^{-4}\mathrm{K}^{-1}$
Wärmeleitfähigkeit	*Verfahren*		W/(K · m)
Spezifische Wärmekapazität	*Verfahren*	23 °C	1.5 J/(K · g)
Glasumwandlungstemperatur	*Torsionsschwingungsversuch*	°C	
	Differentialkalorimetrie	°C	

Brandverhalten

UL-Test vertikal   Dicke 1.6   mm, Wert HB
                          Dicke   mm, Wert

	Norm	*Bewertung*	*Abmessungen*
Sauerstoff-Index	ASTM D 2863		
Glühstab-Verfahren			
Brandverhalten	DIN 4102		
MVSS			
FAR			

Elektrische Eigenschaften

		Hz	°C			*Probekörper, Form*
Dielektrizitätszahl		50				
		10^3				
		10^6				
Dielektrischer Verlustfaktor tan δ		50				
		10^3				
		10^6				
Spezifischer Durchgangs-						
widerstand	Ohm · cm		23	1.0*10**15		
Durchschlagfestigkeit	kV/mm		23	≧ 55		1.0 mm dick
Oberflächenwiderstand	Ohm					
Kriechstromfestigkeit		KC	KB		KA	
Elektrolytische Korrosionswirkung						
Lichtbogenfestigkeit nach DIN						
nach ASTM s						

Beständigkeit *(Chemische Beständigkeit siehe Anhang)*

Wasseraufnahme 23 C Bis zur Saettigung	0.8 %
Feuchtigkeitsaufnahme Normalklima	%
Wetterbeständigkeit	
Spannungskorrosion	

Optische Eigenschaften

Brechungszahl n_D
Transmissionsgrad τ_c %   mm dick
Lichtdurchlässigkeit

Produkt	Acetalcopolymerisat	**POM**
Handelsname	**Ultraform W 2330 - 003**	
Hersteller	BASF	
DIN-Bez 1	16781-POM,MGZ,24-07-03	
DIN-Bez 2		

Zusätze	Antistatikum	*Füllstoffe/ Verstärkung*	
Bevorzugte Verarbeitung	Spritzgiessen	*Lieferform*	Granulat
		Farben	Schwarz
Besondere Merkmale	Sehr leicht fliessende Marke; Schnell erstarrend	*Bevorzugte Anwendungen*	Formteil mit geringeren mechanischen Anforderungen

---

Dichte	g/cm³	1.41	*Schmelzindex*	g/10 min	30:	190/2.16
Schüttdichte	g/cm³		*Volumenfließindex*	cm³/10 min	:	
Viskositätszahl	ml/g					

Verarbeitungsbedingungen für Spritzgießen

Massetemp.	°C	180–220	*Schwindung*	%	lgs 1.7–2.7, quer 1.7–2.7
Werkzeugtemp.	°C	60–120	*Bemerkungen*		
Spritzdruck	bar				

Zugversuch 23 °C DIN 53455; DIN 53457

			Herstellung	Spritzgiessen
Probekörper:	Form		*Vorbehandlung*	Normalklima
	Zustand			

Streckspannung	N/mm²	68	*Dehnung bei Streckspannung*	%	8
Zugfestigkeit	N/mm²		*Reißdehnung*	%	15–20
Reißfestigkeit	N/mm²		*% Dehnspannung*	N/mm²	
E-Modul	N/mm²	3100	*Dehnung bei* % *Dehnspg.*	%	

Kriechmoduln und Zeitstandwerte 23 °C

			Herstellung
Probekörper:	Form		*Vorbehandlung*
	Zustand		

Kriechmodul	1 min N/mm²		*Zeitstandzugfestigkeit*	h N/mm²
Kriechmodul	1000 h N/mm²		*Zeitdehnspg.* %	h N/mm²
bei Spannung	N/mm²			

Biegeversuch 23 °C

			Herstellung
Probekörper:	Form		*Vorbehandlung*
	Zustand		

Biegefestigkeit	N/mm²	*E-Modul*	N/mm²
3,5% Biegespannung	N/mm²		

Härte 23 °C

			Herstellung	Spritzgiessen
Probekörper:	Zustand		*Vorbehandlung*	Normalklima

Kugeldruckhärte	N/mm² 160	bei 358 N, 30 s	*Shore-Härte* A	
Rockwellhärte			*Shore-Härte* D	

Schlagversuch

Probekörper:	(1) U-Kerbe			
	(2) V-Kerbe		*Herstellung*	Spritzgiessen
	Zustand		*Vorbehandlung*	Normalklima

		°C	°C	°C	*Probekörper-Form*
Schlagzähigkeit	kJ/m²	23 o.B.	-40 80–100		NKS
Kerbschlagzähigkeit (1)	kJ/m²	23 4–6			NKS
IZOD-Kerbschlagzähigkeit (2)	J/m	23 55	-40 45		
Kerbschlagzugzähigkeit	kJ/m²				

Abrieb und Reibung

Taber-Abrieb (Reibradverfahren)	mm³/100 U	
Abriebfaktor LNP (Thrust washer) Vergleichswert		
Statische Reibungszahl		
Dynamische Reibungszahl	$(p \cdot v =$ N/mm² ·	m/min$)$
Zulässiger p · v Wert	N/mm² · (m/min) $v =$	m/min
	$v =$	m/min

Thermische Eigenschaften

Formbeständigkeit in der Wärme	*Verfahren* A		110 °C
	Verfahren B		160 °C
Vicat Erweichungstemperatur (VST)	*Verfahren*		°C
	Verfahren		°C
Kristallit-Schmelzpunkt	*Verfahren*		164–168 °C
Längenausdehnungskoeffizient	*Bereich* °C		$\cdot 10^{-4} K^{-1}$
	Temperatur 23 °C		$1.1 \cdot 10^{-4} K^{-1}$
Wärmeleitfähigkeit	*Verfahren*		W/(K · m)
Spezifische Wärmekapazität	*Verfahren*	23 °C	1.5 J/(K · g)
Glasumwandlungstemperatur	*Torsionsschwingungsversuch*		°C
	Differentialkalorimetrie		°C

Brandverhalten

UL-Test vertikal	Dicke 1.6 mm, Wert HB	
	Dicke mm, Wert	

	Norm	*Bewertung*	*Abmessungen*
Sauerstoff-Index	ASTM D 2863		
Glühstab-Verfahren			
Brandverhalten	DIN 4102		
MVSS			
FAR			

Elektrische Eigenschaften

		Hz	°C			*Probekörper, Form*
Dielektrizitätszahl		50				
		10^3				
		10^6				
Dielektrischer Verlustfaktor tan δ		50				
		10^3				
		10^6				
Spezifischer Durchgangs-widerstand	Ohm · cm		23	1.0*10**15		
Durchschlagfestigkeit	kV/mm		23	$\geqq 55$		1.0 mm dick
Oberflächenwiderstand	Ohm					
Kriechstromfestigkeit		KC		KB	KA	
Elektrolytische Korrosionswirkung						
Lichtbogenfestigkeit nach DIN						
nach ASTM	s					

Beständigkeit *(Chemische Beständigkeit siehe Anhang)*

Wasseraufnahme 23 C Bis zur Saettigung		0.8 %
Feuchtigkeitsaufnahme Normalklima		%
Wetterbeständigkeit		
Spannungskorrosion		

Optische Eigenschaften

Brechungszahl n_D		
Transmissionsgrad τ_c	%	mm dick
Lichtdurchlässigkeit		

Produkt	Acetalcopolymerisat	**POM**
Handelsname	**Ultraform S 2320**	
Hersteller	BASF	
DIN-Bez 1	16781-POM,MG,12-07-03	
DIN-Bez 2		

Zusätze		*Füllstoffe/ Verstärkung*	
Bevorzugte Verarbeitung	Spritzgiessen	*Lieferform*	Granulat
		Farben	Spezialeinfaerbungen
Besondere Merkmale	Leicht fliessend; Schnell erstarrend	*Bevorzugte Anwendungen*	Spritzgiesstechnisch schwieriges Formteil mit geringer Wanddicke und unguenstigem Fliessweg/Wanddicken-verhaeltnis

Dichte	g/cm^3	1.41	*Schmelzindex*	g/10 min	13: 190/2.16
Schüttdichte	g/cm^3		*Volumenfließindex*	cm^3/10 min	:
Viskositätszahl	ml/g				

Verarbeitungsbedingungen für Spritzgießen

Massetemp.	°C	180–220	*Schwindung*	%	lgs 1.7–2.7, quer 1.7–2.7
Werkzeugtemp.	°C	60–120	*Bemerkungen*		
Spritzdruck	bar				

Zugversuch 23 °C   DIN 53455; DIN 53457

		Probekörper: Form		*Herstellung*	Spritzgiessen
		Zustand		*Vorbehandlung*	Normalklima
Streckspannung	N/mm^2 68		*Dehnung bei Streckspannung*	%	8
Zugfestigkeit	N/mm^2		*Reißdehnung*	%	20
Reißfestigkeit	N/mm^2		% *Dehnspannung*	N/mm^2	
E-Modul	N/mm^2 3100		*Dehnung bei* % *Dehnspg.*	%	

Kriechmoduln und Zeitstandwerte 23 °C

		Probekörper: Form		*Herstellung*	
		Zustand		*Vorbehandlung*	
Kriechmodul	1 min N/mm^2		*Zeitstandzugfestigkeit*	h N/mm^2	
Kriechmodul	1000 h N/mm^2		*Zeitdehnspg.* %	h N/mm^2	
bei Spannung	N/mm^2				

Biegeversuch 23 °C

		Probekörper: Form		*Herstellung*	
		Zustand		*Vorbehandlung*	
Biegefestigkeit	N/mm^2		*E-Modul*	N/mm^2	
3,5% Biegespannung	N/mm^2				

Härte 23 °C   *Probekörper:* Zustand

			Herstellung	Spritzgiessen
			Vorbehandlung	Normalklima
Kugeldruckhärte	N/mm^2 160	bei 358 N, 30 s	*Shore-Härte* A	
Rockwellhärte			*Shore-Härte* D	

Schlagversuch   *Probekörper:*   (1) U-Kerbe   (2) V-Kerbe   Zustand

Herstellung Spritzgiessen
Vorbehandlung Normalklima

		°C	°C	°C	Probekörper-Form
Schlagzähigkeit	kJ/m^2	23 o.B.	-40 80–100		NKS
Kerbschlagzähigkeit (1)	kJ/m^2	23 5–6			NKS
IZOD-Kerbschlagzähigkeit (2)	J/m	23 60	-40 50		
Kerbschlagzugzähigkeit	kJ/m^2				

Abrieb und Reibung

Taber-Abrieb (Reibradverfahren)	mm³/100 U
Abriebfaktor LNP (Thrust washer) Vergleichswert	
Statische Reibungszahl	
Dynamische Reibungszahl	(p·v = N/mm² · m/min)
Zulässiger p · v Wert	N/mm² · (m/min) v = m/min
	v = m/min

Thermische Eigenschaften

Formbeständigkeit in der Wärme	Verfahren	A	110 °C
	Verfahren	B	160 °C
Vicat Erweichungstemperatur (VST)	Verfahren		°C
	Verfahren		°C
Kristallit-Schmelzpunkt	Verfahren		164–168 °C
Längenausdehnungskoeffizient	Bereich	°C	$\cdot 10^{-4} K^{-1}$
	Temperatur 23 °C		$1.1 \cdot 10^{-4} K^{-1}$
Wärmeleitfähigkeit	Verfahren		W/(K · m)
Spezifische Wärmekapazität	Verfahren	23 °C	1.5 J/(K · g)
Glasumwandlungstemperatur	Torsionsschwingungsversuch		°C
	Differentialkalorimetrie		°C

Brandverhalten

UL-Test vertikal   Dicke 1.6   mm, Wert HB
                 Dicke   mm, Wert

	Norm	*Bewertung*	*Abmessungen*
Sauerstoff-Index	ASTM D 2863		
Glühstab-Verfahren			
Brandverhalten	DIN 4102		
MVSS			
FAR			

Elektrische Eigenschaften

	Hz	°C	*Probekörper, Form*
Dielektrizitätszahl	50		
	10^3		
	10^6		
Dielektrischer Verlustfaktor tan δ	50		
	10^3		
	10^6		
Spezifischer Durchgangs-			
* widerstand*	Ohm · cm	23	1.0*10**15
Durchschlagfestigkeit	kV/mm	23	≧ 55	1.0 mm dick
Oberflächenwiderstand	Ohm		

Kriechstromfestigkeit	KC	KB	KA
Elektrolytische Korrosionswirkung			
Lichtbogenfestigkeit nach DIN			
* nach ASTM*	s		

Beständigkeit *(Chemische Beständigkeit siehe Anhang)*

Wasseraufnahme 23 C Bis zur Saettigung	0.8 %
Feuchtigkeitsaufnahme Normalklima	%
Wetterbeständigkeit	
Spannungskorrosion	

Optische Eigenschaften

Brechungszahl n_D
Transmissionsgrad τ_c %   mm dick
Lichtdurchlässigkeit

Produkt	Acetalcopolymerisat		**POM**
Handelsname	**Ultraform S 2320 - 003**		
Hersteller	BASF		
DIN-Bez 1	16781-POM,MGR,12-07-03		
DIN-Bez 2			

Zusätze	Entformungshilfe	*Füllstoffe/ Verstärkung*	
Bevorzugte Verarbeitung	Spritzgiessen	*Lieferform*	Granulat
		Farben	Spezialeinfaerbungen
Besondere Merkmale	Leicht fliessend; Schnell erstarrend	*Bevorzugte Anwendungen*	Spritzgiesstechnisch schwieriges Formteil mit geringer Wanddicke und unguenstigem Fliessweg/Wanddicken-verhaeltnis

---

Dichte	g/cm^3	1.41	*Schmelzindex* g/10 min	13: 190/2.16
Schüttdichte	g/cm^3		*Volumenfließindex* cm^3/10 min	:
Viskositätszahl	ml/g			

Verarbeitungsbedingungen für Spritzgießen

Massetemp.	°C	180–220	*Schwindung* %	lgs 1.7–2.7, quer 1.7–2.7
Werkzeugtemp.	°C	60–120	*Bemerkungen*	
Spritzdruck	bar			

Zugversuch 23 °C   DIN 53455; DIN 53457

	Probekörper:	*Form*		*Herstellung*	Spritzgiessen
		Zustand		*Vorbehandlung*	Normalklima
Streckspannung	N/mm^2	68	*Dehnung bei Streckspannung*	%	8
Zugfestigkeit	N/mm^2		*Reißdehnung*	%	20
Reißfestigkeit	N/mm^2		*% Dehnspannung*	N/mm^2	
E-Modul	N/mm^2	3100	*Dehnung bei % Dehnspg.*	%	

Kriechmoduln und Zeitstandwerte 23 °C

	Probekörper:	*Form*		*Herstellung*
		Zustand		*Vorbehandlung*
Kriechmodul	*1 min*	N/mm^2	*Zeitstandzugfestigkeit*	h N/mm^2
Kriechmodul	*1000 h*	N/mm^2	*Zeitdehnspg.* %	h N/mm^2
bei Spannung		N/mm^2		

Biegeversuch 23 °C

	Probekörper:	*Form*	*Herstellung*
		Zustand	*Vorbehandlung*
Biegefestigkeit	N/mm^2	*E-Modul*	N/mm^2
3,5% Biegespannung	N/mm^2		

Härte 23 °C   *Probekörper:*   *Zustand*

			Herstellung	Spritzgiessen
			Vorbehandlung	Normalklima
Kugeldruckhärte	N/mm^2 160	bei 358 N, 30 s	*Shore-Härte*	A
Rockwellhärte			*Shore-Härte*	D

Schlagversuch   *Probekörper:*   *(1)* U-Kerbe

		(2) V-Kerbe	*Herstellung*	Spritzgiessen
		Zustand	*Vorbehandlung*	Normalklima

		°C	°C	°C	*Probekörper-Form*
Schlagzähigkeit	kJ/m^2	23 o.B.	-40 80–100		NKS
Kerbschlagzähigkeit (1)	kJ/m^2	23 5–6			NKS
IZOD-Kerbschlagzähigkeit (2)	J/m	23 60	-40 50		
Kerbschlagzugzähigkeit	kJ/m^2				

Abrieb und Reibung

Taber-Abrieb (Reibradverfahren)	mm^3/100 U
Abriebfaktor LNP (Thrust washer) Vergleichswert	
Statische Reibungszahl	
Dynamische Reibungszahl	(p·v = N/mm^2· m/min)
Zulässiger p · v Wert	N/mm^2· (m/min) v = m/min
	v = m/min

Thermische Eigenschaften

Formbeständigkeit in der Wärme	*Verfahren*	A	110 °C
	Verfahren	B	160 °C
Vicat Erweichungstemperatur (VST)	*Verfahren*		°C
	Verfahren		°C
Kristallit-Schmelzpunkt	*Verfahren*		164–168 °C
Längenausdehnungskoeffizient	*Bereich*	°C	·10^{-4}K^{-1}
	Temperatur 23 °C		1.1 · 10^{-4}K^{-1}
Wärmeleitfähigkeit	*Verfahren*		W/(K · m)
Spezifische Wärmekapazität	*Verfahren*	23 °C	1.5 J/(K · g)
Glasumwandlungstemperatur	*Torsionsschwingungsversuch*	°C	
	Differentialkalorimetrie	°C	

Brandverhalten

UL-Test vertikal   Dicke 1.6   mm, Wert HB
                Dicke   mm, Wert

	Norm	*Bewertung*	*Abmessungen*
Sauerstoff-Index	ASTM D 2863		
Glühstab-Verfahren			
Brandverhalten	DIN 4102		
MVSS			
FAR			

Elektrische Eigenschaften

	Hz	°C		*Probekörper, Form*
Dielektrizitätszahl	50			
	10^3			
	10^6			
Dielektrischer Verlustfaktor tan δ	50			
	10^3			
	10^6			
Spezifischer Durchgangs- widerstand	Ohm · cm	23	1.0*10**15	
Durchschlagfestigkeit	kV/mm	23	≧ 55	1.0 mm dick
Oberflächenwiderstand	Ohm			
Kriechstromfestigkeit	KC	KB	KA	
Elektrolytische Korrosionswirkung				
Lichtbogenfestigkeit nach DIN				
nach ASTM	s			

Beständigkeit *(Chemische Beständigkeit siehe Anhang)*

Wasseraufnahme 23 C Bis zur Saettigung	0.8 %
Feuchtigkeitsaufnahme Normalklima	%
Wetterbeständigkeit	
Spannungskorrosion	

Optische Eigenschaften

Brechungszahl n$_D$		
Transmissionsgrad τ$_c$	%	mm dick
Lichtdurchlässigkeit		

Produkt	Acetalcopolymerisat	**POM**
Handelsname	**Ultraform N 2320**	
Hersteller	BASF	
DIN-Bez 1 *DIN-Bez 2*	16781-POM,MG,06-07-03	

Zusätze		*Füllstoffe/* *Verstärkung*	
Bevorzugte *Verarbeitung*	Spritzgiessen	*Lieferform*	Granulat
		Farben	Standard; Spezialeinfaerbungen
Besondere *Merkmale*	Schnell erstarrende Standardmarke	*Bevorzugte* *Anwendungen*	Technisches Formteil; Bedarfsartikel

---

Dichte	g/cm^3	1.41	*Schmelzindex*	g/10 min	9: 190/2.16
Schüttdichte	g/cm^3		*Volumenfließindex*	cm^3/10 min	:
Viskositätszahl	ml/g				

Verarbeitungsbedingungen für Spritzgießen

Massetemp.	°C	180–220	*Schwindung*	%	lgs 1.7–2.7, quer 1.7–2.7
Werkzeugtemp.	°C	60–120	*Bemerkungen*		
Spritzdruck	bar				

Zugversuch 23 °C DIN 53455; DIN 53457

	Probekörper:	*Form*	*Herstellung*	Spritzgiessen
		Zustand	*Vorbehandlung*	Normalklima
Streckspannung	N/mm^2	70	*Dehnung bei Streckspannung* %	8
Zugfestigkeit	N/mm^2		*Reißdehnung* %	25
Reißfestigkeit	N/mm^2		% *Dehnspannung* N/mm^2	
E-Modul	N/mm^2	3200	*Dehnung bei* % *Dehnspg.* %	

Kriechmoduln und Zeitstandwerte 23 °C

	Probekörper:	*Form*	*Herstellung*	
		Zustand	*Vorbehandlung*	
Kriechmodul	1 min	N/mm^2	*Zeitstandzugfestigkeit* h N/mm^2	
Kriechmodul	1000 h	N/mm^2	*Zeitdehnspg.* % h N/mm^2	
bei Spannung		N/mm^2		

Biegeversuch 23 °C

	Probekörper:	*Form*	*Herstellung*	
		Zustand	*Vorbehandlung*	
Biegefestigkeit	N/mm^2		*E-Modul*	N/mm^2
3,5% Biegespannung	N/mm^2			

Härte 23 °C

	Probekörper:	*Zustand*	*Herstellung*	Spritzgiessen
			Vorbehandlung	Normalklima
Kugeldruckhärte	N/mm^2 160	bei 358 N, 30 s	*Shore-Härte* A	
Rockwellhärte			*Shore-Härte* D	

Schlagversuch

	Probekörper:	*(1)* U-Kerbe		
		(2) V-Kerbe	*Herstellung*	Spritzgiessen
		Zustand	*Vorbehandlung*	Normalklima

		°C	°C	°C	*Probekörper-Form*
Schlagzähigkeit	kJ/m^2	23 o.B.	-40 80–o.B.		NKS
Kerbschlagzähigkeit (1)	kJ/m^2	23 6–7			NKS
IZOD-Kerbschlagzähigkeit (2)	J/m	23 70	-40 60		
Kerbschlagzugzähigkeit	kJ/m^2				

Abrieb und Reibung

Taber-Abrieb (Reibradverfahren)	mm³/100 U
Abriebfaktor LNP (Thrust washer) Vergleichswert	
Statische Reibungszahl	
Dynamische Reibungszahl	$(p \cdot v =$ N/mm² · m/min)
Zulässiger p · v Wert	N/mm² · (m/min) v = m/min
	v = m/min

Thermische Eigenschaften

Formbeständigkeit in der Wärme	Verfahren	A	110 °C
	Verfahren	B	160 °C
Vicat Erweichungstemperatur (VST)	Verfahren		°C
	Verfahren		°C
Kristallit-Schmelzpunkt	Verfahren		164–168 °C
Längenausdehnungskoeffizient	Bereich	°C	$\cdot 10^{-4} \mathrm{K}^{-1}$
	Temperatur 23 °C		$1.1 \cdot 10^{-4} \mathrm{K}^{-1}$
Wärmeleitfähigkeit	Verfahren		W/(K · m)
Spezifische Wärmekapazität	Verfahren	23 °C	1.5 J/(K · g)
Glasumwandlungstemperatur	Torsionsschwingungsversuch	°C	
	Differentialkalorimetrie	°C	

Brandverhalten

UL-Test vertikal   Dicke 1.6   mm, Wert HB
                       Dicke   mm, Wert

	Norm	Bewertung	Abmessungen
Sauerstoff-Index	ASTM D 2863		
Glühstab-Verfahren			
Brandverhalten	DIN 4102		
MVSS			
FAR			

Elektrische Eigenschaften

		Hz	°C			Probekörper, Form
Dielektrizitätszahl		50				
		10^3				
		10^6				
Dielektrischer Verlustfaktor tan δ		50				
		10^3				
		10^6				
Spezifischer Durchgangs-widerstand	Ohm · cm		23	1.0*10**15		
Durchschlagfestigkeit	kV/mm		23	≧ 55		1.0 mm dick
Oberflächenwiderstand	Ohm					
Kriechstromfestigkeit		KC		KB	KA	
Elektrolytische Korrosionswirkung						
Lichtbogenfestigkeit nach DIN						
nach ASTM	s					

Beständigkeit *(Chemische Beständigkeit siehe Anhang)*

Wasseraufnahme 23 C Bis zur Saettigung		0.8 %
Feuchtigkeitsaufnahme Normalklima		%
Wetterbeständigkeit		
Spannungskorrosion		

Optische Eigenschaften

Brechungszahl n_D
Transmissionsgrad τ_c %   mm dick
Lichtdurchlässigkeit

Produkt	Acetalcopolymerisat	**POM**
Handelsname	**Ultraform N 2320 - 003**	
Hersteller	BASF	
DIN-Bez 1	16781-POM,MGR,06-07-03	
DIN-Bez 2		

Zusätze	Entformungshilfe	*Füllstoffe/ Verstärkung*	
Bevorzugte Verarbeitung	Spritzgiessen	*Lieferform*	Granulat
		Farben	Standard; Spezialeinfaerbungen
Besondere Merkmale	Schnell erstarrende Standardmarke	*Bevorzugte Anwendungen*	Spritzgiessformteil

---

Dichte	g/cm^3	1.41	*Schmelzindex*	g/10 min	9: 190/2.16
Schüttdichte	g/cm^3		*Volumenfließindex*	cm^3/10 min	:
Viskositätszahl	ml/g				

Verarbeitungsbedingungen für Spritzgießen

Massetemp.	°C	180–220	*Schwindung*	%	lgs 1.7–2.7, quer 1.7–2.7
Werkzeugtemp.	°C	60–120	*Bemerkungen*		
Spritzdruck	bar				

Zugversuch 23 °C   DIN 53455; DIN 53457

	Probekörper:	*Form*	*Herstellung*	Spritzgiessen
		Zustand	*Vorbehandlung*	Normalklima
Streckspannung	N/mm^2 70		*Dehnung bei Streckspannung*	% 8
Zugfestigkeit	N/mm^2		*Reißdehnung*	% 25
Reißfestigkeit	N/mm^2		*% Dehnspannung*	N/mm^2
E-Modul	N/mm^2 3200		*Dehnung bei % Dehnspg.*	%

Kriechmoduln und Zeitstandwerte 23 °C

	Probekörper:	*Form*	*Herstellung*	
		Zustand	*Vorbehandlung*	
Kriechmodul	*1 min* N/mm^2		*Zeitstandzugfestigkeit*	h N/mm^2
Kriechmodul	*1000 h* N/mm^2		*Zeitdehnspg. %*	h N/mm^2
bei Spannung	N/mm^2			

Biegeversuch 23 °C

	Probekörper:	*Form*	*Herstellung*	
		Zustand	*Vorbehandlung*	
Biegefestigkeit	N/mm^2		*E-Modul*	N/mm^2
3,5% Biegespannung	N/mm^2			

Härte 23 °C

	Probekörper:	*Zustand*	*Herstellung*	Spritzgiessen
			Vorbehandlung	Normalklima
Kugeldruckhärte	N/mm^2 160	bei 358 N, 30 s	*Shore-Härte* A	
Rockwellhärte			*Shore-Härte* D	

Schlagversuch

	Probekörper:	*(1)* U-Kerbe	
		(2) V-Kerbe	*Herstellung* Spritzgiessen
		Zustand	*Vorbehandlung* Normalklima

		°C	°C	°C	*Probekörper-Form*
Schlagzähigkeit	kJ/m^2	23 o.B.	-40 80–o.B.		NKS
Kerbschlagzähigkeit (1)	kJ/m^2	23 6–7			NKS
IZOD-Kerbschlagzähigkeit (2)	J/m	23 70	-40 60		
Kerbschlagzugzähigkeit	kJ/m^2				

Abrieb und Reibung

Taber-Abrieb (Reibradverfahren)   mm³/100 U
Abriebfaktor LNP (Thrust washer) Vergleichswert
Statische Reibungszahl
Dynamische Reibungszahl   (p·v =   N/mm² ·   m/min)
Zulässiger p · v Wert   N/mm² · (m/min)   v =   m/min
                                                                      v =   m/min

Thermische Eigenschaften

Formbeständigkeit in der Wärme   Verfahren A   110 °C
                                        Verfahren B   160 °C
Vicat Erweichungstemperatur (VST)   Verfahren   °C
                                        Verfahren   °C
Kristallit-Schmelzpunkt   Verfahren   164–168 °C

Längenausdehnungskoeffizient   Bereich   °C $\cdot 10^{-4} K^{-1}$
                                        Temperatur 23 °C $1.1 \cdot 10^{-4} K^{-1}$
Wärmeleitfähigkeit   Verfahren   W/(K · m)

Spezifische Wärmekapazität   Verfahren   23 °C   1.5 J/(K · g)

Glasumwandlungstemperatur   Torsionsschwingungsversuch   °C
                                        Differentialkalorimetrie   °C

Brandverhalten

UL-Test vertikal   Dicke 1.6   mm, Wert HB
                                        Dicke   mm, Wert

	Norm	Bewertung	Abmessungen
Sauerstoff-Index	ASTM D 2863		
Glühstab-Verfahren			
Brandverhalten	DIN 4102		
MVSS			
FAR			

Elektrische Eigenschaften

		Hz	°C		Probekörper, Form
Dielektrizitätszahl		50			
		10^3			
		10^6			
Dielektrischer Verlustfaktor tan δ		50			
		10^3			
		10^6			
Spezifischer Durchgangs-widerstand	Ohm · cm	23	1.0*10**15		
Durchschlagfestigkeit	kV/mm	23	≧ 55		1.0 mm dick
Oberflächenwiderstand	Ohm				

Kriechstromfestigkeit   KC   KB   KA
Elektrolytische Korrosionswirkung
Lichtbogenfestigkeit nach DIN
            nach ASTM   s

Beständigkeit *(Chemische Beständigkeit siehe Anhang)*

Wasseraufnahme 23 C   Bis zur Saettigung   0.8 %

Feuchtigkeitsaufnahme Normalklima   %
Wetterbeständigkeit

Spannungskorrosion

Optische Eigenschaften

Brechungszahl n_D
Transmissionsgrad τ_c %   mm dick
Lichtdurchlässigkeit

Produkt	Acetalcopolymerisat	**POM**
Handelsname	**Ultraform H 2320**	
Hersteller	BASF	
DIN-Bez 1	16781-POM,EG,02-07-03	
DIN-Bez 2		

Zusätze		*Füllstoffe/*	
		Verstärkung	
Bevorzugte	Extrudieren	*Lieferform*	Granulat
Verarbeitung			
		Farben	Spezialeinfaerbungen auf Anfrage
Besondere	Hochmolekular	*Bevorzugte*	Dickwandiges Halbzeug
Merkmale		*Anwendungen*	

Dichte	g/cm^3 1.41	*Schmelzindex*	g/10 min	2.5: 190/2.16
Schüttdichte	g/cm^3	*Volumenfließindex*	cm^3/10 min	:
Viskositätszahl	ml/g			

Verarbeitungsbedingungen für Spritzgießen

Massetemp.	°C	*Schwindung*	% lgs , quer
Werkzeugtemp.	°C	*Bemerkungen*	
Spritzdruck	bar		

Zugversuch 23 °C　　DIN 53455; DIN 53457

	Probekörper: Form	*Herstellung*	Spritzgiessen
	Zustand	*Vorbehandlung*	Normalklima

Streckspannung	N/mm^2 70	*Dehnung bei Streckspannung*	% 8–10
Zugfestigkeit	N/mm^2	*Reißdehnung*	% 40
Reißfestigkeit	N/mm^2	% *Dehnspannung*	N/mm^2
E-Modul	N/mm^2 3000	*Dehnung bei* % *Dehnspg.*	%

Kriechmoduln und Zeitstandwerte 23 °C

	Probekörper: Form	*Herstellung*	
	Zustand	*Vorbehandlung*	

Kriechmodul	1 min N/mm^2	*Zeitstandzugfestigkeit*	h N/mm^2
Kriechmodul	1000 h N/mm^2	*Zeitdehnspg.* %	h N/mm^2
bei Spannung	N/mm^2		

Biegeversuch 23 °C

	Probekörper: Form	*Herstellung*	
	Zustand	*Vorbehandlung*	

Biegefestigkeit	N/mm^2	*E-Modul*	N/mm^2
3,5% Biegespannung	N/mm^2		

Härte 23 °C

	Probekörper: Zustand	*Herstellung*	Spritzgiessen
		Vorbehandlung	Normalklima

Kugeldruckhärte	N/mm^2 160	bei 358 N, 30 s	*Shore-Härte* A
Rockwellhärte			*Shore-Härte* D

Schlagversuch

	Probekörper: (1) U-Kerbe		
	(2) V-Kerbe	*Herstellung*	Spritzgiessen
	Zustand	*Vorbehandlung*	Normalklima

	°C	°C	°C	*Probekörper-Form*
Schlagzähigkeit	kJ/m^2 23 o.B.	-40 80–o.B.		NKS
Kerbschlagzähigkeit (1)	kJ/m^2 23 8–9			NKS
IZOD-Kerbschlagzähigkeit (2)	J/m 23 80	-40 70		
Kerbschlagzugzähigkeit	kJ/m^2			

Abrieb und Reibung

Taber-Abrieb (Reibradverfahren)	mm^3/100 U
Abriebfaktor LNP (Thrust washer) Vergleichswert	
Statische Reibungszahl	
Dynamische Reibungszahl	(p·v = N/mm^2 · m/min)
Zulässiger p · v Wert	N/mm^2 · (m/min) v = m/min
	v = m/min

Thermische Eigenschaften

Formbeständigkeit in der Wärme	Verfahren	A	110 °C
	Verfahren	B	160 °C
Vicat Erweichungstemperatur (VST)	Verfahren		°C
	Verfahren		°C
Kristallit-Schmelzpunkt	Verfahren		164–168 °C
Längenausdehnungskoeffizient	Bereich °C		· 10^{-4}K^{-1}
	Temperatur 23 °C		1.1 · 10^{-4}K^{-1}
Wärmeleitfähigkeit	Verfahren		W/(K · m)
Spezifische Wärmekapazität	Verfahren	23 °C	1.5 J/(K · g)
Glasumwandlungstemperatur	Torsionsschwingungsversuch	°C	
	Differentialkalorimetrie	°C	

Brandverhalten

UL-Test vertikal	Dicke 1.6 mm, Wert HB
	Dicke mm, Wert

	Norm	Bewertung	Abmessungen
Sauerstoff-Index	ASTM D 2863		
Glühstab-Verfahren			
Brandverhalten	DIN 4102		
MVSS			
FAR			

Elektrische Eigenschaften

	Hz	°C			Probekörper, Form
Dielektrizitätszahl	50				
	10^3				
	10^6				
Dielektrischer Verlustfaktor tan δ	50				
	10^3				
	10^6				
Spezifischer Durchgangs-widerstand	Ohm · cm	23	1.0*10**15		
Durchschlagfestigkeit	kV/mm	23	≧ 55		1.0 mm dick
Oberflächenwiderstand	Ohm				
Kriechstromfestigkeit	KC		KB	KA	
Elektrolytische Korrosionswirkung					
Lichtbogenfestigkeit nach DIN					
nach ASTM	s				

Beständigkeit (Chemische Beständigkeit siehe Anhang)

Wasseraufnahme 23 C Bis zur Saettigung	0.8 %
Feuchtigkeitsaufnahme Normalklima	%
Wetterbeständigkeit	
Spannungskorrosion	

Optische Eigenschaften

Brechungszahl n$_D$	
Transmissionsgrad τ$_c$ %	mm dick
Lichtdurchlässigkeit	

Produkt	Acetalcopolymerisat	**POM**
Handelsname	**Ultraform H 2320 - 004**	
Hersteller	BASF	
DIN-Bez 1	16781-POM,EG,02-07-03	
DIN-Bez 2		
Zusätze		*Füllstoffe/ Verstärkung*
Bevorzugte Verarbeitung	Extrudieren	*Lieferform* Granulat
		Farben Spezialeinfaerbungen auf Anfrage
Besondere Merkmale	Hochmolekular	*Bevorzugte Anwendungen* Duennwandiges Roehrchen; Tafel

---

Dichte	g/cm³	1.41	*Schmelzindex* g/10 min 2.5: 190/2.16
Schüttdichte	g/cm³		*Volumenfließindex* cm³/10 min :
Viskositätszahl	ml/g		

Verarbeitungsbedingungen für Spritzgießen

Massetemp.	°C	*Schwindung* % lgs , quer
Werkzeugtemp.	°C	*Bemerkungen*
Spritzdruck	bar	

Zugversuch 23 °C   DIN 53455; DIN 53457

		Herstellung	Spritzgiessen
Probekörper: Form		*Vorbehandlung*	Normalklima
Zustand			

Streckspannung	N/mm² 70	*Dehnung bei Streckspannung*	%	8–10
Zugfestigkeit	N/mm²	*Reißdehnung*	%	40
Reißfestigkeit	N/mm²	% *Dehnspannung*	N/mm²	
E-Modul	N/mm² 3000	*Dehnung bei* % *Dehnspg.*	%	

Kriechmoduln und Zeitstandwerte 23 °C

		Herstellung
Probekörper: Form		*Vorbehandlung*
Zustand		

Kriechmodul	1 min N/mm²	*Zeitstandzugfestigkeit*	h N/mm²	
Kriechmodul	1000 h N/mm²	*Zeitdehnspg.* %	h N/mm²	
bei Spannung	N/mm²			

Biegeversuch 23 °C

		Herstellung
Probekörper: Form		*Vorbehandlung*
Zustand		

Biegefestigkeit	N/mm²	*E-Modul*	N/mm²
3,5% Biegespannung	N/mm²		

Härte 23 °C   *Probekörper:* Zustand

	Herstellung	Spritzgiessen
	Vorbehandlung	Normalklima

Kugeldruckhärte	N/mm² 160	bei 358 N, 30 s	*Shore-Härte* A
Rockwellhärte			*Shore-Härte* D

Schlagversuch   *Probekörper:* (1) U-Kerbe

	(2) V-Kerbe	*Herstellung*	Spritzgiessen
	Zustand	*Vorbehandlung*	Normalklima

		°C	°C	°C	*Probekörper-Form*
Schlagzähigkeit	kJ/m²	23 o.B.	-40 80–o.B.		NKS
Kerbschlagzähigkeit (1)	kJ/m²	23 8–9			NKS
IZOD-Kerbschlagzähigkeit (2)	J/m	23 80	-40 70		
Kerbschlagzugzähigkeit	kJ/m²				

Abrieb und Reibung

Taber-Abrieb (Reibradverfahren)	mm³/100 U	
Abriebfaktor LNP (Thrust washer) Vergleichswert		
Statische Reibungszahl		
Dynamische Reibungszahl	$(p \cdot v =$ N/mm² · m/min)	
Zulässiger p · v Wert	N/mm² · (m/min) v = m/min	
	v = m/min	

Thermische Eigenschaften

Formbeständigkeit in der Wärme	*Verfahren* A		110 °C
	Verfahren B		160 °C
Vicat Erweichungstemperatur (VST)	*Verfahren*		°C
	Verfahren		°C
Kristallit-Schmelzpunkt	*Verfahren*		164–168 °C
Längenausdehnungskoeffizient	*Bereich* °C		$\cdot 10^{-4} \mathrm{K}^{-1}$
	Temperatur 23 °C		$1.1 \cdot 10^{-4} \mathrm{K}^{-1}$
Wärmeleitfähigkeit	*Verfahren*		W/(K · m)
Spezifische Wärmekapazität	*Verfahren*	23 °C	1.5 J/(K · g)
Glasumwandlungstemperatur	*Torsionsschwingungsversuch*	°C	
	Differentialkalorimetrie	°C	

Brandverhalten

UL-Test vertikal	Dicke 1.6 mm, Wert HB		
	Dicke mm, Wert		

	Norm	*Bewertung*	*Abmessungen*
Sauerstoff-Index	ASTM D 2863		
Glühstab-Verfahren			
Brandverhalten	DIN 4102		
MVSS			
FAR			

Elektrische Eigenschaften

	Hz	°C		*Probekörper, Form*
Dielektrizitätszahl	50			
	10^3			
	10^6			
Dielektrischer Verlustfaktor tan δ	50			
	10^3			
	10^6			
Spezifischer Durchgangswiderstand	Ohm · cm	23	1.0*10**15	
Durchschlagfestigkeit	kV/mm	23	≧ 55	1.0 mm dick
Oberflächenwiderstand	Ohm			
Kriechstromfestigkeit	KC	KB	KA	
Elektrolytische Korrosionswirkung				
Lichtbogenfestigkeit nach DIN				
nach ASTM	s			

Beständigkeit *(Chemische Beständigkeit siehe Anhang)*

Wasseraufnahme 23 C Bis zur Saettigung		0.8 %
Feuchtigkeitsaufnahme Normalklima		%
Wetterbeständigkeit		
Spannungskorrosion		

Optische Eigenschaften

Brechungszahl n_D		
Transmissionsgrad τ_c	%	mm dick
Lichtdurchlässigkeit		

Produkt	Acetalcopolymerisat		**POM**
Handelsname	**Ultraform H 2320 - 006**		
Hersteller	BASF		
DIN-Bez 1	16781-POM,MG,02-07-03		
DIN-Bez 2			
Zusätze		*Füllstoffe/ Verstärkung*	
Bevorzugte Verarbeitung	Spritzgiessen	*Lieferform*	Granulat
		Farben	Spezialeinfaerbungen auf Anfrage
Besondere Merkmale	Hochmolekular	*Bevorzugte Anwendungen*	Dickwandiges Formteil

---

Dichte	g/cm^3	1.41	*Schmelzindex* g/10 min	2.5: 190/2.16
Schüttdichte	g/cm^3		*Volumenfließindex* cm^3/10 min	:
Viskositätszahl	ml/g			

Verarbeitungsbedingungen für Spritzgießen

Massetemp.	°C	180–220	*Schwindung* %	lgs 1.7–2.7, quer 1.7–2.7
Werkzeugtemp.	°C	60–120	*Bemerkungen*	
Spritzdruck	bar			

Zugversuch 23 °C   DIN 53455; DIN 53457

	Probekörper: Form		*Herstellung*	Spritzgiessen
	Zustand		*Vorbehandlung*	Normalklima
Streckspannung	N/mm^2	70	*Dehnung bei Streckspannung* %	8–10
Zugfestigkeit	N/mm^2		*Reißdehnung* %	40
Reißfestigkeit	N/mm^2		% *Dehnspannung* N/mm^2	
E-Modul	N/mm^2	3000	*Dehnung bei* % *Dehnspg.* %	

Kriechmoduln und Zeitstandwerte 23 °C

	Probekörper: Form	*Herstellung*	
	Zustand	*Vorbehandlung*	
Kriechmodul	1 min N/mm^2	*Zeitstandzugfestigkeit*	h N/mm^2
Kriechmodul	1000 h N/mm^2	*Zeitdehnspg.* %	h N/mm^2
bei Spannung	N/mm^2		

Biegeversuch 23 °C

	Probekörper: Form	*Herstellung*	
	Zustand	*Vorbehandlung*	
Biegefestigkeit	N/mm^2	*E-Modul*	N/mm^2
3,5% Biegespannung	N/mm^2		

Härte 23 °C

	Probekörper: Zustand	*Herstellung*	Spritzgiessen
		Vorbehandlung	Normalklima
Kugeldruckhärte	N/mm^2 160 bei 358 N, 30 s	*Shore-Härte*	A
Rockwellhärte		*Shore-Härte*	D

Schlagversuch

	Probekörper: (1) U-Kerbe		
	(2) V-Kerbe	*Herstellung*	Spritzgiessen
	Zustand	*Vorbehandlung*	Normalklima

		°C	°C	°C	*Probekörper-Form*
Schlagzähigkeit	kJ/m^2	23 o.B.	-40 80–o.B.		NKS
Kerbschlagzähigkeit (1)	kJ/m^2	23 8–9			NKS
IZOD-Kerbschlagzähigkeit (2)	J/m	23 80	-40 70		
Kerbschlagzugzähigkeit	kJ/m^2				

Abrieb und Reibung

Taber-Abrieb (Reibradverfahren)	mm^3/100 U
Abriebfaktor LNP (Thrust washer) Vergleichswert	
Statische Reibungszahl	
Dynamische Reibungszahl	(p·v = N/mm^2· m/min)
Zulässiger p · v Wert	N/mm^2 · (m/min) v = m/min
	v = m/min

Thermische Eigenschaften

Formbeständigkeit in der Wärme	*Verfahren*	A	110 °C
	Verfahren	B	160 °C
Vicat Erweichungstemperatur (VST)	*Verfahren*		°C
	Verfahren		°C
Kristallit-Schmelzpunkt	*Verfahren*		164–168 °C
Längenausdehnungskoeffizient	*Bereich* °C		$\cdot 10^{-4} K^{-1}$
	Temperatur 23 °C		$1.1 \cdot 10^{-4} K^{-1}$
Wärmeleitfähigkeit	*Verfahren*		W/(K · m)
Spezifische Wärmekapazität	*Verfahren*	23 °C	1.5 J/(K · g)
Glasumwandlungstemperatur	*Torsionsschwingungsversuch*	°C	
	Differentialkalorimetrie	°C	

Brandverhalten

UL-Test vertikal

Dicke 1.6   mm, Wert HB
Dicke   mm, Wert

	Norm	*Bewertung*	*Abmessungen*
Sauerstoff-Index	ASTM D 2863		
Glühstab-Verfahren			
Brandverhalten	DIN 4102		
MVSS			
FAR			

Elektrische Eigenschaften

		Hz	°C			*Probekörper, Form*
Dielektrizitätszahl		50				
		10^3				
		10^6				
Dielektrischer Verlustfaktor tan δ		50				
		10^3				
		10^6				
Spezifischer Durchgangs-widerstand	Ohm · cm		23	1.0*10**15		
Durchschlagfestigkeit	kV/mm		23	$\geq$ 55		1.0 mm dick
Oberflächenwiderstand	Ohm					
Kriechstromfestigkeit		KC		KB	KA	
Elektrolytische Korrosionswirkung						
Lichtbogenfestigkeit nach DIN						
nach ASTM	s					

Beständigkeit *(Chemische Beständigkeit siehe Anhang)*

Wasseraufnahme 23 C Bis zur Saettigung		0.8 %
Feuchtigkeitsaufnahme Normalklima		%
Wetterbeständigkeit		
Spannungskorrosion		

Optische Eigenschaften

Brechungszahl n_D
Transmissionsgrad τ_c %   mm dick
Lichtdurchlässigkeit

			POM
Produkt	Acetalcopolymerisat		
Handelsname	**Ultraform N 2211 PVX**		
Hersteller	BASF		
DIN-Bez 1	16781-POM,MGS,06-07-03		
DIN-Bez 2			
Zusätze	Spezialgleitmittel	*Füllstoffe/ Verstärkung*	
Bevorzugte Verarbeitung	Spritzgiessen	*Lieferform*	Granulat
		Farben	Natur
Besondere Merkmale	Standard-Spritzgiessmarke; Extrem niedriger Reibwert und Gleitverschleiss	*Bevorzugte Anwendungen*	Technisches Formteil

Dichte	g/cm³	1.41	*Schmelzindex*	g/10 min	9: 190/2.16
Schüttdichte	g/cm³		*Volumenfließindex*	cm³/10 min	:
Viskositätszahl	ml/g				

Verarbeitungsbedingungen für Spritzgießen

Massetemp.	°C	180–220	*Schwindung*	%	lgs 1.7–2.7, quer 1.7–2.7
Werkzeugtemp.	°C	60–120	*Bemerkungen*		
Spritzdruck	bar				

Zugversuch 23 °C   DIN 53455; DIN 53457

	Probekörper:	*Form*		*Herstellung*	Spritzgiessen
		Zustand		*Vorbehandlung*	Normalklima
Streckspannung	N/mm²	68	*Dehnung bei Streckspannung*	%	8
Zugfestigkeit	N/mm²		*Reißdehnung*	%	25
Reißfestigkeit	N/mm²		*% Dehnspannung*	N/mm²	
E-Modul	N/mm²	3200	*Dehnung bei % Dehnspg.*	%	

Kriechmoduln und Zeitstandwerte 23 °C

	Probekörper:	*Form*		*Herstellung*	
		Zustand		*Vorbehandlung*	
Kriechmodul	*1 min*	N/mm²	*Zeitstandzugfestigkeit*	h N/mm²	
Kriechmodul	*1000 h*	N/mm²	*Zeitdehnspg. %*	h N/mm²	
bei Spannung		N/mm²			

Biegeversuch 23 °C

	Probekörper:	*Form*		*Herstellung*	
		Zustand		*Vorbehandlung*	
Biegefestigkeit		N/mm²	*E-Modul*		N/mm²
3,5% Biegespannung		N/mm²			

Härte 23 °C

	Probekörper:	*Zustand*		*Herstellung*	Spritzgiessen
				Vorbehandlung	Normalklima
Kugeldruckhärte	N/mm² 160	bei 358 N, 30 s	*Shore-Härte* A		
Rockwellhärte			*Shore-Härte* D		

Schlagversuch

	Probekörper:	*(1)* U-Kerbe		
		(2) V-Kerbe	*Herstellung*	Spritzgiessen
		Zustand	*Vorbehandlung*	Normalklima

		°C		°C		°C		*Probekörper-Form*
Schlagzähigkeit	kJ/m²	23 o.B.		-40 80–o.B.				NKS
Kerbschlagzähigkeit (1)	kJ/m²	23 6						NKS
IZOD-Kerbschlagzähigkeit (2)	J/m	23 65		-40 55				
Kerbschlagzugzähigkeit	kJ/m²							

Abrieb und Reibung

Taber-Abrieb (Reibradverfahren) $mm^3/100\,U$
Abriebfaktor LNP (Thrust washer) Vergleichswert
Statische Reibungszahl
Dynamische Reibungszahl $(p \cdot v =$ $N/mm^2 \cdot$ m/min)
Zulässiger $p \cdot v$ Wert $N/mm^2 \cdot$ (m/min)   v =   m/min
                                                                                  v =   m/min

Thermische Eigenschaften

Formbeständigkeit in der Wärme	Verfahren	A	110 °C
	Verfahren	B	160 °C
Vicat Erweichungstemperatur (VST)	Verfahren		°C
	Verfahren		°C
Kristallit-Schmelzpunkt	Verfahren		164–168 °C

Längenausdehnungskoeffizient   Bereich   °C $\cdot 10^{-4}K^{-1}$
                                     Temperatur 23 °C $1.1 \cdot 10^{-4}K^{-1}$
Wärmeleitfähigkeit   Verfahren $W/(K \cdot m)$

Spezifische Wärmekapazität   Verfahren   23 °C $1.5\ J/(K \cdot g)$

Glasumwandlungstemperatur   Torsionsschwingungsversuch   °C
                                     Differentialkalorimetrie   °C

Brandverhalten

UL-Test vertikal   Dicke 1.6   mm, Wert HB
                                     Dicke   mm, Wert

	Norm	Bewertung	Abmessungen
Sauerstoff-Index	ASTM D 2863		
Glühstab-Verfahren			
Brandverhalten	DIN 4102		
MVSS			
FAR			

Elektrische Eigenschaften

		Hz	°C			Probekörper, Form
Dielektrizitätszahl		50				
		10^3				
		10^6				
Dielektrischer Verlustfaktor tan δ		50				
		10^3				
		10^6				
Spezifischer Durchgangs-widerstand	Ohm · cm		23	1.0*10**14		
Durchschlagfestigkeit	kV/mm		23	$\geqq 55$		1.0 mm dick
Oberflächenwiderstand	Ohm					
Kriechstromfestigkeit		KC		KB	KA	
Elektrolytische Korrosionswirkung						
Lichtbogenfestigkeit nach DIN						
nach ASTM s						

Beständigkeit *(Chemische Beständigkeit siehe Anhang)*

Wasseraufnahme 23 C   Bis zur Saettigung   0.8 %

Feuchtigkeitsaufnahme Normalklima   %
Wetterbeständigkeit

Spannungskorrosion

Optische Eigenschaften

Brechungszahl n_D
Transmissionsgrad τ_c %   mm dick
Lichtdurchlässigkeit

Produkt	Acetalcopolymerisat	**POM**
Handelsname	**Ultraform N 2320 schwarz 11005 MO**	
Hersteller	BASF	
DIN-Bez 1	16781-POM,MGS,06-07-03	
DIN-Bez 2		

Zusätze	Molybdaendisulfid	*Füllstoffe/ Verstärkung*	
Bevorzugte Verarbeitung	Spritzgiessen	*Lieferform*	Granulat
		Farben	Natur
Besondere Merkmale	Gutes Gleitverhalten	*Bevorzugte Anwendungen*	Gleitlager

---

Dichte	g/cm^3	1.42	*Schmelzindex*	g/10 min	9: 190/2.16
Schüttdichte	g/cm^3		*Volumenfließindex*	cm^3/10 min	:
Viskositätszahl	ml/g				

Verarbeitungsbedingungen für Spritzgießen

Massetemp.	°C	180–220	*Schwindung*	%	lgs 1.7–2.7, quer 1.7–2.7
Werkzeugtemp.	°C	60–120	*Bemerkungen*		
Spritzdruck	bar				

Zugversuch 23 °C DIN 53455; DIN 53457

Probekörper:	*Form*	*Herstellung*	Spritzgiessen
	Zustand	*Vorbehandlung*	Normalklima

Streckspannung	N/mm^2	64	*Dehnung bei Streckspannung*	%	8	
Zugfestigkeit	N/mm^2		*Reißdehnung*	%	20	
Reißfestigkeit	N/mm^2		*% Dehnspannung*	N/mm^2		
E-Modul	N/mm^2	3000	*Dehnung bei % Dehnspg.*	%		

Kriechmoduln und Zeitstandwerte 23 °C

Probekörper:	*Form*	*Herstellung*	
	Zustand	*Vorbehandlung*	

Kriechmodul	1 min N/mm^2		*Zeitstandzugfestigkeit*	h N/mm^2
Kriechmodul	1000 h N/mm^2		*Zeitdehnspg. %*	h N/mm^2
bei Spannung	N/mm^2			

Biegeversuch 23 °C

Probekörper:	*Form*	*Herstellung*	
	Zustand	*Vorbehandlung*	

Biegefestigkeit	N/mm^2	*E-Modul*	N/mm^2
3,5% Biegespannung	N/mm^2		

Härte 23 °C

Probekörper:	*Zustand*	*Herstellung*	Spritzgiessen
		Vorbehandlung	Normalklima

Kugeldruckhärte	N/mm^2 160	bei 358 N, 30 s	*Shore-Härte* A
Rockwellhärte			*Shore-Härte* D

Schlagversuch

Probekörper:	*(1)* U-Kerbe		
	(2) V-Kerbe	*Herstellung*	Spritzgiessen
	Zustand	*Vorbehandlung*	Normalklima

		°C	°C	°C	*Probekörper-Form*
Schlagzähigkeit	kJ/m^2	23 80–100	-40 80		NKS
Kerbschlagzähigkeit (1)	kJ/m^2	23 5			NKS
IZOD-Kerbschlagzähigkeit (2)	J/m	23 60	-40 50		
Kerbschlagzugzähigkeit	kJ/m^2				

Abrieb und Reibung

Taber-Abrieb (Reibradverfahren)	mm^3/100 U	
Abriebfaktor LNP (Thrust washer) Vergleichswert		
Statische Reibungszahl		
Dynamische Reibungszahl	(p·v =	N/mm^2·	m/min)
Zulässiger p · v Wert	N/mm^2· (m/min) v =	m/min
	v =	m/min

Thermische Eigenschaften

Formbeständigkeit in der Wärme   Verfahren   A   110 °C
                                    Verfahren   B   160 °C
Vicat Erweichungstemperatur (VST) Verfahren   °C
                                     Verfahren   °C
Kristallit-Schmelzpunkt   Verfahren   164–168 °C

Längenausdehnungskoeffizient   Bereich   °C   · 10^{-4}K^{-1}
                                     Temperatur 23 °C   1.1 · 10^{-4}K^{-1}
Wärmeleitfähigkeit   Verfahren   W/(K · m)

Spezifische Wärmekapazität   Verfahren   23 °C   1.5 J/(K · g)

Glasumwandlungstemperatur   Torsionsschwingungsversuch   °C
                                     Differentialkalorimetrie   °C

Brandverhalten

UL-Test vertikal   Dicke 1.6   mm, Wert HB
                            Dicke   mm, Wert

	Norm	*Bewertung*	*Abmessungen*
Sauerstoff-Index	ASTM D 2863		
Glühstab-Verfahren			
Brandverhalten	DIN 4102		
MVSS			
FAR			

Elektrische Eigenschaften

	Hz	°C		*Probekörper, Form*
Dielektrizitätszahl	50			
	10^3			
	10^6			
Dielektrischer Verlustfaktor tan δ	50			
	10^3			
	10^6			
Spezifischer Durchgangs-				
widerstand	Ohm · cm	23	1.0*10**15	
Durchschlagfestigkeit	kV/mm	23	≧ 55	1.0 mm dick
Oberflächenwiderstand	Ohm			

Kriechstromfestigkeit   KC   KB   KA
Elektrolytische Korrosionswirkung
Lichtbogenfestigkeit nach DIN
                        nach ASTM   s

Beständigkeit *(Chemische Beständigkeit siehe Anhang)*

Wasseraufnahme 23 C   Bis zur Saettigung   0.8 %

Feuchtigkeitsaufnahme Normalklima   %
Wetterbeständigkeit

Spannungskorrosion

Optische Eigenschaften

Brechungszahl n$_D$
Transmissionsgrad τ$_c$ %   mm dick
Lichtdurchlässigkeit

Produkt	Acetalcopolymerisat	**POM**
Handelsname	**Ultraform N 2320 schwarz 11001 UV**	
Hersteller	BASF	
DIN-Bez 1	16781-POM,MGL,06-07-03	
DIN-Bez 2		

Zusätze	UV-Stabilisator	*Füllstoffe/ Verstärkung*	
Bevorzugte Verarbeitung	Spritzgiessen	*Lieferform*	Granulat
		Farben	Natur
Besondere Merkmale	Verbesserte Lichtstabilitaet	*Bevorzugte Anwendungen*	Aussenanwendung

---

Dichte	g/cm³ 1.41	*Schmelzindex*	g/10 min	9: 190/2.16
Schüttdichte	g/cm³	*Volumenfließindex*	cm³/10 min	:
Viskositätszahl	ml/g			

Verarbeitungsbedingungen für Spritzgießen

Massetemp.	°C 180–220	*Schwindung*	% lgs 1.7–2.7, quer 1.7–2.7
Werkzeugtemp.	°C 60–120	*Bemerkungen*	
Spritzdruck	bar		

Zugversuch 23 °C DIN 53455; DIN 53457

	Probekörper: Form	*Herstellung*	Spritzgiessen
	Zustand	*Vorbehandlung*	Normalklima
Streckspannung	N/mm² 68	*Dehnung bei Streckspannung*	% 8
Zugfestigkeit	N/mm²	*Reißdehnung*	% 20
Reißfestigkeit	N/mm²	% *Dehnspannung*	N/mm²
E-Modul	N/mm² 3200	*Dehnung bei* % *Dehnspg.*	%

Kriechmoduln und Zeitstandwerte 23 °C

	Probekörper: Form	*Herstellung*	
	Zustand	*Vorbehandlung*	
Kriechmodul	1 min N/mm²	*Zeitstandzugfestigkeit*	h N/mm²
Kriechmodul	1000 h N/mm²	*Zeitdehnspg.* %	h N/mm²
bei Spannung	N/mm²		

Biegeversuch 23 °C

	Probekörper: Form	*Herstellung*	
	Zustand	*Vorbehandlung*	
Biegefestigkeit	N/mm²	*E-Modul*	N/mm²
3,5% Biegespannung	N/mm²		

Härte 23 °C

	Probekörper: Zustand	*Herstellung*	Spritzgiessen
		Vorbehandlung	Normalklima
Kugeldruckhärte	N/mm² 160 bei 358 N, 30 s	*Shore-Härte* A	
Rockwellhärte		*Shore-Härte* D	

Schlagversuch

	Probekörper: (1) U-Kerbe		
	(2) V-Kerbe	*Herstellung*	Spritzgiessen
	Zustand	*Vorbehandlung*	Normalklima

		°C	°C	°C	*Probekörper-Form*
Schlagzähigkeit	kJ/m²	23 100	-40 80		NKS
Kerbschlagzähigkeit (1)	kJ/m²	23 5			NKS
IZOD-Kerbschlagzähigkeit (2)	J/m	23 60	-40 50		
Kerbschlagzugzähigkeit	kJ/m²				

Abrieb und Reibung

Taber-Abrieb (Reibradverfahren)	mm^3/100 U	
Abriebfaktor LNP (Thrust washer) Vergleichswert		
Statische Reibungszahl		
Dynamische Reibungszahl	(p·v= N/mm^2· m/min)	
Zulässiger p·v Wert	N/mm^2·(m/min) v= m/min	
	v= m/min	

Thermische Eigenschaften

Formbeständigkeit in der Wärme	Verfahren A		110 °C
	Verfahren B		160 °C
Vicat Erweichungstemperatur (VST)	Verfahren		°C
	Verfahren		°C
Kristallit-Schmelzpunkt	Verfahren		164–168 °C
Längenausdehnungskoeffizient	Bereich °C		$\cdot 10^{-4} \mathrm{K}^{-1}$
	Temperatur 23 °C		$1.1 \cdot 10^{-4} \mathrm{K}^{-1}$
Wärmeleitfähigkeit	Verfahren		W/(K·m)
Spezifische Wärmekapazität	Verfahren	23 °C	1.5 J/(K·g)
Glasumwandlungstemperatur	Torsionsschwingungsversuch	°C	
	Differentialkalorimetrie	°C	

Brandverhalten

UL-Test vertikal   Dicke 1.6   mm, Wert HB
                Dicke   mm, Wert

	Norm	Bewertung	Abmessungen
Sauerstoff-Index	ASTM D 2863		
Glühstab-Verfahren			
Brandverhalten	DIN 4102		
MVSS			
FAR			

Elektrische Eigenschaften

	Hz	°C			Probekörper, Form
Dielektrizitätszahl	50				
	10^3				
	10^6				
Dielektrischer Verlustfaktor tan δ	50				
	10^3				
	10^6				
Spezifischer Durchgangs-					
widerstand	Ohm·cm	23	1.0*10**14		
Durchschlagfestigkeit	kV/mm	23	≧55		1.0 mm dick
Oberflächenwiderstand	Ohm				
Kriechstromfestigkeit	KC	KB	KA		
Elektrolytische Korrosionswirkung					
Lichtbogenfestigkeit nach DIN					
nach ASTM	s				

Beständigkeit *(Chemische Beständigkeit siehe Anhang)*

Wasseraufnahme 23 C Bis zur Saettigung		0.8 %
Feuchtigkeitsaufnahme Normalklima		%
Wetterbeständigkeit		
Spannungskorrosion		

Optische Eigenschaften

Brechungszahl n$_D$		
Transmissionsgrad τ$_c$	%	mm dick
Lichtdurchlässigkeit		

Produkt	Acetalcopolymerisat	**POM**
Handelsname	**Ultraform N 2540 X**	
Hersteller	BASF	
DIN-Bez 1	16781-POM,MG,06-05-02	
DIN-Bez 2		

Zusätze		*Füllstoffe/ Verstärkung*	
Bevorzugte Verarbeitung	Spritzgiessen	*Lieferform*	Granulat
		Farben	Schwarz
Besondere Merkmale	Wesentlich erhoehtes Zaehigkeitsniveau	*Bevorzugte Anwendungen*	Technisches Formteil

---

Dichte	g/cm³	1.38	*Schmelzindex*	g/10 min	8: 190/2.16
Schüttdichte	g/cm³		*Volumenfließindex*	cm³/10 min	:
Viskositätszahl	ml/g				

Verarbeitungsbedingungen für Spritzgießen

Massetemp.	°C	180–220	*Schwindung*	%	lgs 1.7–2.7, quer 1.7–2.7
Werkzeugtemp.	°C	60–120	*Bemerkungen*		
Spritzdruck	bar				

Zugversuch 23 °C DIN 53455; DIN 53457

Probekörper: Form		*Herstellung*	Spritzgiessen
Zustand		*Vorbehandlung*	Normalklima

Streckspannung	N/mm² 55	*Dehnung bei Streckspannung*	%	
Zugfestigkeit	N/mm²	*Reißdehnung*	%	50
Reißfestigkeit	N/mm²	% *Dehnspannung*	N/mm²	
E-Modul	N/mm² 2400	*Dehnung bei* % *Dehnspg.*	%	

Kriechmoduln und Zeitstandwerte 23 °C

Probekörper: Form		*Herstellung*
Zustand		*Vorbehandlung*

Kriechmodul	1 min N/mm²	*Zeitstandzugfestigkeit*	h	N/mm²
Kriechmodul	1000 h N/mm²	*Zeitdehnspg.* %	h	N/mm²
bei Spannung	N/mm²			

Biegeversuch 23 °C

Probekörper: Form		*Herstellung*
Zustand		*Vorbehandlung*

Biegefestigkeit	N/mm²	*E-Modul*	N/mm²
3,5% Biegespannung	N/mm²		

Härte 23 °C

Probekörper: Zustand	*Herstellung*	Spritzgiessen
	Vorbehandlung	Normalklima

Kugeldruckhärte	N/mm² 110	bei 358 N, 30 s	*Shore-Härte* A
Rockwellhärte			*Shore-Härte* D

Schlagversuch

Probekörper:	(1) U-Kerbe	
	(2) V-Kerbe	*Herstellung* Spritzgiessen
	Zustand	*Vorbehandlung* Normalklima

		°C	°C	°C	Probekörper-Form
Schlagzähigkeit	kJ/m²	23 o.B.	-40 o.B.		NKS
Kerbschlagzähigkeit (1)	kJ/m²	23 9			NKS
IZOD-Kerbschlagzähigkeit (2)	J/m	23 120	-40 70		
Kerbschlagzugzähigkeit	kJ/m²				

Abrieb und Reibung

Taber-Abrieb (Reibradverfahren) mm³/100 U
Abriebfaktor LNP (Thrust washer) Vergleichswert
Statische Reibungszahl
Dynamische Reibungszahl $(p \cdot v =$ N/mm² · m/min)
Zulässiger p · v Wert N/mm² · (m/min) v = m/min
  v = m/min

Thermische Eigenschaften

Formbeständigkeit in der Wärme Verfahren A 100 °C
  Verfahren B 158 °C
Vicat Erweichungstemperatur (VST) Verfahren   °C
  Verfahren   °C
Kristallit-Schmelzpunkt Verfahren 164–168 °C

Längenausdehnungskoeffizient Bereich °C $\cdot 10^{-4} \mathrm{K}^{-1}$
  Temperatur 23 °C $1.1 \cdot 10^{-4} \mathrm{K}^{-1}$
Wärmeleitfähigkeit Verfahren W/(K · m)

Spezifische Wärmekapazität Verfahren 23 °C 1.4 J/(K · g)

Glasumwandlungstemperatur Torsionsschwingungsversuch °C
  Differentialkalorimetrie °C

Brandverhalten

UL-Test vertikal Dicke 1.6 mm, Wert HB
  Dicke mm, Wert

	Norm	Bewertung	Abmessungen
Sauerstoff-Index	ASTM D 2863		
Glühstab-Verfahren			
Brandverhalten	DIN 4102		
MVSS			
FAR			

Elektrische Eigenschaften

	Hz	°C		Probekörper, Form
Dielektrizitätszahl	50			
	10³			
	10⁶			
Dielektrischer Verlustfaktor tan δ	50			
	10³			
	10⁶			
Spezifischer Durchgangs-widerstand	Ohm · cm	23	1.0*10**14	
Durchschlagfestigkeit	kV/mm	23	≧ 55	1.0 mm dick
Oberflächenwiderstand	Ohm			
Kriechstromfestigkeit	KC	KB	KA	
Elektrolytische Korrosionswirkung				
Lichtbogenfestigkeit nach DIN				
nach ASTM	s			

Beständigkeit *(Chemische Beständigkeit siehe Anhang)*

Wasseraufnahme 23 C Bis zur Saettigung 0.9 %

Feuchtigkeitsaufnahme Normalklima %
Wetterbeständigkeit

Spannungskorrosion

Optische Eigenschaften

Brechungszahl n_D
Transmissionsgrad τ_c % mm dick
Lichtdurchlässigkeit

Produkt	Acetalcopolymerisat	**POM**
Handelsname	**Ultraform N 2640 X**	
Hersteller	BASF	
DIN-Bez 1	16781-POM,MG,06-05-02	
DIN-Bez 2		

Zusätze		*Füllstoffe/ Verstärkung*		
Bevorzugte Verarbeitung	Spritzgiessen	*Lieferform*	Granulat	
		Farben	Schwarz	
Besondere Merkmale	Sehr gutes Schlagverhalten	*Bevorzugte Anwendungen*	Technisches Formteil mit hoechsten Zaehigkeitsanforderungen	

Dichte	g/cm³	1.36	*Schmelzindex*	g/10 min	6: 190/2.16
Schüttdichte	g/cm³		*Volumenfließindex*	cm³/10 min	:
Viskositätszahl	ml/g				

Verarbeitungsbedingungen für Spritzgießen

Massetemp.	°C	180–220	*Schwindung*	%	lgs 1.7–2.7, quer 1.7–2.7
Werkzeugtemp.	°C	60–120	*Bemerkungen*		
Spritzdruck	bar				

Zugversuch 23 °C   DIN 53455; DIN 53457

	Probekörper: Form	*Herstellung*	Spritzgiessen
	Zustand	*Vorbehandlung*	Normalklima

Streckspannung	N/mm²	47	*Dehnung bei Streckspannung*	%	
Zugfestigkeit	N/mm²		*Reißdehnung*	%	70
Reißfestigkeit	N/mm²		% *Dehnspannung*	N/mm²	
E-Modul	N/mm²	2000	*Dehnung bei % Dehnspg.*	%	

Kriechmoduln und Zeitstandwerte 23 °C

Probekörper: Form	*Herstellung*	
Zustand	*Vorbehandlung*	

Kriechmodul	1 min N/mm²	*Zeitstandzugfestigkeit*	h N/mm²	
Kriechmodul	1000 h N/mm²	*Zeitdehnspg. %*	h N/mm²	
bei Spannung	N/mm²			

Biegeversuch 23 °C

Probekörper: Form	*Herstellung*	
Zustand	*Vorbehandlung*	

Biegefestigkeit	N/mm²	*E-Modul*	N/mm²
3,5% Biegespannung	N/mm²		

Härte 23 °C   *Probekörper:* Zustand

	Herstellung	Spritzgiessen
	Vorbehandlung	Normalklima

Kugeldruckhärte	N/mm² 85	bei 358 N, 30 s	*Shore-Härte* A	
Rockwellhärte			*Shore-Härte* D	

Schlagversuch   *Probekörper:*   (1) U-Kerbe

(2) V-Kerbe	*Herstellung*	Spritzgiessen
Zustand	*Vorbehandlung*	Normalklima

	°C	°C	°C	*Probekörper-Form*
Schlagzähigkeit	kJ/m²	23 o.B.	-40 o.B.	NKS
Kerbschlagzähigkeit (1)	kJ/m²	23 10–12		NKS
IZOD-Kerbschlagzähigkeit (2)	J/m	23 150	-40 90	
Kerbschlagzugzähigkeit	kJ/m²			

Abrieb und Reibung

Taber-Abrieb (Reibradverfahren)	mm³/100 U
Abriebfaktor LNP (Thrust washer) Vergleichswert	
Statische Reibungszahl	
Dynamische Reibungszahl	(p·v= N/mm² · m/min)
Zulässiger p · v Wert	N/mm² · (m/min) v = m/min
	v = m/min

Thermische Eigenschaften

Formbeständigkeit in der Wärme	*Verfahren* A		85 °C
	Verfahren B		155 °C
Vicat Erweichungstemperatur (VST)	*Verfahren*		°C
	Verfahren		°C
Kristallit-Schmelzpunkt	*Verfahren*		164–168 °C
Längenausdehnungskoeffizient	*Bereich* °C		$\cdot 10^{-4} K^{-1}$
	Temperatur 23 °C		$1.1 \cdot 10^{-4} K^{-1}$
Wärmeleitfähigkeit	*Verfahren*		W/(K · m)
Spezifische Wärmekapazität	*Verfahren*	23 °C	1.3 J/(K · g)
Glasumwandlungstemperatur	*Torsionsschwingungsversuch*		°C
	Differentialkalorimetrie		°C

Brandverhalten

UL-Test vertikal   Dicke 1.6   mm, Wert HB
                      Dicke   mm, Wert

	Norm	*Bewertung*	*Abmessungen*
Sauerstoff-Index	ASTM D 2863		
Glühstab-Verfahren			
Brandverhalten	DIN 4102		
MVSS			
FAR			

Elektrische Eigenschaften

		Hz	°C		*Probekörper, Form*
Dielektrizitätszahl		50			
		10^3			
		10^6			
Dielektrischer Verlustfaktor tan δ		50			
		10^3			
		10^6			
Spezifischer Durchgangs-widerstand	Ohm · cm		23	1.0*10**14	
Durchschlagfestigkeit	kV/mm		23	$\geqq$ 55	1.0 mm dick
Oberflächenwiderstand	Ohm				
Kriechstromfestigkeit		KC	KB	KA	
Elektrolytische Korrosionswirkung					
Lichtbogenfestigkeit nach DIN					
nach ASTM	s				

Beständigkeit *(Chemische Beständigkeit siehe Anhang)*

Wasseraufnahme 23 C Bis zur Saettigung	1.0 %
Feuchtigkeitsaufnahme Normalklima	%
Wetterbeständigkeit	
Spannungskorrosion	

Optische Eigenschaften

Brechungszahl n_D
Transmissionsgrad τ_c %   mm dick
Lichtdurchlässigkeit

Produkt	Acetalcopolymerisat		**POM**

Handelsname **Ultraform N 2200 G5**

Hersteller   BASF

DIN-Bez 1   16781-POM,MG,02-14-11,GF25
DIN-Bez 2

Zusätze		Füllstoffe/ Verstärkung	25.0% Glasfaser
Bevorzugte Verarbeitung	Spritzgiessen	Lieferform	Granulat
		Farben	Schwarz
Besondere Merkmale	Sehr hohe Steifigkeit; Sehr hohe Fe- stigkeit	Bevorzugte Anwendungen	Technisches Formteil

---

Dichte	g/cm^3	1.58	Schmelzindex	g/10 min	5:	190/2.16
Schüttdichte	g/cm^3		Volumenfließindex	cm^3/10 min	:	
Viskositätszahl	ml/g					

Verarbeitungsbedingungen für Spritzgießen

Massetemp.	°C	180–220	Schwindung	%	lgs	, quer
Werkzeugtemp.	°C	60–120	Bemerkungen			
Spritzdruck	bar					

Zugversuch 23 °C   DIN 53455; DIN 53457

	Probekörper:	Form		Herstellung	Spritzgiessen
		Zustand		Vorbehandlung	Normalklima

Streckspannung	N/mm^2	140	Dehnung bei Streckspannung	%	
Zugfestigkeit	N/mm^2		Reißdehnung	%	2–4
Reißfestigkeit	N/mm^2		% Dehnspannung	N/mm^2	
E-Modul	N/mm^2	9100	Dehnung bei % Dehnspg.	%	

Kriechmoduln und Zeitstandwerte 23 °C

	Probekörper:	Form	Herstellung
		Zustand	Vorbehandlung

Kriechmodul	1 min N/mm^2	Zeitstandzugfestigkeit	h N/mm^2
Kriechmodul	1000 h N/mm^2	Zeitdehnspg. %	h N/mm^2
bei Spannung	N/mm^2		

Biegeversuch 23 °C

	Probekörper:	Form	Herstellung
		Zustand	Vorbehandlung

Biegefestigkeit	N/mm^2	E-Modul	N/mm^2
3,5% Biegespannung	N/mm^2		

Härte 23 °C   Probekörper: Zustand   Herstellung   Spritzgiessen
                                                                    Vorbehandlung   Normalklima

Kugeldruckhärte	N/mm^2 185	bei 358 N, 30 s	Shore-Härte A
Rockwellhärte			Shore-Härte D

Schlagversuch   Probekörper: (1)
                                       (2) V-Kerbe   Herstellung   Spritzgiessen
                                       Zustand   Vorbehandlung   Normalklima

		°C	°C	°C	Probekörper-Form
Schlagzähigkeit	kJ/m^2	23 30	-40 25		NKS
Kerbschlagzähigkeit (1)	kJ/m^2				
IZOD-Kerbschlagzähigkeit (2)	J/m	23 65	-40 60		
Kerbschlagzugzähigkeit	kJ/m^2				

Abrieb und Reibung

Taber-Abrieb (Reibradverfahren)	mm^3/100 U
Abriebfaktor LNP (Thrust washer) Vergleichswert	
Statische Reibungszahl	
Dynamische Reibungszahl	(p·v = N/mm^2 · m/min)
Zulässiger p · v Wert	N/mm^2 · (m/min) v = m/min
	v = m/min

Thermische Eigenschaften

Formbeständigkeit in der Wärme	Verfahren	A	162 °C
	Verfahren	B	164 °C
Vicat Erweichungstemperatur (VST)	Verfahren		°C
	Verfahren		°C
Kristallit-Schmelzpunkt	Verfahren		164–168 °C
Längenausdehnungskoeffizient	Bereich	°C	· 10^{-4}K^{-1}
	Temperatur 23 °C		0.3–0.4 · 10^{-4}K^{-1}
Wärmeleitfähigkeit	Verfahren		W/(K · m)
Spezifische Wärmekapazität	Verfahren		J/(K · g)
Glasumwandlungstemperatur	Torsionsschwingungsversuch		°C
	Differentialkalorimetrie		°C

Brandverhalten

UL-Test vertikal	Dicke 1.6 mm, Wert HB	
	Dicke mm, Wert	

	Norm	Bewertung	Abmessungen
Sauerstoff-Index	ASTM D 2863		
Glühstab-Verfahren			
Brandverhalten	DIN 4102		
MVSS			
FAR			

Elektrische Eigenschaften

		Hz	°C		Probekörper, Form
Dielektrizitätszahl		50			
		10^3			
		10^6			
Dielektrischer Verlustfaktor tan δ		50			
		10^3			
		10^6			
Spezifischer Durchgangs-widerstand	Ohm · cm	23	1.0*10**14		
Durchschlagfestigkeit	kV/mm	23	≧ 55	1.0 mm dick	
Oberflächenwiderstand	Ohm				
Kriechstromfestigkeit	KC	KB	KA		
Elektrolytische Korrosionswirkung					
Lichtbogenfestigkeit nach DIN					
nach ASTM	s				

Beständigkeit *(Chemische Beständigkeit siehe Anhang)*

Wasseraufnahme 23 C Bis zur Saettigung		1.0 %
Feuchtigkeitsaufnahme Normalklima		%
Wetterbeständigkeit		
Spannungskorrosion		

Optische Eigenschaften

Brechungszahl n$_D$		
Transmissionsgrad τ$_c$	%	mm dick
Lichtdurchlässigkeit		

Produkt	Styrol-Butadien-Blockcopolymerisat		**SB**
Handelsname	**Styrolux 684 D**		
Hersteller	BASF		
DIN-Bez 1			
DIN-Bez 2			
Zusätze		*Füllstoffe/ Verstärkung*	
Bevorzugte Verarbeitung	Extrudieren	*Lieferform*	Granulat
		Farben	Natur
Besondere Merkmale	Glasklar; Brillant; Hochschlagzaeh; Exzellente Tiefziehfaehigkeit; Sehr geringe Wasseraufnahme; Gammastrahlen-sterilisierbar	*Bevorzugte Anwendungen*	Breitschlitzfolie in Mischung mit PS; Schlauchfolie

---

Dichte	g/cm³ 1.01	*Schmelzindex*	g/10 min 12: 200/5.0
Schüttdichte	g/cm³	*Volumenfließindex*	cm³/10 min :
Viskositätszahl	ml/g		

Verarbeitungsbedingungen für Spritzgießen

Massetemp.	°C 210–250	*Schwindung*	% lgs 0.3–1.0, quer 0.3–1.0
Werkzeugtemp.	°C 30–50	*Bemerkungen*	
Spritzdruck	bar		

Zugversuch 23 °C DIN 53455; DIN 53455

	Probekörper: Form Nr.3	*Herstellung*	Spritzgiessen
	Zustand	*Vorbehandlung*	Normalklima
Streckspannung	N/mm²	*Dehnung bei Streckspannung*	%
Zugfestigkeit	N/mm² 26	*Reißdehnung*	% 250
Reißfestigkeit	N/mm²	% *Dehnspannung*	N/mm²
E-Modul	N/mm² 1600	*Dehnung bei* % *Dehnspg.*	%

Kriechmoduln und Zeitstandwerte 23 °C

	Probekörper: Form	*Herstellung*	
	Zustand	*Vorbehandlung*	
Kriechmodul	1 min N/mm²	*Zeitstandzugfestigkeit*	h N/mm²
Kriechmodul	1000 h N/mm²	*Zeitdehnspg.* %	h N/mm²
bei Spannung	N/mm²		

Biegeversuch 23 °C DIN 53452; DIN 53457

	Probekörper: Form	*Herstellung*	Spritzgiessen
	Zustand	*Vorbehandlung*	Normalklima
Biegefestigkeit	N/mm² 40	*E-Modul*	N/mm² 1450
3,5% Biegespannung	N/mm²		

Härte 23 °C

	Probekörper: Zustand	*Herstellung*	Spritzgiessen
		Vorbehandlung	Normalklima
Kugeldruckhärte	N/mm² 40 bei 132 N, 30 s	*Shore-Härte* A	
Rockwellhärte		*Shore-Härte* D	68

Schlagversuch

	Probekörper: (1)		
	(2)	*Herstellung*	Spritzgiessen
	Zustand	*Vorbehandlung*	Normalklima
	°C	°C	°C	*Probekörper-Form*

Schlagzähigkeit	kJ/m²	23 o.B.	-20 20		NKS
Kerbschlagzähigkeit (1)	kJ/m²				
IZOD-Kerbschlagzähigkeit (2)	J/m				
Kerbschlagzugzähigkeit	kJ/m²				

Abrieb und Reibung

Taber-Abrieb (Reibradverfahren)	mm³/100 U
Abriebfaktor LNP (Thrust washer) Vergleichswert	
Statische Reibungszahl	
Dynamische Reibungszahl	$(p \cdot v =$ N/mm² · m/min)
Zulässiger p · v Wert	N/mm² · (m/min) v = m/min
	v = m/min

Thermische Eigenschaften

Formbeständigkeit in der Wärme	*Verfahren*	A		65 °C
	Verfahren	B		75 °C
Vicat Erweichungstemperatur (VST)	*Verfahren*	A/50		83 °C
	Verfahren	B/50		59 °C
Kristallit-Schmelzpunkt	*Verfahren*			
Längenausdehnungskoeffizient	*Bereich*	°C		$\cdot 10^{-4} \mathrm{K}^{-1}$
	Temperatur 23 °C			$0.8{-}1.0 \cdot 10^{-4}\mathrm{K}^{-1}$
Wärmeleitfähigkeit	*Verfahren*	DIN 52612 Teil 1	23 °C	0.12 W/(K · m)
Spezifische Wärmekapazität	*Verfahren*			J/(K · g)
Glasumwandlungstemperatur	*Torsionsschwingungsversuch*		°C	
	Differentialkalorimetrie		°C	

Brandverhalten

UL-Test vertikal   Dicke 1.6   mm, Wert   HB
                Dicke   mm, Wert

	Norm	*Bewertung*	*Abmessungen*
Sauerstoff-Index	ASTM D 2863		
Glühstab-Verfahren			
Brandverhalten	DIN 4102		
MVSS			
FAR			

Elektrische Eigenschaften

		Hz	°C			*Probekörper, Form*
Dielektrizitätszahl		50				
		10^3				
		10^6	23	2.5		
Dielektrischer Verlustfaktor $\tan \delta$		50				
		10^3				
		10^6	23	0.001		
Spezifischer Durchgangs-widerstand	Ohm · cm		23	$\geqq 1.0 {*} 10 {**} 16$		
Durchschlagfestigkeit	kV/mm		23	140		1.0 mm dick
Oberflächenwiderstand	Ohm		23	$\geqq 1.0 {*} 10 {**} 14$		
Kriechstromfestigkeit		KC		KB	KA	
Elektrolytische Korrosionswirkung						
Lichtbogenfestigkeit nach DIN						
nach ASTM	s					

Beständigkeit *(Chemische Beständigkeit siehe Anhang)*

Wasseraufnahme A		1 d	0.07 %
Feuchtigkeitsaufnahme Normalklima			%
Wetterbeständigkeit			
Spannungskorrosion			

Optische Eigenschaften

Brechungszahl n_D	1.57	
Transmissionsgrad τ_c	%	mm dick
Lichtdurchlässigkeit	89 %	

		SB
Produkt	Styrol-Butadien-Blockcopolymerisat	
Handelsname	**Styrolux 675 F**	
Hersteller	BASF	
DIN-Bez 1		
DIN-Bez 2		

Zusätze		*Füllstoffe/ Verstärkung*	
Bevorzugte Verarbeitung	Blasformen	*Lieferform*	Granulat
		Farben	Natur
Besondere Merkmale	Glasklar; Brillant; Hochschlagzaeh; Exzellente Tiefziehfaehigkeit; Sehr geringe Wasseraufnahme; Gammastrahlen-sterilisierbar	*Bevorzugte Anwendungen*	Blasformteil bis etwa 350 mm Laenge

Dichte	g/cm³	1.01	*Schmelzindex*	g/10 min	16:	200/5.0
Schüttdichte	g/cm³		*Volumenfließindex*	cm³/10 min	:	
Viskositätszahl	ml/g					

Verarbeitungsbedingungen für Spritzgießen

Massetemp.	°C	210–250	*Schwindung*	%	lgs 0.3–1.0, quer 0.3–1.0
Werkzeugtemp.	°C	30–50	*Bemerkungen*		
Spritzdruck	bar				

Zugversuch 23 °C DIN 53455; DIN 53457

Probekörper:	*Form*	Nr.3	*Herstellung*	Spritzgiessen
	Zustand		*Vorbehandlung*	Normalklima

Streckspannung	N/mm²		*Dehnung bei Streckspannung*	%	
Zugfestigkeit	N/mm²	29	*Reißdehnung*	%	150
Reißfestigkeit	N/mm²		*% Dehnspannung*	N/mm²	
E-Modul	N/mm²	1700	*Dehnung bei % Dehnspg.*	%	

Kriechmoduln und Zeitstandwerte 23 °C

Probekörper:	*Form*	*Herstellung*	
	Zustand	*Vorbehandlung*	

Kriechmodul	1 min N/mm²	*Zeitstandzugfestigkeit*	h N/mm²
Kriechmodul	1000 h N/mm²	*Zeitdehnspg. %*	h N/mm²
bei Spannung	N/mm²		

Biegeversuch 23 °C DIN 53452; DIN 53457

Probekörper:	*Form*	*Herstellung*	Spritzgiessen
	Zustand	*Vorbehandlung*	Normalklima

Biegefestigkeit	N/mm² 45	*E-Modul*	N/mm² 1550
3,5% Biegespannung	N/mm²		

Härte 23 °C

Probekörper:	*Zustand*	*Herstellung*	Spritzgiessen
		Vorbehandlung	Normalklima

Kugeldruckhärte	N/mm² 45	bei 132 N, 30 s	*Shore-Härte* A	
Rockwellhärte			*Shore-Härte* D	69

Schlagversuch

Probekörper:	(1)		
	(2)	*Herstellung*	Spritzgiessen
	Zustand	*Vorbehandlung*	Normalklima

	°C	°C	°C	*Probekörper-Form*
Schlagzähigkeit kJ/m²	23 o.B.	-20 15		NKS
Kerbschlagzähigkeit (1) kJ/m²				
IZOD-Kerbschlagzähigkeit (2) J/m				
Kerbschlagzugzähigkeit kJ/m²				

Abrieb und Reibung

Taber-Abrieb (Reibradverfahren)	mm³/100 U	
Abriebfaktor LNP (Thrust washer) Vergleichswert		
Statische Reibungszahl		
Dynamische Reibungszahl	(p·v = N/mm² ·	m/min)
Zulässiger p · v Wert	N/mm² · (m/min) v =	m/min
	v =	m/min

Thermische Eigenschaften

Formbeständigkeit in der Wärme	Verfahren	A		66 °C
	Verfahren	B		76 °C
Vicat Erweichungstemperatur (VST)	Verfahren	A/50		85 °C
	Verfahren	B/50		61 °C
Kristallit-Schmelzpunkt	Verfahren			
Längenausdehnungskoeffizient	Bereich	°C		$\cdot 10^{-4} \text{K}^{-1}$
	Temperatur 23 °C			$0.8{-}1.0 \cdot 10^{-4} \text{K}^{-1}$
Wärmeleitfähigkeit	Verfahren	DIN 52612 Teil 1	23 °C	0.12 W/(K · m)
Spezifische Wärmekapazität	Verfahren			J/(K · g)
Glasumwandlungstemperatur	Torsionsschwingungsversuch		°C	
	Differentialkalorimetrie		°C	

Brandverhalten

UL-Test vertikal

Dicke 1.6 mm, Wert HB
Dicke   mm, Wert

	Norm	Bewertung		Abmessungen
Sauerstoff-Index	ASTM D 2863			
Glühstab-Verfahren				
Brandverhalten	DIN 4102			
MVSS				
FAR				

Elektrische Eigenschaften

		Hz	°C		Probekörper, Form
Dielektrizitätszahl		50			
		10³			
		10⁶	23	2.5	
Dielektrischer Verlustfaktor tan δ		50			
		10³			
		10⁶	23	0.001	
Spezifischer Durchgangs-					
widerstand	Ohm · cm		23	≧ 1.0*10**16	
Durchschlagfestigkeit	kV/mm		23	140	1.0 mm dick
Oberflächenwiderstand	Ohm		23	≧ 1.0*10**14	
Kriechstromfestigkeit	KC		KB	KA	
Elektrolytische Korrosionswirkung					
Lichtbogenfestigkeit nach DIN					
nach ASTM	s				

Beständigkeit (Chemische Beständigkeit siehe Anhang)

Wasseraufnahme A		1 d	0.07 %
Feuchtigkeitsaufnahme Normalklima			%
Wetterbeständigkeit			
Spannungskorrosion			

Optische Eigenschaften

Brechungszahl n_D	1.57	
Transmissionsgrad τ_c	%	mm dick
Lichtdurchlässigkeit	89 %	

Produkt	Styrol-Butadien-Blockcopolymerisat	**SB**
Handelsname	**Styrolux 656 C**	
Hersteller	BASF	

DIN-Bez 1
DIN-Bez 2

Zusätze		*Füllstoffe/* *Verstärkung*	
Bevorzugte Verarbeitung	Spritzgiessen	*Lieferform*	Granulat
		Farben	Natur
Besondere Merkmale	Glasklar; Brillant; Zaeh; Sehr geringe Wasseraufnahme; Gammastrahlen-sterilisierbar	*Bevorzugte Anwendungen*	Spritzgiessformteil; Bedarfsartikel

---

Dichte	g/cm³	1.02	*Schmelzindex*	g/10 min	8: 200/5.0
Schüttdichte	g/cm³		*Volumenfließindex*	cm³/10 min	:
Viskositätszahl	ml/g				

Verarbeitungsbedingungen für Spritzgießen

Massetemp.	°C	210–250	*Schwindung*	%	lgs 0.3–1.0, quer 0.3–1.0
Werkzeugtemp.	°C	30–50	*Bemerkungen*		
Spritzdruck	bar				

Zugversuch 23 °C DIN 53455; DIN 53457

	Probekörper:	Form Nr.3	*Herstellung*	Spritzgiessen
		Zustand	*Vorbehandlung*	Normalklima

Streckspannung	N/mm²		*Dehnung bei Streckspannung*	%	
Zugfestigkeit	N/mm²	34	*Reißdehnung*	%	100
Reißfestigkeit	N/mm²		% *Dehnspannung*	N/mm²	
E-Modul	N/mm²	1850	*Dehnung bei* % *Dehnspg.*	%	

Kriechmoduln und Zeitstandwerte 23 °C

	Probekörper:	Form	*Herstellung*	
		Zustand	*Vorbehandlung*	

Kriechmodul	1 min N/mm²		*Zeitstandzugfestigkeit*	h N/mm²
Kriechmodul	1000 h N/mm²		*Zeitdehnspg.* %	h N/mm²
bei Spannung	N/mm²			

Biegeversuch 23 °C DIN 53452; DIN 53457

	Probekörper:	Form	*Herstellung*	Spritzgiessen
		Zustand	*Vorbehandlung*	Normalklima

Biegefestigkeit	N/mm² 50	*E-Modul*	N/mm² 1700
3,5% Biegespannung	N/mm²		

Härte 23 °C

	Probekörper:	Zustand	*Herstellung*	Spritzgiessen
			Vorbehandlung	Normalklima

Kugeldruckhärte	N/mm² 65	bei 358 N, 30 s	*Shore-Härte* A
Rockwellhärte			*Shore-Härte* D 72

Schlagversuch

	Probekörper:	(1)		
		(2)	*Herstellung*	Spritzgiessen
		Zustand	*Vorbehandlung*	Normalklima

	°C	°C	°C	*Probekörper-Form*
Schlagzähigkeit	kJ/m² 23 20	-20 12		NKS
Kerbschlagzähigkeit (1)	kJ/m²			
IZOD-Kerbschlagzähigkeit (2)	J/m			
Kerbschlagzugzähigkeit	kJ/m²			

Abrieb und Reibung

Taber-Abrieb (Reibradverfahren)	mm³/100 U
Abriebfaktor LNP (Thrust washer) Vergleichswert	
Statische Reibungszahl	
Dynamische Reibungszahl	(p·v = N/mm² · m/min)
Zulässiger p · v Wert	N/mm² · (m/min) v = m/min
	v = m/min

Thermische Eigenschaften

Formbeständigkeit in der Wärme	*Verfahren*	A	67 °C
	Verfahren	B	77 °C
Vicat Erweichungstemperatur (VST)	*Verfahren*	A/50	87 °C
	Verfahren	B/50	65 °C
Kristallit-Schmelzpunkt	*Verfahren*		
Längenausdehnungskoeffizient	*Bereich* °C		$\cdot\,10^{-4}\mathrm{K}^{-1}$
	Temperatur 23 °C		$0.8{-}1.0 \cdot 10^{-4}\mathrm{K}^{-1}$
Wärmeleitfähigkeit	*Verfahren* DIN 52612 Teil 1	23 °C	0.12 W/(K · m)
Spezifische Wärmekapazität	*Verfahren*		J/(K · g)
Glasumwandlungstemperatur	*Torsionsschwingungsversuch*	°C	
	Differentialkalorimetrie	°C	

Brandverhalten

UL-Test vertikal	Dicke 1.6 mm, Wert HB	
	Dicke mm, Wert	

	Norm	*Bewertung*	*Abmessungen*
Sauerstoff-Index	ASTM D 2863		
Glühstab-Verfahren			
Brandverhalten	DIN 4102		
MVSS			
FAR			

Elektrische Eigenschaften

		Hz	°C			*Probekörper, Form*
Dielektrizitätszahl		50				
		10^3				
		10^6	23	2.5		
Dielektrischer Verlustfaktor tan δ		50				
		10^3				
		10^6	23	0.001		
Spezifischer Durchgangs- widerstand	Ohm · cm		23	≧ 1.0*10**16		
Durchschlagfestigkeit	kV/mm		23	140		1.0 mm dick
Oberflächenwiderstand	Ohm		23	≧ 1.0*10**14		
Kriechstromfestigkeit	KC		KB		KA	
Elektrolytische Korrosionswirkung						
Lichtbogenfestigkeit nach DIN						
nach ASTM	s					

Beständigkeit *(Chemische Beständigkeit siehe Anhang)*

Wasseraufnahme A	1 d	0.07 %
Feuchtigkeitsaufnahme Normalklima		%
Wetterbeständigkeit		
Spannungskorrosion		

Optische Eigenschaften

Brechungszahl n_D	1.57	
Transmissionsgrad τ_c	%	mm dick
Lichtdurchlässigkeit	89 %	

Produkt	Styrol-Butadien-Blockcopolymerisat	**SB**
Handelsname	**Styrolux 637 D**	
Hersteller	BASF	
DIN-Bez 1		
DIN-Bez 2		

Zusätze		*Füllstoffe/ Verstärkung*	
Bevorzugte Verarbeitung	Spritzgiessen	*Lieferform*	Granulat
		Farben	Natur
Besondere Merkmale	Glasklar; Brillant; Zaeh; Sehr geringe Wasseraufnahme; Gammastrahlen- sterilisierbar	*Bevorzugte Anwendungen*	Spritzgiessformteil; Tafel; Profil

---

Dichte	g/cm^3	1.02	*Schmelzindex* g/10 min	13: 200/5.0
Schüttdichte	g/cm^3		*Volumenfließindex* cm^3/10 min	:
Viskositätszahl	ml/g			

Verarbeitungsbedingungen für Spritzgießen

Massetemp.	°C	210–250	*Schwindung* %	lgs 0.3–1.0, quer 0.3–1.0
Werkzeugtemp.	°C	30–50	*Bemerkungen*	
Spritzdruck	bar			

Zugversuch 23 °C DIN 53455; DIN 53457

			Herstellung	Spritzgiessen
Probekörper:	*Form*	Nr.3	*Vorbehandlung*	Normalklima
	Zustand			

Streckspannung	N/mm^2		*Dehnung bei Streckspannung* %	
Zugfestigkeit	N/mm^2	36	*Reißdehnung* %	40
Reißfestigkeit	N/mm^2		% *Dehnspannung* N/mm^2	
E-Modul	N/mm^2	2000	*Dehnung bei* % *Dehnspg.* %	

Kriechmoduln und Zeitstandwerte 23 °C

		Herstellung	
Probekörper:	*Form*	*Vorbehandlung*	
	Zustand		

Kriechmodul	1 min N/mm^2	*Zeitstandzugfestigkeit* h N/mm^2	
Kriechmodul	1000 h N/mm^2	*Zeitdehnspg.* % h N/mm^2	
bei Spannung	N/mm^2		

Biegeversuch 23 °C DIN 53452; DIN 53457

		Herstellung	Spritzgiessen
Probekörper:	*Form*	*Vorbehandlung*	Normalklima
	Zustand		

Biegefestigkeit	N/mm^2 55	*E-Modul*	N/mm^2 1850
3,5% Biegespannung	N/mm^2		

Härte 23 °C

		Herstellung	Spritzgiessen
Probekörper:	*Zustand*	*Vorbehandlung*	Normalklima

Kugeldruckhärte	N/mm^2 70 bei 358 N, 30 s	*Shore-Härte* A	
Rockwellhärte		*Shore-Härte* D	70

Schlagversuch

Probekörper:	(1)		
	(2)	*Herstellung*	Spritzgiessen
	Zustand	*Vorbehandlung*	Normalklima

		°C	°C	°C	*Probekörper-Form*
Schlagzähigkeit	kJ/m^2	23 15	-20 10		NKS
Kerbschlagzähigkeit (1)	kJ/m^2				
IZOD-Kerbschlagzähigkeit (2)	J/m				
Kerbschlagzugzähigkeit	kJ/m^2				

Abrieb und Reibung

Taber-Abrieb (Reibradverfahren)	mm^3/100 U
Abriebfaktor LNP (Thrust washer) Vergleichswert	
Statische Reibungszahl	
Dynamische Reibungszahl	$(p \cdot v =$ N/mm$^2 \cdot$ m/min)
Zulässiger p · v Wert	N/mm$^2 \cdot$ (m/min) v = m/min
	v = m/min

Thermische Eigenschaften

Formbeständigkeit in der Wärme	*Verfahren*	A	68 °C
	Verfahren	B	78 °C
Vicat Erweichungstemperatur (VST)	*Verfahren*	A/50	88 °C
	Verfahren	B/50	68 °C
Kristallit-Schmelzpunkt	*Verfahren*		
Längenausdehnungskoeffizient	*Bereich* °C		$\cdot 10^{-4} K^{-1}$
	Temperatur 23 °C		$0.8–1.0 \cdot 10^{-4} K^{-1}$
Wärmeleitfähigkeit	*Verfahren* DIN 52612 Teil 1	23 °C	0.12 W/(K · m)
Spezifische Wärmekapazität	*Verfahren*		J/(K · g)
Glasumwandlungstemperatur	*Torsionsschwingungsversuch*		°C
	Differentialkalorimetrie		°C

Brandverhalten

UL-Test vertikal   Dicke 1.6   mm, Wert HB
               Dicke   mm, Wert

	Norm	*Bewertung*	*Abmessungen*
Sauerstoff-Index	ASTM D 2863		
Glühstab-Verfahren			
Brandverhalten	DIN 4102		
MVSS			
FAR			

Elektrische Eigenschaften

		Hz	°C		*Probekörper, Form*
Dielektrizitätszahl		50			
		10^3			
		10^6	23	2.5	
Dielektrischer Verlustfaktor tan δ		50			
		10^3			
		10^6	23	0.001	
Spezifischer Durchgangs-widerstand	Ohm · cm		23	$\geq 1.0*10**16$	
Durchschlagfestigkeit	kV/mm		23	140	1.0 mm dick
Oberflächenwiderstand	Ohm		23	$\geq 1.0*10**14$	
Kriechstromfestigkeit	KC		KB	KA	
Elektrolytische Korrosionswirkung					
Lichtbogenfestigkeit nach DIN					
nach ASTM	s				

Beständigkeit *(Chemische Beständigkeit siehe Anhang)*

Wasseraufnahme A		1 d	0.07 %
Feuchtigkeitsaufnahme Normalklima			%
Wetterbeständigkeit			
Spannungskorrosion			

Optische Eigenschaften

Brechungszahl n_D 1.57
Transmissionsgrad τ_c %   mm dick
Lichtdurchlässigkeit   89 %

Produkt	Polybutylenterephthalat		**PBT**
Handelsname	**Ultradur B 2550**		
Hersteller	BASF		
DIN-Bez 1	16779-PBT,EG,XX-03		
DIN-Bez 2			

Zusätze		*Füllstoffe/ Verstärkung*	
Bevorzugte Verarbeitung	Extrudieren	*Lieferform*	Granulat
		Farben	Natur
Besondere Merkmale	Niedrigviskos; Hochwaermebestaendig	*Bevorzugte Anwendungen*	Papierbeschichtung und Kartonbeschichtung fuer die Verpackung von Tiefkuehlkost und Fertigmenues

---

Dichte	g/cm^3	1.3	*Schmelzindex*	g/10 min	:	
Schüttdichte	g/cm^3		*Volumenfließindex*	cm^3/10 min	:	
Viskositätszahl	ml/g					

Verarbeitungsbedingungen für Spritzgießen

Massetemp.	°C		*Schwindung*	%	lgs	, quer
Werkzeugtemp.	°C		*Bemerkungen*			
Spritzdruck	bar					

Zugversuch 23 °C DIN 53455; DIN 53457

	Probekörper:	*Form*	Nr.3	*Herstellung* Spritzgiessen
		Zustand		*Vorbehandlung* Normalklima

Streckspannung	N/mm^2 60	*Dehnung bei Streckspannung*	%	
Zugfestigkeit	N/mm^2	*Reißdehnung*	%	150
Reißfestigkeit	N/mm^2	*% Dehnspannung*	N/mm^2	
E-Modul	N/mm^2 2700	*Dehnung bei % Dehnspg.*	%	

Kriechmoduln und Zeitstandwerte 23 °C

	Probekörper:	*Form*	*Herstellung*
		Zustand	*Vorbehandlung*

Kriechmodul	1 min N/mm^2	*Zeitstandzugfestigkeit*	h N/mm^2
Kriechmodul	1000 h N/mm^2	*Zeitdehnspg. %*	h N/mm^2
bei Spannung	N/mm^2		

Biegeversuch 23 °C

	Probekörper:	*Form*	*Herstellung*
		Zustand	*Vorbehandlung*

Biegefestigkeit	N/mm^2	*E-Modul*	N/mm^2
3,5% Biegespannung	N/mm^2		

Härte 23 °C

	Probekörper: *Zustand*		*Herstellung* Spritzgiessen
			Vorbehandlung Normalklima

Kugeldruckhärte	N/mm^2 130	bei 358 N, 30 s	*Shore-Härte* A
Rockwellhärte			*Shore-Härte* D

Schlagversuch

Probekörper:	(1) U-Kerbe	
	(2) V-Kerbe	*Herstellung* Spritzgiessen
	Zustand	*Vorbehandlung* Normalklima

		°C	°C	°C	*Probekörper-Form*
Schlagzähigkeit	kJ/m^2	23 o.B.	-40 o.B.		NKS
Kerbschlagzähigkeit (1)	kJ/m^2	23 3–5			NKS
IZOD-Kerbschlagzähigkeit (2)	J/m	23 45	-40 45		
Kerbschlagzugzähigkeit	kJ/m^2				

Abrieb und Reibung

Taber-Abrieb (Reibradverfahren)   mm³/100 U
Abriebfaktor LNP (Thrust washer) Vergleichswert
Statische Reibungszahl
Dynamische Reibungszahl   (p·v =   N/mm² ·   m/min)
Zulässiger p · v Wert   N/mm² · (m/min)   v =   m/min
                                                                               v =   m/min

Thermische Eigenschaften

Formbeständigkeit in der Wärme	*Verfahren*	A	67 °C
	Verfahren	B	165 °C
Vicat Erweichungstemperatur (VST)	*Verfahren*		°C
	Verfahren		°C
Kristallit-Schmelzpunkt	*Verfahren*	A	225 °C

Längenausdehnungskoeffizient   *Bereich*   °C $\cdot 10^{-4} \mathrm{K}^{-1}$
                                    Temperatur 23 °C $1.3 - 1.6 \cdot 10^{-4} \mathrm{K}^{-1}$
Wärmeleitfähigkeit   *Verfahren*   A   23 °C   0.27 W/(K · m)

Spezifische Wärmekapazität   *Verfahren*   DIN 52612   23 °C   1.5 J/(K · g)

Glasumwandlungstemperatur   *Torsionsschwingungsversuch*   °C
                                    Differentialkalorimetrie   °C

Brandverhalten

UL-Test vertikal   Dicke 1.6   mm, Wert HB
                                    Dicke   mm, Wert

	Norm	*Bewertung*	*Abmessungen*
Sauerstoff-Index	ASTM D 2863		
Glühstab-Verfahren	VDE 0304 Teil 3 2c		
Brandverhalten	DIN 4102		
MVSS			
FAR			

Elektrische Eigenschaften

	Hz	°C		*Probekörper, Form*
Dielektrizitätszahl	50			
	10^3			
	10^6	23	3.3	
Dielektrischer Verlustfaktor tan δ	50			
	10^3			
	10^6	23	0.02	
Spezifischer Durchgangswiderstand	Ohm · cm	23	1.0*10**16	
Durchschlagfestigkeit	kV/mm	23	140	1.0 mm dick
Oberflächenwiderstand	Ohm	23	$\geqq$ 1.0*10**13	

Kriechstromfestigkeit   KC > 600   KB > 600   KA
Elektrolytische Korrosionswirkung
Lichtbogenfestigkeit nach DIN
                 nach ASTM   s

Beständigkeit *(Chemische Beständigkeit siehe Anhang)*

Wasseraufnahme 23 C Bis zur Saettigung   0.5 %

Feuchtigkeitsaufnahme Normalklima   %
Wetterbeständigkeit

Spannungskorrosion

Optische Eigenschaften

Brechungszahl n_D
Transmissionsgrad τ_c %   mm dick
Lichtdurchlässigkeit

Produkt	Polybutylenterephthalat		**PBT**
Handelsname	**Ultradur B 4500**		
Hersteller	BASF		
DIN-Bez 1	16779-PBT,MG,XX-03		
DIN-Bez 2			

Zusätze		*Füllstoffe/ Verstärkung*	
Bevorzugte Verarbeitung	Spritzgiessen	*Lieferform*	Granulat
		Farben	Natur
Besondere Merkmale	Mittelviskos; Zaeh; Dimensionsstabil	*Bevorzugte Anwendungen*	Technisches Formteil hoher Praezision; Steuerkurve; Zahlenrolle; Ventilkegel

Dichte	g/cm^3	1.3	*Schmelzindex*	g/10 min	:
Schüttdichte	g/cm^3		*Volumenfließindex*	cm^3/10 min	:
Viskositätszahl	ml/g				

Verarbeitungsbedingungen für Spritzgießen

Massetemp.	°C	245–270	*Schwindung*	%	lgs 0.9–2.2, quer 0.9–2.2
Werkzeugtemp.	°C	40–60	*Bemerkungen*		Feucht gewordenes Material nachtrocknen im Trockenlufttrockner (100–140 C) oder Vac'schrank (80C) 6h
Spritzdruck	bar				

Zugversuch 23 °C　　DIN 53455; DIN 53457

	Probekörper:	*Form* Nr.3	*Herstellung*	Spritzgiessen	
		Zustand	*Vorbehandlung*	Normalklima	
Streckspannung	N/mm^2	60	*Dehnung bei Streckspannung*	%	
Zugfestigkeit	N/mm^2		*Reißdehnung*	%	200
Reißfestigkeit	N/mm^2		*% Dehnspannung*	N/mm^2	
E-Modul	N/mm^2	2600	*Dehnung bei* *% Dehnspg.*	%	

Kriechmoduln und Zeitstandwerte 23 °C

	Probekörper:	*Form*	*Herstellung*		
		Zustand	*Vorbehandlung*		
Kriechmodul	*1 min* N/mm^2		*Zeitstandzugfestigkeit*	h N/mm^2	
Kriechmodul	*1000 h* N/mm^2		*Zeitdehnspg.* %	h N/mm^2	
bei Spannung	N/mm^2				

Biegeversuch 23 °C

	Probekörper:	*Form*	*Herstellung*		
		Zustand	*Vorbehandlung*		
Biegefestigkeit	N/mm^2		*E-Modul*	N/mm^2	
3,5% Biegespannung	N/mm^2				

Härte 23 °C

	Probekörper:	*Zustand*	*Herstellung*	Spritzgiessen
			Vorbehandlung	Normalklima
Kugeldruckhärte	N/mm^2 130	bei 358 N, 30 s	*Shore-Härte* A	
Rockwellhärte			*Shore-Härte* D	

Schlagversuch

	Probekörper:	*(1)* U-Kerbe		
		(2) V-Kerbe	*Herstellung*	Spritzgiessen
		Zustand	*Vorbehandlung*	Normalklima
		°C	°C	°C	*Probekörper-Form*

Schlagzähigkeit	kJ/m^2	23 o.B.	-40 o.B.		NKS
Kerbschlagzähigkeit (1)	kJ/m^2	23 3–5			NKS
IZOD-Kerbschlagzähigkeit (2)	J/m	23 55–65	-40 55–65		
Kerbschlagzugzähigkeit	kJ/m^2				

Abrieb und Reibung

Taber-Abrieb (Reibradverfahren)	mm³/100 U
Abriebfaktor LNP (Thrust washer) Vergleichswert	
Statische Reibungszahl	
Dynamische Reibungszahl	(p · v = N/mm² · m/min)
Zulässiger p · v Wert	N/mm² · (m/min) v = m/min
	v = m/min

Thermische Eigenschaften

Formbeständigkeit in der Wärme	*Verfahren* A		67 °C
	Verfahren B		165 °C
Vicat Erweichungstemperatur (VST)	*Verfahren*		°C
	Verfahren		°C
Kristallit-Schmelzpunkt	*Verfahren* A		225 °C
Längenausdehnungskoeffizient	*Bereich* °C		$\cdot 10^{-4} K^{-1}$
	Temperatur 23 °C		$1.3{-}1.6 \cdot 10^{-4} K^{-1}$
Wärmeleitfähigkeit	*Verfahren* A	23 °C	0.27 W/(K · m)
Spezifische Wärmekapazität	*Verfahren* DIN 52612	23 °C	1.5 J/(K · g)
Glasumwandlungstemperatur	*Torsionsschwingungsversuch*	°C	
	Differentialkalorimetrie	°C	

Brandverhalten

UL-Test vertikal   Dicke 1.6   mm, Wert HB
                      Dicke   mm, Wert

	Norm	*Bewertung*	*Abmessungen*
Sauerstoff-Index	ASTM D 2863		
Glühstab-Verfahren	VDE 0304 Teil 3 2c		
Brandverhalten	DIN 4102		
MVSS			
FAR			

Elektrische Eigenschaften

		Hz	°C		*Probekörper, Form*
Dielektrizitätszahl		50			
		10^3			
		10^6	23	3.3	
Dielektrischer Verlustfaktor tan δ		50			
		10^3			
		10^6	23	0.02	
Spezifischer Durchgangs-widerstand	Ohm · cm		23	1.0*10**16	
Durchschlagfestigkeit	kV/mm		23	140	1.0 mm dick
Oberflächenwiderstand	Ohm		23	≧ 1.0*10**13	

Kriechstromfestigkeit   KC > 600   KB > 600   KA
Elektrolytische Korrosionswirkung
Lichtbogenfestigkeit nach DIN
              nach ASTM   s

Beständigkeit *(Chemische Beständigkeit siehe Anhang)*

Wasseraufnahme 23 C   Bis zur Saettigung   0.5 %

Feuchtigkeitsaufnahme Normalklima   %
Wetterbeständigkeit

Spannungskorrosion

Optische Eigenschaften

Brechungszahl n_D
Transmissionsgrad τ_c · %   mm dick
Lichtdurchlässigkeit

Produkt	Polybutylenterephthalat		**PBT**
Handelsname	**Ultradur B 4550**		
Hersteller	BASF		
DIN-Bez 1	16779-PBT,EG,XX-03		
DIN-Bez 2			
Zusätze		*Füllstoffe/ Verstärkung*	
Bevorzugte Verarbeitung	Extrudieren	*Lieferform*	Granulat
		Farben	Natur
Besondere Merkmale	Mittelviskos	*Bevorzugte Anwendungen*	Flachfolie fuer medizinische Verpak-kung; Halbzeug; Profil; Platte

---

Dichte	g/cm³	1.3	*Schmelzindex*	g/10 min	:	
Schüttdichte	g/cm³		*Volumenfließindex*	cm³/10 min	:	
Viskositätszahl	ml/g					

Verarbeitungsbedingungen für Spritzgießen

Massetemp.	°C	*Schwindung*	%	lgs	, quer
Werkzeugtemp.	°C	*Bemerkungen*			
Spritzdruck	bar				

Zugversuch 23 °C DIN 53455; DIN 53457

	Probekörper: Form Nr.3		*Herstellung*	Spritzgiessen
	Zustand		*Vorbehandlung*	Normalklima

Streckspannung	N/mm²	60	*Dehnung bei Streckspannung*	%	
Zugfestigkeit	N/mm²		*Reißdehnung*	%	200
Reißfestigkeit	N/mm²		% *Dehnspannung*	N/mm²	
E-Modul	N/mm²	2600	*Dehnung bei* % *Dehnspg.*	%	

Kriechmoduln und Zeitstandwerte 23 °C

Probekörper: Form	*Herstellung*	
Zustand	*Vorbehandlung*	

Kriechmodul	1 min	N/mm²	*Zeitstandzugfestigkeit*	h	N/mm²
Kriechmodul	1000 h	N/mm²	*Zeitdehnspg.* %	h	N/mm²
bei Spannung		N/mm²			

Biegeversuch 23 °C

Probekörper: Form	*Herstellung*	
Zustand	*Vorbehandlung*	

Biegefestigkeit	N/mm²	*E-Modul*	N/mm²
3,5% Biegespannung	N/mm²		

Härte 23 °C

Probekörper: Zustand		*Herstellung*	Spritzgiessen
		Vorbehandlung	Normalklima

Kugeldruckhärte	N/mm² 130	bei 358 N, 30 s	*Shore-Härte* A
Rockwellhärte			*Shore-Härte* D

Schlagversuch

Probekörper:	(1) U-Kerbe		
	(2) V-Kerbe	*Herstellung*	Spritzgiessen
	Zustand	*Vorbehandlung*	Normalklima

		°C	°C	°C	*Probekörper-Form*
Schlagzähigkeit	kJ/m²	23 o.B.	-40 o.B.		NKS
Kerbschlagzähigkeit (1)	kJ/m²	23 3–5			NKS
IZOD-Kerbschlagzähigkeit (2)	J/m	23 55–65	-40 55–65		
Kerbschlagzugzähigkeit	kJ/m²				

Abrieb und Reibung

Taber-Abrieb (Reibradverfahren)   mm³/100 U
Abriebfaktor LNP (Thrust washer) Vergleichswert
Statische Reibungszahl
Dynamische Reibungszahl   (p·v =   N/mm² ·   m/min)
Zulässiger p · v Wert   N/mm² · (m/min)   v =   m/min
                                                                           v =   m/min

Thermische Eigenschaften

Formbeständigkeit in der Wärme	Verfahren	A		67 °C
	Verfahren	B		165 °C
Vicat Erweichungstemperatur (VST)	Verfahren			°C
	Verfahren			°C
Kristallit-Schmelzpunkt	Verfahren	A		225 °C
Längenausdehnungskoeffizient	Bereich	°C		$\cdot 10^{-4}\text{K}^{-1}$
	Temperatur 23 °C			$1.3\text{--}1.6 \cdot 10^{-4}\text{K}^{-1}$
Wärmeleitfähigkeit	Verfahren	A	23 °C	0.27 W/(K · m)
Spezifische Wärmekapazität	Verfahren	DIN 52612	23 °C	1.5 J/(K · g)
Glasumwandlungstemperatur	Torsionsschwingungsversuch		°C	
	Differentialkalorimetrie		°C	

Brandverhalten

UL-Test vertikal   Dicke 1.6   mm, Wert HB
                                    Dicke   mm, Wert

	Norm	Bewertung	Abmessungen
Sauerstoff-Index	ASTM D 2863		
Glühstab-Verfahren	VDE 0304 Teil 3 2c		
Brandverhalten	DIN 4102		
MVSS			
FAR			

Elektrische Eigenschaften

		Hz	°C		Probekörper, Form
Dielektrizitätszahl		50			
		10^3			
		10^6	23	3.3	
Dielektrischer Verlustfaktor tan δ		50			
		10^3			
		10^6	23	0.02	
Spezifischer Durchgangs-widerstand	Ohm · cm		23	1.0*10**16	
Durchschlagfestigkeit	kV/mm		23	140	1.0 mm dick
Oberflächenwiderstand	Ohm		23	≧ 1.0*10**13	
Kriechstromfestigkeit		KC > 600	KB > 600	KA	
Elektrolytische Korrosionswirkung					
Lichtbogenfestigkeit nach DIN					
nach ASTM	s				

Beständigkeit *(Chemische Beständigkeit siehe Anhang)*

Wasseraufnahme 23 C   Bis zur Saettigung   0.5 %

Feuchtigkeitsaufnahme Normalklima   %
Wetterbeständigkeit

Spannungskorrosion

Optische Eigenschaften

Brechungszahl n_D
Transmissionsgrad τ_c %   mm dick
Lichtdurchlässigkeit

Produkt	Polybutylenterephthalat	**PBT**

Handelsname **Ultradur KR 4036**

Hersteller BASF

DIN-Bez 1 16779-PBT,EG,XX-03
DIN-Bez 2

Zusätze		*Füllstoffe/* *Verstärkung*	
Bevorzugte *Verarbeitung*	Extrudieren	*Lieferform*	Granulat
		Farben	Natur
Besondere *Merkmale*	Hochviskos	*Bevorzugte* *Anwendungen*	Halbzeug; Profil

---

Dichte	g/cm^3	1.3	*Schmelzindex*	g/10 min	:
Schüttdichte	g/cm^3		*Volumenfließindex*	cm^3/10 min	:
Viskositätszahl	ml/g				

Verarbeitungsbedingungen für Spritzgießen

Massetemp.	°C	250–270	*Schwindung*	%	lgs 0.9–2.2, quer 0.9–2.2
Werkzeugtemp.	°C	40–60	*Bemerkungen*		Feuchtes Material nachtrocknen im
Spritzdruck	bar				Trockenluftschrank (6-8h/100-140C)
					oder Vacuumschrank (6-8h/80C)

Zugversuch 23 °C DIN 53455; DIN 53457

					Herstellung	Spritzgiessen
	Probekörper:	*Form*	Nr.3		*Vorbehandlung*	Normalklima
		Zustand				

Streckspannung	N/mm^2	60	*Dehnung bei Streckspannung*	%		
Zugfestigkeit	N/mm^2		*Reißdehnung*	%	200	
Reißfestigkeit	N/mm^2		% *Dehnspannung*	N/mm^2		
E-Modul	N/mm^2	2600	*Dehnung bei* % *Dehnspg.*	%		

Kriechmoduln und Zeitstandwerte 23 °C

	Probekörper:	*Form*		*Herstellung*
		Zustand		*Vorbehandlung*

Kriechmodul	1 min	N/mm^2	*Zeitstandzugfestigkeit*	h	N/mm^2
Kriechmodul	1000 h	N/mm^2	*Zeitdehnspg.* %	h	N/mm^2
bei Spannung		N/mm^2			

Biegeversuch 23 °C

	Probekörper:	*Form*	*Herstellung*
		Zustand	*Vorbehandlung*

Biegefestigkeit	N/mm^2	*E-Modul*	N/mm^2
3,5% Biegespannung	N/mm^2		

Härte 23 °C

	Probekörper:	*Zustand*	*Herstellung*	Spritzgiessen
			Vorbehandlung	Normalklima

Kugeldruckhärte	N/mm^2 130	bei 358 N, 30 s	*Shore-Härte* A	
Rockwellhärte			*Shore-Härte* D	

Schlagversuch

	Probekörper:	*(1)* U-Kerbe		
		(2) V-Kerbe	*Herstellung*	Spritzgiessen
		Zustand	*Vorbehandlung*	Normalklima

		°C	°C	°C	*Probekörper-Form*
Schlagzähigkeit	kJ/m^2	23 o.B.	-40 o.B.		NKS
Kerbschlagzähigkeit (1)	kJ/m^2	23 3–5			NKS
IZOD-Kerbschlagzähigkeit (2)	J/m	23 55–65	-40 55–65		
Kerbschlagzugzähigkeit	kJ/m^2				

Abrieb und Reibung

Taber-Abrieb (Reibradverfahren)   mm³/100 U
Abriebfaktor LNP (Thrust washer) Vergleichswert
Statische Reibungszahl
Dynamische Reibungszahl   (p·v =   N/mm² ·   m/min)
Zulässiger p · v Wert   N/mm² · (m/min)   v =   m/min
                                                                       v =   m/min

Thermische Eigenschaften

Formbeständigkeit in der Wärme   Verfahren A   67 °C
                                      Verfahren B   165 °C
Vicat Erweichungstemperatur (VST)   Verfahren   °C
                                      Verfahren   °C
Kristallit-Schmelzpunkt   Verfahren A   225 °C

Längenausdehnungskoeffizient   Bereich   °C $\cdot 10^{-4} K^{-1}$
                                      Temperatur 23 °C $1.3\text{–}1.6 \cdot 10^{-4} K^{-1}$
Wärmeleitfähigkeit   Verfahren A   23 °C   0.27 W/(K · m)

Spezifische Wärmekapazität   Verfahren DIN 52612   23 °C   1.5 J/(K · g)

Glasumwandlungstemperatur   Torsionsschwingungsversuch   °C
                                      Differentialkalorimetrie   °C

Brandverhalten

UL-Test vertikal   Dicke 1.6   mm, Wert HB
                                      Dicke   mm, Wert

	Norm	Bewertung		Abmessungen
Sauerstoff-Index	ASTM D 2863			
Glühstab-Verfahren	VDE 0304 Teil 3 2c			
Brandverhalten	DIN 4102			
MVSS				
FAR				

Elektrische Eigenschaften

	Hz	°C		Probekörper, Form
Dielektrizitätszahl	50			
	10^3			
	10^6	23	3.3	
Dielektrischer Verlustfaktor tan δ	50			
	10^3			
	10^6	23	0.02	
Spezifischer Durchgangs- *widerstand*	Ohm · cm			
Durchschlagfestigkeit	kV/mm	23	140	1.0 mm dick
Oberflächenwiderstand	Ohm	23	≧ 1.0*10**13	

Kriechstromfestigkeit   KC > 600   KB > 600   KA
Elektrolytische Korrosionswirkung
Lichtbogenfestigkeit nach DIN
                        nach ASTM   s

Beständigkeit *(Chemische Beständigkeit siehe Anhang)*

Wasseraufnahme 23 C Bis zur Saettigung   0.5 %

Feuchtigkeitsaufnahme Normalklima   %
Wetterbeständigkeit

Spannungskorrosion

Optische Eigenschaften

Brechungszahl n_D
Transmissionsgrad τ_c %   mm dick
Lichtdurchlässigkeit

			PBT
Produkt	Polybutylenterephthalat		
Handelsname	**Ultradur B 4520**		
Hersteller	BASF		
DIN-Bez 1	16779-PBT,MG,XX-03		
DIN-Bez 2			
Zusätze		*Füllstoffe/ Verstärkung*	
Bevorzugte Verarbeitung	Spritzgiessen	*Lieferform*	Granulat
		Farben	Natur; Standard
Besondere Merkmale	Mittelviskos; Rasch erstarrend; Leicht entformbar	*Bevorzugte Anwendungen*	Chassis; Gehaeuse; Technisches Formteil; Teil fuer Haushaltsgeraet; Teil fuer Haushaltsmaschine; Teil fuer Bueromaschine; Teil fuer Naehmaschine; Spulenkoerper

---

Dichte	g/cm^3	1.3		*Schmelzindex*	g/10 min	:
Schüttdichte	g/cm^3			*Volumenfließindex*	cm^3/10 min	:
Viskositätszahl	ml/g					

Verarbeitungsbedingungen für Spritzgießen

Massetemp.	°C	245–270	*Schwindung*	%	lgs 0.9–2.2, quer 0.9–2.2
Werkzeugtemp.	°C	40–60	*Bemerkungen*		Feuchtes Material nachtrocknen im Trockenluftschrank (6-8h/100-140C) oder Vacuumschrank (6-8h/80C)
Spritzdruck	bar				

Zugversuch 23 °C DIN 53455; DIN 53457

	Probekörper:	*Form*	Nr.3	*Herstellung*	Spritzgiessen	
		Zustand		*Vorbehandlung*	Normalklima	
Streckspannung	N/mm^2	60	*Dehnung bei Streckspannung*	%		
Zugfestigkeit	N/mm^2		*Reißdehnung*	%	60	
Reißfestigkeit	N/mm^2		% *Dehnspannung*	N/mm^2		
E-Modul	N/mm^2	2600	*Dehnung bei* % *Dehnspg.*	%		

Kriechmoduln und Zeitstandwerte 23 °C

	Probekörper:	*Form*	*Herstellung*		
		Zustand	*Vorbehandlung*		
Kriechmodul	1 min	N/mm^2	*Zeitstandzugfestigkeit*	h	N/mm^2
Kriechmodul	1000 h	N/mm^2	*Zeitdehnspg.* %	h	N/mm^2
bei Spannung		N/mm^2			

Biegeversuch 23 °C

	Probekörper:	*Form*	*Herstellung*	
		Zustand	*Vorbehandlung*	
Biegefestigkeit	N/mm^2		*E-Modul*	N/mm^2
3,5% Biegespannung	N/mm^2			

Härte 23 °C

	Probekörper:	*Zustand*	*Herstellung*	Spritzgiessen
			Vorbehandlung	Normalklima
Kugeldruckhärte	N/mm^2 130	bei 358 N, 30 s	*Shore-Härte*	A
Rockwellhärte			*Shore-Härte*	D

Schlagversuch

	Probekörper:	(1) U-Kerbe		
		(2) V-Kerbe	*Herstellung*	Spritzgiessen
		Zustand	*Vorbehandlung*	Normalklima
		°C	°C	°C	*Probekörper-Form*

		°C		°C		°C		*Probekörper-Form*
Schlagzähigkeit	kJ/m^2	23	o.B.	-40	o.B.			NKS
Kerbschlagzähigkeit (1)	kJ/m^2	23	3–5					NKS
IZOD-Kerbschlagzähigkeit (2)	J/m	23	55	-40	55			
Kerbschlagzugzähigkeit	kJ/m^2							

Abrieb und Reibung

Taber-Abrieb (Reibradverfahren)	mm³/100 U
Abriebfaktor LNP (Thrust washer) Vergleichswert	
Statische Reibungszahl	
Dynamische Reibungszahl	$(p \cdot v =$ N/mm² · m/min$)$
Zulässiger p · v Wert	N/mm² · (m/min) v = m/min
	v = m/min

Thermische Eigenschaften

Formbeständigkeit in der Wärme	*Verfahren*	A		67 °C
	Verfahren	B		165 °C
Vicat Erweichungstemperatur (VST)	*Verfahren*			°C
	Verfahren			°C
Kristallit-Schmelzpunkt	*Verfahren*	A		225 °C
Längenausdehnungskoeffizient	*Bereich*	°C		$\cdot 10^{-4} \mathrm{K}^{-1}$
	Temperatur 23 °C			$1.3–1.6 \cdot 10^{-4} \mathrm{K}^{-1}$
Wärmeleitfähigkeit	*Verfahren*	A	23 °C	0.27 W/(K · m)
Spezifische Wärmekapazität	*Verfahren*	DIN 52612	23 °C	1.5 J/(K · g)
Glasumwandlungstemperatur	*Torsionsschwingungsversuch*		°C	
	Differentialkalorimetrie		°C	

Brandverhalten

UL-Test vertikal   Dicke 1.6 mm, Wert HB
Dicke mm, Wert

	Norm	Bewertung	Abmessungen
Sauerstoff-Index	ASTM D 2863		
Glühstab-Verfahren	VDE 0304 Teil 3 2c		
Brandverhalten	DIN 4102		
MVSS			
FAR			

Elektrische Eigenschaften

		Hz	°C		Probekörper, Form
Dielektrizitätszahl		50			
		10^3			
		10^6	23	3.3	
Dielektrischer Verlustfaktor tan δ		50			
		10^3			
		10^6	23	0.02	
Spezifischer Durchgangswiderstand	Ohm · cm		23	1.0*10**16	
Durchschlagfestigkeit	kV/mm		23	140	1.0 mm dick
Oberflächenwiderstand	Ohm		23	$\geqq$ 1.0*10**13	

Kriechstromfestigkeit   KC > 600   KB > 600   KA
Elektrolytische Korrosionswirkung
Lichtbogenfestigkeit nach DIN
nach ASTM   s

Beständigkeit *(Chemische Beständigkeit siehe Anhang)*

Wasseraufnahme 23 C Bis zur Saettigung   0.5 %

Feuchtigkeitsaufnahme Normalklima   %
Wetterbeständigkeit

Spannungskorrosion

Optische Eigenschaften

Brechungszahl n_D
Transmissionsgrad τ_c %   mm dick
Lichtdurchlässigkeit

Produkt	Polybutylenterephthalat	**PBT**
Handelsname	**Ultradur KR 4070**	
Hersteller	BASF	
DIN-Bez 1	16779-PBT,MG,XX-02	
DIN-Bez 2		

Zusätze		*Füllstoffe/ Verstärkung*	
Bevorzugte Verarbeitung	Spritzgiessen	*Lieferform*	Granulat
		Farben	Natur; Standard
Besondere Merkmale	Mittelviskos; Erhoehte Schlagzaehigkeit; Leicht entformbar	*Bevorzugte Anwendungen*	Technisches Formteil; Gehaeuse; Sportartikel

---

Dichte	g/cm^3	1.2	*Schmelzindex*	g/10 min	:
Schüttdichte	g/cm^3		*Volumenfließindex*	cm^3/10 min	:
Viskositätszahl	ml/g				

Verarbeitungsbedingungen für Spritzgießen

Massetemp.	°C	250–270	*Schwindung*	%	lgs 0.9–2.2, quer 0.9–2.2
Werkzeugtemp.	°C	40–60	*Bemerkungen*		Feuchtes Material nachtrocknen im
Spritzdruck	bar				Trockenluftschrank (6-8h/100-140C) oder Vacuumschrank (6-8h/80C)

Zugversuch 23 °C   DIN 53455; DIN 53457

Probekörper:	*Form*	Nr.3	*Herstellung*	Spritzgiessen
	Zustand		*Vorbehandlung*	Normalklima

Streckspannung	N/mm^2	45	*Dehnung bei Streckspannung*	%	
Zugfestigkeit	N/mm^2	45	*Reißdehnung*	%	35
Reißfestigkeit	N/mm^2		*% Dehnspannung*	N/mm^2	
E-Modul	N/mm^2	1900	*Dehnung bei % Dehnspg.*	%	

Kriechmoduln und Zeitstandwerte 23 °C

Probekörper:	*Form*	*Herstellung*	
	Zustand	*Vorbehandlung*	

Kriechmodul	1 min N/mm^2	*Zeitstandzugfestigkeit*	h N/mm^2	
Kriechmodul	1000 h N/mm^2	*Zeitdehnspg. %*	h N/mm^2	
bei Spannung	N/mm^2			

Biegeversuch 23 °C

Probekörper:	*Form*	*Herstellung*	
	Zustand	*Vorbehandlung*	

Biegefestigkeit	N/mm^2	*E-Modul*	N/mm^2
3,5% Biegespannung	N/mm^2		

Härte 23 °C

Probekörper:	*Zustand*	*Herstellung*	Spritzgiessen
		Vorbehandlung	Normalklima

Kugeldruckhärte	N/mm^2 70	bei 358 N, 30 s	*Shore-Härte*	A
Rockwellhärte			*Shore-Härte*	D

Schlagversuch

Probekörper:	*(1)* U-Kerbe		
	(2) V-Kerbe	*Herstellung*	Spritzgiessen
	Zustand	*Vorbehandlung*	Normalklima

		°C	°C	°C	*Probekörper-Form*
Schlagzähigkeit	kJ/m^2	23 o.B.	-40 o.B.		NKS
Kerbschlagzähigkeit (1)	kJ/m^2	23 35			NKS
IZOD-Kerbschlagzähigkeit (2)	J/m	23 175	-40 60		
Kerbschlagzugzähigkeit	kJ/m^2				

Abrieb und Reibung

Taber-Abrieb (Reibradverfahren)	mm³/100 U
Abriebfaktor LNP (Thrust washer) Vergleichswert	
Statische Reibungszahl	
Dynamische Reibungszahl	(p·v = N/mm² · m/min)
Zulässiger p · v Wert	N/mm² · (m/min) v = m/min
	v = m/min

Thermische Eigenschaften

Formbeständigkeit in der Wärme	*Verfahren*	A	50 °C
	Verfahren	B	120 °C
Vicat Erweichungstemperatur (VST)	*Verfahren*		°C
	Verfahren		°C
Kristallit-Schmelzpunkt	*Verfahren*		
Längenausdehnungskoeffizient	*Bereich*	°C	$\cdot 10^{-4} K^{-1}$
	Temperatur 23 °C		$1.3{-}1.4 \cdot 10^{-4} K^{-1}$
Wärmeleitfähigkeit	*Verfahren*		W/(K · m)
Spezifische Wärmekapazität	*Verfahren*		J/(K · g)
Glasumwandlungstemperatur	*Torsionsschwingungsversuch*	°C	
	Differentialkalorimetrie	°C	

Brandverhalten

UL-Test vertikal	Dicke 1.6 mm, Wert HB	
	Dicke mm, Wert	

	Norm	*Bewertung*	*Abmessungen*
Sauerstoff-Index	ASTM D 2863		
Glühstab-Verfahren	VDE 0304 Teil 3 2c		
Brandverhalten	DIN 4102		
MVSS			
FAR			

Elektrische Eigenschaften

		Hz	°C		*Probekörper, Form*
Dielektrizitätszahl		50			
		10^3			
		10^6	23	3.3	
Dielektrischer Verlustfaktor tan δ		50			
		10^3			
		10^6	23	0.02	
Spezifischer Durchgangs-widerstand	Ohm · cm		23	1.0*10**16	
Durchschlagfestigkeit	kV/mm				mm dick
Oberflächenwiderstand	Ohm		23	1.0*10**13	
Kriechstromfestigkeit		KC > 600	KB > 600	KA	
Elektrolytische Korrosionswirkung					
Lichtbogenfestigkeit nach DIN					
nach ASTM	s				

Beständigkeit *(Chemische Beständigkeit siehe Anhang)*

Wasseraufnahme 23 C Bis zur Saettigung	0.3 %
Feuchtigkeitsaufnahme Normalklima	%
Wetterbeständigkeit	
Spannungskorrosion	

Optische Eigenschaften

Brechungszahl n_D		
Transmissionsgrad τ_c	%	mm dick
Lichtdurchlässigkeit		

Produkt	Polybutylenterephthalat	**PBT**
Handelsname	**Ultradur KR 4071**	
Hersteller	BASF	
DIN-Bez 1	16779-PBT,MG,XX-02	
DIN-Bez 2		

Zusätze		*Füllstoffe/ Verstärkung*		
Bevorzugte Verarbeitung	Spritzgiessen	*Lieferform*	Granulat	
		Farben	Natur; Standard	
Besondere Merkmale	Mittelviskos; Leicht entformbar; Kaelte-schlagzaeh	*Bevorzugte Anwendungen*	Kfz-Bauteil	

Dichte	g/cm^3	1.2	*Schmelzindex*	g/10 min	:
Schüttdichte	g/cm^3		*Volumenfließindex*	cm^3/10 min	:
Viskositätszahl	ml/g				

Verarbeitungsbedingungen für Spritzgießen

Massetemp.	°C	250–270	*Schwindung*	%	lgs 0.9–2.0, quer 0.9–2.0
Werkzeugtemp.	°C	40–60	*Bemerkungen*		Feuchtes Material nachtrocknen im Trockenluftschrank (6-8h/100-140C) oder Vacuumschrank (6-8h/80C)
Spritzdruck	bar				

Zugversuch 23 °C   DIN 53455; DIN 53457

	Probekörper:	*Form* Nr.3	*Herstellung*	Spritzgiessen	
		Zustand	*Vorbehandlung*	Normalklima	
Streckspannung	N/mm^2	35	*Dehnung bei Streckspannung*	%	
Zugfestigkeit	N/mm^2	35	*Reißdehnung*	%	75
Reißfestigkeit	N/mm^2		*% Dehnspannung*	N/mm^2	
E-Modul	N/mm^2	1800	*Dehnung bei* % *Dehnspg.*	%	

Kriechmoduln und Zeitstandwerte 23 °C

	Probekörper:	*Form*	*Herstellung*	
		Zustand	*Vorbehandlung*	
Kriechmodul	*1 min* N/mm^2		*Zeitstandzugfestigkeit*	h N/mm^2
Kriechmodul	*1000 h* N/mm^2		*Zeitdehnspg.* %	h N/mm^2
bei Spannung	N/mm^2			

Biegeversuch 23 °C

	Probekörper:	*Form*	*Herstellung*	
		Zustand	*Vorbehandlung*	
Biegefestigkeit	N/mm^2		*E-Modul*	N/mm^2
3,5% Biegespannung	N/mm^2			

Härte 23 °C

	Probekörper:	*Zustand*	*Herstellung*	Spritzgiessen
			Vorbehandlung	Normalklima
Kugeldruckhärte	N/mm^2 70	bei 358 N, 30 s	*Shore-Härte* A	
Rockwellhärte			*Shore-Härte* D	

Schlagversuch

	Probekörper:	*(1)* U-Kerbe		
		(2) V-Kerbe	*Herstellung*	Spritzgiessen
		Zustand	*Vorbehandlung*	Normalklima

		°C	°C	°C	*Probekörper-Form*
Schlagzähigkeit	kJ/m^2	23 o.B.	-40 o.B.		NKS
Kerbschlagzähigkeit (1)	kJ/m^2	23 40			NKS
IZOD-Kerbschlagzähigkeit (2)	J/m	23 o.B.	-40 190		
Kerbschlagzugzähigkeit	kJ/m^2				

Abrieb und Reibung

Taber-Abrieb (Reibradverfahren)	mm³/100 U	
Abriebfaktor LNP (Thrust washer) Vergleichswert		
Statische Reibungszahl		
Dynamische Reibungszahl	(p·v = N/mm² ·	m/min)
Zulässiger p · v Wert	N/mm² · (m/min) v =	m/min
	v =	m/min

Thermische Eigenschaften

Formbeständigkeit in der Wärme	Verfahren	A	50 °C
	Verfahren	B	120 °C
Vicat Erweichungstemperatur (VST)	Verfahren		°C
	Verfahren		°C
Kristallit-Schmelzpunkt	Verfahren		
Längenausdehnungskoeffizient	Bereich	°C	$\cdot 10^{-4} K^{-1}$
	Temperatur 23 °C		$1.3{-}1.4 \cdot 10^{-4} K^{-1}$
Wärmeleitfähigkeit	Verfahren		W/(K · m)
Spezifische Wärmekapazität	Verfahren		J/(K · g)
Glasumwandlungstemperatur	Torsionsschwingungsversuch		°C
	Differentialkalorimetrie		°C

Brandverhalten

UL-Test vertikal	Dicke 1.6 mm, Wert HB	
	Dicke mm, Wert	

	Norm	Bewertung	Abmessungen
Sauerstoff-Index	ASTM D 2863		
Glühstab-Verfahren	VDE 0304 Teil 3 2c		
Brandverhalten	DIN 4102		
MVSS			
FAR			

Elektrische Eigenschaften

		Hz	°C		Probekörper, Form
Dielektrizitätszahl		50			
		10^3			
		10^6	23	3.3	
Dielektrischer Verlustfaktor tan δ		50			
		10^3			
		10^6	23	0.02	
Spezifischer Durchgangs- widerstand	Ohm · cm		23	1.0*10**16	
Durchschlagfestigkeit	kV/mm				mm dick
Oberflächenwiderstand	Ohm		23	1.0*10**13	
Kriechstromfestigkeit	KC > 600	KB > 600	KA		
Elektrolytische Korrosionswirkung					
Lichtbogenfestigkeit nach DIN					
nach ASTM	s				

Beständigkeit (Chemische Beständigkeit siehe Anhang)

Wasseraufnahme 23 C Bis zur Saettigung		0.3 %
Feuchtigkeitsaufnahme Normalklima		%
Wetterbeständigkeit		
Spannungskorrosion		

Optische Eigenschaften

Brechungszahl n_D		
Transmissionsgrad τ_c	%	mm dick
Lichtdurchlässigkeit		

Produkt	Polybutylenterephthalat	**PBT**

Handelsname   **Ultradur B 4300 G2**

Hersteller   BASF

DIN-Bez 1   16779-PBT,MG,XX-04
DIN-Bez 2

Zusätze		Füllstoffe/ Verstärkung	10.0% Glasfaser
Bevorzugte Verarbeitung	Spritzgiessen	Lieferform	Granulat
		Farben	Natur; Standard
Besondere Merkmale	Leicht entformbar; Steif; Zaeh; Dimen- sionsstabil	Bevorzugte Anwendungen	Technisches Formteil; Programm- schalter; Steuerwalze; Thermostatteil; Knebel; Knopf; Griff fuer Herd, Toaster, Grill

---

Dichte	g/cm³	1.38		Schmelzindex	g/10 min	:
Schüttdichte	g/cm³			Volumenfließindex	cm³/10 min	:
Viskositätszahl	ml/g					

Verarbeitungsbedingungen für Spritzgießen

Massetemp.	°C	245–270	Schwindung	%	lgs 0.8–1.2, quer
Werkzeugtemp.	°C	80–90	Bemerkungen		Feuchtes Material nachtrocknen im
Spritzdruck	bar				Trockenluftschrank (6-8h/100-140C)
					oder Vacuumschrank (6-8h/80C)

Zugversuch 23 °C   DIN 53455; DIN 53457

Probekörper:	Form	Nr.3	Herstellung	Spritzgiessen
	Zustand		Vorbehandlung	Normalklima

Streckspannung	N/mm²		Dehnung bei Streckspannung	%	
Zugfestigkeit	N/mm²	90	Reißdehnung	%	3
Reißfestigkeit	N/mm²		% Dehnspannung	N/mm²	
E-Modul	N/mm²	4500	Dehnung bei % Dehnspg.	%	

Kriechmoduln und Zeitstandwerte 23 °C

Probekörper:	Form	Herstellung	
	Zustand	Vorbehandlung	

Kriechmodul	1 min N/mm²	Zeitstandzugfestigkeit	h N/mm²	
Kriechmodul	1000 h N/mm²	Zeitdehnspg. %	h N/mm²	
bei Spannung	N/mm²			

Biegeversuch 23 °C

Probekörper:	Form	Herstellung	
	Zustand	Vorbehandlung	

Biegefestigkeit	N/mm²	E-Modul	N/mm²
3,5% Biegespannung	N/mm²		

Härte 23 °C

Probekörper:	Zustand	Herstellung	Spritzgiessen
		Vorbehandlung	Normalklima

Kugeldruckhärte	N/mm² 160	bei 358 N, 30 s	Shore-Härte	A
Rockwellhärte			Shore-Härte	D

Schlagversuch

Probekörper:	(1) U-Kerbe		
	(2) V-Kerbe	Herstellung	Spritzgiessen
	Zustand	Vorbehandlung	Normalklima

		°C	°C	°C	Probekörper-Form
Schlagzähigkeit	kJ/m²	23 45	-40 35		NKS
Kerbschlagzähigkeit (1)	kJ/m²	23 5–6			NKS
IZOD-Kerbschlagzähigkeit (2)	J/m	23 47	-40 45		
Kerbschlagzugzähigkeit	kJ/m²				

Abrieb und Reibung

Taber-Abrieb (Reibradverfahren)	mm^3/100 U	
Abriebfaktor LNP (Thrust washer) Vergleichswert		
Statische Reibungszahl		
Dynamische Reibungszahl	(p·v = N/mm^2· m/min)	
Zulässiger p · v Wert	N/mm^2 · (m/min) v = m/min	
	v = m/min	

Thermische Eigenschaften

Formbeständigkeit in der Wärme	Verfahren A		200 °C
	Verfahren B		220 °C
Vicat Erweichungstemperatur (VST)	Verfahren		°C
	Verfahren		°C
Kristallit-Schmelzpunkt	Verfahren A		225 °C
Längenausdehnungskoeffizient	Bereich °C		· 10^{-4}K^{-1}
	Temperatur 23 °C		0.4–0.5 · 10^{-4}K^{-1}
Wärmeleitfähigkeit	Verfahren A	23 °C	0.27 W/(K · m)
Spezifische Wärmekapazität	Verfahren		J/(K · g)
Glasumwandlungstemperatur	Torsionsschwingungsversuch	°C	
	Differentialkalorimetrie	°C	

Brandverhalten

UL-Test vertikal   Dicke 1.6 mm, Wert HB
Dicke   mm, Wert

	Norm	Bewertung	Abmessungen
Sauerstoff-Index	ASTM D 2863		
Glühstab-Verfahren	VDE 0304 Teil 3 2c		
Brandverhalten	DIN 4102		
MVSS			
FAR			

Elektrische Eigenschaften

		Hz	°C		Probekörper, Form
Dielektrizitätszahl		50			
		10^3			
		10^6	23	3.6	
Dielektrischer Verlustfaktor tan δ		50			
		10^3			
		10^6	23	0.015	
Spezifischer Durchgangs-widerstand	Ohm · cm		23	1.0*10**16	
Durchschlagfestigkeit	kV/mm		23	100	1.0 mm dick
Oberflächenwiderstand	Ohm		23	≧ 1.0*10**13	
Kriechstromfestigkeit		KC 550	KB 225	KA	
Elektrolytische Korrosionswirkung					
Lichtbogenfestigkeit nach DIN					
nach ASTM	s				

Beständigkeit *(Chemische Beständigkeit siehe Anhang)*

Wasseraufnahme 23 C Bis zur Saettigung		0.45 %
Feuchtigkeitsaufnahme Normalklima		%
Wetterbeständigkeit		
Spannungskorrosion		

Optische Eigenschaften

Brechungszahl n$_D$
Transmissionsgrad τ_c %   mm dick
Lichtdurchlässigkeit

Produkt	Polybutylenterephthalat	**PBT**
Handelsname	**Ultradur B 4300 G4**	
Hersteller	BASF	
DIN-Bez 1	16779-PBT,MG,XX-07	
DIN-Bez 2		

Zusätze		*Füllstoffe/ Verstärkung*	20.0% Glasfaser
Bevorzugte Verarbeitung	Spritzgiessen	*Lieferform*	Granulat
		Farben	Natur; Standard
Besondere Merkmale	Leicht entformbar; Steif; Zaeh; Dimensionsstabil	*Bevorzugte Anwendungen*	Technisches Formteil; Kfz-Tuergriff; Scheibenwischermotorengehaeuse; Scheinwerferhalterahmen; Steuerwalze

Dichte	g/cm³	1.45	*Schmelzindex*	g/10 min	:
Schüttdichte	g/cm³		*Volumenfließindex*	cm³/10 min	:
Viskositätszahl	ml/g				

Verarbeitungsbedingungen für Spritzgießen

Massetemp.	°C	245–270	*Schwindung*	%	lgs 0.6–0.9, quer
Werkzeugtemp.	°C	80–90	*Bemerkungen*		Feuchtes Material nachtrocknen im
Spritzdruck	bar				Trockenluftschrank (6-8h/100-140C)
					oder Vacuumschrank (6-8h/80C)

Zugversuch 23 °C   DIN 53455; DIN 53457

	Probekörper:	*Form*	Nr.3	*Herstellung*	Spritzgiessen	
		Zustand		*Vorbehandlung*	Normalklima	
Streckspannung	N/mm²			*Dehnung bei Streckspannung*	%	
Zugfestigkeit	N/mm²	110		*Reißdehnung*	%	3
Reißfestigkeit	N/mm²			*% Dehnspannung*	N/mm²	
E-Modul	N/mm²	7000		*Dehnung bei % Dehnspg.*	%	

Kriechmoduln und Zeitstandwerte 23 °C

	Probekörper:	*Form*	*Herstellung*		
		Zustand	*Vorbehandlung*		
Kriechmodul	*1 min*	N/mm²	*Zeitstandzugfestigkeit*	h	N/mm²
Kriechmodul	*1000 h*	N/mm²	*Zeitdehnspg. %*	h	N/mm²
bei Spannung		N/mm²			

Biegeversuch 23 °C

	Probekörper:	*Form*	*Herstellung*		
		Zustand	*Vorbehandlung*		
Biegefestigkeit	N/mm²		*E-Modul*	N/mm²	
3,5% Biegespannung	N/mm²				

Härte 23 °C

	Probekörper:	*Zustand*	*Herstellung*	Spritzgiessen
			Vorbehandlung	Normalklima
Kugeldruckhärte	N/mm² 180	bei 358 N, 30 s	*Shore-Härte* A	
Rockwellhärte			*Shore-Härte* D	

Schlagversuch

	Probekörper:	*(1)* U-Kerbe					
		(2) V-Kerbe			*Herstellung*	Spritzgiessen	
		Zustand			*Vorbehandlung*	Normalklima	
		°C		°C	°C	*Probekörper-Form*	
Schlagzähigkeit	kJ/m²	23 40		-40 30		NKS	
Kerbschlagzähigkeit (1)	kJ/m²	23 7–8				NKS	
IZOD-Kerbschlagzähigkeit (2)	J/m	23 65		-40 55			
Kerbschlagzugzähigkeit	kJ/m²						

Abrieb und Reibung

Taber-Abrieb (Reibradverfahren) mm^3/100 U
Abriebfaktor LNP (Thrust washer) Vergleichswert
Statische Reibungszahl
Dynamische Reibungszahl   ($p \cdot v =$ $N/mm^2 \cdot$ m/min)
Zulässiger $p \cdot v$ Wert $N/mm^2 \cdot$ (m/min) $v =$ m/min
                                                                        $v =$ m/min

Thermische Eigenschaften

Formbeständigkeit in der Wärme	Verfahren	A		205 °C
	Verfahren	B		220 °C
Vicat Erweichungstemperatur (VST)	Verfahren			°C
	Verfahren			°C
Kristallit-Schmelzpunkt	Verfahren	A		225 °C

Längenausdehnungskoeffizient   Bereich   °C $\cdot 10^{-4} K^{-1}$
                                    Temperatur 23 °C $0.3{-}0.4 \cdot 10^{-4} K^{-1}$
Wärmeleitfähigkeit   Verfahren   A   23 °C   0.27 W/(K $\cdot$ m)

Spezifische Wärmekapazität   Verfahren   J/(K $\cdot$ g)

Glasumwandlungstemperatur   Torsionsschwingungsversuch   °C
                                    Differentialkalorimetrie   °C

Brandverhalten

UL-Test vertikal   Dicke 1.6 mm, Wert HB
                                    Dicke   mm, Wert

	Norm	Bewertung		Abmessungen
Sauerstoff-Index	ASTM D 2863			
Glühstab-Verfahren	VDE 0304 Teil 3 2c			
Brandverhalten	DIN 4102			
MVSS				
FAR				

Elektrische Eigenschaften

		Hz	°C		Probekörper, Form
Dielektrizitätszahl		50			
		10^3			
		10^6	23	3.7	
Dielektrischer Verlustfaktor tan δ		50			
		10^3			
		10^6	23	0.015	
Spezifischer Durchgangs- widerstand	Ohm $\cdot$ cm		23	1.0*10**16	
Durchschlagfestigkeit	kV/mm		23	100	1.0 mm dick
Oberflächenwiderstand	Ohm		23	1.0*10**13	

Kriechstromfestigkeit   KC 550   KB 225   KA
Elektrolytische Korrosionswirkung
Lichtbogenfestigkeit nach DIN
              nach ASTM   s

Beständigkeit (Chemische Beständigkeit siehe Anhang)

Wasseraufnahme 23 C Bis zur Saettigung   0.4 %

Feuchtigkeitsaufnahme Normalklima   %
Wetterbeständigkeit

Spannungskorrosion

Optische Eigenschaften

Brechungszahl n_D
Transmissionsgrad τ_c %   mm dick
Lichtdurchlässigkeit

Produkt	Polybutylenterephthalat	**PBT**
Handelsname	**Ultradur B 4300 G6**	
Hersteller	BASF	
DIN-Bez 1	16779-PBT,MG,XX-11,GF30	
DIN-Bez 2		

Zusätze		*Füllstoffe/ Verstärkung*	30.0% Glasfaser	
Bevorzugte Verarbeitung	Spritzgiessen	*Lieferform*	Granulat	
		Farben	Natur; Standard	
Besondere Merkmale	Leicht entformbar	*Bevorzugte Anwendungen*	Technisches Formteil; Scheibenwischerbuegel; Konsole; Kontakttraeger; Platine; Wandlerabdeckung	

Dichte	g/cm³	1.53	*Schmelzindex*	g/10 min	:
Schüttdichte	g/cm³		*Volumenfließindex*	cm³/10 min	:
Viskositätszahl	ml/g				

Verarbeitungsbedingungen für Spritzgießen

Massetemp.	°C	245–270	*Schwindung*	%	lgs 0.3–0.7, quer
Werkzeugtemp.	°C	80–90	*Bemerkungen*		Feuchtes Material nachtrocknen im Trockenluftschrank (6-8h/100-140C) oder Vacuumschrank (6-8h/80C)
Spritzdruck	bar				

Zugversuch 23 °C DIN 53455; DIN 53457

	Probekörper:	*Form* Nr.3	*Herstellung*	Spritzgiessen	
		Zustand	*Vorbehandlung*	Normalklima	

Streckspannung	N/mm²		*Dehnung bei Streckspannung*	%	
Zugfestigkeit	N/mm²	135	*Reißdehnung*	%	3
Reißfestigkeit	N/mm²		*% Dehnspannung*	N/mm²	
E-Modul	N/mm²	10000	*Dehnung bei % Dehnspg.*	%	

Kriechmoduln und Zeitstandwerte 23 °C

	Probekörper:	*Form*	*Herstellung*	
		Zustand	*Vorbehandlung*	

Kriechmodul	1 min	N/mm²	*Zeitstandzugfestigkeit*	h N/mm²	
Kriechmodul	1000 h	N/mm²	*Zeitdehnspg. %*	h N/mm²	
bei Spannung		N/mm²			

Biegeversuch 23 °C

	Probekörper:	*Form*	*Herstellung*	
		Zustand	*Vorbehandlung*	

Biegefestigkeit	N/mm²	*E-Modul*	N/mm²	
3,5% Biegespannung	N/mm²			

Härte 23 °C

	Probekörper:	*Zustand*	*Herstellung*	Spritzgiessen
			Vorbehandlung	Normalklima

Kugeldruckhärte	N/mm² 190	bei 961 N, 30 s	*Shore-Härte* A	
Rockwellhärte			*Shore-Härte* D	

Schlagversuch

	Probekörper:	*(1)* U-Kerbe		
		(2) V-Kerbe	*Herstellung*	Spritzgiessen
		Zustand	*Vorbehandlung*	Normalklima

	°C	°C	°C	Probekörper-Form
Schlagzähigkeit kJ/m²	23 35	-40 30		NKS
Kerbschlagzähigkeit (1) kJ/m²	23 8–10			NKS
IZOD-Kerbschlagzähigkeit (2) J/m	23 108	-40 97		
Kerbschlagzugzähigkeit kJ/m²				

Abrieb und Reibung

Taber-Abrieb (Reibradverfahren)	mm³/100 U	
Abriebfaktor LNP (Thrust washer) Vergleichswert		
Statische Reibungszahl		
Dynamische Reibungszahl	$(p \cdot v =$ N/mm² ·	m/min)
Zulässiger p · v Wert	N/mm² · (m/min) v =	m/min
	v =	m/min

Thermische Eigenschaften

Formbeständigkeit in der Wärme	Verfahren A		215 °C
	Verfahren B		220 °C
Vicat Erweichungstemperatur (VST)	Verfahren		°C
	Verfahren		°C
Kristallit-Schmelzpunkt	Verfahren A		225 °C
Längenausdehnungskoeffizient	Bereich °C		$\cdot 10^{-4}\mathrm{K}^{-1}$
	Temperatur 23 °C		$0.2{-}0.3 \cdot 10^{-4}\mathrm{K}^{-1}$
Wärmeleitfähigkeit	Verfahren A	23 °C	0.27 W/(K · m)
Spezifische Wärmekapazität	Verfahren DIN 52612	23 °C	1.5 J/(K · g)
Glasumwandlungstemperatur	Torsionsschwingungsversuch	°C	
	Differentialkalorimetrie	°C	

Brandverhalten

UL-Test vertikal	Dicke 1.6 mm, Wert HB	
	Dicke mm, Wert	

	Norm	Bewertung	Abmessungen
Sauerstoff-Index	ASTM D 2863		
Glühstab-Verfahren	VDE 0304 Teil 3 2c		
Brandverhalten	DIN 4102		
MVSS			
FAR			

Elektrische Eigenschaften

		Hz	°C		Probekörper, Form
Dielektrizitätszahl		50			
		10^3			
		10^6	23	3.8	
Dielektrischer Verlustfaktor tan δ		50			
		10^3			
		10^6	23	0.015	
Spezifischer Durchgangs-					
widerstand	Ohm · cm		23	1.0*10**16	
Durchschlagfestigkeit	kV/mm		23	100	1.0 mm dick
Oberflächenwiderstand	Ohm		23	1.0*10**13	
Kriechstromfestigkeit		KC 550	KB 225	KA	
Elektrolytische Korrosionswirkung					
Lichtbogenfestigkeit nach DIN					
nach ASTM s					

Beständigkeit *(Chemische Beständigkeit siehe Anhang)*

Wasseraufnahme 23 C Bis zur Saettigung		0.35 %
Feuchtigkeitsaufnahme Normalklima		%
Wetterbeständigkeit		
Spannungskorrosion		

Optische Eigenschaften

Brechungszahl n_D		
Transmissionsgrad τ_c %		mm dick
Lichtdurchlässigkeit		

Produkt	Polybutylenterephthalat	**PBT**
Handelsname	**Ultradur B 4300 G10**	
Hersteller	BASF	
DIN-Bez 1	16779-PBT,MG,XX-18,GF50	
DIN-Bez 2		

Zusätze		*Füllstoffe/ Verstärkung*	50.0% Glasfaser
Bevorzugte Verarbeitung	Spritzgiessen	*Lieferform*	Granulat
		Farben	Natur; Standard
Besondere Merkmale	Leicht entformbar; Extrem hoher Modul; Sehr hohe Festigkeit	*Bevorzugte Anwendungen*	Technisches Formteil

Dichte	g/cm^3	1.71	*Schmelzindex*	g/10 min	:
Schüttdichte	g/cm^3		*Volumenfließindex*	cm^3/10 min	:
Viskositätszahl	ml/g				

Verarbeitungsbedingungen für Spritzgießen

Massetemp.	°C	250–270	*Schwindung*	%	lgs 0.2–0.6, quer
Werkzeugtemp.	°C	80–90	*Bemerkungen*		Feuchtes Material nachtrocknen im
Spritzdruck	bar				Trockenluftschrank (6-8h/100-140C)
					oder Vacuumschrank (6-8h/80C)

Zugversuch 23 °C   DIN 53455; DIN 53457

	Probekörper:	*Form* Nr.3	*Herstellung*	Spritzgiessen
		Zustand	*Vorbehandlung*	Normalklima

Streckspannung	N/mm^2		*Dehnung bei Streckspannung*	%	
Zugfestigkeit	N/mm^2	150	*Reißdehnung*	%	2.5
Reißfestigkeit	N/mm^2		*% Dehnspannung*	N/mm^2	
E-Modul	N/mm^2	17000	*Dehnung bei % Dehnspg.*	%	

Kriechmoduln und Zeitstandwerte 23 °C

	Probekörper:	*Form*	*Herstellung*	
		Zustand	*Vorbehandlung*	

Kriechmodul	1 min N/mm^2		*Zeitstandzugfestigkeit*	h N/mm^2
Kriechmodul	1000 h N/mm^2		*Zeitdehnspg. %*	h N/mm^2
bei Spannung	N/mm^2			

Biegeversuch 23 °C

	Probekörper:	*Form*	*Herstellung*	
		Zustand	*Vorbehandlung*	

Biegefestigkeit	N/mm^2	*E-Modul*	N/mm^2
3,5% Biegespannung	N/mm^2		

Härte 23 °C

	Probekörper:	*Zustand*	*Herstellung*	Spritzgiessen
			Vorbehandlung	Normalklima

Kugeldruckhärte	N/mm^2 220	bei 358 N, 30 s	*Shore-Härte* A	
Rockwellhärte			*Shore-Härte* D	

Schlagversuch

	Probekörper:	*(1)* U-Kerbe		
		(2) V-Kerbe	*Herstellung*	Spritzgiessen
		Zustand	*Vorbehandlung*	Normalklima

		°C	°C	°C	*Probekörper-Form*
Schlagzähigkeit	kJ/m^2	23 35	-40 30		NKS
Kerbschlagzähigkeit (1)	kJ/m^2	23 10–11			NKS
IZOD-Kerbschlagzähigkeit (2)	J/m	23 75	-40 65		
Kerbschlagzugzähigkeit	kJ/m^2				

Abrieb und Reibung

Taber-Abrieb (Reibradverfahren)	mm^3/100 U
Abriebfaktor LNP (Thrust washer) Vergleichswert	
Statische Reibungszahl	
Dynamische Reibungszahl	(p·v = N/mm^2 · m/min)
Zulässiger p · v Wert	N/mm^2 · (m/min) v = m/min
	v = m/min

Thermische Eigenschaften

Formbeständigkeit in der Wärme	*Verfahren* A		215 °C
	Verfahren B		220 °C
Vicat Erweichungstemperatur (VST)	*Verfahren*		°C
	Verfahren		°C
Kristallit-Schmelzpunkt	*Verfahren* A		225 °C
Längenausdehnungskoeffizient	*Bereich* °C		$\cdot 10^{-4} K^{-1}$
	Temperatur 23 °C		$0.2–0.3 \cdot 10^{-4} K^{-1}$
Wärmeleitfähigkeit	*Verfahren* A	23 °C	0.27 W/(K · m)
Spezifische Wärmekapazität	*Verfahren*		J/(K · g)
Glasumwandlungstemperatur	*Torsionsschwingungsversuch*	°C	
	Differentialkalorimetrie	°C	

Brandverhalten

UL-Test vertikal	Dicke 1.6 mm, Wert HB
	Dicke mm, Wert

	Norm	Bewertung	Abmessungen
Sauerstoff-Index	ASTM D 2863		
Glühstab-Verfahren	VDE 0304 Teil 3 2c		
Brandverhalten	DIN 4102		
MVSS			
FAR			

Elektrische Eigenschaften

		Hz	°C			Probekörper, Form
Dielektrizitätszahl		50				
		10^3				
		10^6	23	4.0		
Dielektrischer Verlustfaktor tan δ		50				
		10^3				
		10^6	23	0.015		
Spezifischer Durchgangs-widerstand	Ohm · cm		23	1.0*10**16		
Durchschlagfestigkeit	kV/mm		23	100	1.0 mm dick	
Oberflächenwiderstand	Ohm		23	1.0*10**13		
Kriechstromfestigkeit	KC 450		KB 250		KA	
Elektrolytische Korrosionswirkung						
Lichtbogenfestigkeit nach DIN						
nach ASTM	s					

Beständigkeit *(Chemische Beständigkeit siehe Anhang)*

Wasseraufnahme 23 C Bis zur Saettigung	0.3 %
Feuchtigkeitsaufnahme Normalklima	%
Wetterbeständigkeit	
Spannungskorrosion	

Optische Eigenschaften

Brechungszahl n$_D$		
Transmissionsgrad τ_c	%	mm dick
Lichtdurchlässigkeit		

Produkt	Polybutylenterephthalat	**PBT**
Handelsname	**Ultradur B 4300 K4**	
Hersteller	BASF	
DIN-Bez 1	16779-PBT,MG,XX-04,GB20	
DIN-Bez 2		

Zusätze		*Füllstoffe/ Verstärkung*	20.0% Glaskugel
Bevorzugte Verarbeitung	Spritzgiessen	*Lieferform*	Granulat
		Farben	Natur; Standard
Besondere Merkmale	Leicht entformbar; Verzugsarm	*Bevorzugte Anwendungen*	Technisches Formteil; Gehaeuse; Tankgebereinheit fuer Kfz; Praezisionsteil fuer optisches Geraet

---

Dichte	g/cm^3	1.45	*Schmelzindex*	g/10 min	:
Schüttdichte	g/cm^3		*Volumenfließindex*	cm^3/10 min	:
Viskositätszahl	ml/g				

Verarbeitungsbedingungen für Spritzgießen

Massetemp.	°C	245–265	*Schwindung*	%	lgs 0.9–2.2, quer 0.9–2.2
Werkzeugtemp.	°C	40–80	*Bemerkungen*		Feuchtes Material nachtrocknen im Trockenluftschrank (6-8h/100-140C) oder Vacuumschrank (6-8h/80C)
Spritzdruck	bar				

Zugversuch 23 °C   DIN 53455; DIN 53457

	Probekörper:	*Form* Nr.3	*Herstellung*	Spritzgiessen	
		Zustand	*Vorbehandlung*	Normalklima	

Streckspannung	N/mm^2	*Dehnung bei Streckspannung*	%	
Zugfestigkeit	N/mm^2 50	*Reißdehnung*	%	4
Reißfestigkeit	N/mm^2	*% Dehnspannung*	N/mm^2	
E-Modul	N/mm^2 3500	*Dehnung bei % Dehnspg.*	%	

Kriechmoduln und Zeitstandwerte 23 °C

	Probekörper:	*Form*	*Herstellung*	
		Zustand	*Vorbehandlung*	
Kriechmodul	1 min N/mm^2	*Zeitstandzugfestigkeit*	h N/mm^2	
Kriechmodul	1000 h N/mm^2	*Zeitdehnspg. %*	h N/mm^2	
bei Spannung	N/mm^2			

Biegeversuch 23 °C

	Probekörper:	*Form*	*Herstellung*	
		Zustand	*Vorbehandlung*	
Biegefestigkeit	N/mm^2	*E-Modul*	N/mm^2	
3,5% Biegespannung	N/mm^2			

Härte 23 °C

	Probekörper:	*Zustand*	*Herstellung*	Spritzgiessen
			Vorbehandlung	Normalklima
Kugeldruckhärte	N/mm^2 150	bei 358 N, 30 s	*Shore-Härte* A	
Rockwellhärte			*Shore-Härte* D	

Schlagversuch

	Probekörper:	*(1)* U-Kerbe		
		(2) V-Kerbe	*Herstellung*	Spritzgiessen
		Zustand	*Vorbehandlung*	Normalklima

		°C		°C		°C	*Probekörper-Form*
Schlagzähigkeit	kJ/m^2	23	40	-40	30		NKS
Kerbschlagzähigkeit (1)	kJ/m^2	23	3–3.5				NKS
IZOD-Kerbschlagzähigkeit (2)	J/m	23	32	-40	27		
Kerbschlagzugzähigkeit	kJ/m^2						

Abrieb und Reibung

Taber-Abrieb (Reibradverfahren)   mm³/100 U
Abriebfaktor LNP (Thrust washer) Vergleichswert
Statische Reibungszahl
Dynamische Reibungszahl   (p·v =   N/mm² ·   m/min)
Zulässiger p · v Wert   N/mm² · (m/min)   v =   m/min
                                                                      v =   m/min

Thermische Eigenschaften

Formbeständigkeit in der Wärme   Verfahren A   70 °C
                                     Verfahren B   170 °C
Vicat Erweichungstemperatur (VST) Verfahren   °C
                                     Verfahren   °C
Kristallit-Schmelzpunkt   Verfahren A   225 °C

Längenausdehnungskoeffizient   Bereich   °C $\cdot 10^{-4} K^{-1}$
                                     Temperatur 23 °C $0.8{-}0.9 \cdot 10^{-4} K^{-1}$
Wärmeleitfähigkeit   Verfahren A   23 °C   0.27 W/(K · m)

Spezifische Wärmekapazität   Verfahren   J/(K · g)

Glasumwandlungstemperatur   Torsionsschwingungsversuch   °C
                                     Differentialkalorimetrie   °C

Brandverhalten

UL-Test vertikal   Dicke 1.6   mm, Wert HB
                                     Dicke   mm, Wert

	Norm	*Bewertung*	*Abmessungen*
Sauerstoff-Index	ASTM D 2863		
Glühstab-Verfahren	VDE 0304 Teil 3 2c		
Brandverhalten	DIN 4102		
MVSS			
FAR			

Elektrische Eigenschaften

		Hz	°C		*Probekörper, Form*
Dielektrizitätszahl		50			
		10^3			
		10^6	23	3.6	
Dielektrischer Verlustfaktor tan δ		50			
		10^3			
		10^6	23	0.015	
Spezifischer Durchgangs-widerstand	Ohm · cm		23	1.0*10**16	
Durchschlagfestigkeit	kV/mm		23	100	1.0 mm dick
Oberflächenwiderstand	Ohm		23	≧ 1.0*10**13	
Kriechstromfestigkeit		KC 550		KB 225	KA
Elektrolytische Korrosionswirkung					
Lichtbogenfestigkeit nach DIN					
nach ASTM	s				

Beständigkeit *(Chemische Beständigkeit siehe Anhang)*

Wasseraufnahme 23 C   Bis zur Saettigung   0.4 %

Feuchtigkeitsaufnahme Normalklima   %
Wetterbeständigkeit

Spannungskorrosion

Optische Eigenschaften

Brechungszahl n_D
Transmissionsgrad τ_c %   mm dick
Lichtdurchlässigkeit

Produkt	Polybutylenterephthalat	**PBT**
Handelsname	**Ultradur B 4300 K6**	
Hersteller	BASF	
DIN-Bez 1	16779-PBT,MG,XX-04,GB30	
DIN-Bez 2		

Zusätze		*Füllstoffe/ Verstärkung*	30.0% Glaskugel
Bevorzugte Verarbeitung	Spritzgiessen	*Lieferform*	Granulat
		Farben	Natur; Standard
Besondere Merkmale	Leicht entformbar; Verzugsarm	*Bevorzugte Anwendungen*	Technisches Formteil; Gehaeuse; Platine; Chassis

---

Dichte	g/cm³	1.53	*Schmelzindex*	g/10 min	:
Schüttdichte	g/cm³		*Volumenfließindex*	cm³/10 min	:
Viskositätszahl	ml/g				

Verarbeitungsbedingungen für Spritzgießen

Massetemp.	°C	245–265	*Schwindung*	%	lgs 0.9–2.2, quer 0.9–2.2
Werkzeugtemp.	°C	40–80	*Bemerkungen*		Feuchtes Material nachtrocknen im Trockenluftschrank (6-8h/100-140C) oder Vacuumschrank (6-8h/80C)
Spritzdruck	bar				

Zugversuch 23 °C   DIN 53455; DIN 53457

	Probekörper:	*Form* Nr.3	*Herstellung*	Spritzgiessen	
		Zustand	*Vorbehandlung*	Normalklima	
Streckspannung	N/mm²		*Dehnung bei Streckspannung*	%	
Zugfestigkeit	N/mm²	50	*Reißdehnung*	%	4
Reißfestigkeit	N/mm²		*% Dehnspannung*	N/mm²	
E-Modul	N/mm²	4000	*Dehnung bei* % *Dehnspg.*	%	

Kriechmoduln und Zeitstandwerte 23 °C

	Probekörper:	*Form*	*Herstellung*	
		Zustand	*Vorbehandlung*	
Kriechmodul	1 min N/mm²		*Zeitstandzugfestigkeit*	h N/mm²
Kriechmodul	1000 h N/mm²		*Zeitdehnspg.* %	h N/mm²
bei Spannung	N/mm²			

Biegeversuch 23 °C

	Probekörper:	*Form*	*Herstellung*	
		Zustand	*Vorbehandlung*	
Biegefestigkeit	N/mm²		*E-Modul*	N/mm²
3,5% Biegespannung	N/mm²			

Härte 23 °C

	Probekörper:	*Zustand*	*Herstellung*	
			Vorbehandlung	
Kugeldruckhärte	N/mm²	bei N, s	*Shore-Härte* A	
Rockwellhärte			*Shore-Härte* D	

Schlagversuch

	Probekörper:	(1) U-Kerbe				
		(2) V-Kerbe		*Herstellung*	Spritzgiessen	
		Zustand		*Vorbehandlung*	Normalklima	
		°C	°C	°C		*Probekörper-Form*
Schlagzähigkeit	kJ/m²	23 25	-40 20			NKS
Kerbschlagzähigkeit (1)	kJ/m²	23 3–3.5				NKS
IZOD-Kerbschlagzähigkeit (2)	J/m	23 27	-40 22			
Kerbschlagzugzähigkeit	kJ/m²					

Abrieb und Reibung

Taber-Abrieb (Reibradverfahren)	mm³/100 U	
Abriebfaktor LNP (Thrust washer) Vergleichswert		
Statische Reibungszahl		
Dynamische Reibungszahl	(p·v = N/mm² · m/min)	
Zulässiger p · v Wert	N/mm² · (m/min) v = m/min	
	v = m/min	

Thermische Eigenschaften

Formbeständigkeit in der Wärme	*Verfahren* A		95 °C
	Verfahren B		200 °C
Vicat Erweichungstemperatur (VST)	*Verfahren*		°C
	Verfahren		°C
Kristallit-Schmelzpunkt	*Verfahren* A		225 °C
Längenausdehnungskoeffizient	*Bereich* °C		$\cdot 10^{-4} K^{-1}$
	Temperatur 23 °C		$0.7{-}0.8 \cdot 10^{-4} K^{-1}$
Wärmeleitfähigkeit	*Verfahren* A	23 °C	0.27 W/(K · m)
Spezifische Wärmekapazität	*Verfahren*		J/(K · g)
Glasumwandlungstemperatur	*Torsionsschwingungsversuch*	°C	
	Differentialkalorimetrie	°C	

Brandverhalten

UL-Test vertikal   Dicke 1.6   mm, Wert HB
Dicke   mm, Wert

	Norm	Bewertung	Abmessungen
Sauerstoff-Index	ASTM D 2863		
Glühstab-Verfahren	VDE 0304 Teil 3 2c		
Brandverhalten	DIN 4102		
MVSS			
FAR			

Elektrische Eigenschaften

		Hz	°C			Probekörper, Form
Dielektrizitätszahl		50				
		10^3				
		10^6	23	3.8		
Dielektrischer Verlustfaktor tan δ		50				
		10^3				
		10^6	23	0.015		
Spezifischer Durchgangs-						
widerstand	Ohm · cm		23	1.0*10**16		
Durchschlagfestigkeit	kV/mm		23	100		1.0 mm dick
Oberflächenwiderstand	Ohm		23	1.0*10**13		
Kriechstromfestigkeit		KC 550		KB 225	KA	
Elektrolytische Korrosionswirkung						
Lichtbogenfestigkeit nach DIN						
nach ASTM	s					

Beständigkeit *(Chemische Beständigkeit siehe Anhang)*

Wasseraufnahme 23 C Bis zur Saettigung		0.35 %
Feuchtigkeitsaufnahme Normalklima		%
Wetterbeständigkeit		
Spannungskorrosion		

Optische Eigenschaften

Brechungszahl n_D
Transmissionsgrad τ_c %   mm dick
Lichtdurchlässigkeit

Produkt	Polybutylenterephthalat	**PBT**
Handelsname	**Ultradur KR 4001**	
Hersteller	BASF	
DIN-Bez 1	16779-PBT,MG,XX-04,M25	
DIN-Bez 2		

Zusätze		*Füllstoffe/ Verstärkung*	25.0% Mineral
Bevorzugte Verarbeitung	Spritzgiessen	*Lieferform*	Granulat
		Farben	Natur; Standard
Besondere Merkmale	Leicht entformbar; Verzugsarm; Gute Oberflaechenqualitaet	*Bevorzugte Anwendungen*	Gehaeuse; Sichtteil an Haushaltgeraeten

---

Dichte	g/cm^3	1.53	*Schmelzindex*	g/10 min	:
Schüttdichte	g/cm^3		*Volumenfließindex*	cm^3/10 min	:
Viskositätszahl	ml/g				

Verarbeitungsbedingungen für Spritzgießen

Massetemp.	°C	245–265	*Schwindung*	%	lgs 0.9–2.2, quer 0.9–2.2
Werkzeugtemp.	°C	40–60	*Bemerkungen*		Feuchtes Material nachtrocknen im Trockenluftschrank (6-8h/100-140C) oder Vacuumschrank (6-8h/80C)
Spritzdruck	bar				

Zugversuch 23 °C DIN 53455; DIN 53457

	Probekörper:	*Form* Nr.3		*Herstellung*	Spritzgiessen
		Zustand		*Vorbehandlung*	Normalklima

Streckspannung	N/mm^2		*Dehnung bei Streckspannung*	%	
Zugfestigkeit	N/mm^2	60	*Reißdehnung*	%	14
Reißfestigkeit	N/mm^2		*% Dehnspannung*	N/mm^2	
E-Modul	N/mm^2	4300	*Dehnung bei* % *Dehnspg.*	%	

Kriechmoduln und Zeitstandwerte 23 °C

	Probekörper:	*Form*	*Herstellung*
		Zustand	*Vorbehandlung*

Kriechmodul	1 min	N/mm^2	*Zeitstandzugfestigkeit*	h	N/mm^2
Kriechmodul	1000 h	N/mm^2	*Zeitdehnspg.* %	h	N/mm^2
bei Spannung		N/mm^2			

Biegeversuch 23 °C

	Probekörper:	*Form*	*Herstellung*
		Zustand	*Vorbehandlung*

Biegefestigkeit	N/mm^2	*E-Modul*	N/mm^2
3,5% Biegespannung	N/mm^2		

Härte 23 °C

	Probekörper:	*Zustand*	*Herstellung*
			Vorbehandlung

Kugeldruckhärte	N/mm^2	bei N, s	*Shore-Härte*	A
Rockwellhärte			*Shore-Härte*	D

Schlagversuch

	Probekörper:	(1)	
		(2)	*Herstellung* Spritzgiessen
		Zustand	*Vorbehandlung* Normalklima
		°C °C °C	*Probekörper-Form*

Schlagzähigkeit	kJ/m^2	23 50	NKS
Kerbschlagzähigkeit (1)	kJ/m^2		
IZOD-Kerbschlagzähigkeit (2)	J/m		
Kerbschlagzugzähigkeit	kJ/m^2		

Abrieb und Reibung

Taber-Abrieb (Reibradverfahren)   mm³/100 U
Abriebfaktor LNP (Thrust washer) Vergleichswert
Statische Reibungszahl
Dynamische Reibungszahl   (p·v =   N/mm² ·   m/min)
Zulässiger p · v Wert   N/mm² · (m/min)   v =   m/min
                                                                        v =   m/min

Thermische Eigenschaften

Formbeständigkeit in der Wärme   Verfahren   A   90 °C
                                      Verfahren   B   195 °C
Vicat Erweichungstemperatur (VST)   Verfahren   °C
                                      Verfahren   °C
Kristallit-Schmelzpunkt   Verfahren   A   225 °C

Längenausdehnungskoeffizient   Bereich   °C $\cdot 10^{-4} K^{-1}$
                                      Temperatur $\cdot 10^{-4} K^{-1}$
Wärmeleitfähigkeit   Verfahren   W/(K · m)

Spezifische Wärmekapazität   Verfahren   J/(K · g)

Glasumwandlungstemperatur   Torsionsschwingungsversuch   °C
                                      Differentialkalorimetrie   °C

Brandverhalten

UL-Test vertikal   Dicke 1.6   mm, Wert HB
                                      Dicke   mm, Wert

	Norm	*Bewertung*	*Abmessungen*
Sauerstoff-Index	ASTM D 2863		
Glühstab-Verfahren	VDE 0304 Teil 3 2c		
Brandverhalten	DIN 4102		
MVSS			
FAR			

Elektrische Eigenschaften

	Hz	°C		*Probekörper, Form*
Dielektrizitätszahl	50			
	10^3			
	10^6			
Dielektrischer Verlustfaktor tan δ	50			
	10^3			
	10^6			
Spezifischer Durchgangs-widerstand	Ohm · cm	23	1.0*10**16	
Durchschlagfestigkeit	kV/mm			mm dick
Oberflächenwiderstand	Ohm	23	1.0*10**13	

Kriechstromfestigkeit   KC 400   KB 225   KA
Elektrolytische Korrosionswirkung
Lichtbogenfestigkeit nach DIN
                    nach ASTM   s

Beständigkeit *(Chemische Beständigkeit siehe Anhang)*

Wasseraufnahme 23 C   Bis zur Saettigung   0.5 %

Feuchtigkeitsaufnahme Normalklima   %
Wetterbeständigkeit

Spannungskorrosion

Optische Eigenschaften

Brechungszahl n_D
Transmissionsgrad τ_c %   mm dick
Lichtdurchlässigkeit

Produkt	Polybutylenterephthalat		**PBT**
Handelsname	**Ultradur KR 4011**		
Hersteller	BASF		
DIN-Bez 1	16779-PBT,MG,XX-07,GF20+M10		
DIN-Bez 2			

Zusätze		*Füllstoffe/ Verstärkung*	30.0% Glasfaser (20); Glaskugel (10)
Bevorzugte Verarbeitung	Spritzgiessen	*Lieferform*	Granulat
		Farben	Natur; Standard
Besondere Merkmale	Steif; Verzugsarm	*Bevorzugte Anwendungen*	Gehaeuse; Platine

---

Dichte	g/cm³	1.55	*Schmelzindex*	g/10 min	:
Schüttdichte	g/cm³		*Volumenfließindex*	cm³/10 min	:
Viskositätszahl	ml/g				

Verarbeitungsbedingungen für Spritzgießen

Massetemp.	°C	245–270	*Schwindung*	%	lgs 0.4–1.2, quer
Werkzeugtemp.	°C	60–90	*Bemerkungen*		Feuchtes Material nachtrocknen im
Spritzdruck	bar				Trockenluftschrank (6-8h/100-140C)
					oder Vacuumschrank (6-8h/80C)

Zugversuch 23 °C DIN 53455; DIN 53457

	Probekörper:	*Form*	Nr.3	*Herstellung*	Spritzgiessen
		Zustand		*Vorbehandlung*	Normalklima

Streckspannung	N/mm²		*Dehnung bei Streckspannung*	%	
Zugfestigkeit	N/mm²	95	*Reißdehnung*	%	10
Reißfestigkeit	N/mm²		*% Dehnspannung*	N/mm²	
E-Modul	N/mm²	7600	*Dehnung bei*	*% Dehnspg.* %	

Kriechmoduln und Zeitstandwerte 23 °C

	Probekörper:	*Form*	*Herstellung*	
		Zustand	*Vorbehandlung*	

Kriechmodul	*1 min* N/mm²	*Zeitstandzugfestigkeit*	h N/mm²
Kriechmodul	*1000 h* N/mm²	*Zeitdehnspg.* %	h N/mm²
bei Spannung	N/mm²		

Biegeversuch 23 °C

	Probekörper:	*Form*	*Herstellung*	
		Zustand	*Vorbehandlung*	

Biegefestigkeit	N/mm²	*E-Modul*	N/mm²
3,5% Biegespannung	N/mm²		

Härte 23 °C

	Probekörper:	*Zustand*	*Herstellung*	
			Vorbehandlung	

Kugeldruckhärte	N/mm²	bei	N, s	*Shore-Härte* A	
Rockwellhärte				*Shore-Härte* D	

Schlagversuch

	Probekörper:	*(1)*			
		(2)		*Herstellung*	Spritzgiessen
		Zustand		*Vorbehandlung*	Normalklima
		°C	°C	°C	*Probekörper-Form*

Schlagzähigkeit	kJ/m²	23 22	NKS
Kerbschlagzähigkeit (1)	kJ/m²		
IZOD-Kerbschlagzähigkeit (2)	J/m		
Kerbschlagzugzähigkeit	kJ/m²		

Abrieb und Reibung

Taber-Abrieb (Reibradverfahren)	mm^3/100 U
Abriebfaktor LNP (Thrust washer) Vergleichswert	
Statische Reibungszahl	
Dynamische Reibungszahl	(p·v = N/mm^2· m/min)
Zulässiger p · v Wert	N/mm^2· (m/min) v = m/min
	v = m/min

Thermische Eigenschaften

Formbeständigkeit in der Wärme	*Verfahren*	A	210 °C
	Verfahren	B	223 °C
Vicat Erweichungstemperatur (VST)	*Verfahren*		°C
	Verfahren		°C
Kristallit-Schmelzpunkt	*Verfahren*	A	225 °C
Längenausdehnungskoeffizient	*Bereich*	°C	·10^{-4}K^{-1}
	Temperatur		·10^{-4}K^{-1}
Wärmeleitfähigkeit	*Verfahren*		W/(K · m)
Spezifische Wärmekapazität	*Verfahren*		J/(K · g)
Glasumwandlungstemperatur	*Torsionsschwingungsversuch*		°C
	Differentialkalorimetrie		°C

Brandverhalten

UL-Test vertikal	Dicke 1.6	mm, Wert HB
	Dicke	mm, Wert

	Norm	*Bewertung*	*Abmessungen*
Sauerstoff-Index	ASTM D 2863		
Glühstab-Verfahren	VDE 0304 Teil 3 2c		
Brandverhalten	DIN 4102		
MVSS			
FAR			

Elektrische Eigenschaften

	Hz	°C			*Probekörper, Form*
Dielektrizitätszahl	50				
	10^3				
	10^6				
Dielektrischer Verlustfaktor tan δ	50				
	10^3				
	10^6				
Spezifischer Durchgangs- widerstand	Ohm · cm	23	1.0*10**16		
Durchschlagfestigkeit	kV/mm				mm dick
Oberflächenwiderstand	Ohm	23	1.0*10**13		
Kriechstromfestigkeit	KC 400		KB 225	KA	
Elektrolytische Korrosionswirkung					
Lichtbogenfestigkeit nach DIN					
nach ASTM	s				

Beständigkeit *(Chemische Beständigkeit siehe Anhang)*

Wasseraufnahme 23 C Bis zur Saettigung	0.5 %
Feuchtigkeitsaufnahme Normalklima	%
Wetterbeständigkeit	
Spannungskorrosion	

Optische Eigenschaften

Brechungszahl n$_D$		
Transmissionsgrad τ_c	%	mm dick
Lichtdurchlässigkeit		

Produkt	Polybutylenterephthalat	**PBT**

Handelsname **Ultradur B 4305 G2 (nur eingeschraenkt lieferbar)**

Hersteller BASF

DIN-Bez 1 16779-PBT,MFG,XX-05,GF10
DIN-Bez 2

Zusätze	Brandschutzmittel	*Füllstoffe/ Verstärkung*	10.0% Glasfaser
Bevorzugte Verarbeitung	Spritzgiessen	*Lieferform*	Granulat
		Farben	Natur; Standard
Besondere Merkmale	Niedrigviskos; Hoher Modul	*Bevorzugte Anwendungen*	Bauteil mit erhoehten feuersicherheitlichen Anforderungen; Steckverbinder; Kontakttraeger; Spulenkern; Schalterteil

---

Dichte	g/cm³	1.49		*Schmelzindex*	g/10 min	:
Schüttdichte	g/cm³			*Volumenfließindex*	cm³/10 min	:
Viskositätszahl	ml/g					

Verarbeitungsbedingungen für Spritzgießen

Massetemp.	°C	245–270	*Schwindung*	%	lgs 0.8–1.2, quer
Werkzeugtemp.	°C	80–90	*Bemerkungen*		Feuchtes Material nachtrocknen im Trockenluftschrank (6-8h/100-140C) oder Vacuumschrank (6-8h/80C)
Spritzdruck	bar				

Zugversuch 23 °C DIN 53455; DIN 53457

	Probekörper:	*Form* Nr.3		*Herstellung*	Spritzgiessen
		Zustand		*Vorbehandlung*	Normalklima
Streckspannung	N/mm²		*Dehnung bei Streckspannung*	%	
Zugfestigkeit	N/mm²	100	*Reißdehnung*	%	3
Reißfestigkeit	N/mm²		% *Dehnspannung*	N/mm²	
E-Modul	N/mm²	5800	*Dehnung bei* % *Dehnspg.*	%	

Kriechmoduln und Zeitstandwerte 23 °C

	Probekörper:	*Form*	*Herstellung*	
		Zustand	*Vorbehandlung*	
Kriechmodul	1 min N/mm²		*Zeitstandzugfestigkeit*	h N/mm²
Kriechmodul	1000 h N/mm²		*Zeitdehnspg.* %	h N/mm²
bei Spannung	N/mm²			

Biegeversuch 23 °C

	Probekörper:	*Form*	*Herstellung*
		Zustand	*Vorbehandlung*
Biegefestigkeit	N/mm²	*E-Modul*	N/mm²
3,5% Biegespannung	N/mm²		

Härte 23 °C

	Probekörper:	*Zustand*	*Herstellung*	Spritzgiessen
			Vorbehandlung	Normalklima
Kugeldruckhärte	N/mm² 180	bei 358 N, 30 s	*Shore-Härte* A	
Rockwellhärte			*Shore-Härte* D	

Schlagversuch

	Probekörper:	*(1)* U-Kerbe		
		(2)	*Herstellung*	Spritzgiessen
		Zustand	*Vorbehandlung*	Normalklima

		°C	°C	°C	*Probekörper-Form*
Schlagzähigkeit	kJ/m²	23 22	-40 20		NKS
Kerbschlagzähigkeit (1)	kJ/m²	23 4–5			NKS
IZOD-Kerbschlagzähigkeit (2)	J/m				
Kerbschlagzugzähigkeit	kJ/m²				

Abrieb und Reibung

Taber-Abrieb (Reibradverfahren)	$mm^3/100\ U$	
Abriebfaktor LNP (Thrust washer) Vergleichswert		
Statische Reibungszahl		
Dynamische Reibungszahl	$(p \cdot v =$ $N/mm^2 \cdot$ $m/min)$	
Zulässiger p · v Wert	$N/mm^2 \cdot (m/min)$ $v =$ m/min	
	$v =$ m/min	

Thermische Eigenschaften

Formbeständigkeit in der Wärme	*Verfahren*	A	190 °C
	Verfahren	B	215 °C
Vicat Erweichungstemperatur (VST)	*Verfahren*		°C
	Verfahren		°C
Kristallit-Schmelzpunkt	*Verfahren*	A	225 °C
Längenausdehnungskoeffizient	*Bereich*	°C	$\cdot 10^{-4} K^{-1}$
	Temperatur 23 °C		$0.4{-}0.5 \cdot 10^{-4} K^{-1}$
Wärmeleitfähigkeit	*Verfahren*		$W/(K \cdot m)$
Spezifische Wärmekapazität	*Verfahren*		$J/(K \cdot g)$
Glasumwandlungstemperatur	*Torsionsschwingungsversuch*	°C	
	Differentialkalorimetrie	°C	

Brandverhalten

UL-Test vertikal		*Dicke* 1.6 mm, *Wert* V-0	
		Dicke mm, *Wert*	

	Norm	*Bewertung*	*Abmessungen*
Sauerstoff-Index	ASTM D 2863		
Glühstab-Verfahren	VDE 0304 Teil 3 2b		
Brandverhalten	DIN 4102		
MVSS			
FAR			

Elektrische Eigenschaften

		Hz	°C		*Probekörper, Form*
Dielektrizitätszahl		50			
		10^3			
		10^6	23	3.3	
Dielektrischer Verlustfaktor tan δ		50			
		10^3			
		10^6	23	0.015	
Spezifischer Durchgangs-					
widerstand	Ohm · cm		23	1.0*10**16	
Durchschlagfestigkeit	kV/mm		23	40	1.0 mm dick
Oberflächenwiderstand	Ohm		23	1.0*10**13	
Kriechstromfestigkeit		KC 225	KB 200	KA	
Elektrolytische Korrosionswirkung					
Lichtbogenfestigkeit nach DIN					
nach ASTM		s			

Beständigkeit *(Chemische Beständigkeit siehe Anhang)*

Wasseraufnahme 23 C Bis zur Saettigung		0.4 %
Feuchtigkeitsaufnahme Normalklima		%
Wetterbeständigkeit		
Spannungskorrosion		

Optische Eigenschaften

Brechungszahl n_D		
Transmissionsgrad τ_c	%	mm dick
Lichtdurchlässigkeit		

Produkt	Polybutylenterephthalat		**PBT**
Handelsname	**Ultradur KR 4067**		
Hersteller	BASF		
DIN-Bez 1	16779-PBT,MFG,XX-05,GF10		
DIN-Bez 2			
Zusätze	Brandschutzmittel	*Füllstoffe/ Verstärkung*	10% Glasfaser
Bevorzugte Verarbeitung	Spritzgiessen	*Lieferform*	Granulat
		Farben	Natur; Standard
Besondere Merkmale	Mittelviskos; Hoher Modul	*Bevorzugte Anwendungen*	Bauteil mit erhoehten feuersicherheitlichen Anforderungen; Steckverbinder; Relaisgehaeuse; Potentiometerachse

---

Dichte	g/cm^3	1.49	*Schmelzindex*	g/10 min		:
Schüttdichte	g/cm^3		*Volumenfließindex*	cm^3/10 min		:
Viskositätszahl	ml/g					

Verarbeitungsbedingungen für Spritzgießen

Massetemp.	°C		*Schwindung*	%	lgs	, quer
Werkzeugtemp.	°C		*Bemerkungen*			
Spritzdruck	bar					

Zugversuch 23 °C DIN 53455; DIN 53457

	Probekörper:	Form	Nr.3	*Herstellung*	Spritzgiessen
		Zustand		*Vorbehandlung*	Normalklima
Streckspannung	N/mm^2		*Dehnung bei Streckspannung*	%	
Zugfestigkeit	N/mm^2	100	*Reißdehnung*	%	3
Reißfestigkeit	N/mm^2		*% Dehnspannung*	N/mm^2	
E-Modul	N/mm^2	5800	*Dehnung bei % Dehnspg.*	%	

Kriechmoduln und Zeitstandwerte 23 °C

	Probekörper:	Form	*Herstellung*	
		Zustand	*Vorbehandlung*	
Kriechmodul	1 min N/mm^2		*Zeitstandzugfestigkeit*	h N/mm^2
Kriechmodul	1000 h N/mm^2		*Zeitdehnspg. %*	h N/mm^2
bei Spannung	N/mm^2			

Biegeversuch 23 °C

	Probekörper:	Form	*Herstellung*	
		Zustand	*Vorbehandlung*	
Biegefestigkeit	N/mm^2		*E-Modul*	N/mm^2
3,5% Biegespannung	N/mm^2			

Härte 23 °C

	Probekörper:	Zustand	*Herstellung*	Spritzgiessen
			Vorbehandlung	Normalklima
Kugeldruckhärte	N/mm^2 180	bei 358 N, 30 s	*Shore-Härte* A	
Rockwellhärte			*Shore-Härte* D	

Schlagversuch

	Probekörper:	(1) U-Kerbe		
		(2)	*Herstellung*	Spritzgiessen
		Zustand	*Vorbehandlung*	Normalklima

		°C	°C	°C	*Probekörper-Form*
Schlagzähigkeit	kJ/m^2	23 28	-40 22		NKS
Kerbschlagzähigkeit (1)	kJ/m^2	23 5–6			NKS
IZOD-Kerbschlagzähigkeit (2)	J/m				
Kerbschlagzugzähigkeit	kJ/m^2				

Abrieb und Reibung

Taber-Abrieb (Reibradverfahren)	mm^3/100 U	
Abriebfaktor LNP (Thrust washer) Vergleichswert		
Statische Reibungszahl		
Dynamische Reibungszahl	(p·v = $\quad$ N/mm^2 · $\quad$ m/min)	
Zulässiger p · v Wert	N/mm^2 · (m/min) $\quad$ v = $\quad$ m/min	
	v = $\quad$ m/min	

Thermische Eigenschaften

Formbeständigkeit in der Wärme	*Verfahren*	A	190 °C
	Verfahren	B	215 °C
Vicat Erweichungstemperatur (VST)	*Verfahren*		°C
	Verfahren		°C
Kristallit-Schmelzpunkt	*Verfahren*	A	225 °C
Längenausdehnungskoeffizient	*Bereich*	°C	· 10^{-4}K^{-1}
	Temperatur 23 °C		0.4–0.5 · 10^{-4}K^{-1}
Wärmeleitfähigkeit	*Verfahren*		W/(K · m)
Spezifische Wärmekapazität	*Verfahren*		J/(K · g)
Glasumwandlungstemperatur	*Torsionsschwingungsversuch*		°C
	Differentialkalorimetrie		°C

Brandverhalten

UL-Test vertikal	Dicke 1.6 mm, Wert V-0	
	Dicke $\quad$ mm, Wert	

	Norm	*Bewertung*	*Abmessungen*
Sauerstoff-Index	ASTM D 2863		
Glühstab-Verfahren	VDE 0304 Teil 3 2b		
Brandverhalten	DIN 4102		
MVSS			
FAR			

Elektrische Eigenschaften

		Hz	°C		*Probekörper, Form*
Dielektrizitätszahl		50			
		10^3			
		10^6	23	3.3	
Dielektrischer Verlustfaktor tan δ		50			
		10^3			
		10^6	23	0.015	
Spezifischer Durchgangs- widerstand	Ohm · cm		23	1.0*10**16	
Durchschlagfestigkeit	kV/mm		23	40	1.0 mm dick
Oberflächenwiderstand	Ohm		23	1.0*10**13	
Kriechstromfestigkeit		KC 225	KB 200	KA	
Elektrolytische Korrosionswirkung					
Lichtbogenfestigkeit nach DIN					
nach ASTM	s				

Beständigkeit *(Chemische Beständigkeit siehe Anhang)*

Wasseraufnahme 23 C Bis zur Saettigung		0.4 %
Feuchtigkeitsaufnahme Normalklima		%
Wetterbeständigkeit		
Spannungskorrosion		

Optische Eigenschaften

Brechungszahl n$_D$			
Transmissionsgrad τ$_c$	%		mm dick
Lichtdurchlässigkeit			

Produkt	Polybutylenterephthalat	**PBT**
Handelsname	**Ultradur B 4305 G4 (nur eingeschraenkt lieferbar)**	
Hersteller	BASF	
DIN-Bez 1	16779-PBT,MFG,XX-07,GF20	
DIN-Bez 2		

Zusätze	Brandschutzmittel	*Füllstoffe/ Verstärkung*	20.0% Glasfaser
Bevorzugte Verarbeitung	Spritzgiessen	*Lieferform*	Granulat
		Farben	Natur; Standard
Besondere Merkmale	Mittelviskos; Hoher Modul	*Bevorzugte Anwendungen*	Bauteil mit erhoehten feuersicherheitlichen Anforderungen; Steckverbinder; Spulenkoerper; Gehaeuse fuer Leistungsschutzschalter; Schalterteil; Leuchtenteil

Dichte	g/cm³	1.65	*Schmelzindex*	g/10 min	:
Schüttdichte	g/cm³		*Volumenfließindex*	cm³/10 min	:
Viskositätszahl	ml/g				

Verarbeitungsbedingungen für Spritzgießen

Massetemp.	°C	245–270	*Schwindung*	% lgs 0.6–0.9, quer
Werkzeugtemp.	°C	80–90	*Bemerkungen*	Feuchtes Material nachtrocknen im Trockenluftschrank (6-8h/100-140C) oder Vacuumschrank (6-8h/80C)
Spritzdruck	bar			

Zugversuch 23 °C   DIN 53455; DIN 53457

	Probekörper:	*Form* Nr.3		*Herstellung*	Spritzgiessen
		Zustand		*Vorbehandlung*	Normalklima
Streckspannung	N/mm²		*Dehnung bei Streckspannung*	%	
Zugfestigkeit	N/mm²	130	*Reißdehnung*	%	3
Reißfestigkeit	N/mm²		*% Dehnspannung*	N/mm²	
E-Modul	N/mm²	8000	*Dehnung bei % Dehnspg.*	%	

Kriechmoduln und Zeitstandwerte 23 °C

	Probekörper:	*Form*	*Herstellung*	
		Zustand	*Vorbehandlung*	
Kriechmodul	1 min N/mm²		*Zeitstandzugfestigkeit*	h N/mm²
Kriechmodul	1000 h N/mm²		*Zeitdehnspg. %*	h N/mm²
bei Spannung	N/mm²			

Biegeversuch 23 °C

	Probekörper:	*Form*	*Herstellung*	
		Zustand	*Vorbehandlung*	
Biegefestigkeit	N/mm²		*E-Modul*	N/mm²
3,5% Biegespannung	N/mm²			

Härte 23 °C

	Probekörper:	*Zustand*	*Herstellung*	Spritzgiessen
			Vorbehandlung	Normalklima
Kugeldruckhärte	N/mm² 205	bei 961 N, 30 s	*Shore-Härte* A	
Rockwellhärte			*Shore-Härte* D	

Schlagversuch

	Probekörper:	*(1)* U-Kerbe		
		(2)	*Herstellung*	Spritzgiessen
		Zustand	*Vorbehandlung*	Normalklima
		°C	°C	°C *Probekörper-Form*

Schlagzähigkeit	kJ/m²	23 25	-40 22			NKS
Kerbschlagzähigkeit (1)	kJ/m²	23 5–7				NKS
IZOD-Kerbschlagzähigkeit (2)	J/m					
Kerbschlagzugzähigkeit	kJ/m²					

Abrieb und Reibung

Taber-Abrieb (Reibradverfahren)	mm^3/100 U
Abriebfaktor LNP (Thrust washer) Vergleichswert	
Statische Reibungszahl	
Dynamische Reibungszahl	(p·v = N/mm^2· m/min)
Zulässiger p · v Wert	N/mm^2 · (m/min) v = m/min
	v = m/min

Thermische Eigenschaften

Formbeständigkeit in der Wärme	Verfahren	A	205 °C
	Verfahren	B	215 °C
Vicat Erweichungstemperatur (VST)	Verfahren		°C
	Verfahren		°C
Kristallit-Schmelzpunkt	Verfahren	A	225 °C
Längenausdehnungskoeffizient	Bereich	°C	· 10^{-4}K^{-1}
	Temperatur 23 °C		0.3–0.4 · 10^{-4}K^{-1}
Wärmeleitfähigkeit	Verfahren		W/(K · m)
Spezifische Wärmekapazität	Verfahren		J/(K · g)
Glasumwandlungstemperatur	Torsionsschwingungsversuch	°C	
	Differentialkalorimetrie	°C	

Brandverhalten

UL-Test vertikal	Dicke 1.6 mm, Wert V-0	
	Dicke mm, Wert	

	Norm	Bewertung	Abmessungen
Sauerstoff-Index	ASTM D 2863		
Glühstab-Verfahren	VDE 0304 Teil 3 2b		
Brandverhalten	DIN 4102		
MVSS			
FAR			

Elektrische Eigenschaften

		Hz	°C		Probekörper, Form
Dielektrizitätszahl		50			
		10^3			
		10^6	23	3.3	
Dielektrischer Verlustfaktor tan δ		50			
		10^3			
		10^6	23	0.015	
Spezifischer Durchgangs-					
widerstand	Ohm · cm		23	1.0*10**16	
Durchschlagfestigkeit	kV/mm		23	40	1.0 mm dick
Oberflächenwiderstand	Ohm		23	1.0*10**13	
Kriechstromfestigkeit		KC 225	KB 200	KA	
Elektrolytische Korrosionswirkung					
Lichtbogenfestigkeit nach DIN					
nach ASTM	s				

Beständigkeit *(Chemische Beständigkeit siehe Anhang)*

Wasseraufnahme 23 C Bis zur Saettigung	0.4 %
Feuchtigkeitsaufnahme Normalklima	%
Wetterbeständigkeit	
Spannungskorrosion	

Optische Eigenschaften

Brechungszahl n$_D$		
Transmissionsgrad τ$_c$	%	mm dick
Lichtdurchlässigkeit		

Produkt	Polybutylenterephthalat		**PBT**
Handelsname	**Ultradur B 4305 G6 (nur eingeschraenkt lieferbar)**		
Hersteller	BASF		
DIN-Bez 1	16779-PBT,MFG,XX-11,GF30		
DIN-Bez 2			

Zusätze	Brandschutzmittel	*Füllstoffe/ Verstärkung*	30.0% Glasfaser
Bevorzugte Verarbeitung	Spritzgiessen	*Lieferform*	Granulat
		Farben	Natur; Standard
Besondere Merkmale	Mittelviskos; Hoher Modul	*Bevorzugte Anwendungen*	Bauteil mit erhoehten feuersicherheitlichen Anforderungen; Steckverbinder; Spulenkoerper; Gehaeuse fuer Leistungsschutzschalter; Schalterteil; Leuchtenteil

Dichte	g/cm³	1.65	*Schmelzindex*	g/10 min	:
Schüttdichte	g/cm³		*Volumenfließindex*	cm³/10 min	:
Viskositätszahl	ml/g				

Verarbeitungsbedingungen für Spritzgießen

Massetemp.	°C	245–270	*Schwindung*	%	lgs 0.3–0.7, quer
Werkzeugtemp.	°C	80–90	*Bemerkungen*		Feuchtes Material nachtrocknen im Trockenluftschrank (6-8h/100-140C) oder Vacuumschrank (6-8h/80C)
Spritzdruck	bar				

Zugversuch 23 °C   DIN 53455; DIN 53457

Probekörper:	Form	Nr.3	*Herstellung*	Spritzgiessen
	Zustand		*Vorbehandlung*	Normalklima

Streckspannung	N/mm²		*Dehnung bei Streckspannung*	%
Zugfestigkeit	N/mm²	150	*Reißdehnung*	% 3
Reißfestigkeit	N/mm²		*% Dehnspannung*	N/mm²
E-Modul	N/mm²	11000	*Dehnung bei % Dehnspg.*	%

Kriechmoduin und Zeitstandwerte 23 °C

Probekörper:	Form	*Herstellung*	
	Zustand	*Vorbehandlung*	

Kriechmodul	1 min N/mm²	*Zeitstandzugfestigkeit*	h N/mm²
Kriechmodul	1000 h N/mm²	*Zeitdehnspg. %*	h N/mm²
bei Spannung	N/mm²		

Biegeversuch 23 °C

Probekörper:	Form	*Herstellung*	
	Zustand	*Vorbehandlung*	

Biegefestigkeit	N/mm²	*E-Modul*	N/mm²
3,5% Biegespannung	N/mm²		

Härte 23 °C

Probekörper:	Zustand		*Herstellung*	Spritzgiessen
			Vorbehandlung	Normalklima

Kugeldruckhärte	N/mm² 230	bei 961 N, 30 s	*Shore-Härte* A
Rockwellhärte			*Shore-Härte* D

Schlagversuch

Probekörper:	(1) U-Kerbe			
	(2)		*Herstellung*	Spritzgiessen
	Zustand		*Vorbehandlung*	Normalklima

	°C	°C	°C	*Probekörper-Form*
Schlagzähigkeit	kJ/m² 23 28	-40 24		NKS
Kerbschlagzähigkeit (1)	kJ/m² 23 7–8			NKS
IZOD-Kerbschlagzähigkeit (2)	J/m			
Kerbschlagzugzähigkeit	kJ/m²			

Abrieb und Reibung

Taber-Abrieb (Reibradverfahren)   mm³/100 U
Abriebfaktor LNP (Thrust washer) Vergleichswert
Statische Reibungszahl
Dynamische Reibungszahl   (p·v =   N/mm² ·   m/min)
Zulässiger p · v Wert   N/mm² · (m/min)   v =   m/min
                                                                       v =   m/min

Thermische Eigenschaften

Formbeständigkeit in der Wärme   Verfahren   A   210 °C
                                     Verfahren   B   215 °C
Vicat Erweichungstemperatur (VST) Verfahren   °C
                                     Verfahren   °C
Kristallit-Schmelzpunkt   Verfahren   A   225 °C

Längenausdehnungskoeffizient   Bereich   °C $\cdot 10^{-4} K^{-1}$
                                     Temperatur 23 °C $0.3{-}0.4 \cdot 10^{-4} K^{-1}$
Wärmeleitfähigkeit   Verfahren   W/(K · m)

Spezifische Wärmekapazität   Verfahren   J/(K · g)

Glasumwandlungstemperatur   Torsionsschwingungsversuch   °C
                                     Differentialkalorimetrie   °C

Brandverhalten

UL-Test vertikal   Dicke 1.6   mm, Wert V-0
                                     Dicke   mm, Wert

	Norm	Bewertung		Abmessungen
Sauerstoff-Index	ASTM D 2863			
Glühstab-Verfahren	VDE 0304 Teil 3 2b			
Brandverhalten	DIN 4102			
MVSS				
FAR				

Elektrische Eigenschaften

		Hz	°C		Probekörper, Form
Dielektrizitätszahl		50			
		10^3			
		10^6	23	3.5	
Dielektrischer Verlustfaktor $\tan\delta$		50			
		10^3			
		10^6	23	0.015	
Spezifischer Durchgangs-widerstand	Ohm · cm		23	1.0*10**16	
Durchschlagfestigkeit	kV/mm		23	40	1.0 mm dick
Oberflächenwiderstand	Ohm		23	1.0*10**13	

Kriechstromfestigkeit   KC 225   KB 200   KA
Elektrolytische Korrosionswirkung
Lichtbogenfestigkeit nach DIN
            nach ASTM   s

Beständigkeit *(Chemische Beständigkeit siehe Anhang)*

Wasseraufnahme 23 C   Bis zur Saettigung   0.4 %

Feuchtigkeitsaufnahme Normalklima   %
Wetterbeständigkeit

Spannungskorrosion

Optische Eigenschaften

Brechungszahl n_D
Transmissionsgrad τ_c %   mm dick
Lichtdurchlässigkeit

Produkt	Polybutylenterephthalat	**PBT**
Handelsname	**Ultradur KR 4015 (nur eingeschraenkt lieferbar)**	
Hersteller	BASF	
DIN-Bez 1	16779-PBT,MFG,XX-03	
DIN-Bez 2		

Zusätze	Brandschutzmittel	*Füllstoffe/ Verstärkung*	
Bevorzugte Verarbeitung	Spritzgiessen	*Lieferform*	Granulat
		Farben	Natur; Standard
Besondere Merkmale	Mittelviskos	*Bevorzugte Anwendungen*	Bauteil mit erhoehten feuersicherheitlichen Anforderungen; Steckverbinder; Schalterteil; Kondensatorengehaeuse

---

Dichte	g/cm³	1.45	*Schmelzindex*	g/10 min	:
Schüttdichte	g/cm³		*Volumenfließindex*	cm³/10 min	:
Viskositätszahl	ml/g				

Verarbeitungsbedingungen für Spritzgießen

Massetemp.	°C	245–265	*Schwindung*	%	lgs 0.9–2.2, quer 0.9–2.2
Werkzeugtemp.	°C	40–60	*Bemerkungen*		Feuchtes Material nachtrocknen im Trockenluftschrank (6-8h/100-140C) oder Vacuumschrank (6-8h/80C)
Spritzdruck	bar				

Zugversuch 23 °C DIN 53455; DIN 53457

	Probekörper:	*Form* Nr.3		*Herstellung*	Spritzgiessen
		Zustand		*Vorbehandlung*	Normalklima
Streckspannung	N/mm²	60	*Dehnung bei Streckspannung*	%	
Zugfestigkeit	N/mm²		*Reißdehnung*	%	5
Reißfestigkeit	N/mm²		*% Dehnspannung*	N/mm²	
E-Modul	N/mm²	3000	*Dehnung bei % Dehnspg.*	%	

Kriechmoduln und Zeitstandwerte 23 °C

	Probekörper:	*Form*	*Herstellung*	
		Zustand	*Vorbehandlung*	
Kriechmodul	1 min	N/mm²	*Zeitstandzugfestigkeit*	h N/mm²
Kriechmodul	1000 h	N/mm²	*Zeitdehnspg. %*	h N/mm²
bei Spannung		N/mm²		

Biegeversuch 23 °C

	Probekörper:	*Form*	*Herstellung*	
		Zustand	*Vorbehandlung*	
Biegefestigkeit	N/mm²		*E-Modul*	N/mm²
3,5% Biegespannung	N/mm²			

Härte 23 °C

	Probekörper:	*Zustand*	*Herstellung*	Spritzgiessen
			Vorbehandlung	Normalklima
Kugeldruckhärte	N/mm² 120	bei 358 N, 30 s	*Shore-Härte*	A
Rockwellhärte			*Shore-Härte*	D

Schlagversuch

	Probekörper:	*(1)* U-Kerbe		
		(2)	*Herstellung*	Spritzgiessen
		Zustand	*Vorbehandlung*	Normalklima

		°C	°C	°C	*Probekörper-Form*
Schlagzähigkeit	kJ/m²	23 o.B.	-40 40		NKS
Kerbschlagzähigkeit (1)	kJ/m²	23 4–8			NKS
IZOD-Kerbschlagzähigkeit (2)	J/m				
Kerbschlagzugzähigkeit	kJ/m²				

Abrieb und Reibung

Taber-Abrieb (Reibradverfahren)   mm^3/100 U
Abriebfaktor LNP (Thrust washer) Vergleichswert
Statische Reibungszahl
Dynamische Reibungszahl   (p·v =   N/mm^2 ·   m/min)
Zulässiger p · v Wert   N/mm^2 · (m/min)   v =   m/min
                                                                                  v =   m/min

Thermische Eigenschaften

Formbeständigkeit in der Wärme   Verfahren   A   80 °C
                                        Verfahren   B   145 °C
Vicat Erweichungstemperatur (VST)   Verfahren   °C
                                        Verfahren   °C
Kristallit-Schmelzpunkt   Verfahren   A   225 °C

Längenausdehnungskoeffizient   Bereich   °C   · 10^{-4}K^{-1}
                                        Temperatur 23°C   1.3–1.6 · 10^{-4}K^{-1}
Wärmeleitfähigkeit   Verfahren   W/(K · m)

Spezifische Wärmekapazität   Verfahren   J/(K · g)

Glasumwandlungstemperatur   Torsionsschwingungsversuch   °C
                                        Differentialkalorimetrie   °C

Brandverhalten

UL-Test vertikal   Dicke 1.6   mm, Wert V-0
                                        Dicke   mm, Wert

                  Norm   Bewertung   Abmessungen

Sauerstoff-Index   ASTM D 2863
Glühstab-Verfahren   VDE 0304 Teil 3 2b
Brandverhalten   DIN 4102
MVSS
FAR

Elektrische Eigenschaften

                                        Hz   °C   Probekörper, Form

Dielektrizitätszahl   50
                                        10^3
                                        10^6 23   3.5
Dielektrischer Verlustfaktor tan δ   50
                                        10^3
                                        10^6 23   0.012
Spezifischer Durchgangs-
  widerstand   Ohm · cm   23   1.0*10**16
Durchschlagfestigkeit   kV/mm   23   110   1.0   mm dick
Oberflächenwiderstand   Ohm   23   ≧ 1.0*10**13

Kriechstromfestigkeit   KC > 600   KB > 600   KA
Elektrolytische Korrosionswirkung
Lichtbogenfestigkeit nach DIN
            nach ASTM   s

Beständigkeit (Chemische Beständigkeit siehe Anhang)

Wasseraufnahme 23 C   Bis zur Saettigung   0.45 %

Feuchtigkeitsaufnahme Normalklima   %
Wetterbeständigkeit

Spannungskorrosion

Optische Eigenschaften

Brechungszahl n$_D$
Transmissionsgrad τ$_c$ %   mm dick
Lichtdurchlässigkeit

Produkt	Polybutylenterephthalat	**PBT**
Handelsname	**Ultradur KR 4060**	
Hersteller	BASF	
DIN-Bez 1	16779-PBT,MFG,XX-03	
DIN-Bez 2		

Zusätze	Brandschutzmittel	*Füllstoffe/ Verstärkung*	
Bevorzugte Verarbeitung	Spritzgiessen	*Lieferform*	Granulat
		Farben	Natur; Standard
Besondere Merkmale	Mittelviskos	*Bevorzugte Anwendungen*	Bauteil mit erhoehten feuersicherheitlichen Anforderungen; Steckverbinder; Gehaeuse

Dichte	g/cm^3	1.45	*Schmelzindex*	g/10 min	:
Schüttdichte	g/cm^3		*Volumenfließindex*	cm^3/10 min	:
Viskositätszahl	ml/g				

Verarbeitungsbedingungen für Spritzgießen

Massetemp.	°C	245–265	*Schwindung*	%	lgs 0.9–2.2, quer 0.9–2.2
Werkzeugtemp.	°C	40–60	*Bemerkungen*		Feuchtes Material nachtrocknen im Trockenluftschrank (6-8h/100-140C) oder Vacuumschrank (6-8h/80C)
Spritzdruck	bar				

Zugversuch 23 °C   DIN 53455; DIN 53457

	Probekörper:	*Form* Nr.3	*Herstellung*	Spritzgiessen
		Zustand	*Vorbehandlung*	Normalklima

Streckspannung	N/mm^2 60	*Dehnung bei Streckspannung*	%	
Zugfestigkeit	N/mm^2	*Reißdehnung*	%	14
Reißfestigkeit	N/mm^2	% *Dehnspannung*	N/mm^2	
E-Modul	N/mm^2 3000	*Dehnung bei* % *Dehnspg.*	%	

Kriechmoduln und Zeitstandwerte 23 °C

	Probekörper:	*Form*	*Herstellung*
		Zustand	*Vorbehandlung*

Kriechmodul	1 min N/mm^2	*Zeitstandzugfestigkeit*	h N/mm^2
Kriechmodul	1000 h N/mm^2	*Zeitdehnspg.* %	h N/mm^2
bei Spannung	N/mm^2		

Biegeversuch 23 °C

	Probekörper:	*Form*	*Herstellung*
		Zustand	*Vorbehandlung*

Biegefestigkeit	N/mm^2	*E-Modul*	N/mm^2
3,5% Biegespannung	N/mm^2		

Härte 23 °C   *Probekörper:*   *Zustand*

		Herstellung	Spritzgiessen
		Vorbehandlung	Normalklima
Kugeldruckhärte	N/mm^2 120 bei 358 N, 30 s	*Shore-Härte*	A
Rockwellhärte		*Shore-Härte*	D

Schlagversuch   *Probekörper:*   *(1)* U-Kerbe

		(2)	
		Zustand	*Herstellung* Spritzgiessen
			Vorbehandlung Normalklima

	°C	°C	°C	*Probekörper-Form*
Schlagzähigkeit	kJ/m^2 23 50	-40 35		NKS
Kerbschlagzähigkeit (1)	kJ/m^2 23 4–8			NKS
IZOD-Kerbschlagzähigkeit (2)	J/m			
Kerbschlagzugzähigkeit	kJ/m^2			

Abrieb und Reibung

Taber-Abrieb (Reibradverfahren)	mm^3/100 U	
Abriebfaktor LNP (Thrust washer) Vergleichswert		
Statische Reibungszahl		
Dynamische Reibungszahl	$(p \cdot v =$ $N/mm^2 \cdot$ $m/min)$	
Zulässiger p · v Wert	$N/mm^2 \cdot (m/min)$ $v =$ m/min	
	$v =$ m/min	

Thermische Eigenschaften

Formbeständigkeit in der Wärme	*Verfahren*	A	60 °C
	Verfahren	B	180 °C
Vicat Erweichungstemperatur (VST)	*Verfahren*		°C
	Verfahren		°C
Kristallit-Schmelzpunkt	*Verfahren*	A	225 °C
Längenausdehnungskoeffizient	*Bereich*	°C	$\cdot 10^{-4} K^{-1}$
	Temperatur 23 °C		$1.3 - 1.6 \cdot 10^{-4} K^{-1}$
Wärmeleitfähigkeit	*Verfahren*		$W/(K \cdot m)$
Spezifische Wärmekapazität	*Verfahren*		$J/(K \cdot g)$
Glasumwandlungstemperatur	*Torsionsschwingungsversuch*		°C
	Differentialkalorimetrie		°C

Brandverhalten

UL-Test vertikal   Dicke 1.6   mm, Wert V-0
                       Dicke   mm, Wert

	Norm	*Bewertung*	*Abmessungen*
Sauerstoff-Index	ASTM D 2863		
Glühstab-Verfahren	VDE 0304 Teil 3 2b		
Brandverhalten	DIN 4102		
MVSS			
FAR			

Elektrische Eigenschaften

		Hz	°C		*Probekörper, Form*
Dielektrizitätszahl		50			
		10^3			
		10^6	23	3.5	
Dielektrischer Verlustfaktor $\tan \delta$		50			
		10^3			
		10^6	23	0.012	
Spezifischer Durchgangs-					
widerstand	Ohm · cm		23	1.0*10**16	
Durchschlagfestigkeit	kV/mm		23	40	1.0 mm dick
Oberflächenwiderstand	Ohm		23	1.0*10**13	
Kriechstromfestigkeit	KC > 600		KB > 600	KA	
Elektrolytische Korrosionswirkung					
Lichtbogenfestigkeit nach DIN					
nach ASTM	s				

Beständigkeit *(Chemische Beständigkeit siehe Anhang)*

Wasseraufnahme 23 C Bis zur Saettigung	0.45 %	
Feuchtigkeitsaufnahme Normalklima		%
Wetterbeständigkeit		
Spannungskorrosion		

Optische Eigenschaften

Brechungszahl n_D			
Transmissionsgrad τ_c	%		mm dick
Lichtdurchlässigkeit			

Produkt	Polybutylenterephthalat		**PBT**
Handelsname	**Ultradur KR 4066**		
Hersteller	BASF		
DIN-Bez 1	16779-PBT,MFG,XX-03		
DIN-Bez 2			

Zusätze	Brandschutzmittel	*Füllstoffe/ Verstärkung*	
Bevorzugte Verarbeitung	Spritzgiessen	*Lieferform*	Granulat
		Farben	Natur; Standard
Besondere Merkmale	Mittelviskos; Hoher Modul	*Bevorzugte Anwendungen*	Bauteil mit erhoehten feuersicherheitlichen Anforderungen; Steckverbinder; Schalterteil; Kondensatorengehaeuse

---

Dichte	g/cm³	1.45	*Schmelzindex*	g/10 min :
Schüttdichte	g/cm³		*Volumenfließindex*	cm³/10 min :
Viskositätszahl	ml/g			

Verarbeitungsbedingungen für Spritzgießen

Massetemp.	°C	*Schwindung*	% lgs , quer
Werkzeugtemp.	°C	*Bemerkungen*	
Spritzdruck	bar		

Zugversuch 23 °C   DIN 53455; DIN 53457

	Probekörper:	Form Nr.3	*Herstellung*	Spritzgiessen
		Zustand	*Vorbehandlung*	Normalklima
Streckspannung	N/mm² 60		*Dehnung bei Streckspannung*	%
Zugfestigkeit	N/mm²		*Reißdehnung*	% 5
Reißfestigkeit	N/mm²		*% Dehnspannung*	N/mm²
E-Modul	N/mm² 3000		*Dehnung bei % Dehnspg.*	%

Kriechmoduln und Zeitstandwerte 23 °C

	Probekörper:	Form	*Herstellung*
		Zustand	*Vorbehandlung*
Kriechmodul	1 min N/mm²	*Zeitstandzugfestigkeit*	h N/mm²
Kriechmodul	1000 h N/mm²	*Zeitdehnspg. %*	h N/mm²
bei Spannung	N/mm²		

Biegeversuch 23 °C

	Probekörper:	Form	*Herstellung*
		Zustand	*Vorbehandlung*
Biegefestigkeit	N/mm²	*E-Modul*	N/mm²
3,5% Biegespannung	N/mm²		

Härte 23 °C

	Probekörper: Zustand	*Herstellung*	Spritzgiessen
		Vorbehandlung	Normalklima
Kugeldruckhärte	N/mm² 120 bei 358 N, 30 s	*Shore-Härte* A	
Rockwellhärte		*Shore-Härte* D	

Schlagversuch

	Probekörper:	(1) U-Kerbe	
		(2)	*Herstellung* Spritzgiessen
		Zustand	*Vorbehandlung* Normalklima
		°C °C °C	*Probekörper-Form*
Schlagzähigkeit	kJ/m²	23 50 -40 35	NKS
Kerbschlagzähigkeit (1)	kJ/m²	23 4–8	NKS
IZOD-Kerbschlagzähigkeit (2)	J/m		
Kerbschlagzugzähigkeit	kJ/m²		

Abrieb und Reibung

Taber-Abrieb (Reibradverfahren)	mm³/100 U
Abriebfaktor LNP (Thrust washer) Vergleichswert	
Statische Reibungszahl	
Dynamische Reibungszahl	(p · v = N/mm² · m/min)
Zulässiger p · v Wert	N/mm² · (m/min) v = m/min
	v = m/min

Thermische Eigenschaften

Formbeständigkeit in der Wärme	*Verfahren*	A	60 °C
	Verfahren	B	180 °C
Vicat Erweichungstemperatur (VST)	*Verfahren*		°C
	Verfahren		°C
Kristallit-Schmelzpunkt	*Verfahren*	A	225 °C
Längenausdehnungskoeffizient	*Bereich* °C		$\cdot 10^{-4}\mathrm{K}^{-1}$
	Temperatur 23 °C		$1.3{-}1.6 \cdot 10^{-4}\mathrm{K}^{-1}$
Wärmeleitfähigkeit	*Verfahren*		W/(K · m)
Spezifische Wärmekapazität	*Verfahren*		J/(K · g)
Glasumwandlungstemperatur	*Torsionsschwingungsversuch*	°C	
	Differentialkalorimetrie	°C	

Brandverhalten

UL-Test vertikal	Dicke 1.6 mm, Wert V-0	
	Dicke mm, Wert	

	Norm	*Bewertung*	*Abmessungen*
Sauerstoff-Index	ASTM D 2863		
Glühstab-Verfahren	VDE 0304 Teil 3 2b		
Brandverhalten	DIN 4102		
MVSS			
FAR			

Elektrische Eigenschaften

		Hz	°C		*Probekörper, Form*
Dielektrizitätszahl		50			
		10³			
		10⁶	23	3.5	
Dielektrischer Verlustfaktor tan δ		50			
		10³			
		10⁶	23	0.012	
Spezifischer Durchgangs- widerstand	Ohm · cm		23	1.0*10**16	
Durchschlagfestigkeit	kV/mm		23	40	1.0 mm dick
Oberflächenwiderstand	Ohm		23	1.0*10**13	

Kriechstromfestigkeit	KC > 600	KB > 600	KA
Elektrolytische Korrosionswirkung			
Lichtbogenfestigkeit nach DIN			
nach ASTM s			

Beständigkeit *(Chemische Beständigkeit siehe Anhang)*

Wasseraufnahme 23 C Bis zur Saettigung	0.45 %
Feuchtigkeitsaufnahme Normalklima	%
Wetterbeständigkeit	
Spannungskorrosion	

Optische Eigenschaften

Brechungszahl n_D		
Transmissionsgrad τ_c	%	mm dick
Lichtdurchlässigkeit		

Produkt	Polybutylenterephthalat

PBT

Handelsname	**Ultradur KR 4025 (nur eingeschraenkt lieferbar)**
Hersteller	BASF
DIN-Bez 1	16779-PBT,MFG,XX-07,GF20
DIN-Bez 2	

Zusätze	Brandschutzmittel	Füllstoffe/ Verstärkung	20.0% Glasfaser
Bevorzugte Verarbeitung	Spritzgiessen	Lieferform	Granulat
		Farben	Natur; Standard
Besondere Merkmale	Mittelviskos; Hoher Modul	Bevorzugte Anwendungen	Bauteil mit erhoehten feuersicherheitlichen Anforderungen; Steckverbinder; Gleichrichtergehaeuse; Motorengehaeuse

Dichte	g/cm³	1.55	Schmelzindex	g/10 min	:
Schüttdichte	g/cm³		Volumenfließindex	cm³/10 min	:
Viskositätszahl	ml/g				

Verarbeitungsbedingungen für Spritzgießen

Massetemp.	°C	245–270	Schwindung	%	lgs 0.6–0.9, quer
Werkzeugtemp.	°C	80–90	Bemerkungen		Feuchtes Material nachtrocknen im
Spritzdruck	bar				Trockenluftschrank (6-8h/100-140C)
					oder Vacuumschrank (6-8h/80C)

Zugversuch 23 °C   DIN 53455; DIN 53457

	Probekörper:	Form	Nr.3		Herstellung	Spritzgiessen
		Zustand			Vorbehandlung	Normalklima
Streckspannung	N/mm²		Dehnung bei Streckspannung	%		
Zugfestigkeit	N/mm²	110	Reißdehnung	%	4	
Reißfestigkeit	N/mm²		% Dehnspannung	N/mm²		
E-Modul	N/mm²	7500	Dehnung bei % Dehnspg.	%		

Kriechmoduln und Zeitstandwerte 23 °C

	Probekörper:	Form		Herstellung	
		Zustand		Vorbehandlung	
Kriechmodul	1 min	N/mm²	Zeitstandzugfestigkeit	h	N/mm²
Kriechmodul	1000 h	N/mm²	Zeitdehnspg. %	h	N/mm²
bei Spannung		N/mm²			

Biegeversuch 23 °C

	Probekörper:	Form		Herstellung	
		Zustand		Vorbehandlung	
Biegefestigkeit	N/mm²		E-Modul		N/mm²
3,5% Biegespannung	N/mm²				

Härte 23 °C

	Probekörper:	Zustand	Herstellung	Spritzgiessen
			Vorbehandlung	Normalklima
Kugeldruckhärte	N/mm² 190	bei 961 N, 30 s	Shore-Härte A	
Rockwellhärte			Shore-Härte D	

Schlagversuch

	Probekörper:	(1) U-Kerbe			
		(2)		Herstellung	Spritzgiessen
		Zustand		Vorbehandlung	Normalklima
		°C	°C	°C	Probekörper-Form
Schlagzähigkeit	kJ/m²	23 35	-40 30		NKS
Kerbschlagzähigkeit (1)	kJ/m²	23 5–7			NKS
IZOD-Kerbschlagzähigkeit (2)	J/m				
Kerbschlagzugzähigkeit	kJ/m²				

Abrieb und Reibung

Taber-Abrieb (Reibradverfahren)	mm^3/100 U	
Abriebfaktor LNP (Thrust washer) Vergleichswert		
Statische Reibungszahl		
Dynamische Reibungszahl	(p · v = N/mm^2 · m/min)	
Zulässiger p · v Wert	N/mm^2 · (m/min) v = m/min	
	v = m/min	

Thermische Eigenschaften

Formbeständigkeit in der Wärme	*Verfahren*	A	200 °C
	Verfahren	B	215 °C
Vicat Erweichungstemperatur (VST)	*Verfahren*		°C
	Verfahren		°C
Kristallit-Schmelzpunkt	*Verfahren*	A	225 °C
Längenausdehnungskoeffizient	*Bereich*	°C	· 10^{-4}K^{-1}
	Temperatur 23 °C		0.4–0.5 · 10^{-4}K^{-1}
Wärmeleitfähigkeit	*Verfahren*		W/(K · m)
Spezifische Wärmekapazität	*Verfahren*		J/(K · g)
Glasumwandlungstemperatur	*Torsionsschwingungsversuch*		°C
	Differentialkalorimetrie		°C

Brandverhalten

UL-Test vertikal	Dicke 1.6	mm, Wert V-0	
	Dicke	mm, Wert	

	Norm	Bewertung	Abmessungen
Sauerstoff-Index	ASTM D 2863		
Glühstab-Verfahren	VDE 0304 Teil 3 2b		
Brandverhalten	DIN 4102		
MVSS			
FAR			

Elektrische Eigenschaften

		Hz	°C		Probekörper, Form
Dielektrizitätszahl		50			
		10^3			
		10^6	23	3.5	
Dielektrischer Verlustfaktor tan δ		50			
		10^3			
		10^6	23	0.015	
Spezifischer Durchgangs-widerstand	Ohm · cm		23	1.0*10**16	
Durchschlagfestigkeit	kV/mm		23	80	1.0 mm dick
Oberflächenwiderstand	Ohm		23	$\geqq$ 1.0*10**13	
Kriechstromfestigkeit	KC 225		KB 200	KA	
Elektrolytische Korrosionswirkung					
Lichtbogenfestigkeit nach DIN					
nach ASTM	s				

Beständigkeit *(Chemische Beständigkeit siehe Anhang)*

Wasseraufnahme 23 C Bis zur Saettigung	0.4 %
Feuchtigkeitsaufnahme Normalklima	%
Wetterbeständigkeit	
Spannungskorrosion	

Optische Eigenschaften

Brechungszahl n$_D$			
Transmissionsgrad τ_c	%		mm dick
Lichtdurchlässigkeit			

Produkt	Polybutylenterephthalat	**PBT**
Handelsname	**Ultradur KR 4061**	
Hersteller	BASF	
DIN-Bez 1	16779-PBT,MFG,XX-07,GF20	
DIN-Bez 2		

Zusätze	Brandschutzmittel, nichtkorrosiv	*Füllstoffe/ Verstärkung*	20.0% Glasfaser
Bevorzugte Verarbeitung	Spritzgiessen	*Lieferform*	Granulat
		Farben	Natur; Standard
Besondere Merkmale	Mittelviskos; Hoher Modul	*Bevorzugte Anwendungen*	Bauteil mit erhoehten feuersicherheitlichen Anforderungen; Steckverbinder; Leuchtensockel; Leuchtenfassung

---

Dichte	g/cm³	1.55	*Schmelzindex*	g/10 min	:
Schüttdichte	g/cm³		*Volumenfließindex*	cm³/10 min	:
Viskositätszahl	ml/g				

Verarbeitungsbedingungen für Spritzgießen

Massetemp.	°C	245–270	*Schwindung*	%	lgs 0.6–0.9, quer
Werkzeugtemp.	°C	80–90	*Bemerkungen*		Feuchtes Material nachtrocknen im Trockenluftschrank (6-8h/100-140C) oder Vacuumschrank (6-8h/80C)
Spritzdruck	bar				

Zugversuch 23 °C DIN 53455; DIN 53457

	Probekörper:	*Form* Nr.3		*Herstellung*	Spritzgiessen
		Zustand		*Vorbehandlung*	Normalklima
Streckspannung	N/mm²		*Dehnung bei Streckspannung*	%	
Zugfestigkeit	N/mm²	110	*Reißdehnung*	%	4
Reißfestigkeit	N/mm²		*% Dehnspannung*	N/mm²	
E-Modul	N/mm²	7500	*Dehnung bei % Dehnspg.*	%	

Kriechmoduln und Zeitstandwerte 23 °C

	Probekörper:	*Form*	*Herstellung*	
		Zustand	*Vorbehandlung*	
Kriechmodul	1 min N/mm²		*Zeitstandzugfestigkeit*	h N/mm²
Kriechmodul	1000 h N/mm²		*Zeitdehnspg. %*	h N/mm²
bei Spannung	N/mm²			

Biegeversuch 23 °C

	Probekörper:	*Form*	*Herstellung*	
		Zustand	*Vorbehandlung*	
Biegefestigkeit	N/mm²		*E-Modul*	N/mm²
3,5% Biegespannung	N/mm²			

Härte 23 °C

	Probekörper:	*Zustand*	*Herstellung*	Spritzgiessen
			Vorbehandlung	Normalklima
Kugeldruckhärte	N/mm² 190	bei 961 N, 30 s	*Shore-Härte* A	
Rockwellhärte			*Shore-Härte* D	

Schlagversuch

	Probekörper:	*(1)* U-Kerbe		
		(2)	*Herstellung*	Spritzgiessen
		Zustand	*Vorbehandlung*	Normalklima

		°C	°C	°C	Probekörper-Form
Schlagzähigkeit	kJ/m²	23 30	-40 25		NKS
Kerbschlagzähigkeit (1)	kJ/m²	23 5–7			NKS
IZOD-Kerbschlagzähigkeit (2)	J/m				
Kerbschlagzugzähigkeit	kJ/m²				

Abrieb und Reibung

Taber-Abrieb (Reibradverfahren)　　　　　　　　　　mm³/100 U
Abriebfaktor LNP (Thrust washer) Vergleichswert
Statische Reibungszahl
Dynamische Reibungszahl　　　　　　　　　　　　　$(p \cdot v =$　　N/mm² ·　　m/min)
Zulässiger p · v Wert　　　　　　　　　　　　　　　N/mm² · (m/min)　v =　　m/min
　　　　　　　　　　　　　　　　　　　　　　　　　　　　　　　　　v =　　m/min

Thermische Eigenschaften

Formbeständigkeit in der Wärme	Verfahren	A	200 °C
	Verfahren	B	215 °C
Vicat Erweichungstemperatur (VST)	Verfahren		°C
	Verfahren		°C
Kristallit-Schmelzpunkt	Verfahren	A	225 °C

Längenausdehnungskoeffizient　　　　Bereich　　　　　°C　　　　　　　　　　· $10^{-4}K^{-1}$
　　　　　　　　　　　　　　　　　　　Temperatur 23 °C　　　　　　　0.4–0.5 · $10^{-4}K^{-1}$
Wärmeleitfähigkeit　　　　　　　　　　Verfahren　　　　　　　　　　　　　　　　　W/(K · m)

Spezifische Wärmekapazität　　　　　Verfahren　　　　　　　　　　　　　　　　　J/(K · g)

Glasumwandlungstemperatur　　　　　Torsionsschwingungsversuch　　　°C
　　　　　　　　　　　　　　　　　　　Differentialkalorimetrie　　　　　　　°C

Brandverhalten

UL-Test vertikal　　　　　　　　　　　Dicke 1.6　　mm, Wert V-0
　　　　　　　　　　　　　　　　　　　Dicke　　　mm, Wert

	Norm	Bewertung	Abmessungen
Sauerstoff-Index	ASTM D 2863		
Glühstab-Verfahren	VDE 0304 Teil 3 2b		
Brandverhalten	DIN 4102		
MVSS			
FAR			

Elektrische Eigenschaften

		Hz	°C		Probekörper, Form
Dielektrizitätszahl		50			
		10^3			
		10^6	23	3.5	
Dielektrischer Verlustfaktor tan δ		50			
		10^3			
		10^6	23	0.015	
Spezifischer Durchgangs-widerstand	Ohm · cm		23	1.0*10**16	
Durchschlagfestigkeit	kV/mm		23	40	1.0　mm dick
Oberflächenwiderstand	Ohm		23	≧ 1.0*10**13	

Kriechstromfestigkeit　　　　　　　　KC 225　　　　　KB 200　　　　KA
Elektrolytische Korrosionswirkung
Lichtbogenfestigkeit nach DIN
　　　　　　　　　nach ASTM　　s

Beständigkeit (Chemische Beständigkeit siehe Anhang)

Wasseraufnahme 23 C　Bis zur Saettigung　　　　　　　　　　　　0.4 %

Feuchtigkeitsaufnahme Normalklima　　　　　　　　　　　　　　　　　　　　　　%
Wetterbeständigkeit

Spannungskorrosion

Optische Eigenschaften

Brechungszahl n_D
Transmissionsgrad τ_c　　　%　　　　　　　　　mm dick
Lichtdurchlässigkeit

Produkt	Polybutylenterephthalat	**PBT**
Handelsname	**Ultradur KR 4068**	
Hersteller	BASF	
DIN-Bez 1	16779-PBT,MFG,XX-07,GF20	
DIN-Bez 2		

Zusätze	Brandschutzmittel	*Füllstoffe/ Verstärkung*	20.0% Glasfaser
Bevorzugte Verarbeitung	Spritzgiessen	*Lieferform*	Granulat
		Farben	Natur; Standard
Besondere Merkmale	Mittelviskos; Hoher Modul	*Bevorzugte Anwendungen*	Bauteil mit erhoehten feuersicherheitlichen Anforderungen; Steckverbinder; Spulenkoerper; Relaisteil; Schalterteil

Dichte	g/cm^3	1.55	*Schmelzindex*	g/10 min		:
Schüttdichte	g/cm^3		*Volumenfließindex*	cm^3/10 min		:
Viskositätszahl	ml/g					

Verarbeitungsbedingungen für Spritzgießen

Massetemp.	°C	*Schwindung*	%	lgs	, quer
Werkzeugtemp.	°C	*Bemerkungen*			
Spritzdruck	bar				

Zugversuch 23 °C   DIN 53455; DIN 53457

	Probekörper:	*Form* Nr.3	*Herstellung*	Spritzgiessen
		Zustand	*Vorbehandlung*	Normalklima

Streckspannung	N/mm^2		*Dehnung bei Streckspannung*	%	
Zugfestigkeit	N/mm^2	110	*Reißdehnung*	%	4
Reißfestigkeit	N/mm^2		% *Dehnspannung*	N/mm^2	
E-Modul	N/mm^2	7500	*Dehnung bei* % *Dehnspg.*	%	

Kriechmoduln und Zeitstandwerte 23 °C

	Probekörper:	*Form*	*Herstellung*
		Zustand	*Vorbehandlung*

Kriechmodul	1 min N/mm^2	*Zeitstandzugfestigkeit*	h	N/mm^2
Kriechmodul	1000 h N/mm^2	*Zeitdehnspg.* %	h	N/mm^2
bei Spannung	N/mm^2			

Biegeversuch 23 °C

	Probekörper:	*Form*	*Herstellung*
		Zustand	*Vorbehandlung*

Biegefestigkeit	N/mm^2	*E-Modul*	N/mm^2
3,5% Biegespannung	N/mm^2		

Härte 23 °C

	Probekörper: *Zustand*	*Herstellung*	Spritzgiessen
		Vorbehandlung	Normalklima

Kugeldruckhärte	N/mm^2 190	bei 961 N, 30 s	*Shore-Härte* A
Rockwellhärte			*Shore-Härte* D

Schlagversuch

	Probekörper:	(1) U-Kerbe	
		(2)	*Herstellung* Spritzgiessen
		Zustand	*Vorbehandlung* Normalklima

	°C	°C	°C	*Probekörper-Form*
Schlagzähigkeit kJ/m^2	23 30	-40 25		NKS
Kerbschlagzähigkeit (1) kJ/m^2	23 5–7			NKS
IZOD-Kerbschlagzähigkeit (2) J/m				
Kerbschlagzugzähigkeit kJ/m^2				

Abrieb und Reibung

Taber-Abrieb (Reibradverfahren)	mm^3/100 U
Abriebfaktor LNP (Thrust washer) Vergleichswert	
Statische Reibungszahl	
Dynamische Reibungszahl	(p · v = N/mm^2 · m/min)
Zulässiger p · v Wert	N/mm^2 · (m/min) v = m/min
	v = m/min

Thermische Eigenschaften

Formbeständigkeit in der Wärme	*Verfahren*	A	200 °C
	Verfahren	B	215 °C
Vicat Erweichungstemperatur (VST)	*Verfahren*		°C
	Verfahren		°C
Kristallit-Schmelzpunkt	*Verfahren*	A	225 °C
Längenausdehnungskoeffizient	*Bereich* °C		$\cdot 10^{-4}$K^{-1}
	Temperatur 23 °C		0.4–0.5 · 10^{-4}K^{-1}
Wärmeleitfähigkeit	*Verfahren*		W/(K · m)
Spezifische Wärmekapazität	*Verfahren*		J/(K · g)
Glasumwandlungstemperatur	*Torsionsschwingungsversuch*		°C
	Differentialkalorimetrie		°C

Brandverhalten

UL-Test vertikal	Dicke 1.6	mm, Wert V-0
	Dicke	mm, Wert

	Norm	*Bewertung*	*Abmessungen*
Sauerstoff-Index	ASTM D 2863		
Glühstab-Verfahren	VDE 0304 Teil 3 2b		
Brandverhalten	DIN 4102		
MVSS			
FAR			

Elektrische Eigenschaften

		Hz	°C		*Probekörper, Form*
Dielektrizitätszahl		50			
		10^3			
		10^6	23	3.5	
Dielektrischer Verlustfaktor tan δ		50			
		10^3			
		10^6	23	0.015	
Spezifischer Durchgangs-widerstand	Ohm · cm		23	1.0*10**16	
Durchschlagfestigkeit	kV/mm		23	40	1.0 mm dick
Oberflächenwiderstand	Ohm		23	≧ 1.0*10**13	
Kriechstromfestigkeit		KC 225	KB 200	KA	
Elektrolytische Korrosionswirkung					
Lichtbogenfestigkeit nach DIN					
nach ASTM s					

Beständigkeit *(Chemische Beständigkeit siehe Anhang)*

Wasseraufnahme 23 C Bis zur Saettigung	0.4 %
Feuchtigkeitsaufnahme Normalklima	%
Wetterbeständigkeit	
Spannungskorrosion	

Optische Eigenschaften

Brechungszahl n$_D$		
Transmissionsgrad τ_c	%	mm dick
Lichtdurchlässigkeit		

Produkt	Polybutylenterephthalat	**PBT**

Handelsname **Ultradur KR 4035 (nur eingeschraenkt lieferbar)**

Hersteller BASF

DIN-Bez 1 16779-PBT,MFG,XX-11,GF30
DIN-Bez 2

Zusätze	Brandschutzmittel	*Füllstoffe/ Verstärkung*	30.0% Glasfaser
Bevorzugte Verarbeitung	Spritzgiessen	*Lieferform*	Granulat
		Farben	Natur; Standard
Besondere Merkmale	Mittelviskos; Hoher Modul	*Bevorzugte Anwendungen*	Bauteil mit erhoehten feuersicherheitlichen Anforderungen; Steckverbinder; Relaisgehaeuse; Zwischenkoerper fuer Schweissbrenner

---

Dichte	g/cm^3	1.65	*Schmelzindex*	g/10 min	:
Schüttdichte	g/cm^3		*Volumenfließindex*	cm^3/10 min	:
Viskositätszahl	ml/g				

Verarbeitungsbedingungen für Spritzgießen

Massetemp.	°C	245–270	*Schwindung*	%	lgs 0.3–0.7, quer
Werkzeugtemp.	°C	80–90	*Bemerkungen*		Feuchtes Material nachtrocknen im Trockenluftschrank (6-8h/100-140C) oder Vacuumschrank (6-8h/80C)
Spritzdruck	bar				

Zugversuch 23 °C DIN 53455; DIN 53457

	Probekörper:	*Form*	Nr.3	*Herstellung*	Spritzgiessen
		Zustand		*Vorbehandlung*	Normalklima

Streckspannung	N/mm^2		*Dehnung bei Streckspannung*	%	
Zugfestigkeit	N/mm^2	120	*Reißdehnung*	%	4
Reißfestigkeit	N/mm^2		*% Dehnspannung*	N/mm^2	
E-Modul	N/mm^2	10000	*Dehnung bei % Dehnspg.*	%	

Kriechmoduln und Zeitstandwerte 23 °C

Probekörper:	*Form*	*Herstellung*
	Zustand	*Vorbehandlung*

Kriechmodul	1 min N/mm^2	*Zeitstandzugfestigkeit*	h N/mm^2	
Kriechmodul	1000 h N/mm^2	*Zeitdehnspg. %*	h N/mm^2	
bei Spannung	N/mm^2			

Biegeversuch 23 °C

Probekörper:	*Form*	*Herstellung*
	Zustand	*Vorbehandlung*

Biegefestigkeit	N/mm^2	*E-Modul*	N/mm^2
3,5% Biegespannung	N/mm^2		

Härte 23 °C

Probekörper:	*Zustand*	*Herstellung*	Spritzgiessen
		Vorbehandlung	Normalklima

Kugeldruckhärte	N/mm^2 220	bei 961 N, 30 s	*Shore-Härte* A	
Rockwellhärte			*Shore-Härte* D	

Schlagversuch

Probekörper:	*(1)* U-Kerbe		
	(2)	*Herstellung*	Spritzgiessen
	Zustand	*Vorbehandlung*	Normalklima

	°C	°C	°C	*Probekörper-Form*
Schlagzähigkeit	kJ/m^2 23 35	-40 30		NKS
Kerbschlagzähigkeit (1)	kJ/m^2 23 7–8			NKS
IZOD-Kerbschlagzähigkeit (2)	J/m			
Kerbschlagzugzähigkeit	kJ/m^2			

Abrieb und Reibung

Taber-Abrieb (Reibradverfahren)   mm^3/100 U
Abriebfaktor LNP (Thrust washer) Vergleichswert
Statische Reibungszahl
Dynamische Reibungszahl   (p·v =   N/mm^2 ·   m/min)
Zulässiger p · v Wert   N/mm^2 · (m/min)   v =   m/min
                                                                              v =   m/min

Thermische Eigenschaften

Formbeständigkeit in der Wärme   Verfahren   A   205 °C
                                          Verfahren   B   215 °C
Vicat Erweichungstemperatur (VST)   Verfahren   °C
                                          Verfahren   °C
Kristallit-Schmelzpunkt   Verfahren   A   225 °C

Längenausdehnungskoeffizient   Bereich   °C   · 10^{-4}K^{-1}
                                          Temperatur 23 °C   0.3–0.4 · 10^{-4}K^{-1}
Wärmeleitfähigkeit   Verfahren   W/(K · m)

Spezifische Wärmekapazität   Verfahren   J/(K · g)

Glasumwandlungstemperatur   Torsionsschwingungsversuch   °C
                                          Differentialkalorimetrie   °C

Brandverhalten

UL-Test vertikal   Dicke 1.6   mm, Wert V-0
                                          Dicke   mm, Wert

	Norm	Bewertung		Abmessungen
Sauerstoff-Index	ASTM D 2863			
Glühstab-Verfahren	VDE 0304 Teil 3	2b		
Brandverhalten	DIN 4102			
MVSS				
FAR				

Elektrische Eigenschaften

		Hz	°C		Probekörper, Form
Dielektrizitätszahl		50			
		10^3			
		10^6	23	3.5	
Dielektrischer Verlustfaktor tan δ		50			
		10^3			
		10^6	23	0.015	
Spezifischer Durchgangs- widerstand	Ohm · cm		23	1.0*10**16	
Durchschlagfestigkeit	kV/mm		23	80	1.0 mm dick
Oberflächenwiderstand	Ohm		23	1.0*10**13	

Kriechstromfestigkeit   KC 225   KB 200   KA
Elektrolytische Korrosionswirkung
Lichtbogenfestigkeit nach DIN
                nach ASTM   s

Beständigkeit (Chemische Beständigkeit siehe Anhang)

Wasseraufnahme 23 C Bis zur Saettigung   0.4 %

Feuchtigkeitsaufnahme Normalklima   %
Wetterbeständigkeit

Spannungskorrosion

Optische Eigenschaften

Brechungszahl n$_D$
Transmissionsgrad τ$_c$ %   mm dick
Lichtdurchlässigkeit

Produkt	Polybutylenterephthalat	**PBT**
Handelsname	**Ultradur KR 4063**	
Hersteller	BASF	
DIN-Bez 1	16779-PBT,MFG,XX-11,GF30	
DIN-Bez 2		

Zusätze	Brandschutzmittel, nichtkorrosiv	*Füllstoffe/ Verstärkung*	30.0% Glasfaser
Bevorzugte Verarbeitung	Spritzgiessen	*Lieferform*	Granulat
		Farben	Natur; Standard
Besondere Merkmale	Mittelviskos; Sehr hoher Modul	*Bevorzugte Anwendungen*	Bauteil mit erhoehten feuersicherheitlichen Anforderungen; Steckverbinder; Relaisgehaeuse; Leuchtenteil

Dichte	g/cm³	1.65	*Schmelzindex*	g/10 min	:
Schüttdichte	g/cm³		*Volumenfließindex*	cm³/10 min	:
Viskositätszahl	ml/g				

Verarbeitungsbedingungen für Spritzgießen

Massetemp.	°C	245–270	*Schwindung*	%	lgs 0.3–0.7, quer
Werkzeugtemp.	°C	80–90	*Bemerkungen*		Feuchtes Material nachtrocknen im Trockenluftschrank (6-8h/100-140C) oder Vacuumschrank (6-8h/80C)
Spritzdruck	bar				

Zugversuch 23 °C   DIN 53455; DIN 53457

Probekörper:	*Form*	Nr.3	*Herstellung*	Spritzgiessen
	Zustand		*Vorbehandlung*	Normalklima

Streckspannung	N/mm²		*Dehnung bei Streckspannung*	%	
Zugfestigkeit	N/mm²	120	*Reißdehnung*	%	4
Reißfestigkeit	N/mm²		*% Dehnspannung*	N/mm²	
E-Modul	N/mm²	10000	*Dehnung bei*	*% Dehnspg.* %	

Kriechmoduln und Zeitstandwerte 23 °C

Probekörper:	*Form*	*Herstellung*	
	Zustand	*Vorbehandlung*	

Kriechmodul	1 min	N/mm²	*Zeitstandzugfestigkeit*	h N/mm²	
Kriechmodul	1000 h	N/mm²	*Zeitdehnspg. %*	h N/mm²	
bei Spannung		N/mm²			

Biegeversuch 23 °C

Probekörper:	*Form*	*Herstellung*	
	Zustand	*Vorbehandlung*	

Biegefestigkeit	N/mm²	*E-Modul*	N/mm²
3,5% Biegespannung	N/mm²		

Härte 23 °C

Probekörper:	*Zustand*	*Herstellung*	Spritzgiessen
		Vorbehandlung	Normalklima

Kugeldruckhärte	N/mm² 220	bei 961 N, 30 s	*Shore-Härte* A
Rockwellhärte			*Shore-Härte* D

Schlagversuch

Probekörper:	(1) U-Kerbe		
	(2)	*Herstellung*	Spritzgiessen
	Zustand	*Vorbehandlung*	Normalklima

	°C	°C	°C	*Probekörper-Form*
Schlagzähigkeit kJ/m²	23 25	-40 20		NKS
Kerbschlagzähigkeit (1) kJ/m²	23 7–8			NKS
IZOD-Kerbschlagzähigkeit (2) J/m				
Kerbschlagzugzähigkeit kJ/m²				

Abrieb und Reibung

Taber-Abrieb (Reibradverfahren)	mm^3/100 U	
Abriebfaktor LNP (Thrust washer) Vergleichswert		
Statische Reibungszahl		
Dynamische Reibungszahl	(p·v = N/mm^2 · m/min)	
Zulässiger p · v Wert	N/mm^2 · (m/min) v = m/min	
	v = m/min	

Thermische Eigenschaften

Formbeständigkeit in der Wärme	Verfahren	A	205 °C
	Verfahren	B	215 °C
Vicat Erweichungstemperatur (VST)	Verfahren		°C
	Verfahren		°C
Kristallit-Schmelzpunkt	Verfahren	A	225 °C
Längenausdehnungskoeffizient	Bereich	°C	$\cdot 10^{-4}\mathrm{K}^{-1}$
	Temperatur 23 °C		$0.3–0.4 \cdot 10^{-4}\mathrm{K}^{-1}$
Wärmeleitfähigkeit	Verfahren		W/(K · m)
Spezifische Wärmekapazität	Verfahren		J/(K · g)
Glasumwandlungstemperatur	Torsionsschwingungsversuch		°C
	Differentialkalorimetrie		°C

Brandverhalten

UL-Test vertikal	Dicke 1.6 mm, Wert V-0	
	Dicke mm, Wert	

	Norm	Bewertung	Abmessungen
Sauerstoff-Index	ASTM D 2863		
Glühstab-Verfahren	VDE 0304 Teil 3 2b		
Brandverhalten	DIN 4102		
MVSS			
FAR			

Elektrische Eigenschaften

	Hz	°C			Probekörper, Form
Dielektrizitätszahl	50				
	10^3				
	10^6	23	3.5		
Dielektrischer Verlustfaktor tan δ	50				
	10^3				
	10^6	23	0.015		
Spezifischer Durchgangs-widerstand	Ohm · cm	23	1.0*10**16		
Durchschlagfestigkeit	kV/mm	23	40		1.0 mm dick
Oberflächenwiderstand	Ohm	23	1.0*10**13		
Kriechstromfestigkeit	KC 225		KB 200	KA	
Elektrolytische Korrosionswirkung					
Lichtbogenfestigkeit nach DIN					
nach ASTM	s				

Beständigkeit *(Chemische Beständigkeit siehe Anhang)*

Wasseraufnahme 23 C Bis zur Saettigung	0.4 %
Feuchtigkeitsaufnahme Normalklima	%
Wetterbeständigkeit	
Spannungskorrosion	

Optische Eigenschaften

Brechungszahl n$_D$		
Transmissionsgrad τ_c	%	mm dick
Lichtdurchlässigkeit		

Produkt	Polybutylenterephthalat	**PBT**
Handelsname	**Ultradur KR 4069**	
Hersteller	BASF	
DIN-Bez 1	16779-PBT,MFG,XX-11,GF30	
DIN-Bez 2		

Zusätze	Brandschutzmittel	*Füllstoffe/ Verstärkung*	30.0% Glasfaser
Bevorzugte Verarbeitung	Spritzgiessen	*Lieferform*	Granulat
		Farben	Natur; Standard
Besondere Merkmale	Mittelviskos; Sehr hoher Modul	*Bevorzugte Anwendungen*	Bauteil mit erhoehten feuersicherheitlichen Anforderungen; Steckverbinder; Relaisteil; Potentiometerteil; Schalterteil; Leuchtenteil

---

Dichte	g/cm^3	1.65	*Schmelzindex*	g/10 min		:
Schüttdichte	g/cm^3		*Volumenfließindex*	cm^3/10 min		:
Viskositätszahl	ml/g					

Verarbeitungsbedingungen für Spritzgießen

Massetemp.	°C		*Schwindung*	%	lgs , quer
Werkzeugtemp.	°C		*Bemerkungen*		
Spritzdruck	bar				

Zugversuch 23 °C   DIN 53455; DIN 53457

Probekörper:	Form	Nr.3	*Herstellung*	Spritzgiessen
	Zustand		*Vorbehandlung*	Normalklima

Streckspannung	N/mm^2		*Dehnung bei Streckspannung*	%	
Zugfestigkeit	N/mm^2	120	*Reißdehnung*	%	4
Reißfestigkeit	N/mm^2		*% Dehnspannung*	N/mm^2	
E-Modul	N/mm^2	10000	*Dehnung bei*	% Dehnspg. %	

Kriechmoduln und Zeitstandwerte 23 °C

Probekörper:	Form		*Herstellung*	
	Zustand		*Vorbehandlung*	

Kriechmodul	1 min	N/mm^2	*Zeitstandzugfestigkeit*	h	N/mm^2
Kriechmodul	1000 h	N/mm^2	*Zeitdehnspg.* %	h	N/mm^2
bei Spannung		N/mm^2			

Biegeversuch 23 °C

Probekörper:	Form		*Herstellung*	
	Zustand		*Vorbehandlung*	

Biegefestigkeit	N/mm^2	*E-Modul*	N/mm^2
3,5% Biegespannung	N/mm^2		

Härte 23 °C   *Probekörper:*   Zustand

			Herstellung	Spritzgiessen
			Vorbehandlung	Normalklima
Kugeldruckhärte	N/mm^2 220	bei 961 N, 30 s	*Shore-Härte* A	
Rockwellhärte			*Shore-Härte* D	

Schlagversuch   *Probekörper:*

(1) U-Kerbe	
(2)	*Herstellung* Spritzgiessen
Zustand	*Vorbehandlung* Normalklima

		°C	°C	°C	Probekörper-Form
Schlagzähigkeit	kJ/m^2	23 25	-40 20		NKS
Kerbschlagzähigkeit (1)	kJ/m^2	23 7–8			NKS
IZOD-Kerbschlagzähigkeit (2)	J/m				
Kerbschlagzugzähigkeit	kJ/m^2				

Abrieb und Reibung

Taber-Abrieb (Reibradverfahren)	mm³/100 U
Abriebfaktor LNP (Thrust washer) Vergleichswert	
Statische Reibungszahl	
Dynamische Reibungszahl	(p·v = N/mm² · m/min)
Zulässiger p · v Wert	N/mm² · (m/min) v = m/min
	v = m/min

Thermische Eigenschaften

Formbeständigkeit in der Wärme	Verfahren	A	205 °C
	Verfahren	B	215 °C
Vicat Erweichungstemperatur (VST)	Verfahren		°C
	Verfahren		°C
Kristallit-Schmelzpunkt	Verfahren	A	225 °C
Längenausdehnungskoeffizient	Bereich	°C	$\cdot 10^{-4} \mathrm{K}^{-1}$
	Temperatur 23 °C		$0.3\text{–}0.4 \cdot 10^{-4} \mathrm{K}^{-1}$
Wärmeleitfähigkeit	Verfahren		W/(K · m)
Spezifische Wärmekapazität	Verfahren		J/(K · g)
Glasumwandlungstemperatur	Torsionsschwingungsversuch		°C
	Differentialkalorimetrie		°C

Brandverhalten

UL-Test vertikal		Dicke 1.6 mm, Wert V-0	
		Dicke mm, Wert	

	Norm	Bewertung	Abmessungen
Sauerstoff-Index	ASTM D 2863		
Glühstab-Verfahren	VDE 0304 Teil 3 2b		
Brandverhalten	DIN 4102		
MVSS			
FAR			

Elektrische Eigenschaften

		Hz	°C		Probekörper, Form
Dielektrizitätszahl		50			
		10^3			
		10^6	23	3.5	
Dielektrischer Verlustfaktor tan δ		50			
		10^3			
		10^6	23	0.015	
Spezifischer Durchgangs-widerstand	Ohm · cm		23	1.0*10**16	
Durchschlagfestigkeit	kV/mm		23	40	1.0 mm dick
Oberflächenwiderstand	Ohm		23	1.0*10**13	
Kriechstromfestigkeit		KC 225	KB 200	KA	
Elektrolytische Korrosionswirkung					
Lichtbogenfestigkeit nach DIN					
nach ASTM	s				

Beständigkeit *(Chemische Beständigkeit siehe Anhang)*

Wasseraufnahme 23 C Bis zur Saettigung		0.4 %
Feuchtigkeitsaufnahme Normalklima		%
Wetterbeständigkeit		
Spannungskorrosion		

Optische Eigenschaften

Brechungszahl n_D		
Transmissionsgrad τ_c	%	mm dick
Lichtdurchlässigkeit		

Produkt	Polybutylenterephthalat	**PBT**

Handelsname **Ultradur KR 4065 (nur eingeschraenkt lieferbar)**

Hersteller BASF

DIN-Bez 1 16779-PBT,MFG,XX-05,GF15
DIN-Bez 2

Zusätze	Brandschutzmittel	*Füllstoffe/ Verstärkung*	15.0% Glasfaser
Bevorzugte Verarbeitung	Spritzgiessen	*Lieferform*	Granulat
		Farben	Natur; Standard
Besondere Merkmale	Mittelviskos	*Bevorzugte Anwendungen*	Bauteil mit erhoehten feuersicherheitlichen Anforderungen; Steckverbinder

---

Dichte	g/cm³	1.53		*Schmelzindex*	g/10 min	:
Schüttdichte	g/cm³			*Volumenfließindex*	cm³/10 min	:
Viskositätszahl	ml/g					

Verarbeitungsbedingungen für Spritzgießen

Massetemp.	°C	245–270	*Schwindung*	% lgs 0.7–1.0, quer
Werkzeugtemp.	°C	80–90	*Bemerkungen*	Feuchtes Material nachtrocknen im
Spritzdruck	bar			Trockenluftschrank (6-8h/100-140C)
				oder Vacuumschrank (6-8h/80C)

Zugversuch 23 °C DIN 53455; DIN 53457

	Probekörper:	*Form*	Nr.3	*Herstellung*	Spritzgiessen	
		Zustand		*Vorbehandlung*	Normalklima	

Streckspannung	N/mm²		*Dehnung bei Streckspannung*	%	
Zugfestigkeit	N/mm²	74	*Reißdehnung*	%	8
Reißfestigkeit	N/mm²		*% Dehnspannung*	N/mm²	
E-Modul	N/mm²	5000	*Dehnung bei* *% Dehnspg.*	%	

Kriechmoduln und Zeitstandwerte 23 °C

	Probekörper:	*Form*	*Herstellung*	
		Zustand	*Vorbehandlung*	

Kriechmodul	*1 min*	N/mm²	*Zeitstandzugfestigkeit*	h	N/mm²
Kriechmodul	*1000 h*	N/mm²	*Zeitdehnspg.* %	h	N/mm²
bei Spannung		N/mm²			

Biegeversuch 23 °C

	Probekörper:	*Form*	*Herstellung*
		Zustand	*Vorbehandlung*

Biegefestigkeit	N/mm²	*E-Modul*	N/mm²
3,5% Biegespannung	N/mm²		

Härte 23 °C

	Probekörper:	*Zustand*	*Herstellung*	Spritzgiessen
			Vorbehandlung	Normalklima

Kugeldruckhärte	N/mm² 160	bei 358 N, 30 s	*Shore-Härte*	A
Rockwellhärte			*Shore-Härte*	D

Schlagversuch

	Probekörper:	*(1)* U-Kerbe	
		(2)	*Herstellung* Spritzgiessen
		Zustand	*Vorbehandlung* Normalklima

	°C	°C	°C	*Probekörper-Form*
Schlagzähigkeit	kJ/m² 23 23	-40 21		NKS
Kerbschlagzähigkeit (1)	kJ/m² 23 4–5			NKS
IZOD-Kerbschlagzähigkeit (2)	J/m			
Kerbschlagzugzähigkeit	kJ/m²			

Abrieb und Reibung

Taber-Abrieb (Reibradverfahren) mm^3/100 U
Abriebfaktor LNP (Thrust washer) Vergleichswert
Statische Reibungszahl
Dynamische Reibungszahl $(p \cdot v =$ $N/mm^2 \cdot$ $m/min)$
Zulässiger $p \cdot v$ Wert $N/mm^2 \cdot (m/min)$ $v =$ m/min
$v =$ m/min

Thermische Eigenschaften

Formbeständigkeit in der Wärme	Verfahren	A	186 °C
	Verfahren	B	208 °C
Vicat Erweichungstemperatur (VST)	Verfahren		°C
	Verfahren		°C
Kristallit-Schmelzpunkt	Verfahren	A	225 °C

Längenausdehnungskoeffizient	Bereich	°C	$\cdot 10^{-4} K^{-1}$
	Temperatur 23 °C		$0.5-0.7 \cdot 10^{-4} K^{-1}$
Wärmeleitfähigkeit	Verfahren		$W/(K \cdot m)$

Spezifische Wärmekapazität Verfahren $J/(K \cdot g)$

Glasumwandlungstemperatur Torsionsschwingungsversuch °C
Differentialkalorimetrie °C

Brandverhalten

UL-Test vertikal Dicke 1.6 mm, Wert V-0
Dicke mm, Wert

	Norm	Bewertung	Abmessungen
Sauerstoff-Index	ASTM D 2863		
Glühstab-Verfahren	VDE 0304 Teil 3 2b		
Brandverhalten	DIN 4102		
MVSS			
FAR			

Elektrische Eigenschaften

		Hz	°C		Probekörper, Form
Dielektrizitätszahl		50			
		10^3			
		10^6	23	3.5	
Dielektrischer Verlustfaktor tan δ		50			
		10^3			
		10^6	23	0.015	
Spezifischer Durchgangs-widerstand	Ohm · cm		23	1.0*10**16	
Durchschlagfestigkeit	kV/mm				mm dick
Oberflächenwiderstand	Ohm		23	1.0*10**13	
Kriechstromfestigkeit		KC 275	KB 200	KA	
Elektrolytische Korrosionswirkung					
Lichtbogenfestigkeit nach DIN					
nach ASTM	s				

Beständigkeit *(Chemische Beständigkeit siehe Anhang)*

Wasseraufnahme 23 C Bis zur Saettigung 0.45 %

Feuchtigkeitsaufnahme Normalklima %
Wetterbeständigkeit

Spannungskorrosion

Optische Eigenschaften

Brechungszahl n_D
Transmissionsgrad τ_c % mm dick
Lichtdurchlässigkeit

Produkt	Polyarylat		**PAR**
Handelsname	**Arylon 501 BK-103**		
Hersteller	DU PONT		
DIN-Bez 1			
DIN-Bez 2			
Zusätze		*Füllstoffe/ Verstärkung*	30.0% Glasfaser
Bevorzugte Verarbeitung	Spritzgiessen	*Lieferform*	Granulat
		Farben	Natur; Standard
Besondere Merkmale	Hohe Dimensionsstabilitaet; Sehr hoher Modul; Hohe Festigkeit	*Bevorzugte Anwendungen*	Technisches Formteil; Gehaeuse; Kfz-Bauteil; Bedarfsartikel; Teil fuer Elektroindustrie

Dichte	g/cm³	1.44	*Schmelzindex*	g/10 min :
Schüttdichte	g/cm³		*Volumenfließindex*	cm³/10 min :
Viskositätszahl	ml/g			

Verarbeitungsbedingungen für Spritzgießen

Massetemp.	°C	≦ 390	*Schwindung*	% lgs 0.2, quer 0.5
Werkzeugtemp.	°C		*Bemerkungen*	Vortrocknen 12 bis 16 h bei 120 C
Spritzdruck	bar	1400		

Zugversuch 23 °C ASTM D-638;

	Probekörper: Form		*Herstellung* Spritzgiessen
	Zustand		*Vorbehandlung* Normalklima
Streckspannung	N/mm²	*Dehnung bei Streckspannung*	%
Zugfestigkeit	N/mm² 145	*Reißdehnung*	% 2
Reißfestigkeit	N/mm²	*% Dehnspannung*	N/mm²
E-Modul	N/mm² 8300	*Dehnung bei % Dehnspg.*	%

Kriechmoduln und Zeitstandwerte 23 °C

	Probekörper: Form		*Herstellung*
	Zustand		*Vorbehandlung*
Kriechmodul	1 min N/mm²	*Zeitstandzugfestigkeit*	h N/mm²
Kriechmodul	1000 h N/mm²	*Zeitdehnspg. %*	h N/mm²
bei Spannung	N/mm²		

Biegeversuch 23 °C ASTM D-790;

	Probekörper: Form		*Herstellung* Spritzgiessen
	Zustand		*Vorbehandlung* Normalklima
Biegefestigkeit	N/mm² 207	*E-Modul*	N/mm² 8400
3,5% Biegespannung	N/mm²		

Härte 23 °C

	Probekörper: Zustand		*Herstellung* Spritzgiessen
			Vorbehandlung Normalklima
Kugeldruckhärte	N/mm²	bei N, s	*Shore-Härte* A
Rockwellhärte	M 85	R 122	*Shore-Härte* D

Schlagversuch

	Probekörper: (1)		
	(2) V-Kerbe		*Herstellung* Spritzgiessen
	Zustand		*Vorbehandlung* Normalklima
	°C	°C	°C *Probekörper-Form*
Schlagzähigkeit	kJ/m²		
Kerbschlagzähigkeit (1)	kJ/m²		
IZOD-Kerbschlagzähigkeit (2)	J/m 23 96		
Kerbschlagzugzähigkeit	kJ/m²		

Abrieb und Reibung

Taber-Abrieb (Reibradverfahren)	mm^3/100 U
Abriebfaktor LNP (Thrust washer) Vergleichswert	
Statische Reibungszahl	
Dynamische Reibungszahl	(p·v = N/mm^2 · m/min)
Zulässiger p · v Wert	N/mm^2 · (m/min) v = m/min
	v = m/min

Thermische Eigenschaften

Formbeständigkeit in der Wärme	Verfahren	B	177 °C
	Verfahren	A	171 °C
Vicat Erweichungstemperatur (VST)	Verfahren		°C
	Verfahren		°C
Kristallit-Schmelzpunkt	Verfahren		
Längenausdehnungskoeffizient	Bereich	−40–120 °C	0.27 · 10^{-4}K^{-1}
	Temperatur		· 10^{-4}K^{-1}
Wärmeleitfähigkeit	Verfahren	ASTM C177 23 °C	0.24 W/(K · m)
Spezifische Wärmekapazität	Verfahren	23 °C	1.04 J/(K · g)
Glasumwandlungstemperatur	Torsionsschwingungsversuch		°C
	Differentialkalorimetrie		°C

Brandverhalten

UL-Test vertikal   Dicke 1.6   mm, Wert V-0
               Dicke 3.2   mm, Wert V-0

	Norm	Bewertung	Abmessungen
Sauerstoff-Index	ASTM D 2863	37 %	
Glühstab-Verfahren			
Brandverhalten	DIN 4102		
MVSS			
FAR			

Elektrische Eigenschaften

		Hz	°C		Probekörper, Form
Dielektrizitätszahl		50	23	3.52	
		10^3	23	3.52	
		10^6	23	3.43	
Dielektrischer Verlustfaktor tan δ		50	23	0.003	
		10^3	23	0.005	
		10^6	23	0.018	
Spezifischer Durchgangs-widerstand	Ohm · cm		23	1.0*10**14	
Durchschlagfestigkeit	kV/mm		23	23	1.6 mm dick
Oberflächenwiderstand	Ohm				
Kriechstromfestigkeit		KC	KB	KA	
Elektrolytische Korrosionswirkung					
Lichtbogenfestigkeit nach DIN					
nach ASTM	s				

Beständigkeit *(Chemische Beständigkeit siehe Anhang)*

Wasseraufnahme

Feuchtigkeitsaufnahme Normalklima   %
Wetterbeständigkeit

Spannungskorrosion

Optische Eigenschaften

Brechungszahl n$_D$
Transmissionsgrad τ$_c$ %   mm dick
Lichtdurchlässigkeit

Produkt	Polyarylat	**PAR**
Handelsname	**Arylon FR 402 NC-10**	
Hersteller	DU PONT	
DIN-Bez 1		
DIN-Bez 2		

Zusätze	Brandschutzmittel		*Füllstoffe/* *Verstärkung*	
Bevorzugte *Verarbeitung*	Spritzgiessen		*Lieferform*	Granulat
			Farben	Natur; Standard
Besondere *Merkmale*	Hohe Dimensionsstabilitaet		*Bevorzugte* *Anwendungen*	Technisches Formteil; Gehaeuse; Kfz-Bauteil; Bedarfsartikel; Teil fuer Elektroindustrie

---

Dichte	g/cm^3	1.22		*Schmelzindex*	g/10 min	:
Schüttdichte	g/cm^3			*Volumenfließindex*	cm^3/10 min	:
Viskositätszahl	ml/g					

Verarbeitungsbedingungen für Spritzgießen

Massetemp.	°C	≦ 390		*Schwindung*	%	lgs 1.0, quer 1.0
Werkzeugtemp.	°C			*Bemerkungen*		Vortrocknen 12 bis 16 h bei 120 C
Spritzdruck	bar	1400				

Zugversuch 23 °C   ASTM D-638;

	Probekörper:	*Form*	*Herstellung*	Spritzgiessen
		Zustand	*Vorbehandlung*	Normalklima

Streckspannung	N/mm^2		*Dehnung bei Streckspannung*	%	6.5
Zugfestigkeit	N/mm^2	70	*Reißdehnung*	%	20
Reißfestigkeit	N/mm^2		*% Dehnspannung*	N/mm^2	
E-Modul	N/mm^2	2100	*Dehnung bei % Dehnspg.*	%	

Kriechmoduln und Zeitstandwerte 23 °C

	Probekörper:	*Form*	*Herstellung*	
		Zustand	*Vorbehandlung*	

Kriechmodul	*1 min*	N/mm^2	*Zeitstandzugfestigkeit*	h N/mm^2
Kriechmodul	*1000 h*	N/mm^2	*Zeitdehnspg. %*	h N/mm^2
bei Spannung		N/mm^2		

Biegeversuch 23 °C   ASTM D-790;

	Probekörper:	*Form*	*Herstellung*	Spritzgiessen
		Zustand	*Vorbehandlung*	Normalklima

Biegefestigkeit	N/mm^2	85	*E-Modul*	N/mm^2 2140
3,5% Biegespannung	N/mm^2			

Härte 23 °C

	Probekörper:	*Zustand*	*Herstellung*	Spritzgiessen
			Vorbehandlung	Normalklima

Kugeldruckhärte	N/mm^2	bei N, s	*Shore-Härte* A	
Rockwellhärte	M 66	R 122	*Shore-Härte* D	

Schlagversuch

	Probekörper:	*(1)*		
		(2) V-Kerbe	*Herstellung*	Spritzgiessen
		Zustand	*Vorbehandlung*	Normalklima
		°C °C °C	*Probekörper-Form*	

Schlagzähigkeit	kJ/m^2	
Kerbschlagzähigkeit (1)	kJ/m^2	
IZOD-Kerbschlagzähigkeit (2)	J/m	23 203
Kerbschlagzugzähigkeit	kJ/m^2	

Abrieb und Reibung

Taber-Abrieb (Reibradverfahren)	mm³/100 U	
Abriebfaktor LNP (Thrust washer) Vergleichswert		
Statische Reibungszahl		
Dynamische Reibungszahl	$(p \cdot v =$ N/mm² · m/min)	
Zulässiger p · v Wert	N/mm² · (m/min) v = m/min	
	v = m/min	

Thermische Eigenschaften

Formbeständigkeit in der Wärme	*Verfahren* B		168 °C
	Verfahren A		154 °C
Vicat Erweichungstemperatur (VST)	*Verfahren*		°C
	Verfahren		°C
Kristallit-Schmelzpunkt	*Verfahren*		
Längenausdehnungskoeffizient	*Bereich* -40–120 °C		$0.54 \cdot 10^{-4} \mathrm{K}^{-1}$
	Temperatur		$\cdot 10^{-4} \mathrm{K}^{-1}$
Wärmeleitfähigkeit	*Verfahren* ASTM C177	23 °C	0.20 W/(K · m)
Spezifische Wärmekapazität	*Verfahren*	23 °C	1.44 J/(K · g)
Glasumwandlungstemperatur	*Torsionsschwingungsversuch*		°C
	Differentialkalorimetrie		°C

Brandverhalten

UL-Test vertikal	Dicke 1.6 mm, Wert V-0	
	Dicke 3.2 mm, Wert V-0	

	Norm	*Bewertung*	*Abmessungen*
Sauerstoff-Index	ASTM D 2863	35%	
Glühstab-Verfahren			
Brandverhalten	DIN 4102		
MVSS			
FAR			

Elektrische Eigenschaften

		Hz	°C		*Probekörper, Form*
Dielektrizitätszahl		50	23	3.14	
		10^3	23	3.12	
		10^6	23	3.06	
Dielektrischer Verlustfaktor $\tan \delta$		50	23	0.003	
		10^3	23	0.005	
		10^6	23	0.020	
Spezifischer Durchgangs- *widerstand*	Ohm · cm				
Durchschlagfestigkeit	kV/mm		23	23	1.6 mm dick
Oberflächenwiderstand	Ohm				
Kriechstromfestigkeit		KC	KB	KA	
Elektrolytische Korrosionswirkung					
Lichtbogenfestigkeit nach DIN					
* nach ASTM*	s				

Beständigkeit *(Chemische Beständigkeit siehe Anhang)*

Wasseraufnahme

Feuchtigkeitsaufnahme Normalklima   %
Wetterbeständigkeit

Spannungskorrosion

Optische Eigenschaften

Brechungszahl n_D
Transmissionsgrad τ_c %   mm dick
Lichtdurchlässigkeit

Produkt	Polyarylat		**PAR**
Handelsname	**Arylon 401 NC-10**		
Hersteller	DU PONT		
DIN-Bez 1			
DIN-Bez 2			
Zusätze		*Füllstoffe/ Verstärkung*	
Bevorzugte Verarbeitung	Spritzgiessen	*Lieferform*	Granulat
		Farben	Natur; Standard
Besondere Merkmale	Hohe Dimensionsstabilitaet; Gute Witterungsbestaendigkeit; Sehr gute Transparenz	*Bevorzugte Anwendungen*	Technisches Formteil; Gehaeuse; Kfz-Bauteil; Bedarfsartikel; Teil fuer Elektroindustrie; Lampengehaeuse; Reflektor; Getoentes Glas; Brillengestell; Medikamentenflasche; Zahnersatz

Dichte	g/cm³	1.19	*Schmelzindex*	g/10 min	:
Schüttdichte	g/cm³		*Volumenfließindex*	cm³/10 min	:
Viskositätszahl	ml/g				

Verarbeitungsbedingungen für Spritzgießen

Massetemp.	°C	≦ 390	*Schwindung*	% lgs	1.0, quer 1.0
Werkzeugtemp.	°C		*Bemerkungen*	Vortrocknen 12 bis 16 h bei 120 C	
Spritzdruck	bar	1400			

Zugversuch 23 °C ASTM D-638;

	Probekörper:	*Form*	*Herstellung*	Spritzgiessen
		Zustand	*Vorbehandlung*	Normalklima
Streckspannung	N/mm²		*Dehnung bei Streckspannung*	% 7.0
Zugfestigkeit	N/mm² 68		*Reißdehnung*	% 25
Reißfestigkeit	N/mm²		*% Dehnspannung*	N/mm²
E-Modul	N/mm² 2000		*Dehnung bei % Dehnspg.*	%

Kriechmoduln und Zeitstandwerte 23 °C

	Probekörper:	*Form*	*Herstellung*	
		Zustand	*Vorbehandlung*	
Kriechmodul	1 min N/mm²		*Zeitstandzugfestigkeit*	h N/mm²
Kriechmodul	1000 h N/mm²		*Zeitdehnspg. %*	h N/mm²
bei Spannung	N/mm²			

Biegeversuch 23 °C ASTM D-790;

	Probekörper:	*Form*	*Herstellung*	Spritzgiessen
		Zustand	*Vorbehandlung*	Normalklima
Biegefestigkeit	N/mm² 83		*E-Modul*	N/mm² 2100
3,5% Biegespannung	N/mm²			

Härte 23 °C

	Probekörper:	*Zustand*	*Herstellung*	Spritzgiessen
			Vorbehandlung	Normalklima
Kugeldruckhärte	N/mm²	bei N, s	*Shore-Härte*	A
Rockwellhärte	M 66	R 122	*Shore-Härte*	D

Schlagversuch

	Probekörper:	*(1)*		
		(2) V-Kerbe	*Herstellung*	Spritzgiessen
		Zustand	*Vorbehandlung*	Normalklima
		°C °C °C		*Probekörper-Form*

Schlagzähigkeit	kJ/m²	
Kerbschlagzähigkeit (1)	kJ/m²	
IZOD-Kerbschlagzähigkeit (2)	J/m	23 288
Kerbschlagzugzähigkeit	kJ/m²	

Abrieb und Reibung

Taber-Abrieb (Reibradverfahren)	mm³/100 U
Abriebfaktor LNP (Thrust washer) Vergleichswert	
Statische Reibungszahl	
Dynamische Reibungszahl	$(p \cdot v =$ N/mm² · m/min)
Zulässiger p · v Wert	N/mm² · (m/min) $v =$ m/min
	$v =$ m/min

Thermische Eigenschaften

Formbeständigkeit in der Wärme	*Verfahren*	B	171 °C
	Verfahren	A	155 °C
Vicat Erweichungstemperatur (VST)	*Verfahren*		°C
	Verfahren		°C
Kristallit-Schmelzpunkt	*Verfahren*		
Längenausdehnungskoeffizient	*Bereich*	-40–120 °C	$0.56 \cdot 10^{-4} \mathrm{K}^{-1}$
	Temperatur		$\cdot 10^{-4} \mathrm{K}^{-1}$
Wärmeleitfähigkeit	*Verfahren*	ASTM C177	23 °C	0.21 W/(K · m)
Spezifische Wärmekapazität	*Verfahren*		23 °C	1.67 J/(K · g)
Glasumwandlungstemperatur	*Torsionsschwingungsversuch*		°C
	Differentialkalorimetrie		°C

Brandverhalten

UL-Test vertikal   Dicke 1.6   mm, Wert HB
                         Dicke 3.2   mm, Wert HB

	Norm	*Bewertung*	*Abmessungen*
Sauerstoff-Index	ASTM D 2863	26%	
Glühstab-Verfahren			
Brandverhalten	DIN 4102		
MVSS			
FAR			

Elektrische Eigenschaften

		Hz	°C		*Probekörper, Form*
Dielektrizitätszahl		50	23	3.14	
		10^3	23	3.13	
		10^6	23	3.05	
Dielektrischer Verlustfaktor tan δ		50	23	0.002	
		10^3	23	0.005	
		10^6	23	0.023	
Spezifischer Durchgangs-widerstand	Ohm · cm				
Durchschlagfestigkeit	kV/mm		23	24	1.6 mm dick
Oberflächenwiderstand	Ohm				
Kriechstromfestigkeit		KC	KB	KA	
Elektrolytische Korrosionswirkung					
Lichtbogenfestigkeit nach DIN					
nach ASTM	s				

Beständigkeit *(Chemische Beständigkeit siehe Anhang)*

Wasseraufnahme

Feuchtigkeitsaufnahme Normalklima   %
Wetterbeständigkeit

Spannungskorrosion

Optische Eigenschaften

Brechungszahl n_D
Transmissionsgrad τ_c %   mm dick
Lichtdurchlässigkeit

Produkt	Polybutylenterephthalat	**PBT**
Handelsname	**Celanex 2000**	
Hersteller	CELANESE	
DIN-Bez 1	16779-PBT,MG,XX-03	
DIN-Bez 2		

Zusätze   *Füllstoffe/ Verstärkung*

Bevorzugte Verarbeitung Spritzgiessen   *Lieferform* Granulat

Farben Natur; Schwarz; Konzentrate

Besondere Merkmale Leicht fliessend; Zaeh; Ausgewogene mechanische Eigenschaften

Bevorzugte Anwendungen Technisches Formteil; Schreibmaschinentaste; Terminaltaste; Schalter; Motordeckel; Nutauskleidung; Kabelummantelung; Borsten fuer Malerpinsel

---

Dichte	g/cm³	1.31	*Schmelzindex*	g/10 min	:
Schüttdichte	g/cm³		*Volumenfließindex*	cm³/10 min	:
Viskositätszahl	ml/g				

Verarbeitungsbedingungen für Spritzgießen

Massetemp.	°C	240–260	*Schwindung*	%	lgs 1.8–2.0, quer 1.8–2.0
Werkzeugtemp.	°C	70	*Bemerkungen*		
Spritzdruck	bar				

Zugversuch 23 °C ASTM D638;

			Herstellung	Spritzgiessen
	Probekörper:	Form	*Vorbehandlung*	Normalklima
		Zustand		

Streckspannung	N/mm²		*Dehnung bei Streckspannung*	%	
Zugfestigkeit	N/mm²		*Reißdehnung*	%	5
Reißfestigkeit	N/mm²	57	*% Dehnspannung*	N/mm²	
E-Modul	N/mm²	2480	*Dehnung bei % Dehnspg.*	%	

Kriechmoduln und Zeitstandwerte 23 °C

			Herstellung	
	Probekörper:	Form	*Vorbehandlung*	
		Zustand		

Kriechmodul	1 min N/mm²		*Zeitstandzugfestigkeit*	h N/mm²
Kriechmodul	1000 h N/mm²		*Zeitdehnspg. %*	h N/mm²
bei Spannung	N/mm²			

Biegeversuch 23 °C ASTM D790;

			Herstellung	Spritzgiessen
	Probekörper:	Form	*Vorbehandlung*	Normalklima
		Zustand		

Biegefestigkeit	N/mm² 86	*E-Modul*	N/mm² 2480	
3,5% Biegespannung	N/mm²			

Härte 23 °C

			Herstellung	Spritzgiessen
	Probekörper:	Zustand	*Vorbehandlung*	Normalklima

Kugeldruckhärte	N/mm²	bei N, s	*Shore-Härte* A	
Rockwellhärte	M 75		*Shore-Härte* D	

Schlagversuch

	Probekörper:	(1)		
		(2) V-Kerbe	*Herstellung*	Spritzgiessen
		Zustand	*Vorbehandlung*	Normalklima
		°C °C °C	*Probekörper-Form*	

Schlagzähigkeit	kJ/m²		
Kerbschlagzähigkeit (1)	kJ/m²		
IZOD-Kerbschlagzähigkeit (2)	J/m	23 37	
Kerbschlagzugzähigkeit	kJ/m²		

Abrieb und Reibung

Taber-Abrieb (Reibradverfahren)	mm³/100 U	
Abriebfaktor LNP (Thrust washer) Vergleichswert		
Statische Reibungszahl		
Dynamische Reibungszahl	(p·v = N/mm² · m/min)	0.13
Zulässiger p · v Wert	N/mm² · (m/min) v = m/min	
	v = m/min	

Thermische Eigenschaften

Formbeständigkeit in der Wärme	*Verfahren* B		162 °C
	Verfahren A		51 °C
Vicat Erweichungstemperatur (VST)	*Verfahren*		°C
	Verfahren		°C
Kristallit-Schmelzpunkt	*Verfahren*		
Längenausdehnungskoeffizient	*Bereich* 0–140 °C		$1.16 \cdot 10^{-4} \mathrm{K}^{-1}$
	Temperatur		$\cdot 10^{-4} \mathrm{K}^{-1}$
Wärmeleitfähigkeit	*Verfahren*		W/(K · m)
Spezifische Wärmekapazität	*Verfahren*		J/(K · g)
Glasumwandlungstemperatur	*Torsionsschwingungsversuch*	°C	
	Differentialkalorimetrie	°C	

Brandverhalten

UL-Test vertikal   Dicke 0.71 mm, Wert HB
                    Dicke   mm, Wert

	Norm	*Bewertung*	*Abmessungen*
Sauerstoff-Index	ASTM D 2863		
Glühstab-Verfahren			
Brandverhalten	DIN 4102		
MVSS			
FAR			

Elektrische Eigenschaften

		Hz	°C		*Probekörper, Form*
Dielektrizitätszahl		50	23	3.2	
		10^3			
		10^6			
Dielektrischer Verlustfaktor tan δ		50	23	0.002	
		10^3			
		10^6			
Spezifischer Durchgangs-					
widerstand	Ohm · cm		23	1.0*10**15	
Durchschlagfestigkeit	kV/mm		23	17	3.2 mm dick
Oberflächenwiderstand	Ohm				
Kriechstromfestigkeit		KC	KB	KA	
Elektrolytische Korrosionswirkung					
Lichtbogenfestigkeit nach DIN					
nach ASTM s					

Beständigkeit *(Chemische Beständigkeit siehe Anhang)*

Wasseraufnahme 23 C		1 d	0.09 %
Feuchtigkeitsaufnahme Normalklima			%
Wetterbeständigkeit			
Spannungskorrosion			

Optische Eigenschaften

Brechungszahl n_D
Transmissionsgrad τ_c %   mm dick
Lichtdurchlässigkeit

Produkt	Polybutylenterephthalat		**PBT**
Handelsname	**Celanex 2002**		
Hersteller	CELANESE		
DIN-Bez 1 *DIN-Bez 2*	16779-PBT,MG,XX-03		
Zusätze		*Füllstoffe/* *Verstärkung*	
Bevorzugte *Verarbeitung*	Spritzgiessen	*Lieferform*	Granulat
		Farben	Natur; Schwarz; Konzentrate
Besondere *Merkmale*	Leicht fliessend; Zaeh; Ausgewogene mechanische Eigenschaften	*Bevorzugte* *Anwendungen*	Technisches Formteil; Schreibmaschinentaste; Terminaltaste; Schalter; Motordeckel; Nutauskleidung; Kabelummantelung; Borsten fuer Malerpinsel

---

Dichte	g/cm^3	1.31	*Schmelzindex*	g/10 min	:
Schüttdichte	g/cm^3		*Volumenfließindex*	cm^3/10 min	:
Viskositätszahl	ml/g				

Verarbeitungsbedingungen für Spritzgießen

Massetemp.	°C	240–260	*Schwindung*	%	lgs 1.8–2.0, quer 1.8–2.0
Werkzeugtemp.	°C	70	*Bemerkungen*		
Spritzdruck	bar				

Zugversuch 23 °C ASTM D638;

	Probekörper:	*Form*	*Herstellung*	Spritzgiessen
		Zustand	*Vorbehandlung*	Normalklima

Streckspannung	N/mm^2		*Dehnung bei Streckspannung*	%	
Zugfestigkeit	N/mm^2		*Reißdehnung*	%	200
Reißfestigkeit	N/mm^2	56	*% Dehnspannung*	N/mm^2	
E-Modul	N/mm^2	2550	*Dehnung bei* % *Dehnspg.*	%	

Kriechmoduln und Zeitstandwerte 23 °C

	Probekörper:	*Form*	*Herstellung*
		Zustand	*Vorbehandlung*

Kriechmodul	1 min	N/mm^2	*Zeitstandzugfestigkeit*	h N/mm^2	
Kriechmodul	1000 h	N/mm^2	*Zeitdehnspg.* %	h N/mm^2	
bei Spannung		N/mm^2			

Biegeversuch 23 °C ASTM D790;

	Probekörper:	*Form*	*Herstellung*	Spritzgiessen
		Zustand	*Vorbehandlung*	Normalklima

Biegefestigkeit	N/mm^2 86	*E-Modul*	N/mm^2 2550
3,5% Biegespannung	N/mm^2		

Härte 23 °C

	Probekörper:	*Zustand*	*Herstellung*	Spritzgiessen
			Vorbehandlung	Normalklima

Kugeldruckhärte	N/mm^2	bei N, s	*Shore-Härte* A	
Rockwellhärte	M 78		*Shore-Härte* D	

Schlagversuch

	Probekörper:	*(1)*		
		(2) V-Kerbe	*Herstellung*	Spritzgiessen
		Zustand	*Vorbehandlung*	Normalklima

	°C	°C	°C	*Probekörper-Form*

Schlagzähigkeit	kJ/m^2		
Kerbschlagzähigkeit (1)	kJ/m^2		
IZOD-Kerbschlagzähigkeit (2)	J/m	23	48
Kerbschlagzugzähigkeit	kJ/m^2		

Abrieb und Reibung

Taber-Abrieb (Reibradverfahren)	mm^3/100 U		
Abriebfaktor LNP (Thrust washer) Vergleichswert			
Statische Reibungszahl			
Dynamische Reibungszahl	(p·v= N/mm^2· m/min)	0.13	
Zulässiger p · v Wert	N/mm^2· (m/min) v= m/min		
	v= m/min		

Thermische Eigenschaften

Formbeständigkeit in der Wärme	*Verfahren* B		160 °C
	Verfahren A		55 °C
Vicat Erweichungstemperatur (VST)	*Verfahren*		°C
	Verfahren		°C
Kristallit-Schmelzpunkt	*Verfahren*		
Längenausdehnungskoeffizient	*Bereich* 0–140 °C		1.31 · 10^{-4}K^{-1}
	Temperatur		· 10^{-4}K^{-1}
Wärmeleitfähigkeit	*Verfahren*		W/(K · m)
Spezifische Wärmekapazität	*Verfahren*		J/(K · g)
Glasumwandlungstemperatur	*Torsionsschwingungsversuch*	°C	
	Differentialkalorimetrie	°C	

Brandverhalten

UL-Test vertikal	Dicke 0.71 mm, Wert HB		
	Dicke mm, Wert		

	Norm	*Bewertung*	*Abmessungen*
Sauerstoff-Index	ASTM D 2863		
Glühstab-Verfahren			
Brandverhalten	DIN 4102		
MVSS			
FAR			

Elektrische Eigenschaften

		Hz	°C		*Probekörper, Form*
Dielektrizitätszahl		50	23	3.2	
		10^3			
		10^6			
Dielektrischer Verlustfaktor tan δ		50	23	0.002	
		10^3			
		10^6			
Spezifischer Durchgangs-					
widerstand	Ohm · cm		23	1.0*10**15	
Durchschlagfestigkeit	kV/mm		23	17	3.2 mm dick
Oberflächenwiderstand	Ohm				
Kriechstromfestigkeit		KC	KB	KA	
Elektrolytische Korrosionswirkung					
Lichtbogenfestigkeit nach DIN					
nach ASTM	s				

Beständigkeit *(Chemische Beständigkeit siehe Anhang)*

Wasseraufnahme 23 C		1 d	0.09 %
Feuchtigkeitsaufnahme Normalklima			%
Wetterbeständigkeit			
Spannungskorrosion			

Optische Eigenschaften

Brechungszahl n$_D$		
Transmissionsgrad τ$_c$	%	mm dick
Lichtdurchlässigkeit		

Produkt	Polybutylenterephthalat	**PBT**
Handelsname	**Celanex 2012**	
Hersteller	CELANESE	
DIN-Bez 1	16779-PBT,MG,XX-04	
DIN-Bez 2		

Zusätze	Brandschutzmittel	*Füllstoffe/ Verstärkung*	
Bevorzugte Verarbeitung	Spritzgiessen	*Lieferform*	Granulat
		Farben	Natur; Schwarz; Konzentrate
Besondere Merkmale	Leicht fliessend; Zaeh; Ausgewogene mechanische Eigenschaften	*Bevorzugte Anwendungen*	Technisches Formteil; Schreibmaschinentaste; Terminaltaste; Schalter; Motordeckel; Nutauskleidung; Kabelummantelung; Borsten fuer Malerpinsel

Dichte	g/cm^3	1.43	*Schmelzindex*	g/10 min	:
Schüttdichte	g/cm^3		*Volumenfließindex*	cm^3/10 min	:
Viskositätszahl	ml/g				

Verarbeitungsbedingungen für Spritzgießen

Massetemp.	°C	240–260	*Schwindung*	%	lgs 1.8–2.0, quer 1.8–2.0
Werkzeugtemp.	°C	70	*Bemerkungen*		
Spritzdruck	bar				

Zugversuch 23 °C ASTM D638;

	Probekörper:	*Form*	*Herstellung*	Spritzgiessen
		Zustand	*Vorbehandlung*	Normalklima
Streckspannung	N/mm^2		*Dehnung bei Streckspannung*	%
Zugfestigkeit	N/mm^2		*Reißdehnung*	% 15
Reißfestigkeit	N/mm^2 55		% *Dehnspannung*	N/mm^2
E-Modul	N/mm^2 3040		*Dehnung bei* % *Dehnspg.*	%

Kriechmoduln und Zeitstandwerte 23 °C

	Probekörper:	*Form*	*Herstellung*
		Zustand	*Vorbehandlung*
Kriechmodul	*1 min* N/mm^2	*Zeitstandzugfestigkeit*	h N/mm^2
Kriechmodul	*1000 h* N/mm^2	*Zeitdehnspg.* %	h N/mm^2
bei Spannung	N/mm^2		

Biegeversuch 23 °C ASTM D790;

	Probekörper:	*Form*	*Herstellung* Spritzgiessen
		Zustand	*Vorbehandlung* Normalklima
Biegefestigkeit	N/mm^2 97	*E-Modul*	N/mm^2 2760
3,5% Biegespannung	N/mm^2		

Härte 23 °C

	Probekörper:	*Zustand*	*Herstellung* Spritzgiessen
			Vorbehandlung Normalklima
Kugeldruckhärte	N/mm^2	bei N, s	*Shore-Härte* A
Rockwellhärte	M 80		*Shore-Härte* D

Schlagversuch

	Probekörper:	*(1)*	
		(2) V-Kerbe	*Herstellung* Spritzgiessen
		Zustand	*Vorbehandlung* Normalklima
		°C °C °C	*Probekörper-Form*

Schlagzähigkeit	kJ/m^2		
Kerbschlagzähigkeit (1)	kJ/m^2		
IZOD-Kerbschlagzähigkeit (2)	J/m	23 27	
Kerbschlagzugzähigkeit	kJ/m^2		

Abrieb und Reibung

Taber-Abrieb (Reibradverfahren)	mm^3/100 U	
Abriebfaktor LNP (Thrust washer) Vergleichswert		
Statische Reibungszahl		
Dynamische Reibungszahl	$(p \cdot v = \quad N/mm^2 \cdot \quad m/min)$	0.1–0.13
Zulässiger p · v Wert	$N/mm^2 \cdot (m/min) \quad v = \quad m/min$	
	$v = \quad m/min$	

Thermische Eigenschaften

Formbeständigkeit in der Wärme	*Verfahren*	B	173 °C
	Verfahren	A	57 °C
Vicat Erweichungstemperatur (VST)	*Verfahren*		°C
	Verfahren		°C
Kristallit-Schmelzpunkt	*Verfahren*		
Längenausdehnungskoeffizient	*Bereich*	0–140 °C	$1.29 \cdot 10^{-4} K^{-1}$
	Temperatur		$\cdot 10^{-4} K^{-1}$
Wärmeleitfähigkeit	*Verfahren*		$W/(K \cdot m)$
Spezifische Wärmekapazität	*Verfahren*		$J/(K \cdot g)$
Glasumwandlungstemperatur	*Torsionsschwingungsversuch*		°C
	Differentialkalorimetrie		°C

Brandverhalten

UL-Test vertikal

Dicke 0.71 mm, Wert V-0
Dicke   mm, Wert

	Norm	Bewertung	Abmessungen
Sauerstoff-Index	ASTM D 2863		
Glühstab-Verfahren			
Brandverhalten	DIN 4102		
MVSS			
FAR			

Elektrische Eigenschaften

		Hz	°C		Probekörper, Form
Dielektrizitätszahl		50	23	3.2	
		10^3			
		10^6			
Dielektrischer Verlustfaktor $\tan \delta$		50	23	0.002	
		10^3			
		10^6			
Spezifischer Durchgangswiderstand	Ohm · cm		23	1.0*10**15	
Durchschlagfestigkeit	kV/mm		23	18	3.2 mm dick
Oberflächenwiderstand	Ohm				
Kriechstromfestigkeit		KC	KB	KA	
Elektrolytische Korrosionswirkung					
Lichtbogenfestigkeit nach DIN					
nach ASTM	s				

Beständigkeit *(Chemische Beständigkeit siehe Anhang)*

Wasseraufnahme 23 C		1 d	0.09 %
Feuchtigkeitsaufnahme Normalklima			%
Wetterbeständigkeit			
Spannungskorrosion			

Optische Eigenschaften

Brechungszahl n_D			
Transmissionsgrad τ_c	%		mm dick
Lichtdurchlässigkeit			

Produkt	Polybutylenterephthalat	**PBT**
Handelsname	**Celanex 3200**	
Hersteller	CELANESE	
DIN-Bez 1	16779-PBT,MG,XX-06	
DIN-Bez 2		

Zusätze		Füllstoffe/ Verstärkung	15.0% Glasfaser
Bevorzugte Verarbeitung	Spritzgiessen	Lieferform	Granulat
		Farben	Natur; Schwarz; Konzentrate
Besondere Merkmale	Hoher Modul; Hohe Festigkeit; Hohe Waermeformbestaendigkeit	Bevorzugte Anwendungen	Technisches Formteil; Maschinenbau; Kfz-Bau; Haushaltsgeraeteteil; Verteilerkappe; Spulenkoerper; Zuendspulengehaeuse; Rotor; Telekommunikationssektor

Dichte	g/cm³	1.41	Schmelzindex	g/10 min		:
Schüttdichte	g/cm³		Volumenfließindex	cm³/10 min		:
Viskositätszahl	ml/g					

Verarbeitungsbedingungen für Spritzgießen

Massetemp.	°C	240–260	Schwindung	%	lgs 0.4–0.6, quer
Werkzeugtemp.	°C	70	Bemerkungen		
Spritzdruck	bar				

Zugversuch 23 °C   ASTM D638;

	Probekörper:	Form	Herstellung	Spritzgiessen
		Zustand	Vorbehandlung	Normalklima
Streckspannung	N/mm²		Dehnung bei Streckspannung	%
Zugfestigkeit	N/mm²		Reißdehnung	% 2.5
Reißfestigkeit	N/mm² 93		% Dehnspannung	N/mm²
E-Modul	N/mm² 5520		Dehnung bei % Dehnspg.	%

Kriechmoduln und Zeitstandwerte 23 °C

	Probekörper:	Form	Herstellung	
		Zustand	Vorbehandlung	
Kriechmodul	1 min N/mm²		Zeitstandzugfestigkeit	h N/mm²
Kriechmodul	1000 h N/mm²		Zeitdehnspg. %	h N/mm²
bei Spannung	N/mm²			

Biegeversuch 23 °C   ASTM D790;

	Probekörper:	Form	Herstellung	Spritzgiessen
		Zustand	Vorbehandlung	Normalklima
Biegefestigkeit	N/mm² 145		E-Modul	N/mm² 4830
3,5% Biegespannung	N/mm²			

Härte 23 °C

	Probekörper:	Zustand	Herstellung	Spritzgiessen
			Vorbehandlung	Normalklima
Kugeldruckhärte	N/mm²	bei N, s	Shore-Härte A	
Rockwellhärte	M 90		Shore-Härte D	

Schlagversuch

	Probekörper:	(1)		
		(2) V-Kerbe	Herstellung	Spritzgiessen
		Zustand	Vorbehandlung	Normalklima
		°C	°C	°C	Probekörper-Form

Schlagzähigkeit	kJ/m²		
Kerbschlagzähigkeit (1)	kJ/m²		
IZOD-Kerbschlagzähigkeit (2)	J/m	23 53	
Kerbschlagzugzähigkeit	kJ/m²		

Abrieb und Reibung

Taber-Abrieb (Reibradverfahren)	mm³/100 U
Abriebfaktor LNP (Thrust washer) Vergleichswert	
Statische Reibungszahl	0.15–0.19
Dynamische Reibungszahl	(p·v = N/mm² · m/min) 0.1–0.21
Zulässiger p · v Wert	N/mm² · (m/min) v = m/min
	v = m/min

Thermische Eigenschaften

Formbeständigkeit in der Wärme	Verfahren	B	213 °C
	Verfahren	A	192 °C
Vicat Erweichungstemperatur (VST)	Verfahren		°C
	Verfahren		°C
Kristallit-Schmelzpunkt	Verfahren		
Längenausdehnungskoeffizient	Bereich 0–140 °C		$0.40 \cdot 10^{-4} K^{-1}$
	Temperatur		$\cdot 10^{-4} K^{-1}$
Wärmeleitfähigkeit	Verfahren		W/(K · m)
Spezifische Wärmekapazität	Verfahren		J/(K · g)
Glasumwandlungstemperatur	Torsionsschwingungsversuch		°C
	Differentialkalorimetrie		°C

Brandverhalten

UL-Test vertikal   Dicke 0.71 mm, Wert HB
                          Dicke   mm, Wert

	Norm	Bewertung	Abmessungen
Sauerstoff-Index	ASTM D 2863		
Glühstab-Verfahren			
Brandverhalten	DIN 4102		
MVSS			
FAR			

Elektrische Eigenschaften

	Hz	°C		Probekörper, Form
Dielektrizitätszahl	50	23	3.5	
	10³			
	10⁶			
Dielektrischer Verlustfaktor tan δ	50	23	0.001	
	10³			
	10⁶			
Spezifischer Durchgangs-				
widerstand	Ohm · cm			
Durchschlagfestigkeit	kV/mm	23	18	3.2 mm dick
Oberflächenwiderstand	Ohm			
Kriechstromfestigkeit	KC	KB	KA	
Elektrolytische Korrosionswirkung				
Lichtbogenfestigkeit nach DIN				
nach ASTM	s			

Beständigkeit *(Chemische Beständigkeit siehe Anhang)*

Wasseraufnahme 23 C		1 d	0.07 %
Feuchtigkeitsaufnahme Normalklima			%
Wetterbeständigkeit			
Spannungskorrosion			

Optische Eigenschaften

Brechungszahl n_D		
Transmissionsgrad τ_c	%	mm dick
Lichtdurchlässigkeit		

Produkt	Polybutylenterephthalat		**PBT**
Handelsname	**Celanex 3300**		
Hersteller	CELANESE		
DIN-Bez 1	16779-PBT,MG,XX-11		
DIN-Bez 2			

Zusätze		*Füllstoffe/ Verstärkung*	30.0% Glasfaser
Bevorzugte Verarbeitung	Spritzgiessen	*Lieferform*	Granulat
		Farben	Natur; Schwarz; Konzentrate
Besondere Merkmale	Hoher Modul; Hohe Festigkeit; Hohe Waermeformbestaendigkeit	*Bevorzugte Anwendungen*	Technisches Formteil; Maschinenbau; Kfz-Bau; Haushaltsgeraeteteil; Verteilerkappe; Spulenkoerper; Zuendspulengehaeuse; Rotor; Telekommunikationssektor

Dichte	g/cm³	1.54	*Schmelzindex*	g/10 min	:	
Schüttdichte	g/cm³		*Volumenfließindex*	cm³/10 min	:	
Viskositätszahl	ml/g					

Verarbeitungsbedingungen für Spritzgießen

Massetemp.	°C	240–260	*Schwindung*	%	lgs 0.3–0.5, quer
Werkzeugtemp.	°C	70	*Bemerkungen*		
Spritzdruck	bar				

Zugversuch 23 °C ASTM D638;

	Probekörper:	*Form*	*Herstellung*	Spritzgiessen
		Zustand	*Vorbehandlung*	Normalklima

Streckspannung	N/mm²		*Dehnung bei Streckspannung*	%	
Zugfestigkeit	N/mm²		*Reißdehnung*	%	2
Reißfestigkeit	N/mm²	135	*% Dehnspannung*	N/mm²	
E-Modul	N/mm²	9660	*Dehnung bei % Dehnspg.*	%	

Kriechmoduln und Zeitstandwerte 23 °C

	Probekörper:	*Form*	*Herstellung*
		Zustand	*Vorbehandlung*

Kriechmodul	*1 min*	N/mm²	*Zeitstandzugfestigkeit*	h	N/mm²
Kriechmodul	*1000 h*	N/mm²	*Zeitdehnspg. %*	h	N/mm²
bei Spannung		N/mm²			

Biegeversuch 23 °C ASTM D790;

	Probekörper:	*Form*	*Herstellung*	Spritzgiessen
		Zustand	*Vorbehandlung*	Normalklima

Biegefestigkeit	N/mm²	193	*E-Modul*	N/mm² 8280
3,5% Biegespannung	N/mm²			

Härte 23 °C

	Probekörper:	*Zustand*	*Herstellung*	Spritzgiessen
			Vorbehandlung	Normalklima

Kugeldruckhärte	N/mm²	bei N, s	*Shore-Härte*	A
Rockwellhärte	M 90		*Shore-Härte*	D

Schlagversuch

	Probekörper:	*(1)*		
		(2) V-Kerbe	*Herstellung*	Spritzgiessen
		Zustand	*Vorbehandlung*	Normalklima
		°C °C °C		*Probekörper-Form*

Schlagzähigkeit	kJ/m²		
Kerbschlagzähigkeit (1)	kJ/m²		
IZOD-Kerbschlagzähigkeit (2)	J/m	23 91	
Kerbschlagzugzähigkeit	kJ/m²		

Abrieb und Reibung

Taber-Abrieb (Reibradverfahren)	$mm^3/100\ U$		
Abriebfaktor LNP (Thrust washer) Vergleichswert			
Statische Reibungszahl	0.16–0.34		
Dynamische Reibungszahl	$(p \cdot v =$	$N/mm^2 \cdot$	$m/min)$ 0.12
Zulässiger $p \cdot v$ Wert	$N/mm^2 \cdot (m/min)$	$v =$	m/min
		$v =$	m/min

Thermische Eigenschaften

Formbeständigkeit in der Wärme	*Verfahren* B		228 °C
	Verfahren A		206 °C
Vicat Erweichungstemperatur (VST)	*Verfahren*		°C
	Verfahren		°C
Kristallit-Schmelzpunkt	*Verfahren*		
Längenausdehnungskoeffizient	*Bereich* 0–140 °C		$0.25 \cdot 10^{-4} K^{-1}$
	Temperatur		$\cdot 10^{-4} K^{-1}$
Wärmeleitfähigkeit	*Verfahren*		$W/(K \cdot m)$
Spezifische Wärmekapazität	*Verfahren*		$J/(K \cdot g)$
Glasumwandlungstemperatur	*Torsionsschwingungsversuch*	°C	
	Differentialkalorimetrie	°C	

Brandverhalten

UL-Test vertikal Dicke 0.71 mm, Wert HB
Dicke   mm, Wert

	Norm	*Bewertung*	*Abmessungen*
Sauerstoff-Index	ASTM D 2863		
Glühstab-Verfahren			
Brandverhalten	DIN 4102		
MVSS			
FAR			

Elektrische Eigenschaften

		Hz	°C		*Probekörper, Form*
Dielektrizitätszahl		50	23	3.7	
		10^3			
		10^6			
Dielektrischer Verlustfaktor $\tan \delta$		50	23	0.002	
		10^3			
		10^6			
Spezifischer Durchgangs-widerstand	$Ohm \cdot cm$		23	1.0*10**16	
Durchschlagfestigkeit	kV/mm		23	22	3.2 mm dick
Oberflächenwiderstand	Ohm				
Kriechstromfestigkeit		KC	KB	KA	
Elektrolytische Korrosionswirkung					
Lichtbogenfestigkeit nach DIN					
nach ASTM	s				

Beständigkeit *(Chemische Beständigkeit siehe Anhang)*

Wasseraufnahme 23 C		1 d	0.07 %
Feuchtigkeitsaufnahme Normalklima			%
Wetterbeständigkeit			
Spannungskorrosion			

Optische Eigenschaften

Brechungszahl n_D
Transmissionsgrad τ_c %   mm dick
Lichtdurchlässigkeit

Produkt	Polybutylenterephthalat		**PBT**

Handelsname   **Celanex 3400**

Hersteller   CELANESE

DIN-Bez 1   16779-PBT,MG,XX-11
DIN-Bez 2

Zusätze		*Füllstoffe/ Verstärkung*	40.0% Glasfaser
Bevorzugte Verarbeitung	Spritzgiessen	*Lieferform*	Granulat
		Farben	Natur; Schwarz; Konzentrate
Besondere Merkmale	Sehr hoher Modul; Sehr hohe Festig-keit; Hohe Waermeformbestaendigkeit	*Bevorzugte Anwendungen*	Technisches Formteil; Maschinenbau; Kfz-Bau; Haushaltsgeraeteteil; Verteilerkappe; Spulenkoerper; Zuendspulengehaeuse; Rotor; Telekommunikationssektor

---

Dichte	g/cm^3	1.61	*Schmelzindex*	g/10 min	:
Schüttdichte	g/cm^3		*Volumenfließindex*	cm^3/10 min	:
Viskositätszahl	ml/g				

Verarbeitungsbedingungen für Spritzgießen

Massetemp.	°C	240–260	*Schwindung*	%	lgs 0.3–0.5, quer
Werkzeugtemp.	°C	70	*Bemerkungen*		
Spritzdruck	bar				

Zugversuch 23 °C   ASTM D638;

	Probekörper:	*Form*	*Herstellung*	Spritzgiessen
		Zustand	*Vorbehandlung*	Normalklima

Streckspannung	N/mm^2		*Dehnung bei Streckspannung*	%	
Zugfestigkeit	N/mm^2		*Reißdehnung*	%	2
Reißfestigkeit	N/mm^2 147		*% Dehnspannung*	N/mm^2	
E-Modul	N/mm^2 11730		*Dehnung bei* *% Dehnspg.* %		

Kriechmoduln und Zeitstandwerte 23 °C

	Probekörper:	*Form*	*Herstellung*
		Zustand	*Vorbehandlung*

Kriechmodul	1 min N/mm^2	*Zeitstandzugfestigkeit*	h N/mm^2
Kriechmodul	1000 h N/mm^2	*Zeitdehnspg.* %	h N/mm^2
bei Spannung	N/mm^2		

Biegeversuch 23 °C   ASTM D790;

	Probekörper:	*Form*	*Herstellung*	Spritzgiessen
		Zustand	*Vorbehandlung*	Normalklima

Biegefestigkeit	N/mm^2 207	*E-Modul*	N/mm^2 10350
3,5% Biegespannung	N/mm^2		

Härte 23 °C   *Probekörper:*   *Zustand*   *Herstellung* Spritzgiessen   *Vorbehandlung* Normalklima

Kugeldruckhärte	N/mm^2	bei N, s	*Shore-Härte* A
Rockwellhärte	M 93		*Shore-Härte* D

Schlagversuch   *Probekörper:*   *(1)*

		(2) V-Kerbe	*Herstellung*	Spritzgiessen
		Zustand	*Vorbehandlung*	Normalklima
		°C °C °C		*Probekörper-Form*

Schlagzähigkeit	kJ/m^2	
Kerbschlagzähigkeit (1)	kJ/m^2	
IZOD-Kerbschlagzähigkeit (2)	J/m	23 101
Kerbschlagzugzähigkeit	kJ/m^2	

Abrieb und Reibung

Taber-Abrieb (Reibradverfahren)	mm³/100 U	
Abriebfaktor LNP (Thrust washer) Vergleichswert		
Statische Reibungszahl	0.17–0.19	
Dynamische Reibungszahl	(p·v = N/mm² · m/min)	0.12–0.16
Zulässiger p · v Wert	N/mm² · (m/min) v = m/min	
	v = m/min	

Thermische Eigenschaften

Formbeständigkeit in der Wärme   Verfahren B   223 °C
                                   Verfahren A   209 °C
Vicat Erweichungstemperatur (VST) Verfahren   °C
                                     Verfahren   °C
Kristallit-Schmelzpunkt   Verfahren

Längenausdehnungskoeffizient   Bereich 0–140   °C $0.08 \cdot 10^{-4} \mathrm{K}^{-1}$
                                 Temperatur $\cdot 10^{-4} \mathrm{K}^{-1}$
Wärmeleitfähigkeit   Verfahren   W/(K · m)

Spezifische Wärmekapazität   Verfahren   J/(K · g)

Glasumwandlungstemperatur   Torsionsschwingungsversuch   °C
                              Differentialkalorimetrie   °C

Brandverhalten

UL-Test vertikal   Dicke 0.71 mm, Wert HB
                                Dicke   mm, Wert

	Norm	Bewertung	Abmessungen
Sauerstoff-Index	ASTM D 2863		
Glühstab-Verfahren			
Brandverhalten	DIN 4102		
MVSS			
FAR			

Elektrische Eigenschaften

		Hz	°C		Probekörper, Form
Dielektrizitätszahl		50	23	3.9	
		10³			
		10⁶			
Dielektrischer Verlustfaktor tan δ		50	23	0.002	
		10³			
		10⁶			
Spezifischer Durchgangs-					
widerstand	Ohm · cm		23	1.0*10**16	
Durchschlagfestigkeit	kV/mm		23	19	3.2 mm dick
Oberflächenwiderstand	Ohm				

Kriechstromfestigkeit   KC   KB   KA
Elektrolytische Korrosionswirkung
Lichtbogenfestigkeit nach DIN
                  nach ASTM   s

Beständigkeit *(Chemische Beständigkeit siehe Anhang)*

Wasseraufnahme 23 C   1 d   0.05 %

Feuchtigkeitsaufnahme Normalklima   %
Wetterbeständigkeit

Spannungskorrosion

Optische Eigenschaften

Brechungszahl n_D
Transmissionsgrad τ_c %   mm dick
Lichtdurchlässigkeit

Produkt	Polybutylenterephthalat	**PBT**

Handelsname **Celanex 3112**

Hersteller CELANESE

DIN-Bez 1 16779-PBT,MG,XX-05
DIN-Bez 2

Zusätze	Brandschutzmittel	*Füllstoffe/ Verstärkung*	13.0% Glasfaser
Bevorzugte Verarbeitung	Spritzgiessen	*Lieferform*	Granulat
		Farben	Natur; Schwarz; Konzentrate
Besondere Merkmale	Hoher Modul; Hohe Festigkeit; Hohe Waermeformbestaendigkeit	*Bevorzugte Anwendungen*	Technisches Formteil; Maschinenbau; Kfz-Bau; Haushaltsgeraeteteil; Verteilerkappe; Spulenkoerper; Zuendspulengehaeuse; Rotor; Telekommunikationssektor

---

Dichte	g/cm^3	1.52	*Schmelzindex*	g/10 min	:
Schüttdichte	g/cm^3		*Volumenfließindex*	cm^3/10 min	:
Viskositätszahl	ml/g				

Verarbeitungsbedingungen für Spritzgießen

Massetemp.	°C	240–260	*Schwindung*	%	lgs 0.5–0.7, quer
Werkzeugtemp.	°C	70	*Bemerkungen*		
Spritzdruck	bar				

Zugversuch 23 °C ASTM D638;

	Probekörper:	*Form*	*Herstellung*	Spritzgiessen
		Zustand	*Vorbehandlung*	Normalklima

Streckspannung	N/mm^2		*Dehnung bei Streckspannung*	%	
Zugfestigkeit	N/mm^2		*Reißdehnung*	%	3.5
Reißfestigkeit	N/mm^2	97	*% Dehnspannung*	N/mm^2	
E-Modul	N/mm^2	5520	*Dehnung bei % Dehnspg.*	%	

Kriechmoduln und Zeitstandwerte 23 °C

	Probekörper:	*Form*	*Herstellung*
		Zustand	*Vorbehandlung*

Kriechmodul	*1 min* N/mm^2		*Zeitstandzugfestigkeit*	h N/mm^2
Kriechmodul	*1000 h* N/mm^2		*Zeitdehnspg. %*	h N/mm^2
bei Spannung	N/mm^2			

Biegeversuch 23 °C ASTM D790;

	Probekörper:	*Form*	*Herstellung*	Spritzgiessen
		Zustand	*Vorbehandlung*	Normalklima

Biegefestigkeit	N/mm^2	155	*E-Modul*	N/mm^2 5520
3,5% Biegespannung	N/mm^2			

Härte 23 °C

	Probekörper:	*Zustand*	*Herstellung*	Spritzgiessen
			Vorbehandlung	Normalklima

Kugeldruckhärte	N/mm^2	bei N, s	*Shore-Härte*	A
Rockwellhärte	M 88		*Shore-Härte*	D

Schlagversuch

	Probekörper:	*(1)*		
		(2) V-Kerbe	*Herstellung*	Spritzgiessen
		Zustand	*Vorbehandlung*	Normalklima
		°C	°C	°C	*Probekörper-Form*

Schlagzähigkeit	kJ/m^2		
Kerbschlagzähigkeit (1)	kJ/m^2		
IZOD-Kerbschlagzähigkeit (2)	J/m	23	48
Kerbschlagzugzähigkeit	kJ/m^2		

Abrieb und Reibung

Taber-Abrieb (Reibradverfahren)   mm³/100 U
Abriebfaktor LNP (Thrust washer) Vergleichswert
Statische Reibungszahl   0.14–0.16
Dynamische Reibungszahl   (p·v =   N/mm² ·   m/min)   0.11–0.13
Zulässiger p · v Wert   N/mm² · (m/min)   v =   m/min
                                                                           v =   m/min

Thermische Eigenschaften

Formbeständigkeit in der Wärme   *Verfahren* B   214 °C
                                          Verfahren A   180 °C
Vicat Erweichungstemperatur (VST)   *Verfahren*   °C
                                          Verfahren   °C
Kristallit-Schmelzpunkt   *Verfahren*

Längenausdehnungskoeffizient   *Bereich*   0–140   °C $0.41 \cdot 10^{-4} \mathrm{K}^{-1}$
                                          Temperatur $\cdot 10^{-4} \mathrm{K}^{-1}$
Wärmeleitfähigkeit   *Verfahren*   W/(K · m)

Spezifische Wärmekapazität   *Verfahren*   J/(K · g)

Glasumwandlungstemperatur   *Torsionsschwingungsversuch*   °C
                                          Differentialkalorimetrie   °C

Brandverhalten

UL-Test vertikal   Dicke 0.71 mm, Wert V-0
                                          Dicke   mm, Wert

	Norm	*Bewertung*	*Abmessungen*
Sauerstoff-Index	ASTM D 2863		
Glühstab-Verfahren			
Brandverhalten	DIN 4102		
MVSS			
FAR			

Elektrische Eigenschaften

		Hz	°C		*Probekörper, Form*
Dielektrizitätszahl		50	23	3.5	
		10^3			
		10^6			
Dielektrischer Verlustfaktor tan δ		50	23	0.001	
		10^3			
		10^6			
Spezifischer Durchgangs-widerstand	Ohm · cm		23	1.0*10**16	
Durchschlagfestigkeit	kV/mm		23	18	3.2 mm dick
Oberflächenwiderstand	Ohm				

Kriechstromfestigkeit   KC   KB   KA
Elektrolytische Korrosionswirkung
Lichtbogenfestigkeit nach DIN
            nach ASTM   s

Beständigkeit *(Chemische Beständigkeit siehe Anhang)*

Wasseraufnahme 23 C   1 d   0.05 %

Feuchtigkeitsaufnahme Normalklima   %
Wetterbeständigkeit

Spannungskorrosion

Optische Eigenschaften

Brechungszahl n_D
Transmissionsgrad τ_c %   mm dick
Lichtdurchlässigkeit

Produkt	Polybutylenterephthalat	**PBT**
Handelsname	**Celanex 3210**	
Hersteller	CELANESE	
DIN-Bez 1	16779-PBT,MG,XX-07	
DIN-Bez 2		

Zusätze	Brandschutzmittel	*Füllstoffe/ Verstärkung*	18.0% Glasfaser
Bevorzugte Verarbeitung	Spritzgiessen	*Lieferform*	Granulat
		Farben	Natur; Schwarz; Konzentrate
Besondere Merkmale	Hoher Modul; Hohe Festigkeit; Hohe Waermeformbestaendigkeit	*Bevorzugte Anwendungen*	Technisches Formteil; Maschinenbau; Kfz-Bau; Haushaltsgeraeteteil; Verteilerkappe; Spulenkoerper; Zuendspulengehaeuse; Rotor; Telekommunikationssektor

Dichte	g/cm^3	1.62	*Schmelzindex*	g/10 min	:
Schüttdichte	g/cm^3		*Volumenfließindex*	cm^3/10 min	:
Viskositätszahl	ml/g				

Verarbeitungsbedingungen für Spritzgießen

Massetemp.	°C	240–260	*Schwindung*	%	lgs 0.4–0.6, quer
Werkzeugtemp.	°C	70	*Bemerkungen*		
Spritzdruck	bar				

Zugversuch 23 °C ASTM D638;

		Probekörper: *Form*		*Herstellung*	Spritzgiessen
		Zustand		*Vorbehandlung*	Normalklima

Streckspannung	N/mm^2		*Dehnung bei Streckspannung*	%	
Zugfestigkeit	N/mm^2		*Reißdehnung*	%	2.5
Reißfestigkeit	N/mm^2	114	*% Dehnspannung*	N/mm^2	
E-Modul	N/mm^2	8280	*Dehnung bei* % *Dehnspg.*	%	

Kriechmoduln und Zeitstandwerte 23 °C

	Probekörper: *Form*	*Herstellung*
	Zustand	*Vorbehandlung*

Kriechmodul	1 min N/mm^2		*Zeitstandzugfestigkeit*	h N/mm^2	
Kriechmodul	1000 h N/mm^2		*Zeitdehnspg.* %	h N/mm^2	
bei Spannung	N/mm^2				

Biegeversuch 23 °C ASTM D790;

	Probekörper: *Form*	*Herstellung*	Spritzgiessen
	Zustand	*Vorbehandlung*	Normalklima

Biegefestigkeit	N/mm^2	173	*E-Modul*	N/mm^2 8280
3,5% Biegespannung	N/mm^2			

Härte 23 °C

	Probekörper: *Zustand*	*Herstellung*	Spritzgiessen
		Vorbehandlung	Normalklima

Kugeldruckhärte	N/mm^2	bei N, s	*Shore-Härte*	A
Rockwellhärte	M 90		*Shore-Härte*	D

Schlagversuch

	Probekörper: (1)		
	(2) V-Kerbe	*Herstellung*	Spritzgiessen
	Zustand	*Vorbehandlung*	Normalklima

	°C	°C	°C	*Probekörper-Form*

Schlagzähigkeit	kJ/m^2		
Kerbschlagzähigkeit (1)	kJ/m^2		
IZOD-Kerbschlagzähigkeit (2)	J/m	23	53
Kerbschlagzugzähigkeit	kJ/m^2		

Abrieb und Reibung

Taber-Abrieb (Reibradverfahren)   mm³/100 U
Abriebfaktor LNP (Thrust washer) Vergleichswert
Statische Reibungszahl
Dynamische Reibungszahl $(p \cdot v = \quad N/mm^2 \cdot \quad m/min)$ 0.1–0.13
Zulässiger p · v Wert $N/mm^2 \cdot (m/min)$ $v =$ m/min
                                                      $v =$ m/min

Thermische Eigenschaften

Formbeständigkeit in der Wärme   *Verfahren*   B   224 °C
                                                 Verfahren   A   202 °C
Vicat Erweichungstemperatur (VST)   *Verfahren*   °C
                                                   Verfahren   °C
Kristallit-Schmelzpunkt   *Verfahren*

Längenausdehnungskoeffizient   *Bereich*   0–140   °C $0.27 \cdot 10^{-4} K^{-1}$
                                                   Temperatur $\cdot 10^{-4} K^{-1}$
Wärmeleitfähigkeit   *Verfahren* $W/(K \cdot m)$

Spezifische Wärmekapazität   *Verfahren* $J/(K \cdot g)$

Glasumwandlungstemperatur   *Torsionsschwingungsversuch*   °C
                                                   Differentialkalorimetrie   °C

Brandverhalten

UL-Test vertikal   *Dicke* 0.71   mm, *Wert* V-0
                                     Dicke   mm, *Wert*

	Norm	*Bewertung*	*Abmessungen*
Sauerstoff-Index	ASTM D 2863		
Glühstab-Verfahren			
Brandverhalten	DIN 4102		
MVSS			
FAR			

Elektrische Eigenschaften

		Hz	°C		*Probekörper, Form*
Dielektrizitätszahl		50	23	3.8	
		10^3			
		10^6			
Dielektrischer Verlustfaktor tan δ		50	23	0.002	
		10^3			
		10^6			
Spezifischer Durchgangs-					
widerstand	Ohm · cm		23	5.0*10**15	
Durchschlagfestigkeit	kV/mm		23	19	3.2 mm dick
Oberflächenwiderstand	Ohm				
Kriechstromfestigkeit		KC	KB	KA	
Elektrolytische Korrosionswirkung					
Lichtbogenfestigkeit nach DIN					
nach ASTM	s				

Beständigkeit *(Chemische Beständigkeit siehe Anhang)*

Wasseraufnahme 23 C   1 d   0.07 %

Feuchtigkeitsaufnahme Normalklima   %
Wetterbeständigkeit

Spannungskorrosion

Optische Eigenschaften

Brechungszahl n_D
Transmissionsgrad τ_c %   mm dick
Lichtdurchlässigkeit

Produkt	Polybutylenterephthalat	**PBT**
Handelsname	**Celanex 3211**	
Hersteller	CELANESE	
DIN-Bez 1	16779-PBT,MG,XX-11	
DIN-Bez 2		

Zusätze	Brandschutzmittel	*Füllstoffe/ Verstärkung*	19.0% Glasfaser
Bevorzugte Verarbeitung	Spritzgiessen	*Lieferform*	Granulat
		Farben	Natur; Schwarz; Konzentrate
Besondere Merkmale	Hoher Modul; Hohe Festigkeit; Hohe Waermeformbestaendigkeit	*Bevorzugte Anwendungen*	Technisches Formteil; Maschinenbau; Kfz-Bau; Haushaltsgeraeteteil; Verteilerkappe; Spulenkoerper; Zuendspulengehaeuse; Rotor; Telekommunikationssektor

Dichte	g/cm³	1.6	*Schmelzindex*	g/10 min	:
Schüttdichte	g/cm³		*Volumenfließindex*	cm³/10 min	:
Viskositätszahl	ml/g				

Verarbeitungsbedingungen für Spritzgießen

Massetemp.	°C	240–260	*Schwindung*	%	lgs 0.4–0.6, quer
Werkzeugtemp.	°C	70	*Bemerkungen*		
Spritzdruck	bar				

Zugversuch 23 °C ASTM D638;

			Herstellung	Spritzgiessen
	Probekörper:	*Form*		
		Zustand	*Vorbehandlung*	Normalklima

Streckspannung	N/mm²		*Dehnung bei Streckspannung*	%	
Zugfestigkeit	N/mm²		*Reißdehnung*	%	2.5
Reißfestigkeit	N/mm² 117		% *Dehnspannung*	N/mm²	
E-Modul	N/mm² 9660		*Dehnung bei* % *Dehnspg.*	%	

Kriechmoduln und Zeitstandwerte 23 °C

			Herstellung
	Probekörper:	*Form*	
		Zustand	*Vorbehandlung*

Kriechmodul	1 min N/mm²	*Zeitstandzugfestigkeit*	h N/mm²	
Kriechmodul	1000 h N/mm²	*Zeitdehnspg.* %	h N/mm²	
bei Spannung	N/mm²			

Biegeversuch 23 °C ASTM D790;

			Herstellung	Spritzgiessen
	Probekörper:	*Form*		
		Zustand	*Vorbehandlung*	Normalklima

Biegefestigkeit	N/mm² 183	*E-Modul*	N/mm² 8280
3,5% Biegespannung	N/mm²		

Härte 23 °C

			Herstellung	Spritzgiessen
	Probekörper:	*Zustand*	*Vorbehandlung*	Normalklima

Kugeldruckhärte	N/mm²	bei N, s	*Shore-Härte* A	
Rockwellhärte	M 93		*Shore-Härte* D	

Schlagversuch

	Probekörper:	*(1)*		
		(2) V-Kerbe	*Herstellung*	Spritzgiessen
		Zustand	*Vorbehandlung*	Normalklima
		°C °C °C		*Probekörper-Form*

Schlagzähigkeit	kJ/m²	
Kerbschlagzähigkeit (1)	kJ/m²	
IZOD-Kerbschlagzähigkeit (2)	J/m	23 64
Kerbschlagzugzähigkeit	kJ/m²	

Abrieb und Reibung

Taber-Abrieb (Reibradverfahren)	mm^3/100 U	
Abriebfaktor LNP (Thrust washer) Vergleichswert		
Statische Reibungszahl	0.18–0.23	
Dynamische Reibungszahl	(p·v = N/mm^2 · m/min)	0.12–0.16
Zulässiger p·v Wert	N/mm^2 · (m/min) v = m/min	
	v = m/min	

Thermische Eigenschaften

Formbeständigkeit in der Wärme	Verfahren B		209 °C
	Verfahren A		185 °C
Vicat Erweichungstemperatur (VST)	Verfahren		°C
	Verfahren		°C
Kristallit-Schmelzpunkt	Verfahren		
Längenausdehnungskoeffizient	Bereich 0–140 °C		$0.13 \cdot 10^{-4} \mathrm{K}^{-1}$
	Temperatur		$\cdot 10^{-4} \mathrm{K}^{-1}$
Wärmeleitfähigkeit	Verfahren		W/(K · m)
Spezifische Wärmekapazität	Verfahren		J/(K · g)
Glasumwandlungstemperatur	Torsionsschwingungsversuch	°C	
	Differentialkalorimetrie	°C	

Brandverhalten

UL-Test vertikal   Dicke 0.71 mm, Wert V-0
                    Dicke   mm, Wert

	Norm	Bewertung	Abmessungen
Sauerstoff-Index	ASTM D 2863		
Glühstab-Verfahren			
Brandverhalten	DIN 4102		
MVSS			
FAR			

Elektrische Eigenschaften

		Hz	°C		Probekörper, Form
Dielektrizitätszahl		50	23	3.7	
		10^3			
		10^6			
Dielektrischer Verlustfaktor tan δ		50	23	0.004	
		10^3			
		10^6			
Spezifischer Durchgangs-					
widerstand	Ohm · cm		23	4.0*10**15	
Durchschlagfestigkeit	kV/mm		23	21	3.2 mm dick
Oberflächenwiderstand	Ohm				
Kriechstromfestigkeit		KC	KB	KA	
Elektrolytische Korrosionswirkung					
Lichtbogenfestigkeit nach DIN					
nach ASTM	s				

Beständigkeit *(Chemische Beständigkeit siehe Anhang)*

Wasseraufnahme 23 C	1 d	0.07 %
Feuchtigkeitsaufnahme Normalklima		%
Wetterbeständigkeit		
Spannungskorrosion		

Optische Eigenschaften

Brechungszahl n_D		
Transmissionsgrad τ_c	%	mm dick
Lichtdurchlässigkeit		

Produkt	Polybutylenterephthalat	**PBT**
Handelsname	**Celanex 3310**	
Hersteller	CELANESE	
DIN-Bez 1	16779-PBT,MG,XX-11	
DIN-Bez 2		

Zusätze	Brandschutzmittel	*Füllstoffe/ Verstärkung*	30.0% Glasfaser
Bevorzugte Verarbeitung	Spritzgiessen	*Lieferform*	Granulat
		Farben	Natur; Schwarz; Konzentrate
Besondere Merkmale	Sehr hoher Modul; Sehr hohe Festigkeit; Sehr hohe Waermeformbestaendigkeit	*Bevorzugte Anwendungen*	Technisches Formteil; Maschinenbau; Kfz-Bau; Haushaltsgeraeteteil; Verteilerkappe; Spulenkoerper; Zuendspulengehaeuse; Rotor; Telekommunikationssektor

---

Dichte	g/cm^3	1.66		*Schmelzindex*	g/10 min	:
Schüttdichte	g/cm^3			*Volumenfließindex*	cm^3/10 min	:
Viskositätszahl	ml/g					

Verarbeitungsbedingungen für Spritzgießen

Massetemp.	°C	240–260		*Schwindung*	%	lgs 0.3–0.5, quer
Werkzeugtemp.	°C	70		*Bemerkungen*		
Spritzdruck	bar					

Zugversuch 23 °C ASTM D638;

	Probekörper:	*Form*		*Herstellung*	Spritzgiessen
		Zustand		*Vorbehandlung*	Normalklima
Streckspannung	N/mm^2		*Dehnung bei Streckspannung*	%	
Zugfestigkeit	N/mm^2		*Reißdehnung*	%	1.5
Reißfestigkeit	N/mm^2	135	% *Dehnspannung*	N/mm^2	
E-Modul	N/mm^2	11730	*Dehnung bei* % *Dehnspg.*	%	

Kriechmoduln und Zeitstandwerte 23 °C

	Probekörper:	*Form*		*Herstellung*	
		Zustand		*Vorbehandlung*	
Kriechmodul	1 min N/mm^2		*Zeitstandzugfestigkeit*	h N/mm^2	
Kriechmodul	1000 h N/mm^2		*Zeitdehnspg.* %	h N/mm^2	
bei Spannung	N/mm^2				

Biegeversuch 23 °C ASTM D790;

	Probekörper:	*Form*		*Herstellung*	Spritzgiessen
		Zustand		*Vorbehandlung*	Normalklima
Biegefestigkeit	N/mm^2 193		*E-Modul*	N/mm^2 10350	
3,5% Biegespannung	N/mm^2				

Härte 23 °C

	Probekörper:	*Zustand*		*Herstellung*	Spritzgiessen
				Vorbehandlung	Normalklima
Kugeldruckhärte	N/mm^2	bei N, s	*Shore-Härte* A		
Rockwellhärte	M 90		*Shore-Härte* D		

Schlagversuch

	Probekörper:	(1)			
		(2) V-Kerbe		*Herstellung*	Spritzgiessen
		Zustand		*Vorbehandlung*	Normalklima
		°C	°C	°C	*Probekörper-Form*

Schlagzähigkeit	kJ/m^2		
Kerbschlagzähigkeit (1)	kJ/m^2		
IZOD-Kerbschlagzähigkeit (2)	J/m	23	69
Kerbschlagzugzähigkeit	kJ/m^2		

Abrieb und Reibung

Taber-Abrieb (Reibradverfahren)	mm^3/100 U	
Abriebfaktor LNP (Thrust washer) Vergleichswert		
Statische Reibungszahl		
Dynamische Reibungszahl	(p·v= N/mm^2· m/min)	0.1–0.13
Zulässiger p · v Wert	N/mm^2 · (m/min) v= m/min	
	v= m/min	

Thermische Eigenschaften

Formbeständigkeit in der Wärme	*Verfahren*	B	228 °C
	Verfahren	A	208 °C
Vicat Erweichungstemperatur (VST)	*Verfahren*		°C
	Verfahren		°C
Kristallit-Schmelzpunkt	*Verfahren*		
Längenausdehnungskoeffizient	*Bereich*	0–140 °C	0.14 · 10^{-4}K^{-1}
	Temperatur		· 10^{-4}K^{-1}
Wärmeleitfähigkeit	*Verfahren*		W/(K · m)
Spezifische Wärmekapazität	*Verfahren*		J/(K · g)
Glasumwandlungstemperatur	*Torsionsschwingungsversuch*		°C
	Differentialkalorimetrie		°C

Brandverhalten

UL-Test vertikal Dicke 0.71 mm, Wert V-0
Dicke mm, Wert

	Norm	*Bewertung*	*Abmessungen*
Sauerstoff-Index	ASTM D 2863		
Glühstab-Verfahren			
Brandverhalten	DIN 4102		
MVSS			
FAR			

Elektrische Eigenschaften

		Hz	°C		*Probekörper, Form*
Dielektrizitätszahl		50	23	3.9	
		10^3			
		10^6			
Dielektrischer Verlustfaktor tan δ		50	23	0.006	
		10^3			
		10^6			
Spezifischer Durchgangs-widerstand	Ohm · cm		23	5.0*10**15	
Durchschlagfestigkeit	kV/mm		23	19	3.2 mm dick
Oberflächenwiderstand	Ohm				
Kriechstromfestigkeit		KC	KB	KA	
Elektrolytische Korrosionswirkung					
Lichtbogenfestigkeit nach DIN					
nach ASTM	s				

Beständigkeit *(Chemische Beständigkeit siehe Anhang)*

Wasseraufnahme 23 C		1 d	0.07 %
Feuchtigkeitsaufnahme Normalklima			%
Wetterbeständigkeit			
Spannungskorrosion			

Optische Eigenschaften

Brechungszahl n$_D$
Transmissionsgrad τ_c % mm dick
Lichtdurchlässigkeit

Produkt	Polybutylenterephthalat		**PBT**

Handelsname **Celanex 3311**

Hersteller CELANESE

DIN-Bez 1 16779-PBT,MG,XX-14
DIN-Bez 2

Zusätze	Brandschutzmittel	*Füllstoffe/* *Verstärkung*	30.0% Glasfaser
Bevorzugte *Verarbeitung*	Spritzgiessen	*Lieferform*	Granulat
		Farben	Natur; Schwarz; Konzentrate
Besondere *Merkmale*	Sehr hoher Modul; Sehr hohe Festigkeit; Hohe Waermeformbestaendigkeit	*Bevorzugte* *Anwendungen*	Technisches Formteil; Maschinenbau; Kfz-Bau; Haushaltsgeraeteteil; Verteilerkappe; Spulenkoerper; Zuendspulengehaeuse; Rotor; Telekommunikationssektor

---

Dichte	g/cm^3	1.65	*Schmelzindex*	g/10 min	:
Schüttdichte	g/cm^3		*Volumenfließindex*	cm^3/10 min	:
Viskositätszahl	ml/g				

Verarbeitungsbedingungen für Spritzgießen

Massetemp.	°C	240–260	*Schwindung*	%	lgs 0.3–0.5, quer
Werkzeugtemp.	°C	70	*Bemerkungen*		
Spritzdruck	bar				

Zugversuch 23 °C ASTM D638;

	Probekörper:	*Form*		*Herstellung*	Spritzgiessen
		Zustand		*Vorbehandlung*	Normalklima

Streckspannung	N/mm^2		*Dehnung bei Streckspannung*	%	
Zugfestigkeit	N/mm^2		*Reißdehnung*	%	1.5
Reißfestigkeit	N/mm^2	135	*% Dehnspannung*	N/mm^2	
E-Modul	N/mm^2	13110	*Dehnung bei*	% Dehnspg. %	

Kriechmoduln und Zeitstandwerte 23 °C

	Probekörper:	*Form*	*Herstellung*
		Zustand	*Vorbehandlung*

Kriechmodul	*1 min* N/mm^2	*Zeitstandzugfestigkeit*	h N/mm^2
Kriechmodul	*1000 h* N/mm^2	*Zeitdehnspg.* %	h N/mm^2
bei Spannung	N/mm^2		

Biegeversuch 23 °C ASTM D790;

	Probekörper:	*Form*		*Herstellung*	Spritzgiessen
		Zustand		*Vorbehandlung*	Normalklima

Biegefestigkeit	N/mm^2 200	*E-Modul*	N/mm^2 10350
3,5% Biegespannung	N/mm^2		

Härte 23 °C

	Probekörper:	*Zustand*	*Herstellung*	Spritzgiessen
			Vorbehandlung	Normalklima

Kugeldruckhärte	N/mm^2	bei N, s	*Shore-Härte* A
Rockwellhärte	M 94		*Shore-Härte* D

Schlagversuch

	Probekörper:	*(1)*			
		(2) V-Kerbe		*Herstellung*	Spritzgiessen
		Zustand		*Vorbehandlung*	Normalklima
		°C	°C	°C	*Probekörper-Form*

Schlagzähigkeit	kJ/m^2	
Kerbschlagzähigkeit (1)	kJ/m^2	
IZOD-Kerbschlagzähigkeit (2)	J/m	23 80
Kerbschlagzugzähigkeit	kJ/m^2	

Abrieb und Reibung

Taber-Abrieb (Reibradverfahren)	mm^3/100 U	
Abriebfaktor LNP (Thrust washer) Vergleichswert		
Statische Reibungszahl	0.17–0.26	
Dynamische Reibungszahl	(p·v = N/mm^2 · m/min)	0.12–0.16
Zulässiger p · v Wert	N/mm^2 · (m/min) v = m/min	
	v = m/min	

Thermische Eigenschaften

Formbeständigkeit in der Wärme	*Verfahren*	B	210 °C
	Verfahren	A	192 °C
Vicat Erweichungstemperatur (VST)	*Verfahren*		°C
	Verfahren		°C
Kristallit-Schmelzpunkt	*Verfahren*		
Längenausdehnungskoeffizient	*Bereich*	0–140 °C	0.11 · 10^{-4}K^{-1}
	Temperatur		· 10^{-4}K^{-1}
Wärmeleitfähigkeit	*Verfahren*		W/(K · m)
Spezifische Wärmekapazität	*Verfahren*		J/(K · g)
Glasumwandlungstemperatur	*Torsionsschwingungsversuch*		°C
	Differentialkalorimetrie		°C

Brandverhalten

UL-Test vertikal   Dicke 0.71 mm, Wert V-0
                            Dicke   mm, Wert

	Norm	*Bewertung*	*Abmessungen*
Sauerstoff-Index	ASTM D 2863		
Glühstab-Verfahren			
Brandverhalten	DIN 4102		
MVSS			
FAR			

Elektrische Eigenschaften

		Hz	°C		*Probekörper, Form*
Dielektrizitätszahl		50	23	3.8	
		10^3			
		10^6			
Dielektrischer Verlustfaktor tan δ		50	23	0.001	
		10^3			
		10^6			
Spezifischer Durchgangs-widerstand	Ohm · cm		23	4.0*10**15	
Durchschlagfestigkeit	kV/mm		23	22	3.2 mm dick
Oberflächenwiderstand	Ohm				
Kriechstromfestigkeit		KC	KB	KA	
Elektrolytische Korrosionswirkung					
Lichtbogenfestigkeit nach DIN					
nach ASTM	s				

Beständigkeit *(Chemische Beständigkeit siehe Anhang)*

Wasseraufnahme 23 C		1 d	0.07 %
Feuchtigkeitsaufnahme Normalklima			%
Wetterbeständigkeit			
Spannungskorrosion			

Optische Eigenschaften

Brechungszahl n$_D$			
Transmissionsgrad τ_c	%	mm dick	
Lichtdurchlässigkeit			

Produkt	Polybutylenterephthalat	**PBT**
Handelsname	**Celanex 4300**	
Hersteller	CELANESE	
DIN-Bez 1	16779-PBT,MG,XX-07	
DIN-Bez 2		

Zusätze		*Füllstoffe/ Verstärkung*	30.0% Glasfaser
Bevorzugte Verarbeitung	Spritzgiessen	*Lieferform*	Granulat
		Farben	Natur; Schwarz; Konzentrate
Besondere Merkmale	Hoher Modul; Hohe Festigkeit; Sehr hohe Waermeformbestaendigkeit; Gute Zaehigkeit	*Bevorzugte Anwendungen*	Technisches Formteil; Maschinenbau; Gehaeuse und Laufrad fuer Industrie- pumpen; Zahnrad; Lager; Gehaeuse- teil und Bauelement fuer Heimwerker- maschinen und mechanische Winden

---

Dichte	g/cm^3	1.52	*Schmelzindex*	g/10 min	:
Schüttdichte	g/cm^3		*Volumenfließindex*	cm^3/10 min	:
Viskositätszahl	ml/g				

Verarbeitungsbedingungen für Spritzgießen

Massetemp.	°C	240–260	*Schwindung*	%	lgs 0.3–0.5, quer
Werkzeugtemp.	°C	70	*Bemerkungen*		
Spritzdruck	bar				

Zugversuch 23 °C ASTM D638;

	Probekörper:	*Form*		*Herstellung*	Spritzgiessen
		Zustand		*Vorbehandlung*	Normalklima
Streckspannung	N/mm^2		*Dehnung bei Streckspannung*	%	
Zugfestigkeit	N/mm^2		*Reißdehnung*	%	2.7
Reißfestigkeit	N/mm^2	124	*% Dehnspannung*	N/mm^2	
E-Modul	N/mm^2	8280	*Dehnung bei % Dehnspg.*	%	

Kriechmoduln und Zeitstandwerte 23 °C

	Probekörper:	*Form*		*Herstellung*	
		Zustand		*Vorbehandlung*	
Kriechmodul	*1 min*	N/mm^2	*Zeitstandzugfestigkeit*	h N/mm^2	
Kriechmodul	*1000 h*	N/mm^2	*Zeitdehnspg. %*	h N/mm^2	
bei Spannung		N/mm^2			

Biegeversuch 23 °C ASTM D790;

	Probekörper:	*Form*		*Herstellung*	Spritzgiessen
		Zustand		*Vorbehandlung*	Normalklima
Biegefestigkeit	N/mm^2	186	*E-Modul*	N/mm^2 8280	
3,5% Biegespannung	N/mm^2				

Härte 23 °C

	Probekörper:	*Zustand*	*Herstellung*	Spritzgiessen
			Vorbehandlung	Normalklima
Kugeldruckhärte	N/mm^2	bei N, s	*Shore-Härte* A	
Rockwellhärte		M 91	*Shore-Härte* D	

Schlagversuch

	Probekörper:	*(1)*		
		(2) V-Kerbe	*Herstellung*	Spritzgiessen
		Zustand	*Vorbehandlung*	Normalklima
		°C °C °C		*Probekörper-Form*

Schlagzähigkeit	kJ/m^2		
Kerbschlagzähigkeit (1)	kJ/m^2		
IZOD-Kerbschlagzähigkeit (2)	J/m	23	102
Kerbschlagzugzähigkeit	kJ/m^2		

Abrieb und Reibung

Taber-Abrieb (Reibradverfahren)   mm³/100 U
Abriebfaktor LNP (Thrust washer) Vergleichswert
Statische Reibungszahl   0.17–0.18
Dynamische Reibungszahl   (p·v=   N/mm² ·   m/min)   0.13–0.15
Zulässiger p · v Wert   N/mm² · (m/min)   v=   m/min
                                                                          v=   m/min

Thermische Eigenschaften

Formbeständigkeit in der Wärme	Verfahren	B	223 °C
	Verfahren	A	204 °C
Vicat Erweichungstemperatur (VST)	Verfahren		°C
	Verfahren		°C
Kristallit-Schmelzpunkt	Verfahren		

Längenausdehnungskoeffizient   Bereich   0–140   °C $0.16 \cdot 10^{-4} K^{-1}$
                                     Temperatur $\cdot 10^{-4} K^{-1}$
Wärmeleitfähigkeit   Verfahren   W/(K · m)

Spezifische Wärmekapazität   Verfahren   J/(K · g)

Glasumwandlungstemperatur   Torsionsschwingungsversuch   °C
                                     Differentialkalorimetrie   °C

Brandverhalten

UL-Test vertikal   Dicke 0.71 mm, Wert HB
                                     Dicke   mm, Wert

	Norm	Bewertung	Abmessungen
Sauerstoff-Index	ASTM D 2863		
Glühstab-Verfahren			
Brandverhalten	DIN 4102		
MVSS			
FAR			

Elektrische Eigenschaften

		Hz	°C		Probekörper, Form
Dielektrizitätszahl		50	23	3.8	
		10^3			
		10^6			
Dielektrischer Verlustfaktor tan δ		50	23	0.002	
		10^3			
		10^6			
Spezifischer Durchgangs-widerstand	Ohm · cm		23	1.0*10**16	
Durchschlagfestigkeit	kV/mm		23	22	3.2 mm dick
Oberflächenwiderstand	Ohm				

Kriechstromfestigkeit   KC   KB   KA
Elektrolytische Korrosionswirkung
Lichtbogenfestigkeit nach DIN
            nach ASTM   s

Beständigkeit (Chemische Beständigkeit siehe Anhang)

Wasseraufnahme 23 C   1 d   0.06 %

Feuchtigkeitsaufnahme Normalklima   %
Wetterbeständigkeit

Spannungskorrosion

Optische Eigenschaften

Brechungszahl n_D
Transmissionsgrad τ_c %   mm dick
Lichtdurchlässigkeit

Produkt	Polybutylenterephthalat	**PBT**
Handelsname	**Celanex 4330**	
Hersteller	CELANESE	
DIN-Bez 1	16779-PBT,MG,XX-07	
DIN-Bez 2		

Zusätze		*Füllstoffe/ Verstärkung*	30.0% Glasfaser
Bevorzugte Verarbeitung	Spritzgiessen	*Lieferform*	Granulat
		Farben	Natur; Schwarz; Konzentrate
Besondere Merkmale	Hoher Modul; Hohe Festigkeit; Sehr hohe Waermeformbestaendigkeit; Sehr gutes Schlagverhalten; Sehr guter Oberflaechenglanz	*Bevorzugte Anwendungen*	Technisches Formteil; Maschinenbau; Gehaeuse und Laufrad fuer Industriepumpen; Zahnrad; Lager; Gehaeuseteil und Bauelement fuer Heimwerkermaschinen und mechanische Winden

Dichte	g/cm^3	1.53	*Schmelzindex*	g/10 min		:
Schüttdichte	g/cm^3		*Volumenfließindex*	cm^3/10 min		:
Viskositätszahl	ml/g					

Verarbeitungsbedingungen für Spritzgießen

Massetemp.	°C	240–260	*Schwindung*	%	lgs 0.2–0.5, quer
Werkzeugtemp.	°C	70	*Bemerkungen*		
Spritzdruck	bar				

Zugversuch 23 °C   ASTM D638;

	Probekörper:	*Form*	*Herstellung*	Spritzgiessen
		Zustand	*Vorbehandlung*	Normalklima
Streckspannung	N/mm^2		*Dehnung bei Streckspannung*	%
Zugfestigkeit	N/mm^2		*Reißdehnung*	% 3.1
Reißfestigkeit	N/mm^2 97		*% Dehnspannung*	N/mm^2
E-Modul	N/mm^2 8280		*Dehnung bei* *% Dehnspg.*	%

Kriechmoduln und Zeitstandwerte 23 °C

	Probekörper:	*Form*	*Herstellung*
		Zustand	*Vorbehandlung*
Kriechmodul	*1 min* N/mm^2	*Zeitstandzugfestigkeit*	h N/mm^2
Kriechmodul	*1000 h* N/mm^2	*Zeitdehnspg.* %	h N/mm^2
bei Spannung	N/mm^2		

Biegeversuch 23 °C   ASTM D790;

	Probekörper:	*Form*	*Herstellung*	Spritzgiessen
		Zustand	*Vorbehandlung*	Normalklima
Biegefestigkeit	N/mm^2 152		*E-Modul*	N/mm^2 6900
3,5% Biegespannung	N/mm^2			

Härte 23 °C

	Probekörper:	*Zustand*	*Herstellung*	Spritzgiessen
			Vorbehandlung	Normalklima
Kugeldruckhärte	N/mm^2	bei N, s	*Shore-Härte* A	
Rockwellhärte	M 65		*Shore-Härte* D	

Schlagversuch

	Probekörper:	*(1)*		
		(2) V-Kerbe	*Herstellung*	Spritzgiessen
		Zustand	*Vorbehandlung*	Normalklima
		°C °C °C	*Probekörper-Form*	
Schlagzähigkeit	kJ/m^2			
Kerbschlagzähigkeit (1)	kJ/m^2			
IZOD-Kerbschlagzähigkeit (2)	J/m 23 160			
Kerbschlagzugzähigkeit	kJ/m^2			

Abrieb und Reibung

Taber-Abrieb (Reibradverfahren)	mm³/100 U
Abriebfaktor LNP (Thrust washer) Vergleichswert	
Statische Reibungszahl	0.16–0.22
Dynamische Reibungszahl	(p·v = N/mm² · m/min) 0.12–0.26
Zulässiger p · v Wert	N/mm² · (m/min) v = m/min
	v = m/min

Thermische Eigenschaften

Formbeständigkeit in der Wärme	*Verfahren*	B	218 °C
	Verfahren	A	191 °C
Vicat Erweichungstemperatur (VST)	*Verfahren*		°C
	Verfahren		°C
Kristallit-Schmelzpunkt	*Verfahren*		
Längenausdehnungskoeffizient	*Bereich* 0–140 °C		$0.11 \cdot 10^{-4} \mathrm{K}^{-1}$
	Temperatur		$\cdot 10^{-4} \mathrm{K}^{-1}$
Wärmeleitfähigkeit	*Verfahren*		W/(K · m)
Spezifische Wärmekapazität	*Verfahren*		J/(K · g)
Glasumwandlungstemperatur	*Torsionsschwingungsversuch*		°C
	Differentialkalorimetrie		°C

Brandverhalten

UL-Test vertikal

Dicke 0.84 mm, Wert HB
Dicke   mm, Wert

	Norm	Bewertung	Abmessungen
Sauerstoff-Index	ASTM D 2863		
Glühstab-Verfahren			
Brandverhalten	DIN 4102		
MVSS			
FAR			

Elektrische Eigenschaften

		Hz	°C		Probekörper, Form
Dielektrizitätszahl		50	23	4.3	
		10^3			
		10^6			
Dielektrischer Verlustfaktor tan δ		50	23	0.004	
		10^3			
		10^6			
Spezifischer Durchgangs-widerstand	Ohm · cm		23	4.0*10**14	
Durchschlagfestigkeit	kV/mm		23	20	3.2 mm dick
Oberflächenwiderstand	Ohm				
Kriechstromfestigkeit		KC	KB	KA	
Elektrolytische Korrosionswirkung					
Lichtbogenfestigkeit nach DIN					
nach ASTM	s				

Beständigkeit *(Chemische Beständigkeit siehe Anhang)*

Wasseraufnahme 23 C	1 d	0.10 %
Feuchtigkeitsaufnahme Normalklima		%
Wetterbeständigkeit		
Spannungskorrosion		

Optische Eigenschaften

Brechungszahl n_D		
Transmissionsgrad τ_c	%	mm dick
Lichtdurchlässigkeit		

Produkt	Polybutylenterephthalat		**PBT**
Handelsname	**Celanex 5300**		
Hersteller	CELANESE		
DIN-Bez 1			
DIN-Bez 2			

Zusätze		*Füllstoffe/ Verstärkung*	30.0% Glasfaser
Bevorzugte Verarbeitung	Spritzgiessen	*Lieferform*	Granulat
		Farben	Natur; Schwarz; Konzentrate
Besondere Merkmale	Hoher Modul; Sehr hohe Festigkeit; Sehr hohe Waermeformbestaendigkeit; Sehr gute Oberflaeche; Hoher Glanz; Verzugsarm	*Bevorzugte Anwendungen*	Technisches Formteil; Griff; Unterteil und Gehaeuse fuer kleine Haushaltsgeraete; Griff fuer Automobiltueren; Patrone fuer Feuerloeschgeraete

---

Dichte	g/cm³	1.54	*Schmelzindex*	g/10 min		:
Schüttdichte	g/cm³		*Volumenfließindex*	cm³/10 min		:
Viskositätszahl	ml/g					

Verarbeitungsbedingungen für Spritzgießen

Massetemp.	°C	240–260	*Schwindung*	%	lgs 0.4–0.6, quer
Werkzeugtemp.	°C	70	*Bemerkungen*		
Spritzdruck	bar				

Zugversuch 23 °C ASTM D638;

	Probekörper:	*Form*	*Herstellung*	Spritzgiessen
		Zustand	*Vorbehandlung*	Normalklima

Streckspannung	N/mm²		*Dehnung bei Streckspannung*	%
Zugfestigkeit	N/mm²		*Reißdehnung*	% 2
Reißfestigkeit	N/mm² 131		*% Dehnspannung*	N/mm²
E-Modul	N/mm²		*Dehnung bei % Dehnspg.*	%

Kriechmoduln und Zeitstandwerte 23 °C

	Probekörper:	*Form*	*Herstellung*	
		Zustand	*Vorbehandlung*	

Kriechmodul	1 min N/mm²		*Zeitstandzugfestigkeit*	h N/mm²
Kriechmodul	1000 h N/mm²		*Zeitdehnspg. %*	h N/mm²
bei Spannung	N/mm²			

Biegeversuch 23 °C ASTM D790;

	Probekörper:	*Form*	*Herstellung*	Spritzgiessen
		Zustand	*Vorbehandlung*	Normalklima

Biegefestigkeit	N/mm² 200		*E-Modul*	N/mm² 8970
3,5% Biegespannung	N/mm²			

Härte 23 °C

	Probekörper:	*Zustand*	*Herstellung*	Spritzgiessen
			Vorbehandlung	Normalklima

Kugeldruckhärte	N/mm²	bei N, s	*Shore-Härte*	A
Rockwellhärte	M 93		*Shore-Härte*	D

Schlagversuch

	Probekörper:	*(1)*		
		(2) V-Kerbe	*Herstellung*	Spritzgiessen
		Zustand	*Vorbehandlung*	Normalklima
		°C	°C	°C	*Probekörper-Form*

Schlagzähigkeit	kJ/m²	
Kerbschlagzähigkeit (1)	kJ/m²	
IZOD-Kerbschlagzähigkeit (2)	J/m	23 80
Kerbschlagzugzähigkeit	kJ/m²	

Abrieb und Reibung

Taber-Abrieb (Reibradverfahren)	mm³/100 U	
Abriebfaktor LNP (Thrust washer) Vergleichswert		
Statische Reibungszahl		
Dynamische Reibungszahl	(p·v = N/mm² · m/min)	0.13
Zulässiger p · v Wert	N/mm² · (m/min) v = m/min	
	v = m/min	

Thermische Eigenschaften

Formbeständigkeit in der Wärme	Verfahren	B	221 °C
	Verfahren	A	206 °C
Vicat Erweichungstemperatur (VST)	Verfahren		°C
	Verfahren		°C
Kristallit-Schmelzpunkt	Verfahren		
Längenausdehnungskoeffizient	Bereich	0–140 °C	$0.11 \cdot 10^{-4} \mathrm{K}^{-1}$
	Temperatur		$\cdot 10^{-4} \mathrm{K}^{-1}$
Wärmeleitfähigkeit	Verfahren		W/(K · m)
Spezifische Wärmekapazität	Verfahren		J/(K · g)
Glasumwandlungstemperatur	Torsionsschwingungsversuch		°C
	Differentialkalorimetrie		°C

Brandverhalten

UL-Test vertikal
Dicke 0.71 mm, Wert HB
Dicke   mm, Wert

	Norm	Bewertung	Abmessungen
Sauerstoff-Index	ASTM D 2863		
Glühstab-Verfahren			
Brandverhalten	DIN 4102		
MVSS			
FAR			

Elektrische Eigenschaften

	Hz	°C			Probekörper, Form
Dielektrizitätszahl	50	23	3.8		
	10^3				
	10^6				
Dielektrischer Verlustfaktor tan δ	50	23	0.002		
	10^3				
	10^6				
Spezifischer Durchgangs-widerstand	Ohm · cm	23	3.0*10**16		
Durchschlagfestigkeit	kV/mm	23	21	3.2 mm dick	
Oberflächenwiderstand	Ohm				
Kriechstromfestigkeit	KC	KB	KA		
Elektrolytische Korrosionswirkung					
Lichtbogenfestigkeit nach DIN					
nach ASTM	s				

Beständigkeit *(Chemische Beständigkeit siehe Anhang)*

Wasseraufnahme 23 C		1 d	0.05 %
Feuchtigkeitsaufnahme Normalklima			%
Wetterbeständigkeit			
Spannungskorrosion			

Optische Eigenschaften

Brechungszahl n_D
Transmissionsgrad τ_c %   mm dick
Lichtdurchlässigkeit

Produkt	Polybutylenterephthalat		**PBT**
Handelsname	**Celanex 6400**		
Hersteller	CELANESE		
DIN-Bez 1	16779-PBT,MG,XX-14		
DIN-Bez 2			

Zusätze		*Füllstoffe/ Verstärkung*	40.0% Glasfaser; Mineral
Bevorzugte Verarbeitung	Spritzgiessen	*Lieferform*	Granulat
		Farben	Natur; Schwarz; Konzentrate
Besondere Merkmale	Sehr hoher Modul; Sehr hohe Festigkeit; Sehr hohe Waermebestaendigkeit; Verminderte Zaehigkeit und Dehnung	*Bevorzugte Anwendungen*	Technisches Formteil; Ventilatorfluegel; Ventilatorgehaeuse; Scheinwerfergehaeuse; Lackiertes Karosserieaussenteil fuer Kfz

Dichte	g/cm^3	1.65	*Schmelzindex*	g/10 min	:	
Schüttdichte	g/cm^3		*Volumenfließindex*	cm^3/10 min	:	
Viskositätszahl	ml/g					

Verarbeitungsbedingungen für Spritzgießen

Massetemp.	°C	240–260	*Schwindung*	%	lgs 0.4–0.6, quer
Werkzeugtemp.	°C	70	*Bemerkungen*		
Spritzdruck	bar				

Zugversuch 23 °C　ASTM D638;

	Probekörper:	*Form*		*Herstellung*	Spritzgiessen
		Zustand		*Vorbehandlung*	Normalklima
Streckspannung	N/mm^2		*Dehnung bei Streckspannung*	%	
Zugfestigkeit	N/mm^2		*Reißdehnung*	%	2
Reißfestigkeit	N/mm^2	102	*% Dehnspannung*	N/mm^2	
E-Modul	N/mm^2	12420	*Dehnung bei % Dehnspg.*	%	

Kriechmoduln und Zeitstandwerte 23 °C

	Probekörper:	*Form*		*Herstellung*	
		Zustand		*Vorbehandlung*	
Kriechmodul	*1 min*	N/mm^2	*Zeitstandzugfestigkeit*	h N/mm^2	
Kriechmodul	*1000 h*	N/mm^2	*Zeitdehnspg. %*	h N/mm^2	
bei Spannung		N/mm^2			

Biegeversuch 23 °C　ASTM D790;

	Probekörper:	*Form*		*Herstellung*	Spritzgiessen
		Zustand		*Vorbehandlung*	Normalklima
Biegefestigkeit	N/mm^2	159	*E-Modul*	N/mm^2 11040	
3,5% Biegespannung	N/mm^2				

Härte 23 °C

	Probekörper:	*Zustand*	*Herstellung*	Spritzgiessen
			Vorbehandlung	Normalklima
Kugeldruckhärte	N/mm^2	bei N, s	*Shore-Härte* A	
Rockwellhärte	M 86		*Shore-Härte* D	

Schlagversuch

	Probekörper:	*(1)*		
		(2) V-Kerbe	*Herstellung*	Spritzgiessen
		Zustand	*Vorbehandlung*	Normalklima
		°C °C °C		*Probekörper-Form*

Schlagzähigkeit	kJ/m^2		
Kerbschlagzähigkeit (1)	kJ/m^2		
IZOD-Kerbschlagzähigkeit (2)	J/m	23 37	
Kerbschlagzugzähigkeit	kJ/m^2		

Abrieb und Reibung

Taber-Abrieb (Reibradverfahren)	mm³/100 U
Abriebfaktor LNP (Thrust washer) Vergleichswert	
Statische Reibungszahl	0.17–0.23
Dynamische Reibungszahl	(p·v = N/mm² · m/min) 0.13–0.15
Zulässiger p · v Wert	N/mm² · (m/min) v = m/min
	v = m/min

Thermische Eigenschaften

Formbeständigkeit in der Wärme	Verfahren B	219 °C
	Verfahren A	198 °C
Vicat Erweichungstemperatur (VST)	Verfahren	°C
	Verfahren	°C
Kristallit-Schmelzpunkt	Verfahren	
Längenausdehnungskoeffizient	Bereich 0–140 °C	$0.16 \cdot 10^{-4} K^{-1}$
	Temperatur	$\cdot 10^{-4} K^{-1}$
Wärmeleitfähigkeit	Verfahren	W/(K · m)
Spezifische Wärmekapazität	Verfahren	J/(K · g)
Glasumwandlungstemperatur	Torsionsschwingungsversuch	°C
	Differentialkalorimetrie	°C

Brandverhalten

UL-Test vertikal   Dicke 0.78 mm, Wert HB
                Dicke   mm, Wert

	Norm	Bewertung	Abmessungen
Sauerstoff-Index	ASTM D 2863		
Glühstab-Verfahren			
Brandverhalten	DIN 4102		
MVSS			
FAR			

Elektrische Eigenschaften

		Hz	°C		Probekörper, Form
Dielektrizitätszahl		50	23	4.1	
		10^3			
		10^6			
Dielektrischer Verlustfaktor tan δ		50	23	0.017	
		10^3			
		10^6			
Spezifischer Durchgangs-					
widerstand	Ohm · cm		23	1.4*10**16	
Durchschlagfestigkeit	kV/mm		23	22	3.2 mm dick
Oberflächenwiderstand	Ohm				
Kriechstromfestigkeit		KC	KB	KA	
Elektrolytische Korrosionswirkung					
Lichtbogenfestigkeit nach DIN					
nach ASTM	s				

Beständigkeit *(Chemische Beständigkeit siehe Anhang)*

Wasseraufnahme 23 C		1 d	0.04 %
Feuchtigkeitsaufnahme Normalklima			%
Wetterbeständigkeit			
Spannungskorrosion			

Optische Eigenschaften

Brechungszahl n_D		
Transmissionsgrad τ_c	%	mm dick
Lichtdurchlässigkeit		

Produkt	Polybutylenterephthalat	**PBT**
Handelsname	**Celanex 7700**	
Hersteller	CELANESE	
DIN-Bez 1	16779-PBT,MG,XX-14	
DIN-Bez 2		

Zusätze		Füllstoffe/ Verstärkung	30.0% Glasfaser; Mineral
Bevorzugte Verarbeitung	Spritzgiessen	Lieferform	Granulat
		Farben	Natur; Schwarz; Konzentrate
Besondere Merkmale	Sehr hoher Modul; Hohe Festigkeit; Sehr hohe Waermeformbestaendigkeit; Verminderte Zaehigkeit	Bevorzugte Anwendungen	Technisches Formteil; Elektromaschinenbau; Fernsehelement; Schalter; Spule; Netzschalter; Relais; Stecker; Gehaeuse fuer Schaltuhr und elektrische Steuervorrichtung

Dichte	g/cm³	1.74	Schmelzindex	g/10 min	:
Schüttdichte	g/cm³		Volumenfließindex	cm³/10 min	:
Viskositätszahl	ml/g				

Verarbeitungsbedingungen für Spritzgießen

Massetemp.	°C	240–260	Schwindung	%	lgs 0.5–0.7, quer
Werkzeugtemp.	°C	70	Bemerkungen		
Spritzdruck	bar				

Zugversuch 23°C ASTM D638;

	Probekörper:	Form	Herstellung	Spritzgiessen
		Zustand	Vorbehandlung	Normalklima
Streckspannung	N/mm²		Dehnung bei Streckspannung	%
Zugfestigkeit	N/mm²		Reißdehnung	% 2.5
Reißfestigkeit	N/mm² 82		% Dehnspannung	N/mm²
E-Modul	N/mm² 13110		Dehnung bei % Dehnspg.	%

Kriechmoduln und Zeitstandwerte 23°C

	Probekörper:	Form	Herstellung	
		Zustand	Vorbehandlung	
Kriechmodul	1 min N/mm²		Zeitstandzugfestigkeit	h N/mm²
Kriechmodul	1000 h N/mm²		Zeitdehnspg. %	h N/mm²
bei Spannung	N/mm²			

Biegeversuch 23°C ASTM D790;

	Probekörper:	Form	Herstellung	Spritzgiessen
		Zustand	Vorbehandlung	Normalklima
Biegefestigkeit	N/mm² 133		E-Modul	N/mm² 11040
3,5% Biegespannung	N/mm²			

Härte 23°C

	Probekörper:	Zustand	Herstellung	Spritzgiessen
			Vorbehandlung	Normalklima
Kugeldruckhärte	N/mm²	bei N, s	Shore-Härte A	
Rockwellhärte	M 76		Shore-Härte D	

Schlagversuch

	Probekörper:	(1)		
		(2) V-Kerbe	Herstellung	Spritzgiessen
		Zustand	Vorbehandlung	Normalklima
		°C °C °C		Probekörper-Form

Schlagzähigkeit	kJ/m²		
Kerbschlagzähigkeit (1)	kJ/m²		
IZOD-Kerbschlagzähigkeit (2)	J/m	23 37	
Kerbschlagzugzähigkeit	kJ/m²		

Abrieb und Reibung

Taber-Abrieb (Reibradverfahren)	mm^3/100 U		
Abriebfaktor LNP (Thrust washer) Vergleichswert			
Statische Reibungszahl	0.14–0.24		
Dynamische Reibungszahl	$(p \cdot v =$ N/mm$^2 \cdot$ m/min)	0.1–0.2	
Zulässiger p · v Wert	N/mm$^2 \cdot$ (m/min) v = m/min		
	v = m/min		

Thermische Eigenschaften

Formbeständigkeit in der Wärme	Verfahren	B	215 °C
	Verfahren	A	199 °C
Vicat Erweichungstemperatur (VST)	Verfahren		°C
	Verfahren		°C
Kristallit-Schmelzpunkt	Verfahren		
Längenausdehnungskoeffizient	Bereich	0–140 °C	$0.13 \cdot 10^{-4} \mathrm{K}^{-1}$
	Temperatur		$\cdot 10^{-4} \mathrm{K}^{-1}$
Wärmeleitfähigkeit	Verfahren		W/(K · m)
Spezifische Wärmekapazität	Verfahren		J/(K · g)
Glasumwandlungstemperatur	Torsionsschwingungsversuch		°C
	Differentialkalorimetrie		°C

Brandverhalten

UL-Test vertikal   Dicke 0.74 mm, Wert V-0
                    Dicke   mm, Wert

	Norm	Bewertung	Abmessungen
Sauerstoff-Index	ASTM D 2863		
Glühstab-Verfahren			
Brandverhalten	DIN 4102		
MVSS			
FAR			

Elektrische Eigenschaften

		Hz	°C		Probekörper, Form
Dielektrizitätszahl		50	23	3.9	
		10^3			
		10^6			
Dielektrischer Verlustfaktor tan δ		50	23	0.009	
		10^3			
		10^6			
Spezifischer Durchgangs-					
widerstand	Ohm · cm		23	1.3*10**16	
Durchschlagfestigkeit	kV/mm		23	24	3.2 mm dick
Oberflächenwiderstand	Ohm				
Kriechstromfestigkeit	KC		KB	KA	
Elektrolytische Korrosionswirkung					
Lichtbogenfestigkeit nach DIN					
nach ASTM	s				

Beständigkeit *(Chemische Beständigkeit siehe Anhang)*

Wasseraufnahme 23 C		1 d	0.04 %
Feuchtigkeitsaufnahme Normalklima			%
Wetterbeständigkeit			
Spannungskorrosion			

Optische Eigenschaften

Brechungszahl n_D			
Transmissionsgrad τ_c	%		mm dick
Lichtdurchlässigkeit			

Produkt	Polyamid 46	**PA**
Handelsname	**Stanyl TS 200**	
Hersteller	DSM	
DIN-Bez 1		
DIN-Bez 2		

Zusätze		*Füllstoffe/ Verstärkung*	
Bevorzugte Verarbeitung	Spritzgiessen	*Lieferform*	Granulat
		Farben	Natur
Besondere Merkmale	Gute Fliesseigenschaften; Durchschnittiche Schlagzaehigkeit; Gute Waermeformbestaendigkeit	*Bevorzugte Anwendungen*	Technisches Formteil; Bedarfsartikel

---

Dichte	g/cm³	1.18	*Schmelzindex*	g/10 min	:
Schüttdichte	g/cm³		*Volumenfließindex*	cm³/10 min	:
Viskositätszahl	ml/g				

Verarbeitungsbedingungen für Spritzgießen

Massetemp.	°C	300–315	*Schwindung*	%	lgs 1.5–2.0, quer 1.5–2.0
Werkzeugtemp.	°C	80–120	*Bemerkungen*		Vorzugsweise Trichtertrockner (80 C)
Spritzdruck	bar				mit Deckel bzw. Vortrocknen mit
					Ueberleiten von Stickstoff

Zugversuch 23 °C ISO 527;

	Probekörper:	*Form*	*Herstellung*	Spritzgiessen
		Zustand Spritzfrisch	*Vorbehandlung*	
Streckspannung	N/mm² 100		*Dehnung bei Streckspannung*	%
Zugfestigkeit	N/mm²		*Reißdehnung*	% 35
Reißfestigkeit	N/mm²		*% Dehnspannung*	N/mm²
E-Modul	N/mm²		*Dehnung bei % Dehnspg.*	%

Kriechmoduln und Zeitstandwerte 23 °C

	Probekörper:	*Form*	*Herstellung*	
		Zustand	*Vorbehandlung*	
Kriechmodul	*1 min* N/mm²		*Zeitstandzugfestigkeit*	h N/mm²
Kriechmodul	*1000 h* N/mm²		*Zeitdehnspg.* %	h N/mm²
bei Spannung	N/mm²			

Biegeversuch 23 °C ISO 178;

	Probekörper:	*Form*	*Herstellung*	Spritzgiessen
		Zustand Spritzfrisch	*Vorbehandlung*	
Biegefestigkeit	N/mm²		*E-Modul*	N/mm² 3000
3,5% Biegespannung	N/mm²			

Härte 23 °C

	Probekörper:	*Zustand* Spritzfrisch	*Herstellung*	Spritzgiessen
			Vorbehandlung	
Kugeldruckhärte	N/mm²	bei N, s	*Shore-Härte* A	
Rockwellhärte	120	110	*Shore-Härte* D	85

Schlagversuch

	Probekörper:	*(1)* U-Kerbe		
		(2)	*Herstellung*	Spritzgiessen
		Zustand Spritzfrisch	*Vorbehandlung*	
		°C °C	°C	*Probekörper-Form*
Schlagzähigkeit	kJ/m²			
Kerbschlagzähigkeit (1)	kJ/m² 23 5			NKS
IZOD-Kerbschlagzähigkeit (2)	J/m			
Kerbschlagzugzähigkeit	kJ/m²			

Abrieb und Reibung

Taber-Abrieb (Reibradverfahren)	mm^3/100 U
Abriebfaktor LNP (Thrust washer) Vergleichswert	
Statische Reibungszahl	
Dynamische Reibungszahl	(p·v = N/mm^2· m/min)
Zulässiger p · v Wert	N/mm^2 · (m/min) v = m/min
	v = m/min

Thermische Eigenschaften

Formbeständigkeit in der Wärme	*Verfahren*	A	155 °C
	Verfahren		°C
Vicat Erweichungstemperatur (VST)	*Verfahren*	B/120	280 °C
	Verfahren		°C
Kristallit-Schmelzpunkt	*Verfahren*	DSC	290 °C
Längenausdehnungskoeffizient	*Bereich*	°C	·10^{-4}K^{-1}
	Temperatur		·10^{-4}K^{-1}
Wärmeleitfähigkeit	*Verfahren*		W/(K · m)
Spezifische Wärmekapazität	*Verfahren*		J/(K · g)
Glasumwandlungstemperatur	*Torsionsschwingungsversuch*	°C	
	Differentialkalorimetrie	°C	

Brandverhalten

UL-Test vertikal	Dicke 1.6 mm, Wert V-2	
	Dicke mm, Wert	

	Norm	*Bewertung*	*Abmessungen*
Sauerstoff-Index	ASTM D 2863		
Glühstab-Verfahren			
Brandverhalten	DIN 4102		
MVSS			
FAR			

Elektrische Eigenschaften

		Hz	°C		*Probekörper, Form*
Dielektrizitätszahl		50			
		10^3			
		10^6			
Dielektrischer Verlustfaktor tan δ		50			
		10^3			
		10^6			
Spezifischer Durchgangs-widerstand	Ohm · cm		23	1.0*10**16	
Durchschlagfestigkeit	kV/mm				mm dick
Oberflächenwiderstand	Ohm		23	8.0*10**15	
Kriechstromfestigkeit	KC		KB	KA	
Elektrolytische Korrosionswirkung					
Lichtbogenfestigkeit nach DIN					
nach ASTM	s				

Beständigkeit *(Chemische Beständigkeit siehe Anhang)*

Wasseraufnahme

Feuchtigkeitsaufnahme Normalklima   %
Wetterbeständigkeit

Spannungskorrosion

Optische Eigenschaften

Brechungszahl n$_D$
Transmissionsgrad τ_c %   mm dick
Lichtdurchlässigkeit

Produkt	Polyamid 46		**PA**
Handelsname	**Stanyl TS 300**		
Hersteller	DSM		
DIN-Bez 1			
DIN-Bez 2			
Zusätze		*Füllstoffe/ Verstärkung*	
Bevorzugte Verarbeitung	Spritzgiessen	*Lieferform*	Granulat
		Farben	Natur
Besondere Merkmale	Mittlere Fliesseigenschaften; Schlag-zaeh; Gute Waermeformbestaendigkeit	*Bevorzugte Anwendungen*	Technisches Formteil; Bedarfsartikel

---

Dichte	g/cm³	1.18		*Schmelzindex*	g/10 min	:
Schüttdichte	g/cm³			*Volumenfließindex*	cm³/10 min	:
Viskositätszahl	ml/g					

Verarbeitungsbedingungen für Spritzgießen

Massetemp.	°C	300–315	*Schwindung*	%	lgs 1.5–2.0, quer 1.5–2.0
Werkzeugtemp.	°C	80–120	*Bemerkungen*		Vorzugsweise Trichtertrockner (80 C)
Spritzdruck	bar				mit Deckel bzw. Vortrocknen mit
					Ueberleiten von Stickstoff

Zugversuch 23 °C ISO 527;

	Probekörper:	*Form*		*Herstellung*	Spritzgiessen
		Zustand	Spritzfrisch	*Vorbehandlung*	

Streckspannung	N/mm²	95	*Dehnung bei Streckspannung*	%	
Zugfestigkeit	N/mm²		*Reißdehnung*	%	50
Reißfestigkeit	N/mm²	80	*% Dehnspannung*	N/mm²	
E-Modul	N/mm²		*Dehnung bei % Dehnspg.*	%	

Kriechmoduln und Zeitstandwerte 23 °C

	Probekörper:	*Form*		*Herstellung*
		Zustand		*Vorbehandlung*

Kriechmodul	1 min	N/mm²	*Zeitstandzugfestigkeit*	h	N/mm²
Kriechmodul	1000 h	N/mm²	*Zeitdehnspg. %*	h	N/mm²
bei Spannung		N/mm²			

Biegeversuch 23 °C ISO 178;

	Probekörper:	*Form*		*Herstellung*	Spritzgiessen
		Zustand	Spritzfrisch	*Vorbehandlung*	

Biegefestigkeit	N/mm²	115	*E-Modul*	N/mm² 3100
3,5% Biegespannung	N/mm²			

Härte 23 °C

	Probekörper:	*Zustand*	Spritzfrisch	*Herstellung*	Spritzgiessen
				Vorbehandlung	

Kugeldruckhärte	N/mm²		bei N, s	*Shore-Härte A*	
Rockwellhärte	120		110	*Shore-Härte D*	85

Schlagversuch

Probekörper:	*(1)* U-Kerbe		
	(2)	*Herstellung*	Spritzgiessen
	Zustand Spritzfrisch	*Vorbehandlung*	

		°C	°C	°C	*Probekörper-Form*

Schlagzähigkeit	kJ/m²	23 o.B.			NKS
Kerbschlagzähigkeit (1)	kJ/m²	23 8	-40 5		NKS
IZOD-Kerbschlagzähigkeit (2)	J/m				
Kerbschlagzugzähigkeit	kJ/m²				

Abrieb und Reibung

Taber-Abrieb (Reibradverfahren) mm^3/100 U
Abriebfaktor LNP (Thrust washer) Vergleichswert
Statische Reibungszahl
Dynamische Reibungszahl   (p·v= N/mm^2·   m/min)
Zulässiger p·v Wert N/mm^2·(m/min)   v=   m/min
                                                                                v=   m/min

Thermische Eigenschaften

Formbeständigkeit in der Wärme   Verfahren   A   150 °C
                                        Verfahren   °C
Vicat Erweichungstemperatur (VST)   Verfahren   B/120   280 °C
                                        Verfahren   °C
Kristallit-Schmelzpunkt   Verfahren   DSC   290 °C

Längenausdehnungskoeffizient   Bereich   °C   ·$10^{-4}K^{-1}$
                                        Temperatur   ·$10^{-4}K^{-1}$
Wärmeleitfähigkeit   Verfahren   W/(K·m)

Spezifische Wärmekapazität   Verfahren   J/(K·g)

Glasumwandlungstemperatur   Torsionsschwingungsversuch   °C
                                        Differentialkalorimetrie   °C

Brandverhalten

UL-Test vertikal   Dicke 1.6   mm, Wert V-2
                                        Dicke   mm, Wert

                    Norm   Bewertung   Abmessungen

Sauerstoff-Index   ASTM D 2863
Glühstab-Verfahren
Brandverhalten   DIN 4102
MVSS
FAR

Elektrische Eigenschaften

                                        Hz   °C   Probekörper, Form

Dielektrizitätszahl   50
                                        10^3
                                        10^6
Dielektrischer Verlustfaktor tan δ   50
                                        10^3
                                        10^6

Spezifischer Durchgangs-
   widerstand   Ohm·cm   23   1.0*10**16
Durchschlagfestigkeit   kV/mm   mm dick
Oberflächenwiderstand   Ohm   23   8.0*10**15

Kriechstromfestigkeit   KC   KB   KA
Elektrolytische Korrosionswirkung
Lichtbogenfestigkeit nach DIN
                nach ASTM   s

Beständigkeit (Chemische Beständigkeit siehe Anhang)

Wasseraufnahme

Feuchtigkeitsaufnahme Normalklima   %
Wetterbeständigkeit

Spannungskorrosion

Optische Eigenschaften

Brechungszahl n_D
Transmissionsgrad $τ_c$ %   mm dick
Lichtdurchlässigkeit

Produkt	Polyamid 46	**PA**
Handelsname	**Stanyl TS 200 F6**	
Hersteller	DSM	
DIN-Bez 1		
DIN-Bez 2		

Zusätze		*Füllstoffe/ Verstärkung*	30.0% Glasfaser
Bevorzugte Verarbeitung	Spritzgiessen	*Lieferform*	Granulat
		Farben	Natur
Besondere Merkmale	Gute Fliesseigenschaften; Sehr hoher Modul; Sehr hohe Festigkeit; Sehr hohe Waermeformbestaendigkeit	*Bevorzugte Anwendungen*	Technisches Formteil; Teil fuer Kfz-Bau

Dichte	g/cm^3	1.44		*Schmelzindex*	g/10 min	:
Schüttdichte	g/cm^3			*Volumenfließindex*	cm^3/10 min	:
Viskositätszahl	ml/g					

Verarbeitungsbedingungen für Spritzgießen

Massetemp.	°C	305–320	*Schwindung*	%	lgs 0.3–1.3, quer
Werkzeugtemp.	°C	80–120	*Bemerkungen*		Vorzugsweise Trichtertrockner (80 C) mit Deckel bzw. Vortrocknen mit Ueberleiten von Stickstoff
Spritzdruck	bar				

Zugversuch 23 °C ISO 527;

	Probekörper:	*Form*	*Herstellung*	Spritzgiessen
		Zustand Spritzfrisch	*Vorbehandlung*	
Streckspannung	N/mm^2 200		*Dehnung bei Streckspannung*	%
Zugfestigkeit	N/mm^2		*Reißdehnung*	% 11
Reißfestigkeit	N/mm^2 185		*% Dehnspannung*	N/mm^2
E-Modul	N/mm^2		*Dehnung bei % Dehnspg.*	%

Kriechmoduln und Zeitstandwerte 23 °C

	Probekörper:	*Form*	*Herstellung*	
		Zustand	*Vorbehandlung*	
Kriechmodul	1 min N/mm^2		*Zeitstandzugfestigkeit*	h N/mm^2
Kriechmodul	1000 h N/mm^2		*Zeitdehnspg. %*	h N/mm^2
bei Spannung	N/mm^2			

Biegeversuch 23 °C ISO 178;

	Probekörper:	*Form*	*Herstellung*	Spritzgiessen
		Zustand Spritzfrisch	*Vorbehandlung*	
Biegefestigkeit	N/mm^2 300		*E-Modul*	N/mm^2 9000
3,5% Biegespannung	N/mm^2			

Härte 23 °C

	Probekörper:	*Zustand* Spritzfrisch	*Herstellung*	Spritzgiessen
			Vorbehandlung	
Kugeldruckhärte	N/mm^2	bei N, s	*Shore-Härte* A	
Rockwellhärte	125	115	*Shore-Härte* D	89

Schlagversuch

	Probekörper:	*(1)* U-Kerbe		
		(2)	*Herstellung*	Spritzgiessen
		Zustand Spritzfrisch	*Vorbehandlung*	
		°C	°C	°C	*Probekörper-Form*
Schlagzähigkeit	kJ/m^2	23 53		NKS
Kerbschlagzähigkeit (1)	kJ/m^2	23 9		NKS
IZOD-Kerbschlagzähigkeit (2)	J/m			
Kerbschlagzugzähigkeit	kJ/m^2			

Abrieb und Reibung

Taber-Abrieb (Reibradverfahren)   mm³/100 U
Abriebfaktor LNP (Thrust washer) Vergleichswert
Statische Reibungszahl
Dynamische Reibungszahl   (p · v =   N/mm² ·   m/min)
Zulässiger p · v Wert   N/mm² · (m/min)   v =   m/min
                                                                       v =   m/min

Thermische Eigenschaften

Formbeständigkeit in der Wärme   *Verfahren* A   285 °C
                                      Verfahren   °C
Vicat Erweichungstemperatur (VST)   *Verfahren* B/120   290 °C
                                      Verfahren   °C
Kristallit-Schmelzpunkt   *Verfahren* DSC   290 °C

Längenausdehnungskoeffizient   *Bereich*   °C $\cdot 10^{-4} K^{-1}$
                                      Temperatur $\cdot 10^{-4} K^{-1}$
Wärmeleitfähigkeit   *Verfahren*   W/(K · m)

Spezifische Wärmekapazität   *Verfahren*   J/(K · g)

Glasumwandlungstemperatur   *Torsionsschwingungsversuch*   °C
                                      Differentialkalorimetrie   °C

Brandverhalten

UL-Test vertikal   Dicke   mm, Wert
                                      Dicke   mm, Wert

                      Norm   *Bewertung*   *Abmessungen*

Sauerstoff-Index   ASTM D 2863
Glühstab-Verfahren
Brandverhalten   DIN 4102
MVSS
FAR

Elektrische Eigenschaften

                                      Hz   °C   *Probekörper, Form*

Dielektrizitätszahl   50
                                      10^3
                                      10^6
Dielektrischer Verlustfaktor tan δ 50
                                      10^3
                                      10^6
Spezifischer Durchgangs-
   widerstand   Ohm · cm
Durchschlagfestigkeit   kV/mm   mm dick
Oberflächenwiderstand   Ohm

Kriechstromfestigkeit   KC   KB   KA
Elektrolytische Korrosionswirkung
Lichtbogenfestigkeit nach DIN
            nach ASTM   s

Beständigkeit *(Chemische Beständigkeit siehe Anhang)*

Wasseraufnahme

Feuchtigkeitsaufnahme Normalklima   %
Wetterbeständigkeit

Spannungskorrosion

Optische Eigenschaften

Brechungszahl n_D
Transmissionsgrad τ_c %   mm dick
Lichtdurchlässigkeit

Produkt	Polyamid 46		**PA**
Handelsname	**Stanyl TS 200 K8**		
Hersteller	DSM		
DIN-Bez 1			
DIN-Bez 2			

Zusätze		Füllstoffe/ Verstärkung	40.0% Mineral
Bevorzugte Verarbeitung	Spritzgiessen	Lieferform	Granulat
		Farben	Natur
Besondere Merkmale	Gute Fliesseigenschaften; Sehr hoher Modul; Hohe Festigkeit; Sehr hohe Waermeformbestaendigkeit; Verzugsarm	Bevorzugte Anwendungen	Technisches Formteil; Kfz-Industrie

Dichte	g/cm³	1.68	Schmelzindex	g/10 min	:
Schüttdichte	g/cm³		Volumenfließindex	cm³/10 min	:
Viskositätszahl	ml/g				

Verarbeitungsbedingungen für Spritzgießen

Massetemp.	°C	305–320	Schwindung	% lgs	1.1, quer 1.1
Werkzeugtemp.	°C	80–120	Bemerkungen		Vorzugsweise Trichtertrockner (80 C) mit Deckel bzw. Vortrocknen mit Ueberleiten von Stickstoff
Spritzdruck	bar				

Zugversuch 23 °C ISO 527;

	Probekörper:	Form		Herstellung	Spritzgiessen
		Zustand Spritzfrisch		Vorbehandlung	
Streckspannung	N/mm²	112	Dehnung bei Streckspannung	%	
Zugfestigkeit	N/mm²		Reißdehnung	%	8
Reißfestigkeit	N/mm²		% Dehnspannung	N/mm²	
E-Modul	N/mm²		Dehnung bei % Dehnspg.	%	

Kriechmoduln und Zeitstandwerte 23 °C

	Probekörper:	Form		Herstellung	
		Zustand		Vorbehandlung	
Kriechmodul	1 min	N/mm²	Zeitstandzugfestigkeit	h N/mm²	
Kriechmodul	1000 h	N/mm²	Zeitdehnspg. %	h N/mm²	
bei Spannung		N/mm²			

Biegeversuch 23 °C ISO 178;

	Probekörper:	Form		Herstellung	Spritzgiessen
		Zustand Spritzfrisch		Vorbehandlung	
Biegefestigkeit	N/mm²		E-Modul	N/mm²	5800
3,5% Biegespannung	N/mm²				

Härte 23 °C

	Probekörper:	Zustand Spritzfrisch		Herstellung	Spritzgiessen
				Vorbehandlung	
Kugeldruckhärte	N/mm²	bei N, s	Shore-Härte A		
Rockwellhärte	120	115	Shore-Härte D	87	

Schlagversuch

	Probekörper:	(1) U-Kerbe			
		(2)		Herstellung	Spritzgiessen
		Zustand Spritzfrisch		Vorbehandlung	
		°C	°C	°C	Probekörper-Form
Schlagzähigkeit	kJ/m²	23 84			NKS
Kerbschlagzähigkeit (1)	kJ/m²	23 3.5			NKS
IZOD-Kerbschlagzähigkeit (2)	J/m				
Kerbschlagzugzähigkeit	kJ/m²				

Abrieb und Reibung

Taber-Abrieb (Reibradverfahren)		mm³/100 U	
Abriebfaktor LNP (Thrust washer) Vergleichswert			
Statische Reibungszahl			
Dynamische Reibungszahl		$(p \cdot v =$ N/mm² · m/min)	
Zulässiger p · v Wert		N/mm² · (m/min) v = m/min	
		v = m/min	

Thermische Eigenschaften

Formbeständigkeit in der Wärme	Verfahren	A	250 °C
	Verfahren		°C
Vicat Erweichungstemperatur (VST)	Verfahren	B/120	280 °C
	Verfahren		°C
Kristallit-Schmelzpunkt	Verfahren		
Längenausdehnungskoeffizient	Bereich	°C	$\cdot 10^{-4} K^{-1}$
	Temperatur		$\cdot 10^{-4} K^{-1}$
Wärmeleitfähigkeit	Verfahren		W/(K · m)
Spezifische Wärmekapazität	Verfahren		J/(K · g)
Glasumwandlungstemperatur	Torsionsschwingungsversuch	°C	
	Differentialkalorimetrie	°C	

Brandverhalten

UL-Test vertikal		Dicke mm, Wert	
		Dicke mm, Wert	

	Norm	Bewertung	Abmessungen
Sauerstoff-Index	ASTM D 2863		
Glühstab-Verfahren			
Brandverhalten	DIN 4102		
MVSS			
FAR			

Elektrische Eigenschaften

	Hz	°C	Probekörper, Form
Dielektrizitätszahl	50		
	10^3		
	10^6		
Dielektrischer Verlustfaktor tan δ	50		
	10^3		
	10^6		
Spezifischer Durchgangs-widerstand	Ohm · cm		
Durchschlagfestigkeit	kV/mm		mm dick
Oberflächenwiderstand	Ohm		
Kriechstromfestigkeit	KC	KB	KA
Elektrolytische Korrosionswirkung			
Lichtbogenfestigkeit nach DIN			
nach ASTM	s		

Beständigkeit (Chemische Beständigkeit siehe Anhang)

Wasseraufnahme	
Feuchtigkeitsaufnahme Normalklima	%
Wetterbeständigkeit	
Spannungskorrosion	

Optische Eigenschaften

Brechungszahl n_D		
Transmissionsgrad τ_c	%	mm dick
Lichtdurchlässigkeit		

Produkt	Acetalcopolymerisat	**POM**
Handelsname	**Kematal M450**	
Hersteller	CELANESE	
DIN-Bez 1	16781-POM,MG,XX-	
DIN-Bez 2	16781-POM,EG,XX-	

Zusätze		*Füllstoffe/* *Verstärkung*	
Bevorzugte *Verarbeitung*	Spritzgiessen	*Lieferform*	Granulat
		Farben	Standard
Besondere *Merkmale*	Hohe Festigkeit und Steifigkeit; Gute Verschleissfestigkeit; Hohe Dimensionsstabilitaet; Geringe Feuchtigkeitsaufnahme	*Bevorzugte* *Anwendungen*	Technisches Formteil

Dichte	g/cm³	1.41	*Schmelzindex*	g/10 min		:
Schüttdichte	g/cm³		*Volumenfließindex*	cm³/10 min		:
Viskositätszahl	ml/g					

Verarbeitungsbedingungen für Spritzgießen

Massetemp.	°C	170–200	*Schwindung*	%	lgs	2.2, quer 1.8
Werkzeugtemp.	°C	70–95	*Bemerkungen*			
Spritzdruck	bar	1000–1500				

Zugversuch 23 °C   ASTM D 638;

	Probekörper:	*Form*	*Herstellung*	Spritzgiessen
		Zustand	*Vorbehandlung*	Normalklima
Streckspannung	N/mm² 61		*Dehnung bei Streckspannung*	%
Zugfestigkeit	N/mm²		*Reißdehnung*	% 25
Reißfestigkeit	N/mm²		*% Dehnspannung*	N/mm²
E-Modul	N/mm² 2830		*Dehnung bei % Dehnspg.*	%

Kriechmoduln und Zeitstandwerte 23 °C

	Probekörper:	*Form*	*Herstellung*	
		Zustand	*Vorbehandlung*	
Kriechmodul	*1 min* N/mm²		*Zeitstandzugfestigkeit*	h N/mm²
Kriechmodul	*1000 h* N/mm²		*Zeitdehnspg. %*	h N/mm²
bei Spannung	N/mm²			

Biegeversuch 23 °C   ASTM D 790;

	Probekörper:	*Form*	*Herstellung*	Spritzgiessen
		Zustand	*Vorbehandlung*	Normalklima
Biegefestigkeit	N/mm²		*E-Modul*	N/mm² 2590
3,5% Biegespannung	N/mm²			

Härte 23 °C

	Probekörper:	*Zustand*	*Herstellung*	Spritzgiessen
			Vorbehandlung	Normalklima
Kugeldruckhärte	N/mm²	bei N, s	*Shore-Härte* A	
Rockwellhärte	M 80		*Shore-Härte* D	

Schlagversuch

	Probekörper:	*(1)*		
		(2) V-Kerbe	*Herstellung*	Spritzgiessen
		Zustand	*Vorbehandlung*	Normalklima
		°C °C °C		*Probekörper-Form*

Schlagzähigkeit	kJ/m²	
Kerbschlagzähigkeit (1)	kJ/m²	
IZOD-Kerbschlagzähigkeit (2)	J/m	23 48
Kerbschlagzugzähigkeit	kJ/m²	

Abrieb und Reibung

Taber-Abrieb (Reibradverfahren)	mm³/100 U	
Abriebfaktor LNP (Thrust washer) Vergleichswert		
Statische Reibungszahl		
Dynamische Reibungszahl	(p·v = N/mm² · m/min)	0.15
Zulässiger p · v Wert	N/mm² · (m/min) v = m/min	
	v = m/min	

Thermische Eigenschaften

Formbeständigkeit in der Wärme	Verfahren	A	110 °C
	Verfahren	B	158 °C
Vicat Erweichungstemperatur (VST)	Verfahren		°C
	Verfahren		°C
Kristallit-Schmelzpunkt	Verfahren		
Längenausdehnungskoeffizient	Bereich	-30–30 °C	$0.85 \cdot 10^{-4} K^{-1}$
	Temperatur °C		$\cdot 10^{-4} K^{-1}$
Wärmeleitfähigkeit	Verfahren		W/(K · m)
Spezifische Wärmekapazität	Verfahren		J/(K · g)
Glasumwandlungstemperatur	Torsionsschwingungsversuch		°C
	Differentialkalorimetrie		°C

Brandverhalten

UL-Test vertikal

Dicke 1.47 mm, Wert HB		
Dicke mm, Wert		

	Norm	Bewertung	Abmessungen
Sauerstoff-Index	ASTM D 2863		
Glühstab-Verfahren			
Brandverhalten	DIN 4102		
MVSS			
FAR			

Elektrische Eigenschaften

		Hz	°C			Probekörper, Form
Dielektrizitätszahl		50	23	3.7		
		10^3				
		10^6				
Dielektrischer Verlustfaktor tan δ		50				
		10^3				
		10^6				
Spezifischer Durchgangs-						
widerstand	Ohm · cm		23	1.0*10**16		
Durchschlagfestigkeit	kV/mm		23	20		2.3 mm dick
Oberflächenwiderstand	Ohm					
Kriechstromfestigkeit		KC		KB	KA	
Elektrolytische Korrosionswirkung						
Lichtbogenfestigkeit nach DIN						
nach ASTM	s					

Beständigkeit *(Chemische Beständigkeit siehe Anhang)*

Wasseraufnahme 23 C		1 d	0.22 %
Feuchtigkeitsaufnahme Normalklima			%
Wetterbeständigkeit			
Spannungskorrosion			

Optische Eigenschaften

Brechungszahl n_D			
Transmissionsgrad τ_c	%		mm dick
Lichtdurchlässigkeit			

Produkt	Acetalcopolymerisat	**POM**
Handelsname	**Kematal M270**	
Hersteller	CELANESE	
DIN-Bez 1	16781-POM,MG,XX-	
DIN-Bez 2		

Zusätze		*Füllstoffe/ Verstärkung*	
Bevorzugte Verarbeitung	Spritzgiessen	*Lieferform*	Granulat
		Farben	Standard
Besondere Merkmale	Hohe Festigkeit und Steifigkeit; Gute Verschleissfestigkeit; Hohe Dimensionsstabilitaet; Geringe Feuchtigkeitsaufnahme	*Bevorzugte Anwendungen*	Technisches Formteil

Dichte	g/cm³	1.41	*Schmelzindex*	g/10 min	:
Schüttdichte	g/cm³		*Volumenfließindex*	cm³/10 min	:
Viskositätszahl	ml/g				

Verarbeitungsbedingungen für Spritzgießen

Massetemp.	°C	170–200	*Schwindung*	%	lgs	2.2, quer 1.8
Werkzeugtemp.	°C	70–95	*Bemerkungen*			
Spritzdruck	bar	1000–1500				

Zugversuch 23 °C ASTM D 638;

		Form		*Herstellung*	Spritzgiessen
	Probekörper:	*Zustand*		*Vorbehandlung*	Normalklima

Streckspannung	N/mm² 61	*Dehnung bei Streckspannung*	%	
Zugfestigkeit	N/mm²	*Reißdehnung*	%	40
Reißfestigkeit	N/mm²	% *Dehnspannung*	N/mm²	
E-Modul	N/mm² 2830	*Dehnung bei* % *Dehnspg.*	%	

Kriechmoduln und Zeitstandwerte 23 °C

		Form		*Herstellung*	
	Probekörper:	*Zustand*		*Vorbehandlung*	

Kriechmodul	1 min N/mm²	*Zeitstandzugfestigkeit*	h N/mm²	
Kriechmodul	1000 h N/mm²	*Zeitdehnspg.* %	h N/mm²	
bei Spannung	N/mm²			

Biegeversuch 23 °C ASTM D 790;

		Form		*Herstellung*	Spritzgiessen
	Probekörper:	*Zustand*		*Vorbehandlung*	Normalklima

Biegefestigkeit	N/mm²	*E-Modul*	N/mm² 2590
3,5% Biegespannung	N/mm²		

Härte 23 °C

		Zustand		*Herstellung*	Spritzgiessen
	Probekörper:			*Vorbehandlung*	Normalklima

Kugeldruckhärte	N/mm²	bei	N, s	*Shore-Härte* A	
Rockwellhärte	M 80			*Shore-Härte* D	

Schlagversuch

	Probekörper:	*(1)*			
		(2) V-Kerbe		*Herstellung*	Spritzgiessen
		Zustand		*Vorbehandlung*	Normalklima
		°C	°C	°C	*Probekörper-Form*

Schlagzähigkeit	kJ/m²			
Kerbschlagzähigkeit (1)	kJ/m²			
IZOD-Kerbschlagzähigkeit (2)	J/m	23 53	-40 43	
Kerbschlagzugzähigkeit	kJ/m²			

Abrieb und Reibung

Taber-Abrieb (Reibradverfahren)	mm^3/100 U	
Abriebfaktor LNP (Thrust washer) Vergleichswert		
Statische Reibungszahl		
Dynamische Reibungszahl	(p·v = N/mm^2 · m/min)	0.15
Zulässiger p · v Wert	N/mm^2 · (m/min) v = m/min	
	v = m/min	

Thermische Eigenschaften

Formbeständigkeit in der Wärme	Verfahren	A	110 °C
	Verfahren	B	158 °C
Vicat Erweichungstemperatur (VST)	Verfahren		°C
	Verfahren		°C
Kristallit-Schmelzpunkt	Verfahren		
Längenausdehnungskoeffizient	Bereich	-30–30 °C	0.85 · 10^{-4}K^{-1}
	Temperatur °C		· 10^{-4}K^{-1}
Wärmeleitfähigkeit	Verfahren		W/(K · m)
Spezifische Wärmekapazität	Verfahren		J/(K · g)
Glasumwandlungstemperatur	Torsionsschwingungsversuch		°C
	Differentialkalorimetrie		°C

Brandverhalten

UL-Test vertikal   Dicke 1.47 mm, Wert HB
Dicke   mm, Wert

	Norm	Bewertung	Abmessungen
Sauerstoff-Index	ASTM D 2863		
Glühstab-Verfahren			
Brandverhalten	DIN 4102		
MVSS			
FAR			

Elektrische Eigenschaften

		Hz	°C		Probekörper, Form
Dielektrizitätszahl		50	23	3.7	
		10^3			
		10^6			
Dielektrischer Verlustfaktor tan δ		50			
		10^3			
		10^6			
Spezifischer Durchgangs-widerstand	Ohm · cm		23	1.0*10**16	
Durchschlagfestigkeit	kV/mm		23	20	2.3 mm dick
Oberflächenwiderstand	Ohm				
Kriechstromfestigkeit		KC	KB	KA	
Elektrolytische Korrosionswirkung					
Lichtbogenfestigkeit nach DIN					
nach ASTM	s				

Beständigkeit (Chemische Beständigkeit siehe Anhang)

Wasseraufnahme 23 C		1 d	0.22 %
Feuchtigkeitsaufnahme Normalklima			%
Wetterbeständigkeit			
Spannungskorrosion			

Optische Eigenschaften

Brechungszahl n$_D$
Transmissionsgrad τ$_c$ %   mm dick
Lichtdurchlässigkeit

Produkt	Acetalcopolymerisat	**POM**
Handelsname	**Kematal M140**	
Hersteller	CELANESE	
DIN-Bez 1	16781-POM,MG,XX-	
DIN-Bez 2		

Zusätze		*Füllstoffe/ Verstärkung*	
Bevorzugte Verarbeitung	Spritzgiessen	*Lieferform*	Granulat
		Farben	Standard
Besondere Merkmale	Hohe Festigkeit und Steifigkeit; Gute Verschleissfestigkeit; Hohe Dimensionsstabilitaet; Geringe Feuchtigkeitsaufnahme	*Bevorzugte Anwendungen*	Technisches Formteil

Dichte	g/cm³	1.41	*Schmelzindex*	g/10 min	:
Schüttdichte	g/cm³		*Volumenfließindex*	cm³/10 min	:
Viskositätszahl	ml/g				

Verarbeitungsbedingungen für Spritzgießen

Massetemp.	°C	170–200	*Schwindung*	%	lgs	2.2, quer 1.8
Werkzeugtemp.	°C	70–95	*Bemerkungen*			
Spritzdruck	bar	1000–1500				

Zugversuch 23 °C ASTM D 638;

	Probekörper:	*Form*	*Herstellung*	Spritzgiessen
		Zustand	*Vorbehandlung*	Normalklima
Streckspannung	N/mm²	61	*Dehnung bei Streckspannung*	%
Zugfestigkeit	N/mm²		*Reißdehnung*	% 50
Reißfestigkeit	N/mm²		*% Dehnspannung*	N/mm²
E-Modul	N/mm²	2830	*Dehnung bei % Dehnspg.*	%

Kriechmoduln und Zeitstandwerte 23 °C

	Probekörper:	*Form*	*Herstellung*	
		Zustand	*Vorbehandlung*	
Kriechmodul	1 min	N/mm²	*Zeitstandzugfestigkeit*	h N/mm²
Kriechmodul	1000 h	N/mm²	*Zeitdehnspg. %*	h N/mm²
bei Spannung		N/mm²		

Biegeversuch 23 °C ASTM D 790;

	Probekörper:	*Form*	*Herstellung*	Spritzgiessen
		Zustand	*Vorbehandlung*	Normalklima
Biegefestigkeit	N/mm²		*E-Modul*	N/mm² 2590
3,5% Biegespannung	N/mm²			

Härte 23 °C

	Probekörper:	*Zustand*	*Herstellung*	Spritzgiessen
			Vorbehandlung	Normalklima
Kugeldruckhärte	N/mm²	bei N, s	*Shore-Härte* A	
Rockwellhärte	M 80		*Shore-Härte* D	

Schlagversuch

	Probekörper:	*(1)*		
		(2) V-Kerbe	*Herstellung*	Spritzgiessen
		Zustand	*Vorbehandlung*	Normalklima
		°C	°C	°C	*Probekörper-Form*

Schlagzähigkeit	kJ/m²		
Kerbschlagzähigkeit (1)	kJ/m²		
IZOD-Kerbschlagzähigkeit (2)	J/m	23 64	
Kerbschlagzugzähigkeit	kJ/m²		

Abrieb und Reibung

Taber-Abrieb (Reibradverfahren)   mm³/100 U
Abriebfaktor LNP (Thrust washer) Vergleichswert
Statische Reibungszahl
Dynamische Reibungszahl   (p·v =   N/mm² ·   m/min)   0.15
Zulässiger p · v Wert   N/mm² · (m/min)   v =   m/min
                                                    v =   m/min

Thermische Eigenschaften

Formbeständigkeit in der Wärme   *Verfahren*   A   110 °C
                                           Verfahren   B   158 °C
Vicat Erweichungstemperatur (VST)   *Verfahren*   °C
                                           Verfahren   °C
Kristallit-Schmelzpunkt   *Verfahren*

Längenausdehnungskoeffizient   *Bereich*   -30–30   °C $0.85 \cdot 10^{-4} \mathrm{K}^{-1}$
                                           Temperatur °C $\cdot 10^{-4} \mathrm{K}^{-1}$
Wärmeleitfähigkeit   *Verfahren*   W/(K · m)

Spezifische Wärmekapazität   *Verfahren*   J/(K · g)

Glasumwandlungstemperatur   *Torsionsschwingungsversuch*   °C
                                           Differentialkalorimetrie   °C

Brandverhalten

UL-Test vertikal   Dicke 1.47 mm, Wert HB
                                           Dicke   mm, Wert

	Norm	*Bewertung*	*Abmessungen*
Sauerstoff-Index	ASTM D 2863		
Glühstab-Verfahren			
Brandverhalten	DIN 4102		
MVSS			
FAR			

Elektrische Eigenschaften

	Hz	°C		*Probekörper, Form*
Dielektrizitätszahl	50	23	3.7	
	10^3			
	10^6			
Dielektrischer Verlustfaktor tan δ	50			
	10^3			
	10^6			
Spezifischer Durchgangs-				
widerstand Ohm · cm		23	1.0*10**16	
Durchschlagfestigkeit kV/mm		23	20	2.3 mm dick
Oberflächenwiderstand Ohm				
Kriechstromfestigkeit	KC	KB	KA	
Elektrolytische Korrosionswirkung				
Lichtbogenfestigkeit nach DIN				
nach ASTM s				

Beständigkeit *(Chemische Beständigkeit siehe Anhang)*

Wasseraufnahme 23 C   1 d   0.22 %

Feuchtigkeitsaufnahme Normalklima   %
Wetterbeständigkeit

Spannungskorrosion

Optische Eigenschaften

Brechungszahl n_D
Transmissionsgrad τ_c %   mm dick
Lichtdurchlässigkeit

Produkt	Acetalcopolymerisat	**POM**
Handelsname	**Kematal M50**	
Hersteller	CELANESE	
DIN-Bez 1	16781-POM,MG,XX-	
DIN-Bez 2		

Zusätze		*Füllstoffe/ Verstärkung*	
Bevorzugte Verarbeitung	Spritzgiessen; Extrudieren	*Lieferform*	Granulat
		Farben	Standard
Besondere Merkmale	Hohe Festigkeit und Steifigkeit; Gute Verschleissfestigkeit; Hohe Dimensionsstabilitaet; Geringe Feuchtigkeitsaufnahme; Mittleres Fliessverhalten	*Bevorzugte Anwendungen*	Technisches Formteil; Teil mit dicken Wandungen

Dichte	g/cm³	1.41	*Schmelzindex*	g/10 min	:
Schüttdichte	g/cm³		*Volumenfließindex*	cm³/10 min	:
Viskositätszahl	ml/g				

Verarbeitungsbedingungen für Spritzgießen

Massetemp.	°C	170–200	*Schwindung*	%	lgs	2.2, quer 1.8
Werkzeugtemp.	°C	70–95	*Bemerkungen*			
Spritzdruck	bar	1000–1500				

Zugversuch 23 °C   ASTM D 638;

	Probekörper:	*Form*		*Herstellung*	Spritzgiessen
		Zustand		*Vorbehandlung*	Normalklima
Streckspannung	N/mm² 61		*Dehnung bei Streckspannung*	%	
Zugfestigkeit	N/mm²		*Reißdehnung*	%	70
Reißfestigkeit	N/mm²		*% Dehnspannung*	N/mm²	
E-Modul	N/mm² 2830		*Dehnung bei % Dehnspg.*	%	

Kriechmoduln und Zeitstandwerte 23 °C

	Probekörper:	*Form*	*Herstellung*	
		Zustand	*Vorbehandlung*	
Kriechmodul	*1 min* N/mm²		*Zeitstandzugfestigkeit*	h N/mm²
Kriechmodul	*1000 h* N/mm²		*Zeitdehnspg. %*	h N/mm²
bei Spannung	N/mm²			

Biegeversuch 23 °C   ASTM D 790;

	Probekörper:	*Form*	*Herstellung*	Spritzgiessen
		Zustand	*Vorbehandlung*	Normalklima
Biegefestigkeit	N/mm²		*E-Modul*	N/mm² 2590
3,5% Biegespannung	N/mm²			

Härte 23 °C

	Probekörper:	*Zustand*	*Herstellung*	Spritzgiessen
			Vorbehandlung	Normalklima
Kugeldruckhärte	N/mm²	bei N, s	*Shore-Härte* A	
Rockwellhärte	M 80		*Shore-Härte* D	

Schlagversuch

	Probekörper:	*(1)*		
		(2) V-Kerbe	*Herstellung*	Spritzgiessen
		Zustand	*Vorbehandlung*	Normalklima
		°C °C °C		*Probekörper-Form*

Schlagzähigkeit	kJ/m²		
Kerbschlagzähigkeit (1)	kJ/m²		
IZOD-Kerbschlagzähigkeit (2)	J/m	23 75	
Kerbschlagzugzähigkeit	kJ/m²		

Abrieb und Reibung

Taber-Abrieb (Reibradverfahren)	mm³/100 U	
Abriebfaktor LNP (Thrust washer) Vergleichswert		
Statische Reibungszahl		
Dynamische Reibungszahl	(p · v = N/mm² · m/min)	0.15
Zulässiger p · v Wert	N/mm² · (m/min) v = m/min	
	v = m/min	

Thermische Eigenschaften

Formbeständigkeit in der Wärme	*Verfahren*	A	110 °C
	Verfahren	B	158 °C
Vicat Erweichungstemperatur (VST)	*Verfahren*		°C
	Verfahren		°C
Kristallit-Schmelzpunkt	*Verfahren*		
Längenausdehnungskoeffizient	*Bereich*	-30–30 °C	$0.85 \cdot 10^{-4} \mathrm{K}^{-1}$
	Temperatur °C		$\cdot 10^{-4} \mathrm{K}^{-1}$
Wärmeleitfähigkeit	*Verfahren*		W/(K · m)
Spezifische Wärmekapazität	*Verfahren*		J/(K · g)
Glasumwandlungstemperatur	*Torsionsschwingungsversuch*		°C
	Differentialkalorimetrie		°C

Brandverhalten

UL-Test vertikal   Dicke 1.47 mm, Wert HB
Dicke   mm, Wert

	Norm	Bewertung	Abmessungen
Sauerstoff-Index	ASTM D 2863		
Glühstab-Verfahren			
Brandverhalten	DIN 4102		
MVSS			
FAR			

Elektrische Eigenschaften

		Hz	°C			Probekörper, Form
Dielektrizitätszahl		50	23	3.7		
		10^3				
		10^6				
Dielektrischer Verlustfaktor tan δ		50				
		10^3				
		10^6				
Spezifischer Durchgangs-widerstand	Ohm · cm		23	1.0*10**16		
Durchschlagfestigkeit	kV/mm		23	20		2.3 mm dick
Oberflächenwiderstand	Ohm					
Kriechstromfestigkeit		KC	KB		KA	
Elektrolytische Korrosionswirkung						
Lichtbogenfestigkeit nach DIN						
nach ASTM	s					

Beständigkeit *(Chemische Beständigkeit siehe Anhang)*

Wasseraufnahme 23 C		1 d	0.22 %
Feuchtigkeitsaufnahme Normalklima			%
Wetterbeständigkeit			
Spannungskorrosion			

Optische Eigenschaften

Brechungszahl n_D
Transmissionsgrad τ_c %   mm dick
Lichtdurchlässigkeit

Produkt	Acetalcopolymerisat		**POM**
Handelsname	**Kematal M25**		
Hersteller	CELANESE		
DIN-Bez 1	16781-POM,MG,XX-		
DIN-Bez 2	16781-POM,EG,XX-		
Zusätze		*Füllstoffe/ Verstärkung*	
Bevorzugte Verarbeitung	Spritzgiessen; Extrudieren	*Lieferform*	Granulat
		Farben	Standard
Besondere Merkmale	Hohe Festigkeit und Steifigkeit; Gute Verschleissfestigkeit; Hohe Dimensionsstabilitaet; Geringe Feuchtigkeitsaufnahme	*Bevorzugte Anwendungen*	Technisches Formteil

---

Dichte	g/cm³	1.41	*Schmelzindex*	g/10 min	:
Schüttdichte	g/cm³		*Volumenfließindex*	cm³/10 min	:
Viskositätszahl	ml/g				

Verarbeitungsbedingungen für Spritzgießen

Massetemp.	°C	170–200	*Schwindung*	%	lgs	2.2, quer 1.8
Werkzeugtemp.	°C	70–95	*Bemerkungen*			
Spritzdruck	bar	1000–1500				

Zugversuch 23 °C ASTM D 638;

	Probekörper: Form	*Herstellung*	Spritzgiessen
	Zustand	*Vorbehandlung*	Normalklima
Streckspannung N/mm² 61		*Dehnung bei Streckspannung* %	
Zugfestigkeit N/mm²		*Reißdehnung* % 75	
Reißfestigkeit N/mm²		% *Dehnspannung* N/mm²	
E-Modul N/mm² 2830		*Dehnung bei* % *Dehnspg.* %	

Kriechmoduln und Zeitstandwerte 23 °C

Probekörper: Form	*Herstellung*	
Zustand	*Vorbehandlung*	
Kriechmodul 1 min N/mm²	*Zeitstandzugfestigkeit* h N/mm²	
Kriechmodul 1000 h N/mm²	*Zeitdehnspg.* % h N/mm²	
bei Spannung N/mm²		

Biegeversuch 23 °C ASTM D 790;

Probekörper: Form	*Herstellung*	Spritzgiessen
Zustand	*Vorbehandlung*	Normalklima
Biegefestigkeit N/mm²	*E-Modul* N/mm² 2590	
3,5% Biegespannung N/mm²		

Härte 23 °C

Probekörper: Zustand	*Herstellung*	Spritzgiessen
	Vorbehandlung	Normalklima
Kugeldruckhärte N/mm² bei N, s	*Shore-Härte* A	
Rockwellhärte M 80	*Shore-Härte* D	

Schlagversuch

Probekörper: (1)		
(2) V-Kerbe	*Herstellung*	Spritzgiessen
Zustand	*Vorbehandlung*	Normalklima
°C	°C	°C	*Probekörper-Form*

Schlagzähigkeit	kJ/m²			
Kerbschlagzähigkeit (1)	kJ/m²			
IZOD-Kerbschlagzähigkeit (2)	J/m	23 80	-40 64	
Kerbschlagzugzähigkeit	kJ/m²			

Abrieb und Reibung

Taber-Abrieb (Reibradverfahren)	mm³/100 U	
Abriebfaktor LNP (Thrust washer) Vergleichswert		
Statische Reibungszahl		
Dynamische Reibungszahl	(p·v = N/mm² · m/min)	0.15
Zulässiger p · v Wert	N/mm² · (m/min) v = m/min	
	v = m/min	

Thermische Eigenschaften

Formbeständigkeit in der Wärme   Verfahren A   110 °C
   Verfahren B   158 °C
Vicat Erweichungstemperatur (VST)   Verfahren   °C
   Verfahren   °C
Kristallit-Schmelzpunkt   Verfahren

Längenausdehnungskoeffizient   Bereich   -30–30   °C $0.85 \cdot 10^{-4}\mathrm{K}^{-1}$
   Temperatur °C $\cdot 10^{-4}\mathrm{K}^{-1}$
Wärmeleitfähigkeit   Verfahren   W/(K · m)

Spezifische Wärmekapazität   Verfahren   J/(K · g)

Glasumwandlungstemperatur   Torsionsschwingungsversuch   °C
   Differentialkalorimetrie   °C

Brandverhalten

UL-Test vertikal   Dicke 1.47 mm, Wert HB
   Dicke   mm, Wert

	Norm	Bewertung	Abmessungen
Sauerstoff-Index	ASTM D 2863		
Glühstab-Verfahren			
Brandverhalten	DIN 4102		
MVSS			
FAR			

Elektrische Eigenschaften

	Hz	°C		Probekörper, Form
Dielektrizitätszahl	50	23	3.7	
	10³			
	10⁶			
Dielektrischer Verlustfaktor tan δ	50			
	10³			
	10⁶			
Spezifischer Durchgangs-widerstand	Ohm · cm	23	1.0*10**16	
Durchschlagfestigkeit	kV/mm	23	20	2.3 mm dick
Oberflächenwiderstand	Ohm			
Kriechstromfestigkeit	KC	KB	KA	
Elektrolytische Korrosionswirkung				
Lichtbogenfestigkeit nach DIN				
nach ASTM	s			

Beständigkeit *(Chemische Beständigkeit siehe Anhang)*

Wasseraufnahme 23 C   1 d   0.22 %

Feuchtigkeitsaufnahme Normalklima   %
Wetterbeständigkeit

Spannungskorrosion

Optische Eigenschaften

Brechungszahl n_D
Transmissionsgrad τ_c %   mm dick
Lichtdurchlässigkeit

			POM
Produkt	Acetalcopolymerisat		
Handelsname	**Kematal M90**		
Hersteller	CELANESE		
DIN-Bez 1	16781-POM,MG,XX-		
DIN-Bez 2			

Zusätze		*Füllstoffe/ Verstärkung*	
Bevorzugte Verarbeitung	Spritzgiessen	*Lieferform*	Granulat
		Farben	Standard
Besondere Merkmale	Hohe Festigkeit und Steifigkeit; Gute Verschleissfestigkeit; Hohe Dimensionsstabilitaet; Geringe Feuchtigkeitsaufnahme	*Bevorzugte Anwendungen*	Technisches Formteil

Dichte	g/cm^3	1.41	*Schmelzindex*	g/10 min :
Schüttdichte	g/cm^3		*Volumenfließindex*	cm^3/10 min :
Viskositätszahl	ml/g			

Verarbeitungsbedingungen für Spritzgießen

Massetemp.	°C	170–200	*Schwindung*	% lgs	2.2, quer 1.8
Werkzeugtemp.	°C	70–95	*Bemerkungen*		
Spritzdruck	bar	1000–1500			

Zugversuch 23 °C ASTM D 638;

		Probekörper: Form	*Herstellung*	Spritzgiessen
		Zustand	*Vorbehandlung*	Normalklima

Streckspannung	N/mm^2	61	*Dehnung bei Streckspannung*	%	
Zugfestigkeit	N/mm^2		*Reißdehnung*	%	60
Reißfestigkeit	N/mm^2		% *Dehnspannung*	N/mm^2	
E-Modul	N/mm^2	2830	*Dehnung bei* % *Dehnspg.*	%	

Kriechmoduln und Zeitstandwerte 23 °C

	Probekörper: Form	*Herstellung*
	Zustand	*Vorbehandlung*

Kriechmodul	1 min N/mm^2	*Zeitstandzugfestigkeit*	h N/mm^2	
Kriechmodul	1000 h N/mm^2	*Zeitdehnspg.* %	h N/mm^2	
bei Spannung	N/mm^2			

Biegeversuch 23 °C ASTM D 790;

	Probekörper: Form	*Herstellung*	Spritzgiessen
	Zustand	*Vorbehandlung*	Normalklima

Biegefestigkeit	N/mm^2	*E-Modul*	N/mm^2 2590
3,5% Biegespannung	N/mm^2		

Härte 23 °C

	Probekörper: Zustand	*Herstellung*	Spritzgiessen
		Vorbehandlung	Normalklima

Kugeldruckhärte	N/mm^2	bei N, s	*Shore-Härte* A	
Rockwellhärte	M 80		*Shore-Härte* D	

Schlagversuch

	Probekörper: (1)		
	(2) V-Kerbe	*Herstellung*	Spritzgiessen
	Zustand	*Vorbehandlung*	Normalklima

		°C	°C	°C	*Probekörper-Form*

Schlagzähigkeit	kJ/m^2			
Kerbschlagzähigkeit (1)	kJ/m^2			
IZOD-Kerbschlagzähigkeit (2)	J/m	23 69	-40 53	
Kerbschlagzugzähigkeit	kJ/m^2			

Abrieb und Reibung

Taber-Abrieb (Reibradverfahren)	mm³/100 U	
Abriebfaktor LNP (Thrust washer) Vergleichswert		
Statische Reibungszahl		
Dynamische Reibungszahl	(p·v = N/mm² · m/min)	0.15
Zulässiger p · v Wert	N/mm² · (m/min) v = m/min	
	v = m/min	

Thermische Eigenschaften

Formbeständigkeit in der Wärme	*Verfahren*	A	110 °C
	Verfahren	B	158 °C
Vicat Erweichungstemperatur (VST)	*Verfahren*		°C
	Verfahren		°C
Kristallit-Schmelzpunkt	*Verfahren*		
Längenausdehnungskoeffizient	*Bereich*	-30–30 °C	$0.85 \cdot 10^{-4} \mathrm{K}^{-1}$
	Temperatur °C		$\cdot 10^{-4} \mathrm{K}^{-1}$
Wärmeleitfähigkeit	*Verfahren*		W/(K · m)
Spezifische Wärmekapazität	*Verfahren*		J/(K · g)
Glasumwandlungstemperatur	*Torsionsschwingungsversuch*		°C
	Differentialkalorimetrie		°C

Brandverhalten

UL-Test vertikal
Dicke 1.47 mm, Wert HB
Dicke   mm, Wert

	Norm	Bewertung	Abmessungen
Sauerstoff-Index	ASTM D 2863		
Glühstab-Verfahren			
Brandverhalten	DIN 4102		
MVSS		24 mm/min	1.5 mm Dicke
FAR			

Elektrische Eigenschaften

		Hz	°C			Probekörper, Form
Dielektrizitätszahl		50	23	3.7		
		10^3				
		10^6				
Dielektrischer Verlustfaktor tan δ		50				
		10^3				
		10^6				
Spezifischer Durchgangs-widerstand	Ohm · cm		23	1.0*10**16		
Durchschlagfestigkeit	kV/mm		23	20		2.3 mm dick
Oberflächenwiderstand	Ohm					
Kriechstromfestigkeit		KC		KB	KA	
Elektrolytische Korrosionswirkung						
Lichtbogenfestigkeit nach DIN						
nach ASTM	s					

Beständigkeit *(Chemische Beständigkeit siehe Anhang)*

Wasseraufnahme 23 C	1 d	0.22 %
Feuchtigkeitsaufnahme Normalklima		%
Wetterbeständigkeit		
Spannungskorrosion		

Optische Eigenschaften

Brechungszahl n_D
Transmissionsgrad τ_c %   mm dick
Lichtdurchlässigkeit

Produkt	Acetalcopolymerisat	**POM**

Handelsname **Kematal MC90**

Hersteller CELANESE

DIN-Bez 1 16781-POM,MG,XX-
DIN-Bez 2

Zusätze		*Füllstoffe/ Verstärkung*	Mineral
Bevorzugte Verarbeitung	Spritzgiessen	*Lieferform*	Granulat
		Farben	Standard
Besondere Merkmale	Hohe Festigkeit und Steifigkeit; Gute Verschleissfestigkeit; Hohe Dimensionsstabilitaet; Geringe Feuchtigkeitsaufnahme	*Bevorzugte Anwendungen*	Technisches Formteil

---

Dichte	g/cm³	1.48	*Schmelzindex*	g/10 min		:
Schüttdichte	g/cm³		*Volumenfließindex*	cm³/10 min		:
Viskositätszahl	ml/g					

Verarbeitungsbedingungen für Spritzgießen

Massetemp.	°C	170–200	*Schwindung*	%	lgs	1.9, quer 1.6
Werkzeugtemp.	°C	70–95	*Bemerkungen*			
Spritzdruck	bar	1000–1500				

Zugversuch 23 °C ASTM D 638;

	Probekörper:	*Form*	*Herstellung*	Spritzgiessen
		Zustand	*Vorbehandlung*	Normalklima

Streckspannung	N/mm²	54	*Dehnung bei Streckspannung*	%	
Zugfestigkeit	N/mm²		*Reißdehnung*	%	60
Reißfestigkeit	N/mm²		% Dehnspannung	N/mm²	
E-Modul	N/mm²	2930	*Dehnung bei % Dehnspg.*	%	

Kriechmoduln und Zeitstandwerte 23 °C

Probekörper:	*Form*		*Herstellung*
	Zustand		*Vorbehandlung*

Kriechmodul	1 min	N/mm²	*Zeitstandzugfestigkeit*	h	N/mm²
Kriechmodul	1000 h	N/mm²	*Zeitdehnspg.* %	h	N/mm²
bei Spannung		N/mm²			

Biegeversuch 23 °C ASTM D 790;

	Probekörper:	*Form*	*Herstellung*	Spritzgiessen
		Zustand	*Vorbehandlung*	Normalklima

Biegefestigkeit	N/mm²	*E-Modul*	N/mm²	2960
3,5% Biegespannung	N/mm²			

Härte 23 °C

Probekörper:	*Zustand*		*Herstellung*
			Vorbehandlung

Kugeldruckhärte	N/mm²	bei	N, s	*Shore-Härte* A	
Rockwellhärte				*Shore-Härte* D	

Schlagversuch

Probekörper:	*(1)*		
	(2) V-Kerbe	*Herstellung*	Spritzgiessen
	Zustand	*Vorbehandlung*	Normalklima

	°C	°C	°C	*Probekörper-Form*

Schlagzähigkeit	kJ/m²			
Kerbschlagzähigkeit (1)	kJ/m²			
IZOD-Kerbschlagzähigkeit (2)	J/m	23 61	-40 48	
Kerbschlagzugzähigkeit	kJ/m²			

Abrieb und Reibung

Taber-Abrieb (Reibradverfahren) mm^3/100 U
Abriebfaktor LNP (Thrust washer) Vergleichswert
Statische Reibungszahl
Dynamische Reibungszahl (p · v = N/mm^2 · m/min)
Zulässiger p · v Wert N/mm^2 · (m/min) v = m/min
  v = m/min

Thermische Eigenschaften

Formbeständigkeit in der Wärme *Verfahren* A 93 °C
  Verfahren B 154 °C
Vicat Erweichungstemperatur (VST) *Verfahren* °C
  Verfahren °C
Kristallit-Schmelzpunkt *Verfahren*

Längenausdehnungskoeffizient *Bereich* -30–30 °C 1.01 · 10^{-4}K^{-1}
  Temperatur °C · 10^{-4}K^{-1}
Wärmeleitfähigkeit *Verfahren* W/(K · m)

Spezifische Wärmekapazität *Verfahren* J/(K · g)

Glasumwandlungstemperatur *Torsionsschwingungsversuch* °C
  Differentialkalorimetrie °C

Brandverhalten

UL-Test vertikal Dicke 1.47 mm, Wert HB
  Dicke mm, Wert

	Norm	*Bewertung*	*Abmessungen*
Sauerstoff-Index	ASTM D 2863		
Glühstab-Verfahren			
Brandverhalten	DIN 4102		
MVSS			
FAR			

Elektrische Eigenschaften

	Hz	°C	*Probekörper, Form*
Dielektrizitätszahl	50		
	10^3		
	10^6		
Dielektrischer Verlustfaktor tan δ	50		
	10^3		
	10^6		

Spezifischer Durchgangs-
  widerstand Ohm · cm
Durchschlagfestigkeit kV/mm mm dick
Oberflächenwiderstand Ohm

Kriechstromfestigkeit KC KB KA
Elektrolytische Korrosionswirkung
Lichtbogenfestigkeit nach DIN
  nach ASTM s

Beständigkeit *(Chemische Beständigkeit siehe Anhang)*

Wasseraufnahme

Feuchtigkeitsaufnahme Normalklima %
Wetterbeständigkeit

Spannungskorrosion

Optische Eigenschaften

Brechungszahl n$_D$
Transmissionsgrad τ$_c$ % mm dick
Lichtdurchlässigkeit

Produkt	Acetalcopolymerisat	**POM**
Handelsname	**Kematal MC90 HM**	
Hersteller	CELANESE	
DIN-Bez 1	16781-POM,MG,XX-	
DIN-Bez 2		

Zusätze		*Füllstoffe/ Verstärkung*	Mineral
Bevorzugte Verarbeitung	Spritzgiessen	*Lieferform*	Granulat
		Farben	Standard
Besondere Merkmale	Hohe Festigkeit und Steifigkeit; Gute Verschleissfestigkeit; Hohe Dimensionsstabilitaet; Geringe Feuchtigkeitsaufnahme	*Bevorzugte Anwendungen*	Technisches Formteil

---

Dichte	g/cm³	1.6	*Schmelzindex*	g/10 min		:
Schüttdichte	g/cm³		*Volumenfließindex*	cm³/10 min		:
Viskositätszahl	ml/g					

Verarbeitungsbedingungen für Spritzgießen

Massetemp.	°C	170–200	*Schwindung*	%	lgs	1.5, quer 1.2
Werkzeugtemp.	°C	70–95	*Bemerkungen*			
Spritzdruck	bar	1000–1500				

Zugversuch 23 °C   ASTM D 638;

Probekörper:	*Form*	*Herstellung*	Spritzgiessen
	Zustand	*Vorbehandlung*	Normalklima

Streckspannung	N/mm²	44	*Dehnung bei Streckspannung*	%	
Zugfestigkeit	N/mm²		*Reißdehnung*	%	40
Reißfestigkeit	N/mm²		*% Dehnspannung*	N/mm²	
E-Modul	N/mm²	3550	*Dehnung bei % Dehnspg.*	%	

Kriechmoduln und Zeitstandwerte 23 °C

Probekörper:	*Form*	*Herstellung*	
	Zustand	*Vorbehandlung*	

Kriechmodul	1 min	N/mm²	*Zeitstandzugfestigkeit*	h	N/mm²
Kriechmodul	1000 h	N/mm²	*Zeitdehnspg. %*	h	N/mm²
bei Spannung		N/mm²			

Biegeversuch 23 °C   ASTM D 790;

Probekörper:	*Form*	*Herstellung*	Spritzgiessen
	Zustand	*Vorbehandlung*	Normalklima

Biegefestigkeit	N/mm²	*E-Modul*	N/mm²	3690
3,5% Biegespannung	N/mm²			

Härte 23 °C

Probekörper:	*Zustand*	*Herstellung*	
		Vorbehandlung	

Kugeldruckhärte	N/mm²	bei	N, s	*Shore-Härte*	A
Rockwellhärte				*Shore-Härte*	D

Schlagversuch

Probekörper:	*(1)*		
	(2) V-Kerbe	*Herstellung*	Spritzgiessen
	Zustand	*Vorbehandlung*	Normalklima

	°C	°C	°C	*Probekörper-Form*
Schlagzähigkeit	kJ/m²			
Kerbschlagzähigkeit (1)	kJ/m²			
IZOD-Kerbschlagzähigkeit (2)	J/m	23 64	-40 48	
Kerbschlagzugzähigkeit	kJ/m²			

Abrieb und Reibung

Taber-Abrieb (Reibradverfahren)	mm³/100 U
Abriebfaktor LNP (Thrust washer) Vergleichswert	
Statische Reibungszahl	
Dynamische Reibungszahl	(p·v = N/mm² · m/min)
Zulässiger p · v Wert	N/mm² · (m/min) v = m/min
	v = m/min

Thermische Eigenschaften

Formbeständigkeit in der Wärme	Verfahren	A	97 °C
	Verfahren	B	150 °C
Vicat Erweichungstemperatur (VST)	Verfahren		°C
	Verfahren		°C
Kristallit-Schmelzpunkt	Verfahren		
Längenausdehnungskoeffizient	Bereich	-30–30 °C	$1.06 \cdot 10^{-4} \mathrm{K}^{-1}$
	Temperatur °C		$\cdot 10^{-4} \mathrm{K}^{-1}$
Wärmeleitfähigkeit	Verfahren		W/(K · m)
Spezifische Wärmekapazität	Verfahren		J/(K · g)
Glasumwandlungstemperatur	Torsionsschwingungsversuch		°C
	Differentialkalorimetrie		°C

Brandverhalten

UL-Test vertikal   Dicke 1.47 mm, Wert HB
                  Dicke   mm, Wert

	Norm	Bewertung	Abmessungen
Sauerstoff-Index	ASTM D 2863		
Glühstab-Verfahren			
Brandverhalten	DIN 4102		
MVSS			
FAR			

Elektrische Eigenschaften

	Hz	°C	Probekörper, Form
Dielektrizitätszahl	50		
	10^3		
	10^6		
Dielektrischer Verlustfaktor tan δ	50		
	10^3		
	10^6		
Spezifischer Durchgangs- widerstand	Ohm · cm		
Durchschlagfestigkeit	kV/mm		mm dick
Oberflächenwiderstand	Ohm		

Kriechstromfestigkeit   KC   KB   KA
Elektrolytische Korrosionswirkung
Lichtbogenfestigkeit nach DIN
             nach ASTM   s

Beständigkeit (Chemische Beständigkeit siehe Anhang)

Wasseraufnahme

Feuchtigkeitsaufnahme Normalklima   %
Wetterbeständigkeit

Spannungskorrosion

Optische Eigenschaften

Brechungszahl n_D
Transmissionsgrad τ_c %   mm dick
Lichtdurchlässigkeit

Produkt	Acetalcopolymerisat	**POM**
Handelsname	**Kematal LW90**	
Hersteller	CELANESE	
DIN-Bez 1	16781-POM,MG,XX-	
DIN-Bez 2		

Zusätze		*Füllstoffe/ Verstärkung*	
Bevorzugte Verarbeitung	Spritzgiessen	*Lieferform*	Granulat
		Farben	Standard
Besondere Merkmale	Hohe Festigkeit und Steifigkeit; Gute Verschleissfestigkeit; Hohe Dimensionsstabilitaet; Geringe Feuchtigkeitsaufnahme	*Bevorzugte Anwendungen*	Technisches Formteil

Dichte	g/cm³	1.43	*Schmelzindex*	g/10 min	:
Schüttdichte	g/cm³		*Volumenfließindex*	cm³/10 min	:
Viskositätszahl	ml/g				

Verarbeitungsbedingungen für Spritzgießen

Massetemp.	°C	170–200	*Schwindung*	%	lgs	, quer
Werkzeugtemp.	°C	70–95	*Bemerkungen*			
Spritzdruck	bar	1000–1500				

Zugversuch 23 °C ASTM D 638;

	Probekörper:	*Form*	*Herstellung*	Spritzgiessen
		Zustand	*Vorbehandlung*	Normalklima

Streckspannung	N/mm² 59	*Dehnung bei Streckspannung*	%	
Zugfestigkeit	N/mm²	*Reißdehnung*	%	50
Reißfestigkeit	N/mm²	% *Dehnspannung*	N/mm²	
E-Modul	N/mm²	*Dehnung bei* % *Dehnspg.*	%	

Kriechmoduln und Zeitstandwerte 23 °C

	Probekörper:	*Form*	*Herstellung*
		Zustand	*Vorbehandlung*

Kriechmodul	1 min N/mm²	*Zeitstandzugfestigkeit*	h N/mm²	
Kriechmodul	1000 h N/mm²	*Zeitdehnspg.* %	h N/mm²	
bei Spannung	N/mm²			

Biegeversuch 23 °C ASTM D 790;

	Probekörper:	*Form*	*Herstellung*	Spritzgiessen
		Zustand	*Vorbehandlung*	Normalklima

Biegefestigkeit	N/mm²	*E-Modul*	N/mm² 2550
3,5% Biegespannung	N/mm²		

Härte 23 °C

	Probekörper:	*Zustand*	*Herstellung*
			Vorbehandlung

Kugeldruckhärte	N/mm²	bei N, s	*Shore-Härte* A	
Rockwellhärte			*Shore-Härte* D	

Schlagversuch

	Probekörper:	*(1)*		
		(2) V-Kerbe	*Herstellung*	Spritzgiessen
		Zustand	*Vorbehandlung*	Normalklima
		°C	°C	°C	*Probekörper-Form*

Schlagzähigkeit	kJ/m²		
Kerbschlagzähigkeit (1)	kJ/m²		
IZOD-Kerbschlagzähigkeit (2)	J/m	23	64
Kerbschlagzugzähigkeit	kJ/m²		

Abrieb und Reibung

Taber-Abrieb (Reibradverfahren)   mm³/100 U
Abriebfaktor LNP (Thrust washer) Vergleichswert
Statische Reibungszahl
Dynamische Reibungszahl   (p·v =   N/mm² ·   m/min)   0.06
Zulässiger p · v Wert   N/mm² · (m/min)   v =   m/min
                                                                            v =   m/min

Thermische Eigenschaften

Formbeständigkeit in der Wärme   Verfahren   A   97 °C
                                         Verfahren   °C
Vicat Erweichungstemperatur (VST)   Verfahren   °C
                                         Verfahren   °C
Kristallit-Schmelzpunkt   Verfahren

Längenausdehnungskoeffizient   Bereich   °C $\cdot 10^{-4} K^{-1}$
                                         Temperatur $\cdot 10^{-4} K^{-1}$
Wärmeleitfähigkeit   Verfahren $W/(K \cdot m)$

Spezifische Wärmekapazität   Verfahren $J/(K \cdot g)$

Glasumwandlungstemperatur   Torsionsschwingungsversuch   °C
                                         Differentialkalorimetrie   °C

Brandverhalten

UL-Test vertikal   Dicke 1.47 mm, Wert HB
                                         Dicke   mm, Wert

                    Norm   Bewertung   Abmessungen

Sauerstoff-Index   ASTM D 2863
Glühstab-Verfahren
Brandverhalten   DIN 4102
MVSS
FAR

Elektrische Eigenschaften

                                         Hz   °C   Probekörper, Form

Dielektrizitätszahl   50
                                         10^3
                                         10^6
Dielektrischer Verlustfaktor tan δ   50
                                         10^3
                                         10^6
Spezifischer Durchgangs-
    widerstand   Ohm · cm
Durchschlagfestigkeit   kV/mm   mm dick
Oberflächenwiderstand   Ohm

Kriechstromfestigkeit   KC   KB   KA
Elektrolytische Korrosionswirkung
Lichtbogenfestigkeit nach DIN
              nach ASTM   s

Beständigkeit (Chemische Beständigkeit siehe Anhang)

Wasseraufnahme

Feuchtigkeitsaufnahme Normalklima   %
Wetterbeständigkeit

Spannungskorrosion

Optische Eigenschaften

Brechungszahl n_D
Transmissionsgrad τ_c %   mm dick
Lichtdurchlässigkeit

Produkt	Acetalcopolymerisat		**POM**
Handelsname	**Kematal LW90-S2**		
Hersteller	CELANESE		
DIN-Bez 1	16781-POM,MG,XX-		
DIN-Bez 2			
Zusätze	Silicon	*Füllstoffe/ Verstärkung*	
Bevorzugte Verarbeitung	Spritzgiessen	*Lieferform*	Granulat
		Farben	Standard
Besondere Merkmale	Hohe Festigkeit und Steifigkeit; Gute Verschleissfestigkeit; Hohe Dimensionsstabilitaet; Geringe Feuchtigkeitsaufnahme	*Bevorzugte Anwendungen*	Technisches Formteil

---

Dichte	g/cm³	1.39	*Schmelzindex*	g/10 min	:
Schüttdichte	g/cm³		*Volumenfließindex*	cm³/10 min	:
Viskositätszahl	ml/g				

Verarbeitungsbedingungen für Spritzgießen

Massetemp.	°C	170–200	*Schwindung*	%	lgs	, quer	
Werkzeugtemp.	°C	70–95	*Bemerkungen*				
Spritzdruck	bar	1000–1500					

Zugversuch 23 °C ASTM D 638;

	Probekörper:	*Form*	*Herstellung*	Spritzgiessen
		Zustand	*Vorbehandlung*	Normalklima

Streckspannung	N/mm²	51	*Dehnung bei Streckspannung*	%	
Zugfestigkeit	N/mm²		*Reißdehnung*	%	60
Reißfestigkeit	N/mm²		*% Dehnspannung*	N/mm²	
E-Modul	N/mm²		*Dehnung bei % Dehnspg.*	%	

Kriechmoduln und Zeitstandwerte 23 °C

	Probekörper:	*Form*	*Herstellung*
		Zustand	*Vorbehandlung*

Kriechmodul	*1 min* N/mm²	*Zeitstandzugfestigkeit*	h	N/mm²
Kriechmodul	*1000 h* N/mm²	*Zeitdehnspg. %*	h	N/mm²
bei Spannung	N/mm²			

Biegeversuch 23 °C ASTM D 790;

	Probekörper:	*Form*	*Herstellung*	Spritzgiessen
		Zustand	*Vorbehandlung*	Normalklima

Biegefestigkeit	N/mm²	*E-Modul*	N/mm²	2410
3,5% Biegespannung	N/mm²			

Härte 23 °C

	Probekörper:	*Zustand*	*Herstellung*
			Vorbehandlung

Kugeldruckhärte	N/mm²	bei N, s	*Shore-Härte* A	
Rockwellhärte			*Shore-Härte* D	

Schlagversuch

	Probekörper:	*(1)*		
		(2) V-Kerbe	*Herstellung*	Spritzgiessen
		Zustand	*Vorbehandlung*	Normalklima

	°C	°C	°C	*Probekörper-Form*

Schlagzähigkeit	kJ/m²				
Kerbschlagzähigkeit (1)	kJ/m²				
IZOD-Kerbschlagzähigkeit (2)	J/m	23 75	-40 69		
Kerbschlagzugzähigkeit	kJ/m²				

Abrieb und Reibung

Taber-Abrieb (Reibradverfahren)	mm³/100 U	
Abriebfaktor LNP (Thrust washer) Vergleichswert		
Statische Reibungszahl		
Dynamische Reibungszahl	$(p \cdot v =$ N/mm² · m/min)	0.15
Zulässiger p · v Wert	N/mm² · (m/min) v = m/min	
	v = m/min	

Thermische Eigenschaften

Formbeständigkeit in der Wärme	*Verfahren*	A	105 °C
	Verfahren	B	158 °C
Vicat Erweichungstemperatur (VST)	*Verfahren*		°C
	Verfahren		°C
Kristallit-Schmelzpunkt	*Verfahren*		
Längenausdehnungskoeffizient	*Bereich*	°C	$\cdot 10^{-4} K^{-1}$
	Temperatur		$\cdot 10^{-4} K^{-1}$
Wärmeleitfähigkeit	*Verfahren*		W/(K · m)
Spezifische Wärmekapazität	*Verfahren*		J/(K · g)
Glasumwandlungstemperatur	*Torsionsschwingungsversuch*		°C
	Differentialkalorimetrie		°C

Brandverhalten

UL-Test vertikal		*Dicke* mm, Wert	
		Dicke mm, Wert	

	Norm	*Bewertung*	*Abmessungen*
Sauerstoff-Index	ASTM D 2863		
Glühstab-Verfahren			
Brandverhalten	DIN 4102		
MVSS			
FAR			

Elektrische Eigenschaften

	Hz	°C			*Probekörper, Form*
Dielektrizitätszahl	50				
	10^3				
	10^6				
Dielektrischer Verlustfaktor tan δ	50				
	10^3				
	10^6				
Spezifischer Durchgangs-widerstand	Ohm · cm				
Durchschlagfestigkeit	kV/mm	23	17	2.3 mm dick	
Oberflächenwiderstand	Ohm				
Kriechstromfestigkeit	KC	KB	KA		
Elektrolytische Korrosionswirkung					
Lichtbogenfestigkeit nach DIN					
nach ASTM	s				

Beständigkeit *(Chemische Beständigkeit siehe Anhang)*

Wasseraufnahme	
Feuchtigkeitsaufnahme Normalklima	%
Wetterbeständigkeit	
Spannungskorrosion	

Optische Eigenschaften

Brechungszahl n_D		
Transmissionsgrad τ_c	%	mm dick
Lichtdurchlässigkeit		

Produkt	Acetalcopolymerisat		**POM**
Handelsname	**Kematal GC25-A**		
Hersteller	CELANESE		
DIN-Bez 1	16781-POM,MG,XX-GF25		
DIN-Bez 2			

Zusätze		*Füllstoffe/ Verstärkung*	25.0% Glasfaser
Bevorzugte Verarbeitung	Spritzgiessen	*Lieferform*	Granulat
		Farben	Standard
Besondere Merkmale	Hohe Festigkeit und hoher Modul; Gute Verschleissfestigkeit; Hohe Dimensionsstabilitaet; Geringe Feuchtigkeitsaufnahme	*Bevorzugte Anwendungen*	Technisches Formteil

---

Dichte	g/cm^3	1.59	*Schmelzindex*	g/10 min	:
Schüttdichte	g/cm^3		*Volumenfließindex*	cm^3/10 min	:
Viskositätszahl	ml/g				

Verarbeitungsbedingungen für Spritzgießen

Massetemp.	°C	170–200	*Schwindung*	%	lgs	, quer
Werkzeugtemp.	°C	70–95	*Bemerkungen*			
Spritzdruck	bar	1000–1500				

Zugversuch 23 °C ASTM D 638;

	Probekörper:	*Form*	*Herstellung*	Spritzgiessen
		Zustand	*Vorbehandlung*	Normalklima

Streckspannung	N/mm^2	110	*Dehnung bei Streckspannung*	%	
Zugfestigkeit	N/mm^2		*Reißdehnung*	%	2–3
Reißfestigkeit	N/mm^2		% *Dehnspannung*	N/mm^2	
E-Modul	N/mm^2	8280	*Dehnung bei* % *Dehnspg.*	%	

Kriechmoduln und Zeitstandwerte 23 °C

	Probekörper:	*Form*	*Herstellung*
		Zustand	*Vorbehandlung*

Kriechmodul	1 min N/mm^2	*Zeitstandzugfestigkeit*	h N/mm^2	
Kriechmodul	1000 h N/mm^2	*Zeitdehnspg.* %	h N/mm^2	
bei Spannung	N/mm^2			

Biegeversuch 23 °C ASTM D 790;

	Probekörper:	*Form*	*Herstellung*	Spritzgiessen
		Zustand	*Vorbehandlung*	Normalklima

Biegefestigkeit	N/mm^2	*E-Modul*	N/mm^2	7240
3,5% Biegespannung	N/mm^2			

Härte 23 °C

	Probekörper:	*Zustand*	*Herstellung*
			Vorbehandlung

Kugeldruckhärte	N/mm^2	bei N, s	*Shore-Härte* A
Rockwellhärte			*Shore-Härte* D

Schlagversuch

	Probekörper:	(1)		
		(2) V-Kerbe	*Herstellung*	Spritzgiessen
		Zustand	*Vorbehandlung*	Normalklima

	°C	°C	°C	*Probekörper-Form*

Schlagzähigkeit	kJ/m^2		
Kerbschlagzähigkeit (1)	kJ/m^2		
IZOD-Kerbschlagzähigkeit (2)	J/m	23	59
Kerbschlagzugzähigkeit	kJ/m^2		

Abrieb und Reibung

Taber-Abrieb (Reibradverfahren)	mm^3/100 U	
Abriebfaktor LNP (Thrust washer) Vergleichswert		
Statische Reibungszahl		
Dynamische Reibungszahl	(p · v = N/mm^2 · m/min)	0.15
Zulässiger p · v Wert	N/mm^2 · (m/min) v = m/min	
	v = m/min	

Thermische Eigenschaften

Formbeständigkeit in der Wärme	Verfahren	A	161 °C
	Verfahren		°C
Vicat Erweichungstemperatur (VST)	Verfahren		°C
	Verfahren		°C
Kristallit-Schmelzpunkt	Verfahren		
Längenausdehnungskoeffizient	Bereich -30–30 °C		$0.40 \cdot 10^{-4} K^{-1}$
	Temperatur °C		$\cdot 10^{-4} K^{-1}$
Wärmeleitfähigkeit	Verfahren		W/(K · m)
Spezifische Wärmekapazität	Verfahren		J/(K · g)
Glasumwandlungstemperatur	Torsionsschwingungsversuch	°C	
	Differentialkalorimetrie	°C	

Brandverhalten

UL-Test vertikal	Dicke 1.47 mm, Wert HB		
	Dicke mm, Wert		

	Norm	Bewertung	Abmessungen
Sauerstoff-Index	ASTM D 2863		
Glühstab-Verfahren			
Brandverhalten	DIN 4102		
MVSS			
FAR			

Elektrische Eigenschaften

	Hz	°C			Probekörper, Form
Dielektrizitätszahl	50	23	3.9		
	10^3				
	10^6				
Dielektrischer Verlustfaktor tan δ	50				
	10^3				
	10^6				
Spezifischer Durchgangs- widerstand	Ohm · cm	23	1.2*10**16		
Durchschlagfestigkeit	kV/mm				mm dick
Oberflächenwiderstand	Ohm				
Kriechstromfestigkeit	KC	KB	KA		
Elektrolytische Korrosionswirkung					
Lichtbogenfestigkeit nach DIN					
nach ASTM	s				

Beständigkeit *(Chemische Beständigkeit siehe Anhang)*

Wasseraufnahme 23 C	1 d	0.29 %
Feuchtigkeitsaufnahme Normalklima		%
Wetterbeständigkeit		
Spannungskorrosion		

Optische Eigenschaften

Brechungszahl n$_D$		
Transmissionsgrad τ$_c$	%	mm dick
Lichtdurchlässigkeit		

Produkt	Polycarbonat-Polybutylenterephthalat-Blend	**PC + PBT**
Handelsname	**Makroblend PR 51**	
Hersteller	BAYER	
DIN-Bez 1		
DIN-Bez 2		

Zusätze		*Füllstoffe/ Verstärkung*	
Bevorzugte Verarbeitung	Spritzgiessen; Blasformen	*Lieferform*	Granulat
		Farben	Sonderfarben
Besondere Merkmale	Gute Bestaendigkeit gegen Superkraftstoff, auch gegen M 15-Kraftstoffe; Lackierbar mit entsprechenden Ein- und Mehrschichtlacksystemen; Besonders witterungsstabil; Sehr schlagzaeh	*Bevorzugte Anwendungen*	Grossflaechiges Teil fuer den Kfz-Sektor; Stossfaenger; In der Masse eingefaerbtes Kfz-Formteil fuer den Ausseneinsatz

Dichte	g/cm^3	1.21–1.24	*Schmelzindex*	g/10 min	10–16: 250/5
Schüttdichte	g/cm^3		*Volumenfließindex*	cm^3/10 min	:
Viskositätszahl	ml/g				

Verarbeitungsbedingungen für Spritzgießen

Massetemp.	°C	260–280	*Schwindung*	%	lgs 0.8–1.0, quer 0.8–1.0
Werkzeugtemp.	°C	70–80	*Bemerkungen*		Vortrocknen 3 bis 4 h bei 100 bis 110 C
Spritzdruck	bar				

Zugversuch 23 °C DIN 53455; DIN 53457

Probekörper:	*Form*		*Herstellung*	Spritzgiessen
	Zustand		*Vorbehandlung*	Normalklima

Streckspannung	N/mm^2	55	*Dehnung bei Streckspannung*	%	4
Zugfestigkeit	N/mm^2		*Reißdehnung*	%	120
Reißfestigkeit	N/mm^2	57	% *Dehnspannung*	N/mm^2	
E-Modul	N/mm^2	2200	*Dehnung bei* % *Dehnspg.*	%	

Kriechmoduln und Zeitstandwerte 23 °C

Probekörper:	*Form*	*Herstellung*	
	Zustand	*Vorbehandlung*	

Kriechmodul	1 min	N/mm^2	*Zeitstandzugfestigkeit*	h	N/mm^2
Kriechmodul	1000 h	N/mm^2	*Zeitdehnspg.* %	h	N/mm^2
bei Spannung		N/mm^2			

Biegeversuch 23 °C DIN 53452; DIN 53457

Probekörper:	*Form*		*Herstellung*	Spritzgiessen
	Zustand		*Vorbehandlung*	Normalklima

Biegefestigkeit	N/mm^2 85	*E-Modul*	N/mm^2 2100
3,5% Biegespannung	N/mm^2 70		

Härte 23 °C

Probekörper:	*Zustand*		*Herstellung*	Spritzgiessen
			Vorbehandlung	Normalklima

Kugeldruckhärte	N/mm^2 100	bei N, 30 s	*Shore-Härte*	A
Rockwellhärte			*Shore-Härte*	D

Schlagversuch

Probekörper:	*(1)* U-Kerbe		
	(2) V-Kerbe	*Herstellung*	Spritzgiessen
	Zustand	*Vorbehandlung*	Normalklima

		°C		°C		°C		*Probekörper-Form*
Schlagzähigkeit	kJ/m^2	23	o.B.	-40	o.B.			NKS
Kerbschlagzähigkeit (1)	kJ/m^2	23	40	-20	12	-40	6	NKS
IZOD-Kerbschlagzähigkeit (2)	J/m	23	700	-50	80			
Kerbschlagzugzähigkeit	kJ/m^2							

Abrieb und Reibung

Taber-Abrieb (Reibradverfahren)	mm^3/100 U	
Abriebfaktor LNP (Thrust washer) Vergleichswert		
Statische Reibungszahl		
Dynamische Reibungszahl	$(p \cdot v =$ 　　N/mm$^2 \cdot$ 　　m/min)	
Zulässiger p · v Wert	N/mm$^2 \cdot$ (m/min)　v = 　m/min	
	v = 　m/min	

Thermische Eigenschaften

Formbeständigkeit in der Wärme	Verfahren	A	90 °C
	Verfahren	B	105 °C
Vicat Erweichungstemperatur (VST)	Verfahren	A/50	153 °C
	Verfahren	B/50	123 °C
Kristallit-Schmelzpunkt	Verfahren		
Längenausdehnungskoeffizient	Bereich	°C	$\cdot 10^{-4} K^{-1}$
	Temperatur 23 °C		$0.70{-}0.72 \cdot 10^{-4} K^{-1}$
Wärmeleitfähigkeit	Verfahren		W/(K · m)
Spezifische Wärmekapazität	Verfahren		J/(K · g)
Glasumwandlungstemperatur	Torsionsschwingungsversuch		°C
	Differentialkalorimetrie		°C

Brandverhalten

UL-Test vertikal	Dicke　mm, Wert	
	Dicke　mm, Wert	

	Norm	Bewertung	Abmessungen
Sauerstoff-Index	ASTM D 2863		
Glühstab-Verfahren			
Brandverhalten	DIN 4102		
MVSS			
FAR			

Elektrische Eigenschaften

	Hz	°C	Probekörper, Form
Dielektrizitätszahl	50		
	10^3		
	10^6		
Dielektrischer Verlustfaktor tan δ	50		
	10^3		
	10^6		
Spezifischer Durchgangs-			
widerstand	Ohm · cm		
Durchschlagfestigkeit	kV/mm		mm dick
Oberflächenwiderstand	Ohm		
Kriechstromfestigkeit	KC	KB	KA
Elektrolytische Korrosionswirkung			
Lichtbogenfestigkeit nach DIN			
*　　　　　　nach ASTM*	s		

Beständigkeit *(Chemische Beständigkeit siehe Anhang)*

Wasseraufnahme	
Feuchtigkeitsaufnahme Normalklima	%
Wetterbeständigkeit	
Spannungskorrosion	

Optische Eigenschaften

Brechungszahl n$_D$		
Transmissionsgrad τ_c	%	mm dick
Lichtdurchlässigkeit		

Produkt	Polycarbonat-Polybutylenterephthalat-Blend	**PC + PBT**
Handelsname	**Makroblend PR 52**	
Hersteller	BAYER	
DIN-Bez 1		
DIN-Bez 2		

Zusätze		*Füllstoffe/ Verstärkung*	
Bevorzugte Verarbeitung	Spritzgiessen; Blasformen	*Lieferform*	Granulat
		Farben	Sonderfarben
Besondere Merkmale	Gute Bestaendigkeit gegen Superkraft-stoff, auch gegen M 15-Kraftstoffe; Lackierbar mit entsprechenden Ein- und Mehrschichtlacksystemen bis 120 C; Erhoehte Kaelteschlagzaehigkeit	*Bevorzugte Anwendungen*	Grossflaechiges Teil fuer den Kfz-Sektor; Stossfaenger; Lackiertes Kfz-Formteil fuer den Ausseneinsatz

Dichte	g/cm³	1.21–1.24	*Schmelzindex*	g/10 min	10–16: 250/5
Schüttdichte	g/cm³		*Volumenfließindex*	cm³/10 min	:
Viskositätszahl	ml/g				

Verarbeitungsbedingungen für Spritzgießen

Massetemp.	°C	260–280	*Schwindung*	%	lgs 0.8–1.0, quer 0.8–1.0
Werkzeugtemp.	°C	70–80	*Bemerkungen*		Vortrocknen 3 bis 4 h bei 100 bis 110 C
Spritzdruck	bar				

Zugversuch 23 °C   DIN 53455; DIN 53457

	Probekörper:	Form		*Herstellung*	Spritzgiessen
		Zustand		*Vorbehandlung*	Normalklima
Streckspannung	N/mm²	53	*Dehnung bei Streckspannung*	%	4
Zugfestigkeit	N/mm²		*Reißdehnung*	%	120
Reißfestigkeit	N/mm²	55	*% Dehnspannung*	N/mm²	
E-Modul	N/mm²	2200	*Dehnung bei % Dehnspg.*	%	

Kriechmoduln und Zeitstandwerte 23 °C

	Probekörper:	Form	*Herstellung*	
		Zustand	*Vorbehandlung*	
Kriechmodul	1 min N/mm²		*Zeitstandzugfestigkeit*	h N/mm²
Kriechmodul	1000 h N/mm²		*Zeitdehnspg. %*	h N/mm²
bei Spannung	N/mm²			

Biegeversuch 23 °C   DIN 53452; DIN 53457

	Probekörper:	Form	*Herstellung*	Spritzgiessen
		Zustand	*Vorbehandlung*	Normalklima
Biegefestigkeit	N/mm² 85		*E-Modul*	N/mm² 2100
3,5% Biegespannung	N/mm² 70			

Härte 23 °C

	Probekörper:	Zustand	*Herstellung*	Spritzgiessen
			Vorbehandlung	Normalklima
Kugeldruckhärte	N/mm² 100	bei N, 30 s	*Shore-Härte* A	
Rockwellhärte			*Shore-Härte* D	

Schlagversuch

	Probekörper:	(1) U-Kerbe				
		(2) V-Kerbe		*Herstellung*	Spritzgiessen	
		Zustand		*Vorbehandlung*	Normalklima	
		°C	°C	°C		Probekörper-Form
Schlagzähigkeit	kJ/m²	23 o.B.	-40 o.B.			NKS
Kerbschlagzähigkeit (1)	kJ/m²	23 45	-20 15	-40 8		NKS
IZOD-Kerbschlagzähigkeit (2)	J/m	23 800	-50 100			
Kerbschlagzugzähigkeit	kJ/m²					

Abrieb und Reibung

Taber-Abrieb (Reibradverfahren)	mm^3/100 U	
Abriebfaktor LNP (Thrust washer) Vergleichswert		
Statische Reibungszahl		
Dynamische Reibungszahl	(p·v = N/mm^2 · m/min)	
Zulässiger p · v Wert	N/mm^2 · (m/min) v = m/min	
	v = m/min	

Thermische Eigenschaften

Formbeständigkeit in der Wärme	*Verfahren* A		85 °C
	Verfahren B		100 °C
Vicat Erweichungstemperatur (VST)	*Verfahren* A/50		150 °C
	Verfahren B/50		120 °C
Kristallit-Schmelzpunkt	*Verfahren*		
Längenausdehnungskoeffizient	*Bereich* °C		$\cdot 10^{-4}\,\mathrm{K}^{-1}$
	Temperatur 23 °C		$0.70{-}0.72 \cdot 10^{-4}\,\mathrm{K}^{-1}$
Wärmeleitfähigkeit	*Verfahren*		W/(K · m)
Spezifische Wärmekapazität	*Verfahren*		J/(K · g)
Glasumwandlungstemperatur	*Torsionsschwingungsversuch*	°C	
	Differentialkalorimetrie	°C	

Brandverhalten

UL-Test vertikal		Dicke mm, Wert	
		Dicke mm, Wert	

	Norm	*Bewertung*	*Abmessungen*
Sauerstoff-Index	ASTM D 2863		
Glühstab-Verfahren			
Brandverhalten	DIN 4102		
MVSS			
FAR			

Elektrische Eigenschaften

	Hz	°C	*Probekörper, Form*
Dielektrizitätszahl	50		
	10^3		
	10^6		
Dielektrischer Verlustfaktor tan δ	50		
	10^3		
	10^6		
Spezifischer Durchgangs-widerstand	Ohm · cm		
Durchschlagfestigkeit	kV/mm		mm dick
Oberflächenwiderstand	Ohm		

Kriechstromfestigkeit	KC	KB	KA
Elektrolytische Korrosionswirkung			
Lichtbogenfestigkeit nach DIN			
nach ASTM	s		

Beständigkeit *(Chemische Beständigkeit siehe Anhang)*

Wasseraufnahme	
Feuchtigkeitsaufnahme Normalklima	%
Wetterbeständigkeit	
Spannungskorrosion	

Optische Eigenschaften

Brechungszahl n_D		
Transmissionsgrad τ_c	%	mm dick
Lichtdurchlässigkeit		

			PC + ABS
Produkt	Polycarbonat-ABS-Polymerisat-Blend		
Handelsname	**Bayblend T 44**		
Hersteller	BAYER		
DIN-Bez 1			
DIN-Bez 2			
Zusätze		*Füllstoffe/ Verstärkung*	
Bevorzugte Verarbeitung	Spritzgiessen	*Lieferform*	Granulat
		Farben	Standard

Besondere Merkmale	Hohe Massgenauigkeit; Geringe Verzugsneigung; Geringe Gesamtschwindung; Geringe Feuchtigkeitsaufnahme; Lichtbestaendig; Galvanisierbar; Hochglaenzend; Leichter fliessendes T 45 MN	*Bevorzugte Anwendungen*	Kfz-Industrie; Elektroindustrie; Hausinstallation; Lichttechnik; Bueromaschine; Haushaltsgeraet; Sportartikel; Freizeitartikel

Dichte	g/cm³	1.1	*Schmelzindex*	g/10 min	:
Schüttdichte	g/cm³		*Volumenfließindex*	cm³/10 min	:
Viskositätszahl	ml/g				

Verarbeitungsbedingungen für Spritzgießen

Massetemp.	°C	240–270	*Schwindung*	%	lgs 0.5–0.7, quer 0.5–0.7
Werkzeugtemp.	°C	80	*Bemerkungen*		Vortrocknen (z. B. im Schnelltrockner 2-3 h bei 100-110 C)
Spritzdruck	bar				

Zugversuch 23 °C DIN 53455; DIN 53457

	Probekörper:	*Form* Nr.3	*Herstellung*	Spritzgiessen	
		Zustand	*Vorbehandlung*	Normalklima	
Streckspannung	N/mm²	45	*Dehnung bei Streckspannung*	%	3.5
Zugfestigkeit	N/mm²		*Reißdehnung*	%	60
Reißfestigkeit	N/mm²	40	% *Dehnspannung*	N/mm²	
E-Modul	N/mm²	2000	*Dehnung bei* % *Dehnspg.*	%	

Kriechmoduln und Zeitstandwerte 23 °C

	Probekörper:	*Form*	*Herstellung*	
		Zustand	*Vorbehandlung*	
Kriechmodul	1 min N/mm²		*Zeitstandzugfestigkeit*	h N/mm²
Kriechmodul	1000 h N/mm²		*Zeitdehnspg.* %	h N/mm²
bei Spannung	N/mm²			

Biegeversuch 23 °C DIN 53452; DIN 53457

	Probekörper:	*Form* 120 x 10 x 4 mm	*Herstellung*	Spritzgiessen
		Zustand	*Vorbehandlung*	Normalklima
Biegefestigkeit	N/mm² 64		*E-Modul*	N/mm² 2000
3,5% Biegespannung	N/mm² 55			

Härte 23 °C

	Probekörper:	*Zustand*	*Herstellung*	Spritzgiessen
			Vorbehandlung	Normalklima
Kugeldruckhärte	N/mm² 80	bei N, 30 s	*Shore-Härte* A	
Rockwellhärte			*Shore-Härte* D	

Schlagversuch

	Probekörper:	(1) U-Kerbe		
		(2) V-Kerbe	*Herstellung*	Spritzgiessen
		Zustand	*Vorbehandlung*	Normalklima

		°C	°C	°C	*Probekörper-Form*
Schlagzähigkeit	kJ/m²	23 o.B.	-40 o.B.		NKS
Kerbschlagzähigkeit (1)	kJ/m²	23 25	0 17	-40 10	NKS
IZOD-Kerbschlagzähigkeit (2)	J/m	23 300	-40 100		63.5x12.7x3.2 mm
Kerbschlagzugzähigkeit	kJ/m²				

Abrieb und Reibung

Taber-Abrieb (Reibradverfahren)	mm³/100 U
Abriebfaktor LNP (Thrust washer) Vergleichswert	
Statische Reibungszahl	
Dynamische Reibungszahl	$(p \cdot v = \qquad N/mm^2 \cdot \qquad m/min)$
Zulässiger p · v Wert	$N/mm^2 \cdot (m/min) \quad v = \qquad m/min$
	$v = \qquad m/min$

Thermische Eigenschaften

Formbeständigkeit in der Wärme	*Verfahren*	A	100 °C
	Verfahren	B	105 °C
Vicat Erweichungstemperatur (VST)	*Verfahren*	B/120	112 °C
	Verfahren		°C
Kristallit-Schmelzpunkt	*Verfahren*		
Längenausdehnungskoeffizient	*Bereich*	°C	$\cdot 10^{-4} K^{-1}$
	Temperatur 23 °C		$0.8{-}0.85 \cdot 10^{-4} K^{-1}$
Wärmeleitfähigkeit	*Verfahren* DIN 52612	23 °C	$0.2\ W/(K \cdot m)$
Spezifische Wärmekapazität	*Verfahren*		$J/(K \cdot g)$
Glasumwandlungstemperatur	*Torsionsschwingungsversuch*	°C	
	Differentialkalorimetrie	°C	

Brandverhalten

UL-Test vertikal   Dicke 1.6   mm, Wert HB
Dicke   mm, Wert

	Norm	Bewertung		Abmessungen
Sauerstoff-Index	ASTM D 2863	21%		
Glühstab-Verfahren	DIN 53459	3a		120x10x4 mm
Brandverhalten	DIN 4102			
MVSS				
FAR				

Elektrische Eigenschaften

		Hz	°C		Probekörper, Form
Dielektrizitätszahl		50	23	2.9	2 mm
		10^3	23	2.9	2 mm
		10^6	23	2.9	2 mm
Dielektrischer Verlustfaktor tan δ		50	23	0.004	2 mm
		10^3	23	0.004	2 mm
		10^6	23	0.007	2 mm
Spezifischer Durchgangs- widerstand	Ohm · cm		23	1.0*10**16	2 mm
Durchschlagfestigkeit	kV/mm		23	24	1.0 mm dick
Oberflächenwiderstand	Ohm		23	$\geqq$ 1.0*10**14	

Kriechstromfestigkeit		KC 500	KB < 100	KA	
Elektrolytische Korrosionswirkung		A 1			2 mm
Lichtbogenfestigkeit nach DIN					
nach ASTM	s				

Beständigkeit *(Chemische Beständigkeit siehe Anhang)*

Wasseraufnahme A		1 d	0.7 %
Feuchtigkeitsaufnahme Normalklima			0.2 %
Wetterbeständigkeit			
Spannungskorrosion			

Optische Eigenschaften

Brechungszahl n_D
Transmissionsgrad τ_c %   mm dick
Lichtdurchlässigkeit

Produkt	Polycarbonat-ABS-Polymerisat-Blend	**PC + ABS**
Handelsname	**Bayblend T 45 MN**	
Hersteller	BAYER	

DIN-Bez 1
DIN-Bez 2

Zusätze		*Füllstoffe/ Verstärkung*	
Bevorzugte Verarbeitung	Spritzgiessen	*Lieferform*	Granulat
		Farben	Standard
Besondere Merkmale	Hohe Massgenauigkeit; Geringe Verzugsneigung; Geringe Gesamtschwindung; Geringe Feuchtigkeitsaufnahme; Lichtbestaendig; Galvanisierbar; Hochglaenzend; Standard-Typ	*Bevorzugte Anwendungen*	Kfz-Industrie; Elektroindustrie; Hausinstallation; Lichttechnik; Bueromaschine; Haushaltsgeraet; Sportartikel; Freizeitartikel

Dichte	g/cm^3	1.1	*Schmelzindex*	g/10 min	:
Schüttdichte	g/cm^3		*Volumenfließindex*	cm^3/10 min	:
Viskositätszahl	ml/g				

Verarbeitungsbedingungen für Spritzgießen

Massetemp.	°C	240–270	*Schwindung*	%	lgs 0.5–0.7, quer 0.5–0.7
Werkzeugtemp.	°C	80	*Bemerkungen*		Vortrocknen (z. B. im Schnelltrockner 2-3 h bei 100-110 C)
Spritzdruck	bar				

Zugversuch 23 °C DIN 53455; DIN 53457

	Probekörper:	*Form* Nr.3	*Herstellung*	Spritzgiessen	
		Zustand	*Vorbehandlung*	Normalklima	
Streckspannung	N/mm^2 45		*Dehnung bei Streckspannung*	%	4.0
Zugfestigkeit	N/mm^2		*Reißdehnung*	%	70
Reißfestigkeit	N/mm^2 40		*% Dehnspannung*	N/mm^2	
E-Modul	N/mm^2 2000		*Dehnung bei % Dehnspg.*	%	

Kriechmoduln und Zeitstandwerte 23 °C

	Probekörper:	*Form*	*Herstellung*	
		Zustand	*Vorbehandlung*	
Kriechmodul	*1 min* N/mm^2		*Zeitstandzugfestigkeit*	h N/mm^2
Kriechmodul	*1000 h* N/mm^2		*Zeitdehnspg. %*	h N/mm^2
bei Spannung	N/mm^2			

Biegeversuch 23 °C DIN 53452; DIN 53457

	Probekörper:	*Form* 120 x 10 x 4 mm	*Herstellung*	Spritzgiessen
		Zustand	*Vorbehandlung*	Normalklima
Biegefestigkeit	N/mm^2 70		*E-Modul*	N/mm^2 2000
3,5% Biegespannung	N/mm^2 60			

Härte 23 °C

	Probekörper: *Zustand*		*Herstellung*	Spritzgiessen
			Vorbehandlung	Normalklima
Kugeldruckhärte	N/mm^2 80	bei N, 30 s	*Shore-Härte* A	
Rockwellhärte			*Shore-Härte* D	

Schlagversuch

	Probekörper:	*(1)* U-Kerbe		
		(2) V-Kerbe	*Herstellung*	Spritzgiessen
		Zustand	*Vorbehandlung*	Normalklima
		°C	°C	°C	*Probekörper-Form*

		°C	°C	°C	*Probekörper-Form*
Schlagzähigkeit	kJ/m^2	23 o.B.	-40 o.B.		NKS
Kerbschlagzähigkeit (1)	kJ/m^2	23 30	0 20	-40 10	NKS
IZOD-Kerbschlagzähigkeit (2)	J/m	23 350	-40 150		63.5x12.7x3.2 mm
Kerbschlagzugzähigkeit	kJ/m^2				

Abrieb und Reibung

Taber-Abrieb (Reibradverfahren)	mm^3/100 U	
Abriebfaktor LNP (Thrust washer) Vergleichswert		
Statische Reibungszahl		
Dynamische Reibungszahl	(p · v = N/mm^2 · m/min)	
Zulässiger p · v Wert	N/mm^2 · (m/min) v = m/min	
	v = m/min	

Thermische Eigenschaften

Formbeständigkeit in der Wärme	Verfahren	A	100 °C
	Verfahren	B	105 °C
Vicat Erweichungstemperatur (VST)	Verfahren	B/120	112 °C
	Verfahren		°C
Kristallit-Schmelzpunkt	Verfahren		
Längenausdehnungskoeffizient	Bereich	°C	· 10^{-4}K^{-1}
	Temperatur 23 °C		0.8–0.85 · 10^{-4}K^{-1}
Wärmeleitfähigkeit	Verfahren DIN 52612	23 °C	0.2 W/(K · m)
Spezifische Wärmekapazität	Verfahren		J/(K · g)
Glasumwandlungstemperatur	Torsionsschwingungsversuch	°C	
	Differentialkalorimetrie	°C	

Brandverhalten

UL-Test vertikal   Dicke 1.6   mm, Wert HB
                    Dicke   mm, Wert

	Norm	Bewertung	Abmessungen
Sauerstoff-Index	ASTM D 2863	21 %	
Glühstab-Verfahren	DIN 53459	3a	120x10x4 mm
Brandverhalten	DIN 4102		
MVSS			
FAR			

Elektrische Eigenschaften

		Hz	°C		Probekörper, Form
Dielektrizitätszahl		50	23	2.9	2 mm
		10^3	23	2.9	2 mm
		10^6	23	2.9	2 mm
Dielektrischer Verlustfaktor tan δ		50	23	0.004	2 mm
		10^3	23	0.004	2 mm
		10^6	23	0.007	2 mm
Spezifischer Durchgangs-widerstand	Ohm · cm		23	1.0*10**16	2 mm
Durchschlagfestigkeit	kV/mm		23	24	1.0 mm dick
Oberflächenwiderstand	Ohm		23	≧ 1.0*10**14	
Kriechstromfestigkeit		KC 500		KB < 100 KA	
Elektrolytische Korrosionswirkung		A 1			2 mm
Lichtbogenfestigkeit nach DIN					
nach ASTM		s			

Beständigkeit *(Chemische Beständigkeit siehe Anhang)*

Wasseraufnahme A		1 d	0.7 %
Feuchtigkeitsaufnahme Normalklima			0.2 %
Wetterbeständigkeit			
Spannungskorrosion			

Optische Eigenschaften

Brechungszahl n$_D$
Transmissionsgrad τ$_c$ %   mm dick
Lichtdurchlässigkeit

		PC + ABS
Produkt	Polycarbonat-ABS-Polymerisat-Blend	
Handelsname	**Bayblend T 65 MN**	
Hersteller	BAYER	
DIN-Bez 1		
DIN-Bez 2		

Zusätze		*Füllstoffe/ Verstärkung*	
Bevorzugte Verarbeitung	Spritzgiessen; Extrudieren	*Lieferform*	Granulat
		Farben	Standard
Besondere Merkmale	Hohe Massgenauigkeit; Geringe Verzugsneigung; Geringe Gesamtschwindung; Geringe Feuchtigkeitsaufnahme; Lichtbestaendig; Galvanisierbar; Hochglaenzend; Standardtyp	*Bevorzugte Anwendungen*	Kfz-Industrie; Elektroindustrie; Hausinstallation; Lichttechnik; Bueromaschine; Haushaltsgeraet; Sportartikel; Freizeitartikel

Dichte	g/cm³	1.13	*Schmelzindex*	g/10 min	:
Schüttdichte	g/cm³		*Volumenfließindex*	cm³/10 min	:
Viskositätszahl	ml/g				

Verarbeitungsbedingungen für Spritzgießen

Massetemp.	°C	240–280	*Schwindung*	%	lgs 0.5–0.7, quer 0.5–0.7
Werkzeugtemp.	°C	80	*Bemerkungen*		Vortrocknen (z. B. im Schnelltrockner 2-3 h bei 100-110 C)
Spritzdruck	bar				

Zugversuch 23 °C DIN 53455; DIN 53457

	Probekörper:	*Form*	Nr.3	*Herstellung*	Spritzgiessen
		Zustand		*Vorbehandlung*	Normalklima

Streckspannung	N/mm²	50	*Dehnung bei Streckspannung*	%	4.5
Zugfestigkeit	N/mm²		*Reißdehnung*	%	80
Reißfestigkeit	N/mm²	45	*% Dehnspannung*	N/mm²	
E-Modul	N/mm²	2100	*Dehnung bei % Dehnspg.*	%	

Kriechmoduln und Zeitstandwerte 23 °C

	Probekörper:	*Form*	*Herstellung*	
		Zustand	*Vorbehandlung*	

Kriechmodul	1 min	N/mm²	*Zeitstandzugfestigkeit*	h	N/mm²
Kriechmodul	1000 h	N/mm²	*Zeitdehnspg. %*	h	N/mm²
bei Spannung		N/mm²			

Biegeversuch 23 °C DIN 53452; DIN 53457

	Probekörper:	*Form*	120 x 10 x 4 mm	*Herstellung*	Spritzgiessen
		Zustand		*Vorbehandlung*	Normalklima

Biegefestigkeit	N/mm²	75	*E-Modul*	N/mm²	2100
3,5% Biegespannung	N/mm²	65			

Härte 23 °C

	Probekörper:	*Zustand*	*Herstellung*	Spritzgiessen
			Vorbehandlung	Normalklima

Kugeldruckhärte	N/mm²	90	bei	N, 30 s	*Shore-Härte* A
Rockwellhärte					*Shore-Härte* D

Schlagversuch

	Probekörper:	(1) U-Kerbe		
		(2) V-Kerbe	*Herstellung*	Spritzgiessen
		Zustand	*Vorbehandlung*	Normalklima

		°C	°C	°C	*Probekörper-Form*
Schlagzähigkeit	kJ/m²	23 o.B.	-40 o.B.		NKS
Kerbschlagzähigkeit (1)	kJ/m²	23 35	0 25	-40 15	NKS
IZOD-Kerbschlagzähigkeit (2)	J/m	23 560	-40 320		63.5x12.7x3.2 mm
Kerbschlagzugzähigkeit	kJ/m²				

Abrieb und Reibung

Taber-Abrieb (Reibradverfahren)	mm³/100 U
Abriebfaktor LNP (Thrust washer) Vergleichswert	
Statische Reibungszahl	
Dynamische Reibungszahl	(p·v = N/mm² · m/min)
Zulässiger p · v Wert	N/mm² · (m/min) v = m/min
	v = m/min

Thermische Eigenschaften

Formbeständigkeit in der Wärme	Verfahren	A	105 °C
	Verfahren	B	125 °C
Vicat Erweichungstemperatur (VST)	Verfahren	B/120	122 °C
	Verfahren		°C
Kristallit-Schmelzpunkt	Verfahren		
Längenausdehnungskoeffizient	Bereich	°C	$\cdot 10^{-4} \mathrm{K}^{-1}$
	Temperatur 23 °C		$0.75 - 0.80 \cdot 10^{-4} \mathrm{K}^{-1}$
Wärmeleitfähigkeit	Verfahren DIN 52612	23 °C	0.2 W/(K · m)
Spezifische Wärmekapazität	Verfahren		J/(K · g)
Glasumwandlungstemperatur	Torsionsschwingungsversuch		°C
	Differentialkalorimetrie		°C

Brandverhalten

UL-Test vertikal   Dicke 1.6   mm, Wert HB
                          Dicke   mm, Wert

	Norm	Bewertung	Abmessungen
Sauerstoff-Index	ASTM D 2863	23%	
Glühstab-Verfahren	DIN 53459	3a	120x10x4 mm
Brandverhalten	DIN 4102		
MVSS			
FAR			

Elektrische Eigenschaften

		Hz	°C		Probekörper, Form
Dielektrizitätszahl		50	23	2.9	2 mm
		10^3	23	2.9	2 mm
		10^6	23	2.9	2 mm
Dielektrischer Verlustfaktor tan δ		50	23	0.004	2 mm
		10^3	23	0.004	2 mm
		10^6	23	0.007	2 mm
Spezifischer Durchgangs-widerstand	Ohm · cm		23	1.0*10**16	2 mm
Durchschlagfestigkeit	kV/mm		23	24	1.0 mm dick
Oberflächenwiderstand	Ohm		23	≧ 1.0*10**14	
Kriechstromfestigkeit		KC 300	KB < 100	KA	
Elektrolytische Korrosionswirkung	A 1				2 mm
Lichtbogenfestigkeit nach DIN					
nach ASTM	s				

Beständigkeit (Chemische Beständigkeit siehe Anhang)

Wasseraufnahme A	1 d	0.6 %
Feuchtigkeitsaufnahme Normalklima		0.2 %
Wetterbeständigkeit		
Spannungskorrosion		

Optische Eigenschaften

Brechungszahl n_D
Transmissionsgrad τ_c %   mm dick
Lichtdurchlässigkeit

		PC + ABS
Produkt	Polycarbonat-ABS-Polymerisat-Blend	
Handelsname	**Bayblend T 85 MN**	
Hersteller	BAYER	
DIN-Bez 1		
DIN-Bez 2		

Zusätze		*Füllstoffe/ Verstärkung*	
Bevorzugte Verarbeitung	Spritzgiessen; Extrudieren	*Lieferform*	Granulat
		Farben	Standard
Besondere Merkmale	Hohe Massgenauigkeit; Geringe Verzugsneigung; Geringe Gesamtschwindung; Geringe Feuchtigkeitsaufnahme; Lichtbestaendig; Galvanisierbar; Hochglaenzend; Standardtyp	*Bevorzugte Anwendungen*	Kfz-Industrie; Elektroindustrie; Hausinstallation; Lichttechnik; Bueromaschine; Haushaltsgeraet; Sportartikel; Freizeitartikel

Dichte	g/cm^3	1.15	*Schmelzindex*	g/10 min	:
Schüttdichte	g/cm^3		*Volumenfließindex*	cm^3/10 min	:
Viskositätszahl	ml/g				

Verarbeitungsbedingungen für Spritzgießen

Massetemp.	°C	240–280	*Schwindung*	%	lgs 0.5–0.7, quer 0.5–0.7
Werkzeugtemp.	°C	80	*Bemerkungen*		Vortrocknen (z. B. im Schnelltrockner 2-3 h bei 110-120 C)
Spritzdruck	bar				

Zugversuch 23 °C DIN 53455; DIN 53457

	Probekörper:	*Form*	Nr.3	*Herstellung*	Spritzgiessen
		Zustand		*Vorbehandlung*	Normalklima

Streckspannung	N/mm^2	55	*Dehnung bei Streckspannung*	%	5.5
Zugfestigkeit	N/mm^2		*Reißdehnung*	%	85
Reißfestigkeit	N/mm^2	50	*% Dehnspannung*	N/mm^2	
E-Modul	N/mm^2	2200	*Dehnung bei % Dehnspg.*	%	

Kriechmoduln und Zeitstandwerte 23 °C

	Probekörper:	*Form*	*Herstellung*	
		Zustand	*Vorbehandlung*	

Kriechmodul	1 min	N/mm^2	*Zeitstandzugfestigkeit*	h N/mm^2
Kriechmodul	1000 h	N/mm^2	*Zeitdehnspg. %*	h N/mm^2
bei Spannung		N/mm^2		

Biegeversuch 23 °C DIN 53452; DIN 53457

	Probekörper:	*Form*	120 x 10 x 4 mm	*Herstellung*	Spritzgiessen
		Zustand		*Vorbehandlung*	Normalklima

Biegefestigkeit	N/mm^2	80	*E-Modul*	N/mm^2 2200
3,5% Biegespannung	N/mm^2	70		

Härte 23 °C

	Probekörper:	*Zustand*	*Herstellung*	Spritzgiessen
			Vorbehandlung	Normalklima

Kugeldruckhärte	N/mm^2 90	bei	N, 30 s	*Shore-Härte* A
Rockwellhärte				*Shore-Härte* D

Schlagversuch

	Probekörper:	*(1)* U-Kerbe		
		(2) V-Kerbe	*Herstellung*	Spritzgiessen
		Zustand	*Vorbehandlung*	Normalklima

	°C	°C	°C	*Probekörper-Form*
Schlagzähigkeit	kJ/m^2	23 o.B.	-40 o.B.		NKS
Kerbschlagzähigkeit (1)	kJ/m^2	23 35	0 25	-40 15	NKS
IZOD-Kerbschlagzähigkeit (2)	J/m	23 600	-40 350		63.5x12.7x3.2 mm
Kerbschlagzugzähigkeit	kJ/m^2				

Abrieb und Reibung

Taber-Abrieb (Reibradverfahren)	mm^3/100 U	
Abriebfaktor LNP (Thrust washer) Vergleichswert		
Statische Reibungszahl		
Dynamische Reibungszahl	(p·v = N/mm^2 ·	m/min)
Zulässiger p · v Wert	N/mm^2 · (m/min) v =	m/min
	v =	m/min

Thermische Eigenschaften

Formbeständigkeit in der Wärme	*Verfahren* A		110 °C
	Verfahren B		130 °C
Vicat Erweichungstemperatur (VST)	*Verfahren* B/120		131 °C
	Verfahren		°C
Kristallit-Schmelzpunkt	*Verfahren*		
Längenausdehnungskoeffizient	*Bereich* °C		· 10^{-4}K^{-1}
	Temperatur 23 °C		0.70–0.75 · 10^{-4}K^{-1}
Wärmeleitfähigkeit	*Verfahren* DIN 52612	23 °C	0.2 W/(K · m)
Spezifische Wärmekapazität	*Verfahren*		J/(K · g)
Glasumwandlungstemperatur	*Torsionsschwingungsversuch*	°C	
	Differentialkalorimetrie	°C	

Brandverhalten

UL-Test vertikal   Dicke 1.6 mm, Wert HB
Dicke mm, Wert

	Norm	Bewertung	Abmessungen
Sauerstoff-Index	ASTM D 2863	24 %	
Glühstab-Verfahren	DIN 53459	2c	120x10x4 mm
Brandverhalten	DIN 4102		
MVSS			
FAR			

Elektrische Eigenschaften

		Hz	°C		Probekörper, Form
Dielektrizitätszahl		50	23	3.0	2 mm
		10^3	23	3.0	2 mm
		10^6	23	3.0	2 mm
Dielektrischer Verlustfaktor tan δ		50	23	0.004	2 mm
		10^3	23	0.004	2 mm
		10^6	23	0.008	2 mm
Spezifischer Durchgangs-widerstand	Ohm · cm		23	1.0*10**16	2 mm
Durchschlagfestigkeit	kV/mm		23	24	1.0 mm dick
Oberflächenwiderstand	Ohm		23	≧ 1.0*10**14	
Kriechstromfestigkeit		KC 250	KB < 100	KA	
Elektrolytische Korrosionswirkung		A 1			2 mm
Lichtbogenfestigkeit nach DIN					
nach ASTM	s				

Beständigkeit *(Chemische Beständigkeit siehe Anhang)*

Wasseraufnahme A		1 d	0.6 %
Feuchtigkeitsaufnahme Normalklima			0.2 %
Wetterbeständigkeit			
Spannungskorrosion			

Optische Eigenschaften

Brechungszahl n$_D$
Transmissionsgrad τ$_c$ %   mm dick
Lichtdurchlässigkeit

Produkt	Polycarbonat-ABS-Polymerisat-Blend	**PC + ABS**
Handelsname	**Bayblend T 95 MN**	
Hersteller	BAYER	
DIN-Bez 1		
DIN-Bez 2		

Zusätze   *Füllstoffe/*
                                                                    Verstärkung

Bevorzugte   Spritzgiessen   *Lieferform*   Granulat
Verarbeitung

                                                                    Farben   Standard

Besondere   Hohe Massgenauigkeit; Geringe Ver-   *Bevorzugte*   Kfz-Industrie; Elektroindustrie; Hausin-
Merkmale   zugsneigung; Geringe Gesamtschwin-   *Anwendungen*   stallation; Lichttechnik; Bueromaschi-
                    dung; Geringe Feuchtigkeitsaufnah-   ne; Haushaltsgeraet; Sportartikel; Frei-
                    me; Lichtbestaendig; Galvanisierbar;   zeitartikel
                    Hochglaenzend; Standardtyp

Dichte   g/cm³   1.16   *Schmelzindex*   g/10 min   :
Schüttdichte   g/cm³   *Volumenfließindex*   cm³/10 min   :
Viskositätszahl   ml/g

Verarbeitungsbedingungen für Spritzgießen

Massetemp.   °C   240–280   *Schwindung*   %   lgs 0.5–0.8, quer 0.5–0.8
Werkzeugtemp.   °C   80   *Bemerkungen*   Vortrocknen (z. B. im Schnelltrockner
Spritzdruck   bar   2-3 h bei 110-120 C)

Zugversuch 23 °C   DIN 53455; DIN 53457
                        Probekörper: *Form*   Nr.3   *Herstellung*   Spritzgiessen
                                Zustand   *Vorbehandlung* Normalklima

Streckspannung   N/mm² 55   *Dehnung bei Streckspannung*   %   5.5
Zugfestigkeit   N/mm²   *Reißdehnung*   %   85
Reißfestigkeit   N/mm² 50   *% Dehnspannung*   N/mm²
E-Modul   N/mm² 2200   *Dehnung bei* *% Dehnspg.* %

Kriechmoduln und Zeitstandwerte 23 °C
                        Probekörper: *Form*   *Herstellung*
                                Zustand   *Vorbehandlung*

Kriechmodul   1 min N/mm²   *Zeitstandzugfestigkeit*   h N/mm²
Kriechmodul   1000 h N/mm²   *Zeitdehnspg. %*   h N/mm²
bei Spannung   N/mm²

Biegeversuch 23 °C   DIN 53452; DIN 53457
                        Probekörper: *Form*   120 x 10 x 4 mm   *Herstellung*   Spritzgiessen
                                Zustand   *Vorbehandlung* Normalklima

Biegefestigkeit   N/mm² 80   *E-Modul*   N/mm² 2200
3,5% Biegespannung   N/mm² 70

Härte 23 °C   *Probekörper:* *Zustand*   *Herstellung*   Spritzgiessen
                                                                                  Vorbehandlung Normalklima

Kugeldruckhärte   N/mm² 90   bei   N, 30 s   *Shore-Härte* A
Rockwellhärte   *Shore-Härte* D

Schlagversuch   *Probekörper:* *(1)* U-Kerbe
                                  (2) V-Kerbe   *Herstellung*   Spritzgiessen
                                Zustand   *Vorbehandlung* Normalklima

	°C	°C	°C	*Probekörper-Form*
Schlagzähigkeit kJ/m²	23 o.B.	-40 o.B.		NKS
Kerbschlagzähigkeit (1) kJ/m²	23 35	0 25	-40 15	NKS
IZOD-Kerbschlagzähigkeit (2) J/m	23 600	-40 350		63.5x12.7x3.2 mm
Kerbschlagzugzähigkeit kJ/m²				

Abrieb und Reibung

Taber-Abrieb (Reibradverfahren)	mm³/100 U
Abriebfaktor LNP (Thrust washer) Vergleichswert	
Statische Reibungszahl	
Dynamische Reibungszahl	(p·v= N/mm² · m/min)
Zulässiger p · v Wert	N/mm² · (m/min) v = m/min
	v = m/min

Thermische Eigenschaften

Formbeständigkeit in der Wärme	*Verfahren* A		110 °C
	Verfahren B		130 °C
Vicat Erweichungstemperatur (VST)	*Verfahren* B/120		132 °C
	Verfahren		°C
Kristallit-Schmelzpunkt	*Verfahren*		
Längenausdehnungskoeffizient	*Bereich* °C		$\cdot 10^{-4} K^{-1}$
	Temperatur 23 °C		$0.7 - 0.75 \cdot 10^{-4} K^{-1}$
Wärmeleitfähigkeit	*Verfahren* DIN 52612	23 °C	0.2 W/(K · m)
Spezifische Wärmekapazität	*Verfahren*		J/(K · g)
Glasumwandlungstemperatur	*Torsionsschwingungsversuch*	°C	
	Differentialkalorimetrie	°C	

Brandverhalten

UL-Test vertikal Dicke 1.6 mm, Wert HB
Dicke mm, Wert

	Norm	Bewertung	Abmessungen
Sauerstoff-Index	ASTM D 2863	24%	
Glühstab-Verfahren	DIN 53459	2c	120x10x4 mm
Brandverhalten	DIN 4102		
MVSS			
FAR			

Elektrische Eigenschaften

		Hz	°C		Probekörper, Form
Dielektrizitätszahl		50	23	3.0	2 mm
		10³	23	3.0	2 mm
		10⁶	23	3.0	2 mm
Dielektrischer Verlustfaktor tan δ		50	23	0.004	2 mm
		10³	23	0.004	2 mm
		10⁶	23	0.008	2 mm
Spezifischer Durchgangs-widerstand	Ohm · cm		23	1.0*10**16	2 mm
Durchschlagfestigkeit	kV/mm		23	24	1.0 mm dick
Oberflächenwiderstand	Ohm		23	≧ 1.0*10**14	
Kriechstromfestigkeit		KC 250	KB < 100	KA	
Elektrolytische Korrosionswirkung		A 1			2 mm
Lichtbogenfestigkeit nach DIN					
nach ASTM	s				

Beständigkeit *(Chemische Beständigkeit siehe Anhang)*

Wasseraufnahme A		1 d	0.6 %
Feuchtigkeitsaufnahme Normalklima			0.2 %
Wetterbeständigkeit			
Spannungskorrosion			

Optische Eigenschaften

Brechungszahl n_D
Transmissionsgrad τ_c %   mm dick
Lichtdurchlässigkeit

Produkt	Polycarbonat-ABS-Polymerisat-Blend	**PC + ABS**
Handelsname	**Bayblend T 88-2N**	
Hersteller	BAYER	
DIN-Bez 1		
DIN-Bez 2		

Zusätze		*Füllstoffe/ Verstärkung*	10.0% Glasfaser
Bevorzugte Verarbeitung	Spritzgiessen	*Lieferform*	Granulat
		Farben	Standard
Besondere Merkmale	Hohe Massgenauigkeit; Geringe Verzugsneigung; Geringe Gesamtschwindung; Geringe Feuchtigkeitsaufnahme; Lichtbestaendig; Galvanisierbar; Hochglaenzend; Hoher Modul	*Bevorzugte Anwendungen*	Kfz-Industrie; Elektroindustrie; Hausinstallation; Lichttechnik; Bueromaschine; Haushaltsgeraet; Sportartikel; Freizeitartikel

Dichte	g/cm^3	1.2	*Schmelzindex*	g/10 min	:
Schüttdichte	g/cm^3		*Volumenfließindex*	cm^3/10 min	:
Viskositätszahl	ml/g				

Verarbeitungsbedingungen für Spritzgießen

Massetemp.	°C	240–280	*Schwindung*	%	lgs 0.3–0.4, quer
Werkzeugtemp.	°C	80	*Bemerkungen*		Vortrocknen (z. B. im Schnelltrockner 2-3 h bei 110-120 C)
Spritzdruck	bar				

Zugversuch 23 °C DIN 53455; DIN 53457

	Probekörper:	Form	Nr.3		*Herstellung*	Spritzgiessen	
		Zustand			*Vorbehandlung*	Normalklima	
Streckspannung	N/mm^2	65		*Dehnung bei Streckspannung*	%	3	
Zugfestigkeit	N/mm^2			*Reißdehnung*	%	5	
Reißfestigkeit	N/mm^2	60		*% Dehnspannung*	N/mm^2		
E-Modul	N/mm^2	4000		*Dehnung bei*	% Dehnspg. %		

Kriechmoduln und Zeitstandwerte 23 °C

	Probekörper:	Form		*Herstellung*	
		Zustand		*Vorbehandlung*	
Kriechmodul	1 min	N/mm^2	*Zeitstandzugfestigkeit*	h N/mm^2	
Kriechmodul	1000 h	N/mm^2	*Zeitdehnspg. %*	h N/mm^2	
bei Spannung		N/mm^2			

Biegeversuch 23 °C DIN 53452; DIN 53457

	Probekörper:	Form	120 x 10 x 4 mm	*Herstellung*	Spritzgiessen	
		Zustand		*Vorbehandlung*	Normalklima	
Biegefestigkeit	N/mm^2	110	*E-Modul*		N/mm^2 4000	
3,5% Biegespannung	N/mm^2	100				

Härte 23 °C

	Probekörper:	Zustand	*Herstellung*	Spritzgiessen	
			Vorbehandlung	Normalklima	
Kugeldruckhärte	N/mm^2 115	bei N, 30 s	*Shore-Härte* A		
Rockwellhärte			*Shore-Härte* D		

Schlagversuch

	Probekörper:	(1) U-Kerbe
		(2) V-Kerbe
		Zustand
Herstellung	Spritzgiessen	
Vorbehandlung	Normalklima	

		°C	°C	°C	*Probekörper-Form*
Schlagzähigkeit	kJ/m^2	23 25			NKS
Kerbschlagzähigkeit (1)	kJ/m^2	23 9			NKS
IZOD-Kerbschlagzähigkeit (2)	J/m	23 80			63.5x12.7x3.2 mm
Kerbschlagzugzähigkeit	kJ/m^2				

Abrieb und Reibung

Taber-Abrieb (Reibradverfahren)	mm^3/100 U	
Abriebfaktor LNP (Thrust washer) Vergleichswert		
Statische Reibungszahl		
Dynamische Reibungszahl	(p·v = N/mm^2 · m/min)	
Zulässiger p · v Wert	N/mm^2 · (m/min) v = m/min	
	v = m/min	

Thermische Eigenschaften

Formbeständigkeit in der Wärme	*Verfahren*	A	115 °C
	Verfahren	B	125 °C
Vicat Erweichungstemperatur (VST)	*Verfahren*	B/120	131 °C
	Verfahren		°C
Kristallit-Schmelzpunkt	*Verfahren*		
Längenausdehnungskoeffizient	*Bereich*	°C	· 10^{-4}K^{-1}
	Temperatur 23 °C		0.4–0.45 · 10^{-4}K^{-1}
Wärmeleitfähigkeit	*Verfahren* DIN 52612	23 °C	0.22 W/(K · m)
Spezifische Wärmekapazität	*Verfahren*		J/(K · g)
Glasumwandlungstemperatur	*Torsionsschwingungsversuch*	°C	
	Differentialkalorimetrie	°C	

Brandverhalten

UL-Test vertikal   Dicke 1.6   mm, Wert HB
                            Dicke   mm, Wert

	Norm	Bewertung		Abmessungen
Sauerstoff-Index	ASTM D 2863	24%		
Glühstab-Verfahren	DIN 53459	2c		120x10x4 mm
Brandverhalten	DIN 4102			
MVSS				
FAR				

Elektrische Eigenschaften

		Hz	°C		Probekörper, Form
Dielektrizitätszahl		50	23	3.2	2 mm
		10^3	23	3.1	2 mm
		10^6	23	3.1	2 mm
Dielektrischer Verlustfaktor tan δ		50	23	0.002	2 mm
		10^3	23	0.002	2 mm
		10^6	23	0.009	2 mm
Spezifischer Durchgangs-widerstand	Ohm · cm		23	1.0*10**16	2 mm
Durchschlagfestigkeit	kV/mm				mm dick
Oberflächenwiderstand	Ohm		23	$\geq$ 1.0*10**14	
Kriechstromfestigkeit		KC 200	KB < 100	KA	
Elektrolytische Korrosionswirkung	A 1				2 mm
Lichtbogenfestigkeit nach DIN					
nach ASTM	s				

Beständigkeit *(Chemische Beständigkeit siehe Anhang)*

Wasseraufnahme A		1 d	0.6 %
Feuchtigkeitsaufnahme Normalklima			0.2 %
Wetterbeständigkeit			
Spannungskorrosion			

Optische Eigenschaften

Brechungszahl n$_D$			
Transmissionsgrad τ$_c$	%	mm dick	
Lichtdurchlässigkeit			

Produkt	Polycarbonat-ABS-Polymerisat-Blend	**PC + ABS**
Handelsname	**Bayblend T 88-4N**	
Hersteller	BAYER	
DIN-Bez 1		
DIN-Bez 2		

Zusätze		*Füllstoffe/ Verstärkung*	20.0% Glasfaser
Bevorzugte Verarbeitung	Spritzgiessen	*Lieferform*	Granulat
		Farben	Standard
Besondere Merkmale	Hohe Massgenauigkeit; Geringe Verzugsneigung; Geringe Gesamtschwindung; Geringe Feuchtigkeitsaufnahme; Lichtbestaendig; Galvanisierbar; Hochglaenzend; Hoher Modul	*Bevorzugte Anwendungen*	Kfz-Industrie; Elektroindustrie; Hausinstallation; Lichttechnik; Bueromaschine; Haushaltsgeraet; Sportartikel; Freizeitartikel

---

Dichte	g/cm^3	1.25	*Schmelzindex*	g/10 min	:
Schüttdichte	g/cm^3		*Volumenfließindex*	cm^3/10 min	:
Viskositätszahl	ml/g				

Verarbeitungsbedingungen für Spritzgießen

Massetemp.	°C	240–280	*Schwindung*	%	lgs 0.2–0.3, quer
Werkzeugtemp.	°C	80	*Bemerkungen*		Vortrocknen (z. B. im Schnelltrockner
Spritzdruck	bar				2-3 h bei 110-120 C)

Zugversuch 23 °C DIN 53455; DIN 53457

	Probekörper:	*Form* Nr.3		*Herstellung*	Spritzgiessen
		Zustand		*Vorbehandlung*	Normalklima
Streckspannung	N/mm^2	75	*Dehnung bei Streckspannung*	%	2
Zugfestigkeit	N/mm^2		*Reißdehnung*	%	2
Reißfestigkeit	N/mm^2	75	*% Dehnspannung*	N/mm^2	
E-Modul	N/mm^2	6000	*Dehnung bei % Dehnspg.*	%	

Kriechmoduln und Zeitstandwerte 23 °C

	Probekörper:	*Form*		*Herstellung*	
		Zustand		*Vorbehandlung*	
Kriechmodul	1 min N/mm^2		*Zeitstandzugfestigkeit*	h N/mm^2	
Kriechmodul	1000 h N/mm^2		*Zeitdehnspg. %*	h N/mm^2	
bei Spannung	N/mm^2				

Biegeversuch 23 °C DIN 53452; DIN 53457

	Probekörper:	*Form* 120 x 10 x 4 mm		*Herstellung*	Spritzgiessen
		Zustand		*Vorbehandlung*	Normalklima
Biegefestigkeit	N/mm^2 130		*E-Modul*	N/mm^2 6000	
3,5% Biegespannung	N/mm^2 120				

Härte 23 °C

	Probekörper:	*Zustand*	*Herstellung*	Spritzgiessen
			Vorbehandlung	Normalklima
Kugeldruckhärte	N/mm^2 125	bei N, 30 s	*Shore-Härte* A	
Rockwellhärte			*Shore-Härte* D	

Schlagversuch

	Probekörper:	(1) U-Kerbe		
		(2) V-Kerbe	*Herstellung*	Spritzgiessen
		Zustand	*Vorbehandlung*	Normalklima
		°C　　　　°C	°C	*Probekörper-Form*

Schlagzähigkeit	kJ/m^2	23 20		NKS
Kerbschlagzähigkeit (1)	kJ/m^2	23 8		NKS
IZOD-Kerbschlagzähigkeit (2)	J/m	23 75		63.5x12.7x3.2 mm
Kerbschlagzugzähigkeit	kJ/m^2			

Abrieb und Reibung

Taber-Abrieb (Reibradverfahren)	mm³/100 U
Abriebfaktor LNP (Thrust washer) Vergleichswert	
Statische Reibungszahl	
Dynamische Reibungszahl	(p·v= $\quad$ N/mm² · $\quad$ m/min)
Zulässiger p · v Wert	N/mm² · (m/min) $\quad$ v= $\quad$ m/min
	v= $\quad$ m/min

Thermische Eigenschaften

Formbeständigkeit in der Wärme	Verfahren	A		115 °C
	Verfahren	B		130 °C
Vicat Erweichungstemperatur (VST)	Verfahren	B/120		134 °C
	Verfahren			°C
Kristallit-Schmelzpunkt	Verfahren			
Längenausdehnungskoeffizient	Bereich	°C		$\cdot 10^{-4} K^{-1}$
	Temperatur 23 °C			$0.3\text{–}0.35 \cdot 10^{-4} K^{-1}$
Wärmeleitfähigkeit	Verfahren	DIN 52612	23 °C	0.22 W/(K · m)
Spezifische Wärmekapazität	Verfahren			J/(K · g)
Glasumwandlungstemperatur	Torsionsschwingungsversuch		°C	
	Differentialkalorimetrie		°C	

Brandverhalten

UL-Test vertikal $\qquad$ Dicke 1.6 $\quad$ mm, Wert HB
$\qquad\qquad\qquad\qquad$ Dicke $\qquad$ mm, Wert

	Norm	Bewertung		Abmessungen
Sauerstoff-Index	ASTM D 2863	24%		
Glühstab-Verfahren	DIN 53459	3a		120x10x4 mm
Brandverhalten	DIN 4102			
MVSS				
FAR				

Elektrische Eigenschaften

	Hz	°C		Probekörper, Form
Dielektrizitätszahl	50	23	3.2	2 mm
	10^3	23	3.2	2 mm
	10^6	23	3.2	2 mm
Dielektrischer Verlustfaktor tan δ	50	23	0.002	2 mm
	10^3	23	0.003	2 mm
	10^6	23	0.009	2 mm
Spezifischer Durchgangs-widerstand	Ohm · cm	23	1.0*10**16	2 mm
Durchschlagfestigkeit	kV/mm			mm dick
Oberflächenwiderstand	Ohm	23	≧ 1.0*10**14	
Kriechstromfestigkeit	KC 200	KB <100	KA	
Elektrolytische Korrosionswirkung	A 1			2 mm
Lichtbogenfestigkeit nach DIN				
$\qquad\qquad$ nach ASTM	s			

Beständigkeit (Chemische Beständigkeit siehe Anhang)

Wasseraufnahme A		1 d	0.6 %
Feuchtigkeitsaufnahme Normalklima			0.2 %
Wetterbeständigkeit			
Spannungskorrosion			

Optische Eigenschaften

Brechungszahl n_D		
Transmissionsgrad τ_c	%	mm dick
Lichtdurchlässigkeit		

Produkt	Polyamid 66		**PA**
Handelsname	**Durethan A 30**		
Hersteller	BAYER		
DIN-Bez 1			
DIN-Bez 2			
Zusätze		*Füllstoffe/ Verstärkung*	
Bevorzugte Verarbeitung	Spritzgiessen	*Lieferform*	Granulat
		Farben	Natur; Standard gedeckt
Besondere Merkmale	Opak; Hornartig; Glaenzende Oberflaeche; Hohe Steifigkeit und Haerte; Gute Schlagzaehigkeit; Abriebfest; Gute Gleiteigenschaften; Schwingungsdaempfend; Hoch dynamisch belastbar	*Bevorzugte Anwendungen*	Elektrotechnik; Maschinenbau; Feinwerktechnik; Fahrzeugbau; Haushaltsartikel; Bedarfsartikel; Bauindustrie; Moebelindustrie; Freizeitartikel; Sportartikel; Verpackungssektor

Dichte	g/cm^3	1.14	*Schmelzindex*	g/10 min	:
Schüttdichte	g/cm^3	0.65	*·Volumenfließindex*	cm^3/10 min	:
Viskositätszahl	ml/g				

Verarbeitungsbedingungen für Spritzgießen

Massetemp.	°C	270–290	*Schwindung*	%	lgs	quer
Werkzeugtemp.	°C	80–120	*Bemerkungen*			
Spritzdruck	bar	≧ 800				

Zugversuch 23 °C DIN 53455; DIN 53457

Probekörper:	*Form* Nr.3	*Herstellung*	Spritzgiessen
	Zustand Spritzfrisch	*Vorbehandlung*	

Streckspannung	N/mm^2 80	*Dehnung bei Streckspannung*	%	4.5
Zugfestigkeit	N/mm^2	*Reißdehnung*	%	30
Reißfestigkeit	N/mm^2 90	*1% Dehnspannung*	N/mm^2	85
E-Modul	N/mm^2 3500	*Dehnung bei 1% Dehnspg.*	%	3.4

Kriechmoduln und Zeitstandwerte 23 °C

Probekörper:	*Form*	*Herstellung*	
	Zustand	*Vorbehandlung*	

Kriechmodul	1 min N/mm^2	*Zeitstandzugfestigkeit*	h N/mm^2
Kriechmodul	1000 h N/mm^2	*Zeitdehnspg. %*	h N/mm^2
bei Spannung	N/mm^2		

Biegeversuch 23 °C DIN 53452; DIN 53457

Probekörper:	*Form* 120 x 10 x 4 mm	*Herstellung*	Spritzgiessen
	Zustand Spritzfrisch	*Vorbehandlung*	

Biegefestigkeit	N/mm^2	*E-Modul*	N/mm^2 3000
3,5% Biegespannung	N/mm^2 100		

Härte 23 °C

Probekörper:	*Zustand* Spritzfrisch	*Herstellung*	Spritzgiessen
		Vorbehandlung	

Kugeldruckhärte	N/mm^2 140	bei N, 30 s	*Shore-Härte* A
Rockwellhärte			*Shore-Härte* D

Schlagversuch

Probekörper:	*(1)* U-Kerbe		
	(2) V-Kerbe	*Herstellung*	Spritzgiessen
	Zustand Spritzfrisch	*Vorbehandlung*	

	°C	°C	°C	*Probekörper-Form*
Schlagzähigkeit kJ/m^2	23 o.B.	-40 o.B.		NKS
Kerbschlagzähigkeit (1) kJ/m^2	23 3			NKS
IZOD-Kerbschlagzähigkeit (2) J/m	23 45			63.5 x 12.7 x 3.2 mm
Kerbschlagzugzähigkeit kJ/m^2				

Abrieb und Reibung

Taber-Abrieb (Reibradverfahren)	mm³/100 U
Abriebfaktor LNP (Thrust washer) Vergleichswert	
Statische Reibungszahl	
Dynamische Reibungszahl	(p·v = N/mm² · m/min)
Zulässiger p · v Wert	N/mm² · (m/min) v = m/min
	v = m/min

Thermische Eigenschaften

Formbeständigkeit in der Wärme	*Verfahren*	A	70–95 °C
	Verfahren	B	$\geq$ 200 °C
Vicat Erweichungstemperatur (VST)	*Verfahren*	B/50	$\geq$ 200 °C
	Verfahren		°C
Kristallit-Schmelzpunkt	*Verfahren*	Kofler-Methode	255–260 °C
Längenausdehnungskoeffizient	*Bereich*	°C	$\cdot 10^{-4} \mathrm{K}^{-1}$
	Temperatur 23 °C		0.60–$0.80 \cdot 10^{-4} \mathrm{K}^{-1}$
Wärmeleitfähigkeit	*Verfahren* DIN 52612	23 °C	0.2–0.3 W/(K · m)
Spezifische Wärmekapazität	*Verfahren*	23 °C	1.7 J/(K · g)
Glasumwandlungstemperatur	*Torsionsschwingungsversuch*	°C	
	Differentialkalorimetrie	°C	

Brandverhalten

UL-Test vertikal
     Dicke 1.6   mm, Wert V-2
     Dicke 3.2   mm, Wert V-2

	Norm	*Bewertung*	*Abmessungen*
Sauerstoff-Index	ASTM D 2863		
Glühstab-Verfahren			
Brandverhalten	DIN 4102		
MVSS			
FAR			

Elektrische Eigenschaften

		Hz	°C		*Probekörper, Form*
Dielektrizitätszahl		50			
		10^3			
		10^6	23	3.6	
Dielektrischer Verlustfaktor tan δ		50			
		10^3			
		10^6	23	0.02	
Spezifischer Durchgangs-					
widerstand	Ohm · cm		23	1.0*10**15	
Durchschlagfestigkeit	kV/mm		23	$\geq$ 80	1.0 mm dick
Oberflächenwiderstand	Ohm		23	1.0*10**13	
Kriechstromfestigkeit		KC 600	KB 600	KA	
Elektrolytische Korrosionswirkung		AN 1.3			
Lichtbogenfestigkeit nach DIN					
nach ASTM	s				

Beständigkeit *(Chemische Beständigkeit siehe Anhang)*

Wasseraufnahme 23 C Bis zur Saettigung	1.6 %
Feuchtigkeitsaufnahme Normalklima	2.5–3.1 %
Wetterbeständigkeit	
Spannungskorrosion	

Optische Eigenschaften

Brechungszahl n_D			
Transmissionsgrad τ_c	%	mm dick	
Lichtdurchlässigkeit			

Produkt	Polyamid 66			**PA**
Handelsname	**Durethan A 30...H**			
Hersteller	BAYER			
DIN-Bez 1				
DIN-Bez 2				
Zusätze	Waermestabilisator	*Füllstoffe/ Verstärkung*		
Bevorzugte Verarbeitung	Spritzgiessen	*Lieferform*	Granulat	
		Farben	Natur; Standard gedeckt	
Besondere Merkmale	Opak; Hornartig; Glaenzende Oberflaeche; Hohe Steifigkeit und Haerte; Gute Schlagzaehigkeit; Abriebfest; Gute Gleiteigenschaften; Schwingungsdaempfend; Hoch dynamisch belastbar	*Bevorzugte Anwendungen*	Elektrotechnik; Maschinenbau; Feinwerktechnik; Fahrzeugbau; Haushaltsartikel; Bedarfsartikel; Bauindustrie; Moebelindustrie; Freizeitartikel; Sportartikel; Verpackungssektor	

Dichte	g/cm^3	1.14	*Schmelzindex*	g/10 min	:
Schüttdichte	g/cm^3	0.65	*Volumenfließindex*	cm^3/10 min	:
Viskositätszahl	ml/g				

Verarbeitungsbedingungen für Spritzgießen

Massetemp.	°C	270–290	*Schwindung*	%	lgs	quer
Werkzeugtemp.	°C	80–120	*Bemerkungen*			
Spritzdruck	bar	$\geq$ 800				

Zugversuch 23 °C DIN 53455; DIN 53457

Probekörper:	*Form*	Nr.3	*Herstellung*	Spritzgiessen	
	Zustand	Spritzfrisch	*Vorbehandlung*		
Streckspannung	N/mm^2	80	*Dehnung bei Streckspannung*	%	4.5
Zugfestigkeit	N/mm^2		*Reißdehnung*	%	30
Reißfestigkeit	N/mm^2	90	*1% Dehnspannung*	N/mm^2	85
E-Modul	N/mm^2	3500	*Dehnung bei 1% Dehnspg.*	%	3.4

Kriechmoduln und Zeitstandwerte 23 °C

Probekörper:	*Form*		*Herstellung*		
	Zustand		*Vorbehandlung*		
Kriechmodul	1 min	N/mm^2	*Zeitstandzugfestigkeit*	h N/mm^2	
Kriechmodul	1000 h	N/mm^2	*Zeitdehnspg. %*	h N/mm^2	
bei Spannung		N/mm^2			

Biegeversuch 23 °C DIN 53452; DIN 53457

Probekörper:	*Form*	120 x 10 x 4 mm	*Herstellung*	Spritzgiessen
	Zustand	Spritzfrisch	*Vorbehandlung*	
Biegefestigkeit	N/mm^2		*E-Modul*	N/mm^2 3000
3,5% Biegespannung	N/mm^2	100		

Härte 23 °C

Probekörper:	*Zustand*	Spritzfrisch		*Herstellung*	Spritzgiessen
				Vorbehandlung	
Kugeldruckhärte	N/mm^2 140	bei	N, 30 s	*Shore-Härte* A	
Rockwellhärte				*Shore-Härte* D	

Schlagversuch

Probekörper:	*(1)* U-Kerbe				
	(2) V-Kerbe			*Herstellung*	Spritzgiessen
	Zustand	Spritzfrisch		*Vorbehandlung*	
	°C		°C	°C	*Probekörper-Form*
Schlagzähigkeit	kJ/m^2	23 o.B.	-40 o.B.		NKS
Kerbschlagzähigkeit (1)	kJ/m^2	23 3			NKS
IZOD-Kerbschlagzähigkeit (2)	J/m	23 45			63.5 x 12.7 x 3.2 mm
Kerbschlagzugzähigkeit	kJ/m^2				

Abrieb und Reibung

Taber-Abrieb (Reibradverfahren)	mm^3/100 U	
Abriebfaktor LNP (Thrust washer) Vergleichswert		
Statische Reibungszahl		
Dynamische Reibungszahl	$(p \cdot v =$ N/mm$^2 \cdot$	m/min)
Zulässiger p · v Wert	N/mm$^2 \cdot$ (m/min) v =	m/min
	v =	m/min

Thermische Eigenschaften

Formbeständigkeit in der Wärme	*Verfahren*	A	70–95 °C
	Verfahren	B	$\geq$ 200 °C
Vicat Erweichungstemperatur (VST)	*Verfahren*	B/50	$\geq$ 200 °C
	Verfahren		°C
Kristallit-Schmelzpunkt	*Verfahren*	Kofler-Methode	255–260 °C
Längenausdehnungskoeffizient	*Bereich*	°C	$\cdot 10^{-4}$K^{-1}
	Temperatur 23 °C		0.60–0.80 $\cdot 10^{-4}$K^{-1}
Wärmeleitfähigkeit	*Verfahren*	DIN 52612 23 °C	0.2–0.3 W/(K $\cdot$ m)
Spezifische Wärmekapazität	*Verfahren*	23 °C	1.7 J/(K $\cdot$ g)
Glasumwandlungstemperatur	*Torsionsschwingungsversuch*	°C	
	Differentialkalorimetrie	°C	

Brandverhalten

UL-Test vertikal   Dicke 1.6   mm, Wert V-2
                            Dicke 3.2   mm, Wert V-2

	Norm	Bewertung		Abmessungen
Sauerstoff-Index	ASTM D 2863			
Glühstab-Verfahren				
Brandverhalten	DIN 4102			
MVSS				
FAR				

Elektrische Eigenschaften

		Hz	°C			Probekörper, Form
Dielektrizitätszahl		50				
		10^3				
		10^6	23	3.6		
Dielektrischer Verlustfaktor tan δ		50				
		10^3				
		10^6	23	0.02		
Spezifischer Durchgangs-						
widerstand	Ohm $\cdot$ cm		23	1.0*10**15		
Durchschlagfestigkeit	kV/mm		23	$\geq$ 80		1.0 mm dick
Oberflächenwiderstand	Ohm		23	1.0*10**13		
Kriechstromfestigkeit		KC 600	KB 600		KA	
Elektrolytische Korrosionswirkung		AN 1.3				
Lichtbogenfestigkeit nach DIN						
nach ASTM	s					

Beständigkeit *(Chemische Beständigkeit siehe Anhang)*

Wasseraufnahme 23 C Bis zur Saettigung	1.6 %	
Feuchtigkeitsaufnahme Normalklima	2.5–3.1 %	
Wetterbeständigkeit		
Spannungskorrosion		

Optische Eigenschaften

Brechungszahl n$_D$			
Transmissionsgrad τ_c	%	mm dick	
Lichtdurchlässigkeit			

Produkt	Polyamid 66		**PA**
Handelsname	**Durethan A 30 S**		
Hersteller	BAYER		
DIN-Bez 1			
DIN-Bez 2			
Zusätze		*Füllstoffe/ Verstärkung*	
Bevorzugte Verarbeitung	Spritzgiessen	*Lieferform*	Granulat
		Farben	Natur; Standard gedeckt
Besondere Merkmale	Opak; Hornartig; Glaenzende Oberflaeche; Hohe Steifigkeit und Haerte; Gute Schlagzaehigkeit; Abriebfest; Gute Gleiteigenschaften; Schwingungsdaempfend; Hoch dynamisch belastbar	*Bevorzugte Anwendungen*	Elektrotechnik; Maschinenbau; Feinwerktechnik; Fahrzeugbau; Haushaltsartikel; Bedarfsartikel; Bauindustrie; Moebelindustrie; Freizeitartikel; Sportartikel; Verpackungssektor

Dichte	g/cm^3	1.14	*Schmelzindex*	g/10 min	:
Schüttdichte	g/cm^3	0.65	*Volumenfließindex*	cm^3/10 min	:
Viskositätszahl	ml/g				

Verarbeitungsbedingungen für Spritzgießen

Massetemp.	°C	270–290	*Schwindung*	%	lgs	quer
Werkzeugtemp.	°C	80–120	*Bemerkungen*			
Spritzdruck	bar	≧ 800				

Zugversuch 23 °C DIN 53455; DIN 53457

Probekörper:	Form	Nr.3	*Herstellung*	Spritzgiessen
	Zustand	Spritzfrisch	*Vorbehandlung*	

Streckspannung	N/mm^2	90	*Dehnung bei Streckspannung*	%	4.5
Zugfestigkeit	N/mm^2		*Reißdehnung*	%	10
Reißfestigkeit	N/mm^2	90	*1% Dehnspannung*	N/mm^2	85
E-Modul	N/mm^2	3600	*Dehnung bei 1% Dehnspg.*	%	3.4

Kriechmoduln und Zeitstandwerte 23 °C

Probekörper:	Form	*Herstellung*	
	Zustand	*Vorbehandlung*	

Kriechmodul	1 min N/mm^2		*Zeitstandzugfestigkeit*	h N/mm^2	
Kriechmodul	1000 h N/mm^2		*Zeitdehnspg. %*	h N/mm^2	
bei Spannung	N/mm^2				

Biegeversuch 23 °C DIN 53452; DIN 53457

Probekörper:	Form	120 x 10 x 4 mm	*Herstellung*	Spritzgiessen
	Zustand	Spritzfrisch	*Vorbehandlung*	

Biegefestigkeit	N/mm^2		*E-Modul*	N/mm^2 3300
3,5% Biegespannung	N/mm^2 110			

Härte 23 °C

Probekörper:	Zustand	Spritzfrisch	*Herstellung*	Spritzgiessen
			Vorbehandlung	

Kugeldruckhärte	N/mm^2 140	bei N, 30 s	*Shore-Härte* A	
Rockwellhärte			*Shore-Härte* D	

Schlagversuch

Probekörper:	(1) U-Kerbe		
	(2) V-Kerbe	*Herstellung*	Spritzgiessen
	Zustand Spritzfrisch	*Vorbehandlung*	

		°C	°C	°C	*Probekörper-Form*
Schlagzähigkeit	kJ/m^2	23 o.B.	-40 o.B.		NKS
Kerbschlagzähigkeit (1)	kJ/m^2	23 2.5			NKS
IZOD-Kerbschlagzähigkeit (2)	J/m	23 30			63.5 x 12.7 x 3.2 mm
Kerbschlagzugzähigkeit	kJ/m^2				

Abrieb und Reibung

Taber-Abrieb (Reibradverfahren)	mm³/100 U
Abriebfaktor LNP (Thrust washer) Vergleichswert	
Statische Reibungszahl	
Dynamische Reibungszahl	(p·v = N/mm² · m/min)
Zulässiger p · v Wert	N/mm² · (m/min) v = m/min
	v = m/min

Thermische Eigenschaften

Formbeständigkeit in der Wärme	Verfahren	A	70–95 °C
	Verfahren	B	$\geq$ 200 °C
Vicat Erweichungstemperatur (VST)	Verfahren	B/50	$\geq$ 200 °C
	Verfahren		°C
Kristallit-Schmelzpunkt	Verfahren	Kofler-Methode	255–260 °C
Längenausdehnungskoeffizient	Bereich	°C	$\cdot 10^{-4} K^{-1}$
	Temperatur 23 °C		$0.60–0.80 \cdot 10^{-4} K^{-1}$
Wärmeleitfähigkeit	Verfahren	DIN 52612	23 °C 0.2–0.3 W/(K · m)
Spezifische Wärmekapazität	Verfahren		23 °C 1.7 J/(K · g)
Glasumwandlungstemperatur	Torsionsschwingungsversuch		°C
	Differentialkalorimetrie		°C

Brandverhalten

UL-Test vertikal	Dicke 1.6	mm, Wert V-2	
	Dicke 3.2	mm, Wert V-2	

	Norm	Bewertung	Abmessungen
Sauerstoff-Index	ASTM D 2863		
Glühstab-Verfahren			
Brandverhalten	DIN 4102		
MVSS			
FAR			

Elektrische Eigenschaften

		Hz	°C		Probekörper, Form
Dielektrizitätszahl		50			
		10^3			
		10^6	23	3.6	
Dielektrischer Verlustfaktor tan δ		50			
		10^3			
		10^6	23	0.02	
Spezifischer Durchgangs-					
widerstand	Ohm · cm		23	1.0*10**15	
Durchschlagfestigkeit	kV/mm		23	$\geq$ 80	1.0 mm dick
Oberflächenwiderstand	Ohm		23	1.0*10**13	
Kriechstromfestigkeit		KC 600	KB 600	KA	
Elektrolytische Korrosionswirkung		AN 1.3			
Lichtbogenfestigkeit nach DIN					
nach ASTM	s				

Beständigkeit *(Chemische Beständigkeit siehe Anhang)*

Wasseraufnahme 23 C Bis zur Saettigung	1.6 %
Feuchtigkeitsaufnahme Normalklima	2.5–3.1 %
Wetterbeständigkeit	
Spannungskorrosion	

Optische Eigenschaften

Brechungszahl n_D		
Transmissionsgrad τ_c	%	mm dick
Lichtdurchlässigkeit		

Produkt	Polyamid 66	**PA**
Handelsname	**Durethan A 30 S...H**	
Hersteller	BAYER	
DIN-Bez 1		
DIN-Bez 2		

Zusätze	Waermestabilisator	*Füllstoffe/ Verstärkung*	
Bevorzugte Verarbeitung	Spritzgiessen	*Lieferform*	Granulat
		Farben	Natur; Standard gedeckt
Besondere Merkmale	Opak; Hornartig; Glaenzende Oberflaeche; Hohe Steifigkeit und Haerte; Gute Schlagzaehigkeit; Abriebfest; Gute Gleiteigenschaften; Schwingungsdaempfend; Hoch dynamisch belastbar	*Bevorzugte Anwendungen*	Elektrotechnik; Maschinenbau; Feinwerktechnik; Fahrzeugbau; Haushaltsartikel; Bedarfsartikel; Bauindustrie; Moebelindustrie; Freizeitartikel; Sportartikel; Verpackungssektor

---

Dichte	g/cm^3	1.14	*Schmelzindex*	g/10 min	:
Schüttdichte	g/cm^3	0.65	*Volumenfließindex*	cm^3/10 min	:
Viskositätszahl	ml/g				

Verarbeitungsbedingungen für Spritzgießen

Massetemp.	°C	270–290	*Schwindung*	%	lgs	, quer
Werkzeugtemp.	°C	80–120	*Bemerkungen*			
Spritzdruck	bar	≧800				

Zugversuch 23 °C DIN 53455; DIN 53457

	Probekörper:	*Form*	Nr.3	*Herstellung*	Spritzgiessen
		Zustand	Spritzfrisch	*Vorbehandlung*	

Streckspannung	N/mm^2	90	*Dehnung bei Streckspannung*	%	4.5
Zugfestigkeit	N/mm^2		*Reißdehnung*	%	10
Reißfestigkeit	N/mm^2	90	*1% Dehnspannung*	N/mm^2	85
E-Modul	N/mm^2	3600	*Dehnung bei 1% Dehnspg.*	%	3.4

Kriechmoduln und Zeitstandwerte 23 °C

	Probekörper:	*Form*	*Herstellung*	
		Zustand	*Vorbehandlung*	

Kriechmodul	*1 min* N/mm^2		*Zeitstandzugfestigkeit*	h N/mm^2
Kriechmodul	*1000 h* N/mm^2		*Zeitdehnspg.* %	h N/mm^2
bei Spannung	N/mm^2			

Biegeversuch 23 °C DIN 53452; DIN 53457

	Probekörper:	*Form*	120 x 10 x 4 mm	*Herstellung*	Spritzgiessen
		Zustand	Spritzfrisch	*Vorbehandlung*	

Biegefestigkeit	N/mm^2		*E-Modul*	N/mm^2 3300
3,5% Biegespannung	N/mm^2 110			

Härte 23 °C

	Probekörper:	*Zustand*	Spritzfrisch	*Herstellung*	Spritzgiessen
				Vorbehandlung	

Kugeldruckhärte	N/mm^2 140	bei N, 30 s	*Shore-Härte* A	
Rockwellhärte			*Shore-Härte* D	

Schlagversuch

	Probekörper:	*(1)* U-Kerbe		
		(2) V-Kerbe	*Herstellung*	Spritzgiessen
		Zustand Spritzfrisch	*Vorbehandlung*	

	°C	°C	°C	*Probekörper-Form*
Schlagzähigkeit	kJ/m^2	23 o.B.	-40 o.B.	NKS
Kerbschlagzähigkeit (1)	kJ/m^2	23 2.5		NKS
IZOD-Kerbschlagzähigkeit (2)	J/m	23 30		63.5 x 12.7 x 3.2 mm
Kerbschlagzugzähigkeit	kJ/m^2			

Abrieb und Reibung

Taber-Abrieb (Reibradverfahren)	mm³/100 U
Abriebfaktor LNP (Thrust washer) Vergleichswert	
Statische Reibungszahl	
Dynamische Reibungszahl	(p·v = N/mm² · m/min)
Zulässiger p · v Wert	N/mm² · (m/min) v = m/min
	v = m/min

Thermische Eigenschaften

Formbeständigkeit in der Wärme	*Verfahren*	A	70–95 °C
	Verfahren	B	$\geq$ 200 °C
Vicat Erweichungstemperatur (VST)	*Verfahren*	B/50	$\geq$ 200 °C
	Verfahren		°C
Kristallit-Schmelzpunkt	*Verfahren*	Kofler-Methode	255–260 °C
Längenausdehnungskoeffizient	*Bereich*	°C	$\cdot 10^{-4} \mathrm{K}^{-1}$
	Temperatur 23 °C		$0.60 - 0.80 \cdot 10^{-4} \mathrm{K}^{-1}$
Wärmeleitfähigkeit	*Verfahren* DIN 52612	23 °C	$0.2 - 0.3 \mathrm{W}/(\mathrm{K} \cdot \mathrm{m})$
Spezifische Wärmekapazität	*Verfahren*	23 °C	$1.7 \mathrm{J}/(\mathrm{K} \cdot \mathrm{g})$
Glasumwandlungstemperatur	*Torsionsschwingungsversuch*	°C	
	Differentialkalorimetrie	°C	

Brandverhalten

UL-Test vertikal   Dicke 1.6   mm, Wert V-2
                             Dicke 3.2   mm, Wert V-2

	Norm	*Bewertung*	*Abmessungen*
Sauerstoff-Index	ASTM D 2863		
Glühstab-Verfahren			
Brandverhalten	DIN 4102		
MVSS			
FAR			

Elektrische Eigenschaften

		Hz	°C		*Probekörper, Form*
Dielektrizitätszahl		50			
		10^3			
		10^6	23	3.6	
Dielektrischer Verlustfaktor tan δ		50			
		10^3			
		10^6	23	0.02	
Spezifischer Durchgangs-					
widerstand	Ohm · cm		23	1.0*10**15	
Durchschlagfestigkeit	kV/mm		23	$\geq$ 80	1.0 mm dick
Oberflächenwiderstand	Ohm		23	1.0*10**13	
Kriechstromfestigkeit	KC 600		KB 600	KA	
Elektrolytische Korrosionswirkung	AN 1.3				
Lichtbogenfestigkeit nach DIN					
nach ASTM	s				

Beständigkeit *(Chemische Beständigkeit siehe Anhang)*

Wasseraufnahme 23 C Bis zur Saettigung	1.6 %
Feuchtigkeitsaufnahme Normalklima	2.5–3.1 %
Wetterbeständigkeit	
Spannungskorrosion	

Optische Eigenschaften

Brechungszahl n_D
Transmissionsgrad τ_c %   mm dick
Lichtdurchlässigkeit

Produkt	Polyamid 66	**PA**
Handelsname	**Durethan A 40 S**	
Hersteller	BAYER	

DIN-Bez 1
DIN-Bez 2

Zusätze   *Füllstoffe/*
                                                             Verstärkung

Bevorzugte   Spritzgiessen   *Lieferform*   Granulat
Verarbeitung

                                                             Farben   Natur; Standard gedeckt

Besondere   Opak; Hornartig; Glaenzende Ober-   *Bevorzugte*   Elektrotechnik; Maschinenbau; Fein-
Merkmale   flaeche; Hohe Steifigkeit und Haerte;   *Anwendungen*   werktechnik; Fahrzeugbau; Haushalts-
                    Gute Schlagzaehigkeit; Abriebfest;   artikel; Bedarfsartikel; Bauindustrie;
                    Gute Gleiteigenschaften; Schwin-   Moebelindustrie; Freizeitartikel; Sport-
                    gungsdaempfend; Hoch dynamisch   artikel; Verpackungssektor
                    belastbar

Dichte	g/cm^3	1.14		*Schmelzindex*	g/10 min	:
Schüttdichte	g/cm^3	0.65		*Volumenfließindex*	cm^3/10 min	:
Viskositätszahl	ml/g					

Verarbeitungsbedingungen für Spritzgießen

Massetemp.	°C	270–290		*Schwindung*	%	lgs	quer
Werkzeugtemp.	°C	80–120		*Bemerkungen*		
Spritzdruck	bar	≧800				

Zugversuch 23 °C DIN 53455; DIN 53457

	Probekörper:	*Form*	Nr.3	*Herstellung*	Spritzgiessen
		Zustand	Spritzfrisch	*Vorbehandlung*	

Streckspannung	N/mm^2	90	*Dehnung bei Streckspannung*	%	5
Zugfestigkeit	N/mm^2		*Reißdehnung*	%	50
Reißfestigkeit	N/mm^2	90	*% Dehnspannung*	N/mm^2	
E-Modul	N/mm^2	3000	*Dehnung bei % Dehnspg.*	%	

Kriechmoduln und Zeitstandwerte 23 °C

	Probekörper:	*Form*	*Herstellung*	
		Zustand	*Vorbehandlung*	

Kriechmodul	*1 min*	N/mm^2	*Zeitstandzugfestigkeit*	h	N/mm^2
Kriechmodul	*1000 h*	N/mm^2	*Zeitdehnspg.* %	h	N/mm^2
bei Spannung		N/mm^2			

Biegeversuch 23 °C DIN 53452; DIN 53457

	Probekörper:	*Form*	120 x 10 x 4 mm	*Herstellung*	Spritzgiessen
		Zustand	Spritzfrisch	*Vorbehandlung*	

Biegefestigkeit	N/mm^2		*E-Modul*	N/mm^2 3000
3,5% Biegespannung	N/mm^2	100		

Härte 23 °C

	Probekörper:	*Zustand*	Spritzfrisch	*Herstellung*	Spritzgiessen
				Vorbehandlung	

Kugeldruckhärte	N/mm^2 135	bei N, 30 s	*Shore-Härte* A	
Rockwellhärte			*Shore-Härte* D	

Schlagversuch

	Probekörper:	*(1)* U-Kerbe		
		(2)	*Herstellung*	Spritzgiessen
		Zustand Spritzfrisch	*Vorbehandlung*	

	°C	°C	°C	*Probekörper-Form*

Schlagzähigkeit	kJ/m^2	23 o.B.	-40 o.B.		NKS
Kerbschlagzähigkeit (1)	kJ/m^2	23 3–4			NKS
IZOD-Kerbschlagzähigkeit (2)	J/m				
Kerbschlagzugzähigkeit	kJ/m^2				

Abrieb und Reibung

Taber-Abrieb (Reibradverfahren)	mm³/100 U	
Abriebfaktor LNP (Thrust washer) Vergleichswert		
Statische Reibungszahl		
Dynamische Reibungszahl	(p · v = N/mm² ·	m/min)
Zulässiger p · v Wert	N/mm² · (m/min) v =	m/min
	v =	m/min

Thermische Eigenschaften

Formbeständigkeit in der Wärme	*Verfahren* A		70–95 °C
	Verfahren B		$\geqq$ 200 °C
Vicat Erweichungstemperatur (VST)	*Verfahren* B/50		$\geqq$ 200 °C
	Verfahren		°C
Kristallit-Schmelzpunkt	*Verfahren* Kofler-Methode		255–260 °C
Längenausdehnungskoeffizient	*Bereich* °C		$\cdot 10^{-4} \mathrm{K}^{-1}$
	Temperatur 23 °C		$0.60–0.80 \cdot 10^{-4} \mathrm{K}^{-1}$
Wärmeleitfähigkeit	*Verfahren* DIN 52612	23 °C	0.2–0.3 W/(K · m)
Spezifische Wärmekapazität	*Verfahren*	23 °C	1.7 J/(K · g)
Glasumwandlungstemperatur	*Torsionsschwingungsversuch*	°C	
	Differentialkalorimetrie	°C	

Brandverhalten

UL-Test vertikal	Dicke 1.6 mm, Wert HB	
	Dicke 3.2 mm, Wert HB	

	Norm	*Bewertung*	*Abmessungen*
Sauerstoff-Index	ASTM D 2863		
Glühstab-Verfahren			
Brandverhalten	DIN 4102		
MVSS			
FAR			

Elektrische Eigenschaften

		Hz	°C			*Probekörper, Form*
Dielektrizitätszahl		50				
		10^3				
		10^6	23	3.6		
Dielektrischer Verlustfaktor tan δ		50				
		10^3				
		10^6	23	0.02		
Spezifischer Durchgangs-						
widerstand	Ohm · cm		23	1.0*10**15		
Durchschlagfestigkeit	kV/mm		23	$\geqq$ 80		1.0 mm dick
Oberflächenwiderstand	Ohm		23	1.0*10**13		
Kriechstromfestigkeit		KC 600		KB 600	KA	
Elektrolytische Korrosionswirkung		AN 1.3				
Lichtbogenfestigkeit nach DIN						
nach ASTM	s					

Beständigkeit *(Chemische Beständigkeit siehe Anhang)*

Wasseraufnahme 23 C Bis zur Saettigung	1.6 %
Feuchtigkeitsaufnahme Normalklima	2.5–3.1 %
Wetterbeständigkeit	
Spannungskorrosion	

Optische Eigenschaften

Brechungszahl n_D		
Transmissionsgrad τ_c	%	mm dick
Lichtdurchlässigkeit		

Produkt	Polyamid 66		**PA**
Handelsname	**Durethan A 40 S...H**		
Hersteller	BAYER		
DIN-Bez 1			
DIN-Bez 2			

Zusätze	Waermestabilisator	*Füllstoffe/ Verstärkung*	
Bevorzugte Verarbeitung	Spritzgiessen	*Lieferform*	Granulat
		Farben	Natur; Standard gedeckt
Besondere Merkmale	Opak; Hornartig; Glaenzende Oberflaeche; Hohe Steifigkeit und Haerte; Gute Schlagzaehigkeit; Abriebfest; Gute Gleiteigenschaften; Schwingungsdaempfend; Hoch dynamisch belastbar	*Bevorzugte Anwendungen*	Elektrotechnik; Maschinenbau; Feinwerktechnik; Fahrzeugbau; Haushaltsartikel; Bedarfsartikel; Bauindustrie; Moebelindustrie; Freizeitartikel; Sportartikel; Verpackungssektor

Dichte	g/cm^3	1.14	*Schmelzindex*	g/10 min	:
Schüttdichte	g/cm^3	0.65	*Volumenfließindex*	cm^3/10 min	:
Viskositätszahl	ml/g				

Verarbeitungsbedingungen für Spritzgießen

Massetemp.	°C	270–290	*Schwindung*	%	lgs	quer
Werkzeugtemp.	°C	80–120	*Bemerkungen*			
Spritzdruck	bar	≧800				

Zugversuch 23 °C DIN 53455; DIN 53457

	Probekörper:	*Form*	Nr.3	*Herstellung*	Spritzgiessen
		Zustand	Spritzfrisch	*Vorbehandlung*	

Streckspannung	N/mm^2	90	*Dehnung bei Streckspannung*	%	5
Zugfestigkeit	N/mm^2		*Reißdehnung*	%	50
Reißfestigkeit	N/mm^2	90	% *Dehnspannung*	N/mm^2	
E-Modul	N/mm^2	3000	*Dehnung bei* % *Dehnspg.*	%	

Kriechmoduln und Zeitstandwerte 23 °C

	Probekörper:	*Form*	*Herstellung*	
		Zustand	*Vorbehandlung*	

Kriechmodul	1 min	N/mm^2	*Zeitstandzugfestigkeit*	h	N/mm^2
Kriechmodul	1000 h	N/mm^2	*Zeitdehnspg.* %	h	N/mm^2
bei Spannung		N/mm^2			

Biegeversuch 23 °C DIN 53452; DIN 53457

	Probekörper:	*Form*	120 x 10 x 4 mm	*Herstellung*	Spritzgiessen
		Zustand	Spritzfrisch	*Vorbehandlung*	

Biegefestigkeit	N/mm^2		*E-Modul*	N/mm^2 3000
3,5% Biegespannung	N/mm^2	100		

Härte 23 °C

	Probekörper:	*Zustand*	Spritzfrisch	*Herstellung*	Spritzgiessen
				Vorbehandlung	

Kugeldruckhärte	N/mm^2 135	bei	N, 30 s	*Shore-Härte* A
Rockwellhärte				*Shore-Härte* D

Schlagversuch

	Probekörper:	*(1)* U-Kerbe		
		(2)	*Herstellung*	Spritzgiessen
		Zustand Spritzfrisch	*Vorbehandlung*	

	°C	°C	°C	*Probekörper-Form*
Schlagzähigkeit	kJ/m^2 23 o.B.	-40 o.B.		NKS
Kerbschlagzähigkeit (1)	kJ/m^2 23 3–4			NKS
IZOD-Kerbschlagzähigkeit (2)	J/m			
Kerbschlagzugzähigkeit	kJ/m^2			

Abrieb und Reibung

Taber-Abrieb (Reibradverfahren)	mm³/100 U
Abriebfaktor LNP (Thrust washer) Vergleichswert	
Statische Reibungszahl	
Dynamische Reibungszahl	(p · v = N/mm² · m/min)
Zulässiger p · v Wert	N/mm² · (m/min) v = m/min
	v = m/min

Thermische Eigenschaften

Formbeständigkeit in der Wärme	*Verfahren*	A	70–95 °C
	Verfahren	B	≧ 200 °C
Vicat Erweichungstemperatur (VST)	*Verfahren*	B/50	≧ 200 °C
	Verfahren		°C
Kristallit-Schmelzpunkt	*Verfahren*	Kofler-Methode	255–260 °C
Längenausdehnungskoeffizient	*Bereich*	°C	$\cdot 10^{-4} \mathrm{K}^{-1}$
	Temperatur 23 °C		$0.60{-}0.80 \cdot 10^{-4} \mathrm{K}^{-1}$
Wärmeleitfähigkeit	*Verfahren* DIN 52612	23 °C	0.2–0.3 W/(K · m)
Spezifische Wärmekapazität	*Verfahren*	23 °C	1.7 J/(K · g)
Glasumwandlungstemperatur	*Torsionsschwingungsversuch*	°C	
	Differentialkalorimetrie	°C	

Brandverhalten

UL-Test vertikal   Dicke 1.6   mm, Wert HB
                      Dicke 3.2   mm, Wert HB

	Norm	*Bewertung*	*Abmessungen*
Sauerstoff-Index	ASTM D 2863		
Glühstab-Verfahren			
Brandverhalten	DIN 4102		
MVSS			
FAR			

Elektrische Eigenschaften

		Hz	°C		*Probekörper, Form*
Dielektrizitätszahl		50			
		10³			
		10⁶	23	3.6	
Dielektrischer Verlustfaktor tan δ		50			
		10³			
		10⁶	23	0.02	
Spezifischer Durchgangs-					
widerstand	Ohm · cm		23	1.0*10**15	
Durchschlagfestigkeit	kV/mm		23	≧ 80	1.0 mm dick
Oberflächenwiderstand	Ohm		23	1.0*10**13	
Kriechstromfestigkeit		KC 600	KB 600	KA	
Elektrolytische Korrosionswirkung		AN 1.3			
Lichtbogenfestigkeit nach DIN					
nach ASTM	s				

Beständigkeit *(Chemische Beständigkeit siehe Anhang)*

Wasseraufnahme 23 C Bis zur Saettigung	1.6 %
Feuchtigkeitsaufnahme Normalklima	2.5–3.1 %
Wetterbeständigkeit	
Spannungskorrosion	

Optische Eigenschaften

Brechungszahl n_D		
Transmissionsgrad τ_c	%	mm dick
Lichtdurchlässigkeit		

Produkt	Polyamid 6			**PA**
Handelsname	**Durethan B 30 S**			
Hersteller	BAYER			

DIN-Bez 1
DIN-Bez 2

		Füllstoffe/ Verstärkung	
Zusätze			

Bevorzugte Verarbeitung	Spritzgiessen	*Lieferform*	Granulat
		Farben	Natur; Standard gedeckt

Besondere Merkmale	Opak; Hornartig; Glaenzende Oberflaeche; Hohe Steifigkeit und Haerte; Gute Schlagzaehigkeit; Abriebfest; Gute Gleiteigenschaften; Schwingungsdaempfend; Hoch dynamisch belastbar	*Bevorzugte Anwendungen*	Elektrotechnik; Maschinenbau; Feinwerktechnik; Fahrzeugbau; Haushaltsartikel; Bedarfsartikel; Bauindustrie; Moebelindustrie; Freizeitartikel; Sportartikel; Verpackungssektor

Dichte	g/cm^3	1.14	*Schmelzindex*	g/10 min		:
Schüttdichte	g/cm^3	0.65	*Volumenfließindex*	cm^3/10 min		:
Viskositätszahl	ml/g					

Verarbeitungsbedingungen für Spritzgießen

Massetemp.	°C	240–290	*Schwindung*	%	lgs	, quer
Werkzeugtemp.	°C	80–120	*Bemerkungen*			
Spritzdruck	bar	≧800				

Zugversuch 23 °C　DIN 53455; DIN 53457

	Probekörper:	*Form*	Nr.3	*Herstellung*	Spritzgiessen
		Zustand	Spritzfrisch	*Vorbehandlung*	

Streckspannung	N/mm^2 80		*Dehnung bei Streckspannung*	%	4
Zugfestigkeit	N/mm^2		*Reißdehnung*	%	50
Reißfestigkeit	N/mm^2 60		*1% Dehnspannung*	N/mm^2	80
E-Modul	N/mm^2 3200		*Dehnung bei 1% Dehnspg.*	%	3.3

Kriechmoduln und Zeitstandwerte 23 °C

	Probekörper:	*Form*	*Herstellung*	
		Zustand	*Vorbehandlung*	

Kriechmodul	1 min N/mm^2	*Zeitstandzugfestigkeit*	h N/mm^2	
Kriechmodul	1000 h N/mm^2	*Zeitdehnspg. %*	h N/mm^2	
bei Spannung	N/mm^2			

Biegeversuch 23 °C　DIN 53452; DIN 53457

	Probekörper:	*Form* 120 x 10 x 4 mm	*Herstellung*	Spritzgiessen
		Zustand Spritzfrisch	*Vorbehandlung*	

Biegefestigkeit	N/mm^2	*E-Modul*	N/mm^2 2600
3,5% Biegespannung	N/mm^2 85		

Härte 23 °C

	Probekörper:	*Zustand* Spritzfrisch	*Herstellung*	Spritzgiessen
			Vorbehandlung	

Kugeldruckhärte	N/mm^2 140	bei N, 30 s	*Shore-Härte* A	
Rockwellhärte			*Shore-Härte* D	

Schlagversuch

	Probekörper:	*(1)* U-Kerbe		
		(2) V-Kerbe	*Herstellung*	Spritzgiessen
		Zustand Spritzfrisch	*Vorbehandlung*	

	°C	°C	°C	*Probekörper-Form*
Schlagzähigkeit	kJ/m^2	23 o.B.	-40 o.B.	NKS
Kerbschlagzähigkeit (1)	kJ/m^2	23 3.2		NKS
IZOD-Kerbschlagzähigkeit (2)	J/m	23 50		63.5 x 12.7 x 3.2 mm
Kerbschlagzugzähigkeit	kJ/m^2			

Abrieb und Reibung

Taber-Abrieb (Reibradverfahren)	mm^3/100 U
Abriebfaktor LNP (Thrust washer) Vergleichswert	
Statische Reibungszahl	
Dynamische Reibungszahl	(p·v = N/mm^2 · m/min)
Zulässiger p · v Wert	N/mm^2 · (m/min) v = m/min
	v = m/min

Thermische Eigenschaften

Formbeständigkeit in der Wärme	*Verfahren*	A	75–80 °C
	Verfahren	B	190–205 °C
Vicat Erweichungstemperatur (VST)	*Verfahren*	B/50	≧ 200 °C
	Verfahren		°C
Kristallit-Schmelzpunkt	*Verfahren*	Kofler-Methode	217–221 °C
Längenausdehnungskoeffizient	*Bereich*	°C	· 10^{-4}K^{-1}
	Temperatur 23°C		0.80–1.00 · 10^{-4}K^{-1}
Wärmeleitfähigkeit	*Verfahren* DIN 52612	23°C	0.25 W/(K · m)
Spezifische Wärmekapazität	*Verfahren*	23°C	1.6 J/(K · g)
Glasumwandlungstemperatur	*Torsionsschwingungsversuch*	°C	
	Differentialkalorimetrie	°C	

Brandverhalten

UL-Test vertikal
Dicke 1.6 mm, Wert V-2
Dicke 3.2 mm, Wert V-2

	Norm	Bewertung	Abmessungen
Sauerstoff-Index	ASTM D 2863		
Glühstab-Verfahren			
Brandverhalten	DIN 4102		
MVSS			
FAR			

Elektrische Eigenschaften

		Hz	°C			Probekörper, Form
Dielektrizitätszahl		50	23	3.8		
		10^3	23	3.7		
		10^6	23	3.6		
Dielektrischer Verlustfaktor tan δ		50	23	0.007		
		10^3	23	0.013		
		10^6	23	0.017		
Spezifischer Durchgangs-widerstand	Ohm · cm		23	1.0*10**15		
Durchschlagfestigkeit	kV/mm		23	≧ 80		1.0 mm dick
Oberflächenwiderstand	Ohm		23	1.0*10**13		
Kriechstromfestigkeit		KC 600		KB 475	KA	100x100x3 mm
Elektrolytische Korrosionswirkung		AN 1.6				
Lichtbogenfestigkeit nach DIN						
nach ASTM	s					

Beständigkeit *(Chemische Beständigkeit siehe Anhang)*

Wasseraufnahme 23 C Bis zur Saettigung	1.8 %
Feuchtigkeitsaufnahme Normalklima	2.5–3.1 %
Wetterbeständigkeit	
Spannungskorrosion	

Optische Eigenschaften

Brechungszahl n$_D$
Transmissionsgrad τ$_c$ %   mm dick
Lichtdurchlässigkeit

Produkt	Polyamid 6	**PA**
Handelsname	**Durethan B 31 SK**	
Hersteller	BAYER	
DIN-Bez 1		
DIN-Bez 2		

Zusätze		Füllstoffe/ Verstärkung		
Bevorzugte Verarbeitung	Spritzgiessen	Lieferform	Granulat	
		Farben	Natur; Standard gedeckt	
Besondere Merkmale	Opak; Hornartig; Glaenzende Oberflaeche; Hohe Steifigkeit und Haerte; Gute Schlagzaehigkeit; Abriebfest; Gute Gleiteigenschaften; Schwingungsdaempfend; Hoch dynamisch belastbar	Bevorzugte Anwendungen	Elektrotechnik; Maschinenbau; Feinwerktechnik; Fahrzeugbau; Haushaltsartikel; Bedarfsartikel; Bauindustrie; Moebelindustrie; Freizeitartikel; Sportartikel; Verpackungssektor	

Dichte	g/cm^3	1.14	Schmelzindex	g/10 min	:
Schüttdichte	g/cm^3	0.65	Volumenfließindex	cm^3/10 min	:
Viskositätszahl	ml/g				

Verarbeitungsbedingungen für Spritzgießen

Massetemp.	°C	240–290	Schwindung	%	lgs	quer
Werkzeugtemp.	°C	80–120	Bemerkungen			
Spritzdruck	bar	≧800				

Zugversuch 23 °C　DIN 53455; DIN 53457

Probekörper:	Form	Nr.3	Herstellung	Spritzgiessen
	Zustand	Spritzfrisch	Vorbehandlung	

Streckspannung	N/mm^2	80	Dehnung bei Streckspannung	%	4
Zugfestigkeit	N/mm^2		Reißdehnung	%	50
Reißfestigkeit	N/mm^2	60	1% Dehnspannung	N/mm^2	80
E-Modul	N/mm^2	3200	Dehnung bei 1% Dehnspg.	%	3.3

Kriechmoduln und Zeitstandwerte 23 °C

Probekörper:	Form	Herstellung	
	Zustand	Vorbehandlung	

Kriechmodul	1 min N/mm^2	Zeitstandzugfestigkeit	h N/mm^2	
Kriechmodul	1000 h N/mm^2	Zeitdehnspg. %	h N/mm^2	
bei Spannung	N/mm^2			

Biegeversuch 23 °C　DIN 53452; DIN 53457

Probekörper:	Form	120 x 10 x 4 mm	Herstellung	Spritzgiessen
	Zustand	Spritzfrisch	Vorbehandlung	

Biegefestigkeit	N/mm^2	E-Modul	N/mm^2 2600
3,5% Biegespannung	N/mm^2 85		

Härte 23 °C

Probekörper:	Zustand	Spritzfrisch	Herstellung	Spritzgiessen
			Vorbehandlung	

Kugeldruckhärte	N/mm^2 140	bei N, 30 s	Shore-Härte A
Rockwellhärte			Shore-Härte D

Schlagversuch

Probekörper:	(1) U-Kerbe		
	(2) V-Kerbe	Herstellung	Spritzgiessen
	Zustand Spritzfrisch	Vorbehandlung	

		°C	°C	°C	Probekörper-Form
Schlagzähigkeit	kJ/m^2	23 o.B.	-40 o.B.		NKS
Kerbschlagzähigkeit (1)	kJ/m^2	23 3.2			NKS
IZOD-Kerbschlagzähigkeit (2)	J/m	23 50			63.5 x 12.7 x 3.2 mm
Kerbschlagzugzähigkeit	kJ/m^2				

Abrieb und Reibung

Taber-Abrieb (Reibradverfahren)	mm³/100 U
Abriebfaktor LNP (Thrust washer) Vergleichswert	
Statische Reibungszahl	
Dynamische Reibungszahl	$(p \cdot v = \quad N/mm^2 \cdot \quad m/min)$
Zulässiger $p \cdot v$ Wert	$N/mm^2 \cdot (m/min) \quad v = \quad m/min$
	$v = \quad m/min$

Thermische Eigenschaften

Formbeständigkeit in der Wärme	Verfahren	A	75–80 °C
	Verfahren	B	190–205 °C
Vicat Erweichungstemperatur (VST)	Verfahren	B/50	$\geqq$ 200 °C
	Verfahren		°C
Kristallit-Schmelzpunkt	Verfahren	Kofler-Methode	217–221 °C
Längenausdehnungskoeffizient	Bereich	°C	$\cdot 10^{-4} K^{-1}$
	Temperatur 23 °C		$0.80{-}1.00 \cdot 10^{-4} K^{-1}$
Wärmeleitfähigkeit	Verfahren DIN 52612	23 °C	$0.25 \, W/(K \cdot m)$
Spezifische Wärmekapazität	Verfahren	23 °C	$1.6 \, J/(K \cdot g)$
Glasumwandlungstemperatur	Torsionsschwingungsversuch	°C	
	Differentialkalorimetrie	°C	

Brandverhalten

UL-Test vertikal	Dicke 1.6 mm, Wert V-2	
	Dicke 3.2 mm, Wert V-2	

	Norm	Bewertung	Abmessungen
Sauerstoff-Index	ASTM D 2863		
Glühstab-Verfahren			
Brandverhalten	DIN 4102		
MVSS			
FAR			

Elektrische Eigenschaften

		Hz	°C		Probekörper, Form
Dielektrizitätszahl		50	23	3.8	
		10^3	23	3.7	
		10^6	23	3.6	
Dielektrischer Verlustfaktor $\tan \delta$		50	23	0.007	
		10^3	23	0.013	
		10^6	23	0.017	
Spezifischer Durchgangs-widerstand	Ohm · cm		23	1.0*10**15	
Durchschlagfestigkeit	kV/mm		23	$\geqq$ 80	1.0 mm dick
Oberflächenwiderstand	Ohm		23	1.0*10**13	
Kriechstromfestigkeit		KC 600		KB 475 KA	100x100x3 mm
Elektrolytische Korrosionswirkung		AN 1.6			
Lichtbogenfestigkeit nach DIN					
nach ASTM	s				

Beständigkeit (Chemische Beständigkeit siehe Anhang)

Wasseraufnahme 23 C Bis zur Saettigung		1.8 %
Feuchtigkeitsaufnahme Normalklima		2.5–3.1 %
Wetterbeständigkeit		
Spannungskorrosion		

Optische Eigenschaften

Brechungszahl n_D		
Transmissionsgrad τ_c	%	mm dick
Lichtdurchlässigkeit		

Produkt	Polyamid 6	**PA**
Handelsname	**Durethan B 35 SK**	
Hersteller	BAYER	
DIN-Bez 1		
DIN-Bez 2		

Zusätze		Füllstoffe/ Verstärkung		
Bevorzugte Verarbeitung	Spritzgiessen	Lieferform	Granulat	
		Farben	Natur; Standard gedeckt	
Besondere Merkmale	Opak; Hornartig; Glaenzende Oberflaeche; Hohe Steifigkeit und Haerte; Gute Schlagzaehigkeit; Abriebfest; Gute Gleiteigenschaften; Schwingungsdaempfend; Hoch dynamisch belastbar	Bevorzugte Anwendungen	Elektrotechnik; Maschinenbau; Feinwerktechnik; Fahrzeugbau; Haushaltsartikel; Bedarfsartikel; Bauindustrie; Moebelindustrie; Freizeitartikel; Sportartikel; Verpackungssektor	

Dichte	g/cm³	1.14		Schmelzindex	g/10 min		:
Schüttdichte	g/cm³	0.65		Volumenfließindex	cm³/10 min		:
Viskositätszahl	ml/g						

Verarbeitungsbedingungen für Spritzgießen

Massetemp.	°C	240–290		Schwindung	%	lgs	, quer
Werkzeugtemp.	°C	80–120		Bemerkungen			
Spritzdruck	bar	≧ 800					

Zugversuch 23 °C — DIN 53455; DIN 53457

	Probekörper:	Form	Nr.3	Herstellung	Spritzgiessen	
		Zustand	Spritzfrisch	Vorbehandlung		
Streckspannung	N/mm²	85		Dehnung bei Streckspannung	%	4.0
Zugfestigkeit	N/mm²			Reißdehnung	%	60
Reißfestigkeit	N/mm²	60		1% Dehnspannung	N/mm²	85
E-Modul	N/mm²	3200		Dehnung bei 1% Dehnspg.	%	3.5

Kriechmoduln und Zeitstandwerte 23 °C

	Probekörper:	Form		Herstellung		
		Zustand		Vorbehandlung		
Kriechmodul	1 min	N/mm²		Zeitstandzugfestigkeit	h	N/mm²
Kriechmodul	1000 h	N/mm²		Zeitdehnspg. %	h	N/mm²
bei Spannung		N/mm²				

Biegeversuch 23 °C — DIN 53452; DIN 53457

	Probekörper:	Form	120 x 10 x 4 mm	Herstellung	Spritzgiessen
		Zustand	Spritzfrisch	Vorbehandlung	
Biegefestigkeit	N/mm²			E-Modul	N/mm² 2600
3,5% Biegespannung	N/mm²	85			

Härte 23 °C

	Probekörper:	Zustand	Spritzfrisch	Herstellung	Spritzgiessen
				Vorbehandlung	
Kugeldruckhärte	N/mm² 140	bei	N, 30 s	Shore-Härte A	
Rockwellhärte				Shore-Härte D	

Schlagversuch

	Probekörper:	(1) U-Kerbe			
		(2) V-Kerbe		Herstellung	Spritzgiessen
		Zustand	Spritzfrisch	Vorbehandlung	
		°C	°C	°C	Probekörper-Form
Schlagzähigkeit	kJ/m²	23 o.B.	-40 o.B.		NKS
Kerbschlagzähigkeit (1)	kJ/m²	23 4			NKS
IZOD-Kerbschlagzähigkeit (2)	J/m	23 60			63.5 x 12.7 x 3.2 mm
Kerbschlagzugzähigkeit	kJ/m²				

Abrieb und Reibung

Taber-Abrieb (Reibradverfahren)	mm^3/100 U	
Abriebfaktor LNP (Thrust washer) Vergleichswert		
Statische Reibungszahl		
Dynamische Reibungszahl	(p·v = N/mm^2· m/min)	
Zulässiger p · v Wert	N/mm^2 · (m/min) v = m/min	
	v = m/min	

Thermische Eigenschaften

Formbeständigkeit in der Wärme	*Verfahren*	A	75–80 °C
	Verfahren	B	190–205 °C
Vicat Erweichungstemperatur (VST)	*Verfahren*	B/50	$\geqq$ 200 °C
	Verfahren		°C
Kristallit-Schmelzpunkt	*Verfahren*	Kofler-Methode	217–221 °C
Längenausdehnungskoeffizient	*Bereich*	°C	$\cdot 10^{-4}$K^{-1}
	Temperatur 23 °C		0.80–1.00 · 10^{-4}K^{-1}
Wärmeleitfähigkeit	*Verfahren* DIN 52612	23 °C	0.25 W/(K · m)
Spezifische Wärmekapazität	*Verfahren*	23 °C	1.6 J/(K · g)
Glasumwandlungstemperatur	*Torsionsschwingungsversuch*		°C
	Differentialkalorimetrie		°C

Brandverhalten

UL-Test vertikal Dicke 1.6 mm, Wert HB
Dicke 3.2 mm, Wert HB

	Norm	*Bewertung*	*Abmessungen*
Sauerstoff-Index	ASTM D 2863		
Glühstab-Verfahren			
Brandverhalten	DIN 4102		
MVSS			
FAR			

Elektrische Eigenschaften

		Hz	°C			*Probekörper, Form*
Dielektrizitätszahl		50	23	3.8		
		10^3	23	3.7		
		10^6	23	3.6		
Dielektrischer Verlustfaktor tan δ		50	23	0.007		
		10^3	23	0.013		
		10^6	23	0.017		
Spezifischer Durchgangs-						
widerstand	Ohm · cm		23	1.0*10**15		
Durchschlagfestigkeit	kV/mm		23	$\geqq$ 80		1.0 mm dick
Oberflächenwiderstand	Ohm		23	1.0*10**13		
Kriechstromfestigkeit		KC 600		KB 475	KA	100x100x3 mm
Elektrolytische Korrosionswirkung		AN 1.6				
Lichtbogenfestigkeit nach DIN						
nach ASTM	s					

Beständigkeit *(Chemische Beständigkeit siehe Anhang)*

Wasseraufnahme 23 C Bis zur Saettigung	1.8 %
Feuchtigkeitsaufnahme Normalklima	2.5–3.1 %
Wetterbeständigkeit	
Spannungskorrosion	

Optische Eigenschaften

Brechungszahl n$_D$		
Transmissionsgrad τ_c	%	mm dick
Lichtdurchlässigkeit		

Produkt	Polyamid 6		**PA**
Handelsname	**Durethan B 40 SK**		
Hersteller	BAYER		
DIN-Bez 1			
DIN-Bez 2			
Zusätze		*Füllstoffe/ Verstärkung*	
Bevorzugte Verarbeitung	Spritzgiessen	*Lieferform*	Granulat
		Farben	Natur; Standard gedeckt
Besondere Merkmale	Opak; Hornartig; Glaenzende Oberflaeche; Hohe Steifigkeit und Haerte; Gute Schlagzaehigkeit; Abriebfest; Gute Gleiteigenschaften; Schwingungsdaempfend; Hoch dynamisch belastbar	*Bevorzugte Anwendungen*	Elektrotechnik; Maschinenbau; Feinwerktechnik; Fahrzeugbau; Haushaltsartikel; Bedarfsartikel; Bauindustrie; Moebelindustrie; Freizeitartikel; Sportartikel; Verpackungssektor

Dichte	g/cm³	1.14	*Schmelzindex*	g/10 min	:
Schüttdichte	g/cm³	0.65	*Volumenfließindex*	cm³/10 min	:
Viskositätszahl	ml/g				

Verarbeitungsbedingungen für Spritzgießen

Massetemp.	°C	240–290	*Schwindung*	%	lgs	, quer	
Werkzeugtemp.	°C	80–120	*Bemerkungen*				
Spritzdruck	bar	≧800					

Zugversuch 23 °C DIN 53455; DIN 53457

Probekörper:	*Form*	Nr.3		*Herstellung*	Spritzgiessen	
	Zustand	Spritzfrisch		*Vorbehandlung*		
Streckspannung	N/mm² 85		*Dehnung bei Streckspannung*	%	4.5	
Zugfestigkeit	N/mm²		*Reißdehnung*	%	70	
Reißfestigkeit	N/mm² 60		1% *Dehnspannung*	N/mm² 85		
E-Modul	N/mm² 3000		*Dehnung bei* 1% *Dehnspg.*	%	4	

Kriechmoduln und Zeitstandwerte 23 °C

Probekörper:	*Form*		*Herstellung*		
	Zustand		*Vorbehandlung*		
Kriechmodul	1 min N/mm²		*Zeitstandzugfestigkeit*	h N/mm²	
Kriechmodul	1000 h N/mm²		*Zeitdehnspg.* %	h N/mm²	
bei Spannung	N/mm²				

Biegeversuch 23 °C DIN 53452; DIN 53457

Probekörper:	*Form*	120 x 10 x 4 mm	*Herstellung*	Spritzgiessen
	Zustand	Spritzfrisch	*Vorbehandlung*	
Biegefestigkeit	N/mm²		*E-Modul*	N/mm² 2500
3,5% *Biegespannung*	N/mm² 80			

Härte 23 °C

Probekörper:	*Zustand*	Spritzfrisch		*Herstellung*	Spritzgiessen
				Vorbehandlung	
Kugeldruckhärte	N/mm² 130	bei	N, 30 s	*Shore-Härte* A	
Rockwellhärte				*Shore-Härte* D	

Schlagversuch

Probekörper:	(1) U-Kerbe			
	(2) V-Kerbe		*Herstellung*	Spritzgiessen
	Zustand	Spritzfrisch	*Vorbehandlung*	
	°C	°C	°C	*Probekörper-Form*
Schlagzähigkeit	kJ/m²	23 o.B.	-40 o.B.	NKS
Kerbschlagzähigkeit (1)	kJ/m²	23 4		NKS
IZOD-Kerbschlagzähigkeit (2)	J/m	23 70		63.5 x 12.7 x 3.2 mm
Kerbschlagzugzähigkeit	kJ/m²			

Abrieb und Reibung

Taber-Abrieb (Reibradverfahren)   mm^3/100 U
Abriebfaktor LNP (Thrust washer) Vergleichswert
Statische Reibungszahl
Dynamische Reibungszahl   (p·v =   N/mm^2·   m/min)
Zulässiger p · v Wert   N/mm^2· (m/min)   v =   m/min
                                                                    v =   m/min

Thermische Eigenschaften

Formbeständigkeit in der Wärme	Verfahren	A		75–80 °C
	Verfahren	B		190–205 °C
Vicat Erweichungstemperatur (VST)	Verfahren	B/50		≧ 200 °C
	Verfahren			°C
Kristallit-Schmelzpunkt	Verfahren	Kofler-Methode		217–221 °C

Längenausdehnungskoeffizient   Bereich   °C $\cdot 10^{-4}$K^{-1}
                                      Temperatur 23 °C   0.80–1.00 · 10^{-4}K^{-1}
Wärmeleitfähigkeit   Verfahren   DIN 52612   23 °C   0.25 W/(K · m)

Spezifische Wärmekapazität   Verfahren   23 °C   1.6 J/(K · g)

Glasumwandlungstemperatur   Torsionsschwingungsversuch   °C
                                      Differentialkalorimetrie   °C

Brandverhalten

UL-Test vertikal   Dicke 1.6   mm, Wert HB
                                      Dicke 3.2   mm, Wert HB

	Norm	Bewertung		Abmessungen
Sauerstoff-Index	ASTM D 2863			
Glühstab-Verfahren				
Brandverhalten	DIN 4102			
MVSS				
FAR				

Elektrische Eigenschaften

		Hz	°C		Probekörper, Form
Dielektrizitätszahl		50	23	3.8	
		10^3	23	3.7	
		10^6	23	3.6	
Dielektrischer Verlustfaktor tan δ		50	23	0.007	
		10^3	23	0.013	
		10^6	23	0.017	
Spezifischer Durchgangs-					
widerstand	Ohm · cm		23	1.0*10**15	
Durchschlagfestigkeit	kV/mm		23	≧ 80	1.0 mm dick
Oberflächenwiderstand	Ohm		23	1.0*10**13	
Kriechstromfestigkeit		KC 600		KB 475 KA	100x100x3 mm
Elektrolytische Korrosionswirkung		AN 1.6			
Lichtbogenfestigkeit nach DIN					
nach ASTM	s				

Beständigkeit (Chemische Beständigkeit siehe Anhang)

Wasseraufnahme 23 C   Bis zur Saettigung   1.8 %

Feuchtigkeitsaufnahme Normalklima   2.5–3.1 %
Wetterbeständigkeit

Spannungskorrosion

Optische Eigenschaften

Brechungszahl n$_D$
Transmissionsgrad τ$_c$ %   mm dick
Lichtdurchlässigkeit

Produkt	Polyamid 6		**PA**
Handelsname	**Durethan B 50 E**		
Hersteller	BAYER		
DIN-Bez 1			
DIN-Bez 2			
Zusätze		*Füllstoffe/ Verstärkung*	
Bevorzugte Verarbeitung	Extrudieren	*Lieferform*	Granulat
		Farben	Natur; Standard gedeckt
Besondere Merkmale	Opak; Hornartig; Glaenzende Oberflaeche; Hohe Steifigkeit und Haerte; Gute Schlagzaehigkeit; Abriebfest; Gute Gleiteigenschaften; Schwingungsdaempfend; Hoch dynamisch belastbar	*Bevorzugte Anwendungen*	Elektrotechnik; Maschinenbau; Feinwerktechnik; Fahrzeugbau; Haushaltsartikel; Bedarfsartikel; Bauindustrie; Moebelindustrie; Freizeitartikel; Sportartikel; Verpackungssektor

Dichte	g/cm^3	1.13	*Schmelzindex*	g/10 min		:
Schüttdichte	g/cm^3	0.65	*Volumenfließindex*	cm^3/10 min		:
Viskositätszahl	ml/g					

Verarbeitungsbedingungen für Spritzgießen

Massetemp.	°C	240–290	*Schwindung*	%	lgs	, quer
Werkzeugtemp.	°C	80–120	*Bemerkungen*			
Spritzdruck	bar	≧800				

Zugversuch 23 °C DIN 53455; DIN 53457

	Probekörper:	*Form*	Nr.3	*Herstellung*	Spritzgiessen
		Zustand	Spritzfrisch	*Vorbehandlung*	
Streckspannung	N/mm^2	80	*Dehnung bei Streckspannung*	%	4.5
Zugfestigkeit	N/mm^2		*Reißdehnung*	%	90
Reißfestigkeit	N/mm^2	50	*1% Dehnspannung*	N/mm^2	80
E-Modul	N/mm^2	2800	*Dehnung bei 1% Dehnspg.*	%	4

Kriechmoduln und Zeitstandwerte 23 °C

	Probekörper:	*Form*	*Herstellung*	
		Zustand	*Vorbehandlung*	
Kriechmodul	1 min N/mm^2		*Zeitstandzugfestigkeit*	h N/mm^2
Kriechmodul	1000 h N/mm^2		*Zeitdehnspg.* %	h N/mm^2
bei Spannung	N/mm^2			

Biegeversuch 23 °C DIN 53452;

	Probekörper:	*Form*	80 x 10 x 4 mm	*Herstellung*	Spritzgiessen
		Zustand	Spritzfrisch	*Vorbehandlung*	
Biegefestigkeit	N/mm^2		*E-Modul*	N/mm^2	
3,5% Biegespannung	N/mm^2	75			

Härte 23 °C

	Probekörper:	*Zustand*	Spritzfrisch	*Herstellung*	Spritzgiessen
				Vorbehandlung	
Kugeldruckhärte	N/mm^2 110	bei	N, 30 s	*Shore-Härte* A	
Rockwellhärte				*Shore-Härte* D	

Schlagversuch

	Probekörper:	*(1)* U-Kerbe			
		(2) V-Kerbe		*Herstellung*	Spritzgiessen
		Zustand	Spritzfrisch	*Vorbehandlung*	
		°C	°C	°C	*Probekörper-Form*
Schlagzähigkeit	kJ/m^2	23 o.B.	-40 o.B.		NKS
Kerbschlagzähigkeit (1)	kJ/m^2	23 6			NKS
IZOD-Kerbschlagzähigkeit (2)	J/m	23 40			63.5 x 12.7 x 3.2 mm
Kerbschlagzugzähigkeit	kJ/m^2				

Abrieb und Reibung

Taber-Abrieb (Reibradverfahren)	mm³/100 U	
Abriebfaktor LNP (Thrust washer) Vergleichswert		
Statische Reibungszahl		
Dynamische Reibungszahl	$(p \cdot v =$ N/mm² ·	m/min)
Zulässiger $p \cdot v$ Wert	N/mm² · (m/min) $v =$	m/min
	$v =$	m/min

Thermische Eigenschaften

Formbeständigkeit in der Wärme	Verfahren	A		75–80 °C
	Verfahren	B		190–205 °C
Vicat Erweichungstemperatur (VST)	Verfahren	B/50		≧ 200 °C
	Verfahren			°C
Kristallit-Schmelzpunkt	Verfahren	Kofler-Methode		217–221 °C
Längenausdehnungskoeffizient	Bereich	°C		$\cdot 10^{-4} \mathrm{K}^{-1}$
	Temperatur 23 °C			$0.80{-}1.00 \cdot 10^{-4} \mathrm{K}^{-1}$
Wärmeleitfähigkeit	Verfahren	DIN 52612	23 °C	0.25 W/(K · m)
Spezifische Wärmekapazität	Verfahren		23 °C	1.6 J/(K · g)
Glasumwandlungstemperatur	Torsionsschwingungsversuch			°C
	Differentialkalorimetrie			°C

Brandverhalten

UL-Test vertikal	Dicke 1.6	mm, Wert HB	
	Dicke 3.2	mm, Wert HB	

	Norm	Bewertung	Abmessungen
Sauerstoff-Index	ASTM D 2863		
Glühstab-Verfahren			
Brandverhalten	DIN 4102		
MVSS			
FAR			

Elektrische Eigenschaften

	Hz	°C			Probekörper, Form
Dielektrizitätszahl	50	23	3.8		
	10^3	23	3.7		
	10^6	23	3.6		
Dielektrischer Verlustfaktor tan δ	50	23	0.007		
	10^3	23	0.013		
	10^6	23	0.017		
Spezifischer Durchgangs-widerstand	Ohm · cm	23	1.0*10**15		
Durchschlagfestigkeit	kV/mm	23	≧ 80		1.0 mm dick
Oberflächenwiderstand	Ohm	23	1.0*10**13		
Kriechstromfestigkeit	KC 600		KB 475	KA	100x100x3 mm
Elektrolytische Korrosionswirkung	AN 1.6				
Lichtbogenfestigkeit nach DIN					
nach ASTM	s				

Beständigkeit *(Chemische Beständigkeit siehe Anhang)*

Wasseraufnahme 23 C Bis zur Saettigung		1.8 %
Feuchtigkeitsaufnahme Normalklima		2.5–3.1 %
Wetterbeständigkeit		
Spannungskorrosion		

Optische Eigenschaften

Brechungszahl n_D		
Transmissionsgrad τ_c	%	mm dick
Lichtdurchlässigkeit		

Produkt	Polyamid 6		**PA**
Handelsname	**Durethan BC 30**		
Hersteller	BAYER		
DIN-Bez 1			
DIN-Bez 2			
Zusätze	Olefinpolymerisat	*Füllstoffe/ Verstärkung*	
Bevorzugte Verarbeitung	Spritzgiessen	*Lieferform*	Granulat
		Farben	Natur; Standard gedeckt
Besondere Merkmale	Opak; Hornartig; Glaenzende Oberflaeche; Hohe Steifigkeit und Haerte; Gute Schlagzaehigkeit; Abriebfest; Gute Gleiteigenschaften; Schwingungsdaempfend; Hoch dynamisch belastbar	*Bevorzugte Anwendungen*	Elektrotechnik; Maschinenbau; Feinwerktechnik; Fahrzeugbau; Haushaltsartikel; Bedarfsartikel; Bauindustrie; Moebelindustrie; Freizeitartikel; Sportartikel; Verpackungssektor

Dichte	g/cm^3	1.10	*Schmelzindex*	g/10 min	:
Schüttdichte	g/cm^3	0.65	*Volumenfließindex*	cm^3/10 min	:
Viskositätszahl	ml/g				

Verarbeitungsbedingungen für Spritzgießen

Massetemp.	°C	240–290	*Schwindung*	%	lgs	, quer	
Werkzeugtemp.	°C	80–120	*Bemerkungen*				
Spritzdruck	bar	≥ 800					

Zugversuch 23 °C   DIN 53455; DIN 53457

	Probekörper:	*Form*	Nr.3	*Herstellung*	Spritzgiessen	
		Zustand	Spritzfrisch	*Vorbehandlung*		
Streckspannung	N/mm^2	65		*Dehnung bei Streckspannung*	%	
Zugfestigkeit	N/mm^2			*Reißdehnung*	%	100
Reißfestigkeit	N/mm^2	50		*% Dehnspannung*	N/mm^2	
E-Modul	N/mm^2	2600		*Dehnung bei % Dehnspg.*	%	

Kriechmoduln und Zeitstandwerte 23 °C

	Probekörper:	*Form*		*Herstellung*		
		Zustand		*Vorbehandlung*		
Kriechmodul	1 min	N/mm^2		*Zeitstandzugfestigkeit*	h N/mm^2	
Kriechmodul	1000 h	N/mm^2		*Zeitdehnspg. %*	h N/mm^2	
bei Spannung		N/mm^2				

Biegeversuch 23 °C

	Probekörper:	*Form*		*Herstellung*	
		Zustand		*Vorbehandlung*	
Biegefestigkeit	N/mm^2		*E-Modul*	N/mm^2	
3,5% Biegespannung	N/mm^2				

Härte 23 °C

	Probekörper:	*Zustand*	Spritzfrisch	*Herstellung*	Spritzgiessen
				Vorbehandlung	
Kugeldruckhärte	N/mm^2 110	bei	N, 30 s	*Shore-Härte* A	
Rockwellhärte				*Shore-Härte* D	

Schlagversuch

	Probekörper:	*(1)* U-Kerbe			
		(2) V-Kerbe		*Herstellung*	Spritzgiessen
		Zustand	Spritzfrisch	*Vorbehandlung*	
		°C	°C	°C	*Probekörper-Form*

Schlagzähigkeit	kJ/m^2	23 o.B.	-40 o.B.		NKS
Kerbschlagzähigkeit (1)	kJ/m^2	23 7–9			NKS
IZOD-Kerbschlagzähigkeit (2)	J/m	23 90			63.5 x 12.7 x 3.2 mm
Kerbschlagzugzähigkeit	kJ/m^2				

Abrieb und Reibung

Taber-Abrieb (Reibradverfahren)   mm³/100 U
Abriebfaktor LNP (Thrust washer) Vergleichswert
Statische Reibungszahl
Dynamische Reibungszahl   (p · v =   N/mm² ·   m/min)
Zulässiger p · v Wert   N/mm² · (m/min)   v =   m/min
                                                                               v =   m/min

Thermische Eigenschaften

Formbeständigkeit in der Wärme	Verfahren	A	60–65 °C
	Verfahren	B	160–170 °C
Vicat Erweichungstemperatur (VST)	Verfahren	B/50	180 °C
	Verfahren		°C
Kristallit-Schmelzpunkt	Verfahren	Kofler-Methode	217–221 °C

Längenausdehnungskoeffizient   Bereich   °C $\cdot 10^{-4} \mathrm{K}^{-1}$
                                      Temperatur $\cdot 10^{-4} \mathrm{K}^{-1}$
Wärmeleitfähigkeit   Verfahren   W/(K · m)

Spezifische Wärmekapazität   Verfahren   J/(K · g)

Glasumwandlungstemperatur   Torsionsschwingungsversuch   °C
                                      Differentialkalorimetrie   °C

Brandverhalten

UL-Test vertikal   Dicke 1.6   mm, Wert HB
                                      Dicke 3.2   mm, Wert HB

	Norm	Bewertung	Abmessungen
Sauerstoff-Index	ASTM D 2863		
Glühstab-Verfahren			
Brandverhalten	DIN 4102		
MVSS			
FAR			

Elektrische Eigenschaften

		Hz	°C		Probekörper, Form
Dielektrizitätszahl		50	23	4.3	
		10³			
		10⁶	23	3.8	
Dielektrischer Verlustfaktor tan δ		50	23	0.029	
		10³			
		10⁶	23	0.036	
Spezifischer Durchgangs-widerstand	Ohm · cm		23	1.0*10**14	
Durchschlagfestigkeit	kV/mm		23	34	1.0 mm dick
Oberflächenwiderstand	Ohm		23	1.0*10**12	
Kriechstromfestigkeit		KC 600	KB 550	KA	100x100x3 mm
Elektrolytische Korrosionswirkung					
Lichtbogenfestigkeit nach DIN					
nach ASTM	s				

Beständigkeit (Chemische Beständigkeit siehe Anhang)

Wasseraufnahme 23 C   Bis zur Saettigung   1.5 %

Feuchtigkeitsaufnahme Normalklima   1.9–2.5 %
Wetterbeständigkeit

Spannungskorrosion

Optische Eigenschaften

Brechungszahl n_D
Transmissionsgrad τ_c %   mm dick
Lichtdurchlässigkeit

Produkt	Polyamid 6		**PA**
Handelsname	**Durethan BC 40**		
Hersteller	BAYER		
DIN-Bez 1			
DIN-Bez 2			

Zusätze	Olefinpolymerisat	*Füllstoffe/ Verstärkung*	
Bevorzugte Verarbeitung	Spritzgiessen; Extrudieren	*Lieferform*	Granulat
		Farben	Natur; Standard gedeckt
Besondere Merkmale	Opak; Hornartig; Glaenzende Oberflaeche; Hohe Steifigkeit und Haerte; Gute Schlagzaehigkeit; Abriebfest; Gute Gleiteigenschaften; Schwingungsdaempfend; Hoch dynamisch belastbar	*Bevorzugte Anwendungen*	Elektrotechnik; Maschinenbau; Feinwerktechnik; Fahrzeugbau; Haushaltsartikel; Bedarfsartikel; Bauindustrie; Moebelindustrie; Freizeitartikel; Sportartikel; Verpackungssektor

Dichte	g/cm^3	1.10	*Schmelzindex*	g/10 min	:
Schüttdichte	g/cm^3	0.65	*Volumenfließindex*	cm^3/10 min	:
Viskositätszahl	ml/g				

Verarbeitungsbedingungen für Spritzgießen

Massetemp.	°C	240–290	*Schwindung*	%	lgs	, quer
Werkzeugtemp.	°C	80–120	*Bemerkungen*			
Spritzdruck	bar	≧ 800				

Zugversuch 23 °C DIN 53455; DIN 53457

	Probekörper:	*Form*	Nr.3	*Herstellung*	Spritzgiessen	
		Zustand	Spritzfrisch	*Vorbehandlung*		
Streckspannung	N/mm^2	70	*Dehnung bei Streckspannung*	%	4	
Zugfestigkeit	N/mm^2		*Reißdehnung*	%	75	
Reißfestigkeit	N/mm^2	50	1% *Dehnspannung*	N/mm^2	65	
E-Modul	N/mm^2	2600	*Dehnung bei* 1% *Dehnspg.*	%	3.5	

Kriechmoduln und Zeitstandwerte 23 °C

	Probekörper:	*Form*	*Herstellung*		
		Zustand	*Vorbehandlung*		
Kriechmodul	1 min N/mm^2		*Zeitstandzugfestigkeit*	h N/mm^2	
Kriechmodul	1000 h N/mm^2		*Zeitdehnspg.* %	h N/mm^2	
bei Spannung	N/mm^2				

Biegeversuch 23 °C DIN 53452; DIN 53457

	Probekörper:	*Form*	120 x 10 x 4 mm	*Herstellung*	Spritzgiessen
		Zustand	Spritzfrisch	*Vorbehandlung*	
Biegefestigkeit	N/mm^2		*E-Modul*	N/mm^2 2700	
3,5% *Biegespannung*	N/mm^2 75				

Härte 23 °C

	Probekörper:	*Zustand*	Spritzfrisch	*Herstellung*	Spritzgiessen
				Vorbehandlung	
Kugeldruckhärte	N/mm^2 115	bei	N, 30 s	*Shore-Härte* A	
Rockwellhärte				*Shore-Härte* D	

Schlagversuch

	Probekörper:	*(1)* U-Kerbe			
		(2) V-Kerbe		*Herstellung*	Spritzgiessen
		Zustand Spritzfrisch		*Vorbehandlung*	
		°C	°C	°C	*Probekörper-Form*
Schlagzähigkeit	kJ/m^2	23 o.B.	-40 o.B.		NKS
Kerbschlagzähigkeit (1)	kJ/m^2	23 16–20			NKS
IZOD-Kerbschlagzähigkeit (2)	J/m	23 250			63.5 x 12.7 x 3.2 mm
Kerbschlagzugzähigkeit	kJ/m^2				

Abrieb und Reibung

Taber-Abrieb (Reibradverfahren)	mm³/100 U
Abriebfaktor LNP (Thrust washer) Vergleichswert	
Statische Reibungszahl	
Dynamische Reibungszahl	(p·v = N/mm² · m/min)
Zulässiger p · v Wert	N/mm² · (m/min) v = m/min
	v = m/min

Thermische Eigenschaften

Formbeständigkeit in der Wärme	*Verfahren*	A	60–70 °C
	Verfahren	B	180–190 °C
Vicat Erweichungstemperatur (VST)	*Verfahren*	B/50	130 °C
	Verfahren		°C
Kristallit-Schmelzpunkt	*Verfahren*	Kofler-Methode	217–221 °C
Längenausdehnungskoeffizient	*Bereich*	°C	$\cdot 10^{-4} \mathrm{K}^{-1}$
	Temperatur 23 °C		$1.40\text{–}1.60 \cdot 10^{-4} \mathrm{K}^{-1}$
Wärmeleitfähigkeit	*Verfahren*	DIN 52612 23 °C	0.25 W/(K · m)
Spezifische Wärmekapazität	*Verfahren*	23 °C	1.6 J/(K · g)
Glasumwandlungstemperatur	*Torsionsschwingungsversuch*		°C
	Differentialkalorimetrie		°C

Brandverhalten

UL-Test vertikal

Dicke 1.6   mm, Wert HB
Dicke 3.2   mm, Wert HB

	Norm	*Bewertung*	*Abmessungen*
Sauerstoff-Index	ASTM D 2863		
Glühstab-Verfahren			
Brandverhalten	DIN 4102		
MVSS			
FAR			

Elektrische Eigenschaften

		Hz	°C		*Probekörper, Form*
Dielektrizitätszahl		50	23	4.3	
		10³			
		10⁶	23	3.8	
Dielektrischer Verlustfaktor tan δ		50	23	0.029	
		10³			
		10⁶	23	0.036	
Spezifischer Durchgangs-					
widerstand	Ohm · cm		23	1.0*10**14	
Durchschlagfestigkeit	kV/mm		23	≧ 34	1.0 mm dick
Oberflächenwiderstand	Ohm		23	1.0*10**12	
Kriechstromfestigkeit		KC 600	KB 550	KA	100x100x3 mm
Elektrolytische Korrosionswirkung					
Lichtbogenfestigkeit nach DIN					
nach ASTM	s				

Beständigkeit *(Chemische Beständigkeit siehe Anhang)*

Wasseraufnahme 23 C Bis zur Saettigung	1.5 %
Feuchtigkeitsaufnahme Normalklima	1.9–2.5 %
Wetterbeständigkeit	
Spannungskorrosion	

Optische Eigenschaften

Brechungszahl n_D		
Transmissionsgrad τ_c	%	mm dick
Lichtdurchlässigkeit		

Produkt	Polyamid 6	**PA**
Handelsname	**Durethan BC 402**	
Hersteller	BAYER	
DIN-Bez 1		
DIN-Bez 2		

Zusätze	Elastomeranteil	Füllstoffe/ Verstärkung	
Bevorzugte Verarbeitung	Spritzgiessen; Extrudieren	Lieferform	Granulat
		Farben	Natur; Standard gedeckt
Besondere Merkmale	Opak; Hornartig; Glaenzende Oberflaeche; Hohe Steifigkeit und Haerte; Gute Schlagzaehigkeit; Abriebfest; Gute Gleiteigenschaften; Schwingungsdaempfend; Hoch dynamisch belastbar	Bevorzugte Anwendungen	Elektrotechnik; Maschinenbau; Feinwerktechnik; Fahrzeugbau; Haushaltsartikel; Bedarfsartikel; Bauindustrie; Moebelindustrie; Freizeitartikel; Sportartikel; Verpackungssektor

Dichte	g/cm^3	1.08	Schmelzindex	g/10 min		:
Schüttdichte	g/cm^3	0.65	Volumenfließindex	cm^3/10 min		:
Viskositätszahl	ml/g					

Verarbeitungsbedingungen für Spritzgießen

Massetemp.	°C	240–290	Schwindung	%	lgs	, quer
Werkzeugtemp.	°C	80–120	Bemerkungen			
Spritzdruck	bar	$\geq$ 800				

Zugversuch 23 °C DIN 53455; DIN 53457

	Probekörper: Form	Nr.3	Herstellung	Spritzgiessen	
	Zustand	Spritzfrisch	Vorbehandlung		
Streckspannung	N/mm^2	60	Dehnung bei Streckspannung	%	4
Zugfestigkeit	N/mm^2		Reißdehnung	%	100
Reißfestigkeit	N/mm^2	45	% Dehnspannung	N/mm^2	
E-Modul	N/mm^2	2100	Dehnung bei % Dehnspg.	%	

Kriechmoduln und Zeitstandwerte 23 °C

	Probekörper: Form		Herstellung		
	Zustand		Vorbehandlung		
Kriechmodul	1 min	N/mm^2	Zeitstandzugfestigkeit	h	N/mm^2
Kriechmodul	1000 h	N/mm^2	Zeitdehnspg. %	h	N/mm^2
bei Spannung		N/mm^2			

Biegeversuch 23 °C DIN 53452; DIN 53457

	Probekörper: Form	120 x 10 x 4 mm	Herstellung	Spritzgiessen
	Zustand	Spritzfrisch	Vorbehandlung	
Biegefestigkeit	N/mm^2		E-Modul	N/mm^2 2200
3,5% Biegespannung	N/mm^2	70		

Härte 23 °C

	Probekörper: Zustand	Spritzfrisch	Herstellung	Spritzgiessen
			Vorbehandlung	
Kugeldruckhärte	N/mm^2 90	bei N, 30 s	Shore-Härte	A
Rockwellhärte			Shore-Härte	D

Schlagversuch

	Probekörper:	(1) U-Kerbe	
		(2) V-Kerbe	Herstellung Spritzgiessen
	Zustand	Spritzfrisch	Vorbehandlung
	°C	°C	°C Probekörper-Form

Schlagzähigkeit	kJ/m^2	23 o.B.	-40 o.B.		NKS
Kerbschlagzähigkeit (1)	kJ/m^2	23 50–60			NKS
IZOD-Kerbschlagzähigkeit (2)	J/m	23 1000			63.5 x 12.7 x 3.2 mm
Kerbschlagzugzähigkeit	kJ/m^2				

Abrieb und Reibung

Taber-Abrieb (Reibradverfahren)	mm³/100 U
Abriebfaktor LNP (Thrust washer) Vergleichswert	
Statische Reibungszahl	
Dynamische Reibungszahl	(p·v = N/mm² · m/min)
Zulässiger p · v Wert	N/mm² · (m/min) v = m/min
	v = m/min

Thermische Eigenschaften

Formbeständigkeit in der Wärme	*Verfahren*		°C
	Verfahren		°C
Vicat Erweichungstemperatur (VST)	*Verfahren*	B/50	185–190 °C
	Verfahren		°C
Kristallit-Schmelzpunkt	*Verfahren*	Kofler-Methode	217–221 °C
Längenausdehnungskoeffizient	*Bereich* °C		$\cdot 10^{-4} \mathrm{K}^{-1}$
	Temperatur 23 °C		$1.00\text{–}1.20 \cdot 10^{-4}\,\mathrm{K}^{-1}$
Wärmeleitfähigkeit	*Verfahren*		W/(K · m)
Spezifische Wärmekapazität	*Verfahren*		J/(K · g)
Glasumwandlungstemperatur	*Torsionsschwingungsversuch*		°C
	Differentialkalorimetrie		°C

Brandverhalten

UL-Test vertikal Dicke 1.6 mm, Wert HB
Dicke 3.2 mm, Wert HB

	Norm	*Bewertung*	*Abmessungen*
Sauerstoff-Index	ASTM D 2863		
Glühstab-Verfahren			
Brandverhalten	DIN 4102		
MVSS			
FAR			

Elektrische Eigenschaften

		Hz	°C		*Probekörper, Form*
Dielektrizitätszahl		50	23	3.4	
		10³	23	3.4	
		10⁶	23	3.1	
Dielektrischer Verlustfaktor tan δ		50	23	0.010	
		10³	23	0.015	
		10⁶	23	0.021	
Spezifischer Durchgangs- widerstand	Ohm · cm		23	1.0*10**15	
Durchschlagfestigkeit	kV/mm		23	≧ 80	1.0 mm dick
Oberflächenwiderstand	Ohm		23	1.0*10**16	
Kriechstromfestigkeit	KC 600		KB 600	KA	100x100x3 mm
Elektrolytische Korrosionswirkung					
Lichtbogenfestigkeit nach DIN					
nach ASTM	s				

Beständigkeit *(Chemische Beständigkeit siehe Anhang)*

Wasseraufnahme 23 C Bis zur Saettigung   1.8 %

Feuchtigkeitsaufnahme Normalklima   %
Wetterbeständigkeit

Spannungskorrosion

Optische Eigenschaften

Brechungszahl n_D
Transmissionsgrad τ_c %   mm dick
Lichtdurchlässigkeit

Produkt	Polyamid 66	**PA**
Handelsname	**Verton RF-7006**	
Hersteller	ICI	
DIN-Bez 1		
DIN-Bez 2		

Zusätze			*Füllstoffe/ Verstärkung*	30.0% Glasfaser, lang
Bevorzugte Verarbeitung	Spritzgiessen		*Lieferform*	Zylindergranulat 10 mm lang
			Farben	Natur; Schwarz
Besondere Merkmale	Gute Steifigkeit bei hoeheren Temperaturen; Hohe Festigkeit; Sehr hohe Waermeformbestaendigkeit; Hoher Modul		*Bevorzugte Anwendungen*	Technisches Formteil

---

Dichte	g/cm^3	1.370	*Schmelzindex*	g/10 min	:
Schüttdichte	g/cm^3		*Volumenfließindex*	cm^3/10 min	:
Viskositätszahl	ml/g				

Verarbeitungsbedingungen für Spritzgießen

Massetemp.	°C	295–300	*Schwindung*	% lgs	0.4, quer 0.8
Werkzeugtemp.	°C	70–100	*Bemerkungen*	Ggf. Trocknen im Vakuum 4 bis 12 h bei 95 C	
Spritzdruck	bar				

Zugversuch 23 °C DIN 53455;

	Probekörper:	*Form*	*Herstellung*	Spritzgiessen
		Zustand Spritzfrisch	*Vorbehandlung*	
Streckspannung	N/mm^2		*Dehnung bei Streckspannung*	%
Zugfestigkeit	N/mm^2 195		*Reißdehnung*	% 4
Reißfestigkeit	N/mm^2		% *Dehnspannung*	N/mm^2
E-Modul	N/mm^2		*Dehnung bei* % *Dehnspg.*	%

Kriechmoduln und Zeitstandwerte 23 °C

	Probekörper:	*Form*	*Herstellung*	
		Zustand	*Vorbehandlung*	
Kriechmodul	1 min N/mm^2		*Zeitstandzugfestigkeit*	h N/mm^2
Kriechmodul	1000 h N/mm^2		*Zeitdehnspg.* %	h N/mm^2
bei Spannung	N/mm^2			

Biegeversuch 23 °C DIN 53452;

	Probekörper:	*Form*	*Herstellung*	Spritzgiessen
		Zustand Spritzfrisch	*Vorbehandlung*	
Biegefestigkeit	N/mm^2 320		*E-Modul*	N/mm^2 10000
3,5% Biegespannung	N/mm^2			

Härte 23 °C

	Probekörper:	*Zustand* Spritzfrisch	*Herstellung*	Spritzgiessen
			Vorbehandlung	
Kugeldruckhärte	N/mm^2	bei N, s	*Shore-Härte* A	
Rockwellhärte			*Shore-Härte* D	85

Schlagversuch

	Probekörper:	*(1)*		
		(2)	*Herstellung*	Spritzgiessen
		Zustand Spritzfrisch	*Vorbehandlung*	
		°C	°C	°C	*Probekörper-Form*

Schlagzähigkeit	kJ/m^2
Kerbschlagzähigkeit (1)	kJ/m^2
IZOD-Kerbschlagzähigkeit (2)	J/m
Kerbschlagzugzähigkeit	kJ/m^2

Abrieb und Reibung

Taber-Abrieb (Reibradverfahren)	mm³/100 U
Abriebfaktor LNP (Thrust washer) Vergleichswert	
Statische Reibungszahl	
Dynamische Reibungszahl	(p·v = N/mm² · m/min)
Zulässiger p · v Wert	N/mm² · (m/min) v = m/min
	v = m/min

Thermische Eigenschaften

Formbeständigkeit in der Wärme	*Verfahren* A		255 °C
	Verfahren		°C
Vicat Erweichungstemperatur (VST)	*Verfahren*		°C
	Verfahren		°C
Kristallit-Schmelzpunkt	*Verfahren* ISO 1218		258 °C
Längenausdehnungskoeffizient	*Bereich*	°C	$\cdot 10^{-4} K^{-1}$
	Temperatur 23 °C		$0.4 \cdot 10^{-4} K^{-1}$
Wärmeleitfähigkeit	*Verfahren*		W/(K · m)
Spezifische Wärmekapazität	*Verfahren*		J/(K · g)
Glasumwandlungstemperatur	*Torsionsschwingungsversuch*	°C	
	Differentialkalorimetrie	°C	

Brandverhalten

UL-Test vertikal   Dicke 1.6   mm, Wert HB
                            Dicke   mm, Wert

	Norm	*Bewertung*	*Abmessungen*
Sauerstoff-Index	ASTM D 2863	25%	
Glühstab-Verfahren			
Brandverhalten	DIN 4102		
MVSS			
FAR			

Elektrische Eigenschaften

		Hz	°C		*Probekörper, Form*
Dielektrizitätszahl		50	23	4.0	
		10^3	23	3.9	
		10^6			
Dielektrischer Verlustfaktor tan δ		50	23	0.007	
		10^3	23	0.01	
		10^6			
Spezifischer Durchgangs-widerstand	Ohm · cm		23	1.0*10**15	
Durchschlagfestigkeit	kV/mm				mm dick
Oberflächenwiderstand	Ohm				
Kriechstromfestigkeit		KC 600	KB 400	KA	
Elektrolytische Korrosionswirkung					
Lichtbogenfestigkeit nach DIN					
nach ASTM	s				

Beständigkeit *(Chemische Beständigkeit siehe Anhang)*

Wasseraufnahme 23 C		1 d	0.7 %
Feuchtigkeitsaufnahme Normalklima			%
Wetterbeständigkeit			
Spannungskorrosion			

Optische Eigenschaften

Brechungszahl n_D		
Transmissionsgrad τ_c	%	mm dick
Lichtdurchlässigkeit		

Produkt	Polyamid 66	**PA**
Handelsname	**Verton RF-700-10**	
Hersteller	ICI	
DIN-Bez 1		
DIN-Bez 2		

Zusätze		*Füllstoffe/ Verstärkung*	50.0% Glasfaser, lang
Bevorzugte Verarbeitung	Spritzgiessen	*Lieferform*	Zylindergranulat 10 mm lang
		Farben	Natur; Schwarz
Besondere Merkmale	Gute Steifigkeit bei hoeheren Temperaturen; Hohe Festigkeit; Sehr hohe Waermeformbestaendigkeit; Sehr hoher Modul	*Bevorzugte Anwendungen*	Technisches Formteil

---

Dichte	g/cm^3	1.570		*Schmelzindex*	g/10 min	:
Schüttdichte	g/cm^3			*Volumenfließindex*	cm^3/10 min	:
Viskositätszahl	ml/g					

Verarbeitungsbedingungen für Spritzgießen

Massetemp.	°C	295–300	*Schwindung*	%	lgs 0.3, quer 0.6
Werkzeugtemp.	°C	70–100	*Bemerkungen*		Ggf. Trocknen im Vakuum 4 bis 12 h bei 95 C
Spritzdruck	bar				

Zugversuch 23 °C DIN 53455;

	Probekörper:	*Form*	*Herstellung*	Spritzgiessen
		Zustand Spritzfrisch	*Vorbehandlung*	
Streckspannung	N/mm^2		*Dehnung bei Streckspannung*	%
Zugfestigkeit	N/mm^2 230		*Reißdehnung*	% 4
Reißfestigkeit	N/mm^2		*% Dehnspannung*	N/mm^2
E-Modul	N/mm^2		*Dehnung bei % Dehnspg.*	%

Kriechmoduln und Zeitstandwerte 23 °C

	Probekörper:	*Form*	*Herstellung*	
		Zustand	*Vorbehandlung*	
Kriechmodul	1 min N/mm^2		*Zeitstandzugfestigkeit*	h N/mm^2
Kriechmodul	1000 h N/mm^2		*Zeitdehnspg. %*	h N/mm^2
bei Spannung	N/mm^2			

Biegeversuch 23 °C DIN 53452;

	Probekörper:	*Form*	*Herstellung*	Spritzgiessen
		Zustand Spritzfrisch	*Vorbehandlung*	
Biegefestigkeit	N/mm^2 400		*E-Modul*	N/mm^2 15800
3,5% Biegespannung	N/mm^2			

Härte 23 °C

	Probekörper:	*Zustand* Spritzfrisch	*Herstellung*	Spritzgiessen
			Vorbehandlung	
Kugeldruckhärte	N/mm^2	bei N, s	*Shore-Härte* A	
Rockwellhärte			*Shore-Härte* D	87

Schlagversuch

	Probekörper:	*(1)*		
		(2)	*Herstellung*	Spritzgiessen
		Zustand Spritzfrisch	*Vorbehandlung*	
		°C °C	°C	*Probekörper-Form*

Schlagzähigkeit	kJ/m^2
Kerbschlagzähigkeit (1)	kJ/m^2
IZOD-Kerbschlagzähigkeit (2)	J/m
Kerbschlagzugzähigkeit	kJ/m^2

Abrieb und Reibung

Taber-Abrieb (Reibradverfahren)	mm³/100 U
Abriebfaktor LNP (Thrust washer) Vergleichswert	
Statische Reibungszahl	
Dynamische Reibungszahl	(p · v = N/mm² · m/min)
Zulässiger p · v Wert	N/mm² · (m/min) v = m/min
	v = m/min

Thermische Eigenschaften

Formbeständigkeit in der Wärme	*Verfahren*	A	261 °C
	Verfahren		°C
Vicat Erweichungstemperatur (VST)	*Verfahren*		°C
	Verfahren		°C
Kristallit-Schmelzpunkt	*Verfahren*	ISO 1218	263 °C
Längenausdehnungskoeffizient	*Bereich* °C		$\cdot 10^{-4}\mathrm{K}^{-1}$
	Temperatur 23 °C		$0.3 \cdot 10^{-4}\mathrm{K}^{-1}$
Wärmeleitfähigkeit	*Verfahren*		W/(K · m)
Spezifische Wärmekapazität	*Verfahren*		J/(K · g)
Glasumwandlungstemperatur	*Torsionsschwingungsversuch*	°C	
	Differentialkalorimetrie	°C	

Brandverhalten

UL-Test vertikal	Dicke 1.6 mm, Wert HB	
	Dicke mm, Wert	

	Norm	*Bewertung*	*Abmessungen*
Sauerstoff-Index	ASTM D 2863	25 %	
Glühstab-Verfahren			
Brandverhalten	DIN 4102		
MVSS			
FAR			

Elektrische Eigenschaften

		Hz	°C		*Probekörper, Form*
Dielektrizitätszahl		50	23	4.1	
		10^3	23	4.0	
		10^6			
Dielektrischer Verlustfaktor tan δ		50	23	0.006	
		10^3	23	0.01	
		10^6			
Spezifischer Durchgangs- widerstand	Ohm · cm		23	1.0*10**15	
Durchschlagfestigkeit	kV/mm				mm dick
Oberflächenwiderstand	Ohm				
Kriechstromfestigkeit		KC 600	KB 400	KA	
Elektrolytische Korrosionswirkung					
Lichtbogenfestigkeit nach DIN					
nach ASTM	s				

Beständigkeit *(Chemische Beständigkeit siehe Anhang)*

Wasseraufnahme 23 C		1 d	0.4 %
Feuchtigkeitsaufnahme Normalklima			%
Wetterbeständigkeit			
Spannungskorrosion			

Optische Eigenschaften

Brechungszahl n_D		
Transmissionsgrad τ_c	%	mm dick
Lichtdurchlässigkeit		

Produkt	Copolyamid 66/6	**PA**
Handelsname	**Verton RF-7006 EM**	
Hersteller	ICI	
DIN-Bez 1		
DIN-Bez 2		

Zusätze		*Füllstoffe/ Verstärkung*	30.0% Glasfaser, lang
Bevorzugte Verarbeitung	Spritzgiessen	*Lieferform*	Zylindergranulat 10 mm lang
		Farben	Natur; Schwarz
Besondere Merkmale	Gute Steifigkeit bei hoeheren Temperaturen; Hohe Festigkeit; Sehr hohe Waermeformbestaendigkeit; Hoher Modul	*Bevorzugte Anwendungen*	Technisches Formteil

---

Dichte	g/cm³	1.370	*Schmelzindex*	g/10 min		:
Schüttdichte	g/cm³		*Volumenfließindex*	cm³/10 min		:
Viskositätszahl	ml/g					

Verarbeitungsbedingungen für Spritzgießen

Massetemp.	°C	295–300	*Schwindung*	%	lgs	0.4, quer 0.8
Werkzeugtemp.	°C	70–100	*Bemerkungen*	Ggf. Trocknen im Vakuum 4 bis 12 h bei 95 C		
Spritzdruck	bar					

Zugversuch 23 °C DIN 53455;

	Probekörper:	*Form*		*Herstellung*	Spritzgiessen
		Zustand Spritzfrisch		*Vorbehandlung*	
Streckspannung	N/mm²		*Dehnung bei Streckspannung*	%	
Zugfestigkeit	N/mm² 195		*Reißdehnung*	%	4
Reißfestigkeit	N/mm²		% *Dehnspannung*	N/mm²	
E-Modul	N/mm²		*Dehnung bei* % *Dehnspg.*	%	

Kriechmoduln und Zeitstandwerte 23 °C

	Probekörper:	*Form*		*Herstellung*	
		Zustand		*Vorbehandlung*	
Kriechmodul	1 min	N/mm²	*Zeitstandzugfestigkeit*	h N/mm²	
Kriechmodul	1000 h	N/mm²	*Zeitdehnspg.* %	h N/mm²	
bei Spannung		N/mm²			

Biegeversuch 23 °C DIN 53452;

	Probekörper:	*Form*		*Herstellung*	Spritzgiessen
		Zustand Spritzfrisch		*Vorbehandlung*	
Biegefestigkeit	N/mm² 320		*E-Modul*	N/mm² 10000	
3,5% Biegespannung	N/mm²				

Härte 23 °C

	Probekörper:	*Zustand* Spritzfrisch		*Herstellung*	Spritzgiessen
				Vorbehandlung	
Kugeldruckhärte	N/mm²	bei N, s	*Shore-Härte* A		
Rockwellhärte			*Shore-Härte* D	85	

Schlagversuch

	Probekörper:	*(1)*			
		(2)		*Herstellung*	Spritzgiessen
		Zustand Spritzfrisch		*Vorbehandlung*	
		°C	°C	°C	*Probekörper-Form*

Schlagzähigkeit	kJ/m²
Kerbschlagzähigkeit (1)	kJ/m²
IZOD-Kerbschlagzähigkeit (2)	J/m
Kerbschlagzugzähigkeit	kJ/m²

Abrieb und Reibung

Taber-Abrieb (Reibradverfahren)	mm^3/100 U
Abriebfaktor LNP (Thrust washer) Vergleichswert	
Statische Reibungszahl	
Dynamische Reibungszahl	(p·v = N/mm^2 · m/min)
Zulässiger p · v Wert	N/mm^2 · (m/min) v = m/min
	v = m/min

Thermische Eigenschaften

Formbeständigkeit in der Wärme	*Verfahren*	A	237 °C
	Verfahren		°C
Vicat Erweichungstemperatur (VST)	*Verfahren*		°C
	Verfahren		°C
Kristallit-Schmelzpunkt	*Verfahren*	ISO 1218	246 °C
Längenausdehnungskoeffizient	*Bereich*	°C	$\cdot 10^{-4}$K^{-1}
	Temperatur 23 °C		0.4 · 10^{-4}K^{-1}
Wärmeleitfähigkeit	*Verfahren*		W/(K · m)
Spezifische Wärmekapazität	*Verfahren*		J/(K · g)
Glasumwandlungstemperatur	*Torsionsschwingungsversuch*		°C
	Differentialkalorimetrie		°C

Brandverhalten

UL-Test vertikal	Dicke 1.6	mm, Wert HB	
	Dicke	mm, Wert	

	Norm	*Bewertung*	*Abmessungen*
Sauerstoff-Index	ASTM D 2863	25%	
Glühstab-Verfahren			
Brandverhalten	DIN 4102		
MVSS			
FAR			

Elektrische Eigenschaften

		Hz	*°C*		*Probekörper, Form*
Dielektrizitätszahl		50	23	4.0	
		10^3	23	3.9	
		10^6			
Dielektrischer Verlustfaktor tan δ		50	23	0.007	
		10^3	23	0.01	
		10^6			
Spezifischer Durchgangs-widerstand	Ohm · cm		23	1.0*10**15	
Durchschlagfestigkeit	kV/mm				mm dick
Oberflächenwiderstand	Ohm				
Kriechstromfestigkeit		KC 600	KB 400	KA	
Elektrolytische Korrosionswirkung					
Lichtbogenfestigkeit nach DIN					
nach ASTM	s				

Beständigkeit *(Chemische Beständigkeit siehe Anhang)*

Wasseraufnahme 23 C		1 d	0.7 %
Feuchtigkeitsaufnahme Normalklima			%
Wetterbeständigkeit			
Spannungskorrosion			

Optische Eigenschaften

Brechungszahl n$_D$			
Transmissionsgrad τ_c	%	mm dick	
Lichtdurchlässigkeit			

Produkt	Copolyamid 66/6	**PA**
Handelsname	**Verton RF-700-10 EM**	
Hersteller	ICI	
DIN-Bez 1		
DIN-Bez 2		

Zusätze		*Füllstoffe/ Verstärkung*	50.0% Glasfaser, lang
Bevorzugte Verarbeitung	Spritzgiessen	*Lieferform*	Zylindergranulat 10 mm lang
		Farben	Natur; Schwarz
Besondere Merkmale	Gute Steifigkeit bei hoeheren Temperaturen; Hohe Festigkeit; Sehr hohe Waermeformbestaendigkeit; Sehr hoher Modul	*Bevorzugte Anwendungen*	Technisches Formteil

---

Dichte	g/cm^3	1.570	*Schmelzindex*	g/10 min		:
Schüttdichte	g/cm^3		*Volumenfließindex*	cm^3/10 min		:
Viskositätszahl	ml/g					

Verarbeitungsbedingungen für Spritzgießen

Massetemp.	°C	295–300	*Schwindung*	%	lgs	0.3, quer 0.6
Werkzeugtemp.	°C	70–100	*Bemerkungen*	Ggf. Trocknen im Vakuum 4 bis 12 h bei 95 C		
Spritzdruck	bar					

Zugversuch 23 °C DIN 53455;

	Probekörper:	*Form*		*Herstellung*	Spritzgiessen
		Zustand Spritzfrisch		*Vorbehandlung*	
Streckspannung	N/mm^2		*Dehnung bei Streckspannung*	%	
Zugfestigkeit	N/mm^2 230		*Reißdehnung*	%	4
Reißfestigkeit	N/mm^2		% *Dehnspannung*	N/mm^2	
E-Modul	N/mm^2		*Dehnung bei* % *Dehnspg.*	%	

Kriechmoduln und Zeitstandwerte 23 °C

	Probekörper:	*Form*	*Herstellung*	
		Zustand	*Vorbehandlung*	
Kriechmodul	1 min N/mm^2		*Zeitstandzugfestigkeit*	h N/mm^2
Kriechmodul	1000 h N/mm^2		*Zeitdehnspg.* %	h N/mm^2
bei Spannung	N/mm^2			

Biegeversuch 23 °C DIN 53452;

	Probekörper:	*Form*		*Herstellung*	Spritzgiessen
		Zustand Spritzfrisch		*Vorbehandlung*	
Biegefestigkeit	N/mm^2 400		*E-Modul*	N/mm^2 15800	
3,5% Biegespannung	N/mm^2				

Härte 23 °C

	Probekörper:	*Zustand* Spritzfrisch	*Herstellung*	Spritzgiessen
			Vorbehandlung	
Kugeldruckhärte	N/mm^2	bei N, s	*Shore-Härte* A	
Rockwellhärte			*Shore-Härte* D	87

Schlagversuch

	Probekörper:	*(1)*		
		(2)	*Herstellung*	Spritzgiessen
		Zustand Spritzfrisch	*Vorbehandlung*	
		°C	°C	°C	*Probekörper-Form*

Schlagzähigkeit	kJ/m^2	
Kerbschlagzähigkeit (1)	kJ/m^2	
IZOD-Kerbschlagzähigkeit (2)	J/m	
Kerbschlagzugzähigkeit	kJ/m^2	

Abrieb und Reibung

Taber-Abrieb (Reibradverfahren)	mm^3/100 U
Abriebfaktor LNP (Thrust washer) Vergleichswert	
Statische Reibungszahl	
Dynamische Reibungszahl	(p·v = N/mm^2 · m/min)
Zulässiger p · v Wert	N/mm^2 · (m/min) v = m/min
	v = m/min

Thermische Eigenschaften

Formbeständigkeit in der Wärme	*Verfahren*	A	244 °C
	Verfahren		°C
Vicat Erweichungstemperatur (VST)	*Verfahren*		°C
	Verfahren		°C
Kristallit-Schmelzpunkt	*Verfahren*	ISO 1218	246 °C
Längenausdehnungskoeffizient	*Bereich*	°C	· 10^{-4}K^{-1}
	Temperatur 23 °C		0.3 · 10^{-4}K^{-1}
Wärmeleitfähigkeit	*Verfahren*		W/(K · m)
Spezifische Wärmekapazität	*Verfahren*		J/(K · g)
Glasumwandlungstemperatur	*Torsionsschwingungsversuch*	°C	
	Differentialkalorimetrie	°C	

Brandverhalten

UL-Test vertikal   Dicke 1.6   mm, Wert HB
                    Dicke   mm, Wert

	Norm	*Bewertung*		*Abmessungen*
Sauerstoff-Index	ASTM D 2863	25%		
Glühstab-Verfahren				
Brandverhalten	DIN 4102			
MVSS				
FAR				

Elektrische Eigenschaften

		Hz	°C			*Probekörper, Form*
Dielektrizitätszahl		50	23	4.1		
		10^3	23	4.0		
		10^6				
Dielektrischer Verlustfaktor tan δ		50	23	0.006		
		10^3	23	0.01		
		10^6				
Spezifischer Durchgangs-						
widerstand	Ohm · cm		23	1.0*10**15		
Durchschlagfestigkeit	kV/mm					mm dick
Oberflächenwiderstand	Ohm					
Kriechstromfestigkeit		KC 600		KB 400	KA	
Elektrolytische Korrosionswirkung						
Lichtbogenfestigkeit nach DIN						
nach ASTM	s					

Beständigkeit *(Chemische Beständigkeit siehe Anhang)*

Wasseraufnahme 23 C		1 d	0.4 %
Feuchtigkeitsaufnahme Normalklima			%
Wetterbeständigkeit			
Spannungskorrosion			

Optische Eigenschaften

Brechungszahl n$_D$
Transmissionsgrad τ_c %   mm dick
Lichtdurchlässigkeit

Produkt	Polyethylen niedriger Dichte	**PE**
Handelsname	**LDPE 149**	
Hersteller	DOW	
DIN-Bez 1	16776-PE,FG,20-D003	
DIN-Bez 2		

Zusätze

Füllstoffe/ Verstärkung

Bevorzugte Verarbeitung	Blasfolienextrusion	*Lieferform*	Granulat
		Farben	Natur
Besondere Merkmale	Gute Verarbeitbarkeit; Gute Steifheit	*Bevorzugte Anwendungen*	Schwergutsack; Muellsack; Schrumpffolie fuer hohe Beanspruchung

---

Dichte	g/cm^3	0.919	*Schmelzindex* g/10 min	0.3 : 190/2.16
Schüttdichte	g/cm^3		*Volumenfließindex* cm^3/10 min	:
Viskositätszahl	ml/g			

Verarbeitungsbedingungen für Spritzgießen

Massetemp.	°C	*Schwindung*	% lgs , quer
Werkzeugtemp.	°C	*Bemerkungen*	
Spritzdruck	bar		

Zugversuch 23 °C   ASTM D-638;

	Probekörper: Form	*Herstellung*	Pressen
	Zustand	*Vorbehandlung*	Normalklima

Streckspannung	N/mm^2 8	*Dehnung bei Streckspannung*	%	
Zugfestigkeit	N/mm^2	*Reißdehnung*	%	570
Reißfestigkeit	N/mm^2 13	% *Dehnspannung*	N/mm^2	
E-Modul	N/mm^2 210	*Dehnung bei* % *Dehnspg.*	%	

Kriechmoduln und Zeitstandwerte 23 °C

	Probekörper: Form	*Herstellung*
	Zustand	*Vorbehandlung*

Kriechmodul	1 min N/mm^2	*Zeitstandzugfestigkeit*	h N/mm^2
Kriechmodul	1000 h N/mm^2	*Zeitdehnspg.* %	h N/mm^2
bei Spannung	N/mm^2		

Biegeversuch 23 °C

	Probekörper: Form	*Herstellung*
	Zustand	*Vorbehandlung*

Biegefestigkeit	N/mm^2	*E-Modul*	N/mm^2
3,5% Biegespannung	N/mm^2		

Härte 23 °C   *Probekörper:* Zustand   *Herstellung* / *Vorbehandlung*

Kugeldruckhärte	N/mm^2 bei N, s	*Shore-Härte*	A
Rockwellhärte		*Shore-Härte*	D

Schlagversuch

Probekörper:	(1)
	(2)
	Zustand

Herstellung / *Vorbehandlung*

°C	°C	°C	*Probekörper-Form*

Schlagzähigkeit	kJ/m^2
Kerbschlagzähigkeit (1)	kJ/m^2
IZOD-Kerbschlagzähigkeit (2)	J/m
Kerbschlagzugzähigkeit	kJ/m^2

Abrieb und Reibung

Taber-Abrieb (Reibradverfahren) mm³/100 U
Abriebfaktor LNP (Thrust washer) Vergleichswert
Statische Reibungszahl
Dynamische Reibungszahl $(p \cdot v =$ N/mm² · m/min)
Zulässiger p · v Wert N/mm² · (m/min) v = m/min
  v = m/min

Thermische Eigenschaften

Formbeständigkeit in der Wärme	*Verfahren*		°C
	Verfahren		°C
Vicat Erweichungstemperatur (VST)	*Verfahren* A/50		94 °C
	Verfahren		°C
Kristallit-Schmelzpunkt	*Verfahren*		

Längenausdehnungskoeffizient *Bereich* °C $\cdot 10^{-4} \mathrm{K}^{-1}$
  Temperatur $\cdot 10^{-4} \mathrm{K}^{-1}$
Wärmeleitfähigkeit *Verfahren* W/(K · m)

Spezifische Wärmekapazität *Verfahren* J/(K · g)

Glasumwandlungstemperatur *Torsionsschwingungsversuch* °C
  Differentialkalorimetrie °C

Brandverhalten

UL-Test vertikal Dicke mm, Wert
  Dicke mm, Wert

	Norm	*Bewertung*	*Abmessungen*
Sauerstoff-Index	ASTM D 2863		
Glühstab-Verfahren			
Brandverhalten	DIN 4102		
MVSS			
FAR			

Elektrische Eigenschaften

	Hz	°C	*Probekörper, Form*
Dielektrizitätszahl	50		
	10³		
	10⁶		
Dielektrischer Verlustfaktor tan δ	50		
	10³		
	10⁶		

Spezifischer Durchgangs-
  widerstand Ohm · cm
Durchschlagfestigkeit kV/mm mm dick
Oberflächenwiderstand Ohm

Kriechstromfestigkeit KC KB KA
Elektrolytische Korrosionswirkung
Lichtbogenfestigkeit nach DIN
  nach ASTM s

Beständigkeit *(Chemische Beständigkeit siehe Anhang)*

Wasseraufnahme

Feuchtigkeitsaufnahme Normalklima %
Wetterbeständigkeit

Spannungskorrosion

Optische Eigenschaften

Brechungszahl n_D
Transmissionsgrad τ_c % mm dick
Lichtdurchlässigkeit

Produkt	Polyethylen niedriger Dichte	**PE**
Handelsname	**LDPE 150**	
Hersteller	DOW	
DIN-Bez 1	16776-PE,FG,20-D003	
DIN-Bez 2		

Zusätze		*Füllstoffe/ Verstärkung*	
Bevorzugte Verarbeitung	Blasfolienextrusion	*Lieferform*	Granulat
		Farben	Natur
Besondere Merkmale	Gute Verarbeitbarkeit; Gute Steifheit	*Bevorzugte Anwendungen*	Schwergutsack; Muellsack; Schrumpf-folie fuer hohe Beanspruchung

Dichte	g/cm³	0.921	*Schmelzindex*	g/10 min	0.3: 190/2.16
Schüttdichte	g/cm³		*Volumenfließindex*	cm³/10 min	:
Viskositätszahl	ml/g				

Verarbeitungsbedingungen für Spritzgießen

Massetemp.	°C		*Schwindung*	%	lgs , quer
Werkzeugtemp.	°C		*Bemerkungen*		
Spritzdruck	bar				

Zugversuch 23 °C ASTM D-638;

	Probekörper:	Form		*Herstellung*	Pressen
		Zustand		*Vorbehandlung*	Normalklima
Streckspannung	N/mm²	11	*Dehnung bei Streckspannung*	%	
Zugfestigkeit	N/mm²		*Reißdehnung*	%	550
Reißfestigkeit	N/mm²	16	*% Dehnspannung*	N/mm²	
E-Modul	N/mm²	220	*Dehnung bei % Dehnspg.*	%	

Kriechmoduln und Zeitstandwerte 23 °C

	Probekörper:	Form		*Herstellung*
		Zustand		*Vorbehandlung*
Kriechmodul	1 min	N/mm²	*Zeitstandzugfestigkeit*	h N/mm²
Kriechmodul	1000 h	N/mm²	*Zeitdehnspg. %*	h N/mm²
bei Spannung		N/mm²		

Biegeversuch 23 °C

	Probekörper:	Form		*Herstellung*
		Zustand		*Vorbehandlung*
Biegefestigkeit	N/mm²		*E-Modul*	N/mm²
3,5% Biegespannung	N/mm²			

Härte 23 °C

	Probekörper:	Zustand		*Herstellung*
				Vorbehandlung
Kugeldruckhärte	N/mm²	bei N, s	*Shore-Härte* A	
Rockwellhärte			*Shore-Härte* D	

Schlagversuch

Probekörper:	(1)	
	(2)	*Herstellung*
	Zustand	*Vorbehandlung*
°C	°C	°C *Probekörper-Form*

Schlagzähigkeit	kJ/m²
Kerbschlagzähigkeit (1)	kJ/m²
IZOD-Kerbschlagzähigkeit (2)	J/m
Kerbschlagzugzähigkeit	kJ/m²

Abrieb und Reibung

Taber-Abrieb (Reibradverfahren)	mm³/100 U
Abriebfaktor LNP (Thrust washer) Vergleichswert	
Statische Reibungszahl	
Dynamische Reibungszahl	(p·v = N/mm² · m/min)
Zulässiger p · v Wert	N/mm² · (m/min) v = m/min
	v = m/min

Thermische Eigenschaften

Formbeständigkeit in der Wärme	*Verfahren*		°C
	Verfahren		°C
Vicat Erweichungstemperatur (VST)	*Verfahren*	A/50	96 °C
	Verfahren		°C
Kristallit-Schmelzpunkt	*Verfahren*		
Längenausdehnungskoeffizient	*Bereich*	°C	$\cdot 10^{-4} K^{-1}$
	Temperatur		$\cdot 10^{-4} K^{-1}$
Wärmeleitfähigkeit	*Verfahren*		W/(K · m)
Spezifische Wärmekapazität	*Verfahren*		J/(K · g)
Glasumwandlungstemperatur	*Torsionsschwingungsversuch*		°C
	Differentialkalorimetrie		°C

Brandverhalten

UL-Test vertikal	*Dicke* mm, *Wert*		
	Dicke mm, *Wert*		

	Norm	*Bewertung*	*Abmessungen*
Sauerstoff-Index	ASTM D 2863		
Glühstab-Verfahren			
Brandverhalten	DIN 4102		
MVSS			
FAR			

Elektrische Eigenschaften

	Hz	°C	*Probekörper, Form*
Dielektrizitätszahl	50		
	10^3		
	10^6		
Dielektrischer Verlustfaktor tan δ	50		
	10^3		
	10^6		
Spezifischer Durchgangs-			
widerstand	Ohm · cm		
Durchschlagfestigkeit	kV/mm		mm dick
Oberflächenwiderstand	Ohm		

Kriechstromfestigkeit	KC	KB	KA
Elektrolytische Korrosionswirkung			
Lichtbogenfestigkeit nach DIN			
nach ASTM s			

Beständigkeit *(Chemische Beständigkeit siehe Anhang)*

Wasseraufnahme	
Feuchtigkeitsaufnahme Normalklima	%
Wetterbeständigkeit	
Spannungskorrosion	

Optische Eigenschaften

Brechungszahl n_D		
Transmissionsgrad τ_c	%	mm dick
Lichtdurchlässigkeit		

Produkt	Polyethylen niedriger Dichte		**PE**
Handelsname	**LDPE 200**		
Hersteller	DOW		
DIN-Bez 1	16776-PE,FG,20-D012		
DIN-Bez 2			

Zusätze		*Füllstoffe/ Verstärkung*	
Bevorzugte Verarbeitung	Blasfolienextrusion	*Lieferform*	Granulat
		Farben	Natur
Besondere Merkmale	Ausgezeichnete Verarbeitbarkeit; Sehr gute Zaehigkeit; Gute optische Eigenschaften; Ohne Gleitmittel; Ohne Antiblockmittel	*Bevorzugte Anwendungen*	Muellsack; Tragtasche; Ballenverpackung; Verpackungsfolie fuer mittlere Beanspruchung

Dichte	g/cm^3	0.921	*Schmelzindex*	g/10 min	0.9: 190/2.16
Schüttdichte	g/cm^3		*Volumenfließindex*	cm^3/10 min	:
Viskositätszahl	ml/g				

Verarbeitungsbedingungen für Spritzgießen

Massetemp.	°C		*Schwindung*	%	lgs , quer
Werkzeugtemp.	°C		*Bemerkungen*		
Spritzdruck	bar				

Zugversuch 23 °C   ASTM D-638;

	Probekörper:	*Form*	*Herstellung*	Pressen
		Zustand	*Vorbehandlung*	Normalklima
Streckspannung	N/mm^2 11		*Dehnung bei Streckspannung*	%
Zugfestigkeit	N/mm^2		*Reißdehnung*	% 550
Reißfestigkeit	N/mm^2 16		% *Dehnspannung*	N/mm^2
E-Modul	N/mm^2 220		*Dehnung bei* % *Dehnspg.*	%

Kriechmoduln und Zeitstandwerte 23 °C

	Probekörper:	*Form*	*Herstellung*	
		Zustand	*Vorbehandlung*	
Kriechmodul	1 min N/mm^2		*Zeitstandzugfestigkeit*	h N/mm^2
Kriechmodul	1000 h N/mm^2		*Zeitdehnspg.* %	h N/mm^2
bei Spannung	N/mm^2			

Biegeversuch 23 °C

	Probekörper:	*Form*	*Herstellung*	
		Zustand	*Vorbehandlung*	
Biegefestigkeit	N/mm^2		*E-Modul*	N/mm^2
3,5% Biegespannung	N/mm^2			

Härte 23 °C   *Probekörper:* *Zustand*

		Herstellung	
		Vorbehandlung	
Kugeldruckhärte	N/mm^2 bei N, s	*Shore-Härte*	A
Rockwellhärte		*Shore-Härte*	D

Schlagversuch   *Probekörper:* *(1)*

	(2)	*Herstellung*	
	Zustand	*Vorbehandlung*	
	°C °C °C	*Probekörper-Form*	

Schlagzähigkeit	kJ/m^2
Kerbschlagzähigkeit (1)	kJ/m^2
IZOD-Kerbschlagzähigkeit (2)	J/m
Kerbschlagzugzähigkeit	kJ/m^2

Abrieb und Reibung

Taber-Abrieb (Reibradverfahren)	mm³/100 U
Abriebfaktor LNP (Thrust washer) Vergleichswert	
Statische Reibungszahl	
Dynamische Reibungszahl	(p·v = N/mm² · m/min)
Zulässiger p · v Wert	N/mm² · (m/min) v = m/min
	v = m/min

Thermische Eigenschaften

Formbeständigkeit in der Wärme	*Verfahren*		°C
	Verfahren		°C
Vicat Erweichungstemperatur (VST)	*Verfahren*	A/50	94 °C
	Verfahren		°C
Kristallit-Schmelzpunkt	*Verfahren*		
Längenausdehnungskoeffizient	*Bereich*	°C	$\cdot 10^{-4} \mathrm{K}^{-1}$
	Temperatur		$\cdot 10^{-4} \mathrm{K}^{-1}$
Wärmeleitfähigkeit	*Verfahren*		W/(K · m)
Spezifische Wärmekapazität	*Verfahren*		J/(K · g)
Glasumwandlungstemperatur	*Torsionsschwingungsversuch*	°C	
	Differentialkalorimetrie	°C	

Brandverhalten

UL-Test vertikal	*Dicke* mm, Wert	
	Dicke mm, Wert	

	Norm	Bewertung	Abmessungen
Sauerstoff-Index	ASTM D 2863		
Glühstab-Verfahren			
Brandverhalten	DIN 4102		
MVSS			
FAR			

Elektrische Eigenschaften

	Hz	°C	Probekörper, Form
Dielektrizitätszahl	50		
	10³		
	10⁶		
Dielektrischer Verlustfaktor tan δ	50		
	10³		
	10⁶		
Spezifischer Durchgangs-widerstand	Ohm · cm		
Durchschlagfestigkeit	kV/mm		mm dick
Oberflächenwiderstand	Ohm		

Kriechstromfestigkeit	KC	KB	KA
Elektrolytische Korrosionswirkung			
Lichtbogenfestigkeit nach DIN			
nach ASTM s			

Beständigkeit *(Chemische Beständigkeit siehe Anhang)*

Wasseraufnahme

Feuchtigkeitsaufnahme Normalklima	%
Wetterbeständigkeit	

Spannungskorrosion

Optische Eigenschaften

Brechungszahl n_D		
Transmissionsgrad τ_c	%	mm dick
Lichtdurchlässigkeit		

Produkt	Polyethylen niedriger Dichte	**PE**
Handelsname	**LDPE 205**	
Hersteller	DOW	
DIN-Bez 1	16776-PE,FBGS,20-D012	
DIN-Bez 2		

Zusätze	Antiblockmittel; Gleitmittel	*Füllstoffe/ Verstärkung*	
Bevorzugte Verarbeitung	Blasfolienextrusion	*Lieferform*	Granulat
		Farben	Natur
Besondere Merkmale	Ausgezeichnete Verarbeitbarkeit; Sehr gute Zaehigkeit; Gute optische Eigenschaften	*Bevorzugte Anwendungen*	Muellsack; Tragtasche; Ballenverpakkung; Verpackungsfolie fuer mittlere Beanspruchung

---

Dichte	g/cm^3	0.921	*Schmelzindex*	g/10 min	0.9: 190/2.16
Schüttdichte	g/cm^3		*Volumenfließindex*	cm^3/10 min	:
Viskositätszahl	ml/g				

Verarbeitungsbedingungen für Spritzgießen

Massetemp.	°C		*Schwindung*	%	lgs , quer
Werkzeugtemp.	°C		*Bemerkungen*		
Spritzdruck	bar				

Zugversuch 23 °C   ASTM D-638;

	Probekörper:	*Form*	*Herstellung*	Pressen
		Zustand	*Vorbehandlung*	Normalklima
Streckspannung	N/mm^2	11	*Dehnung bei Streckspannung*	%
Zugfestigkeit	N/mm^2		*Reißdehnung*	% 550
Reißfestigkeit	N/mm^2	16	*% Dehnspannung*	N/mm^2
E-Modul	N/mm^2	220	*Dehnung bei % Dehnspg.*	%

Kriechmoduln und Zeitstandwerte 23 °C

	Probekörper:	*Form*	*Herstellung*	
		Zustand	*Vorbehandlung*	
Kriechmodul	1 min	N/mm^2	*Zeitstandzugfestigkeit*	h N/mm^2
Kriechmodul	1000 h	N/mm^2	*Zeitdehnspg. %*	h N/mm^2
bei Spannung		N/mm^2		

Biegeversuch 23 °C

	Probekörper:	*Form*	*Herstellung*	
		Zustand	*Vorbehandlung*	
Biegefestigkeit	N/mm^2		*E-Modul*	N/mm^2
3,5% Biegespannung	N/mm^2			

Härte 23 °C

	Probekörper:	*Zustand*	*Herstellung*
			Vorbehandlung
Kugeldruckhärte	N/mm^2 bei N, s		*Shore-Härte* A
Rockwellhärte			*Shore-Härte* D

Schlagversuch

	Probekörper:	*(1)*	
		(2)	*Herstellung*
		Zustand	*Vorbehandlung*
	°C	°C	°C *Probekörper-Form*

Schlagzähigkeit	kJ/m^2
Kerbschlagzähigkeit (1)	kJ/m^2
IZOD-Kerbschlagzähigkeit (2)	J/m
Kerbschlagzugzähigkeit	kJ/m^2

Abrieb und Reibung

Taber-Abrieb (Reibradverfahren)	mm^3/100 U
Abriebfaktor LNP (Thrust washer) Vergleichswert	
Statische Reibungszahl	
Dynamische Reibungszahl	(p · v = N/mm^2 · m/min)
Zulässiger p · v Wert	N/mm^2 · (m/min) v = m/min
	v = m/min

Thermische Eigenschaften

Formbeständigkeit in der Wärme	Verfahren		°C
	Verfahren		°C
Vicat Erweichungstemperatur (VST)	Verfahren	A/50	94 °C
	Verfahren		°C
Kristallit-Schmelzpunkt	Verfahren		
Längenausdehnungskoeffizient	Bereich	°C	· 10^{-4}K^{-1}
	Temperatur		· 10^{-4}K^{-1}
Wärmeleitfähigkeit	Verfahren		W/(K · m)
Spezifische Wärmekapazität	Verfahren		J/(K · g)
Glasumwandlungstemperatur	Torsionsschwingungsversuch	°C	
	Differentialkalorimetrie	°C	

Brandverhalten

UL-Test vertikal	Dicke mm, Wert	
	Dicke mm, Wert	

	Norm	Bewertung	Abmessungen
Sauerstoff-Index	ASTM D 2863		
Glühstab-Verfahren			
Brandverhalten	DIN 4102		
MVSS			
FAR			

Elektrische Eigenschaften

	Hz	°C	Probekörper, Form
Dielektrizitätszahl	50		
	10^3		
	10^6		
Dielektrischer Verlustfaktor tan δ	50		
	10^3		
	10^6		
Spezifischer Durchgangs-			
widerstand	Ohm · cm		
Durchschlagfestigkeit	kV/mm		mm dick
Oberflächenwiderstand	Ohm		

Kriechstromfestigkeit	KC	KB	KA
Elektrolytische Korrosionswirkung			
Lichtbogenfestigkeit nach DIN			
nach ASTM	s		

Beständigkeit *(Chemische Beständigkeit siehe Anhang)*

Wasseraufnahme

Feuchtigkeitsaufnahme Normalklima   %
Wetterbeständigkeit

Spannungskorrosion

Optische Eigenschaften

Brechungszahl n$_D$
Transmissionsgrad τ$_c$ %   mm dick
Lichtdurchlässigkeit

Produkt	Polyethylen niedriger Dichte	**PE**
Handelsname	**LDPE 740**	
Hersteller	DOW	
DIN-Bez 1	16776-PE,FG,20-D022	
DIN-Bez 2		

Zusätze		*Füllstoffe/ Verstärkung*	
Bevorzugte Verarbeitung	Blasfolienextrusion	*Lieferform*	Granulat
		Farben	Natur
Besondere Merkmale	Ausgezeichnete Verarbeitbarkeit; Sehr gute Zaehigkeit; Gute optische Eigenschaften; Gute Tiefziehfaehigkeit; Ohne Gleitmittel; Ohne Antiblockmittel	*Bevorzugte Anwendungen*	Tragtasche; Muellsack; Baufolie; Folie fuer Landwirtschaft; Milchbeutel

Dichte	g/cm^3	0.921	*Schmelzindex* g/10 min	2.0: 190/2.16
Schüttdichte	g/cm^3		*Volumenfließindex* cm^3/10 min	:
Viskositätszahl	ml/g			

Verarbeitungsbedingungen für Spritzgießen

Massetemp.	°C	*Schwindung* %	lgs , quer
Werkzeugtemp.	°C	*Bemerkungen*	
Spritzdruck	bar		

Zugversuch 23 °C   ASTM D-1248; ASTM D-638

	Probekörper: Form	*Herstellung*	Pressen
	Zustand	*Vorbehandlung*	Normalklima
Streckspannung	N/mm^2 10	*Dehnung bei Streckspannung* %	
Zugfestigkeit	N/mm^2	*Reißdehnung* %	550
Reißfestigkeit	N/mm^2 15	% *Dehnspannung* N/mm^2	
E-Modul	N/mm^2 220	*Dehnung bei* % *Dehnspg.* %	

Kriechmoduln und Zeitstandwerte 23 °C

	Probekörper: Form	*Herstellung*	
	Zustand	*Vorbehandlung*	
Kriechmodul	1 min N/mm^2	*Zeitstandzugfestigkeit* h N/mm^2	
Kriechmodul	1000 h N/mm^2	*Zeitdehnspg.* % h N/mm^2	
bei Spannung	N/mm^2		

Biegeversuch 23 °C

	Probekörper: Form	*Herstellung*	
	Zustand	*Vorbehandlung*	
Biegefestigkeit	N/mm^2	*E-Modul*	N/mm^2
3,5% Biegespannung	N/mm^2		

Härte 23 °C

	Probekörper: Zustand	*Herstellung*	
		Vorbehandlung	
Kugeldruckhärte	N/mm^2 bei N, s	*Shore-Härte* A	
Rockwellhärte		*Shore-Härte* D	

Schlagversuch

	Probekörper: (1)	
	(2)	*Herstellung*
	Zustand	*Vorbehandlung*
	°C °C °C	*Probekörper-Form*

Schlagzähigkeit	kJ/m^2
Kerbschlagzähigkeit (1)	kJ/m^2
IZOD-Kerbschlagzähigkeit (2)	J/m
Kerbschlagzugzähigkeit	kJ/m^2

Abrieb und Reibung

Taber-Abrieb (Reibradverfahren)	mm³/100 U
Abriebfaktor LNP (Thrust washer) Vergleichswert	
Statische Reibungszahl	
Dynamische Reibungszahl	$(p \cdot v =$ N/mm² · m/min)
Zulässiger p · v Wert	N/mm² · (m/min) v = m/min
	v = m/min

Thermische Eigenschaften

Formbeständigkeit in der Wärme	*Verfahren*		°C
	Verfahren		°C
Vicat Erweichungstemperatur (VST)	*Verfahren*	A/50	97 °C
	Verfahren		°C
Kristallit-Schmelzpunkt	*Verfahren*		
Längenausdehnungskoeffizient	*Bereich*	°C	$\cdot 10^{-4} K^{-1}$
	Temperatur		$\cdot 10^{-4} K^{-1}$
Wärmeleitfähigkeit	*Verfahren*		W/(K · m)
Spezifische Wärmekapazität	*Verfahren*		J/(K · g)
Glasumwandlungstemperatur	*Torsionsschwingungsversuch*		°C
	Differentialkalorimetrie		°C

Brandverhalten

UL-Test vertikal		*Dicke* mm, Wert	
		Dicke mm, Wert	

	Norm	*Bewertung*	*Abmessungen*
Sauerstoff-Index	ASTM D 2863		
Glühstab-Verfahren			
Brandverhalten	DIN 4102		
MVSS			
FAR			

Elektrische Eigenschaften

	Hz	°C	*Probekörper, Form*
Dielektrizitätszahl	50		
	10^3		
	10^6		
Dielektrischer Verlustfaktor tan δ	50		
	10^3		
	10^6		
Spezifischer Durchgangs-widerstand	Ohm · cm		
Durchschlagfestigkeit	kV/mm		mm dick
Oberflächenwiderstand	Ohm		

Kriechstromfestigkeit	KC	KB	KA
Elektrolytische Korrosionswirkung			
Lichtbogenfestigkeit nach DIN			
nach ASTM s			

Beständigkeit *(Chemische Beständigkeit siehe Anhang)*

Wasseraufnahme

Feuchtigkeitsaufnahme Normalklima   %
Wetterbeständigkeit

Spannungskorrosion

Optische Eigenschaften

Brechungszahl n_D
Transmissionsgrad τ_c %   mm dick
Lichtdurchlässigkeit

Produkt	Polyethylen niedriger Dichte	**PE**
Handelsname	**LDPE 641 E**	
Hersteller	DOW	
DIN-Bez 1	16776-PE,FBGS,20-D022	
DIN-Bez 2		

Zusätze	Antiblockmittel; Gleitmittel	Füllstoffe/ Verstärkung	
Bevorzugte Verarbeitung	Blasfolienextrusion	Lieferform	Granulat
		Farben	Natur
Besondere Merkmale	Ausgezeichnete Verarbeitbarkeit; Sehr gute Zaehigkeit; Gute optische Eigenschaften; Gute Tiefziehfaehigkeit	Bevorzugte Anwendungen	Tragtasche; Muellsack; Baufolie; Folie fuer Landwirtschaft; Milchbeutel

---

Dichte	g/cm³	0.921	Schmelzindex	g/10 min	2.0: 190/2.16
Schüttdichte	g/cm³		Volumenfließindex	cm³/10 min	:
Viskositätszahl	ml/g				

Verarbeitungsbedingungen für Spritzgießen

Massetemp.	°C		Schwindung	%	lgs , quer
Werkzeugtemp.	°C		Bemerkungen		
Spritzdruck	bar				

Zugversuch 23 °C   ASTM D-1248; ASTM D-638

	Probekörper:	Form		Herstellung	Pressen
		Zustand		Vorbehandlung	Normalklima
Streckspannung	N/mm²	10	Dehnung bei Streckspannung	%	
Zugfestigkeit	N/mm²		Reißdehnung	%	550
Reißfestigkeit	N/mm²	15	% Dehnspannung	N/mm²	
E-Modul	N/mm²	220	Dehnung bei % Dehnspg.	%	

Kriechmoduln und Zeitstandwerte 23 °C

	Probekörper:	Form	Herstellung	
		Zustand	Vorbehandlung	
Kriechmodul	1 min N/mm²		Zeitstandzugfestigkeit	h N/mm²
Kriechmodul	1000 h N/mm²		Zeitdehnspg. %	h N/mm²
bei Spannung	N/mm²			

Biegeversuch 23 °C

	Probekörper:	Form	Herstellung	
		Zustand	Vorbehandlung	
Biegefestigkeit	N/mm²		E-Modul	N/mm²
3,5% Biegespannung	N/mm²			

Härte 23 °C

	Probekörper:	Zustand	Herstellung	
			Vorbehandlung	
Kugeldruckhärte	N/mm²	bei N, s	Shore-Härte	A
Rockwellhärte			Shore-Härte	D

Schlagversuch

	Probekörper:	(1)		
		(2)	Herstellung	
		Zustand	Vorbehandlung	
		°C	°C	°C Probekörper-Form

Schlagzähigkeit	kJ/m²
Kerbschlagzähigkeit (1)	kJ/m²
IZOD-Kerbschlagzähigkeit (2)	J/m
Kerbschlagzugzähigkeit	kJ/m²

Abrieb und Reibung

Taber-Abrieb (Reibradverfahren)	mm^3/100 U
Abriebfaktor LNP (Thrust washer) Vergleichswert	
Statische Reibungszahl	
Dynamische Reibungszahl	(p·v = N/mm^2 · m/min)
Zulässiger p · v Wert	N/mm^2 · (m/min) v = m/min
	v = m/min

Thermische Eigenschaften

Formbeständigkeit in der Wärme	*Verfahren*		°C
	Verfahren		°C
Vicat Erweichungstemperatur (VST)	*Verfahren*	A/50	97 °C
	Verfahren		°C
Kristallit-Schmelzpunkt	*Verfahren*		
Längenausdehnungskoeffizient	*Bereich*	°C	· 10^{-4}K^{-1}
	Temperatur		· 10^{-4}K^{-1}
Wärmeleitfähigkeit	*Verfahren*		W/(K · m)
Spezifische Wärmekapazität	*Verfahren*		J/(K · g)
Glasumwandlungstemperatur	*Torsionsschwingungsversuch*		°C
	Differentialkalorimetrie		°C

Brandverhalten

UL-Test vertikal	Dicke mm, Wert	
	Dicke mm, Wert	

	Norm	*Bewertung*	*Abmessungen*
Sauerstoff-Index	ASTM D 2863		
Glühstab-Verfahren			
Brandverhalten	DIN 4102		
MVSS			
FAR			

Elektrische Eigenschaften

	Hz	°C	*Probekörper, Form*
Dielektrizitätszahl	50		
	10^3		
	10^6		
Dielektrischer Verlustfaktor tan δ	50		
	10^3		
	10^6		
Spezifischer Durchgangs- widerstand	Ohm · cm		
Durchschlagfestigkeit	kV/mm		mm dick
Oberflächenwiderstand	Ohm		
Kriechstromfestigkeit	KC	KB	KA
Elektrolytische Korrosionswirkung			
Lichtbogenfestigkeit nach DIN			
nach ASTM	s		

Beständigkeit *(Chemische Beständigkeit siehe Anhang)*

Wasseraufnahme	
Feuchtigkeitsaufnahme Normalklima	%
Wetterbeständigkeit	
Spannungskorrosion	

Optische Eigenschaften

Brechungszahl n$_D$	
Transmissionsgrad τ_c %	mm dick
Lichtdurchlässigkeit	

Produkt	Polyethylen niedriger Dichte	**PE**
Handelsname	**LDPE 640**	
Hersteller	DOW	
DIN-Bez 1	16776-PE,FG,20-D022	
DIN-Bez 2		

Zusätze		*Füllstoffe/ Verstärkung*	
Bevorzugte Verarbeitung	Blasfolienextrusion; Flachfolienextrusion	*Lieferform*	Granulat
		Farben	Natur
Besondere Merkmale	Ausgezeichnete Verarbeitbarkeit; Sehr gute Zaehigkeit; Gute optische Eigenschaften; Gute Tiefziehfaehigkeit	*Bevorzugte Anwendungen*	Auskleidung; Baufolie; Folie fuer Landwirtschaft; Flachfolie

---

Dichte	g/cm^3	0.921	*Schmelzindex* g/10 min	2.0: 190/2.16
Schüttdichte	g/cm^3		*Volumenfließindex* cm^3/10 min	:
Viskositätszahl	ml/g			

Verarbeitungsbedingungen für Spritzgießen

Massetemp.	°C	*Schwindung* %	lgs , quer
Werkzeugtemp.	°C	*Bemerkungen*	
Spritzdruck	bar		

Zugversuch 23 °C   ASTM D-1248; ASTM D-638

Probekörper:	Form	*Herstellung*	Pressen
	Zustand	*Vorbehandlung*	Normalklima
Streckspannung	N/mm^2 10	*Dehnung bei Streckspannung*	%
Zugfestigkeit	N/mm^2	*Reißdehnung*	% 550
Reißfestigkeit	N/mm^2 15	% *Dehnspannung*	N/mm^2
E-Modul	N/mm^2 240	*Dehnung bei* % Dehnspg.	%

Kriechmoduln und Zeitstandwerte 23 °C

Probekörper:	Form	*Herstellung*	
	Zustand	*Vorbehandlung*	
Kriechmodul	1 min N/mm^2	*Zeitstandzugfestigkeit*	h N/mm^2
Kriechmodul	1000 h N/mm^2	*Zeitdehnspg.* %	h N/mm^2
bei Spannung	N/mm^2		

Biegeversuch 23 °C

Probekörper:	Form	*Herstellung*	
	Zustand	*Vorbehandlung*	
Biegefestigkeit	N/mm^2	*E-Modul*	N/mm^2
3,5% Biegespannung	N/mm^2		

Härte 23 °C   *Probekörper:* Zustand   *Herstellung* / *Vorbehandlung*

Kugeldruckhärte	N/mm^2	bei N, s	*Shore-Härte* A
Rockwellhärte			*Shore-Härte* D

Schlagversuch   *Probekörper:* (1) (2) Zustand   *Herstellung* / *Vorbehandlung*

	°C	°C	°C	*Probekörper-Form*
Schlagzähigkeit	kJ/m^2			
Kerbschlagzähigkeit (1)	kJ/m^2			
IZOD-Kerbschlagzähigkeit (2)	J/m			
Kerbschlagzugzähigkeit	kJ/m^2			

Abrieb und Reibung

Taber-Abrieb (Reibradverfahren)   mm³/100 U
Abriebfaktor LNP (Thrust washer) Vergleichswert
Statische Reibungszahl
Dynamische Reibungszahl   (p·v =   N/mm² ·   m/min)
Zulässiger p · v Wert   N/mm² · (m/min)   v =   m/min
                                          v =   m/min

Thermische Eigenschaften

Formbeständigkeit in der Wärme   *Verfahren*   °C
                                    Verfahren   °C
Vicat Erweichungstemperatur (VST)   *Verfahren*   A/50   99 °C
                                       Verfahren   °C
Kristallit-Schmelzpunkt   *Verfahren*

Längenausdehnungskoeffizient   *Bereich*   °C $\cdot 10^{-4}\,K^{-1}$
                                  Temperatur $\cdot 10^{-4}\,K^{-1}$
Wärmeleitfähigkeit   *Verfahren*   W/(K · m)

Spezifische Wärmekapazität   *Verfahren*   J/(K · g)

Glasumwandlungstemperatur   *Torsionsschwingungsversuch*   °C
                               Differentialkalorimetrie   °C

Brandverhalten

UL-Test vertikal   *Dicke*   mm, Wert
                      Dicke   mm, Wert

	Norm	*Bewertung*	*Abmessungen*
Sauerstoff-Index	ASTM D 2863		
Glühstab-Verfahren			
Brandverhalten	DIN 4102		
MVSS			
FAR			

Elektrische Eigenschaften

	Hz	°C	*Probekörper, Form*
Dielektrizitätszahl	50		
	10³		
	10⁶		
Dielektrischer Verlustfaktor tan δ	50		
	10³		
	10⁶		

Spezifischer Durchgangs-
    widerstand   Ohm · cm
Durchschlagfestigkeit   kV/mm   mm dick
Oberflächenwiderstand   Ohm

Kriechstromfestigkeit   KC   KB   KA
Elektrolytische Korrosionswirkung
Lichtbogenfestigkeit nach DIN
        nach ASTM   s

Beständigkeit *(Chemische Beständigkeit siehe Anhang)*

Wasseraufnahme

Feuchtigkeitsaufnahme Normalklima   %
Wetterbeständigkeit

Spannungskorrosion

Optische Eigenschaften

Brechungszahl n_D
Transmissionsgrad τ_c %   mm dick
Lichtdurchlässigkeit

			PE
Produkt	Polyethylen niedriger Dichte		
Handelsname	**LDPE 565**		
Hersteller	DOW		
DIN-Bez 1	16776-PE,FBGS,25-D022		
DIN-Bez 2			
Zusätze	Antiblockmittel; Gleitmittel	*Füllstoffe/ Verstärkung*	
Bevorzugte Verarbeitung	Blasfolienextrusion	*Lieferform*	Granulat
		Farben	Natur
Besondere Merkmale	Ausgezeichnete Verarbeitbarkeit; Gute mechanische Eigenschaften; Gute optische Eigenschaften; Gute Tiefzieh-faehigkeit	*Bevorzugte Anwendungen*	Leichte Verpackungsbeutel; Textilver-packung; Allzweckbeutel mit guten optischen Eigenschaften

---

Dichte	g/cm³	0.923	*Schmelzindex*	g/10 min	2.0: 190/2.16
Schüttdichte	g/cm³		*Volumenfließindex*	cm³/10 min	:
Viskositätszahl	ml/g				

Verarbeitungsbedingungen für Spritzgießen

Massetemp.	°C		*Schwindung*	%	lgs , quer
Werkzeugtemp.	°C		*Bemerkungen*		
Spritzdruck	bar				

Zugversuch 23 °C   ASTM D-882;

	Probekörper:	*Form* Folie 0.05 mm laengs	*Herstellung*	Blasfolienextrusion
		Zustand	*Vorbehandlung*	Normalklima
Streckspannung	N/mm² 11		*Dehnung bei Streckspannung*	%
Zugfestigkeit	N/mm²		*Reißdehnung*	% 480
Reißfestigkeit	N/mm² 18		*% Dehnspannung*	N/mm²
E-Modul	N/mm²		*Dehnung bei % Dehnspg.*	%

Kriechmoduln und Zeitstandwerte 23 °C

	Probekörper:	*Form*	*Herstellung*
		Zustand	*Vorbehandlung*
Kriechmodul	1 min N/mm²	*Zeitstandzugfestigkeit*	h N/mm²
Kriechmodul	1000 h N/mm²	*Zeitdehnspg. %*	h N/mm²
bei Spannung	N/mm²		

Biegeversuch 23 °C

	Probekörper:	*Form*	*Herstellung*
		Zustand	*Vorbehandlung*
Biegefestigkeit	N/mm²	*E-Modul*	N/mm²
3,5% Biegespannung	N/mm²		

Härte 23 °C

	Probekörper:	*Zustand*	*Herstellung*
			Vorbehandlung
Kugeldruckhärte	N/mm² bei N, s	*Shore-Härte* A	
Rockwellhärte		*Shore-Härte* D	

Schlagversuch

	Probekörper:	*(1)*	
		(2)	*Herstellung*
		Zustand	*Vorbehandlung*
	°C	°C °C	*Probekörper-Form*

Schlagzähigkeit	kJ/m²
Kerbschlagzähigkeit (1)	kJ/m²
IZOD-Kerbschlagzähigkeit (2)	J/m
Kerbschlagzugzähigkeit	kJ/m²

Abrieb und Reibung

Taber-Abrieb (Reibradverfahren)	mm^3/100 U
Abriebfaktor LNP (Thrust washer) Vergleichswert	
Statische Reibungszahl	
Dynamische Reibungszahl	(p·v = N/mm^2 · m/min)
Zulässiger p · v Wert	N/mm^2 · (m/min) v = m/min
	v = m/min

Thermische Eigenschaften

Formbeständigkeit in der Wärme	Verfahren		°C
	Verfahren		°C
Vicat Erweichungstemperatur (VST)	Verfahren	A/50	96 °C
	Verfahren		°C
Kristallit-Schmelzpunkt	Verfahren		
Längenausdehnungskoeffizient	Bereich °C		$\cdot 10^{-4}$K^{-1}
	Temperatur		$\cdot 10^{-4}$K^{-1}
Wärmeleitfähigkeit	Verfahren		W/(K · m)
Spezifische Wärmekapazität	Verfahren		J/(K · g)
Glasumwandlungstemperatur	Torsionsschwingungsversuch	°C	
	Differentialkalorimetrie	°C	

Brandverhalten

UL-Test vertikal	Dicke mm, Wert	
	Dicke mm, Wert	

	Norm	Bewertung	Abmessungen
Sauerstoff-Index	ASTM D 2863		
Glühstab-Verfahren			
Brandverhalten	DIN 4102		
MVSS			
FAR			

Elektrische Eigenschaften

	Hz	°C	Probekörper, Form
Dielektrizitätszahl	50		
	10^3		
	10^6		
Dielektrischer Verlustfaktor tan δ	50		
	10^3		
	10^6		
Spezifischer Durchgangs-</br>widerstand	Ohm · cm		
Durchschlagfestigkeit	kV/mm		mm dick
Oberflächenwiderstand	Ohm		

Kriechstromfestigkeit	KC	KB	KA
Elektrolytische Korrosionswirkung			
Lichtbogenfestigkeit nach DIN			
nach ASTM s			

Beständigkeit (Chemische Beständigkeit siehe Anhang)

Wasseraufnahme	
Feuchtigkeitsaufnahme Normalklima	%
Wetterbeständigkeit	
Spannungskorrosion	

Optische Eigenschaften

Brechungszahl n$_D$	
Transmissionsgrad τ$_c$ %	mm dick
Lichtdurchlässigkeit	

Produkt	Polyethylen niedriger Dichte		**PE**
Handelsname	**LDPE 585 E**		
Hersteller	DOW		
DIN-Bez 1	16776-PE,FBGS,20-D045		
DIN-Bez 2			

Zusätze	Antiblockmittel; Gleitmittel	*Füllstoffe/ Verstärkung*	
Bevorzugte Verarbeitung	Blasfolienextrusion	*Lieferform*	Granulat
		Farben	Natur
Besondere Merkmale	Ausgezeichnete Verarbeitbarkeit; Gute mechanische Eigenschaften; Gute optische Eigenschaften; Sehr gute Tiefziehfaehigkeit	*Bevorzugte Anwendungen*	Leichte Verpackungsbeutel; Textilverpackung; Allzweckbeutel mit guten optischen Eigenschaften

---

Dichte	g/cm^3	0.922	*Schmelzindex*	g/10 min	3.5: 190/2.16
Schüttdichte	g/cm^3		*Volumenfließindex*	cm^3/10 min	:
Viskositätszahl	ml/g				

Verarbeitungsbedingungen für Spritzgießen

Massetemp.	°C		*Schwindung*	%	lgs , quer
Werkzeugtemp.	°C		*Bemerkungen*		
Spritzdruck	bar				

Zugversuch 23 °C   ASTM D-882;

	Probekörper:	*Form*	Folie 0.05 mm laengs	*Herstellung* Blasfolienextrusion
		Zustand		*Vorbehandlung* Normalklima

Streckspannung	N/mm^2	11	*Dehnung bei Streckspannung*	%
Zugfestigkeit	N/mm^2		*Reißdehnung*	% 650
Reißfestigkeit	N/mm^2	17	*% Dehnspannung*	N/mm^2
E-Modul	N/mm^2		*Dehnung bei % Dehnspg.*	%

Kriechmoduln und Zeitstandwerte 23 °C

	Probekörper:	*Form*	*Herstellung*
		Zustand	*Vorbehandlung*

Kriechmodul	1 min N/mm^2	*Zeitstandzugfestigkeit*	h N/mm^2
Kriechmodul	1000 h N/mm^2	*Zeitdehnspg. %*	h N/mm^2
bei Spannung	N/mm^2		

Biegeversuch 23 °C

	Probekörper:	*Form*	*Herstellung*
		Zustand	*Vorbehandlung*

Biegefestigkeit	N/mm^2	*E-Modul*	N/mm^2
3,5% Biegespannung	N/mm^2		

Härte 23 °C

	Probekörper:	*Zustand*	*Herstellung*
			Vorbehandlung

Kugeldruckhärte	N/mm^2 bei N, s	*Shore-Härte* A	
Rockwellhärte		*Shore-Härte* D	

Schlagversuch

	Probekörper:	*(1)*	
		(2)	*Herstellung*
		Zustand	*Vorbehandlung*

°C	°C	°C	*Probekörper-Form*

Schlagzähigkeit	kJ/m^2
Kerbschlagzähigkeit (1)	kJ/m^2
IZOD-Kerbschlagzähigkeit (2)	J/m
Kerbschlagzugzähigkeit	kJ/m^2

Abrieb und Reibung

Taber-Abrieb (Reibradverfahren)	mm³/100 U
Abriebfaktor LNP (Thrust washer) Vergleichswert	
Statische Reibungszahl	
Dynamische Reibungszahl	$(p \cdot v =$ N/mm² · m/min)
Zulässiger p · v Wert	N/mm² · (m/min) v = m/min
	v = m/min

Thermische Eigenschaften

Formbeständigkeit in der Wärme	*Verfahren*		°C
	Verfahren		°C
Vicat Erweichungstemperatur (VST)	*Verfahren* A/50		93 °C
	Verfahren		°C
Kristallit-Schmelzpunkt	*Verfahren*		
Längenausdehnungskoeffizient	*Bereich*	°C	$\cdot 10^{-4} \mathrm{K}^{-1}$
	Temperatur		$\cdot 10^{-4} \mathrm{K}^{-1}$
Wärmeleitfähigkeit	*Verfahren*		W/(K · m)
Spezifische Wärmekapazität	*Verfahren*		J/(K · g)
Glasumwandlungstemperatur	*Torsionsschwingungsversuch*	°C	
	Differentialkalorimetrie	°C	

Brandverhalten

UL-Test vertikal		Dicke mm, Wert	
		Dicke mm, Wert	

	Norm	*Bewertung*	*Abmessungen*
Sauerstoff-Index	ASTM D 2863		
Glühstab-Verfahren			
Brandverhalten	DIN 4102		
MVSS			
FAR			

Elektrische Eigenschaften

	Hz	°C			*Probekörper, Form*
Dielektrizitätszahl	50				
	10^3				
	10^6				
Dielektrischer Verlustfaktor tan δ	50				
	10^3				
	10^6				
Spezifischer Durchgangs- *widerstand*	Ohm · cm				
Durchschlagfestigkeit	kV/mm				mm dick
Oberflächenwiderstand	Ohm				
Kriechstromfestigkeit	KC	KB	KA		
Elektrolytische Korrosionswirkung					
Lichtbogenfestigkeit nach DIN					
nach ASTM	s				

Beständigkeit *(Chemische Beständigkeit siehe Anhang)*

Wasseraufnahme	
Feuchtigkeitsaufnahme Normalklima	%
Wetterbeständigkeit	
Spannungskorrosion	

Optische Eigenschaften

Brechungszahl n_D		
Transmissionsgrad τ_c	%	mm dick
Lichtdurchlässigkeit		

		PE
Produkt	Polyethylen niedriger Dichte	
Handelsname	**LDPE 315**	
Hersteller	DOW	
DIN-Bez 1	16776-PE,FBGS,20-D012	
DIN-Bez 2		

Zusätze	Antiblockmittel; Gleitmittel	*Füllstoffe/ Verstärkung*	
Bevorzugte Verarbeitung	Blasfolienextrusion	*Lieferform*	Granulat
		Farben	Natur
Besondere Merkmale	Ausgezeichnete Verarbeitbarkeit; Sehr gute Zaehigkeit; Gute optische Eigenschaften; Gute Tiefziehfaehigkeit; Ausgezeichnete Zugfestigkeit und Einreissfestigkeit	*Bevorzugte Anwendungen*	Tragtasche; Baufolie; Folie fuer Landwirtschaft; Muellsack; Milchbeutel; Ballenverpackung; Kaschierfolie; Folie fuer Tiefkuehlkost; Schwergutverpackung

---

Dichte	g/cm³	0.922	*Schmelzindex*	g/10 min	1.2: 190/2.16
Schüttdichte	g/cm³		*Volumenfließindex*	cm³/10 min	:
Viskositätszahl	ml/g				

Verarbeitungsbedingungen für Spritzgießen

Massetemp.	°C		*Schwindung*	% lgs , quer
Werkzeugtemp.	°C		*Bemerkungen*	
Spritzdruck	bar			

Zugversuch 23 °C ASTM D-1248; ASTM D-638

	Probekörper: Form		*Herstellung*	Pressen
	Zustand		*Vorbehandlung*	Normalklima
Streckspannung	N/mm² 10		*Dehnung bei Streckspannung*	%
Zugfestigkeit	N/mm²		*Reißdehnung*	% 580
Reißfestigkeit	N/mm² 15		% *Dehnspannung*	N/mm²
E-Modul	N/mm² 220		*Dehnung bei* % *Dehnspg.*	%

Kriechmoduln und Zeitstandwerte 23 °C

	Probekörper: Form		*Herstellung*	
	Zustand		*Vorbehandlung*	
Kriechmodul	1 min N/mm²		*Zeitstandzugfestigkeit*	h N/mm²
Kriechmodul	1000 h N/mm²		*Zeitdehnspg.* %	h N/mm²
bei Spannung	N/mm²			

Biegeversuch 23 °C

	Probekörper: Form		*Herstellung*	
	Zustand		*Vorbehandlung*	
Biegefestigkeit	N/mm²		*E-Modul*	N/mm²
3,5% Biegespannung	N/mm²			

Härte 23 °C

	Probekörper: Zustand		*Herstellung*	
			Vorbehandlung	
Kugeldruckhärte	N/mm² bei N, s		*Shore-Härte* A	
Rockwellhärte			*Shore-Härte* D	

Schlagversuch

	Probekörper: (1)			
	(2)		*Herstellung*	
	Zustand		*Vorbehandlung*	
	°C	°C	°C	*Probekörper-Form*

Schlagzähigkeit	kJ/m²
Kerbschlagzähigkeit (1)	kJ/m²
IZOD-Kerbschlagzähigkeit (2)	J/m
Kerbschlagzugzähigkeit	kJ/m²

Abrieb und Reibung

Taber-Abrieb (Reibradverfahren)   mm^3/100 U
Abriebfaktor LNP (Thrust washer) Vergleichswert
Statische Reibungszahl
Dynamische Reibungszahl   (p·v =   N/mm^2 ·   m/min)
Zulässiger p · v Wert   N/mm^2 · (m/min)   v =   m/min
                                                                v =   m/min

Thermische Eigenschaften

Formbeständigkeit in der Wärme   Verfahren   °C
                                      Verfahren   °C
Vicat Erweichungstemperatur (VST)   Verfahren   A/50   95 °C
                                      Verfahren   °C
Kristallit-Schmelzpunkt   Verfahren

Längenausdehnungskoeffizient   Bereich   °C   · 10^{-4}K^{-1}
                                      Temperatur   · 10^{-4}K^{-1}
Wärmeleitfähigkeit   Verfahren   W/(K · m)

Spezifische Wärmekapazität   Verfahren   J/(K · g)

Glasumwandlungstemperatur   Torsionsschwingungsversuch   °C
                                      Differentialkalorimetrie   °C

Brandverhalten

UL-Test vertikal   Dicke   mm, Wert
                                      Dicke   mm, Wert

	Norm	Bewertung		Abmessungen
Sauerstoff-Index	ASTM D 2863			
Glühstab-Verfahren				
Brandverhalten	DIN 4102			
MVSS				
FAR				

Elektrische Eigenschaften

	Hz	°C			Probekörper, Form
Dielektrizitätszahl	50				
	10^3				
	10^6				
Dielektrischer Verlustfaktor tanδ	50				
	10^3				
	10^6				

Spezifischer Durchgangs-
      widerstand   Ohm · cm
Durchschlagfestigkeit   kV/mm   mm dick
Oberflächenwiderstand   Ohm

Kriechstromfestigkeit   KC   KB   KA
Elektrolytische Korrosionswirkung
Lichtbogenfestigkeit nach DIN
              nach ASTM   s

Beständigkeit (Chemische Beständigkeit siehe Anhang)

Wasseraufnahme

Feuchtigkeitsaufnahme Normalklima   %
Wetterbeständigkeit

Spannungskorrosion

Optische Eigenschaften

Brechungszahl n$_D$
Transmissionsgrad τ_c %   mm dick
Lichtdurchlässigkeit

Produkt	Polyethylen niedriger Dichte	**PE**
Handelsname	**LDPE 504**	
Hersteller	DOW	
DIN-Bez 1	16776-PE,HG,25-D045	
DIN-Bez 2		

Zusätze   *Füllstoffe/ Verstärkung*

Bevorzugte Verarbeitung   Beschichtung; Extrusionsbeschichtung   *Lieferform*   Granulat

Farben   Natur

Besondere Merkmale   Ausgezeichnete Tiefziehfaehigkeit; Geringes neck-in; Gute Kantenfestigkeit; Gute Barriere-Eigenschaften

Bevorzugte Anwendungen   Beschichtung fuer Milchverpackung; Beschichtung von Kraftpapier fuer Beutelproduktion; Verpackungsfolie

---

Dichte	g/cm^3 0.923	*Schmelzindex*	g/10 min 4.0: 190/2.16
Schüttdichte	g/cm^3	*Volumenfließindex*	cm^3/10 min :
Viskositätszahl	ml/g		

Verarbeitungsbedingungen für Spritzgießen

Massetemp.	°C	*Schwindung*	% lgs quer
Werkzeugtemp.	°C	*Bemerkungen*	
Spritzdruck	bar		

Zugversuch 23 °C   ASTM D-638;

Probekörper: Form / Zustand   *Herstellung* Pressen / *Vorbehandlung* Normalklima

Streckspannung	N/mm^2 9	*Dehnung bei Streckspannung*	%
Zugfestigkeit	N/mm^2 12	*Reißdehnung*	% 470
Reißfestigkeit	N/mm^2	*% Dehnspannung*	N/mm^2
E-Modul	N/mm^2	*Dehnung bei % Dehnspg.*	%

Kriechmoduln und Zeitstandwerte 23 °C

Probekörper: Form / Zustand   *Herstellung* / *Vorbehandlung*

Kriechmodul	1 min N/mm^2	*Zeitstandzugfestigkeit*	h N/mm^2
Kriechmodul	1000 h N/mm^2	*Zeitdehnspg. %*	h N/mm^2
bei Spannung	N/mm^2		

Biegeversuch 23 °C

Probekörper: Form / Zustand   *Herstellung* / *Vorbehandlung*

Biegefestigkeit	N/mm^2	*E-Modul*	N/mm^2
3,5% Biegespannung	N/mm^2		

Härte 23 °C   *Probekörper:* Zustand   *Herstellung* Pressen / *Vorbehandlung* Normalklima

Kugeldruckhärte	N/mm^2 bei N, s	*Shore-Härte* A	
Rockwellhärte		*Shore-Härte* D	51

Schlagversuch   *Probekörper:* (1) / (2) / Zustand   *Herstellung* / *Vorbehandlung*

°C   °C   °C   *Probekörper-Form*

Schlagzähigkeit	kJ/m^2
Kerbschlagzähigkeit (1)	kJ/m^2
IZOD-Kerbschlagzähigkeit (2)	J/m
Kerbschlagzugzähigkeit	kJ/m^2

Abrieb und Reibung

Taber-Abrieb (Reibradverfahren)   mm³/100 U
Abriebfaktor LNP (Thrust washer) Vergleichswert
Statische Reibungszahl
Dynamische Reibungszahl   (p·v =   N/mm² ·   m/min)
Zulässiger p · v Wert   N/mm² · (m/min)   v =   m/min
                                                                           v =   m/min

Thermische Eigenschaften

Formbeständigkeit in der Wärme   *Verfahren*   °C
                                          Verfahren   °C
Vicat Erweichungstemperatur (VST)   *Verfahren* A/50   96 °C
                                          Verfahren   °C
Kristallit-Schmelzpunkt   *Verfahren*

Längenausdehnungskoeffizient   *Bereich*   °C $\cdot 10^{-4} K^{-1}$
                                          Temperatur $\cdot 10^{-4} K^{-1}$
Wärmeleitfähigkeit   *Verfahren*   W/(K · m)

Spezifische Wärmekapazität   *Verfahren*   J/(K · g)

Glasumwandlungstemperatur   *Torsionsschwingungsversuch*   °C
                                          Differentialkalorimetrie   °C

Brandverhalten

UL-Test vertikal   Dicke   mm, Wert
                                          Dicke   mm, Wert

                    Norm   *Bewertung*   *Abmessungen*

Sauerstoff-Index   ASTM D 2863
Glühstab-Verfahren
Brandverhalten   DIN 4102
MVSS
FAR

Elektrische Eigenschaften

                                          Hz   °C   *Probekörper, Form*

Dielektrizitätszahl   50
                                          10^3
                                          10^6
Dielektrischer Verlustfaktor tan δ   50
                                          10^3
                                          10^6
Spezifischer Durchgangs-
  widerstand   Ohm · cm
Durchschlagfestigkeit   kV/mm   mm dick
Oberflächenwiderstand   Ohm

Kriechstromfestigkeit   KC   KB   KA
Elektrolytische Korrosionswirkung
Lichtbogenfestigkeit nach DIN
          nach ASTM   s

Beständigkeit *(Chemische Beständigkeit siehe Anhang)*

Wasseraufnahme

Feuchtigkeitsaufnahme Normalklima   %
Wetterbeständigkeit

Spannungskorrosion

Optische Eigenschaften

Brechungszahl n_D
Transmissionsgrad τ_c %   mm dick
Lichtdurchlässigkeit

Produkt	Polyethylen niedriger Dichte	**PE**
Handelsname	**LDPE 707**	
Hersteller	DOW	
DIN-Bez 1	16776-PE,HG,15-D090	
DIN-Bez 2		

Zusätze

Füllstoffe/ Verstärkung

Bevorzugte Verarbeitung — Beschichtung; Extrusionsbeschichtung

Lieferform — Granulat

Farben — Natur

Besondere Merkmale — Ausgezeichnete Tiefziehfaehigkeit; Gute Barriere-Eigenschaften; Gute Kantenfestigkeit; Geringer Eigengeruch

Bevorzugte Anwendungen — Milchbehaelter; Flexible Verpackung

Dichte	g/cm³	0.917		
Schüttdichte	g/cm³			
Viskositätszahl	ml/g			
Schmelzindex	g/10 min	7.5:	190/2.16	
Volumenfließindex	cm³/10 min	:		

Verarbeitungsbedingungen für Spritzgießen

Massetemp.	°C	
Werkzeugtemp.	°C	
Spritzdruck	bar	
Schwindung	%	lgs , quer
Bemerkungen		

Zugversuch 23 °C — ASTM D-638;

Probekörper:	*Form*	
	Zustand	
Herstellung	Pressen	
Vorbehandlung	Normalklima	

Streckspannung	N/mm²	8	*Dehnung bei Streckspannung*	%	
Zugfestigkeit	N/mm²	10	*Reißdehnung*	%	260
Reißfestigkeit	N/mm²		*% Dehnspannung*	N/mm²	
E-Modul	N/mm²		*Dehnung bei % Dehnspg.*	%	

Kriechmoduln und Zeitstandwerte 23 °C

Probekörper:	*Form*	*Herstellung*
	Zustand	*Vorbehandlung*

Kriechmodul	1 min N/mm²		*Zeitstandzugfestigkeit*	h N/mm²
Kriechmodul	1000 h N/mm²		*Zeitdehnspg. %*	h N/mm²
bei Spannung	N/mm²			

Biegeversuch 23 °C

Probekörper:	*Form*	*Herstellung*
	Zustand	*Vorbehandlung*

Biegefestigkeit	N/mm²	*E-Modul*	N/mm²
3,5% Biegespannung	N/mm²		

Härte 23 °C

Probekörper:	*Zustand*	*Herstellung* Pressen
		Vorbehandlung Normalklima

Kugeldruckhärte	N/mm² bei N, s	*Shore-Härte A*	
Rockwellhärte		*Shore-Härte D*	50

Schlagversuch

Probekörper:	(1)	
	(2)	*Herstellung*
	Zustand	*Vorbehandlung*

°C	°C	°C	*Probekörper-Form*

Schlagzähigkeit	kJ/m²
Kerbschlagzähigkeit (1)	kJ/m²
IZOD-Kerbschlagzähigkeit (2)	J/m
Kerbschlagzugzähigkeit	kJ/m²

Abrieb und Reibung

Taber-Abrieb (Reibradverfahren)	mm³/100 U
Abriebfaktor LNP (Thrust washer) Vergleichswert	
Statische Reibungszahl	
Dynamische Reibungszahl	(p·v = N/mm² · m/min)
Zulässiger p · v Wert	N/mm² · (m/min) v = m/min
	v = m/min

Thermische Eigenschaften

Formbeständigkeit in der Wärme	Verfahren		°C
	Verfahren		°C
Vicat Erweichungstemperatur (VST)	Verfahren	A/50	89 °C
	Verfahren		°C
Kristallit-Schmelzpunkt	Verfahren		
Längenausdehnungskoeffizient	Bereich	°C	$\cdot 10^{-4}\mathrm{K}^{-1}$
	Temperatur		$\cdot 10^{-4}\mathrm{K}^{-1}$
Wärmeleitfähigkeit	Verfahren		W/(K · m)
Spezifische Wärmekapazität	Verfahren		J/(K · g)
Glasumwandlungstemperatur	Torsionsschwingungsversuch	°C	
	Differentialkalorimetrie	°C	

Brandverhalten

UL-Test vertikal	Dicke mm, Wert	
	Dicke mm, Wert	

	Norm	Bewertung	Abmessungen
Sauerstoff-Index	ASTM D 2863		
Glühstab-Verfahren			
Brandverhalten	DIN 4102		
MVSS			
FAR			

Elektrische Eigenschaften

	Hz	°C	Probekörper, Form
Dielektrizitätszahl	50		
	10^3		
	10^6		
Dielektrischer Verlustfaktor tan δ	50		
	10^3		
	10^6		
Spezifischer Durchgangs-widerstand	Ohm · cm		
Durchschlagfestigkeit	kV/mm		mm dick
Oberflächenwiderstand	Ohm		

Kriechstromfestigkeit	KC	KB	KA
Elektrolytische Korrosionswirkung			
Lichtbogenfestigkeit nach DIN			
nach ASTM	s		

Beständigkeit *(Chemische Beständigkeit siehe Anhang)*

Wasseraufnahme

Feuchtigkeitsaufnahme Normalklima   %
Wetterbeständigkeit

Spannungskorrosion

Optische Eigenschaften

Brechungszahl n_D
Transmissionsgrad τ_c %   mm dick
Lichtdurchlässigkeit

Produkt	Polyethylen niedriger Dichte	**PE**
Handelsname	**LDPE 708**	
Hersteller	DOW	
DIN-Bez 1	16776-PE,HG,15-D090	
DIN-Bez 2		

Zusätze		*Füllstoffe/ Verstärkung*	
Bevorzugte Verarbeitung	Beschichtung; Extrusionsbeschichtung	*Lieferform*	Granulat
		Farben	Natur
Besondere Merkmale	Ausgezeichnete Tiefzieheigenschaften; Gute Kantenfestigkeit; Sehr geringes neck-in; Gute Barriere-Eigenschaften; Geringer Eigengeruch; Gute Durchstossfestigkeit	*Bevorzugte Anwendungen*	Milchverpackung; Flexible Verpakkung; Hochgeschwindigkeitsbeschichtung

---

Dichte	g/cm³	0.917	*Schmelzindex* g/10 min	6.7 : 190/2.16
Schüttdichte	g/cm³		*Volumenfließindex* cm³/10 min	:
Viskositätszahl	ml/g			

Verarbeitungsbedingungen für Spritzgießen

Massetemp.	°C	*Schwindung* % lgs	, quer
Werkzeugtemp.	°C	*Bemerkungen*	
Spritzdruck	bar		

Zugversuch 23 °C ASTM D-638;

	Probekörper: Form		*Herstellung*	Pressen
	Zustand		*Vorbehandlung*	Normalklima
Streckspannung	N/mm² 8	*Dehnung bei Streckspannung*	%	
Zugfestigkeit	N/mm² 10	*Reißdehnung*	%	320
Reißfestigkeit	N/mm²	% *Dehnspannung*	N/mm²	
E-Modul	N/mm²	*Dehnung bei* % *Dehnspg.*	%	

Kriechmoduln und Zeitstandwerte 23 °C

	Probekörper: Form	*Herstellung*	
	Zustand	*Vorbehandlung*	
Kriechmodul	1 min N/mm²	*Zeitstandzugfestigkeit*	h N/mm²
Kriechmodul	1000 h N/mm²	*Zeitdehnspg.* %	h N/mm²
bei Spannung	N/mm²		

Biegeversuch 23 °C

	Probekörper: Form	*Herstellung*	
	Zustand	*Vorbehandlung*	
Biegefestigkeit	N/mm²	*E-Modul*	N/mm²
3,5% Biegespannung	N/mm²		

Härte 23 °C

	Probekörper: Zustand	*Herstellung*	Pressen
		Vorbehandlung	Normalklima
Kugeldruckhärte	N/mm² bei N, s	*Shore-Härte* A	
Rockwellhärte		*Shore-Härte* D	50

Schlagversuch

	Probekörper: (1)				
	(2)		*Herstellung*		
	Zustand		*Vorbehandlung*		
	°C	°C	°C		*Probekörper-Form*

Schlagzähigkeit	kJ/m²
Kerbschlagzähigkeit (1)	kJ/m²
IZOD-Kerbschlagzähigkeit (2)	J/m
Kerbschlagzugzähigkeit	kJ/m²

Abrieb und Reibung

Taber-Abrieb (Reibradverfahren)	mm^3/100 U
Abriebfaktor LNP (Thrust washer) Vergleichswert	
Statische Reibungszahl	
Dynamische Reibungszahl	(p·v = N/mm^2 · m/min)
Zulässiger p · v Wert	N/mm^2 · (m/min) v = m/min
	v = m/min

Thermische Eigenschaften

Formbeständigkeit in der Wärme	*Verfahren*		°C
	Verfahren		°C
Vicat Erweichungstemperatur (VST)	*Verfahren*	A/50	89 °C
	Verfahren		°C
Kristallit-Schmelzpunkt	*Verfahren*		
Längenausdehnungskoeffizient	*Bereich*	°C	$\cdot 10^{-4} \mathrm{K}^{-1}$
	Temperatur		$\cdot 10^{-4} \mathrm{K}^{-1}$
Wärmeleitfähigkeit	*Verfahren*		W/(K · m)
Spezifische Wärmekapazität	*Verfahren*		J/(K · g)
Glasumwandlungstemperatur	*Torsionsschwingungsversuch*	°C	
	Differentialkalorimetrie	°C	

Brandverhalten

UL-Test vertikal	Dicke	mm, Wert
	Dicke	mm, Wert

	Norm	*Bewertung*	*Abmessungen*
Sauerstoff-Index	ASTM D 2863		
Glühstab-Verfahren			
Brandverhalten	DIN 4102		
MVSS			
FAR			

Elektrische Eigenschaften

	Hz	°C	*Probekörper, Form*
Dielektrizitätszahl	50		
	10^3		
	10^6		
Dielektrischer Verlustfaktor tan δ	50		
	10^3		
	10^6		
Spezifischer Durchgangs-widerstand	Ohm · cm		
Durchschlagfestigkeit	kV/mm		mm dick
Oberflächenwiderstand	Ohm		

Kriechstromfestigkeit	KC	KB	KA
Elektrolytische Korrosionswirkung			
Lichtbogenfestigkeit nach DIN			
nach ASTM	s		

Beständigkeit *(Chemische Beständigkeit siehe Anhang)*

Wasseraufnahme	
Feuchtigkeitsaufnahme Normalklima	%
Wetterbeständigkeit	
Spannungskorrosion	

Optische Eigenschaften

Brechungszahl n$_D$		
Transmissionsgrad τ_c	%	mm dick
Lichtdurchlässigkeit		

Produkt	Polyethylen niedriger Dichte		**PE**
Handelsname	**LDPE 710**		
Hersteller	DOW		
DIN-Bez 1	16776-PE,MG,25-D090		
DIN-Bez 2			
Zusätze		*Füllstoffe/ Verstärkung*	
Bevorzugte Verarbeitung	Spritzgiessen	*Lieferform*	Granulat
		Farben	Natur
Besondere Merkmale	Gute Steifheit; Mittlere Fliessfaehigkeit; Guter Glanz	*Bevorzugte Anwendungen*	Behaelter; Kuebel; Becher; Haushalts-ware; Schuhteil; Technisches Formteil

---

Dichte	g/cm^3	0.923	*Schmelzindex*	g/10 min	7.0: 190/2.16
Schüttdichte	g/cm^3		*Volumenfließindex*	cm^3/10 min	:
Viskositätszahl	ml/g				

Verarbeitungsbedingungen für Spritzgießen

Massetemp.	°C	170–270	*Schwindung*	%	lgs 2.5, quer 2.5
Werkzeugtemp.	°C	10–50	*Bemerkungen*		
Spritzdruck	bar	500–1500			

Zugversuch 23 °C   ASTM D-638;

	Probekörper:	*Form*	*Herstellung*	Pressen
		Zustand	*Vorbehandlung*	Normalklima
Streckspannung	N/mm^2	12	*Dehnung bei Streckspannung*	%
Zugfestigkeit	N/mm^2		*Reißdehnung*	% 200
Reißfestigkeit	N/mm^2	12	*% Dehnspannung*	N/mm^2
E-Modul	N/mm^2	250	*Dehnung bei % Dehnspg.*	%

Kriechmodul und Zeitstandwerte 23 °C

	Probekörper:	*Form*	*Herstellung*
		Zustand	*Vorbehandlung*
Kriechmodul	1 min N/mm^2	*Zeitstandzugfestigkeit*	h N/mm^2
Kriechmodul	1000 h N/mm^2	*Zeitdehnspg. %*	h N/mm^2
bei Spannung	N/mm^2		

Biegeversuch 23 °C

	Probekörper:	*Form*	*Herstellung*
		Zustand	*Vorbehandlung*
Biegefestigkeit	N/mm^2	*E-Modul*	N/mm^2
3,5% Biegespannung	N/mm^2		

Härte 23 °C

	Probekörper:	*Zustand*	*Herstellung* Pressen
			Vorbehandlung Normalklima
Kugeldruckhärte	N/mm^2	bei N, s	*Shore-Härte* A
Rockwellhärte			*Shore-Härte* D 57

Schlagversuch

	Probekörper:	*(1)*	
		(2)	*Herstellung*
		Zustand	*Vorbehandlung*
		°C °C °C	*Probekörper-Form*

Schlagzähigkeit	kJ/m^2
Kerbschlagzähigkeit (1)	kJ/m^2
IZOD-Kerbschlagzähigkeit (2)	J/m
Kerbschlagzugzähigkeit	kJ/m^2

Abrieb und Reibung

Taber-Abrieb (Reibradverfahren)   mm³/100 U
Abriebfaktor LNP (Thrust washer) Vergleichswert
Statische Reibungszahl
Dynamische Reibungszahl   (p·v =   N/mm² ·   m/min)
Zulässiger p · v Wert   N/mm² · (m/min)   v =   m/min
                                                                              v =   m/min

Thermische Eigenschaften

Formbeständigkeit in der Wärme	Verfahren		°C
	Verfahren		°C
Vicat Erweichungstemperatur (VST)	Verfahren	A/50	96 °C
	Verfahren		°C
Kristallit-Schmelzpunkt	Verfahren		

Längenausdehnungskoeffizient   Bereich   °C $\cdot 10^{-4} K^{-1}$
                                      Temperatur $\cdot 10^{-4} K^{-1}$
Wärmeleitfähigkeit   Verfahren   W/(K · m)

Spezifische Wärmekapazität   Verfahren   J/(K · g)

Glasumwandlungstemperatur   Torsionsschwingungsversuch   °C
                                      Differentialkalorimetrie   °C

Brandverhalten

UL-Test vertikal   Dicke   mm, Wert
                                      Dicke   mm, Wert

	Norm	Bewertung	Abmessungen
Sauerstoff-Index	ASTM D 2863		
Glühstab-Verfahren			
Brandverhalten	DIN 4102		
MVSS			
FAR			

Elektrische Eigenschaften

	Hz	°C	Probekörper, Form
Dielektrizitätszahl	50		
	10^3		
	10^6		
Dielektrischer Verlustfaktor tan δ	50		
	10^3		
	10^6		

Spezifischer Durchgangs-
     widerstand   Ohm · cm
Durchschlagfestigkeit   kV/mm   mm dick
Oberflächenwiderstand   Ohm

Kriechstromfestigkeit   KC   KB   KA
Elektrolytische Korrosionswirkung
Lichtbogenfestigkeit nach DIN
                nach ASTM   s

Beständigkeit (Chemische Beständigkeit siehe Anhang)

Wasseraufnahme 23 C   1 d   ≦ 0.01 %

Feuchtigkeitsaufnahme Normalklima   %
Wetterbeständigkeit

Spannungskorrosion

Optische Eigenschaften

Brechungszahl n_D
Transmissionsgrad τ_c %   mm dick
Lichtdurchlässigkeit

Produkt	Polyethylen niedriger Dichte	**PE**
Handelsname	**LDPE 770**	
Hersteller	DOW	
DIN-Bez 1	16776-PE,MG,25-D090	
DIN-Bez 2		

Zusätze		*Füllstoffe/ Verstärkung*	
Bevorzugte Verarbeitung	Spritzgiessen	*Lieferform*	Granulat
		Farben	Natur
Besondere Merkmale	Gute Steifheit; Mittlere Fliessfaehigkeit; Guter Glanz	*Bevorzugte Anwendungen*	Behaelter; Kuebel; Becher; Schuhteil; Haushaltsware; Technisches Formteil

Dichte	g/cm^3	0.924	*Schmelzindex*	g/10 min	8.0: 190/2.16
Schüttdichte	g/cm^3		*Volumenfließindex*	cm^3/10 min	:
Viskositätszahl	ml/g				

Verarbeitungsbedingungen für Spritzgießen

Massetemp.	°C	170–270	*Schwindung*	%	lgs	2.5, quer 2.5
Werkzeugtemp.	°C	10–50	*Bemerkungen*			
Spritzdruck	bar	500–1500				

Zugversuch 23 °C ASTM D-638;

	Probekörper:	*Form*		*Herstellung*	Pressen
		Zustand		*Vorbehandlung*	Normalklima
Streckspannung	N/mm^2	12	*Dehnung bei Streckspannung*	%	
Zugfestigkeit	N/mm^2		*Reißdehnung*	%	200
Reißfestigkeit	N/mm^2	12	*% Dehnspannung*	N/mm^2	
E-Modul	N/mm^2	250	*Dehnung bei % Dehnspg.*	%	

Kriechmoduln und Zeitstandwerte 23 °C

	Probekörper:	*Form*	*Herstellung*	
		Zustand	*Vorbehandlung*	
Kriechmodul	1 min	N/mm^2	*Zeitstandzugfestigkeit*	h N/mm^2
Kriechmodul	1000 h	N/mm^2	*Zeitdehnspg. %*	h N/mm^2
bei Spannung		N/mm^2		

Biegeversuch 23 °C

	Probekörper:	*Form*	*Herstellung*	
		Zustand	*Vorbehandlung*	
Biegefestigkeit	N/mm^2		*E-Modul*	N/mm^2
3,5% Biegespannung	N/mm^2			

Härte 23 °C

	Probekörper:	*Zustand*		*Herstellung*	Pressen
				Vorbehandlung	Normalklima
Kugeldruckhärte	N/mm^2	bei N, s		*Shore-Härte* A	
Rockwellhärte				*Shore-Härte* D	57

Schlagversuch

	Probekörper:	*(1)*		
		(2)	*Herstellung*	
		Zustand	*Vorbehandlung*	
		°C	°C	°C	*Probekörper-Form*

Schlagzähigkeit	kJ/m^2
Kerbschlagzähigkeit (1)	kJ/m^2
IZOD-Kerbschlagzähigkeit (2)	J/m
Kerbschlagzugzähigkeit	kJ/m^2

Abrieb und Reibung

Taber-Abrieb (Reibradverfahren)	mm³/100 U
Abriebfaktor LNP (Thrust washer) Vergleichswert	
Statische Reibungszahl	
Dynamische Reibungszahl	$(p \cdot v =$ N/mm² · m/min$)$
Zulässiger p · v Wert	N/mm² · (m/min) v = m/min
	v = m/min

Thermische Eigenschaften

Formbeständigkeit in der Wärme	*Verfahren*	°C
	Verfahren	°C
Vicat Erweichungstemperatur (VST)	*Verfahren* A/50	95 °C
	Verfahren	°C
Kristallit-Schmelzpunkt	*Verfahren*	
Längenausdehnungskoeffizient	*Bereich* °C	$\cdot 10^{-4} K^{-1}$
	Temperatur	$\cdot 10^{-4} K^{-1}$
Wärmeleitfähigkeit	*Verfahren*	W/(K · m)
Spezifische Wärmekapazität	*Verfahren*	J/(K · g)
Glasumwandlungstemperatur	*Torsionsschwingungsversuch*	°C
	Differentialkalorimetrie	°C

Brandverhalten

UL-Test vertikal   Dicke   mm, Wert
                     Dicke   mm, Wert

	Norm	*Bewertung*	*Abmessungen*
Sauerstoff-Index	ASTM D 2863		
Glühstab-Verfahren			
Brandverhalten	DIN 4102		
MVSS			
FAR			

Elektrische Eigenschaften

	Hz	°C	*Probekörper, Form*
Dielektrizitätszahl	50		
	10^3		
	10^6		
Dielektrischer Verlustfaktor tan δ	50		
	10^3		
	10^6		
Spezifischer Durchgangs-			
widerstand	Ohm · cm		
Durchschlagfestigkeit	kV/mm		mm dick
Oberflächenwiderstand	Ohm		
Kriechstromfestigkeit	KC	KB	KA
Elektrolytische Korrosionswirkung			
Lichtbogenfestigkeit nach DIN			
nach ASTM s			

Beständigkeit *(Chemische Beständigkeit siehe Anhang)*

Wasseraufnahme 23 C		1 d	0.01 %
Feuchtigkeitsaufnahme Normalklima			%
Wetterbeständigkeit			
Spannungskorrosion			

Optische Eigenschaften

Brechungszahl n_D		
Transmissionsgrad τ_c	%	mm dick
Lichtdurchlässigkeit		

		PE

Produkt   Polyethylen niedriger Dichte

Handelsname   **LDPE 980**

Hersteller   DOW

DIN-Bez 1   16776-PE,MG,25-D200
DIN-Bez 2

Zusätze   *Füllstoffe/*
                                                   Verstärkung

Bevorzugte   Spritzgiessen   *Lieferform*   Granulat
Verarbeitung
                                                   Farben   Natur

Besondere   Ausgezeichnete Fliesseigenschaften;   *Bevorzugte*   Behaelter; Verschluss; Becher; Haus-
Merkmale   Ausgeglichene Eigenschaften; Gute   *Anwendungen*   haltsware; Spielzeug
                   Steifheit; Guter Glanz

Dichte   g/cm³   0.923   *Schmelzindex*   g/10 min   18:   190/2.16
Schüttdichte   g/cm³   *Volumenfließindex* cm³/10 min   :
Viskositätszahl ml/g

Verarbeitungsbedingungen für Spritzgießen

Massetemp.   °C   140–250   *Schwindung*   %   lgs   2.5, quer 2.5
Werkzeugtemp.   °C   10–50   *Bemerkungen*
Spritzdruck   bar   500–1500

Zugversuch 23 °C   ASTM D-638;
                       Probekörper: *Form*   *Herstellung*   Pressen
                                       Zustand   *Vorbehandlung*   Normalklima

Streckspannung   N/mm² 10   *Dehnung bei Streckspannung*   %
Zugfestigkeit   N/mm²   *Reißdehnung*   %   112
Reißfestigkeit   N/mm² 12   *% Dehnspannung*   N/mm²
E-Modul   N/mm² 255   *Dehnung bei*   *% Dehnspg.*   %

Kriechmoduln und Zeitstandwerte 23 °C

                       Probekörper: *Form*   *Herstellung*
                                       Zustand   *Vorbehandlung*

Kriechmodul   1 min N/mm²   *Zeitstandzugfestigkeit*   h N/mm²
Kriechmodul   1000 h N/mm²   *Zeitdehnspg.* %   h N/mm²
bei Spannung   N/mm²

Biegeversuch 23 °C

                       Probekörper: *Form*   *Herstellung*
                                       Zustand   *Vorbehandlung*

Biegefestigkeit   N/mm²   *E-Modul*   N/mm²
3,5% Biegespannung   N/mm²

Härte 23 °C   *Probekörper:* *Zustand*   *Herstellung*   Pressen
                                                                           Vorbehandlung   Normalklima

Kugeldruckhärte N/mm²   bei   N, s   *Shore-Härte* A
Rockwellhärte   *Shore-Härte* D 55

Schlagversuch   *Probekörper:* *(1)*
                                       (2)
                                       Zustand   *Herstellung*
                                                                           Vorbehandlung

                                       °C   °C   °C   *Probekörper-Form*

Schlagzähigkeit   kJ/m²
Kerbschlagzähigkeit (1)   kJ/m²
IZOD-Kerbschlagzähigkeit (2) J/m
Kerbschlagzugzähigkeit   kJ/m²

Abrieb und Reibung

Taber-Abrieb (Reibradverfahren)   mm^3/100 U
Abriebfaktor LNP (Thrust washer) Vergleichswert
Statische Reibungszahl
Dynamische Reibungszahl   (p·v =   N/mm^2 ·   m/min)
Zulässiger p · v Wert   N/mm^2 · (m/min)   v =   m/min
                                               v =   m/min

Thermische Eigenschaften

Formbeständigkeit in der Wärme   *Verfahren*   °C
                                               Verfahren   °C
Vicat Erweichungstemperatur (VST)   *Verfahren*   A/50   93 °C
                                               Verfahren   °C
Kristallit-Schmelzpunkt   *Verfahren*

Längenausdehnungskoeffizient   *Bereich*   °C   · 10^{-4}K^{-1}
                                               Temperatur   · 10^{-4}K^{-1}
Wärmeleitfähigkeit   *Verfahren*   W/(K · m)

Spezifische Wärmekapazität   *Verfahren*   J/(K · g)

Glasumwandlungstemperatur   *Torsionsschwingungsversuch*   °C
                                                 Differentialkalorimetrie   °C

Brandverhalten

UL-Test vertikal   *Dicke*   mm, *Wert*
                             Dicke   mm, *Wert*

	Norm	*Bewertung*	*Abmessungen*
Sauerstoff-Index	ASTM D 2863		
Glühstab-Verfahren			
Brandverhalten	DIN 4102		
MVSS			
FAR			

Elektrische Eigenschaften

	Hz	°C	*Probekörper, Form*
Dielektrizitätszahl	50		
	10^3		
	10^6		
Dielektrischer Verlustfaktor tan δ	50		
	10^3		
	10^6		

Spezifischer Durchgangs-
     widerstand   Ohm · cm
Durchschlagfestigkeit   kV/mm   mm dick
Oberflächenwiderstand   Ohm

Kriechstromfestigkeit   KC   KB   KA
Elektrolytische Korrosionswirkung
Lichtbogenfestigkeit nach DIN
                 nach ASTM   s

Beständigkeit *(Chemische Beständigkeit siehe Anhang)*

Wasseraufnahme 23 C   1 d   0.01 %

Feuchtigkeitsaufnahme Normalklima   %
Wetterbeständigkeit

Spannungskorrosion

Optische Eigenschaften

Brechungszahl n$_D$
Transmissionsgrad τ$_c$ %   mm dick
Lichtdurchlässigkeit

Produkt	Polyethylen niedriger Dichte	**PE**

Handelsname **LDPE 990 E**

Hersteller DOW

DIN-Bez 1 16776-PE,MG,25-D200
DIN-Bez 2

Zusätze		*Füllstoffe/ Verstärkung*	
Bevorzugte Verarbeitung	Spritzgiessen	*Lieferform*	Granulat
		Farben	Natur
Besondere Merkmale	Ausgewogene Eigenschaften; Gute Steifheit; Sehr gute Fliesseigenschaften; Hervorragender Glanz	*Bevorzugte Anwendungen*	Behaelter; Verschluss; Becher; Haushaltsware; Spielzeug

---

Dichte	g/cm^3	0.924	*Schmelzindex*	g/10 min	21.0: 190/2.16
Schüttdichte	g/cm^3		*Volumenfließindex*	cm^3/10 min	:
Viskositätszahl	ml/g				

Verarbeitungsbedingungen für Spritzgießen

Massetemp.	°C	140–250	*Schwindung*	% lgs	2.5, quer 2.5
Werkzeugtemp.	°C	10–50	*Bemerkungen*		
Spritzdruck	bar	500–1500			

Zugversuch 23 °C   ASTM D-638;

	Probekörper:	*Form*	*Herstellung*	Pressen
		Zustand	*Vorbehandlung*	Normalklima

Streckspannung	N/mm^2	10	*Dehnung bei Streckspannung*	%
Zugfestigkeit	N/mm^2		*Reißdehnung*	% 112
Reißfestigkeit	N/mm^2	12	*% Dehnspannung*	N/mm^2
E-Modul	N/mm^2	255	*Dehnung bei* *% Dehnspg.*	%

Kriechmoduln und Zeitstandwerte 23 °C

	Probekörper:	*Form*
		Zustand

Herstellung
Vorbehandlung

Kriechmodul	*1 min* N/mm^2	*Zeitstandzugfestigkeit*	h N/mm^2
Kriechmodul	*1000 h* N/mm^2	*Zeitdehnspg.* %	h N/mm^2
bei Spannung	N/mm^2		

Biegeversuch 23 °C

	Probekörper:	*Form*
		Zustand

Herstellung
Vorbehandlung

Biegefestigkeit	N/mm^2	*E-Modul*	N/mm^2
3,5% Biegespannung	N/mm^2		

Härte 23 °C   *Probekörper:*   *Zustand*

Herstellung Pressen
Vorbehandlung Normalklima

Kugeldruckhärte	N/mm^2 bei N, s	*Shore-Härte* A	
Rockwellhärte		*Shore-Härte* D	56

Schlagversuch   *Probekörper:*   (1)

(2)
Zustand

Herstellung
Vorbehandlung

°C	°C	°C	*Probekörper-Form*

Schlagzähigkeit	kJ/m^2
Kerbschlagzähigkeit (1)	kJ/m^2
IZOD-Kerbschlagzähigkeit (2)	J/m
Kerbschlagzugzähigkeit	kJ/m^2

Abrieb und Reibung

Taber-Abrieb (Reibradverfahren)	mm³/100 U	
Abriebfaktor LNP (Thrust washer) Vergleichswert		
Statische Reibungszahl		
Dynamische Reibungszahl	(p·v = 　　N/mm² · 　　m/min)	
Zulässiger p · v Wert	N/mm² · (m/min)　v = 　　m/min	
	v = 　　m/min	

Thermische Eigenschaften

Formbeständigkeit in der Wärme	*Verfahren*	°C
	Verfahren	°C
Vicat Erweichungstemperatur (VST)	*Verfahren* A/50	94 °C
	Verfahren	°C
Kristallit-Schmelzpunkt	*Verfahren*	
Längenausdehnungskoeffizient	*Bereich* 　　°C	$\cdot 10^{-4} \mathrm{K}^{-1}$
	Temperatur	$\cdot 10^{-4} \mathrm{K}^{-1}$
Wärmeleitfähigkeit	*Verfahren*	W/(K · m)
Spezifische Wärmekapazität	*Verfahren*	J/(K · g)
Glasumwandlungstemperatur	*Torsionsschwingungsversuch*	°C
	Differentialkalorimetrie	°C

Brandverhalten

UL-Test vertikal　　　　　　　Dicke　　mm, Wert
　　　　　　　　　　　　　　　Dicke　　mm, Wert

	Norm	*Bewertung*	*Abmessungen*
Sauerstoff-Index	ASTM D 2863		
Glühstab-Verfahren			
Brandverhalten	DIN 4102		
MVSS			
FAR			

Elektrische Eigenschaften

	Hz	°C	*Probekörper, Form*
Dielektrizitätszahl	50		
	10^3		
	10^6		
Dielektrischer Verlustfaktor tan δ	50		
	10^3		
	10^6		
Spezifischer Durchgangs-			
widerstand	Ohm · cm		
Durchschlagfestigkeit	kV/mm		mm dick
Oberflächenwiderstand	Ohm		

Kriechstromfestigkeit　　　　　　KC　　　　　　KB　　　　　　KA
Elektrolytische Korrosionswirkung
Lichtbogenfestigkeit nach DIN
　　　　　　nach ASTM　s

Beständigkeit *(Chemische Beständigkeit siehe Anhang)*

Wasseraufnahme 23 C		1 d	0.01 %
Feuchtigkeitsaufnahme Normalklima			%
Wetterbeständigkeit			
Spannungskorrosion			

Optische Eigenschaften

Brechungszahl n_D			
Transmissionsgrad τ_c	%	mm dick	
Lichtdurchlässigkeit			

Produkt	Polyethylen niedriger Dichte	＼ **PE**
Handelsname	**Dowlex 4000 E**	
Hersteller	DOW	
DIN-Bez 1 *DIN-Bez 2*	16776-PE,FG,15-D045	

Zusätze		*Füllstoffe/* *Verstärkung*	
Bevorzugte *Verarbeitung*	Co-Extrusion	*Lieferform*	Granulat
		Farben	Natur
Besondere *Merkmale*	Ausgezeichnete Einreissfestigkeit; Aus- gezeichnete Streckbarkeit	*Bevorzugte* *Anwendungen*	Stretchfolie

Dichte	g/cm^3	0.912	*Schmelzindex*	g/10 min	3.3:　　190/2.16
Schüttdichte	g/cm^3		*Volumenfließindex*	cm^3/10 min	:
Viskositätszahl	ml/g				

Verarbeitungsbedingungen für Spritzgießen

Massetemp.	°C		*Schwindung*	%	lgs　　, quer
Werkzeugtemp.	°C		*Bemerkungen*		
Spritzdruck	bar				

Zugversuch 23 °C　ASTM D-638;

	Probekörper:	*Form* *Zustand*	*Herstellung* *Vorbehandlung*	Pressen Normalklima
Streckspannung	N/mm^2	8	*Dehnung bei Streckspannung*	%
Zugfestigkeit	N/mm^2		*Reißdehnung*	%　　900
Reißfestigkeit	N/mm^2	18	*% Dehnspannung*	N/mm^2
E-Modul	N/mm^2	195	*Dehnung bei　% Dehnspg.*	%

Kriechmoduln und Zeitstandwerte 23 °C

	Probekörper:	*Form* *Zustand*	*Herstellung* *Vorbehandlung*
Kriechmodul	*1 min* N/mm^2	*Zeitstandzugfestigkeit*	h N/mm^2
Kriechmodul	*1000 h* N/mm^2	*Zeitdehnspg.* %	h N/mm^2
bei Spannung	N/mm^2		

Biegeversuch 23 °C

	Probekörper:	*Form* *Zustand*	*Herstellung* *Vorbehandlung*
Biegefestigkeit	N/mm^2	*E-Modul*	N/mm^2
3,5% Biegespannung	N/mm^2		

Härte 23 °C

	Probekörper:	*Zustand*	*Herstellung* *Vorbehandlung*
Kugeldruckhärte	N/mm^2　　bei　N, s	*Shore-Härte* A
Rockwellhärte		*Shore-Härte* D

Schlagversuch

	Probekörper:	*(1)* *(2)* *Zustand*	*Herstellung* *Vorbehandlung*
	°C	°C　　°C	*Probekörper-Form*

Schlagzähigkeit	kJ/m^2
Kerbschlagzähigkeit (1)	kJ/m^2
IZOD-Kerbschlagzähigkeit (2)	J/m
Kerbschlagzugzähigkeit	kJ/m^2

Abrieb und Reibung

Taber-Abrieb (Reibradverfahren)　　　　　　　　mm³/100 U
Abriebfaktor LNP (Thrust washer) Vergleichswert
Statische Reibungszahl
Dynamische Reibungszahl　　　　　　　　　　(p·v = 　　　N/mm² · 　　　m/min)
Zulässiger p · v Wert　　　　　　　　　　　　N/mm² · (m/min)　v = 　　　m/min
　　　　　　　　　　　　　　　　　　　　　　　　　　　　　　v = 　　　m/min

Thermische Eigenschaften

Formbeständigkeit in der Wärme	*Verfahren*		°C
	Verfahren		°C
Vicat Erweichungstemperatur (VST)	*Verfahren*	A/50	92 °C
	Verfahren		°C
Kristallit-Schmelzpunkt	*Verfahren*		

Längenausdehnungskoeffizient　　　　*Bereich*　　　　　°C　　　　　$\cdot 10^{-4}\mathrm{K}^{-1}$
　　　　　　　　　　　　　　　　　　　　Temperatur　　　　　　　　　　　$\cdot 10^{-4}\mathrm{K}^{-1}$
Wärmeleitfähigkeit　　　　　　　　　　*Verfahren*　　　　　　　　　　　W/(K · m)

Spezifische Wärmekapazität　　　　　*Verfahren*　　　　　　　　　　　J/(K · g)

Glasumwandlungstemperatur　　　　　*Torsionsschwingungsversuch*　　　°C
　　　　　　　　　　　　　　　　　　　Differentialkalorimetrie　　　　　°C

Brandverhalten

UL-Test vertikal　　　　　　　　　　*Dicke*　　mm, *Wert*
　　　　　　　　　　　　　　　　　　Dicke　　mm, *Wert*

	Norm	*Bewertung*	*Abmessungen*
Sauerstoff-Index	ASTM D 2863		
Glühstab-Verfahren			
Brandverhalten	DIN 4102		
MVSS			
FAR			

Elektrische Eigenschaften

	Hz	*°C*	*Probekörper, Form*
Dielektrizitätszahl	50		
	10^3		
	10^6		
Dielektrischer Verlustfaktor tan δ	50		
	10^3		
	10^6		

Spezifischer Durchgangs-
　widerstand　　　　　　　Ohm · cm
Durchschlagfestigkeit　　kV/mm　　　　　　　　　　　　　　　　mm dick
Oberflächenwiderstand　　Ohm

Kriechstromfestigkeit　　　　　KC　　　　　　KB　　　　　　KA
Elektrolytische Korrosionswirkung
Lichtbogenfestigkeit nach DIN
　　　　　　nach ASTM　　s

Beständigkeit *(Chemische Beständigkeit siehe Anhang)*

Wasseraufnahme

Feuchtigkeitsaufnahme Normalklima　　　　　　　　　　　　　　　　　　%
Wetterbeständigkeit

Spannungskorrosion

Optische Eigenschaften

Brechungszahl n_D
Transmissionsgrad τ_c　　　%　　　　　　　　mm dick
Lichtdurchlässigkeit

Produkt	Polyethylen niedriger Dichte	**PE**
Handelsname	**Dowlex 2740 E**	
Hersteller	DOW	
DIN-Bez 1	16776-PE,LG,40-D012	
DIN-Bez 2		

Zusätze		*Füllstoffe/ Verstärkung*	
Bevorzugte Verarbeitung	Extrudieren	*Lieferform*	Granulat
		Farben	Natur
Besondere Merkmale	Ausgezeichnete Zaehigkeit	*Bevorzugte Anwendungen*	Baendchen; Monofilament

---

Dichte	g/cm^3 0.940	*Schmelzindex*	g/10 min 1.0: 190/2.16
Schüttdichte	g/cm^3	*Volumenfließindex*	cm^3/10 min :
Viskositätszahl	ml/g		

Verarbeitungsbedingungen für Spritzgießen

Massetemp.	°C	*Schwindung*	% . lgs , quer
Werkzeugtemp.	°C	*Bemerkungen*	
Spritzdruck	bar		

Zugversuch 23 °C

	Probekörper: Form		*Herstellung*
	Zustand		*Vorbehandlung*
Streckspannung	N/mm^2	*Dehnung bei Streckspannung*	%
Zugfestigkeit	N/mm^2	*Reißdehnung*	%
Reißfestigkeit	N/mm^2	*% Dehnspannung*	N/mm^2
E-Modul	N/mm^2	*Dehnung bei % Dehnspg.*	%

Kriechmoduln und Zeitstandwerte 23 °C

	Probekörper: Form		*Herstellung*
	Zustand		*Vorbehandlung*
Kriechmodul	1 min N/mm^2	*Zeitstandzugfestigkeit*	h N/mm^2
Kriechmodul	1000 h N/mm^2	*Zeitdehnspg. %*	h N/mm^2
bei Spannung	N/mm^2		

Biegeversuch 23 °C

	Probekörper: Form		*Herstellung*
	Zustand		*Vorbehandlung*
Biegefestigkeit	N/mm^2	*E-Modul*	N/mm^2
3,5% Biegespannung	N/mm^2		

Härte 23 °C

	Probekörper: Zustand		*Herstellung*
			Vorbehandlung
Kugeldruckhärte	N/mm^2 bei N, s	*Shore-Härte* A	
Rockwellhärte		*Shore-Härte* D	

Schlagversuch

	Probekörper: (1)		
	(2)		*Herstellung*
	Zustand		*Vorbehandlung*
	°C °C °C		*Probekörper-Form*

Schlagzähigkeit	kJ/m^2
Kerbschlagzähigkeit (1)	kJ/m^2
IZOD-Kerbschlagzähigkeit (2)	J/m
Kerbschlagzugzähigkeit	kJ/m^2

Abrieb und Reibung

Taber-Abrieb (Reibradverfahren) mm³/100 U
Abriebfaktor LNP (Thrust washer) Vergleichswert
Statische Reibungszahl
Dynamische Reibungszahl (p · v = N/mm² · m/min)
Zulässiger p · v Wert N/mm² · (m/min) v = m/min
  v = m/min

Thermische Eigenschaften

Formbeständigkeit in der Wärme Verfahren °C
  Verfahren °C
Vicat Erweichungstemperatur (VST) Verfahren °C
  Verfahren °C
Kristallit-Schmelzpunkt Verfahren

Längenausdehnungskoeffizient Bereich °C $\cdot 10^{-4} K^{-1}$
  Temperatur $\cdot 10^{-4} K^{-1}$
Wärmeleitfähigkeit Verfahren W/(K · m)

Spezifische Wärmekapazität Verfahren J/(K · g)

Glasumwandlungstemperatur Torsionsschwingungsversuch °C
  Differentialkalorimetrie °C

Brandverhalten

UL-Test vertikal Dicke mm, Wert
  Dicke mm, Wert

	Norm	Bewertung		Abmessungen
Sauerstoff-Index	ASTM D 2863			
Glühstab-Verfahren				
Brandverhalten	DIN 4102			
MVSS				
FAR				

Elektrische Eigenschaften

	Hz	°C		Probekörper, Form
Dielektrizitätszahl	50			
	10^3			
	10^6			
Dielektrischer Verlustfaktor tan δ	50			
	10^3			
	10^6			

Spezifischer Durchgangs-
 widerstand Ohm · cm
Durchschlagfestigkeit kV/mm mm dick
Oberflächenwiderstand Ohm

Kriechstromfestigkeit KC KB KA
Elektrolytische Korrosionswirkung
Lichtbogenfestigkeit nach DIN
  nach ASTM s

Beständigkeit *(Chemische Beständigkeit siehe Anhang)*

Wasseraufnahme

Feuchtigkeitsaufnahme Normalklima %
Wetterbeständigkeit

Spannungskorrosion

Optische Eigenschaften

Brechungszahl n_D
Transmissionsgrad τ_c % mm dick
Lichtdurchlässigkeit

Produkt	Polyethylen hoher Dichte	**PE**
Handelsname	**HDPE 35057 E**	
Hersteller	DOW	
DIN-Bez 1	16776-PE,BG,55-T012	
DIN-Bez 2	16776-PE,EG,55-T012	

Zusätze		*Füllstoffe/ Verstärkung*	
Bevorzugte Verarbeitung	Blasformen; Extrudieren	*Lieferform*	Granulat
		Farben	Natur
Besondere Merkmale	Ausgewogene Eigenschaften; Hohe Spannungsrissbestaendigkeit; Hoher Biegemodul	*Bevorzugte Anwendungen*	Flasche; Technischer Hohlkoerper; Oelflasche; Behaelter; Platte; Skibelag

---

Dichte	g/cm³	0.955	*Schmelzindex* g/10 min	1.5: 190/5.0
Schüttdichte	g/cm³		*Volumenfließindex* cm³/10 min	:
Viskositätszahl	ml/g			

Verarbeitungsbedingungen für Spritzgießen

Massetemp.	°C	*Schwindung* %	lgs , quer
Werkzeugtemp.	°C	*Bemerkungen*	
Spritzdruck	bar		

Zugversuch 23 °C ASTM D-638;

	Probekörper: Form		*Herstellung* Pressen
	Zustand		*Vorbehandlung* Normalklima
Streckspannung	N/mm² 28	*Dehnung bei Streckspannung* %	
Zugfestigkeit	N/mm² 33	*Reißdehnung* %	≧800
Reißfestigkeit	N/mm²	*% Dehnspannung* N/mm²	
E-Modul	N/mm² 1200	*Dehnung bei % Dehnspg.* %	

Kriechmoduln und Zeitstandwerte 23 °C

	Probekörper: Form		*Herstellung*
	Zustand		*Vorbehandlung*
Kriechmodul	1 min N/mm²	*Zeitstandzugfestigkeit* h N/mm²	
Kriechmodul	1000 h N/mm²	*Zeitdehnspg.* % h N/mm²	
bei Spannung	N/mm²		

Biegeversuch 23 °C ASTM D-790;

	Probekörper: Form		*Herstellung* Pressen
	Zustand		*Vorbehandlung* Normalklima
Biegefestigkeit	N/mm²	*E-Modul*	N/mm² 1150
3,5% Biegespannung	N/mm²		

Härte 23 °C

	Probekörper: Zustand		*Herstellung* Pressen
			Vorbehandlung Normalklima
Kugeldruckhärte	N/mm² bei N, s	*Shore-Härte* A	
Rockwellhärte		*Shore-Härte* D 64	

Schlagversuch

	Probekörper: (1)		
	(2) V-Kerbe		*Herstellung* Pressen
	Zustand		*Vorbehandlung* Normalklima
	°C °C	°C	*Probekörper-Form*

Schlagzähigkeit	kJ/m²	
Kerbschlagzähigkeit (1)	kJ/m²	
IZOD-Kerbschlagzähigkeit (2)	J/m	23 125
Kerbschlagzugzähigkeit	kJ/m²	

Abrieb und Reibung

Taber-Abrieb (Reibradverfahren)   mm³/100 U
Abriebfaktor LNP (Thrust washer) Vergleichswert
Statische Reibungszahl
Dynamische Reibungszahl   (p·v=   N/mm² ·   m/min)
Zulässiger p · v Wert   N/mm² · (m/min)   v=   m/min
                                                                         v=   m/min

Thermische Eigenschaften

Formbeständigkeit in der Wärme	*Verfahren*		°C
	Verfahren		°C
Vicat Erweichungstemperatur (VST)	*Verfahren* A/50		127 °C
	Verfahren		°C
Kristallit-Schmelzpunkt	*Verfahren*		

Längenausdehnungskoeffizient   *Bereich*   °C $\cdot 10^{-4} K^{-1}$
                                   Temperatur $\cdot 10^{-4} K^{-1}$
Wärmeleitfähigkeit   *Verfahren*   W/(K · m)

Spezifische Wärmekapazität   *Verfahren*   J/(K · g)

Glasumwandlungstemperatur   *Torsionsschwingungsversuch*   °C
                                   Differentialkalorimetrie   °C

Brandverhalten

UL-Test vertikal   Dicke   mm, Wert
                                   Dicke   mm, Wert

	Norm	*Bewertung*	*Abmessungen*
Sauerstoff-Index	ASTM D 2863		
Glühstab-Verfahren			
Brandverhalten	DIN 4102		
MVSS			
FAR			

Elektrische Eigenschaften

	Hz	°C	*Probekörper, Form*
Dielektrizitätszahl	50		
	10^3		
	10^6		
Dielektrischer Verlustfaktor tan δ	50		
	10^3		
	10^6		

Spezifischer Durchgangs-
*   widerstand*   Ohm · cm
Durchschlagfestigkeit   kV/mm   mm dick
Oberflächenwiderstand   Ohm

Kriechstromfestigkeit   KC   KB   KA
Elektrolytische Korrosionswirkung
Lichtbogenfestigkeit nach DIN
                nach ASTM   s

Beständigkeit *(Chemische Beständigkeit siehe Anhang)*

Wasseraufnahme

Feuchtigkeitsaufnahme Normalklima   %
Wetterbeständigkeit

Spannungskorrosion ASTM D-1693: 350 h

Optische Eigenschaften

Brechungszahl n_D
Transmissionsgrad τ_c %   mm dick
Lichtdurchlässigkeit

Produkt	Polyethylen hoher Dichte	**PE**
Handelsname	**HDPE 35060 E**	
Hersteller	DOW	
DIN-Bez 1	16776-PE,BG,60-T012	
DIN-Bez 2	16776-PE,EG,60-T012	

Zusätze		*Füllstoffe/ Verstärkung*	
Bevorzugte Verarbeitung	Blasformen; Extrudieren	*Lieferform*	Granulat
		Farben	Natur
Besondere Merkmale	Ausgewogene Eigenschaften; Hohe Spannungsrissbestaendigkeit; Hoeherer Biegemodul als HDPE 35057 E	*Bevorzugte Anwendungen*	Flasche; Technischer Hohlkoerper; Oelflasche; Behaelter; Platte; Skibelag

---

Dichte	g/cm³	0.958	*Schmelzindex* g/10 min	1.5: 190/5.0
Schüttdichte	g/cm³		*Volumenfließindex* cm³/10 min	:
Viskositätszahl	ml/g			

Verarbeitungsbedingungen für Spritzgießen

Massetemp.	°C	*Schwindung* % lgs	, quer
Werkzeugtemp.	°C	*Bemerkungen*	
Spritzdruck	bar		

Zugversuch 23 °C ASTM D-638;

	Probekörper: Form	*Herstellung*	Pressen
	Zustand	*Vorbehandlung*	Normalklima

Streckspannung	N/mm² 28	*Dehnung bei Streckspannung* %	
Zugfestigkeit	N/mm² 33	*Reißdehnung* %	$\geqq 800$
Reißfestigkeit	N/mm²	% *Dehnspannung* N/mm²	
E-Modul	N/mm² 1600	*Dehnung bei* % *Dehnspg.* %	

Kriechmoduln und Zeitstandwerte 23 °C

Probekörper: Form	*Herstellung*	
Zustand	*Vorbehandlung*	

Kriechmodul	1 min N/mm²	*Zeitstandzugfestigkeit*	h N/mm²
Kriechmodul	1000 h N/mm²	*Zeitdehnspg.* %	h N/mm²
bei Spannung	N/mm²		

Biegeversuch 23 °C ASTM D-790;

Probekörper: Form	*Herstellung*	Pressen
Zustand	*Vorbehandlung*	Normalklima

Biegefestigkeit	N/mm²	*E-Modul* N/mm² 1300
3,5% Biegespannung	N/mm²	

Härte 23 °C

Probekörper: Zustand	*Herstellung*	Pressen
	Vorbehandlung	Normalklima

Kugeldruckhärte	N/mm² bei N, s	*Shore-Härte* A
Rockwellhärte		*Shore-Härte* D 65

Schlagversuch

Probekörper: (1)		
(2) V-Kerbe	*Herstellung*	Pressen
Zustand	*Vorbehandlung*	Normalklima
°C °C °C	*Probekörper-Form*	

Schlagzähigkeit	kJ/m²		
Kerbschlagzähigkeit (1)	kJ/m²		
IZOD-Kerbschlagzähigkeit (2)	J/m	23	115
Kerbschlagzugzähigkeit	kJ/m²		

Abrieb und Reibung

Taber-Abrieb (Reibradverfahren)	mm³/100 U
Abriebfaktor LNP (Thrust washer) Vergleichswert	
Statische Reibungszahl	
Dynamische Reibungszahl	(p·v = N/mm² · m/min)
Zulässiger p · v Wert	N/mm² · (m/min) v = m/min
	v = m/min

Thermische Eigenschaften

Formbeständigkeit in der Wärme	*Verfahren*		°C
	Verfahren		°C
Vicat Erweichungstemperatur (VST)	*Verfahren*	A/50	128 °C
	Verfahren		°C
Kristallit-Schmelzpunkt	*Verfahren*		
Längenausdehnungskoeffizient	*Bereich*	°C	$\cdot 10^{-4} K^{-1}$
	Temperatur		$\cdot 10^{-4} K^{-1}$
Wärmeleitfähigkeit	*Verfahren*		W/(K · m)
Spezifische Wärmekapazität	*Verfahren*		J/(K · g)
Glasumwandlungstemperatur	*Torsionsschwingungsversuch*	°C	
	Differentialkalorimetrie	°C	

Brandverhalten

UL-Test vertikal	*Dicke*	mm, Wert
	Dicke	mm, Wert

	Norm	*Bewertung*	*Abmessungen*
Sauerstoff-Index	ASTM D 2863		
Glühstab-Verfahren			
Brandverhalten	DIN 4102		
MVSS			
FAR			

Elektrische Eigenschaften

	Hz	°C	*Probekörper, Form*
Dielektrizitätszahl	50		
	10^3		
	10^6		
Dielektrischer Verlustfaktor tan δ	50		
	10^3		
	10^6		
Spezifischer Durchgangs-widerstand	Ohm · cm		
Durchschlagfestigkeit	kV/mm		mm dick
Oberflächenwiderstand	Ohm		

Kriechstromfestigkeit	KC	KB	KA
Elektrolytische Korrosionswirkung			
Lichtbogenfestigkeit nach DIN			
nach ASTM	s		

Beständigkeit *(Chemische Beständigkeit siehe Anhang)*

Wasseraufnahme

Feuchtigkeitsaufnahme Normalklima %
Wetterbeständigkeit

Spannungskorrosion ASTM D-1693: 200 h

Optische Eigenschaften

Brechungszahl n_D
Transmissionsgrad τ_c % mm dick
Lichtdurchlässigkeit

Produkt	Polyethylen hoher Dichte	**PE**
Handelsname	**HDPE 40055 E**	
Hersteller	DOW	
DIN-Bez 1	16776-PE,BG,55-T006	
DIN-Bez 2	16776-PE,EG,55-T006	

Zusätze		*Füllstoffe/ Verstärkung*	
Bevorzugte Verarbeitung	Blasformen; Extrudieren	*Lieferform*	Granulat
		Farben	Natur
Besondere Merkmale	Sehr gutes Schlagverhalten; Hohe Spannungsrissbestaendigkeit; Gute Steifheit	*Bevorzugte Anwendungen*	Grosser Hohlkoerper; Mittlerer Hohlkoerper; Behaelter; Flasche fuer aggressive Reinigungsmittel; Technisches Teil; Platte; Rohr

Dichte	g/cm³	0.953	*Schmelzindex*	g/10 min	0.5: 190/5.0
Schüttdichte	g/cm³		*Volumenfließindex*	cm³/10 min	:
Viskositätszahl	ml/g				

Verarbeitungsbedingungen für Spritzgießen

Massetemp.	°C		*Schwindung*	%	lgs , quer
Werkzeugtemp.	°C		*Bemerkungen*		
Spritzdruck	bar				

Zugversuch 23 °C ASTM D-638;

		Probekörper: Form		*Herstellung* Pressen
		Zustand		*Vorbehandlung* Normalklima

Streckspannung	N/mm² 28	*Dehnung bei Streckspannung*	%	
Zugfestigkeit	N/mm² 38	*Reißdehnung*	%	900
Reißfestigkeit	N/mm²	% *Dehnspannung*	N/mm²	
E-Modul	N/mm² 1100	*Dehnung bei* % *Dehnspg.*	%	

Kriechmoduln und Zeitstandwerte 23 °C

		Probekörper: Form		*Herstellung*
		Zustand		*Vorbehandlung*

Kriechmodul	1 min N/mm²	*Zeitstandzugfestigkeit*	h N/mm²
Kriechmodul	1000 h N/mm²	*Zeitdehnspg.* %	h N/mm²
bei Spannung	N/mm²		

Biegeversuch 23 °C ASTM D-790;

		Probekörper: Form		*Herstellung* Pressen
		Zustand		*Vorbehandlung* Normalklima

Biegefestigkeit	N/mm²	*E-Modul*	N/mm² 1000
3,5% Biegespannung	N/mm²		

Härte 23 °C

	Probekörper: Zustand	*Herstellung* Pressen
		Vorbehandlung Normalklima

Kugeldruckhärte	N/mm² bei N, s	*Shore-Härte* A	
Rockwellhärte		*Shore-Härte* D	65

Schlagversuch

	Probekörper: (1)		
	(2) V-Kerbe	*Herstellung*	Pressen
	Zustand	*Vorbehandlung*	Normalklima

	°C	°C	°C	*Probekörper-Form*

Schlagzähigkeit	kJ/m²		
Kerbschlagzähigkeit (1)	kJ/m²		
IZOD-Kerbschlagzähigkeit (2)	J/m	23	750
Kerbschlagzugzähigkeit	kJ/m²		

Abrieb und Reibung

Taber-Abrieb (Reibradverfahren)   mm³/100 U
Abriebfaktor LNP (Thrust washer) Vergleichswert
Statische Reibungszahl
Dynamische Reibungszahl   (p · v =   N/mm² ·   m/min)
Zulässiger p · v Wert   N/mm² · (m/min)   v =   m/min
                                                                      v =   m/min

Thermische Eigenschaften

Formbeständigkeit in der Wärme   *Verfahren*   °C
                                      Verfahren   °C
Vicat Erweichungstemperatur (VST)   *Verfahren*   A/50   128 °C
                                      Verfahren   °C
Kristallit-Schmelzpunkt   *Verfahren*

Längenausdehnungskoeffizient   *Bereich*   °C $\cdot 10^{-4} \mathrm{K}^{-1}$
                                      Temperatur $\cdot 10^{-4} \mathrm{K}^{-1}$
Wärmeleitfähigkeit   *Verfahren*   W/(K · m)

Spezifische Wärmekapazität   *Verfahren*   J/(K · g)

Glasumwandlungstemperatur   *Torsionsschwingungsversuch*   °C
                                      Differentialkalorimetrie   °C

Brandverhalten

UL-Test vertikal   *Dicke*   mm, *Wert*
                                      Dicke   mm, *Wert*

                   Norm   *Bewertung*   *Abmessungen*

Sauerstoff-Index   ASTM D 2863
Glühstab-Verfahren
Brandverhalten   DIN 4102
MVSS
FAR

Elektrische Eigenschaften

                                      Hz   °C   *Probekörper, Form*

Dielektrizitätszahl   50
                                      10^3
                                      10^6
Dielektrischer Verlustfaktor tan δ 50
                                      10^3
                                      10^6

Spezifischer Durchgangs-
  widerstand   Ohm · cm
Durchschlagfestigkeit   kV/mm   mm dick
Oberflächenwiderstand   Ohm

Kriechstromfestigkeit   KC   KB   KA
Elektrolytische Korrosionswirkung
Lichtbogenfestigkeit nach DIN
                   nach ASTM   s

Beständigkeit *(Chemische Beständigkeit siehe Anhang)*

Wasseraufnahme

Feuchtigkeitsaufnahme Normalklima   %
Wetterbeständigkeit

Spannungskorrosion ASTM D-1693: Mehr als 500 h

Optische Eigenschaften

Brechungszahl n_D
Transmissionsgrad τ_c %   mm dick
Lichtdurchlässigkeit

Produkt	Polyethylen hoher Dichte		**PE**
Handelsname	**HDPE 50055 E**		
Hersteller	DOW		
DIN-Bez 1	16776-PE,FG,55-T006		
DIN-Bez 2			
Zusätze		*Füllstoffe/ Verstärkung*	
Bevorzugte Verarbeitung	Blasfolienextrusion	*Lieferform*	Granulat
		Farben	Natur
Besondere Merkmale	Hohe Molmasse; Breite Molmasseverteilung	*Bevorzugte Anwendungen*	Einkaufstasche; Tragetasche; Sack fuer Industrie und Grosshandel; Muellsack; Gefrierbeutel; Papierfolie; Folie auf der Rolle

Dichte	g/cm^3	0.955	*Schmelzindex*	g/10 min	0.5 : 190/5.0
Schüttdichte	g/cm^3		*Volumenfließindex*	cm^3/10 min	:
Viskositätszahl	ml/g				

Verarbeitungsbedingungen für Spritzgießen

Massetemp.	°C		*Schwindung*	%	lgs , quer
Werkzeugtemp.	°C		*Bemerkungen*		
Spritzdruck	bar				

Zugversuch 23 °C ASTM D-638;

Probekörper:	*Form*	*Herstellung*	Pressen
	Zustand	*Vorbehandlung*	Normalklima
Streckspannung	N/mm^2 26	*Dehnung bei Streckspannung*	%
Zugfestigkeit	N/mm^2 36	*Reißdehnung*	% 900
Reißfestigkeit	N/mm^2	*% Dehnspannung*	N/mm^2
E-Modul	N/mm^2 1100	*Dehnung bei % Dehnspg.*	%

Kriechmodul und Zeitstandwerte 23 °C

Probekörper:	*Form*	*Herstellung*	
	Zustand	*Vorbehandlung*	
Kriechmodul	1 min N/mm^2	*Zeitstandzugfestigkeit*	h N/mm^2
Kriechmodul	1000 h N/mm^2	*Zeitdehnspg. %*	h N/mm^2
bei Spannung	N/mm^2		

Biegeversuch 23 °C ASTM D-790;

Probekörper:	*Form*	*Herstellung*	Pressen
	Zustand	*Vorbehandlung*	Normalklima
Biegefestigkeit	N/mm^2	*E-Modul*	N/mm^2 1000
3,5% Biegespannung	N/mm^2		

Härte 23 °C

Probekörper:	*Zustand*	*Herstellung*	Pressen
		Vorbehandlung	Normalklima
Kugeldruckhärte	N/mm^2 bei N, s	*Shore-Härte* A	
Rockwellhärte		*Shore-Härte* D	68

Schlagversuch

Probekörper:	*(1)*		
	(2) V-Kerbe	*Herstellung*	Pressen
	Zustand	*Vorbehandlung*	Normalklima
	°C °C °C	*Probekörper-Form*	

Schlagzähigkeit	kJ/m^2	
Kerbschlagzähigkeit (1)	kJ/m^2	
IZOD-Kerbschlagzähigkeit (2)	J/m	23 750
Kerbschlagzugzähigkeit	kJ/m^2	

Abrieb und Reibung

Taber-Abrieb (Reibradverfahren)	mm³/100 U
Abriebfaktor LNP (Thrust washer) Vergleichswert	
Statische Reibungszahl	
Dynamische Reibungszahl	$(p \cdot v =$ N/mm² · m/min)
Zulässiger p · v Wert	N/mm² · (m/min) v = m/min
	v = m/min

Thermische Eigenschaften

Formbeständigkeit in der Wärme	*Verfahren*		°C
	Verfahren		°C
Vicat Erweichungstemperatur (VST)	*Verfahren*	A/50	127 °C
	Verfahren		°C
Kristallit-Schmelzpunkt	*Verfahren*		
Längenausdehnungskoeffizient	*Bereich* °C		$\cdot 10^{-4} K^{-1}$
	Temperatur		$\cdot 10^{-4} K^{-1}$
Wärmeleitfähigkeit	*Verfahren*		W/(K · m)
Spezifische Wärmekapazität	*Verfahren*		J/(K · g)
Glasumwandlungstemperatur	*Torsionsschwingungsversuch*	°C	
	Differentialkalorimetrie	°C	

Brandverhalten

UL-Test vertikal   Dicke   mm, Wert
Dicke   mm, Wert

	Norm	*Bewertung*	*Abmessungen*
Sauerstoff-Index	ASTM D 2863		
Glühstab-Verfahren			
Brandverhalten	DIN 4102		
MVSS			
FAR			

Elektrische Eigenschaften

	Hz	°C	*Probekörper, Form*
Dielektrizitätszahl	50		
	10^3		
	10^6		
Dielektrischer Verlustfaktor tan δ	50		
	10^3		
	10^6		
Spezifischer Durchgangs- widerstand	Ohm · cm		
Durchschlagfestigkeit	kV/mm		mm dick
Oberflächenwiderstand	Ohm		

Kriechstromfestigkeit   KC   KB   KA
Elektrolytische Korrosionswirkung
Lichtbogenfestigkeit nach DIN
nach ASTM   s

Beständigkeit *(Chemische Beständigkeit siehe Anhang)*

Wasseraufnahme

Feuchtigkeitsaufnahme Normalklima   %
Wetterbeständigkeit

Spannungskorrosion

Optische Eigenschaften

Brechungszahl n_D
Transmissionsgrad τ_c %   mm dick
Lichtdurchlässigkeit

Produkt	Polyethylen hoher Dichte	**PE**
Handelsname	**HDPE 35055 E**	
Hersteller	DOW	
DIN-Bez 1	16776-PE,FG,55-T012	
DIN-Bez 2		

Zusätze		*Füllstoffe/ Verstärkung*	
Bevorzugte Verarbeitung	Blasfolienextrusion	*Lieferform*	Granulat
		Farben	Natur
Besondere Merkmale	Ausgezeichnete Verarbeitungseigen- schaften; Gelfrei	*Bevorzugte Anwendungen*	Blasfolie fuer kleine Verpackungssaek- ke; Papieraehnliche Verpackungsfolie; Laminierte und coextrudierte Folien

---

Dichte	g/cm^3	0.955	*Schmelzindex*	g/10 min	1.5: 190/5.0
Schüttdichte	g/cm^3		*Volumenfließindex*	cm^3/10 min	:
Viskositätszahl	ml/g				

Verarbeitungsbedingungen für Spritzgießen

Massetemp.	°C		*Schwindung*	%	lgs , quer
Werkzeugtemp.	°C		*Bemerkungen*		
Spritzdruck	bar				

Zugversuch 23 °C ASTM D-638;

	Probekörper: Form	*Herstellung*	Pressen
	Zustand	*Vorbehandlung*	Normalklima

Streckspannung	N/mm^2 28	*Dehnung bei Streckspannung*	%	
Zugfestigkeit	N/mm^2 33	*Reißdehnung*	%	$\geqq 800$
Reißfestigkeit	N/mm^2	% Dehnspannung	N/mm^2	
E-Modul	N/mm^2 1200	*Dehnung bei* % Dehnspg.	%	

Kriechmoduln und Zeitstandwerte 23 °C

	Probekörper: Form	*Herstellung*	
	Zustand	*Vorbehandlung*	

Kriechmodul	1 min N/mm^2	*Zeitstandzugfestigkeit*	h N/mm^2
Kriechmodul	1000 h N/mm^2	*Zeitdehnspg.* %	h N/mm^2
bei Spannung	N/mm^2		

Biegeversuch 23 °C ASTM D-790;

	Probekörper: Form	*Herstellung*	Pressen
	Zustand	*Vorbehandlung*	Normalklima

Biegefestigkeit	N/mm^2	*E-Modul*	N/mm^2 1150
3,5% Biegespannung	N/mm^2		

Härte 23 °C

	Probekörper: Zustand	*Herstellung*	Pressen
		Vorbehandlung	Normalklima

Kugeldruckhärte	N/mm^2	bei N, s	*Shore-Härte* A
Rockwellhärte			*Shore-Härte* D 64

Schlagversuch

	Probekörper: (1)		
	(2) V-Kerbe	*Herstellung*	Pressen
	Zustand	*Vorbehandlung*	Normalklima

°C	°C	°C	*Probekörper-Form*

Schlagzähigkeit	kJ/m^2		
Kerbschlagzähigkeit (1)	kJ/m^2		
IZOD-Kerbschlagzähigkeit (2)	J/m	23 125	
Kerbschlagzugzähigkeit	kJ/m^2		

Abrieb und Reibung

Taber-Abrieb (Reibradverfahren)   mm³/100 U
Abriebfaktor LNP (Thrust washer) Vergleichswert
Statische Reibungszahl
Dynamische Reibungszahl   (p·v =   N/mm² ·   m/min)
Zulässiger p · v Wert   N/mm² · (m/min)   v =   m/min
                                                                              v =   m/min

Thermische Eigenschaften

Formbeständigkeit in der Wärme   Verfahren   °C
                                          Verfahren   °C
Vicat Erweichungstemperatur (VST)   Verfahren   A/50   127 °C
                                          Verfahren   °C
Kristallit-Schmelzpunkt   Verfahren

Längenausdehnungskoeffizient   Bereich   °C $\cdot 10^{-4} K^{-1}$
                                          Temperatur $\cdot 10^{-4} K^{-1}$
Wärmeleitfähigkeit   Verfahren   W/(K · m)

Spezifische Wärmekapazität   Verfahren   J/(K · g)

Glasumwandlungstemperatur   Torsionsschwingungsversuch   °C
                                          Differentialkalorimetrie   °C

Brandverhalten

UL-Test vertikal   Dicke   mm, Wert
                                          Dicke   mm, Wert

	Norm	Bewertung		Abmessungen
Sauerstoff-Index	ASTM D 2863			
Glühstab-Verfahren				
Brandverhalten	DIN 4102			
MVSS				
FAR				

Elektrische Eigenschaften

	Hz	°C		Probekörper, Form
Dielektrizitätszahl	50			
	10^3			
	10^6			
Dielektrischer Verlustfaktor tan δ	50			
	10^3			
	10^6			

Spezifischer Durchgangs-
   widerstand   Ohm · cm
Durchschlagfestigkeit   kV/mm   mm dick
Oberflächenwiderstand   Ohm

Kriechstromfestigkeit   KC   KB   KA
Elektrolytische Korrosionswirkung
Lichtbogenfestigkeit nach DIN
             nach ASTM   s

Beständigkeit (Chemische Beständigkeit siehe Anhang)

Wasseraufnahme

Feuchtigkeitsaufnahme Normalklima   %
Wetterbeständigkeit

Spannungskorrosion

Optische Eigenschaften

Brechungszahl n_D
Transmissionsgrad τ_c %   mm dick
Lichtdurchlässigkeit

			PPE + SB
Produkt	Polyphenylenether-SB-Blend		
Handelsname	**Luranyl KR 2401**		
Hersteller	BASF		
DIN-Bez 1			
DIN-Bez 2			
Zusätze		*Füllstoffe/ Verstärkung*	
Bevorzugte Verarbeitung	Spritzgiessen	*Lieferform*	Granulat
		Farben	Standard (Gedeckt)
Besondere Merkmale	Standard-Marke; Gute Fliessfaehigkeit; Hohe Schlagzaehigkeit; Hohe Waermeformbestaendigkeit	*Bevorzugte Anwendungen*	Kfz-Bau; Bueromaschinenteil; Kommunikationsgeraeteteil; Gehaeuse; Elektrotechnik; Kabelkanal; Stromschiene; TV-Rueckwand; Video-Chassis; Installationstechnik; Sanitaertechnik

Dichte	g/cm^3	1.07	*Schmelzindex* g/10 min	100: 250/21.6
Schüttdichte	g/cm^3		*Volumenfließindex* cm^3/10 min	:
Viskositätszahl	ml/g			

Verarbeitungsbedingungen für Spritzgießen

Massetemp.	°C	260–320	*Schwindung* %	lgs 0.6–0.7, quer 0.6–0.7
Werkzeugtemp.	°C	60–100	*Bemerkungen*	Mit Rueckstroemduese arbeiten
Spritzdruck	bar			

Zugversuch 23 °C DIN 53455; DIN 53457

Probekörper: Form		*Herstellung*	Spritzgiessen
Zustand		*Vorbehandlung*	Normalklima

Streckspannung	N/mm^2 52	*Dehnung bei Streckspannung*	%	4
Zugfestigkeit	N/mm^2	*Reißdehnung*	%	28
Reißfestigkeit	N/mm^2 45	% *Dehnspannung*	N/mm^2	
E-Modul	N/mm^2 2500	*Dehnung bei* % *Dehnspg.* %		

Kriechmoduln und Zeitstandwerte 23 °C

Probekörper: Form		*Herstellung*
Zustand		*Vorbehandlung*

Kriechmodul	1 min N/mm^2	*Zeitstandzugfestigkeit*	h N/mm^2
Kriechmodul	1000 h N/mm^2	*Zeitdehnspg.* %	h N/mm^2
bei Spannung	N/mm^2		

Biegeversuch 23 °C DIN 53452;

Probekörper: Form	NKS	*Herstellung*	Spritzgiessen
Zustand		*Vorbehandlung*	Normalklima

Biegefestigkeit	N/mm^2 85	*E-Modul*	N/mm^2
3,5% Biegespannung	N/mm^2		

Härte 23 °C

Probekörper: Zustand		*Herstellung*	Spritzgiessen
		Vorbehandlung	Normalklima

Kugeldruckhärte	N/mm^2 110	bei 358 N, 30 s	*Shore-Härte* A
Rockwellhärte			*Shore-Härte* D

Schlagversuch

Probekörper:	(1) U-Kerbe		
	(2)	*Herstellung*	Spritzgiessen
	Zustand	*Vorbehandlung*	Normalklima

		°C	°C	°C	Probekörper-Form
Schlagzähigkeit	kJ/m^2	23 o.B.	-20 o.B.	-40 o.B.	NKS
Kerbschlagzähigkeit (1)	kJ/m^2	23 11	-40 6		NKS
IZOD-Kerbschlagzähigkeit (2)	J/m				
Kerbschlagzugzähigkeit	kJ/m^2				

Abrieb und Reibung

Taber-Abrieb (Reibradverfahren)	mm³/100 U	
Abriebfaktor LNP (Thrust washer) Vergleichswert		
Statische Reibungszahl		
Dynamische Reibungszahl	$(p \cdot v =$ N/mm² · m/min)	
Zulässiger p · v Wert	N/mm² · (m/min) v = m/min	
	v = m/min	

Thermische Eigenschaften

Formbeständigkeit in der Wärme	*Verfahren*	A	90 °C
	Verfahren	B	105 °C
Vicat Erweichungstemperatur (VST)	*Verfahren*	B/50	115 °C
	Verfahren		°C
Kristallit-Schmelzpunkt	*Verfahren*		
Längenausdehnungskoeffizient	*Bereich* °C		$\cdot 10^{-4} \mathrm{K}^{-1}$
	Temperatur 23 °C		$0.6{-}0.7 \cdot 10^{-4}\mathrm{K}^{-1}$
Wärmeleitfähigkeit	*Verfahren* DIN 52612	23 °C	$0.18 \, \mathrm{W/(K \cdot m)}$
Spezifische Wärmekapazität	*Verfahren*		$\mathrm{J/(K \cdot g)}$
Glasumwandlungstemperatur	*Torsionsschwingungsversuch*	°C	
	Differentialkalorimetrie	°C	

Brandverhalten

UL-Test vertikal	*Dicke* mm, Wert HB	
	Dicke mm, Wert	

	Norm	*Bewertung*	*Abmessungen*
Sauerstoff-Index	ASTM D 2863		
Glühstab-Verfahren			
Brandverhalten	DIN 4102		
MVSS			
FAR			

Elektrische Eigenschaften

		Hz	°C		*Probekörper, Form*
Dielektrizitätszahl		50			
		10^3			
		10^6	23	2.6	
Dielektrischer Verlustfaktor tan δ		50			
		10^3			
		10^6	23	0.001	
Spezifischer Durchgangs-widerstand	Ohm · cm		23	1.0*10**15	
Durchschlagfestigkeit	kV/mm		23	80	0.7 mm dick
Oberflächenwiderstand	Ohm		23	1.0*10**14	
Kriechstromfestigkeit		KC	KB	KA	
Elektrolytische Korrosionswirkung					
Lichtbogenfestigkeit nach DIN					
nach ASTM s					

Beständigkeit *(Chemische Beständigkeit siehe Anhang)*

Wasseraufnahme A	24 h	4 mg
Feuchtigkeitsaufnahme Normalklima		%
Wetterbeständigkeit		
Spannungskorrosion		

Optische Eigenschaften

Brechungszahl n_D		
Transmissionsgrad τ_c %	mm dick	
Lichtdurchlässigkeit		

Produkt	Polyphenylenether-SB-Blend	**PPE + SB**
Handelsname	**Luranyl KR 2402**	
Hersteller	BASF	

DIN-Bez 1
DIN-Bez 2

Zusätze		*Füllstoffe/ Verstärkung*	
Bevorzugte Verarbeitung	Spritzgiessen	*Lieferform*	Granulat
		Farben	Standard (Gedeckt)
Besondere Merkmale	Besonders hohe Waermeformbestaendigkeit; Gute Schlagzaehigkeit	*Bevorzugte Anwendungen*	Kfz-Bau; Bueromaschinenteil; Kommunikationsgeraeteteil; Gehaeuse; Elektrotechnik; Kabelkanal; Stromschiene; TV-Rueckwand; Video-Chassis; Installationstechnik; Sanitaertechnik

---

Dichte	g/cm^3 1.07	*Schmelzindex*	g/10 min 25: 250/21.6
Schüttdichte	g/cm^3	*Volumenfließindex*	cm^3/10 min :
Viskositätszahl	ml/g		

Verarbeitungsbedingungen für Spritzgießen

Massetemp.	°C 260–320	*Schwindung*	% lgs 0.6–0.7, quer 0.6–0.7
Werkzeugtemp.	°C 60–100	*Bemerkungen*	Mit Rueckstroemduese arbeiten
Spritzdruck	bar		

Zugversuch 23 °C DIN 53455; DIN 53457

	Probekörper: Form	*Herstellung*	Spritzgiessen
	Zustand	*Vorbehandlung*	Normalklima
Streckspannung	N/mm^2 68	*Dehnung bei Streckspannung*	% 5
Zugfestigkeit	N/mm^2	*Reißdehnung*	% 35
Reißfestigkeit	N/mm^2 55	*% Dehnspannung*	N/mm^2
E-Modul	N/mm^2 2700	*Dehnung bei % Dehnspg.*	%

Kriechmoduln und Zeitstandwerte 23 °C

	Probekörper: Form	*Herstellung*	
	Zustand	*Vorbehandlung*	
Kriechmodul	*1 min* N/mm^2	*Zeitstandzugfestigkeit*	h N/mm^2
Kriechmodul	*1000 h* N/mm^2	*Zeitdehnspg. %*	h N/mm^2
bei Spannung	N/mm^2		

Biegeversuch 23 °C DIN 53452;

	Probekörper: Form NKS	*Herstellung*	Spritzgiessen
	Zustand	*Vorbehandlung*	Normalklima
Biegefestigkeit	N/mm^2 98	*E-Modul*	N/mm^2
3,5% Biegespannung	N/mm^2		

Härte 23 °C

	Probekörper: Zustand	*Herstellung*	Spritzgiessen
		Vorbehandlung	Normalklima
Kugeldruckhärte	N/mm^2 135 bei 358 N, 30 s	*Shore-Härte* A	
Rockwellhärte		*Shore-Härte* D	

Schlagversuch

	Probekörper: (1) U-Kerbe	
	(2)	*Herstellung* Spritzgiessen
	Zustand	*Vorbehandlung* Normalklima

		°C	°C	°C	Probekörper-Form
Schlagzähigkeit	kJ/m^2	23 o.B.	-20 o.B.	-40 o.B.	NKS
Kerbschlagzähigkeit (1)	kJ/m^2	23 12	-40 7		NKS
IZOD-Kerbschlagzähigkeit (2)	J/m				
Kerbschlagzugzähigkeit	kJ/m^2				

Abrieb und Reibung

Taber-Abrieb (Reibradverfahren)	mm³/100 U	
Abriebfaktor LNP (Thrust washer) Vergleichswert		
Statische Reibungszahl		
Dynamische Reibungszahl	$(p \cdot v =$ N/mm² ·	m/min$)$
Zulässiger p · v Wert	N/mm² · (m/min) $v =$	m/min
	$v =$	m/min

Thermische Eigenschaften

Formbeständigkeit in der Wärme	*Verfahren*	A	110 °C
	Verfahren	B	125 °C
Vicat Erweichungstemperatur (VST)	*Verfahren*	B/50	135 °C
	Verfahren		°C
Kristallit-Schmelzpunkt	*Verfahren*		
Längenausdehnungskoeffizient	*Bereich*	°C	$\cdot 10^{-4}\,K^{-1}$
	Temperatur 23 °C		$0.6{-}0.7 \cdot 10^{-4}\,K^{-1}$
Wärmeleitfähigkeit	*Verfahren* DIN 52612	23 °C	0.18 W/(K · m)
Spezifische Wärmekapazität	*Verfahren*		J/(K · g)
Glasumwandlungstemperatur	*Torsionsschwingungsversuch*	°C	
	Differentialkalorimetrie	°C	

Brandverhalten

UL-Test vertikal	Dicke mm, Wert HB	
	Dicke mm, Wert	

	Norm	*Bewertung*	*Abmessungen*
Sauerstoff-Index	ASTM D 2863		
Glühstab-Verfahren			
Brandverhalten	DIN 4102		
MVSS			
FAR			

Elektrische Eigenschaften

		Hz	°C		*Probekörper, Form*
Dielektrizitätszahl		50			
		10^3			
		10^6	23	2.6	
Dielektrischer Verlustfaktor tan δ		50			
		10^3			
		10^6	23	0.001	
Spezifischer Durchgangs-					
widerstand	Ohm · cm		23	1.0*10**15	
Durchschlagfestigkeit	kV/mm		23	80	0.7 mm dick
Oberflächenwiderstand	Ohm		23	1.0*10**14	
Kriechstromfestigkeit		KC	KB	KA	
Elektrolytische Korrosionswirkung					
Lichtbogenfestigkeit nach DIN					
nach ASTM	s				

Beständigkeit *(Chemische Beständigkeit siehe Anhang)*

Wasseraufnahme A		24 h	4 mg
Feuchtigkeitsaufnahme Normalklima			%
Wetterbeständigkeit			
Spannungskorrosion			

Optische Eigenschaften

Brechungszahl n_D			
Transmissionsgrad τ_c	%	mm dick	
Lichtdurchlässigkeit			

Produkt	Polyphenylenether-SB-Blend	**PPE + SB**
Handelsname	**Luranyl KR 2403 G4**	
Hersteller	BASF	
DIN-Bez 1		
DIN-Bez 2		

Zusätze		*Füllstoffe/ Verstärkung*	20.0% Glasfaser
Bevorzugte Verarbeitung	Spritzgiessen	*Lieferform*	Granulat
		Farben	Standard (Gedeckt)
Besondere Merkmale	Hohe Waermeformbestaendigkeit; Hohe Hydrolysebestaendigkeit; Grosse Verzugsarmut; Geringer Schrumpf; Hohe Steifigkeit; Geringste Feuchtigkeitsaufnahme gaengiger techn. Thermoplaste	*Bevorzugte Anwendungen*	Kfz-Bau; Bueromaschinenteil; Kommunikationsgeraeteteil; Gehaeuse; Elektrotechnik; Kabelkanal; Stromschiene; TV-Rueckwand; Video-Chassis; Installationstechnik; Sanitaertechnik

Dichte	g/cm^3	1.20	*Schmelzindex*	g/10 min	14: 250/21.6
Schüttdichte	g/cm^3		*Volumenfließindex*	cm^3/10 min	:
Viskositätszahl	ml/g				

Verarbeitungsbedingungen für Spritzgießen

Massetemp.	°C	260–320	*Schwindung*	%	lgs 0.3–0.4, quer
Werkzeugtemp.	°C	60–100	*Bemerkungen*		Mit Rueckstroemduese arbeiten
Spritzdruck	bar				

Zugversuch 23 °C   DIN 53455; DIN 53457

		Probekörper: Form	*Herstellung*		Spritzgiessen
		Zustand	*Vorbehandlung*		Normalklima
Streckspannung	N/mm^2	85	*Dehnung bei Streckspannung*	%	2
Zugfestigkeit	N/mm^2		*Reißdehnung*	%	3
Reißfestigkeit	N/mm^2	85	*% Dehnspannung*	N/mm^2	
E-Modul	N/mm^2	6500	*Dehnung bei % Dehnspg.*	%	

Kriechmoduln und Zeitstandwerte 23 °C

		Probekörper: Form	*Herstellung*		
		Zustand	*Vorbehandlung*		
Kriechmodul	1 min	N/mm^2	*Zeitstandzugfestigkeit*	h	N/mm^2
Kriechmodul	1000 h	N/mm^2	*Zeitdehnspg. %*	h	N/mm^2
bei Spannung		N/mm^2			

Biegeversuch 23 °C   DIN 53452;

		Probekörper: Form NKS	*Herstellung*		Spritzgiessen
		Zustand	*Vorbehandlung*		Normalklima
Biegefestigkeit	N/mm^2	120	*E-Modul*		N/mm^2
3,5% Biegespannung	N/mm^2				

Härte 23 °C

	Probekörper: Zustand		*Herstellung*		Spritzgiessen
			Vorbehandlung		Normalklima
Kugeldruckhärte	N/mm^2	170 bei 358 N, 30 s	*Shore-Härte*	A	
Rockwellhärte			*Shore-Härte*	D	

Schlagversuch

	Probekörper:	(1) U-Kerbe			
		(2)	*Herstellung*		Spritzgiessen
		Zustand	*Vorbehandlung*		Normalklima

		°C	°C	°C		*Probekörper-Form*
Schlagzähigkeit	kJ/m^2	23 14	-20 15	-40 15		NKS
Kerbschlagzähigkeit (1)	kJ/m^2	23 5	-40 4			NKS
IZOD-Kerbschlagzähigkeit (2)	J/m					
Kerbschlagzugzähigkeit	kJ/m^2					

Abrieb und Reibung

Taber-Abrieb (Reibradverfahren)	mm^3/100 U	
Abriebfaktor LNP (Thrust washer) Vergleichswert		
Statische Reibungszahl		
Dynamische Reibungszahl	(p·v = N/mm^2 · m/min)	
Zulässiger p · v Wert	N/mm^2 · (m/min) v = m/min	
	v = m/min	

Thermische Eigenschaften

Formbeständigkeit in der Wärme	*Verfahren* A		128 °C
	Verfahren B		136 °C
Vicat Erweichungstemperatur (VST)	*Verfahren* B/50		140 °C
	Verfahren		°C
Kristallit-Schmelzpunkt	*Verfahren*		
Längenausdehnungskoeffizient	*Bereich* °C		· 10^{-4}K^{-1}
	Temperatur 23 °C		0.3–0.4 · 10^{-4}K^{-1}
Wärmeleitfähigkeit	*Verfahren* DIN 52612	23 °C	0.22 W/(K · m)
Spezifische Wärmekapazität	*Verfahren*		J/(K · g)
Glasumwandlungstemperatur	*Torsionsschwingungsversuch*	°C	
	Differentialkalorimetrie	°C	

Brandverhalten

UL-Test vertikal   Dicke   mm, Wert HB
Dicke   mm, Wert

	Norm	*Bewertung*	*Abmessungen*
Sauerstoff-Index	ASTM D 2863		
Glühstab-Verfahren			
Brandverhalten	DIN 4102		
MVSS			
FAR			

Elektrische Eigenschaften

		Hz	°C		*Probekörper, Form*
Dielektrizitätszahl		50			
		10^3			
		10^6	23	2.9	
Dielektrischer Verlustfaktor tan δ		50			
		10^3			
		10^6	23	0.001	
Spezifischer Durchgangs-					
widerstand	Ohm · cm		23	1.0*10**15	
Durchschlagfestigkeit	kV/mm		23	80	0.7 mm dick
Oberflächenwiderstand	Ohm		23	1.0*10**14	
Kriechstromfestigkeit	KC		KB	KA	
Elektrolytische Korrosionswirkung					
Lichtbogenfestigkeit nach DIN					
nach ASTM	s				

Beständigkeit *(Chemische Beständigkeit siehe Anhang)*

Wasseraufnahme A		24 h	10 mg
Feuchtigkeitsaufnahme Normalklima			%
Wetterbeständigkeit			
Spannungskorrosion			

Optische Eigenschaften

Brechungszahl n$_D$			
Transmissionsgrad τ_c	%		mm dick
Lichtdurchlässigkeit			

Produkt	Polyphenylenether-SB-Blend	**PPE + SB**
Handelsname	**Luranyl KR 2403 G6**	
Hersteller	BASF	
DIN-Bez 1		
DIN-Bez 2		

Zusätze		*Füllstoffe/ Verstärkung*	30.0% Glasfaser
Bevorzugte Verarbeitung	Spritzgiessen	*Lieferform*	Granulat
		Farben	Standard (Gedeckt)
Besondere Merkmale	Hohe Waermeformbestaendigkeit; Hohe Hydrolysebestaendigkeit; Grosse Verzugsarmut; Geringer Schrumpf; Hohe Steifigkeit; Geringste Feuchtigkeitsaufnahme gaengiger techn. Thermoplaste	*Bevorzugte Anwendungen*	Kfz-Bau; Bueromaschinenteil; Kommunikationsgeraeteteil; Gehaeuse; Elektrotechnik; Kabelkanal; Stromschiene; TV-Rueckwand; Video-Chassis; Installationstechnik; Sanitaertechnik

Dichte	g/cm^3	1.26	*Schmelzindex*	g/10 min	5: 250/21.6
Schüttdichte	g/cm^3		*Volumenfließindex*	cm^3/10 min	:
Viskositätszahl	ml/g				

Verarbeitungsbedingungen für Spritzgießen

Massetemp.	°C	260–320	*Schwindung*	%	lgs 0.3–0.4, quer
Werkzeugtemp.	°C	60–100	*Bemerkungen*		Mit Rueckstroemduese arbeiten
Spritzdruck	bar				

Zugversuch 23 °C DIN 53455; DIN 53457

	Probekörper:	*Form*		*Herstellung*	Spritzgiessen
		Zustand		*Vorbehandlung*	Normalklima
Streckspannung	N/mm^2	100	*Dehnung bei Streckspannung*	%	1.5
Zugfestigkeit	N/mm^2		*Reißdehnung*	%	2
Reißfestigkeit	N/mm^2	100	*% Dehnspannung*	N/mm^2	
E-Modul	N/mm^2	9000	*Dehnung bei* % *Dehnspg.*	%	

Kriechmoduln und Zeitstandwerte 23 °C

	Probekörper:	*Form*		*Herstellung*	
		Zustand		*Vorbehandlung*	
Kriechmodul	1 min	N/mm^2	*Zeitstandzugfestigkeit*	h N/mm^2	
Kriechmodul	1000 h	N/mm^2	*Zeitdehnspg.* %	h N/mm^2	
bei Spannung		N/mm^2			

Biegeversuch 23 °C DIN 53452;

	Probekörper:	*Form*	NKS	*Herstellung*	Spritzgiessen
		Zustand		*Vorbehandlung*	Normalklima
Biegefestigkeit	N/mm^2	130	*E-Modul*		N/mm^2
3,5% Biegespannung	N/mm^2				

Härte 23 °C

	Probekörper:	*Zustand*		*Herstellung*	Spritzgiessen
				Vorbehandlung	Normalklima
Kugeldruckhärte	N/mm^2 180	bei 358 N, 30 s		*Shore-Härte* A	
Rockwellhärte				*Shore-Härte* D	

Schlagversuch

	Probekörper:	(1) U-Kerbe			
		(2)		*Herstellung*	Spritzgiessen
		Zustand		*Vorbehandlung*	Normalklima

		°C	°C	°C	*Probekörper-Form*
Schlagzähigkeit	kJ/m^2	23 12	-20 13	-40 13	NKS
Kerbschlagzähigkeit (1)	kJ/m^2	23 5	-40 4		NKS
IZOD-Kerbschlagzähigkeit (2)	J/m				
Kerbschlagzugzähigkeit	kJ/m^2				

Abrieb und Reibung

Taber-Abrieb (Reibradverfahren)	mm³/100 U
Abriebfaktor LNP (Thrust washer) Vergleichswert	
Statische Reibungszahl	
Dynamische Reibungszahl	(p·v = N/mm² · m/min)
Zulässiger p · v Wert	N/mm² · (m/min) v = m/min
	v = m/min

Thermische Eigenschaften

Formbeständigkeit in der Wärme	*Verfahren* A		137 °C
	Verfahren B		145 °C
Vicat Erweichungstemperatur (VST)	*Verfahren* B/50		145 °C
	Verfahren		°C
Kristallit-Schmelzpunkt	*Verfahren*		
Längenausdehnungskoeffizient	*Bereich* °C		$\cdot 10^{-4} K^{-1}$
	Temperatur 23 °C		$0.3{-}0.4 \cdot 10^{-4} K^{-1}$
Wärmeleitfähigkeit	*Verfahren* DIN 52612	23 °C	0.22 W/(K · m)
Spezifische Wärmekapazität	*Verfahren*		J/(K · g)
Glasumwandlungstemperatur	*Torsionsschwingungsversuch*	°C	
	Differentialkalorimetrie	°C	

Brandverhalten

UL-Test vertikal	Dicke mm, Wert HB
	Dicke mm, Wert

	Norm	*Bewertung*	*Abmessungen*
Sauerstoff-Index	ASTM D 2863		
Glühstab-Verfahren			
Brandverhalten	DIN 4102		
MVSS			
FAR			

Elektrische Eigenschaften

	Hz	°C				*Probekörper, Form*
Dielektrizitätszahl	50					
	10³					
	10⁶	23	2.9			
Dielektrischer Verlustfaktor tan δ	50					
	10³					
	10⁶	23	0.001			
Spezifischer Durchgangs-						
widerstand	Ohm · cm	23	1.0*10**15			
Durchschlagfestigkeit	kV/mm	23	80		0.7 mm dick	
Oberflächenwiderstand	Ohm	23	1.0*10**14			
Kriechstromfestigkeit	KC		KB	KA		
Elektrolytische Korrosionswirkung						
Lichtbogenfestigkeit nach DIN						
nach ASTM	s					

Beständigkeit *(Chemische Beständigkeit siehe Anhang)*

Wasseraufnahme A	24 h	10 mg
Feuchtigkeitsaufnahme Normalklima		%
Wetterbeständigkeit		
Spannungskorrosion		

Optische Eigenschaften

Brechungszahl n_D		
Transmissionsgrad τ_c	%	mm dick
Lichtdurchlässigkeit		

Produkt	Polyphenylenether-SB-Blend		**PPE + SB**
Handelsname	**Luranyl KR 2420**		
Hersteller	BASF		
DIN-Bez 1			
DIN-Bez 2			
Zusätze		*Füllstoffe/ Verstärkung*	
Bevorzugte Verarbeitung	Spritzgiessen	*Lieferform*	Granulat
		Farben	Standard (Gedeckt)

Besondere Merkmale	Hohe Waermeformbestaendigkeit; Hervorragende Schlagzaehigkeit; Gute Verarbeitbarkeit; Grosse Masshaltigkeit; Gute Lackierbarkeit; Erhoehte Witterungsbestaendigkeit	*Bevorzugte Anwendungen*	Kfz-Bau; Bueromaschinenteil; Kommunikationsgeraeteteil; Gehaeuse; Elektrotechnik; Kabelkanal; Stromschiene; TV-Rueckwand; Video-Chassis; Installationstechnik; Sanitaertechnik

Dichte	g/cm^3	1.06	*Schmelzindex*	$g/10\ min$	30: 250/21.6
Schüttdichte	g/cm^3		*Volumenfließindex*	$cm^3/10\ min$	:
Viskositätszahl	ml/g				

Verarbeitungsbedingungen für Spritzgießen

Massetemp.	°C	260–320	*Schwindung*	%	lgs 0.6–0.7, quer 0.6–0.7
Werkzeugtemp.	°C	60–100	*Bemerkungen*		Mit Rueckstroemduese arbeiten
Spritzdruck	bar				

Zugversuch 23 °C DIN 53455; DIN 53457

	Probekörper:	*Form*		*Herstellung*	Spritzgiessen
		Zustand		*Vorbehandlung*	Normalklima
Streckspannung	N/mm^2	50	*Dehnung bei Streckspannung*	%	4
Zugfestigkeit	N/mm^2		*Reißdehnung*	%	45
Reißfestigkeit	N/mm^2	45	*% Dehnspannung*	N/mm^2	
E-Modul	N/mm^2	2300	*Dehnung bei % Dehnspg.*	%	

Kriechmoduln und Zeitstandwerte 23 °C

	Probekörper:	*Form*		*Herstellung*	
		Zustand		*Vorbehandlung*	
Kriechmodul	*1 min*	N/mm^2	*Zeitstandzugfestigkeit*	h	N/mm^2
Kriechmodul	*1000 h*	N/mm^2	*Zeitdehnspg. %*	h	N/mm^2
bei Spannung		N/mm^2			

Biegeversuch 23 °C DIN 53452;

	Probekörper:	*Form*	NKS	*Herstellung*	Spritzgiessen
		Zustand		*Vorbehandlung*	Normalklima
Biegefestigkeit	N/mm^2	90	*E-Modul*		N/mm^2
3,5% Biegespannung	N/mm^2				

Härte 23 °C

	Probekörper:	*Zustand*		*Herstellung*	Spritzgiessen
				Vorbehandlung	Normalklima
Kugeldruckhärte	N/mm^2	110	bei 358 N, 30 s	*Shore-Härte*	A
Rockwellhärte				*Shore-Härte*	D

Schlagversuch

Probekörper:	*(1)* U-Kerbe			
	(2)		*Herstellung*	Spritzgiessen
	Zustand		*Vorbehandlung*	Normalklima
	°C	°C	°C	*Probekörper-Form*
Schlagzähigkeit kJ/m^2	23 o.B.	-20 o.B.	-40 o.B.	NKS
Kerbschlagzähigkeit (1) kJ/m^2	23 17	-40 12		NKS
IZOD-Kerbschlagzähigkeit (2) J/m				
Kerbschlagzugzähigkeit kJ/m^2				

Abrieb und Reibung

Taber-Abrieb (Reibradverfahren)	mm^3/100 U
Abriebfaktor LNP (Thrust washer) Vergleichswert	
Statische Reibungszahl	
Dynamische Reibungszahl	(p · v = $\qquad$ N/mm^2 · $\qquad$ m/min)
Zulässiger p · v Wert	N/mm^2 · (m/min) v = $\qquad$ m/min
	v = $\qquad$ m/min

Thermische Eigenschaften

Formbeständigkeit in der Wärme	*Verfahren* A		100 °C
	Verfahren B		115 °C
Vicat Erweichungstemperatur (VST)	*Verfahren* B/50		120 °C
	Verfahren		°C
Kristallit-Schmelzpunkt	*Verfahren*		
Längenausdehnungskoeffizient	*Bereich* $\qquad$ °C		· 10^{-4}K^{-1}
	Temperatur 23 °C		0.6–0.7 · 10^{-4}K^{-1}
Wärmeleitfähigkeit	*Verfahren* DIN 52612	23 °C	0.17 W/(K · m)
Spezifische Wärmekapazität	*Verfahren*		J/(K · g)
Glasumwandlungstemperatur	*Torsionsschwingungsversuch*	°C	
	Differentialkalorimetrie	°C	

Brandverhalten

UL-Test vertikal	*Dicke* mm, Wert HB	
	Dicke mm, Wert	

	Norm	*Bewertung*	*Abmessungen*
Sauerstoff-Index	ASTM D 2863		
Glühstab-Verfahren			
Brandverhalten	DIN 4102		
MVSS			
FAR			

Elektrische Eigenschaften

		Hz	°C		*Probekörper, Form*
Dielektrizitätszahl		50			
		10^3			
		10^6	23	2.7	
Dielektrischer Verlustfaktor tan δ		50			
		10^3			
		10^6	23	0.001	
Spezifischer Durchgangs-widerstand	Ohm · cm		23	1.0*10**15	
Durchschlagfestigkeit	kV/mm		23	80	0.7 mm dick
Oberflächenwiderstand	Ohm		23	1.0*10**14	
Kriechstromfestigkeit	KC		KB	KA	
Elektrolytische Korrosionswirkung					
Lichtbogenfestigkeit nach DIN					
nach ASTM	s				

Beständigkeit *(Chemische Beständigkeit siehe Anhang)*

Wasseraufnahme A	24 h	4 mg
Feuchtigkeitsaufnahme Normalklima		%
Wetterbeständigkeit		
Spannungskorrosion		

Optische Eigenschaften

Brechungszahl n$_D$		
Transmissionsgrad τ_c	%	mm dick
Lichtdurchlässigkeit		

Produkt	Polyphenylenether-SB-Blend	**PPE + SB**
Handelsname	**Luranyl KR 2421**	
Hersteller	BASF	

DIN-Bez 1
DIN-Bez 2

Zusätze		Füllstoffe/ Verstärkung	
Bevorzugte Verarbeitung	Spritzgiessen	Lieferform	Granulat
		Farben	Standard (Gedeckt)
Besondere Merkmale	Hohe Waermeformbestaendigkeit; Gute Lackierbarkeit, Wetterbestaendigkeit	Bevorzugte Anwendungen	Fahrzeugbau

Dichte	g/cm³	1.06	Schmelzindex	g/10 min	25:	250/21.6
Schüttdichte	g/cm³		Volumenfließindex	cm³/10 min	:
Viskositätszahl	ml/g				

Verarbeitungsbedingungen für Spritzgießen

Massetemp.	°C	260–320	Schwindung	%	lgs 0.6–0.7, quer 0.6–0.7
Werkzeugtemp.	°C	60–100	Bemerkungen		Mit Rueckstroemduese arbeiten
Spritzdruck	bar				

Zugversuch 23 °C DIN 53455; DIN 53457

	Probekörper:	Form		Herstellung	Spritzgiessen
		Zustand		Vorbehandlung	Normalklima
Streckspannung	N/mm²	48	Dehnung bei Streckspannung	%	5
Zugfestigkeit	N/mm²		Reißdehnung	%	50
Reißfestigkeit	N/mm²	44	% Dehnspannung	N/mm²	
E-Modul	N/mm²	2200	Dehnung bei % Dehnspg.	%	

Kriechmoduln und Zeitstandwerte 23 °C

	Probekörper:	Form		Herstellung	
		Zustand		Vorbehandlung	
Kriechmodul	1 min N/mm²		Zeitstandzugfestigkeit	h N/mm²	
Kriechmodul	1000 h N/mm²		Zeitdehnspg. %	h N/mm²	
bei Spannung	N/mm²				

Biegeversuch 23 °C DIN 53452;

	Probekörper:	Form NKS		Herstellung	Spritzgiessen
		Zustand		Vorbehandlung	Normalklima
Biegefestigkeit	N/mm²	80	E-Modul	N/mm²	
3,5% Biegespannung	N/mm²				

Härte 23 °C

	Probekörper:	Zustand		Herstellung	Spritzgiessen
				Vorbehandlung	Normalklima
Kugeldruckhärte	N/mm²	115	bei 358 N, 30 s	Shore-Härte A	
Rockwellhärte				Shore-Härte D	

Schlagversuch

	Probekörper:	(1) U-Kerbe			
		(2)		Herstellung	Spritzgiessen
		Zustand		Vorbehandlung	Normalklima
		°C	°C	°C	Probekörper-Form
Schlagzähigkeit	kJ/m²	23 o.B.	-20 o.B.	-40 o.B.	NKS
Kerbschlagzähigkeit (1)	kJ/m²	23 25	-40 15		NKS
IZOD-Kerbschlagzähigkeit (2)	J/m				
Kerbschlagzugzähigkeit	kJ/m²				

Abrieb und Reibung

Taber-Abrieb (Reibradverfahren)	mm^3/100 U
Abriebfaktor LNP (Thrust washer) Vergleichswert	
Statische Reibungszahl	
Dynamische Reibungszahl	(p · v = N/mm^2 · m/min)
Zulässiger p · v Wert	N/mm^2 · (m/min) v = m/min
	v = m/min

Thermische Eigenschaften

Formbeständigkeit in der Wärme	*Verfahren*	A	106 °C
	Verfahren	B	123 °C
Vicat Erweichungstemperatur (VST)	*Verfahren*	B/50	125 °C
	Verfahren		°C
Kristallit-Schmelzpunkt	*Verfahren*		
Längenausdehnungskoeffizient	*Bereich* °C		$\cdot\,10^{-4}\mathrm{K}^{-1}$
	Temperatur 23 °C		$0.6{-}0.7 \cdot 10^{-4}\mathrm{K}^{-1}$
Wärmeleitfähigkeit	*Verfahren* DIN 52612	23 °C	0.17 W/(K · m)
Spezifische Wärmekapazität	*Verfahren*		J/(K · g)
Glasumwandlungstemperatur	*Torsionsschwingungsversuch*	°C	
	Differentialkalorimetrie	°C	

Brandverhalten

UL-Test vertikal	Dicke mm, Wert HB		
	Dicke mm, Wert		

	Norm	*Bewertung*	*Abmessungen*
Sauerstoff-Index	ASTM D 2863		
Glühstab-Verfahren			
Brandverhalten	DIN 4102		
MVSS			
FAR			

Elektrische Eigenschaften

	Hz	°C		*Probekörper, Form*
Dielektrizitätszahl	50			
	10^3			
	10^6	23	2.7	
Dielektrischer Verlustfaktor tan δ	50			
	10^3			
	10^6	23	0.001	
Spezifischer Durchgangs- widerstand	Ohm · cm	23	1.0*10**15	
Durchschlagfestigkeit	kV/mm	23	80	0.7 mm dick
Oberflächenwiderstand	Ohm	23	1.0*10**14	
Kriechstromfestigkeit	KC	KB	KA	
Elektrolytische Korrosionswirkung				
Lichtbogenfestigkeit nach DIN				
nach ASTM	s			

Beständigkeit *(Chemische Beständigkeit siehe Anhang)*

Wasseraufnahme A	24 h	4 mg
Feuchtigkeitsaufnahme Normalklima		%
Wetterbeständigkeit		
Spannungskorrosion		

Optische Eigenschaften

Brechungszahl n$_D$		
Transmissionsgrad τ$_c$	%	mm dick
Lichtdurchlässigkeit		

Produkt	Polyphenylenether-SB-Blend		**PPE + SB**
Handelsname	**Luranyl KR 2450**		
Hersteller	BASF		
DIN-Bez 1			
DIN-Bez 2			
Zusätze	Brandschutzmittel; Organische Phosphorverbindungen	*Füllstoffe/ Verstärkung*	
Bevorzugte Verarbeitung	Spritzgiessen	*Lieferform*	Granulat
		Farben	Standard (Gedeckt)
Besondere Merkmale	Hohes Fliessvermoegen; Gute Verarbeitungseigenschaften	*Bevorzugte Anwendungen*	Kfz-Bau; Bueromaschinenteil; Kommunikationsgeraeteteil; Gehaeuse; Elektrotechnik; Kabelkanal; Stromschiene; TV-Rueckwand; Video-Chassis; Installationstechnik; Sanitaertechnik

Dichte	g/cm³	1.15	*Schmelzindex*	g/10 min	190: 250/21.6
Schüttdichte	g/cm³		*Volumenfließindex*	cm³/10 min	:
Viskositätszahl	ml/g				

Verarbeitungsbedingungen für Spritzgießen

Massetemp.	°C	260–290	*Schwindung*	%	lgs 0.6–0.7, quer 0.6–0.7
Werkzeugtemp.	°C	60–100	*Bemerkungen*		Mit Rueckstroemduese arbeiten
Spritzdruck	bar				

Zugversuch 23 °C   DIN 53455; DIN 53457

	Probekörper:	*Form*	*Herstellung*	Spritzgiessen
		Zustand	*Vorbehandlung*	Normalklima
Streckspannung	N/mm²	55	*Dehnung bei Streckspannung* %	8
Zugfestigkeit	N/mm²		*Reißdehnung* %	50
Reißfestigkeit	N/mm²	45	*% Dehnspannung* N/mm²	
E-Modul	N/mm²	2400	*Dehnung bei* % *Dehnspg.* %	

Kriechmoduln und Zeitstandwerte 23 °C

	Probekörper:	*Form*	*Herstellung*	
		Zustand	*Vorbehandlung*	
Kriechmodul	1 min N/mm²		*Zeitstandzugfestigkeit* h N/mm²	
Kriechmodul	1000 h N/mm²		*Zeitdehnspg.* % h N/mm²	
bei Spannung	N/mm²			

Biegeversuch 23 °C   DIN 53452;

	Probekörper:	*Form* NKS	*Herstellung*	Spritzgiessen
		Zustand	*Vorbehandlung*	Normalklima
Biegefestigkeit	N/mm² 95		*E-Modul*	N/mm²
3,5% Biegespannung	N/mm²			

Härte 23 °C

	Probekörper:	*Zustand*	*Herstellung*	Spritzgiessen
			Vorbehandlung	Normalklima
Kugeldruckhärte	N/mm² 114	bei 358 N, 30 s	*Shore-Härte* A	
Rockwellhärte			*Shore-Härte* D	

Schlagversuch

	Probekörper:	(1) U-Kerbe		
		(2)	*Herstellung*	Spritzgiessen
		Zustand	*Vorbehandlung*	Normalklima

		°C	°C	°C	*Probekörper-Form*
Schlagzähigkeit	kJ/m²	23 o.B.	-20 o.B.	-40 o.B.	NKS
Kerbschlagzähigkeit (1)	kJ/m²	23 11	-40 4		NKS
IZOD-Kerbschlagzähigkeit (2)	J/m				
Kerbschlagzugzähigkeit	kJ/m²				

Abrieb und Reibung

Taber-Abrieb (Reibradverfahren)	mm³/100 U	
Abriebfaktor LNP (Thrust washer) Vergleichswert		
Statische Reibungszahl		
Dynamische Reibungszahl	$(p \cdot v =$ N/mm² $\cdot$ m/min)	
Zulässiger p · v Wert	N/mm² · (m/min) v = m/min	
	v = m/min	

Thermische Eigenschaften

Formbeständigkeit in der Wärme	*Verfahren*	A	90 °C
	Verfahren	B	102 °C
Vicat Erweichungstemperatur (VST)	*Verfahren*	B/50	108 °C
	Verfahren		°C
Kristallit-Schmelzpunkt	*Verfahren*		
Längenausdehnungskoeffizient	*Bereich*	°C	$\cdot 10^{-4} \mathrm{K}^{-1}$
	Temperatur 23 °C		$0.6{-}0.7 \cdot 10^{-4} \mathrm{K}^{-1}$
Wärmeleitfähigkeit	*Verfahren* DIN 52612	23 °C	0.18 W/(K · m)
Spezifische Wärmekapazität	*Verfahren*		J/(K · g)
Glasumwandlungstemperatur	*Torsionsschwingungsversuch*	°C	
	Differentialkalorimetrie	°C	

Brandverhalten

UL-Test vertikal   Dicke   mm, Wert V-0
               Dicke   mm, Wert

	Norm	*Bewertung*	*Abmessungen*
Sauerstoff-Index	ASTM D 2863		
Glühstab-Verfahren			
Brandverhalten	DIN 4102		
MVSS			
FAR			

Elektrische Eigenschaften

		Hz	°C		*Probekörper, Form*
Dielektrizitätszahl		50			
		10^3			
		10^6	23	2.8	
Dielektrischer Verlustfaktor tan δ		50			
		10^3			
		10^6	23	0.0015	
Spezifischer Durchgangs-					
widerstand	Ohm · cm		23	1.0*10**15	
Durchschlagfestigkeit	kV/mm		23	80	0.7 mm dick
Oberflächenwiderstand	Ohm		23	1.0*10**14	
Kriechstromfestigkeit		KC	KB	KA	
Elektrolytische Korrosionswirkung					
Lichtbogenfestigkeit nach DIN					
nach ASTM	s				

Beständigkeit *(Chemische Beständigkeit siehe Anhang)*

Wasseraufnahme A		24 h	8 mg
Feuchtigkeitsaufnahme Normalklima			%
Wetterbeständigkeit			
Spannungskorrosion			

Optische Eigenschaften

Brechungszahl n_D
Transmissionsgrad τ_c %   mm dick
Lichtdurchlässigkeit

		PPE + SB
Produkt	Polyphenylenether-SB-Blend	
Handelsname	**Luranyl KR 2451**	
Hersteller	BASF	
DIN-Bez 1		
DIN-Bez 2		

Zusätze	Brandschutzmittel; Organische Phos-phorverbindungen	*Füllstoffe/ Verstärkung*	
Bevorzugte Verarbeitung	Spritzgiessen	*Lieferform*	Granulat
		Farben	Standard (Gedeckt)
Besondere Merkmale	Besonders hohe Fliessfaehigkeit	*Bevorzugte Anwendungen*	Gehaeuse

---

Dichte	g/cm³	1.11	*Schmelzindex*	g/10 min	200: 250/21.6
Schüttdichte	g/cm³		*Volumenfließindex*	cm³/10 min	:
Viskositätszahl	ml/g				

Verarbeitungsbedingungen für Spritzgießen

Massetemp.	°C	260–290	*Schwindung*	%	lgs 0.6–0.7, quer 0.6–0.7
Werkzeugtemp.	°C	60–100	*Bemerkungen*		Mit Rueckstroemduese arbeiten
Spritzdruck	bar				

Zugversuch 23 °C DIN 53455; DIN 53457

	Probekörper:	*Form*		*Herstellung*	Spritzgiessen
		Zustand		*Vorbehandlung*	Normalklima
Streckspannung	N/mm²	63	*Dehnung bei Streckspannung*	%	5
Zugfestigkeit	N/mm²		*Reißdehnung*	%	40
Reißfestigkeit	N/mm²	47	*% Dehnspannung*	N/mm²	
E-Modul	N/mm²	2500	*Dehnung bei % Dehnspg.*	%	

Kriechmoduln und Zeitstandwerte 23 °C

	Probekörper:	*Form*		*Herstellung*	
		Zustand		*Vorbehandlung*	
Kriechmodul	1 min N/mm²		*Zeitstandzugfestigkeit*	h N/mm²	
Kriechmodul	1000 h N/mm²		*Zeitdehnspg. %*	h N/mm²	
bei Spannung	N/mm²				

Biegeversuch 23 °C DIN 53452;

	Probekörper:	*Form*	NKS	*Herstellung*	Spritzgiessen
		Zustand		*Vorbehandlung*	Normalklima
Biegefestigkeit	N/mm²	100	*E-Modul*		N/mm²
3,5% Biegespannung	N/mm²				

Härte 23 °C

	Probekörper:	*Zustand*	*Herstellung*	Spritzgiessen
			Vorbehandlung	Normalklima
Kugeldruckhärte	N/mm² 112	bei 358 N, 30 s	*Shore-Härte*	A
Rockwellhärte			*Shore-Härte*	D

Schlagversuch

	Probekörper:	*(1) U-Kerbe*				
		(2)		*Herstellung*	Spritzgiessen	
		Zustand		*Vorbehandlung*	Normalklima	
		°C	°C	°C		*Probekörper-Form*
Schlagzähigkeit	kJ/m²	23 o.B.	-20 o.B.	-40 o.B.		NKS
Kerbschlagzähigkeit (1)	kJ/m²	23 11	-40 5			NKS
IZOD-Kerbschlagzähigkeit (2)	J/m					
Kerbschlagzugzähigkeit	kJ/m²					

Abrieb und Reibung

Taber-Abrieb (Reibradverfahren)	mm³/100 U	
Abriebfaktor LNP (Thrust washer) Vergleichswert		
Statische Reibungszahl		
Dynamische Reibungszahl	(p·v = N/mm² · m/min)	
Zulässiger p · v Wert	N/mm² · (m/min) v = m/min	
	v = m/min	

Thermische Eigenschaften

Formbeständigkeit in der Wärme	*Verfahren* A		87 °C
	Verfahren B		100 °C
Vicat Erweichungstemperatur (VST)	*Verfahren* B/50		106 °C
	Verfahren		°C
Kristallit-Schmelzpunkt	*Verfahren*		
Längenausdehnungskoeffizient	*Bereich* °C		$\cdot 10^{-4} \mathrm{K}^{-1}$
	Temperatur 23 °C		$0.6{-}0.7 \cdot 10^{-4} \mathrm{K}^{-1}$
Wärmeleitfähigkeit	*Verfahren* DIN 52612	23 °C	0.18 W/(K · m)
Spezifische Wärmekapazität	*Verfahren*		J/(K · g)
Glasumwandlungstemperatur	*Torsionsschwingungsversuch*	°C	
	Differentialkalorimetrie	°C	

Brandverhalten

UL-Test vertikal	Dicke mm, Wert V-1	
	Dicke mm, Wert	

	Norm	*Bewertung*	*Abmessungen*
Sauerstoff-Index	ASTM D 2863		
Glühstab-Verfahren			
Brandverhalten	DIN 4102		
MVSS			
FAR			

Elektrische Eigenschaften

	Hz	°C		*Probekörper, Form*
Dielektrizitätszahl	50			
	10^3			
	10^6	23	2.7	
Dielektrischer Verlustfaktor tan δ	50			
	10^3			
	10^6	23	0.002	
Spezifischer Durchgangs-widerstand Ohm · cm		23	1.0*10**15	
Durchschlagfestigkeit kV/mm		23	80	0.7 mm dick
Oberflächenwiderstand Ohm		23	1.0*10**14	
Kriechstromfestigkeit	KC	KB	KA	
Elektrolytische Korrosionswirkung				
Lichtbogenfestigkeit nach DIN				
nach ASTM s				

Beständigkeit *(Chemische Beständigkeit siehe Anhang)*

Wasseraufnahme A		24 h	7 mg
Feuchtigkeitsaufnahme Normalklima			%
Wetterbeständigkeit			
Spannungskorrosion			

Optische Eigenschaften

Brechungszahl n_D		
Transmissionsgrad τ_c	%	mm dick
Lichtdurchlässigkeit		

Produkt	Polyphenylenether-SB-Blend	**PPE + SB**
Handelsname	**Luranyl KR 2452**	
Hersteller	BASF	

DIN-Bez 1
DIN-Bez 2

Zusätze	Brandschutzmittel; Organische Phosphorverbindungen	*Füllstoffe/ Verstärkung*	
Bevorzugte Verarbeitung	Spritzgiessen	*Lieferform*	Granulat
		Farben	Standard (Gedeckt)
Besondere Merkmale	Besonders hohe Waermeformbestaendigkeit	*Bevorzugte Anwendungen*	Technisches Funktionsteil

---

Dichte	g/cm³	1.08	*Schmelzindex*	g/10 min 65: 250/21.6
Schüttdichte	g/cm³		*Volumenfließindex*	cm³/10 min :
Viskositätszahl	ml/g			

Verarbeitungsbedingungen für Spritzgießen

Massetemp.	°C	260–290	*Schwindung*	% lgs 0.6–0.7, quer 0.6–0.7
Werkzeugtemp.	°C	60–100	*Bemerkungen*	Mit Rueckstroemduese arbeiten
Spritzdruck	bar			

Zugversuch 23 °C DIN 53455; DIN 53457

Probekörper: Form · Zustand — *Herstellung* Spritzgiessen · *Vorbehandlung* Normalklima

Streckspannung	N/mm²	65	*Dehnung bei Streckspannung*	%	7
Zugfestigkeit	N/mm²		*Reißdehnung*	%	45
Reißfestigkeit	N/mm²	50	*% Dehnspannung*	N/mm²	
E-Modul	N/mm²	2600	*Dehnung bei % Dehnspg.*	%	

Kriechmoduln und Zeitstandwerte 23 °C

Probekörper: Form · Zustand — *Herstellung* · *Vorbehandlung*

Kriechmodul	1 min N/mm²	*Zeitstandzugfestigkeit*	h N/mm²
Kriechmodul	1000 h N/mm²	*Zeitdehnspg. %*	h N/mm²
bei Spannung	N/mm²		

Biegeversuch 23 °C DIN 53452;

Probekörper: Form NKS · Zustand — *Herstellung* Spritzgiessen · *Vorbehandlung* Normalklima

Biegefestigkeit	N/mm²	105	*E-Modul* N/mm²
3,5% Biegespannung	N/mm²		

Härte 23 °C *Probekörper:* Zustand — *Herstellung* Spritzgiessen · *Vorbehandlung* Normalklima

Kugeldruckhärte	N/mm² 127	bei 358 N, 30 s	*Shore-Härte* A
Rockwellhärte			*Shore-Härte* D

Schlagversuch *Probekörper:* (1) U-Kerbe / (2) · Zustand — *Herstellung* Spritzgiessen · *Vorbehandlung* Normalklima

		°C	°C	°C	Probekörper-Form
Schlagzähigkeit	kJ/m²	23 o.B.	-20 o.B.	-40 o.B.	NKS
Kerbschlagzähigkeit (1)	kJ/m²	23 13	-40 6		NKS
IZOD-Kerbschlagzähigkeit (2)	J/m				
Kerbschlagzugzähigkeit	kJ/m²				

Abrieb und Reibung

Taber-Abrieb (Reibradverfahren)	mm^3/100 U		
Abriebfaktor LNP (Thrust washer) Vergleichswert			
Statische Reibungszahl			
Dynamische Reibungszahl	(p·v = N/mm^2 · m/min)		
Zulässiger p · v Wert	N/mm^2 · (m/min) v = m/min		
	v = m/min		

Thermische Eigenschaften

Formbeständigkeit in der Wärme	*Verfahren* A		115 °C
	Verfahren B		130 °C
Vicat Erweichungstemperatur (VST)	*Verfahren* B/50		136 °C
	Verfahren		°C
Kristallit-Schmelzpunkt	*Verfahren*		
Längenausdehnungskoeffizient	*Bereich* °C		· 10^{-4}K^{-1}
	Temperatur 23 °C		0.6–0.7 · 10^{-4}K^{-1}
Wärmeleitfähigkeit	*Verfahren* DIN 52612	23 °C	0.18 W/(K · m)
Spezifische Wärmekapazität	*Verfahren*		J/(K · g)
Glasumwandlungstemperatur	*Torsionsschwingungsversuch*	°C	
	Differentialkalorimetrie	°C	

Brandverhalten

UL-Test vertikal	*Dicke* mm, Wert V-1		
	Dicke mm, Wert		

	Norm	*Bewertung*	*Abmessungen*
Sauerstoff-Index	ASTM D 2863		
Glühstab-Verfahren			
Brandverhalten	DIN 4102		
MVSS			
FAR			

Elektrische Eigenschaften

		Hz	°C		*Probekörper, Form*
Dielektrizitätszahl		50			
		10^3			
		10^6	23	2.7	
Dielektrischer Verlustfaktor tan δ		50			
		10^3			
		10^6	23	0.002	
Spezifischer Durchgangs-widerstand	Ohm · cm		23	1.0*10**15	
Durchschlagfestigkeit	kV/mm		23	80	0.7 mm dick
Oberflächenwiderstand	Ohm		23	1.0*10**14	
Kriechstromfestigkeit	KC		KB	KA	
Elektrolytische Korrosionswirkung					
Lichtbogenfestigkeit nach DIN					
nach ASTM	s				

Beständigkeit *(Chemische Beständigkeit siehe Anhang)*

Wasseraufnahme A		24 h	6 mg
Feuchtigkeitsaufnahme Normalklima			%
Wetterbeständigkeit			
Spannungskorrosion			

Optische Eigenschaften

Brechungszahl n$_D$			
Transmissionsgrad τ$_c$	%	mm dick	
Lichtdurchlässigkeit			

Produkt	Polyphenylenether-SB-Blend	**PPE + SB**
Handelsname	**Luranyl KR 2453**	
Hersteller	BASF	
DIN-Bez 1		
DIN-Bez 2		

Zusätze	Brandschutzmittel; Organische Phosphorverbindungen	*Füllstoffe/ Verstärkung*	
Bevorzugte Verarbeitung	Spritzgiessen	*Lieferform*	Granulat
		Farben	Standard (Gedeckt)
Besondere Merkmale	Gute Waermeformbestaendigkeit; Gute Fliessfaehigkeit	*Bevorzugte Anwendungen*	Technisches Funktionsteil

---

Dichte	g/cm^3	1.11	*Schmelzindex*	g/10 min	85: 250/21.6
Schüttdichte	g/cm^3		*Volumenfließindex*	cm^3/10 min	:
Viskositätszahl	ml/g				

Verarbeitungsbedingungen für Spritzgießen

Massetemp.	°C	260–290	*Schwindung*	%	lgs 0.6–0.7, quer 0.6–0.7
Werkzeugtemp.	°C	60–100	*Bemerkungen*		Mit Rueckstroemduese arbeiten
Spritzdruck	bar				

Zugversuch 23 °C DIN 53455; DIN 53457

	Probekörper: Form	*Herstellung*	Spritzgiessen
	Zustand	*Vorbehandlung*	Normalklima

Streckspannung	N/mm^2 60	*Dehnung bei Streckspannung*	%	7
Zugfestigkeit	N/mm^2	*Reißdehnung*	%	55
Reißfestigkeit	N/mm^2 40	% *Dehnspannung*	N/mm^2	
E-Modul	N/mm^2 2600	*Dehnung bei* % *Dehnspg.*	%	

Kriechmoduln und Zeitstandwerte 23 °C

Probekörper: Form	*Herstellung*	
Zustand	*Vorbehandlung*	

Kriechmodul	1 min N/mm^2	*Zeitstandzugfestigkeit*	h N/mm^2
Kriechmodul	1000 h N/mm^2	*Zeitdehnspg.* %	h N/mm^2
bei Spannung	N/mm^2		

Biegeversuch 23 °C DIN 53452;

Probekörper: Form	NKS	*Herstellung*	Spritzgiessen
Zustand		*Vorbehandlung*	Normalklima

Biegefestigkeit	N/mm^2 102	*E-Modul*	N/mm^2
3,5% Biegespannung	N/mm^2		

Härte 23 °C

Probekörper: Zustand	*Herstellung*	Spritzgiessen
	Vorbehandlung	Normalklima

Kugeldruckhärte	N/mm^2 110	bei 358 N, 30 s	*Shore-Härte* A
Rockwellhärte			*Shore-Härte* D

Schlagversuch

Probekörper:	(1) U-Kerbe	
	(2)	*Herstellung* Spritzgiessen
	Zustand	*Vorbehandlung* Normalklima

		°C	°C	°C	*Probekörper-Form*
Schlagzähigkeit	kJ/m^2	23 o.B.	-20 o.B.	-40 o.B.	NKS
Kerbschlagzähigkeit (1)	kJ/m^2	23 13	-40 6		NKS
IZOD-Kerbschlagzähigkeit (2)	J/m				
Kerbschlagzugzähigkeit	kJ/m^2				

Abrieb und Reibung

Taber-Abrieb (Reibradverfahren)	mm³/100 U
Abriebfaktor LNP (Thrust washer) Vergleichswert	
Statische Reibungszahl	
Dynamische Reibungszahl	(p·v = 　　N/mm² ·　　m/min)
Zulässiger p · v Wert	N/mm² · (m/min)　v =　m/min
	v =　m/min

Thermische Eigenschaften

Formbeständigkeit in der Wärme	Verfahren	A	95 °C
	Verfahren	B	112 °C
Vicat Erweichungstemperatur (VST)	Verfahren	B/50	116 °C
	Verfahren		°C
Kristallit-Schmelzpunkt	Verfahren		
Längenausdehnungskoeffizient	Bereich	°C	$\cdot 10^{-4} K^{-1}$
	Temperatur 23 °C		$0.6{-}0.7 \cdot 10^{-4} K^{-1}$
Wärmeleitfähigkeit	Verfahren DIN 52612	23 °C	0.18 W/(K · m)
Spezifische Wärmekapazität	Verfahren		J/(K · g)
Glasumwandlungstemperatur	Torsionsschwingungsversuch	°C	
	Differentialkalorimetrie	°C	

Brandverhalten

UL-Test vertikal	Dicke　mm, Wert V-1	
	Dicke　mm, Wert	

	Norm	Bewertung	Abmessungen
Sauerstoff-Index	ASTM D 2863		
Glühstab-Verfahren			
Brandverhalten	DIN 4102		
MVSS			
FAR			

Elektrische Eigenschaften

	Hz	°C		Probekörper, Form
Dielektrizitätszahl	50			
	10³			
	10⁶	23	2.7	
Dielektrischer Verlustfaktor tan δ	50			
	10³			
	10⁶	23	0.002	
Spezifischer Durchgangs-				
widerstand　Ohm · cm		23	1.0*10**15	
Durchschlagfestigkeit　kV/mm		23	80	0.7　mm dick
Oberflächenwiderstand　Ohm		23	1.0*10**14	
Kriechstromfestigkeit	KC	KB	KA	
Elektrolytische Korrosionswirkung				
Lichtbogenfestigkeit nach DIN				
nach ASTM　s				

Beständigkeit *(Chemische Beständigkeit siehe Anhang)*

Wasseraufnahme A	24 h	7 mg
Feuchtigkeitsaufnahme Normalklima		%
Wetterbeständigkeit		
Spannungskorrosion		

Optische Eigenschaften

Brechungszahl n_D	
Transmissionsgrad τ_c　%	mm dick
Lichtdurchlässigkeit	

Produkt	Polyphenylenether-SB-Blend	**PPE + SB**
Handelsname	**Luranyl KR 2454 G4**	
Hersteller	BASF	

DIN-Bez 1
DIN-Bez 2

Zusätze	Brandschutzmittel; Organische Phos-phorverbindungen	*Füllstoffe/ Verstärkung*	20.0% Glasfaser
Bevorzugte Verarbeitung	Spritzgiessen	*Lieferform*	Granulat
		Farben	Standard (Gedeckt)
Besondere Merkmale	Hohe Waermeformbestaendigkeit; Besonders hohe Steifigkeit	*Bevorzugte Anwendungen*	Technisches Funktionsteil

---

Dichte	g/cm^3	1.20	*Schmelzindex*	g/10 min	17: 250/21.6
Schüttdichte	g/cm^3		*Volumenfließindex*	cm^3/10 min	:
Viskositätszahl	ml/g				

Verarbeitungsbedingungen für Spritzgießen

Massetemp.	°C	260–290	*Schwindung*	%	lgs 0.3–0.4, quer
Werkzeugtemp.	°C	60–100	*Bemerkungen*		Mit Rueckstroemduese arbeiten
Spritzdruck	bar				

Zugversuch 23 °C   DIN 53455; DIN 53457

	Probekörper:	*Form*		*Herstellung*	Spritzgiessen
		Zustand		*Vorbehandlung*	Normalklima
Streckspannung	N/mm^2	90	*Dehnung bei Streckspannung*	%	2
Zugfestigkeit	N/mm^2		*Reißdehnung*	%	3
Reißfestigkeit	N/mm^2	80	*% Dehnspannung*	N/mm^2	
E-Modul	N/mm^2	6500	*Dehnung bei % Dehnspg.*	%	

Kriechmoduln und Zeitstandwerte 23 °C

	Probekörper:	*Form*	*Herstellung*	
		Zustand	*Vorbehandlung*	
Kriechmodul	1 min N/mm^2	*Zeitstandzugfestigkeit*	h N/mm^2	
Kriechmodul	1000 h N/mm^2	*Zeitdehnspg. %*	h N/mm^2	
bei Spannung	N/mm^2			

Biegeversuch 23 °C   DIN 53452;

	Probekörper:	*Form* NKS	*Herstellung*	Spritzgiessen
		Zustand	*Vorbehandlung*	Normalklima
Biegefestigkeit	N/mm^2 120	*E-Modul*	N/mm^2	
3,5% Biegespannung	N/mm^2			

Härte 23 °C

	Probekörper: *Zustand*	*Herstellung*	Spritzgiessen
		Vorbehandlung	Normalklima
Kugeldruckhärte	N/mm^2 170 bei 358 N, 30 s	*Shore-Härte* A	
Rockwellhärte		*Shore-Härte* D	

Schlagversuch

	Probekörper:	(1) U-Kerbe			
		(2)		*Herstellung*	Spritzgiessen
		Zustand		*Vorbehandlung*	Normalklima
		°C	°C	°C	*Probekörper-Form*
Schlagzähigkeit	kJ/m^2	23 16	-20 17	-40 17	NKS
Kerbschlagzähigkeit (1)	kJ/m^2	23 6	-40 5		NKS
IZOD-Kerbschlagzähigkeit (2)	J/m				
Kerbschlagzugzähigkeit	kJ/m^2 ·				

Abrieb und Reibung

Taber-Abrieb (Reibradverfahren)	mm^3/100 U		
Abriebfaktor LNP (Thrust washer) Vergleichswert			
Statische Reibungszahl			
Dynamische Reibungszahl	(p·v = N/mm^2 · m/min)		
Zulässiger p · v Wert	N/mm^2 · (m/min) v = m/min		
	v = m/min		

Thermische Eigenschaften

Formbeständigkeit in der Wärme	*Verfahren* A		135 °C
	Verfahren B		140 °C
Vicat Erweichungstemperatur (VST)	*Verfahren* B/50		140 °C
	Verfahren		°C
Kristallit-Schmelzpunkt	*Verfahren*		
Längenausdehnungskoeffizient	*Bereich* °C		$\cdot 10^{-4} K^{-1}$
	Temperatur 23 °C		$0.3-0.4 \cdot 10^{-4} K^{-1}$
Wärmeleitfähigkeit	*Verfahren* DIN 52612	23 °C	0.22 W/(K · m)
Spezifische Wärmekapazität	*Verfahren*		J/(K · g)
Glasumwandlungstemperatur	*Torsionsschwingungsversuch*	°C	
	Differentialkalorimetrie	°C	

Brandverhalten

UL-Test vertikal	*Dicke* mm, Wert V-1		
	Dicke mm, Wert		

	Norm	*Bewertung*	*Abmessungen*
Sauerstoff-Index	ASTM D 2863		
Glühstab-Verfahren			
Brandverhalten	DIN 4102		
MVSS			
FAR			

Elektrische Eigenschaften

		Hz	°C		*Probekörper, Form*
Dielektrizitätszahl		50			
		10^3			
		10^6	23	3.0	
Dielektrischer Verlustfaktor tan δ		50			
		10^3			
		10^6	23	0.002	
Spezifischer Durchgangs-widerstand	Ohm · cm		23	1.0*10**15	
Durchschlagfestigkeit	kV/mm		23	80	0.7 mm dick
Oberflächenwiderstand	Ohm		23	1.0*10**14	
Kriechstromfestigkeit	KC		KB	KA	
Elektrolytische Korrosionswirkung					
Lichtbogenfestigkeit nach DIN					
nach ASTM	s				

Beständigkeit *(Chemische Beständigkeit siehe Anhang)*

Wasseraufnahme A		24 h	10 mg
Feuchtigkeitsaufnahme Normalklima			%
Wetterbeständigkeit			
Spannungskorrosion			

Optische Eigenschaften

Brechungszahl n_D			
Transmissionsgrad τ_c	%	mm dick	
Lichtdurchlässigkeit			

Produkt	Polyethylen niedriger Dichte		**PE**
Handelsname	**Innovex LL0209 AA**		
Hersteller	BP		
DIN-Bez 1	16776-PE,FG,20-D012		
DIN-Bez 2			

Zusätze		*Füllstoffe/ Verstärkung*	
Bevorzugte Verarbeitung	Blasfolienextrusion	*Lieferform*	Granulat
		Farben	Natur; Standard
Besondere Merkmale	Standard-Typ; Auch fuer Abmischung mit anderen Polyolefinen	*Bevorzugte Anwendungen*	Tragetasche; Muellsack; Beutel

---

Dichte	g/cm^3	0.920	*Schmelzindex* g/10 min	0.9: 190/2.16
Schüttdichte	g/cm^3		*Volumenfließindex* cm^3/10 min	:
Viskositätszahl	ml/g			

Verarbeitungsbedingungen für Spritzgießen

Massetemp.	°C	*Schwindung* %	lgs , quer
Werkzeugtemp.	°C	*Bemerkungen*	
Spritzdruck	bar		

Zugversuch 23 °C

	Probekörper: Form	*Herstellung*
	Zustand	Vorbehandlung

Streckspannung	N/mm^2	*Dehnung bei Streckspannung*	%
Zugfestigkeit	N/mm^2	*Reißdehnung*	%
Reißfestigkeit	N/mm^2	% *Dehnspannung*	N/mm^2
E-Modul	N/mm^2	*Dehnung bei* % *Dehnspg.*	%

Kriechmoduln und Zeitstandwerte 23 °C

	Probekörper: Form	*Herstellung*
	Zustand	Vorbehandlung

Kriechmodul	1 min N/mm^2	*Zeitstandzugfestigkeit*	h N/mm^2
Kriechmodul	1000 h N/mm^2	*Zeitdehnspg.* %	h N/mm^2
bei Spannung	N/mm^2		

Biegeversuch 23 °C

	Probekörper: Form	*Herstellung*
	Zustand	Vorbehandlung

Biegefestigkeit	N/mm^2	*E-Modul*	N/mm^2
3,5% Biegespannung	N/mm^2		

Härte 23 °C

	Probekörper: Zustand	*Herstellung*
		Vorbehandlung

Kugeldruckhärte	N/mm^2 bei N, s	*Shore-Härte* A
Rockwellhärte		*Shore-Härte* D

Schlagversuch

	Probekörper: (1)	
	(2)	*Herstellung*
	Zustand	Vorbehandlung

°C	°C	°C	Probekörper-Form

Schlagzähigkeit	kJ/m^2
Kerbschlagzähigkeit (1)	kJ/m^2
IZOD-Kerbschlagzähigkeit (2)	J/m
Kerbschlagzugzähigkeit	kJ/m^2

Abrieb und Reibung

Taber-Abrieb (Reibradverfahren)   mm³/100 U
Abriebfaktor LNP (Thrust washer) Vergleichswert
Statische Reibungszahl
Dynamische Reibungszahl $(p \cdot v =$ N/mm² ·   m/min)
Zulässiger $p \cdot v$ Wert   N/mm² · (m/min)   v =   m/min
                                                                          v =   m/min

Thermische Eigenschaften

Formbeständigkeit in der Wärme   Verfahren   °C
                                      Verfahren   °C
Vicat Erweichungstemperatur (VST)   Verfahren   °C
                                      Verfahren   °C
Kristallit-Schmelzpunkt   Verfahren

Längenausdehnungskoeffizient   Bereich   °C $\cdot 10^{-4} K^{-1}$
                                      Temperatur $\cdot 10^{-4} K^{-1}$
Wärmeleitfähigkeit   Verfahren   W/(K · m)

Spezifische Wärmekapazität   Verfahren   J/(K · g)

Glasumwandlungstemperatur   Torsionsschwingungsversuch   °C
                                      Differentialkalorimetrie   °C

Brandverhalten

UL-Test vertikal   Dicke   mm, Wert
                                      Dicke   mm, Wert

	Norm	Bewertung		Abmessungen
Sauerstoff-Index	ASTM D 2863			
Glühstab-Verfahren				
Brandverhalten	DIN 4102			
MVSS				
FAR				

Elektrische Eigenschaften

	Hz	°C		Probekörper, Form
Dielektrizitätszahl	50			
	10³			
	10⁶			
Dielektrischer Verlustfaktor tan δ	50			
	10³			
	10⁶			

Spezifischer Durchgangs-
    widerstand   Ohm · cm
Durchschlagfestigkeit   kV/mm   mm dick
Oberflächenwiderstand   Ohm

Kriechstromfestigkeit   KC   KB   KA
Elektrolytische Korrosionswirkung
Lichtbogenfestigkeit nach DIN
            nach ASTM   s

Beständigkeit (Chemische Beständigkeit siehe Anhang)

Wasseraufnahme

Feuchtigkeitsaufnahme Normalklima   %
Wetterbeständigkeit

Spannungskorrosion

Optische Eigenschaften

Brechungszahl n_D
Transmissionsgrad τ_c %   mm dick
Lichtdurchlässigkeit

Produkt	Polyethylen niedriger Dichte		**PE**
Handelsname	**Innovex LL0209 KJ**		
Hersteller	BP		
DIN-Bez 1	16776-PE,FBGS,20-D012		
DIN-Bez 2			
Zusätze	Antiblockmittel; Gleitmittel	*Füllstoffe/ Verstärkung*	
Bevorzugte Verarbeitung	Blasfolienextrusion	*Lieferform*	Granulat
		Farben	Natur; Standard
Besondere Merkmale	Standard-Typ; Auch fuer Abmischung mit anderen Polyolefinen	*Bevorzugte Anwendungen*	Tragetasche; Muellsack; Beutel

Dichte	g/cm³	0.920	*Schmelzindex*	g/10 min	0.9: 190/2.16
Schüttdichte	g/cm³		*Volumenfließindex*	cm³/10 min	:
Viskositätszahl	ml/g				

Verarbeitungsbedingungen für Spritzgießen

Massetemp.	°C		*Schwindung*	%	lgs , quer
Werkzeugtemp.	°C		*Bemerkungen*		
Spritzdruck	bar				

Zugversuch 23 °C

	Probekörper:	Form		*Herstellung*
		Zustand		*Vorbehandlung*
Streckspannung	N/mm²		*Dehnung bei Streckspannung*	%
Zugfestigkeit	N/mm²		*Reißdehnung*	%
Reißfestigkeit	N/mm²		% *Dehnspannung*	N/mm²
E-Modul	N/mm²		*Dehnung bei % Dehnspg.*	%

Kriechmoduln und Zeitstandwerte 23 °C

	Probekörper:	Form		*Herstellung*
		Zustand		*Vorbehandlung*
Kriechmodul	1 min N/mm²		*Zeitstandzugfestigkeit*	h N/mm²
Kriechmodul	1000 h N/mm²		*Zeitdehnspg. %*	h N/mm²
bei Spannung	N/mm²			

Biegeversuch 23 °C

	Probekörper:	Form		*Herstellung*
		Zustand		*Vorbehandlung*
Biegefestigkeit	N/mm²		*E-Modul*	N/mm²
3,5% Biegespannung	N/mm²			

Härte 23 °C

	Probekörper:	Zustand		*Herstellung*
				Vorbehandlung
Kugeldruckhärte	N/mm²	bei N, s	*Shore-Härte* A	
Rockwellhärte			*Shore-Härte* D	

Schlagversuch

	Probekörper:	(1)		
		(2)		*Herstellung*
		Zustand		*Vorbehandlung*
		°C	°C	°C	*Probekörper-Form*

Schlagzähigkeit	kJ/m²
Kerbschlagzähigkeit (1)	kJ/m²
IZOD-Kerbschlagzähigkeit (2)	J/m
Kerbschlagzugzähigkeit	kJ/m²

Abrieb und Reibung

Taber-Abrieb (Reibradverfahren)   mm³/100 U
Abriebfaktor LNP (Thrust washer) Vergleichswert
Statische Reibungszahl
Dynamische Reibungszahl $(p \cdot v =$ N/mm² ·   m/min)
Zulässiger p · v Wert   N/mm² · (m/min)   v =   m/min
                                                                           v =   m/min

Thermische Eigenschaften

Formbeständigkeit in der Wärme   *Verfahren*   °C
                                         Verfahren   °C
Vicat Erweichungstemperatur (VST)   *Verfahren*   °C
                                         Verfahren   °C
Kristallit-Schmelzpunkt   *Verfahren*

Längenausdehnungskoeffizient   *Bereich*   °C $\cdot 10^{-4} K^{-1}$
                                         Temperatur $\cdot 10^{-4} K^{-1}$
Wärmeleitfähigkeit   *Verfahren* $W/(K \cdot m)$

Spezifische Wärmekapazität   *Verfahren* $J/(K \cdot g)$

Glasumwandlungstemperatur   *Torsionsschwingungsversuch*   °C
                                         Differentialkalorimetrie   °C

Brandverhalten

UL-Test vertikal   Dicke   mm, Wert
                                             Dicke   mm, Wert

                 Norm   *Bewertung*   *Abmessungen*

Sauerstoff-Index   ASTM D 2863
Glühstab-Verfahren
Brandverhalten   DIN 4102
MVSS
FAR

Elektrische Eigenschaften

                                         Hz   °C   *Probekörper, Form*

Dielektrizitätszahl   50
                                         10³
                                         10⁶
Dielektrischer Verlustfaktor $\tan\delta$ 50
                                         10³
                                         10⁶

Spezifischer Durchgangs-
  widerstand   Ohm · cm
Durchschlagfestigkeit   kV/mm   mm dick
Oberflächenwiderstand   Ohm

Kriechstromfestigkeit   KC   KB   KA
Elektrolytische Korrosionswirkung
Lichtbogenfestigkeit nach DIN
             nach ASTM   s

Beständigkeit *(Chemische Beständigkeit siehe Anhang)*

Wasseraufnahme

Feuchtigkeitsaufnahme Normalklima   %
Wetterbeständigkeit

Spannungskorrosion

Optische Eigenschaften

Brechungszahl n_D
Transmissionsgrad τ_c %   mm dick
Lichtdurchlässigkeit

Produkt	Polyethylen niedriger Dichte	**PE**
Handelsname	**Innovex LL0209 CA**	
Hersteller	BP	
DIN-Bez 1	16776-PE,FG,20-D012	
DIN-Bez 2		

Zusätze		*Füllstoffe/ Verstärkung*	
Bevorzugte Verarbeitung	Blasfolienextrusion	*Lieferform*	Granulat
		Farben	Natur
Besondere Merkmale	Zaeh; Gute Haftung	*Bevorzugte Anwendungen*	Stretchfolie

---

Dichte	g/cm^3	0.919	*Schmelzindex* g/10 min 0.9: 190/2.16
Schüttdichte	g/cm^3		*Volumenfließindex* cm^3/10 min :
Viskositätszahl	ml/g		

Verarbeitungsbedingungen für Spritzgießen

Massetemp.	°C	*Schwindung*	% lgs , quer
Werkzeugtemp.	°C	*Bemerkungen*	
Spritzdruck	bar		

Zugversuch 23 °C

Probekörper: Form   Zustand   *Herstellung*   *Vorbehandlung*

Streckspannung	N/mm^2	*Dehnung bei Streckspannung*	%
Zugfestigkeit	N/mm^2	*Reißdehnung*	%
Reißfestigkeit	N/mm^2	% *Dehnspannung*	N/mm^2
E-Modul	N/mm^2	*Dehnung bei* % *Dehnspg.*	%

Kriechmoduln und Zeitstandwerte 23 °C

Probekörper: Form   Zustand   *Herstellung*   *Vorbehandlung*

Kriechmodul	1 min N/mm^2	*Zeitstandzugfestigkeit*	h N/mm^2
Kriechmodul	1000 h N/mm^2	*Zeitdehnspg.* %	h N/mm^2
bei Spannung	N/mm^2		

Biegeversuch 23 °C

Probekörper: Form   Zustand   *Herstellung*   *Vorbehandlung*

Biegefestigkeit	N/mm^2	*E-Modul*	N/mm^2
3,5% Biegespannung	N/mm^2		

Härte 23 °C   *Probekörper:* Zustand   *Herstellung*   *Vorbehandlung*

Kugeldruckhärte	N/mm^2 bei N, s	*Shore-Härte* A	
Rockwellhärte		*Shore-Härte* D	

Schlagversuch   *Probekörper:* (1)   (2)   Zustand   *Herstellung*   *Vorbehandlung*

°C	°C	°C	*Probekörper-Form*

Schlagzähigkeit	kJ/m^2
Kerbschlagzähigkeit (1)	kJ/m^2
IZOD-Kerbschlagzähigkeit (2)	J/m
Kerbschlagzugzähigkeit	kJ/m^2

Abrieb und Reibung

Taber-Abrieb (Reibradverfahren)	mm³/100 U
Abriebfaktor LNP (Thrust washer) Vergleichswert	
Statische Reibungszahl	
Dynamische Reibungszahl	(p·v = N/mm² · m/min)
Zulässiger p · v Wert	N/mm² · (m/min) v = m/min
	v = m/min

Thermische Eigenschaften

Formbeständigkeit in der Wärme	*Verfahren*	°C
	Verfahren	°C
Vicat Erweichungstemperatur (VST)	*Verfahren*	°C
	Verfahren	°C
Kristallit-Schmelzpunkt	*Verfahren*	
Längenausdehnungskoeffizient	*Bereich* °C	$\cdot 10^{-4} K^{-1}$
	Temperatur	$\cdot 10^{-4} K^{-1}$
Wärmeleitfähigkeit	*Verfahren*	W/(K · m)
Spezifische Wärmekapazität	*Verfahren*	J/(K · g)
Glasumwandlungstemperatur	*Torsionsschwingungsversuch*	°C
	Differentialkalorimetrie	°C

Brandverhalten

UL-Test vertikal	Dicke mm, Wert	
	Dicke mm, Wert	

	Norm	*Bewertung*	*Abmessungen*
Sauerstoff-Index	ASTM D 2863		
Glühstab-Verfahren			
Brandverhalten	DIN 4102		
MVSS			
FAR			

Elektrische Eigenschaften

	Hz	°C	*Probekörper, Form*
Dielektrizitätszahl	50		
	10^3		
	10^6		
Dielektrischer Verlustfaktor tan δ	50		
	10^3		
	10^6		
Spezifischer Durchgangs-widerstand	Ohm · cm		
Durchschlagfestigkeit	kV/mm		mm dick
Oberflächenwiderstand	Ohm		

Kriechstromfestigkeit	KC	KB	KA
Elektrolytische Korrosionswirkung			
Lichtbogenfestigkeit nach DIN			
nach ASTM s			

Beständigkeit *(Chemische Beständigkeit siehe Anhang)*

Wasseraufnahme

Feuchtigkeitsaufnahme Normalklima   %
Wetterbeständigkeit

Spannungskorrosion

Optische Eigenschaften

Brechungszahl n_D
Transmissionsgrad τ_c %   mm dick
Lichtdurchlässigkeit

Produkt	Polyethylen niedriger Dichte	**PE**
Handelsname	**Innovex LL1209 AA**	
Hersteller	BP	
DIN-Bez 1 *DIN-Bez 2*	16776-PE,FG,20-D012	

Zusätze		*Füllstoffe/* *Verstärkung*	
Bevorzugte *Verarbeitung*	Blasfolienextrusion	*Lieferform*	Granulat
		Farben	Natur
Besondere *Merkmale*	Standard-Typ; Hochtransparent	*Bevorzugte* *Anwendungen*	Kaschierfolie; Displayfolie

---

Dichte	g/cm³	0.920	*Schmelzindex*	g/10 min	0.9: 190/2.16
Schüttdichte	g/cm³		*Volumenfließindex*	cm³/10 min	:
Viskositätszahl	ml/g				

Verarbeitungsbedingungen für Spritzgießen

Massetemp.	°C		*Schwindung*	%	lgs , quer
Werkzeugtemp.	°C		*Bemerkungen*		
Spritzdruck	bar				

Zugversuch 23 °C

	Probekörper:	*Form*		*Herstellung*
		Zustand		*Vorbehandlung*

Streckspannung	N/mm²	*Dehnung bei Streckspannung*	%
Zugfestigkeit	N/mm²	*Reißdehnung*	%
Reißfestigkeit	N/mm²	*% Dehnspannung*	N/mm²
E-Modul	N/mm²	*Dehnung bei % Dehnspg.*	%

Kriechmodul und Zeitstandwerte 23 °C

	Probekörper:	*Form*		*Herstellung*
		Zustand		*Vorbehandlung*

Kriechmodul	*1 min* N/mm²	*Zeitstandzugfestigkeit*	h	N/mm²
Kriechmodul	*1000 h* N/mm²	*Zeitdehnspg. %*	h	N/mm²
bei Spannung	N/mm²			

Biegeversuch 23 °C

	Probekörper:	*Form*		*Herstellung*
		Zustand		*Vorbehandlung*

Biegefestigkeit	N/mm²	*E-Modul*	N/mm²
3,5% Biegespannung	N/mm²		

Härte 23 °C

	Probekörper:	*Zustand*	*Herstellung*
			Vorbehandlung

Kugeldruckhärte	N/mm² bei N, s	*Shore-Härte* A
Rockwellhärte		*Shore-Härte* D

Schlagversuch

	Probekörper:	*(1)*		
		(2)		*Herstellung*
		Zustand		*Vorbehandlung*

°C	°C	°C	*Probekörper-Form*

Schlagzähigkeit	kJ/m²	
Kerbschlagzähigkeit (1)	kJ/m²	
IZOD-Kerbschlagzähigkeit (2)	J/m	
Kerbschlagzugzähigkeit	kJ/m²	

Abrieb und Reibung

Taber-Abrieb (Reibradverfahren) mm³/100 U
Abriebfaktor LNP (Thrust washer) Vergleichswert
Statische Reibungszahl
Dynamische Reibungszahl (p · v = N/mm² · m/min)
Zulässiger p · v Wert N/mm² · (m/min) v = m/min
  v = m/min

Thermische Eigenschaften

Formbeständigkeit in der Wärme *Verfahren* °C
  Verfahren °C
Vicat Erweichungstemperatur (VST) *Verfahren* °C
  Verfahren °C
Kristallit-Schmelzpunkt *Verfahren*

Längenausdehnungskoeffizient *Bereich* °C $\cdot 10^{-4} K^{-1}$
  Temperatur $\cdot 10^{-4} K^{-1}$
Wärmeleitfähigkeit *Verfahren* W/(K · m)

Spezifische Wärmekapazität *Verfahren* J/(K · g)

Glasumwandlungstemperatur *Torsionsschwingungsversuch* °C
  Differentialkalorimetrie °C

Brandverhalten

UL-Test vertikal Dicke mm, Wert
  Dicke mm, Wert

	Norm	*Bewertung*	*Abmessungen*
Sauerstoff-Index	ASTM D 2863		
Glühstab-Verfahren			
Brandverhalten	DIN 4102		
MVSS			
FAR			

Elektrische Eigenschaften

	Hz	°C	*Probekörper, Form*
Dielektrizitätszahl	50		
	10^3		
	10^6		
Dielektrischer Verlustfaktor tan δ	50		
	10^3		
	10^6		

Spezifischer Durchgangs-
  widerstand Ohm · cm
Durchschlagfestigkeit kV/mm mm dick
Oberflächenwiderstand Ohm

Kriechstromfestigkeit KC KB KA
Elektrolytische Korrosionswirkung
Lichtbogenfestigkeit nach DIN
  nach ASTM s

Beständigkeit *(Chemische Beständigkeit siehe Anhang)*

Wasseraufnahme

Feuchtigkeitsaufnahme Normalklima %
Wetterbeständigkeit

Spannungskorrosion

Optische Eigenschaften

Brechungszahl n_D
Transmissionsgrad τ_c % mm dick
Lichtdurchlässigkeit

Produkt	Polyethylen niedriger Dichte	**PE**
Handelsname	**Innovex LL1209 KJ**	
Hersteller	BP	
DIN-Bez 1	16776-PE,FBGS,20-D012	
DIN-Bez 2		

Zusätze	Antiblockmittel; Gleitmittel	*Füllstoffe/ Verstärkung*	
Bevorzugte Verarbeitung	Blasfolienextrusion	*Lieferform*	Granulat
		Farben	Natur
Besondere Merkmale	Hohe Gleitfaehigkeit; Hochtransparent	*Bevorzugte Anwendungen*	Kaschierfolie; Displayfolie

---

Dichte	g/cm^3	0.920	*Schmelzindex*	g/10 min	0.9: 190/2.16
Schüttdichte	g/cm^3		*Volumenfließindex*	cm^3/10 min	:
Viskositätszahl	ml/g				

Verarbeitungsbedingungen für Spritzgießen

Massetemp.	°C		*Schwindung*	%	lgs , quer
Werkzeugtemp.	°C		*Bemerkungen*		
Spritzdruck	bar				

Zugversuch 23 °C

	Probekörper:	Form	*Herstellung*	
		Zustand	*Vorbehandlung*	
Streckspannung	N/mm^2		*Dehnung bei Streckspannung*	%
Zugfestigkeit	N/mm^2		*Reißdehnung*	%
Reißfestigkeit	N/mm^2		% *Dehnspannung*	N/mm^2
E-Modul	N/mm^2		*Dehnung bei* % *Dehnspg.*	%

Kriechmoduln und Zeitstandwerte 23 °C

	Probekörper:	Form	*Herstellung*	
		Zustand	*Vorbehandlung*	
Kriechmodul	1 min	N/mm^2	*Zeitstandzugfestigkeit*	h N/mm^2
Kriechmodul	1000 h	N/mm^2	*Zeitdehnspg.* %	h N/mm^2
bei Spannung		N/mm^2		

Biegeversuch 23 °C

	Probekörper:	Form	*Herstellung*	
		Zustand	*Vorbehandlung*	
Biegefestigkeit	N/mm^2		*E-Modul*	N/mm^2
3,5% Biegespannung	N/mm^2			

Härte 23 °C

	Probekörper:	Zustand	*Herstellung*	
			Vorbehandlung	
Kugeldruckhärte	N/mm^2	bei N, s	*Shore-Härte* A	
Rockwellhärte			*Shore-Härte* D	

Schlagversuch

	Probekörper:	(1)		
		(2)	*Herstellung*	
		Zustand	*Vorbehandlung*	
		°C °C	°C	*Probekörper-Form*

Schlagzähigkeit	kJ/m^2
Kerbschlagzähigkeit (1)	kJ/m^2
IZOD-Kerbschlagzähigkeit (2)	J/m
Kerbschlagzugzähigkeit	kJ/m^2

Abrieb und Reibung

Taber-Abrieb (Reibradverfahren)   mm³/100 U
Abriebfaktor LNP (Thrust washer) Vergleichswert
Statische Reibungszahl
Dynamische Reibungszahl   (p·v =   N/mm² ·   m/min)
Zulässiger p · v Wert   N/mm² · (m/min)   v =   m/min
                                                                               v =   m/min

Thermische Eigenschaften

Formbeständigkeit in der Wärme   *Verfahren*   °C
                                            Verfahren   °C
Vicat Erweichungstemperatur (VST)   *Verfahren*   °C
                                            Verfahren   °C
Kristallit-Schmelzpunkt   *Verfahren*

Längenausdehnungskoeffizient   *Bereich*   °C   · 10⁻⁴K⁻¹
                                            Temperatur   · 10⁻⁴K⁻¹
Wärmeleitfähigkeit   *Verfahren*   W/(K · m)

Spezifische Wärmekapazität   *Verfahren*   J/(K · g)

Glasumwandlungstemperatur   *Torsionsschwingungsversuch*   °C
                                            Differentialkalorimetrie   °C

Brandverhalten

UL-Test vertikal   Dicke   mm, Wert
                                            Dicke   mm, Wert

	Norm	*Bewertung*	*Abmessungen*
Sauerstoff-Index	ASTM D 2863		
Glühstab-Verfahren			
Brandverhalten	DIN 4102		
MVSS			
FAR			

Elektrische Eigenschaften

	Hz	°C	*Probekörper, Form*
Dielektrizitätszahl	50		
	10³		
	10⁶		
Dielektrischer Verlustfaktor tan δ	50		
	10³		
	10⁶		

*Spezifischer Durchgangs-
   widerstand*   Ohm · cm
Durchschlagfestigkeit   kV/mm   mm dick
Oberflächenwiderstand   Ohm

Kriechstromfestigkeit   KC   KB   KA
Elektrolytische Korrosionswirkung
Lichtbogenfestigkeit nach DIN
              nach ASTM   s

Beständigkeit *(Chemische Beständigkeit siehe Anhang)*

Wasseraufnahme

Feuchtigkeitsaufnahme Normalklima   %
Wetterbeständigkeit

Spannungskorrosion

Optische Eigenschaften

Brechungszahl n_D
Transmissionsgrad τ_c   %   mm dick
Lichtdurchlässigkeit

Produkt	Polyethylen niedriger Dichte			**PE**
Handelsname	**Innovex LL1209 LL**			
Hersteller	BP			
DIN-Bez 1	16776-PE,FBGS,20-D012			
DIN-Bez 2				
Zusätze	Antiblockmittel; Gleitmittel	*Füllstoffe/ Verstärkung*		
Bevorzugte Verarbeitung	Blasfolienextrusion	*Lieferform*	Granulat	
		Farben	Natur	
Besondere Merkmale	Mittlere Gleitfaehigkeit; Hochtransparent	*Bevorzugte Anwendungen*	Kaschierfolie; Displayfolie	

Dichte	g/cm³	0.920	*Schmelzindex*	g/10 min	0.9: 190/2.16
Schüttdichte	g/cm³		*Volumenfließindex*	cm³/10 min	:
Viskositätszahl	ml/g				

Verarbeitungsbedingungen für Spritzgießen

Massetemp.	°C		*Schwindung*	%	lgs , quer
Werkzeugtemp.	°C		*Bemerkungen*		
Spritzdruck	bar				

Zugversuch 23 °C

	Probekörper:	Form		*Herstellung*
		Zustand		*Vorbehandlung*

Streckspannung	N/mm²	*Dehnung bei Streckspannung*	%	
Zugfestigkeit	N/mm²	*Reißdehnung*	%	
Reißfestigkeit	N/mm²	% *Dehnspannung*	N/mm²	
E-Modul	N/mm²	*Dehnung bei* % *Dehnspg.* %		

Kriechmoduln und Zeitstandwerte 23 °C

	Probekörper:	Form		*Herstellung*
		Zustand		*Vorbehandlung*

Kriechmodul	1 min N/mm²	*Zeitstandzugfestigkeit*	h N/mm²	
Kriechmodul	1000 h N/mm²	*Zeitdehnspg.* %	h N/mm²	
bei Spannung	N/mm²			

Biegeversuch 23 °C

	Probekörper:	Form		*Herstellung*
		Zustand		*Vorbehandlung*

Biegefestigkeit	N/mm²	*E-Modul*	N/mm²	
3,5% Biegespannung	N/mm²			

Härte 23 °C | *Probekörper:* Zustand | *Herstellung* / *Vorbehandlung*

Kugeldruckhärte	N/mm²	bei N, s	*Shore-Härte* A	
Rockwellhärte			*Shore-Härte* D	

Schlagversuch | *Probekörper:* (1)

	(2)	*Herstellung*	
	Zustand	*Vorbehandlung*	
	°C °C °C	*Probekörper-Form*	

Schlagzähigkeit	kJ/m²	
Kerbschlagzähigkeit (1)	kJ/m²	
IZOD-Kerbschlagzähigkeit (2)	J/m	
Kerbschlagzugzähigkeit	kJ/m²	

Abrieb und Reibung

Taber-Abrieb (Reibradverfahren)   mm³/100 U
Abriebfaktor LNP (Thrust washer) Vergleichswert
Statische Reibungszahl
Dynamische Reibungszahl   (p·v =   N/mm² ·   m/min)
Zulässiger p · v Wert   N/mm² · (m/min)   v =   m/min
                     v =   m/min

Thermische Eigenschaften

Formbeständigkeit in der Wärme   *Verfahren*   °C
                Verfahren   °C
Vicat Erweichungstemperatur (VST)   *Verfahren*   °C
                Verfahren   °C
Kristallit-Schmelzpunkt   *Verfahren*

Längenausdehnungskoeffizient   *Bereich*   °C $\cdot 10^{-4} K^{-1}$
                Temperatur $\cdot 10^{-4} K^{-1}$
Wärmeleitfähigkeit   *Verfahren*   W/(K · m)

Spezifische Wärmekapazität   *Verfahren*   J/(K · g)

Glasumwandlungstemperatur   *Torsionsschwingungsversuch*   °C
                Differentialkalorimetrie   °C

Brandverhalten

UL-Test vertikal   Dicke   mm, Wert
              Dicke   mm, Wert

	Norm	*Bewertung*	*Abmessungen*
Sauerstoff-Index	ASTM D 2863		
Glühstab-Verfahren			
Brandverhalten	DIN 4102		
MVSS			
FAR			

Elektrische Eigenschaften

	Hz	°C	*Probekörper, Form*
Dielektrizitätszahl	50		
	10^3		
	10^6		
Dielektrischer Verlustfaktor tan δ	50		
	10^3		
	10^6		

Spezifischer Durchgangs-
  widerstand   Ohm · cm
Durchschlagfestigkeit   kV/mm   mm dick
Oberflächenwiderstand   Ohm

Kriechstromfestigkeit   KC   KB   KA
Elektrolytische Korrosionswirkung
Lichtbogenfestigkeit nach DIN
       nach ASTM   s

Beständigkeit *(Chemische Beständigkeit siehe Anhang)*

Wasseraufnahme

Feuchtigkeitsaufnahme Normalklima   %
Wetterbeständigkeit

Spannungskorrosion

Optische Eigenschaften

Brechungszahl n_D
Transmissionsgrad τ_c %   mm dick
Lichtdurchlässigkeit

Produkt	Polyethylen niedriger Dichte	**PE**
Handelsname	**Innovex LL0410 AA**	
Hersteller	BP	
DIN-Bez 1	16776-PE,FG,25-D012	
DIN-Bez 2		

Zusätze		*Füllstoffe/ Verstärkung*	
Bevorzugte Verarbeitung	Blasfolienextrusion	*Lieferform*	Granulat
		Farben	Natur
Besondere Merkmale	Standard-Typ; Auch fuer Abmischung mit anderen Polyolefinen; Hoehere Steifigkeit	*Bevorzugte Anwendungen*	Duenne Folie

---

Dichte	g/cm^3	0.925	*Schmelzindex*	g/10 min	1.0: 190/2.16
Schüttdichte	g/cm^3		*Volumenfließindex*	cm^3/10 min	:
Viskositätszahl	ml/g				

Verarbeitungsbedingungen für Spritzgießen

Massetemp.	°C		*Schwindung*	% lgs , quer
Werkzeugtemp.	°C		*Bemerkungen*	
Spritzdruck	bar			

Zugversuch 23 °C

	Probekörper:	*Form*		*Herstellung*
		Zustand		*Vorbehandlung*

Streckspannung	N/mm^2	*Dehnung bei Streckspannung*	%	
Zugfestigkeit	N/mm^2	*Reißdehnung*	%	
Reißfestigkeit	N/mm^2	% *Dehnspannung*	N/mm^2	
E-Modul	N/mm^2	*Dehnung bei* % *Dehnspg.*	%	

Kriechmoduln und Zeitstandwerte 23 °C

	Probekörper:	*Form*		*Herstellung*
		Zustand		*Vorbehandlung*

Kriechmodul	1 min N/mm^2	*Zeitstandzugfestigkeit*	h N/mm^2	
Kriechmodul	1000 h N/mm^2	*Zeitdehnspg.* %	h N/mm^2	
bei Spannung	N/mm^2			

Biegeversuch 23 °C

	Probekörper:	*Form*		*Herstellung*
		Zustand		*Vorbehandlung*

Biegefestigkeit	N/mm^2	*E-Modul*	N/mm^2
3,5% Biegespannung	N/mm^2		

Härte 23 °C   *Probekörper:*   *Zustand*   *Herstellung / Vorbehandlung*

Kugeldruckhärte	N/mm^2	bei N, s	*Shore-Härte* A	
Rockwellhärte			*Shore-Härte* D	

Schlagversuch   *Probekörper:*   (1)

	(2)	*Herstellung*	
	Zustand	*Vorbehandlung*	
°C	°C	°C	*Probekörper-Form*

Schlagzähigkeit	kJ/m^2	
Kerbschlagzähigkeit (1)	kJ/m^2	
IZOD-Kerbschlagzähigkeit (2)	J/m	
Kerbschlagzugzähigkeit	kJ/m^2	

Abrieb und Reibung

Taber-Abrieb (Reibradverfahren)　　　　　　　　　　mm³/100 U
Abriebfaktor LNP (Thrust washer) Vergleichswert
Statische Reibungszahl
Dynamische Reibungszahl　　　　　　　　　　$(p \cdot v =$　　　N/mm² ·　　　m/min$)$
Zulässiger p · v Wert　　　　　　　　　　N/mm² · (m/min)　　v =　　　m/min
　　　　　　　　　　　　　　　　　　　　　　　　　　　　　v =　　　m/min

Thermische Eigenschaften

Formbeständigkeit in der Wärme　　　　*Verfahren*　　　　　　　　　　　　　°C
　　　　　　　　　　　　　　　　　　　　Verfahren　　　　　　　　　　　　　°C
Vicat Erweichungstemperatur (VST)　　　*Verfahren*　　　　　　　　　　　　　°C
　　　　　　　　　　　　　　　　　　　　Verfahren　　　　　　　　　　　　　°C
Kristallit-Schmelzpunkt　　　　　　　*Verfahren*

Längenausdehnungskoeffizient　　　　*Bereich*　　　　°C　　　　　　　　$\cdot 10^{-4} \mathrm{K}^{-1}$
　　　　　　　　　　　　　　　　　　　　Temperatur　　　　　　　　　　　　$\cdot 10^{-4} \mathrm{K}^{-1}$
Wärmeleitfähigkeit　　　　　　　　　*Verfahren*　　　　　　　　　　　　　W/(K · m)

Spezifische Wärmekapazität　　　　　*Verfahren*　　　　　　　　　　　　　J/(K · g)

Glasumwandlungstemperatur　　　　*Torsionsschwingungsversuch*　　　°C
　　　　　　　　　　　　　　　　　　　　Differentialkalorimetrie　　　　　　°C

Brandverhalten

UL-Test vertikal　　　　　　　　　　Dicke　　　mm, Wert
　　　　　　　　　　　　　　　　　　　　Dicke　　　mm, Wert

	Norm	Bewertung	Abmessungen
Sauerstoff-Index	ASTM D 2863		
Glühstab-Verfahren			
Brandverhalten	DIN 4102		
MVSS			
FAR			

Elektrische Eigenschaften

	Hz	°C		Probekörper, Form
Dielektrizitätszahl	50			
	10³			
	10⁶			
Dielektrischer Verlustfaktor tan δ	50			
	10³			
	10⁶			

Spezifischer Durchgangs-
　widerstand　　　　　　　Ohm · cm
Durchschlagfestigkeit　　　kV/mm　　　　　　　　　　　　　　　　　　mm dick
Oberflächenwiderstand　　Ohm

Kriechstromfestigkeit　　　　　　KC　　　　　KB　　　　　KA
Elektrolytische Korrosionswirkung
Lichtbogenfestigkeit nach DIN
　　　　　　nach ASTM　　s

Beständigkeit *(Chemische Beständigkeit siehe Anhang)*

Wasseraufnahme

Feuchtigkeitsaufnahme Normalklima　　　　　　　　　　　　　　　　　　　　%
Wetterbeständigkeit

Spannungskorrosion

Optische Eigenschaften

Brechungszahl n_D
Transmissionsgrad τ_c　　%　　　　　　　　mm dick
Lichtdurchlässigkeit

Produkt	Polyethylen niedriger Dichte	**PE**
Handelsname	**Innovex LL0410 KJ**	
Hersteller	BP	
DIN-Bez 1	16776-PE,FBGS,25-D012	
DIN-Bez 2		

Zusätze	Antiblockmittel; Gleitmittel	*Füllstoffe/ Verstärkung*	
Bevorzugte Verarbeitung	Blasfolienextrusion	*Lieferform*	Granulat
		Farben	Natur
Besondere Merkmale	Hoehere Steifigkeit; Auch fuer Abmischung mit anderen Polyolefinen	*Bevorzugte Anwendungen*	Duenner Beutel

---

Dichte	g/cm³	0.926	*Schmelzindex* g/10 min	1.0: 190/2.16
Schüttdichte	g/cm³		*Volumenfließindex* cm³/10 min	:
Viskositätszahl	ml/g			

Verarbeitungsbedingungen für Spritzgießen

Massetemp.	°C	*Schwindung* %	lgs , quer
Werkzeugtemp.	°C	*Bemerkungen*	
Spritzdruck	bar		

Zugversuch 23 °C

	Probekörper:	*Form*	*Herstellung*
		Zustand	*Vorbehandlung*

Streckspannung	N/mm²	*Dehnung bei Streckspannung*	%
Zugfestigkeit	N/mm²	*Reißdehnung*	%
Reißfestigkeit	N/mm²	*% Dehnspannung*	N/mm²
E-Modul	N/mm²	*Dehnung bei % Dehnspg.*	%

Kriechmoduln und Zeitstandwerte 23 °C

	Probekörper:	*Form*	*Herstellung*
		Zustand	*Vorbehandlung*

Kriechmodul	1 min N/mm²	*Zeitstandzugfestigkeit*	h N/mm²
Kriechmodul	1000 h N/mm²	*Zeitdehnspg.* %	h N/mm²
bei Spannung	N/mm²		

Biegeversuch 23 °C

	Probekörper:	*Form*	*Herstellung*
		Zustand	*Vorbehandlung*

Biegefestigkeit	N/mm²	*E-Modul*	N/mm²
3,5% Biegespannung	N/mm²		

Härte 23 °C   *Probekörper:*   *Zustand*   *Herstellung* / *Vorbehandlung*

Kugeldruckhärte	N/mm²	bei N, s	*Shore-Härte* A
Rockwellhärte			*Shore-Härte* D

Schlagversuch   *Probekörper:*   *(1)*

	(2)		*Herstellung*
	Zustand		*Vorbehandlung*

°C	°C	°C	*Probekörper-Form*

Schlagzähigkeit	kJ/m²
Kerbschlagzähigkeit (1)	kJ/m²
IZOD-Kerbschlagzähigkeit (2)	J/m
Kerbschlagzugzähigkeit	kJ/m²

Abrieb und Reibung

Taber-Abrieb (Reibradverfahren)	mm³/100 U
Abriebfaktor LNP (Thrust washer) Vergleichswert	
Statische Reibungszahl	
Dynamische Reibungszahl	(p·v =　　　N/mm² ·　　　m/min)
Zulässiger p · v Wert	N/mm² · (m/min)　v =　　m/min
	v =　　m/min

Thermische Eigenschaften

Formbeständigkeit in der Wärme	*Verfahren*	°C
	Verfahren	°C
Vicat Erweichungstemperatur (VST)	*Verfahren*	°C
	Verfahren	°C
Kristallit-Schmelzpunkt	*Verfahren*	
Längenausdehnungskoeffizient	*Bereich*　　　　°C	$\cdot 10^{-4} K^{-1}$
	Temperatur	$\cdot 10^{-4} K^{-1}$
Wärmeleitfähigkeit	*Verfahren*	W/(K · m)
Spezifische Wärmekapazität	*Verfahren*	J/(K · g)
Glasumwandlungstemperatur	*Torsionsschwingungsversuch*	°C
	Differentialkalorimetrie	°C

Brandverhalten

UL-Test vertikal	*Dicke*　mm, Wert	
	Dicke　mm, Wert	

	Norm	*Bewertung*	*Abmessungen*
Sauerstoff-Index	ASTM D 2863		
Glühstab-Verfahren			
Brandverhalten	DIN 4102		
MVSS			
FAR			

Elektrische Eigenschaften

	Hz	°C	*Probekörper, Form*
Dielektrizitätszahl	50		
	10^3		
	10^6		
Dielektrischer Verlustfaktor tan δ	50		
	10^3		
	10^6		

Spezifischer Durchgangs-				
widerstand	Ohm · cm			
Durchschlagfestigkeit	kV/mm			mm dick
Oberflächenwiderstand	Ohm			
Kriechstromfestigkeit	KC	KB	KA	
Elektrolytische Korrosionswirkung				
Lichtbogenfestigkeit nach DIN				
nach ASTM　s				

Beständigkeit *(Chemische Beständigkeit siehe Anhang)*

Wasseraufnahme

Feuchtigkeitsaufnahme Normalklima　　　　　　　　　　　　　　　　　　　　　　　　　%
Wetterbeständigkeit

Spannungskorrosion

Optische Eigenschaften

Brechungszahl n_D
Transmissionsgrad τ_c　　%　　　　　　　mm dick
Lichtdurchlässigkeit

		PE
Produkt	Polyethylen niedriger Dichte	
Handelsname	**Innovex LL5210 AA**	
Hersteller	BP	
DIN-Bez 1	16776-PE,FG,20-D012	
DIN-Bez 2		

Zusätze		*Füllstoffe/ Verstärkung*	
Bevorzugte Verarbeitung	Blasfolienextrusion	*Lieferform*	Granulat
		Farben	Natur
Besondere Merkmale	Standard-Typ	*Bevorzugte Anwendungen*	Schwergutsack; Gefrierbeutel; Stretch-folie; Folie fuer landwirtschaftliche Anwendungen

Dichte	g/cm³	0.920	*Schmelzindex*	g/10 min	1.0: 190/2.16
Schüttdichte	g/cm³		*Volumenfließindex*	cm³/10 min	:
Viskositätszahl	ml/g				

Verarbeitungsbedingungen für Spritzgießen

Massetemp.	°C		*Schwindung*	%	lgs , quer
Werkzeugtemp.	°C		*Bemerkungen*		
Spritzdruck	bar				

Zugversuch 23 °C

Probekörper:	Form	*Herstellung*	
	Zustand	*Vorbehandlung*	
Streckspannung	N/mm²	*Dehnung bei Streckspannung*	%
Zugfestigkeit	N/mm²	*Reißdehnung*	%
Reißfestigkeit	N/mm²	*% Dehnspannung*	N/mm²
E-Modul	N/mm²	*Dehnung bei % Dehnspg.*	%

Kriechmoduln und Zeitstandwerte 23 °C

Probekörper:	Form	*Herstellung*	
	Zustand	*Vorbehandlung*	
Kriechmodul	1 min N/mm²	*Zeitstandzugfestigkeit*	h N/mm²
Kriechmodul	1000 h N/mm²	*Zeitdehnspg. %*	h N/mm²
bei Spannung	N/mm²		

Biegeversuch 23 °C

Probekörper:	Form	*Herstellung*	
	Zustand	*Vorbehandlung*	
Biegefestigkeit	N/mm²	*E-Modul*	N/mm²
3,5% Biegespannung	N/mm²		

Härte 23 °C

Probekörper:	Zustand	*Herstellung*	
		Vorbehandlung	
Kugeldruckhärte	N/mm² bei N, s	*Shore-Härte* A	
Rockwellhärte		*Shore-Härte* D	

Schlagversuch

Probekörper:	(1)		
	(2)	*Herstellung*	
	Zustand	*Vorbehandlung*	
	°C °C	°C	*Probekörper-Form*

Schlagzähigkeit	kJ/m²
Kerbschlagzähigkeit (1)	kJ/m²
IZOD-Kerbschlagzähigkeit (2)	J/m
Kerbschlagzugzähigkeit	kJ/m²

Abrieb und Reibung

Taber-Abrieb (Reibradverfahren)   mm³/100 U
Abriebfaktor LNP (Thrust washer) Vergleichswert
Statische Reibungszahl
Dynamische Reibungszahl $(p \cdot v =$ N/mm² ·   m/min)
Zulässiger p · v Wert   N/mm² · (m/min)   v =   m/min
                                                                                      v =   m/min

Thermische Eigenschaften

Formbeständigkeit in der Wärme   Verfahren   °C
                                            Verfahren   °C
Vicat Erweichungstemperatur (VST)   Verfahren   °C
                                            Verfahren   ·°C
Kristallit-Schmelzpunkt   Verfahren

Längenausdehnungskoeffizient   Bereich   °C $\cdot 10^{-4} K^{-1}$
                                            Temperatur $\cdot 10^{-4} K^{-1}$
Wärmeleitfähigkeit   Verfahren   W/(K · m)

Spezifische Wärmekapazität   Verfahren   J/(K · g)

Glasumwandlungstemperatur   Torsionsschwingungsversuch   °C
                                            Differentialkalorimetrie   °C

Brandverhalten

UL-Test vertikal   Dicke   mm, Wert
                                            Dicke   mm, Wert

	Norm	Bewertung	Abmessungen
Sauerstoff-Index	ASTM D 2863		
Glühstab-Verfahren			
Brandverhalten	DIN 4102		
MVSS			
FAR			

Elektrische Eigenschaften

		Hz	°C	Probekörper, Form
Dielektrizitätszahl		50		
		10³		
		10⁶		
Dielektrischer Verlustfaktor tan δ		50		
		10³		
		10⁶		

Spezifischer Durchgangs-
    widerstand   Ohm · cm
Durchschlagfestigkeit   kV/mm   mm dick
Oberflächenwiderstand   Ohm

Kriechstromfestigkeit   KC   KB   KA
Elektrolytische Korrosionswirkung
Lichtbogenfestigkeit nach DIN
              nach ASTM   s

Beständigkeit (Chemische Beständigkeit siehe Anhang)

Wasseraufnahme

Feuchtigkeitsaufnahme Normalklima   %
Wetterbeständigkeit

Spannungskorrosion

Optische Eigenschaften

Brechungszahl n_D
Transmissionsgrad τ_c %   mm dick
Lichtdurchlässigkeit

Produkt	Polyethylen niedriger Dichte	**PE**
Handelsname	**Innovex LL5210 AF**	
Hersteller	BP	
DIN-Bez 1	16776-PE,FG,20-D012	
DIN-Bez 2		

Zusätze		*Füllstoffe/ Verstärkung*	
Bevorzugte Verarbeitung	Blasfolienextrusion	*Lieferform*	Granulat
		Farben	Natur
Besondere Merkmale	Mit Fluorelastomer-Additiv	*Bevorzugte Anwendungen*	Schwergutsack; Gefrierbeutel; Stretch-folie; Folie fuer landwirtschaftliche An-wendungen

Dichte	g/cm³	0.920	*Schmelzindex* g/10 min	1.0: 190/2.16
Schüttdichte	g/cm³		*Volumenfließindex* cm³/10 min	:
Viskositätszahl	ml/g			

Verarbeitungsbedingungen für Spritzgießen

Massetemp.	°C	*Schwindung* %	lgs , quer
Werkzeugtemp.	°C	*Bemerkungen*	
Spritzdruck	bar		

Zugversuch 23 °C

Probekörper: Form — *Herstellung*
Zustand — *Vorbehandlung*

Streckspannung	N/mm²	*Dehnung bei Streckspannung*	%
Zugfestigkeit	N/mm²	*Reißdehnung*	%
Reißfestigkeit	N/mm²	*% Dehnspannung*	N/mm²
E-Modul	N/mm²	*Dehnung bei % Dehnspg.*	%

Kriechmoduln und Zeitstandwerte 23 °C

Probekörper: Form — *Herstellung*
Zustand — *Vorbehandlung*

Kriechmodul	1 min N/mm²	*Zeitstandzugfestigkeit*	h N/mm²
Kriechmodul	1000 h N/mm²	*Zeitdehnspg. %*	h N/mm²
bei Spannung	N/mm²		

Biegeversuch 23 °C

Probekörper: Form — *Herstellung*
Zustand — *Vorbehandlung*

Biegefestigkeit	N/mm²	*E-Modul*	N/mm²
3,5% Biegespannung	N/mm²		

Härte 23 °C *Probekörper:* Zustand — *Herstellung* / *Vorbehandlung*

Kugeldruckhärte	N/mm²	bei N, s	*Shore-Härte* A
Rockwellhärte			*Shore-Härte* D

Schlagversuch *Probekörper:* (1) / (2) / Zustand — *Herstellung* / *Vorbehandlung*

°C	°C	°C	*Probekörper-Form*

Schlagzähigkeit	kJ/m²
Kerbschlagzähigkeit (1)	kJ/m²
IZOD-Kerbschlagzähigkeit (2)	J/m
Kerbschlagzugzähigkeit	kJ/m²

Abrieb und Reibung

Taber-Abrieb (Reibradverfahren)　　　　　　　　　mm³/100 U
Abriebfaktor LNP (Thrust washer) Vergleichswert
Statische Reibungszahl
Dynamische Reibungszahl　　　　　　　　　　　　($p \cdot v =$　　　　N/mm² ·　　　　m/min)
Zulässiger p · v Wert　　　　　　　　　　　　　　　N/mm² · (m/min)　$v =$　　　m/min
　　　　　　　　　　　　　　　　　　　　　　　　　　　　　　　　　　$v =$　　　m/min

Thermische Eigenschaften

Formbeständigkeit in der Wärme　　　*Verfahren*　　　　　　　　　　　　　°C
　　　　　　　　　　　　　　　　　　　　Verfahren　　　　　　　　　　　　　°C
Vicat Erweichungstemperatur (VST)　*Verfahren*　　　　　　　　　　　　　°C
　　　　　　　　　　　　　　　　　　　　Verfahren　　　　　　　　　　　　　°C
Kristallit-Schmelzpunkt　　　　　　　　*Verfahren*

Längenausdehnungskoeffizient　　　　*Bereich*　　　　　°C　　　　　　　$\cdot 10^{-4} \mathrm{K}^{-1}$
　　　　　　　　　　　　　　　　　　　　Temperatur　　　　　　　　　　　　$\cdot 10^{-4} \mathrm{K}^{-1}$
Wärmeleitfähigkeit　　　　　　　　　　*Verfahren*　　　　　　　　　　　　W/(K · m)

Spezifische Wärmekapazität　　　　　*Verfahren*　　　　　　　　　　　　J/(K · g)

Glasumwandlungstemperatur　　　　　*Torsionsschwingungsversuch*　　°C
　　　　　　　　　　　　　　　　　　　　Differentialkalorimetrie　　　　　°C

Brandverhalten

UL-Test vertikal　　　　　　　　　　　*Dicke*　　mm, Wert
　　　　　　　　　　　　　　　　　　　　Dicke　　mm, Wert

	Norm	*Bewertung*	*Abmessungen*
Sauerstoff-Index	ASTM D 2863		
Glühstab-Verfahren			
Brandverhalten	DIN 4102		
MVSS			
FAR			

Elektrische Eigenschaften

	Hz	°C	*Probekörper, Form*
Dielektrizitätszahl	50		
	10^3		
	10^6		
Dielektrischer Verlustfaktor $\tan \delta$	50		
	10^3		
	10^6		

Spezifischer Durchgangs-
　widerstand　　　　　　　Ohm · cm
Durchschlagfestigkeit　　kV/mm　　　　　　　　　　　　　　　mm dick
Oberflächenwiderstand　Ohm

Kriechstromfestigkeit　　　　　　　　KC　　　　　　KB　　　　　　KA
Elektrolytische Korrosionswirkung
Lichtbogenfestigkeit nach DIN
　　　　　　nach ASTM　　s

Beständigkeit *(Chemische Beständigkeit siehe Anhang)*

Wasseraufnahme

Feuchtigkeitsaufnahme Normalklima　　　　　　　　　　　　　　　　　　　%
Wetterbeständigkeit

Spannungskorrosion

Optische Eigenschaften

Brechungszahl n_D
Transmissionsgrad τ_c　　　%　　　　　　　　mm dick
Lichtdurchlässigkeit

Produkt	Polyethylen niedriger Dichte
Handelsname	**Innovex LL0640 AA**
Hersteller	BP
DIN-Bez 1	16776-PE,FG,30-D045
DIN-Bez 2	

PE

Zusätze		*Füllstoffe/ Verstärkung*	
Bevorzugte Verarbeitung	Flachfolienextrusion	*Lieferform*	Granulat
		Farben	Natur
Besondere Merkmale	Gute Steifigkeit; Hochtransparent	*Bevorzugte Anwendungen*	Flachfolie

---

Dichte	g/cm³	0.929	*Schmelzindex* g/10 min	4.0: 190/2.16
Schüttdichte	g/cm³		*Volumenfließindex* cm³/10 min	:
Viskositätszahl	ml/g			

Verarbeitungsbedingungen für Spritzgießen

Massetemp.	°C	*Schwindung* %	lgs , quer
Werkzeugtemp.	°C	*Bemerkungen*	
Spritzdruck	bar		

Zugversuch 23 °C

	Probekörper: Form		*Herstellung*
	Zustand		*Vorbehandlung*
Streckspannung	N/mm²	*Dehnung bei Streckspannung*	%
Zugfestigkeit	N/mm²	*Reißdehnung*	%
Reißfestigkeit	N/mm²	*% Dehnspannung*	N/mm²
E-Modul	N/mm²	*Dehnung bei % Dehnspg.*	%

Kriechmoduln und Zeitstandwerte 23 °C

	Probekörper: Form		*Herstellung*
	Zustand		*Vorbehandlung*
Kriechmodul	1 min N/mm²	*Zeitstandzugfestigkeit*	h N/mm²
Kriechmodul	1000 h N/mm²	*Zeitdehnspg. %*	h N/mm²
bei Spannung	N/mm²		

Biegeversuch 23 °C

	Probekörper: Form		*Herstellung*
	Zustand		*Vorbehandlung*
Biegefestigkeit	N/mm²	*E-Modul*	N/mm²
3,5% Biegespannung	N/mm²		

Härte 23 °C

	Probekörper: Zustand		*Herstellung*
			Vorbehandlung
Kugeldruckhärte	N/mm² bei N, s	*Shore-Härte* A	
Rockwellhärte		*Shore-Härte* D	

Schlagversuch

	Probekörper: (1)		
	(2)		*Herstellung*
	Zustand		*Vorbehandlung*
	°C	°C	°C *Probekörper-Form*

Schlagzähigkeit	kJ/m²
Kerbschlagzähigkeit (1)	kJ/m²
IZOD-Kerbschlagzähigkeit (2)	J/m
Kerbschlagzugzähigkeit	kJ/m²

Abrieb und Reibung

Taber-Abrieb (Reibradverfahren)   mm^3/100 U
Abriebfaktor LNP (Thrust washer) Vergleichswert
Statische Reibungszahl
Dynamische Reibungszahl   (p·v =   N/mm^2·   m/min)
Zulässiger p · v Wert   N/mm^2· (m/min)   v =   m/min
                                                                                v =   m/min

Thermische Eigenschaften

Formbeständigkeit in der Wärme   *Verfahren*   °C
                                          Verfahren   °C
Vicat Erweichungstemperatur (VST)   *Verfahren*   °C
                                          Verfahren   °C
Kristallit-Schmelzpunkt   *Verfahren*

Längenausdehnungskoeffizient   *Bereich*   °C   · 10^{-4}K^{-1}
                                          Temperatur   · 10^{-4}K^{-1}
Wärmeleitfähigkeit   *Verfahren*   W/(K · m)

Spezifische Wärmekapazität   *Verfahren*   J/(K · g)

Glasumwandlungstemperatur   *Torsionsschwingungsversuch*   °C
                                          Differentialkalorimetrie   °C

Brandverhalten

UL-Test vertikal   Dicke   mm, Wert
                                          Dicke   mm, Wert

	Norm	*Bewertung*	*Abmessungen*
Sauerstoff-Index	ASTM D 2863		
Glühstab-Verfahren			
Brandverhalten	DIN 4102		
MVSS			
FAR			

Elektrische Eigenschaften

	Hz	°C		*Probekörper, Form*
Dielektrizitätszahl	50			
	10^3			
	10^6			
Dielektrischer Verlustfaktor tan δ	50			
	10^3			
	10^6			

Spezifischer Durchgangs-
* widerstand*   Ohm · cm
Durchschlagfestigkeit   kV/mm   mm dick
Oberflächenwiderstand   Ohm

Kriechstromfestigkeit   KC   KB   KA
Elektrolytische Korrosionswirkung
Lichtbogenfestigkeit nach DIN
*   nach ASTM*   s

Beständigkeit *(Chemische Beständigkeit siehe Anhang)*

Wasseraufnahme

Feuchtigkeitsaufnahme Normalklima   %
Wetterbeständigkeit

Spannungskorrosion

Optische Eigenschaften

Brechungszahl n$_D$
Transmissionsgrad τ_c %   mm dick
Lichtdurchlässigkeit

Produkt	Polyethylen niedriger Dichte	**PE**
Handelsname	**Innovex LL0220 AA**	
Hersteller	BP	
DIN-Bez 1	16776-PE,FG,20-D022	
DIN-Bez 2		

Zusätze		*Füllstoffe/ Verstärkung*	
Bevorzugte Verarbeitung	Flachfolienextrusion	*Lieferform*	Granulat
		Farben	Natur
Besondere Merkmale	Standard-Typ	*Bevorzugte Anwendungen*	Stretchfolie

---

Dichte	g/cm^3	0.920	*Schmelzindex*	g/10 min	2.0: 190/2.16
Schüttdichte	g/cm^3		*Volumenfließindex*	cm^3/10 min	:
Viskositätszahl	ml/g				

Verarbeitungsbedingungen für Spritzgießen

Massetemp.	°C		*Schwindung*	%	lgs , quer
Werkzeugtemp.	°C		*Bemerkungen*		
Spritzdruck	bar				

Zugversuch 23 °C

	Probekörper:	*Form*	*Herstellung*	
		Zustand	*Vorbehandlung*	
Streckspannung	N/mm^2		*Dehnung bei Streckspannung*	%
Zugfestigkeit	N/mm^2		*Reißdehnung*	%
Reißfestigkeit	N/mm^2		*% Dehnspannung*	N/mm^2
E-Modul	N/mm^2		*Dehnung bei % Dehnspg.*	%

Kriechmoduln und Zeitstandwerte 23 °C

	Probekörper:	*Form*	*Herstellung*	
		Zustand	*Vorbehandlung*	
Kriechmodul	1 min N/mm^2		*Zeitstandzugfestigkeit*	h N/mm^2
Kriechmodul	1000 h N/mm^2		*Zeitdehnspg. %*	h N/mm^2
bei Spannung	N/mm^2			

Biegeversuch 23 °C

	Probekörper:	*Form*	*Herstellung*	
		Zustand	*Vorbehandlung*	
Biegefestigkeit	N/mm^2		*E-Modul*	N/mm^2
3,5% Biegespannung	N/mm^2			

Härte 23 °C

	Probekörper:	*Zustand*	*Herstellung*	
			Vorbehandlung	
Kugeldruckhärte	N/mm^2 bei N, s		*Shore-Härte* A	
Rockwellhärte			*Shore-Härte* D	

Schlagversuch

	Probekörper:	*(1)*	
		(2)	*Herstellung*
		Zustand	*Vorbehandlung*
	°C	°C °C	*Probekörper-Form*

Schlagzähigkeit	kJ/m^2
Kerbschlagzähigkeit (1)	kJ/m^2
IZOD-Kerbschlagzähigkeit (2)	J/m
Kerbschlagzugzähigkeit	kJ/m^2

Abrieb und Reibung

Taber-Abrieb (Reibradverfahren)	mm³/100 U
Abriebfaktor LNP (Thrust washer) Vergleichswert	
Statische Reibungszahl	
Dynamische Reibungszahl	(p·v = N/mm² · m/min)
Zulässiger p · v Wert	N/mm² · (m/min) v = m/min
	v = m/min

Thermische Eigenschaften

Formbeständigkeit in der Wärme	*Verfahren*	°C
	Verfahren	°C
Vicat Erweichungstemperatur (VST)	*Verfahren*	°C
	Verfahren	°C
Kristallit-Schmelzpunkt	*Verfahren*	
Längenausdehnungskoeffizient	*Bereich* °C	$\cdot 10^{-4} K^{-1}$
	Temperatur	$\cdot 10^{-4} K^{-1}$
Wärmeleitfähigkeit	*Verfahren*	W/(K · m)
Spezifische Wärmekapazität	*Verfahren*	J/(K · g)
Glasumwandlungstemperatur	*Torsionsschwingungsversuch*	°C
	Differentialkalorimetrie	°C

Brandverhalten

UL-Test vertikal   Dicke   mm, Wert
                           Dicke   mm, Wert

	Norm	*Bewertung*	*Abmessungen*
Sauerstoff-Index	ASTM D 2863		
Glühstab-Verfahren			
Brandverhalten	DIN 4102		
MVSS			
FAR			

Elektrische Eigenschaften

	Hz	*°C*	*Probekörper, Form*
Dielektrizitätszahl	50		
	10^3		
	10^6		
Dielektrischer Verlustfaktor tan δ	50		
	10^3		
	10^6		

Spezifischer Durchgangs-widerstand	Ohm · cm	
Durchschlagfestigkeit	kV/mm	mm dick
Oberflächenwiderstand	Ohm	

Kriechstromfestigkeit	KC	KB	KA
Elektrolytische Korrosionswirkung			
Lichtbogenfestigkeit nach DIN			
nach ASTM s			

Beständigkeit *(Chemische Beständigkeit siehe Anhang)*

Wasseraufnahme

Feuchtigkeitsaufnahme Normalklima   %
Wetterbeständigkeit

Spannungskorrosion

Optische Eigenschaften

Brechungszahl n_D
Transmissionsgrad τ_c %   mm dick
Lichtdurchlässigkeit

Produkt	Polyethylen niedriger Dichte	**PE**
Handelsname	**Innovex LL0220 CA**	
Hersteller	BP	
DIN-Bez 1	16776-PE,FG,20-D022	
DIN-Bez 2		

Zusätze		*Füllstoffe/ Verstärkung*	
Bevorzugte Verarbeitung	Flachfolienextrusion	*Lieferform*	Granulat
		Farben	Natur
Besondere Merkmale	Erhoehte Haftfaehigkeit	*Bevorzugte Anwendungen*	Stretchfolie

---

Dichte	g/cm³	0.919	*Schmelzindex*	g/10 min	2.0: 190/2.16
Schüttdichte	g/cm³		*Volumenfließindex*	cm³/10 min	:
Viskositätszahl	ml/g				

Verarbeitungsbedingungen für Spritzgießen

Massetemp.	°C		*Schwindung*	%	lgs , quer
Werkzeugtemp.	°C		*Bemerkungen*		
Spritzdruck	bar				

Zugversuch 23 °C

	Probekörper:	Form	*Herstellung*
		Zustand	*Vorbehandlung*

Streckspannung	N/mm²	*Dehnung bei Streckspannung*	%
Zugfestigkeit	N/mm²	*Reißdehnung*	%
Reißfestigkeit	N/mm²	*% Dehnspannung*	N/mm²
E-Modul	N/mm²	*Dehnung bei % Dehnspg.*	%

Kriechmoduln und Zeitstandwerte 23 °C

	Probekörper:	Form	*Herstellung*
		Zustand	*Vorbehandlung*

Kriechmodul	1 min N/mm²	*Zeitstandzugfestigkeit*	h N/mm²
Kriechmodul	1000 h N/mm²	*Zeitdehnspg. %*	h N/mm²
bei Spannung	N/mm²		

Biegeversuch 23 °C

	Probekörper:	Form	*Herstellung*
		Zustand	*Vorbehandlung*

Biegefestigkeit	N/mm²	*E-Modul*	N/mm²
3,5% Biegespannung	N/mm²		

Härte 23 °C

	Probekörper:	Zustand	*Herstellung*
			Vorbehandlung

Kugeldruckhärte	N/mm²	bei N, s	*Shore-Härte* A
Rockwellhärte			*Shore-Härte* D

Schlagversuch

	Probekörper:	(1)	
		(2)	*Herstellung*
		Zustand	*Vorbehandlung*

°C	°C	°C	*Probekörper-Form*

Schlagzähigkeit	kJ/m²	
Kerbschlagzähigkeit (1)	kJ/m²	
IZOD-Kerbschlagzähigkeit (2)	J/m	
Kerbschlagzugzähigkeit	kJ/m²	

Abrieb und Reibung

Taber-Abrieb (Reibradverfahren)	mm³/100 U
Abriebfaktor LNP (Thrust washer) Vergleichswert	
Statische Reibungszahl	
Dynamische Reibungszahl	$(p \cdot v =$ N/mm² · m/min$)$
Zulässiger p · v Wert	N/mm² · (m/min) v = m/min
	v = m/min

Thermische Eigenschaften

Formbeständigkeit in der Wärme	*Verfahren*	°C
	Verfahren	°C
Vicat Erweichungstemperatur (VST)	*Verfahren*	°C
	Verfahren	°C
Kristallit-Schmelzpunkt	*Verfahren*	
Längenausdehnungskoeffizient	*Bereich* °C	$\cdot 10^{-4}\mathrm{K}^{-1}$
	Temperatur	$\cdot 10^{-4}\mathrm{K}^{-1}$
Wärmeleitfähigkeit	*Verfahren*	W/(K · m)
Spezifische Wärmekapazität	*Verfahren*	J/(K · g)
Glasumwandlungstemperatur	*Torsionsschwingungsversuch*	°C
	Differentialkalorimetrie	°C

Brandverhalten

UL-Test vertikal	Dicke mm, Wert
	Dicke mm, Wert

	Norm	*Bewertung*	*Abmessungen*
Sauerstoff-Index	ASTM D 2863		
Glühstab-Verfahren			
Brandverhalten	DIN 4102		
MVSS			
FAR			

Elektrische Eigenschaften

	Hz	°C	*Probekörper, Form*
Dielektrizitätszahl	50		
	10^3		
	10^6		
Dielektrischer Verlustfaktor tan δ	50		
	10^3		
	10^6		
Spezifischer Durchgangs-			
widerstand	Ohm · cm		
Durchschlagfestigkeit	kV/mm		mm dick
Oberflächenwiderstand	Ohm		

Kriechstromfestigkeit	KC	KB	KA
Elektrolytische Korrosionswirkung			
Lichtbogenfestigkeit nach DIN			
nach ASTM s			

Beständigkeit *(Chemische Beständigkeit siehe Anhang)*

Wasseraufnahme

Feuchtigkeitsaufnahme Normalklima   %
Wetterbeständigkeit

Spannungskorrosion

Optische Eigenschaften

Brechungszahl n_D
Transmissionsgrad τ_c %   mm dick
Lichtdurchlässigkeit

Produkt	Polystyrol schlagfest	**SB**
Handelsname	**Polystyrol 586 G**	
Hersteller	BASF	
DIN-Bez 1	16771-SB,MG,088-06-XX	
DIN-Bez 2		
Zusätze		*Füllstoffe/ Verstärkung*
Bevorzugte Verarbeitung	Spritzgiessen	*Lieferform* — Granulat
		Farben — Natur; Standard
Besondere Merkmale	Besonders feinteilige Kautschukmorphologie; Superschlagfest; Steif; Gut glaenzend; Gute Fliessfaehigkeit; Gute Waermeformbestaendigkeit	*Bevorzugte Anwendungen* — Gehaeusesektor; Gehaeuse von Haushaltsgeraeten; Gehaeuse von Buerogeraeten; Gehaeuse von Elektrogeraeten; Spielzeug; Sanitaerbereich; Haushaltsgeraet; Bueroartikel; Verpackungsdose

Dichte	g/cm³	1.05	*Schmelzindex* — g/10 min — 6: 200/5.0
Schüttdichte	g/cm³		*Volumenfließindex* — cm³/10 min — :
Viskositätszahl	ml/g		

Verarbeitungsbedingungen für Spritzgießen

Massetemp.	°C	260–280	*Schwindung* — % — lgs 0.4–0.7, quer 0.4–0.7
Werkzeugtemp.	°C	40–60	*Bemerkungen* — Maximale Vorwaerme- bzw. Trockentemperatur 75 C
Spritzdruck	bar		

Zugversuch 23 °C DIN 53455; DIN 53457

	Probekörper:	Form	*Herstellung*	Spritzgiessen
		Zustand	*Vorbehandlung*	Normalklima
Streckspannung	N/mm²		*Dehnung bei Streckspannung*	%
Zugfestigkeit	N/mm²	31	*Reißdehnung*	% 30
Reißfestigkeit	N/mm²		*% Dehnspannung*	N/mm²
E-Modul	N/mm²	2100	*Dehnung bei % Dehnspg.*	%

Kriechmoduln und Zeitstandwerte 23 °C

	Probekörper:	Form	*Herstellung*	
		Zustand	*Vorbehandlung*	
Kriechmodul	1 min N/mm²		*Zeitstandzugfestigkeit*	h N/mm²
Kriechmodul	1000 h N/mm²		*Zeitdehnspg. %*	h N/mm²
bei Spannung	N/mm²			

Biegeversuch 23 °C DIN 53452;

	Probekörper:	Form	*Herstellung*	Spritzgiessen
		Zustand	*Vorbehandlung*	Normalklima
Biegefestigkeit	N/mm²	50	*E-Modul*	N/mm²
3,5% Biegespannung	N/mm²			

Härte 23 °C

	Probekörper:	Zustand	*Herstellung*	Spritzgiessen
			Vorbehandlung	Normalklima
Kugeldruckhärte	N/mm² 76	bei 358 N, 30 s	*Shore-Härte* A	
Rockwellhärte			*Shore-Härte* D	

Schlagversuch

	Probekörper:	(1) U-Kerbe		
		(2)	*Herstellung*	Spritzgiessen
		Zustand	*Vorbehandlung*	Normalklima
		°C	°C	°C *Probekörper-Form*
Schlagzähigkeit	kJ/m²	23 o.B.	-40 ≥65	NKS
Kerbschlagzähigkeit (1)	kJ/m²	23 9.5		NKS
IZOD-Kerbschlagzähigkeit (2)	J/m			
Kerbschlagzugzähigkeit	kJ/m²			

Abrieb und Reibung

Taber-Abrieb (Reibradverfahren)	mm³/100 U	
Abriebfaktor LNP (Thrust washer) Vergleichswert		
Statische Reibungszahl		
Dynamische Reibungszahl	(p·v = $\quad$ N/mm² · $\quad$ m/min)	
Zulässiger p · v Wert	N/mm² · (m/min) $\quad$ v = $\quad$ m/min	
	v = $\quad$ m/min	

Thermische Eigenschaften

Formbeständigkeit in der Wärme	*Verfahren* A		78 °C
	Verfahren B		88 °C
Vicat Erweichungstemperatur (VST)	*Verfahren* B/50		90 °C
	Verfahren		°C
Kristallit-Schmelzpunkt	*Verfahren*		
Längenausdehnungskoeffizient	*Bereich* $\quad$ °C		$\cdot 10^{-4} K^{-1}$
	Temperatur 23 °C		$0.8{-}1.0 \cdot 10^{-4} K^{-1}$
Wärmeleitfähigkeit	*Verfahren* DIN 52612	23 °C	0.17 W/(K · m)
Spezifische Wärmekapazität	*Verfahren*		J/(K · g)
Glasumwandlungstemperatur	*Torsionsschwingungsversuch*	°C	
	Differentialkalorimetrie	°C	

Brandverhalten

UL-Test vertikal $\qquad$ Dicke 3.2 $\quad$ mm, Wert HB
$\qquad\qquad\qquad\qquad\qquad$ Dicke $\quad$ mm, Wert

	Norm	Bewertung	Abmessungen
Sauerstoff-Index	ASTM D 2863		
Glühstab-Verfahren			
Brandverhalten	DIN 4102	B2	
MVSS			
FAR			

Elektrische Eigenschaften

		Hz	°C		Probekörper, Form
Dielektrizitätszahl		50			
		10^3			
		10^6	23	2.5	
Dielektrischer Verlustfaktor tan δ		50			
		10^3			
		10^6	23	0.0004	
Spezifischer Durchgangs-					
widerstand	Ohm · cm		23	≧ 1.0*10**16	
Durchschlagfestigkeit	kV/mm		23	150	1 $\quad$ mm dick
Oberflächenwiderstand	Ohm		23	≧ 1.0*10**13	
Kriechstromfestigkeit		KC	KB	KA	
Elektrolytische Korrosionswirkung					
Lichtbogenfestigkeit nach DIN					
$\quad$ *nach ASTM*	s				

Beständigkeit *(Chemische Beständigkeit siehe Anhang)*

Wasseraufnahme A/23 C		1 d	≦ 0.1 %
Feuchtigkeitsaufnahme Normalklima			%
Wetterbeständigkeit			
Spannungskorrosion			

Optische Eigenschaften

Brechungszahl n_D			
Transmissionsgrad τ_c	%		mm dick
Lichtdurchlässigkeit			

Produkt	Polystyrol schlagfest	**SB**
Handelsname	**Polystyrol 585 K**	
Hersteller	BASF	
DIN-Bez 1	16771-SB,MG,088-03-XX	
DIN-Bez 2		

Zusätze		*Füllstoffe/ Verstärkung*	
Bevorzugte Verarbeitung	Spritzgiessen	*Lieferform*	Granulat
		Farben	Natur; Standard
Besondere Merkmale	Besonders feinteilige Kautschukmorphologie; Hochschlagfest; Steif; Hoch glaenzend	*Bevorzugte Anwendungen*	Gehaeusesektor; Gehaeuse von Haushaltsgeraeten; Gehaeuse von Buerogeraeten; Gehaeuse von Elektrogeraeten; Spielzeug; Sanitaerbereich; Haushaltsgeraet; Bueroartikel; Verpakkungsdose

Dichte	g/cm³	1.05	*Schmelzindex*	g/10 min	4: 200/5.0
Schüttdichte	g/cm³		*Volumenfließindex*	cm³/10 min	:
Viskositätszahl	ml/g				

Verarbeitungsbedingungen für Spritzgießen

Massetemp.	°C	260–280	*Schwindung*	%	lgs 0.4–0.7, quer 0.4–0.7
Werkzeugtemp.	°C	40–60	*Bemerkungen*		Maximale Vorwaerme- bzw. Trockentemperatur 75 C
Spritzdruck	bar				

Zugversuch 23 °C DIN 53455; DIN 53457

	Probekörper:	*Form*		*Herstellung*	Spritzgiessen
		Zustand		*Vorbehandlung*	Normalklima
Streckspannung	N/mm²		*Dehnung bei Streckspannung*	%	
Zugfestigkeit	N/mm²	34	*Reißdehnung*	%	40
Reißfestigkeit	N/mm²		*% Dehnspannung*	N/mm²	
E-Modul	N/mm²	2200	*Dehnung bei % Dehnspg.*	%	

Kriechmoduln und Zeitstandwerte 23 °C

	Probekörper:	*Form*		*Herstellung*	
		Zustand		*Vorbehandlung*	
Kriechmodul	*1 min*	N/mm²	*Zeitstandzugfestigkeit*	h N/mm²	
Kriechmodul	*1000 h*	N/mm²	*Zeitdehnspg. %*	h N/mm²	
bei Spannung		N/mm²			

Biegeversuch 23 °C DIN 53452;

	Probekörper:	*Form*		*Herstellung*	Spritzgiessen
		Zustand		*Vorbehandlung*	Normalklima
Biegefestigkeit	N/mm²	55	*E-Modul*	N/mm²	
3,5% Biegespannung	N/mm²				

Härte 23 °C

	Probekörper:	*Zustand*		*Herstellung*	Spritzgiessen
				Vorbehandlung	Normalklima
Kugeldruckhärte	N/mm²	80	bei 358 N, 30 s	*Shore-Härte* A	
Rockwellhärte				*Shore-Härte* D	

Schlagversuch

	Probekörper:	*(1)* U-Kerbe		
		(2)	*Herstellung*	Spritzgiessen
		Zustand	*Vorbehandlung*	Normalklima
		°C	°C	°C	*Probekörper-Form*

Schlagzähigkeit	kJ/m²	23 o.B.	-40 ≥60		NKS
Kerbschlagzähigkeit (1)	kJ/m²	23 9.5			NKS
IZOD-Kerbschlagzähigkeit (2)	J/m				
Kerbschlagzugzähigkeit	kJ/m²				

Abrieb und Reibung

Taber-Abrieb (Reibradverfahren)	mm³/100 U	
Abriebfaktor LNP (Thrust washer) Vergleichswert		
Statische Reibungszahl		
Dynamische Reibungszahl	(p · v = N/mm² · m/min)	
Zulässiger p · v Wert	N/mm² · (m/min) v = m/min	
	v = m/min	

Thermische Eigenschaften

Formbeständigkeit in der Wärme	*Verfahren*	A	77 °C
	Verfahren	B	87 °C
Vicat Erweichungstemperatur (VST)	*Verfahren*	B/50	89 °C
	Verfahren		°C
Kristallit-Schmelzpunkt	*Verfahren*		
Längenausdehnungskoeffizient	*Bereich* °C		$\cdot 10^{-4} K^{-1}$
	Temperatur 23 °C		$0.8{-}1.0 \cdot 10^{-4} K^{-1}$
Wärmeleitfähigkeit	*Verfahren* DIN 52612	23 °C	0.17 W/(K · m)
Spezifische Wärmekapazität	*Verfahren*		J/(K · g)
Glasumwandlungstemperatur	*Torsionsschwingungsversuch*	°C	
	Differentialkalorimetrie	°C	

Brandverhalten

UL-Test vertikal	Dicke 3.2 mm, Wert HB	
	Dicke mm, Wert	

	Norm	*Bewertung*	*Abmessungen*
Sauerstoff-Index	ASTM D 2863		
Glühstab-Verfahren			
Brandverhalten	DIN 4102	B2	
MVSS			
FAR			

Elektrische Eigenschaften

		Hz	°C		*Probekörper, Form*
Dielektrizitätszahl		50			
		10³			
		10⁶	23	2.5	
Dielektrischer Verlustfaktor tan δ		50			
		10³			
		10⁶	23	0.0004	
Spezifischer Durchgangs-widerstand	Ohm · cm		23	≧ 1.0*10**16	
Durchschlagfestigkeit	kV/mm		23	150	1 mm dick
Oberflächenwiderstand	Ohm		23	≧ 1.0*10**13	
Kriechstromfestigkeit	KC		KB	KA	
Elektrolytische Korrosionswirkung					
Lichtbogenfestigkeit nach DIN					
nach ASTM	s				

Beständigkeit *(Chemische Beständigkeit siehe Anhang)*

Wasseraufnahme A/23 C	1 d	≦ 0.1 %
Feuchtigkeitsaufnahme Normalklima		%
Wetterbeständigkeit		
Spannungskorrosion		

Optische Eigenschaften

Brechungszahl n_D		
Transmissionsgrad τ_c	%	mm dick
Lichtdurchlässigkeit		

Produkt	Polystyrol schlagfest	**SB**

Handelsname **Polystyrol 587 M**

Hersteller BASF

DIN-Bez 1 16771-SB,MG,093-03-XX
DIN-Bez 2

Zusätze   *Füllstoffe/ Verstärkung*

Bevorzugte Verarbeitung   Spritzgiessen   *Lieferform*   Granulat

                                       Farben   Natur; Standard

Besondere Merkmale   Besonders feinteilige Kautschukmorphologie; Hochschlagfest; Steif; Hochglaenzend; Hohe Waermeformbestaendigkeit

Bevorzugte Anwendungen   Gehaeusesektor; Gehaeuse von Haushaltsgeraeten; Gehaeuse von Buerogeraeten; Gehaeuse von Elektrogeraeten; Spielzeug; Sanitaerbereich; Haushaltsgeraet; Bueroartikel; Verpackungsdose

---

Dichte	g/cm^3	1.05	
Schüttdichte	g/cm^3		
Viskositätszahl	ml/g		

Schmelzindex	g/10 min	3:	200/5.0
Volumenfließindex	cm^3/10 min	:	

Verarbeitungsbedingungen für Spritzgießen

Massetemp.	°C	260–280
Werkzeugtemp.	°C	40–60
Spritzdruck	bar	

Schwindung	%	lgs 0.4–0.7, quer 0.4–0.7
Bemerkungen		Maximale Vorwaerme- bzw. Trockentemperatur 75 C

Zugversuch 23 °C   DIN 53455; DIN 53457

Probekörper:	Form	
	Zustand	

Herstellung	Spritzgiessen
Vorbehandlung	Normalklima

Streckspannung	N/mm^2	
Zugfestigkeit	N/mm^2	37
Reißfestigkeit	N/mm^2	
E-Modul	N/mm^2	2300

Dehnung bei Streckspannung	%	
Reißdehnung	%	30
% *Dehnspannung*	N/mm^2	
Dehnung bei % *Dehnspg.*	%	

Kriechmoduln und Zeitstandwerte 23 °C

Probekörper:	Form	
	Zustand	

Herstellung	
Vorbehandlung	

Kriechmodul	1 min	N/mm^2
Kriechmodul	1000 h	N/mm^2
bei Spannung		N/mm^2

Zeitstandzugfestigkeit	h	N/mm^2
Zeitdehnspg. %	h	N/mm^2

Biegeversuch 23 °C   DIN 53452;

Probekörper:	Form	
	Zustand	

Herstellung	Spritzgiessen
Vorbehandlung	Normalklima

Biegefestigkeit	N/mm^2	60
3,5% Biegespannung	N/mm^2	

E-Modul	N/mm^2

Härte 23 °C   *Probekörper:* Zustand

Herstellung	Spritzgiessen
Vorbehandlung	Normalklima

Kugeldruckhärte	N/mm^2	85	bei 358 N, 30 s
Rockwellhärte			

Shore-Härte	A
Shore-Härte	D

Schlagversuch

Probekörper:	(1) U-Kerbe	
	(2)	
	Zustand	

Herstellung	Spritzgiessen
Vorbehandlung	Normalklima

	°C	°C	°C	*Probekörper-Form*
Schlagzähigkeit	kJ/m^2 23 o.B.	-40 60		NKS
Kerbschlagzähigkeit (1)	kJ/m^2 23 9			NKS
IZOD-Kerbschlagzähigkeit (2)	J/m			
Kerbschlagzugzähigkeit	kJ/m^2			

Abrieb und Reibung

Taber-Abrieb (Reibradverfahren)	mm³/100 U
Abriebfaktor LNP (Thrust washer) Vergleichswert	
Statische Reibungszahl	
Dynamische Reibungszahl	(p·v =　　　N/mm² ·　　　m/min)
Zulässiger p · v Wert	N/mm² · (m/min)　v =　　m/min
	v =　　m/min

Thermische Eigenschaften

Formbeständigkeit in der Wärme	*Verfahren* A		80 °C
	Verfahren B		89 °C
Vicat Erweichungstemperatur (VST)	*Verfahren* B/50		95 °C
	Verfahren		°C
Kristallit-Schmelzpunkt	*Verfahren*		
Längenausdehnungskoeffizient	*Bereich*　　　°C		$\cdot 10^{-4} \mathrm{K}^{-1}$
	Temperatur 23 °C		$0.8\text{–}1.0 \cdot 10^{-4} \mathrm{K}^{-1}$
Wärmeleitfähigkeit	*Verfahren* DIN 52612	23 °C	0.17 W/(K · m)
Spezifische Wärmekapazität	*Verfahren*		J/(K · g)
Glasumwandlungstemperatur	*Torsionsschwingungsversuch*	°C	
	Differentialkalorimetrie	°C	

Brandverhalten

UL-Test vertikal　　　　　Dicke 3.2　mm, Wert　HB
　　　　　　　　　　　　　　Dicke　　　mm, Wert

	Norm	*Bewertung*	*Abmessungen*
Sauerstoff-Index	ASTM D 2863		
Glühstab-Verfahren			
Brandverhalten	DIN 4102	B2	
MVSS			
FAR			

Elektrische Eigenschaften

		Hz	°C		*Probekörper, Form*
Dielektrizitätszahl		50			
		10^3			
		10^6	23	2.5	
Dielektrischer Verlustfaktor tan δ		50			
		10^3			
		10^6	23	0.0004	
Spezifischer Durchgangs-					
widerstand	Ohm · cm		23	≥ 1.0*10**16	
Durchschlagfestigkeit	kV/mm		23	150	1　mm dick
Oberflächenwiderstand	Ohm		23	≥ 1.0*10**13	
Kriechstromfestigkeit		KC		KB　　　　KA	
Elektrolytische Korrosionswirkung					
Lichtbogenfestigkeit nach DIN					
nach ASTM　s					

Beständigkeit *(Chemische Beständigkeit siehe Anhang)*

Wasseraufnahme A/23 C	1 d	≤ 0.1 %
Feuchtigkeitsaufnahme Normalklima		%
Wetterbeständigkeit		
Spannungskorrosion		

Optische Eigenschaften

Brechungszahl n_D
Transmissionsgrad τ_c　　%　　　　　　mm dick
Lichtdurchlässigkeit

Datenbank-Nr.	**T04959**	*Merkblatt-Nr.* **3006**

		SB
Produkt	Polystyrol schlagfest	
Handelsname	**Polystyrol 576 H**	
Hersteller	BASF	
DIN-Bez 1	16771-SB,MG,088-06-XX	
DIN-Bez 2		
Zusätze		*Füllstoffe/ Verstärkung*
Bevorzugte Verarbeitung	Spritzgiessen	*Lieferform* — Granulat
		Farben — Natur; Standard
Besondere Merkmale	Besonders feinteilige Kautschukmorphologie; Hochschlagfest; Steif; Sehr gut glaenzend	*Bevorzugte Anwendungen* — Gehaeusesektor; Gehaeuse von Haushaltsgeraeten; Gehaeuse von Buerogeraeten; Gehaeuse von Elektrogeraeten; Spielzeug; Sanitaerbereich; Haushaltsgeraet; Bueroartikel; Verpackungsdose

Dichte	g/cm^3	1.05	*Schmelzindex* — g/10 min — 5.5: — 200/5.0
Schüttdichte	g/cm^3		*Volumenfließindex* — cm^3/10 min — :
Viskositätszahl	ml/g		

Verarbeitungsbedingungen für Spritzgießen

Massetemp.	°C	260–280	*Schwindung* — % — lgs 0.4–0.7, quer 0.4–0.7
Werkzeugtemp.	°C	40–60	*Bemerkungen* — Maximale Vorwaerme- bzw. Trockentemperatur 75 C
Spritzdruck	bar		

Zugversuch 23 °C — DIN 53455; DIN 53457

		Herstellung	Spritzgiessen
Probekörper:	*Form*		
	Zustand	*Vorbehandlung*	Normalklima

Streckspannung	N/mm^2		*Dehnung bei Streckspannung*	%
Zugfestigkeit	N/mm^2	34	*Reißdehnung*	% — 30
Reißfestigkeit	N/mm^2		*% Dehnspannung*	N/mm^2
E-Modul	N/mm^2	2300	*Dehnung bei % Dehnspg.*	%

Kriechmoduln und Zeitstandwerte 23 °C

		Herstellung	
Probekörper:	*Form*		
	Zustand	*Vorbehandlung*	

Kriechmodul	*1 min* N/mm^2	*Zeitstandzugfestigkeit* — h N/mm^2
Kriechmodul	*1000 h* N/mm^2	*Zeitdehnspg.* % — h N/mm^2
bei Spannung	N/mm^2	

Biegeversuch 23 °C — DIN 53452;

		Herstellung	Spritzgiessen
Probekörper:	*Form*		
	Zustand	*Vorbehandlung*	Normalklima

Biegefestigkeit	N/mm^2	55	*E-Modul* — N/mm^2
3,5% Biegespannung	N/mm^2		

Härte 23 °C

		Herstellung	Spritzgiessen
Probekörper:	*Zustand*	*Vorbehandlung*	Normalklima

Kugeldruckhärte	N/mm^2 83	bei 358 N, 30 s	*Shore-Härte* A
Rockwellhärte			*Shore-Härte* D

Schlagversuch

		Herstellung	Spritzgiessen
Probekörper:	*(1)* U-Kerbe		
	(2)		
	Zustand	*Vorbehandlung*	Normalklima

	°C	°C	°C	*Probekörper-Form*
Schlagzähigkeit	kJ/m^2 — 23 o.B.	-40	$\geq$60	NKS
Kerbschlagzähigkeit (1)	kJ/m^2 — 23 8.5			NKS
IZOD-Kerbschlagzähigkeit (2)	J/m			
Kerbschlagzugzähigkeit	kJ/m^2			

Abrieb und Reibung

Taber-Abrieb (Reibradverfahren)	mm³/100 U
Abriebfaktor LNP (Thrust washer) Vergleichswert	
Statische Reibungszahl	
Dynamische Reibungszahl	(p·v= N/mm² · m/min)
Zulässiger p · v Wert	N/mm² · (m/min) v= m/min
	v= m/min

Thermische Eigenschaften

Formbeständigkeit in der Wärme	*Verfahren*	A	78 °C
	Verfahren	B	88 °C
Vicat Erweichungstemperatur (VST)	*Verfahren*	B/50	90 °C
	Verfahren		°C
Kristallit-Schmelzpunkt	*Verfahren*		
Längenausdehnungskoeffizient	*Bereich*	°C	$\cdot 10^{-4} \mathrm{K}^{-1}$
	Temperatur 23 °C		$0.8{-}1.0 \cdot 10^{-4} \mathrm{K}^{-1}$
Wärmeleitfähigkeit	*Verfahren* DIN 52612	23 °C	0.17 W/(K · m)
Spezifische Wärmekapazität	*Verfahren*		J/(K · g)
Glasumwandlungstemperatur	*Torsionsschwingungsversuch*	°C	
	Differentialkalorimetrie	°C	

Brandverhalten

UL-Test vertikal   Dicke 3.2 mm, Wert HB
                 Dicke   mm, Wert

	Norm	*Bewertung*	*Abmessungen*
Sauerstoff-Index	ASTM D 2863		
Glühstab-Verfahren			
Brandverhalten	DIN 4102	B2	
MVSS			
FAR			

Elektrische Eigenschaften

		Hz	°C		*Probekörper, Form*
Dielektrizitätszahl		50			
		10³			
		10⁶	23	2.5	
Dielektrischer Verlustfaktor tan δ		50			
		10³			
		10⁶	23	0.0004	
Spezifischer Durchgangs-widerstand	Ohm · cm		23	≧ 1.0*10**16	
Durchschlagfestigkeit	kV/mm		23	150	1 mm dick
Oberflächenwiderstand	Ohm		23	≧ 1.0*10**13	

Kriechstromfestigkeit   KC   KB   KA
Elektrolytische Korrosionswirkung
Lichtbogenfestigkeit nach DIN
           nach ASTM   s

Beständigkeit *(Chemische Beständigkeit siehe Anhang)*

Wasseraufnahme A/23 C   1 d   ≦ 0.1 %

Feuchtigkeitsaufnahme Normalklima   %
Wetterbeständigkeit

Spannungskorrosion

Optische Eigenschaften

Brechungszahl n_D
Transmissionsgrad τ_c %   mm dick
Lichtdurchlässigkeit

Produkt	Polystyrol schlagfest		**SB**
Handelsname	**Polystyrol 577 F**		
Hersteller	BASF		
DIN-Bez 1	16771-SB,MG,098-06-XX		
DIN-Bez 2			

Zusätze		*Füllstoffe/ Verstärkung*	
Bevorzugte Verarbeitung	Spritzgiessen	*Lieferform*	Granulat
		Farben	Natur; Standard
Besondere Merkmale	Besonders feinteilige Kautschukmorphologie; Hochschlagfest; Steif; Gut glaenzend; Gute Fliessfaehigkeit; Hohe Waermeformbestaendigkeit	*Bevorzugte Anwendungen*	Gehaeusesektor; Gehaeuse von Haushaltsgeraeten; Gehaeuse von Buerogeraeten; Gehaeuse von Elektrogeraeten; Spielzeug; Sanitaerbereich; Haushaltsgeraet; Bueroartikel; Verpakkungsdose

Dichte	g/cm^3	1.05	*Schmelzindex*	g/10 min	7: 200/5.0
Schüttdichte	g/cm^3		*Volumenfließindex*	cm^3/10 min	:
Viskositätszahl	ml/g				

Verarbeitungsbedingungen für Spritzgießen

Massetemp.	°C	260–280	*Schwindung*	%	lgs 0.4–0.7, quer 0.4–0.7
Werkzeugtemp.	°C	40–60	*Bemerkungen*		Maximale Vorwaerme- bzw. Trockentemperatur 75 C
Spritzdruck	bar				

Zugversuch 23 °C — DIN 53455; DIN 53457

	Probekörper:	Form	*Herstellung*	Spritzgiessen
		Zustand	*Vorbehandlung*	Normalklima
Streckspannung	N/mm^2		*Dehnung bei Streckspannung*	%
Zugfestigkeit	N/mm^2 42		*Reißdehnung*	% 25
Reißfestigkeit	N/mm^2		*% Dehnspannung*	N/mm^2
E-Modul	N/mm^2 2400		*Dehnung bei % Dehnspg.*	%

Kriechmoduln und Zeitstandwerte 23 °C

	Probekörper:	Form	*Herstellung*	
		Zustand	*Vorbehandlung*	
Kriechmodul	1 min N/mm^2		*Zeitstandzugfestigkeit*	h N/mm^2
Kriechmodul	1000 h N/mm^2		*Zeitdehnspg. %*	h N/mm^2
bei Spannung	N/mm^2			

Biegeversuch 23 °C — DIN 53452;

	Probekörper:	Form	*Herstellung*	Spritzgiessen
		Zustand	*Vorbehandlung*	Normalklima
Biegefestigkeit	N/mm^2 65	*E-Modul*	N/mm^2	
3,5% Biegespannung	N/mm^2			

Härte 23 °C

	Probekörper:	Zustand	*Herstellung*	Spritzgiessen
			Vorbehandlung	Normalklima
Kugeldruckhärte	N/mm^2 86	bei 358 N, 30 s	*Shore-Härte* A	
Rockwellhärte			*Shore-Härte* D	

Schlagversuch

	Probekörper:	(1) U-Kerbe				
		(2)		*Herstellung*	Spritzgiessen	
		Zustand		*Vorbehandlung*	Normalklima	
		°C	°C	°C	*Probekörper-Form*	
Schlagzähigkeit	kJ/m^2	23 o.B.	-40 ≧60		NKS	
Kerbschlagzähigkeit (1)	kJ/m^2	23 8			NKS	
IZOD-Kerbschlagzähigkeit (2)	J/m					
Kerbschlagzugzähigkeit	kJ/m^2					

Abrieb und Reibung

Taber-Abrieb (Reibradverfahren)	mm³/100 U	
Abriebfaktor LNP (Thrust washer) Vergleichswert		
Statische Reibungszahl		
Dynamische Reibungszahl	$(p \cdot v =$ N/mm² · m/min)	
Zulässiger p · v Wert	N/mm² · (m/min) v = m/min	
	v = m/min	

Thermische Eigenschaften

Formbeständigkeit in der Wärme Verfahren A 86 °C
  Verfahren B 94 °C
Vicat Erweichungstemperatur (VST) Verfahren B/50 96 °C
  Verfahren °C
Kristallit-Schmelzpunkt Verfahren

Längenausdehnungskoeffizient Bereich °C · 10^{-4} K^{-1}
  Temperatur 23 °C 0.8–1.0 · 10^{-4} K^{-1}
Wärmeleitfähigkeit Verfahren DIN 52612 23 °C 0.17 W/(K · m)

Spezifische Wärmekapazität Verfahren J/(K · g)

Glasumwandlungstemperatur Torsionsschwingungsversuch °C
  Differentialkalorimetrie °C

Brandverhalten

UL-Test vertikal Dicke 3.2 mm, Wert HB
  Dicke mm, Wert

	Norm	*Bewertung*	*Abmessungen*
Sauerstoff-Index	ASTM D 2863		
Glühstab-Verfahren			
Brandverhalten	DIN 4102	B2	
MVSS			
FAR			

Elektrische Eigenschaften

		Hz	°C		*Probekörper, Form*
Dielektrizitätszahl		50			
		10^3			
		10^6	23	2.5	
Dielektrischer Verlustfaktor tan δ		50			
		10^3			
		10^6	23	0.0004	
Spezifischer Durchgangs-widerstand	Ohm · cm		23	≧ 1.0*10**16	
Durchschlagfestigkeit	kV/mm		23	150	1 mm dick
Oberflächenwiderstand	Ohm		23	≧ 1.0*10**13	
Kriechstromfestigkeit		KC	KB	KA	
Elektrolytische Korrosionswirkung					
Lichtbogenfestigkeit nach DIN					
nach ASTM	s				

Beständigkeit *(Chemische Beständigkeit siehe Anhang)*

Wasseraufnahme A/23 C 1 d ≦ 0.1 %

Feuchtigkeitsaufnahme Normalklima %
Wetterbeständigkeit

Spannungskorrosion

Optische Eigenschaften

Brechungszahl n$_D$
Transmissionsgrad τ$_c$ % mm dick
Lichtdurchlässigkeit

Produkt	Polystyrol schlagfest		**SB**
Handelsname	**Polystyrol 525 K**		
Hersteller	BASF		
DIN-Bez 1	16771-SB,MG,088-03-XX		
DIN-Bez 2			
Zusätze		*Füllstoffe/ Verstärkung*	
Bevorzugte Verarbeitung	Spritzgiessen	*Lieferform*	Granulat
		Farben	Natur; Standard
Besondere Merkmale	Besonders feinteilige Kautschukmorphologie; Halbschlagfest; Steif; Hoechstglaenzend (ABS-Niveau)	*Bevorzugte Anwendungen*	Gehaeusesektor; Gehaeuse von Haushaltsgeraeten; Gehaeuse von Buerogeraeten; Gehaeuse von Elektrogeraeten; Spielzeug; Sanitaerbereich; Haushaltsgeraet; Bueroartikel; Verpackungsdose

Dichte	g/cm³	1.05	*Schmelzindex*	g/10 min	4: 200/5.0
Schüttdichte	g/cm³		*Volumenfließindex*	cm³/10 min	:
Viskositätszahl	ml/g				

Verarbeitungsbedingungen für Spritzgießen

Massetemp.	°C	260–280	*Schwindung*	%	lgs 0.4–0.7, quer 0.4–0.7
Werkzeugtemp.	°C	40–60	*Bemerkungen*		Maximale Vorwaerme- bzw. Trockentemperatur 75 C
Spritzdruck	bar				

Zugversuch 23 °C   DIN 53455; DIN 53457

	Probekörper:	*Form*		*Herstellung*	Spritzgiessen
		Zustand		*Vorbehandlung*	Normalklima
Streckspannung	N/mm²		*Dehnung bei Streckspannung*	%	
Zugfestigkeit	N/mm²	38	*Reißdehnung*	%	20
Reißfestigkeit	N/mm²		*% Dehnspannung*	N/mm²	
E-Modul	N/mm²	2300	*Dehnung bei % Dehnspg.*	%	

Kriechmoduln und Zeitstandwerte 23 °C

	Probekörper:	*Form*		*Herstellung*	
		Zustand		*Vorbehandlung*	
Kriechmodul	1 min	N/mm²	*Zeitstandzugfestigkeit*	h N/mm²	
Kriechmodul	1000 h	N/mm²	*Zeitdehnspg. %*	h N/mm²	
bei Spannung		N/mm²			

Biegeversuch 23 °C   DIN 53452;

	Probekörper:	*Form*	*Herstellung*	Spritzgiessen
		Zustand	*Vorbehandlung*	Normalklima
Biegefestigkeit	N/mm²	65	*E-Modul*	N/mm²
3,5% Biegespannung	N/mm²			

Härte 23 °C

	Probekörper:	*Zustand*	*Herstellung*	Spritzgiessen
			Vorbehandlung	Normalklima
Kugeldruckhärte	N/mm² 86	bei 358 N, 30 s	*Shore-Härte* A	
Rockwellhärte			*Shore-Härte* D	

Schlagversuch

	Probekörper:	*(1)* U-Kerbe		
		(2)	*Herstellung*	Spritzgiessen
		Zustand	*Vorbehandlung*	Normalklima
		°C	°C	°C	*Probekörper-Form*

Schlagzähigkeit	kJ/m²	23 60	-40 30		NKS
Kerbschlagzähigkeit (1)	kJ/m²	23 5			NKS
IZOD-Kerbschlagzähigkeit (2)	J/m				
Kerbschlagzugzähigkeit	kJ/m²				

Abrieb und Reibung

Taber-Abrieb (Reibradverfahren)	mm³/100 U	
Abriebfaktor LNP (Thrust washer) Vergleichswert		
Statische Reibungszahl		
Dynamische Reibungszahl	(p·v= N/mm² · m/min)	
Zulässiger p · v Wert	N/mm² · (m/min) v= m/min	
	v= m/min	

Thermische Eigenschaften

Formbeständigkeit in der Wärme	*Verfahren* A	77 °C
	Verfahren B	87 °C
Vicat Erweichungstemperatur (VST)	*Verfahren* B/50	89 °C
	Verfahren	°C
Kristallit-Schmelzpunkt	*Verfahren*	
Längenausdehnungskoeffizient	*Bereich* °C	$\cdot\,10^{-4}\mathrm{K}^{-1}$
	Temperatur 23 °C	$0.8{-}1.0 \cdot 10^{-4}\mathrm{K}^{-1}$
Wärmeleitfähigkeit	*Verfahren* DIN 52612 23 °C	0.17 W/(K · m)
Spezifische Wärmekapazität	*Verfahren*	J/(K · g)
Glasumwandlungstemperatur	*Torsionsschwingungsversuch*	°C
	Differentialkalorimetrie	°C

Brandverhalten

UL-Test vertikal   Dicke 3.2   mm, Wert HB
                Dicke   mm, Wert

	Norm	*Bewertung*	*Abmessungen*
Sauerstoff-Index	ASTM D 2863		
Glühstab-Verfahren			
Brandverhalten	DIN 4102	B2	
MVSS			
FAR			

Elektrische Eigenschaften

	Hz	°C		*Probekörper, Form*
Dielektrizitätszahl	50			
	10^3			
	10^6	23	2.5	
Dielektrischer Verlustfaktor tan δ	50			
	10^3			
	10^6	23	0.0004	
Spezifischer Durchgangs-widerstand Ohm · cm		23	$\geq 1.0*10**16$	
Durchschlagfestigkeit kV/mm		23	150	1 mm dick
Oberflächenwiderstand Ohm		23	$\geq 1.0*10**13$	

Kriechstromfestigkeit	KC	KB	KA
Elektrolytische Korrosionswirkung			
Lichtbogenfestigkeit nach DIN			
nach ASTM s			

Beständigkeit *(Chemische Beständigkeit siehe Anhang)*

Wasseraufnahme A/23 C	1 d	≤ 0.1 %
Feuchtigkeitsaufnahme Normalklima		%
Wetterbeständigkeit		
Spannungskorrosion		

Optische Eigenschaften

Brechungszahl n_D
Transmissionsgrad τ_c %   mm dick
Lichtdurchlässigkeit

Produkt	Polystyrol schlagfest			**SB**
Handelsname	**Polystyrol KR 2794**			
Hersteller	BASF			
DIN-Bez 1	16771-SB,MG,098-03-XX			
DIN-Bez 2				
Zusätze		*Füllstoffe/ Verstärkung*		
Bevorzugte Verarbeitung	Spritzgiessen	*Lieferform*	Granulat	
		Farben	Natur; Standard	
Besondere Merkmale	Besonders feinteilige Kautschukmorphologie; Hochschlagfest; Steif; Sehr gut glaenzend; Hohe Waermeformbestaendigkeit	*Bevorzugte Anwendungen*	Gehaeusesektor; Gehaeuse von Haushaltsgeraeten; Gehaeuse von Buerogeraeten; Gehaeuse von Elektrogeraeten; Spielzeug; Sanitaerbereich; Haushaltsgeraet; Bueroartikel; Verpakkungsdose	

Dichte	g/cm³	1.05	*Schmelzindex*	g/10 min	3:	200/5.0
Schüttdichte	g/cm³		*Volumenfließindex*	cm³/10 min	:	
Viskositätszahl	ml/g					

Verarbeitungsbedingungen für Spritzgießen

Massetemp.	°C	260–280	*Schwindung*	%	lgs 0.4–0.7, quer 0.4–0.7
Werkzeugtemp.	°C	40–60	*Bemerkungen*		Maximale Vorwaerme- bzw. Trockentemperatur 75 C
Spritzdruck	bar				

Zugversuch 23 °C　DIN 53455; DIN 53457

	Probekörper:	*Form*	*Herstellung*	Spritzgiessen	
		Zustand	*Vorbehandlung*	Normalklima	
Streckspannung	N/mm²		*Dehnung bei Streckspannung*	%	
Zugfestigkeit	N/mm²	35	*Reißdehnung*	%	35
Reißfestigkeit	N/mm²		*% Dehnspannung*	N/mm²	
E-Modul	N/mm²	2100	*Dehnung bei % Dehnspg.*	%	

Kriechmoduln und Zeitstandwerte 23 °C

	Probekörper:	*Form*	*Herstellung*		
		Zustand	*Vorbehandlung*		
Kriechmodul	*1 min*	N/mm²	*Zeitstandzugfestigkeit*	h	N/mm²
Kriechmodul	*1000 h*	N/mm²	*Zeitdehnspg. %*	h	N/mm²
bei Spannung		N/mm²			

Biegeversuch 23 °C　DIN 53452;

	Probekörper:	*Form*	*Herstellung*	Spritzgiessen	
		Zustand	*Vorbehandlung*	Normalklima	
Biegefestigkeit	N/mm²	60	*E-Modul*		N/mm²
3,5% Biegespannung	N/mm²				

Härte 23 °C

	Probekörper:	*Zustand*	*Herstellung*	Spritzgiessen
			Vorbehandlung	Normalklima
Kugeldruckhärte	N/mm² 75	bei 358 N, 30 s	*Shore-Härte* A	
Rockwellhärte			*Shore-Härte* D	

Schlagversuch

	Probekörper:	*(1)* U-Kerbe				
		(2)		*Herstellung*	Spritzgiessen	
		Zustand		*Vorbehandlung*	Normalklima	
		°C	°C	°C		*Probekörper-Form*
Schlagzähigkeit	kJ/m²	23 o.B.	-40 ≧65			NKS
Kerbschlagzähigkeit (1)	kJ/m²	23 9.5				NKS
IZOD-Kerbschlagzähigkeit (2)	J/m					
Kerbschlagzugzähigkeit	kJ/m²					

Abrieb und Reibung

Taber-Abrieb (Reibradverfahren)	$mm^3/100\,U$
Abriebfaktor LNP (Thrust washer) Vergleichswert	
Statische Reibungszahl	
Dynamische Reibungszahl	$(p \cdot v =$ $N/mm^2 \cdot$ $m/min)$
Zulässiger p · v Wert	$N/mm^2 \cdot (m/min)$ $v =$ m/min
	$v =$ m/min

Thermische Eigenschaften

Formbeständigkeit in der Wärme	*Verfahren*	A	80 °C
	Verfahren	B	90 °C
Vicat Erweichungstemperatur (VST)	*Verfahren*	B/50	96 °C
	Verfahren		°C
Kristallit-Schmelzpunkt	*Verfahren*		
Längenausdehnungskoeffizient	*Bereich*	°C	$\cdot 10^{-4}K^{-1}$
	Temperatur 23 °C		$0.8{-}1.0 \cdot 10^{-4}K^{-1}$
Wärmeleitfähigkeit	*Verfahren* DIN 52612	23 °C	$0.17\,W/(K \cdot m)$
Spezifische Wärmekapazität	*Verfahren*		$J/(K \cdot g)$
Glasumwandlungstemperatur	*Torsionsschwingungsversuch*	°C	
	Differentialkalorimetrie	°C	

Brandverhalten

UL-Test vertikal   Dicke 3.2   mm, Wert HB
                   Dicke   mm, Wert

	Norm	*Bewertung*	*Abmessungen*
Sauerstoff-Index	ASTM D 2863		
Glühstab-Verfahren			
Brandverhalten	DIN 4102	B2	
MVSS			
FAR			

Elektrische Eigenschaften

		Hz	*°C*		*Probekörper, Form*
Dielektrizitätszahl		50			
		10^3			
		10^6	23	2.5	
Dielektrischer Verlustfaktor $\tan \delta$		50			
		10^3			
		10^6	23	0.0004	
Spezifischer Durchgangs-widerstand	Ohm · cm		23	$\geq 1.0{*}10{**}16$	
Durchschlagfestigkeit	kV/mm		23	150	1 mm dick
Oberflächenwiderstand	Ohm		23	$\geq 1.0{*}10{**}13$	
Kriechstromfestigkeit	KC		KB	KA	
Elektrolytische Korrosionswirkung					
Lichtbogenfestigkeit nach DIN					
nach ASTM	s				

Beständigkeit *(Chemische Beständigkeit siehe Anhang)*

Wasseraufnahme A/23 C		1 d	$\leq 0.1\ \%$
Feuchtigkeitsaufnahme Normalklima			%
Wetterbeständigkeit			
Spannungskorrosion			

Optische Eigenschaften

Brechungszahl n_D
Transmissionsgrad τ_c %   mm dick
Lichtdurchlässigkeit

Produkt	Polystyrol schlagfest	**SB**

Handelsname	**Polystyrol KR 2795**
Hersteller	BASF
DIN-Bez 1	16771-SB,MG,098-06-XX
DIN-Bez 2	

Zusätze		Füllstoffe/ Verstärkung	
Bevorzugte Verarbeitung	Spritzgiessen	Lieferform	Granulat
		Farben	Natur; Standard
Besondere Merkmale	Besonders feinteilige Kautschukmorphologie; Schlagfest; Steif; Sehr gut glaenzend; Gute Fliessfaehigkeit; Hohe Waermeformbestaendigkeit	Bevorzugte Anwendungen	Gehaeusesektor; Gehaeuse von Haushaltsgeraeten; Gehaeuse von Buerogeraeten; Gehaeuse von Elektrogeraeten; Spielzeug; Sanitaerbereich; Haushaltsgeraet; Bueroartikel; Verpakkungsdose

Dichte	g/cm³	1.05	Schmelzindex	g/10 min	6: 200/5.0
Schüttdichte	g/cm³		Volumenfließindex	cm³/10 min	:
Viskositätszahl	ml/g			

Verarbeitungsbedingungen für Spritzgießen

Massetemp.	°C	260–280	Schwindung	%	lgs 0.4–0.7, quer 0.4–0.7
Werkzeugtemp.	°C	40–60	Bemerkungen		Maximale Vorwaerme- bzw. Trockentemperatur 75 C
Spritzdruck	bar			

Zugversuch 23 °C DIN 53455; DIN 53457

	Probekörper:	Form	Herstellung	Spritzgiessen
		Zustand	Vorbehandlung	Normalklima
Streckspannung	N/mm²		Dehnung bei Streckspannung	%
Zugfestigkeit	N/mm²	40	Reißdehnung	%	25
Reißfestigkeit	N/mm²		% Dehnspannung	N/mm²
E-Modul	N/mm²	2450	Dehnung bei % Dehnspg.	%

Kriechmoduln und Zeitstandwerte 23 °C

	Probekörper:	Form	Herstellung	
		Zustand	Vorbehandlung	
Kriechmodul	1 min N/mm²		Zeitstandzugfestigkeit	h N/mm²
Kriechmodul	1000 h N/mm²		Zeitdehnspg. %	h N/mm²
bei Spannung	N/mm²			

Biegeversuch 23 °C DIN 53452;

	Probekörper:	Form	Herstellung	Spritzgiessen
		Zustand	Vorbehandlung	Normalklima
Biegefestigkeit	N/mm²	63	E-Modul	N/mm²
3,5% Biegespannung	N/mm²			

Härte 23 °C

	Probekörper:	Zustand	Herstellung	Spritzgiessen
			Vorbehandlung	Normalklima
Kugeldruckhärte	N/mm² 87	bei 358 N, 30 s	Shore-Härte A	
Rockwellhärte			Shore-Härte D	

Schlagversuch

	Probekörper:	(1) U-Kerbe		
		(2)	Herstellung	Spritzgiessen
		Zustand	Vorbehandlung	Normalklima

		°C	°C	°C	Probekörper-Form
Schlagzähigkeit	kJ/m²	23 60	-40 50		NKS
Kerbschlagzähigkeit (1)	kJ/m²	23 7			NKS
IZOD-Kerbschlagzähigkeit (2)	J/m				
Kerbschlagzugzähigkeit	kJ/m²				

Abrieb und Reibung

Taber-Abrieb (Reibradverfahren)	mm³/100 U	
Abriebfaktor LNP (Thrust washer) Vergleichswert		
Statische Reibungszahl		
Dynamische Reibungszahl	$(p \cdot v =$ N/mm² ·	m/min)
Zulässiger p · v Wert	N/mm² · (m/min) v =	m/min
	v =	m/min

Thermische Eigenschaften

Formbeständigkeit in der Wärme	*Verfahren*	A	80 °C
	Verfahren	B	91 °C
Vicat Erweichungstemperatur (VST)	*Verfahren*	B/50	96 °C
	Verfahren		°C
Kristallit-Schmelzpunkt	*Verfahren*		
Längenausdehnungskoeffizient	*Bereich*	°C	$\cdot 10^{-4} \mathrm{K}^{-1}$
	Temperatur 23 °C		$0.8{-}1.0 \cdot 10^{-4} \mathrm{K}^{-1}$
Wärmeleitfähigkeit	*Verfahren* DIN 52612	23 °C	0.17 W/(K · m)
Spezifische Wärmekapazität	*Verfahren*		J/(K · g)
Glasumwandlungstemperatur	*Torsionsschwingungsversuch*	°C	
	Differentialkalorimetrie	°C	

Brandverhalten

UL-Test vertikal	Dicke 3.2 mm, Wert HB	
	Dicke mm, Wert	

	Norm	*Bewertung*	*Abmessungen*
Sauerstoff-Index	ASTM D 2863		
Glühstab-Verfahren			
Brandverhalten	DIN 4102	B2	
MVSS			
FAR			

Elektrische Eigenschaften

		Hz	°C		*Probekörper, Form*
Dielektrizitätszahl		50			
		10³			
		10⁶	23	2.5	
Dielektrischer Verlustfaktor tan δ		50			
		10³			
		10⁶	23	0.0004	
Spezifischer Durchgangs-					
widerstand	Ohm · cm		23	$\geqq 1.0{*}10{**}16$	
Durchschlagfestigkeit	kV/mm		23	150	1 mm dick
Oberflächenwiderstand	Ohm		23	$\geqq 1.0{*}10{**}13$	
Kriechstromfestigkeit		KC	KB	KA	
Elektrolytische Korrosionswirkung					
Lichtbogenfestigkeit nach DIN					
nach ASTM	s				

Beständigkeit *(Chemische Beständigkeit siehe Anhang)*

Wasseraufnahme A/23 C		1 d	$\leqq 0.1$ %
Feuchtigkeitsaufnahme Normalklima			%
Wetterbeständigkeit			
Spannungskorrosion			

Optische Eigenschaften

Brechungszahl n_D			
Transmissionsgrad τ_c	%	mm dick	
Lichtdurchlässigkeit			

			SB
Produkt	Polystyrol schlagfest		
Handelsname	**Polystyrol KR 2796**		
Hersteller	BASF		
DIN-Bez 1	16771-SB,MG,093-03-XX		
DIN-Bez 2			
Zusätze		*Füllstoffe/ Verstärkung*	
Bevorzugte Verarbeitung	Spritzgiessen	*Lieferform*	Granulat
		Farben	Natur; Standard

Besondere Merkmale Besonders feinteilige Kautschukmorphologie; Superschlagfest; Gut glaenzend; Erhoehte Waermeformbestaendigkeit

Bevorzugte Anwendungen Gehaeusesektor; Gehaeuse von Haushaltsgeraeten; Gehaeuse von Buerogeraeten; Gehaeuse von Elektrogeraeten; Spielzeug; Sanitaerbereich; Haushaltsgeraet; Bueroartikel; Verpackungsdose

---

Dichte	g/cm³	1.05	*Schmelzindex*	g/10 min	3: 200/5.0
Schüttdichte	g/cm³		*Volumenfließindex*	cm³/10 min	:
Viskositätszahl	ml/g				

Verarbeitungsbedingungen für Spritzgießen

Massetemp.	°C	260–280	*Schwindung*	%	lgs 0.4–0.7, quer 0.4–0.7
Werkzeugtemp.	°C	40–60	*Bemerkungen*		Maximale Vorwaerme- bzw. Trockentemperatur 75 C
Spritzdruck	bar				

Zugversuch 23 °C   DIN 53455; DIN 53457

Probekörper:	Form	*Herstellung*	Spritzgiessen
	Zustand	*Vorbehandlung*	Normalklima

Streckspannung	N/mm²		*Dehnung bei Streckspannung*	%
Zugfestigkeit	N/mm²	30	*Reißdehnung*	% 40
Reißfestigkeit	N/mm²		*% Dehnspannung*	N/mm²
E-Modul	N/mm²	1900	*Dehnung bei % Dehnspg.*	%

Kriechmoduln und Zeitstandwerte 23 °C

Probekörper:	Form	*Herstellung*	
	Zustand	*Vorbehandlung*	

Kriechmodul	1 min N/mm²	*Zeitstandzugfestigkeit*	h N/mm²
Kriechmodul	1000 h N/mm²	*Zeitdehnspg. %*	h N/mm²
bei Spannung	N/mm²		

Biegeversuch 23 °C   DIN 53452;

Probekörper:	Form	*Herstellung*	Spritzgiessen
	Zustand	*Vorbehandlung*	Normalklima

Biegefestigkeit	N/mm² 50	*E-Modul*	N/mm²
3,5% Biegespannung	N/mm²		

Härte 23 °C

Probekörper:	Zustand	*Herstellung*	Spritzgiessen
		Vorbehandlung	Normalklima

Kugeldruckhärte	N/mm² 62	bei 358 N, 30 s	*Shore-Härte* A
Rockwellhärte			*Shore-Härte* D

Schlagversuch

Probekörper:	(1) U-Kerbe		
	(2)	*Herstellung*	Spritzgiessen
	Zustand	*Vorbehandlung*	Normalklima

		°C	°C	°C	*Probekörper-Form*
Schlagzähigkeit	kJ/m²	23 o.B.	-40 ≥ 65		NKS
Kerbschlagzähigkeit (1)	kJ/m²	23 10			NKS
IZOD-Kerbschlagzähigkeit (2)	J/m				
Kerbschlagzugzähigkeit	kJ/m²				

Abrieb und Reibung

Taber-Abrieb (Reibradverfahren)	mm³/100 U
Abriebfaktor LNP (Thrust washer) Vergleichswert	
Statische Reibungszahl	
Dynamische Reibungszahl	(p · v = N/mm² · m/min)
Zulässiger p · v Wert	N/mm² · (m/min) v = m/min
	v = m/min

Thermische Eigenschaften

Formbeständigkeit in der Wärme	Verfahren	A	78 °C
	Verfahren	B	88 °C
Vicat Erweichungstemperatur (VST)	Verfahren	B/50	93 °C
	Verfahren		°C
Kristallit-Schmelzpunkt	Verfahren		
Längenausdehnungskoeffizient	Bereich	°C	$\cdot 10^{-4} K^{-1}$
	Temperatur 23 °C		$0.8 - 1.0 \cdot 10^{-4} K^{-1}$
Wärmeleitfähigkeit	Verfahren DIN 52612	23 °C	0.17 W/(K · m)
Spezifische Wärmekapazität	Verfahren		J/(K · g)
Glasumwandlungstemperatur	Torsionsschwingungsversuch	°C	
	Differentialkalorimetrie	°C	

Brandverhalten

UL-Test vertikal   Dicke 3.2   mm, Wert HB
                        Dicke   mm, Wert

	Norm	Bewertung	Abmessungen
Sauerstoff-Index	ASTM D 2863		
Glühstab-Verfahren			
Brandverhalten	DIN 4102	B2	
MVSS			
FAR			

Elektrische Eigenschaften

		Hz	°C		Probekörper, Form
Dielektrizitätszahl		50			
		10^3			
		10^6	23	2.5	
Dielektrischer Verlustfaktor tan δ		50			
		10^3			
		10^6	23	0.0004	
Spezifischer Durchgangs-widerstand	Ohm · cm		23	≧ 1.0*10**16	
Durchschlagfestigkeit	kV/mm		23	150	1 mm dick
Oberflächenwiderstand	Ohm		23	≧ 1.0*10**13	
Kriechstromfestigkeit		KC		KB KA	
Elektrolytische Korrosionswirkung					
Lichtbogenfestigkeit nach DIN					
nach ASTM	s				

Beständigkeit *(Chemische Beständigkeit siehe Anhang)*

Wasseraufnahme A/23 C		1 d	≦ 0.1 %
Feuchtigkeitsaufnahme Normalklima			%
Wetterbeständigkeit			
Spannungskorrosion			

Optische Eigenschaften

Brechungszahl n_D			
Transmissionsgrad τ_c	%	mm dick	
Lichtdurchlässigkeit			

Produkt	Polystyrol schlagfest		**SB**
Handelsname	**Polystyrol KR 2797**		
Hersteller	BASF		
DIN-Bez 1	16771-SB,MG,088-03-XX		
DIN-Bez 2			

Zusätze		*Füllstoffe/ Verstärkung*	
Bevorzugte Verarbeitung	Spritzgiessen	*Lieferform*	Granulat
		Farben	Natur; Standard
Besondere Merkmale	Besonders feinteilige Kautschukmorphologie; Superschlagfest(Mittleres ABS-Niveau); Seidenglaenzend	*Bevorzugte Anwendungen*	Gehaeusesektor; Gehaeuse von Haushaltsgeraeten; Gehaeuse von Buerogeraeten; Gehaeuse von Elektrogeraeten; Spielzeug; Sanitaerbereich; Haushaltsgeraet; Bueroartikel; Verpakkungsdose

Dichte	g/cm³	1.05	*Schmelzindex*	g/10 min	3: 200/5.0
Schüttdichte	g/cm³		*Volumenfließindex*	cm³/10 min	:
Viskositätszahl	ml/g				

Verarbeitungsbedingungen für Spritzgießen

Massetemp.	°C	260–280	*Schwindung*	%	lgs 0.4–0.7, quer 0.4–0.7
Werkzeugtemp.	°C	40–60	*Bemerkungen*		Maximale Vorwaerme- bzw. Trockentemperatur 70 C
Spritzdruck	bar				

Zugversuch 23 °C DIN 53455; DIN 53457

	Probekörper:	*Form*		*Herstellung*	Spritzgiessen
		Zustand		*Vorbehandlung*	Normalklima
Streckspannung	N/mm²		*Dehnung bei Streckspannung*	%	
Zugfestigkeit	N/mm²	25	*Reißdehnung*	%	45
Reißfestigkeit	N/mm²		*% Dehnspannung*	N/mm²	
E-Modul	N/mm²	1800	*Dehnung bei % Dehnspg.*	%	

Kriechmoduln und Zeitstandwerte 23 °C

	Probekörper:	*Form*	*Herstellung*	
		Zustand	*Vorbehandlung*	
Kriechmodul	1 min N/mm²		*Zeitstandzugfestigkeit*	h N/mm²
Kriechmodul	1000 h N/mm²		*Zeitdehnspg. %*	h N/mm²
bei Spannung	N/mm²			

Biegeversuch 23 °C DIN 53452;

	Probekörper:	*Form*	*Herstellung*	Spritzgiessen
		Zustand	*Vorbehandlung*	Normalklima
Biegefestigkeit	N/mm²	40	*E-Modul*	N/mm²
3,5% Biegespannung	N/mm²			

Härte 23 °C

	Probekörper:	*Zustand*	*Herstellung*	Spritzgiessen
			Vorbehandlung	Normalklima
Kugeldruckhärte	N/mm² 58	bei 358 N, 30 s	*Shore-Härte* A	
Rockwellhärte			*Shore-Härte* D	

Schlagversuch

	Probekörper:	*(1)* U-Kerbe	
		(2)	*Herstellung* Spritzgiessen
		Zustand	*Vorbehandlung* Normalklima

		°C	°C	°C	*Probekörper-Form*
Schlagzähigkeit	kJ/m²	23 o.B.	-40 o.B.		NKS
Kerbschlagzähigkeit (1)	kJ/m²	23 10.5			NKS
IZOD-Kerbschlagzähigkeit (2)	J/m				
Kerbschlagzugzähigkeit	kJ/m²				

Abrieb und Reibung

Taber-Abrieb (Reibradverfahren)	mm^3/100 U
Abriebfaktor LNP (Thrust washer) Vergleichswert	
Statische Reibungszahl	
Dynamische Reibungszahl	(p·v = N/mm^2 · m/min)
Zulässiger p · v Wert	N/mm^2 · (m/min) v = m/min
	v = m/min

Thermische Eigenschaften

Formbeständigkeit in der Wärme	*Verfahren*	A	75 °C
	Verfahren	B	85 °C
Vicat Erweichungstemperatur (VST)	*Verfahren*	B/50	90 °C
	Verfahren		°C
Kristallit-Schmelzpunkt	*Verfahren*		
Längenausdehnungskoeffizient	*Bereich* °C		· 10^{-4}K^{-1}
	Temperatur 23 °C		0.8–1.0 · 10^{-4}K^{-1}
Wärmeleitfähigkeit	*Verfahren* DIN 52612	23 °C	0.17 W/(K · m)
Spezifische Wärmekapazität	*Verfahren*		J/(K · g)
Glasumwandlungstemperatur	*Torsionsschwingungsversuch*	°C	
	Differentialkalorimetrie	°C	

Brandverhalten

UL-Test vertikal   Dicke 3.2   mm, Wert HB
                            Dicke   mm, Wert

	Norm	Bewertung	Abmessungen
Sauerstoff-Index	ASTM D 2863		
Glühstab-Verfahren			
Brandverhalten	DIN 4102	B2	
MVSS			
FAR			

Elektrische Eigenschaften

		Hz	°C		Probekörper, Form
Dielektrizitätszahl		50			
		10^3			
		10^6	23	2.5	
Dielektrischer Verlustfaktor tan δ		50			
		10^3			
		10^6	23	0.0004	
Spezifischer Durchgangs-					
widerstand	Ohm · cm		23	≧ 1.0*10**16	
Durchschlagfestigkeit	kV/mm		23	150	1 mm dick
Oberflächenwiderstand	Ohm		23	≧ 1.0*10**13	

Kriechstromfestigkeit   KC   KB   KA
Elektrolytische Korrosionswirkung
Lichtbogenfestigkeit nach DIN
          nach ASTM   s

Beständigkeit *(Chemische Beständigkeit siehe Anhang)*

Wasseraufnahme A/23 C		1 d	≦ 0.1 %
Feuchtigkeitsaufnahme Normalklima			%
Wetterbeständigkeit			
Spannungskorrosion			

Optische Eigenschaften

Brechungszahl n$_D$
Transmissionsgrad τ$_c$ %   mm dick
Lichtdurchlässigkeit

Produkt	Polystyrol schlagfest	**SB**
Handelsname	**Polystyrol KR 2798**	
Hersteller	BASF	
DIN-Bez 1	16771-SB,MG,098-03-XX	
DIN-Bez 2		

Zusätze		*Füllstoffe/ Verstärkung*	
Bevorzugte Verarbeitung	Spritzgiessen	*Lieferform*	Granulat
		Farben	Natur; Standard
Besondere Merkmale	Besonders feinteilige Kautschukmorphologie; Halbschlagfest; Sehr steif; Hochglaenzend; Hohe Waermeformbestaendigkeit	*Bevorzugte Anwendungen*	Gehaeusesektor; Gehaeuse von Haushaltsgeraeten; Gehaeuse von Buerogeraeten; Gehaeuse von Elektrogeraeten; Spielzeug; Sanitaerbereich; Haushaltsgeraet; Bueroartikel; Verpakkungsdose

Dichte	g/cm^3	1.05	*Schmelzindex*	g/10 min	3.5: 200/5.0
Schüttdichte	g/cm^3		*Volumenfließindex*	cm^3/10 min	:
Viskositätszahl	ml/g				

Verarbeitungsbedingungen für Spritzgießen

Massetemp.	°C	260–280	*Schwindung*	%	lgs 0.4–0.7, quer 0.4–0.7
Werkzeugtemp.	°C	40–60	*Bemerkungen*		Maximale Vorwaerme- bzw. Trockentemperatur 75 C
Spritzdruck	bar				

Zugversuch 23 °C DIN 53455; DIN 53457

	Probekörper:	Form		*Herstellung*	Spritzgiessen
		Zustand		*Vorbehandlung*	Normalklima
Streckspannung	N/mm^2		*Dehnung bei Streckspannung*	%	
Zugfestigkeit	N/mm^2	45	*Reißdehnung*	%	15
Reißfestigkeit	N/mm^2		*% Dehnspannung*	N/mm^2	
E-Modul	N/mm^2	2600	*Dehnung bei % Dehnspg.*	%	

Kriechmoduln und Zeitstandwerte 23 °C

	Probekörper:	Form		*Herstellung*	
		Zustand		*Vorbehandlung*	
Kriechmodul	1 min N/mm^2		*Zeitstandzugfestigkeit*	h N/mm^2	
Kriechmodul	1000 h N/mm^2		*Zeitdehnspg. %*	h N/mm^2	
bei Spannung	N/mm^2				

Biegeversuch 23 °C DIN 53452;

	Probekörper:	Form		*Herstellung*	Spritzgiessen
		Zustand		*Vorbehandlung*	Normalklima
Biegefestigkeit	N/mm^2	75	*E-Modul*	N/mm^2	
3,5% Biegespannung	N/mm^2				

Härte 23 °C

	Probekörper:	Zustand		*Herstellung*	Spritzgiessen
				Vorbehandlung	Normalklima
Kugeldruckhärte	N/mm^2 110	bei 358 N, 30 s		*Shore-Härte* A	
Rockwellhärte				*Shore-Härte* D	

Schlagversuch

	Probekörper:	(1) U-Kerbe			
		(2)		*Herstellung*	Spritzgiessen
		Zustand		*Vorbehandlung*	Normalklima
		°C	°C	°C	Probekörper-Form
Schlagzähigkeit	kJ/m^2	23 55	-40 40		NKS
Kerbschlagzähigkeit (1)	kJ/m^2	23 4			NKS
IZOD-Kerbschlagzähigkeit (2)	J/m				
Kerbschlagzugzähigkeit	kJ/m^2				

Abrieb und Reibung

Taber-Abrieb (Reibradverfahren)	mm^3/100 U
Abriebfaktor LNP (Thrust washer) Vergleichswert	
Statische Reibungszahl	
Dynamische Reibungszahl	(p · v =　　　N/mm^2 ·　　　m/min)
Zulässiger p · v Wert	N/mm^2 · (m/min)　v =　　m/min
	v =　　m/min

Thermische Eigenschaften

Formbeständigkeit in der Wärme	*Verfahren*	A	83 °C
	Verfahren	B	93 °C
Vicat Erweichungstemperatur (VST)	*Verfahren*	B/50	96 °C
	Verfahren		°C
Kristallit-Schmelzpunkt	*Verfahren*		

Längenausdehnungskoeffizient　　*Bereich*　　　　°C　　　　　　· 10^{-4}K^{-1}
　　　　　　　　　　　　　　　　Temperatur 23 °C　　　0.8–1.0 · 10^{-4}K^{-1}
Wärmeleitfähigkeit　　　　　*Verfahren* DIN 52612　　23 °C　　0.17 W/(K · m)

Spezifische Wärmekapazität　　*Verfahren*　　　　　　　　　J/(K · g)

Glasumwandlungstemperatur　　*Torsionsschwingungsversuch*　　°C
　　　　　　　　　　　　　　　Differentialkalorimetrie　　　　°C

Brandverhalten

UL-Test vertikal　　　　　　Dicke 3.2　mm, Wert　HB
　　　　　　　　　　　　　　Dicke　　mm, Wert

	Norm	*Bewertung*	*Abmessungen*
Sauerstoff-Index	ASTM D 2863		
Glühstab-Verfahren			
Brandverhalten	DIN 4102	B2	
MVSS			
FAR			

Elektrische Eigenschaften

		Hz	°C		*Probekörper, Form*
Dielektrizitätszahl		50			
		10^3			
		10^6	23	2.5	
Dielektrischer Verlustfaktor tan δ		50			
		10^3			
		10^6	23	0.0004	
Spezifischer Durchgangs-					
widerstand	Ohm · cm		23	≧ 1.0*10**16	
Durchschlagfestigkeit	kV/mm		23	150	1　mm dick
Oberflächenwiderstand	Ohm		23	≧ 1.0*10**13	

Kriechstromfestigkeit　　　　KC　　　　　KB　　　　　KA
Elektrolytische Korrosionswirkung
Lichtbogenfestigkeit nach DIN
　　　　　　　　nach ASTM　s

Beständigkeit *(Chemische Beständigkeit siehe Anhang)*

Wasseraufnahme A/23 C　　　　　　　　　1 d　　　　　≦ 0.1 %

Feuchtigkeitsaufnahme Normalklima　　　　　　　　　　　　　%
Wetterbeständigkeit

Spannungskorrosion

Optische Eigenschaften

Brechungszahl n$_D$
Transmissionsgrad τ$_c$　　%　　　　　　mm dick
Lichtdurchlässigkeit

Produkt	Polyethylen hoher Dichte		**PE**
Handelsname	**Finathene 6006**		
Hersteller	FINA		
DIN-Bez 1	16776-PE,BG,65-T022		
DIN-Bez 2	16776-PE,EG,65-T022		
Zusätze		*Füllstoffe/ Verstärkung*	
Bevorzugte Verarbeitung	Blasformen; Extrudieren	*Lieferform*	Granulat
		Farben	Natur; Standard
Besondere Merkmale	Hohe Ausstossleistung; Ausgezeichnete Oberflkaeche; Gute Steifigkeit	*Bevorzugte Anwendungen*	Einwegflasche; Einwegverpackung; Technisches Formteil; Sonnenblende; Stablampe; Gewindeschutzkappe; Spielzeug; Freizeitartikel; Rohr; Folie

---

Dichte	g/cm³	0.963	*Schmelzindex*	g/10 min	0.7: 190/2.16
Schüttdichte	g/cm³		*Volumenfließindex*	cm³/10 min	:
Viskositätszahl	ml/g				

Verarbeitungsbedingungen für Spritzgießen

Massetemp.	°C		*Schwindung*	%	lgs , quer
Werkzeugtemp.	°C		*Bemerkungen*		
Spritzdruck	bar				

Zugversuch 23 °C DIN 53455;

	Probekörper:	*Form*	*Herstellung*	Pressen
		Zustand	*Vorbehandlung*	Normalklima
Streckspannung	N/mm² 30		*Dehnung bei Streckspannung*	% 8
Zugfestigkeit	N/mm²		*Reißdehnung*	% 700
Reißfestigkeit	N/mm² 18		*% Dehnspannung*	N/mm²
E-Modul	N/mm²		*Dehnung bei % Dehnspg.*	%

Kriechmoduln und Zeitstandwerte 23 °C

	Probekörper:	*Form*	*Herstellung*
		Zustand	*Vorbehandlung*
Kriechmodul	1 min N/mm²	*Zeitstandzugfestigkeit*	h N/mm²
Kriechmodul	1000 h N/mm²	*Zeitdehnspg. %*	h N/mm²
bei Spannung	N/mm²		

Biegeversuch 23 °C DIN 53457;

	Probekörper:	*Form*	*Herstellung*	Pressen
		Zustand	*Vorbehandlung*	Normalklima
Biegefestigkeit	N/mm²		*E-Modul*	N/mm² 1600
3,5% Biegespannung	N/mm²			

Härte 23 °C

	Probekörper:	*Zustand*	*Herstellung*	Pressen
			Vorbehandlung	Normalklima
Kugeldruckhärte	N/mm²	bei N, s	*Shore-Härte A*	
Rockwellhärte			*Shore-Härte D*	65

Schlagversuch

	Probekörper:	*(1)*		
		(2) V-Kerbe	*Herstellung*	Pressen
		Zustand	*Vorbehandlung*	Normalklima
	°C	°C	°C	*Probekörper-Form*

Schlagzähigkeit	kJ/m²		
Kerbschlagzähigkeit (1)	kJ/m²		
IZOD-Kerbschlagzähigkeit (2)	J/m	23 60	
Kerbschlagzugzähigkeit	kJ/m²		

Abrieb und Reibung

Taber-Abrieb (Reibradverfahren)	mm^3/100 U
Abriebfaktor LNP (Thrust washer) Vergleichswert	
Statische Reibungszahl	
Dynamische Reibungszahl	(p·v = N/mm^2· m/min)
Zulässiger p· v Wert	N/mm^2· (m/min) v = m/min
	v = m/min

Thermische Eigenschaften

Formbeständigkeit in der Wärme	*Verfahren*		°C
	Verfahren		°C
Vicat Erweichungstemperatur (VST)	*Verfahren*	A/120	127 °C
	Verfahren		°C
Kristallit-Schmelzpunkt	*Verfahren*		
Längenausdehnungskoeffizient	*Bereich*	°C	$\cdot 10^{-4}\mathrm{K}^{-1}$
	Temperatur		$\cdot 10^{-4}\mathrm{K}^{-1}$
Wärmeleitfähigkeit	*Verfahren*		W/(K · m)
Spezifische Wärmekapazität	*Verfahren*		J/(K · g)
Glasumwandlungstemperatur	*Torsionsschwingungsversuch*		°C
	Differentialkalorimetrie		°C

Brandverhalten

UL-Test vertikal	*Dicke*	mm, Wert
	Dicke	mm, Wert

	Norm	*Bewertung*	*Abmessungen*
Sauerstoff-Index	ASTM D 2863		
Glühstab-Verfahren			
Brandverhalten	DIN 4102		
MVSS			
FAR			

Elektrische Eigenschaften

	Hz	°C	*Probekörper, Form*
Dielektrizitätszahl	50		
	10^3		
	10^6		
Dielektrischer Verlustfaktor tan δ	50		
	10^3		
	10^6		

Spezifischer Durchgangs-widerstand	Ohm · cm	
Durchschlagfestigkeit	kV/mm	mm dick
Oberflächenwiderstand	Ohm	

Kriechstromfestigkeit	KC	KB	KA
Elektrolytische Korrosionswirkung			
Lichtbogenfestigkeit nach DIN			
nach ASTM	s		

Beständigkeit *(Chemische Beständigkeit siehe Anhang)*

Wasseraufnahme

Feuchtigkeitsaufnahme Normalklima %
Wetterbeständigkeit

Spannungskorrosion Nach ASTM D 1693 (F 50): 15 h

Optische Eigenschaften

Brechungszahl n$_D$
Transmissionsgrad τ_c % mm dick
Lichtdurchlässigkeit

Produkt	Polyethylen hoher Dichte	**PE**

Handelsname **Finathene 5802**

Hersteller FINA

DIN-Bez 1 16776-PE,BG,60-T012
DIN-Bez 2

Zusätze		*Füllstoffe/ Verstärkung*
Bevorzugte Verarbeitung	Blasformen	*Lieferform* — Granulat
		Farben — Natur; Standard
Besondere Merkmale	Hohe Steifigkeit; Verbesserte Spannungsrissbestaendigkeit	*Bevorzugte Anwendungen* — Verpackung fuer leicht aggressive Detergentien; Kleiner Kanister; Technisches Formteil

---

Dichte	g/cm^3 0.959	*Schmelzindex*	g/10 min	0.2: 190/2.16
Schüttdichte	g/cm^3	*Volumenfließindex*	cm^3/10 min	:
Viskositätszahl	ml/g			

Verarbeitungsbedingungen für Spritzgießen

Massetemp.	°C	*Schwindung*	% lgs , quer
Werkzeugtemp.	°C	*Bemerkungen*	
Spritzdruck	bar		

Zugversuch 23 °C DIN 53455;

	Probekörper: Form		*Herstellung* Pressen
	Zustand		*Vorbehandlung* Normalklima
Streckspannung	N/mm^2 30	*Dehnung bei Streckspannung*	%
Zugfestigkeit	N/mm^2	*Reißdehnung*	% 700
Reißfestigkeit	N/mm^2 20	*% Dehnspannung*	N/mm^2
E-Modul	N/mm^2	*Dehnung bei % Dehnspg.*	%

Kriechmoduln und Zeitstandwerte 23 °C

	Probekörper: Form		*Herstellung*
	Zustand		*Vorbehandlung*
Kriechmodul	1 min N/mm^2	*Zeitstandzugfestigkeit*	h N/mm^2
Kriechmodul	1000 h N/mm^2	*Zeitdehnspg.* %	h N/mm^2
bei Spannung	N/mm^2		

Biegeversuch 23 °C DIN 53457;

	Probekörper: Form		*Herstellung* Pressen
	Zustand		*Vorbehandlung* Normalklima
Biegefestigkeit	N/mm^2	*E-Modul*	N/mm^2 1500
3,5% Biegespannung	N/mm^2		

Härte 23 °C

	Probekörper: Zustand		*Herstellung* Pressen
			Vorbehandlung Normalklima
Kugeldruckhärte	N/mm^2 bei N, s	*Shore-Härte* A	
Rockwellhärte		*Shore-Härte* D 65	

Schlagversuch

	Probekörper: (1)		
	(2)		*Herstellung*
	Zustand		*Vorbehandlung*
	°C	°C °C	*Probekörper-Form*

Schlagzähigkeit kJ/m^2
Kerbschlagzähigkeit (1) kJ/m^2
IZOD-Kerbschlagzähigkeit (2) J/m
Kerbschlagzugzähigkeit kJ/m^2

Abrieb und Reibung

Taber-Abrieb (Reibradverfahren)	mm³/100 U
Abriebfaktor LNP (Thrust washer) Vergleichswert	
Statische Reibungszahl	
Dynamische Reibungszahl	(p · v =　　　N/mm² ·　　　m/min)
Zulässiger p · v Wert	N/mm² · (m/min)　v =　　m/min
	v =　　m/min

Thermische Eigenschaften

Formbeständigkeit in der Wärme	*Verfahren*		°C
	Verfahren		°C
Vicat Erweichungstemperatur (VST)	*Verfahren*	A/120	130 °C
	Verfahren		°C
Kristallit-Schmelzpunkt	*Verfahren*		
Längenausdehnungskoeffizient	*Bereich*	°C	$\cdot 10^{-4} \mathrm{K}^{-1}$
	Temperatur		$\cdot 10^{-4} \mathrm{K}^{-1}$
Wärmeleitfähigkeit	*Verfahren*		W/(K · m)
Spezifische Wärmekapazität	*Verfahren*		J/(K · g)
Glasumwandlungstemperatur	*Torsionsschwingungsversuch*	°C	
	Differentialkalorimetrie	°C	

Brandverhalten

UL-Test vertikal		*Dicke*　　mm, Wert	
		Dicke　　mm, Wert	

	Norm	*Bewertung*	*Abmessungen*
Sauerstoff-Index	ASTM D 2863		
Glühstab-Verfahren			
Brandverhalten	DIN 4102		
MVSS			
FAR			

Elektrische Eigenschaften

	Hz	°C	*Probekörper, Form*
Dielektrizitätszahl	50		
	10^3		
	10^6		
Dielektrischer Verlustfaktor tan δ	50		
	10^3		
	10^6		
Spezifischer Durchgangs-widerstand	Ohm · cm		
Durchschlagfestigkeit	kV/mm		mm dick
Oberflächenwiderstand	Ohm		

Kriechstromfestigkeit	KC	KB	KA
Elektrolytische Korrosionswirkung			
Lichtbogenfestigkeit nach DIN			
nach ASTM	s		

Beständigkeit *(Chemische Beständigkeit siehe Anhang)*

Wasseraufnahme

Feuchtigkeitsaufnahme Normalklima　　　　　　　　　　　　　　%
Wetterbeständigkeit

Spannungskorrosion Nach ASTM D 1693 (F 50): 40 h

Optische Eigenschaften

Brechungszahl n_D
Transmissionsgrad τ_c　　%　　　　　　　mm dick
Lichtdurchlässigkeit

Produkt	Polyethylen hoher Dichte		**PE**
Handelsname	**Finathene 5815**		
Hersteller	FINA		
DIN-Bez 1	16776-PE,BG,60-T045		
DIN-Bez 2			

Zusätze		*Füllstoffe/ Verstärkung*	
Bevorzugte Verarbeitung	Blasformen	*Lieferform*	Granulat
		Farben	Natur; Standard
Besondere Merkmale	Hohe Steifigkeit; Gutes Schlagverhalten; Sterilisierbar	*Bevorzugte Anwendungen*	Milchflasche; Getraenkeflasche; Duennwandiger Behaelter fuer wenig aggressive Haushaltsreiniger

---

Dichte	g/cm³	0.959	*Schmelzindex* g/10 min	1.7 : 190/2.16
Schüttdichte	g/cm³		*Volumenfließindex* cm³/10 min	:
Viskositätszahl	ml/g			

Verarbeitungsbedingungen für Spritzgießen

Massetemp.	°C	*Schwindung* %	lgs , quer
Werkzeugtemp.	°C	*Bemerkungen*	
Spritzdruck	bar		

Zugversuch 23 °C DIN 53455;

Probekörper:	Form	*Herstellung*	Pressen
	Zustand	*Vorbehandlung*	Normalklima

Streckspannung	N/mm² 29	*Dehnung bei Streckspannung*	%	
Zugfestigkeit	N/mm²	*Reißdehnung*	%	600
Reißfestigkeit	N/mm² 18	% *Dehnspannung*	N/mm²	
E-Modul	N/mm²	*Dehnung bei* % *Dehnspg.*	%	

Kriechmoduln und Zeitstandwerte 23 °C

Probekörper:	Form	*Herstellung*	
	Zustand	*Vorbehandlung*	

Kriechmodul	1 min N/mm²	*Zeitstandzugfestigkeit*	h N/mm²
Kriechmodul	1000 h N/mm²	*Zeitdehnspg.* %	h N/mm²
bei Spannung	N/mm²		

Biegeversuch 23 °C DIN 53457;

Probekörper:	Form	*Herstellung*	Pressen
	Zustand	*Vorbehandlung*	Normalklima

Biegefestigkeit	N/mm²	*E-Modul*	N/mm² 1500
3,5% Biegespannung	N/mm²		

Härte 23 °C

Probekörper:	Zustand	*Herstellung*	Pressen
		Vorbehandlung	Normalklima

Kugeldruckhärte	N/mm² bei N, s	*Shore-Härte* A	
Rockwellhärte		*Shore-Härte* D	64

Schlagversuch

Probekörper:	(1)		
	(2)	*Herstellung*	
	Zustand	*Vorbehandlung*	

°C	°C	°C	*Probekörper-Form*

Schlagzähigkeit	kJ/m²
Kerbschlagzähigkeit (1)	kJ/m²
IZOD-Kerbschlagzähigkeit (2)	J/m
Kerbschlagzugzähigkeit	kJ/m²

Abrieb und Reibung

Taber-Abrieb (Reibradverfahren)   mm³/100 U
Abriebfaktor LNP (Thrust washer) Vergleichswert
Statische Reibungszahl
Dynamische Reibungszahl   (p·v =   N/mm² ·   m/min)
Zulässiger p · v Wert   N/mm² · (m/min)   v =   m/min
                                                                                        v =   m/min

Thermische Eigenschaften

Formbeständigkeit in der Wärme   *Verfahren*   °C
                                          Verfahren   °C
Vicat Erweichungstemperatur (VST)   *Verfahren*   A/120   127 °C
                                          Verfahren   B/120   75 °C
Kristallit-Schmelzpunkt   *Verfahren*

Längenausdehnungskoeffizient   *Bereich*   °C $\cdot 10^{-4}\,\mathrm{K}^{-1}$
                                          Temperatur $\cdot 10^{-4}\,\mathrm{K}^{-1}$
Wärmeleitfähigkeit   *Verfahren*   W/(K · m)

Spezifische Wärmekapazität   *Verfahren*   J/(K · g)

Glasumwandlungstemperatur   *Torsionsschwingungsversuch*   °C
                                          Differentialkalorimetrie   °C

Brandverhalten

UL-Test vertikal   Dicke   mm, Wert
                                          Dicke   mm, Wert

                   Norm   *Bewertung*   *Abmessungen*

Sauerstoff-Index   ASTM D 2863
Glühstab-Verfahren
Brandverhalten   DIN 4102
MVSS
FAR

Elektrische Eigenschaften

                                          Hz   °C   *Probekörper, Form*

Dielektrizitätszahl   50
                                          10³
                                          10⁶
Dielektrischer Verlustfaktor tan δ   50
                                          10³
                                          10⁶
Spezifischer Durchgangs-
  widerstand   Ohm · cm
Durchschlagfestigkeit   kV/mm   mm dick
Oberflächenwiderstand   Ohm

Kriechstromfestigkeit   KC   KB   KA
Elektrolytische Korrosionswirkung
Lichtbogenfestigkeit nach DIN
           nach ASTM   s

Beständigkeit *(Chemische Beständigkeit siehe Anhang)*

Wasseraufnahme

Feuchtigkeitsaufnahme Normalklima   %
Wetterbeständigkeit

Spannungskorrosion Nach ASTM D 1693 (F 50): 20 h

Optische Eigenschaften

Brechungszahl n_D
Transmissionsgrad τ_c %   mm dick
Lichtdurchlässigkeit

Produkt	Polyethylen hoher Dichte		**PE**
Handelsname	**Finathene 58070**		
Hersteller	FINA		
DIN-Bez 1	16776-PE,BG,55-T003		
DIN-Bez 2	16776-PE,EG,55-T003		
Zusätze		*Füllstoffe/ Verstärkung*	
Bevorzugte Verarbeitung	Blasformen; Extrudieren	*Lieferform*	Granulat
		Farben	Natur; Standard
Besondere Merkmale	Hohe Molmasse; Sehr gute Steifigkeit; Sehr gute Schlagzaehigkeit; Gute Spannungsrissbestaendigkeit	*Bevorzugte Anwendungen*	Flasche; Kanister; Fass bis ca. 220 l; Technisches Formteil fuer Kfz-Bau; Tafel fuer Tiefziehen fuer Boot, Ponton, Transportbehaelter; Folie

---

Dichte	g/cm^3	0.955	*Schmelzindex*	g/10 min	0.3: 190/5.00
Schüttdichte	g/cm^3		*Volumenfließindex*	cm^3/10 min	:
Viskositätszahl	ml/g				

Verarbeitungsbedingungen für Spritzgießen

Massetemp.	°C		*Schwindung*	% lgs , quer
Werkzeugtemp.	°C		*Bemerkungen*	
Spritzdruck	bar			

Zugversuch 23 °C　DIN 53455; DIN 53457

	Probekörper: Form		*Herstellung*	Pressen
	Zustand		*Vorbehandlung*	Normalklima
Streckspannung	N/mm^2 28	*Dehnung bei Streckspannung*	%	9
Zugfestigkeit	N/mm^2	*Reißdehnung*	%	900
Reißfestigkeit	N/mm^2 27	% *Dehnspannung*	N/mm^2	
E-Modul	N/mm^2 1400	*Dehnung bei* % *Dehnspg.*	%	

Kriechmoduln und Zeitstandwerte 23 °C

	Probekörper: Form	*Herstellung*	
	Zustand	*Vorbehandlung*	
Kriechmodul	1 min N/mm^2	*Zeitstandzugfestigkeit*	h N/mm^2
Kriechmodul	1000 h N/mm^2	*Zeitdehnspg.* %	h N/mm^2
bei Spannung	N/mm^2		

Biegeversuch 23 °C　DIN 53457;

	Probekörper: Form	*Herstellung*	Pressen
	Zustand	*Vorbehandlung*	Normalklima
Biegefestigkeit	N/mm^2	*E-Modul*	N/mm^2 1400
3,5% Biegespannung	N/mm^2		

Härte 23 °C

	Probekörper: Zustand	*Herstellung*	Pressen
		Vorbehandlung	Normalklima
Kugeldruckhärte	N/mm^2 bei N, s	*Shore-Härte* A	
Rockwellhärte		*Shore-Härte* D	64

Schlagversuch

	Probekörper: (1)		
	(2) V-Kerbe	*Herstellung*	Pressen
	Zustand	*Vorbehandlung*	Normalklima
	°C	°C	°C	*Probekörper-Form*

Schlagzähigkeit	kJ/m^2	
Kerbschlagzähigkeit (1)	kJ/m^2	
IZOD-Kerbschlagzähigkeit (2)	J/m	23 190
Kerbschlagzugzähigkeit	kJ/m^2	

Abrieb und Reibung

Taber-Abrieb (Reibradverfahren)	mm³/100 U
Abriebfaktor LNP (Thrust washer) Vergleichswert	
Statische Reibungszahl	
Dynamische Reibungszahl	(p·v = N/mm² · m/min)
Zulässiger p · v Wert	N/mm² · (m/min) v = m/min
	v = m/min

Thermische Eigenschaften

Formbeständigkeit in der Wärme	*Verfahren*		°C
	Verfahren		°C
Vicat Erweichungstemperatur (VST)	*Verfahren*	A/120	128 °C
	Verfahren		°C
Kristallit-Schmelzpunkt	*Verfahren*		
Längenausdehnungskoeffizient	*Bereich*	°C	$\cdot 10^{-4} \mathrm{K}^{-1}$
	Temperatur		$\cdot 10^{-4} \mathrm{K}^{-1}$
Wärmeleitfähigkeit	*Verfahren*		W/(K · m)
Spezifische Wärmekapazität	*Verfahren*		J/(K · g)
Glasumwandlungstemperatur	*Torsionsschwingungsversuch*	°C	
	Differentialkalorimetrie	°C	

Brandverhalten

UL-Test vertikal		*Dicke* mm, Wert	
		Dicke mm, Wert	

	Norm	*Bewertung*	*Abmessungen*
Sauerstoff-Index	ASTM D 2863		
Glühstab-Verfahren			
Brandverhalten	DIN 4102		
MVSS			
FAR			

Elektrische Eigenschaften

	Hz	°C	*Probekörper, Form*
Dielektrizitätszahl	50		
	10^3		
	10^6		
Dielektrischer Verlustfaktor tan δ	50		
	10^3		
	10^6		
Spezifischer Durchgangs-widerstand	Ohm · cm		
Durchschlagfestigkeit	kV/mm		mm dick
Oberflächenwiderstand	Ohm		
Kriechstromfestigkeit	KC	KB	KA
Elektrolytische Korrosionswirkung			
Lichtbogenfestigkeit nach DIN			
nach ASTM	s		

Beständigkeit *(Chemische Beständigkeit siehe Anhang)*

Wasseraufnahme

Feuchtigkeitsaufnahme Normalklima   %
Wetterbeständigkeit

Spannungskorrosion Nach ASTM D 1693 (F 50): 55 h

Optische Eigenschaften

Brechungszahl n_D
Transmissionsgrad τ_c %   mm dick
Lichtdurchlässigkeit

Produkt	Polyethylen hoher Dichte	**PE**
Handelsname	**Finathene 5502**	
Hersteller	FINA	
DIN-Bez 1	16776-PE,BG,55-T012	
DIN-Bez 2	16776-PE,EG,55-T012	

Zusätze		*Füllstoffe/ Verstärkung*	
Bevorzugte Verarbeitung	Blasformen; Extrudieren	*Lieferform*	Granulat
		Farben	Natur; Standard
Besondere Merkmale	Gute Steifigkeit; Gute Bestaendigkeit gegen alle gebraeuchlichen Reinigungsmittel und Pflegemittel	*Bevorzugte Anwendungen*	Verpackung; Kanister; Grosser Behaelter; Korbflasche; Koffer; Tafel fuer die Vakuumverformung zu Schachteln und Hauben

---

Dichte	g/cm^3	0.954	*Schmelzindex*	g/10 min	0.2:	190/2.16
Schüttdichte	g/cm^3		*Volumenfließindex*	cm^3/10 min	:	
Viskositätszahl	ml/g					

Verarbeitungsbedingungen für Spritzgießen

Massetemp.	°C		*Schwindung*	%	lgs , quer
Werkzeugtemp.	°C		*Bemerkungen*		
Spritzdruck	bar				

Zugversuch 23 °C DIN 53455; DIN 53457

	Probekörper:	Form		*Herstellung*	Pressen
		Zustand		*Vorbehandlung*	Normalklima
Streckspannung	N/mm^2	27	*Dehnung bei Streckspannung*	%	10
Zugfestigkeit	N/mm^2		*Reißdehnung*	%	800
Reißfestigkeit	N/mm^2	24	% *Dehnspannung*	N/mm^2	
E-Modul	N/mm^2	1130	*Dehnung bei* % *Dehnspg.*	%	

Kriechmoduln und Zeitstandwerte 23 °C

	Probekörper:	Form	*Herstellung*	
		Zustand	*Vorbehandlung*	
Kriechmodul	1 min N/mm^2		*Zeitstandzugfestigkeit*	h N/mm^2
Kriechmodul	1000 h N/mm^2		*Zeitdehnspg.* %	h N/mm^2
bei Spannung	N/mm^2			

Biegeversuch 23 °C DIN 53457;

	Probekörper:	Form	*Herstellung*	Pressen
		Zustand	*Vorbehandlung*	Normalklima
Biegefestigkeit	N/mm^2	*E-Modul*	N/mm^2	1200
3,5% Biegespannung	N/mm^2			

Härte 23 °C

	Probekörper:	Zustand		*Herstellung*	Pressen
				Vorbehandlung	Normalklima
Kugeldruckhärte	N/mm^2	bei N, s		*Shore-Härte* A	
Rockwellhärte				*Shore-Härte* D	64

Schlagversuch

	Probekörper:	(1)	
		(2) V-Kerbe	*Herstellung* Pressen
		Zustand	*Vorbehandlung* Normalklima
	°C	°C	°C	*Probekörper-Form*

Schlagzähigkeit	kJ/m^2		
Kerbschlagzähigkeit (1)	kJ/m^2		
IZOD-Kerbschlagzähigkeit (2)	J/m	23	80
Kerbschlagzugzähigkeit	kJ/m^2		

Abrieb und Reibung

Taber-Abrieb (Reibradverfahren)   mm^3/100 U
Abriebfaktor LNP (Thrust washer) Vergleichswert
Statische Reibungszahl
Dynamische Reibungszahl   (p·v =   N/mm^2 ·   m/min)
Zulässiger p · v Wert   N/mm^2 · (m/min)   v =   m/min
                                                                               v =   m/min

Thermische Eigenschaften

Formbeständigkeit in der Wärme   Verfahren   °C
                                        Verfahren   °C
Vicat Erweichungstemperatur (VST)   Verfahren   A/120   127 °C
                                        Verfahren   °C
Kristallit-Schmelzpunkt   Verfahren

Längenausdehnungskoeffizient   Bereich   °C   · 10^{-4}K^{-1}
                                        Temperatur   · 10^{-4}K^{-1}
Wärmeleitfähigkeit   Verfahren   W/(K · m)

Spezifische Wärmekapazität   Verfahren   J/(K · g)

Glasumwandlungstemperatur   Torsionsschwingungsversuch   °C
                                        Differentialkalorimetrie   °C

Brandverhalten

UL-Test vertikal   Dicke   mm, Wert
                                        Dicke   mm, Wert

	Norm	Bewertung		Abmessungen
Sauerstoff-Index	ASTM D 2863			
Glühstab-Verfahren				
Brandverhalten	DIN 4102			
MVSS				
FAR				

Elektrische Eigenschaften

	Hz	°C		Probekörper, Form
Dielektrizitätszahl	50			
	10^3			
	10^6			
Dielektrischer Verlustfaktor tan δ	50			
	10^3			
	10^6			

Spezifischer Durchgangs-
    widerstand   Ohm · cm
Durchschlagfestigkeit   kV/mm   mm dick
Oberflächenwiderstand   Ohm

Kriechstromfestigkeit   KC   KB   KA
Elektrolytische Korrosionswirkung
Lichtbogenfestigkeit nach DIN
            nach ASTM   s

Beständigkeit (Chemische Beständigkeit siehe Anhang)

Wasseraufnahme

Feuchtigkeitsaufnahme Normalklima   %
Wetterbeständigkeit

Spannungskorrosion Nach ASTM D 1693 (F 50): 50 h

Optische Eigenschaften

Brechungszahl n$_D$
Transmissionsgrad τ$_c$ %   mm dick
Lichtdurchlässigkeit

Produkt	Polyethylen hoher Dichte			**PE**
Handelsname	**Finathene 53140**			
Hersteller	FINA			
DIN-Bez 1	16776-PE,BG,55-T006			
DIN-Bez 2				
Zusätze		*Füllstoffe/ Verstärkung*		
Bevorzugte Verarbeitung	Blasformen	*Lieferform*	Granulat	
		Farben	Natur; Standard	
Besondere Merkmale	Sehr gute Spannungsrissbestaendigkeit; Gute Steifigkeit	*Bevorzugte Anwendungen*	Verpackung fuer aggressive Detergentien; Kanister; Fass bis 30 l; Technisches Teil	

Dichte	g/cm^3	0.953	*Schmelzindex*	g/10 min	0.2: 190/2.16
Schüttdichte	g/cm^3		*Volumenfließindex*	cm^3/10 min	:
Viskositätszahl	ml/g				

Verarbeitungsbedingungen für Spritzgießen

Massetemp.	°C		*Schwindung*	%	lgs , quer
Werkzeugtemp.	°C		*Bemerkungen*		
Spritzdruck	bar				

Zugversuch 23 °C DIN 53455;

	Probekörper:	*Form*		*Herstellung*	Pressen
		Zustand		*Vorbehandlung*	Normalklima
Streckspannung	N/mm^2	27	*Dehnung bei Streckspannung*	%	
Zugfestigkeit	N/mm^2		*Reißdehnung*	%	1000
Reißfestigkeit	N/mm^2	30	*% Dehnspannung*	N/mm^2	
E-Modul	N/mm^2		*Dehnung bei % Dehnspg.*	%	

Kriechmoduln und Zeitstandwerte 23 °C

	Probekörper:	*Form*	*Herstellung*	
		Zustand	*Vorbehandlung*	
Kriechmodul	1 min N/mm^2		*Zeitstandzugfestigkeit*	h N/mm^2
Kriechmodul	1000 h N/mm^2		*Zeitdehnspg. %*	h N/mm^2
bei Spannung	N/mm^2			

Biegeversuch 23 °C DIN 53457;

	Probekörper:	*Form*	*Herstellung*	Pressen
		Zustand	*Vorbehandlung*	Normalklima
Biegefestigkeit	N/mm^2		*E-Modul*	N/mm^2 1250
3,5% Biegespannung	N/mm^2			

Härte 23 °C

	Probekörper:	*Zustand*	*Herstellung*	Pressen
			Vorbehandlung	Normalklima
Kugeldruckhärte	N/mm^2	bei N, s	*Shore-Härte* A	
Rockwellhärte			*Shore-Härte* D	63

Schlagversuch

	Probekörper:	*(1)*		
		(2)	*Herstellung*	
		Zustand	*Vorbehandlung*	
		°C °C	°C	*Probekörper-Form*

Schlagzähigkeit	kJ/m^2	
Kerbschlagzähigkeit (1)	kJ/m^2	
IZOD-Kerbschlagzähigkeit (2)	J/m	
Kerbschlagzugzähigkeit	kJ/m^2	

Abrieb und Reibung

Taber-Abrieb (Reibradverfahren)	mm³/100 U
Abriebfaktor LNP (Thrust washer) Vergleichswert	
Statische Reibungszahl	
Dynamische Reibungszahl	(p·v = N/mm² · m/min)
Zulässiger p · v Wert	N/mm² · (m/min) v = m/min
	v = m/min

Thermische Eigenschaften

Formbeständigkeit in der Wärme	*Verfahren*		°C
	Verfahren		°C
Vicat Erweichungstemperatur (VST)	*Verfahren*	A/120	127 °C
	Verfahren		°C
Kristallit-Schmelzpunkt	*Verfahren*		
Längenausdehnungskoeffizient	*Bereich*	°C	$\cdot 10^{-4} K^{-1}$
	Temperatur		$\cdot 10^{-4} K^{-1}$
Wärmeleitfähigkeit	*Verfahren*		W/(K · m)
Spezifische Wärmekapazität	*Verfahren*		J/(K · g)
Glasumwandlungstemperatur	*Torsionsschwingungsversuch*	°C	
	Differentialkalorimetrie	°C	

Brandverhalten

UL-Test vertikal		Dicke mm, Wert	
		Dicke mm, Wert	

	Norm	*Bewertung*	*Abmessungen*
Sauerstoff-Index	ASTM D 2863		
Glühstab-Verfahren			
Brandverhalten	DIN 4102		
MVSS			
FAR			

Elektrische Eigenschaften

	Hz	*°C*	*Probekörper, Form*
Dielektrizitätszahl	50		
	10^3		
	10^6		
Dielektrischer Verlustfaktor tan δ	50		
	10^3		
	10^6		
Spezifischer Durchgangs-			
widerstand	Ohm · cm		
Durchschlagfestigkeit	kV/mm		mm dick
Oberflächenwiderstand	Ohm		

Kriechstromfestigkeit	KC	KB	KA
Elektrolytische Korrosionswirkung			
Lichtbogenfestigkeit nach DIN			
nach ASTM	s		

Beständigkeit *(Chemische Beständigkeit siehe Anhang)*

Wasseraufnahme

Feuchtigkeitsaufnahme Normalklima   %
Wetterbeständigkeit

Spannungskorrosion Nach ASTM D 1693 (F 50): 175 h

Optische Eigenschaften

Brechungszahl n_D
Transmissionsgrad τ_c %   mm dick
Lichtdurchlässigkeit

Produkt	Polyethylen hoher Dichte		**PE**
Handelsname	**Finathene 56020**		
Hersteller	FINA		
DIN-Bez 1	16776-PE,BG,50-T000		
DIN-Bez 2	16776-PE,EG,50-T000		
Zusätze		*Füllstoffe/ Verstärkung*	
Bevorzugte Verarbeitung	Blasformen; Extrudieren; Pressen	*Lieferform*	Griess
		Farben	Natur; Standard
Besondere Merkmale	Hohe Molmasse; Ausgezeichnetes Langzeitverhalten; Besonders gute Spannungsrisszaehigkeit; Vernetzbar; Aussergewoehnliche Kaelteschlagbestaendigkeit	*Bevorzugte Anwendungen*	Behaelter fuer Lagerung und Befoerderung gefaehrlicher Gueter; Technisches Teil; Markierungspfeiler; Tafel fuer das Tiefziehverfahren; Skibelag; Dicke Tafel

---

Dichte	g/cm³	0.952	*Schmelzindex*	g/10 min	0.1: 190/5.00
Schüttdichte	g/cm³		*Volumenfließindex*	cm³/10 min	:
Viskositätszahl	ml/g				

Verarbeitungsbedingungen für Spritzgießen

Massetemp.	°C		*Schwindung*	%	lgs , quer
Werkzeugtemp.	°C		*Bemerkungen*		
Spritzdruck	bar				

Zugversuch 23 °C   DIN 53455; DIN 53457

	Probekörper:	*Form*	*Herstellung*	Pressen
		Zustand	*Vorbehandlung*	Normalklima
Streckspannung	N/mm² 28		*Dehnung bei Streckspannung*	% 10
Zugfestigkeit	N/mm²		*Reißdehnung*	% 1000
Reißfestigkeit	N/mm² 30		*% Dehnspannung*	N/mm²
E-Modul	N/mm² 1160		*Dehnung bei % Dehnspg.*	%

Kriechmoduln und Zeitstandwerte 23 °C

	Probekörper:	*Form*	*Herstellung*	
		Zustand	*Vorbehandlung*	
Kriechmodul	1 min N/mm²		*Zeitstandzugfestigkeit*	h N/mm²
Kriechmodul	1000 h N/mm²		*Zeitdehnspg. %*	h N/mm²
bei Spannung	N/mm²			

Biegeversuch 23 °C   DIN 53457;

	Probekörper:	*Form*	*Herstellung*	Pressen
		Zustand	*Vorbehandlung*	Normalklima
Biegefestigkeit	N/mm²			
3,5% Biegespannung	N/mm²	*E-Modul*	N/mm² 1200	

Härte 23 °C

	Probekörper:	*Zustand*	*Herstellung*	Pressen
			Vorbehandlung	Normalklima
Kugeldruckhärte	N/mm² bei N, s		*Shore-Härte* A	
Rockwellhärte			*Shore-Härte* D 64	

Schlagversuch

	Probekörper:	*(1)*		
		(2) V-Kerbe	*Herstellung*	Pressen
		Zustand	*Vorbehandlung*	Normalklima
		°C °C °C		*Probekörper-Form*

Schlagzähigkeit	kJ/m²	
Kerbschlagzähigkeit (1)	kJ/m²	
IZOD-Kerbschlagzähigkeit (2)	J/m	23 o.B.
Kerbschlagzugzähigkeit	kJ/m²	

Abrieb und Reibung

Taber-Abrieb (Reibradverfahren)	mm^3/100 U
Abriebfaktor LNP (Thrust washer) Vergleichswert	
Statische Reibungszahl	
Dynamische Reibungszahl	(p · v = N/mm^2 · m/min)
Zulässiger p · v Wert	N/mm^2 · (m/min) v = m/min
	v = m/min

Thermische Eigenschaften

Formbeständigkeit in der Wärme	*Verfahren*		°C
	Verfahren		°C
Vicat Erweichungstemperatur (VST)	*Verfahren*	A/120	131 °C
	Verfahren		°C
Kristallit-Schmelzpunkt	*Verfahren*		
Längenausdehnungskoeffizient	*Bereich*	°C	· 10^{-4}K^{-1}
	Temperatur		· 10^{-4}K^{-1}
Wärmeleitfähigkeit	*Verfahren*		W/(K · m)
Spezifische Wärmekapazität	*Verfahren*		J/(K · g)
Glasumwandlungstemperatur	*Torsionsschwingungsversuch*		°C
	Differentialkalorimetrie		°C

Brandverhalten

UL-Test vertikal   Dicke   mm, Wert
                Dicke   mm, Wert

	Norm	*Bewertung*	*Abmessungen*
Sauerstoff-Index	ASTM D 2863		
Glühstab-Verfahren			
Brandverhalten	DIN 4102		
MVSS			
FAR			

Elektrische Eigenschaften

	Hz	°C	*Probekörper, Form*
Dielektrizitätszahl	50		
	10^3		
	10^6		
Dielektrischer Verlustfaktor tan δ	50		
	10^3		
	10^6		

Spezifischer Durchgangs-widerstand	Ohm · cm				
Durchschlagfestigkeit	kV/mm				mm dick
Oberflächenwiderstand	Ohm				
Kriechstromfestigkeit	KC		KB	KA	
Elektrolytische Korrosionswirkung					
Lichtbogenfestigkeit nach DIN					
nach ASTM	s				

Beständigkeit *(Chemische Beständigkeit siehe Anhang)*

Wasseraufnahme

Feuchtigkeitsaufnahme Normalklima   %
Wetterbeständigkeit

Spannungskorrosion Nach ASTM D 1693 (F 50): 240 h

Optische Eigenschaften

Brechungszahl n$_D$
Transmissionsgrad τ$_c$ %   mm dick
Lichtdurchlässigkeit

Produkt	Polyethylen hoher Dichte		**PE**
Handelsname	**Finathene 5203**		
Hersteller	FINA		
DIN-Bez 1	16776-PE,BG,50-T012		
DIN-Bez 2	16776-PE,EG,50-T012		
Zusätze		*Füllstoffe/ Verstärkung*	
Bevorzugte Verarbeitung	Blasformen; Extrudieren	*Lieferform*	Granulat
		Farben	Natur; Standard
Besondere Merkmale	Sehr gute Spannungsrissbestaendigkeit; Besonders gute mechanische Eigenschaften	*Bevorzugte Anwendungen*	Verpackung fuer Detergentien und Fluessigkeiten aller Art; Technisches Formteil fuer den Kfz-Bau; Tafel fuer Vakuumformung; Tafel fuer Behaelterbau; Brauchwasserrohr; Abwasserrohr

Dichte	g/cm^3	0.950	*Schmelzindex*	g/10 min	0.2: 190/2.16
Schüttdichte	g/cm^3		*Volumenfließindex*	cm^3/10 min	:
Viskositätszahl	ml/g				

Verarbeitungsbedingungen für Spritzgießen

Massetemp.	°C		*Schwindung*	%	lgs , quer
Werkzeugtemp.	°C		*Bemerkungen*		
Spritzdruck	bar				

Zugversuch 23 °C DIN 53455; DIN 53457

	Probekörper:	Form	*Herstellung*	Pressen
		Zustand	*Vorbehandlung*	Normalklima
Streckspannung	N/mm^2	25	*Dehnung bei Streckspannung* %	10
Zugfestigkeit	N/mm^2		*Reißdehnung* %	1000
Reißfestigkeit	N/mm^2	26	% *Dehnspannung* N/mm^2	
E-Modul	N/mm^2	1000	*Dehnung bei* % *Dehnspg.* %	

Kriechmoduln und Zeitstandwerte 23 °C

	Probekörper:	Form	*Herstellung*	
		Zustand	*Vorbehandlung*	
Kriechmodul	1 min N/mm^2		*Zeitstandzugfestigkeit* h N/mm^2	
Kriechmodul	1000 h N/mm^2		*Zeitdehnspg.* % h N/mm^2	
bei Spannung	N/mm^2			

Biegeversuch 23 °C DIN 53457;

	Probekörper:	Form	*Herstellung*	Pressen
		Zustand	*Vorbehandlung*	Normalklima
Biegefestigkeit	N/mm^2		*E-Modul*	N/mm^2 1000
3,5% Biegespannung	N/mm^2			

Härte 23 °C

	Probekörper:	Zustand	*Herstellung*	Pressen
			Vorbehandlung	Normalklima
Kugeldruckhärte	N/mm^2	bei N, s	*Shore-Härte* A	
Rockwellhärte			*Shore-Härte* D	63

Schlagversuch

	Probekörper:	(1)		
		(2) V-Kerbe	*Herstellung*	Pressen
		Zustand	*Vorbehandlung*	Normalklima
		°C °C	°C	*Probekörper-Form*

Schlagzähigkeit	kJ/m^2		
Kerbschlagzähigkeit (1)	kJ/m^2		
IZOD-Kerbschlagzähigkeit (2)	J/m	23 90	
Kerbschlagzugzähigkeit	kJ/m^2		

Abrieb und Reibung

Taber-Abrieb (Reibradverfahren)	mm^3/100 U
Abriebfaktor LNP (Thrust washer) Vergleichswert	
Statische Reibungszahl	
Dynamische Reibungszahl	(p·v =　　　N/mm^2 ·　　　m/min)
Zulässiger p · v Wert	N/mm^2 · (m/min)　v =　　　m/min
	v =　　　m/min

Thermische Eigenschaften

Formbeständigkeit in der Wärme	*Verfahren*		°C
	Verfahren		°C
Vicat Erweichungstemperatur (VST)	*Verfahren*	A/120	127 °C
	Verfahren		°C
Kristallit-Schmelzpunkt	*Verfahren*		
Längenausdehnungskoeffizient	*Bereich*	°C	·10^{-4}K^{-1}
	Temperatur		·10^{-4}K^{-1}
Wärmeleitfähigkeit	*Verfahren*		W/(K · m)
Spezifische Wärmekapazität	*Verfahren*		J/(K · g)
Glasumwandlungstemperatur	*Torsionsschwingungsversuch*	°C	
	Differentialkalorimetrie	°C	

Brandverhalten

UL-Test vertikal	*Dicke*　mm, *Wert*	
	Dicke　mm, *Wert*	

	Norm	*Bewertung*	*Abmessungen*
Sauerstoff-Index	ASTM D 2863		
Glühstab-Verfahren			
Brandverhalten	DIN 4102		
MVSS			
FAR			

Elektrische Eigenschaften

	Hz	*°C*	*Probekörper, Form*
Dielektrizitätszahl	50		
	10^3		
	10^6		
Dielektrischer Verlustfaktor tan δ	50		
	10^3		
	10^6		

Spezifischer Durchgangs-widerstand	Ohm · cm			
Durchschlagfestigkeit	kV/mm			mm dick
Oberflächenwiderstand	Ohm			
Kriechstromfestigkeit	KC	KB	KA	
Elektrolytische Korrosionswirkung				
Lichtbogenfestigkeit nach DIN				
nach ASTM　s				

Beständigkeit *(Chemische Beständigkeit siehe Anhang)*

Wasseraufnahme

Feuchtigkeitsaufnahme Normalklima	%
Wetterbeständigkeit	

Spannungskorrosion Nach ASTM D 1693 (F 50): 170 h

Optische Eigenschaften

Brechungszahl n$_D$
Transmissionsgrad τ_c　%　　　mm dick
Lichtdurchlässigkeit

		PE
Produkt	Polyethylen hoher Dichte	
Handelsname	**Finathene 47100**	
Hersteller	FINA	
DIN-Bez 1	16776-PE,BG,45-T003	
DIN-Bez 2	16776-PE,EG,45-T003	

Zusätze		*Füllstoffe/ Verstärkung*	
Bevorzugte Verarbeitung	Blasformen; Extrudieren	*Lieferform*	Granulat
		Farben	Natur; Standard
Besondere Merkmale	Ausgezeichnete Spannungsrissbe-staendigkeit; Ausgezeichnete Kaelte-schlagzaehigkeit	*Bevorzugte Anwendungen*	Behaelter fuer die Aufbewahrung von spannungsrissbildenden Produkten; Technisches Teil; Tafel fuer Tiefziehen; Skibelag; Papieraehnliche Folie; Schlauch; Abwasserrohr; Kabelmantel

Dichte	g/cm^3	0.945	*Schmelzindex*	g/10 min	0.4: 190/5.00
Schüttdichte	g/cm^3		*Volumenfließindex*	cm^3/10 min	:
Viskositätszahl	ml/g				

Verarbeitungsbedingungen für Spritzgießen

Massetemp.	°C		*Schwindung*	% lgs , quer
Werkzeugtemp.	°C		*Bemerkungen*	
Spritzdruck	bar			

Zugversuch 23 °C DIN 53455; DIN 53457

	Probekörper:	Form		*Herstellung*	Pressen
		Zustand		*Vorbehandlung*	Normalklima
Streckspannung	N/mm^2	23	*Dehnung bei Streckspannung*	%	11
Zugfestigkeit	N/mm^2		*Reißdehnung*	%	1000
Reißfestigkeit	N/mm^2	30	*% Dehnspannung*	N/mm^2	
E-Modul	N/mm^2	930	*Dehnung bei % Dehnspg.*	%	

Kriechmoduln und Zeitstandwerte 23 °C

	Probekörper:	Form		*Herstellung*	
		Zustand		*Vorbehandlung*	
Kriechmodul	1 min N/mm^2		*Zeitstandzugfestigkeit*	h N/mm^2	
Kriechmodul	1000 h N/mm^2		*Zeitdehnspg. %*	h N/mm^2	
bei Spannung	N/mm^2				

Biegeversuch 23 °C DIN 53457;

	Probekörper:	Form		*Herstellung*	Pressen
		Zustand		*Vorbehandlung*	Normalklima
Biegefestigkeit	N/mm^2		*E-Modul*	N/mm^2	1000
3,5% Biegespannung	N/mm^2				

Härte 23 °C

	Probekörper:	Zustand	*Herstellung*	Pressen
			Vorbehandlung	Normalklima
Kugeldruckhärte	N/mm^2	bei N, s	*Shore-Härte* A	
Rockwellhärte			*Shore-Härte* D	62

Schlagversuch

	Probekörper:	(1)		
		(2) V-Kerbe	*Herstellung*	Pressen
		Zustand	*Vorbehandlung*	Normalklima
		°C °C °C	*Probekörper-Form*	

Schlagzähigkeit	kJ/m^2		
Kerbschlagzähigkeit (1)	kJ/m^2		
IZOD-Kerbschlagzähigkeit (2)	J/m	23 160	
Kerbschlagzugzähigkeit	kJ/m^2		

Abrieb und Reibung

Taber-Abrieb (Reibradverfahren)   mm³/100 U
Abriebfaktor LNP (Thrust washer) Vergleichswert
Statische Reibungszahl
Dynamische Reibungszahl   (p·v =   N/mm² ·   m/min)
Zulässiger p · v Wert   N/mm² · (m/min)   v =   m/min
                                                                   v =   m/min

Thermische Eigenschaften

Formbeständigkeit in der Wärme   *Verfahren*   °C
                                          Verfahren   °C
Vicat Erweichungstemperatur (VST)   *Verfahren*   A/120   126 °C
                                          Verfahren   °C
Kristallit-Schmelzpunkt   *Verfahren*

Längenausdehnungskoeffizient   *Bereich*   °C $\cdot 10^{-4} K^{-1}$
                                          Temperatur $\cdot 10^{-4} K^{-1}$
Wärmeleitfähigkeit   *Verfahren*   W/(K · m)

Spezifische Wärmekapazität   *Verfahren*   J/(K · g)

Glasumwandlungstemperatur   *Torsionsschwingungsversuch*   °C
                                          Differentialkalorimetrie   °C

Brandverhalten

UL-Test vertikal   *Dicke*   mm, *Wert*
                                          Dicke   mm, *Wert*

                          Norm   *Bewertung*   *Abmessungen*

Sauerstoff-Index   ASTM D 2863
Glühstab-Verfahren
Brandverhalten   DIN 4102
MVSS
FAR

Elektrische Eigenschaften

                                          Hz   °C   *Probekörper, Form*

Dielektrizitätszahl   50
                                          10^3
                                          10^6
Dielektrischer Verlustfaktor tan δ   50
                                          10^3
                                          10^6
Spezifischer Durchgangs-
   widerstand   Ohm · cm
Durchschlagfestigkeit   kV/mm   mm dick
Oberflächenwiderstand   Ohm

Kriechstromfestigkeit   KC   KB   KA
Elektrolytische Korrosionswirkung
Lichtbogenfestigkeit nach DIN
                nach ASTM   s

Beständigkeit *(Chemische Beständigkeit siehe Anhang)*

Wasseraufnahme

Feuchtigkeitsaufnahme Normalklima   %
Wetterbeständigkeit

Spannungskorrosion Nach ASTM D 1693 (F 50): > 400 h

Optische Eigenschaften

Brechungszahl n_D
Transmissionsgrad τ_c %   mm dick
Lichtdurchlässigkeit

Produkt	Polyethylen hoher Dichte	**PE**

Handelsname **Finathene HV-630**

Hersteller FINA

DIN-Bez 1 16776-PE,BG,40-T090
DIN-Bez 2 16776-PE,RG,40-T090

Zusätze	UV-Stabilisator	*Füllstoffe/ Verstärkung*	
Bevorzugte Verarbeitung	Rotationsformen; Spritzgiessen	*Lieferform*	Granulat; Auch als Pulver lieferbar
		Farben	Natur
Besondere Merkmale	Ausgezeichnete Spannungsrissbe-staendigkeit; Sehr gute Zaehigkeit; Gute Steifigkeit; Geringer Verzug	*Bevorzugte Anwendungen*	Formteil mittlerer Groesse; Behaelter fuer Industrie und Landwirtschaft; Transportbehaelter

Dichte	g/cm^3 0.942	*Schmelzindex*	g/10 min	3.0:	190/2.16
Schüttdichte	g/cm^3	*Volumenfließindex*	cm^3/10 min	:	
Viskositätszahl	ml/g				

Verarbeitungsbedingungen für Spritzgießen

Massetemp.	°C	*Schwindung*	%	lgs	, quer
Werkzeugtemp.	°C	*Bemerkungen*			
Spritzdruck	bar				

Zugversuch 23 °C DIN 53455;

	Probekörper: Form	*Herstellung*	Pressen	
	Zustand	*Vorbehandlung*	Normalklima	
Streckspannung	N/mm^2 22	*Dehnung bei Streckspannung*	%	8
Zugfestigkeit	N/mm^2	*Reißdehnung*	%	350
Reißfestigkeit	N/mm^2 28	% *Dehnspannung*	N/mm^2	
E-Modul	N/mm^2	*Dehnung bei* % *Dehnspg.*	%	

Kriechmoduln und Zeitstandwerte 23 °C

	Probekörper: Form	*Herstellung*		
	Zustand	*Vorbehandlung*		
Kriechmodul	1 min N/mm^2	*Zeitstandzugfestigkeit*	h N/mm^2	
Kriechmodul	1000 h N/mm^2	*Zeitdehnspg.* %	h N/mm^2	
bei Spannung	N/mm^2			

Biegeversuch 23 °C DIN 53457;

	Probekörper: Form	*Herstellung*	Pressen	
	Zustand	*Vorbehandlung*	Normalklima	
Biegefestigkeit	N/mm^2	*E-Modul*	N/mm^2 1000	
3,5% Biegespannung	N/mm^2			

Härte 23 °C

	Probekörper: Zustand	*Herstellung*	Pressen	
		Vorbehandlung	Normalklima	
Kugeldruckhärte	N/mm^2 bei N, s	*Shore-Härte* A		
Rockwellhärte		*Shore-Härte* D 62		

Schlagversuch

	Probekörper: (1)			
	(2) V-Kerbe	*Herstellung*	Pressen	
	Zustand	*Vorbehandlung*	Normalklima	
	°C °C °C		*Probekörper-Form*	
Schlagzähigkeit	kJ/m^2			
Kerbschlagzähigkeit (1)	kJ/m^2			
IZOD-Kerbschlagzähigkeit (2)	J/m 23 150			
Kerbschlagzugzähigkeit	kJ/m^2			

Abrieb und Reibung

Taber-Abrieb (Reibradverfahren) mm³/100 U
Abriebfaktor LNP (Thrust washer) Vergleichswert
Statische Reibungszahl
Dynamische Reibungszahl $(p \cdot v =$ N/mm² · m/min)
Zulässiger p · v Wert N/mm² · (m/min) v = m/min
 v = m/min

Thermische Eigenschaften

Formbeständigkeit in der Wärme *Verfahren* °C
 Verfahren °C
Vicat Erweichungstemperatur (VST) *Verfahren* A/120 121 °C
 Verfahren °C
Kristallit-Schmelzpunkt *Verfahren*

Längenausdehnungskoeffizient *Bereich* °C $\cdot 10^{-4} K^{-1}$
 Temperatur $\cdot 10^{-4} K^{-1}$
Wärmeleitfähigkeit *Verfahren* W/(K · m)

Spezifische Wärmekapazität *Verfahren* J/(K · g)

Glasumwandlungstemperatur *Torsionsschwingungsversuch* °C
 Differentialkalorimetrie °C

Brandverhalten

UL-Test vertikal *Dicke* mm, Wert
 Dicke mm, Wert

	Norm	*Bewertung*	*Abmessungen*
Sauerstoff-Index	ASTM D 2863		
Glühstab-Verfahren			
Brandverhalten	DIN 4102		
MVSS			
FAR			

Elektrische Eigenschaften

	Hz	°C	*Probekörper, Form*
Dielektrizitätszahl	50		
	10^3		
	10^6		
Dielektrischer Verlustfaktor tan δ	50		
	10^3		
	10^6		

Spezifischer Durchgangs-
 widerstand Ohm · cm
Durchschlagfestigkeit kV/mm mm dick
Oberflächenwiderstand Ohm

Kriechstromfestigkeit KC KB KA
Elektrolytische Korrosionswirkung
Lichtbogenfestigkeit nach DIN
 nach ASTM s

Beständigkeit *(Chemische Beständigkeit siehe Anhang)*

Wasseraufnahme

Feuchtigkeitsaufnahme Normalklima %
Wetterbeständigkeit

Spannungskorrosion Nach ASTM D 1693 (F 50): 230 h

Optische Eigenschaften

Brechungszahl n_D
Transmissionsgrad τ_c % mm dick
Lichtdurchlässigkeit

Produkt	Polyethylen mittlerer Dichte		**PE**
Handelsname	**Finathene 3802**		
Hersteller	FINA		
DIN-Bez 1	16776-PE,BG,40-T012		
DIN-Bez 2	16776-PE,FG,40-T012		
Zusätze		*Füllstoffe/ Verstärkung*	
Bevorzugte Verarbeitung	Blasformen; Extrudieren	*Lieferform*	Granulat
		Farben	Natur
Besondere Merkmale	Ausgewogene Eigenschaften	*Bevorzugte Anwendungen*	Flasche; Kanister; Folie

Dichte	g/cm³	0.938	*Schmelzindex*	g/10 min 0.2: 190/2.16
Schüttdichte	g/cm³		*Volumenfließindex*	cm³/10 min :
Viskositätszahl	ml/g			

Verarbeitungsbedingungen für Spritzgießen

Massetemp.	°C	*Schwindung*	% lgs , quer
Werkzeugtemp.	°C	*Bemerkungen*	
Spritzdruck	bar		

Zugversuch 23 °C DIN 53455;

	Probekörper:	*Form*	*Herstellung*	Pressen
		Zustand	*Vorbehandlung*	Normalklima
Streckspannung	N/mm² 19		*Dehnung bei Streckspannung*	%
Zugfestigkeit	N/mm²		*Reißdehnung*	% 1000
Reißfestigkeit	N/mm² 27		*% Dehnspannung*	N/mm²
E-Modul	N/mm²		*Dehnung bei % Dehnspg.*	%

Kriechmoduln und Zeitstandwerte 23 °C

	Probekörper:	*Form*	*Herstellung*	
		Zustand	*Vorbehandlung*	
Kriechmodul	1 min N/mm²		*Zeitstandzugfestigkeit*	h N/mm²
Kriechmodul	1000 h N/mm²		*Zeitdehnspg. %*	h N/mm²
bei Spannung	N/mm²			

Biegeversuch 23 °C DIN 53457;

	Probekörper:	*Form*	*Herstellung*	Pressen
		Zustand	*Vorbehandlung*	Normalklima
Biegefestigkeit	N/mm²		*E-Modul*	N/mm² 700
3,5% Biegespannung	N/mm²			

Härte 23 °C

	Probekörper:	*Zustand*	*Herstellung*	Pressen
			Vorbehandlung	Normalklima
Kugeldruckhärte	N/mm²	bei N, s	*Shore-Härte* A	
Rockwellhärte			*Shore-Härte* D	59

Schlagversuch

	Probekörper:	*(1)*	
		(2)	*Herstellung*
		Zustand	*Vorbehandlung*
	°C	°C °C	*Probekörper-Form*

Schlagzähigkeit	kJ/m²
Kerbschlagzähigkeit (1)	kJ/m²
IZOD-Kerbschlagzähigkeit (2)	J/m
Kerbschlagzugzähigkeit	kJ/m²

Abrieb und Reibung

Taber-Abrieb (Reibradverfahren)	mm³/100 U
Abriebfaktor LNP (Thrust washer) Vergleichswert	
Statische Reibungszahl	
Dynamische Reibungszahl	(p·v = N/mm² · m/min)
Zulässiger p · v Wert	N/mm² · (m/min) v = m/min
	v = m/min

Thermische Eigenschaften

Formbeständigkeit in der Wärme	*Verfahren*		°C
	Verfahren		°C
Vicat Erweichungstemperatur (VST)	*Verfahren*	A/120	125 °C
	Verfahren		°C
Kristallit-Schmelzpunkt	*Verfahren*		
Längenausdehnungskoeffizient	*Bereich*	°C	$\cdot 10^{-4}\,\mathrm{K}^{-1}$
	Temperatur		$\cdot 10^{-4}\,\mathrm{K}^{-1}$
Wärmeleitfähigkeit	*Verfahren*		W/(K · m)
Spezifische Wärmekapazität	*Verfahren*		J/(K · g)
Glasumwandlungstemperatur	*Torsionsschwingungsversuch*		°C
	Differentialkalorimetrie		°C

Brandverhalten

UL-Test vertikal	*Dicke*	mm, Wert
	Dicke	mm, Wert

	Norm	Bewertung	Abmessungen
Sauerstoff-Index	ASTM D 2863		
Glühstab-Verfahren			
Brandverhalten	DIN 4102		
MVSS			
FAR			

Elektrische Eigenschaften

	Hz	°C	Probekörper, Form
Dielektrizitätszahl	50		
	10^3		
	10^6		
Dielektrischer Verlustfaktor tan δ	50		
	10^3		
	10^6		
Spezifischer Durchgangs-			
widerstand	Ohm · cm		
Durchschlagfestigkeit	kV/mm		mm dick
Oberflächenwiderstand	Ohm		

Kriechstromfestigkeit	KC	KB	KA
Elektrolytische Korrosionswirkung			
Lichtbogenfestigkeit nach DIN			
nach ASTM	s		

Beständigkeit *(Chemische Beständigkeit siehe Anhang)*

Wasseraufnahme

Feuchtigkeitsaufnahme Normalklima %
Wetterbeständigkeit

Spannungskorrosion Nach ASTM D 1693 (F 50): > 1000 h

Optische Eigenschaften

Brechungszahl n_D
Transmissionsgrad τ_c %   mm dick
Lichtdurchlässigkeit

Produkt	Polyethylen mittlerer Dichte	**PE**
Handelsname	**Finathene HR 501**	
Hersteller	FINA	
DIN-Bez 1	16776-PE,EG,40-T006	
DIN-Bez 2	16776-PE,FG,40-T006	

Zusätze		*Füllstoffe/ Verstärkung*	
Bevorzugte Verarbeitung	Blasfolienextrusion; Blasformen; Extrudieren	*Lieferform*	Granulat
		Farben	Natur
Besondere Merkmale	Ausgezeichnete Einreissfestigkeit; Sehr gute Zaehigkeit	*Bevorzugte Anwendungen*	Blasfolie; Flasche; Kanister; Quetschflasche; Tafel; Profil; Rohr

Dichte	g/cm^3	0.938	*Schmelzindex*	g/10 min	0.2:	190/2.16
Schüttdichte	g/cm^3		*Volumenfließindex*	cm^3/10 min	:	
Viskositätszahl	ml/g					

Verarbeitungsbedingungen für Spritzgießen

Massetemp.	°C		*Schwindung*	%	lgs , quer
Werkzeugtemp.	°C		*Bemerkungen*		
Spritzdruck	bar				

Zugversuch 23 °C DIN 53455; DIN 53457

Probekörper:	*Form*	*Herstellung*	Pressen
	Zustand	*Vorbehandlung*	Normalklima

Streckspannung	N/mm^2	19	*Dehnung bei Streckspannung*	%	13
Zugfestigkeit	N/mm^2		*Reißdehnung*	%	$\geq$1000
Reißfestigkeit	N/mm^2	25	% *Dehnspannung*	N/mm^2	
E-Modul	N/mm^2	750	*Dehnung bei* % *Dehnspg.*	%	

Kriechmoduln und Zeitstandwerte 23 °C

Probekörper:	*Form*	*Herstellung*	
	Zustand	*Vorbehandlung*	

Kriechmodul	1 min	N/mm^2	*Zeitstandzugfestigkeit*	h	N/mm^2
Kriechmodul	1000 h	N/mm^2	*Zeitdehnspg.* %	h	N/mm^2
bei Spannung		N/mm^2			

Biegeversuch 23 °C DIN 53457;

Probekörper:	*Form*	*Herstellung*	Pressen
	Zustand	*Vorbehandlung*	Normalklima

Biegefestigkeit	N/mm^2	*E-Modul*	N/mm^2	700
3,5% Biegespannung	N/mm^2			

Härte 23 °C

Probekörper:	*Zustand*	*Herstellung*	Pressen
		Vorbehandlung	Normalklima

Kugeldruckhärte	N/mm^2	bei N, s	*Shore-Härte* A	
Rockwellhärte			*Shore-Härte* D	59

Schlagversuch

Probekörper:	(1)		
	(2) V-Kerbe	*Herstellung*	Pressen
	Zustand	*Vorbehandlung*	Normalklima

	°C	°C	°C	*Probekörper-Form*

Schlagzähigkeit	kJ/m^2		
Kerbschlagzähigkeit (1)	kJ/m^2		
IZOD-Kerbschlagzähigkeit (2)	J/m	23	o.B.
Kerbschlagzugzähigkeit	kJ/m^2		

Abrieb und Reibung

Taber-Abrieb (Reibradverfahren)　　　　　　　　　　mm³/100 U
Abriebfaktor LNP (Thrust washer) Vergleichswert
Statische Reibungszahl
Dynamische Reibungszahl　　　　　　　　　　(p·v =　　　N/mm² ·　　　m/min)
Zulässiger p · v Wert　　　　　　　　　　　N/mm² · (m/min)　v =　　　m/min
　　　　　　　　　　　　　　　　　　　　　　　　　　　　　　v =　　　m/min

Thermische Eigenschaften

Formbeständigkeit in der Wärme　　*Verfahren*　　　　　　　　　　　　　　　°C
　　　　　　　　　　　　　　　　　Verfahren　　　　　　　　　　　　　　　°C
Vicat Erweichungstemperatur (VST)　*Verfahren*　A/120　　　　　　　　125 °C
　　　　　　　　　　　　　　　　　Verfahren　　　　　　　　　　　　　　　°C
Kristallit-Schmelzpunkt　　　　　*Verfahren*

Längenausdehnungskoeffizient　　*Bereich*　　　　　°C　　　　　　　·10⁻⁴K⁻¹
　　　　　　　　　　　　　　　　　Temperatur　　　　　　　　　　　　·10⁻⁴K⁻¹
Wärmeleitfähigkeit　　　　　　　*Verfahren*　　　　　　　　　　　W/(K · m)

Spezifische Wärmekapazität　　　*Verfahren*　　　　　　　　　　　J/(K · g)

Glasumwandlungstemperatur　　*Torsionsschwingungsversuch*　　°C
　　　　　　　　　　　　　　　　Differentialkalorimetrie　　　　　°C

Brandverhalten

UL-Test vertikal　　　　　　　　*Dicke*　　mm, Wert
　　　　　　　　　　　　　　　　　Dicke　　mm, Wert

　　　　　　　　Norm　　　　　*Bewertung*　　　　　　　　　　　*Abmessungen*

Sauerstoff-Index　ASTM D 2863
Glühstab-Verfahren
Brandverhalten　　DIN 4102
MVSS
FAR

Elektrische Eigenschaften

　　　　　　　　　　　　　Hz　　　　°C　　　　　　　　　　*Probekörper, Form*

Dielektrizitätszahl　　　　　50
　　　　　　　　　　　　　10³
　　　　　　　　　　　　　10⁶
Dielektrischer Verlustfaktor tan δ　50
　　　　　　　　　　　　　10³
　　　　　　　　　　　　　10⁶
Spezifischer Durchgangs-
　widerstand　　　　Ohm · cm
Durchschlagfestigkeit　　kV/mm　　　　　　　　　　　　　mm dick
Oberflächenwiderstand　　Ohm

Kriechstromfestigkeit　　　KC　　　　　KB　　　　　KA
Elektrolytische Korrosionswirkung
Lichtbogenfestigkeit nach DIN
　　　　　nach ASTM　　s

Beständigkeit *(Chemische Beständigkeit siehe Anhang)*

Wasseraufnahme

Feuchtigkeitsaufnahme Normalklima　　　　　　　　　　　　　　　　%
Wetterbeständigkeit

Spannungskorrosion Nach ASTM D 1693 (F 50): > 1000 h

Optische Eigenschaften

Brechungszahl n_D
Transmissionsgrad τ_c　　%　　　　　　　mm dick
Lichtdurchlässigkeit

			PE
Produkt	Polyethylen mittlerer Dichte		
Handelsname	**Finathene HR 502**		
Hersteller	FINA		
DIN-Bez 1	16776-PE,FG,35-T006		
DIN-Bez 2			
Zusätze		*Füllstoffe/ Verstärkung*	
Bevorzugte Verarbeitung	Blasfolienextrusion	*Lieferform*	Granulat
		Farben	Natur
Besondere Merkmale		*Bevorzugte Anwendungen*	Blasfolie

Dichte	g/cm³	0.934	*Schmelzindex*	g/10 min	0.2:	190/2.16
Schüttdichte	g/cm³		*Volumenfließindex*	cm³/10 min	:
Viskositätszahl	ml/g				

Verarbeitungsbedingungen für Spritzgießen

Massetemp.	°C	*Schwindung*	%	lgs	, quer
Werkzeugtemp.	°C	*Bemerkungen*			
Spritzdruck	bar				

Zugversuch 23 °C DIN 53455;

	Probekörper:	Form	*Herstellung*	Pressen
		Zustand	*Vorbehandlung*	Normalklima
Streckspannung	N/mm² 18	*Dehnung bei Streckspannung*	%	
Zugfestigkeit	N/mm²	*Reißdehnung*	%	≧1000
Reißfestigkeit	N/mm² 26	% *Dehnspannung*	N/mm²	
E-Modul	N/mm²	*Dehnung bei* % Dehnspg.	%	

Kriechmoduln und Zeitstandwerte 23 °C

	Probekörper:	Form	*Herstellung*	
		Zustand	*Vorbehandlung*	
Kriechmodul	1 min N/mm²	*Zeitstandzugfestigkeit*	h N/mm²
Kriechmodul	1000 h N/mm²	*Zeitdehnspg.* %	h N/mm²
bei Spannung	N/mm²		

Biegeversuch 23 °C DIN 53457;

	Probekörper:	Form	*Herstellung*	Pressen
		Zustand	*Vorbehandlung*	Normalklima
Biegefestigkeit	N/mm²	*E-Modul*	N/mm² 700
3,5% Biegespannung	N/mm²		

Härte 23 °C

	Probekörper:	Zustand	*Herstellung*	Pressen
			Vorbehandlung	Normalklima
Kugeldruckhärte	N/mm²	bei N, s	*Shore-Härte* A	
Rockwellhärte			*Shore-Härte* D	58

Schlagversuch

	Probekörper:	(1)		
		(2)	*Herstellung*	
		Zustand	*Vorbehandlung*	
		°C	°C	°C	*Probekörper-Form*

Schlagzähigkeit	kJ/m²
Kerbschlagzähigkeit (1)	kJ/m²
IZOD-Kerbschlagzähigkeit (2)	J/m
Kerbschlagzugzähigkeit	kJ/m²

Abrieb und Reibung

Taber-Abrieb (Reibradverfahren)   mm³/100 U
Abriebfaktor LNP (Thrust washer) Vergleichswert
Statische Reibungszahl
Dynamische Reibungszahl   (p·v =   N/mm² ·   m/min)
Zulässiger p · v Wert   N/mm² · (m/min)   v =   m/min
                                                                        v =   m/min

Thermische Eigenschaften

Formbeständigkeit in der Wärme   *Verfahren*   °C
                                      Verfahren   °C
Vicat Erweichungstemperatur (VST)   *Verfahren*   A/120   124 °C
                                      Verfahren   °C
Kristallit-Schmelzpunkt   *Verfahren*

Längenausdehnungskoeffizient   *Bereich*   °C $\cdot 10^{-4}\mathrm{K}^{-1}$
                                      Temperatur $\cdot 10^{-4}\mathrm{K}^{-1}$
Wärmeleitfähigkeit   *Verfahren*   W/(K · m)

Spezifische Wärmekapazität   *Verfahren*   J/(K · g)

Glasumwandlungstemperatur   *Torsionsschwingungsversuch*   °C
                                      Differentialkalorimetrie   °C

Brandverhalten

UL-Test vertikal   Dicke   mm, Wert
                                      Dicke   mm, Wert

               Norm   *Bewertung*   *Abmessungen*

Sauerstoff-Index   ASTM D 2863
Glühstab-Verfahren
Brandverhalten   DIN 4102
MVSS
FAR

Elektrische Eigenschaften

                                      Hz   °C   *Probekörper, Form*

Dielektrizitätszahl   50
                                      10^3
                                      10^6
Dielektrischer Verlustfaktor tan δ 50
                                      10^3
                                      10^6
Spezifischer Durchgangs-
  widerstand   Ohm · cm
Durchschlagfestigkeit   kV/mm   mm dick
Oberflächenwiderstand   Ohm

Kriechstromfestigkeit   KC   KB   KA
Elektrolytische Korrosionswirkung
Lichtbogenfestigkeit nach DIN
              nach ASTM   s

Beständigkeit *(Chemische Beständigkeit siehe Anhang)*

Wasseraufnahme

Feuchtigkeitsaufnahme Normalklima   %
Wetterbeständigkeit

Spannungskorrosion Nach ASTM D 1693 (F 50): > 1000 h

Optische Eigenschaften

Brechungszahl n_D
Transmissionsgrad τ_c %   mm dick
Lichtdurchlässigkeit

Produkt	Polyethylen hoher Dichte		**PE**
Handelsname	**Finathene MS 201 A**		
Hersteller	FINA		
DIN-Bez 1	16776-PE,BG,55-T006		
DIN-Bez 2			
Zusätze		*Füllstoffe/ Verstärkung*	
Bevorzugte Verarbeitung	Blasformen	*Lieferform*	Granulat
		Farben	Schwarz
Besondere Merkmale	Sehr gute Zaehigkeit	*Bevorzugte Anwendungen*	Kraftstoffbehaelter

Dichte	g/cm^3	0.955	*Schmelzindex*	g/10 min	0.6: 190/5.00
Schüttdichte	g/cm^3		*Volumenfließindex*	cm^3/10 min	:
Viskositätszahl	ml/g				

Verarbeitungsbedingungen für Spritzgießen

Massetemp.	°C		*Schwindung*	%	lgs , quer
Werkzeugtemp.	°C		*Bemerkungen*		
Spritzdruck	bar				

Zugversuch 23 °C   DIN 53455;

	Probekörper:	Form	*Herstellung*	Pressen
		Zustand	*Vorbehandlung*	Normalklima
Streckspannung	N/mm^2 22		*Dehnung bei Streckspannung*	%
Zugfestigkeit	N/mm^2		*Reißdehnung*	% 1000
Reißfestigkeit	N/mm^2 30		*% Dehnspannung*	N/mm^2
E-Modul	N/mm^2		*Dehnung bei % Dehnspg.*	%

Kriechmoduln und Zeitstandwerte 23 °C

	Probekörper:	Form	*Herstellung*	
		Zustand	*Vorbehandlung*	
Kriechmodul	1 min N/mm^2		*Zeitstandzugfestigkeit*	h N/mm^2
Kriechmodul	1000 h N/mm^2		*Zeitdehnspg. %*	h N/mm^2
bei Spannung	N/mm^2			

Biegeversuch 23 °C   DIN 53457;

	Probekörper:	Form	*Herstellung*	Pressen
		Zustand	*Vorbehandlung*	Normalklima
Biegefestigkeit	N/mm^2		*E-Modul*	N/mm^2 950
3,5% Biegespannung	N/mm^2			

Härte 23 °C

	Probekörper:	Zustand	*Herstellung*	Pressen
			Vorbehandlung	Normalklima
Kugeldruckhärte	N/mm^2	bei N, s	*Shore-Härte A*	
Rockwellhärte			*Shore-Härte D*	61

Schlagversuch

	Probekörper:	(1)		
		(2)	*Herstellung*	
		Zustand	*Vorbehandlung*	
		°C °C	°C	*Probekörper-Form*

Schlagzähigkeit	kJ/m^2
Kerbschlagzähigkeit (1)	kJ/m^2
IZOD-Kerbschlagzähigkeit (2)	J/m
Kerbschlagzugzähigkeit	kJ/m^2

Abrieb und Reibung

Taber-Abrieb (Reibradverfahren)	mm³/100 U
Abriebfaktor LNP (Thrust washer) Vergleichswert	
Statische Reibungszahl	
Dynamische Reibungszahl	(p·v = N/mm² · m/min)
Zulässiger p·v Wert	N/mm² · (m/min) v = m/min
	v = m/min

Thermische Eigenschaften

Formbeständigkeit in der Wärme	*Verfahren*		°C
	Verfahren		°C
Vicat Erweichungstemperatur (VST)	*Verfahren* A/120		126 °C
	Verfahren		°C
Kristallit-Schmelzpunkt	*Verfahren*		
Längenausdehnungskoeffizient	*Bereich*	°C	$\cdot 10^{-4}K^{-1}$
	Temperatur		$\cdot 10^{-4}K^{-1}$
Wärmeleitfähigkeit	*Verfahren*		W/(K·m)
Spezifische Wärmekapazität	*Verfahren*		J/(K·g)
Glasumwandlungstemperatur	*Torsionsschwingungsversuch*	°C	
	Differentialkalorimetrie	°C	

Brandverhalten

UL-Test vertikal   Dicke   mm, Wert
                         Dicke   mm, Wert

	Norm	*Bewertung*	*Abmessungen*
Sauerstoff-Index	ASTM D 2863		
Glühstab-Verfahren			
Brandverhalten	DIN 4102		
MVSS			
FAR			

Elektrische Eigenschaften

	Hz	°C	*Probekörper, Form*
Dielektrizitätszahl	50		
	10^3		
	10^6		
Dielektrischer Verlustfaktor tan δ	50		
	10^3		
	10^6		
Spezifischer Durchgangs-widerstand	Ohm·cm		
Durchschlagfestigkeit	kV/mm		mm dick
Oberflächenwiderstand	Ohm		

Kriechstromfestigkeit   KC   KB   KA
Elektrolytische Korrosionswirkung
Lichtbogenfestigkeit nach DIN
               nach ASTM   s

Beständigkeit *(Chemische Beständigkeit siehe Anhang)*

Wasseraufnahme

Feuchtigkeitsaufnahme Normalklima   %
Wetterbeständigkeit

Spannungskorrosion Nach ASTM D 1693 (F 50): > 1000 h

Optische Eigenschaften

Brechungszahl n$_D$
Transmissionsgrad τ_c %   mm dick
Lichtdurchlässigkeit

Produkt	Polyethylen hoher Dichte		**PE**
Handelsname	**Finathene HP 401**		
Hersteller	FINA		
DIN-Bez 1	16776-PE,EG,55-T006		
DIN-Bez 2	16776-PE,BG,55-T006		
Zusätze		*Füllstoffe/ Verstärkung*	
Bevorzugte Verarbeitung	Blasformen; Extrudieren; Spritzgiessen	*Lieferform*	Granulat
		Farben	Schwarz
Besondere Merkmale	Erfuellt die meisten Spezifikationen fuer Trinkwasserleitungen; Ausgezeichnete Spannungsrissbestaendigkeit; Gute Kaelteschlagzaehigkeit	*Bevorzugte Anwendungen*	Rohr; Schlauch; Kabelkanal; Tafel fuer Behaelterbau; Tafel fuer Tankauskleidung; Kabelummantelung; Grossbehaleter; Rohrfitting; Verschluss

Dichte	g/cm³	0.955	*Schmelzindex*	g/10 min	0.1 : 190/2.16
Schüttdichte	g/cm³		*Volumenfließindex*	cm³/10 min	:
Viskositätszahl	ml/g				

Verarbeitungsbedingungen für Spritzgießen

Massetemp.	°C		*Schwindung*	%	lgs , quer
Werkzeugtemp.	°C		*Bemerkungen*		
Spritzdruck	bar				

Zugversuch 23 °C   DIN 53455; DIN 53457

	Probekörper:	*Form*	*Herstellung*	Pressen
		Zustand	*Vorbehandlung*	Normalklima
Streckspannung	N/mm² 22		*Dehnung bei Streckspannung*	%
Zugfestigkeit	N/mm²		*Reißdehnung*	% 1000
Reißfestigkeit	N/mm² 30		*% Dehnspannung*	N/mm²
E-Modul	N/mm² 1050		*Dehnung bei % Dehnspg.*	%

Kriechmoduln und Zeitstandwerte 23 °C

	Probekörper:	*Form*	*Herstellung*	
		Zustand	*Vorbehandlung*	
Kriechmodul	1 min N/mm²		*Zeitstandzugfestigkeit*	h N/mm²
Kriechmodul	1000 h N/mm²		*Zeitdehnspg. %*	h N/mm²
bei Spannung	N/mm²			

Biegeversuch 23 °C   DIN 53457;

	Probekörper:	*Form*	*Herstellung*	Pressen
		Zustand	*Vorbehandlung*	Normalklima
Biegefestigkeit	N/mm²		*E-Modul*	N/mm² 950
3,5% Biegespannung	N/mm²			

Härte 23 °C

	Probekörper:	*Zustand*	*Herstellung*	Pressen
			Vorbehandlung	Normalklima
Kugeldruckhärte	N/mm²	bei N, s	*Shore-Härte* A	
Rockwellhärte			*Shore-Härte* D	61

Schlagversuch

	Probekörper:	*(1)*		
		(2)	*Herstellung*	
		Zustand	*Vorbehandlung*	
		°C °C °C		*Probekörper-Form*

Schlagzähigkeit	kJ/m²	
Kerbschlagzähigkeit (1)	kJ/m²	
IZOD-Kerbschlagzähigkeit (2)	J/m	
Kerbschlagzugzähigkeit	kJ/m²	

Abrieb und Reibung

Taber-Abrieb (Reibradverfahren) — mm^3/100 U
Abriebfaktor LNP (Thrust washer) Vergleichswert
Statische Reibungszahl
Dynamische Reibungszahl — $(p \cdot v =$ $N/mm^2 \cdot$ m/min)
Zulässiger p · v Wert — $N/mm^2 \cdot$ (m/min)   v =   m/min
                 v =   m/min

Thermische Eigenschaften

Formbeständigkeit in der Wärme — *Verfahren* — °C
          Verfahren — °C
Vicat Erweichungstemperatur (VST) — *Verfahren*   A/120 — 126 °C
          Verfahren — °C
Kristallit-Schmelzpunkt — *Verfahren*

Längenausdehnungskoeffizient — *Bereich*   °C — $\cdot 10^{-4} K^{-1}$
          Temperatur — $\cdot 10^{-4} K^{-1}$
Wärmeleitfähigkeit — *Verfahren* — $W/(K \cdot m)$

Spezifische Wärmekapazität — *Verfahren* — $J/(K \cdot g)$

Glasumwandlungstemperatur — *Torsionsschwingungsversuch* — °C
          Differentialkalorimetrie — °C

Brandverhalten

UL-Test vertikal — *Dicke*   mm, Wert
          Dicke   mm, Wert

	Norm	*Bewertung*	*Abmessungen*
Sauerstoff-Index	ASTM D 2863		
Glühstab-Verfahren			
Brandverhalten	DIN 4102		
MVSS			
FAR			

Elektrische Eigenschaften

	Hz	°C	*Probekörper, Form*
Dielektrizitätszahl	50		
	10^3		
	10^6		
Dielektrischer Verlustfaktor tan δ	50		
	10^3		
	10^6		

Spezifischer Durchgangs-
   widerstand — Ohm · cm
Durchschlagfestigkeit — kV/mm   mm dick
Oberflächenwiderstand — Ohm

Kriechstromfestigkeit — KC   KB   KA
Elektrolytische Korrosionswirkung
Lichtbogenfestigkeit nach DIN
          nach ASTM   s

Beständigkeit *(Chemische Beständigkeit siehe Anhang)*

Wasseraufnahme

Feuchtigkeitsaufnahme Normalklima   %
Wetterbeständigkeit

Spannungskorrosion Nach ASTM D 1693 (F 50): > 1000 h

Optische Eigenschaften

Brechungszahl n_D
Transmissionsgrad τ_c %   mm dick
Lichtdurchlässigkeit

PE

Produkt	Polyethylen hoher Dichte
Handelsname	**Finathene 3802 B**
Hersteller	FINA
DIN-Bez 1	16776-PE,EG,50-T012
DIN-Bez 2	16776-PE,MG,50-T012

Zusätze	Russ	*Füllstoffe/ Verstärkung*	
Bevorzugte Verarbeitung	Extrudieren; Spritzgiessen	*Lieferform*	Granulat
		Farben	Schwarz
Besondere Merkmale	Hohe Spannungsrissbestaendigkeit; Gutes Zeitstandverhalten	*Bevorzugte Anwendungen*	Rohr fuer Chemie- und Mineraloelprodukte; Bewaesserungsrohr; Tafel; Beschichtung metallischer Leitungen; Kabelummantelung; Fitting; Formstueck

---

Dichte	g/cm^3	0.948	*Schmelzindex*	g/10 min	0.2:	190/2.16
Schüttdichte	g/cm^3		*Volumenfließindex*	cm^3/10 min	:	
Viskositätszahl	ml/g					

Verarbeitungsbedingungen für Spritzgießen

Massetemp.	°C		*Schwindung*	%	lgs , quer
Werkzeugtemp.	°C		*Bemerkungen*		
Spritzdruck	bar				

Zugversuch 23 °C DIN 53455;

Probekörper:	Form	*Herstellung*	Pressen
	Zustand	*Vorbehandlung*	Normalklima

Streckspannung	N/mm^2	19	*Dehnung bei Streckspannung*	%	13
Zugfestigkeit	N/mm^2		*Reißdehnung*	%	1000
Reißfestigkeit	N/mm^2	27	*% Dehnspannung*	N/mm^2	
E-Modul	N/mm^2		*Dehnung bei % Dehnspg.*	%	

Kriechmoduln und Zeitstandwerte 23 °C

Probekörper:	Form	*Herstellung*	
	Zustand	*Vorbehandlung*	

Kriechmodul	1 min N/mm^2	*Zeitstandzugfestigkeit*	h N/mm^2	
Kriechmodul	1000 h N/mm^2	*Zeitdehnspg. %*	h N/mm^2	
bei Spannung	N/mm^2			

Biegeversuch 23 °C DIN 53457;

Probekörper:	Form	*Herstellung*	Pressen
	Zustand	*Vorbehandlung*	Normalklima

Biegefestigkeit	N/mm^2	*E-Modul*	N/mm^2 700
3,5% Biegespannung	N/mm^2		

Härte 23 °C

Probekörper:	Zustand	*Herstellung*	Pressen
		Vorbehandlung	Normalklima

Kugeldruckhärte	N/mm^2 bei N, s	*Shore-Härte A*	
Rockwellhärte		*Shore-Härte D*	59

Schlagversuch

Probekörper:	(1)		
	(2) V-Kerbe	*Herstellung*	Pressen
	Zustand	*Vorbehandlung*	Normalklima
	°C °C °C	*Probekörper-Form*	

Schlagzähigkeit	kJ/m^2		
Kerbschlagzähigkeit (1)	kJ/m^2		
IZOD-Kerbschlagzähigkeit (2)	J/m	23 o.B.	
Kerbschlagzugzähigkeit	kJ/m^2		

Abrieb und Reibung

Taber-Abrieb (Reibradverfahren)	mm³/100 U
Abriebfaktor LNP (Thrust washer) Vergleichswert	
Statische Reibungszahl	
Dynamische Reibungszahl	(p·v =　　　N/mm² ·　　　m/min)
Zulässiger p · v Wert	N/mm² · (m/min)　v =　　m/min
	v =　　m/min

Thermische Eigenschaften

Formbeständigkeit in der Wärme	*Verfahren*		°C
	Verfahren		°C
Vicat Erweichungstemperatur (VST)	*Verfahren* A/120		125 °C
	Verfahren		°C
Kristallit-Schmelzpunkt	*Verfahren*		
Längenausdehnungskoeffizient	*Bereich*	°C	$\cdot 10^{-4} \mathrm{K}^{-1}$
	Temperatur		$\cdot 10^{-4} \mathrm{K}^{-1}$
Wärmeleitfähigkeit	*Verfahren*		W/(K · m)
Spezifische Wärmekapazität	*Verfahren*		J/(K · g)
Glasumwandlungstemperatur	*Torsionsschwingungsversuch*	°C	
	Differentialkalorimetrie	°C	

Brandverhalten

UL-Test vertikal　　　　　　Dicke　　mm, Wert
　　　　　　　　　　　　　　Dicke　　mm, Wert

	Norm	Bewertung	Abmessungen
Sauerstoff-Index	ASTM D 2863		
Glühstab-Verfahren			
Brandverhalten	DIN 4102		
MVSS			
FAR			

Elektrische Eigenschaften

	Hz	°C	Probekörper, Form
Dielektrizitätszahl	50		
	10^3		
	10^6		
Dielektrischer Verlustfaktor tan δ	50		
	10^3		
	10^6		
Spezifischer Durchgangs- widerstand	Ohm · cm		
Durchschlagfestigkeit	kV/mm		mm dick
Oberflächenwiderstand	Ohm		

Kriechstromfestigkeit	KC	KB	KA
Elektrolytische Korrosionswirkung			
Lichtbogenfestigkeit nach DIN			
nach ASTM	s		

Beständigkeit *(Chemische Beständigkeit siehe Anhang)*

Wasseraufnahme

Feuchtigkeitsaufnahme Normalklima　　　　　　　　　　　　　　　　　　　　%
Wetterbeständigkeit

Spannungskorrosion Nach ASTM D 1693 (F 50): > 1000 h

Optische Eigenschaften

Brechungszahl n_D
Transmissionsgrad τ_c　　　%　　　　　　　　　mm dick
Lichtdurchlässigkeit

Produkt	Polyethylen hoher Dichte	**PE**
Handelsname	**Finathene 3802 Y**	
Hersteller	FINA	
DIN-Bez 1	16776-PE,EG,40-T012	
DIN-Bez 2	16776-PE,MG,40-T012	

Zusätze		Füllstoffe/ Verstärkung	
Bevorzugte Verarbeitung	Extrudieren	Lieferform	Granulat
		Farben	Gelb
Besondere Merkmale	Ausgezeichnete Spannungsrissbe-staendigkeit; Chemisch vertraeglich gegen Gaskomponenten; Gute Zeit-standfestigkeit	Bevorzugte Anwendungen	Gasrohr fuer Erdgas oder Stadtgas

Dichte	g/cm³	0.941	Schmelzindex	g/10 min	0.2: 190/2.16
Schüttdichte	g/cm³		Volumenfließindex	cm³/10 min	:
Viskositätszahl	ml/g				

Verarbeitungsbedingungen für Spritzgießen

Massetemp.	°C		Schwindung	%	lgs , quer
Werkzeugtemp.	°C		Bemerkungen		
Spritzdruck	bar				

Zugversuch 23 °C DIN 53455; DIN 53457

Probekörper:	Form	Herstellung	Pressen
	Zustand	Vorbehandlung	Normalklima

Streckspannung	N/mm²	19	Dehnung bei Streckspannung	%	13
Zugfestigkeit	N/mm²		Reißdehnung	%	1000
Reißfestigkeit	N/mm²	27	% Dehnspannung	N/mm²	
E-Modul	N/mm²	700	Dehnung bei % Dehnspg.	%	

Kriechmoduln und Zeitstandwerte 23 °C

Probekörper:	Form	Herstellung	
	Zustand	Vorbehandlung	

Kriechmodul	1 min N/mm²		Zeitstandzugfestigkeit	h N/mm²
Kriechmodul	1000 h N/mm²		Zeitdehnspg. %	h N/mm²
bei Spannung	N/mm²			

Biegeversuch 23 °C DIN 53457;

Probekörper:	Form	Herstellung	Pressen
	Zustand	Vorbehandlung	Normalklima

Biegefestigkeit	N/mm²	E-Modul	N/mm² 700
3,5% Biegespannung	N/mm²		

Härte 23 °C

Probekörper:	Zustand	Herstellung	Pressen
		Vorbehandlung	Normalklima

Kugeldruckhärte	N/mm² bei N, s	Shore-Härte A	
Rockwellhärte		Shore-Härte D	59

Schlagversuch

Probekörper:	(1)		
	(2) V-Kerbe	Herstellung	Pressen
	Zustand	Vorbehandlung	Normalklima
	°C	°C	°C	Probekörper-Form

Schlagzähigkeit	kJ/m²	
Kerbschlagzähigkeit (1)	kJ/m²	
IZOD-Kerbschlagzähigkeit (2)	J/m	23 o.B.
Kerbschlagzugzähigkeit	kJ/m²	

Abrieb und Reibung

Taber-Abrieb (Reibradverfahren)   mm³/100 U
Abriebfaktor LNP (Thrust washer) Vergleichswert
Statische Reibungszahl
Dynamische Reibungszahl   (p·v =   N/mm² ·   m/min)
Zulässiger p · v Wert   N/mm² · (m/min)   v =   m/min
                                                                              v =   m/min

Thermische Eigenschaften

Formbeständigkeit in der Wärme   *Verfahren*   °C
                                         Verfahren   °C
Vicat Erweichungstemperatur (VST)   *Verfahren*   A/120   125 °C
                                         Verfahren   °C
Kristallit-Schmelzpunkt   *Verfahren*

Längenausdehnungskoeffizient   *Bereich*   °C $\cdot 10^{-4} K^{-1}$
                                         Temperatur $\cdot 10^{-4} K^{-1}$
Wärmeleitfähigkeit   *Verfahren*   W/(K · m)

Spezifische Wärmekapazität   *Verfahren*   J/(K · g)

Glasumwandlungstemperatur   *Torsionsschwingungsversuch*   °C
                                         Differentialkalorimetrie   °C

Brandverhalten

UL-Test vertikal   Dicke   mm, Wert
                                         Dicke   mm, Wert

              Norm   Bewertung   Abmessungen

Sauerstoff-Index   ASTM D 2863
Glühstab-Verfahren
Brandverhalten   DIN 4102
MVSS
FAR

Elektrische Eigenschaften

                                         Hz   °C   Probekörper, Form

Dielektrizitätszahl   50
                                         10^3
                                         10^6
Dielektrischer Verlustfaktor tan δ   50
                                         10^3
                                         10^6
Spezifischer Durchgangs-
    widerstand   Ohm · cm
Durchschlagfestigkeit   kV/mm   mm dick
Oberflächenwiderstand   Ohm

Kriechstromfestigkeit   KC   KB   KA
Elektrolytische Korrosionswirkung
Lichtbogenfestigkeit nach DIN
              nach ASTM   s

Beständigkeit *(Chemische Beständigkeit siehe Anhang)*

Wasseraufnahme

Feuchtigkeitsaufnahme Normalklima   %
Wetterbeständigkeit

Spannungskorrosion Nach ASTM D 1693 (F 50): > 1000 h

Optische Eigenschaften

Brechungszahl n_D
Transmissionsgrad τ_c %   mm dick
Lichtdurchlässigkeit

Produkt	Polyethylen hoher Dichte	**PE**
Handelsname	**Finathene 3802 Nat**	
Hersteller	FINA	
DIN-Bez 1	16776-PE,BG,40-D001	
DIN-Bez 2	16776-PE,EG,40-D001	

Zusätze		*Füllstoffe/ Verstärkung*	
Bevorzugte Verarbeitung	Blasformen; Extrudieren; Spritzgiessen	*Lieferform*	Granulat
		Farben	Natur
Besondere Merkmale	Hervorragende Spannungsrissbe-staendigkeit; Gute mechanische Ei-genschaften; Hohe Kaelteschlagzae-higkeit	*Bevorzugte Anwendungen*	Flasche; Kanister; Tafel; Folie; Profil; Technisches Formteil

---

Dichte	g/cm^3	0.940	*Schmelzindex* g/10 min	0.2: 190/2.16
Schüttdichte	g/cm^3		*Volumenfließindex* cm^3/10 min	:
Viskositätszahl	ml/g			

Verarbeitungsbedingungen für Spritzgießen

Massetemp.	°C	*Schwindung* % lgs	, quer
Werkzeugtemp.	°C	*Bemerkungen*	
Spritzdruck	bar		

Zugversuch 23 °C DIN 53455; DIN 53457

Probekörper:	*Form*	*Herstellung*	Pressen
	Zustand	*Vorbehandlung*	Normalklima

Streckspannung	N/mm^2 20	*Dehnung bei Streckspannung*	%	13
Zugfestigkeit	N/mm^2	*Reißdehnung*	%	1100
Reißfestigkeit	N/mm^2 30	*% Dehnspannung*	N/mm^2	
E-Modul	N/mm^2 700	*Dehnung bei % Dehnspg.*	%	

Kriechmoduln und Zeitstandwerte 23 °C

Probekörper:	*Form*	*Herstellung*	
	Zustand	*Vorbehandlung*	

Kriechmodul	1 min N/mm^2	*Zeitstandzugfestigkeit*	h N/mm^2
Kriechmodul	1000 h N/mm^2	*Zeitdehnspg. %*	h N/mm^2
bei Spannung	N/mm^2		

Biegeversuch 23 °C

Probekörper:	*Form*	*Herstellung*	
	Zustand	*Vorbehandlung*	

Biegefestigkeit	N/mm^2	*E-Modul*	N/mm^2
3,5% Biegespannung	N/mm^2		

Härte 23 °C

Probekörper:	*Zustand*	*Herstellung*	Pressen
		Vorbehandlung	Normalklima

Kugeldruckhärte	N/mm^2 bei N, s	*Shore-Härte A*	
Rockwellhärte		*Shore-Härte D*	64

Schlagversuch

Probekörper:	*(1)*		
	(2) V-Kerbe	*Herstellung*	Pressen
	Zustand	*Vorbehandlung*	Normalklima

°C	°C	°C	*Probekörper-Form*

Schlagzähigkeit	kJ/m^2	
Kerbschlagzähigkeit (1)	kJ/m^2	
IZOD-Kerbschlagzähigkeit (2)	J/m	23 o.B.
Kerbschlagzugzähigkeit	kJ/m^2	

Abrieb und Reibung

Taber-Abrieb (Reibradverfahren)	mm³/100 U
Abriebfaktor LNP (Thrust washer) Vergleichswert	
Statische Reibungszahl	
Dynamische Reibungszahl	(p · v = N/mm² · m/min)
Zulässiger p · v Wert	N/mm² · (m/min) v = m/min
	v = m/min

Thermische Eigenschaften

Formbeständigkeit in der Wärme	*Verfahren*		°C
	Verfahren		°C
Vicat Erweichungstemperatur (VST)	*Verfahren*	A/120	126 °C
	Verfahren		°C
Kristallit-Schmelzpunkt	*Verfahren*		
Längenausdehnungskoeffizient	*Bereich*	°C	$\cdot 10^{-4} \mathrm{K}^{-1}$
	Temperatur		$\cdot 10^{-4} \mathrm{K}^{-1}$
Wärmeleitfähigkeit	*Verfahren*		W/(K · m)
Spezifische Wärmekapazität	*Verfahren*		J/(K · g)
Glasumwandlungstemperatur	*Torsionsschwingungsversuch*	°C	
	Differentialkalorimetrie	°C	

Brandverhalten

UL-Test vertikal   Dicke   mm, Wert
                  Dicke   mm, Wert

	Norm	*Bewertung*	*Abmessungen*
Sauerstoff-Index	ASTM D 2863		
Glühstab-Verfahren			
Brandverhalten	DIN 4102		
MVSS			
FAR			

Elektrische Eigenschaften

	Hz	°C	*Probekörper, Form*
Dielektrizitätszahl	50		
	10^3		
	10^6		
Dielektrischer Verlustfaktor tan δ	50		
	10^3		
	10^6		
Spezifischer Durchgangs-widerstand	Ohm · cm		
Durchschlagfestigkeit	kV/mm		mm dick
Oberflächenwiderstand	Ohm		

Kriechstromfestigkeit   KC   KB   KA
Elektrolytische Korrosionswirkung
Lichtbogenfestigkeit nach DIN
             nach ASTM   s

Beständigkeit *(Chemische Beständigkeit siehe Anhang)*

Wasseraufnahme

Feuchtigkeitsaufnahme Normalklima   %
Wetterbeständigkeit

Spannungskorrosion Nach ASTM D 1693 (F 50): > 1000 h

Optische Eigenschaften

Brechungszahl n_D
Transmissionsgrad τ_c %   mm dick
Lichtdurchlässigkeit

Produkt	Polyethylen hoher Dichte	**PE**
Handelsname	**Finathene 5300**	
Hersteller	FINA	
DIN-Bez 1	16776-PE,EG,55-G090	
DIN-Bez 2	16776-PE,BG,55-G090	

Zusätze	Russ	*Füllstoffe/ Verstärkung*	
Bevorzugte Verarbeitung	Blasformen; Extrudieren; Spritzgiessen	*Lieferform*	Granulat
		Farben	Schwarz
Besondere Merkmale	Sehr gute Witterungsbestaendigkeit	*Bevorzugte Anwendungen*	Rohr; Abwasserrohr; Schutzrohr; Tafel fuer Behaelterbau; Behaelterausklei-dung; Kabelummantelung; Grosser Hohlkoerper; Formstueck; Verschluss

Dichte	g/cm^3	0.956	*Schmelzindex* g/10 min	10: 190/21.6
Schüttdichte	g/cm^3		*Volumenfließindex* cm^3/10 min	:
Viskositätszahl	ml/g			

Verarbeitungsbedingungen für Spritzgießen

Massetemp.	°C	*Schwindung* %	lgs , quer
Werkzeugtemp.	°C	*Bemerkungen*	
Spritzdruck	bar		

Zugversuch 23 °C DIN 53455;

	Probekörper: Form		*Herstellung*	Pressen
	Zustand		*Vorbehandlung*	Normalklima
Streckspannung	N/mm^2	28	*Dehnung bei Streckspannung* %	
Zugfestigkeit	N/mm^2		*Reißdehnung* %	1000
Reißfestigkeit	N/mm^2	35	% *Dehnspannung* N/mm^2	
E-Modul	N/mm^2		*Dehnung bei* % *Dehnspg.* %	

Kriechmoduln und Zeitstandwerte 23 °C

	Probekörper: Form	*Herstellung*	
	Zustand	*Vorbehandlung*	
Kriechmodul	1 min N/mm^2	*Zeitstandzugfestigkeit* h N/mm^2	
Kriechmodul	1000 h N/mm^2	*Zeitdehnspg.* % h N/mm^2	
bei Spannung	N/mm^2		

Biegeversuch 23 °C DIN 53457;

	Probekörper: Form	*Herstellung*	Pressen
	Zustand	*Vorbehandlung*	Normalklima
Biegefestigkeit	N/mm^2	*E-Modul*	N/mm^2 930
3,5% Biegespannung	N/mm^2		

Härte 23 °C

	Probekörper: Zustand	*Herstellung*	Pressen
		Vorbehandlung	Normalklima
Kugeldruckhärte	N/mm^2 bei N, s	*Shore-Härte* A	
Rockwellhärte		*Shore-Härte* D	62

Schlagversuch

	Probekörper: (1)	
	(2)	*Herstellung*
	Zustand	*Vorbehandlung*
	°C °C °C	*Probekörper-Form*

Schlagzähigkeit	kJ/m^2
Kerbschlagzähigkeit (1)	kJ/m^2
IZOD-Kerbschlagzähigkeit (2)	J/m
Kerbschlagzugzähigkeit	kJ/m^2

Abrieb und Reibung

Taber-Abrieb (Reibradverfahren)   mm³/100 U
Abriebfaktor LNP (Thrust washer) Vergleichswert
Statische Reibungszahl
Dynamische Reibungszahl $(p \cdot v =$ N/mm² ·   m/min$)$
Zulässiger p · v Wert   N/mm² · (m/min)   v =   m/min
                                                                                  v =   m/min

Thermische Eigenschaften

Formbeständigkeit in der Wärme   *Verfahren*   °C
                                           Verfahren   °C
Vicat Erweichungstemperatur (VST)   *Verfahren*   A/120   126 °C
                                           Verfahren   °C
Kristallit-Schmelzpunkt   *Verfahren*

Längenausdehnungskoeffizient   *Bereich*   °C $\cdot 10^{-4}\text{K}^{-1}$
                                           Temperatur $\cdot 10^{-4}\text{K}^{-1}$
Wärmeleitfähigkeit   *Verfahren*   W/(K · m)

Spezifische Wärmekapazität   *Verfahren*   J/(K · g)

Glasumwandlungstemperatur   *Torsionsschwingungsversuch*   °C
                                           Differentialkalorimetrie   °C

Brandverhalten

UL-Test vertikal   Dicke   mm, Wert
                                           Dicke   mm, Wert

	Norm	*Bewertung*	*Abmessungen*
Sauerstoff-Index	ASTM D 2863		
Glühstab-Verfahren			
Brandverhalten	DIN 4102		
MVSS			
FAR			

Elektrische Eigenschaften

		Hz	°C	*Probekörper, Form*
Dielektrizitätszahl		50		
		10³		
		10⁶		
Dielektrischer Verlustfaktor tan δ		50		
		10³		
		10⁶		

Spezifischer Durchgangs-
   widerstand   Ohm · cm
Durchschlagfestigkeit   kV/mm   mm dick
Oberflächenwiderstand   Ohm

Kriechstromfestigkeit   KC   KB   KA
Elektrolytische Korrosionswirkung
Lichtbogenfestigkeit nach DIN
            nach ASTM   s

Beständigkeit *(Chemische Beständigkeit siehe Anhang)*

Wasseraufnahme

Feuchtigkeitsaufnahme Normalklima   %
Wetterbeständigkeit

Spannungskorrosion Nach ASTM D 1693 (F 50): > 1000 h

Optische Eigenschaften

Brechungszahl n_D
Transmissionsgrad τ_c %   mm dick
Lichtdurchlässigkeit

Produkt	Polyethylen hoher Dichte	**PE**

Handelsname **Finathene 4810**

Hersteller FINA

DIN-Bez 1 16776-PE,EG,50-D012
DIN-Bez 2 16776-PE,BG,50-D012

Zusätze   *Füllstoffe/ Verstärkung*

Bevorzugte Verarbeitung Blasformen; Spritzgiessen; Spritzblasen; Extrudieren

Lieferform Granulat

Farben Natur; Standard

Besondere Merkmale Gute Schlagzaehigkeit; Gute Bestaendigkeit gegen Spannungsrissbildung

Bevorzugte Anwendungen Deckel; Verschlussteil; Technisches Kleinteil; Schuhform; Flaschenverschluss; Drahtisolierung; Papieraehnliche Folie fuer kleine Beutel; Flasche fuer Pharmaprodukte und Kosmetika

---

Dichte g/cm^3 0.948
Schüttdichte g/cm^3
Viskositätszahl ml/g

Schmelzindex g/10 min 1: 190/2.16
Volumenfließindex cm^3/10 min :

Verarbeitungsbedingungen für Spritzgießen

Massetemp. °C
Werkzeugtemp. °C
Spritzdruck bar

Schwindung % lgs , quer
Bemerkungen

Zugversuch 23 °C DIN 53455; DIN 53457

Probekörper: Form
Zustand

Herstellung Pressen
Vorbehandlung Normalklima

Streckspannung N/mm^2 25
Zugfestigkeit N/mm^2
Reißfestigkeit N/mm^2 20
E-Modul N/mm^2 980

Dehnung bei Streckspannung % 10
Reißdehnung % 850
% Dehnspannung N/mm^2
Dehnung bei *% Dehnspg.* %

Kriechmoduln und Zeitstandwerte 23 °C

Probekörper: Form
Zustand

Herstellung
Vorbehandlung

Kriechmodul 1 min N/mm^2
Kriechmodul 1000 h N/mm^2
bei Spannung N/mm^2

Zeitstandzugfestigkeit h N/mm^2
Zeitdehnspg. % h N/mm^2

Biegeversuch 23 °C

Probekörper: Form
Zustand

Herstellung
Vorbehandlung

Biegefestigkeit N/mm^2
3,5% Biegespannung N/mm^2

E-Modul N/mm^2

Härte 23 °C *Probekörper:* Zustand

Herstellung Pressen
Vorbehandlung Normalklima

Kugeldruckhärte N/mm^2 bei N, s
Rockwellhärte

Shore-Härte A
Shore-Härte D 65

Schlagversuch *Probekörper:* (1)
(2) V-Kerbe
Zustand

Herstellung Pressen
Vorbehandlung Normalklima

°C °C °C *Probekörper-Form*

Schlagzähigkeit kJ/m^2
Kerbschlagzähigkeit (1) kJ/m^2
IZOD-Kerbschlagzähigkeit (2) J/m 23 70
Kerbschlagzugzähigkeit kJ/m^2

Abrieb und Reibung

Taber-Abrieb (Reibradverfahren)	mm³/100 U
Abriebfaktor LNP (Thrust washer) Vergleichswert	
Statische Reibungszahl	
Dynamische Reibungszahl	(p·v = N/mm² · m/min)
Zulässiger p · v Wert	N/mm² · (m/min) v = m/min
	v = m/min

Thermische Eigenschaften

Formbeständigkeit in der Wärme	*Verfahren*	°C
	Verfahren	°C
Vicat Erweichungstemperatur (VST)	*Verfahren* A/120	126 °C
	Verfahren	°C
Kristallit-Schmelzpunkt	*Verfahren*	
Längenausdehnungskoeffizient	*Bereich* °C	$\cdot 10^{-4} \text{K}^{-1}$
	Temperatur	$\cdot 10^{-4} \text{K}^{-1}$
Wärmeleitfähigkeit	*Verfahren*	W/(K · m)
Spezifische Wärmekapazität	*Verfahren*	J/(K · g)
Glasumwandlungstemperatur	*Torsionsschwingungsversuch*	°C
	Differentialkalorimetrie	°C

Brandverhalten

UL-Test vertikal   Dicke   mm, Wert
Dicke   mm, Wert

	Norm	*Bewertung*	*Abmessungen*
Sauerstoff-Index	ASTM D 2863		
Glühstab-Verfahren			
Brandverhalten	DIN 4102		
MVSS			
FAR			

Elektrische Eigenschaften

		Hz	°C			*Probekörper, Form*
Dielektrizitätszahl		50				
		10^3				
		10^6				
Dielektrischer Verlustfaktor tan δ		50				
		10^3				
		10^6				
Spezifischer Durchgangs-widerstand	Ohm · cm					
Durchschlagfestigkeit	kV/mm					mm dick
Oberflächenwiderstand	Ohm					
Kriechstromfestigkeit		KC	KB	KA		
Elektrolytische Korrosionswirkung						
Lichtbogenfestigkeit nach DIN						
nach ASTM s						

Beständigkeit *(Chemische Beständigkeit siehe Anhang)*

Wasseraufnahme

Feuchtigkeitsaufnahme Normalklima   %
Wetterbeständigkeit

Spannungskorrosion Nach ASTM D 1693 (F 50): 200 h

Optische Eigenschaften

Brechungszahl n_D
Transmissionsgrad τ_c %   mm dick
Lichtdurchlässigkeit

Produkt	Polyethylen hoher Dichte		**PE**
Handelsname	**Finathene 6003**		
Hersteller	FINA		
DIN-Bez 1	16776-PE,EG,60-D003		
DIN-Bez 2	16776-PE,BG,60-D003		
Zusätze		*Füllstoffe/ Verstärkung*	
Bevorzugte Verarbeitung	Blasformen; Extrudieren	*Lieferform*	Granulat
		Farben	Natur; Standard
Besondere Merkmale	Gute Steifigkeit; Ausgezeichnete Oberflaeche	*Bevorzugte Anwendungen*	Duennwandiges Rohr; Abwasserrohr; Drainrohr; Duenne Tafel fuer das Tiefziehen; Kleinerer und mittlerer Hohlkoerper, Einwegbehaelter; Einwegverpackung; Technisches Formteil

---

Dichte	g/cm³	0.962	*Schmelzindex*	g/10 min	0.4: 190/2.16
Schüttdichte	g/cm³		*Volumenfließindex*	cm³/10 min	:
Viskositätszahl	ml/g				

Verarbeitungsbedingungen für Spritzgießen

Massetemp.	°C		*Schwindung*	%	lgs , quer
Werkzeugtemp.	°C		*Bemerkungen*		
Spritzdruck	bar				

Zugversuch 23 °C DIN 53455; DIN 53457

Probekörper:	Form		*Herstellung*	Pressen
	Zustand		*Vorbehandlung*	Normalklima
Streckspannung	N/mm² 30		*Dehnung bei Streckspannung*	% 8
Zugfestigkeit	N/mm²		*Reißdehnung*	% 650
Reißfestigkeit	N/mm² 21		*% Dehnspannung*	N/mm²
E-Modul	N/mm² 1550		*Dehnung bei* % *Dehnspg.*	%

Kriechmoduln und Zeitstandwerte 23 °C

Probekörper:	Form	*Herstellung*	
	Zustand	*Vorbehandlung*	
Kriechmodul	1 min N/mm²	*Zeitstandzugfestigkeit*	h N/mm²
Kriechmodul	1000 h N/mm²	*Zeitdehnspg.* %	h N/mm²
bei Spannung	N/mm²		

Biegeversuch 23 °C

Probekörper:	Form	*Herstellung*	
	Zustand	*Vorbehandlung*	
Biegefestigkeit	N/mm²	*E-Modul*	N/mm²
3,5% Biegespannung	N/mm²		

Härte 23 °C

Probekörper:	Zustand	*Herstellung*	Pressen
		Vorbehandlung	Normalklima
Kugeldruckhärte	N/mm² bei N, s	*Shore-Härte* A	
Rockwellhärte		*Shore-Härte* D	68

Schlagversuch

Probekörper:	(1)		
	(2) V-Kerbe	*Herstellung*	Pressen
	Zustand	*Vorbehandlung*	Normalklima
	°C	°C	°C	*Probekörper-Form*

Schlagzähigkeit	kJ/m²	
Kerbschlagzähigkeit (1)	kJ/m²	
IZOD-Kerbschlagzähigkeit (2)	J/m	23 70
Kerbschlagzugzähigkeit	kJ/m²	

Abrieb und Reibung

Taber-Abrieb (Reibradverfahren)   mm³/100 U
Abriebfaktor LNP (Thrust washer) Vergleichswert
Statische Reibungszahl
Dynamische Reibungszahl   (p·v =   N/mm² ·   m/min)
Zulässiger p · v Wert   N/mm² · (m/min)   v =   m/min
                                                                           v =   m/min

Thermische Eigenschaften

Formbeständigkeit in der Wärme   Verfahren   °C
                                          Verfahren   °C
Vicat Erweichungstemperatur (VST)   Verfahren   A/120   127 °C
                                          Verfahren   °C
Kristallit-Schmelzpunkt   Verfahren

Längenausdehnungskoeffizient   Bereich   °C $\cdot 10^{-4}K^{-1}$
                                          Temperatur $\cdot 10^{-4}K^{-1}$
Wärmeleitfähigkeit   Verfahren   W/(K · m)

Spezifische Wärmekapazität   Verfahren   J/(K · g)

Glasumwandlungstemperatur   Torsionsschwingungsversuch   °C
                                          Differentialkalorimetrie   °C

Brandverhalten

UL-Test vertikal   Dicke   mm, Wert
                                          Dicke   mm, Wert

                    Norm   Bewertung   Abmessungen

Sauerstoff-Index   ASTM D 2863
Glühstab-Verfahren
Brandverhalten   DIN 4102
MVSS
FAR

Elektrische Eigenschaften

                                          Hz   °C   Probekörper, Form

Dielektrizitätszahl   50
                                          10^3
                                          10^6
Dielektrischer Verlustfaktor tan δ   50
                                          10^3
                                          10^6

Spezifischer Durchgangs-
   widerstand   Ohm · cm
Durchschlagfestigkeit   kV/mm   mm dick
Oberflächenwiderstand   Ohm

Kriechstromfestigkeit   KC   KB   KA
Elektrolytische Korrosionswirkung
Lichtbogenfestigkeit nach DIN
                 nach ASTM   s

Beständigkeit (Chemische Beständigkeit siehe Anhang)

Wasseraufnahme

Feuchtigkeitsaufnahme Normalklima   %
Wetterbeständigkeit

Spannungskorrosion Nach ASTM D 1693 (F 50): 20 h

Optische Eigenschaften

Brechungszahl n_D
Transmissionsgrad τ_c %   mm dick
Lichtdurchlässigkeit

Produkt	Polyethylen mittlerer Dichte		**PE**
Handelsname	**Neste Polyethylene DGDS-2420**		
Hersteller	NESTE		
DIN-Bez 1	16776-PE,ECGL,35-D006		
DIN-Bez 2			

Zusätze		*Füllstoffe/ Verstärkung*	
Bevorzugte Verarbeitung	Extrudieren	*Lieferform*	Granulat
		Farben	Gelb
Besondere Merkmale	Ausgezeichnete UV-Bestaendigkeit; Ausgezeichnete Bestaendigkeit gegen Gaskondensate	*Bevorzugte Anwendungen*	Gasrohr

Dichte	g/cm^3	0.936	*Schmelzindex*	g/10 min	0.7 : 190/5.00
Schüttdichte	g/cm^3		*Volumenfließindex*	cm^3/10 min	:
Viskositätszahl	ml/g				

Verarbeitungsbedingungen für Spritzgießen

Massetemp.	°C		*Schwindung*	%	lgs , quer
Werkzeugtemp.	°C		*Bemerkungen*		
Spritzdruck	bar				

Zugversuch 23 °C   ISO 6259;

	Probekörper:	*Form*	*Herstellung*	Pressen
		Zustand	*Vorbehandlung*	Normalklima
Streckspannung	N/mm^2	17	*Dehnung bei Streckspannung*	%
Zugfestigkeit	N/mm^2		*Reißdehnung*	% $\geqq 600$
Reißfestigkeit	N/mm^2		*% Dehnspannung*	N/mm^2
E-Modul	N/mm^2		*Dehnung bei % Dehnspg.*	%

Kriechmoduln und Zeitstandwerte 23 °C

	Probekörper:	*Form*	*Herstellung*	
		Zustand	*Vorbehandlung*	
Kriechmodul	1 min N/mm^2		*Zeitstandzugfestigkeit*	h N/mm^2
Kriechmodul	1000 h N/mm^2		*Zeitdehnspg. %*	h N/mm^2
bei Spannung	N/mm^2			

Biegeversuch 23 °C

	Probekörper:	*Form*	*Herstellung*	
		Zustand	*Vorbehandlung*	
Biegefestigkeit	N/mm^2		*E-Modul*	N/mm^2
3,5% Biegespannung	N/mm^2			

Härte 23 °C

	Probekörper:	*Zustand*	*Herstellung*	Spritzgiessen
			Vorbehandlung	Normalklima
Kugeldruckhärte	N/mm^2	bei N, s	*Shore-Härte* A	
Rockwellhärte			*Shore-Härte* D	57

Schlagversuch

	Probekörper:	*(1)*	
		(2)	*Herstellung*
		Zustand	*Vorbehandlung*
	°C	°C	°C *Probekörper-Form*

Schlagzähigkeit	kJ/m^2
Kerbschlagzähigkeit (1)	kJ/m^2
IZOD-Kerbschlagzähigkeit (2)	J/m
Kerbschlagzugzähigkeit	kJ/m^2

Abrieb und Reibung

Taber-Abrieb (Reibradverfahren)	mm^3/100 U	
Abriebfaktor LNP (Thrust washer) Vergleichswert		
Statische Reibungszahl		
Dynamische Reibungszahl	(p·v = 　　N/mm^2 · 　　m/min)	
Zulässiger p · v Wert	N/mm^2 · (m/min)　v = 　　m/min	
	v = 　　m/min	

Thermische Eigenschaften

Formbeständigkeit in der Wärme	*Verfahren*		°C
	Verfahren		°C
Vicat Erweichungstemperatur (VST)	*Verfahren* A/50		120 °C
	Verfahren		°C
Kristallit-Schmelzpunkt	*Verfahren* DSC		124–128 °C
Längenausdehnungskoeffizient	*Bereich* 20–90　°C		$2.4 \cdot 10^{-4} \mathrm{K}^{-1}$
	Temperatur °C		$\cdot 10^{-4} \mathrm{K}^{-1}$
Wärmeleitfähigkeit	*Verfahren* DIN 52612	23 °C	0.36 W/(K · m)
Spezifische Wärmekapazität	*Verfahren* DSC	23 °C	1.92 J/(K · g)
Glasumwandlungstemperatur	*Torsionsschwingungsversuch*	°C	
	Differentialkalorimetrie	°C	

Brandverhalten

UL-Test vertikal		*Dicke*　mm, Wert		
		Dicke　mm, Wert		
	Norm	*Bewertung*		*Abmessungen*
Sauerstoff-Index	ASTM D 2863			
Glühstab-Verfahren				
Brandverhalten	DIN 4102			
MVSS				
FAR				

Elektrische Eigenschaften

	Hz	°C		*Probekörper, Form*
Dielektrizitätszahl	50			
	10^3			
	10^6			
Dielektrischer Verlustfaktor tan δ	50			
	10^3			
	10^6			
Spezifischer Durchgangs-widerstand	Ohm · cm			
Durchschlagfestigkeit	kV/mm			mm dick
Oberflächenwiderstand	Ohm			
Kriechstromfestigkeit	KC	KB	KA	
Elektrolytische Korrosionswirkung				
Lichtbogenfestigkeit nach DIN				
nach ASTM　s				

Beständigkeit *(Chemische Beständigkeit siehe Anhang)*

Wasseraufnahme

Feuchtigkeitsaufnahme Normalklima　　　　　　　　　　　　　　　　　　%
Wetterbeständigkeit

Spannungskorrosion ASTM D-1693/A : > 1000 h

Optische Eigenschaften

Brechungszahl n$_D$
Transmissionsgrad τ_c　　%　　　　　　　mm dick
Lichtdurchlässigkeit

Produkt	Polyethylen niedriger Dichte			**PE**
Handelsname	**Finathene LX-503**			
Hersteller	FINA			
DIN-Bez 1	16776-PE,FGN,20-D003			
DIN-Bez 2				
Zusätze		*Füllstoffe/ Verstärkung*		
Bevorzugte Verarbeitung	Blasfolienextrusion	*Lieferform*	Granulat	
		Farben	Natur	
Besondere Merkmale	Sehr gut schweissbar; Leicht verarbeitbar; Leicht ausziehbar	*Bevorzugte Anwendungen*	Folie; Schlauchfolie fuer Schwergutsack; Schrumpffolie fuer Paletten; Baufolie; Folie fuer Landwirtschaft	

Dichte	g/cm^3	0.918	*Schmelzindex*	g/10 min	0.3: 190/2.16
Schüttdichte	g/cm^3		*Volumenfließindex*	cm^3/10 min	:
Viskositätszahl	ml/g				

Verarbeitungsbedingungen für Spritzgießen

Massetemp.	°C		*Schwindung*	%	lgs , quer
Werkzeugtemp.	°C		*Bemerkungen*		
Spritzdruck	bar				

Zugversuch 23 °C DIN 53457

	Probekörper:	*Form* Folie 0.050 mm lgs	*Herstellung*	Blasfolienextrusion
		Zustand	*Vorbehandlung*	Normalklima
Streckspannung	N/mm^2 12		*Dehnung bei Streckspannung*	%
Zugfestigkeit	N/mm^2		*Reißdehnung*	% 200
Reißfestigkeit	N/mm^2 26		*% Dehnspannung*	N/mm^2
E-Modul	N/mm^2 190		*Dehnung bei % Dehnspg.*	%

Kriechmoduln und Zeitstandwerte 23 °C

	Probekörper:	*Form*	*Herstellung*	
		Zustand	*Vorbehandlung*	
Kriechmodul	*1 min* N/mm^2		*Zeitstandzugfestigkeit*	h N/mm^2
Kriechmodul	*1000 h* N/mm^2		*Zeitdehnspg.* %	h N/mm^2
bei Spannung	N/mm^2			

Biegeversuch 23 °C

	Probekörper:	*Form*	*Herstellung*	
		Zustand	*Vorbehandlung*	
Biegefestigkeit	N/mm^2		*E-Modul*	N/mm^2
3,5% Biegespannung	N/mm^2			

Härte 23 °C

	Probekörper:	*Zustand*	*Herstellung*	
			Vorbehandlung	
Kugeldruckhärte	N/mm^2	bei N, s	*Shore-Härte* A	
Rockwellhärte			*Shore-Härte* D	

Schlagversuch

	Probekörper:	*(1)*		
		(2)	*Herstellung*	
		Zustand	*Vorbehandlung*	
		°C	°C	°C	*Probekörper-Form*

Schlagzähigkeit	kJ/m^2
Kerbschlagzähigkeit (1)	kJ/m^2
IZOD-Kerbschlagzähigkeit (2)	J/m
Kerbschlagzugzähigkeit	kJ/m^2

Abrieb und Reibung

Taber-Abrieb (Reibradverfahren)	mm³/100 U
Abriebfaktor LNP (Thrust washer) Vergleichswert	
Statische Reibungszahl	
Dynamische Reibungszahl	(p·v = N/mm² · m/min)
Zulässiger p · v Wert	N/mm² · (m/min) v = m/min
	v = m/min

Thermische Eigenschaften

Formbeständigkeit in der Wärme	*Verfahren*		°C
	Verfahren		°C
Vicat Erweichungstemperatur (VST)	*Verfahren*		°C
	Verfahren		°C
Kristallit-Schmelzpunkt	*Verfahren*		
Längenausdehnungskoeffizient	*Bereich*	°C	$\cdot 10^{-4}\mathrm{K}^{-1}$
	Temperatur		$\cdot 10^{-4}\mathrm{K}^{-1}$
Wärmeleitfähigkeit	*Verfahren*		W/(K · m)
Spezifische Wärmekapazität	*Verfahren*		J/(K · g)
Glasumwandlungstemperatur	*Torsionsschwingungsversuch*	°C	
	Differentialkalorimetrie	°C	

Brandverhalten

UL-Test vertikal	*Dicke* mm, *Wert*		
	Dicke mm, *Wert*		

	Norm	*Bewertung*	*Abmessungen*
Sauerstoff-Index	ASTM D 2863		
Glühstab-Verfahren			
Brandverhalten	DIN 4102		
MVSS			
FAR			

Elektrische Eigenschaften

	Hz	°C	*Probekörper, Form*
Dielektrizitätszahl	50		
	10^3		
	10^6		
Dielektrischer Verlustfaktor tan δ	50		
	10^3		
	10^6		
Spezifischer Durchgangs-widerstand	Ohm · cm		
Durchschlagfestigkeit	kV/mm		mm dick
Oberflächenwiderstand	Ohm		

Kriechstromfestigkeit	KC	KB	KA
Elektrolytische Korrosionswirkung			
Lichtbogenfestigkeit nach DIN			
nach ASTM s			

Beständigkeit *(Chemische Beständigkeit siehe Anhang)*

Wasseraufnahme

Feuchtigkeitsaufnahme Normalklima %

Wetterbeständigkeit

Spannungskorrosion

Optische Eigenschaften

Brechungszahl n_D

Transmissionsgrad τ_c % mm dick

Lichtdurchlässigkeit

Produkt	Polyethylen niedriger Dichte	**PE**
Handelsname	**Finathene LB-507**	
Hersteller	FINA	
DIN-Bez 1	16776-PE,FGN,20-D006	
DIN-Bez 2		

Zusätze	Antiblockmittel; Gleitmittel	*Füllstoffe/ Verstärkung*	
Bevorzugte Verarbeitung	Blasfolienextrusion	*Lieferform*	Granulat
		Farben	Natur
Besondere Merkmale	Sehr gut schweissbar; Leicht verarbeitbar; Leicht ausziehbar; Sehr hohe Steifigkeit	*Bevorzugte Anwendungen*	Folie; Schlauchfolie fuer Tragetasche; Muellsack; Feinschrumpffolie; Baufolie; Folie fuer Landwirtschaft; Industriefolie

Dichte	g/cm³	0.922	*Schmelzindex*	g/10 min	0.8: 190/2.16
Schüttdichte	g/cm³		*Volumenfließindex*	cm³/10 min	:
Viskositätszahl	ml/g				

Verarbeitungsbedingungen für Spritzgießen

Massetemp.	°C		*Schwindung*	%	lgs , quer
Werkzeugtemp.	°C		*Bemerkungen*		
Spritzdruck	bar				

Zugversuch 23 °C DIN 53457; DIN 53455

	Probekörper:	*Form*	Folie 0.050 mm lgs	*Herstellung*	Blasfolienextrusion
		Zustand		*Vorbehandlung*	Normalklima
Streckspannung	N/mm²		*Dehnung bei Streckspannung*	%	
Zugfestigkeit	N/mm²		*Reißdehnung*	%	160
Reißfestigkeit	N/mm² 22		*% Dehnspannung*	N/mm²	
E-Modul	N/mm² 200		*Dehnung bei % Dehnspg.*	%	

Kriechmoduln und Zeitstandwerte 23 °C

	Probekörper:	*Form*	*Herstellung*	
		Zustand	*Vorbehandlung*	
Kriechmodul	1 min N/mm²		*Zeitstandzugfestigkeit*	h N/mm²
Kriechmodul	1000 h N/mm²		*Zeitdehnspg. %*	h N/mm²
bei Spannung	N/mm²			

Biegeversuch 23 °C

	Probekörper:	*Form*	*Herstellung*	
		Zustand	*Vorbehandlung*	
Biegefestigkeit	N/mm²		*E-Modul*	N/mm²
3,5% Biegespannung	N/mm²			

Härte 23 °C

	Probekörper:	*Zustand*	*Herstellung*	
			Vorbehandlung	
Kugeldruckhärte	N/mm²	bei N, s	*Shore-Härte* A	
Rockwellhärte			*Shore-Härte* D	

Schlagversuch

	Probekörper:	*(1)*		
		(2)	*Herstellung*	
		Zustand	*Vorbehandlung*	
		°C °C °C	*Probekörper-Form*	

Schlagzähigkeit	kJ/m²
Kerbschlagzähigkeit (1)	kJ/m²
IZOD-Kerbschlagzähigkeit (2)	J/m
Kerbschlagzugzähigkeit	kJ/m²

Abrieb und Reibung

Taber-Abrieb (Reibradverfahren)   mm³/100 U
Abriebfaktor LNP (Thrust washer) Vergleichswert
Statische Reibungszahl
Dynamische Reibungszahl   (p·v =   N/mm² ·   m/min)
Zulässiger p · v Wert   N/mm² · (m/min)   v =   m/min
                                                                      v =   m/min

Thermische Eigenschaften

Formbeständigkeit in der Wärme   Verfahren   °C
                                        Verfahren   °C
Vicat Erweichungstemperatur (VST)   Verfahren   °C
                                        Verfahren   °C
Kristallit-Schmelzpunkt   Verfahren

Längenausdehnungskoeffizient   Bereich   °C $\cdot 10^{-4} K^{-1}$
                                        Temperatur $\cdot 10^{-4} K^{-1}$
Wärmeleitfähigkeit   Verfahren   W/(K · m)

Spezifische Wärmekapazität   Verfahren   J/(K · g)

Glasumwandlungstemperatur   Torsionsschwingungsversuch   °C
                                        Differentialkalorimetrie   °C

Brandverhalten

UL-Test vertikal   Dicke   mm, Wert
                                        Dicke   mm, Wert

                    Norm   Bewertung   Abmessungen

Sauerstoff-Index   ASTM D 2863
Glühstab-Verfahren
Brandverhalten   DIN 4102
MVSS
FAR

Elektrische Eigenschaften

                                        Hz   °C   Probekörper, Form

Dielektrizitätszahl   50
                                        10³
                                        10⁶
Dielektrischer Verlustfaktor tan δ   50
                                        10³
                                        10⁶
Spezifischer Durchgangs-
*   widerstand*   Ohm · cm
Durchschlagfestigkeit   kV/mm   mm dick
Oberflächenwiderstand   Ohm

Kriechstromfestigkeit   KC   KB   KA
Elektrolytische Korrosionswirkung
Lichtbogenfestigkeit nach DIN
                    nach ASTM   s

Beständigkeit *(Chemische Beständigkeit siehe Anhang)*

Wasseraufnahme

Feuchtigkeitsaufnahme Normalklima   %
Wetterbeständigkeit

Spannungskorrosion

Optische Eigenschaften

Brechungszahl n_D
Transmissionsgrad τ_c %   mm dick
Lichtdurchlässigkeit

			PE
Produkt	Polyethylen niedriger Dichte		
Handelsname	**Finathene LB-520**		
Hersteller	FINA		
DIN-Bez 1	16776-PE,FGN,20-D022		
DIN-Bez 2			

Zusätze	Antiblockmittel; Gleitmittel	*Füllstoffe/ Verstärkung*	
Bevorzugte Verarbeitung	Blasfolienextrusion	*Lieferform*	Granulat
		Farben	Natur
Besondere Merkmale	Hohe Transparenz; Hoher Glanz; Gute mechanische Eigenschaften; Leicht verarbeitbar	*Bevorzugte Anwendungen*	Blasfolie; Verpackungsfolie fuer Lebensmittel und Tiefkuehlkost; Papierverpackung; Verpackungsfolie fuer Textilien; Schrumpffolie

Dichte	g/cm³	0.922	*Schmelzindex*	g/10 min	2.0:	190/2.16
Schüttdichte	g/cm³		*Volumenfließindex*	cm³/10 min	:	
Viskositätszahl	ml/g					

Verarbeitungsbedingungen für Spritzgießen

Massetemp.	°C		*Schwindung*	%	lgs	, quer
Werkzeugtemp.	°C		*Bemerkungen*		
Spritzdruck	bar				

Zugversuch 23 °C   DIN 53455; DIN 53457

	Probekörper:	*Form*	Folie 0.030 mm lgs	*Herstellung*	Blasfolienextrusion
		Zustand		*Vorbehandlung*	Normalklima
Streckspannung	N/mm² 12		*Dehnung bei Streckspannung*	%	
Zugfestigkeit	N/mm²		*Reißdehnung*	%	520
Reißfestigkeit	N/mm² 24		*% Dehnspannung*	N/mm²	
E-Modul	N/mm² 175		*Dehnung bei*	*% Dehnspg.* %	

Kriechmoduln und Zeitstandwerte 23 °C

	Probekörper:	*Form*	*Herstellung*	
		Zustand	*Vorbehandlung*	
Kriechmodul	*1 min* N/mm²		*Zeitstandzugfestigkeit*	h N/mm²
Kriechmodul	*1000 h* N/mm²		*Zeitdehnspg.* %	h N/mm²
bei Spannung	N/mm²			

Biegeversuch 23 °C

	Probekörper:	*Form*	*Herstellung*	
		Zustand	*Vorbehandlung*	
Biegefestigkeit	N/mm²		*E-Modul*	N/mm²
3,5% Biegespannung	N/mm²			

Härte 23 °C

	Probekörper:	*Zustand*	*Herstellung*	
			Vorbehandlung	
Kugeldruckhärte	N/mm²	bei N, s	*Shore-Härte* A	
Rockwellhärte			*Shore-Härte* D	

Schlagversuch

	Probekörper:	*(1)*		
		(2)	*Herstellung*	
		Zustand	*Vorbehandlung*	
		°C	°C	°C	*Probekörper-Form*

Schlagzähigkeit	kJ/m²
Kerbschlagzähigkeit (1)	kJ/m²
IZOD-Kerbschlagzähigkeit (2)	J/m
Kerbschlagzugzähigkeit	kJ/m²

Abrieb und Reibung

Taber-Abrieb (Reibradverfahren)   mm³/100 U
Abriebfaktor LNP (Thrust washer) Vergleichswert
Statische Reibungszahl
Dynamische Reibungszahl   (p·v =   N/mm² ·   m/min)
Zulässiger p · v Wert   N/mm² · (m/min)   v =   m/min
                                                                        v =   m/min

Thermische Eigenschaften

Formbeständigkeit in der Wärme   *Verfahren*   °C
                                          Verfahren   °C
Vicat Erweichungstemperatur (VST)   *Verfahren*   °C
                                          Verfahren   °C
Kristallit-Schmelzpunkt   *Verfahren*

Längenausdehnungskoeffizient   *Bereich*   °C   · 10⁻⁴K⁻¹
                                          Temperatur   · 10⁻⁴K⁻¹
Wärmeleitfähigkeit   *Verfahren*   W/(K · m)

Spezifische Wärmekapazität   *Verfahren*   J/(K · g)

Glasumwandlungstemperatur   *Torsionsschwingungsversuch*   °C
                                          Differentialkalorimetrie   °C

Brandverhalten

UL-Test vertikal   *Dicke*   mm, *Wert*
                                          Dicke   mm, *Wert*

                      Norm   *Bewertung*   *Abmessungen*

Sauerstoff-Index   ASTM D 2863
Glühstab-Verfahren
Brandverhalten   DIN 4102
MVSS
FAR

Elektrische Eigenschaften

                                          Hz   °C   *Probekörper, Form*

Dielektrizitätszahl   50
                                          10³
                                          10⁶
Dielektrischer Verlustfaktor tan δ   50
                                          10³
                                          10⁶

Spezifischer Durchgangs-
  widerstand   Ohm · cm
Durchschlagfestigkeit   kV/mm   mm dick
Oberflächenwiderstand   Ohm

Kriechstromfestigkeit   KC   KB   KA
Elektrolytische Korrosionswirkung
Lichtbogenfestigkeit nach DIN
          nach ASTM   s

Beständigkeit *(Chemische Beständigkeit siehe Anhang)*

Wasseraufnahme

Feuchtigkeitsaufnahme Normalklima   %
Wetterbeständigkeit

Spannungskorrosion

Optische Eigenschaften

Brechungszahl n_D
Transmissionsgrad τ_c   %   mm dick
Lichtdurchlässigkeit

Produkt	Polyethylen mittlerer Dichte	**PE**
Handelsname	**Finathene HN-502**	
Hersteller	FINA	
DIN-Bez 1	16776-PE,FGN,35-D001	
DIN-Bez 2		

Zusätze

Füllstoffe/ Verstärkung

		Lieferform	Granulat
Bevorzugte Verarbeitung	Blasfolienextrusion		
		Farben	Natur

Besondere Merkmale	Hohe Schlagzaehigkeit; Hohe Weiter-reissfestigkeit; Gute Antiblockeigen-schaften; Gute Sperrwirkung gegen Feuchtigkeit; Gut verschweissbar; Gut bedruckbar	*Bevorzugte Anwendungen*	Tragetasche; Hemdenverpackung; Tuete; Muellbeutel; MDPE/LDPE-Mischfolie; Coextrudat

Dichte	g/cm³	0.934	*Schmelzindex*	g/10 min	0.2: 190/2.16
Schüttdichte	g/cm³		*Volumenfließindex*	cm³/10 min	:
Viskositätszahl	ml/g				

Verarbeitungsbedingungen für Spritzgießen

Massetemp.	°C		*Schwindung*	%	lgs , quer
Werkzeugtemp.	°C		*Bemerkungen*		
Spritzdruck	bar				

Zugversuch 23 °C ASTM D 882;

Probekörper:	*Form*	Folie 0.060 mm lgs	*Herstellung*	Blasfolienextrusion
	Zustand		*Vorbehandlung*	Normalklima

Streckspannung	N/mm²		*Dehnung bei Streckspannung*	%
Zugfestigkeit	N/mm²		*Reißdehnung*	% 690
Reißfestigkeit	N/mm² 50		*% Dehnspannung*	N/mm²
E-Modul	N/mm²		*Dehnung bei % Dehnspg.*	%

Kriechmoduln und Zeitstandwerte 23 °C

Probekörper:	*Form*	*Herstellung*	
	Zustand	*Vorbehandlung*	

Kriechmodul	1 min N/mm²	*Zeitstandzugfestigkeit*	h N/mm²
Kriechmodul	1000 h N/mm²	*Zeitdehnspg. %*	h N/mm²
bei Spannung	N/mm²		

Biegeversuch 23 °C

Probekörper:	*Form*	*Herstellung*	
	Zustand	*Vorbehandlung*	

Biegefestigkeit	N/mm²	*E-Modul*	N/mm²
3,5% Biegespannung	N/mm²		

Härte 23 °C

Probekörper:	*Zustand*	*Herstellung*	
		Vorbehandlung	

Kugeldruckhärte	N/mm² bei N, s	*Shore-Härte* A	
Rockwellhärte		*Shore-Härte* D	

Schlagversuch

Probekörper:	(1)		
	(2)	*Herstellung*	
	Zustand	*Vorbehandlung*	
	°C °C	°C	*Probekörper-Form*

Schlagzähigkeit	kJ/m²
Kerbschlagzähigkeit (1)	kJ/m²
IZOD-Kerbschlagzähigkeit (2)	J/m
Kerbschlagzugzähigkeit	kJ/m²

Abrieb und Reibung

Taber-Abrieb (Reibradverfahren) $mm^3/100\,U$
Abriebfaktor LNP (Thrust washer) Vergleichswert
Statische Reibungszahl
Dynamische Reibungszahl $(p \cdot v =$ $N/mm^2 \cdot$ $m/min)$
Zulässiger p · v Wert $N/mm^2 \cdot (m/min)$ $v =$ m/min
                                    $v =$ m/min

Thermische Eigenschaften

Formbeständigkeit in der Wärme   *Verfahren*   °C
                                    Verfahren   °C
Vicat Erweichungstemperatur (VST)   *Verfahren*   °C
                                    Verfahren   °C
Kristallit-Schmelzpunkt   *Verfahren*

Längenausdehnungskoeffizient   *Bereich*   °C $\cdot 10^{-4}K^{-1}$
                                    Temperatur $\cdot 10^{-4}K^{-1}$
Wärmeleitfähigkeit   *Verfahren* $W/(K \cdot m)$

Spezifische Wärmekapazität   *Verfahren* $J/(K \cdot g)$

Glasumwandlungstemperatur   *Torsionsschwingungsversuch*   °C
                                    Differentialkalorimetrie   °C

Brandverhalten

UL-Test vertikal   *Dicke*   mm, Wert
                        Dicke   mm, Wert

                Norm   *Bewertung*   *Abmessungen*

Sauerstoff-Index   ASTM D 2863
Glühstab-Verfahren
Brandverhalten   DIN 4102
MVSS
FAR

Elektrische Eigenschaften

                                    Hz   °C   *Probekörper, Form*

Dielektrizitätszahl   50
                        10^3
                        10^6
Dielektrischer Verlustfaktor $\tan \delta$ 50
                        10^3
                        10^6
Spezifischer Durchgangs-
    widerstand $Ohm \cdot cm$
Durchschlagfestigkeit   kV/mm   mm dick
Oberflächenwiderstand   Ohm

Kriechstromfestigkeit   KC   KB   KA
Elektrolytische Korrosionswirkung
Lichtbogenfestigkeit nach DIN
        nach ASTM   s

Beständigkeit *(Chemische Beständigkeit siehe Anhang)*

Wasseraufnahme

Feuchtigkeitsaufnahme Normalklima   %
Wetterbeständigkeit

Spannungskorrosion

Optische Eigenschaften

Brechungszahl n_D
Transmissionsgrad τ_c %   mm dick
Lichtdurchlässigkeit

Produkt	Polyethylen niedriger Dichte	**PE**
Handelsname	**Lupolen 2430 JX**	
Hersteller	BASF	
DIN-Bez 1	16776-PE,FGN,25-D022	
DIN-Bez 2		

Zusätze		*Füllstoffe/ Verstärkung*		
Bevorzugte Verarbeitung	Extrudieren	*Lieferform*	Granulat	
		Farben	Natur	
Besondere Merkmale	Mittlere Transparenz; Mittlere Steifigkeit; Geringe bis mittlere Schockfestigkeit; Geringe Spannungsrissbestaendigkeit	*Bevorzugte Anwendungen*	Folie	

Dichte	g/cm^3	0.923–0.925	*Schmelzindex*	g/10 min	2.5–3.0: 190/2.16
Schüttdichte	g/cm^3		*Volumenfließindex*	cm^3/10 min	:
Viskositätszahl	ml/g				

Verarbeitungsbedingungen für Spritzgießen

Massetemp.	°C		*Schwindung*	%	lgs , quer
Werkzeugtemp.	°C		*Bemerkungen*		
Spritzdruck	bar				

Zugversuch 23 °C

	Probekörper:	*Form*	*Herstellung*	
		Zustand	*Vorbehandlung*	
Streckspannung	N/mm^2		*Dehnung bei Streckspannung*	%
Zugfestigkeit	N/mm^2		*Reißdehnung*	%
Reißfestigkeit	N/mm^2		% *Dehnspannung*	N/mm^2
E-Modul	N/mm^2		*Dehnung bei* % *Dehnspg.*	%

Kriechmoduln und Zeitstandwerte 23 °C

	Probekörper:	*Form*	*Herstellung*	
		Zustand	*Vorbehandlung*	
Kriechmodul	1 min	N/mm^2	*Zeitstandzugfestigkeit*	h N/mm^2
Kriechmodul	1000 h	N/mm^2	*Zeitdehnspg.* %	h N/mm^2
bei Spannung		N/mm^2		

Biegeversuch 23 °C

	Probekörper:	*Form*	*Herstellung*	
		Zustand	*Vorbehandlung*	
Biegefestigkeit	N/mm^2		*E-Modul*	N/mm^2
3,5% Biegespannung	N/mm^2			

Härte 23 °C

	Probekörper:	*Zustand*	*Herstellung*	
			Vorbehandlung	
Kugeldruckhärte	N/mm^2	bei N, s	*Shore-Härte* A	
Rockwellhärte			*Shore-Härte* D	

Schlagversuch

	Probekörper:	(1)		
		(2)	*Herstellung*	
		Zustand	*Vorbehandlung*	
		°C °C	°C	*Probekörper-Form*

Schlagzähigkeit	kJ/m^2
Kerbschlagzähigkeit (1)	kJ/m^2
IZOD-Kerbschlagzähigkeit (2)	J/m
Kerbschlagzugzähigkeit	kJ/m^2

Abrieb und Reibung

Taber-Abrieb (Reibradverfahren)   mm³/100 U
Abriebfaktor LNP (Thrust washer) Vergleichswert
Statische Reibungszahl
Dynamische Reibungszahl $(p \cdot v =$ $N/mm^2 \cdot$ m/min$)$
Zulässiger p · v Wert $N/mm^2 \cdot$ (m/min)   v =   m/min
                                                                              v =   m/min

Thermische Eigenschaften

Formbeständigkeit in der Wärme   *Verfahren*   °C
                                        Verfahren   °C
Vicat Erweichungstemperatur (VST)   *Verfahren*   °C
                                        Verfahren   °C
Kristallit-Schmelzpunkt   *Verfahren*

Längenausdehnungskoeffizient   *Bereich*   °C $\cdot 10^{-4} K^{-1}$
                                        Temperatur $\cdot 10^{-4} K^{-1}$
Wärmeleitfähigkeit   *Verfahren*   W/(K · m)

Spezifische Wärmekapazität   *Verfahren*   J/(K · g)

Glasumwandlungstemperatur   *Torsionsschwingungsversuch*   °C
                                        Differentialkalorimetrie   °C

Brandverhalten

UL-Test vertikal   Dicke   mm, Wert
                                        Dicke   mm, Wert

	Norm	Bewertung	Abmessungen
Sauerstoff-Index	ASTM D 2863		
Glühstab-Verfahren			
Brandverhalten	DIN 4102		
MVSS			
FAR			

Elektrische Eigenschaften

	Hz	°C			Probekörper, Form
Dielektrizitätszahl	50				
	10^3				
	10^6				
Dielektrischer Verlustfaktor tan δ	50				
	10^3				
	10^6				

Spezifischer Durchgangs-
  widerstand   Ohm · cm
Durchschlagfestigkeit   kV/mm   mm dick
Oberflächenwiderstand   Ohm

Kriechstromfestigkeit   KC   KB   KA
Elektrolytische Korrosionswirkung
Lichtbogenfestigkeit nach DIN
  nach ASTM   s

Beständigkeit *(Chemische Beständigkeit siehe Anhang)*

Wasseraufnahme

Feuchtigkeitsaufnahme Normalklima   %
Wetterbeständigkeit

Spannungskorrosion

Optische Eigenschaften

Brechungszahl n_D
Transmissionsgrad τ_c %   mm dick
Lichtdurchlässigkeit

Produkt	Polyethylen niedriger Dichte	**PE**
Handelsname	**Lupolen 2434 JX**	
Hersteller	BASF	
DIN-Bez 1	16776-PE,FGN,25-D022	
DIN-Bez 2		

Zusätze	Antiblockmittel	*Füllstoffe/ Verstärkung*	
Bevorzugte Verarbeitung	Extrudieren	*Lieferform*	Granulat
		Farben	Natur
Besondere Merkmale	Mittlere Transparenz; Mittlere Steifigkeit; Geringe bis mittlere Schockfestigkeit; Geringe Spannungsrissbestaendigkeit	*Bevorzugte Anwendungen*	Folie

Dichte	g/cm^3	0.923–0.925	*Schmelzindex*	g/10 min	2.5–3.0: 190/2.16
Schüttdichte	g/cm^3		*Volumenfließindex*	cm^3/10 min	:
Viskositätszahl	ml/g				

Verarbeitungsbedingungen für Spritzgießen

Massetemp.	°C	*Schwindung*	%	lgs , quer
Werkzeugtemp.	°C	*Bemerkungen*		
Spritzdruck	bar			

Zugversuch 23 °C

	Probekörper:	*Form*	*Herstellung*	
		Zustand	*Vorbehandlung*	
Streckspannung	N/mm^2		*Dehnung bei Streckspannung*	%
Zugfestigkeit	N/mm^2		*Reißdehnung*	%
Reißfestigkeit	N/mm^2		*% Dehnspannung*	N/mm^2
E-Modul	N/mm^2		*Dehnung bei % Dehnspg.*	%

Kriechmodul und Zeitstandwerte 23 °C

	Probekörper:	*Form*	*Herstellung*	
		Zustand	*Vorbehandlung*	
Kriechmodul	1 min ·N/mm^2		*Zeitstandzugfestigkeit*	h N/mm^2
Kriechmodul	1000 h N/mm^2		*Zeitdehnspg. %*	h N/mm^2
bei Spannung	N/mm^2			

Biegeversuch 23 °C

	Probekörper:	*Form*	*Herstellung*	
		Zustand	*Vorbehandlung*	
Biegefestigkeit	N/mm^2		*E-Modul*	N/mm^2
3,5% Biegespannung	N/mm^2			

Härte 23 °C

	Probekörper:	*Zustand*	*Herstellung*	
			Vorbehandlung	
Kugeldruckhärte	N/mm^2	bei N, s	*Shore-Härte* A	
Rockwellhärte			*Shore-Härte* D	

Schlagversuch

	Probekörper:	*(1)*		
		(2)	*Herstellung*	
		Zustand	*Vorbehandlung*	
		°C °C °C	*Probekörper-Form*	

Schlagzähigkeit	kJ/m^2
Kerbschlagzähigkeit (1)	kJ/m^2
IZOD-Kerbschlagzähigkeit (2)	J/m
Kerbschlagzugzähigkeit	kJ/m^2

Abrieb und Reibung

Taber-Abrieb (Reibradverfahren)   mm³/100 U
Abriebfaktor LNP (Thrust washer) Vergleichswert
Statische Reibungszahl
Dynamische Reibungszahl   (p·v =   N/mm² ·   m/min)
Zulässiger p · v Wert   N/mm² · (m/min)   v =   m/min
                                                                      v =   m/min

Thermische Eigenschaften

Formbeständigkeit in der Wärme	*Verfahren*		°C
	Verfahren		°C
Vicat Erweichungstemperatur (VST)	*Verfahren*		°C
	Verfahren		°C
Kristallit-Schmelzpunkt	*Verfahren*		

Längenausdehnungskoeffizient   *Bereich*   °C $\cdot 10^{-4} \mathrm{K}^{-1}$
                                    Temperatur $\cdot 10^{-4} \mathrm{K}^{-1}$
Wärmeleitfähigkeit   *Verfahren*   W/(K · m)

Spezifische Wärmekapazität   *Verfahren*   J/(K · g)

Glasumwandlungstemperatur   *Torsionsschwingungsversuch*   °C
                                    Differentialkalorimetrie   °C

Brandverhalten

UL-Test vertikal   Dicke   mm, Wert
                                    Dicke   mm, Wert

	Norm	*Bewertung*	*Abmessungen*
Sauerstoff-Index	ASTM D 2863		
Glühstab-Verfahren			
Brandverhalten	DIN 4102		
MVSS			
FAR			

Elektrische Eigenschaften

	Hz	°C	*Probekörper, Form*
Dielektrizitätszahl	50		
	10³		
	10⁶		
Dielektrischer Verlustfaktor tan δ	50		
	10³		
	10⁶		

Spezifischer Durchgangs-
* widerstand*   Ohm · cm
Durchschlagfestigkeit   kV/mm   mm dick
Oberflächenwiderstand   Ohm

Kriechstromfestigkeit   KC   KB   KA
Elektrolytische Korrosionswirkung
Lichtbogenfestigkeit nach DIN
*   nach ASTM*   s

Beständigkeit *(Chemische Beständigkeit siehe Anhang)*

Wasseraufnahme

Feuchtigkeitsaufnahme Normalklima   %
Wetterbeständigkeit

Spannungskorrosion

Optische Eigenschaften

Brechungszahl n_D
Transmissionsgrad τ_c   %   mm dick
Lichtdurchlässigkeit

Produkt	Polyethylen niedriger Dichte	**PE**
Handelsname	**Lupolen 3024 K**	
Hersteller	BASF	
DIN-Bez 1	16776-PE,FGN,30-D045	
DIN-Bez 2		

Zusätze		*Füllstoffe/* *Verstärkung*	
Bevorzugte *Verarbeitung*	Extrudieren	*Lieferform*	Granulat
		Farben	Natur
Besondere *Merkmale*	Gute Transparenz; Gute Steifigkeit; Geringe bis mittlere Schockfestigkeit; Geringe Spannungsrissbestaendigkeit	*Bevorzugte* *Anwendungen*	Folie

---

Dichte	g/cm³	0.926–0.930	*Schmelzindex*	g/10 min	3.4–4.6: 190/2.16
Schüttdichte	g/cm³		*Volumenfließindex*	cm³/10 min	:
Viskositätszahl	ml/g				

Verarbeitungsbedingungen für Spritzgießen

Massetemp.	°C		*Schwindung*	%	lgs , quer
Werkzeugtemp.	°C		*Bemerkungen*		
Spritzdruck	bar				

Zugversuch 23 °C

	Probekörper:	*Form*	*Herstellung*	
		Zustand	*Vorbehandlung*	
Streckspannung	N/mm²		*Dehnung bei Streckspannung*	%
Zugfestigkeit	N/mm²		*Reißdehnung*	%
Reißfestigkeit	N/mm²		*% Dehnspannung*	N/mm²
E-Modul	N/mm²		*Dehnung bei % Dehnspg.*	%

Kriechmoduln und Zeitstandwerte 23 °C

	Probekörper:	*Form*	*Herstellung*	
		Zustand	*Vorbehandlung*	
Kriechmodul	1 min N/mm²		*Zeitstandzugfestigkeit*	h N/mm²
Kriechmodul	1000 h N/mm²		*Zeitdehnspg. %*	h N/mm²
bei Spannung	N/mm²			

Biegeversuch 23 °C

	Probekörper:	*Form*	*Herstellung*	
		Zustand	*Vorbehandlung*	
Biegefestigkeit	N/mm²		*E-Modul*	N/mm²
3,5% Biegespannung	N/mm²			

Härte 23 °C

	Probekörper:	*Zustand*	*Herstellung*	
			Vorbehandlung	
Kugeldruckhärte	N/mm² bei N, s		*Shore-Härte* A	
Rockwellhärte			*Shore-Härte* D	

Schlagversuch

	Probekörper:	*(1)*		
		(2)	*Herstellung*	
		Zustand	*Vorbehandlung*	
		°C °C	°C	*Probekörper-Form*

Schlagzähigkeit	kJ/m²
Kerbschlagzähigkeit (1)	kJ/m²
IZOD-Kerbschlagzähigkeit (2)	J/m
Kerbschlagzugzähigkeit	kJ/m²

Abrieb und Reibung

Taber-Abrieb (Reibradverfahren)   mm³/100 U
Abriebfaktor LNP (Thrust washer) Vergleichswert
Statische Reibungszahl
Dynamische Reibungszahl   (p·v=   N/mm² ·   m/min)
Zulässiger p · v Wert   N/mm² · (m/min)   v=   m/min
                                                                      v=   m/min

Thermische Eigenschaften

Formbeständigkeit in der Wärme   Verfahren   °C
                                        Verfahren   °C
Vicat Erweichungstemperatur (VST)   Verfahren   °C
                                        Verfahren   °C
Kristallit-Schmelzpunkt   Verfahren

Längenausdehnungskoeffizient   Bereich   °C $\cdot 10^{-4} K^{-1}$
                                        Temperatur $\cdot 10^{-4} K^{-1}$
Wärmeleitfähigkeit   Verfahren   W/(K · m)

Spezifische Wärmekapazität   Verfahren   J/(K · g)

Glasumwandlungstemperatur   Torsionsschwingungsversuch   °C
                                        Differentialkalorimetrie   °C

Brandverhalten

UL-Test vertikal   Dicke   mm, Wert
                                        Dicke   mm, Wert

              Norm   Bewertung   Abmessungen

Sauerstoff-Index   ASTM D 2863
Glühstab-Verfahren
Brandverhalten   DIN 4102
MVSS
FAR

Elektrische Eigenschaften

                        Hz   °C   Probekörper, Form

Dielektrizitätszahl   50
                        10^3
                        10^6
Dielektrischer Verlustfaktor tan δ   50
                        10^3
                        10^6

Spezifischer Durchgangs-
  widerstand   Ohm · cm
Durchschlagfestigkeit   kV/mm   mm dick
Oberflächenwiderstand   Ohm

Kriechstromfestigkeit   KC   KB   KA
Elektrolytische Korrosionswirkung
Lichtbogenfestigkeit nach DIN
            nach ASTM   s

Beständigkeit (Chemische Beständigkeit siehe Anhang)

Wasseraufnahme

Feuchtigkeitsaufnahme Normalklima   %
Wetterbeständigkeit

Spannungskorrosion

Optische Eigenschaften

Brechungszahl n_D
Transmissionsgrad τ_c %   mm dick
Lichtdurchlässigkeit

Produkt	Polyethylen niedriger Dichte	**PE**
Handelsname	**Lupolen 3052 D schwarz 413**	
Hersteller	BASF	

DIN-Bez 1   16776-PE,BG ,40-D003
DIN-Bez 2   16776-PE,EG,40-D003

Zusätze		*Füllstoffe/ Verstärkung*	
Bevorzugte Verarbeitung	Extrudieren; Blasformen	*Lieferform*	Granulat
		Farben	Schwarz 413
Besondere Merkmale	Gute Steifigkeit; Mittlere Schockfestigkeit; Mittlere Spannungsrissbestaendigkeit	*Bevorzugte Anwendungen*	Hohlkoerper; Kabel; Rohr

---

Dichte	g/cm³ 0.935–0.941	*Schmelzindex*	g/10 min 0.2–0.3: 190/2.16
Schüttdichte	g/cm³	*Volumenfließindex*	cm³/10 min :
Viskositätszahl	ml/g		

Verarbeitungsbedingungen für Spritzgießen

Massetemp.	°C	*Schwindung*	% lgs , quer
Werkzeugtemp.	°C	*Bemerkungen*	
Spritzdruck	bar		

Zugversuch 23 °C

	Probekörper: Form		*Herstellung*
	Zustand		*Vorbehandlung*
Streckspannung	N/mm²	*Dehnung bei Streckspannung*	%
Zugfestigkeit	N/mm²	*Reißdehnung*	%
Reißfestigkeit	N/mm²	*% Dehnspannung*	N/mm²
E-Modul	N/mm²	*Dehnung bei % Dehnspg.*	%

Kriechmoduln und Zeitstandwerte 23 °C

	Probekörper: Form		*Herstellung*
	Zustand		*Vorbehandlung*
Kriechmodul	1 min N/mm²	*Zeitstandzugfestigkeit*	h N/mm²
Kriechmodul	1000 h N/mm²	*Zeitdehnspg. %*	h N/mm²
bei Spannung	N/mm²		

Biegeversuch 23 °C

	Probekörper: Form		*Herstellung*
	Zustand		*Vorbehandlung*
Biegefestigkeit	N/mm²	*E-Modul*	N/mm²
3,5% Biegespannung	N/mm²		

Härte 23 °C

	Probekörper: Zustand		*Herstellung*
			Vorbehandlung
Kugeldruckhärte	N/mm² bei N, s	*Shore-Härte* A	
Rockwellhärte		*Shore-Härte* D	

Schlagversuch

	Probekörper: (1)		
	(2)		*Herstellung*
	Zustand		*Vorbehandlung*
	°C °C	°C	*Probekörper-Form*

Schlagzähigkeit   kJ/m²
Kerbschlagzähigkeit (1)   kJ/m²
IZOD-Kerbschlagzähigkeit (2) J/m
Kerbschlagzugzähigkeit   kJ/m²

Abrieb und Reibung

Taber-Abrieb (Reibradverfahren) 　　　　　　　　mm^3/100 U
Abriebfaktor LNP (Thrust washer) Vergleichswert
Statische Reibungszahl
Dynamische Reibungszahl 　　　　　　　　(p·v= 　　N/mm^2 · 　　m/min)
Zulässiger p · v Wert 　　　　　　　　　　N/mm^2 · (m/min) 　v = 　　m/min
　　　　　　　　　　　　　　　　　　　　　　　　　　　　　　　　v = 　　m/min

Thermische Eigenschaften

Formbeständigkeit in der Wärme 　　*Verfahren* 　　　　　　　　　　　　　　°C
　　　　　　　　　　　　　　　　　　　　Verfahren 　　　　　　　　　　　　　　°C
Vicat Erweichungstemperatur (VST) 　*Verfahren* 　　　　　　　　　　　　　　°C
　　　　　　　　　　　　　　　　　　　　Verfahren 　　　　　　　　　　　　　　°C
Kristallit-Schmelzpunkt 　　　　　　　*Verfahren*

Längenausdehnungskoeffizient 　　　　*Bereich* 　　　　　　°C 　　　　　　　$\cdot 10^{-4} K^{-1}$
　　　　　　　　　　　　　　　　　　　　Temperatur 　　　　　　　　　　　　　$\cdot 10^{-4} K^{-1}$
Wärmeleitfähigkeit 　　　　　　　　　　*Verfahren* 　　　　　　　　　　　　　W/(K · m)

Spezifische Wärmekapazität 　　　　　*Verfahren* 　　　　　　　　　　　　　J/(K · g)

Glasumwandlungstemperatur 　　　　　*Torsionsschwingungsversuch* 　　　　°C
　　　　　　　　　　　　　　　　　　　　Differentialkalorimetrie 　　　　　　　°C

Brandverhalten

UL-Test vertikal 　　　　　　　　　　　Dicke 　mm, Wert
　　　　　　　　　　　　　　　　　　　　Dicke 　mm, Wert

　　　　　　　　Norm 　　　　　*Bewertung* 　　　　　　　　　　　*Abmessungen*

Sauerstoff-Index 　ASTM D 2863
Glühstab-Verfahren
Brandverhalten 　　DIN 4102
MVSS
FAR

Elektrische Eigenschaften

　　　　　　　　　　　　　　　Hz 　　　°C 　　　　　　　　　　*Probekörper, Form*

Dielektrizitätszahl 　　　　　50
　　　　　　　　　　　　　　　10^3
　　　　　　　　　　　　　　　10^6
Dielektrischer Verlustfaktor tan δ 　50
　　　　　　　　　　　　　　　10^3
　　　　　　　　　　　　　　　10^6
Spezifischer Durchgangs-
　widerstand 　　　　　　Ohm · cm
Durchschlagfestigkeit 　　kV/mm 　　　　　　　　　　　　　　mm dick
Oberflächenwiderstand 　　Ohm

Kriechstromfestigkeit 　　　　KC 　　　　　KB 　　　　KA
Elektrolytische Korrosionswirkung
Lichtbogenfestigkeit nach DIN
　　　　　　nach ASTM 　s

Beständigkeit *(Chemische Beständigkeit siehe Anhang)*

Wasseraufnahme

Feuchtigkeitsaufnahme Normalklima 　　　　　　　　　　　　　　　　　　　%
Wetterbeständigkeit

Spannungskorrosion

Optische Eigenschaften

Brechungszahl n_D
Transmissionsgrad τ_c 　　%　　　　　　　　mm dick
Lichtdurchlässigkeit

Produkt	Polyethylen niedriger Dichte	**PE**
Handelsname	**Lupolen 3220 JX**	
Hersteller	BASF	
DIN-Bez 1	16776-PE,FGN,35-D022	
DIN-Bez 2	16776-PE,MGN,35-D022	

Zusätze		*Füllstoffe/ Verstärkung*	
Bevorzugte Verarbeitung	Extrudieren; Spritzgiessen; Blasformen	*Lieferform*	Granulat
		Farben	Natur
Besondere Merkmale	Gute Transparenz; Gute Steifigkeit; Geringe bis mittlere Schockfestigkeit; Geringe Spannungsrissbestaendigkeit	*Bevorzugte Anwendungen*	Folie; Spritzgiessformteil; Hohlkoerper

Dichte	g/cm³	0.931–0.933	*Schmelzindex*	g/10 min	2.5–3.0: 190/2.16
Schüttdichte	g/cm³		*Volumenfließindex*	cm³/10 min	:
Viskositätszahl	ml/g				

Verarbeitungsbedingungen für Spritzgießen

Massetemp.	°C		*Schwindung*	%	lgs , quer
Werkzeugtemp.	°C		*Bemerkungen*		
Spritzdruck	bar				

Zugversuch 23 °C

	Probekörper:	*Form*	*Herstellung*	
		Zustand	*Vorbehandlung*	
Streckspannung	N/mm²		*Dehnung bei Streckspannung*	%
Zugfestigkeit	N/mm²		*Reißdehnung*	%
Reißfestigkeit	N/mm²		*% Dehnspannung*	N/mm²
E-Modul	N/mm²		*Dehnung bei % Dehnspg.*	%

Kriechmoduln und Zeitstandwerte 23 °C

	Probekörper:	*Form*	*Herstellung*	
		Zustand	*Vorbehandlung*	
Kriechmodul	1 min	N/mm²	*Zeitstandzugfestigkeit*	h N/mm²
Kriechmodul	1000 h	N/mm²	*Zeitdehnspg. %*	h N/mm²
bei Spannung		N/mm²		

Biegeversuch 23 °C

	Probekörper:	*Form*	*Herstellung*	
		Zustand	*Vorbehandlung*	
Biegefestigkeit	N/mm²		*E-Modul*	N/mm²
3,5% Biegespannung	N/mm²			

Härte 23 °C

	Probekörper:	*Zustand*	*Herstellung*	
			Vorbehandlung	
Kugeldruckhärte	N/mm²	bei N, s	*Shore-Härte* A	
Rockwellhärte			*Shore-Härte* D	

Schlagversuch

	Probekörper:	*(1)*		
		(2)	*Herstellung*	
		Zustand	*Vorbehandlung*	
		°C °C	°C	*Probekörper-Form*

Schlagzähigkeit	kJ/m²
Kerbschlagzähigkeit (1)	kJ/m²
IZOD-Kerbschlagzähigkeit (2)	J/m
Kerbschlagzugzähigkeit	kJ/m²

Abrieb und Reibung

Taber-Abrieb (Reibradverfahren)   mm³/100 U
Abriebfaktor LNP (Thrust washer) Vergleichswert
Statische Reibungszahl
Dynamische Reibungszahl   (p·v =   N/mm² ·   m/min)
Zulässiger p · v Wert   N/mm² · (m/min)   v =   m/min
                                        v =   m/min

Thermische Eigenschaften

Formbeständigkeit in der Wärme   *Verfahren*   °C
                                             Verfahren   °C
Vicat Erweichungstemperatur (VST)   *Verfahren*   °C
                                             Verfahren   °C
Kristallit-Schmelzpunkt   *Verfahren*

Längenausdehnungskoeffizient   *Bereich*   °C $\cdot 10^{-4}\mathrm{K}^{-1}$
                                             Temperatur $\cdot 10^{-4}\mathrm{K}^{-1}$
Wärmeleitfähigkeit   *Verfahren*   W/(K · m)

Spezifische Wärmekapazität   *Verfahren*   J/(K · g)

Glasumwandlungstemperatur   *Torsionsschwingungsversuch*   °C
                                             Differentialkalorimetrie   °C

Brandverhalten

UL-Test vertikal   Dicke   mm, Wert
                                       Dicke   mm, Wert

	Norm	*Bewertung*	*Abmessungen*
Sauerstoff-Index	ASTM D 2863		
Glühstab-Verfahren			
Brandverhalten	DIN 4102		
MVSS			
FAR			

Elektrische Eigenschaften

	Hz	°C	*Probekörper, Form*
Dielektrizitätszahl	50		
	10^3		
	10^6		
Dielektrischer Verlustfaktor tan δ	50		
	10^3		
	10^6		

Spezifischer Durchgangs-
    widerstand   Ohm · cm
Durchschlagfestigkeit   kV/mm   mm dick
Oberflächenwiderstand   Ohm

Kriechstromfestigkeit   KC   KB   KA
Elektrolytische Korrosionswirkung
Lichtbogenfestigkeit nach DIN
               nach ASTM   s

Beständigkeit *(Chemische Beständigkeit siehe Anhang)*

Wasseraufnahme

Feuchtigkeitsaufnahme Normalklima   %
Wetterbeständigkeit

Spannungskorrosion

Optische Eigenschaften

Brechungszahl n_D
Transmissionsgrad τ_c   %   mm dick
Lichtdurchlässigkeit

Produkt	Polyethylen niedriger Dichte		**PE**
Handelsname	**Lupolen 3224 JX**		
Hersteller	BASF		
DIN-Bez 1	16776-PE,FBGN,30-D022		
DIN-Bez 2			
Zusätze	Antiblockmittel	*Füllstoffe/ Verstärkung*	
Bevorzugte Verarbeitung	Extrudieren	*Lieferform*	Granulat
		Farben	Natur
Besondere Merkmale	Gute Transparenz; Gute Steifigkeit; Geringe bis mittlere Schockfestigkeit; Geringe Spannungsrissbestaendigkeit	*Bevorzugte Anwendungen*	Folie

Dichte	g/cm^3	0.931–0.933	*Schmelzindex*	g/10 min	2.5–3.0: 190/2.16
Schüttdichte	g/cm^3		*Volumenfließindex*	cm^3/10 min	:
Viskositätszahl	ml/g				

Verarbeitungsbedingungen für Spritzgießen

Massetemp.	°C		*Schwindung*	%	lgs , quer
Werkzeugtemp.	°C		*Bemerkungen*		
Spritzdruck	bar				

Zugversuch 23 °C

	Probekörper:	*Form*		*Herstellung*	
		Zustand		*Vorbehandlung*	
Streckspannung	N/mm^2		*Dehnung bei Streckspannung*	%	
Zugfestigkeit	N/mm^2		*Reißdehnung*	%	
Reißfestigkeit	N/mm^2		% *Dehnspannung*	N/mm^2	
E-Modul	N/mm^2		*Dehnung bei* % *Dehnspg.*	%	

Kriechmoduln und Zeitstandwerte 23 °C

	Probekörper:	*Form*		*Herstellung*	
		Zustand		*Vorbehandlung*	
Kriechmodul	1 min N/mm^2		*Zeitstandzugfestigkeit*	h N/mm^2	
Kriechmodul	1000 h N/mm^2		*Zeitdehnspg.* %	h N/mm^2	
bei Spannung	N/mm^2				

Biegeversuch 23 °C

	Probekörper:	*Form*		*Herstellung*	
		Zustand		*Vorbehandlung*	
Biegefestigkeit	N/mm^2		*E-Modul*	N/mm^2	
3,5% Biegespannung	N/mm^2				

Härte 23 °C

	Probekörper:	*Zustand*		*Herstellung*	
				Vorbehandlung	
Kugeldruckhärte	N/mm^2	bei N, s	*Shore-Härte* A	
Rockwellhärte			*Shore-Härte* D	

Schlagversuch

	Probekörper:	(1)			
		(2)		*Herstellung*	
		Zustand		*Vorbehandlung*	
		°C	°C	°C	*Probekörper-Form*

Schlagzähigkeit	kJ/m^2
Kerbschlagzähigkeit (1)	kJ/m^2
IZOD-Kerbschlagzähigkeit (2)	J/m
Kerbschlagzugzähigkeit	kJ/m^2

Abrieb und Reibung

Taber-Abrieb (Reibradverfahren)	mm³/100 U
Abriebfaktor LNP (Thrust washer) Vergleichswert	
Statische Reibungszahl	
Dynamische Reibungszahl	(p · v = N/mm² · m/min)
Zulässiger p · v Wert	N/mm² · (m/min) v = m/min
	v = m/min

Thermische Eigenschaften

Formbeständigkeit in der Wärme	*Verfahren*	°C
	Verfahren	°C
Vicat Erweichungstemperatur (VST)	*Verfahren*	°C
	Verfahren	°C
Kristallit-Schmelzpunkt	*Verfahren*	
Längenausdehnungskoeffizient	*Bereich* °C	$\cdot 10^{-4} \mathrm{K}^{-1}$
	Temperatur	$\cdot 10^{-4} \mathrm{K}^{-1}$
Wärmeleitfähigkeit	*Verfahren*	W/(K · m)
Spezifische Wärmekapazität	*Verfahren*	J/(K · g)
Glasumwandlungstemperatur	*Torsionsschwingungsversuch*	°C
	Differentialkalorimetrie	°C

Brandverhalten

UL-Test vertikal	*Dicke* mm, Wert	
	Dicke mm, Wert	

	Norm	*Bewertung*	*Abmessungen*
Sauerstoff-Index	ASTM D 2863		
Glühstab-Verfahren			
Brandverhalten	DIN 4102		
MVSS			
FAR			

Elektrische Eigenschaften

	Hz	*°C*	*Probekörper, Form*
Dielektrizitätszahl	50		
	10³		
	10⁶		
Dielektrischer Verlustfaktor tan δ	50		
	10³		
	10⁶		

Spezifischer Durchgangs-		
widerstand	Ohm · cm	
Durchschlagfestigkeit	kV/mm	mm dick
Oberflächenwiderstand	Ohm	

Kriechstromfestigkeit	KC	KB	KA
Elektrolytische Korrosionswirkung			
Lichtbogenfestigkeit nach DIN			
nach ASTM s			

Beständigkeit *(Chemische Beständigkeit siehe Anhang)*

Wasseraufnahme

Feuchtigkeitsaufnahme Normalklima   %
Wetterbeständigkeit

Spannungskorrosion

Optische Eigenschaften

Brechungszahl n_D
Transmissionsgrad τ_c %   mm dick
Lichtdurchlässigkeit

Produkt	Ethylen-Vinylacetat-Copolymerisat	**EVA**
Handelsname	**Lupolen V 2510 J schwarz 92157**	
Hersteller	BASF	
DIN-Bez 1	16778-EVA,KG,D022	
DIN-Bez 2		

Zusätze		*Füllstoffe/ Verstärkung*	
Bevorzugte Verarbeitung	Extrudieren	*Lieferform*	Granulat
		Farben	Natur
Besondere Merkmale	Geringe Steifigkeit; Mittlere Schockfestigkeit; Mittlere Spannungsrissbestaendigkeit	*Bevorzugte Anwendungen*	Kabel

---

Dichte	g/cm³	0.975–0.985	*Schmelzindex* g/10 min	1.5–2.2: 190/2.16
Schüttdichte	g/cm³		*Volumenfließindex* cm³/10 min	:
Viskositätszahl	ml/g			

Verarbeitungsbedingungen für Spritzgießen

Massetemp.	°C	*Schwindung* %	lgs , quer
Werkzeugtemp.	°C	*Bemerkungen*	
Spritzdruck	bar		

Zugversuch 23 °C

	Probekörper: Form		*Herstellung*
	Zustand		*Vorbehandlung*
Streckspannung	N/mm²	*Dehnung bei Streckspannung*	%
Zugfestigkeit	N/mm²	*Reißdehnung*	%
Reißfestigkeit	N/mm²	*% Dehnspannung*	N/mm²
E-Modul	N/mm²	*Dehnung bei % Dehnspg.*	%

Kriechmoduln und Zeitstandwerte 23 °C

	Probekörper: Form		*Herstellung*
	Zustand		*Vorbehandlung*
Kriechmodul	1 min N/mm²	*Zeitstandzugfestigkeit*	h N/mm²
Kriechmodul	1000 h N/mm²	*Zeitdehnspg. %*	h N/mm²
bei Spannung	N/mm²		

Biegeversuch 23 °C

	Probekörper: Form		*Herstellung*
	Zustand		*Vorbehandlung*
Biegefestigkeit	N/mm²	*E-Modul*	N/mm²
3,5% Biegespannung	N/mm²		

Härte 23 °C

	Probekörper: Zustand		*Herstellung*
			Vorbehandlung
Kugeldruckhärte	N/mm² bei N, s	*Shore-Härte*	A
Rockwellhärte		*Shore-Härte*	D

Schlagversuch

	Probekörper: (1)		
	(2)		*Herstellung*
	Zustand		*Vorbehandlung*
	°C °C °C		*Probekörper-Form*

Schlagzähigkeit	kJ/m²
Kerbschlagzähigkeit (1)	kJ/m²
IZOD-Kerbschlagzähigkeit (2)	J/m
Kerbschlagzugzähigkeit	kJ/m²

Abrieb und Reibung

Taber-Abrieb (Reibradverfahren)   mm³/100 U
Abriebfaktor LNP (Thrust washer) Vergleichswert
Statische Reibungszahl
Dynamische Reibungszahl   (p·v=   N/mm² ·   m/min)
Zulässiger p · v Wert   N/mm² · (m/min)   v=   m/min
                                                                         v=   m/min

Thermische Eigenschaften

Formbeständigkeit in der Wärme   *Verfahren*   °C
                                          Verfahren   °C
Vicat Erweichungstemperatur (VST)   *Verfahren*   °C
                                          Verfahren   °C
Kristallit-Schmelzpunkt   *Verfahren*

Längenausdehnungskoeffizient   *Bereich*   °C $\cdot 10^{-4} \mathrm{K}^{-1}$
                                          Temperatur $\cdot 10^{-4} \mathrm{K}^{-1}$
Wärmeleitfähigkeit   *Verfahren*   W/(K · m)

Spezifische Wärmekapazität   *Verfahren*   J/(K · g)

Glasumwandlungstemperatur   *Torsionsschwingungsversuch*   °C
                                          Differentialkalorimetrie   °C

Brandverhalten

UL-Test vertikal   Dicke   mm, Wert
                                          Dicke   mm, Wert

	Norm	Bewertung	Abmessungen
Sauerstoff-Index	ASTM D 2863		
Glühstab-Verfahren			
Brandverhalten	DIN 4102		
MVSS			
FAR			

Elektrische Eigenschaften

	Hz	°C	Probekörper, Form
Dielektrizitätszahl	50		
	10³		
	10⁶		
Dielektrischer Verlustfaktor tan δ	50		
	10³		
	10⁶		

Spezifischer Durchgangs-
*   widerstand*   Ohm · cm
Durchschlagfestigkeit   kV/mm   mm dick
Oberflächenwiderstand   Ohm

Kriechstromfestigkeit   KC   KB   KA
Elektrolytische Korrosionswirkung
Lichtbogenfestigkeit nach DIN
*   nach ASTM*   s

Beständigkeit *(Chemische Beständigkeit siehe Anhang)*

Wasseraufnahme

Feuchtigkeitsaufnahme Normalklima   %
Wetterbeständigkeit

Spannungskorrosion

Optische Eigenschaften

Brechungszahl n$_\mathrm{D}$
Transmissionsgrad τ$_\mathrm{c}$ %   mm dick
Lichtdurchlässigkeit

Produkt	Acrylester-Styrol-Acrylnitril-Polymerisat		**ASA**
Handelsname	**Luran S 757 R**		
Hersteller	BASF		
DIN-Bez 1	16777-ASA,MG,095-08-09I		
DIN-Bez 2			
Zusätze		*Füllstoffe/ Verstärkung*	
Bevorzugte Verarbeitung	Spritzgiessen	*Lieferform*	Granulat
		Farben	Natur (gelblich weiss opak); Standard; Spezial
Besondere Merkmale	Hohe Steifigkeit; Hohe Haerte; Hohe Waermeformbestaendigkeit; Gute Zaehigkeit	*Bevorzugte Anwendungen*	Elektrotechnik; Fahrzeugbau; Sitzmoebel; Surfgeraet; Spielzeug; Haustechnik; Waschbecken; Antennenteil; Hinweisschild; Gartenmoebel; System fuer Gartenbewaesserung; Gehaeuse

Dichte	g/cm³	1.07	*Schmelzindex*	g/10 min	$\geq$14: 200/21.6
Schüttdichte	g/cm³	0.59	*Volumenfließindex*	cm³/10 min	:
Viskositätszahl	ml/g				

Verarbeitungsbedingungen für Spritzgießen

Massetemp.	°C	230–280	*Schwindung*	%	lgs 0.4–0.7, quer 0.4–0.7
Werkzeugtemp.	°C	40–80	*Bemerkungen*		Vortrocknen 2 bis 4 h bei 85 C z. B. im
Spritzdruck	bar				Umluftschrank oder Verwendung eines Trockentrichters

Zugversuch 23 °C   DIN 53455; DIN 53457

	Probekörper:	*Form* Nr.3	*Herstellung*	Spritzgiessen	
		Zustand	*Vorbehandlung*	Normalklima	
Streckspannung	N/mm²		*Dehnung bei Streckspannung*	%	3.1
Zugfestigkeit	N/mm²	56	*Reißdehnung*	%	15
Reißfestigkeit	N/mm²	40	% *Dehnspannung*	N/mm²	
E-Modul	N/mm²	2600	*Dehnung bei* % *Dehnspg.*	%	

Kriechmoduln und Zeitstandwerte 23 °C

	Probekörper:	*Form*	*Herstellung*	
		Zustand	*Vorbehandlung*	
Kriechmodul	1 min N/mm²		*Zeitstandzugfestigkeit*	h N/mm²
Kriechmodul	1000 h N/mm²		*Zeitdehnspg.* %	h N/mm²
bei Spannung	N/mm²			

Biegeversuch 23 °C   DIN 53452;

	Probekörper:	*Form* NKS	*Herstellung*	Spritzgiessen
		Zustand	*Vorbehandlung*	Normalklima
Biegefestigkeit	N/mm² 75		*E-Modul*	N/mm²
3,5% Biegespannung	N/mm²			

Härte 23 °C

	Probekörper:	*Zustand*	*Herstellung*	Spritzgiessen
			Vorbehandlung	Normalklima
Kugeldruckhärte	N/mm² 100	bei 358 N, 30 s	*Shore-Härte* A	
Rockwellhärte			*Shore-Härte* D	

Schlagversuch

	Probekörper:	*(1)* U-Kerbe			
		(2) V-Kerbe	*Herstellung*	Spritzgiessen	
		Zustand	*Vorbehandlung*	Normalklima	
		°C	°C	°C	*Probekörper-Form*
Schlagzähigkeit	kJ/m²	23 o.B.	-20 50	-40 25	NKS
Kerbschlagzähigkeit (1)	kJ/m²	23 7	-40 1		NKS
IZOD-Kerbschlagzähigkeit (2)	J/m	23 120			Dicke 3.2 mm
Kerbschlagzugzähigkeit	kJ/m²				

Abrieb und Reibung

Taber-Abrieb (Reibradverfahren) mm^3/100 U
Abriebfaktor LNP (Thrust washer) Vergleichswert
Statische Reibungszahl
Dynamische Reibungszahl $(p \cdot v =$ $N/mm^2 \cdot$ m/min$)$
Zulässiger p · v Wert $N/mm^2 \cdot$ (m/min)   v =   m/min
   v =   m/min

Thermische Eigenschaften

Formbeständigkeit in der Wärme	*Verfahren*	A		97 °C
	Verfahren	B		101 °C
Vicat Erweichungstemperatur (VST)	*Verfahren*	B/50		98 °C
	Verfahren			°C
Kristallit-Schmelzpunkt	*Verfahren*			

Längenausdehnungskoeffizient *Bereich*   °C $\cdot 10^{-4}K^{-1}$
Temperatur 23 °C $0.8–1.1 \cdot 10^{-4}K^{-1}$
Wärmeleitfähigkeit *Verfahren* DIN 52612   23 °C   0.17 W/(K · m)

Spezifische Wärmekapazität *Verfahren*   J/(K · g)

Glasumwandlungstemperatur *Torsionsschwingungsversuch*   °C
Differentialkalorimetrie   °C

Brandverhalten

UL-Test vertikal Dicke 3.2 mm, Wert HB
Dicke   mm, Wert

	Norm	*Bewertung*		*Abmessungen*
Sauerstoff-Index	ASTM D 2863			
Glühstab-Verfahren				
Brandverhalten	DIN 4102			
MVSS				
FAR				

Elektrische Eigenschaften

		Hz	°C			*Probekörper, Form*
Dielektrizitätszahl		50				
		10^3				
		10^6	23	3.4		
Dielektrischer Verlustfaktor tan δ		50				
		10^3				
		10^6	23	0.025		
Spezifischer Durchgangs-						
widerstand	Ohm · cm		23	1.0*10**14		
Durchschlagfestigkeit	kV/mm		23	90		0.7 mm dick
Oberflächenwiderstand	Ohm		23	1.0*10**13		
Kriechstromfestigkeit		KC		KB	KA	
Elektrolytische Korrosionswirkung						
Lichtbogenfestigkeit nach DIN						
nach ASTM	s					

Beständigkeit *(Chemische Beständigkeit siehe Anhang)*

Wasseraufnahme A/23 C   1 d   28 mg

Feuchtigkeitsaufnahme Normalklima   %
Wetterbeständigkeit

Spannungskorrosion

Optische Eigenschaften

Brechungszahl n_D
Transmissionsgrad τ_c %   mm dick
Lichtdurchlässigkeit

Produkt	Acrylester-Styrol-Acrylnitril-Polymerisat	**ASA**
Handelsname	**Luran S 757 RE**	
Hersteller	BASF	
DIN-Bez 1	16777-ASA,EG,095-08-09I	
DIN-Bez 2		

Zusätze		*Füllstoffe/ Verstärkung*	
Bevorzugte Verarbeitung	Extrudieren	*Lieferform*	Granulat
		Farben	Natur (gelblich weiss opak); Standard; Spezial
Besondere Merkmale	Hohe Steifigkeit; Hohe Haerte; Hohe Waermeformbestaendigkeit; Gute Zaehigkeit	*Bevorzugte Anwendungen*	Halbzeug; Platte; Folie; Heisswasser-bestaendiges Abflussrohr

---

Dichte	g/cm³	1.07	*Schmelzindex*	g/10 min	14: 200/21.6
Schüttdichte	g/cm³	0.59	*Volumenfließindex*	cm³/10 min	:
Viskositätszahl	ml/g				

Verarbeitungsbedingungen für Spritzgießen

Massetemp.	°C		*Schwindung*	%	lgs , quer
Werkzeugtemp.	°C		*Bemerkungen*		
Spritzdruck	bar				

Zugversuch 23 °C   DIN 53455; DIN 53457

	Probekörper:	*Form*	Nr.3	*Herstellung*	Spritzgiessen
		Zustand		*Vorbehandlung*	Normalklima
Streckspannung	N/mm² 56		*Dehnung bei Streckspannung*	%	3.1
Zugfestigkeit	N/mm²		*Reißdehnung*	%	15
Reißfestigkeit	N/mm² 40		*% Dehnspannung*	N/mm²	
E-Modul	N/mm² 2600		*Dehnung bei*	*% Dehnspg.* %	

Kriechmoduln und Zeitstandwerte 23 °C

	Probekörper:	*Form*	*Herstellung*	
		Zustand	*Vorbehandlung*	
Kriechmodul	1 min N/mm²		*Zeitstandzugfestigkeit*	h N/mm²
Kriechmodul	1000 h N/mm²		*Zeitdehnspg.* %	h N/mm²
bei Spannung	N/mm²			

Biegeversuch 23 °C   DIN 53452;

	Probekörper:	*Form*	NKS	*Herstellung*	Spritzgiessen
		Zustand		*Vorbehandlung*	Normalklima
Biegefestigkeit	N/mm² 75		*E-Modul*	N/mm²	
3,5% Biegespannung	N/mm²				

Härte 23 °C

	Probekörper:	*Zustand*	*Herstellung*	Spritzgiessen
			Vorbehandlung	Normalklima
Kugeldruckhärte	N/mm² 100	bei 358 N, 30 s	*Shore-Härte* A	
Rockwellhärte			*Shore-Härte* D	

Schlagversuch

	Probekörper:	*(1)* U-Kerbe		
		(2) V-Kerbe	*Herstellung*	Spritzgiessen
		Zustand	*Vorbehandlung*	Normalklima
		°C	°C	°C	*Probekörper-Form*

Schlagzähigkeit	kJ/m²	23 o.B.	-20 50	-40 25	NKS
Kerbschlagzähigkeit (1)	kJ/m²	23 7	-40 1		NKS
IZOD-Kerbschlagzähigkeit (2)	J/m	23 120			Dicke 3.2 mm
Kerbschlagzugzähigkeit	kJ/m²				

Abrieb und Reibung

Taber-Abrieb (Reibradverfahren)	mm³/100 U
Abriebfaktor LNP (Thrust washer) Vergleichswert	
Statische Reibungszahl	
Dynamische Reibungszahl	(p·v = N/mm² · m/min)
Zulässiger p · v Wert	N/mm² · (m/min) v = m/min
	v = m/min

Thermische Eigenschaften

Formbeständigkeit in der Wärme	*Verfahren*	A	97 °C
	Verfahren	B	101 °C
Vicat Erweichungstemperatur (VST)	*Verfahren*	B/50	98 °C
	Verfahren		°C
Kristallit-Schmelzpunkt	*Verfahren*		
Längenausdehnungskoeffizient	*Bereich* °C		$\cdot 10^{-4}\,\mathrm{K}^{-1}$
	Temperatur 23 °C		$0.8{-}1.1 \cdot 10^{-4}\,\mathrm{K}^{-1}$
Wärmeleitfähigkeit	*Verfahren* DIN 52612	23 °C	0.17 W/(K · m)
Spezifische Wärmekapazität	*Verfahren*		J/(K · g)
Glasumwandlungstemperatur	*Torsionsschwingungsversuch*		°C
	Differentialkalorimetrie		°C

Brandverhalten

UL-Test vertikal
Dicke 3.2   mm, Wert HB
Dicke   mm, Wert

	Norm	*Bewertung*	*Abmessungen*
Sauerstoff-Index	ASTM D 2863		
Glühstab-Verfahren			
Brandverhalten	DIN 4102		
MVSS			
FAR			

Elektrische Eigenschaften

		Hz	°C		*Probekörper, Form*
Dielektrizitätszahl		50			
		10³			
		10⁶	23	3.4	
Dielektrischer Verlustfaktor tan δ		50			
		10³			
		10⁶	23	0.025	
Spezifischer Durchgangs-widerstand	Ohm · cm		23	1.0*10**14	
Durchschlagfestigkeit	kV/mm		23	90	0.7 mm dick
Oberflächenwiderstand	Ohm		23	1.0*10**13	
Kriechstromfestigkeit	KC		KB	KA	
Elektrolytische Korrosionswirkung					
Lichtbogenfestigkeit nach DIN					
nach ASTM	s				

Beständigkeit *(Chemische Beständigkeit siehe Anhang)*

Wasseraufnahme A/23 C		1 d	28 mg
Feuchtigkeitsaufnahme Normalklima			%
Wetterbeständigkeit			
Spannungskorrosion			

Optische Eigenschaften

Brechungszahl n_D
Transmissionsgrad τ_c %   mm dick
Lichtdurchlässigkeit

Produkt	Acrylester-Styrol-Acrylnitril-Polymerisat		**ASA**
Handelsname	**Luran S 776 S**		
Hersteller	BASF		
DIN-Bez 1	16777-ASA,MG,095-04-35I		
DIN-Bez 2			
Zusätze		*Füllstoffe/ Verstärkung*	
Bevorzugte Verarbeitung	Spritzgiessen	*Lieferform*	Granulat
		Farben	Natur (gelblich weiss opak); Standard; Spezial
Besondere Merkmale	Hohe Zaehigkeit bei guter Steifigkeit und Haerte	*Bevorzugte Anwendungen*	Elektrotechnik; Fahrzeugbau; Sitzmoebel; Surfgeraet; Spielzeug; Haustechnik; Waschbecken; Antennenteil; Hinweisschild; Gartenmoebel; System fuer Gartenbewaesserung; Gehaeuse

Dichte	g/cm^3	1.07	*Schmelzindex*	g/10 min	8: 200/21.6
Schüttdichte	g/cm^3	0.59	*Volumenfließindex*	cm^3/10 min	:
Viskositätszahl	ml/g				

Verarbeitungsbedingungen für Spritzgießen

Massetemp.	°C	230–280	*Schwindung*	%	lgs 0.4–0.7, quer 0.4–0.7
Werkzeugtemp.	°C	40–80	*Bemerkungen*		Vortrocknen 2 bis 4 h bei 85 C z. B. im Umluftschrank oder Verwendung eines Trockentrichters
Spritzdruck	bar				

Zugversuch 23 °C　DIN 53455; DIN 53457

	Probekörper:	Form Nr.3	*Herstellung*	Spritzgiessen	
		Zustand	*Vorbehandlung*	Normalklima	
Streckspannung	N/mm^2	47	*Dehnung bei Streckspannung*	%	3.3
Zugfestigkeit	N/mm^2		*Reißdehnung*	%	20
Reißfestigkeit	N/mm^2	36	*% Dehnspannung*	N/mm^2	
E-Modul	N/mm^2	2300	*Dehnung bei % Dehnspg.*	%	

Kriechmoduln und Zeitstandwerte 23 °C

	Probekörper:	Form	*Herstellung*		
		Zustand	*Vorbehandlung*		
Kriechmodul	1 min N/mm^2		*Zeitstandzugfestigkeit*	h N/mm^2	
Kriechmodul	1000 h N/mm^2		*Zeitdehnspg. %*	h N/mm^2	
bei Spannung	N/mm^2				

Biegeversuch 23 °C　DIN 53452;

	Probekörper:	Form NKS	*Herstellung*	Spritzgiessen	
		Zustand	*Vorbehandlung*	Normalklima	
Biegefestigkeit	N/mm^2	65	*E-Modul*	N/mm^2	
3,5% Biegespannung	N/mm^2				

Härte 23 °C

	Probekörper:	Zustand	*Herstellung*	Spritzgiessen	
			Vorbehandlung	Normalklima	
Kugeldruckhärte	N/mm^2 70	bei 358 N, 30 s	*Shore-Härte* A		
Rockwellhärte			*Shore-Härte* D		

Schlagversuch

	Probekörper:	(1) U-Kerbe				
		(2) V-Kerbe		*Herstellung*	Spritzgiessen	
		Zustand		*Vorbehandlung*	Normalklima	
		°C	°C	°C		*Probekörper-Form*
Schlagzähigkeit	kJ/m^2	23 o.B.	-20 o.B.	-40 40		NKS
Kerbschlagzähigkeit (1)	kJ/m^2	23 12	-40 2			NKS
IZOD-Kerbschlagzähigkeit (2)	J/m	23 330				Dicke 3.2 mm
Kerbschlagzugzähigkeit	kJ/m^2					

Abrieb und Reibung

Taber-Abrieb (Reibradverfahren)	mm³/100 U	
Abriebfaktor LNP (Thrust washer) Vergleichswert		
Statische Reibungszahl		
Dynamische Reibungszahl	(p·v = N/mm² · m/min)	
Zulässiger p · v Wert	N/mm² · (m/min) v = m/min	
	v = m/min	

Thermische Eigenschaften

Formbeständigkeit in der Wärme	*Verfahren* A		96 °C
	Verfahren B		101 °C
Vicat Erweichungstemperatur (VST)	*Verfahren* B/50		93 °C
	Verfahren		°C
Kristallit-Schmelzpunkt	*Verfahren*		
Längenausdehnungskoeffizient	*Bereich* °C		$\cdot 10^{-4} \mathrm{K}^{-1}$
	Temperatur 23 °C		$0.8{-}1.1 \cdot 10^{-4} \mathrm{K}^{-1}$
Wärmeleitfähigkeit	*Verfahren* DIN 52612	23 °C	0.17 W/(K · m)
Spezifische Wärmekapazität	*Verfahren*		J/(K · g)
Glasumwandlungstemperatur	*Torsionsschwingungsversuch*	°C	
	Differentialkalorimetrie	°C	

Brandverhalten

UL-Test vertikal	Dicke 3.2 mm, Wert HB	
	Dicke mm, Wert	

	Norm	*Bewertung*	*Abmessungen*
Sauerstoff-Index	ASTM D 2863		
Glühstab-Verfahren			
Brandverhalten	DIN 4102		
MVSS			
FAR			

Elektrische Eigenschaften

		Hz	°C		*Probekörper, Form*
Dielektrizitätszahl		50			
		10^3			
		10^6	23	3.4	
Dielektrischer Verlustfaktor tan δ		50			
		10^3			
		10^6	23	0.034	
Spezifischer Durchgangs-widerstand	Ohm · cm		23	1.0*10**14	
Durchschlagfestigkeit	kV/mm		23	95	0.7 mm dick
Oberflächenwiderstand	Ohm		23	1.0*10**13	
Kriechstromfestigkeit	KC		KB	KA	
Elektrolytische Korrosionswirkung					
Lichtbogenfestigkeit nach DIN					
nach ASTM	s				

Beständigkeit *(Chemische Beständigkeit siehe Anhang)*

Wasseraufnahme A/23 C		1 d	28 mg
Feuchtigkeitsaufnahme Normalklima			%
Wetterbeständigkeit			
Spannungskorrosion			

Optische Eigenschaften

Brechungszahl n_D			
Transmissionsgrad τ_c	%	mm dick	
Lichtdurchlässigkeit			

Produkt	Acrylester-Styrol-Acrylnitril-Polymerisat	**ASA**
Handelsname	**Luran S 776 SE**	
Hersteller	BASF	
DIN-Bez 1 *DIN-Bez 2*	16777-ASA,EG,095-04-35I	

Zusätze		*Füllstoffe/* *Verstärkung*	
Bevorzugte *Verarbeitung*	Extrudieren	*Lieferform*	Granulat
		Farben	Natur (gelblich weiss opak); Standard; Spezial
Besondere *Merkmale*	Hohe Zaehigkeit; Gute Steifigkeit; Gute Haerte; Gute Waermeformbestaendig-keit	*Bevorzugte* *Anwendungen*	Platte; Folie; Profil; Heisswasserbe-staendiges Abflussrohr

---

Dichte	g/cm^3	1.07	*Schmelzindex*	g/10 min	8:　　200/21.6
Schüttdichte	g/cm^3	0.59	*Volumenfließindex*	cm^3/10 min	:
Viskositätszahl	ml/g				

Verarbeitungsbedingungen für Spritzgießen

Massetemp.	°C		*Schwindung*	%	lgs　　　, quer
Werkzeugtemp.	°C		*Bemerkungen*		
Spritzdruck	bar				

Zugversuch 23 °C　DIN 53455; DIN 53457

	Probekörper:	*Form*　　Nr.3	*Herstellung*	Spritzgiessen
		Zustand	*Vorbehandlung*	Normalklima

Streckspannung	N/mm^2	47	*Dehnung bei Streckspannung*	%	3.3
Zugfestigkeit	N/mm^2		*Reißdehnung*	%	20
Reißfestigkeit	N/mm^2	36	*% Dehnspannung*	N/mm^2	
E-Modul	N/mm^2	2300	*Dehnung bei　% Dehnspg.*	%	

Kriechmoduln und Zeitstandwerte 23 °C

	Probekörper:	*Form*	*Herstellung*	
		Zustand	*Vorbehandlung*	

Kriechmodul	*1 min*	N/mm^2	*Zeitstandzugfestigkeit*	h　N/mm^2
Kriechmodul	*1000 h*	N/mm^2	*Zeitdehnspg. %*	h　N/mm^2
bei Spannung		N/mm^2		

Biegeversuch 23 °C　DIN 53452;

	Probekörper:	*Form*　　NKS	*Herstellung*	Spritzgiessen
		Zustand	*Vorbehandlung*	Normalklima

Biegefestigkeit	N/mm^2	65	*E-Modul*	N/mm^2
3,5% Biegespannung	N/mm^2			

Härte 23 °C

	Probekörper:	*Zustand*	*Herstellung*	Spritzgiessen
			Vorbehandlung	Normalklima

Kugeldruckhärte	N/mm^2	70	bei 358 N, 30 s	*Shore-Härte* A
Rockwellhärte				*Shore-Härte* D

Schlagversuch

	Probekörper:	*(1)* U-Kerbe		
		(2) V-Kerbe	*Herstellung*	Spritzgiessen
		Zustand	*Vorbehandlung*	Normalklima

	°C	°C	°C	*Probekörper-Form*
Schlagzähigkeit	kJ/m^2　23 o.B.	-20 o.B.	-40 40	NKS
Kerbschlagzähigkeit (1)	kJ/m^2　23 12	-40 2		NKS
IZOD-Kerbschlagzähigkeit (2)	J/m　23 330			Dicke 3.2 mm
Kerbschlagzugzähigkeit	kJ/m^2			

Abrieb und Reibung

Taber-Abrieb (Reibradverfahren)	mm^3/100 U
Abriebfaktor LNP (Thrust washer) Vergleichswert	
Statische Reibungszahl	
Dynamische Reibungszahl	(p·v= N/mm^2· m/min)
Zulässiger p · v Wert	N/mm^2 · (m/min) v= m/min
	v= m/min

Thermische Eigenschaften

Formbeständigkeit in der Wärme	*Verfahren*	A	96 °C
	Verfahren	B	101 °C
Vicat Erweichungstemperatur (VST)	*Verfahren*	B/50	93 °C
	Verfahren		°C
Kristallit-Schmelzpunkt	*Verfahren*		
Längenausdehnungskoeffizient	*Bereich*	°C	· 10^{-4}K^{-1}
	Temperatur 23 °C		0.8–1.1 · 10^{-4}K^{-1}
Wärmeleitfähigkeit	*Verfahren* DIN 52612	23 °C	0.17 W/(K · m)
Spezifische Wärmekapazität	*Verfahren*		J/(K · g)
Glasumwandlungstemperatur	*Torsionsschwingungsversuch*		°C
	Differentialkalorimetrie		°C

Brandverhalten

UL-Test vertikal   Dicke 3.2   mm, Wert HB
               Dicke   mm, Wert

	Norm	*Bewertung*	*Abmessungen*
Sauerstoff-Index	ASTM D 2863		
Glühstab-Verfahren			
Brandverhalten	DIN 4102		
MVSS			
FAR			

Elektrische Eigenschaften

		Hz	°C		*Probekörper, Form*
Dielektrizitätszahl		50			
		10^3			
		10^6	23	3.4	
Dielektrischer Verlustfaktor tan δ		50			
		10^3			
		10^6	23	0.034	
Spezifischer Durchgangs-widerstand	Ohm · cm		23	1.0*10**14	
Durchschlagfestigkeit	kV/mm		23	95	0.7 mm dick
Oberflächenwiderstand	Ohm		23	1.0*10**13	
Kriechstromfestigkeit	KC		KB	KA	
Elektrolytische Korrosionswirkung					
Lichtbogenfestigkeit nach DIN					
nach ASTM s					

Beständigkeit *(Chemische Beständigkeit siehe Anhang)*

Wasseraufnahme A/23 C		1 d	28 mg
Feuchtigkeitsaufnahme Normalklima			%
Wetterbeständigkeit			
Spannungskorrosion			

Optische Eigenschaften

Brechungszahl n$_D$
Transmissionsgrad τ_c %   mm dick
Lichtdurchlässigkeit

Produkt	Acrylester-Styrol-Acrylnitril-Polymerisat		**ASA**
Handelsname	**Luran S 786 R**		
Hersteller	BASF		
DIN-Bez 1	16777-ASA,MG,085-08-35I		
DIN-Bez 2			
Zusätze		*Füllstoffe/ Verstärkung*	
Bevorzugte Verarbeitung	Spritzgiessen	*Lieferform*	Granulat
		Farben	Natur (gelblich weiss opak); Standard; Spezial
Besondere Merkmale	Leicht fliessend; Hohe Schlagzaehig- keit	*Bevorzugte Anwendungen*	Elektrotechnik; Fahrzeugbau; Sitzmoe- bel; Surfgeraet; Spielzeug; Haustech- nik; Waschbecken; Antennenteil; Hin- weisschild; Gartenmoebel; System fuer Gartenbewaesserung; Gehaeuse

Dichte	g/cm³	1.07	*Schmelzindex*	g/10 min	13:　200/21.6
Schüttdichte	g/cm³	0.59	*Volumenfließindex*	cm³/10 min	:
Viskositätszahl	ml/g				

Verarbeitungsbedingungen für Spritzgießen

Massetemp.	°C	230–280	*Schwindung*	%	lgs 0.4–0.7, quer 0.4–0.7
Werkzeugtemp.	°C	40–80	*Bemerkungen*		Vortrocknen 2 bis 4 h bei 85 C z. B. im Umluftschrank oder Verwendung eines Trockentrichters
Spritzdruck	bar				

Zugversuch 23 °C　DIN 53455; DIN 53457

	Probekörper:	*Form*　Nr.3	*Herstellung*	Spritzgiessen	
		Zustand	*Vorbehandlung*	Normalklima	
Streckspannung	N/mm² 45		*Dehnung bei Streckspannung*	%	3.1
Zugfestigkeit	N/mm²		*Reißdehnung*	%	25
Reißfestigkeit	N/mm² 30		*% Dehnspannung*	N/mm²	
E-Modul	N/mm² 2200		*Dehnung bei*　% *Dehnspg.* %		

Kriechmoduln und Zeitstandwerte 23 °C

	Probekörper:	*Form*	*Herstellung*	
		Zustand	*Vorbehandlung*	
Kriechmodul	1 min N/mm²		*Zeitstandzugfestigkeit*	h N/mm²
Kriechmodul	1000 h N/mm²		*Zeitdehnspg.* %	h N/mm²
bei Spannung	N/mm²			

Biegeversuch 23 °C　DIN 53452;

	Probekörper:	*Form*　NKS	*Herstellung*	Spritzgiessen
		Zustand	*Vorbehandlung*	Normalklima
Biegefestigkeit	N/mm² 65		*E-Modul*	N/mm²
3,5% Biegespannung	N/mm²			

Härte 23 °C

	Probekörper:	*Zustand*	*Herstellung*	Spritzgiessen
			Vorbehandlung	Normalklima
Kugeldruckhärte	N/mm² 65	bei 358 N, 30 s	*Shore-Härte* A	
Rockwellhärte			*Shore-Härte* D	

Schlagversuch

	Probekörper:	*(1)* U-Kerbe		
		(2) V-Kerbe	*Herstellung*	Spritzgiessen
		Zustand	*Vorbehandlung*	Normalklima
		°C　　　　°C	°C	*Probekörper-Form*
Schlagzähigkeit	kJ/m²	23 o.B.　　-20 o.B.	-40 45	NKS
Kerbschlagzähigkeit (1)	kJ/m²	23 15　　　-40 2		NKS
IZOD-Kerbschlagzähigkeit (2)	J/m	23 360		Dicke 3.2 mm
Kerbschlagzugzähigkeit	kJ/m²			

Abrieb und Reibung

Taber-Abrieb (Reibradverfahren)　　　　　　　　　　mm³/100 U
Abriebfaktor LNP (Thrust washer) Vergleichswert
Statische Reibungszahl
Dynamische Reibungszahl　　　　　　　　　　　　　(p·v =　　　N/mm² ·　　　m/min)
Zulässiger p · v Wert　　　　　　　　　　　　　　N/mm² · (m/min)　v =　　　m/min
　　　　　　　　　　　　　　　　　　　　　　　　　　　　　　　　v =　　　m/min

Thermische Eigenschaften

Formbeständigkeit in der Wärme	Verfahren	A		96 °C
	Verfahren	B		100 °C
Vicat Erweichungstemperatur (VST)	Verfahren	B/50		90 °C
	Verfahren			°C
Kristallit-Schmelzpunkt	Verfahren			
Längenausdehnungskoeffizient	Bereich	°C		$\cdot 10^{-4} \text{K}^{-1}$
	Temperatur 23 °C			$0.8\text{–}1.1 \cdot 10^{-4}\text{K}^{-1}$
Wärmeleitfähigkeit	Verfahren DIN 52612		23 °C	0.17 W/(K · m)
Spezifische Wärmekapazität	Verfahren			J/(K · g)
Glasumwandlungstemperatur	Torsionsschwingungsversuch		°C	
	Differentialkalorimetrie		°C	

Brandverhalten

UL-Test vertikal　　　　　　　　　　　Dicke 3.2　mm, Wert　HB
　　　　　　　　　　　　　　　　　　　Dicke　　　mm, Wert

	Norm	Bewertung	Abmessungen
Sauerstoff-Index	ASTM D 2863		
Glühstab-Verfahren			
Brandverhalten	DIN 4102		
MVSS			
FAR			

Elektrische Eigenschaften

		Hz	°C			Probekörper, Form
Dielektrizitätszahl		50				
		10^3				
		10^6	23	3.4		
Dielektrischer Verlustfaktor tan δ		50				
		10^3				
		10^6	23	0.035		
Spezifischer Durchgangs-widerstand	Ohm · cm		23	1.0*10**14		
Durchschlagfestigkeit	kV/mm		23	100		0.7　mm dick
Oberflächenwiderstand	Ohm		23	1.0*10**13		
Kriechstromfestigkeit		KC		KB	KA	
Elektrolytische Korrosionswirkung						
Lichtbogenfestigkeit nach DIN						
nach ASTM	s					

Beständigkeit *(Chemische Beständigkeit siehe Anhang)*

Wasseraufnahme A/23 C　　　　　　　　　　　　　　　1 d　　　　28 mg

Feuchtigkeitsaufnahme Normalklima　　　　　　　　　　　　　　　　　　　　　%
Wetterbeständigkeit

Spannungskorrosion

Optische Eigenschaften

Brechungszahl n_D
Transmissionsgrad τ_c　　%　　　　　　　　　mm dick
Lichtdurchlässigkeit

Produkt	Acrylester-Styrol-Acrylnitril-Polymerisat	**ASA**
Handelsname	**Luran S 797 S**	
Hersteller	BASF	
DIN-Bez 1	16777-ASA,MG,095-04-35I	
DIN-Bez 2		

Zusätze		*Füllstoffe/ Verstärkung*	
Bevorzugte Verarbeitung	Spritzgiessen	*Lieferform*	Granulat
		Farben	Natur (gelblich weiss opak); Spezial
Besondere Merkmale	Besonders hohe Kerbschlagzaehigkeit	*Bevorzugte Anwendungen*	Elektrotechnik; Fahrzeugbau; Sitzmoebel; Surfgeraet; Spielzeug; Haustechnik; Waschbecken; Antennenteil; Hinweisschild; Gartenmoebel; System fuer Gartenbewaesserung; Gehaeuse

Dichte	g/cm^3	1.07	*Schmelzindex*	g/10 min	7: 200/21.6
Schüttdichte	g/cm^3	0.59	*Volumenfließindex*	cm^3/10 min	:
Viskositätszahl	ml/g				

Verarbeitungsbedingungen für Spritzgießen

Massetemp.	°C	230–280	*Schwindung*	%	lgs 0.4–0.7, quer 0.4–0.7
Werkzeugtemp.	°C	40–80	*Bemerkungen*		Vortrocknen 2 bis 4 h bei 85 C z. B. im Umluftschrank oder Verwendung eines Trockentrichters
Spritzdruck	bar				

Zugversuch 23 °C   DIN 53455; DIN 53457

	Probekörper:	*Form* Nr.3	*Herstellung*	Spritzgiessen	
		Zustand	*Vorbehandlung*	Normalklima	
Streckspannung	N/mm^2	40	*Dehnung bei Streckspannung*	%	4.3
Zugfestigkeit	N/mm^2		*Reißdehnung*	%	25
Reißfestigkeit	N/mm^2	30	*% Dehnspannung*	N/mm^2	
E-Modul	N/mm^2	2000	*Dehnung bei % Dehnspg.*	%	

Kriechmoduln und Zeitstandwerte 23 °C

	Probekörper:	*Form*	*Herstellung*	
		Zustand	*Vorbehandlung*	
Kriechmodul	1 min N/mm^2		*Zeitstandzugfestigkeit*	h N/mm^2
Kriechmodul	1000 h N/mm^2		*Zeitdehnspg. %*	h N/mm^2
bei Spannung	N/mm^2			

Biegeversuch 23 °C   DIN 53452;

	Probekörper:	*Form* NKS	*Herstellung*	Spritzgiessen
		Zustand	*Vorbehandlung*	Normalklima
Biegefestigkeit	N/mm^2	60	*E-Modul*	N/mm^2
3,5% Biegespannung	N/mm^2			

Härte 23 °C

	Probekörper:	*Zustand*	*Herstellung*	Spritzgiessen
			Vorbehandlung	Normalklima
Kugeldruckhärte	N/mm^2 65	bei 358 N, 30 s	*Shore-Härte* A	
Rockwellhärte			*Shore-Härte* D	

Schlagversuch

	Probekörper:	*(1)* U-Kerbe			
		(2) V-Kerbe	*Herstellung*	Spritzgiessen	
		Zustand	*Vorbehandlung*	Normalklima	
		°C	°C	°C	*Probekörper-Form*
Schlagzähigkeit	kJ/m^2	23 o.B.	-20 o.B.	-40 80–o.B.	NKS
Kerbschlagzähigkeit (1)	kJ/m^2	23 20	-40 2		NKS
IZOD-Kerbschlagzähigkeit (2)	J/m	23 600			Dicke 3.2 mm
Kerbschlagzugzähigkeit	kJ/m^2				

Abrieb und Reibung

Taber-Abrieb (Reibradverfahren)	mm^3/100 U
Abriebfaktor LNP (Thrust washer) Vergleichswert	
Statische Reibungszahl	
Dynamische Reibungszahl	(p·v = N/mm^2 · m/min)
Zulässiger p · v Wert	N/mm^2 · (m/min) v = m/min
	v = m/min

Thermische Eigenschaften

Formbeständigkeit in der Wärme	*Verfahren*	A	95 °C
	Verfahren	B	100 °C
Vicat Erweichungstemperatur (VST)	*Verfahren*	B/50	92 °C
	Verfahren		°C
Kristallit-Schmelzpunkt	*Verfahren*		
Längenausdehnungskoeffizient	*Bereich*	°C	· 10^{-4}K^{-1}
	Temperatur 23 °C		0.8–1.1 · 10^{-4}K^{-1}
Wärmeleitfähigkeit	*Verfahren* DIN 52612	23 °C	0.17 W/(K · m)
Spezifische Wärmekapazität	*Verfahren*		J/(K · g)
Glasumwandlungstemperatur	*Torsionsschwingungsversuch*	°C	
	Differentialkalorimetrie	°C	

Brandverhalten

UL-Test vertikal   Dicke 3.2   mm, Wert HB
Dicke   mm, Wert

	Norm	Bewertung	Abmessungen
Sauerstoff-Index	ASTM D 2863		
Glühstab-Verfahren			
Brandverhalten	DIN 4102		
MVSS			
FAR			

Elektrische Eigenschaften

	Hz	°C		Probekörper, Form
Dielektrizitätszahl	50			
	10^3			
	10^6	23	3.3	
Dielektrischer Verlustfaktor tan δ	50			
	10^3			
	10^6	23	0.026	
Spezifischer Durchgangs- *widerstand*	Ohm · cm	23	1.0*10**14	
Durchschlagfestigkeit	kV/mm	23	100	0.7 mm dick
Oberflächenwiderstand	Ohm	23	1.0*10**13	
Kriechstromfestigkeit	KC		KB	KA
Elektrolytische Korrosionswirkung				
Lichtbogenfestigkeit nach DIN				
nach ASTM	s			

Beständigkeit *(Chemische Beständigkeit siehe Anhang)*

Wasseraufnahme A/23 C	1 d	28 mg
Feuchtigkeitsaufnahme Normalklima		%
Wetterbeständigkeit		
Spannungskorrosion		

Optische Eigenschaften

Brechungszahl n$_D$
Transmissionsgrad τ$_c$ %   mm dick
Lichtdurchlässigkeit

Produkt	Acrylester-Styrol-Acrylnitril-Polymerisat	**ASA**

Handelsname   **Luran S 797 SE**

Hersteller   BASF

DIN-Bez 1   16777-ASA,EG,095-04-35l
DIN-Bez 2

Zusätze   Füllstoffe/
                                                     Verstärkung

Bevorzugte   Extrudieren   Lieferform   Granulat
Verarbeitung

                                                     Farben   Natur (gelblich weiss opak); Spezial

Besondere   Besonders hohe Kerbschlagzaehigkeit   Bevorzugte   Platte; Folie; Rohr
Merkmale   Anwendungen

Dichte   g/cm³ 1.07   Schmelzindex   g/10 min   7:   200/21.6
Schüttdichte   g/cm³ 0.59   Volumenfließindex cm³/10 min   :
Viskositätszahl   ml/g

Verarbeitungsbedingungen für Spritzgießen

Massetemp.   °C   Schwindung   %   lgs   , quer
Werkzeugtemp.   °C   Bemerkungen
Spritzdruck   bar

Zugversuch 23 °C   DIN 53455; DIN 53457
                   Probekörper: Form   Nr.3   Herstellung   Spritzgiessen
                                 Zustand   Vorbehandlung   Normalklima

Streckspannung   N/mm² 40   Dehnung bei Streckspannung   %   4.3
Zugfestigkeit   N/mm²   Reißdehnung   %   25
Reißfestigkeit   N/mm² 30   % Dehnspannung   N/mm²
E-Modul   N/mm² 2000   Dehnung bei   % Dehnspg.   %

Kriechmodul und Zeitstandwerte 23 °C
                   Probekörper: Form   Herstellung
                                 Zustand   Vorbehandlung

Kriechmodul   1 min N/mm²   Zeitstandzugfestigkeit   h N/mm²
Kriechmodul   1000 h N/mm²   Zeitdehnspg. %   h N/mm²
bei Spannung   N/mm²

Biegeversuch 23 °C   DIN 53452;
                   Probekörper: Form   NKS   Herstellung   Spritzgiessen
                                 Zustand   Vorbehandlung   Normalklima

Biegefestigkeit   N/mm² 60   E-Modul   N/mm²
3,5% Biegespannung   N/mm²

Härte 23 °C   Probekörper: Zustand   Herstellung   Spritzgiessen
                                                               Vorbehandlung   Normalklima

Kugeldruckhärte   N/mm² 65   bei 358 N, 30 s   Shore-Härte A
Rockwellhärte   Shore-Härte D

Schlagversuch   Probekörper: (1) U-Kerbe
                                     (2) V-Kerbe   Herstellung   Spritzgiessen
                                     Zustand   Vorbehandlung   Normalklima

                                     °C   °C   °C   Probekörper-Form

Schlagzähigkeit   kJ/m² 23 o.B.   -20 o.B.   -40 80–o.B.   NKS
Kerbschlagzähigkeit (1)   kJ/m² 23 20   -40 2   NKS
IZOD-Kerbschlagzähigkeit (2) J/m   23 600   Dicke 3.2 mm
Kerbschlagzugzähigkeit   kJ/m²

Abrieb und Reibung

Taber-Abrieb (Reibradverfahren)	mm³/100 U	
Abriebfaktor LNP (Thrust washer) Vergleichswert		
Statische Reibungszahl		
Dynamische Reibungszahl	$(p \cdot v =$ N/mm² · m/min)	
Zulässiger p · v Wert	N/mm² · (m/min) v = m/min	
	v = m/min	

Thermische Eigenschaften

Formbeständigkeit in der Wärme	*Verfahren*	A	95 °C
	Verfahren	B	100 °C
Vicat Erweichungstemperatur (VST)	*Verfahren*	B/50	92 °C
	Verfahren		°C
Kristallit-Schmelzpunkt	*Verfahren*		
Längenausdehnungskoeffizient	*Bereich* °C		$\cdot 10^{-4} \mathrm{K}^{-1}$
	Temperatur 23 °C		$0.8{-}1.1 \cdot 10^{-4} \mathrm{K}^{-1}$
Wärmeleitfähigkeit	*Verfahren* DIN 52612	23 °C	0.17 W/(K · m)
Spezifische Wärmekapazität	*Verfahren*		J/(K · g)
Glasumwandlungstemperatur	*Torsionsschwingungsversuch*		°C
	Differentialkalorimetrie		°C

Brandverhalten

UL-Test vertikal   Dicke 3.2   mm, Wert HB
                  Dicke   mm, Wert

	Norm	*Bewertung*	*Abmessungen*
Sauerstoff-Index	ASTM D 2863		
Glühstab-Verfahren			
Brandverhalten	DIN 4102		
MVSS			
FAR			

Elektrische Eigenschaften

		Hz	°C				*Probekörper, Form*
Dielektrizitätszahl		50					
		10^3					
		10^6	23	3.3			
Dielektrischer Verlustfaktor tan δ		50					
		10^3					
		10^6	23	0.026			
Spezifischer Durchgangs-widerstand	Ohm · cm		23	1.0*10**14			
Durchschlagfestigkeit	kV/mm		23	100			0.7 mm dick
Oberflächenwiderstand	Ohm		23	1.0*10**13			
Kriechstromfestigkeit		KC		KB		KA	
Elektrolytische Korrosionswirkung							
Lichtbogenfestigkeit nach DIN							
nach ASTM s							

Beständigkeit *(Chemische Beständigkeit siehe Anhang)*

Wasseraufnahme A/23 C		1 d	28 mg
Feuchtigkeitsaufnahme Normalklima			%
Wetterbeständigkeit			
Spannungskorrosion			

Optische Eigenschaften

Brechungszahl n_D
Transmissionsgrad τ_c %   mm dick
Lichtdurchlässigkeit

Produkt	Acrylester-Styrol-Acrylnitril-Polymerisat	**ASA**
Handelsname	**Luran KR 2853/1**	
Hersteller	BASF	
DIN-Bez 1	16777-ASA,EG,105-04-25I	
DIN-Bez 2		

Zusätze		*Füllstoffe/ Verstärkung*		
Bevorzugte Verarbeitung	Extrudieren	*Lieferform*	Granulat	
		Farben	Natur (gelblich weiss opak); Spezial	
Besondere Merkmale	Besonders hohe Waermeformbestaendigkeit	*Bevorzugte Anwendungen*	Platte; Profil; Heisswasserbestaendiges Abflussrohr	

Dichte	g/cm^3	1.07	*Schmelzindex*	g/10 min	7: 200/21.6
Schüttdichte	g/cm^3	0.59	*Volumenfließindex*	cm^3/10 min	:
Viskositätszahl	ml/g				

Verarbeitungsbedingungen für Spritzgießen

Massetemp.	°C		*Schwindung*	%	lgs , quer
Werkzeugtemp.	°C		*Bemerkungen*		
Spritzdruck	bar				

Zugversuch 23 °C DIN 53455; DIN 53457

	Probekörper:	*Form* Nr.3	*Herstellung*	Spritzgiessen	
		Zustand	*Vorbehandlung*	Normalklima	
Streckspannung	N/mm^2	54	*Dehnung bei Streckspannung*	%	3.5
Zugfestigkeit	N/mm^2		*Reißdehnung*	%	15
Reißfestigkeit	N/mm^2	40	% *Dehnspannung*	N/mm^2	
E-Modul	N/mm^2	2400	*Dehnung bei* % *Dehnspg.*	%	

Kriechmoduln und Zeitstandwerte 23 °C

	Probekörper:	*Form*	*Herstellung*		
		Zustand	*Vorbehandlung*		
Kriechmodul	*1 min* N/mm^2		*Zeitstandzugfestigkeit*	h N/mm^2	
Kriechmodul	*1000 h* N/mm^2		*Zeitdehnspg.* %	h N/mm^2	
bei Spannung	N/mm^2				

Biegeversuch 23 °C DIN 53452;

	Probekörper:	*Form* NKS	*Herstellung*	Spritzgiessen	
		Zustand	*Vorbehandlung*	Normalklima	
Biegefestigkeit	N/mm^2	80	*E-Modul*	N/mm^2	
3,5% Biegespannung	N/mm^2				

Härte 23 °C

	Probekörper:	*Zustand*	*Herstellung*	Spritzgiessen
			Vorbehandlung	Normalklima
Kugeldruckhärte	N/mm^2 100	bei 358 N, 30 s	*Shore-Härte* A	
Rockwellhärte			*Shore-Härte* D	

Schlagversuch

	Probekörper:	*(1)* U-Kerbe	
		(2) V-Kerbe	*Herstellung* Spritzgiessen
		Zustand	*Vorbehandlung* Normalklima

		°C	°C	°C	*Probekörper-Form*
Schlagzähigkeit	kJ/m^2	23 o.B.	-20 o.B.	-40 40	NKS
Kerbschlagzähigkeit (1)	kJ/m^2	23 9	-40 1		NKS
IZOD-Kerbschlagzähigkeit (2)	J/m	23 300			Dicke 3.2 mm
Kerbschlagzugzähigkeit	kJ/m^2				

Abrieb und Reibung

Taber-Abrieb (Reibradverfahren)	mm³/100 U
Abriebfaktor LNP (Thrust washer) Vergleichswert	
Statische Reibungszahl	
Dynamische Reibungszahl	(p·v = N/mm² · m/min)
Zulässiger p · v Wert	N/mm² · (m/min) v = m/min
	v = m/min

Thermische Eigenschaften

Formbeständigkeit in der Wärme	Verfahren A		104 °C
	Verfahren B		108 °C
Vicat Erweichungstemperatur (VST)	Verfahren B/50		107 °C
	Verfahren		°C
Kristallit-Schmelzpunkt	Verfahren		
Längenausdehnungskoeffizient	Bereich °C		$\cdot\,10^{-4}\mathrm{K}^{-1}$
	Temperatur 23 °C		$0.8{-}1.1 \cdot 10^{-4}\mathrm{K}^{-1}$
Wärmeleitfähigkeit	Verfahren DIN 52612	23 °C	0.17 W/(K · m)
Spezifische Wärmekapazität	Verfahren		J/(K · g)
Glasumwandlungstemperatur	Torsionsschwingungsversuch	°C	
	Differentialkalorimetrie	°C	

Brandverhalten

UL-Test vertikal	Dicke 3.2 mm, Wert HB	
	Dicke mm, Wert	

	Norm	Bewertung	Abmessungen
Sauerstoff-Index	ASTM D 2863		
Glühstab-Verfahren			
Brandverhalten	DIN 4102		
MVSS			
FAR			

Elektrische Eigenschaften

		Hz	°C			Probekörper, Form
Dielektrizitätszahl		50				
		10^3				
		10^6	23	3.6		
Dielektrischer Verlustfaktor tan δ		50				
		10^3				
		10^6	23	0.033		
Spezifischer Durchgangs-widerstand	Ohm · cm		23	1.0*10**14		
Durchschlagfestigkeit	kV/mm		23	115		0.7 mm dick
Oberflächenwiderstand	Ohm		23	1.0*10**13		
Kriechstromfestigkeit		KC		KB	KA	
Elektrolytische Korrosionswirkung						
Lichtbogenfestigkeit nach DIN						
nach ASTM	s					

Beständigkeit (Chemische Beständigkeit siehe Anhang)

Wasseraufnahme A/23 C		1 d	28 mg
Feuchtigkeitsaufnahme Normalklima			%
Wetterbeständigkeit			
Spannungskorrosion			

Optische Eigenschaften

Brechungszahl n_D			
Transmissionsgrad τ_c	%		mm dick
Lichtdurchlässigkeit			

Produkt	Acrylester-Styrol-Acrylnitril-Polymerisat	**ASA**
Handelsname	**Luran KR 2854**	
Hersteller	BASF	
DIN-Bez 1	16777-ASA,MG,105-04-35l	
DIN-Bez 2		

Zusätze		*Füllstoffe/ Verstärkung*	
Bevorzugte Verarbeitung	Spritzgiessen	*Lieferform*	Granulat
		Farben	Natur (gelblich weiss opak); Spezial
Besondere Merkmale	Erhoehte Waermeformbestaendigkeit; Hohe Zaehigkeit; Geringe Neigung zum Vergrauen	*Bevorzugte Anwendungen*	Technisches Formteil; Kfz-Aussenteil

Dichte	g/cm^3	1.07	*Schmelzindex*	g/10 min	6:	200/21.6
Schüttdichte	g/cm^3	0.59	*Volumenfließindex*	cm^3/10 min	:	
Viskositätszahl	ml/g					

Verarbeitungsbedingungen für Spritzgießen

Massetemp.	°C	230–280	*Schwindung*	%	lgs 0.4–0.7, quer 0.4–0.7
Werkzeugtemp.	°C	40–80	*Bemerkungen*		Vortrocknen 2 bis 4 h bei 85 C z. B. im
Spritzdruck	bar				Umluftschrank oder Verwendung eines
					Trockentrichters

Zugversuch 23 °C DIN 53455; DIN 53457

	Probekörper:	Form	Nr.3	*Herstellung*	Spritzgiessen
		Zustand		*Vorbehandlung*	Normalklima
Streckspannung	N/mm^2	50	*Dehnung bei Streckspannung*	%	3.2
Zugfestigkeit	N/mm^2		*Reißdehnung*	%	20
Reißfestigkeit	N/mm^2	35	*% Dehnspannung*	N/mm^2	
E-Modul	N/mm^2	2400	*Dehnung bei % Dehnspg.*	%	

Kriechmodul und Zeitstandwerte 23 °C

	Probekörper:	Form	*Herstellung*	
		Zustand	*Vorbehandlung*	
Kriechmodul	1 min N/mm^2		*Zeitstandzugfestigkeit*	h N/mm^2
Kriechmodul	1000 h N/mm^2		*Zeitdehnspg. %*	h N/mm^2
bei Spannung	N/mm^2			

Biegeversuch 23 °C DIN 53452;

	Probekörper:	Form	NKS	*Herstellung*	Spritzgiessen
		Zustand		*Vorbehandlung*	Normalklima
Biegefestigkeit	N/mm^2	80	*E-Modul*		N/mm^2
3,5% Biegespannung	N/mm^2				

Härte 23 °C

	Probekörper:	Zustand	*Herstellung*	Spritzgiessen
			Vorbehandlung	Normalklima
Kugeldruckhärte	N/mm^2 85	bei 358 N, 30 s	*Shore-Härte* A	
Rockwellhärte			*Shore-Härte* D	

Schlagversuch

	Probekörper:	(1) U-Kerbe		
		(2) V-Kerbe	*Herstellung*	Spritzgiessen
		Zustand	*Vorbehandlung*	Normalklima

		°C	°C	°C	*Probekörper-Form*
Schlagzähigkeit	kJ/m^2	23 o.B.	-20 o.B.	-40 40	NKS
Kerbschlagzähigkeit (1)	kJ/m^2	23 14	-40 1		NKS
IZOD-Kerbschlagzähigkeit (2)	J/m	23 320			Dicke 3.2 mm
Kerbschlagzugzähigkeit	kJ/m^2				

Abrieb und Reibung

Taber-Abrieb (Reibradverfahren)	mm^3/100 U	
Abriebfaktor LNP (Thrust washer) Vergleichswert		
Statische Reibungszahl		
Dynamische Reibungszahl	(p·v = N/mm^2· m/min)	
Zulässiger p·v Wert	N/mm^2· (m/min) v = m/min	
	v = m/min	

Thermische Eigenschaften

Formbeständigkeit in der Wärme	*Verfahren*	A	103 °C
	Verfahren	B	106 °C
Vicat Erweichungstemperatur (VST)	*Verfahren*	B/50	104 °C
	Verfahren		°C
Kristallit-Schmelzpunkt	*Verfahren*		
Längenausdehnungskoeffizient	*Bereich*	°C	· 10^{-4}K^{-1}
	Temperatur 23 °C		0.8–1.1 · 10^{-4}K^{-1}
Wärmeleitfähigkeit	*Verfahren* DIN 52612	23 °C	0.17 W/(K·m)
Spezifische Wärmekapazität	*Verfahren*		J/(K·g)
Glasumwandlungstemperatur	*Torsionsschwingungsversuch*	°C	
	Differentialkalorimetrie	°C	

Brandverhalten

UL-Test vertikal   Dicke 3.2   mm, Wert HB
                    Dicke   mm, Wert

	Norm	*Bewertung*	*Abmessungen*
Sauerstoff-Index	ASTM D 2863		
Glühstab-Verfahren			
Brandverhalten	DIN 4102		
MVSS			
FAR			

Elektrische Eigenschaften

		Hz	°C		*Probekörper, Form*
Dielektrizitätszahl		50			
		10^3			
		10^6	23	3.5	
Dielektrischer Verlustfaktor tan δ		50			
		10^3			
		10^6	23	0.033	
Spezifischer Durchgangs-					
widerstand	Ohm·cm		23	1.0*10**14	
Durchschlagfestigkeit	kV/mm		23	105	0.7 mm dick
Oberflächenwiderstand	Ohm		23	1.0*10**13	
Kriechstromfestigkeit	KC		KB	KA	
Elektrolytische Korrosionswirkung					
Lichtbogenfestigkeit nach DIN					
nach ASTM	s				

Beständigkeit *(Chemische Beständigkeit siehe Anhang)*

Wasseraufnahme A/23 C		1 d	28 mg
Feuchtigkeitsaufnahme Normalklima			%
Wetterbeständigkeit			
Spannungskorrosion			

Optische Eigenschaften

Brechungszahl n$_D$			
Transmissionsgrad τ$_c$	%	mm dick	
Lichtdurchlässigkeit			

Produkt	Polyamid 6	**PA**
Handelsname	**Durethan BKV 30 H**	
Hersteller	BAYER	
DIN-Bez 1		
DIN-Bez 2		

Zusätze	Waermestabilisator	*Füllstoffe/ Verstärkung*	30.0% Glasfaser
Bevorzugte Verarbeitung	Spritzgiessen	*Lieferform*	Granulat
		Farben	Natur; Standard gedeckt
Besondere Merkmale	Standardtyp; Hohe Festigkeit; Hohe Steifigkeit; Hohe Haerte; Erhoehte Waermealterungsbestaendigkeit	*Bevorzugte Anwendungen*	Elektrotechnik; Maschinenbau; Feinwerktechnik; Fahrzeugbau; Haushaltsartikel; Bedarfsartikel; Bauindustrie; Moebelindustrie; Freizeitartikel; Sportartikel

---

Dichte	g/cm^3	1.36	*Schmelzindex*	g/10 min		:
Schüttdichte	g/cm^3	0.70	*Volumenfließindex*	cm^3/10 min		:
Viskositätszahl	ml/g					

Verarbeitungsbedingungen für Spritzgießen

Massetemp.	°C	240–290	*Schwindung*	%	lgs	, quer
Werkzeugtemp.	°C	80–120	*Bemerkungen*			
Spritzdruck	bar	≧800				

Zugversuch 23 °C　DIN 53457; DIN 53455

Probekörper:	*Form*	Nr.3	*Herstellung*	Spritzgiessen
	Zustand	Spritzfrisch	*Vorbehandlung*	

Streckspannung	N/mm^2		*Dehnung bei Streckspannung*	%	
Zugfestigkeit	N/mm^2		*Reißdehnung*	%	5
Reißfestigkeit	N/mm^2	170	0.1% *Dehnspannung*	N/mm^2	110
E-Modul	N/mm^2	9000	*Dehnung bei* 0.1% *Dehnspg.*	%	1.3

Kriechmoduln und Zeitstandwerte 23 °C

Probekörper:	*Form*		*Herstellung*	
	Zustand		*Vorbehandlung*	

Kriechmodul	1 min N/mm^2	*Zeitstandzugfestigkeit*	h N/mm^2
Kriechmodul	1000 h N/mm^2	*Zeitdehnspg.* %	h N/mm^2
bei Spannung	N/mm^2		

Biegeversuch 23 °C　DIN 53452; DIN 53457

Probekörper:	*Form*	120 x 10 x 4 mm	*Herstellung*	Spritzgiessen
	Zustand	Spritzfrisch	*Vorbehandlung*	

Biegefestigkeit	N/mm^2 250	*E-Modul*	N/mm^2 8400
3,5% *Biegespannung*	N/mm^2 220		

Härte 23 °C

Probekörper:	*Zustand*	Spritzfrisch	*Herstellung*	Spritzgiessen
			Vorbehandlung	

Kugeldruckhärte	N/mm^2 200　　bei　　N, 30 s	*Shore-Härte* A
Rockwellhärte		*Shore-Härte* D

Schlagversuch

Probekörper:	(1) U-Kerbe			
	(2) V-Kerbe		*Herstellung*	Spritzgiessen
	Zustand	Spritzfrisch	*Vorbehandlung*	

	°C		°C		°C	*Probekörper-Form*

Schlagzähigkeit	kJ/m^2	23 60	-40 50		NKS
Kerbschlagzähigkeit (1)	kJ/m^2	23 14			NKS
IZOD-Kerbschlagzähigkeit (2)	J/m	23 110			63.5 x 12.7 x 3.2 mm
Kerbschlagzugzähigkeit	kJ/m^2				

Abrieb und Reibung

Taber-Abrieb (Reibradverfahren)	mm³/100 U
Abriebfaktor LNP (Thrust washer) Vergleichswert	
Statische Reibungszahl	
Dynamische Reibungszahl	(p·v = N/mm² · m/min)
Zulässiger p · v Wert	N/mm² · (m/min) v = m/min
	v = m/min

Thermische Eigenschaften

Formbeständigkeit in der Wärme	Verfahren	A	200 °C
	Verfahren	B	215 °C
Vicat Erweichungstemperatur (VST)	Verfahren	B/50	≥ 200 °C
	Verfahren		°C
Kristallit-Schmelzpunkt	Verfahren	Kofler-Bank	217–221 °C
Längenausdehnungskoeffizient	Bereich	°C	$\cdot 10^{-4} \mathrm{K}^{-1}$
	Temperatur 23 °C		$0.25 \cdot 10^{-4} \mathrm{K}^{-1}$
Wärmeleitfähigkeit	Verfahren DIN 52612	23 °C	0.33 W/(K · m)
Spezifische Wärmekapazität	Verfahren	23 °C	1.3 J/(K · g)
Glasumwandlungstemperatur	Torsionsschwingungsversuch		°C
	Differentialkalorimetrie		°C

Brandverhalten

UL-Test vertikal	Dicke 1.6 mm, Wert HB
	Dicke mm, Wert

	Norm	Bewertung	Abmessungen
Sauerstoff-Index	ASTM D 2863		
Glühstab-Verfahren			
Brandverhalten	DIN 4102		
MVSS			
FAR			

Elektrische Eigenschaften

		Hz	°C		Probekörper, Form
Dielektrizitätszahl		50	23	4.2	2 mm dick
		10³	23	4.1	2 mm dick
		10⁶	23	4.0	2 mm dick
Dielektrischer Verlustfaktor tan δ		50	23	0.006	2 mm dick
		10³	23	0.011	2 mm dick
		10⁶	23	0.015	2 mm dick
Spezifischer Durchgangs-widerstand	Ohm · cm		23	1.0*10**15	2 mm dick
Durchschlagfestigkeit	kV/mm		23	≥ 80	1 mm dick
Oberflächenwiderstand	Ohm		23	1.0*10**14	2 mm dick
Kriechstromfestigkeit	KC		KB	KA	
Elektrolytische Korrosionswirkung	A/B 3				2 mm dick
Lichtbogenfestigkeit nach DIN					
nach ASTM	s				

Beständigkeit (Chemische Beständigkeit siehe Anhang)

Wasseraufnahme A/23 C		1 d	1 %
Feuchtigkeitsaufnahme Normalklima			1.2–1.8 %
Wetterbeständigkeit			
Spannungskorrosion			

Optische Eigenschaften

Brechungszahl n_D		
Transmissionsgrad τ_c	%	mm dick
Lichtdurchlässigkeit		

Produkt	Polyamid 6	**PA**
Handelsname	**Durethan BKV 50 H**	
Hersteller	BAYER	
DIN-Bez 1		
DIN-Bez 2		

Zusätze	Waermestabilisator	*Füllstoffe/ Verstärkung*	50.0% Glasfaser
Bevorzugte Verarbeitung	Spritzgiessen	*Lieferform*	Granulat
		Farben	Natur; Standard gedeckt
Besondere Merkmale	Fuer sehr hohe Anforderungen an Festigkeit und Haerte; Erhoehte Waermealterungsbestaendigkeit	*Bevorzugte Anwendungen*	Elektrotechnik; Maschinenbau; Feinwerktechnik; Fahrzeugbau; Haushaltsartikel; Bedarfsartikel; Bauindustrie; Moebelindustrie; Freizeitartikel; Sportartikel

Dichte	g/cm^3	1.58	*Schmelzindex*	g/10 min	:
Schüttdichte	g/cm^3	0.70	*Volumenfließindex*	cm^3/10 min	:
Viskositätszahl	ml/g				

Verarbeitungsbedingungen für Spritzgießen

Massetemp.	°C	240–290	*Schwindung*	%	lgs	, quer
Werkzeugtemp.	°C	80–120	*Bemerkungen*			
Spritzdruck	bar	≥ 800				

Zugversuch 23 °C DIN 53457; DIN 53455

Probekörper:	*Form*	Nr.3	*Herstellung*	Spritzgiessen
	Zustand	Spritzfrisch	*Vorbehandlung*	

Streckspannung	N/mm^2		*Dehnung bei Streckspannung*	%	
Zugfestigkeit	N/mm^2		*Reißdehnung*	%	2
Reißfestigkeit	N/mm^2	240	*0.1% Dehnspannung*	N/mm^2	165
E-Modul	N/mm^2	15000	*Dehnung bei 0.1% Dehnspg.*	%	1.4

Kriechmoduln und Zeitstandwerte 23 °C

Probekörper:	*Form*		*Herstellung*	
	Zustand		*Vorbehandlung*	

Kriechmodul	*1 min* N/mm^2	*Zeitstandzugfestigkeit*	h N/mm^2	
Kriechmodul	*1000 h* N/mm^2	*Zeitdehnspg.* %	h N/mm^2	
bei Spannung	N/mm^2			

Biegeversuch 23 °C DIN 53452; DIN 53457

Probekörper:	*Form*	120 x 10 x 4 mm	*Herstellung*	Spritzgiessen
	Zustand	Spritzfrisch	*Vorbehandlung*	

Biegefestigkeit	N/mm^2	350	*E-Modul*	N/mm^2 12000
3,5% Biegespannung	N/mm^2	330		

Härte 23 °C

Probekörper:	*Zustand*	Spritzfrisch	*Herstellung*	Spritzgiessen
			Vorbehandlung	

Kugeldruckhärte	N/mm^2 270	bei N, 30 s	*Shore-Härte* A	
Rockwellhärte			*Shore-Härte* D	

Schlagversuch

Probekörper:	*(1)* U-Kerbe			
	(2) V-Kerbe		*Herstellung*	Spritzgiessen
	Zustand Spritzfrisch		*Vorbehandlung*	

	°C	°C	°C	*Probekörper-Form*
Schlagzähigkeit	kJ/m^2 23 65	-40 50		NKS
Kerbschlagzähigkeit (1)	kJ/m^2 23 16			NKS
IZOD-Kerbschlagzähigkeit (2)	J/m 23 120			63.5 x 12.7 x 3.2 mm
Kerbschlagzugzähigkeit	kJ/m^2			

Abrieb und Reibung

Taber-Abrieb (Reibradverfahren)	mm³/100 U
Abriebfaktor LNP (Thrust washer) Vergleichswert	
Statische Reibungszahl	
Dynamische Reibungszahl	(p·v = N/mm² · m/min)
Zulässiger p · v Wert	N/mm² · (m/min) v = m/min
	v = m/min

Thermische Eigenschaften

Formbeständigkeit in der Wärme	*Verfahren*	A	200 °C
	Verfahren	B	215 °C
Vicat Erweichungstemperatur (VST)	*Verfahren*	B/50	≧ 200 °C
	Verfahren		°C
Kristallit-Schmelzpunkt	*Verfahren*	Kofler-Bank	217–221 °C
Längenausdehnungskoeffizient	*Bereich*	°C	$\cdot 10^{-4} K^{-1}$
	Temperatur 23 °C		$0.16 \cdot 10^{-4} K^{-1}$
Wärmeleitfähigkeit	*Verfahren*	DIN 52612 23 °C	0.38 W/(K · m)
Spezifische Wärmekapazität	*Verfahren*	23 °C	1.1 J/(K · g)
Glasumwandlungstemperatur	*Torsionsschwingungsversuch*		°C
	Differentialkalorimetrie		°C

Brandverhalten

UL-Test vertikal   Dicke 1.6   mm, Wert HB
                Dicke   mm, Wert

	Norm	*Bewertung*	*Abmessungen*
Sauerstoff-Index	ASTM D 2863		
Glühstab-Verfahren			
Brandverhalten	DIN 4102		
MVSS			
FAR			

Elektrische Eigenschaften

	Hz	°C		*Probekörper, Form*
Dielektrizitätszahl	50	23	4.6	2 mm dick
	10^3	23	4.5	2 mm dick
	10^6	23	4.2	2 mm dick
Dielektrischer Verlustfaktor tan δ	50	23	0.009	2 mm dick
	10^3	23	0.01	2 mm dick
	10^6	23	0.012	2 mm dick
Spezifischer Durchgangs-widerstand Ohm · cm		23	1.0*10**15	2 mm dick
Durchschlagfestigkeit kV/mm		23	≧ 70	1 mm dick
Oberflächenwiderstand Ohm		23	1.0*10**14	2 mm dick
Kriechstromfestigkeit	KC	KB	KA	
Elektrolytische Korrosionswirkung	A/B 3			2 mm dick
Lichtbogenfestigkeit nach DIN				
nach ASTM s				

Beständigkeit *(Chemische Beständigkeit siehe Anhang)*

Wasseraufnahme A/23 C	1 d	0.7 %
Feuchtigkeitsaufnahme Normalklima		1.1–1.5 %
Wetterbeständigkeit		
Spannungskorrosion		

Optische Eigenschaften

Brechungszahl n_D
Transmissionsgrad τ_c %   mm dick
Lichtdurchlässigkeit

Produkt	Polyamid 6	**PA**
Handelsname	**Durethan BKV 30 N1**	
Hersteller	BAYER	
DIN-Bez 1		
DIN-Bez 2		

Zusätze	Brandschutzmittel	*Füllstoffe/ Verstärkung*	30.0% Glasfaser
Bevorzugte Verarbeitung	Spritzgiessen	*Lieferform*	Granulat
		Farben	Natur; Standard gedeckt
Besondere Merkmale	Standardtyp; Hohe Festigkeit; Hohe Steifigkeit; Hohe Haerte	*Bevorzugte Anwendungen*	Elektrotechnik; Maschinenbau; Feinwerktechnik; Fahrzeugbau; Haushaltsartikel; Bedarfsartikel; Bauindustrie; Moebelindustrie; Freizeitartikel; Sportartikel

Dichte	g/cm^3	1.50	*Schmelzindex*	g/10 min	:
Schüttdichte	g/cm^3	0.70	*Volumenfließindex*	cm^3/10 min	:
Viskositätszahl	ml/g				

Verarbeitungsbedingungen für Spritzgießen

Massetemp.	°C	240–290	*Schwindung*	%	lgs	, quer
Werkzeugtemp.	°C	80–120	*Bemerkungen*			
Spritzdruck	bar	≧800				

Zugversuch 23 °C   DIN 53455; DIN 53457

	Probekörper:	*Form*	Nr.3	*Herstellung*	Spritzgiessen
		Zustand	Spritzfrisch	*Vorbehandlung*	

Streckspannung	N/mm^2		*Dehnung bei Streckspannung*	%	
Zugfestigkeit	N/mm^2		*Reißdehnung*	%	2
Reißfestigkeit	N/mm^2	100	*0.1% Dehnspannung*	N/mm^2	75
E-Modul	N/mm^2	8700	*Dehnung bei 0.1% Dehnspg.*	%	1.1

Kriechmoduln und Zeitstandwerte 23 °C

	Probekörper:	*Form*	*Herstellung*	
		Zustand	*Vorbehandlung*	

Kriechmodul	1 min N/mm^2		*Zeitstandzugfestigkeit*	h N/mm^2
Kriechmodul	1000 h N/mm^2		*Zeitdehnspg.* %	h N/mm^2
bei Spannung	N/mm^2			

Biegeversuch 23 °C   DIN 53452;

	Probekörper:	*Form*	80 x 10 x 4 mm	*Herstellung*	Spritzgiessen
		Zustand	Spritzfrisch	*Vorbehandlung*	

Biegefestigkeit	N/mm^2	160	*E-Modul*	N/mm^2
3,5% Biegespannung	N/mm^2			

Härte 23 °C

	Probekörper:	*Zustand*	Spritzfrisch	*Herstellung*	Spritzgiessen
				Vorbehandlung	

Kugeldruckhärte	N/mm^2 200	bei N, 30 s	*Shore-Härte*	A
Rockwellhärte			*Shore-Härte*	D

Schlagversuch

	Probekörper:	(1) U-Kerbe			
		(2) V-Kerbe		*Herstellung*	Spritzgiessen
		Zustand	Spritzfrisch	*Vorbehandlung*	

	°C	°C	°C	*Probekörper-Form*
Schlagzähigkeit	kJ/m^2	23 28		NKS
Kerbschlagzähigkeit (1)	kJ/m^2	23 5.5		NKS
IZOD-Kerbschlagzähigkeit (2)	J/m	23 69		63.5 x 12.7 x 3.2 mm
Kerbschlagzugzähigkeit	kJ/m^2			

Abrieb und Reibung

Taber-Abrieb (Reibradverfahren)   mm³/100 U
Abriebfaktor LNP (Thrust washer) Vergleichswert
Statische Reibungszahl
Dynamische Reibungszahl   (p·v =   N/mm² ·   m/min)
Zulässiger p · v Wert   N/mm² · (m/min)   v =   m/min
                                                                     v =   m/min

Thermische Eigenschaften

Formbeständigkeit in der Wärme	Verfahren	A	200 °C
	Verfahren	B	215 °C
Vicat Erweichungstemperatur (VST)	Verfahren		°C
	Verfahren		°C
Kristallit-Schmelzpunkt	Verfahren	Kofler-Bank	217–221 °C

Längenausdehnungskoeffizient   Bereich   °C $\cdot 10^{-4} \text{K}^{-1}$
                                Temperatur 23 °C $0.26 \cdot 10^{-4} \text{K}^{-1}$
Wärmeleitfähigkeit   Verfahren   DIN 52612   23 °C $0.29 \, \text{W/(K} \cdot \text{m)}$

Spezifische Wärmekapazität   Verfahren $\text{J/(K} \cdot \text{g)}$

Glasumwandlungstemperatur   Torsionsschwingungsversuch   °C
                                Differentialkalorimetrie   °C

Brandverhalten

UL-Test vertikal   Dicke 1.6   mm, Wert V-1
                                Dicke 3.2   mm, Wert V-0

	Norm	Bewertung	Abmessungen
Sauerstoff-Index	ASTM D 2863		
Glühstab-Verfahren			
Brandverhalten	DIN 4102		
MVSS			
FAR			

Elektrische Eigenschaften

		Hz	°C			Probekörper, Form
Dielektrizitätszahl		50				
		10^3				
		10^6				
Dielektrischer Verlustfaktor $\tan \delta$		50				
		10^3				
		10^6				
Spezifischer Durchgangs- widerstand	Ohm · cm					
Durchschlagfestigkeit	kV/mm		23	57		1 mm dick
Oberflächenwiderstand	Ohm					
Kriechstromfestigkeit		KC		KB	KA	
Elektrolytische Korrosionswirkung		AN 1.6				2 mm dick
Lichtbogenfestigkeit nach DIN						
nach ASTM	s					

Beständigkeit (Chemische Beständigkeit siehe Anhang)

Wasseraufnahme

Feuchtigkeitsaufnahme Normalklima   %
Wetterbeständigkeit

Spannungskorrosion

Optische Eigenschaften

Brechungszahl n_D
Transmissionsgrad τ_c %   mm dick
Lichtdurchlässigkeit

Produkt	Polyamid 6	**PA**
Handelsname	**Durethan BG 30 X**	
Hersteller	BAYER	
DIN-Bez 1		
DIN-Bez 2		

Zusätze		*Füllstoffe/ Verstärkung*	30.0% Glasfaser; Glaskugel
Bevorzugte Verarbeitung	Spritzgiessen	*Lieferform*	Granulat
		Farben	Natur; Standard gedeckt
Besondere Merkmale	Verzugsarm; Biegesteif	*Bevorzugte Anwendungen*	Elektrotechnik; Maschinenbau; Feinwerktechnik; Fahrzeugbau; Haushaltsartikel; Bedarfsartikel; Bauindustrie; Moebelindustrie; Freizeitartikel; Sportartikel

---

Dichte	g/cm³	1.35	*Schmelzindex*	g/10 min		:
Schüttdichte	g/cm³	0.70	*Volumenfließindex*	cm³/10 min		:
Viskositätszahl	ml/g					

Verarbeitungsbedingungen für Spritzgießen

Massetemp.	°C	240–290	*Schwindung*	%	lgs	, quer
Werkzeugtemp.	°C	80–120	*Bemerkungen*			
Spritzdruck	bar	≧800				

Zugversuch 23 °C　DIN 53455; DIN 53457

	Probekörper:	*Form*	Nr.3	*Herstellung*	Spritzgiessen
		Zustand	Spritzfrisch	*Vorbehandlung*	

Streckspannung	N/mm² 121	*Dehnung bei Streckspannung*	%	3.6
Zugfestigkeit	N/mm²	*Reißdehnung*	%	3.9
Reißfestigkeit	N/mm² 118	*% Dehnspannung*	N/mm²	
E-Modul	N/mm² 6600	*Dehnung bei*	*% Dehnspg.* %	

Kriechmoduln und Zeitstandwerte 23 °C

Probekörper:	*Form*	*Herstellung*	
	Zustand	*Vorbehandlung*	

Kriechmodul	1 min N/mm²	*Zeitstandzugfestigkeit*	h N/mm²
Kriechmodul	1000 h N/mm²	*Zeitdehnspg.* %	h N/mm²
bei Spannung	N/mm²		

Biegeversuch 23 °C　DIN 53452; DIN 53457

Probekörper:	*Form*	120 x 10 x 4 mm	*Herstellung*	Spritzgiessen
	Zustand	Spritzfrisch	*Vorbehandlung*	

Biegefestigkeit	N/mm² 195	*E-Modul*	N/mm² 6600
3,5% Biegespannung	N/mm² 176		

Härte 23 °C

Probekörper:	*Zustand*	Spritzfrisch	*Herstellung*	Spritzgiessen
			Vorbehandlung	

Kugeldruckhärte	N/mm² 170　　bei　　N, 30 s	*Shore-Härte* A	
Rockwellhärte		*Shore-Härte* D	

Schlagversuch

Probekörper:	(1) U-Kerbe			
	(2) V-Kerbe		*Herstellung*	Spritzgiessen
	Zustand	Spritzfrisch	*Vorbehandlung*	

		°C	°C	°C	*Probekörper-Form*
Schlagzähigkeit	kJ/m²	23 35	-40 25		NKS
Kerbschlagzähigkeit (1)	kJ/m²	23 5.5			NKS
IZOD-Kerbschlagzähigkeit (2)	J/m	23 60			63.5 x 12.7 x 3.2 mm
Kerbschlagzugzähigkeit	kJ/m²				

Abrieb und Reibung

Taber-Abrieb (Reibradverfahren)	mm³/100 U
Abriebfaktor LNP (Thrust washer) Vergleichswert	
Statische Reibungszahl	
Dynamische Reibungszahl	($p \cdot v =$　　　$N/mm^2 \cdot$　　　m/min)
Zulässiger p · v Wert	$N/mm^2 \cdot$ (m/min)　$v =$　　m/min
	$v =$　　m/min

Thermische Eigenschaften

Formbeständigkeit in der Wärme	*Verfahren* A		180 °C
	Verfahren B		200 °C
Vicat Erweichungstemperatur (VST)	*Verfahren* B/50		$\geqq$ 200 °C
	Verfahren		°C
Kristallit-Schmelzpunkt	*Verfahren* Kofler-Bank		217–221 °C
Längenausdehnungskoeffizient	*Bereich*　　　　　°C		$\cdot 10^{-4} K^{-1}$
	Temperatur 23 °C		$0.45 \cdot 10^{-4} K^{-1}$
Wärmeleitfähigkeit	*Verfahren* DIN 52612	23 °C	0.29 W/(K · m)
Spezifische Wärmekapazität	*Verfahren*		J/(K · g)
Glasumwandlungstemperatur	*Torsionsschwingungsversuch*	°C	
	Differentialkalorimetrie	°C	

Brandverhalten

UL-Test vertikal	Dicke 1.6　mm, Wert HB	
	Dicke　　mm, Wert	

	Norm	*Bewertung*	*Abmessungen*
Sauerstoff-Index	ASTM D 2863		
Glühstab-Verfahren			
Brandverhalten	DIN 4102		
MVSS			
FAR			

Elektrische Eigenschaften

	Hz	°C			*Probekörper, Form*
Dielektrizitätszahl	50	23	4.5		2 mm dick
	10^3	23	4.3		2 mm dick
	10^6	23	4.0		2 mm dick
Dielektrischer Verlustfaktor tan δ	50	23	0.015		2 mm dick
	10^3	23	0.015		2 mm dick
	10^6	23	0.018		2 mm dick
Spezifischer Durchgangs-widerstand	Ohm · cm	23	1.0*10**15		2 mm dick
Durchschlagfestigkeit	kV/mm	23	35		1　　mm dick
Oberflächenwiderstand	Ohm	23	1.0*10**16		2 mm dick
Kriechstromfestigkeit	KC	KB		KA	
Elektrolytische Korrosionswirkung	AN 2				2 mm dick
Lichtbogenfestigkeit nach DIN					
nach ASTM	s				

Beständigkeit *(Chemische Beständigkeit siehe Anhang)*

Wasseraufnahme A/23 C		1 d	1 %
Feuchtigkeitsaufnahme Normalklima			1.2–1.8 %
Wetterbeständigkeit			
Spannungskorrosion			

Optische Eigenschaften

Brechungszahl n_D		
Transmissionsgrad τ_c	%	mm dick
Lichtdurchlässigkeit		

Produkt	ASA-Polycarbonat-Blend	**ASA + PC**
Handelsname	**Terblend S KR 2861/1**	
Hersteller	BASF	

DIN-Bez 1
DIN-Bez 2

Zusätze		*Füllstoffe/ Verstärkung*	
Bevorzugte Verarbeitung	Spritzgiessen; Extrudieren	*Lieferform*	Granulat
		Farben	Natur; Standard
Besondere Merkmale	Hohe Waermeformbestaendigkeit; Sehr gute Widerstandsfaehigkeit gegen Waermealterung; Hohe Vergilbungsbestaendigkeit bei thermischer Belastung und UV-Einwirkung; Wetterbestaendig	*Bevorzugte Anwendungen*	Innenanwendungen und Aussenanwendungen im Fahrzeugbau; Elektrotechnik; Schaltgeraet; Verteilergehaeuse; Kleingeraetegehaeuse

Dichte	g/cm^3	1.15	*Schmelzindex* g/10 min	14: 260/5
Schüttdichte	g/cm^3		*Volumenfließindex* cm^3/10 min	:
Viskositätszahl	ml/g			

Verarbeitungsbedingungen für Spritzgießen

Massetemp.	°C	260–300	*Schwindung* %	lgs 0.3–0.6, quer 0.3–0.6
Werkzeugtemp.	°C	80	*Bemerkungen*	Vortrocknen 2 bis 4 h bei 100 bis 110 C
Spritzdruck	bar			

Zugversuch 23 °C DIN 53455; DIN 53457

	Probekörper: Form	*Herstellung*	Spritzgiessen
	Zustand	*Vorbehandlung*	Normalklima
Streckspannung	N/mm^2 53	*Dehnung bei Streckspannung* %	4.9
Zugfestigkeit	N/mm^2 53	*Reißdehnung* %	115
Reißfestigkeit	N/mm^2 53	*% Dehnspannung* N/mm^2	
E-Modul	N/mm^2 2300	*Dehnung bei % Dehnspg.* %	

Kriechmoduln und Zeitstandwerte 23 °C

	Probekörper: Form	*Herstellung*	
	Zustand	*Vorbehandlung*	
Kriechmodul	1 min N/mm^2	*Zeitstandzugfestigkeit*	h N/mm^2
Kriechmodul	1000 h N/mm^2	*Zeitdehnspg. %*	h N/mm^2
bei Spannung	N/mm^2		

Biegeversuch 23 °C DIN 53452;

	Probekörper: Form	*Herstellung*	Spritzgiessen
	Zustand	*Vorbehandlung*	Normalklima
Biegefestigkeit	N/mm^2 78	*E-Modul*	N/mm^2
3,5% Biegespannung	N/mm^2		

Härte 23 °C

	Probekörper: Zustand	*Herstellung*	Spritzgiessen
		Vorbehandlung	Normalklima
Kugeldruckhärte	N/mm^2 90	bei 358 N, 30 s	*Shore-Härte* A
Rockwellhärte			*Shore-Härte* D

Schlagversuch

	Probekörper:	(1) U-Kerbe			
		(2)	*Herstellung*	Spritzgiessen	
		Zustand	*Vorbehandlung*	Normalklima	
		°C	°C	°C	*Probekörper-Form*
Schlagzähigkeit	kJ/m^2	23 o.B.	-40 o.B.		NKS
Kerbschlagzähigkeit (1)	kJ/m^2	23 40	0 20	-20 6	NKS
IZOD-Kerbschlagzähigkeit (2)	J/m				
Kerbschlagzugzähigkeit	kJ/m^2				

Abrieb und Reibung

Taber-Abrieb (Reibradverfahren)	mm³/100 U	
Abriebfaktor LNP (Thrust washer) Vergleichswert		
Statische Reibungszahl		
Dynamische Reibungszahl	(p·v = N/mm² · m/min)	
Zulässiger p · v Wert	N/mm² · (m/min) v = m/min	
	v = m/min	

Thermische Eigenschaften

Formbeständigkeit in der Wärme	*Verfahren*	A	108 °C
	Verfahren	B	127 °C
Vicat Erweichungstemperatur (VST)	*Verfahren*	B/50	120 °C
	Verfahren		°C
Kristallit-Schmelzpunkt	*Verfahren*		
Längenausdehnungskoeffizient	*Bereich*	°C	$\cdot 10^{-4} K^{-1}$
	Temperatur 23 °C		$0.75-0.9 \cdot 10^{-4} K^{-1}$
Wärmeleitfähigkeit	*Verfahren* DIN 52612	23 °C	0.17 W/(K · m)
Spezifische Wärmekapazität	*Verfahren*		J/(K · g)
Glasumwandlungstemperatur	*Torsionsschwingungsversuch*	°C	
	Differentialkalorimetrie	°C	

Brandverhalten

UL-Test vertikal Dicke   mm, Wert HB
Dicke   mm, Wert

	Norm	Bewertung	Abmessungen
Sauerstoff-Index	ASTM D 2863		
Glühstab-Verfahren	VDE 0304	BH3	
Brandverhalten	DIN 4102		
MVSS		Erfuellt	Ab 1 mm Dicke
FAR			

Elektrische Eigenschaften

		Hz	°C				Probekörper, Form
Dielektrizitätszahl		50					
		10^3					
		10^6	23	3.2			
Dielektrischer Verlustfaktor tan δ		50					
		10^3					
		10^6	23	0.019			
Spezifischer Durchgangs-widerstand	Ohm · cm		23	1.0*10**13			
Durchschlagfestigkeit	kV/mm		23	95			0.8 mm dick
Oberflächenwiderstand	Ohm		23	1.0*10**13			
Kriechstromfestigkeit		KC		KB	KA		
Elektrolytische Korrosionswirkung							
Lichtbogenfestigkeit nach DIN							
nach ASTM	s						

Beständigkeit *(Chemische Beständigkeit siehe Anhang)*

Wasseraufnahme A/23 C		1 d	23 mg
Feuchtigkeitsaufnahme Normalklima			%
Wetterbeständigkeit			
Spannungskorrosion			

Optische Eigenschaften

Brechungszahl n_D
Transmissionsgrad τ_c %   mm dick
Lichtdurchlässigkeit

Produkt	ASA-Polycarbonat-Blend	**ASA + PC**
Handelsname	**Terblend S KR 2862 WU**	
Hersteller	BASF	
DIN-Bez 1		
DIN-Bez 2		

Zusätze	Brandschutzmittel	*Füllstoffe/ Verstärkung*	
Bevorzugte Verarbeitung	Spritzgiessen; Extrudieren	*Lieferform*	Granulat
		Farben	Natur; Standard
Besondere Merkmale	Hohe Waermeformbestaendigkeit; Sehr gute Widerstandsfaehigkeit gegen Waermealterung; Hohe Vergilbungsbestaendigkeit bei thermischer Belastung und UV-Einwirkung; Wetterbestaendig	*Bevorzugte Anwendungen*	Elektrotechnik; Elektroinstallationsschaltgeraet; Sockel; Gehaeuse; Abdeckung; Teil fuer Haushaltsgeraet

Dichte	g/cm^3	1.25	*Schmelzindex*	g/10 min	20: 260/5
Schüttdichte	g/cm^3		*Volumenfließindex*	cm^3/10 min	:
Viskositätszahl	ml/g				

Verarbeitungsbedingungen für Spritzgießen

Massetemp.	°C	260–290	*Schwindung*	%	lgs 0.4–0.7, quer 0.4–0.7
Werkzeugtemp.	°C	80	*Bemerkungen*		Vortrocknen 2 bis 4 h bei 100 bis 110 C
Spritzdruck	bar				

Zugversuch 23 °C   DIN 53455; DIN 53457

	Probekörper:	Form		*Herstellung*	Spritzgiessen
		Zustand		*Vorbehandlung*	Normalklima
Streckspannung	N/mm^2	58	*Dehnung bei Streckspannung*	%	5.0
Zugfestigkeit	N/mm^2	58	*Reißdehnung*	%	100
Reißfestigkeit	N/mm^2	58	*% Dehnspannung*	N/mm^2	
E-Modul	N/mm^2	2500	*Dehnung bei % Dehnspg.*	%	

Kriechmoduln und Zeitstandwerte 23 °C

	Probekörper:	Form		*Herstellung*	
		Zustand		*Vorbehandlung*	
Kriechmodul	1 min	N/mm^2	*Zeitstandzugfestigkeit*	h N/mm^2	
Kriechmodul	1000 h	N/mm^2	*Zeitdehnspg. %*	h N/mm^2	
bei Spannung		N/mm^2			

Biegeversuch 23 °C   DIN 53452;

	Probekörper:	Form		*Herstellung*	Spritzgiessen
		Zustand		*Vorbehandlung*	Normalklima
Biegefestigkeit	N/mm^2	85	*E-Modul*		N/mm^2
3,5% Biegespannung	N/mm^2				

Härte 23 °C

	Probekörper:	Zustand	*Herstellung*	Spritzgiessen
			Vorbehandlung	Normalklima
Kugeldruckhärte	N/mm^2 105	bei 358 N, 30 s	*Shore-Härte* A	
Rockwellhärte			*Shore-Härte* D	

Schlagversuch

	Probekörper:	(1) U-Kerbe			
		(2)		*Herstellung*	Spritzgiessen
		Zustand		*Vorbehandlung*	Normalklima
		°C	°C	°C	*Probekörper-Form*
Schlagzähigkeit	kJ/m^2	23 o.B.	-40 o.B.		NKS
Kerbschlagzähigkeit (1)	kJ/m^2	23 30	0 7	-20 2	NKS
IZOD-Kerbschlagzähigkeit (2)	J/m				
Kerbschlagzugzähigkeit	kJ/m^2				

Abrieb und Reibung

Taber-Abrieb (Reibradverfahren)	mm^3/100 U
Abriebfaktor LNP (Thrust washer) Vergleichswert	
Statische Reibungszahl	
Dynamische Reibungszahl	(p·v = N/mm^2· m/min)
Zulässiger p · v Wert	N/mm^2 · (m/min) v = m/min
	v = m/min

Thermische Eigenschaften

Formbeständigkeit in der Wärme	*Verfahren*	A		115 °C
	Verfahren	B		130 °C
Vicat Erweichungstemperatur (VST)	*Verfahren*	B/50		131 °C
	Verfahren			°C
Kristallit-Schmelzpunkt	*Verfahren*			
Längenausdehnungskoeffizient	*Bereich*	°C		$\cdot 10^{-4} \mathrm{K}^{-1}$
	Temperatur 23 °C			$0.65{-}0.8 \cdot 10^{-4}\mathrm{K}^{-1}$
Wärmeleitfähigkeit	*Verfahren* DIN 52612		23 °C	0.17 W/(K · m)
Spezifische Wärmekapazität	*Verfahren*			J/(K · g)
Glasumwandlungstemperatur	*Torsionsschwingungsversuch*		°C	
	Differentialkalorimetrie		°C	

Brandverhalten

UL-Test vertikal	Dicke 1.6 mm, Wert V-0	
	Dicke mm, Wert	

	Norm	Bewertung	Abmessungen
Sauerstoff-Index	ASTM D 2863	31%	
Glühstab-Verfahren	VDE 0304 Teil 3	BH3	
Brandverhalten	DIN 4102		
MVSS		Erfuellt	Ab 1 mm Dicke
FAR			

Elektrische Eigenschaften

		Hz	°C		Probekörper, Form
Dielektrizitätszahl		50			
		10^3			
		10^6	23	3.2	
Dielektrischer Verlustfaktor tan δ		50			
		10^3			
		10^6	23	0.017	
Spezifischer Durchgangs-widerstand	Ohm · cm		23	1.0*10**14	
Durchschlagfestigkeit	kV/mm		23	90	0.8 mm dick
Oberflächenwiderstand	Ohm		23	1.0*10**13	
Kriechstromfestigkeit		KC	KB	KA	
Elektrolytische Korrosionswirkung					
Lichtbogenfestigkeit nach DIN					
nach ASTM	s				

Beständigkeit *(Chemische Beständigkeit siehe Anhang)*

Wasseraufnahme A/23 C		1 d	18 mg
Feuchtigkeitsaufnahme Normalklima			%
Wetterbeständigkeit			
Spannungskorrosion			

Optische Eigenschaften

Brechungszahl n$_\mathrm{D}$		
Transmissionsgrad τ$_\mathrm{c}$	%	mm dick
Lichtdurchlässigkeit		

Produkt	Polybutylenterephthalat	**PBT**
Handelsname	**Pocan B 1305**	
Hersteller	BAYER	
DIN-Bez 1	16779-PBT,MG,XX-03	
DIN-Bez 2		

Zusätze		*Füllstoffe/ Verstärkung*		
Bevorzugte Verarbeitung	Spritzgiessen	*Lieferform*	Granulat	
		Farben	Natur; Standard	
Besondere Merkmale	Hohe Waermeformbestaendigkeit; Geringe Wasseraufnahme; Spannungsrissbestaendig; Ausgezeichnetes Gleitverhalten und Abriebverhalten; Hohe Steifigkeit und Haerte; Mittelviskos	*Bevorzugte Anwendungen*	Kfz-Sektor; Leuchtenchassis; Elektrotechnik; Elektronik; Teil fuer Haushaltgeraet; Gehaeuse	

Dichte	g/cm^3	1.30	*Schmelzindex*	g/10 min		:
Schüttdichte	g/cm^3		*Volumenfließindex*	cm^3/10 min		:
Viskositätszahl	ml/g					

Verarbeitungsbedingungen für Spritzgießen

Massetemp.	°C	240–260	*Schwindung*	%	lgs	, quer	
Werkzeugtemp.	°C	≦120	*Bemerkungen*				
Spritzdruck	bar						

Zugversuch 23 °C DIN 53455; DIN 53457

			Herstellung	Spritzgiessen
	Probekörper:	*Form*		
		Zustand	*Vorbehandlung*	Normalklima

Streckspannung	N/mm^2	57	*Dehnung bei Streckspannung*	%	3.7
Zugfestigkeit	N/mm^2		*Reißdehnung*	%	≧20
Reißfestigkeit	N/mm^2	37	0.1% *Dehnspannung*	N/mm^2	37
E-Modul	N/mm^2	2700	*Dehnung bei* 0.1% *Dehnspg.*	%	3

Kriechmoduln und Zeitstandwerte 23 °C

			Herstellung	
	Probekörper:	*Form*		
		Zustand	*Vorbehandlung*	

Kriechmodul	1 min	N/mm^2	*Zeitstandzugfestigkeit*	h	N/mm^2
Kriechmodul	1000 h	N/mm^2	*Zeitdehnspg.* %	h	N/mm^2
bei Spannung		N/mm^2			

Biegeversuch 23 °C DIN 53452; DIN 53457

			Herstellung	Spritzgiessen
	Probekörper:	*Form*		
		Zustand	*Vorbehandlung*	Normalklima

Biegefestigkeit	N/mm^2		*E-Modul*	N/mm^2 2250
3,5% *Biegespannung*	N/mm^2	70		

Härte 23 °C

			Herstellung	Spritzgiessen
	Probekörper:	*Zustand*	*Vorbehandlung*	Normalklima

Kugeldruckhärte	N/mm^2	125	bei N, 30 s	*Shore-Härte* A	
Rockwellhärte		R 117		*Shore-Härte* D	

Schlagversuch

	Probekörper:	(1) U-Kerbe		
		(2) V-Kerbe	*Herstellung*	Spritzgiessen
		Zustand	*Vorbehandlung*	Normalklima
	°C	°C	°C	*Probekörper-Form*

Schlagzähigkeit	kJ/m^2	23 o.B.		NKS
Kerbschlagzähigkeit (1)	kJ/m^2	23 2		NKS
IZOD-Kerbschlagzähigkeit (2)	J/m	23 33		
Kerbschlagzugzähigkeit	kJ/m^2			

Abrieb und Reibung

Taber-Abrieb (Reibradverfahren)	mm^3/100 U
Abriebfaktor LNP (Thrust washer) Vergleichswert	
Statische Reibungszahl	
Dynamische Reibungszahl	(p · v = N/mm^2 · m/min)
Zulässiger p · v Wert	N/mm^2 · (m/min) v = m/min
	v = m/min

Thermische Eigenschaften

Formbeständigkeit in der Wärme	*Verfahren*	A	70 °C
	Verfahren	B	170 °C
Vicat Erweichungstemperatur (VST)	*Verfahren*	B/50	180 °C
	Verfahren		°C
Kristallit-Schmelzpunkt	*Verfahren*		
Längenausdehnungskoeffizient	*Bereich*	°C	· 10^{-4}K^{-1}
	Temperatur 23 °C		1.4 · 10^{-4}K^{-1}
Wärmeleitfähigkeit	*Verfahren* DIN 52612	23 °C	0.25 W/(K · m)
Spezifische Wärmekapazität	*Verfahren*		J/(K · g)
Glasumwandlungstemperatur	*Torsionsschwingungsversuch*	°C	
	Differentialkalorimetrie	°C	

Brandverhalten

UL-Test vertikal   Dicke 1.6   mm, Wert HB
                    Dicke   mm, Wert

	Norm	Bewertung	Abmessungen
Sauerstoff-Index	ASTM D 2863	25%	
Glühstab-Verfahren	DIN 53459	2c	
Brandverhalten	DIN 4102		
MVSS			
FAR			

Elektrische Eigenschaften

		Hz	°C		Probekörper, Form
Dielektrizitätszahl		50	23	3.2	
		10^3	23	3.2	
		10^6	23	3.1	
Dielektrischer Verlustfaktor tan δ		50	23	0.003	
		10^3	23	0.002	
		10^6	23	0.019	
Spezifischer Durchgangs-					
widerstand	Ohm · cm		23	1.0*10**16	
Durchschlagfestigkeit	kV/mm		23	23	2.0 mm dick
Oberflächenwiderstand	Ohm		23	1.0*10**16	
Kriechstromfestigkeit	KC > 575	KB 500	KA		
Elektrolytische Korrosionswirkung	AN 1.2				
Lichtbogenfestigkeit nach DIN					
nach ASTM	s				

Beständigkeit *(Chemische Beständigkeit siehe Anhang)*

Wasseraufnahme 23 C	1 d	0.22 %
Feuchtigkeitsaufnahme Normalklima		%
Wetterbeständigkeit		
Spannungskorrosion		

Optische Eigenschaften

Brechungszahl n$_D$
Transmissionsgrad τ_c %   mm dick
Lichtdurchlässigkeit

Produkt	Polybutylenterephthalat	**PBT**
Handelsname	**Pocan B 1505**	
Hersteller	BAYER	
DIN-Bez 1	16779-PBT,MG,XX-03	
DIN-Bez 2		

Zusätze		*Füllstoffe/ Verstärkung*
Bevorzugte Verarbeitung	Spritzgiessen; Extrudieren	*Lieferform* Granulat
		Farben Natur; Standard
Besondere Merkmale	Hohe Waermeformbestaendigkeit; Geringe Wasseraufnahme; Spannungsrissbestaendig; Ausgezeichnetes Gleitverhalten und Abriebverhalten; Hohe Steifigkeit und Haerte; Hochviskos	*Bevorzugte Anwendungen* Kfz-Sektor; Leuchtenchassis; Elektrotechnik; Elektronik; Teil fuer Haushaltgeraet; Gehaeuse; Halbzeug

Dichte	g/cm^3	1.30	*Schmelzindex* g/10 min	:
Schüttdichte	g/cm^3		*Volumenfließindex* cm^3/10 min	:
Viskositätszahl	ml/g			

Verarbeitungsbedingungen für Spritzgießen

Massetemp.	°C	240–260	*Schwindung* % lgs , quer	
Werkzeugtemp.	°C	$\leq$ 120	*Bemerkungen*	
Spritzdruck	bar			

Zugversuch 23 °C   DIN 53455; DIN 53457

Probekörper:	*Form*	*Herstellung*	Spritzgiessen
	Zustand	*Vorbehandlung*	Normalklima

Streckspannung	N/mm^2 55	*Dehnung bei Streckspannung*	%	3.7
Zugfestigkeit	N/mm^2	*Reißdehnung*	%	$\leq$ 100
Reißfestigkeit	N/mm^2 35	*0.1% Dehnspannung*	N/mm^2	35
E-Modul	N/mm^2 2600	*Dehnung bei 0.1% Dehnspg.*	%	3

Kriechmoduln und Zeitstandwerte 23 °C

Probekörper:	*Form*	*Herstellung*	
	Zustand	*Vorbehandlung*	

Kriechmodul	1 min N/mm^2	*Zeitstandzugfestigkeit*	h N/mm^2
Kriechmodul	1000 h N/mm^2	*Zeitdehnspg. %*	h N/mm^2
bei Spannung	N/mm^2		

Biegeversuch 23 °C   DIN 53452; DIN 53457

Probekörper:	*Form*	*Herstellung*	Spritzgiessen
	Zustand	*Vorbehandlung*	Normalklima

Biegefestigkeit	N/mm^2	*E-Modul*	N/mm^2 2200
3,5% Biegespannung	N/mm^2 70		

Härte 23 °C   *Probekörper:*   *Zustand*

		Herstellung	Spritzgiessen
		Vorbehandlung	Normalklima
Kugeldruckhärte	N/mm^2 120 bei N, 30 s	*Shore-Härte*	A
Rockwellhärte	R 116	*Shore-Härte*	D

Schlagversuch   *Probekörper:*

	(1) U-Kerbe		
	(2) V-Kerbe	*Herstellung*	Spritzgiessen
	Zustand	*Vorbehandlung*	Normalklima

		°C	°C	°C	*Probekörper-Form*
Schlagzähigkeit	kJ/m^2	23 o.B.			NKS
Kerbschlagzähigkeit (1)	kJ/m^2	23 3			NKS
IZOD-Kerbschlagzähigkeit (2)	J/m	23 45			
Kerbschlagzugzähigkeit	kJ/m^2				

Abrieb und Reibung

Taber-Abrieb (Reibradverfahren)	mm³/100 U	
Abriebfaktor LNP (Thrust washer) Vergleichswert		
Statische Reibungszahl	0.13	
Dynamische Reibungszahl	(p · v = N/mm² · m/min)	0.10
Zulässiger p · v Wert	N/mm² · (m/min) v = m/min	
	v = m/min	

Thermische Eigenschaften

Formbeständigkeit in der Wärme	Verfahren	A		70 °C
	Verfahren	B		170 °C
Vicat Erweichungstemperatur (VST)	Verfahren	B/50		180 °C
	Verfahren			°C
Kristallit-Schmelzpunkt	Verfahren			
Längenausdehnungskoeffizient	Bereich	°C		$\cdot 10^{-4} K^{-1}$
	Temperatur 23 °C			$1.4 \cdot 10^{-4} K^{-1}$
Wärmeleitfähigkeit	Verfahren	DIN 52612	23 °C	0.25 W/(K · m)
Spezifische Wärmekapazität	Verfahren			J/(K · g)
Glasumwandlungstemperatur	Torsionsschwingungsversuch		°C	
	Differentialkalorimetrie		°C	

Brandverhalten

UL-Test vertikal   Dicke 1.6 mm, Wert HB
                     Dicke   mm, Wert

	Norm	Bewertung		Abmessungen
Sauerstoff-Index	ASTM D 2863	25%		
Glühstab-Verfahren	DIN 53459	2c		
Brandverhalten	DIN 4102			
MVSS				
FAR				

Elektrische Eigenschaften

		Hz	°C			Probekörper, Form
Dielektrizitätszahl		50	23	3.2		
		10^3	23	3.2		
		10^6	23	3.1		
Dielektrischer Verlustfaktor $\tan \delta$		50	23	0.0013		
		10^3	23	0.0022		
		10^6	23	0.022		
Spezifischer Durchgangs- widerstand	Ohm · cm		23	1.0*10**16		
Durchschlagfestigkeit	kV/mm		23	24		2.0 mm dick
Oberflächenwiderstand	Ohm		23	1.0*10**15		
Kriechstromfestigkeit	KC > 575		KB 500		KA	
Elektrolytische Korrosionswirkung	AN 1.2					
Lichtbogenfestigkeit nach DIN						
nach ASTM	s					

Beständigkeit (Chemische Beständigkeit siehe Anhang)

Wasseraufnahme 23 C		1 d	0.22 %
Feuchtigkeitsaufnahme Normalklima			%
Wetterbeständigkeit			
Spannungskorrosion			

Optische Eigenschaften

Brechungszahl n_D			
Transmissionsgrad τ_c	%	mm dick	
Lichtdurchlässigkeit			

Produkt	Polybutylenterephthalat	**PBT**
Handelsname	**Pocan B 3225**	
Hersteller	BAYER	
DIN-Bez 1	16779-PBT,MG,XX-07,GF20	
DIN-Bez 2		

Zusätze		. *Füllstoffe/ Verstärkung*	20.0% Glasfaser
Bevorzugte Verarbeitung	Spritzgiessen	*Lieferform*	Granulat
		Farben	Natur; Standard
Besondere Merkmale	Hohe Waermeformbestaendigkeit; Geringe Wasseraufnahme; Spannungsrissbestaendig; Ausgezeichnetes Gleitverhalten und Abriebverhalten; Hoher Modul; Sehr hohe Festigkeit; Mittelviskos	*Bevorzugte Anwendungen*	Kfz-Sektor; Leuchtenchassis; Elektrotechnik; Elektronik; Teil fuer Haushaltgeraet; Gehaeuse

Dichte	g/cm³	1.46	*Schmelzindex*	g/10 min	:
Schüttdichte	g/cm³		*Volumenfließindex*	cm³/10 min	:
Viskositätszahl	ml/g				

Verarbeitungsbedingungen für Spritzgießen

Massetemp.	°C	240–260	*Schwindung*	%	lgs	, quer
Werkzeugtemp.	°C	70–90	*Bemerkungen*			
Spritzdruck	bar					

Zugversuch 23 °C   DIN 53455; DIN 53457

Probekörper:	*Form*		*Herstellung*	Spritzgiessen
	Zustand		*Vorbehandlung*	Normalklima

Streckspannung	N/mm²		*Dehnung bei Streckspannung*	%	
Zugfestigkeit	N/mm²		*Reißdehnung*	%	3.1
Reißfestigkeit	N/mm²	130	*0.1% Dehnspannung*	N/mm²	80
E-Modul	N/mm²	8000	*Dehnung bei 0.1% Dehnspg.*	%	1.2

Kriechmoduln und Zeitstandwerte 23 °C

Probekörper:	*Form*		*Herstellung*	
	Zustand		*Vorbehandlung*	

Kriechmodul	1 min N/mm²		*Zeitstandzugfestigkeit*	h N/mm²	
Kriechmodul	1000 h N/mm²		*Zeitdehnspg. %*	h N/mm²	
bei Spannung	N/mm²				

Biegeversuch 23 °C   DIN 53452; DIN 53457

Probekörper:	*Form*		*Herstellung*	Spritzgiessen
	Zustand		*Vorbehandlung*	Normalklima

Biegefestigkeit	N/mm²	190	*E-Modul*	N/mm²	6000
3,5% Biegespannung	N/mm²				

Härte 23 °C

Probekörper:	*Zustand*		*Herstellung*	Spritzgiessen
			Vorbehandlung	Normalklima

Kugeldruckhärte	N/mm² 175	bei N, 30 s	*Shore-Härte* A	
Rockwellhärte	R 120		*Shore-Härte* D	

Schlagversuch

Probekörper:	*(1)* U-Kerbe			
	(2) V-Kerbe		*Herstellung*	Spritzgiessen
	Zustand		*Vorbehandlung*	Normalklima

		°C		°C		°C	*Probekörper-Form*
Schlagzähigkeit	kJ/m²	23	35				NKS
Kerbschlagzähigkeit (1)	kJ/m²	23	7				NKS
IZOD-Kerbschlagzähigkeit (2)	J/m	23	75				
Kerbschlagzugzähigkeit	kJ/m²						

Abrieb und Reibung

Taber-Abrieb (Reibradverfahren)	mm³/100 U
Abriebfaktor LNP (Thrust washer) Vergleichswert	
Statische Reibungszahl	
Dynamische Reibungszahl	$(p \cdot v =$ N/mm² · m/min)
Zulässiger p · v Wert	N/mm² · (m/min) v = m/min
	v = m/min

Thermische Eigenschaften

Formbeständigkeit in der Wärme	*Verfahren*	A	200 °C
	Verfahren	B	210 °C
Vicat Erweichungstemperatur (VST)	*Verfahren*	B/50	210 °C
	Verfahren		°C
Kristallit-Schmelzpunkt	*Verfahren*		

Längenausdehnungskoeffizient	*Bereich* °C		$\cdot 10^{-4} \text{K}^{-1}$
	Temperatur 23 °C		$0.4 \cdot 10^{-4} \text{K}^{-1}$
Wärmeleitfähigkeit	*Verfahren* DIN 52612	23 °C	0.25 W/(K · m)

Spezifische Wärmekapazität	*Verfahren*	J/(K · g)

Glasumwandlungstemperatur	*Torsionsschwingungsversuch*	°C
	Differentialkalorimetrie	°C

Brandverhalten

UL-Test vertikal	Dicke 1.6 mm, Wert HB	
	Dicke mm, Wert	

	Norm	*Bewertung*	*Abmessungen*
Sauerstoff-Index	ASTM D 2863	24%	
Glühstab-Verfahren	DIN 53459	3a	
Brandverhalten	DIN 4102		
MVSS			
FAR			

Elektrische Eigenschaften

		Hz	°C		*Probekörper, Form*
Dielektrizitätszahl		50	23	3.6	
		10^3	23	3.6	
		10^6	23	3.5	
Dielektrischer Verlustfaktor tan δ		50	23	0.0034	
		10^3	23	0.0025	
		10^6	23	0.021	
Spezifischer Durchgangs-widerstand	Ohm · cm		23	1.0*10**16	
Durchschlagfestigkeit	kV/mm		23	33	2.0 mm dick
Oberflächenwiderstand	Ohm		23	1.0*10**16	
Kriechstromfestigkeit	KC 475		KB 200	KA	
Elektrolytische Korrosionswirkung	AN 1.2				
Lichtbogenfestigkeit nach DIN					
nach ASTM	s				

Beständigkeit *(Chemische Beständigkeit siehe Anhang)*

Wasseraufnahme 23 C	1 d	0.2 %

Feuchtigkeitsaufnahme Normalklima	%
Wetterbeständigkeit	

Spannungskorrosion

Optische Eigenschaften

Brechungszahl n_D		
Transmissionsgrad τ_c	%	mm dick
Lichtdurchlässigkeit		

Produkt	Polybutylenterephthalat	**PBT**
Handelsname	**Pocan B 3235**	
Hersteller	BAYER	
DIN-Bez 1	16779-PBT,MG,XX-11,GF30	
DIN-Bez 2		

Zusätze		*Füllstoffe/ Verstärkung*	30.0% Glasfaser
Bevorzugte Verarbeitung	Spritzgiessen	*Lieferform*	Granulat
		Farben	Natur; Standard
Besondere Merkmale	Hohe Waermeformbestaendigkeit; Geringe Wasseraufnahme; Spannungsrissbestaendig; Ausgezeichnetes Gleitverhalten und Abriebverhalten; Extrem hoher Modul; Sehr hohe Festigkeit	*Bevorzugte Anwendungen*	Kfz-Sektor; Leuchtenchassis; Elektrotechnik; Elektronik; Teil fuer Haushaltgeraet; Gehaeuse

---

Dichte	g/cm^3	1.55	*Schmelzindex*	g/10 min		:
Schüttdichte	g/cm^3		*Volumenfließindex*	cm^3/10 min		:
Viskositätszahl	ml/g					

Verarbeitungsbedingungen für Spritzgießen

Massetemp.	°C	240–260	*Schwindung*	%	lgs	, quer
Werkzeugtemp.	°C	70–90	*Bemerkungen*			
Spritzdruck	bar					

Zugversuch 23 °C   DIN 53455; DIN 53457

	Probekörper:	Form	*Herstellung*	Spritzgiessen
		Zustand	*Vorbehandlung*	Normalklima

Streckspannung	N/mm^2		*Dehnung bei Streckspannung*	%
Zugfestigkeit	N/mm^2		*Reißdehnung*	% 2.7
Reißfestigkeit	N/mm^2	150	0.1% *Dehnspannung*	N/mm^2 95
E-Modul	N/mm^2	10500	*Dehnung bei* 0.1% *Dehnspg.*	% 1

Kriechmoduln und Zeitstandwerte 23 °C

	Probekörper:	Form	*Herstellung*	
		Zustand	*Vorbehandlung*	

Kriechmodul	1 min	N/mm^2	*Zeitstandzugfestigkeit*	h N/mm^2
Kriechmodul	1000 h	N/mm^2	*Zeitdehnspg.* %	h N/mm^2
bei Spannung		N/mm^2		

Biegeversuch 23 °C   DIN 53452; DIN 53457

	Probekörper:	Form	*Herstellung*	Spritzgiessen
		Zustand	*Vorbehandlung*	Normalklima

Biegefestigkeit	N/mm^2	220	*E-Modul*	N/mm^2 8000
3,5% *Biegespannung*	N/mm^2			

Härte 23 °C

	Probekörper:	Zustand	*Herstellung*	Spritzgiessen
			Vorbehandlung	Normalklima

Kugeldruckhärte	N/mm^2 190	bei	N, 30 s	*Shore-Härte* A	
Rockwellhärte	R 121			*Shore-Härte* D	

Schlagversuch

	Probekörper:	(1) U-Kerbe		
		(2) V-Kerbe	*Herstellung*	Spritzgiessen
		Zustand	*Vorbehandlung*	Normalklima

		°C	°C	°C	*Probekörper-Form*
Schlagzähigkeit	kJ/m^2	23 45			NKS
Kerbschlagzähigkeit (1)	kJ/m^2	23 9			NKS
IZOD-Kerbschlagzähigkeit (2)	J/m	23 90			
Kerbschlagzugzähigkeit	kJ/m^2				

Abrieb und Reibung

Taber-Abrieb (Reibradverfahren)	mm³/100 U
Abriebfaktor LNP (Thrust washer) Vergleichswert	
Statische Reibungszahl	0.12
Dynamische Reibungszahl	(p·v = 　　N/mm² ·　　m/min)　0.11
Zulässiger p · v Wert	N/mm² · (m/min)　v =　　m/min
	v =　　m/min

Thermische Eigenschaften

Formbeständigkeit in der Wärme	*Verfahren*	A	200 °C
	Verfahren	B	215 °C
Vicat Erweichungstemperatur (VST)	*Verfahren*	B/50	215 °C
	Verfahren		°C
Kristallit-Schmelzpunkt	*Verfahren*		
Längenausdehnungskoeffizient	*Bereich*	°C	$\cdot 10^{-4} \mathrm{K}^{-1}$
	Temperatur 23 °C		$0.3 \cdot 10^{-4} \mathrm{K}^{-1}$
Wärmeleitfähigkeit	*Verfahren* DIN 52612	23 °C	0.25 W/(K · m)
Spezifische Wärmekapazität	*Verfahren*		J/(K · g)
Glasumwandlungstemperatur	*Torsionsschwingungsversuch*	°C	
	Differentialkalorimetrie	°C	

Brandverhalten

UL-Test vertikal　　　　　Dicke 1.6　mm, Wert　HB
　　　　　　　　　　　　　Dicke　　　mm, Wert

	Norm	*Bewertung*	*Abmessungen*
Sauerstoff-Index	ASTM D 2863	23%	
Glühstab-Verfahren	DIN 53459	3a	
Brandverhalten	DIN 4102		
MVSS			
FAR			

Elektrische Eigenschaften

	Hz	°C		*Probekörper, Form*
Dielektrizitätszahl	50	23	3.8	
	10^3	23	3.7	
	10^6	23	3.5	
Dielektrischer Verlustfaktor tan δ	50	23	0.002	
	10^3	23	0.002	
	10^6	23	0.009	
Spezifischer Durchgangs-				
widerstand Ohm · cm		23	1.0*10**16	
Durchschlagfestigkeit kV/mm		23	34	2.0　mm dick
Oberflächenwiderstand Ohm		23	1.0*10**15	

Kriechstromfestigkeit　　　KC 425　　　KB 200　　　KA
Elektrolytische Korrosionswirkung　AN 1.2
Lichtbogenfestigkeit nach DIN
　　　　　nach ASTM　s

Beständigkeit *(Chemische Beständigkeit siehe Anhang)*

Wasseraufnahme 23 C　　　　　　　　　　　　　　1 d　　　0.2 %

Feuchtigkeitsaufnahme Normalklima　　　　　　　　　　　　　　　　%
Wetterbeständigkeit

Spannungskorrosion

Optische Eigenschaften

Brechungszahl n_D
Transmissionsgrad τ_c　%　　　　　　mm dick
Lichtdurchlässigkeit

Produkt	Polybutylenterephthalat	**PBT**
Handelsname	**Pocan B 4225**	
Hersteller	BAYER	
DIN-Bez 1	16779-PBT,MFG,XX-07,GF20	
DIN-Bez 2		

Zusätze	Brandschutzmittel	*Füllstoffe/ Verstärkung*	20.0% Glasfaser
Bevorzugte Verarbeitung	Spritzgiessen	*Lieferform*	Granulat
		Farben	Natur; Standard
Besondere Merkmale	Hohe Waermeformbestaendigkeit; Geringe Wasseraufnahme; Spannungsrissbestaendig; Ausgezeichnetes Gleitverhalten und Abriebverhalten; Hoher Modul; Sehr hohe Festigkeit; Mittelviskos	*Bevorzugte Anwendungen*	Kfz-Sektor; Leuchtenchassis; Elektrotechnik; Elektronik; Teil fuer Haushaltgeraet; Gehaeuse

---

Dichte	g/cm³	1.57	*Schmelzindex*	g/10 min	:
Schüttdichte	g/cm³		*Volumenfließindex*	cm³/10 min	:
Viskositätszahl	ml/g				

Verarbeitungsbedingungen für Spritzgießen

Massetemp.	°C	240–260	*Schwindung*	%	lgs	, quer
Werkzeugtemp.	°C	70–90	*Bemerkungen*			
Spritzdruck	bar					

Zugversuch 23 °C DIN 53455; DIN 53457

	Probekörper:	*Form*	*Herstellung*	Spritzgiessen
		Zustand	*Vorbehandlung*	Normalklima

Streckspannung	N/mm²		*Dehnung bei Streckspannung*	%
Zugfestigkeit	N/mm²		*Reißdehnung*	% 2.2
Reißfestigkeit	N/mm² 120		0.1% *Dehnspannung*	N/mm² 85
E-Modul	N/mm² 9000		*Dehnung bei* 0.1% *Dehnspg.*	% 1.1

Kriechmoduln und Zeitstandwerte 23 °C

	Probekörper:	*Form*	*Herstellung*	
		Zustand	*Vorbehandlung*	

Kriechmodul	1 min N/mm²		*Zeitstandzugfestigkeit*	h N/mm²
Kriechmodul	1000 h N/mm²		*Zeitdehnspg.* %	h N/mm²
bei Spannung	N/mm²			

Biegeversuch 23 °C DIN 53452; DIN 53457

	Probekörper:	*Form*	*Herstellung*	Spritzgiessen
		Zustand	*Vorbehandlung*	Normalklima

Biegefestigkeit	N/mm² 185	*E-Modul*	N/mm² 7000
3,5% *Biegespannung*	N/mm²		

Härte 23 °C

	Probekörper:	*Zustand*	*Herstellung*	Spritzgiessen
			Vorbehandlung	Normalklima

Kugeldruckhärte	N/mm² 200	bei N, 30 s	*Shore-Härte* A	
Rockwellhärte	R 121		*Shore-Härte* D	

Schlagversuch

	Probekörper:	*(1)* U-Kerbe		
		(2) V-Kerbe	*Herstellung*	Spritzgiessen
		Zustand	*Vorbehandlung*	Normalklima

	°C	°C	°C	*Probekörper-Form*

Schlagzähigkeit	kJ/m²	23 30		NKS
Kerbschlagzähigkeit (1)	kJ/m²	23 6		NKS
IZOD-Kerbschlagzähigkeit (2)	J/m	23 60		
Kerbschlagzugzähigkeit	kJ/m²			

Abrieb und Reibung

Taber-Abrieb (Reibradverfahren)   mm³/100 U
Abriebfaktor LNP (Thrust washer) Vergleichswert
Statische Reibungszahl
Dynamische Reibungszahl   (p·v =   N/mm² ·   m/min)
Zulässiger p · v Wert   N/mm² · (m/min)   v =   m/min
                                                                         v =   m/min

Thermische Eigenschaften

Formbeständigkeit in der Wärme   Verfahren   A   180 °C
                                        Verfahren   B   205 °C
Vicat Erweichungstemperatur (VST)   Verfahren   B/50   205 °C
                                        Verfahren   °C
Kristallit-Schmelzpunkt   Verfahren

Längenausdehnungskoeffizient   Bereich   °C   · $10^{-4}K^{-1}$
                                        Temperatur 23 °C   0.3 · $10^{-4}K^{-1}$
Wärmeleitfähigkeit   Verfahren   DIN 52612   23 °C   0.25 W/(K · m)

Spezifische Wärmekapazität   Verfahren   J/(K · g)

Glasumwandlungstemperatur   Torsionsschwingungsversuch   °C
                                        Differentialkalorimetrie   °C

Brandverhalten

UL-Test vertikal   Dicke 1.6   mm, Wert V-0
                                        Dicke   mm, Wert

	Norm	Bewertung	Abmessungen
Sauerstoff-Index	ASTM D 2863	32%	
Glühstab-Verfahren	DIN 53459	2b	
Brandverhalten	DIN 4102		
MVSS			
FAR			

Elektrische Eigenschaften

		Hz	°C		Probekörper, Form
Dielektrizitätszahl		50	23	3.6	
		10^3	23	3.6	
		10^6	23	3.5	
Dielektrischer Verlustfaktor tan δ		50	23	0.0046	
		10^3	23	0.0021	
		10^6	23	0.018	
Spezifischer Durchgangs-widerstand	Ohm · cm		23	1.0*10**16	
Durchschlagfestigkeit	kV/mm		23	28	2.0 mm dick
Oberflächenwiderstand	Ohm		23	1.0*10**16	

Kriechstromfestigkeit   KC 225   KB 175   KA
Elektrolytische Korrosionswirkung   AN 1
Lichtbogenfestigkeit nach DIN
                        nach ASTM   s

Beständigkeit *(Chemische Beständigkeit siehe Anhang)*

Wasseraufnahme 23 C   1 d   0.2 %

Feuchtigkeitsaufnahme Normalklima   %
Wetterbeständigkeit

Spannungskorrosion

Optische Eigenschaften

Brechungszahl n_D
Transmissionsgrad τ_c %   mm dick
Lichtdurchlässigkeit

Produkt	Polybutylenterephthalat	**PBT**
Handelsname	**Pocan B 4235**	
Hersteller	BAYER	
DIN-Bez 1 *DIN-Bez 2*	16779-PBT,MFG,XX-11,GF30	

Zusätze	Brandschutzmittel	*Füllstoffe/* *Verstärkung*	30.0% Glasfaser
Bevorzugte *Verarbeitung*	Spritzgiessen	*Lieferform*	Granulat
		Farben	Natur; Standard
Besondere *Merkmale*	Hohe Waermeformbestaendigkeit; Geringe Wasseraufnahme; Spannungsrissbestaendig; Ausgezeichnetes Gleitverhalten und Abriebverhalten; Extrem hoher Modul; Sehr hohe Festigkeit	*Bevorzugte* *Anwendungen*	Kfz-Sektor; Leuchtenchassis; Elektrotechnik; Elektronik; Teil fuer Haushaltgeraet; Gehaeuse

Dichte	g/cm^3	1.65	*Schmelzindex*	g/10 min	:
Schüttdichte	g/cm^3		*Volumenfließindex*	cm^3/10 min	:
Viskositätszahl	ml/g				

Verarbeitungsbedingungen für Spritzgießen

Massetemp.	°C	240–260	*Schwindung*	%	lgs	, quer
Werkzeugtemp.	°C	70–90	*Bemerkungen*			
Spritzdruck	bar					

Zugversuch 23 °C DIN 53455; DIN 53457

	Probekörper:	*Form*	*Herstellung*	Spritzgiessen	
		Zustand	*Vorbehandlung*	Normalklima	
Streckspannung	N/mm^2		*Dehnung bei Streckspannung*	%	
Zugfestigkeit	N/mm^2		*Reißdehnung*	%	2.0
Reißfestigkeit	N/mm^2	135	0.1% *Dehnspannung*	N/mm^2	95
E-Modul	N/mm^2	11500	*Dehnung bei* 0.1% *Dehnspg.*	%	1

Kriechmoduln und Zeitstandwerte 23 °C

	Probekörper:	*Form*	*Herstellung*		
		Zustand	*Vorbehandlung*		
Kriechmodul	1 min	N/mm^2	*Zeitstandzugfestigkeit*	h N/mm^2	
Kriechmodul	1000 h	N/mm^2	*Zeitdehnspg.* %	h N/mm^2	
bei Spannung		N/mm^2			

Biegeversuch 23 °C DIN 53452; DIN 53457

	Probekörper:	*Form*	*Herstellung*	Spritzgiessen	
		Zustand	*Vorbehandlung*	Normalklima	
Biegefestigkeit	N/mm^2 220		*E-Modul*	N/mm^2 9000	
3,5% *Biegespannung*	N/mm^2				

Härte 23 °C

	Probekörper:	*Zustand*	*Herstellung*	Spritzgiessen
			Vorbehandlung	Normalklima
Kugeldruckhärte	N/mm^2 220	bei N, 30 s	*Shore-Härte* A	
Rockwellhärte	R 121		*Shore-Härte* D	

Schlagversuch

	Probekörper:	*(1)* U-Kerbe		
		(2) V-Kerbe	*Herstellung*	Spritzgiessen
		Zustand	*Vorbehandlung*	Normalklima

		°C	°C	°C	*Probekörper-Form*
Schlagzähigkeit	kJ/m^2	23 35			NKS
Kerbschlagzähigkeit (1)	kJ/m^2	23 8			NKS
IZOD-Kerbschlagzähigkeit (2)	J/m	23 75			
Kerbschlagzugzähigkeit	kJ/m^2				

Abrieb und Reibung

Taber-Abrieb (Reibradverfahren)	mm^3/100 U
Abriebfaktor LNP (Thrust washer) Vergleichswert	
Statische Reibungszahl	0.12
Dynamische Reibungszahl	(p·v = N/mm^2· m/min) 0.11
Zulässiger p · v Wert	N/mm^2· (m/min) v = m/min
	v = m/min

Thermische Eigenschaften

Formbeständigkeit in der Wärme	*Verfahren*	A		195 °C
	Verfahren	B		210 °C
Vicat Erweichungstemperatur (VST)	*Verfahren*	B/50		210 °C
	Verfahren			°C
Kristallit-Schmelzpunkt	*Verfahren*			
Längenausdehnungskoeffizient	*Bereich*	°C		$\cdot 10^{-4}$K^{-1}
	Temperatur 23 °C			$0.25 \cdot 10^{-4}$K^{-1}
Wärmeleitfähigkeit	*Verfahren*	DIN 52612	23 °C	0.25 W/(K · m)
Spezifische Wärmekapazität	*Verfahren*			J/(K · g)
Glasumwandlungstemperatur	*Torsionsschwingungsversuch*			°C
	Differentialkalorimetrie			°C

Brandverhalten

UL-Test vertikal Dicke 1.6 mm, Wert V-0
Dicke mm, Wert

	Norm	*Bewertung*	*Abmessungen*
Sauerstoff-Index	ASTM D 2863	31%	
Glühstab-Verfahren	DIN 53459	2b	
Brandverhalten	DIN 4102		
MVSS			
FAR			

Elektrische Eigenschaften

		Hz	°C		*Probekörper, Form*
Dielektrizitätszahl		50	23	4.0	
		10^3	23	3.9	
		10^6	23	3.9	
Dielektrischer Verlustfaktor tan δ		50	23	0.0048	
		10^3	23	0.0034	
		10^6	23	0.016	
Spezifischer Durchgangs-					
widerstand	Ohm · cm		23	1.0*10**16	
Durchschlagfestigkeit	kV/mm		23	29	2.0 mm dick
Oberflächenwiderstand	Ohm		23	1.0*10**16	
Kriechstromfestigkeit		KC 200	KB 175	KA	
Elektrolytische Korrosionswirkung		AN 1			
Lichtbogenfestigkeit nach DIN					
nach ASTM	s				

Beständigkeit *(Chemische Beständigkeit siehe Anhang)*

Wasseraufnahme 23 C		1 d	0.2 %
Feuchtigkeitsaufnahme Normalklima			%
Wetterbeständigkeit			
Spannungskorrosion			

Optische Eigenschaften

Brechungszahl n$_D$
Transmissionsgrad τ_c % mm dick
Lichtdurchlässigkeit

Produkt	Polybutylenterephthalat	**PBT**
Handelsname	**Pocan B 5335**	
Hersteller	BAYER	
DIN-Bez 1	16779-PBT,MG,XX-07,(GF + GK)30	
DIN-Bez 2		

Zusätze		*Füllstoffe/ Verstärkung*	30.0% Glasfaser; Glaskugel
Bevorzugte Verarbeitung	Spritzgiessen	*Lieferform*	Granulat
		Farben	Natur; Standard
Besondere Merkmale	Hohe Waermeformbestaendigkeit; Geringe Wasseraufnahme; Spannungsrissbestaendig; Ausgezeichnetes Gleitverhalten und Abriebverhalten; Sehr hoher Modul; Hohe Festigkeit; Mittelviskos	*Bevorzugte Anwendungen*	Kfz-Sektor; Leuchtenchassis; Elektrotechnik; Elektronik; Teil fuer Haushaltgeraet; Gehaeuse

Dichte	g/cm³	1.55	*Schmelzindex*	g/10 min		:
Schüttdichte	g/cm³		*Volumenfließindex*	cm³/10 min		:
Viskositätszahl	ml/g					

Verarbeitungsbedingungen für Spritzgießen

Massetemp.	°C	240–260	*Schwindung*	%	lgs	, quer
Werkzeugtemp.	°C	70–90	*Bemerkungen*			
Spritzdruck	bar					

Zugversuch 23 °C DIN 53455; DIN 53457

	Probekörper:	*Form*	*Herstellung*	Spritzgiessen
		Zustand	*Vorbehandlung*	Normalklima

Streckspannung	N/mm²		*Dehnung bei Streckspannung*	%	
Zugfestigkeit	N/mm²		*Reißdehnung*	%	3.0
Reißfestigkeit	N/mm²	90	*0.1% Dehnspannung*	N/mm²	55
E-Modul	N/mm²	6500	*Dehnung bei 0.1% Dehnspg.*	%	1

Kriechmoduln und Zeitstandwerte 23 °C

	Probekörper:	*Form*	*Herstellung*	
		Zustand	*Vorbehandlung*	

Kriechmodul	1 min	N/mm²	*Zeitstandzugfestigkeit*	h N/mm²
Kriechmodul	1000 h	N/mm²	*Zeitdehnspg. %*	h N/mm²
bei Spannung		N/mm²		

Biegeversuch 23 °C DIN 53452; DIN 53457

	Probekörper:	*Form*	*Herstellung*	Spritzgiessen
		Zustand	*Vorbehandlung*	Normalklima

Biegefestigkeit	N/mm²	145	*E-Modul*	N/mm² 5000
3,5% Biegespannung	N/mm²			

Härte 23 °C

	Probekörper:	*Zustand*	*Herstellung*	Spritzgiessen
			Vorbehandlung	Normalklima

Kugeldruckhärte	N/mm² 170	bei	N, 30 s	*Shore-Härte* A	
Rockwellhärte	R 119			*Shore-Härte* D	

Schlagversuch

	Probekörper:	(1) U-Kerbe		
		(2) V-Kerbe	*Herstellung*	Spritzgiessen
		Zustand	*Vorbehandlung*	Normalklima

	°C	°C	°C	*Probekörper-Form*
Schlagzähigkeit	kJ/m²	23 25		NKS
Kerbschlagzähigkeit (1)	kJ/m²	23 5		NKS
IZOD-Kerbschlagzähigkeit (2)	J/m	23 45		
Kerbschlagzugzähigkeit	kJ/m²			

Abrieb und Reibung

Taber-Abrieb (Reibradverfahren)	mm³/100 U
Abriebfaktor LNP (Thrust washer) Vergleichswert	
Statische Reibungszahl	
Dynamische Reibungszahl	$(p \cdot v =$ N/mm² · m/min$)$
Zulässiger p · v Wert	N/mm² · (m/min) v = m/min
	v = m/min

Thermische Eigenschaften

Formbeständigkeit in der Wärme	Verfahren	A	160 °C
	Verfahren	B	200 °C
Vicat Erweichungstemperatur (VST)	Verfahren	B/50	205 °C
	Verfahren		°C
Kristallit-Schmelzpunkt ·	Verfahren		
Längenausdehnungskoeffizient	Bereich	°C	$\cdot 10^{-4} \mathrm{K}^{-1}$
	Temperatur 23 °C		$0.5 \cdot 10^{-4} \mathrm{K}^{-1}$
Wärmeleitfähigkeit	Verfahren DIN 52612	23 °C	0.25 W/(K · m)
Spezifische Wärmekapazität	Verfahren		J/(K · g)
Glasumwandlungstemperatur	Torsionsschwingungsversuch	°C	
	Differentialkalorimetrie	°C	

Brandverhalten

UL-Test vertikal   Dicke 1.6   mm, Wert HB
                        Dicke   mm, Wert

	Norm	Bewertung	Abmessungen
Sauerstoff-Index	ASTM D 2863	24%	
Glühstab-Verfahren	DIN 53459	3a	
Brandverhalten	DIN 4102		
MVSS			
FAR			

Elektrische Eigenschaften

		Hz	°C		Probekörper, Form
Dielektrizitätszahl		50	23	4.1	
		10^3	23	3.9	
		10^6	23	3.9	
Dielektrischer Verlustfaktor tan δ		50	23	0.0025	
		10^3	23	0.0010	
		10^6	23	0.017	
Spezifischer Durchgangs-widerstand	Ohm · cm		23	1.0*10**14	
Durchschlagfestigkeit	kV/mm		23	27	2.0 mm dick
Oberflächenwiderstand	Ohm		23	1.0*10**13	
Kriechstromfestigkeit	KC 250	KB 175	KA		
Elektrolytische Korrosionswirkung	AN 1.2				
Lichtbogenfestigkeit nach DIN					
nach ASTM	s				

Beständigkeit (Chemische Beständigkeit siehe Anhang)

Wasseraufnahme 23 C	1 d	0.2 %
Feuchtigkeitsaufnahme Normalklima		%
Wetterbeständigkeit		
Spannungskorrosion		

Optische Eigenschaften

Brechungszahl n_D
Transmissionsgrad τ_c %   mm dick
Lichtdurchlässigkeit

Produkt	Polybutylenterephthalat	**PBT**
Handelsname	**Pocan B 7375**	
Hersteller	BAYER	
DIN-Bez 1	16779-PBT,MG,XX-04,Y25 Weisspigment	
DIN-Bez 2		

Zusätze		*Füllstoffe/ Verstärkung*	25.0% Weisspigment	
Bevorzugte Verarbeitung	Spritzgiessen	*Lieferform*	Granulat	
		Farben	Natur; Standard	
Besondere Merkmale	Hohe Waermeformbestaendigkeit; Geringe Wasseraufnahme; Spannungs-rissbestaendig; Hohe Reflexion; Lichtdicht; Hohe Steifigkeit und Haerte; Mittelviskos	*Bevorzugte Anwendungen*	Technisches Formteil	

Dichte	g/cm³	1.56	*Schmelzindex*	g/10 min	:	
Schüttdichte	g/cm³		*Volumenfließindex*	cm³/10 min	:	
Viskositätszahl	ml/g					

Verarbeitungsbedingungen für Spritzgießen

Massetemp.	°C	240–260	*Schwindung*	%	lgs	, quer	
Werkzeugtemp.	°C	70–90	*Bemerkungen*				
Spritzdruck	bar						

Zugversuch 23 °C DIN 53455; DIN 53457

	Probekörper:	Form		*Herstellung*	Spritzgiessen
		Zustand		*Vorbehandlung*	Normalklima
Streckspannung	N/mm²	55	*Dehnung bei Streckspannung*	%	2.2
Zugfestigkeit	N/mm²		*Reißdehnung*	%	2.3
Reißfestigkeit	N/mm²	57	*0.1% Dehnspannung*	N/mm²	38
E-Modul	N/mm²	3800	*Dehnung bei 0.1% Dehnspg.*	%	1.0

Kriechmoduln und Zeitstandwerte 23 °C

	Probekörper:	Form		*Herstellung*	
		Zustand		*Vorbehandlung*	
Kriechmodul	1 min	N/mm²	*Zeitstandzugfestigkeit*	h N/mm²	
Kriechmodul	1000 h	N/mm²	*Zeitdehnspg. %*	h N/mm²	
bei Spannung		N/mm²			

Biegeversuch 23 °C DIN 53452; DIN 53457

	Probekörper:	Form		*Herstellung*	Spritzgiessen
		Zustand		*Vorbehandlung*	Normalklima
Biegefestigkeit	N/mm²	100	*E-Modul*	N/mm²	3500
3,5% Biegespannung	N/mm²	93			

Härte 23 °C

	Probekörper:	Zustand		*Herstellung*	Spritzgiessen
				Vorbehandlung	Normalklima
Kugeldruckhärte	N/mm² 145	bei	N, 30 s	*Shore-Härte* A	
Rockwellhärte	R 120			*Shore-Härte* D	

Schlagversuch

	Probekörper:	(1) U-Kerbe			
		(2) V-Kerbe		*Herstellung*	Spritzgiessen
		Zustand		*Vorbehandlung*	Normalklima
		°C	°C	°C	*Probekörper-Form*
Schlagzähigkeit	kJ/m²	23 40			NKS
Kerbschlagzähigkeit (1)	kJ/m²	23 2			NKS
IZOD-Kerbschlagzähigkeit (2)	J/m	23 27			
Kerbschlagzugzähigkeit	kJ/m²				

Abrieb und Reibung

Taber-Abrieb (Reibradverfahren)	mm³/100 U	
Abriebfaktor LNP (Thrust washer) Vergleichswert		
Statische Reibungszahl		
Dynamische Reibungszahl	$(p \cdot v =$　　　N/mm² ·	m/min)
Zulässiger p · v Wert	N/mm² · (m/min)　v =	m/min
	v =	m/min

Thermische Eigenschaften

Formbeständigkeit in der Wärme	*Verfahren*	A		70 °C
	Verfahren	B		185 °C
Vicat Erweichungstemperatur (VST)	*Verfahren*	B/50		185 °C
	Verfahren			°C
Kristallit-Schmelzpunkt	*Verfahren*			
Längenausdehnungskoeffizient	*Bereich*	°C		$\cdot 10^{-4} \mathrm{K}^{-1}$
	Temperatur 23 °C			$1.1 \cdot 10^{-4} \mathrm{K}^{-1}$
Wärmeleitfähigkeit	*Verfahren*	DIN 52612	23 °C	0.25 W/(K · m)
Spezifische Wärmekapazität	*Verfahren*			J/(K · g)
Glasumwandlungstemperatur	*Torsionsschwingungsversuch*		°C	
	Differentialkalorimetrie		°C	

Brandverhalten

UL-Test vertikal	Dicke 1.6　mm, Wert HB	
	Dicke　　mm, Wert	

	Norm	*Bewertung*		*Abmessungen*
Sauerstoff-Index	ASTM D 2863	22%		
Glühstab-Verfahren	DIN 53459	3a		
Brandverhalten	DIN 4102			
MVSS				
FAR				

Elektrische Eigenschaften

		Hz	°C			*Probekörper, Form*
Dielektrizitätszahl		50	23	4.4		
		10^3	23	4.4		
		10^6	23	4.2		
Dielektrischer Verlustfaktor tan δ		50	23	0.0027		
		10^3	23	0.0026		
		10^6	23	0.017		
Spezifischer Durchgangs-						
widerstand	Ohm · cm		23	1.0*10**15		
Durchschlagfestigkeit	kV/mm		23	20		2.0　mm dick
Oberflächenwiderstand	Ohm		23	1.0*10**13		
Kriechstromfestigkeit		KC 525		KB 425	KA	
Elektrolytische Korrosionswirkung		AN 1.2				
Lichtbogenfestigkeit nach DIN						
nach ASTM	s					

Beständigkeit *(Chemische Beständigkeit siehe Anhang)*

Wasseraufnahme 23 C		1 d	0.2 %
Feuchtigkeitsaufnahme Normalklima			%
Wetterbeständigkeit			
Spannungskorrosion			

Optische Eigenschaften

Brechungszahl n_D			
Transmissionsgrad τ_c	%		mm dick
Lichtdurchlässigkeit			

			PC
Produkt	Polycarbonat		
Handelsname	**Calibre 200-22**		
Hersteller	DOW		
DIN-Bez 1			
DIN-Bez 2			
Zusätze		*Füllstoffe/ Verstärkung*	
Bevorzugte Verarbeitung	Spritzgiessen	*Lieferform*	Granulat
		Farben	Natur; Standard
Besondere Merkmale	Hart; Steif; Sehr gutes Schlagverhalten in einem weiten Temperaturbereich; Gute Waermeformbestaendigkeit; Geringe Wasseraufnahme; Witterungsbestaendig; Freigegeben nach FDA	*Bevorzugte Anwendungen*	Bedarfsartikel; Haushaltgeraet; Teil fuer Kuehlschrank und Kuehltruhe; Glas und Geschirr fuer den medizinischen Bedarf

---

Dichte	g/cm^3	1.20	*Schmelzindex*	g/10 min	22: 300/1.2
Schüttdichte	g/cm^3		*Volumenfließindex*	cm^3/10 min	:
Viskositätszahl	ml/g				

Verarbeitungsbedingungen für Spritzgießen

Massetemp.	°C		*Schwindung*	% lgs 0.5–0.7, quer 0.5–0.7
Werkzeugtemp.	°C		*Bemerkungen*	
Spritzdruck	bar			

Zugversuch 23 °C ASTM D-638;

	Probekörper: Form		*Herstellung*	Spritzgiessen
	Zustand		*Vorbehandlung*	Normalklima
Streckspannung	N/mm^2		*Dehnung bei Streckspannung*	%
Zugfestigkeit	N/mm^2 62		*Reißdehnung*	% 120
Reißfestigkeit	N/mm^2 66		% *Dehnspannung*	N/mm^2
E-Modul	N/mm^2 2300		*Dehnung bei* % *Dehnspg.*	%

Kriechmoduln und Zeitstandwerte 23 °C

	Probekörper: Form		*Herstellung*	
	Zustand		*Vorbehandlung*	
Kriechmodul	1 min N/mm^2		*Zeitstandzugfestigkeit*	h N/mm^2
Kriechmodul	1000 h N/mm^2		*Zeitdehnspg.* %	h N/mm^2
bei Spannung	N/mm^2			

Biegeversuch 23 °C ASTM D-790;

	Probekörper: Form		*Herstellung*	Spritzgiessen
	Zustand		*Vorbehandlung*	Normalklima
Biegefestigkeit	N/mm^2 97		*E-Modul*	N/mm^2 2400
3,5% Biegespannung	N/mm^2			

Härte 23 °C

	Probekörper: Zustand		*Herstellung*	Spritzgiessen
			Vorbehandlung	Normalklima
Kugeldruckhärte	N/mm^2	bei N, s	*Shore-Härte* A	
Rockwellhärte	R 118	M 72	*Shore-Härte* D	

Schlagversuch

	Probekörper: (1)			
	(2) V-Kerbe		*Herstellung*	Spritzgiessen
	Zustand		*Vorbehandlung*	Normalklima
	°C	°C	°C	*Probekörper-Form*

Schlagzähigkeit	kJ/m^2			
Kerbschlagzähigkeit (1)	kJ/m^2			
IZOD-Kerbschlagzähigkeit (2)	J/m	23 750		3.2 mm dick
Kerbschlagzugzähigkeit	kJ/m^2			

Abrieb und Reibung

Taber-Abrieb (Reibradverfahren)	mm³/100 U
Abriebfaktor LNP (Thrust washer) Vergleichswert	
Statische Reibungszahl	
Dynamische Reibungszahl	(p·v = N/mm² · m/min)
Zulässiger p · v Wert	N/mm² · (m/min) v = m/min
	v = m/min

Thermische Eigenschaften

Formbeständigkeit in der Wärme	Verfahren	A		126 °C
	Verfahren			°C
Vicat Erweichungstemperatur (VST)	Verfahren	B/50		152 °C
	Verfahren			°C
Kristallit-Schmelzpunkt	Verfahren			
Längenausdehnungskoeffizient	Bereich	°C		$\cdot 10^{-4} K^{-1}$
	Temperatur 23 °C			$0.7 \cdot 10^{-4} K^{-1}$
Wärmeleitfähigkeit	Verfahren	ASTM C-177	23 °C	0.20 W/(K · m)
Spezifische Wärmekapazität	Verfahren	ASTM C-351	23 °C	1.3 J/(K · g)
Glasumwandlungstemperatur	Torsionsschwingungsversuch		°C	
	Differentialkalorimetrie		°C	

Brandverhalten

UL-Test vertikal

Dicke 1.6   mm, Wert V-2
Dicke 3.2   mm, Wert V-2

	Norm	Bewertung	Abmessungen
Sauerstoff-Index	ASTM D 2863	26%	
Glühstab-Verfahren			
Brandverhalten	DIN 4102		
MVSS			
FAR			

Elektrische Eigenschaften

	Hz	°C		Probekörper, Form
Dielektrizitätszahl	50	23	3.00	Nach ASTM D-150
	10^3			
	10^6	23	2.95	Nach ASTM D-150
Dielektrischer Verlustfaktor tan δ	50	23	0.001	Nach ASTM D-150
	10^3			
	10^6	23	0.01	Nach ASTM D-150
Spezifischer Durchgangs-widerstand Ohm · cm		23	$\geqq 1.0*10**14$	
Durchschlagfestigkeit kV/mm		23	16	3.2 mm dick
Oberflächenwiderstand Ohm				
Kriechstromfestigkeit	KC	KB	KA	
Elektrolytische Korrosionswirkung				
Lichtbogenfestigkeit nach DIN				
nach ASTM s				

Beständigkeit *(Chemische Beständigkeit siehe Anhang)*

Wasseraufnahme 23 C		1 d	0.15 %
23 C Bis zur Saettigung			0.32 %
Feuchtigkeitsaufnahme Normalklima			%
Wetterbeständigkeit			
Spannungskorrosion			

Optische Eigenschaften

Brechungszahl n_D 1.586
Transmissionsgrad τ_c %   mm dick
Lichtdurchlässigkeit   Nach ASTM: 87-91 %

Produkt	Polycarbonat		**PC**
Handelsname	**Calibre 200-15**		
Hersteller	DOW		
DIN-Bez 1			
DIN-Bez 2			
Zusätze		*Füllstoffe/ Verstärkung*	
Bevorzugte Verarbeitung	Spritzgiessen	*Lieferform*	Granulat
		Farben	Natur; Standard
Besondere Merkmale	Hart; Steif; Sehr gutes Schlagverhalten in einem weiten Temperaturbereich; Gute Waermeformbestaendigkeit; Geringe Wasseraufnahme; Witterungsbestaendig; Freigegeben nach FDA	*Bevorzugte Anwendungen*	Bedarfsartikel; Haushaltgeraet; Teil fuer Kuehlschrank und Kuehltruhe; Glas und Geschirr fuer den medizinischen Bedarf

Dichte	g/cm^3 1.20	*Schmelzindex*	g/10 min	15: 300/1.2
Schüttdichte	g/cm^3	*Volumenfließindex*	cm^3/10 min	:
Viskositätszahl	ml/g			

Verarbeitungsbedingungen für Spritzgießen

Massetemp.	°C	*Schwindung* %	lgs 0.5–0.7, quer 0.5–0.7
Werkzeugtemp.	°C	*Bemerkungen*	
Spritzdruck	bar		

Zugversuch 23 °C ASTM D-638;

	Probekörper: Form	*Herstellung*	Spritzgiessen
	Zustand	*Vorbehandlung*	Normalklima
Streckspannung	N/mm^2	*Dehnung bei Streckspannung* %	
Zugfestigkeit	N/mm^2 62	*Reißdehnung* %	150
Reißfestigkeit	N/mm^2 71	% *Dehnspannung* N/mm^2	
E-Modul	N/mm^2 2300	*Dehnung bei* % *Dehnspg.* %	

Kriechmoduln und Zeitstandwerte 23 °C

	Probekörper: Form	*Herstellung*	
	Zustand	*Vorbehandlung*	
Kriechmodul	1 min N/mm^2	*Zeitstandzugfestigkeit* h N/mm^2	
Kriechmodul	1000 h N/mm^2	*Zeitdehnspg.* % h N/mm^2	
bei Spannung	N/mm^2		

Biegeversuch 23 °C ASTM D-790;

	Probekörper: Form	*Herstellung*	Spritzgiessen
	Zustand	*Vorbehandlung*	Normalklima
Biegefestigkeit	N/mm^2 97	*E-Modul*	N/mm^2 2400
3,5% Biegespannung	N/mm^2		

Härte 23 °C

	Probekörper: Zustand	*Herstellung*	Spritzgiessen
		Vorbehandlung	Normalklima
Kugeldruckhärte	N/mm^2 bei N, s	*Shore-Härte* A	
Rockwellhärte	R 118 M 72	*Shore-Härte* D	

Schlagversuch

	Probekörper: (1)		
	(2) V-Kerbe	*Herstellung*	Spritzgiessen
	Zustand	*Vorbehandlung*	Normalklima
	°C °C	°C	*Probekörper-Form*
Schlagzähigkeit	kJ/m^2		
Kerbschlagzähigkeit (1)	kJ/m^2		
IZOD-Kerbschlagzähigkeit (2)	J/m 23 850		3.2 mm dick
Kerbschlagzugzähigkeit	kJ/m^2		

Abrieb und Reibung

Taber-Abrieb (Reibradverfahren)	mm³/100 U
Abriebfaktor LNP (Thrust washer) Vergleichswert	
Statische Reibungszahl	
Dynamische Reibungszahl	($p \cdot v =$ N/mm² · m/min)
Zulässiger p · v Wert	N/mm² · (m/min) v = m/min
	v = m/min

Thermische Eigenschaften

Formbeständigkeit in der Wärme	*Verfahren*	A		127 °C
	Verfahren			°C
Vicat Erweichungstemperatur (VST)	*Verfahren*	B/50		154 °C
	Verfahren			°C
Kristallit-Schmelzpunkt	*Verfahren*			
Längenausdehnungskoeffizient	*Bereich*	°C		$\cdot 10^{-4} \mathrm{K}^{-1}$
	Temperatur 23 °C			$0.7 \cdot 10^{-4} \mathrm{K}^{-1}$
Wärmeleitfähigkeit	*Verfahren*	ASTM C-177	23 °C	0.20 W/(K · m)
Spezifische Wärmekapazität	*Verfahren*	ASTM C-351	23 °C	1.3 J/(K · g)
Glasumwandlungstemperatur	*Torsionsschwingungsversuch*		°C	
	Differentialkalorimetrie		°C	

Brandverhalten

UL-Test vertikal   Dicke 1.6   mm, Wert V-2
                        Dicke 3.2   mm, Wert V-2

	Norm	*Bewertung*	*Abmessungen*
Sauerstoff-Index	ASTM D 2863	26%	
Glühstab-Verfahren			
Brandverhalten	DIN 4102		
MVSS			
FAR			

Elektrische Eigenschaften

		Hz	°C		*Probekörper, Form*
Dielektrizitätszahl		50	23	3.00	Nach ASTM D-150
		10^3			
		10^6	23	2.95	Nach ASTM D-150
Dielektrischer Verlustfaktor tan δ		50	23	0.001	Nach ASTM D-150
		10^3			
		10^6	23	0.01	Nach ASTM D-150
Spezifischer Durchgangs-					
widerstand	Ohm · cm		23	$\geq 1.0 * 10 ** 14$	
Durchschlagfestigkeit	kV/mm		23	16	3.2 mm dick
Oberflächenwiderstand	Ohm				
Kriechstromfestigkeit		KC		KB	KA
Elektrolytische Korrosionswirkung					
Lichtbogenfestigkeit nach DIN					
nach ASTM s					

Beständigkeit *(Chemische Beständigkeit siehe Anhang)*

Wasseraufnahme 23 C	1 d	0.15 %
23 C Bis zur Saettigung		0.32 %
Feuchtigkeitsaufnahme Normalklima		%
Wetterbeständigkeit		

Spannungskorrosion

Optische Eigenschaften

Brechungszahl n_D 1.586
Transmissionsgrad τ_c %   mm dick
Lichtdurchlässigkeit   Nach ASTM: 87-91 %

Produkt	Polycarbonat		**PC**
Handelsname	**Calibre 200-10**		
Hersteller	DOW		
DIN-Bez 1			
DIN-Bez 2			
Zusätze		*Füllstoffe/ Verstärkung*	
Bevorzugte Verarbeitung	Spritzgiessen	*Lieferform*	Granulat
		Farben	Natur; Standard
Besondere Merkmale	Hart; Steif; Sehr gutes Schlagverhalten in einem weiten Temperaturbereich; Gute Waermeformbestaendigkeit; Geringe Wasseraufnahme; Witterungsbestaendig; Freigegeben nach FDA	*Bevorzugte Anwendungen*	Bedarfsartikel; Haushaltgeraet; Teil fuer Kuehlschrank und Kuehltruhe; Glas und Geschirr fuer den medizinischen Bedarf

Dichte	g/cm³	1.20	*Schmelzindex*	g/10 min 10: 300/1.2
Schüttdichte	g/cm³		*Volumenfließindex*	cm³/10 min :
Viskositätszahl	ml/g			

Verarbeitungsbedingungen für Spritzgießen

Massetemp.	°C		*Schwindung*	% lgs 0.5–0.7, quer 0.5–0.7
Werkzeugtemp.	°C		*Bemerkungen*	
Spritzdruck	bar			

Zugversuch 23 °C ASTM D-638;

	Probekörper:	*Form*	*Herstellung*	Spritzgiessen
		Zustand	*Vorbehandlung*	Normalklima
Streckspannung	N/mm²		*Dehnung bei Streckspannung*	%
Zugfestigkeit	N/mm² 62		*Reißdehnung*	% 150
Reißfestigkeit	N/mm² 71		*% Dehnspannung*	N/mm²
E-Modul	N/mm² 2400		*Dehnung bei % Dehnspg.*	%

Kriechmoduln und Zeitstandwerte 23 °C

	Probekörper:	*Form*	*Herstellung*	
		Zustand	*Vorbehandlung*	
Kriechmodul	1 min N/mm²		*Zeitstandzugfestigkeit*	h N/mm²
Kriechmodul	1000 h N/mm²		*Zeitdehnspg. %*	h N/mm²
bei Spannung	N/mm²			

Biegeversuch 23 °C ASTM D-790;

	Probekörper:	*Form*	*Herstellung*	Spritzgiessen
		Zustand	*Vorbehandlung*	Normalklima
Biegefestigkeit	N/mm² 97		*E-Modul*	N/mm² 2400
3,5% Biegespannung	N/mm²			

Härte 23 °C

	Probekörper:	*Zustand*	*Herstellung*	Spritzgiessen
			Vorbehandlung	Normalklima
Kugeldruckhärte	N/mm²	bei N, s	*Shore-Härte*	A
Rockwellhärte	R 118	M 73	*Shore-Härte*	D

Schlagversuch

	Probekörper:	*(1)*		
		(2) V-Kerbe	*Herstellung*	Spritzgiessen
		Zustand	*Vorbehandlung*	Normalklima
		°C °C °C		*Probekörper-Form*

Schlagzähigkeit	kJ/m²		
Kerbschlagzähigkeit (1)	kJ/m²		
IZOD-Kerbschlagzähigkeit (2)	J/m	23 900	3.2 mm dick
Kerbschlagzugzähigkeit	kJ/m²		

Abrieb und Reibung

Taber-Abrieb (Reibradverfahren)	mm³/100 U
Abriebfaktor LNP (Thrust washer) Vergleichswert	
Statische Reibungszahl	
Dynamische Reibungszahl	$(p \cdot v = \quad$ N/mm² · $\quad$ m/min$)$
Zulässiger p · v Wert	N/mm² · (m/min) v = $\quad$ m/min
	v = $\quad$ m/min

Thermische Eigenschaften

Formbeständigkeit in der Wärme	*Verfahren* A		128 °C
	Verfahren		°C
Vicat Erweichungstemperatur (VST)	*Verfahren* B/50		156 °C
	Verfahren		°C
Kristallit-Schmelzpunkt	*Verfahren*		
Längenausdehnungskoeffizient	*Bereich* °C		$\cdot 10^{-4} \mathrm{K}^{-1}$
	Temperatur 23 °C		$0.7 \cdot 10^{-4} \mathrm{K}^{-1}$
Wärmeleitfähigkeit	*Verfahren* ASTM C-177	23 °C	0.20 W/(K · m)
Spezifische Wärmekapazität	*Verfahren* ASTM C-351	23 °C	1.3 J/(K · g)
Glasumwandlungstemperatur	*Torsionsschwingungsversuch*	°C	
	Differentialkalorimetrie	°C	

Brandverhalten

UL-Test vertikal Dicke 1.6 mm, Wert V-2
Dicke 3.2 mm, Wert V-2

	Norm	*Bewertung*	*Abmessungen*
Sauerstoff-Index	ASTM D 2863	26%	
Glühstab-Verfahren			
Brandverhalten	DIN 4102		
MVSS			
FAR			

Elektrische Eigenschaften

	Hz	°C		*Probekörper, Form*
Dielektrizitätszahl	50	23	3.00	Nach ASTM D-150
	10^3			
	10^6	23	2.95	Nach ASTM D-150
Dielektrischer Verlustfaktor tan δ	50	23	0.001	Nach ASTM D-150
	10^3			
	10^6	23	0.01	Nach ASTM D-150
Spezifischer Durchgangs-widerstand Ohm · cm		23	$\geqq 1.0*10**14$	
Durchschlagfestigkeit kV/mm		23	16	3.2 mm dick
Oberflächenwiderstand Ohm				
Kriechstromfestigkeit	KC	KB	KA	

Elektrolytische Korrosionswirkung
Lichtbogenfestigkeit nach DIN
nach ASTM s

Beständigkeit *(Chemische Beständigkeit siehe Anhang)*

Wasseraufnahme 23 C		1 d	0.15 %
23 C Bis zur Saettigung			0.32 %
Feuchtigkeitsaufnahme Normalklima			%
Wetterbeständigkeit			

Spannungskorrosion

Optische Eigenschaften

Brechungszahl n_D 1.586
Transmissionsgrad τ_c % mm dick
Lichtdurchlässigkeit Nach ASTM: 87-91 %

Produkt	Polycarbonat		**PC**
Handelsname	**Calibre 200-6**		
Hersteller	DOW		
DIN-Bez 1			
DIN-Bez 2			
Zusätze		*Füllstoffe/ Verstärkung*	
Bevorzugte Verarbeitung	Spritzgiessen	*Lieferform*	Granulat
		Farben	Natur; Standard
Besondere Merkmale	Hart; Steif; Sehr gutes Schlagverhalten in einem weiten Temperaturbereich; Gute Waermeformbestaendigkeit; Geringe Wasseraufnahme; Witterungsbestaendig; Freigegeben nach FDA	*Bevorzugte Anwendungen*	Bedarfsartikel; Haushaltgeraet; Teil fuer Kuehlschrank und Kuehltruhe; Glas und Geschirr fuer den medizinischen Bedarf

Dichte	g/cm^3 1.20	*Schmelzindex*	g/10 min 6: 300/1.2
Schüttdichte	g/cm^3	*Volumenfließindex*	cm^3/10 min :
Viskositätszahl	ml/g		

Verarbeitungsbedingungen für Spritzgießen

Massetemp.	°C	*Schwindung*	% lgs 0.5–0.7, quer 0.5–0.7
Werkzeugtemp.	°C	*Bemerkungen*	
Spritzdruck	bar		

Zugversuch 23 °C ASTM D-638;

	Probekörper: Form	*Herstellung*	Spritzgiessen
	Zustand	*Vorbehandlung*	Normalklima
Streckspannung	N/mm^2	*Dehnung bei Streckspannung*	%
Zugfestigkeit	N/mm^2 62	*Reißdehnung*	% 150
Reißfestigkeit	N/mm^2 72	*% Dehnspannung*	N/mm^2
E-Modul	N/mm^2 2400	*Dehnung bei % Dehnspg.*	%

Kriechmoduln und Zeitstandwerte 23 °C

	Probekörper: Form	*Herstellung*	
	Zustand	*Vorbehandlung*	
Kriechmodul	1 min N/mm^2	*Zeitstandzugfestigkeit*	h N/mm^2
Kriechmodul	1000 h N/mm^2	*Zeitdehnspg. %*	h N/mm^2
bei Spannung	N/mm^2		

Biegeversuch 23 °C ASTM D-790;

	Probekörper: Form	*Herstellung*	Spritzgiessen
	Zustand	*Vorbehandlung*	Normalklima
Biegefestigkeit	N/mm^2 97	*E-Modul*	N/mm^2 2400
3,5% Biegespannung	N/mm^2		

Härte 23 °C

	Probekörper: Zustand	*Herstellung*	Spritzgiessen
		Vorbehandlung	Normalklima
Kugeldruckhärte	N/mm^2 bei N, s	*Shore-Härte* A	
Rockwellhärte	R 118 M 73	*Shore-Härte* D	

Schlagversuch

	Probekörper: (1)		
	(2) V-Kerbe	*Herstellung*	Spritzgiessen
	Zustand	*Vorbehandlung*	Normalklima
	°C °C °C		*Probekörper-Form*
Schlagzähigkeit	kJ/m^2		
Kerbschlagzähigkeit (1)	kJ/m^2		
IZOD-Kerbschlagzähigkeit (2)	J/m 23 900		3.2 mm dick
Kerbschlagzugzähigkeit	kJ/m^2		

Abrieb und Reibung

Taber-Abrieb (Reibradverfahren)	mm³/100 U
Abriebfaktor LNP (Thrust washer) Vergleichswert	
Statische Reibungszahl	
Dynamische Reibungszahl	(p·v = N/mm² · m/min)
Zulässiger p · v Wert	N/mm² · (m/min) v = m/min
	v = m/min

Thermische Eigenschaften

Formbeständigkeit in der Wärme	*Verfahren*	A		129 °C
	Verfahren			°C
Vicat Erweichungstemperatur (VST)	*Verfahren*	B/50		157 °C
	Verfahren			°C
Kristallit-Schmelzpunkt	*Verfahren*			
Längenausdehnungskoeffizient	*Bereich*	°C		$\cdot 10^{-4} K^{-1}$
	Temperatur 23 °C			$0.7 \cdot 10^{-4} K^{-1}$
Wärmeleitfähigkeit	*Verfahren*	ASTM C-177	23 °C	0.20 W/(K · m)
Spezifische Wärmekapazität	*Verfahren*	ASTM C-351	23 °C	1.3 J/(K · g)
Glasumwandlungstemperatur	*Torsionsschwingungsversuch*		°C	
	Differentialkalorimetrie		°C	

Brandverhalten

UL-Test vertikal   Dicke 1.6 mm, Wert V-2
                      Dicke 3.2 mm, Wert V-2

	Norm	*Bewertung*	*Abmessungen*
Sauerstoff-Index	ASTM D 2863	26%	
Glühstab-Verfahren			
Brandverhalten	DIN 4102		
MVSS			
FAR			

Elektrische Eigenschaften

		Hz	°C		*Probekörper, Form*
Dielektrizitätszahl		50	23	3.00	Nach ASTM D-150
		10³			
		10⁶	23	2.95	Nach ASTM D-150
Dielektrischer Verlustfaktor tan δ		50	23	0.001	Nach ASTM D-150
		10³			
		10⁶	23	0.01	Nach ASTM D-150
Spezifischer Durchgangs-widerstand	Ohm · cm		23	$\geq$ 1.0*10**14	
Durchschlagfestigkeit	kV/mm		23	16	3.2 mm dick
Oberflächenwiderstand	Ohm				

Kriechstromfestigkeit   KC   KB   KA
Elektrolytische Korrosionswirkung
Lichtbogenfestigkeit nach DIN
               nach ASTM   s

Beständigkeit *(Chemische Beständigkeit siehe Anhang)*

Wasseraufnahme 23 C		1 d	0.15 %
23 C Bis zur Saettigung			0.32 %
Feuchtigkeitsaufnahme Normalklima			%
Wetterbeständigkeit			

Spannungskorrosion

Optische Eigenschaften

Brechungszahl n_D 1.586
Transmissionsgrad τ_c %   mm dick
Lichtdurchlässigkeit   Nach ASTM: 87-91 %

Produkt	Polycarbonat		**PC**
Handelsname	**Calibre 200-4**		
Hersteller	DOW		
DIN-Bez 1			
DIN-Bez 2			
Zusätze		*Füllstoffe/ Verstärkung*	
Bevorzugte Verarbeitung	Spritzgiessen	*Lieferform*	Granulat
		Farben	Natur; Standard
Besondere Merkmale	Hart; Steif; Sehr gutes Schlagverhalten in einem weiten Temperaturbereich; Gute Waermeformbestaendigkeit; Geringe Wasseraufnahme; Witterungsbestaendig; Freigegeben nach FDA	*Bevorzugte Anwendungen*	Bedarfsartikel; Haushaltgeraet; Teil fuer Kuehlschrank und Kuehltruhe; Glas und Geschirr fuer den medizinischen Bedarf

Dichte	g/cm^3	1.20	*Schmelzindex*	g/10 min 4: 300/1.2
Schüttdichte	g/cm^3		*Volumenfließindex*	cm^3/10 min :
Viskositätszahl	ml/g			

Verarbeitungsbedingungen für Spritzgießen

Massetemp.	°C	*Schwindung*	% lgs 0.5–0.7, quer 0.5–0.7
Werkzeugtemp.	°C	*Bemerkungen*	
Spritzdruck	bar		

Zugversuch 23 °C   ASTM D-638;

Probekörper:	*Form*	*Herstellung*	Spritzgiessen
	Zustand	*Vorbehandlung*	Normalklima
Streckspannung	N/mm^2	*Dehnung bei Streckspannung*	%
Zugfestigkeit	N/mm^2 62	*Reißdehnung*	% 150
Reißfestigkeit	N/mm^2 72	*% Dehnspannung*	N/mm^2
E-Modul	N/mm^2 2500	*Dehnung bei % Dehnspg.*	%

Kriechmoduln und Zeitstandwerte 23 °C

Probekörper:	*Form*	*Herstellung*	
	Zustand	*Vorbehandlung*	
Kriechmodul	1 min N/mm^2	*Zeitstandzugfestigkeit*	h N/mm^2
Kriechmodul	1000 h N/mm^2	*Zeitdehnspg. %*	h N/mm^2
bei Spannung	N/mm^2		

Biegeversuch 23 °C   ASTM D-790;

Probekörper:	*Form*	*Herstellung*	Spritzgiessen
	Zustand	*Vorbehandlung*	Normalklima
Biegefestigkeit	N/mm^2 97	*E-Modul*	N/mm^2 2400
3,5% Biegespannung	N/mm^2		

Härte 23 °C

Probekörper:	*Zustand*	*Herstellung*	Spritzgiessen
		Vorbehandlung	Normalklima
Kugeldruckhärte	N/mm^2 bei N, s	*Shore-Härte* A	
Rockwellhärte	R 118 M 74	*Shore-Härte* D	

Schlagversuch

Probekörper:	*(1)*		
	(2) V-Kerbe	*Herstellung*	Spritzgiessen
	Zustand	*Vorbehandlung*	Normalklima
	°C °C °C		*Probekörper-Form*

Schlagzähigkeit	kJ/m^2		
Kerbschlagzähigkeit (1)	kJ/m^2		
IZOD-Kerbschlagzähigkeit (2)	J/m 23 950		3.2 mm dick
Kerbschlagzugzähigkeit	kJ/m^2		

Abrieb und Reibung

Taber-Abrieb (Reibradverfahren)   mm³/100 U
Abriebfaktor LNP (Thrust washer) Vergleichswert
Statische Reibungszahl
Dynamische Reibungszahl   (p·v =   N/mm² ·   m/min)
Zulässiger p · v Wert   N/mm² · (m/min)   v =   m/min
                                                                 v =   m/min

Thermische Eigenschaften

Formbeständigkeit in der Wärme	*Verfahren*	A	132 °C
	Verfahren		°C
Vicat Erweichungstemperatur (VST)	*Verfahren*	B/50	158 °C
	Verfahren		°C
Kristallit-Schmelzpunkt	*Verfahren*		

Längenausdehnungskoeffizient   *Bereich*   °C $\cdot 10^{-4} \mathrm{K}^{-1}$
                                   Temperatur 23 °C $0.7 \cdot 10^{-4} \mathrm{K}^{-1}$
Wärmeleitfähigkeit   *Verfahren* ASTM C-177   23 °C   0.20 W/(K · m)

Spezifische Wärmekapazität   *Verfahren* ASTM C-351   23 °C   1.3 J/(K · g)

Glasumwandlungstemperatur   *Torsionsschwingungsversuch*   °C
                                   Differentialkalorimetrie   °C

Brandverhalten

UL-Test vertikal   Dicke 1.6   mm, Wert V-2
                                   Dicke 3.2   mm, Wert V-2

	Norm	*Bewertung*	*Abmessungen*
Sauerstoff-Index	ASTM D 2863	26%	
Glühstab-Verfahren			
Brandverhalten	DIN 4102		
MVSS			
FAR			

Elektrische Eigenschaften

	Hz	°C		*Probekörper, Form*
Dielektrizitätszahl	50	23	3.00	Nach ASTM D-150
	10³			
	10⁶	23	2.95	Nach ASTM D-150
Dielektrischer Verlustfaktor tan δ	50	23	0.001	Nach ASTM D-150
	10³			
	10⁶	23	0.01	Nach ASTM D-150

Spezifischer Durchgangs-
  widerstand   Ohm · cm   23 $\geqq 1.0 * 10^{**}14$
Durchschlagfestigkeit   kV/mm   23   16   3.2   mm dick
Oberflächenwiderstand   Ohm

Kriechstromfestigkeit   KC   KB   KA
Elektrolytische Korrosionswirkung
Lichtbogenfestigkeit nach DIN
         nach ASTM   s

Beständigkeit *(Chemische Beständigkeit siehe Anhang)*

Wasseraufnahme 23 C   1 d   0.15 %
          23 C   Bis zur Saettigung   0.32 %
Feuchtigkeitsaufnahme Normalklima   %
Wetterbeständigkeit

Spannungskorrosion

Optische Eigenschaften

Brechungszahl n_D 1.586
Transmissionsgrad τ_c %   mm dick
Lichtdurchlässigkeit   Nach ASTM: 87-91 %

Produkt	Polycarbonat			**PC**
Handelsname	**Calibre 300-22**			
Hersteller	DOW			
DIN-Bez 1				
DIN-Bez 2				
Zusätze		*Füllstoffe/ Verstärkung*		
Bevorzugte Verarbeitung	Spritzgiessen	*Lieferform*	Granulat	
		Farben	Natur; Standard	
Besondere Merkmale	Hart; Steif; Sehr gutes Schlagverhalten in einem weiten Temperaturbereich; Gute Waermeformbestaendigkeit; Geringe Wasseraufnahme; Witterungsbestaendig	*Bevorzugte Anwendungen*	Lichttechnik; Elektrotechnik; Feinmechanik; Kfz-Bau; Optik; Campingartikel; Haushaltsgeraet; Filmindustrie; Fotoindustrie; Feinmechanik; Schiffbau; Flugzeugbau; Schreibgeraet	

Dichte	g/cm³	1.20	*Schmelzindex*	g/10 min	22:	300/1.2
Schüttdichte	g/cm³		*Volumenfließindex*	cm³/10 min	:	
Viskositätszahl	ml/g					

Verarbeitungsbedingungen für Spritzgießen

Massetemp.	°C		*Schwindung*	%	lgs 0.5–0.7, quer 0.5–0.7
Werkzeugtemp.	°C		*Bemerkungen*		
Spritzdruck	bar				

Zugversuch 23 °C ASTM D-638;

	Probekörper:	*Form*		*Herstellung*	Spritzgiessen
		Zustand		*Vorbehandlung*	Normalklima
Streckspannung	N/mm²		*Dehnung bei Streckspannung*	%	
Zugfestigkeit	N/mm²	62	*Reißdehnung*	%	120
Reißfestigkeit	N/mm²	66	*% Dehnspannung*	N/mm²	
E-Modul	N/mm²	2300	*Dehnung bei % Dehnspg.*	%	

Kriechmoduln und Zeitstandwerte 23 °C

	Probekörper:	*Form*	*Herstellung*	
		Zustand	*Vorbehandlung*	
Kriechmodul	*1 min* N/mm²		*Zeitstandzugfestigkeit*	h N/mm²
Kriechmodul	*1000 h* N/mm²		*Zeitdehnspg. %*	h N/mm²
bei Spannung	N/mm²			

Biegeversuch 23 °C ASTM D-790;

	Probekörper:	*Form*	*Herstellung*	Spritzgiessen
		Zustand	*Vorbehandlung*	Normalklima
Biegefestigkeit	N/mm² 97		*E-Modul*	N/mm² 2400
3,5% Biegespannung	N/mm²			

Härte 23 °C

	Probekörper:	*Zustand*	*Herstellung*	Spritzgiessen
			Vorbehandlung	Normalklima
Kugeldruckhärte	N/mm²	bei N, s	*Shore-Härte* A	
Rockwellhärte	R 118	M 72	*Shore-Härte* D	

Schlagversuch

	Probekörper:	*(1)*		
		(2) V-Kerbe	*Herstellung*	Spritzgiessen
		Zustand	*Vorbehandlung*	Normalklima
		°C °C	°C	*Probekörper-Form*

Schlagzähigkeit	kJ/m²		
Kerbschlagzähigkeit (1)	kJ/m²		
IZOD-Kerbschlagzähigkeit (2)	J/m	23 750	3.2 mm dick
Kerbschlagzugzähigkeit	kJ/m²		

Abrieb und Reibung

Taber-Abrieb (Reibradverfahren)	mm^3/100 U	
Abriebfaktor LNP (Thrust washer) Vergleichswert		
Statische Reibungszahl		
Dynamische Reibungszahl	(p·v = N/mm^2 · m/min)	
Zulässiger p · v Wert	N/mm^2 · (m/min) v = m/min	
	v = m/min	

Thermische Eigenschaften

Formbeständigkeit in der Wärme	*Verfahren*	A		126 °C
	Verfahren			°C
Vicat Erweichungstemperatur (VST)	*Verfahren*	B/50		152 °C
	Verfahren			°C
Kristallit-Schmelzpunkt	*Verfahren*			
Längenausdehnungskoeffizient	*Bereich*	°C		$\cdot 10^{-4} K^{-1}$
	Temperatur 23 °C			$0.7 \cdot 10^{-4} K^{-1}$
Wärmeleitfähigkeit	*Verfahren*	ASTM C-177	23 °C	0.20 W/(K · m)
Spezifische Wärmekapazität	*Verfahren*	ASTM C-351	23 °C	1.3 J/(K · g)
Glasumwandlungstemperatur	*Torsionsschwingungsversuch*		°C	
	Differentialkalorimetrie		°C	

Brandverhalten

UL-Test vertikal   Dicke 1.6   mm, Wert V-2
                        Dicke 3.2   mm, Wert V-2

	Norm	*Bewertung*	*Abmessungen*
Sauerstoff-Index	ASTM D 2863	26%	
Glühstab-Verfahren			
Brandverhalten	DIN 4102		
MVSS			
FAR			

Elektrische Eigenschaften

		Hz	°C		*Probekörper, Form*
Dielektrizitätszahl		50	23	3.00	Nach ASTM D-150
		10^3			
		10^6	23	2.95	Nach ASTM D-150
Dielektrischer Verlustfaktor tan δ		50	23	0.001	Nach ASTM D-150
		10^3			
		10^6	23	0.01	Nach ASTM D-150
Spezifischer Durchgangs-widerstand	Ohm · cm		23	$\geqq 1.0*10**14$	
Durchschlagfestigkeit	kV/mm		23	16	3.2 mm dick
Oberflächenwiderstand	Ohm				

Kriechstromfestigkeit   KC   KB   KA
Elektrolytische Korrosionswirkung
Lichtbogenfestigkeit nach DIN
           nach ASTM   s

Beständigkeit *(Chemische Beständigkeit siehe Anhang)*

Wasseraufnahme 23 C		1 d	0.15 %
23 C Bis zur Saettigung			0.32 %
Feuchtigkeitsaufnahme Normalklima			%
Wetterbeständigkeit			

Spannungskorrosion

Optische Eigenschaften

Brechungszahl n$_D$ 1.586
Transmissionsgrad τ_c %   mm dick
Lichtdurchlässigkeit   Nach ASTM: 87-91 %

Produkt	Polycarbonat		**PC**
Handelsname	**Calibre 300-15**		
Hersteller	DOW		
DIN-Bez 1			
DIN-Bez 2			
Zusätze		*Füllstoffe/ Verstärkung*	
Bevorzugte Verarbeitung	Spritzgiessen	*Lieferform*	Granulat
		Farben	Natur; Standard
Besondere Merkmale	Hart; Steif; Sehr gutes Schlagverhalten in einem weiten Temperaturbereich; Gute Waermeformbestaendigkeit; Geringe Wasseraufnahme; Witterungsbestaendig	*Bevorzugte Anwendungen*	Optik; Lichttechnik; Elektrotechnik; Feinmechanik; Haushaltsgeraet; Campingartikel; Filmindustrie; Fotoindustrie; Kfz-Bau; Schiffbau; Flugzeugbau; Schreibgeraet; Schutzhelm

Dichte	g/cm³	1.20	*Schmelzindex*	g/10 min 15: 300/1.2
Schüttdichte	g/cm³		*Volumenfließindex*	cm³/10 min :
Viskositätszahl	ml/g			

Verarbeitungsbedingungen für Spritzgießen

Massetemp.	°C	*Schwindung*	% lgs 0.5–0.7, quer 0.5–0.7
Werkzeugtemp.	°C	*Bemerkungen*	
Spritzdruck	bar		

Zugversuch 23 °C　ASTM D-638;

	Probekörper:	*Form*	*Herstellung*	Spritzgiessen
		Zustand	*Vorbehandlung*	Normalklima
Streckspannung	N/mm²		*Dehnung bei Streckspannung*	%
Zugfestigkeit	N/mm²	62	*Reißdehnung*	% 150
Reißfestigkeit	N/mm²	71	*% Dehnspannung*	N/mm²
E-Modul	N/mm²	2300	*Dehnung bei % Dehnspg.*	%

Kriechmoduln und Zeitstandwerte 23 °C

	Probekörper:	*Form*	*Herstellung*	
		Zustand	*Vorbehandlung*	
Kriechmodul	*1 min*	N/mm²	*Zeitstandzugfestigkeit*	h N/mm²
Kriechmodul	*1000 h*	N/mm²	*Zeitdehnspg. %*	h N/mm²
bei Spannung		N/mm²		

Biegeversuch 23 °C　ASTM D-790;

	Probekörper:	*Form*	*Herstellung*	Spritzgiessen
		Zustand	*Vorbehandlung*	Normalklima
Biegefestigkeit	N/mm² 97		*E-Modul*	N/mm² 2400
3,5% Biegespannung	N/mm²			

Härte 23 °C

	Probekörper:	*Zustand*	*Herstellung*	Spritzgiessen
			Vorbehandlung	Normalklima
Kugeldruckhärte	N/mm²	bei N, s	*Shore-Härte* A	
Rockwellhärte	R 118	M 72	*Shore-Härte* D	

Schlagversuch

	Probekörper:	*(1)*		
		(2) V-Kerbe	*Herstellung*	Spritzgiessen
		Zustand	*Vorbehandlung*	Normalklima
		°C　　　°C　　　°C		*Probekörper-Form*
Schlagzähigkeit	kJ/m²			
Kerbschlagzähigkeit (1)	kJ/m²			
IZOD-Kerbschlagzähigkeit (2)	J/m	23 850		3.2 mm dick
Kerbschlagzugzähigkeit	kJ/m²			

Abrieb und Reibung

Taber-Abrieb (Reibradverfahren)	mm³/100 U
Abriebfaktor LNP (Thrust washer) Vergleichswert	
Statische Reibungszahl	
Dynamische Reibungszahl	(p·v = N/mm² · m/min)
Zulässiger p· v Wert	N/mm² · (m/min) v = m/min
	v = m/min

Thermische Eigenschaften

Formbeständigkeit in der Wärme	*Verfahren*	A		127 °C
	Verfahren			°C
Vicat Erweichungstemperatur (VST)	*Verfahren*	B/50		154 °C
	Verfahren			°C
Kristallit-Schmelzpunkt	*Verfahren*			
Längenausdehnungskoeffizient	*Bereich*	°C		$\cdot 10^{-4} K^{-1}$
	Temperatur 23 °C			$0.7 \cdot 10^{-4} K^{-1}$
Wärmeleitfähigkeit	*Verfahren*	ASTM C-177	23 °C	0.20 W/(K · m)
Spezifische Wärmekapazität	*Verfahren*	ASTM C-351	23 °C	1.3 J/(K · g)
Glasumwandlungstemperatur	*Torsionsschwingungsversuch*		°C	
	Differentialkalorimetrie		°C	

Brandverhalten

UL-Test vertikal   Dicke 1.6   mm, Wert V-2
                       Dicke 3.2   mm, Wert V-2

	Norm	*Bewertung*	*Abmessungen*
Sauerstoff-Index	ASTM D 2863	26%	
Glühstab-Verfahren			
Brandverhalten	DIN 4102		
MVSS			
FAR			

Elektrische Eigenschaften

	Hz	°C		*Probekörper, Form*
Dielektrizitätszahl	50	23	3.00	Nach ASTM D-150
	10³			
	10⁶	23	2.95	Nach ASTM D-150
Dielektrischer Verlustfaktor tan δ	50	23	0.001	Nach ASTM D-150
	10³			
	10⁶	23	0.01	Nach ASTM D-150
Spezifischer Durchgangs-widerstand	Ohm · cm	23	$\geq 1.0*10**14$	
Durchschlagfestigkeit	kV/mm	23	16	3.2 mm dick
Oberflächenwiderstand	Ohm			

Kriechstromfestigkeit   KC   KB   KA
Elektrolytische Korrosionswirkung
Lichtbogenfestigkeit nach DIN
                nach ASTM   s

Beständigkeit *(Chemische Beständigkeit siehe Anhang)*

Wasseraufnahme 23 C		1 d	0.15 %
23 C Bis zur Saettigung			0.32 %
Feuchtigkeitsaufnahme Normalklima			%
Wetterbeständigkeit			

Spannungskorrosion

Optische Eigenschaften

Brechungszahl n_D 1.586
Transmissionsgrad τ_c %   mm dick
Lichtdurchlässigkeit   Nach ASTM: 87-91 %

Produkt	Polycarbonat		**PC**
Handelsname	**Calibre 300-10**		
Hersteller	DOW		
DIN-Bez 1			
DIN-Bez 2			
Zusätze		*Füllstoffe/ Verstärkung*	
Bevorzugte Verarbeitung	Spritzgiessen	*Lieferform*	Granulat
		Farben	Natur; Standard
Besondere Merkmale	Hart; Steif; Sehr gutes Schlagverhalten in einem weiten Temperaturbereich; Gute Waermeformbestaendigkeit; Geringe Wasseraufnahme; Witterungsbestaendig	*Bevorzugte Anwendungen*	Optik; Lichttechnik; Elektrotechnik; Feinmechanik; Haushaltsgeraet; Campingartikel; Kfz-Bau; Schiffbau; Flugzeugbau; Filmindustrie; Fotoindustrie; Schreibartikel

Dichte	g/cm^3	1.20	*Schmelzindex*	g/10 min	10: 300/1.2
Schüttdichte	g/cm^3		*Volumenfließindex*	cm^3/10 min	:
Viskositätszahl	ml/g				

Verarbeitungsbedingungen für Spritzgießen

Massetemp.	°C		*Schwindung* %	lgs 0.5–0.7, quer 0.5–0.7
Werkzeugtemp.	°C		*Bemerkungen*	
Spritzdruck	bar			

Zugversuch 23 °C ASTM D-638;

	Probekörper:	Form	*Herstellung*	Spritzgiessen
		Zustand	*Vorbehandlung*	Normalklima
Streckspannung	N/mm^2		*Dehnung bei Streckspannung* %	
Zugfestigkeit	N/mm^2 62		*Reißdehnung* %	150
Reißfestigkeit	N/mm^2 71		% *Dehnspannung* N/mm^2	
E-Modul	N/mm^2 2400		*Dehnung bei* % *Dehnspg.* %	

Kriechmoduln und Zeitstandwerte 23 °C

	Probekörper:	Form	*Herstellung*	
		Zustand	*Vorbehandlung*	
Kriechmodul	1 min N/mm^2		*Zeitstandzugfestigkeit* h N/mm^2	
Kriechmodul	1000 h N/mm^2		*Zeitdehnspg.* % h N/mm^2	
bei Spannung	N/mm^2			

Biegeversuch 23 °C ASTM D-790;

	Probekörper:	Form	*Herstellung*	Spritzgiessen
		Zustand	*Vorbehandlung*	Normalklima
Biegefestigkeit	N/mm^2 97		*E-Modul*	N/mm^2 2400
3,5% Biegespannung	N/mm^2			

Härte 23 °C

	Probekörper:	Zustand	*Herstellung*	Spritzgiessen
			Vorbehandlung	Normalklima
Kugeldruckhärte	N/mm^2	bei N, s	*Shore-Härte* A	
Rockwellhärte	R 118	M 73	*Shore-Härte* D	

Schlagversuch

	Probekörper:	(1)		
		(2) V-Kerbe	*Herstellung*	Spritzgiessen
		Zustand	*Vorbehandlung*	Normalklima
		°C °C	°C	*Probekörper-Form*
Schlagzähigkeit	kJ/m^2			
Kerbschlagzähigkeit (1)	kJ/m^2			
IZOD-Kerbschlagzähigkeit (2)	J/m 23 900			3.2 mm dick
Kerbschlagzugzähigkeit	kJ/m^2			

Abrieb und Reibung

Taber-Abrieb (Reibradverfahren)   mm³/100 U
Abriebfaktor LNP (Thrust washer) Vergleichswert
Statische Reibungszahl
Dynamische Reibungszahl   (p·v =   N/mm²·   m/min)
Zulässiger p · v Wert   N/mm² · (m/min)   v =   m/min
                                                                           v =   m/min

Thermische Eigenschaften

Formbeständigkeit in der Wärme	Verfahren	A	128 °C
	Verfahren		°C
Vicat Erweichungstemperatur (VST)	Verfahren	B/50	156 °C
	Verfahren		°C
Kristallit-Schmelzpunkt	Verfahren		

Längenausdehnungskoeffizient   Bereich   °C $\cdot 10^{-4} K^{-1}$
                                     Temperatur 23 °C $0.7 \cdot 10^{-4} K^{-1}$
Wärmeleitfähigkeit   Verfahren   ASTM C-177   23 °C   0.20 W/(K · m)

Spezifische Wärmekapazität   Verfahren   ASTM C-351   23 °C   1.3 J/(K · g)

Glasumwandlungstemperatur   Torsionsschwingungsversuch   °C
                                     Differentialkalorimetrie   °C

Brandverhalten

UL-Test vertikal   Dicke 1.6   mm, Wert V-2
                                     Dicke 3.2   mm, Wert V-2

	Norm	Bewertung	Abmessungen
Sauerstoff-Index	ASTM D 2863	26%	
Glühstab-Verfahren			
Brandverhalten	DIN 4102		
MVSS			
FAR			

Elektrische Eigenschaften

	Hz	°C		Probekörper, Form
Dielektrizitätszahl	50	23	3.00	Nach ASTM D-150
	10^3			
	10^6	23	2.95	Nach ASTM D-150
Dielektrischer Verlustfaktor tan δ	50	23	0.001	Nach ASTM D-150
	10^3			
	10^6	23	0.01	Nach ASTM D-150
Spezifischer Durchgangs-widerstand	Ohm · cm	23	$\geq 1.0 \cdot 10^{**14}$	
Durchschlagfestigkeit	kV/mm	23	16	3.2 mm dick
Oberflächenwiderstand	Ohm			

Kriechstromfestigkeit   KC   KB   KA
Elektrolytische Korrosionswirkung
Lichtbogenfestigkeit nach DIN
            nach ASTM   s

Beständigkeit *(Chemische Beständigkeit siehe Anhang)*

Wasseraufnahme 23 C   1 d   0.15 %
            23 C   Bis zur Saettigung   0.32 %
Feuchtigkeitsaufnahme Normalklima   %
Wetterbeständigkeit

Spannungskorrosion

Optische Eigenschaften

Brechungszahl n_D 1.586
Transmissionsgrad τ_c %   mm dick
Lichtdurchlässigkeit   Nach ASTM: 87-91 %

Produkt	Polycarbonat	**PC**
Handelsname	**Calibre 300-6**	
Hersteller	DOW	

DIN-Bez 1
DIN-Bez 2

Zusätze		Füllstoffe/ Verstärkung	
Bevorzugte Verarbeitung	Spritzgiessen	Lieferform	Granulat
		Farben	Natur; Standard
Besondere Merkmale	Hart; Steif; Sehr gutes Schlagverhalten in einem weiten Temperaturbereich; Gute Waermeformbestaendigkeit; Geringe Wasseraufnahme; Witterungsbestaendig	Bevorzugte Anwendungen	Optik; Lichttechnik; Elektrotechnik; Feinmechanik; Haushaltsgeraet; Campingartikel; Kfz-Bau; Schiffbau; Flugzeugbau; Filmindustrie; Fotoindustrie; Schreibartikel

Dichte	g/cm^3	1.20	Schmelzindex	g/10 min 6: 300/1.2
Schüttdichte	g/cm^3		Volumenfließindex	cm^3/10 min :
Viskositätszahl	ml/g			

Verarbeitungsbedingungen für Spritzgießen

Massetemp.	°C		Schwindung	% lgs 0.5–0.7, quer 0.5–0.7
Werkzeugtemp.	°C		Bemerkungen	
Spritzdruck	bar			

Zugversuch 23 °C ASTM D-638;

	Probekörper:	Form	Herstellung	Spritzgiessen
		Zustand	Vorbehandlung	Normalklima
Streckspannung	N/mm^2		Dehnung bei Streckspannung	%
Zugfestigkeit	N/mm^2 62		Reißdehnung	% 150
Reißfestigkeit	N/mm^2 72		% Dehnspannung	N/mm^2
E-Modul	N/mm^2 2400		Dehnung bei % Dehnspg.	%

Kriechmoduln und Zeitstandwerte 23 °C

	Probekörper:	Form	Herstellung	
		Zustand	Vorbehandlung	
Kriechmodul	1 min N/mm^2		Zeitstandzugfestigkeit	h N/mm^2
Kriechmodul	1000 h N/mm^2		Zeitdehnspg. %	h N/mm^2
bei Spannung	N/mm^2			

Biegeversuch 23 °C ASTM D-790;

	Probekörper:	Form	Herstellung	Spritzgiessen
		Zustand	Vorbehandlung	Normalklima
Biegefestigkeit	N/mm^2 97		E-Modul	N/mm^2 2400
3,5% Biegespannung	N/mm^2			

Härte 23 °C

	Probekörper:	Zustand	Herstellung	Spritzgiessen
			Vorbehandlung	Normalklima
Kugeldruckhärte	N/mm^2	bei N, s	Shore-Härte A	
Rockwellhärte	R 118	M 73	Shore-Härte D	

Schlagversuch

	Probekörper:	(1)		
		(2) V-Kerbe	Herstellung	Spritzgiessen
		Zustand	Vorbehandlung	Normalklima
		°C °C °C	Probekörper-Form	
Schlagzähigkeit	kJ/m^2			
Kerbschlagzähigkeit (1)	kJ/m^2			
IZOD-Kerbschlagzähigkeit (2)	J/m	23 900	3.2 mm dick	
Kerbschlagzugzähigkeit	kJ/m^2			

Abrieb und Reibung

Taber-Abrieb (Reibradverfahren)	mm³/100 U
Abriebfaktor LNP (Thrust washer) Vergleichswert	
Statische Reibungszahl	
Dynamische Reibungszahl	(p·v = N/mm² · m/min)
Zulässiger p · v Wert	N/mm² · (m/min) v = m/min
	v = m/min

Thermische Eigenschaften

Formbeständigkeit in der Wärme	Verfahren	A	129 °C
	Verfahren		°C
Vicat Erweichungstemperatur (VST)	Verfahren	B/50	157 °C
	Verfahren		°C
Kristallit-Schmelzpunkt	Verfahren		
Längenausdehnungskoeffizient	Bereich	°C	$\cdot 10^{-4} K^{-1}$
	Temperatur 23 °C		$0.7 \cdot 10^{-4} K^{-1}$
Wärmeleitfähigkeit	Verfahren	ASTM C-177	23 °C 0.20 W/(K · m)
Spezifische Wärmekapazität	Verfahren	ASTM C-351	23 °C 1.3 J/(K · g)
Glasumwandlungstemperatur	Torsionsschwingungsversuch		°C
	Differentialkalorimetrie		°C

Brandverhalten

UL-Test vertikal   Dicke 1.6   mm, Wert V-2
                        Dicke 3.2   mm, Wert V-2

	Norm	Bewertung	Abmessungen
Sauerstoff-Index	ASTM D 2863	26%	
Glühstab-Verfahren			
Brandverhalten	DIN 4102		
MVSS			
FAR			

Elektrische Eigenschaften

		Hz	°C		Probekörper, Form
Dielektrizitätszahl		50	23	3.00	Nach ASTM D-150
		10^3			
		10^6	23	2.95	Nach ASTM D-150
Dielektrischer Verlustfaktor tan δ		50	23	0.001	Nach ASTM D-150
		10^3			
		10^6	23	0.01	Nach ASTM D-150
Spezifischer Durchgangs-widerstand	Ohm · cm		23	$\geq 1.0*10**14$	
Durchschlagfestigkeit	kV/mm		23	16	3.2 mm dick
Oberflächenwiderstand	Ohm				
Kriechstromfestigkeit		KC	KB	KA	
Elektrolytische Korrosionswirkung					
Lichtbogenfestigkeit nach DIN					
nach ASTM	s				

Beständigkeit (Chemische Beständigkeit siehe Anhang)

Wasseraufnahme 23 C	1 d	0.15 %
23 C Bis zur Saettigung		0.32 %
Feuchtigkeitsaufnahme Normalklima		%
Wetterbeständigkeit		

Spannungskorrosion

Optische Eigenschaften

Brechungszahl n_D 1.586
Transmissionsgrad τ_c %   mm dick
Lichtdurchlässigkeit   Nach ASTM: 87-91 %

Produkt	Polycarbonat		**PC**
Handelsname	**Calibre 300-4**		
Hersteller	DOW		
DIN-Bez 1			
DIN-Bez 2			
Zusätze		*Füllstoffe/ Verstärkung*	
Bevorzugte Verarbeitung	Spritzgiessen	*Lieferform*	Granulat
		Farben	Natur; Standard
Besondere Merkmale	Hart; Steif; Sehr gutes Schlagverhalten in einem weiten Temperaturbereich; Gute Waermeformbestaendigkeit; Geringe Wasseraufnahme; Witterungsbestaendig	*Bevorzugte Anwendungen*	Optik; Lichttechnik; Elektrotechnik; Feinmechanik; Haushaltsgeraet; Campingartikel; Kfz-Bau; Schiffbau; Flugzeugbau; Filmindustrie; Fotoindustrie; Schreibartikel

Dichte	g/cm^3	1.20	*Schmelzindex*	g/10 min	4:　300/1.2
Schüttdichte	g/cm^3		*Volumenfließindex*	cm^3/10 min	:
Viskositätszahl	ml/g				

Verarbeitungsbedingungen für Spritzgießen

Massetemp.	°C		*Schwindung*	%	lgs 0.5–0.7, quer 0.5–0.7
Werkzeugtemp.	°C		*Bemerkungen*		
Spritzdruck	bar				

Zugversuch 23 °C　ASTM D-638;

	Probekörper:	Form		*Herstellung*	Spritzgiessen
		Zustand		*Vorbehandlung*	Normalklima
Streckspannung	N/mm^2		*Dehnung bei Streckspannung*	%	
Zugfestigkeit	N/mm^2 62		*Reißdehnung*	%	150
Reißfestigkeit	N/mm^2 72		% *Dehnspannung*	N/mm^2	
E-Modul	N/mm^2 2500		*Dehnung bei* % *Dehnspg.*	%	

Kriechmoduln und Zeitstandwerte 23 °C

	Probekörper:	Form	*Herstellung*	
		Zustand	*Vorbehandlung*	
Kriechmodul	1 min N/mm^2		*Zeitstandzugfestigkeit*	h N/mm^2
Kriechmodul	1000 h N/mm^2		*Zeitdehnspg.* %	h N/mm^2
bei Spannung	N/mm^2			

Biegeversuch 23 °C　ASTM D-790;

	Probekörper:	Form	*Herstellung*	Spritzgiessen
		Zustand	*Vorbehandlung*	Normalklima
Biegefestigkeit	N/mm^2 97		*E-Modul*	N/mm^2 2400
3,5% Biegespannung	N/mm^2			

Härte 23 °C

	Probekörper:	Zustand	*Herstellung*	Spritzgiessen
			Vorbehandlung	Normalklima
Kugeldruckhärte	N/mm^2	bei　N, s	*Shore-Härte* A	
Rockwellhärte	R 118	M 74	*Shore-Härte* D	

Schlagversuch

	Probekörper:	(1)		
		(2) V-Kerbe	*Herstellung*	Spritzgiessen
		Zustand	*Vorbehandlung*	Normalklima
		°C　　°C　　°C		*Probekörper-Form*
Schlagzähigkeit	kJ/m^2			
Kerbschlagzähigkeit (1)	kJ/m^2			
IZOD-Kerbschlagzähigkeit (2)	J/m	23　950		3.2 mm dick
Kerbschlagzugzähigkeit	kJ/m^2			

Abrieb und Reibung

Taber-Abrieb (Reibradverfahren) mm³/100 U
Abriebfaktor LNP (Thrust washer) Vergleichswert
Statische Reibungszahl
Dynamische Reibungszahl (p·v =   N/mm² ·   m/min)
Zulässiger p · v Wert N/mm² · (m/min) v =   m/min
                                      v =   m/min

Thermische Eigenschaften

Formbeständigkeit in der Wärme	*Verfahren* A		132 °C
	Verfahren		°C
Vicat Erweichungstemperatur (VST)	*Verfahren* B/50		158 °C
	Verfahren		°C
Kristallit-Schmelzpunkt	*Verfahren*		

Längenausdehnungskoeffizient *Bereich*   °C $\cdot 10^{-4} \mathrm{K}^{-1}$
                              Temperatur 23 °C $0.7 \cdot 10^{-4} \mathrm{K}^{-1}$
Wärmeleitfähigkeit *Verfahren* ASTM C-177   23 °C   0.20 W/(K · m)

Spezifische Wärmekapazität *Verfahren* ASTM C-351   23 °C   1.3 J/(K · g)

Glasumwandlungstemperatur *Torsionsschwingungsversuch*   °C
                            Differentialkalorimetrie   °C

Brandverhalten

UL-Test vertikal Dicke 1.6 mm, Wert V-2
                   Dicke 3.2 mm, Wert V-2

	Norm	*Bewertung*	*Abmessungen*
Sauerstoff-Index	ASTM D 2863	26%	
Glühstab-Verfahren			
Brandverhalten	DIN 4102		
MVSS			
FAR			

Elektrische Eigenschaften

		Hz	°C		*Probekörper, Form*
Dielektrizitätszahl		50	23	3.00	Nach ASTM D-150
		10^3			
		10^6	23	2.95	Nach ASTM D-150
Dielektrischer Verlustfaktor tan δ		50	23	0.001	Nach ASTM D-150
		10^3			
		10^6	23	0.01	Nach ASTM D-150
Spezifischer Durchgangs-widerstand	Ohm · cm		23	$\geq 1.0 \cdot 10^{14}$	
Durchschlagfestigkeit	kV/mm		23	16	3.2 mm dick
Oberflächenwiderstand	Ohm				

Kriechstromfestigkeit KC   KB   KA
Elektrolytische Korrosionswirkung
Lichtbogenfestigkeit nach DIN
          nach ASTM s

Beständigkeit *(Chemische Beständigkeit siehe Anhang)*

Wasseraufnahme 23 C   1 d   0.15 %
          23 C Bis zur Saettigung   0.32 %
Feuchtigkeitsaufnahme Normalklima   %
Wetterbeständigkeit

Spannungskorrosion

Optische Eigenschaften

Brechungszahl n_D 1.586
Transmissionsgrad τ_c %   mm dick
Lichtdurchlässigkeit Nach ASTM: 87-91 %

Produkt	Polycarbonat	**PC**
Handelsname	**Calibre 510**	
Hersteller	DOW	
DIN-Bez 1		
DIN-Bez 2		

Zusätze		*Füllstoffe/ Verstärkung*	15.0% Glasfaser
Bevorzugte Verarbeitung	Spritzgiessen	*Lieferform*	Granulat
		Farben	Natur; Standard
Besondere Merkmale	Hart; Steif; Gutes Schlagverhalten ; Gute Waermeformbestaendigkeit; Geringe Wasseraufnahme; Witterungsbestaendig	*Bevorzugte Anwendungen*	Elektrotechnik; Feinmechanik; Kamerateil; Kameragehaeuse; Projektionsgeraeteteil; Chronometergehaeuse; Technisches Formteil

---

Dichte	g/cm^3	1.27	*Schmelzindex*	g/10 min	:
Schüttdichte	g/cm^3		*Volumenfließindex*	cm^3/10 min	:
Viskositätszahl	ml/g				

Verarbeitungsbedingungen für Spritzgießen

Massetemp.	°C		*Schwindung*	%	lgs 0.2–0.5, quer
Werkzeugtemp.	°C		*Bemerkungen*		
Spritzdruck	bar				

Zugversuch 23 °C   ASTM D-638;

	Probekörper:	*Form*	*Herstellung*	Spritzgiessen
		Zustand	*Vorbehandlung*	Normalklima

Streckspannung	N/mm^2		*Dehnung bei Streckspannung*	%
Zugfestigkeit	N/mm^2 59–66		*Reißdehnung*	% 4–8
Reißfestigkeit	N/mm^2 48–63		*% Dehnspannung*	N/mm^2
E-Modul	N/mm^2 3100–3700		*Dehnung bei % Dehnspg.*	%

Kriechmoduln und Zeitstandwerte 23 °C

	Probekörper:	*Form*	*Herstellung*
		Zustand	*Vorbehandlung*

Kriechmodul	1 min N/mm^2	*Zeitstandzugfestigkeit*	h N/mm^2
Kriechmodul	1000 h N/mm^2	*Zeitdehnspg. %*	h N/mm^2
bei Spannung	N/mm^2		

Biegeversuch 23 °C   ASTM D-790;

	Probekörper:	*Form*	*Herstellung*	Spritzgiessen
		Zustand	*Vorbehandlung*	Normalklima

Biegefestigkeit	N/mm^2 94–109	*E-Modul*	N/mm^2 3200–3800
3,5% Biegespannung	N/mm^2		

Härte 23 °C

	Probekörper:	*Zustand*	*Herstellung*	Spritzgiessen
			Vorbehandlung	Normalklima

Kugeldruckhärte	N/mm^2	bei N, s	*Shore-Härte* A	
Rockwellhärte	R 122	M 62	*Shore-Härte* D	

Schlagversuch

	Probekörper:	*(1)*		
		(2) V-Kerbe	*Herstellung*	Spritzgiessen
		Zustand	*Vorbehandlung*	Normalklima

°C	°C	°C	*Probekörper-Form*

Schlagzähigkeit	kJ/m^2		
Kerbschlagzähigkeit (1)	kJ/m^2		
IZOD-Kerbschlagzähigkeit (2)	J/m	23 110–210	3.2 mm dick
Kerbschlagzugzähigkeit	kJ/m^2		

Abrieb und Reibung

Taber-Abrieb (Reibradverfahren)	mm³/100 U
Abriebfaktor LNP (Thrust washer) Vergleichswert	
Statische Reibungszahl	
Dynamische Reibungszahl	(p·v = N/mm² · m/min)
Zulässiger p·v Wert	N/mm² · (m/min) v = m/min
	v = m/min

Thermische Eigenschaften

Formbeständigkeit in der Wärme	*Verfahren*	A	141 °C
	Verfahren	B	149 °C
Vicat Erweichungstemperatur (VST)	*Verfahren*	B/50	160 °C
	Verfahren		°C
Kristallit-Schmelzpunkt	*Verfahren*		
Längenausdehnungskoeffizient	*Bereich*	°C	$\cdot 10^{-4} K^{-1}$
	Temperatur 23 °C		$0.4 \cdot 10^{-4} K^{-1}$
Wärmeleitfähigkeit	*Verfahren*		W/(K·m)
Spezifische Wärmekapazität	*Verfahren* ASTM C-351	23 °C	1.2 J/(K·g)
Glasumwandlungstemperatur	*Torsionsschwingungsversuch*	°C	
	Differentialkalorimetrie	°C	

Brandverhalten

UL-Test vertikal	Dicke 1.6 mm, Wert V-2	
	Dicke 3.2 mm, Wert V-0	

	Norm	*Bewertung*	*Abmessungen*
Sauerstoff-Index	ASTM D 2863	32%	
Glühstab-Verfahren			
Brandverhalten	DIN 4102		
MVSS			
FAR			

Elektrische Eigenschaften

	Hz	°C			*Probekörper, Form*
Dielektrizitätszahl	50				
	10^3				
	10^6	23	3.1		Nach ASTM D-150
Dielektrischer Verlustfaktor tan δ	50				
	10^3				
	10^6	23	0.004		Nach ASTM D-150
Spezifischer Durchgangs- widerstand Ohm · cm					
Durchschlagfestigkeit kV/mm		23	19		3.2 mm dick
Oberflächenwiderstand Ohm					
Kriechstromfestigkeit	KC		KB	KA	
Elektrolytische Korrosionswirkung					
Lichtbogenfestigkeit nach DIN					
nach ASTM s					

Beständigkeit *(Chemische Beständigkeit siehe Anhang)*

Wasseraufnahme 23 C		1 d	0.15 %
23 C Bis zur Saettigung			0.25 %
Feuchtigkeitsaufnahme Normalklima			%
Wetterbeständigkeit			
Spannungskorrosion			

Optische Eigenschaften

Brechungszahl n_D		
Transmissionsgrad τ_c	%	mm dick
Lichtdurchlässigkeit		

Produkt	Polycarbonat		**PC**
Handelsname	**Calibre 550**		
Hersteller	DOW		
DIN-Bez 1			
DIN-Bez 2			
Zusätze	Brandschutzmittel	Füllstoffe/ Verstärkung	15.0% Glasfaser
Bevorzugte Verarbeitung	Spritzgiessen	Lieferform	Granulat
		Farben	Natur; Standard
Besondere Merkmale	Hart; Steif; Gutes Schlagverhalten ; Witterungsbestaendig; Geringe Wasseraufnahme; Gute Waermeformbestaendigkeit	Bevorzugte Anwendungen	Elektrotechnik; Feinmechanik; Haushaltsgeraet; Technisches Formteil

Dichte	g/cm³	1.27	Schmelzindex	g/10 min		:
Schüttdichte	g/cm³		Volumenfließindex	cm³/10 min		:
Viskositätszahl	ml/g					

Verarbeitungsbedingungen für Spritzgießen

Massetemp.	°C		Schwindung	%	lgs 0.2–0.5, quer
Werkzeugtemp.	°C		Bemerkungen		
Spritzdruck	bar				

Zugversuch 23 °C ASTM D-638;

	Probekörper:	Form		Herstellung	Spritzgiessen
		Zustand		Vorbehandlung	Normalklima
Streckspannung	N/mm²		Dehnung bei Streckspannung	%	
Zugfestigkeit	N/mm²	59–66	Reißdehnung	%	4–8
Reißfestigkeit	N/mm²	48–63	% Dehnspannung	N/mm²	
E-Modul	N/mm²	3100–3700	Dehnung bei % Dehnspg.	%	

Kriechmoduln und Zeitstandwerte 23 °C

	Probekörper:	Form		Herstellung
		Zustand		Vorbehandlung
Kriechmodul	1 min N/mm²		Zeitstandzugfestigkeit	h N/mm²
Kriechmodul	1000 h N/mm²		Zeitdehnspg. %	h N/mm²
bei Spannung	N/mm²			

Biegeversuch 23 °C ASTM D-790;

	Probekörper:	Form	Herstellung	Spritzgiessen
		Zustand	Vorbehandlung	Normalklima
Biegefestigkeit	N/mm² 94–109	E-Modul		N/mm² 3200–3800
3,5% Biegespannung	N/mm²			

Härte 23 °C

	Probekörper:	Zustand	Herstellung	Spritzgiessen
			Vorbehandlung	Normalklima
Kugeldruckhärte	N/mm²	bei N, s	Shore-Härte	A
Rockwellhärte	R 122	M 62	Shore-Härte	D

Schlagversuch

	Probekörper:	(1)		
		(2) V-Kerbe	Herstellung	Spritzgiessen
		Zustand	Vorbehandlung	Normalklima
		°C	°C	°C	Probekörper-Form

Schlagzähigkeit	kJ/m²		
Kerbschlagzähigkeit (1)	kJ/m²		
IZOD-Kerbschlagzähigkeit (2)	J/m	23 110–210	3.2 mm dick
Kerbschlagzugzähigkeit	kJ/m²		

Abrieb und Reibung

Taber-Abrieb (Reibradverfahren)	mm^3/100 U
Abriebfaktor LNP (Thrust washer) Vergleichswert	
Statische Reibungszahl	
Dynamische Reibungszahl	(p · v = N/mm^2 · m/min)
Zulässiger p · v Wert	N/mm^2 · (m/min) v = m/min
	v = m/min

Thermische Eigenschaften

Formbeständigkeit in der Wärme	*Verfahren*	A	141 °C
	Verfahren	B	149 °C
Vicat Erweichungstemperatur (VST)	*Verfahren*	B/50	160 °C
	Verfahren		°C
Kristallit-Schmelzpunkt	*Verfahren*		
Längenausdehnungskoeffizient	*Bereich*	°C	· 10^{-4}K^{-1}
	Temperatur 23 °C		0.4 · 10^{-4}K^{-1}
Wärmeleitfähigkeit	*Verfahren*		W/(K · m)
Spezifische Wärmekapazität	*Verfahren* ASTM C-351	23 °C	1.2 J/(K · g)
Glasumwandlungstemperatur	*Torsionsschwingungsversuch*	°C	
	Differentialkalorimetrie	°C	

Brandverhalten

UL-Test vertikal	Dicke 1.6 mm, Wert V-0
	Dicke 3.2 mm, Wert V-0/5V

	Norm	*Bewertung*	*Abmessungen*
Sauerstoff-Index	ASTM D 2863	38%	
Glühstab-Verfahren			
Brandverhalten	DIN 4102		
MVSS			
FAR			

Elektrische Eigenschaften

		Hz	°C		*Probekörper, Form*
Dielektrizitätszahl		50			
		10^3			
		10^6	23	3.1	Nach ASTM D-150
Dielektrischer Verlustfaktor tan δ		50			
		10^3			
		10^6	23	0.004	Nach ASTM D-150
Spezifischer Durchgangs-widerstand	Ohm · cm				
Durchschlagfestigkeit	kV/mm		23	19	3.2 mm dick
Oberflächenwiderstand	Ohm				
Kriechstromfestigkeit	KC		KB	KA	
Elektrolytische Korrosionswirkung					
Lichtbogenfestigkeit nach DIN					
nach ASTM	s				

Beständigkeit *(Chemische Beständigkeit siehe Anhang)*

Wasseraufnahme 23 C		1 d	0.15 %
23 C Bis zur Saettigung			0.25 %
Feuchtigkeitsaufnahme Normalklima			%
Wetterbeständigkeit			
Spannungskorrosion			

Optische Eigenschaften

Brechungszahl n$_D$		
Transmissionsgrad τ$_c$	%	mm dick
Lichtdurchlässigkeit		

Produkt	Polycarbonat	**PC**
Handelsname	**Calibre 700-15**	
Hersteller	DOW	
DIN-Bez 1		
DIN-Bez 2		

Zusätze	Brandschutzmittel	*Füllstoffe/ Verstärkung*	
Bevorzugte Verarbeitung	Spritzgiessen	*Lieferform*	Granulat
		Farben	Natur; Standard
Besondere Merkmale	Hart; Steif; Sehr gutes Schlagverhalten in einem weiten Temperaturbereich; Gute Waermeformbestaendigkeit; Geringe Wasseraufnahme; Witterungsbestaendig	*Bevorzugte Anwendungen*	Optik; Lichttechnik; Elektrotechnik; Feinmechanik; Haushaltsgeraet; Campingartikel; Kfz-Bau; Schiffbau; Flugzeugbau; Filmindustrie; Fotoindustrie; Schreibartikel

Dichte	g/cm³	1.20	*Schmelzindex*	g/10 min	15: 300/1.2
Schüttdichte	g/cm³		*Volumenfließindex*	cm³/10 min	:
Viskositätszahl	ml/g				

Verarbeitungsbedingungen für Spritzgießen

Massetemp.	°C		*Schwindung*	%	lgs 0.5–0.7, quer 0.5–0.7
Werkzeugtemp.	°C		*Bemerkungen*		
Spritzdruck	bar				

Zugversuch 23 °C ASTM D-638;

	Probekörper:	*Form*	*Herstellung*	Spritzgiessen
		Zustand	*Vorbehandlung*	Normalklima
Streckspannung	N/mm²		*Dehnung bei Streckspannung*	%
Zugfestigkeit	N/mm² 61		*Reißdehnung*	% 120
Reißfestigkeit	N/mm² 66		*% Dehnspannung*	N/mm²
E-Modul	N/mm² 2200		*Dehnung bei % Dehnspg.*	%

Kriechmoduln und Zeitstandwerte 23 °C

	Probekörper:	*Form*	*Herstellung*	
		Zustand	*Vorbehandlung*	
Kriechmodul	*1 min* N/mm²		*Zeitstandzugfestigkeit*	h N/mm²
Kriechmodul	*1000 h* N/mm²		*Zeitdehnspg.* %	h N/mm²
bei Spannung	N/mm²			

Biegeversuch 23 °C ASTM D-790;

	Probekörper:	*Form*	*Herstellung*	Spritzgiessen
		Zustand	*Vorbehandlung*	Normalklima
Biegefestigkeit	N/mm² 100		*E-Modul*	N/mm² 2400
3,5% Biegespannung	N/mm²			

Härte 23 °C

	Probekörper:	*Zustand*	*Herstellung*	Spritzgiessen
			Vorbehandlung	Normalklima
Kugeldruckhärte	N/mm²	bei N, s	*Shore-Härte* A	
Rockwellhärte	R 123	M 59	*Shore-Härte* D	

Schlagversuch

	Probekörper:	*(1)*		
		(2) V-Kerbe	*Herstellung*	Spritzgiessen
		Zustand	*Vorbehandlung*	Normalklima
		°C °C °C	*Probekörper-Form*	

Schlagzähigkeit	kJ/m²		
Kerbschlagzähigkeit (1)	kJ/m²		
IZOD-Kerbschlagzähigkeit (2)	J/m	23 850	3.2 mm dick
Kerbschlagzugzähigkeit	kJ/m²		

Abrieb und Reibung

Taber-Abrieb (Reibradverfahren)	mm^3/100 U	
Abriebfaktor LNP (Thrust washer) Vergleichswert		
Statische Reibungszahl		
Dynamische Reibungszahl	(p·v = N/mm^2·	m/min)
Zulässiger p · v Wert	N/mm^2 · (m/min) v =	m/min
	v =	m/min

Thermische Eigenschaften

Formbeständigkeit in der Wärme	*Verfahren*	A		127 °C
	Verfahren			°C
Vicat Erweichungstemperatur (VST)	*Verfahren*	B/50		154 °C
	Verfahren			°C
Kristallit-Schmelzpunkt	*Verfahren*			
Längenausdehnungskoeffizient	*Bereich*	°C		· 10^{-4}K^{-1}
	Temperatur 23 °C			0.7 · 10^{-4}K^{-1}
Wärmeleitfähigkeit	*Verfahren*	ASTM C-177	23 °C	0.20 W/(K · m)
Spezifische Wärmekapazität	*Verfahren*	ASTM C-351	23 °C	1.3 J/(K · g)
Glasumwandlungstemperatur	*Torsionsschwingungsversuch*		°C	
	Differentialkalorimetrie		°C	

Brandverhalten

UL-Test vertikal Dicke 1.6 mm, Wert V-2
Dicke 3.2 mm, Wert V-0

	Norm	*Bewertung*	*Abmessungen*
Sauerstoff-Index	ASTM D 2863	41%	
Glühstab-Verfahren			
Brandverhalten	DIN 4102		
MVSS			
FAR			

Elektrische Eigenschaften

		Hz	°C		*Probekörper, Form*
Dielektrizitätszahl		50			
		10^3			
		10^6	23	2.95	Nach ASTM D-150
Dielektrischer Verlustfaktor tan δ		50			
		10^3			
		10^6	23	0.004	Nach ASTM D-150
Spezifischer Durchgangs-widerstand	Ohm · cm				
Durchschlagfestigkeit	kV/mm		23	17	3.2 mm dick
Oberflächenwiderstand	Ohm				
Kriechstromfestigkeit	KC		KB	KA	
Elektrolytische Korrosionswirkung					
Lichtbogenfestigkeit nach DIN					
nach ASTM	s				

Beständigkeit *(Chemische Beständigkeit siehe Anhang)*

Wasseraufnahme 23 C		1 d	0.15 %
23 C Bis zur Saettigung			0.32 %
Feuchtigkeitsaufnahme Normalklima			%
Wetterbeständigkeit			
Spannungskorrosion			

Optische Eigenschaften

Brechungszahl n$_D$ 1.586
Transmissionsgrad τ$_c$ %   mm dick
Lichtdurchlässigkeit   Nach ASTM: 84-88 %

Produkt	Polycarbonat		**PC**
Handelsname	**Calibre 700-10**		
Hersteller	DOW		
DIN-Bez 1			
DIN-Bez 2			
Zusätze	Brandschutzmittel	*Füllstoffe/ Verstärkung*	
Bevorzugte Verarbeitung	Spritzgiessen	*Lieferform*	Granulat
		Farben	Natur; Standard
Besondere Merkmale	Hart; Steif; Sehr gutes Schlagverhalten in einem weiten Temperaturbereich; Gute Waermeformbestaendigkeit; Geringe Wasseraufnahme; Witterungsbestaendig	*Bevorzugte Anwendungen*	Optik; Lichttechnik; Elektrotechnik; Feinmechanik; Haushaltsgeraet; Campingartikel; Kfz-Bau; Schiffbau; Flugzeugbau; Filmindustrie; Fotoindustrie; Schreibartikel

Dichte	g/cm^3 1.20	*Schmelzindex*	g/10 min	10: 300/1.2
Schüttdichte	g/cm^3	*Volumenfließindex*	cm^3/10 min	:
Viskositätszahl	ml/g			

Verarbeitungsbedingungen für Spritzgießen

Massetemp.	°C	*Schwindung*	% lgs 0.5–0.7, quer 0.5–0.7
Werkzeugtemp.	°C	*Bemerkungen*	
Spritzdruck	bar		

Zugversuch 23 °C ASTM D-638;

	Probekörper: Form	*Herstellung*	Spritzgiessen
	Zustand	*Vorbehandlung*	Normalklima
Streckspannung	N/mm^2	*Dehnung bei Streckspannung*	%
Zugfestigkeit	N/mm^2 61	*Reißdehnung*	% 120
Reißfestigkeit	N/mm^2 66	*% Dehnspannung*	N/mm^2
E-Modul	N/mm^2 2200	*Dehnung bei % Dehnspg.*	%

Kriechmoduln und Zeitstandwerte 23 °C

	Probekörper: Form	*Herstellung*	
	Zustand	*Vorbehandlung*	
Kriechmodul	1 min N/mm^2	*Zeitstandzugfestigkeit*	h N/mm^2
Kriechmodul	1000 h N/mm^2	*Zeitdehnspg. %*	h N/mm^2
bei Spannung	N/mm^2		

Biegeversuch 23 °C ASTM D-790;

	Probekörper: Form	*Herstellung*	Spritzgiessen
	Zustand	*Vorbehandlung*	Normalklima
Biegefestigkeit	N/mm^2 100	*E-Modul*	N/mm^2 2400
3,5% Biegespannung	N/mm^2		

Härte 23 °C

	Probekörper: Zustand	*Herstellung*	Spritzgiessen
		Vorbehandlung	Normalklima
Kugeldruckhärte	N/mm^2 bei N, s	*Shore-Härte* A	
Rockwellhärte	R 123 M 59	*Shore-Härte* D	

Schlagversuch

	Probekörper: (1)		
	(2) V-Kerbe	*Herstellung*	Spritzgiessen
	Zustand	*Vorbehandlung*	Normalklima
	°C °C	°C	*Probekörper-Form*
Schlagzähigkeit	kJ/m^2		
Kerbschlagzähigkeit (1)	kJ/m^2		
IZOD-Kerbschlagzähigkeit (2)	J/m 23 900		3.2 mm dick
Kerbschlagzugzähigkeit	kJ/m^2		

Abrieb und Reibung

Taber-Abrieb (Reibradverfahren)   mm³/100 U
Abriebfaktor LNP (Thrust washer) Vergleichswert
Statische Reibungszahl
Dynamische Reibungszahl   (p·v =   N/mm² ·   m/min)
Zulässiger p · v Wert   N/mm² · (m/min)   v =   m/min
                                                              v =   m/min

Thermische Eigenschaften

Formbeständigkeit in der Wärme   *Verfahren* A   128 °C
                                       Verfahren   °C
Vicat Erweichungstemperatur (VST)   *Verfahren* B/50   156 °C
                                       Verfahren   °C
Kristallit-Schmelzpunkt   *Verfahren*

Längenausdehnungskoeffizient   *Bereich*   °C $\cdot 10^{-4} \mathrm{K}^{-1}$
                                       Temperatur 23 °C $0.7 \cdot 10^{-4} \mathrm{K}^{-1}$
Wärmeleitfähigkeit   *Verfahren* ASTM C-177   23 °C   0.20 W/(K · m)

Spezifische Wärmekapazität   *Verfahren* ASTM C-351   23 °C   1.3 J/(K · g)

Glasumwandlungstemperatur   *Torsionsschwingungsversuch*   °C
                                       Differentialkalorimetrie   °C

Brandverhalten

UL-Test vertikal   Dicke 1.6   mm, Wert V-2
                                       Dicke 3.2   mm, Wert V-0

	Norm	*Bewertung*		*Abmessungen*
Sauerstoff-Index	ASTM D 2863	41%		
Glühstab-Verfahren				
Brandverhalten	DIN 4102			
MVSS				
FAR				

Elektrische Eigenschaften

	Hz	°C		*Probekörper, Form*
Dielektrizitätszahl	50			
	10^3			
	10^6	23	2.95	Nach ASTM D-150
Dielektrischer Verlustfaktor $\tan\delta$	50			
	10^3			
	10^6	23	0.004	Nach ASTM D-150

Spezifischer Durchgangs-
  widerstand   Ohm · cm
Durchschlagfestigkeit kV/mm   23   17   3.2   mm dick
Oberflächenwiderstand Ohm

Kriechstromfestigkeit   KC   KB   KA
Elektrolytische Korrosionswirkung
Lichtbogenfestigkeit nach DIN
          nach ASTM   s

Beständigkeit *(Chemische Beständigkeit siehe Anhang)*

Wasseraufnahme 23 C   1 d   0.15 %
          23 C Bis zur Saettigung   0.32 %
Feuchtigkeitsaufnahme Normalklima   %
Wetterbeständigkeit

Spannungskorrosion

Optische Eigenschaften

Brechungszahl n_D 1.586
Transmissionsgrad τ_c %   mm dick
Lichtdurchlässigkeit   Nach ASTM: 84-88 %

Produkt	Polycarbonat		**PC**
Handelsname	**Calibre 700-6**		
Hersteller	DOW		
DIN-Bez 1			
DIN-Bez 2			

Zusätze	Brandschutzmittel	*Füllstoffe/ Verstärkung*	
Bevorzugte Verarbeitung	Spritzgiessen	*Lieferform*	Granulat
		Farben	Natur; Standard
Besondere Merkmale	Hart; Steif; Sehr gutes Schlagverhalten in einem weiten Temperaturbereich; Gute Waermeformbestaendigkeit; Geringe Wasseraufnahme; Witterungsbestaendig	*Bevorzugte Anwendungen*	Optik; Lichttechnik; Elektrotechnik; Feinmechanik; Haushaltsgeraet; Campingartikel; Kfz-Bau; Schiffbau; Flugzeugbau; Filmindustrie; Fotoindustrie; Schreibartikel

Dichte	g/cm^3	1.20	*Schmelzindex*	g/10 min	6:	300/1.2
Schüttdichte	g/cm^3		*Volumenfließindex*	cm^3/10 min	:	
Viskositätszahl	ml/g					

Verarbeitungsbedingungen für Spritzgießen

Massetemp.	°C		*Schwindung*	%	lgs 0.5–0.7, quer 0.5–0.7
Werkzeugtemp.	°C		*Bemerkungen*		
Spritzdruck	bar				

Zugversuch 23 °C ASTM D-638;

| | *Probekörper:* | *Form* | *Herstellung* | Spritzgiessen |
| | | *Zustand* | *Vorbehandlung* | Normalklima |

Streckspannung	N/mm^2		*Dehnung bei Streckspannung*	%	
Zugfestigkeit	N/mm^2 61		*Reißdehnung*	%	120
Reißfestigkeit	N/mm^2 66		*% Dehnspannung*	N/mm^2	
E-Modul	N/mm^2 2200		*Dehnung bei % Dehnspg.*	%	

Kriechmoduln und Zeitstandwerte 23 °C

| | *Probekörper:* | *Form* | *Herstellung* | |
| | | *Zustand* | *Vorbehandlung* | |

Kriechmodul	1 min N/mm^2	*Zeitstandzugfestigkeit*	h N/mm^2
Kriechmodul	1000 h N/mm^2	*Zeitdehnspg. %*	h N/mm^2
bei Spannung	N/mm^2		

Biegeversuch 23 °C ASTM D-790;

| | *Probekörper:* | *Form* | *Herstellung* | Spritzgiessen |
| | | *Zustand* | *Vorbehandlung* | Normalklima |

| *Biegefestigkeit* | N/mm^2 100 | *E-Modul* | N/mm^2 2400 |
| *3,5% Biegespannung* | N/mm^2 | | |

Härte 23 °C

| | *Probekörper:* | *Zustand* | *Herstellung* | Spritzgiessen |
| | | | *Vorbehandlung* | Normalklima |

| *Kugeldruckhärte* | N/mm^2 | bei N, s | *Shore-Härte* A |
| *Rockwellhärte* | R 123 | M 59 | *Shore-Härte* D |

Schlagversuch

	Probekörper:	*(1)*		
		(2) V-Kerbe	*Herstellung*	Spritzgiessen
		Zustand	*Vorbehandlung*	Normalklima
		°C	°C	°C	*Probekörper-Form*

Schlagzähigkeit	kJ/m^2		
Kerbschlagzähigkeit (1)	kJ/m^2		
IZOD-Kerbschlagzähigkeit (2)	J/m	23 900	3.2 mm dick
Kerbschlagzugzähigkeit	kJ/m^2		

Abrieb und Reibung

Taber-Abrieb (Reibradverfahren)	mm³/100 U
Abriebfaktor LNP (Thrust washer) Vergleichswert	
Statische Reibungszahl	
Dynamische Reibungszahl	$(p \cdot v =$ N/mm² · m/min)
Zulässiger p · v Wert	N/mm² · (m/min) v = m/min
	v = m/min

Thermische Eigenschaften

Formbeständigkeit in der Wärme	*Verfahren*	A	129 °C
	Verfahren		°C
Vicat Erweichungstemperatur (VST)	*Verfahren*	B/50	157 °C
	Verfahren		°C
Kristallit-Schmelzpunkt	*Verfahren*		
Längenausdehnungskoeffizient	*Bereich* °C		$\cdot 10^{-4} \mathrm{K}^{-1}$
	Temperatur 23 °C		$0.7 \cdot 10^{-4} \mathrm{K}^{-1}$
Wärmeleitfähigkeit	*Verfahren* ASTM C-177	23 °C	0.20 W/(K · m)
Spezifische Wärmekapazität	*Verfahren* ASTM C-351	23 °C	1.3 J/(K · g)
Glasumwandlungstemperatur	*Torsionsschwingungsversuch*	°C	
	Differentialkalorimetrie	°C	

Brandverhalten

UL-Test vertikal

Dicke 1.6   mm, Wert V-2
Dicke 3.2   mm, Wert V-0

	Norm	*Bewertung*	*Abmessungen*
Sauerstoff-Index	ASTM D 2863	41 %	
Glühstab-Verfahren			
Brandverhalten	DIN 4102		
MVSS			
FAR			

Elektrische Eigenschaften

		Hz	°C			*Probekörper, Form*
Dielektrizitätszahl		50				
		10^3				
		10^6	23	2.95		Nach ASTM D-150
Dielektrischer Verlustfaktor $\tan \delta$		50				
		10^3				
		10^6	23	0.004		Nach ASTM D-150
Spezifischer Durchgangs-widerstand	Ohm · cm					
Durchschlagfestigkeit	kV/mm		23	17		3.2 mm dick
Oberflächenwiderstand	Ohm					
Kriechstromfestigkeit		KC		KB	KA	
Elektrolytische Korrosionswirkung						
Lichtbogenfestigkeit nach DIN						
nach ASTM	s					

Beständigkeit *(Chemische Beständigkeit siehe Anhang)*

Wasseraufnahme 23 C		1 d	0.15 %
23 C Bis zur Saettigung			0.32 %
Feuchtigkeitsaufnahme Normalklima			%
Wetterbeständigkeit			
Spannungskorrosion			

Optische Eigenschaften

Brechungszahl n_D 1.586
Transmissionsgrad τ_c %   mm dick
Lichtdurchlässigkeit   Nach ASTM: 84-88 %

Produkt	Polycarbonat			**PC**
Handelsname	**Calibre 700-4**			
Hersteller	DOW			
DIN-Bez 1				
DIN-Bez 2				
Zusätze	Brandschutzmittel	*Füllstoffe/ Verstärkung*		
Bevorzugte Verarbeitung	Spritzgiessen	*Lieferform*	Granulat	
		Farben	Natur; Standard	
Besondere Merkmale	Hart; Steif; Sehr gutes Schlagverhalten in einem weiten Temperaturbereich; Gute Waermeformbestaendigkeit; Geringe Wasseraufnahme; Witterungsbestaendig	*Bevorzugte Anwendungen*	Optik; Lichttechnik; Elektrotechnik; Feinmechanik; Haushaltsgeraet; Campingartikel; Kfz-Bau; Schiffbau; Flugzeugbau; Filmindustrie; Fotoindustrie; Schreibartikel	

Dichte	g/cm³	1.20	*Schmelzindex*	g/10 min	4: 300/1.2
Schüttdichte	g/cm³		*Volumenfließindex*	cm³/10 min	:
Viskositätszahl	ml/g				

Verarbeitungsbedingungen für Spritzgießen

Massetemp.	°C		*Schwindung*	% lgs 0.5–0.7, quer 0.5–0.7
Werkzeugtemp.	°C		*Bemerkungen*	
Spritzdruck	bar			

Zugversuch 23 °C   ASTM D-638;

	Probekörper:	*Form*	*Herstellung*	Spritzgiessen
		Zustand	*Vorbehandlung*	Normalklima
Streckspannung	N/mm²		*Dehnung bei Streckspannung*	%
Zugfestigkeit	N/mm² 61		*Reißdehnung*	% 120
Reißfestigkeit	N/mm² 66		*% Dehnspannung*	N/mm²
E-Modul	N/mm² 2200		*Dehnung bei % Dehnspg.*	%

Kriechmoduln und Zeitstandwerte 23 °C

	Probekörper:	*Form*	*Herstellung*	
		Zustand	*Vorbehandlung*	
Kriechmodul	1 min N/mm²		*Zeitstandzugfestigkeit*	h N/mm²
Kriechmodul	1000 h N/mm²		*Zeitdehnspg. %*	h N/mm²
bei Spannung	N/mm²			

Biegeversuch 23 °C   ASTM D-790;

	Probekörper:	*Form*	*Herstellung*	Spritzgiessen
		Zustand	*Vorbehandlung*	Normalklima
Biegefestigkeit	N/mm² 100		*E-Modul*	N/mm² 2400
3,5 % Biegespannung	N/mm²			

Härte 23 °C

	Probekörper:	*Zustand*	*Herstellung*	Spritzgiessen
			Vorbehandlung	Normalklima
Kugeldruckhärte	N/mm²	bei N, s	*Shore-Härte* A	
Rockwellhärte	R 123	M 59	*Shore-Härte* D	

Schlagversuch

	Probekörper:	*(1)*		
		(2) V-Kerbe	*Herstellung*	Spritzgiessen
		Zustand	*Vorbehandlung*	Normalklima
		°C °C °C	*Probekörper-Form*	
Schlagzähigkeit	kJ/m²			
Kerbschlagzähigkeit (1)	kJ/m²			
IZOD-Kerbschlagzähigkeit (2)	J/m	23 950	3.2 mm dick	
Kerbschlagzugzähigkeit	kJ/m²			

Abrieb und Reibung

Taber-Abrieb (Reibradverfahren)	mm³/100 U
Abriebfaktor LNP (Thrust washer) Vergleichswert	
Statische Reibungszahl	
Dynamische Reibungszahl	(p·v = N/mm² · m/min)
Zulässiger p · v Wert	N/mm² · (m/min) v = m/min
	v = m/min

Thermische Eigenschaften

Formbeständigkeit in der Wärme	*Verfahren*	A		132 °C
	Verfahren			°C
Vicat Erweichungstemperatur (VST)	*Verfahren*	B/50		158 °C
	Verfahren			°C
Kristallit-Schmelzpunkt	*Verfahren*			
Längenausdehnungskoeffizient	*Bereich*	°C		$\cdot 10^{-4} \mathrm{K}^{-1}$
	Temperatur 23 °C			$0.7 \cdot 10^{-4} \mathrm{K}^{-1}$
Wärmeleitfähigkeit	*Verfahren*	ASTM C-177	23 °C	0.20 W/(K · m)
Spezifische Wärmekapazität	*Verfahren*	ASTM C-351	23 °C	1.3 J/(K · g)
Glasumwandlungstemperatur	*Torsionsschwingungsversuch*		°C	
	Differentialkalorimetrie		°C	

Brandverhalten

UL-Test vertikal   Dicke 1.6   mm, Wert V-2
                    Dicke 3.2   mm, Wert V-0

	Norm	*Bewertung*	*Abmessungen*
Sauerstoff-Index	ASTM D 2863	41%	
Glühstab-Verfahren			
Brandverhalten	DIN 4102		
MVSS			
FAR			

Elektrische Eigenschaften

	Hz	°C		*Probekörper, Form*
Dielektrizitätszahl	50			
	10^3			
	10^6	23	2.95	Nach ASTM D-150
Dielektrischer Verlustfaktor tan δ	50			
	10^3			
	10^6	23	0.004	Nach ASTM D-150
Spezifischer Durchgangs-				
widerstand	Ohm · cm			
Durchschlagfestigkeit	kV/mm	23	17	3.2 mm dick
Oberflächenwiderstand	Ohm			
Kriechstromfestigkeit	KC	KB	KA	
Elektrolytische Korrosionswirkung				
Lichtbogenfestigkeit nach DIN				
nach ASTM	s			

Beständigkeit *(Chemische Beständigkeit siehe Anhang)*

Wasseraufnahme 23 C		1 d	0.15 %
23 C Bis zur Saettigung			0.32 %
Feuchtigkeitsaufnahme Normalklima			%
Wetterbeständigkeit			
Spannungskorrosion			

Optische Eigenschaften

Brechungszahl n_D 1.586
Transmissionsgrad τ_c %   mm dick
Lichtdurchlässigkeit   Nach ASTM: 84-88 %

Produkt	Polycarbonat	**PC**
Handelsname	**Calibre 800-15**	
Hersteller	DOW	
DIN-Bez 1		
DIN-Bez 2		

Zusätze	Brandschutzmittel	*Füllstoffe/ Verstärkung*	
Bevorzugte Verarbeitung	Spritzgiessen	*Lieferform*	Granulat
		Farben	Natur; Standard
Besondere Merkmale	Hart; Steif; Sehr gutes Schlagverhalten in einem weiten Temperaturbereich; Gute Waermeformbestaendigkeit; Geringe Wasseraufnahme; Witterungsbestaendig	*Bevorzugte Anwendungen*	Technisches Formteil; Elektrotechnik; Feinmechanik; Haushaltsgeraet; Bedarfsartikel; Kfz-Bau; Schiffbau; Flugzeugbau

Dichte	g/cm³	1.20	*Schmelzindex*	g/10 min	15: 300/1.2
Schüttdichte	g/cm³		*Volumenfließindex*	cm³/10 min	:
Viskositätszahl	ml/g				

Verarbeitungsbedingungen für Spritzgießen

Massetemp.	°C		*Schwindung*	%	lgs 0.5–0.7, quer 0.5–0.7
Werkzeugtemp.	°C		*Bemerkungen*		
Spritzdruck	bar				

Zugversuch 23 °C ASTM D-638;

	Probekörper:	*Form*		*Herstellung*	Spritzgiessen
		Zustand		*Vorbehandlung*	Normalklima
Streckspannung	N/mm²		*Dehnung bei Streckspannung*	%	
Zugfestigkeit	N/mm² 60		*Reißdehnung*	%	100
Reißfestigkeit	N/mm² 59		*% Dehnspannung*	N/mm²	
E-Modul	N/mm² 2300		*Dehnung bei* % *Dehnspg.*	%	

Kriechmoduln und Zeitstandwerte 23 °C

	Probekörper:	*Form*		*Herstellung*	
		Zustand		*Vorbehandlung*	
Kriechmodul	1 min N/mm²		*Zeitstandzugfestigkeit*	h N/mm²	
Kriechmodul	1000 h N/mm²		*Zeitdehnspg.* %	h N/mm²	
bei Spannung	N/mm²				

Biegeversuch 23 °C ASTM D-790;

	Probekörper:	*Form*		*Herstellung*	Spritzgiessen
		Zustand		*Vorbehandlung*	Normalklima
Biegefestigkeit	N/mm² 97		*E-Modul*	N/mm² 2500	
3,5% Biegespannung	N/mm²				

Härte 23 °C

	Probekörper:	*Zustand*		*Herstellung*	Spritzgiessen
				Vorbehandlung	Normalklima
Kugeldruckhärte	N/mm²	bei N, s	*Shore-Härte* A		
Rockwellhärte	R 122	M 59	*Shore-Härte* D		

Schlagversuch

	Probekörper:	*(1)*			
		(2) V-Kerbe		*Herstellung*	Spritzgiessen
		Zustand		*Vorbehandlung*	Normalklima
		°C	°C	°C	*Probekörper-Form*

Schlagzähigkeit	kJ/m²		
Kerbschlagzähigkeit (1)	kJ/m²		
IZOD-Kerbschlagzähigkeit (2)	J/m	23 550	3.2 mm dick
Kerbschlagzugzähigkeit	kJ/m²		

Abrieb und Reibung

Taber-Abrieb (Reibradverfahren)	mm³/100 U
Abriebfaktor LNP (Thrust washer) Vergleichswert	
Statische Reibungszahl	
Dynamische Reibungszahl	(p·v = N/mm² · m/min)
Zulässiger p · v Wert	N/mm² · (m/min) v = m/min
	v = m/min

Thermische Eigenschaften

Formbeständigkeit in der Wärme	*Verfahren*	A	130 °C
	Verfahren		°C
Vicat Erweichungstemperatur (VST)	*Verfahren*	B/50	149 °C
	Verfahren		°C
Kristallit-Schmelzpunkt	*Verfahren*		
Längenausdehnungskoeffizient	*Bereich*	°C	$\cdot 10^{-4} K^{-1}$
	Temperatur 23 °C		$0.7 \cdot 10^{-4} K^{-1}$
Wärmeleitfähigkeit	*Verfahren* ASTM C-177	23 °C	0.20 W/(K · m)
Spezifische Wärmekapazität	*Verfahren* ASTM C-351	23 °C	1.3 J/(K · g)
Glasumwandlungstemperatur	*Torsionsschwingungsversuch*	°C	
	Differentialkalorimetrie	°C	

Brandverhalten

UL-Test vertikal   Dicke 1.6   mm, Wert V-0
                     Dicke 3.2   mm, Wert V-0/5V

	Norm	*Bewertung*	*Abmessungen*
Sauerstoff-Index	ASTM D 2863	40%	
Glühstab-Verfahren			
Brandverhalten	DIN 4102		
MVSS			
FAR			

Elektrische Eigenschaften

	Hz	°C			*Probekörper, Form*
Dielektrizitätszahl	50				
	10^3				
	10^6	23	2.95		Nach ASTM D-150
Dielektrischer Verlustfaktor tan δ	50				
	10^3				
	10^6	23	0.0035		Nach ASTM D-150
Spezifischer Durchgangs-					
widerstand	Ohm · cm				
Durchschlagfestigkeit	kV/mm	23	16		3.2 mm dick
Oberflächenwiderstand	Ohm				
Kriechstromfestigkeit	KC		KB	KA	
Elektrolytische Korrosionswirkung					
Lichtbogenfestigkeit nach DIN					
nach ASTM	s				

Beständigkeit *(Chemische Beständigkeit siehe Anhang)*

Wasseraufnahme 23 C	1 d	0.15 %
23 C Bis zur Saettigung		0.32 %
Feuchtigkeitsaufnahme Normalklima		%
Wetterbeständigkeit		

Spannungskorrosion

Optische Eigenschaften

Brechungszahl n_D
Transmissionsgrad τ_c %   mm dick
Lichtdurchlässigkeit

Produkt	Polycarbonat		**PC**
Handelsname	**Calibre 800-10**		
Hersteller	DOW		
DIN-Bez 1			
DIN-Bez 2			
Zusätze	Brandschutzmittel	*Füllstoffe/ Verstärkung*	
Bevorzugte Verarbeitung	Spritzgiessen	*Lieferform*	Granulat
		Farben	Natur; Standard
Besondere Merkmale	Hart; Steif; Sehr gutes Schlagverhalten in einem weiten Temperaturbereich; Gute Waermeformbestaendigkeit; Geringe Wasseraufnahme; Witterungsbestaendig	*Bevorzugte Anwendungen*	Technisches Formteil; Elektrotechnik; Feinmechanik; Haushaltsgeraet; Campingartikel; Kfz-Bau; Schiffbau; Flugzeugbau

Dichte	g/cm³	1.20	*Schmelzindex*	g/10 min	10: 300/1.2
Schüttdichte	g/cm³		*Volumenfließindex*	cm³/10 min	:
Viskositätszahl	ml/g				

Verarbeitungsbedingungen für Spritzgießen

Massetemp.	°C		*Schwindung*	% lgs 0.5–0.7, quer 0.5–0.7
Werkzeugtemp.	°C		*Bemerkungen*	
Spritzdruck	bar			

Zugversuch 23 °C ASTM D-638;

	Probekörper: Form	*Herstellung*	Spritzgiessen
	Zustand	*Vorbehandlung*	Normalklima
Streckspannung	N/mm²	*Dehnung bei Streckspannung*	%
Zugfestigkeit	N/mm² 60	*Reißdehnung*	% 100
Reißfestigkeit	N/mm² 59	*% Dehnspannung*	N/mm²
E-Modul	N/mm² 2300	*Dehnung bei % Dehnspg.*	%

Kriechmoduln und Zeitstandwerte 23 °C

	Probekörper: Form	*Herstellung*	
	Zustand	*Vorbehandlung*	
Kriechmodul	1 min N/mm²	*Zeitstandzugfestigkeit*	h N/mm²
Kriechmodul	1000 h N/mm²	*Zeitdehnspg.* %	h N/mm²
bei Spannung	N/mm²		

Biegeversuch 23 °C ASTM D-790;

	Probekörper: Form	*Herstellung*	Spritzgiessen
	Zustand	*Vorbehandlung*	Normalklima
Biegefestigkeit	N/mm² 97	*E-Modul*	N/mm² 2500
3,5% Biegespannung	N/mm²		

Härte 23 °C

	Probekörper: Zustand	*Herstellung*	Spritzgiessen
		Vorbehandlung	Normalklima
Kugeldruckhärte	N/mm² bei N, s	*Shore-Härte* A	
Rockwellhärte	R 122 M 59	*Shore-Härte* D	

Schlagversuch

	Probekörper: (1)		
	(2) V-Kerbe	*Herstellung*	Spritzgiessen
	Zustand	*Vorbehandlung*	Normalklima
	°C °C °C	*Probekörper-Form*	

Schlagzähigkeit	kJ/m²		
Kerbschlagzähigkeit (1)	kJ/m²		
IZOD-Kerbschlagzähigkeit (2)	J/m	23 650	3.2 mm dick
Kerbschlagzugzähigkeit	kJ/m²		

Abrieb und Reibung

Taber-Abrieb (Reibradverfahren)	mm^3/100 U
Abriebfaktor LNP (Thrust washer) Vergleichswert	
Statische Reibungszahl	
Dynamische Reibungszahl	(p·v = N/mm^2 · m/min)
Zulässiger p · v Wert	N/mm^2 · (m/min) v = m/min
	v = m/min

Thermische Eigenschaften

Formbeständigkeit in der Wärme	*Verfahren*	A		130 °C
	Verfahren			°C
Vicat Erweichungstemperatur (VST)	*Verfahren*	B/50		152 °C
	Verfahren			°C
Kristallit-Schmelzpunkt	*Verfahren*			
Längenausdehnungskoeffizient	*Bereich*	°C		· 10^{-4}K^{-1}
	Temperatur 23 °C			0.7 · 10^{-4}K^{-1}
Wärmeleitfähigkeit	*Verfahren*	ASTM C-177	23 °C	0.20 W/(K · m)
Spezifische Wärmekapazität	*Verfahren*	ASTM C-351	23 °C	1.3 J/(K · g)
Glasumwandlungstemperatur	*Torsionsschwingungsversuch*			°C
	Differentialkalorimetrie			°C

Brandverhalten

UL-Test vertikal

Dicke 1.6   mm, Wert V-0
Dicke 3.2   mm, Wert V-0/5V

	Norm	*Bewertung*	*Abmessungen*
Sauerstoff-Index	ASTM D 2863	40%	
Glühstab-Verfahren			
Brandverhalten	DIN 4102		
MVSS			
FAR			

Elektrische Eigenschaften

		Hz	°C			*Probekörper, Form*
Dielektrizitätszahl		50				
		10^3				
		10^6	23	2.95		Nach ASTM D-150
Dielektrischer Verlustfaktor tan δ		50				
		10^3				
		10^6	23	0.0035		Nach ASTM D-150
Spezifischer Durchgangs-						
* widerstand*	Ohm · cm					
Durchschlagfestigkeit	kV/mm		23	16		3.2 mm dick
Oberflächenwiderstand	Ohm					
Kriechstromfestigkeit		KC		KB	KA	
Elektrolytische Korrosionswirkung						
Lichtbogenfestigkeit nach DIN						
* nach ASTM* s						

Beständigkeit *(Chemische Beständigkeit siehe Anhang)*

Wasseraufnahme 23 C		1 d	0.15 %
23 C Bis zur Saettigung			0.32 %
Feuchtigkeitsaufnahme Normalklima			%
Wetterbeständigkeit			
Spannungskorrosion			

Optische Eigenschaften

Brechungszahl n$_D$			
Transmissionsgrad τ$_c$	%	mm dick	
Lichtdurchlässigkeit			

Produkt	Polycarbonat		**PC**
Handelsname	**Calibre 800-6**		
Hersteller	DOW		
DIN-Bez 1			
DIN-Bez 2			
Zusätze	Brandschutzmittel	Füllstoffe/ Verstärkung	
Bevorzugte Verarbeitung	Spritzgiessen	Lieferform	Granulat
		Farben	Natur; Standard
Besondere Merkmale	Hart; Steif; Sehr gutes Schlagverhalten in einem weiten Temperaturbereich; Gute Waermeformbestaendigkeit; Geringe Wasseraufnahme; Witterungsbestaendig	Bevorzugte Anwendungen	Technisches Formteil; Elektrotechnik; Feinmechanik; Haushaltsgeraet; Campingartikel; Kfz-Bau; Schiffbau; Flugzeugbau

Dichte	g/cm³	1.20	Schmelzindex	g/10 min	6: 300/1.2
Schüttdichte	g/cm³		Volumenfließindex	cm³/10 min	:
Viskositätszahl	ml/g				

Verarbeitungsbedingungen für Spritzgießen

Massetemp.	°C	Schwindung	%	lgs 0.5–0.7, quer 0.5–0.7
Werkzeugtemp.	°C	Bemerkungen	
Spritzdruck	bar		

Zugversuch 23 °C ASTM D-638;

	Probekörper: Form	Herstellung	Spritzgiessen
	Zustand	Vorbehandlung	Normalklima
Streckspannung	N/mm²	Dehnung bei Streckspannung	%
Zugfestigkeit	N/mm² 60	Reißdehnung	% 100
Reißfestigkeit	N/mm² 59	% Dehnspannung	N/mm²
E-Modul	N/mm² 2300	Dehnung bei % Dehnspg.	%

Kriechmoduln und Zeitstandwerte 23 °C

	Probekörper: Form	Herstellung	
	Zustand	Vorbehandlung	
Kriechmodul	1 min N/mm²	Zeitstandzugfestigkeit	h N/mm²
Kriechmodul	1000 h N/mm²	Zeitdehnspg. %	h N/mm²
bei Spannung	N/mm²		

Biegeversuch 23 °C ASTM D-790;

	Probekörper: Form	Herstellung	Spritzgiessen
	Zustand	Vorbehandlung	Normalklima
Biegefestigkeit	N/mm² 97	E-Modul	N/mm² 2500
3,5% Biegespannung	N/mm²		

Härte 23 °C

	Probekörper: Zustand	Herstellung	Spritzgiessen
		Vorbehandlung	Normalklima
Kugeldruckhärte	N/mm² bei N, s	Shore-Härte A	
Rockwellhärte	R 122 M 59	Shore-Härte D	

Schlagversuch

	Probekörper: (1)	Herstellung	Spritzgiessen
	(2) V-Kerbe	Vorbehandlung	Normalklima
	Zustand		
	°C °C °C	Probekörper-Form	

Schlagzähigkeit	kJ/m²		
Kerbschlagzähigkeit (1)	kJ/m²		
IZOD-Kerbschlagzähigkeit (2)	J/m	23 650	3.2 mm dick
Kerbschlagzugzähigkeit	kJ/m²		

Abrieb und Reibung

Taber-Abrieb (Reibradverfahren)	mm³/100 U
Abriebfaktor LNP (Thrust washer) Vergleichswert	
Statische Reibungszahl	
Dynamische Reibungszahl	$(p \cdot v =$ N/mm² · m/min)
Zulässiger p · v Wert	N/mm² · (m/min) v = m/min
	v = m/min

Thermische Eigenschaften

Formbeständigkeit in der Wärme	*Verfahren*	A		130 °C
	Verfahren			°C
Vicat Erweichungstemperatur (VST)	*Verfahren*	B/50		152 °C
	Verfahren			°C
Kristallit-Schmelzpunkt	*Verfahren*			
Längenausdehnungskoeffizient	*Bereich*	°C		$\cdot 10^{-4} K^{-1}$
	Temperatur 23 °C			$0.7 \cdot 10^{-4} K^{-1}$
Wärmeleitfähigkeit	*Verfahren*	ASTM C-177	23 °C	0.20 W/(K · m)
Spezifische Wärmekapazität	*Verfahren*	ASTM C-351	23 °C	1.3 J/(K · g)
Glasumwandlungstemperatur	*Torsionsschwingungsversuch*		°C	
	Differentialkalorimetrie		°C	

Brandverhalten

UL-Test vertikal	Dicke 1.6	mm, Wert V-0
	Dicke 3.2	mm, Wert V-0/5V

	Norm	*Bewertung*	*Abmessungen*
Sauerstoff-Index	ASTM D 2863	40%	
Glühstab-Verfahren			
Brandverhalten	DIN 4102		
MVSS			
FAR			

Elektrische Eigenschaften

	Hz	°C			*Probekörper, Form*
Dielektrizitätszahl	50				
	10^3				
	10^6	23	2.95		Nach ASTM D-150
Dielektrischer Verlustfaktor tan δ	50				
	10^3				
	10^6	23	0.0035		Nach ASTM D-150
Spezifischer Durchgangs-					
widerstand	Ohm · cm				
Durchschlagfestigkeit	kV/mm	23	16		3.2 mm dick
Oberflächenwiderstand	Ohm				
Kriechstromfestigkeit	KC		KB	KA	
Elektrolytische Korrosionswirkung					
Lichtbogenfestigkeit nach DIN					
nach ASTM	s				

Beständigkeit *(Chemische Beständigkeit siehe Anhang)*

Wasseraufnahme 23 C	1 d	0.15 %
23 C Bis zur Saettigung		0.32 %
Feuchtigkeitsaufnahme Normalklima		%
Wetterbeständigkeit		
Spannungskorrosion		

Optische Eigenschaften

Brechungszahl n_D		
Transmissionsgrad τ_c	%	mm dick
Lichtdurchlässigkeit		

Produkt	Polycarbonat	**PC**
Handelsname	**Calibre 800-4**	
Hersteller	DOW	
DIN-Bez 1		
DIN-Bez 2		

Zusätze	Brandschutzmittel	*Füllstoffe/ Verstärkung*	
Bevorzugte Verarbeitung	Spritzgiessen	*Lieferform*	Granulat
		Farben	Natur; Standard
Besondere Merkmale	Hart; Steif; Sehr gutes Schlagverhalten in einem weiten Temperaturbereich; Gute Waermeformbestaendigkeit; Geringe Wasseraufnahme; Witterungsbestaendig	*Bevorzugte Anwendungen*	Technisches Formteil; Elektrotechnik; Feinmechanik; Haushaltsgeraet; Campingartikel; Kfz-Bau; Schiffbau; Flugzeugbau

Dichte	g/cm^3	1.20	*Schmelzindex* g/10 min	4:　300/1.2
Schüttdichte	g/cm^3		*Volumenfließindex* cm^3/10 min	:
Viskositätszahl	ml/g			

Verarbeitungsbedingungen für Spritzgießen

Massetemp.	°C	*Schwindung* %	lgs 0.5–0.7, quer 0.5–0.7
Werkzeugtemp.	°C	*Bemerkungen*	
Spritzdruck	bar		

Zugversuch 23 °C　ASTM D-638;

Probekörper:	*Form*	*Herstellung*	Spritzgiessen
	Zustand	*Vorbehandlung*	Normalklima

Streckspannung	N/mm^2		*Dehnung bei Streckspannung*	⅔
Zugfestigkeit	N/mm^2	60	*Reißdehnung*	⅔　100
Reißfestigkeit	N/mm^2	59	*% Dehnspannung*	N/mm^2
E-Modul	N/mm^2	2300	*Dehnung bei　% Dehnspg.*	⅔

Kriechmoduln und Zeitstandwerte 23 °C

Probekörper:	*Form*	*Herstellung*	
	Zustand	*Vorbehandlung*	

Kriechmodul	1 min N/mm^2	*Zeitstandzugfestigkeit*	h N/mm^2
Kriechmodul	1000 h N/mm^2	*Zeitdehnspg. %*	h N/mm^2
bei Spannung	N/mm^2		

Biegeversuch 23 °C　ASTM D-790;

Probekörper:	*Form*	*Herstellung*	Spritzgiessen
	Zustand	*Vorbehandlung*	Normalklima

Biegefestigkeit	N/mm^2 97	*E-Modul*	N/mm^2 2500
3,5% Biegespannung	N/mm^2		

Härte 23 °C

Probekörper:	*Zustand*	*Herstellung*	Spritzgiessen
		Vorbehandlung	Normalklima

Kugeldruckhärte	N/mm^2　　bei　N, s	*Shore-Härte* A	
Rockwellhärte	R 122　　　M 59	*Shore-Härte* D	

Schlagversuch

Probekörper:	(1)		
	(2) V-Kerbe	*Herstellung*	Spritzgiessen
	Zustand	*Vorbehandlung*	Normalklima
	°C　　　　°C　　　　°C	*Probekörper-Form*	

Schlagzähigkeit	kJ/m^2	
Kerbschlagzähigkeit (1)	kJ/m^2	
IZOD-Kerbschlagzähigkeit (2)	J/m　23　650	3.2 mm dick
Kerbschlagzugzähigkeit	kJ/m^2	

Abrieb und Reibung

Taber-Abrieb (Reibradverfahren)	$mm^3/100\,U$
Abriebfaktor LNP (Thrust washer) Vergleichswert	
Statische Reibungszahl	
Dynamische Reibungszahl	$(p \cdot v =$ $N/mm^2 \cdot$ $m/min)$
Zulässiger p · v Wert	$N/mm^2 \cdot (m/min)$ $v =$ m/min
	$v =$ m/min

Thermische Eigenschaften

Formbeständigkeit in der Wärme	*Verfahren*	A	130 °C
	Verfahren		°C
Vicat Erweichungstemperatur (VST)	*Verfahren*	B/50	154 °C
	Verfahren		°C
Kristallit-Schmelzpunkt	*Verfahren*		
Längenausdehnungskoeffizient	*Bereich*	°C	$\cdot 10^{-4} K^{-1}$
	Temperatur 23 °C		$0.7 \cdot 10^{-4} K^{-1}$
Wärmeleitfähigkeit	*Verfahren* ASTM C-177	23 °C	$0.20\,W/(K \cdot m)$
Spezifische Wärmekapazität	*Verfahren* ASTM C-351	23 °C	$1.3\,J/(K \cdot g)$
Glasumwandlungstemperatur	*Torsionsschwingungsversuch*	°C	
	Differentialkalorimetrie	°C	

Brandverhalten

UL-Test vertikal Dicke 1.6   mm, Wert V-0
Dicke 3.2   mm, Wert V-0/5V

	Norm	*Bewertung*	*Abmessungen*
Sauerstoff-Index	ASTM D 2863	40%	
Glühstab-Verfahren			
Brandverhalten	DIN 4102		
MVSS			
FAR			

Elektrische Eigenschaften

	Hz	°C		*Probekörper, Form*
Dielektrizitätszahl	50			
	10^3			
	10^6	23	2.95	Nach ASTM D-150
Dielektrischer Verlustfaktor tan δ	50			
	10^3			
	10^6	23	0.0035	Nach ASTM D-150
Spezifischer Durchgangs-widerstand	Ohm · cm			
Durchschlagfestigkeit	kV/mm	23	16	3.2 mm dick
Oberflächenwiderstand	Ohm			
Kriechstromfestigkeit	KC	KB	KA	
Elektrolytische Korrosionswirkung				
Lichtbogenfestigkeit nach DIN				
nach ASTM	s			

Beständigkeit *(Chemische Beständigkeit siehe Anhang)*

Wasseraufnahme 23 C	1 d	0.15 %
23 C Bis zur Saettigung		0.32 %
Feuchtigkeitsaufnahme Normalklima		%
Wetterbeständigkeit		
Spannungskorrosion		

Optische Eigenschaften

Brechungszahl n_D
Transmissionsgrad τ_c %   mm dick
Lichtdurchlässigkeit

Produkt	Polycarbonat	**PC**
Handelsname	**Calibre 7070**	
Hersteller	DOW	
DIN-Bez 1		
DIN-Bez 2		

Zusätze		*Füllstoffe/ Verstärkung*	
Bevorzugte Verarbeitung	TSG (Thermoplast-Schaumgiessen)	*Lieferform*	Granulat
		Farben	Natur; Standard
Besondere Merkmale		*Bevorzugte Anwendungen*	Strukturschaum-Formteil

---

Dichte	g/cm³	1.05–1.11	*Schmelzindex*	g/10 min	:
Schüttdichte	g/cm³		*Volumenfließindex*	cm³/10 min	:
Viskositätszahl	ml/g				

Verarbeitungsbedingungen für Spritzgießen

Massetemp.	°C	*Schwindung*	%	lgs 0.4–0.7, quer 0.4–0.7
Werkzeugtemp.	°C	*Bemerkungen*		
Spritzdruck	bar			

Zugversuch 23 °C ASTM D-638;

	Probekörper:	*Form*	6.3 mm dick	*Herstellung* TSG
		Zustand		*Vorbehandlung* Normalklima

Streckspannung	N/mm²		*Dehnung bei Streckspannung*	%
Zugfestigkeit	N/mm² 45		*Reißdehnung*	% 6.0
Reißfestigkeit	N/mm²		*% Dehnspannung*	N/mm²
E-Modul	N/mm² 2300		*Dehnung bei % Dehnspg.*	%

Kriechmoduln und Zeitstandwerte 23 °C

	Probekörper:	*Form*	*Herstellung*	
		Zustand	*Vorbehandlung*	

Kriechmodul	1 min N/mm²		*Zeitstandzugfestigkeit*	h N/mm²
Kriechmodul	1000 h N/mm²		*Zeitdehnspg. %*	h N/mm²
bei Spannung	N/mm²			

Biegeversuch 23 °C ASTM D-790;

	Probekörper:	*Form*	6.3 mm dick	*Herstellung* TSG
		Zustand		*Vorbehandlung* Normalklima

Biegefestigkeit	N/mm² 86	*E-Modul*	N/mm² 2800
3,5% Biegespannung	N/mm²		

Härte 23 °C

	Probekörper:	*Zustand*	*Herstellung*
			Vorbehandlung

Kugeldruckhärte	N/mm²	bei N, s	*Shore-Härte* A
Rockwellhärte			*Shore-Härte* D

Schlagversuch

	Probekörper:	*(1)*	
		(2)	*Herstellung*
		Zustand	*Vorbehandlung*

°C	°C	°C	*Probekörper-Form*

Schlagzähigkeit	kJ/m²
Kerbschlagzähigkeit (1)	kJ/m²
IZOD-Kerbschlagzähigkeit (2)	J/m
Kerbschlagzugzähigkeit	kJ/m²

Abrieb und Reibung

Taber-Abrieb (Reibradverfahren)	mm^3/100 U
Abriebfaktor LNP (Thrust washer) Vergleichswert	
Statische Reibungszahl	
Dynamische Reibungszahl	$(p \cdot v =$ $N/mm^2 \cdot$ m/min)
Zulässiger p $\cdot$ v Wert	$N/mm^2 \cdot$ (m/min) v = m/min
	v = m/min

Thermische Eigenschaften

Formbeständigkeit in der Wärme	*Verfahren*	A	134 °C
	Verfahren	B	143 °C
Vicat Erweichungstemperatur (VST)	*Verfahren*		°C
	Verfahren		°C
Kristallit-Schmelzpunkt	*Verfahren*		
Längenausdehnungskoeffizient	*Bereich*	°C	$\cdot 10^{-4} K^{-1}$
	Temperatur		$\cdot 10^{-4} K^{-1}$
Wärmeleitfähigkeit	*Verfahren* ASTM C-177	23 °C	0.16 W/(K $\cdot$ m)
Spezifische Wärmekapazität	*Verfahren* ASTM C-351	23 °C	1.2 J/(K $\cdot$ g)
Glasumwandlungstemperatur	*Torsionsschwingungsversuch*		°C
	Differentialkalorimetrie		°C

Brandverhalten

UL-Test vertikal   Dicke 6.3   mm, Wert V-0/5V
               Dicke 3.8   mm, Wert V-0

	Norm	*Bewertung*	*Abmessungen*
Sauerstoff-Index	ASTM D 2863		
Glühstab-Verfahren			
Brandverhalten	DIN 4102		
MVSS			
FAR			

Elektrische Eigenschaften

		Hz	°C			*Probekörper, Form*
Dielektrizitätszahl		50				
		10^3				
		10^6				
Dielektrischer Verlustfaktor tan δ		50				
		10^3				
		10^6				
Spezifischer Durchgangs- widerstand	Ohm $\cdot$ cm		23	$\geqq 1.0*10**14$		
Durchschlagfestigkeit	kV/mm		23	14		3.2 mm dick
Oberflächenwiderstand	Ohm					
Kriechstromfestigkeit		KC		KB	KA	
Elektrolytische Korrosionswirkung						
Lichtbogenfestigkeit nach DIN						
nach ASTM	s					

Beständigkeit *(Chemische Beständigkeit siehe Anhang)*

Wasseraufnahme

Feuchtigkeitsaufnahme Normalklima   %
Wetterbeständigkeit

Spannungskorrosion

Optische Eigenschaften

Brechungszahl n_D
Transmissionsgrad τ_c %   mm dick
Lichtdurchlässigkeit

Produkt	Polyphenylensulfid	**PPS**
Handelsname	**Tedur KU 1-9511**	
Hersteller	BAYER	
DIN-Bez 1		
DIN-Bez 2		

Zusätze		*Füllstoffe/ Verstärkung*	45.0% Glasfaser	
Bevorzugte Verarbeitung	Spritzgiessen	*Lieferform*	Granulat	
		Farben	Natur (helle Eigenfarbe); Einfaerbungen moeglich	
Besondere Merkmale	Geringe Wasseraufnahme; Minimale Verzugsneigung; Hohe Dimensionsstabilitaet der Formteile; Sehr hohe Waermeformbestaendigkeit	*Bevorzugte Anwendungen*	Elektrotechnik; Elektronik; Kfz-Sektor; Maschinenbau; Leuchtenbereich; Teil fuer Bueromaschinen; Haushaltsgeraet; Vollautomatische Einbettung von Kondensatoren und Transistoren	

Dichte	g/cm³ 1.7		*Schmelzindex*	g/10 min	:
Schüttdichte	g/cm³		*Volumenfließindex*	cm³/10 min	:
Viskositätszahl	ml/g				

Verarbeitungsbedingungen für Spritzgießen

Massetemp.	°C	320–370	*Schwindung*	%	lgs 0.2–0.4, quer 0.3–0.6
Werkzeugtemp.	°C	130–170	*Bemerkungen*		Vortrocknen 3 bis 4 h bei 150 C in Trockenluft
Spritzdruck	bar				

Zugversuch 23 °C DIN 53455; DIN 53457

	Probekörper: Form	*Herstellung*	Spritzgiessen
	Zustand	*Vorbehandlung*	Normalklima
Streckspannung	N/mm²	*Dehnung bei Streckspannung*	%
Zugfestigkeit	N/mm²	*Reißdehnung*	% 1.5
Reißfestigkeit	N/mm² 200	*% Dehnspannung*	N/mm²
E-Modul	N/mm² 19000	*Dehnung bei % Dehnspg.*	%

Kriechmoduln und Zeitstandwerte 23 °C

	Probekörper: Form	*Herstellung*	
	Zustand	*Vorbehandlung*	
Kriechmodul	1 min N/mm²	*Zeitstandzugfestigkeit*	h N/mm²
Kriechmodul	1000 h N/mm²	*Zeitdehnspg. %*	h N/mm²
bei Spannung	N/mm²		

Biegeversuch 23 °C DIN 53452; DIN 53457

	Probekörper: Form	*Herstellung*	Spritzgiessen
	Zustand	*Vorbehandlung*	Normalklima
Biegefestigkeit	N/mm² 260	*E-Modul*	N/mm² 14000
3,5% Biegespannung	N/mm²		

Härte 23 °C

	Probekörper: Zustand	*Herstellung*	Spritzgiessen
		Vorbehandlung	Normalklima
Kugeldruckhärte	N/mm² 310 bei N, 30 s	*Shore-Härte* A	
Rockwellhärte		*Shore-Härte* D	

Schlagversuch

	Probekörper: (1) U-Kerbe		
	(2)	*Herstellung*	Spritzgiessen
	Zustand	*Vorbehandlung*	Normalklima

		°C	°C	°C	*Probekörper-Form*
Schlagzähigkeit	kJ/m²	23 28			NKS
Kerbschlagzähigkeit (1)	kJ/m²	23 8			NKS
IZOD-Kerbschlagzähigkeit (2)	J/m				
Kerbschlagzugzähigkeit	kJ/m²				

Abrieb und Reibung

Taber-Abrieb (Reibradverfahren)   mm³/100 U
Abriebfaktor LNP (Thrust washer) Vergleichswert
Statische Reibungszahl
Dynamische Reibungszahl   (p · v =   N/mm² ·   m/min)
Zulässiger p · v Wert   N/mm² · (m/min)   v =   m/min
                                                                    v =   m/min

Thermische Eigenschaften

Formbeständigkeit in der Wärme	*Verfahren*	A	260 °C
	Verfahren	C	230 °C
Vicat Erweichungstemperatur (VST)	*Verfahren*		°C
	Verfahren		°C
Kristallit-Schmelzpunkt	*Verfahren*	DSC; ISO 3146; Methode C	280 °C

Längenausdehnungskoeffizient   *Bereich*   °C $\cdot 10^{-4} \mathrm{K}^{-1}$
                                   Temperatur 23 °C $0.20 \cdot 10^{-4} \mathrm{K}^{-1}$
Wärmeleitfähigkeit   *Verfahren* DIN 52612   23 °C   0.29 W/(K · m)

Spezifische Wärmekapazität   *Verfahren*   J/(K · g)

Glasumwandlungstemperatur   *Torsionsschwingungsversuch*   °C
                                   Differentialkalorimetrie   °C

Brandverhalten

UL-Test vertikal   Dicke 1.6   mm, Wert V-0
                                   Dicke   mm, Wert

	Norm	*Bewertung*	*Abmessungen*
Sauerstoff-Index	ASTM D 2863	48%	
Glühstab-Verfahren			
Brandverhalten	DIN 4102		
MVSS			
FAR			

Elektrische Eigenschaften

		Hz	°C		*Probekörper, Form*
Dielektrizitätszahl		50	23	4.14	
		10^3	23	4.09	
		10^6	23	3.99	
Dielektrischer Verlustfaktor tan δ		50	23	0.0066	
		10^3	23	0.0039	
		10^6	23	0.0040	
Spezifischer Durchgangs-					
widerstand	Ohm · cm		23	1.0*10**15	
Durchschlagfestigkeit	kV/mm				mm dick
Oberflächenwiderstand	Ohm		23	1.0*10**15	
Kriechstromfestigkeit	KC		KB	KA	
Elektrolytische Korrosionswirkung					
Lichtbogenfestigkeit nach DIN					
nach ASTM	s				

Beständigkeit *(Chemische Beständigkeit siehe Anhang)*

Wasseraufnahme

Feuchtigkeitsaufnahme Normalklima   %
Wetterbeständigkeit

Spannungskorrosion

Optische Eigenschaften

Brechungszahl n_D
Transmissionsgrad τ_c %   mm dick
Lichtdurchlässigkeit

Produkt	Polyphenylensulfid	**PPS**
Handelsname	**Tedur KU 1-9521**	
Hersteller	BAYER	

DIN-Bez 1
DIN-Bez 2

Zusätze		*Füllstoffe/ Verstärkung*	60.0% Glasfaser (30); Mineral (30)
Bevorzugte Verarbeitung	Spritzgiessen	*Lieferform*	Granulat
		Farben	Natur (helle Eigenfarbe); Einfaerbungen moeglich
Besondere Merkmale	Geringe Wasseraufnahme; Minimale Verzugsneigung; Hohe Dimensionsstabilitaet der Formteile; Sehr hohe Waermeformbestaendigkeit	*Bevorzugte Anwendungen*	Elektrotechnik; Elektronik; Kfz-Sektor; Maschinenbau; Leuchtenbereich; Teil fuer Bueromaschinen; Haushaltsgeraet; Vollautomatische Einbettung von Kondensatoren und Transistoren

Dichte	g/cm^3	1.9	*Schmelzindex*	g/10 min	:
Schüttdichte	g/cm^3		*Volumenfließindex*	cm^3/10 min	:
Viskositätszahl	ml/g				

Verarbeitungsbedingungen für Spritzgießen

Massetemp.	°C	320–370	*Schwindung*	%	lgs 0.2–0.4, quer 0.3–0.6
Werkzeugtemp.	°C	130–170	*Bemerkungen*		Vortrocknen 3 bis 4 h bei 150 C in Trockenluft
Spritzdruck	bar	/			

Zugversuch 23 °C DIN 53455; DIN 53457

	Probekörper:	*Form*	*Herstellung*	Spritzgiessen
		Zustand	*Vorbehandlung*	Normalklima

Streckspannung	N/mm^2		*Dehnung bei Streckspannung*	%	
Zugfestigkeit	N/mm^2		*Reißdehnung*	%	1.0
Reißfestigkeit	N/mm^2	140	*% Dehnspannung*	N/mm^2	
E-Modul	N/mm^2	22000	*Dehnung bei* *% Dehnspg.*	%	

Kriechmoduln und Zeitstandwerte 23 °C

	Probekörper:	*Form*	*Herstellung*
		Zustand	*Vorbehandlung*

Kriechmodul	*1 min*	N/mm^2	*Zeitstandzugfestigkeit*	h	N/mm^2
Kriechmodul	*1000 h*	N/mm^2	*Zeitdehnspg.* %	h	N/mm^2
bei Spannung		N/mm^2			

Biegeversuch 23 °C DIN 53452; DIN 53457

	Probekörper:	*Form*	*Herstellung*	Spritzgiessen
		Zustand	*Vorbehandlung*	Normalklima

Biegefestigkeit	N/mm^2	150	*E-Modul*	N/mm^2 17000
3,5% Biegespannung	N/mm^2			

Härte 23 °C

	Probekörper:	*Zustand*	*Herstellung*	Spritzgiessen
			Vorbehandlung	Normalklima

Kugeldruckhärte	N/mm^2 300	bei	N, 30 s	*Shore-Härte* A		
Rockwellhärte				*Shore-Härte* D		

Schlagversuch

	Probekörper:	*(1)* U-Kerbe		
		(2)	*Herstellung*	Spritzgiessen
		Zustand	*Vorbehandlung*	Normalklima
		°C	°C	°C	*Probekörper-Form*

Schlagzähigkeit	kJ/m^2	23 10		NKS
Kerbschlagzähigkeit (1)	kJ/m^2	23 6		NKS
IZOD-Kerbschlagzähigkeit (2)	J/m			
Kerbschlagzugzähigkeit	kJ/m^2			

Abrieb und Reibung

Taber-Abrieb (Reibradverfahren)	mm^3/100 U
Abriebfaktor LNP (Thrust washer) Vergleichswert	
Statische Reibungszahl	
Dynamische Reibungszahl	(p·v = N/mm^2· m/min)
Zulässiger p · v Wert	N/mm^2· (m/min) v = m/min
	v = m/min

Thermische Eigenschaften

Formbeständigkeit in der Wärme	*Verfahren*	A	260 °C
	Verfahren	C	244 °C
Vicat Erweichungstemperatur (VST)	*Verfahren*		°C
	Verfahren		°C
Kristallit-Schmelzpunkt	*Verfahren*	DSC; ISO 3146; Methode C	280 °C
Längenausdehnungskoeffizient	*Bereich*	°C	$\cdot 10^{-4} \mathrm{K}^{-1}$
	Temperatur 23 °C		$0.25 \cdot 10^{-4} \mathrm{K}^{-1}$
Wärmeleitfähigkeit	*Verfahren*		W/(K · m)
Spezifische Wärmekapazität	*Verfahren*		J/(K · g)
Glasumwandlungstemperatur	*Torsionsschwingungsversuch*		°C
	Differentialkalorimetrie		°C

Brandverhalten

UL-Test vertikal	Dicke 1.6 mm, Wert V-0	
	Dicke mm, Wert	

	Norm	*Bewertung*	*Abmessungen*
Sauerstoff-Index	ASTM D 2863		
Glühstab-Verfahren			
Brandverhalten	DIN 4102		
MVSS			
FAR			

Elektrische Eigenschaften

	Hz	°C		*Probekörper, Form*
Dielektrizitätszahl	50	23	4.3	
	10^3	23	4.21	
	10^6	23	4.09	
Dielektrischer Verlustfaktor tan δ	50	23	0.0078	
	10^3	23	0.0065	
	10^6	23	0.0079	
Spezifischer Durchgangs-				
widerstand	Ohm · cm	23	1.0*10**15	
Durchschlagfestigkeit	kV/mm			mm dick
Oberflächenwiderstand	Ohm	23	1.0*10**16	
Kriechstromfestigkeit	KC	KB	KA	
Elektrolytische Korrosionswirkung				
Lichtbogenfestigkeit nach DIN				
nach ASTM	s			

Beständigkeit *(Chemische Beständigkeit siehe Anhang)*

Wasseraufnahme

Feuchtigkeitsaufnahme Normalklima   %
Wetterbeständigkeit

Spannungskorrosion

Optische Eigenschaften

Brechungszahl n_D
Transmissionsgrad τ_c %   mm dick
Lichtdurchlässigkeit

Produkt	Polyestercarbonat	**PEC**
Handelsname	**Apec KL 1-9306**	
Hersteller	BAYER	
DIN-Bez 1		
DIN-Bez 2		

Zusätze		*Füllstoffe/ Verstärkung*	
Bevorzugte Verarbeitung	Spritzgiessen	*Lieferform*	Granulat
		Farben	Natur; Standard
Besondere Merkmale	Niedriger Esteranteil; Transparent; Hohe Waermeformbestaendigkeit	*Bevorzugte Anwendungen*	Lichttechnik; Leuchtenabdeckung; Blinklampenabdeckung; Stufenreflektor; Linse; Elektronik; Sicherung; Elektrotechnik; Schaltergehaeuse; Steckerleiste; Techn sches Formteil

Dichte	g/cm^3	1.20	*Schmelzindex*	g/10 min	:
Schüttdichte	g/cm^3		*Volumenfließindex*	cm^3/10 min	:
Viskositätszahl	ml/g				

Verarbeitungsbedingungen für Spritzgießen

Massetemp.	°C	320–330	*Schwindung*	%	lgs	0.7, quer 0.7
Werkzeugtemp.	°C		*Bemerkungen*	Schwindungswert: Gesamtschwindung		
Spritzdruck	bar					

Zugversuch 23 °C DIN 53455; DIN 53457

	Probekörper:	Form		*Herstellung*	Spritzgiessen
		Zustand		*Vorbehandlung*	Normalklima
Streckspannung	N/mm^2 66		*Dehnung bei Streckspannung*	%	7
Zugfestigkeit	N/mm^2		*Reißdehnung*	%	100
Reißfestigkeit	N/mm^2 70		*1% Dehnspannung*	N/mm^2	52
E-Modul	N/mm^2 2400		*Dehnung bei 1% Dehnspg.*	%	3.3

Kriechmoduln und Zeitstandwerte 23 °C

	Probekörper:	Form		*Herstellung*	
		Zustand		*Vorbehandlung*	
Kriechmodul	1 min N/mm^2		*Zeitstandzugfestigkeit*	h N/mm^2	
Kriechmodul	1000 h N/mm^2		*Zeitdehnspg.* %	h N/mm^2	
bei Spannung	N/mm^2				

Biegeversuch 23 °C DIN 53452; DIN 53457

	Probekörper:	Form	*Herstellung*	Spritzgiessen
		Zustand	*Vorbehandlung*	Normalklima
Biegefestigkeit	N/mm^2 77		*E-Modul*	N/mm^2 2600
3,5% Biegespannung	N/mm^2			

Härte 23 °C

	Probekörper:	Zustand	*Herstellung*	Spritzgiessen
			Vorbehandlung	Normalklima
Kugeldruckhärte	N/mm^2 110	bei N, 30 s	*Shore-Härte* A	
Rockwellhärte			*Shore-Härte* D	

Schlagversuch

	Probekörper:	(1) U-Kerbe		
		(2) V-Kerbe	*Herstellung*	Spritzgiessen
		Zustand	*Vorbehandlung*	Normalklima
		°C	°C	°C	*Probekörper-Form*

Schlagzähigkeit	kJ/m^2	23 o.B.	-40 o.B.		NKS
Kerbschlagzähigkeit (1)	kJ/m^2	23 35	-40 14		NKS
IZOD-Kerbschlagzähigkeit (2)	J/m	23 704	-40 109		3.2 mm dick
Kerbschlagzugzähigkeit	kJ/m^2				

Abrieb und Reibung

Taber-Abrieb (Reibradverfahren)	mm³/100 U
Abriebfaktor LNP (Thrust washer) Vergleichswert	
Statische Reibungszahl	
Dynamische Reibungszahl	(p·v = N/mm² · m/min)
Zulässiger p · v Wert	N/mm² · (m/min) v = m/min
	v = m/min

Thermische Eigenschaften

Formbeständigkeit in der Wärme	*Verfahren*	A	136 °C
	Verfahren	B	150 °C
Vicat Erweichungstemperatur (VST)	*Verfahren*	B/120	159 °C
	Verfahren		°C
Kristallit-Schmelzpunkt	*Verfahren*		
Längenausdehnungskoeffizient	*Bereich*	-50–90 °C	$0.72 \cdot 10^{-4} \mathrm{K}^{-1}$
	Temperatur °C		$\cdot 10^{-4} \mathrm{K}^{-1}$
Wärmeleitfähigkeit	*Verfahren*	DIN 52612 23 °C	0.21 W/(K · m)
Spezifische Wärmekapazität	*Verfahren*	23 °C	1.10 J/(K · g)
Glasumwandlungstemperatur	*Torsionsschwingungsversuch*	°C	
	Differentialkalorimetrie	°C	

Brandverhalten

UL-Test vertikal   Dicke   mm, Wert
             Dicke   mm, Wert

	Norm	*Bewertung*	*Abmessungen*
Sauerstoff-Index	ASTM D 2863	26%	
Glühstab-Verfahren	VDE 0304 Teil 3	2b	120 x 10 x 4 mm
Brandverhalten	DIN 4102		
MVSS			
FAR			

Elektrische Eigenschaften

	Hz	°C		*Probekörper, Form*
Dielektrizitätszahl	50	23	3.1	
	10^3	23	3.0	
	10^6	23	2.9	
Dielektrischer Verlustfaktor tan δ	50	23	0.0011	
	10^3	23	0.0013	
	10^6	23	0.0112	
Spezifischer Durchgangs-widerstand Ohm · cm		23	$\geq 1.0*10**16$	
Durchschlagfestigkeit kV/mm		23	40	1 mm dick
Oberflächenwiderstand Ohm		23	$\geq 1.0*10**15$	
Kriechstromfestigkeit	KC	KB	KA	
Elektrolytische Korrosionswirkung	A 1			
Lichtbogenfestigkeit nach DIN				
nach ASTM	s 98			

Beständigkeit *(Chemische Beständigkeit siehe Anhang)*

Wasseraufnahme 1-L-23 Bis zur Saettigung	0.15 %
Feuchtigkeitsaufnahme Normalklima	%
Wetterbeständigkeit	

Spannungskorrosion Bei bestimmten Medien beobachtet; In kritischen Faellen Vorpruefung empfohlen

Optische Eigenschaften

Brechungszahl n_D
Transmissionsgrad τ_c %   mm dick
Lichtdurchlässigkeit   Transparent

Produkt	Polyestercarbonat	**PEC**
Handelsname	**Apec KL 1-9308**	
Hersteller	BAYER	
DIN-Bez 1		
DIN-Bez 2		

Zusätze		*Füllstoffe/ Verstärkung*	
Bevorzugte Verarbeitung	Spritzgiessen; Extrudieren	*Lieferform*	Granulat
		Farben	Natur; Standard
Besondere Merkmale	Mittlerer Esteranteil; Transparent; Hohe Waermeformbestaendigkeit	*Bevorzugte Anwendungen*	Lichttechnik; Leuchtenabdeckung; Blinklampenabdeckung; Stufenreflektor; Linse; Elektronik; Sicherung; Elektrotechnik; Schaltergehaeuse; Steckerleiste; Technisches Formteil

---

Dichte	g/cm^3	1.20	*Schmelzindex*	g/10 min	:
Schüttdichte	g/cm^3		*Volumenfließindex*	cm^3/10 min	:
Viskositätszahl	ml/g				

Verarbeitungsbedingungen für Spritzgießen

Massetemp.	°C	340–350	*Schwindung*	% lgs	0.7, quer 0.7
Werkzeugtemp.	°C		*Bemerkungen*		Schwindungswert: Gesamtschwindung
Spritzdruck	bar				

Zugversuch 23 °C DIN 53455; DIN 53457

Probekörper:	*Form*		*Herstellung*	Spritzgiessen
	Zustand		*Vorbehandlung*	Normalklima

Streckspannung	N/mm^2 66	*Dehnung bei Streckspannung*	%	8
Zugfestigkeit	N/mm^2	*Reißdehnung*	%	80
Reißfestigkeit	N/mm^2 66	*1% Dehnspannung*	N/mm^2	50
E-Modul	N/mm^2 2300	*Dehnung bei 1% Dehnspg.*	%	3.1

Kriechmoduln und Zeitstandwerte 23 °C

Probekörper:	*Form*	*Herstellung*	
	Zustand	*Vorbehandlung*	

Kriechmodul	1 min N/mm^2	*Zeitstandzugfestigkeit*	h N/mm^2
Kriechmodul	1000 h N/mm^2	*Zeitdehnspg. %*	h N/mm^2
bei Spannung	N/mm^2		

Biegeversuch 23 °C DIN 53452; DIN 53457

Probekörper:	*Form*		*Herstellung*	Spritzgiessen
	Zustand		*Vorbehandlung*	Normalklima

Biegefestigkeit	N/mm^2 71	*E-Modul*	N/mm^2 2500
3,5% Biegespannung	N/mm^2		

Härte 23 °C

Probekörper:	*Zustand*	*Herstellung*	Spritzgiessen
		Vorbehandlung	Normalklima

Kugeldruckhärte	N/mm^2 110	bei N, 30 s	*Shore-Härte* A
Rockwellhärte			*Shore-Härte* D

Schlagversuch

Probekörper:	*(1)* U-Kerbe		
	(2) V-Kerbe	*Herstellung*	Spritzgiessen
	Zustand	*Vorbehandlung*	Normalklima

	°C	°C	°C	*Probekörper-Form*
Schlagzähigkeit	kJ/m^2	23 o.B.	-40 o.B.	NKS
Kerbschlagzähigkeit (1)	kJ/m^2	23 32	-40 17	NKS
IZOD-Kerbschlagzähigkeit (2)	J/m	23 548	-40 154	3.2 mm dick
Kerbschlagzugzähigkeit	kJ/m^2			

Abrieb und Reibung

Taber-Abrieb (Reibradverfahren)	mm³/100 U
Abriebfaktor LNP (Thrust washer) Vergleichswert	
Statische Reibungszahl	
Dynamische Reibungszahl	(p · v = N/mm² · m/min)
Zulässiger p · v Wert	N/mm² · (m/min) v = m/min
	v = m/min

Thermische Eigenschaften

Formbeständigkeit in der Wärme	*Verfahren*	A	145 °C
	Verfahren	B	161 °C
Vicat Erweichungstemperatur (VST)	*Verfahren*	B/120	170 °C
	Verfahren		°C
Kristallit-Schmelzpunkt	*Verfahren*		
Längenausdehnungskoeffizient	*Bereich*	-50–90 °C	$0.72 \cdot 10^{-4} K^{-1}$
	Temperatur °C		$\cdot 10^{-4} K^{-1}$
Wärmeleitfähigkeit	*Verfahren*	DIN 52612	23 °C 0.21 W/(K · m)
Spezifische Wärmekapazität	*Verfahren*		23 °C 1.10 J/(K · g)
Glasumwandlungstemperatur	*Torsionsschwingungsversuch*		°C
	Differentialkalorimetrie		°C

Brandverhalten

UL-Test vertikal	*Dicke*	mm, Wert
	Dicke	mm, Wert

	Norm	*Bewertung*	*Abmessungen*
Sauerstoff-Index	ASTM D 2863	26%	
Glühstab-Verfahren	VDE 0304 Teil 3	2b	120 x 10 x 4 mm
Brandverhalten	DIN 4102		
MVSS			
FAR			

Elektrische Eigenschaften

		Hz	°C		*Probekörper, Form*
Dielektrizitätszahl		50	23	3.1	
		10^3	23	3.1	
		10^6	23	3.0	
Dielektrischer Verlustfaktor tan δ		50	23	0.0012	
		10^3	23	0.0019	
		10^6	23	0.0136	
Spezifischer Durchgangs- widerstand	Ohm · cm		23	≧ 1.0*10**16	
Durchschlagfestigkeit	kV/mm		23	46	1 mm dick
Oberflächenwiderstand	Ohm		23	≧ 1.0*10**16	
Kriechstromfestigkeit	KC		KB	KA	
Elektrolytische Korrosionswirkung	A 1				
Lichtbogenfestigkeit nach DIN					
nach ASTM	s	100			

Beständigkeit *(Chemische Beständigkeit siehe Anhang)*

Wasseraufnahme 1-L-23 Bis zur Saettigung	0.15 %
Feuchtigkeitsaufnahme Normalklima	%
Wetterbeständigkeit	

Spannungskorrosion Bei bestimmten Medien beobachtet; In kritischen Faellen Vorpruefung empfohlen

Optische Eigenschaften

Brechungszahl n_D		
Transmissionsgrad τ_c	%	mm dick
Lichtdurchlässigkeit	Transparent	

Produkt	Polyestercarbonat	**PEC**
Handelsname	**Apec KU 1-9309**	
Hersteller	BAYER	
DIN-Bez 1		
DIN-Bez 2		

Zusätze	Brandschutzmittel	*Füllstoffe/ Verstärkung*	
Bevorzugte Verarbeitung	Spritzgiessen	*Lieferform*	Granulat
		Farben	Natur; Standard
Besondere Merkmale	Mittlerer Esteranteil; Transparent; Hohe Waermeformbestaendigkeit	*Bevorzugte Anwendungen*	Lichttechnik; Leuchtenabdeckung; Blinklampenabdeckung; Stufenreflektor; Linse; Elektronik; Sicherung; Elektrotechnik; Schaltergehaeuse; Steckerleiste; Technisches Formteil

---

Dichte	g/cm^3	1.20	*Schmelzindex*	g/10 min	:
Schüttdichte	g/cm^3		*Volumenfließindex*	cm^3/10 min	:
Viskositätszahl	ml/g				

Verarbeitungsbedingungen für Spritzgießen

Massetemp.	°C	340–350	*Schwindung*	%	lgs	0.7, quer 0.7
Werkzeugtemp.	°C		*Bemerkungen*	Schwindungswert: Gesamtschwindung		
Spritzdruck	bar					

Zugversuch 23 °C   DIN 53455; DIN 53457

			Herstellung	Spritzgiessen
Probekörper:	*Form*		*Vorbehandlung*	Normalklima
	Zustand			

Streckspannung	N/mm^2	66	*Dehnung bei Streckspannung*	⅔	8
Zugfestigkeit	N/mm^2		*Reißdehnung*	⅔	80
Reißfestigkeit	N/mm^2	66	*1% Dehnspannung*	N/mm^2	50
E-Modul	N/mm^2	2300	*Dehnung bei 1% Dehnspg.*	⅔	3.1

Kriechmoduln und Zeitstandwerte 23 °C

			Herstellung	
Probekörper:	*Form*		*Vorbehandlung*	
	Zustand			

Kriechmodul	*1 min*	N/mm^2	*Zeitstandzugfestigkeit*	h	N/mm^2
Kriechmodul	*1000 h*	N/mm^2	*Zeitdehnspg.* %	h	N/mm^2
bei Spannung		N/mm^2			

Biegeversuch 23 °C   DIN 53452; DIN 53457

			Herstellung	Spritzgiessen
Probekörper:	*Form*		*Vorbehandlung*	Normalklima
	Zustand			

Biegefestigkeit	N/mm^2	71	*E-Modul*	N/mm^2 2500
3,5% Biegespannung	N/mm^2			

Härte 23 °C

			Herstellung	Spritzgiessen
Probekörper:	*Zustand*		*Vorbehandlung*	Normalklima

Kugeldruckhärte	N/mm^2 110	bei	N, 30 s	*Shore-Härte* A	
Rockwellhärte				*Shore-Härte* D	

Schlagversuch

			Herstellung	Spritzgiessen
Probekörper:	*(1)* U-Kerbe			
	(2) V-Kerbe		*Herstellung*	Spritzgiessen
	Zustand		*Vorbehandlung*	Normalklima

		°C	°C	°C	*Probekörper-Form*
Schlagzähigkeit	kJ/m^2	23 o.B.	-40 o.B.		NKS
Kerbschlagzähigkeit (1)	kJ/m^2	23 32	-40 17		NKS
IZOD-Kerbschlagzähigkeit (2)	J/m	23 548	-40 154		3.2 mm dick
Kerbschlagzugzähigkeit	kJ/m^2				

Abrieb und Reibung

Taber-Abrieb (Reibradverfahren)	mm³/100 U
Abriebfaktor LNP (Thrust washer) Vergleichswert	
Statische Reibungszahl	
Dynamische Reibungszahl	(p·v = N/mm² · m/min)
Zulässiger p · v Wert	N/mm² · (m/min) v = m/min
	v = m/min

Thermische Eigenschaften

Formbeständigkeit in der Wärme	*Verfahren*	A		145 °C
	Verfahren	B		161 °C
Vicat Erweichungstemperatur (VST)	*Verfahren*	B/120		170 °C
	Verfahren			°C
Kristallit-Schmelzpunkt	*Verfahren*			
Längenausdehnungskoeffizient	*Bereich*	-50–90	°C	$0.72 \cdot 10^{-4} K^{-1}$
	Temperatur °C			$\cdot 10^{-4} K^{-1}$
Wärmeleitfähigkeit	*Verfahren*	DIN 52612	23 °C	0.21 W/(K · m)
Spezifische Wärmekapazität	*Verfahren*		23 °C	1.10 J/(K · g)
Glasumwandlungstemperatur	*Torsionsschwingungsversuch*		°C	
	Differentialkalorimetrie		°C	

Brandverhalten

UL-Test vertikal	Dicke	mm, Wert
	Dicke	mm, Wert

	Norm	*Bewertung*		*Abmessungen*
Sauerstoff-Index	ASTM D 2863	26%		
Glühstab-Verfahren	VDE 0304 Teil 3	2b		120 x 10 x 4 mm
Brandverhalten	DIN 4102			
MVSS				
FAR				

Elektrische Eigenschaften

		Hz	°C				*Probekörper, Form*
Dielektrizitätszahl		50	23	3.1			
		10^3	23	3.1			
		10^6	23	3.0			
Dielektrischer Verlustfaktor tan δ		50	23	0.0012			
		10^3	23	0.0019			
		10^6	23	0.0136			
Spezifischer Durchgangs-							
widerstand	Ohm · cm		23	≧ 1.0*10**16			
Durchschlagfestigkeit	kV/mm		23	46			1 mm dick
Oberflächenwiderstand	Ohm		23	≧ 1.0*10**16			
Kriechstromfestigkeit		KC		KB		KA	
Elektrolytische Korrosionswirkung		A 1					
Lichtbogenfestigkeit nach DIN							
nach ASTM	s	100					

Beständigkeit *(Chemische Beständigkeit siehe Anhang)*

Wasseraufnahme 1-L-23 Bis zur Saettigung	0.15 %
Feuchtigkeitsaufnahme Normalklima	%
Wetterbeständigkeit	

Spannungskorrosion Bei bestimmten Medien beobachtet; In kritischen Faellen Vorpruefung empfohlen

Optische Eigenschaften

Brechungszahl n_D		
Transmissionsgrad τ_c	%	mm dick
Lichtdurchlässigkeit	Transparent	

Produkt	Polyestercarbonat	**PEC**
Handelsname	**Apec KU 1-9318**	
Hersteller	BAYER	
DIN-Bez 1		
DIN-Bez 2		

Zusätze	Entformungsmittel	*Füllstoffe/ Verstärkung*	
Bevorzugte Verarbeitung	Spritzgiessen	*Lieferform*	Granulat
		Farben	Natur; Standard
Besondere Merkmale	Mittlerer Esteranteil; Transparent; Hohe Waermeformbestaendigkeit	*Bevorzugte Anwendungen*	Lichttechnik: Leuchtenabdeckung; Blinklampenabdeckung; Stufenreflektor; Linse; Elektronik; Sicherung; Elektrotechnik; Schaltergehaeuse; Steckerleiste; Technisches Formteil

---

Dichte	g/cm³	1.20	*Schmelzindex*	g/10 min		:
Schüttdichte	g/cm³		*Volumenfließindex*	cm³/10 min		:
Viskositätszahl	ml/g					

Verarbeitungsbedingungen für Spritzgießen

Massetemp.	°C	340–350	*Schwindung*	%	lgs	0.7, quer 0.7
Werkzeugtemp.	°C		*Bemerkungen*			Schwindungswert: Gesamtschwindung
Spritzdruck	bar					

Zugversuch 23 °C DIN 53455; DIN 53457

	Probekörper:	*Form*		*Herstellung*	Spritzgiessen
		Zustand		*Vorbehandlung*	Normalklima
Streckspannung	N/mm² 66		*Dehnung bei Streckspannung*	%	8
Zugfestigkeit	N/mm²		*Reißdehnung*	%	80
Reißfestigkeit	N/mm² 66		1% *Dehnspannung*	N/mm²	50
E-Modul	N/mm² 2300		*Dehnung bei* 1% *Dehnspg.*	%	3.1

Kriechmoduln und Zeitstandwerte 23 °C

	Probekörper:	*Form*		*Herstellung*	
		Zustand		*Vorbehandlung*	
Kriechmodul	1 min N/mm²		*Zeitstandzugfestigkeit*	h N/mm²	
Kriechmodul	1000 h N/mm²		*Zeitdehnspg.* %	h N/mm²	
bei Spannung	N/mm²				

Biegeversuch 23 °C DIN 53452; DIN 53457

	Probekörper:	*Form*	*Herstellung*	Spritzgiessen
		Zustand	*Vorbehandlung*	Normalklima
Biegefestigkeit	N/mm² 71		*E-Modul*	N/mm² 2500
3,5% *Biegespannung*	N/mm²			

Härte 23 °C

	Probekörper:	*Zustand*	*Herstellung*	Spritzgiessen
			Vorbehandlung	Normalklima
Kugeldruckhärte	N/mm² 110	bei N, 30 s	*Shore-Härte* A	
Rockwellhärte			*Shore-Härte* D	

Schlagversuch

	Probekörper:	*(1)* U-Kerbe		
		(2) V-Kerbe	*Herstellung*	Spritzgiessen
		Zustand	*Vorbehandlung*	Normalklima

		°C		°C		°C	*Probekörper-Form*
Schlagzähigkeit	kJ/m²	23 o.B.		-40 o.B.			NKS
Kerbschlagzähigkeit (1)	kJ/m²	23 32		-40 17			NKS
IZOD-Kerbschlagzähigkeit (2)	J/m	23 548		-40 154			3.2 mm dick
Kerbschlagzugzähigkeit	kJ/m²						

Abrieb und Reibung

Taber-Abrieb (Reibradverfahren)	mm³/100 U
Abriebfaktor LNP (Thrust washer) Vergleichswert	
Statische Reibungszahl	
Dynamische Reibungszahl	(p·v = N/mm² · m/min)
Zulässiger p · v Wert	N/mm² · (m/min) v = m/min
	v = m/min

Thermische Eigenschaften

Formbeständigkeit in der Wärme	*Verfahren*	A	145 °C
	Verfahren	B	161 °C
Vicat Erweichungstemperatur (VST)	*Verfahren*	B/120	170 °C
	Verfahren		°C
Kristallit-Schmelzpunkt	*Verfahren*		
Längenausdehnungskoeffizient	*Bereich*	-50–90 °C	$0.72 \cdot 10^{-4} K^{-1}$
	Temperatur °C		$\cdot 10^{-4} K^{-1}$
Wärmeleitfähigkeit	*Verfahren*	DIN 52612 23 °C	0.21 W/(K · m)
Spezifische Wärmekapazität	*Verfahren*	23 °C	1.10 J/(K · g)
Glasumwandlungstemperatur	*Torsionsschwingungsversuch*		°C
	Differentialkalorimetrie		°C

Brandverhalten

UL-Test vertikal	Dicke mm, Wert	
	Dicke mm, Wert	

	Norm	*Bewertung*	*Abmessungen*
Sauerstoff-Index	ASTM D 2863	26%	
Glühstab-Verfahren	VDE 0304 Teil 3	2b	120 x 10 x 4 mm
Brandverhalten	DIN 4102		
MVSS			
FAR			

Elektrische Eigenschaften

		Hz	°C		*Probekörper, Form*
Dielektrizitätszahl		50	23	3.1	
		10^3	23	3.1	
		10^6	23	3.0	
Dielektrischer Verlustfaktor tan δ		50	23	0.0012	
		10^3	23	0.0019	
		10^6	23	0.0136	
Spezifischer Durchgangs-					
widerstand	Ohm · cm		23	≧ 1.0*10**16	
Durchschlagfestigkeit	kV/mm		23	46	1 mm dick
Oberflächenwiderstand	Ohm		23	≧ 1.0*10**16	
Kriechstromfestigkeit	KC		KB	KA	
Elektrolytische Korrosionswirkung	A 1				
Lichtbogenfestigkeit nach DIN					
nach ASTM	s	100			

Beständigkeit *(Chemische Beständigkeit siehe Anhang)*

Wasseraufnahme 1-L-23 Bis zur Saettigung	0.15 %
Feuchtigkeitsaufnahme Normalklima	%
Wetterbeständigkeit	

Spannungskorrosion Bei bestimmten Medien beobachtet; In kritischen Faellen Vorpruefung empfohlen

Optische Eigenschaften

Brechungszahl n_D	
Transmissionsgrad τ_c %	mm dick
Lichtdurchlässigkeit Transparent	

Produkt	Polyestercarbonat	**PEC**
Handelsname	**Apec KL 1-9310**	
Hersteller	BAYER	
DIN-Bez 1		
DIN-Bez 2		

Zusätze		*Füllstoffe/ Verstärkung*	
Bevorzugte Verarbeitung	Spritzgiessen; Extrudieren	*Lieferform*	Granulat
		Farben	Natur; Standard
Besondere Merkmale	Hoher Esteranteil; Transparent; Hohe Waermeformbestaendigkeit	*Bevorzugte Anwendungen*	Lichttechnik; Leuchtenabdeckung; Blinklampenabdeckung; Stufenreflektor; Linse; Elektronik; Sicherung; Elektrotechnik; Schaltergehaeuse; Steckerleiste; Technisches Formteil

Dichte	g/cm³	1.20	*Schmelzindex*	g/10 min :
Schüttdichte	g/cm³		*Volumenfließindex*	cm³/10 min :
Viskositätszahl	ml/g			

Verarbeitungsbedingungen für Spritzgießen

Massetemp.	°C	360–370	*Schwindung*	% lgs 0.85, quer 0.85
Werkzeugtemp.	°C		*Bemerkungen*	Schwindungswert: Gesamtschwindung
Spritzdruck	bar			

Zugversuch 23 °C DIN 53455; DIN 53457

	Probekörper: Form	*Herstellung*	Spritzgiessen
	Zustand	*Vorbehandlung*	Normalklima

Streckspannung	N/mm² 68	*Dehnung bei Streckspannung*	%	9
Zugfestigkeit	N/mm²	*Reißdehnung*	%	50
Reißfestigkeit	N/mm² 60	*1% Dehnspannung*	N/mm²	48
E-Modul	N/mm² 2200	*Dehnung bei 1% Dehnspg.*	%	3.3

Kriechmoduln und Zeitstandwerte 23 °C

	Probekörper: Form	*Herstellung*
	Zustand	*Vorbehandlung*

Kriechmodul	1 min N/mm²	*Zeitstandzugfestigkeit*	h N/mm²
Kriechmodul	1000 h N/mm²	*Zeitdehnspg. %*	h N/mm²
bei Spannung	N/mm²		

Biegeversuch 23 °C DIN 53452; DIN 53457

	Probekörper: Form	*Herstellung*	Spritzgiessen
	Zustand	*Vorbehandlung*	Normalklima

Biegefestigkeit	N/mm² 66	*E-Modul*	N/mm² 2400
3,5% Biegespannung	N/mm²		

Härte 23 °C

	Probekörper: Zustand	*Herstellung*	Spritzgiessen
		Vorbehandlung	Normalklima

Kugeldruckhärte	N/mm² 110	bei N, 30 s	*Shore-Härte* A
Rockwellhärte			*Shore-Härte* D

Schlagversuch

	Probekörper: (1) U-Kerbe		
	(2) V-Kerbe	*Herstellung*	Spritzgiessen
	Zustand	*Vorbehandlung*	Normalklima

		°C	°C	°C	*Probekörper-Form*
Schlagzähigkeit	kJ/m²	23 o.B.	-40 o.B.		NKS
Kerbschlagzähigkeit (1)	kJ/m²	23 28	-40 22		NKS
IZOD-Kerbschlagzähigkeit (2)	J/m	23 420	-40 211		3.2 mm dick
Kerbschlagzugzähigkeit	kJ/m²				

Abrieb und Reibung

Taber-Abrieb (Reibradverfahren)	mm³/100 U
Abriebfaktor LNP (Thrust washer) Vergleichswert	
Statische Reibungszahl	
Dynamische Reibungszahl	$(p \cdot v =$ N/mm² · m/min$)$
Zulässiger p · v Wert	N/mm² · (m/min) v = m/min
	v = m/min

Thermische Eigenschaften

Formbeständigkeit in der Wärme	*Verfahren*	A		160 °C
	Verfahren	B		174 °C
Vicat Erweichungstemperatur (VST)	*Verfahren*	B/120		182 °C
	Verfahren			°C
Kristallit-Schmelzpunkt	*Verfahren*			
Längenausdehnungskoeffizient	*Bereich*	-50–90 °C		$0.72 \cdot 10^{-4} K^{-1}$
	Temperatur °C			$\cdot 10^{-4} K^{-1}$
Wärmeleitfähigkeit	*Verfahren*	DIN 52612	23 °C	0.21 W/(K · m)
Spezifische Wärmekapazität	*Verfahren*		23 °C	1.10 J/(K · g)
Glasumwandlungstemperatur	*Torsionsschwingungsversuch*		°C	
	Differentialkalorimetrie		°C	

Brandverhalten

UL-Test vertikal		Dicke mm, Wert	
		Dicke mm, Wert	

	Norm	*Bewertung*	*Abmessungen*
Sauerstoff-Index	ASTM D 2863	26%	
Glühstab-Verfahren	VDE 0304 Teil 3	2b	120 x 10 x 4 mm
Brandverhalten	DIN 4102		
MVSS			
FAR			

Elektrische Eigenschaften

		Hz	°C		*Probekörper, Form*
Dielektrizitätszahl		50	23	3.2	
		10^3	23	3.2	
		10^6	23	3.0	
Dielektrischer Verlustfaktor tan δ		50	23	0.0019	
		10^3	23	0.0022	
		10^6	23	0.0164	
Spezifischer Durchgangs-					
widerstand	Ohm · cm		23	$\geqq 1.0*10**15$	
Durchschlagfestigkeit	kV/mm		23	42	1 mm dick
Oberflächenwiderstand	Ohm		23	$\geqq 1.0*10**15$	
Kriechstromfestigkeit		KC	KB	KA	
Elektrolytische Korrosionswirkung		A 1			
Lichtbogenfestigkeit nach DIN					
nach ASTM	s	106			

Beständigkeit *(Chemische Beständigkeit siehe Anhang)*

Wasseraufnahme 1-L-23 Bis zur Saettigung	0.15 %
Feuchtigkeitsaufnahme Normalklima	%
Wetterbeständigkeit	

Spannungskorrosion Bei bestimmten Medien beobachtet; In kritischen Faellen Vorpruefung empfohlen

Optische Eigenschaften

Brechungszahl n_D	
Transmissionsgrad τ_c %	mm dick
Lichtdurchlässigkeit Transparent	

Produkt	Polyestercarbonat	**PEC**
Handelsname	**Apec KU 1-9320**	
Hersteller	BAYER	
DIN-Bez 1		
DIN-Bez 2		

Zusätze	Entformungsmittel	*Füllstoffe/ Verstärkung*	
Bevorzugte Verarbeitung	Spritzgiessen	*Lieferform*	Granulat
		Farben	Natur; Standard
Besondere Merkmale	Hoher Esteranteil; Transparent; Hohe Waermeformbestaendigkeit	*Bevorzugte Anwendungen*	Lichttechnik; Leuchtenabdeckung; Blinklampenabdeckung; Stufenreflektor; Linse; Elektronik; Sicherung; Elektrotechnik; Schaltergehaeuse; Steckerleiste; Technisches Formteil

Dichte	g/cm^3	1.20	*Schmelzindex*	g/10 min		:
Schüttdichte	g/cm^3		*Volumenfließindex*	cm^3/10 min		:
Viskositätszahl	ml/g					

Verarbeitungsbedingungen für Spritzgießen

Massetemp.	°C	360–370	*Schwindung*	%	lgs	0.85, quer 0.85
Werkzeugtemp.	°C		*Bemerkungen*			Schwindungswert: Gesamtschwindung
Spritzdruck	bar					

Zugversuch 23 °C DIN 53455; DIN 53457

			Herstellung	Spritzgiessen
Probekörper:	Form			
	Zustand		*Vorbehandlung*	Normalklima

Streckspannung	N/mm^2	68	*Dehnung bei Streckspannung*	%	9
Zugfestigkeit	N/mm^2		*Reißdehnung*	%	50
Reißfestigkeit	N/mm^2	60	*1% Dehnspannung*	N/mm^2	48
E-Modul	N/mm^2	2200	*Dehnung bei 1% Dehnspg.*	%	3.3

Kriechmoduln und Zeitstandwerte 23 °C

		Herstellung
Probekörper:	Form	
	Zustand	*Vorbehandlung*

Kriechmodul	1 min	N/mm^2	*Zeitstandzugfestigkeit*	h	N/mm^2
Kriechmodul	1000 h	N/mm^2	*Zeitdehnspg. %*	h	N/mm^2
bei Spannung		N/mm^2			

Biegeversuch 23 °C DIN 53452; DIN 53457

			Herstellung	Spritzgiessen
Probekörper:	Form			
	Zustand		*Vorbehandlung*	Normalklima

Biegefestigkeit	N/mm^2	66	*E-Modul*	N/mm^2	2400
3,5% Biegespannung	N/mm^2				

Härte 23 °C

			Herstellung	Spritzgiessen
Probekörper:	Zustand		*Vorbehandlung*	Normalklima

Kugeldruckhärte	N/mm^2 110	bei	N, 30 s	*Shore-Härte A*	
Rockwellhärte				*Shore-Härte D*	

Schlagversuch

Probekörper:	*(1)* U-Kerbe	
	(2) V-Kerbe	*Herstellung* Spritzgiessen
	Zustand	*Vorbehandlung* Normalklima

		°C		°C		°C	*Probekörper-Form*
Schlagzähigkeit	kJ/m^2	23 o.B.		-40 o.B.			NKS
Kerbschlagzähigkeit (1)	kJ/m^2	23 28		-40 22			NKS
IZOD-Kerbschlagzähigkeit (2)	J/m	23 420		-40 211			3.2 mm dick
Kerbschlagzugzähigkeit	kJ/m^2						

Abrieb und Reibung

Taber-Abrieb (Reibradverfahren)	mm^3/100 U	
Abriebfaktor LNP (Thrust washer) Vergleichswert		
Statische Reibungszahl		
Dynamische Reibungszahl	(p·v = N/mm^2 · m/min)	
Zulässiger p · v Wert	N/mm^2 · (m/min) v = m/min	
	v = m/min	

Thermische Eigenschaften

Formbeständigkeit in der Wärme	*Verfahren* A		160 °C
	Verfahren B		174 °C
Vicat Erweichungstemperatur (VST)	*Verfahren* B/120		182 °C
	Verfahren		°C
Kristallit-Schmelzpunkt	*Verfahren*		
Längenausdehnungskoeffizient	*Bereich* -50–90 °C		0.72 · 10^{-4}K^{-1}
	Temperatur °C		· 10^{-4}K^{-1}
Wärmeleitfähigkeit	*Verfahren* DIN 52612	23 °C	0.21 W/(K · m)
Spezifische Wärmekapazität	*Verfahren*	23 °C	1.10 J/(K · g)
Glasumwandlungstemperatur	*Torsionsschwingungsversuch*	°C	
	Differentialkalorimetrie	°C	

Brandverhalten

UL-Test vertikal	*Dicke* mm, Wert	
	Dicke mm, Wert	

	Norm	*Bewertung*	*Abmessungen*
Sauerstoff-Index	ASTM D 2863	26%	
Glühstab-Verfahren	VDE 0304 Teil 3	2b	120 x 10 x 4 mm
Brandverhalten	DIN 4102		
MVSS			
FAR			

Elektrische Eigenschaften

		Hz	°C		*Probekörper, Form*
Dielektrizitätszahl		50	23	3.2	
		10^3	23	3.2	
		10^6	23	3.0	
Dielektrischer Verlustfaktor tan δ		50	23	0.0019	
		10^3	23	0.0022	
		10^6	23	0.0164	
Spezifischer Durchgangs-widerstand	Ohm · cm		23	≧ 1.0*10**15	
Durchschlagfestigkeit	kV/mm		23	42	1 mm dick
Oberflächenwiderstand	Ohm		23	≧ 1.0*10**15	
Kriechstromfestigkeit	KC		KB	KA	
Elektrolytische Korrosionswirkung	A 1				
Lichtbogenfestigkeit nach DIN					
nach ASTM	s	106			

Beständigkeit *(Chemische Beständigkeit siehe Anhang)*

Wasseraufnahme 1-L-23 Bis zur Saettigung	0.15 %	
Feuchtigkeitsaufnahme Normalklima		%
Wetterbeständigkeit		

Spannungskorrosion Bei bestimmten Medien beobachtet; In kritischen Faellen Vorpruefung empfohlen

Optische Eigenschaften

Brechungszahl n$_D$		
Transmissionsgrad τ_c %	mm dick	
Lichtdurchlässigkeit Transparent		

Produkt	Polyestercarbonat		**PEC**
Handelsname	**Apec KU 1-9312**		
Hersteller	BAYER		
DIN-Bez 1			
DIN-Bez 2			
Zusätze		*Füllstoffe/ Verstärkung*	30.0% Glasfaser
Bevorzugte Verarbeitung	Spritzgiessen	*Lieferform*	Granulat
		Farben	Natur; Standard
Besondere Merkmale	Hoher Esteranteil; Transparent; Hohe Waermeformbestaendigkeit; Sehr hoher Modul; Sehr hohe Haerte; Sehr hohe Festigkeit	*Bevorzugte Anwendungen*	Elektrotechnik; Elektronik; Technisches Formteil

Dichte	g/cm³	1.42	*Schmelzindex*	g/10 min		:
Schüttdichte	g/cm³		*Volumenfließindex*	cm³/10 min		:
Viskositätszahl	ml/g					

Verarbeitungsbedingungen für Spritzgießen

Massetemp.	°C	360–370	*Schwindung*	%	lgs	0.8, quer
Werkzeugtemp.	°C		*Bemerkungen*	Schwindungswert: Gesamtschwindung		
Spritzdruck	bar					

Zugversuch 23 °C   DIN 53455; DIN 53457

	Probekörper:	Form		*Herstellung*	Spritzgiessen
		Zustand		*Vorbehandlung*	Normalklima
Streckspannung	N/mm² 13		*Dehnung bei Streckspannung*	%	2.7
Zugfestigkeit	N/mm²		*Reißdehnung*	%	3.0
Reißfestigkeit	N/mm² 127		*1% Dehnspannung*	N/mm²	124
E-Modul	N/mm² 8600		*Dehnung bei 1% Dehnspg.*	%	2.4

Kriechmoduln und Zeitstandwerte 23 °C

	Probekörper:	Form	*Herstellung*	
		Zustand	*Vorbehandlung*	
Kriechmodul	1 min N/mm²	*Zeitstandzugfestigkeit*	h N/mm²	
Kriechmodul	1000 h N/mm²	*Zeitdehnspg.* %	h N/mm²	
bei Spannung	N/mm²			

Biegeversuch 23 °C   DIN 53452; DIN 53457

	Probekörper:	Form	*Herstellung*	Spritzgiessen
		Zustand	*Vorbehandlung*	Normalklima
Biegefestigkeit	N/mm² 210	*E-Modul*	N/mm² 8400	
3,5% Biegespannung	N/mm²			

Härte 23 °C

	Probekörper:	Zustand	*Herstellung*	Spritzgiessen
			Vorbehandlung	Normalklima
Kugeldruckhärte	N/mm² 160	bei N, 30 s	*Shore-Härte* A	
Rockwellhärte			*Shore-Härte* D	

Schlagversuch

	Probekörper:	(1) U-Kerbe		
		(2) V-Kerbe	*Herstellung*	Spritzgiessen
		Zustand	*Vorbehandlung*	Normalklima

		°C		°C		°C	*Probekörper-Form*
Schlagzähigkeit	kJ/m²	23	35	-40	35		NKS
Kerbschlagzähigkeit (1)	kJ/m²	23	12	-40	10		NKS
IZOD-Kerbschlagzähigkeit (2)	J/m	23	130	-40	100		3.2 mm dick
Kerbschlagzugzähigkeit	kJ/m²						

Abrieb und Reibung

Taber-Abrieb (Reibradverfahren)	mm^3/100 U
Abriebfaktor LNP (Thrust washer) Vergleichswert	
Statische Reibungszahl	
Dynamische Reibungszahl	(p · v = N/mm^2 · m/min)
Zulässiger p · v Wert	N/mm^2 · (m/min) v = m/min
	v = m/min

Thermische Eigenschaften

Formbeständigkeit in der Wärme	*Verfahren*	A	171 °C
	Verfahren	B	176 °C
Vicat Erweichungstemperatur (VST)	*Verfahren*	B/120	184 °C
	Verfahren		°C
Kristallit-Schmelzpunkt	*Verfahren*		
Längenausdehnungskoeffizient	*Bereich*	-50–90 °C	0.25 · 10^{-4}K^{-1}
	Temperatur °C		· 10^{-4}K^{-1}
Wärmeleitfähigkeit	*Verfahren*	DIN 52612 23 °C	0.26 W/(K · m)
Spezifische Wärmekapazität	*Verfahren*	23 °C	1.03 J/(K · g)
Glasumwandlungstemperatur	*Torsionsschwingungsversuch*		°C
	Differentialkalorimetrie		°C

Brandverhalten

UL-Test vertikal	Dicke mm, Wert	
	Dicke mm, Wert	

	Norm	*Bewertung*	*Abmessungen*
Sauerstoff-Index	ASTM D 2863	35%	
Glühstab-Verfahren	VDE 0304 Teil 3	2b	120 x 10 x 4 mm
Brandverhalten	DIN 4102		
MVSS			
FAR			

Elektrische Eigenschaften

		Hz	°C		*Probekörper, Form*
Dielektrizitätszahl		50	23	3.7	
		10^3	23	3.6	
		10^6	23	3.5	
Dielektrischer Verlustfaktor tan δ		50	23	0.0014	
		10^3	23	0.0026	
		10^6	23	0.0144	
Spezifischer Durchgangs-widerstand	Ohm · cm		23	≧ 1.0*10**16	
Durchschlagfestigkeit	kV/mm		23	≧ 40	1 mm dick
Oberflächenwiderstand	Ohm		23	≧ 1.0*10**15	
Kriechstromfestigkeit	KC		KB	KA	
Elektrolytische Korrosionswirkung	A 1				
Lichtbogenfestigkeit nach DIN					
nach ASTM	s	120			

Beständigkeit *(Chemische Beständigkeit siehe Anhang)*

Wasseraufnahme 1-L-23 Bis zur Saettigung	0.12 %
Feuchtigkeitsaufnahme Normalklima	%
Wetterbeständigkeit	

Spannungskorrosion Bei bestimmten Medien beobachtet; In kritischen Faellen Vorpruefung empfohlen

Optische Eigenschaften

Brechungszahl n$_D$		
Transmissionsgrad τ_c	%	mm dick
Lichtdurchlässigkeit		

Produkt	Acrylnitril-Butadien-Styrol-Polymerisat	**ABS**
Handelsname	**Magnum 2000**	
Hersteller	DOW	
DIN-Bez 1	16772-ABS,MG,095-08-10C	
DIN-Bez 2	16772-ABS,EG,095-08-10C	

Zusätze

Füllstoffe/ Verstärkung

Bevorzugte Verarbeitung	Spritzgiessen	*Lieferform*	Granulat
		Farben	Natur; Standard
Besondere Merkmale	Guter Glanz; Gute Waermebestaendig-keit; Hohe Schlagzaehigkeit	*Bevorzugte Anwendungen*	Haushaltsgeraet; Elektrogeraet; Buero-maschine; Spielzeug; Besteckgriff; Ta-fel

---

Dichte	g/cm³	1.05	*Schmelzindex*	g/10 min	8: 220/10
Schüttdichte	g/cm³	0.65	*Volumenfließindex*	cm³/10 min	:
Viskositätszahl	ml/g				

Verarbeitungsbedingungen für Spritzgießen

Massetemp.	°C		*Schwindung*	%	lgs , quer
Werkzeugtemp.	°C		*Bemerkungen*		
Spritzdruck	bar				

Zugversuch 23 °C ISO 527;

	Probekörper:	Form	*Herstellung*	Spritzgiessen
		Zustand	*Vorbehandlung*	Normalklima

Streckspannung	N/mm²	50	*Dehnung bei Streckspannung*	%	
Zugfestigkeit	N/mm²		*Reißdehnung*	%	15
Reißfestigkeit	N/mm²		% *Dehnspannung*	N/mm²	
E-Modul	N/mm²		*Dehnung bei* % *Dehnspg.*	%	

Kriechmoduln und Zeitstandwerte 23 °C

	Probekörper:	Form	*Herstellung*	
		Zustand	*Vorbehandlung*	

Kriechmodul	1 min	N/mm²	*Zeitstandzugfestigkeit*	h N/mm²
Kriechmodul	1000 h	N/mm²	*Zeitdehnspg.* %	h N/mm²
bei Spannung		N/mm²		

Biegeversuch 23 °C DIN 53452; DIN 53457

	Probekörper:	Form	*Herstellung*	Spritzgiessen
		Zustand	*Vorbehandlung*	Normalklima

Biegefestigkeit	N/mm²	80	*E-Modul*	N/mm² 2700
3,5% Biegespannung	N/mm²			

Härte 23 °C

	Probekörper:	Zustand	*Herstellung*	Spritzgiessen
			Vorbehandlung	Normalklima

Kugeldruckhärte	N/mm² 115	bei 358 N, 30 s	*Shore-Härte*	A
Rockwellhärte	R 85		*Shore-Härte*	D

Schlagversuch

	Probekörper:	(1) U-Kerbe		
		(2) V-Kerbe	*Herstellung*	Spritzgiessen
		Zustand	*Vorbehandlung*	Normalklima

	°C	°C	°C	*Probekörper-Form*

Schlagzähigkeit	kJ/m²	23	o.B.
Kerbschlagzähigkeit (1)	kJ/m²	23	10
IZOD-Kerbschlagzähigkeit (2)	J/m	23	160
Kerbschlagzugzähigkeit	kJ/m²		

Abrieb und Reibung

Taber-Abrieb (Reibradverfahren)	mm^3/100 U
Abriebfaktor LNP (Thrust washer) Vergleichswert	
Statische Reibungszahl	
Dynamische Reibungszahl	(p·v = N/mm^2 · m/min)
Zulässiger p · v Wert	N/mm^2 · (m/min) v = m/min
	v = m/min

Thermische Eigenschaften

Formbeständigkeit in der Wärme	*Verfahren*	A	80 °C
	Verfahren		°C
Vicat Erweichungstemperatur (VST)	*Verfahren*	B/50	100 °C
	Verfahren	A/120	108 °C
Kristallit-Schmelzpunkt	*Verfahren*		
Längenausdehnungskoeffizient	*Bereich*	°C	·10^{-4}K^{-1}
	Temperatur		·10^{-4}K^{-1}
Wärmeleitfähigkeit	*Verfahren*		W/(K · m)
Spezifische Wärmekapazität	*Verfahren*		J/(K · g)
Glasumwandlungstemperatur	*Torsionsschwingungsversuch*	°C	
	Differentialkalorimetrie	°C	

Brandverhalten

UL-Test vertikal	Dicke mm, Wert	
	Dicke mm, Wert	

	Norm	*Bewertung*	*Abmessungen*
Sauerstoff-Index	ASTM D 2863		
Glühstab-Verfahren			
Brandverhalten	DIN 4102		
MVSS			
FAR			

Elektrische Eigenschaften

	Hz	°C	*Probekörper, Form*
Dielektrizitätszahl	50		
	10^3		
	10^6		
Dielektrischer Verlustfaktor tan δ	50		
	10^3		
	10^6		
Spezifischer Durchgangs-widerstand	Ohm · cm		
Durchschlagfestigkeit	kV/mm		mm dick
Oberflächenwiderstand	Ohm		
Kriechstromfestigkeit	KC	KB	KA
Elektrolytische Korrosionswirkung			
Lichtbogenfestigkeit nach DIN			
nach ASTM	s		

Beständigkeit *(Chemische Beständigkeit siehe Anhang)*

Wasseraufnahme

Feuchtigkeitsaufnahme Normalklima	%
Wetterbeständigkeit	

Spannungskorrosion

Optische Eigenschaften

Brechungszahl n$_D$
Transmissionsgrad τ$_c$ %   mm dick
Lichtdurchlässigkeit

Produkt	Acrylnitril-Butadien-Styrol-Polymerisat	**ABS**

Handelsname **Magnum 2002**

Hersteller DOW

DIN-Bez 1 16772-ABS,MG,095-15-10C
DIN-Bez 2

Zusätze	Antistatikum	*Füllstoffe/ Verstärkung*	
Bevorzugte Verarbeitung	Spritzgiessen	*Lieferform*	Granulat
		Farben	Natur; Standard
Besondere Merkmale	Guter Glanz; Gute Waermebestaendigkeit; Hohe Schlagzaehigkeit	*Bevorzugte Anwendungen*	Gehaeuse fuer Haushaltsgeraet, Staubsauger, Telefon, Fernsehgeraet; Radiogeraet

---

Dichte	g/cm^3	1.05	*Schmelzindex*	g/10 min	14:	220/10
Schüttdichte	g/cm^3	0.65	*Volumenfließindex*	cm^3/10 min	:	
Viskositätszahl	ml/g					

Verarbeitungsbedingungen für Spritzgießen

Massetemp.	°C	*Schwindung*	%	lgs	, quer
Werkzeugtemp.	°C	*Bemerkungen*			
Spritzdruck	bar				

Zugversuch 23 °C ISO 527;

	Probekörper:	*Form*	*Herstellung*	Spritzgiessen
		Zustand	*Vorbehandlung*	Normalklima
Streckspannung	N/mm^2 48		*Dehnung bei Streckspannung*	%
Zugfestigkeit	N/mm^2		*Reißdehnung*	% 20
Reißfestigkeit	N/mm^2		*% Dehnspannung*	N/mm^2
E-Modul	N/mm^2		*Dehnung bei % Dehnspg.*	%

Kriechmoduln und Zeitstandwerte 23 °C

	Probekörper:	*Form*	*Herstellung*	
		Zustand	*Vorbehandlung*	
Kriechmodul	1 min N/mm^2		*Zeitstandzugfestigkeit*	h N/mm^2
Kriechmodul	1000 h N/mm^2		*Zeitdehnspg. %*	h N/mm^2
bei Spannung	N/mm^2			

Biegeversuch 23 °C DIN 53452; DIN 53457

	Probekörper:	*Form*	*Herstellung*	Spritzgiessen
		Zustand	*Vorbehandlung*	Normalklima
Biegefestigkeit	N/mm^2 75		*E-Modul*	N/mm^2 2650
3,5% Biegespannung	N/mm^2			

Härte 23 °C

	Probekörper:	*Zustand*	*Herstellung*	Spritzgiessen
			Vorbehandlung	Normalklima
Kugeldruckhärte	N/mm^2 115	bei 358 N, 30 s	*Shore-Härte*	A
Rockwellhärte	R 84		*Shore-Härte*	D

Schlagversuch

	Probekörper:	*(1)* U-Kerbe		
		(2) V-Kerbe	*Herstellung*	Spritzgiessen
		Zustand	*Vorbehandlung*	Normalklima
		°C °C	°C	*Probekörper-Form*
Schlagzähigkeit	kJ/m^2	23 o.B.		
Kerbschlagzähigkeit (1)	kJ/m^2	23 10		
IZOD-Kerbschlagzähigkeit (2)	J/m	23 160		
Kerbschlagzugzähigkeit	kJ/m^2			

Abrieb und Reibung

Taber-Abrieb (Reibradverfahren)	mm³/100 U
Abriebfaktor LNP (Thrust washer) Vergleichswert	
Statische Reibungszahl	
Dynamische Reibungszahl	$(p \cdot v =$　　N/mm² ·　　m/min)
Zulässiger p · v Wert	N/mm² · (m/min)　v =　　m/min
	v =　　m/min

Thermische Eigenschaften

Formbeständigkeit in der Wärme	*Verfahren*	A	78 °C
	Verfahren		°C
Vicat Erweichungstemperatur (VST)	*Verfahren*	B/50	97 °C
	Verfahren	A/120	106 °C
Kristallit-Schmelzpunkt	*Verfahren*		
Längenausdehnungskoeffizient	*Bereich*	°C	$\cdot 10^{-4} \mathrm{K}^{-1}$
	Temperatur		$\cdot 10^{-4} \mathrm{K}^{-1}$
Wärmeleitfähigkeit	*Verfahren*		W/(K · m)
Spezifische Wärmekapazität	*Verfahren*		J/(K · g)
Glasumwandlungstemperatur	*Torsionsschwingungsversuch*	°C	
	Differentialkalorimetrie	°C	

Brandverhalten

UL-Test vertikal	Dicke　mm, Wert	
	Dicke　mm, Wert	

	Norm	*Bewertung*	*Abmessungen*
Sauerstoff-Index	ASTM D 2863		
Glühstab-Verfahren			
Brandverhalten	DIN 4102		
MVSS			
FAR			

Elektrische Eigenschaften

		Hz	°C			*Probekörper, Form*
Dielektrizitätszahl		50				
		10^3				
		10^6				
Dielektrischer Verlustfaktor tan δ		50				
		10^3				
		10^6				
Spezifischer Durchgangs-widerstand	Ohm · cm					
Durchschlagfestigkeit	kV/mm					mm dick
Oberflächenwiderstand	Ohm					
Kriechstromfestigkeit		KC		KB	KA	
Elektrolytische Korrosionswirkung						
Lichtbogenfestigkeit nach DIN						
nach ASTM	s					

Beständigkeit *(Chemische Beständigkeit siehe Anhang)*

Wasseraufnahme

Feuchtigkeitsaufnahme Normalklima　　　　　　　　　　　　　　　　　　　　　　%
Wetterbeständigkeit

Spannungskorrosion

Optische Eigenschaften

Brechungszahl n_D
Transmissionsgrad τ_c　　%　　　　　　　　mm dick
Lichtdurchlässigkeit

Produkt	Acrylnitril-Butadien-Styrol-Polymerisat	**ABS**
Handelsname	**Magnum 2013**	
Hersteller	DOW	
DIN-Bez 1	16772-ABS,MG,095-15-06C	
DIN-Bez 2	16772-ABS,EG,095-15-06C	

Zusätze		*Füllstoffe/ Verstärkung*	
Bevorzugte Verarbeitung	Extrudieren; Spritzgiessen	*Lieferform*	Granulat
		Farben	Natur; Standard
Besondere Merkmale	Geringerer Glanz; Gute Waermebestaendigkeit; Mittlere Schlagzaehigkeit; Gute Dehnung	*Bevorzugte Anwendungen*	Kuehlschrankinnenteil; Verpackung

Dichte	g/cm³	1.05	*Schmelzindex* g/10 min	20: 220/10
Schüttdichte	g/cm³	0.65	*Volumenfließindex* cm³/10 min	:
Viskositätszahl	ml/g			

Verarbeitungsbedingungen für Spritzgießen

Massetemp.	°C	*Schwindung* %	lgs , quer
Werkzeugtemp.	°C	*Bemerkungen*	
Spritzdruck	bar		

Zugversuch 23 °C ISO 527;

Probekörper:	*Form*	*Herstellung*	Spritzgiessen
	Zustand	*Vorbehandlung*	Normalklima

Streckspannung	N/mm² 41	*Dehnung bei Streckspannung*	%	
Zugfestigkeit	N/mm²	*Reißdehnung*	%	40
Reißfestigkeit	N/mm²	*% Dehnspannung*	N/mm²	
E-Modul	N/mm²	*Dehnung bei % Dehnspg.*	%	

Kriechmoduln und Zeitstandwerte 23 °C

Probekörper:	*Form*	*Herstellung*	
	Zustand	*Vorbehandlung*	

Kriechmodul	1 min N/mm²	*Zeitstandzugfestigkeit*	h N/mm²
Kriechmodul	1000 h N/mm²	*Zeitdehnspg. %*	h N/mm²
bei Spannung	N/mm²		

Biegeversuch 23 °C DIN 53452; DIN 53457

Probekörper:	*Form*	*Herstellung*	Spritzgiessen
	Zustand	*Vorbehandlung*	Normalklima

Biegefestigkeit	N/mm² 60	*E-Modul*	N/mm² 2300
3,5% Biegespannung	N/mm²		

Härte 23 °C

Probekörper:	*Zustand*	*Herstellung*	Spritzgiessen
		Vorbehandlung	Normalklima

Kugeldruckhärte	N/mm² 98	bei 358 N, 30 s	*Shore-Härte* A
Rockwellhärte			*Shore-Härte* D

Schlagversuch

Probekörper:	*(1)* U-Kerbe		
	(2) V-Kerbe	*Herstellung*	Spritzgiessen
	Zustand	*Vorbehandlung*	Normalklima

	°C	°C	°C *Probekörper-Form*

Schlagzähigkeit	kJ/m²		
Kerbschlagzähigkeit (1)	kJ/m²	23	7.5
IZOD-Kerbschlagzähigkeit (2)	J/m	23	100
Kerbschlagzugzähigkeit	kJ/m²		

Abrieb und Reibung

Taber-Abrieb (Reibradverfahren)   mm³/100 U
Abriebfaktor LNP (Thrust washer) Vergleichswert
Statische Reibungszahl
Dynamische Reibungszahl $(p \cdot v =$ N/mm² ·   m/min)
Zulässiger p · v Wert   N/mm² · (m/min)   v =   m/min
                                                                           v =   m/min

Thermische Eigenschaften

Formbeständigkeit in der Wärme	Verfahren	A	80 °C
	Verfahren		°C
Vicat Erweichungstemperatur (VST)	Verfahren	B/50	100 °C
	Verfahren	A/120	109 °C
Kristallit-Schmelzpunkt	Verfahren		

Längenausdehnungskoeffizient   Bereich   °C $\cdot 10^{-4} K^{-1}$
                                      Temperatur $\cdot 10^{-4} K^{-1}$
Wärmeleitfähigkeit   Verfahren   W/(K · m)

Spezifische Wärmekapazität   Verfahren   J/(K · g)

Glasumwandlungstemperatur   Torsionsschwingungsversuch   °C
                                      Differentialkalorimetrie   °C

Brandverhalten

UL-Test vertikal   Dicke   mm, Wert
                                      Dicke   mm, Wert

	Norm	Bewertung	Abmessungen
Sauerstoff-Index	ASTM D 2863		
Glühstab-Verfahren			
Brandverhalten	DIN 4102		
MVSS			
FAR			

Elektrische Eigenschaften

	Hz	°C	Probekörper, Form
Dielektrizitätszahl	50		
	10^3		
	10^6		
Dielektrischer Verlustfaktor tan δ	50		
	10^3		
	10^6		

Spezifischer Durchgangs-
   widerstand   Ohm · cm
Durchschlagfestigkeit   kV/mm   mm dick
Oberflächenwiderstand   Ohm

Kriechstromfestigkeit   KC   KB   KA
Elektrolytische Korrosionswirkung
Lichtbogenfestigkeit nach DIN
               nach ASTM   s

Beständigkeit (Chemische Beständigkeit siehe Anhang)

Wasseraufnahme

Feuchtigkeitsaufnahme Normalklima   %
Wetterbeständigkeit

Spannungskorrosion

Optische Eigenschaften

Brechungszahl n_D
Transmissionsgrad τ_c %   mm dick
Lichtdurchlässigkeit

Produkt	Acrylnitril-Butadien-Styrol-Polymerisat	**ABS**
Handelsname	**Magnum 2020**	
Hersteller	DOW	

DIN-Bez 1 16772-ABS,MG,095-04-15C
DIN-Bez 2 16772-ABS,EG,095-04-15C

Zusätze		*Füllstoffe/ Verstärkung*	
Bevorzugte Verarbeitung	Extrudieren; Spritzgiessen	*Lieferform*	Granulat
		Farben	Natur; Standard
Besondere Merkmale	Geringerer Glanz; Sehr gute Zaehigkeit; Hervorragende Tiefzieheigenschaften	*Bevorzugte Anwendungen*	Bedarfsartikel

---

Dichte	g/cm^3	1.05	*Schmelzindex*	g/10 min	5: 220/10
Schüttdichte	g/cm^3	0.65	*Volumenfließindex*	cm^3/10 min	:
Viskositätszahl	ml/g				

Verarbeitungsbedingungen für Spritzgießen

Massetemp.	°C	*Schwindung*	%	lgs , quer
Werkzeugtemp.	°C	*Bemerkungen*		
Spritzdruck	bar			

Zugversuch 23 °C ISO 527;

	Probekörper: Form	*Herstellung*	Spritzgiessen
	Zustand	*Vorbehandlung*	Normalklima

Streckspannung	N/mm^2 42	*Dehnung bei Streckspannung*	%	
Zugfestigkeit	N/mm^2	*Reißdehnung*	%	35
Reißfestigkeit	N/mm^2	% *Dehnspannung*	N/mm^2	
E-Modul	N/mm^2	*Dehnung bei* % *Dehnspg.*	%	

Kriechmoduln und Zeitstandwerte 23 °C

	Probekörper: Form	*Herstellung*	
	Zustand	*Vorbehandlung*	

Kriechmodul	1 min N/mm^2	*Zeitstandzugfestigkeit*	h N/mm^2
Kriechmodul	1000 h N/mm^2	*Zeitdehnspg.* %	h N/mm^2
bei Spannung	N/mm^2		

Biegeversuch 23 °C DIN 53452; DIN 53457

	Probekörper: Form	*Herstellung*	Spritzgiessen
	Zustand	*Vorbehandlung*	Normalklima

Biegefestigkeit	N/mm^2 70	*E-Modul*	N/mm^2 2350
3,5% Biegespannung	N/mm^2		

Härte 23 °C

	Probekörper: Zustand	*Herstellung*	Spritzgiessen
		Vorbehandlung	Normalklima

Kugeldruckhärte	N/mm^2 100	bei 358 N, 30 s	*Shore-Härte* A
Rockwellhärte	R 75		*Shore-Härte* D

Schlagversuch

	Probekörper: (1) U-Kerbe		
	(2) V-Kerbe	*Herstellung*	Spritzgiessen
	Zustand	*Vorbehandlung*	Normalklima
	°C	°C	°C	*Probekörper-Form*

Schlagzähigkeit	kJ/m^2	23	o.B.
Kerbschlagzähigkeit (1)	kJ/m^2	23	13
IZOD-Kerbschlagzähigkeit (2)	J/m	23	200
Kerbschlagzugzähigkeit	kJ/m^2		

Abrieb und Reibung

Taber-Abrieb (Reibradverfahren)	mm^3/100 U
Abriebfaktor LNP (Thrust washer) Vergleichswert	
Statische Reibungszahl	
Dynamische Reibungszahl	(p·v = N/mm^2· m/min)
Zulässiger p · v Wert	N/mm^2 · (m/min) v = m/min
	v = m/min

Thermische Eigenschaften

Formbeständigkeit in der Wärme	*Verfahren*	A	80 °C
	Verfahren		°C
Vicat Erweichungstemperatur (VST)	*Verfahren*	B/50	100 °C
	Verfahren	A/120	109 °C
Kristallit-Schmelzpunkt	*Verfahren*		
Längenausdehnungskoeffizient	*Bereich*	°C	·10^{-4}K^{-1}
	Temperatur		·10^{-4}K^{-1}
Wärmeleitfähigkeit	*Verfahren*		W/(K · m)
Spezifische Wärmekapazität	*Verfahren*		J/(K · g)
Glasumwandlungstemperatur	*Torsionsschwingungsversuch*	°C	
	Differentialkalorimetrie	°C	

Brandverhalten

UL-Test vertikal	Dicke mm, Wert	
	Dicke mm, Wert	

	Norm	*Bewertung*	*Abmessungen*
Sauerstoff-Index	ASTM D 2863		
Glühstab-Verfahren			
Brandverhalten	DIN 4102		
MVSS			
FAR			

Elektrische Eigenschaften

	Hz	°C	*Probekörper, Form*
Dielektrizitätszahl	50		
	10^3		
	10^6		
Dielektrischer Verlustfaktor tan δ	50		
	10^3		
	10^6		
Spezifischer Durchgangs-widerstand	Ohm · cm		
Durchschlagfestigkeit	kV/mm		mm dick
Oberflächenwiderstand	Ohm		
Kriechstromfestigkeit	KC	KB	KA
Elektrolytische Korrosionswirkung			
Lichtbogenfestigkeit nach DIN			
nach ASTM s			

Beständigkeit *(Chemische Beständigkeit siehe Anhang)*

Wasseraufnahme

Feuchtigkeitsaufnahme Normalklima   %
Wetterbeständigkeit

Spannungskorrosion

Optische Eigenschaften

Brechungszahl n$_D$
Transmissionsgrad τ$_c$ %   mm dick
Lichtdurchlässigkeit

Produkt	Acrylnitril-Butadien-Styrol-Polymerisat	**ABS**

Handelsname   **Magnum 2030**

Hersteller   DOW

DIN-Bez 1   16772-ABS,MG,095-04-15C
DIN-Bez 2   16772-ABS,EG,095-04-15C

Zusätze   *Füllstoffe/*
                                                    Verstärkung

Bevorzugte   Spritzgiessen; Extrudieren   *Lieferform*   Granulat
Verarbeitung

                                                    Farben   Natur; Standard

Besondere   Sehr gute Schlagzaehigkeit; Gute   *Bevorzugte*   Kfz-Sektor; Tiefkuehlschrankinnenbe-
Merkmale   Temperaturbestaendigkeit   *Anwendungen*   haelter; Kuehlschrankinnenbehaelter;
                                                    Rohr; Profil

---

Dichte   g/cm^3 1.05   *Schmelzindex*   g/10 min   4:   220/10
Schüttdichte   g/cm^3 0.65   *Volumenfließindex*   cm^3/10 min   :
Viskositätszahl   ml/g

Verarbeitungsbedingungen für Spritzgießen

Massetemp.   °C   *Schwindung*   %   lgs   , quer
Werkzeugtemp.   °C   *Bemerkungen*
Spritzdruck   bar

Zugversuch 23 °C   ISO 527;
                       Probekörper: *Form*   *Herstellung*   Spritzgiessen
                                        Zustand   *Vorbehandlung*   Normalklima

Streckspannung   N/mm^2 42   *Dehnung bei Streckspannung*   %
Zugfestigkeit   N/mm^2 *Reißdehnung*   %   35
Reißfestigkeit   N/mm^2 *% Dehnspannung*   N/mm^2
E-Modul   N/mm^2 *Dehnung bei   % Dehnspg.*   %

Kriechmoduln und Zeitstandwerte 23 °C
                       Probekörper: *Form*   *Herstellung*
                                        Zustand   *Vorbehandlung*

Kriechmodul   1 min N/mm^2 *Zeitstandzugfestigkeit*   h N/mm^2
Kriechmodul   1000 h N/mm^2 *Zeitdehnspg. %*   h N/mm^2
bei Spannung   N/mm^2

Biegeversuch 23 °C   DIN 53452; DIN 53457
                       Probekörper: *Form*   *Herstellung*   Spritzgiessen
                                        Zustand   *Vorbehandlung*   Normalklima

Biegefestigkeit   N/mm^2 65   *E-Modul*   N/mm^2 2250
3,5% Biegespannung   N/mm^2

Härte 23 °C   *Probekörper:*   *Zustand*   *Herstellung*   Spritzgiessen
                                                        Vorbehandlung   Normalklima

Kugeldruckhärte   N/mm^2 87   bei 358 N, 30 s   *Shore-Härte* A
Rockwellhärte   R 67   *Shore-Härte* D

Schlagversuch   *Probekörper:*   *(1)* U-Kerbe
                                     (2) V-Kerbe   *Herstellung*   Spritzgiessen
                                     Zustand   *Vorbehandlung*   Normalklima

                                     °C   °C   °C   *Probekörper-Form*

Schlagzähigkeit   kJ/m^2 23 o.B.
Kerbschlagzähigkeit (1)   kJ/m^2 23 16
IZOD-Kerbschlagzähigkeit (2)   J/m   23 270
Kerbschlagzugzähigkeit   kJ/m^2

Abrieb und Reibung

Taber-Abrieb (Reibradverfahren)	mm³/100 U
Abriebfaktor LNP (Thrust washer) Vergleichswert	
Statische Reibungszahl	
Dynamische Reibungszahl	(p · v = N/mm² · m/min)
Zulässiger p · v Wert	N/mm² · (m/min) v = m/min
	v = m/min

Thermische Eigenschaften

Formbeständigkeit in der Wärme	*Verfahren*	A	79 °C
	Verfahren		°C
Vicat Erweichungstemperatur (VST)	*Verfahren*	B/50	100 °C
	Verfahren	A/120	109 °C
Kristallit-Schmelzpunkt	*Verfahren*		
Längenausdehnungskoeffizient	*Bereich* °C		$\cdot 10^{-4} \mathrm{K}^{-1}$
	Temperatur		$\cdot 10^{-4} \mathrm{K}^{-1}$
Wärmeleitfähigkeit	*Verfahren*		W/(K · m)
Spezifische Wärmekapazität	*Verfahren*		J/(K · g)
Glasumwandlungstemperatur	*Torsionsschwingungsversuch*		°C
	Differentialkalorimetrie		°C

Brandverhalten

UL-Test vertikal	Dicke mm, Wert	
	Dicke mm, Wert	

	Norm	*Bewertung*	*Abmessungen*
Sauerstoff-Index	ASTM D 2863		
Glühstab-Verfahren			
Brandverhalten	DIN 4102		
MVSS			
FAR			

Elektrische Eigenschaften

	Hz	°C	*Probekörper, Form*
Dielektrizitätszahl	50		
	10^3		
	10^6		
Dielektrischer Verlustfaktor tan δ	50		
	10^3		
	10^6		
Spezifischer Durchgangs-widerstand	Ohm · cm		
Durchschlagfestigkeit	kV/mm		mm dick
Oberflächenwiderstand	Ohm		
Kriechstromfestigkeit	KC	KB	KA
Elektrolytische Korrosionswirkung			
Lichtbogenfestigkeit nach DIN			
nach ASTM	s		

Beständigkeit *(Chemische Beständigkeit siehe Anhang)*

Wasseraufnahme

Feuchtigkeitsaufnahme Normalklima   %
Wetterbeständigkeit

Spannungskorrosion

Optische Eigenschaften

Brechungszahl n_D
Transmissionsgrad τ_c %   mm dick
Lichtdurchlässigkeit

Produkt	Acrylnitril-Butadien-Styrol-Polymerisat	**ABS**

Handelsname   **Magnum 2101**

Hersteller   DOW

DIN-Bez 1   16772-ABS,MG,105-04-06C
DIN-Bez 2   16772-ABS,EG,105-04-06C

Zusätze   *Füllstoffe/*
                                                                Verstärkung

Bevorzugte   Extrudieren; Spritzgiessen   *Lieferform*   Granulat
Verarbeitung

                                                    Farben   Natur; Standard

Besondere   Guter Glanz; Gute Festigkeit; Hervorra-   *Bevorzugte*   Kuehlschranktuer; Steifes Spritzgiess-
Merkmale   gende Tiefzieheigenschaften   *Anwendungen*   formteil

---

Dichte   g/cm³   1.05   *Schmelzindex*   g/10 min   5:   220/10
Schüttdichte   g/cm³   0.65   *Volumenfließindex*   cm³/10 min   :
Viskositätszahl ml/g

Verarbeitungsbedingungen für Spritzgießen

Massetemp.   °C   *Schwindung*   %   lgs   , quer
Werkzeugtemp.   °C   *Bemerkungen*
Spritzdruck   bar

Zugversuch 23 °C   ISO 527;
                       Probekörper: Form   *Herstellung*   Spritzgiessen
                                        Zustand   *Vorbehandlung*   Normalklima

Streckspannung   N/mm² 55   *Dehnung bei Streckspannung*   %
Zugfestigkeit   N/mm²   *Reißdehnung*   %   15
Reißfestigkeit   N/mm²   *% Dehnspannung*   N/mm²
E-Modul   N/mm²   *Dehnung bei*   *% Dehnspg.* %

Kriechmoduln und Zeitstandwerte 23 °C
                       Probekörper: Form   *Herstellung*
                                        Zustand   *Vorbehandlung*

Kriechmodul   1 min N/mm²   *Zeitstandzugfestigkeit*   h N/mm²
Kriechmodul   1000 h N/mm²   *Zeitdehnspg.* %   h N/mm²
bei Spannung   N/mm²

Biegeversuch 23 °C   DIN 53452; DIN 53457
                       Probekörper: Form   *Herstellung*   Spritzgiessen
                                        Zustand   *Vorbehandlung*   Normalklima

Biegefestigkeit   N/mm² 85   *E-Modul*   N/mm² 2700
3,5% Biegespannung   N/mm²

Härte 23 °C   *Probekörper:*   Zustand   *Herstellung*   Spritzgiessen
                                                                 Vorbehandlung   Normalklima

Kugeldruckhärte   N/mm² 116   bei 358 N, 30 s   *Shore-Härte* A
Rockwellhärte   *Shore-Härte* D

Schlagversuch   *Probekörper:*   (1) U-Kerbe
                                     (2) V-Kerbe   *Herstellung*   Spritzgiessen
                                     Zustand   *Vorbehandlung*   Normalklima

                                     °C   °C   °C   *Probekörper-Form*

Schlagzähigkeit   kJ/m²
Kerbschlagzähigkeit (1)   kJ/m²   23 8
IZOD-Kerbschlagzähigkeit (2)   J/m   23 130
Kerbschlagzugzähigkeit   kJ/m²

Abrieb und Reibung

Taber-Abrieb (Reibradverfahren)　　　　　　　$mm^3/100\,U$
Abriebfaktor LNP (Thrust washer) Vergleichswert
Statische Reibungszahl
Dynamische Reibungszahl　　　　　　　　　　　$(p \cdot v =$　　　$N/mm^2 \cdot$　　　$m/min)$
Zulässiger $p \cdot v$ Wert　　　　　　　　　　　$N/mm^2 \cdot (m/min)$　$v =$　　m/min
　　　　　　　　　　　　　　　　　　　　　　　　　　　　　　　$v =$　　m/min

Thermische Eigenschaften

Formbeständigkeit in der Wärme	Verfahren	A	85 °C
	Verfahren		°C
Vicat Erweichungstemperatur (VST)	Verfahren	B/50	101 °C
	Verfahren	A/120	109 °C
Kristallit-Schmelzpunkt	Verfahren		

Längenausdehnungskoeffizient　　　　Bereich　　　　　　°C　　　　　　　　$\cdot 10^{-4}K^{-1}$
　　　　　　　　　　　　　　　　　　　Temperatur　　　　　　　　　　　　　　$\cdot 10^{-4}K^{-1}$
Wärmeleitfähigkeit　　　　　　　　　　Verfahren　　　　　　　　　　　　　　　$W/(K \cdot m)$

Spezifische Wärmekapazität　　　　　　Verfahren　　　　　　　　　　　　　　　$J/(K \cdot g)$

Glasumwandlungstemperatur　　　　　　Torsionsschwingungsversuch　　　°C
　　　　　　　　　　　　　　　　　　　Differentialkalorimetrie　　　　　　°C

Brandverhalten

UL-Test vertikal　　　　　　　　　　　　Dicke　　mm, Wert
　　　　　　　　　　　　　　　　　　　Dicke　　mm, Wert

	Norm	Bewertung	Abmessungen
Sauerstoff-Index	ASTM D 2863		
Glühstab-Verfahren			
Brandverhalten	DIN 4102		
MVSS			
FAR			

Elektrische Eigenschaften

		Hz	°C	Probekörper, Form
Dielektrizitätszahl		50		
		10^3		
		10^6		
Dielektrischer Verlustfaktor $\tan\delta$		50		
		10^3		
		10^6		

Spezifischer Durchgangs-
　widerstand　　　　　Ohm · cm
Durchschlagfestigkeit　kV/mm　　　　　　　　　　　　　　　　　　　　mm dick
Oberflächenwiderstand　Ohm

Kriechstromfestigkeit　　　　　　　KC　　　　　　KB　　　　　KA
Elektrolytische Korrosionswirkung
Lichtbogenfestigkeit nach DIN
　　　　　　　nach ASTM　　s

Beständigkeit *(Chemische Beständigkeit siehe Anhang)*

Wasseraufnahme

Feuchtigkeitsaufnahme Normalklima　　　　　　　　　　　　　　　　　　　　　%
Wetterbeständigkeit

Spannungskorrosion

Optische Eigenschaften

Brechungszahl n_D
Transmissionsgrad τ_c　　%　　　　　　　　　mm dick
Lichtdurchlässigkeit

Produkt	Polyethylen niedriger Dichte	**PE**
Handelsname	**Stamylan LD 2004TC37**	
Hersteller	DSM	
DIN-Bez 1	16776-PE,FBGS,20-D045	
DIN-Bez 2		

Zusätze	Gleitmittel; Antiblockmittel	*Füllstoffe/ Verstärkung*	
Bevorzugte Verarbeitung	Blasfolien-Extrusion	*Lieferform*	Granulat
		Farben	Natur
Besondere Merkmale	Spezialqualitaet fuer die Herstellung sehr duenner Folien; Sehr gute optische Eigenschaften	*Bevorzugte Anwendungen*	Blasfolie; Verpackungsfolie; Waeschebeutel; Textilverpackung; Brotverpackungsbeutel; Tragetasche fuer Normalgebrauch; Folie auf der Rolle fuer Qualitaetsbedruckung; Sichtfolie

Dichte	g/cm³	0.920	*Schmelzindex*	g/10 min	4.7: 190/2.16
Schüttdichte	g/cm³		*Volumenfließindex*	cm³/10 min	:
Viskositätszahl	ml/g				

Verarbeitungsbedingungen für Spritzgießen

Massetemp.	°C		*Schwindung*	%	lgs , quer
Werkzeugtemp.	°C		*Bemerkungen*		
Spritzdruck	bar				

Zugversuch 23 °C   ASTM D 882(A);

	Probekörper:	*Form*	Folienstreifen quer	*Herstellung*	Blasfolienextrusion
		Zustand		*Vorbehandlung*	Normalklima
Streckspannung	N/mm² 9			*Dehnung bei Streckspannung*	%
Zugfestigkeit	N/mm²			*Reißdehnung*	% 560
Reißfestigkeit	N/mm² 20			*% Dehnspannung*	N/mm²
E-Modul	N/mm² 175			*Dehnung bei % Dehnspg.*	%

Kriechmoduln und Zeitstandwerte 23 °C

	Probekörper:	*Form*	*Herstellung*	
		Zustand	*Vorbehandlung*	
Kriechmodul	*1 min* N/mm²		*Zeitstandzugfestigkeit*	h N/mm²
Kriechmodul	*1000 h* N/mm²		*Zeitdehnspg.* %	h N/mm²
bei Spannung	N/mm²			

Biegeversuch 23 °C

	Probekörper:	*Form*	*Herstellung*	
		Zustand	*Vorbehandlung*	
Biegefestigkeit	N/mm²		*E-Modul*	N/mm²
3,5% Biegespannung	N/mm²			

Härte 23 °C

	Probekörper:	*Zustand*	*Herstellung*	
			Vorbehandlung	
Kugeldruckhärte	N/mm²	bei N, s	*Shore-Härte* A	
Rockwellhärte			*Shore-Härte* D	

Schlagversuch

	Probekörper:	*(1)*		
		(2)	*Herstellung*	
		Zustand	*Vorbehandlung*	
	°C	°C	°C	*Probekörper-Form*

Schlagzähigkeit	kJ/m²
Kerbschlagzähigkeit (1)	kJ/m²
IZOD-Kerbschlagzähigkeit (2)	J/m
Kerbschlagzugzähigkeit	kJ/m²

Abrieb und Reibung

Taber-Abrieb (Reibradverfahren)	mm^3/100 U
Abriebfaktor LNP (Thrust washer) Vergleichswert	
Statische Reibungszahl	0.35
Dynamische Reibungszahl	(p·v = N/mm^2 · m/min) 0.17
Zulässiger p · v Wert	N/mm^2 · (m/min) v = m/min
	v = m/min

Thermische Eigenschaften

Formbeständigkeit in der Wärme	*Verfahren*		°C
	Verfahren		°C
Vicat Erweichungstemperatur (VST)	*Verfahren*		°C
	Verfahren		°C
Kristallit-Schmelzpunkt	*Verfahren*		
Längenausdehnungskoeffizient	*Bereich*	°C	· 10^{-4}K^{-1}
	Temperatur		· 10^{-4}K^{-1}
Wärmeleitfähigkeit	*Verfahren*		W/(K · m)
Spezifische Wärmekapazität	*Verfahren*		J/(K · g)
Glasumwandlungstemperatur	*Torsionsschwingungsversuch*	°C	
	Differentialkalorimetrie	°C	

Brandverhalten

UL-Test vertikal	Dicke mm, Wert	
	Dicke mm, Wert	

	Norm	*Bewertung*	*Abmessungen*
Sauerstoff-Index	ASTM D 2863		
Glühstab-Verfahren			
Brandverhalten	DIN 4102		
MVSS			
FAR			

Elektrische Eigenschaften

	Hz	°C	*Probekörper, Form*
Dielektrizitätszahl	50		
	10^3		
	10^6		
Dielektrischer Verlustfaktor tan δ	50		
	10^3		
	10^6		

Spezifischer Durchgangs-widerstand	Ohm · cm	
Durchschlagfestigkeit	kV/mm	mm dick
Oberflächenwiderstand	Ohm	

Kriechstromfestigkeit	KC	KB	KA
Elektrolytische Korrosionswirkung			
Lichtbogenfestigkeit nach DIN			
nach ASTM	s		

Beständigkeit *(Chemische Beständigkeit siehe Anhang)*

Wasseraufnahme

Feuchtigkeitsaufnahme Normalklima   %
Wetterbeständigkeit

Spannungskorrosion

Optische Eigenschaften

Brechungszahl n$_D$
Transmissionsgrad τ_c %   mm dick
Lichtdurchlässigkeit

Produkt	Polyethylen niedriger Dichte	**PE**
Handelsname	**Stamylan LD 2004TC43**	
Hersteller	DSM	
DIN-Bez 1	16776-PE,FBGS,20-D045	
DIN-Bez 2		

Zusätze — Gleitmittel (Erucamid); Antiblockmittel   *Füllstoffe/ Verstärkung*

Bevorzugte Verarbeitung — Blasfolien-Extrusion   *Lieferform* — Granulat

Farben — Natur

Besondere Merkmale — Spezialqualitaet fuer die Herstellung sehr duenner Folien; Sehr gute optische Eigenschaften

Bevorzugte Anwendungen — Blasfolie; Verpackungsfolie; Waeschebeutel; Textilverpackung; Brotverpackungsbeutel; Tragetasche fuer Normalgebrauch; Schrumpf- und Wickelfolie; Sichtfolie

---

Dichte	g/cm³	0.920	*Schmelzindex* g/10 min	4.4: 190/2.16
Schüttdichte	g/cm³		*Volumenfließindex* cm³/10 min	:
Viskositätszahl	ml/g			

Verarbeitungsbedingungen für Spritzgießen

Massetemp.	°C	*Schwindung* %	lgs , quer
Werkzeugtemp.	°C	*Bemerkungen*	
Spritzdruck	bar		

Zugversuch 23 °C   ASTM D 882(A);

Probekörper:	*Form*	Folienstreifen quer	*Herstellung* Blasfolienextrusion
	Zustand		*Vorbehandlung* Normalklima

Streckspannung	N/mm²	9	*Dehnung bei Streckspannung*	%
Zugfestigkeit	N/mm²		*Reißdehnung*	% 560
Reißfestigkeit	N/mm²	20	*% Dehnspannung*	N/mm²
E-Modul	N/mm²	175	*Dehnung bei % Dehnspg.*	%

Kriechmoduln und Zeitstandwerte 23 °C

Probekörper:	*Form*		*Herstellung*
	Zustand		*Vorbehandlung*

Kriechmodul	1 min N/mm²	*Zeitstandzugfestigkeit*	h N/mm²
Kriechmodul	1000 h N/mm²	*Zeitdehnspg.* %	h N/mm²
bei Spannung	N/mm²		

Biegeversuch 23 °C

Probekörper:	*Form*		*Herstellung*
	Zustand		*Vorbehandlung*

Biegefestigkeit	N/mm²	*E-Modul*	N/mm²
3,5% Biegespannung	N/mm²		

Härte 23 °C

Probekörper:	*Zustand*		*Herstellung*
			Vorbehandlung

Kugeldruckhärte	N/mm²	bei N, s	*Shore-Härte* A
Rockwellhärte			*Shore-Härte* D

Schlagversuch

Probekörper:	*(1)*		
	(2)		*Herstellung*
	Zustand		*Vorbehandlung*

°C	°C	°C	*Probekörper-Form*

Schlagzähigkeit	kJ/m²
Kerbschlagzähigkeit (1)	kJ/m²
IZOD-Kerbschlagzähigkeit (2)	J/m
Kerbschlagzugzähigkeit	kJ/m²

Abrieb und Reibung

Taber-Abrieb (Reibradverfahren)	mm³/100 U
Abriebfaktor LNP (Thrust washer) Vergleichswert	
Statische Reibungszahl	0.30
Dynamische Reibungszahl	(p · v = N/mm² · m/min) 0.15
Zulässiger p · v Wert	N/mm² · (m/min) v = m/min
	v = m/min

Thermische Eigenschaften

Formbeständigkeit in der Wärme	*Verfahren*		°C
	Verfahren		°C
Vicat Erweichungstemperatur (VST)	*Verfahren*		°C
	Verfahren		°C
Kristallit-Schmelzpunkt	*Verfahren*		
Längenausdehnungskoeffizient	*Bereich*	°C	$\cdot 10^{-4}\mathrm{K}^{-1}$
	Temperatur		$\cdot 10^{-4}\mathrm{K}^{-1}$
Wärmeleitfähigkeit	*Verfahren*		W/(K · m)
Spezifische Wärmekapazität	*Verfahren*		J/(K · g)
Glasumwandlungstemperatur	*Torsionsschwingungsversuch*	°C	
	Differentialkalorimetrie	°C	

Brandverhalten

UL-Test vertikal	*Dicke* mm, Wert	
	Dicke mm, Wert	

	Norm	*Bewertung*	*Abmessungen*
Sauerstoff-Index	ASTM D 2863		
Glühstab-Verfahren			
Brandverhalten	DIN 4102		
MVSS			
FAR			

Elektrische Eigenschaften

	Hz	*°C*	*Probekörper, Form*
Dielektrizitätszahl	50		
	10^3		
	10^6		
Dielektrischer Verlustfaktor tan δ	50		
	10^3		
	10^6		
Spezifischer Durchgangs- widerstand	Ohm · cm		
Durchschlagfestigkeit	kV/mm		mm dick
Oberflächenwiderstand	Ohm		

Kriechstromfestigkeit	KC	KB	KA
Elektrolytische Korrosionswirkung			
Lichtbogenfestigkeit nach DIN			
nach ASTM	s		

Beständigkeit *(Chemische Beständigkeit siehe Anhang)*

Wasseraufnahme

Feuchtigkeitsaufnahme Normalklima   %
Wetterbeständigkeit

Spannungskorrosion

Optische Eigenschaften

Brechungszahl n_D
Transmissionsgrad τ_c %   mm dick
Lichtdurchlässigkeit

Produkt	Polyethylen niedriger Dichte		**PE**
Handelsname	**Stamylan LD 2102T**		
Hersteller	DSM		
DIN-Bez 1	16776-PE,FG,20-D022		
DIN-Bez 2			

Zusätze		*Füllstoffe/ Verstärkung*	
Bevorzugte Verarbeitung	Blasfolien-Extrusion	*Lieferform*	Granulat
		Farben	Natur
Besondere Merkmale	Mindestfoliendicke 0.025 mm	*Bevorzugte Anwendungen*	Blasfolie; Kleiner Sack; Grosser Sack; Fleischbeutel; Sichtfolie fuer automatisches Verpacken; Luftpolsterfolie; Klebfolie; Pharmazeutische Folie

Dichte	g/cm³	0.920	*Schmelzindex*	g/10 min	1.9: 190/2.16
Schüttdichte	g/cm³		*Volumenfließindex*	cm³/10 min	:
Viskositätszahl	ml/g				

Verarbeitungsbedingungen für Spritzgießen

Massetemp.	°C	*Schwindung*	%	lgs , quer
Werkzeugtemp.	°C	*Bemerkungen*		
Spritzdruck	bar			

Zugversuch 23 °C ASTM D 882(A);

	Probekörper:	*Form* Folienstreifen quer	*Herstellung*	Blasfolienextrusion
		Zustand	*Vorbehandlung*	Normalklima
Streckspannung	N/mm² 10		*Dehnung bei Streckspannung*	%
Zugfestigkeit	N/mm²		*Reißdehnung*	% 540
Reißfestigkeit	N/mm² 20		*% Dehnspannung*	N/mm²
E-Modul	N/mm² 190		*Dehnung bei % Dehnspg.*	%

Kriechmoduln und Zeitstandwerte 23 °C

	Probekörper:	*Form*	*Herstellung*	
		Zustand	*Vorbehandlung*	
Kriechmodul	1 min N/mm²		*Zeitstandzugfestigkeit*	h N/mm²
Kriechmodul	1000 h N/mm²		*Zeitdehnspg. %*	h N/mm²
bei Spannung	N/mm²			

Biegeversuch 23 °C

	Probekörper:	*Form*	*Herstellung*	
		Zustand	*Vorbehandlung*	
Biegefestigkeit	N/mm²		*E-Modul*	N/mm²
3,5% Biegespannung	N/mm²			

Härte 23 °C

	Probekörper:	*Zustand*	*Herstellung*	
			Vorbehandlung	
Kugeldruckhärte	N/mm²	bei N, s	*Shore-Härte* A	
Rockwellhärte			*Shore-Härte* D	

Schlagversuch

	Probekörper:	*(1)*		
		(2)	*Herstellung*	
		Zustand	*Vorbehandlung*	
		°C	°C	°C *Probekörper-Form*

Schlagzähigkeit	kJ/m²
Kerbschlagzähigkeit (1)	kJ/m²
IZOD-Kerbschlagzähigkeit (2)	J/m
Kerbschlagzugzähigkeit	kJ/m²

Abrieb und Reibung

Taber-Abrieb (Reibradverfahren)	mm³/100 U	
Abriebfaktor LNP (Thrust washer) Vergleichswert		
Statische Reibungszahl	1.53	
Dynamische Reibungszahl	(p·v = N/mm² · m/min) 1.10	
Zulässiger p · v Wert	N/mm² · (m/min) v = m/min	
	v = m/min	

Thermische Eigenschaften

Formbeständigkeit in der Wärme	Verfahren	°C
	Verfahren	°C
Vicat Erweichungstemperatur (VST)	Verfahren	°C
	Verfahren	°C
Kristallit-Schmelzpunkt	Verfahren	
Längenausdehnungskoeffizient	Bereich °C	$\cdot 10^{-4} K^{-1}$
	Temperatur	$\cdot 10^{-4} K^{-1}$
Wärmeleitfähigkeit	Verfahren	W/(K · m)
Spezifische Wärmekapazität	Verfahren	J/(K · g)
Glasumwandlungstemperatur	Torsionsschwingungsversuch	°C
	Differentialkalorimetrie	°C

Brandverhalten

UL-Test vertikal	Dicke mm, Wert	
	Dicke mm, Wert	

	Norm	Bewertung	Abmessungen
Sauerstoff-Index	ASTM D 2863		
Glühstab-Verfahren			
Brandverhalten	DIN 4102		
MVSS			
FAR			

Elektrische Eigenschaften

	Hz	°C	Probekörper, Form
Dielektrizitätszahl	50		
	10^3		
	10^6		
Dielektrischer Verlustfaktor tan δ	50		
	10^3		
	10^6		

Spezifischer Durchgangs-widerstand	Ohm · cm	
Durchschlagfestigkeit	kV/mm	mm dick
Oberflächenwiderstand	Ohm	

Kriechstromfestigkeit	KC	KB	KA
Elektrolytische Korrosionswirkung			
Lichtbogenfestigkeit nach DIN			
nach ASTM s			

Beständigkeit *(Chemische Beständigkeit siehe Anhang)*

Wasseraufnahme	
Feuchtigkeitsaufnahme Normalklima	%
Wetterbeständigkeit	
Spannungskorrosion	

Optische Eigenschaften

Brechungszahl n_D		
Transmissionsgrad τ_c	%	mm dick
Lichtdurchlässigkeit		

Produkt	Polyethylen niedriger Dichte	**PE**
Handelsname	**Stamylan LD 2102TC11**	
Hersteller	DSM	
DIN-Bez 1 *DIN-Bez 2*	16776-PE,FBGS,20-D022	

Zusätze	Gleitmittel (Erucamid); Antiblockmittel	*Füllstoffe/* *Verstärkung*	
Bevorzugte *Verarbeitung*	Blasfolien-Extrusion	*Lieferform*	Granulat
		Farben	Natur
Besondere *Merkmale*	Spezialtyp fuer transparente Folien	*Bevorzugte* *Anwendungen*	Blasfolie; Form-Fuellfolie; Pharmazeu- tische Folie

Dichte	g/cm^3	0.921	*Schmelzindex*	g/10 min	2.5:	190/2.16
Schüttdichte	g/cm^3		*Volumenfließindex*	cm^3/10 min	:
Viskositätszahl	ml/g				

Verarbeitungsbedingungen für Spritzgießen

Massetemp.	°C		*Schwindung*	%	lgs	, quer
Werkzeugtemp.	°C		*Bemerkungen*		
Spritzdruck	bar				

Zugversuch 23 °C   ASTM D 882(A);

	Probekörper:	*Form*	Folienstreifen quer	*Herstellung*	Blasfolienextrusion
		Zustand		*Vorbehandlung*	Normalklima
Streckspannung	N/mm^2 10		*Dehnung bei Streckspannung*	%	
Zugfestigkeit	N/mm^2		*Reißdehnung*	%	550
Reißfestigkeit	N/mm^2 22		*% Dehnspannung*	N/mm^2	
E-Modul	N/mm^2 175		*Dehnung bei* *% Dehnspg.*	%	

Kriechmoduln und Zeitstandwerte 23 °C

	Probekörper:	*Form*	*Herstellung*	
		Zustand	*Vorbehandlung*	
Kriechmodul	*1 min* N/mm^2		*Zeitstandzugfestigkeit*	h N/mm^2
Kriechmodul	*1000 h* N/mm^2		*Zeitdehnspg.* %	h N/mm^2
bei Spannung	N/mm^2			

Biegeversuch 23 °C

	Probekörper:	*Form*	*Herstellung*	
		Zustand	*Vorbehandlung*	
Biegefestigkeit	N/mm^2		*E-Modul*	N/mm^2
3,5% Biegespannung	N/mm^2			

Härte 23 °C

	Probekörper:	*Zustand*	*Herstellung*	
			Vorbehandlung	
Kugeldruckhärte	N/mm^2	bei N, s	*Shore-Härte* A	
Rockwellhärte			*Shore-Härte* D	

Schlagversuch

	Probekörper:	*(1)*		
		(2)	*Herstellung*	
		Zustand	*Vorbehandlung*	
		°C	°C	°C	*Probekörper-Form*

Schlagzähigkeit	kJ/m^2
Kerbschlagzähigkeit (1)	kJ/m^2
IZOD-Kerbschlagzähigkeit (2)	J/m
Kerbschlagzugzähigkeit	kJ/m^2

Abrieb und Reibung

Taber-Abrieb (Reibradverfahren)	mm³/100 U	
Abriebfaktor LNP (Thrust washer) Vergleichswert		
Statische Reibungszahl	0.68	
Dynamische Reibungszahl	(p·v = N/mm² · m/min)	0.46
Zulässiger p · v Wert	N/mm² · (m/min) v = m/min	
	v = m/min	

Thermische Eigenschaften

Formbeständigkeit in der Wärme	*Verfahren*		°C
	Verfahren		°C
Vicat Erweichungstemperatur (VST)	*Verfahren*		°C
	Verfahren		°C
Kristallit-Schmelzpunkt	*Verfahren*		
Längenausdehnungskoeffizient	*Bereich*	°C	$\cdot 10^{-4} K^{-1}$
	Temperatur		$\cdot 10^{-4} K^{-1}$
Wärmeleitfähigkeit	*Verfahren*		W/(K · m)
Spezifische Wärmekapazität	*Verfahren*		J/(K · g)
Glasumwandlungstemperatur	*Torsionsschwingungsversuch*	°C	
	Differentialkalorimetrie	°C	

Brandverhalten

UL-Test vertikal   Dicke mm, Wert
               Dicke mm, Wert

	Norm	Bewertung	Abmessungen
Sauerstoff-Index	ASTM D 2863		
Glühstab-Verfahren			
Brandverhalten	DIN 4102		
MVSS			
FAR			

Elektrische Eigenschaften

	Hz	°C	Probekörper, Form
Dielektrizitätszahl	50		
	10^3		
	10^6		
Dielektrischer Verlustfaktor tan δ	50		
	10^3		
	10^6		

Spezifischer Durchgangs-					
widerstand	Ohm · cm				
Durchschlagfestigkeit	kV/mm				mm dick
Oberflächenwiderstand	Ohm				
Kriechstromfestigkeit	KC		KB	KA	
Elektrolytische Korrosionswirkung					
Lichtbogenfestigkeit nach DIN					
nach ASTM	s				

Beständigkeit *(Chemische Beständigkeit siehe Anhang)*

Wasseraufnahme

Feuchtigkeitsaufnahme Normalklima   %
Wetterbeständigkeit

Spannungskorrosion

Optische Eigenschaften

Brechungszahl n_D
Transmissionsgrad τ_c %   mm dick
Lichtdurchlässigkeit

Produkt	Polyethylen niedriger Dichte		**PE**
Handelsname	**Stamylan LD 2102TC32**		
Hersteller	DSM		
DIN-Bez 1	16776-PE,FBGS,20-D022		
DIN-Bez 2			

Zusätze	Gleitmittel (Erucamid); Antiblockmittel	*Füllstoffe/ Verstärkung*	
Bevorzugte Verarbeitung	Blasfolien-Extrusion	*Lieferform*	Granulat
		Farben	Natur
Besondere Merkmale	Sehr geringer Energieverbrauch bei der Verarbeitung; Mindestfoliendicke 0.020 mm; Transparent	*Bevorzugte Anwendungen*	Blasfolie; Verpackungsfolie; Kaschieren und Verpacken von Lebensmitteln und Konsumartikeln; Tragetasche mit Qualitaetsbedruckung; Folie auf der Rolle; Haushaltfolie; Pharmafolie

Dichte	g/cm^3	0.921	*Schmelzindex*	g/10 min	2.5: 190/2.16
Schüttdichte	g/cm^3		*Volumenfließindex*	cm^3/10 min	:
Viskositätszahl	ml/g				

Verarbeitungsbedingungen für Spritzgießen

Massetemp.	°C		*Schwindung*	%	lgs , quer
Werkzeugtemp.	°C		*Bemerkungen*		
Spritzdruck	bar				

Zugversuch 23°C   ASTM D 882(A);

	Probekörper: Form	Folienstreifen quer	*Herstellung* Blasfolienextrusion
	Zustand		*Vorbehandlung* Normalklima

Streckspannung	N/mm^2	10	*Dehnung bei Streckspannung*	%
Zugfestigkeit	N/mm^2		*Reißdehnung*	% 550
Reißfestigkeit	N/mm^2	22	*% Dehnspannung*	N/mm^2
E-Modul	N/mm^2	175	*Dehnung bei % Dehnspg.*	%

Kriechmoduln und Zeitstandwerte 23°C

	Probekörper: Form		*Herstellung*
	Zustand		*Vorbehandlung*

Kriechmodul	1 min N/mm^2		*Zeitstandzugfestigkeit*	h N/mm^2
Kriechmodul	1000 h N/mm^2		*Zeitdehnspg. %*	h N/mm^2
bei Spannung	N/mm^2			

Biegeversuch 23°C

	Probekörper: Form		*Herstellung*
	Zustand		*Vorbehandlung*

Biegefestigkeit	N/mm^2	*E-Modul*	N/mm^2
3,5% Biegespannung	N/mm^2		

Härte 23°C   *Probekörper:* Zustand   *Herstellung*
Vorbehandlung

Kugeldruckhärte	N/mm^2 bei N, s	*Shore-Härte* A	
Rockwellhärte		*Shore-Härte* D	

Schlagversuch   *Probekörper:* (1)
(2)   *Herstellung*
Zustand   *Vorbehandlung*

°C	°C	°C	*Probekörper-Form*

Schlagzähigkeit	kJ/m^2
Kerbschlagzähigkeit (1)	kJ/m^2
IZOD-Kerbschlagzähigkeit (2)	J/m
Kerbschlagzugzähigkeit	kJ/m^2

Abrieb und Reibung

Taber-Abrieb (Reibradverfahren)   mm^3/100 U
Abriebfaktor LNP (Thrust washer) Vergleichswert
Statische Reibungszahl   0.29
Dynamische Reibungszahl   (p·v =   N/mm^2·   m/min)   0.16
Zulässiger p·v Wert   N/mm^2·(m/min)   v =   m/min
                                                                            v =   m/min

Thermische Eigenschaften

Formbeständigkeit in der Wärme   Verfahren   °C
                                        Verfahren   °C
Vicat Erweichungstemperatur (VST)   Verfahren   °C
                                        Verfahren   °C
Kristallit-Schmelzpunkt   Verfahren

Längenausdehnungskoeffizient   Bereich   °C   ·10^{-4}K^{-1}
                                        Temperatur   ·10^{-4}K^{-1}
Wärmeleitfähigkeit   Verfahren   W/(K·m)

Spezifische Wärmekapazität   Verfahren   J/(K·g)

Glasumwandlungstemperatur   Torsionsschwingungsversuch   °C
                                        Differentialkalorimetrie   °C

Brandverhalten

UL-Test vertikal   Dicke   mm, Wert
                                        Dicke   mm, Wert

	Norm	Bewertung		Abmessungen
Sauerstoff-Index	ASTM D 2863			
Glühstab-Verfahren				
Brandverhalten	DIN 4102			
MVSS				
FAR				

Elektrische Eigenschaften

		Hz	°C		Probekörper, Form
Dielektrizitätszahl		50			
		10^3			
		10^6			
Dielektrischer Verlustfaktor tan δ		50			
		10^3			
		10^6			
Spezifischer Durchgangs-					
widerstand	Ohm·cm				
Durchschlagfestigkeit	kV/mm				mm dick
Oberflächenwiderstand	Ohm				
Kriechstromfestigkeit		KC	KB	KA	
Elektrolytische Korrosionswirkung					
Lichtbogenfestigkeit nach DIN					
nach ASTM	s				

Beständigkeit (Chemische Beständigkeit siehe Anhang)

Wasseraufnahme

Feuchtigkeitsaufnahme Normalklima   %
Wetterbeständigkeit

Spannungskorrosion

Optische Eigenschaften

Brechungszahl n$_D$
Transmissionsgrad τ$_c$ %   mm dick
Lichtdurchlässigkeit

Produkt	Polyethylen niedriger Dichte	**PE**
Handelsname	**Stamylan LD 2102TC43**	
Hersteller	DSM	
DIN-Bez 1	16776-PE,FBGS,20-D022	
DIN-Bez 2		

Zusätze	Gleitmittel (Erucamid); Antiblockmittel	*Füllstoffe/ Verstärkung*	
Bevorzugte Verarbeitung	Blasfolien-Extrusion	*Lieferform*	Granulat
		Farben	Natur
Besondere Merkmale	Spezialtyp fuer transparente Folien; Mindestfoliendicke 0.020 mm	*Bevorzugte Anwendungen*	Blasfolie; Verpackungsfolie; Automatisches Verpacken von Lebensmitteln und Konsumartikeln; Tabakbeutel; Brotverpackung; Waeschebeutel

Dichte	g/cm³	0.921	*Schmelzindex* g/10 min	2.5: 190/2.16
Schüttdichte	g/cm³		*Volumenfließindex* cm³/10 min	:
Viskositätszahl	ml/g			

Verarbeitungsbedingungen für Spritzgießen

Massetemp.	°C	*Schwindung* %	lgs , quer
Werkzeugtemp.	°C	*Bemerkungen*	
Spritzdruck	bar		

Zugversuch 23 °C ASTM D 882(A);

	Probekörper:	*Form* Folienstreifen quer	*Herstellung*	Blasfolienextrusion
		Zustand	*Vorbehandlung*	Normalklima
Streckspannung	N/mm² 10		*Dehnung bei Streckspannung*	%
Zugfestigkeit	N/mm²		*Reißdehnung*	% 550
Reißfestigkeit	N/mm² 22		*% Dehnspannung*	N/mm²
E-Modul	N/mm² 175		*Dehnung bei % Dehnspg.*	%

Kriechmoduln und Zeitstandwerte 23 °C

	Probekörper:	*Form*	*Herstellung*
		Zustand	*Vorbehandlung*
Kriechmodul	1 min N/mm²	*Zeitstandzugfestigkeit*	h N/mm²
Kriechmodul	1000 h N/mm²	*Zeitdehnspg. %*	h N/mm²
bei Spannung	N/mm²		

Biegeversuch 23 °C

	Probekörper:	*Form*	*Herstellung*
		Zustand	*Vorbehandlung*
Biegefestigkeit	N/mm²	*E-Modul*	N/mm²
3,5% Biegespannung	N/mm²		

Härte 23 °C

	Probekörper:	*Zustand*	*Herstellung*
			Vorbehandlung
Kugeldruckhärte	N/mm² bei N, s	*Shore-Härte* A	
Rockwellhärte		*Shore-Härte* D	

Schlagversuch

	Probekörper:	*(1)*
		(2) *Herstellung*
		Zustand *Vorbehandlung*
	°C °C	°C *Probekörper-Form*

Schlagzähigkeit	kJ/m²
Kerbschlagzähigkeit (1)	kJ/m²
IZOD-Kerbschlagzähigkeit (2)	J/m
Kerbschlagzugzähigkeit	kJ/m²

Abrieb und Reibung

Taber-Abrieb (Reibradverfahren) $mm^3/100\,U$
Abriebfaktor LNP (Thrust washer) Vergleichswert
Statische Reibungszahl 0.30
Dynamische Reibungszahl $(p \cdot v = \quad N/mm^2 \cdot \quad m/min)$ 0.14
Zulässiger p · v Wert $N/mm^2 \cdot (m/min) \quad v = \quad m/min$
  $v = \quad m/min$

Thermische Eigenschaften

Formbeständigkeit in der Wärme Verfahren °C
  Verfahren °C
Vicat Erweichungstemperatur (VST) Verfahren °C
  Verfahren °C
Kristallit-Schmelzpunkt Verfahren

Längenausdehnungskoeffizient Bereich °C $\cdot 10^{-4} K^{-1}$
  Temperatur $\cdot 10^{-4} K^{-1}$
Wärmeleitfähigkeit Verfahren $W/(K \cdot m)$

Spezifische Wärmekapazität Verfahren $J/(K \cdot g)$

Glasumwandlungstemperatur Torsionsschwingungsversuch °C
  Differentialkalorimetrie °C

Brandverhalten

UL-Test vertikal Dicke mm, Wert
  Dicke mm, Wert

	Norm	*Bewertung*	*Abmessungen*
Sauerstoff-Index	ASTM D 2863		
Glühstab-Verfahren			
Brandverhalten	DIN 4102		
MVSS			
FAR			

Elektrische Eigenschaften

	Hz	°C	*Probekörper, Form*
Dielektrizitätszahl	50		
	10^3		
	10^6		
Dielektrischer Verlustfaktor $\tan\delta$	50		
	10^3		
	10^6		

Spezifischer Durchgangs-
  widerstand Ohm · cm
Durchschlagfestigkeit kV/mm mm dick
Oberflächenwiderstand Ohm

Kriechstromfestigkeit KC KB KA
Elektrolytische Korrosionswirkung
Lichtbogenfestigkeit nach DIN
  nach ASTM s

Beständigkeit *(Chemische Beständigkeit siehe Anhang)*

Wasseraufnahme

Feuchtigkeitsaufnahme Normalklima %
Wetterbeständigkeit

Spannungskorrosion

Optische Eigenschaften

Brechungszahl n_D
Transmissionsgrad τ_c % mm dick
Lichtdurchlässigkeit

Produkt	Polyethylen niedriger Dichte	**PE**
Handelsname	**Stamylan LD 2102TN26**	
Hersteller	DSM	
DIN-Bez 1	16776-PE,FBGS,20-D022	
DIN-Bez 2		

Zusätze	Gleitmittel; Antiblockmittel	*Füllstoffe/ Verstärkung*	
Bevorzugte Verarbeitung	Blasfolien-Extrusion	*Lieferform*	Granulat
		Farben	Natur
Besondere Merkmale	Gute optische Eigenschaften; Mindest-foliendicke 0.020 mm	*Bevorzugte Anwendungen*	Blasfolie; Verpackungsfolie; Sack fuer Industrie und Grosshandel; Klebfolie

---

Dichte	g/cm³	0.921	*Schmelzindex* g/10 min	2.5: 190/2.16
Schüttdichte	g/cm³		*Volumenfließindex* cm³/10 min	:
Viskositätszahl	ml/g			

Verarbeitungsbedingungen für Spritzgießen

Massetemp.	°C	*Schwindung* %	lgs , quer
Werkzeugtemp.	°C	*Bemerkungen*	
Spritzdruck	bar		

Zugversuch 23 °C ASTM D 882(A);

Probekörper: Form Folienstreifen quer *Herstellung* Blasfolienextrusion
Zustand *Vorbehandlung* Normalklima

Streckspannung	N/mm² 10	*Dehnung bei Streckspannung*	%	
Zugfestigkeit	N/mm²	*Reißdehnung*	%	550
Reißfestigkeit	N/mm² 22	% Dehnspannung	N/mm²	
E-Modul	N/mm² 175	*Dehnung bei* % Dehnspg.	%	

Kriechmoduln und Zeitstandwerte 23 °C

Probekörper: Form *Herstellung*
Zustand *Vorbehandlung*

Kriechmodul	1 min N/mm²	*Zeitstandzugfestigkeit*	h N/mm²
Kriechmodul	1000 h N/mm²	*Zeitdehnspg.* %	h N/mm²
bei Spannung	N/mm²		

Biegeversuch 23 °C

Probekörper: Form *Herstellung*
Zustand *Vorbehandlung*

Biegefestigkeit	N/mm²	*E-Modul*	N/mm²
3,5% Biegespannung	N/mm²		

Härte 23 °C *Probekörper:* Zustand *Herstellung*
Vorbehandlung

Kugeldruckhärte	N/mm² bei N, s	*Shore-Härte* A	
Rockwellhärte		*Shore-Härte* D	

Schlagversuch *Probekörper:* (1)
(2) *Herstellung*
Zustand *Vorbehandlung*

°C   °C   °C   *Probekörper-Form*

Schlagzähigkeit	kJ/m²
Kerbschlagzähigkeit (1)	kJ/m²
IZOD-Kerbschlagzähigkeit (2)	J/m
Kerbschlagzugzähigkeit	kJ/m²

Abrieb und Reibung

Taber-Abrieb (Reibradverfahren)	mm^3/100 U
Abriebfaktor LNP (Thrust washer) Vergleichswert	
Statische Reibungszahl	0.55
Dynamische Reibungszahl	(p·v = N/mm^2· m/min) 0.25
Zulässiger p · v Wert	N/mm^2 · (m/min) v = m/min
	v = m/min

Thermische Eigenschaften

Formbeständigkeit in der Wärme	*Verfahren*		°C
	Verfahren		°C
Vicat Erweichungstemperatur (VST)	*Verfahren*		°C
	Verfahren		°C
Kristallit-Schmelzpunkt	*Verfahren*		
Längenausdehnungskoeffizient	*Bereich*	°C	·10^{-4}K^{-1}
	Temperatur		·10^{-4}K^{-1}
Wärmeleitfähigkeit	*Verfahren*		W/(K · m)
Spezifische Wärmekapazität	*Verfahren*		J/(K · g)
Glasumwandlungstemperatur	*Torsionsschwingungsversuch*	°C	
	Differentialkalorimetrie	°C	

Brandverhalten

UL-Test vertikal	Dicke mm, Wert	
	Dicke mm, Wert	

	Norm	*Bewertung*	*Abmessungen*
Sauerstoff-Index	ASTM D 2863		
Glühstab-Verfahren			
Brandverhalten	DIN 4102		
MVSS			
FAR			

Elektrische Eigenschaften

	Hz	*°C*	*Probekörper, Form*
Dielektrizitätszahl	50		
	10^3		
	10^6		
Dielektrischer Verlustfaktor tan δ	50		
	10^3		
	10^6		
Spezifischer Durchgangs-widerstand	Ohm · cm		
Durchschlagfestigkeit	kV/mm		mm dick
Oberflächenwiderstand	Ohm		
Kriechstromfestigkeit	KC KB KA		
Elektrolytische Korrosionswirkung			
Lichtbogenfestigkeit nach DIN			
nach ASTM	s		

Beständigkeit *(Chemische Beständigkeit siehe Anhang)*

Wasseraufnahme	
Feuchtigkeitsaufnahme Normalklima	%
Wetterbeständigkeit	
Spannungskorrosion	

Optische Eigenschaften

Brechungszahl n$_D$		
Transmissionsgrad τ_c	%	mm dick
Lichtdurchlässigkeit		

Produkt	Polyethylen niedriger Dichte	**PE**
Handelsname	**Stamylan LD 2102TN30**	
Hersteller	DSM	
DIN-Bez 1	16776-PE,FBG,20-D022	
DIN-Bez 2		

Zusätze	Antiblockmittel	*Füllstoffe/ Verstärkung*	
Bevorzugte Verarbeitung	Blasfolien-Extrusion	*Lieferform*	Granulat
		Farben	Natur
Besondere Merkmale	Gute optische Eigenschaften; Mindest-foliendicke 0.020 mm	*Bevorzugte Anwendungen*	Blasfolie; Verpackungsfolie; Sack fuer Industrie und Grosshandel; Schrumpf-folie; Wickelfolie; Haushaltsfolie; Pharmazeutische Folie

---

Dichte	g/cm³	0.921	*Schmelzindex*	g/10 min	2.5: 190/2.16
Schüttdichte	g/cm³		*Volumenfließindex*	cm³/10 min	:
Viskositätszahl	ml/g				

Verarbeitungsbedingungen für Spritzgießen

Massetemp.	°C		*Schwindung*	%	lgs	, quer
Werkzeugtemp.	°C		*Bemerkungen*			
Spritzdruck	bar					

Zugversuch 23 °C   ASTM D 882(A);

	Probekörper:	*Form*	Folienstreifen quer	*Herstellung*	Blasfolienextrusion
		Zustand		*Vorbehandlung*	Normalklima
Streckspannung	N/mm²	10	*Dehnung bei Streckspannung*	%	
Zugfestigkeit	N/mm²		*Reißdehnung*	%	550
Reißfestigkeit	N/mm²	22	*% Dehnspannung*	N/mm²	
E-Modul	N/mm²	175	*Dehnung bei % Dehnspg.*	%	

Kriechmoduln und Zeitstandwerte 23 °C

	Probekörper:	*Form*		*Herstellung*	
		Zustand		*Vorbehandlung*	
Kriechmodul	1 min	N/mm²	*Zeitstandzugfestigkeit*	h N/mm²	
Kriechmodul	1000 h	N/mm²	*Zeitdehnspg. %*	h N/mm²	
bei Spannung		N/mm²			

Biegeversuch 23 °C

	Probekörper:	*Form*	*Herstellung*	
		Zustand	*Vorbehandlung*	
Biegefestigkeit	N/mm²		*E-Modul*	N/mm²
3,5% Biegespannung	N/mm²			

Härte 23 °C

	Probekörper:	*Zustand*	*Herstellung*	
			Vorbehandlung	
Kugeldruckhärte	N/mm²	bei N, s	*Shore-Härte* A	
Rockwellhärte			*Shore-Härte* D	

Schlagversuch

	Probekörper:	*(1)*		
		(2)	*Herstellung*	
		Zustand	*Vorbehandlung*	
		°C °C °C		*Probekörper-Form*

Schlagzähigkeit	kJ/m²	
Kerbschlagzähigkeit (1)	kJ/m²	
IZOD-Kerbschlagzähigkeit (2)	J/m	
Kerbschlagzugzähigkeit	kJ/m²	

Abrieb und Reibung

Taber-Abrieb (Reibradverfahren)	mm^3/100 U			
Abriebfaktor LNP (Thrust washer) Vergleichswert				
Statische Reibungszahl	1.10			
Dynamische Reibungszahl	$(p \cdot v =$	$N/mm^2 \cdot$	m/min)	0.76
Zulässiger $p \cdot v$ Wert	$N/mm^2 \cdot$ (m/min)	$v =$	m/min	
		$v =$	m/min	

Thermische Eigenschaften

Formbeständigkeit in der Wärme	Verfahren		°C
	Verfahren		°C
Vicat Erweichungstemperatur (VST)	Verfahren		°C
	Verfahren		°C
Kristallit-Schmelzpunkt	Verfahren		
Längenausdehnungskoeffizient	Bereich	°C	$\cdot 10^{-4} K^{-1}$
	Temperatur		$\cdot 10^{-4} K^{-1}$
Wärmeleitfähigkeit	Verfahren		$W/(K \cdot m)$
Spezifische Wärmekapazität	Verfahren		$J/(K \cdot g)$
Glasumwandlungstemperatur	Torsionsschwingungsversuch	°C	
	Differentialkalorimetrie	°C	

Brandverhalten

UL-Test vertikal		Dicke	mm, Wert	
		Dicke	mm, Wert	
	Norm	Bewertung		Abmessungen
Sauerstoff-Index	ASTM D 2863			
Glühstab-Verfahren				
Brandverhalten	DIN 4102			
MVSS				
FAR				

Elektrische Eigenschaften

	Hz	°C		Probekörper, Form
Dielektrizitätszahl	50			
	10^3			
	10^6			
Dielektrischer Verlustfaktor tan δ	50			
	10^3			
	10^6			
Spezifischer Durchgangs-widerstand	Ohm · cm			
Durchschlagfestigkeit	kV/mm			mm dick
Oberflächenwiderstand	Ohm			
Kriechstromfestigkeit	KC	KB	KA	
Elektrolytische Korrosionswirkung				
Lichtbogenfestigkeit nach DIN				
nach ASTM	s			

Beständigkeit (Chemische Beständigkeit siehe Anhang)

Wasseraufnahme	
Feuchtigkeitsaufnahme Normalklima	%
Wetterbeständigkeit	
Spannungskorrosion	

Optische Eigenschaften

Brechungszahl n_D			
Transmissionsgrad τ_c	%	mm dick	
Lichtdurchlässigkeit			

Produkt	Polyethylen niedriger Dichte	**PE**
Handelsname	**Stamylan LD 2102TN37**	
Hersteller	DSM	
DIN-Bez 1	16776-PE,FBGS,20-D022	
DIN-Bez 2		

Zusätze	Gleitmittel; Antiblockmittel	*Füllstoffe/ Verstärkung*	
Bevorzugte Verarbeitung	Blasfolien-Extrusion	*Lieferform*	Granulat
		Farben	Natur
Besondere Merkmale	Gute optische Eigenschaften; Mindest-foliendicke 0.020 mm	*Bevorzugte Anwendungen*	Blasfolie; Waeschebeutel; Brotverpak-kungsbeutel; Haushaltfolie

---

Dichte	g/cm³	0.921	*Schmelzindex*	g/10 min	2.5: 190/2.16
Schüttdichte	g/cm³		*Volumenfließindex*	cm³/10 min	:
Viskositätszahl	ml/g				

Verarbeitungsbedingungen für Spritzgießen

Massetemp.	°C		*Schwindung*	%	lgs , quer
Werkzeugtemp.	°C		*Bemerkungen*		
Spritzdruck	bar				

Zugversuch 23 °C   ASTM D 882(A);

	Probekörper:	*Form*	Folienstreifen quer	*Herstellung* Blasfolienextrusion
		Zustand		*Vorbehandlung* Normalklima

Streckspannung	N/mm²	10	*Dehnung bei Streckspannung*	%
Zugfestigkeit	N/mm²		*Reißdehnung*	% 550
Reißfestigkeit	N/mm²	22	% *Dehnspannung*	N/mm²
E-Modul	N/mm²	175	*Dehnung bei* % *Dehnspg.*	%

Kriechmoduln und Zeitstandwerte 23 °C

	Probekörper:	*Form*	*Herstellung*
		Zustand	*Vorbehandlung*

Kriechmodul	1 min N/mm²	*Zeitstandzugfestigkeit*	h N/mm²
Kriechmodul	1000 h N/mm²	*Zeitdehnspg.* %	h N/mm²
bei Spannung	N/mm²		

Biegeversuch 23 °C

	Probekörper:	*Form*	*Herstellung*
		Zustand	*Vorbehandlung*

Biegefestigkeit	N/mm²	*E-Modul*	N/mm²
3,5% Biegespannung	N/mm²		

Härte 23 °C

	Probekörper:	*Zustand*	*Herstellung*
			Vorbehandlung

Kugeldruckhärte	N/mm²	bei N, s	*Shore-Härte* A
Rockwellhärte			*Shore-Härte* D

Schlagversuch

	Probekörper:	*(1)*	
		(2)	*Herstellung*
		Zustand	*Vorbehandlung*
		°C °C °C	*Probekörper-Form*

Schlagzähigkeit	kJ/m²
Kerbschlagzähigkeit (1)	kJ/m²
IZOD-Kerbschlagzähigkeit (2)	J/m
Kerbschlagzugzähigkeit	kJ/m²

Abrieb und Reibung

Taber-Abrieb (Reibradverfahren)	mm³/100 U		
Abriebfaktor LNP (Thrust washer) Vergleichswert			
Statische Reibungszahl	0.30		
Dynamische Reibungszahl	(p·v = $\quad$ N/mm² · $\quad$ m/min)	0.16	
Zulässiger p · v Wert	N/mm² · (m/min)　v =	m/min	
	v =	m/min	

Thermische Eigenschaften

Formbeständigkeit in der Wärme	*Verfahren*		°C
	Verfahren		°C
Vicat Erweichungstemperatur (VST)	*Verfahren*		°C
	Verfahren		°C
Kristallit-Schmelzpunkt	*Verfahren*		
Längenausdehnungskoeffizient	*Bereich*	°C	· 10⁻⁴K⁻¹
	Temperatur		· 10⁻⁴K⁻¹
Wärmeleitfähigkeit	*Verfahren*		W/(K · m)
Spezifische Wärmekapazität	*Verfahren*		J/(K · g)
Glasumwandlungstemperatur	*Torsionsschwingungsversuch*	°C	
	Differentialkalorimetrie	°C	

Brandverhalten

UL-Test vertikal	Dicke　mm,　Wert		
	Dicke　mm,　Wert		

	Norm	*Bewertung*	*Abmessungen*
Sauerstoff-Index	ASTM D 2863		
Glühstab-Verfahren			
Brandverhalten	DIN 4102		
MVSS			
FAR			

Elektrische Eigenschaften

	Hz	°C	*Probekörper, Form*
Dielektrizitätszahl	50		
	10³		
	10⁶		
Dielektrischer Verlustfaktor tan δ	50		
	10³		
	10⁶		
Spezifischer Durchgangs- widerstand	Ohm · cm		
Durchschlagfestigkeit	kV/mm		mm dick
Oberflächenwiderstand	Ohm		

Kriechstromfestigkeit	KC	KB	KA
Elektrolytische Korrosionswirkung			
Lichtbogenfestigkeit nach DIN			
nach ASTM	s		

Beständigkeit *(Chemische Beständigkeit siehe Anhang)*

Wasseraufnahme

Feuchtigkeitsaufnahme Normalklima $\qquad$ %
Wetterbeständigkeit

Spannungskorrosion

Optische Eigenschaften

Brechungszahl n_D
Transmissionsgrad τ_c　　%　　　　　　mm dick
Lichtdurchlässigkeit

Produkt	Polyethylen niedriger Dichte	**PE**
Handelsname	**Stamylan LD 2402TC32**	
Hersteller	DSM	
DIN-Bez 1	16776-PE,FBGS,25-D022	
DIN-Bez 2		

Zusätze	Gleitmittel (Erucamid); Antiblockmittel	*Füllstoffe/ Verstärkung*	
Bevorzugte Verarbeitung	Blasfolien-Extrusion	*Lieferform*	Granulat
		Farben	Natur
Besondere Merkmale	Spezialtyp fuer transparente Folien; Erhoehte Dichte	*Bevorzugte Anwendungen*	Blasfolie; Verpackungsfolie; Blockbeutel; Luftpolsterfolie; Pharmazeutische Folie

Dichte	g/cm³	0.924	*Schmelzindex*	g/10 min	2.5: 190/2.16
Schüttdichte	g/cm³		*Volumenfließindex*	cm³/10 min	:
Viskositätszahl	ml/g				

Verarbeitungsbedingungen für Spritzgießen

Massetemp.	°C		*Schwindung*	%	lgs , quer
Werkzeugtemp.	°C		*Bemerkungen*		
Spritzdruck	bar				

Zugversuch 23 °C   ASTM D 882(A);

Probekörper:	*Form*	Folienstreifen quer	*Herstellung*	Blasfolienextrusion
	Zustand		*Vorbehandlung*	Normalklima

Streckspannung	N/mm² 11	*Dehnung bei Streckspannung*	%	
Zugfestigkeit	N/mm²	*Reißdehnung*	%	580
Reißfestigkeit	N/mm² 21	*% Dehnspannung*	N/mm²	
E-Modul	N/mm² 185	*Dehnung bei % Dehnspg.*	%	

Kriechmoduln und Zeitstandwerte 23 °C

Probekörper:	*Form*	*Herstellung*	
	Zustand	*Vorbehandlung*	

Kriechmodul	1 min N/mm²	*Zeitstandzugfestigkeit*	h N/mm²	
Kriechmodul	1000 h N/mm²	*Zeitdehnspg. %*	h N/mm²	
bei Spannung	N/mm²			

Biegeversuch 23 °C

Probekörper:	*Form*	*Herstellung*	
	Zustand	*Vorbehandlung*	

Biegefestigkeit	N/mm²	*E-Modul*	N/mm²
3,5% Biegespannung	N/mm²		

Härte 23 °C

Probekörper:	*Zustand*	*Herstellung*	
		Vorbehandlung	

Kugeldruckhärte	N/mm² bei N, s	*Shore-Härte* A	
Rockwellhärte		*Shore-Härte* D	

Schlagversuch

Probekörper:	*(1)*		
	(2)	*Herstellung*	
	Zustand	*Vorbehandlung*	

°C	°C	°C	*Probekörper-Form*

Schlagzähigkeit	kJ/m²
Kerbschlagzähigkeit (1)	kJ/m²
IZOD-Kerbschlagzähigkeit (2)	J/m
Kerbschlagzugzähigkeit	kJ/m²

Abrieb und Reibung

Taber-Abrieb (Reibradverfahren)	mm^3/100 U	
Abriebfaktor LNP (Thrust washer) Vergleichswert		
Statische Reibungszahl	0.29	
Dynamische Reibungszahl	(p·v = N/mm^2· m/min)	0.16
Zulässiger p · v Wert	N/mm^2 · (m/min) v = m/min	
	v = m/min	

Thermische Eigenschaften

Formbeständigkeit in der Wärme	Verfahren		°C
	Verfahren		°C
Vicat Erweichungstemperatur (VST)	Verfahren		°C
	Verfahren		°C
Kristallit-Schmelzpunkt	Verfahren		
Längenausdehnungskoeffizient	Bereich	°C	$\cdot 10^{-4}$K^{-1}
	Temperatur		$\cdot 10^{-4}$K^{-1}
Wärmeleitfähigkeit	Verfahren		W/(K · m)
Spezifische Wärmekapazität	Verfahren		J/(K · g)
Glasumwandlungstemperatur	Torsionsschwingungsversuch	°C	
	Differentialkalorimetrie	°C	

Brandverhalten

UL-Test vertikal	Dicke	mm, Wert	
	Dicke	mm, Wert	

	Norm	Bewertung	Abmessungen
Sauerstoff-Index	ASTM D 2863		
Glühstab-Verfahren			
Brandverhalten	DIN 4102		
MVSS			
FAR			

Elektrische Eigenschaften

	Hz	°C	Probekörper, Form
Dielektrizitätszahl	50		
	10^3		
	10^6		
Dielektrischer Verlustfaktor tan δ	50		
	10^3		
	10^6		
Spezifischer Durchgangs-widerstand	Ohm · cm		
Durchschlagfestigkeit	kV/mm		mm dick
Oberflächenwiderstand	Ohm		

Kriechstromfestigkeit	KC	KB	KA
Elektrolytische Korrosionswirkung			
Lichtbogenfestigkeit nach DIN			
nach ASTM	s		

Beständigkeit *(Chemische Beständigkeit siehe Anhang)*

Wasseraufnahme

Feuchtigkeitsaufnahme Normalklima   %
Wetterbeständigkeit

Spannungskorrosion

Optische Eigenschaften

Brechungszahl n$_D$
Transmissionsgrad τ_c %   mm dick
Lichtdurchlässigkeit

Produkt	Polyethylen niedriger Dichte	**PE**
Handelsname	**Stamylan LD NC151/1**	
Hersteller	DSM	
DIN-Bez 1 *DIN-Bez 2*	16776-PE,FBGS,25-D022	

Zusätze	Gleitmittel; Antiblockmittel	*Füllstoffe/* *Verstärkung*	
Bevorzugte *Verarbeitung*	Blasfolien-Extrusion	*Lieferform*	Granulat
		Farben	Natur
Besondere *Merkmale*	Spezialtyp fuer Folien mit hoher Klar- heit; Erhoehte Dichte	*Bevorzugte* *Anwendungen*	Blasfolie; Brotverpackungsbeutel; Blockbeutel; Folie fuer Qualitaetsbe- druckung; Form-Fuellfolie

---

Dichte	g/cm³	0.924	*Schmelzindex*	g/10 min	2.5:	190/2.16
Schüttdichte	g/cm³		*Volumenfließindex*	cm³/10 min	:
Viskositätszahl	ml/g				

Verarbeitungsbedingungen für Spritzgießen

Massetemp.	°C		*Schwindung*	%	lgs	, quer
Werkzeugtemp.	°C		*Bemerkungen*		
Spritzdruck	bar				

Zugversuch 23 °C ASTM D 882(A);

	Probekörper:	*Form*	Folienstreifen quer	*Herstellung*	Blasfolienextrusion
		Zustand		*Vorbehandlung*	Normalklima

Streckspannung	N/mm² 11	*Dehnung bei Streckspannung*	%
Zugfestigkeit	N/mm²	*Reißdehnung*	% 580
Reißfestigkeit	N/mm² 21	*% Dehnspannung*	N/mm²
E-Modul	N/mm² 185	*Dehnung bei % Dehnspg.*	%

Kriechmoduln und Zeitstandwerte 23 °C

	Probekörper:	*Form*	*Herstellung*
		Zustand	*Vorbehandlung*

Kriechmodul	1 min N/mm²	*Zeitstandzugfestigkeit*	h N/mm²
Kriechmodul	1000 h N/mm²	*Zeitdehnspg. %*	h N/mm²
bei Spannung	N/mm²		

Biegeversuch 23 °C

	Probekörper:	*Form*	*Herstellung*
		Zustand	*Vorbehandlung*

Biegefestigkeit	N/mm²	*E-Modul*	N/mm²
3,5% Biegespannung	N/mm²		

Härte 23 °C

	Probekörper:	*Zustand*	*Herstellung*
			Vorbehandlung

Kugeldruckhärte	N/mm²	bei N, s	*Shore-Härte* A
Rockwellhärte			*Shore-Härte* D

Schlagversuch

	Probekörper:	*(1)*	
		(2)	*Herstellung*
		Zustand	*Vorbehandlung*

°C	°C	°C	*Probekörper-Form*

Schlagzähigkeit	kJ/m²
Kerbschlagzähigkeit (1)	kJ/m²
IZOD-Kerbschlagzähigkeit (2)	J/m
Kerbschlagzugzähigkeit	kJ/m²

Abrieb und Reibung

Taber-Abrieb (Reibradverfahren)	mm³/100 U
Abriebfaktor LNP (Thrust washer) Vergleichswert	
Statische Reibungszahl	0.34
Dynamische Reibungszahl	(p·v = N/mm² · m/min) 0.15
Zulässiger p · v Wert	N/mm² · (m/min) v = m/min
	v = m/min

Thermische Eigenschaften

Formbeständigkeit in der Wärme	*Verfahren*		°C
	Verfahren		°C
Vicat Erweichungstemperatur (VST)	*Verfahren*		°C
	Verfahren		°C
Kristallit-Schmelzpunkt	*Verfahren*		
Längenausdehnungskoeffizient	*Bereich*	°C	$\cdot 10^{-4} K^{-1}$
	Temperatur		$\cdot 10^{-4} K^{-1}$
Wärmeleitfähigkeit	*Verfahren*		W/(K · m)
Spezifische Wärmekapazität	*Verfahren*		J/(K · g)
Glasumwandlungstemperatur	*Torsionsschwingungsversuch*	°C	
	Differentialkalorimetrie	°C	

Brandverhalten

UL-Test vertikal   Dicke   mm, Wert
                  Dicke   mm, Wert

	Norm	Bewertung	Abmessungen
Sauerstoff-Index	ASTM D 2863		
Glühstab-Verfahren			
Brandverhalten	DIN 4102		
MVSS			
FAR			

Elektrische Eigenschaften

	Hz	°C	Probekörper, Form
Dielektrizitätszahl	50		
	10^3		
	10^6		
Dielektrischer Verlustfaktor tan δ	50		
	10^3		
	10^6		

Spezifischer Durchgangs-			
widerstand	Ohm · cm		
Durchschlagfestigkeit	kV/mm		mm dick
Oberflächenwiderstand	Ohm		

Kriechstromfestigkeit	KC	KB	KA
Elektrolytische Korrosionswirkung			
Lichtbogenfestigkeit nach DIN			
nach ASTM	s		

Beständigkeit *(Chemische Beständigkeit siehe Anhang)*

Wasseraufnahme

Feuchtigkeitsaufnahme Normalklima   %
Wetterbeständigkeit

Spannungskorrosion

Optische Eigenschaften

Brechungszahl n_D
Transmissionsgrad τ_c %   mm dick
Lichtdurchlässigkeit

Produkt	Polyethylen niedriger Dichte	**PE**
Handelsname	**Stamylan LD 2602TH17**	
Hersteller	DSM	
DIN-Bez 1	16776-PE,FBGS,25-D022	
DIN-Bez 2		

Zusätze	Gleitmittel; Antiblockmittel	*Füllstoffe/ Verstärkung*	
Bevorzugte Verarbeitung	Blasfolien-Extrusion	*Lieferform*	Granulat
		Farben	Natur
Besondere Merkmale	Spezialqualitaet mit hoher Transparenz und erhoehter Dichte	*Bevorzugte Anwendungen*	Blasfolie; Brotverpackungsbeutel; Tragetasche fuer Qualitaetsbedruckung; Folie fuer Qualitaetsbedruckung; Folie fuer automatisches Schnellverpacken; Sichtfolie; Schrumpffolie

Dichte	g/cm³	0.926	*Schmelzindex*	g/10 min	2.5: 190/2.16
Schüttdichte	g/cm³		*Volumenfließindex*	cm³/10 min	:
Viskositätszahl	ml/g				

Verarbeitungsbedingungen für Spritzgießen

Massetemp.	°C		*Schwindung*	%	lgs , quer
Werkzeugtemp.	°C		*Bemerkungen*		
Spritzdruck	bar				

Zugversuch 23 °C   ASTM D 882(A);

	Probekörper:	*Form*	Folienstreifen quer	*Herstellung* Blasfolienextrusion
		Zustand		*Vorbehandlung* Normalklima

Streckspannung	N/mm²	11	*Dehnung bei Streckspannung*	%
Zugfestigkeit	N/mm²		*Reißdehnung*	% 580
Reißfestigkeit	N/mm²	20	*% Dehnspannung*	N/mm²
E-Modul	N/mm²	205	*Dehnung bei % Dehnspg.*	%

Kriechmoduln und Zeitstandwerte 23 °C

	Probekörper:	*Form*	*Herstellung*
		Zustand	*Vorbehandlung*

Kriechmodul	1 min	N/mm²	*Zeitstandzugfestigkeit*	h N/mm²
Kriechmodul	1000 h	N/mm²	*Zeitdehnspg. %*	h N/mm²
bei Spannung		N/mm²		

Biegeversuch 23 °C

	Probekörper:	*Form*	*Herstellung*
		Zustand	*Vorbehandlung*

Biegefestigkeit	N/mm²	*E-Modul*	N/mm²
3,5% Biegespannung	N/mm²		

Härte 23 °C

	Probekörper:	*Zustand*	*Herstellung*
			Vorbehandlung

Kugeldruckhärte	N/mm²	bei N, s	*Shore-Härte* A
Rockwellhärte			*Shore-Härte* D

Schlagversuch

	Probekörper:	*(1)*	
		(2)	*Herstellung*
		Zustand	*Vorbehandlung*

°C	°C	°C	*Probekörper-Form*

Schlagzähigkeit	kJ/m²
Kerbschlagzähigkeit (1)	kJ/m²
IZOD-Kerbschlagzähigkeit (2)	J/m
Kerbschlagzugzähigkeit	kJ/m²

Abrieb und Reibung

Taber-Abrieb (Reibradverfahren)	mm^3/100 U	
Abriebfaktor LNP (Thrust washer) Vergleichswert		
Statische Reibungszahl	0.36	
Dynamische Reibungszahl	(p · v = N/mm^2 · m/min)	0.15
Zulässiger p · v Wert	N/mm^2 · (m/min) v = m/min	
	v = m/min	

Thermische Eigenschaften

Formbeständigkeit in der Wärme   *Verfahren*   °C
    Verfahren   °C
Vicat Erweichungstemperatur (VST)   *Verfahren*   °C
    Verfahren   °C
Kristallit-Schmelzpunkt   *Verfahren*

Längenausdehnungskoeffizient   *Bereich*   °C   · 10^{-4}K^{-1}
    Temperatur   · 10^{-4}K^{-1}
Wärmeleitfähigkeit   *Verfahren*   W/(K · m)

Spezifische Wärmekapazität   *Verfahren*   J/(K · g)

Glasumwandlungstemperatur   *Torsionsschwingungsversuch*   °C
    Differentialkalorimetrie   °C

Brandverhalten

UL-Test vertikal   Dicke   mm, Wert
    Dicke   mm, Wert

	Norm	Bewertung	Abmessungen
Sauerstoff-Index	ASTM D 2863		
Glühstab-Verfahren			
Brandverhalten	DIN 4102		
MVSS			
FAR			

Elektrische Eigenschaften

	Hz	°C	Probekörper, Form
Dielektrizitätszahl	50		
	10^3		
	10^6		
Dielektrischer Verlustfaktor tan δ	50		
	10^3		
	10^6		

Spezifischer Durchgangs-
   widerstand   Ohm · cm
Durchschlagfestigkeit   kV/mm   mm dick
Oberflächenwiderstand   Ohm

Kriechstromfestigkeit   KC   KB   KA
Elektrolytische Korrosionswirkung
Lichtbogenfestigkeit nach DIN
    nach ASTM   s

Beständigkeit *(Chemische Beständigkeit siehe Anhang)*

Wasseraufnahme

Feuchtigkeitsaufnahme Normalklima   %
Wetterbeständigkeit

Spannungskorrosion

Optische Eigenschaften

Brechungszahl n$_D$
Transmissionsgrad τ_c %   mm dick
Lichtdurchlässigkeit

Produkt	Polyethylen niedriger Dichte	**PE**
Handelsname	**Stamylan LD 2602TV43**	
Hersteller	DSM	
DIN-Bez 1	16776-PE,FBGST,25-D022	
DIN-Bez 2		

Zusätze	Gleitmittel (Erucamid); Antiblockmittel	*Füllstoffe/ Verstärkung*	
Bevorzugte Verarbeitung	Blasfolien-Extrusion	*Lieferform*	Granulat
		Farben	Natur
Besondere Merkmale	Spezialqualitaet mit ausgezeichneter Transparenz und hoeherer Dichte	*Bevorzugte Anwendungen*	Blasfolie; Brotverpackungsbeutel; Blockbeutel; Tragetasche fuer Qualitaetsbedruckung; Folie fuer Qualitaetsbedruckung; Folie fuer automatisches Schnellverpacken; Schrumpffolie

Dichte	g/cm³	0.926	*Schmelzindex*	g/10 min	2.5: 190/2.16
Schüttdichte	g/cm³		*Volumenfließindex*	cm³/10 min	:
Viskositätszahl	ml/g				

Verarbeitungsbedingungen für Spritzgießen

Massetemp.	°C		*Schwindung*	%	lgs , quer
Werkzeugtemp.	°C		*Bemerkungen*		
Spritzdruck	bar				

Zugversuch 23 °C ASTM D 882(A);

	Probekörper:	*Form*	Folienstreifen quer	*Herstellung* Blasfolienextrusion
		Zustand		*Vorbehandlung* Normalklima

Streckspannung	N/mm²	11	*Dehnung bei Streckspannung*	%	
Zugfestigkeit	N/mm²		*Reißdehnung*	%	580
Reißfestigkeit	N/mm²	20	*% Dehnspannung*	N/mm²	
E-Modul	N/mm²	205	*Dehnung bei % Dehnspg.*	%	

Kriechmoduln und Zeitstandwerte 23 °C

	Probekörper:	*Form*	*Herstellung*	
		Zustand	*Vorbehandlung*	

Kriechmodul	1 min	N/mm²	*Zeitstandzugfestigkeit*	h N/mm²
Kriechmodul	1000 h	N/mm²	*Zeitdehnspg.* %	h N/mm²
bei Spannung		N/mm²		

Biegeversuch 23 °C

	Probekörper:	*Form*	*Herstellung*	
		Zustand	*Vorbehandlung*	

Biegefestigkeit	N/mm²	*E-Modul*	N/mm²
3,5% Biegespannung	N/mm²		

Härte 23 °C

	Probekörper:	*Zustand*	*Herstellung*	
			Vorbehandlung	

Kugeldruckhärte	N/mm²	bei N, s	*Shore-Härte* A	
Rockwellhärte			*Shore-Härte* D	

Schlagversuch

	Probekörper:	(1)	
		(2)	*Herstellung*
		Zustand	*Vorbehandlung*
		°C	°C	°C	*Probekörper-Form*

Schlagzähigkeit	kJ/m²
Kerbschlagzähigkeit (1)	kJ/m²
IZOD-Kerbschlagzähigkeit (2)	J/m
Kerbschlagzugzähigkeit	kJ/m²

Abrieb und Reibung

Taber-Abrieb (Reibradverfahren)   mm³/100 U
Abriebfaktor LNP (Thrust washer) Vergleichswert
Statische Reibungszahl   0.35
Dynamische Reibungszahl   (p·v =   N/mm² ·   m/min)   0.17
Zulässiger p · v Wert   N/mm² · (m/min)   v =   m/min
                                                                            v =   m/min

Thermische Eigenschaften

Formbeständigkeit in der Wärme	Verfahren		°C
	Verfahren		°C
Vicat Erweichungstemperatur (VST)	Verfahren		°C
	Verfahren		°C
Kristallit-Schmelzpunkt	Verfahren		

Längenausdehnungskoeffizient   Bereich   °C $\cdot 10^{-4} K^{-1}$
                                  Temperatur $\cdot 10^{-4} K^{-1}$
Wärmeleitfähigkeit   Verfahren   W/(K · m)

Spezifische Wärmekapazität   Verfahren   J/(K · g)

Glasumwandlungstemperatur   Torsionsschwingungsversuch   °C
                                  Differentialkalorimetrie   °C

Brandverhalten

UL-Test vertikal   Dicke   mm, Wert
                                  Dicke   mm, Wert

	Norm	Bewertung	Abmessungen
Sauerstoff-Index	ASTM D 2863		
Glühstab-Verfahren			
Brandverhalten	DIN 4102		
MVSS			
FAR			

Elektrische Eigenschaften

	Hz	°C	Probekörper, Form
Dielektrizitätszahl	50		
	10^3		
	10^6		
Dielektrischer Verlustfaktor tan δ	50		
	10^3		
	10^6		

Spezifischer Durchgangs-
   widerstand   Ohm · cm
Durchschlagfestigkeit   kV/mm   mm dick
Oberflächenwiderstand   Ohm

Kriechstromfestigkeit   KC   KB   KA
Elektrolytische Korrosionswirkung
Lichtbogenfestigkeit nach DIN
              nach ASTM   s

Beständigkeit (Chemische Beständigkeit siehe Anhang)

Wasseraufnahme

Feuchtigkeitsaufnahme Normalklima   %
Wetterbeständigkeit

Spannungskorrosion

Optische Eigenschaften

Brechungszahl n_D
Transmissionsgrad τ_c %   mm dick
Lichtdurchlässigkeit

Produkt	Polyethylen niedriger Dichte		**PE**
Handelsname	**Stamylan LD 3102GH17**		
Hersteller	DSM		
DIN-Bez 1	16776-PE,FBGS,30-D022		
DIN-Bez 2			
Zusätze	Gleitmittel; Antiblockmittel	*Füllstoffe/ Verstärkung*	
Bevorzugte Verarbeitung	Blasfolien-Extrusion	*Lieferform*	Granulat
		Farben	Natur
Besondere Merkmale	Spezialqualitaet mit hoher Transparenz und sehr hoher Dichte	*Bevorzugte Anwendungen*	Blasfolie; Tragetasche fuer Qualitaetsbedruckung; Folie fuer Qualitaetsbedruckung; Folie fuer automatisches Schnellverpacken; Sichtfolie; Schrumpffolie; Wickelfolie

---

Dichte	g/cm^3	0.931	*Schmelzindex*	g/10 min	2.5: 190/2.16
Schüttdichte	g/cm^3		*Volumenfließindex*	cm^3/10 min	:
Viskositätszahl	ml/g				

Verarbeitungsbedingungen für Spritzgießen

Massetemp.	°C		*Schwindung*	%	lgs , quer
Werkzeugtemp.	°C		*Bemerkungen*		
Spritzdruck	bar				

Zugversuch 23 °C   ASTM D 882(A);

	Probekörper:	*Form*	Folienstreifen quer	*Herstellung* Blasfolienextrusion
		Zustand		*Vorbehandlung* Normalklima

Streckspannung	N/mm^2	14	*Dehnung bei Streckspannung*	%
Zugfestigkeit	N/mm^2		*Reißdehnung*	% 550
Reißfestigkeit	N/mm^2	18	*% Dehnspannung*	N/mm^2
E-Modul	N/mm^2	280	*Dehnung bei % Dehnspg.*	%

Kriechmodul und Zeitstandwerte 23 °C

	Probekörper:	*Form*		*Herstellung*
		Zustand		*Vorbehandlung*

Kriechmodul	1 min	N/mm^2	*Zeitstandzugfestigkeit*	h N/mm^2
Kriechmodul	1000 h	N/mm^2	*Zeitdehnspg. %*	h N/mm^2
bei Spannung		N/mm^2		

Biegeversuch 23 °C

	Probekörper:	*Form*		*Herstellung*
		Zustand		*Vorbehandlung*

Biegefestigkeit	N/mm^2	*E-Modul*	N/mm^2
3,5% Biegespannung	N/mm^2		

Härte 23 °C   *Probekörper:* *Zustand*   *Herstellung*
                                            Vorbehandlung

Kugeldruckhärte	N/mm^2	bei	N, s	*Shore-Härte* A
Rockwellhärte				*Shore-Härte* D

Schlagversuch   *Probekörper:* *(1)*

		(2)	*Herstellung*
		Zustand	*Vorbehandlung*

	°C	°C	°C	*Probekörper-Form*

Schlagzähigkeit	kJ/m^2	
Kerbschlagzähigkeit (1)	kJ/m^2	
IZOD-Kerbschlagzähigkeit (2)	J/m	
Kerbschlagzugzähigkeit	kJ/m^2	

Abrieb und Reibung

Taber-Abrieb (Reibradverfahren)	mm³/100 U	
Abriebfaktor LNP (Thrust washer) Vergleichswert		
Statische Reibungszahl	0.44	
Dynamische Reibungszahl	(p · v = N/mm² · m/min) 0.22	
Zulässiger p · v Wert	N/mm² · (m/min) v = m/min	
	v = m/min	

Thermische Eigenschaften

Formbeständigkeit in der Wärme   *Verfahren*   °C
                                   Verfahren   °C
Vicat Erweichungstemperatur (VST) *Verfahren*   °C
                                   Verfahren   °C
Kristallit-Schmelzpunkt   *Verfahren*

Längenausdehnungskoeffizient   *Bereich*   °C $\cdot 10^{-4} K^{-1}$
                                   Temperatur $\cdot 10^{-4} K^{-1}$
Wärmeleitfähigkeit   *Verfahren*   W/(K · m)

Spezifische Wärmekapazität   *Verfahren*   J/(K · g)

Glasumwandlungstemperatur   *Torsionsschwingungsversuch*   °C
                                   Differentialkalorimetrie   °C

Brandverhalten

UL-Test vertikal   Dicke   mm, Wert
                                   Dicke   mm, Wert

	Norm	*Bewertung*	*Abmessungen*
Sauerstoff-Index	ASTM D 2863		
Glühstab-Verfahren			
Brandverhalten	DIN 4102		
MVSS			
FAR			

Elektrische Eigenschaften

	Hz	°C	*Probekörper, Form*
Dielektrizitätszahl	50		
	10^3		
	10^6		
Dielektrischer Verlustfaktor tan δ	50		
	10^3		
	10^6		
Spezifischer Durchgangs- widerstand	Ohm · cm		
Durchschlagfestigkeit	kV/mm		mm dick
Oberflächenwiderstand	Ohm		

Kriechstromfestigkeit   KC   KB   KA
Elektrolytische Korrosionswirkung
Lichtbogenfestigkeit nach DIN
                  nach ASTM   s

Beständigkeit *(Chemische Beständigkeit siehe Anhang)*

Wasseraufnahme

Feuchtigkeitsaufnahme Normalklima   %
Wetterbeständigkeit

Spannungskorrosion

Optische Eigenschaften

Brechungszahl n_D
Transmissionsgrad τ_c %   mm dick
Lichtdurchlässigkeit

Produkt	Polyethylen niedriger Dichte	**PE**
Handelsname	**Stamylan LD 3102GH40**	
Hersteller	DSM	
DIN-Bez 1	16776-PE,FBG,30-D022	
DIN-Bez 2		

Zusätze	Antiblockmittel	*Füllstoffe/ Verstärkung*	
Bevorzugte Verarbeitung	Blasfolien-Extrusion	*Lieferform*	Granulat
		Farben	Natur
Besondere Merkmale	Spezialqualitaet mit hoher Transparenz und sehr hoher Dichte	*Bevorzugte Anwendungen*	Blasfolie; Tragetasche fuer Qualitaetsbedruckung; Folie fuer Qualitaetsbedruckung; Folie fuer automatisches Schnellverpacken; Sichtfolie; Schrumpffolie; Wickelfolie

---

Dichte	g/cm³	0.931	*Schmelzindex*	g/10 min	2.5 : 190/2.16
Schüttdichte	g/cm³		*Volumenfließindex*	cm³/10 min	:
Viskositätszahl	ml/g				

Verarbeitungsbedingungen für Spritzgießen

Massetemp.	°C		*Schwindung*	%	lgs , quer
Werkzeugtemp.	°C		*Bemerkungen*		
Spritzdruck	bar				

Zugversuch 23 °C ASTM D 882(A);

	Probekörper:	Form	Folienstreifen quer	*Herstellung* Blasfolienextrusion
		Zustand		*Vorbehandlung* Normalklima

Streckspannung	N/mm²	14	*Dehnung bei Streckspannung*	%
Zugfestigkeit	N/mm²		*Reißdehnung*	% 550
Reißfestigkeit	N/mm²	18	% *Dehnspannung*	N/mm²
E-Modul	N/mm²	280	*Dehnung bei* % *Dehnspg.*	%

Kriechmoduln und Zeitstandwerte 23 °C

	Probekörper:	Form	*Herstellung*	
		Zustand	*Vorbehandlung*	

Kriechmodul	1 min N/mm²	*Zeitstandzugfestigkeit*	h N/mm²
Kriechmodul	1000 h N/mm²	*Zeitdehnspg.* %	h N/mm²
bei Spannung	N/mm²		

Biegeversuch 23 °C

	Probekörper:	Form	*Herstellung*	
		Zustand	*Vorbehandlung*	

Biegefestigkeit	N/mm²	*E-Modul*	N/mm²
3,5% Biegespannung	N/mm²		

Härte 23 °C *Probekörper:* Zustand   *Herstellung* / *Vorbehandlung*

Kugeldruckhärte	N/mm²	bei N, s	*Shore-Härte* A
Rockwellhärte			*Shore-Härte* D

Schlagversuch *Probekörper:* (1) (2) Zustand   *Herstellung* / *Vorbehandlung*

	°C	°C	°C	*Probekörper-Form*

Schlagzähigkeit	kJ/m²
Kerbschlagzähigkeit (1)	kJ/m²
IZOD-Kerbschlagzähigkeit (2)	J/m
Kerbschlagzugzähigkeit	kJ/m²

Abrieb und Reibung

Taber-Abrieb (Reibradverfahren)	$mm^3/100\ U$	
Abriebfaktor LNP (Thrust washer) Vergleichswert		
Statische Reibungszahl	0.74	
Dynamische Reibungszahl	$(p \cdot v = \quad N/mm^2 \cdot \quad m/min)$	0.51
Zulässiger $p \cdot v$ Wert	$N/mm^2 \cdot (m/min) \quad v = \quad m/min$	
	$v = \quad m/min$	

Thermische Eigenschaften

Formbeständigkeit in der Wärme	*Verfahren*	°C
	Verfahren	°C
Vicat Erweichungstemperatur (VST)	*Verfahren*	°C
	Verfahren	°C
Kristallit-Schmelzpunkt	*Verfahren*	
Längenausdehnungskoeffizient	*Bereich* °C	$\cdot 10^{-4} K^{-1}$
	Temperatur	$\cdot 10^{-4} K^{-1}$
Wärmeleitfähigkeit	*Verfahren*	$W/(K \cdot m)$
Spezifische Wärmekapazität	*Verfahren*	$J/(K \cdot g)$
Glasumwandlungstemperatur	*Torsionsschwingungsversuch*	°C
	Differentialkalorimetrie	°C

Brandverhalten

UL-Test vertikal Dicke mm, Wert
Dicke mm, Wert

	Norm	Bewertung	Abmessungen
Sauerstoff-Index	ASTM D 2863		
Glühstab-Verfahren			
Brandverhalten	DIN 4102		
MVSS			
FAR			

Elektrische Eigenschaften

	Hz	°C	Probekörper, Form
Dielektrizitätszahl	50		
	10^3		
	10^6		
Dielektrischer Verlustfaktor $\tan \delta$	50		
	10^3		
	10^6		
Spezifischer Durchgangs- *widerstand*	$Ohm \cdot cm$		
Durchschlagfestigkeit	kV/mm		mm dick
Oberflächenwiderstand	Ohm		

Kriechstromfestigkeit KC KB KA
Elektrolytische Korrosionswirkung
Lichtbogenfestigkeit nach DIN
nach ASTM s

Beständigkeit *(Chemische Beständigkeit siehe Anhang)*

Wasseraufnahme

Feuchtigkeitsaufnahme Normalklima %
Wetterbeständigkeit

Spannungskorrosion

Optische Eigenschaften

Brechungszahl n_D
Transmissionsgrad τ_c % mm dick
Lichtdurchlässigkeit

Produkt	Polyethylen niedriger Dichte		**PE**
Handelsname	**Stamylan LD 2100TN26**		
Hersteller	DSM		
DIN-Bez 1	16776-PE,FBGS,20-D003		
DIN-Bez 2			
Zusätze	Gleitmittel; Antiblockmittel	*Füllstoffe/ Verstärkung*	
Bevorzugte Verarbeitung	Blasfolien-Extrusion	*Lieferform*	Granulat
		Farben	Natur
Besondere Merkmale	Ausgezeichnete Zaehigkeit und Zugfestigkeit; Hervorragende Schrumpfeigenschaften; Mindestfoliendicke 0.040 mm	*Bevorzugte Anwendungen*	Blasfolie; Gefrierbeutel; Tragetasche fuer hohe Beanspruchung; Industriesack (versiegelter offener Sack); Schrumpfhaube; Palettenhaube; Innenauskleidung

Dichte	g/cm³	0.921	*Schmelzindex*	g/10 min	0.3: 190/2.16
Schüttdichte	g/cm³		*Volumenfließindex*	cm³/10 min	:
Viskositätszahl	ml/g				

Verarbeitungsbedingungen für Spritzgießen

Massetemp.	°C		*Schwindung*	%	lgs , quer
Werkzeugtemp.	°C		*Bemerkungen*		
Spritzdruck	bar				

Zugversuch 23 °C   ASTM D 882(A);

Probekörper:	*Form*	Folienstreifen quer	*Herstellung*	Blasfolienextrusion
	Zustand		*Vorbehandlung*	Normalklima
Streckspannung	N/mm²	10	*Dehnung bei Streckspannung*	%
Zugfestigkeit	N/mm²		*Reißdehnung*	% 570
Reißfestigkeit	N/mm²	25	*% Dehnspannung*	N/mm²
E-Modul	N/mm²	170	*Dehnung bei % Dehnspg.*	%

Kriechmoduln und Zeitstandwerte 23 °C

Probekörper:	*Form*		*Herstellung*	
	Zustand		*Vorbehandlung*	
Kriechmodul	*1 min* N/mm²		*Zeitstandzugfestigkeit*	h N/mm²
Kriechmodul	*1000 h* N/mm²		*Zeitdehnspg.* %	h N/mm²
bei Spannung	N/mm²			

Biegeversuch 23 °C

Probekörper:	*Form*		*Herstellung*	
	Zustand		*Vorbehandlung*	
Biegefestigkeit	N/mm²		*E-Modul*	N/mm²
3,5% Biegespannung	N/mm²			

Härte 23 °C

Probekörper:	*Zustand*		*Herstellung*	
			Vorbehandlung	
Kugeldruckhärte	N/mm²	bei N, s	*Shore-Härte* A	
Rockwellhärte			*Shore-Härte* D	

Schlagversuch

Probekörper:	*(1)*			
	(2)		*Herstellung*	
	Zustand		*Vorbehandlung*	
	°C	°C	°C	*Probekörper-Form*

Schlagzähigkeit	kJ/m²
Kerbschlagzähigkeit (1)	kJ/m²
IZOD-Kerbschlagzähigkeit (2)	J/m
Kerbschlagzugzähigkeit	kJ/m²

Abrieb und Reibung

Taber-Abrieb (Reibradverfahren)	mm³/100 U	
Abriebfaktor LNP (Thrust washer) Vergleichswert		
Statische Reibungszahl	0.40	
Dynamische Reibungszahl	(p·v = N/mm² · m/min)	0.20
Zulässiger p · v Wert	N/mm² · (m/min) v = m/min	
	v = m/min	

Thermische Eigenschaften

Formbeständigkeit in der Wärme	*Verfahren*	°C
	Verfahren	°C
Vicat Erweichungstemperatur (VST)	*Verfahren*	°C
	Verfahren	°C
Kristallit-Schmelzpunkt	*Verfahren*	
Längenausdehnungskoeffizient	*Bereich* °C	$\cdot 10^{-4} \mathrm{K}^{-1}$
	Temperatur	$\cdot 10^{-4} \mathrm{K}^{-1}$
Wärmeleitfähigkeit	*Verfahren*	W/(K · m)
Spezifische Wärmekapazität	*Verfahren*	J/(K · g)
Glasumwandlungstemperatur	*Torsionsschwingungsversuch*	°C
	Differentialkalorimetrie	°C

Brandverhalten

UL-Test vertikal	*Dicke* mm, Wert	
	Dicke mm, Wert	

	Norm	*Bewertung*	*Abmessungen*
Sauerstoff-Index	ASTM D 2863		
Glühstab-Verfahren			
Brandverhalten	DIN 4102		
MVSS			
FAR			

Elektrische Eigenschaften

	Hz	°C	*Probekörper, Form*
Dielektrizitätszahl	50		
	10^3		
	10^6		
Dielektrischer Verlustfaktor $\tan\delta$	50		
	10^3		
	10^6		

Spezifischer Durchgangs-					
widerstand	Ohm · cm				
Durchschlagfestigkeit	kV/mm				mm dick
Oberflächenwiderstand	Ohm				
Kriechstromfestigkeit	KC		KB	KA	
Elektrolytische Korrosionswirkung					
Lichtbogenfestigkeit nach DIN					
nach ASTM	s				

Beständigkeit *(Chemische Beständigkeit siehe Anhang)*

Wasseraufnahme	
Feuchtigkeitsaufnahme Normalklima	%
Wetterbeständigkeit	
Spannungskorrosion	

Optische Eigenschaften

Brechungszahl n_D		
Transmissionsgrad τ_c	%	mm dick
Lichtdurchlässigkeit		

Produkt	Polyethylen niedriger Dichte	**PE**
Handelsname	**Stamylan LD 2101TN40**	
Hersteller	DSM	
DIN-Bez 1	16776-PE,FBG,20-D012	
DIN-Bez 2		

Zusätze		*Füllstoffe/ Verstärkung*	
Bevorzugte Verarbeitung	Blasfolien-Extrusion	*Lieferform*	Granulat
		Farben	Natur
Besondere Merkmale	Zaeh; Hohe Reissfestigkeit; Gute optische Eigenschaften; Ausgezeichnete Konfektionierbarkeit; Gute Verarbeitungseigenschaften; Hervorragende Umwandlungseigenschaften	*Bevorzugte Anwendungen*	Blasfolie; Industriefolie; Duenne Verpackungsfolie; Tragetasche; Fleischbeutel; Schrumpffolie; Wickelfolie; Luftpolsterfolie; Haushaltfolie; Folie fuer das Baugewerbe

Dichte	g/cm^3	0.921	*Schmelzindex*	g/10 min	0.9: 190/2.16
Schüttdichte	g/cm^3		*Volumenfließindex*	cm^3/10 min	:
Viskositätszahl	ml/g				

Verarbeitungsbedingungen für Spritzgießen

Massetemp.	°C		*Schwindung*	%	lgs , quer
Werkzeugtemp.	°C		*Bemerkungen*		
Spritzdruck	bar				

Zugversuch 23 °C   ASTM D 882(A);

	Probekörper:	*Form*	Folienstreifen quer	*Herstellung*	Blasfolienextrusion
		Zustand		*Vorbehandlung*	Normalklima

Streckspannung	N/mm^2	9	*Dehnung bei Streckspannung*	%
Zugfestigkeit	N/mm^2		*Reißdehnung*	% 580
Reißfestigkeit	N/mm^2	23	*% Dehnspannung*	N/mm^2
E-Modul	N/mm^2	180	*Dehnung bei % Dehnspg.*	%

Kriechmoduln und Zeitstandwerte 23 °C

	Probekörper:	*Form*	*Herstellung*	
		Zustand	*Vorbehandlung*	

Kriechmodul	1 min	N/mm^2	*Zeitstandzugfestigkeit*	h N/mm^2
Kriechmodul	1000 h	N/mm^2	*Zeitdehnspg.* %	h N/mm^2
bei Spannung		N/mm^2		

Biegeversuch 23 °C

	Probekörper:	*Form*	*Herstellung*	
		Zustand	*Vorbehandlung*	

Biegefestigkeit	N/mm^2	*E-Modul*	N/mm^2
3,5% Biegespannung	N/mm^2		

Härte 23 °C   *Probekörper:*   *Zustand*   *Herstellung* / *Vorbehandlung*

Kugeldruckhärte	N/mm^2	bei N, s	*Shore-Härte* A	
Rockwellhärte			*Shore-Härte* D	

Schlagversuch

	Probekörper:	(1)	
		(2)	*Herstellung*
		Zustand	*Vorbehandlung*

°C	°C	°C	*Probekörper-Form*

Schlagzähigkeit	kJ/m^2
Kerbschlagzähigkeit (1)	kJ/m^2
IZOD-Kerbschlagzähigkeit (2)	J/m
Kerbschlagzugzähigkeit	kJ/m^2

Abrieb und Reibung

Taber-Abrieb (Reibradverfahren)	mm³/100 U
Abriebfaktor LNP (Thrust washer) Vergleichswert	
Statische Reibungszahl	0.81
Dynamische Reibungszahl	(p·v = $\qquad$ N/mm² · $\qquad$ m/min) 0.60
Zulässiger p · v Wert	N/mm² · (m/min) v = $\qquad$ m/min
	v = $\qquad$ m/min

Thermische Eigenschaften

Formbeständigkeit in der Wärme	*Verfahren*	°C
	Verfahren	°C
Vicat Erweichungstemperatur (VST)	*Verfahren*	°C
	Verfahren	°C
Kristallit-Schmelzpunkt	*Verfahren*	
Längenausdehnungskoeffizient	*Bereich* $\qquad$ °C	$\cdot 10^{-4} \mathrm{K}^{-1}$
	Temperatur	$\cdot 10^{-4} \mathrm{K}^{-1}$
Wärmeleitfähigkeit	*Verfahren*	W/(K · m)
Spezifische Wärmekapazität	*Verfahren*	J/(K · g)
Glasumwandlungstemperatur	*Torsionsschwingungsversuch*	°C
	Differentialkalorimetrie	°C

Brandverhalten

UL-Test vertikal $\qquad$ Dicke $\qquad$ mm, Wert
$\qquad$ Dicke $\qquad$ mm, Wert

	Norm	Bewertung	Abmessungen
Sauerstoff-Index	ASTM D 2863		
Glühstab-Verfahren			
Brandverhalten	DIN 4102		
MVSS			
FAR			

Elektrische Eigenschaften

	Hz	°C	Probekörper, Form
Dielektrizitätszahl	50		
	10^3		
	10^6		
Dielektrischer Verlustfaktor tan δ	50		
	10^3		
	10^6		

Spezifischer Durchgangs-widerstand	Ohm · cm	
Durchschlagfestigkeit	kV/mm	mm dick
Oberflächenwiderstand	Ohm	

Kriechstromfestigkeit $\qquad$ KC $\qquad$ KB $\qquad$ KA
Elektrolytische Korrosionswirkung
Lichtbogenfestigkeit nach DIN
$\qquad$ *nach ASTM* $\quad$ s

Beständigkeit *(Chemische Beständigkeit siehe Anhang)*

Wasseraufnahme

Feuchtigkeitsaufnahme Normalklima $\qquad$ %
Wetterbeständigkeit

Spannungskorrosion

Optische Eigenschaften

Brechungszahl n_D
Transmissionsgrad τ_c $\qquad$ % $\qquad$ mm dick
Lichtdurchlässigkeit

Produkt	Polyethylen niedriger Dichte	**PE**
Handelsname	**Stamylan LD 2101TN47**	
Hersteller	DSM	
DIN-Bez 1	16776-PE,FBGS,20-D012	
DIN-Bez 2		

Zusätze	Gleitmittel	*Füllstoffe/ Verstärkung*	
Bevorzugte Verarbeitung	Blasfolien-Extrusion	*Lieferform*	Granulat
		Farben	Natur
Besondere Merkmale	Zaeh; Hohe Reissfestigkeit; Gute optische Eigenschaften; Ausgezeichnete Konfektionierbarkeit; Gute Verarbeitungseigenschaften; Hervorragende Umwandlungseigenschaften	*Bevorzugte Anwendungen*	Blasfolie; Tragetasche fuer Normalgebrauch; Klebfolie

---

Dichte	g/cm³	0.921	*Schmelzindex*	g/10 min	0.9: 190/2.16
Schüttdichte	g/cm³		*Volumenfließindex*	cm³/10 min	:
Viskositätszahl	ml/g				

Verarbeitungsbedingungen für Spritzgießen

Massetemp.	°C		*Schwindung*	%　lgs　, quer
Werkzeugtemp.	°C		*Bemerkungen*	
Spritzdruck	bar			

Zugversuch 23 °C　ASTM D 882(A);

Probekörper:	*Form* Folienstreifen quer	*Herstellung*	Blasfolienextrusion
	Zustand	*Vorbehandlung*	Normalklima

Streckspannung	N/mm²	9	*Dehnung bei Streckspannung*	%
Zugfestigkeit	N/mm²		*Reißdehnung*	%　580
Reißfestigkeit	N/mm²	23	*% Dehnspannung*	N/mm²
E-Modul	N/mm²	180	*Dehnung bei　% Dehnspg.*	%

Kriechmoduln und Zeitstandwerte 23 °C

Probekörper:	*Form*	*Herstellung*	
	Zustand	*Vorbehandlung*	

Kriechmodul	1 min N/mm²	*Zeitstandzugfestigkeit*	h N/mm²
Kriechmodul	1000 h N/mm²	*Zeitdehnspg. %*	h N/mm²
bei Spannung	N/mm²		

Biegeversuch 23 °C

Probekörper:	*Form*	*Herstellung*	
	Zustand	*Vorbehandlung*	

Biegefestigkeit	N/mm²	*E-Modul*	N/mm²
3,5% Biegespannung	N/mm²		

Härte 23 °C

Probekörper:	*Zustand*	*Herstellung*	
		Vorbehandlung	

Kugeldruckhärte	N/mm²　　bei　N, s	*Shore-Härte*	A
Rockwellhärte		*Shore-Härte*	D

Schlagversuch

Probekörper:	(1)		
	(2)	*Herstellung*	
	Zustand	*Vorbehandlung*	
	°C　　°C　　°C	*Probekörper-Form*	

Schlagzähigkeit	kJ/m²
Kerbschlagzähigkeit (1)	kJ/m²
IZOD-Kerbschlagzähigkeit (2)	J/m
Kerbschlagzugzähigkeit	kJ/m²

Abrieb und Reibung

Taber-Abrieb (Reibradverfahren)	mm³/100 U	
Abriebfaktor LNP (Thrust washer) Vergleichswert		
Statische Reibungszahl	0.30	
Dynamische Reibungszahl	(p·v = $\quad$ N/mm² · $\quad$ m/min) 0.15	
Zulässiger p · v Wert	N/mm² · (m/min) $\quad$ v = $\quad$ m/min	
	v = $\quad$ m/min	

Thermische Eigenschaften

Formbeständigkeit in der Wärme	*Verfahren*	°C
	Verfahren	°C
Vicat Erweichungstemperatur (VST)	*Verfahren*	°C
	Verfahren	°C
Kristallit-Schmelzpunkt	*Verfahren*	
Längenausdehnungskoeffizient	*Bereich* $\quad$ °C	$\cdot 10^{-4} K^{-1}$
	Temperatur	$\cdot 10^{-4} K^{-1}$
Wärmeleitfähigkeit	*Verfahren*	W/(K · m)
Spezifische Wärmekapazität	*Verfahren*	J/(K · g)
Glasumwandlungstemperatur	*Torsionsschwingungsversuch*	°C
	Differentialkalorimetrie	°C

Brandverhalten

UL-Test vertikal
$\quad$ Dicke $\quad$ mm, Wert
$\quad$ Dicke $\quad$ mm, Wert

	Norm	Bewertung	Abmessungen
Sauerstoff-Index	ASTM D 2863		
Glühstab-Verfahren			
Brandverhalten	DIN 4102		
MVSS			
FAR			

Elektrische Eigenschaften

	Hz	°C	Probekörper, Form
Dielektrizitätszahl	50		
	10^3		
	10^6		
Dielektrischer Verlustfaktor tan δ	50		
	10^3		
	10^6		

Spezifischer Durchgangs- *widerstand*	Ohm · cm	
Durchschlagfestigkeit	kV/mm	mm dick
Oberflächenwiderstand	Ohm	

	KC	KB	KA
Kriechstromfestigkeit			
Elektrolytische Korrosionswirkung			
Lichtbogenfestigkeit nach DIN			
$\quad$ *nach ASTM* $\quad$ s			

Beständigkeit *(Chemische Beständigkeit siehe Anhang)*

Wasseraufnahme

Feuchtigkeitsaufnahme Normalklima $\hfill$ %
Wetterbeständigkeit

Spannungskorrosion

Optische Eigenschaften

Brechungszahl n_D
Transmissionsgrad τ_c $\quad$ % $\qquad$ mm dick
Lichtdurchlässigkeit

			PE
Produkt	Polyethylen niedriger Dichte		
Handelsname	**Stamylan LD 2200TC00**		
Hersteller	DSM		
DIN-Bez 1	16776-PE,FG,20-D003		
DIN-Bez 2			

Zusätze		*Füllstoffe/ Verstärkung*	
Bevorzugte Verarbeitung	Blasfolien-Extrusion	*Lieferform*	Granulat
		Farben	Natur
Besondere Merkmale	Ausgezeichnete Verarbeitungseigenschaften; Gute optische Eigenschaften; Niedriger Schmelzindex	*Bevorzugte Anwendungen*	Blasfolie; Folie fuer automatische Verpackung; Schrumpffolie; Wickelfolie; Schrumpfhaube; Palettenhaube; Duenne technische Folie

---

Dichte	g/cm³	0.922	*Schmelzindex*	g/10 min	0.3: 190/2.16
Schüttdichte	g/cm³		*Volumenfließindex*	cm³/10 min	:
Viskositätszahl	ml/g				

Verarbeitungsbedingungen für Spritzgießen

Massetemp.	°C		*Schwindung*	%	lgs , quer
Werkzeugtemp.	°C		*Bemerkungen*		
Spritzdruck	bar				

Zugversuch 23 °C   ASTM D 882(A);

	Probekörper:	*Form*	Folienstreifen quer	*Herstellung*	Blasfolienextrusion
		Zustand		*Vorbehandlung*	Normalklima
Streckspannung	N/mm²	10	*Dehnung bei Streckspannung*	%	
Zugfestigkeit	N/mm²		*Reißdehnung*	%	570
Reißfestigkeit	N/mm²	26	*% Dehnspannung*	N/mm²	
E-Modul	N/mm²	175	*Dehnung bei % Dehnspg.*	%	

Kriechmoduln und Zeitstandwerte 23 °C

	Probekörper:	*Form*		*Herstellung*	
		Zustand		*Vorbehandlung*	
Kriechmodul	*1 min* N/mm²		*Zeitstandzugfestigkeit*	h N/mm²	
Kriechmodul	*1000 h* N/mm²		*Zeitdehnspg.* %	h N/mm²	
bei Spannung	N/mm²				

Biegeversuch 23 °C

	Probekörper:	*Form*	*Herstellung*	
		Zustand	*Vorbehandlung*	
Biegefestigkeit	N/mm²		*E-Modul*	N/mm²
3,5% Biegespannung	N/mm²			

Härte 23 °C

	Probekörper:	*Zustand*	*Herstellung*	
			Vorbehandlung	
Kugeldruckhärte	N/mm²	bei N, s	*Shore-Härte* A	
Rockwellhärte			*Shore-Härte* D	

Schlagversuch

	Probekörper:	*(1)*		
		(2)	*Herstellung*	
		Zustand	*Vorbehandlung*	
		°C	°C	°C *Probekörper-Form*

Schlagzähigkeit	kJ/m²
Kerbschlagzähigkeit (1)	kJ/m²
IZOD-Kerbschlagzähigkeit (2)	J/m
Kerbschlagzugzähigkeit	kJ/m²

Abrieb und Reibung

Taber-Abrieb (Reibradverfahren)   mm^3/100 U
Abriebfaktor LNP (Thrust washer) Vergleichswert
Statische Reibungszahl   1.11
Dynamische Reibungszahl   (p·v =   N/mm^2 ·   m/min)   0.82
Zulässiger p · v Wert   N/mm^2 · (m/min)   v =   m/min
                                                                             v =   m/min

Thermische Eigenschaften

Formbeständigkeit in der Wärme   Verfahren   °C
                                         Verfahren   °C
Vicat Erweichungstemperatur (VST)   Verfahren   °C
                                         Verfahren   °C
Kristallit-Schmelzpunkt   Verfahren

Längenausdehnungskoeffizient   Bereich   °C   · 10^{-4}K^{-1}
                                         Temperatur   · 10^{-4}K^{-1}
Wärmeleitfähigkeit   Verfahren   W/(K · m)

Spezifische Wärmekapazität   Verfahren   J/(K · g)

Glasumwandlungstemperatur   Torsionsschwingungsversuch   °C
                                         Differentialkalorimetrie   °C

Brandverhalten

UL-Test vertikal   Dicke   mm, Wert
                                         Dicke   mm, Wert

	Norm	Bewertung		Abmessungen
Sauerstoff-Index	ASTM D 2863			
Glühstab-Verfahren				
Brandverhalten	DIN 4102			
MVSS				
FAR				

Elektrische Eigenschaften

	Hz	°C			Probekörper, Form
Dielektrizitätszahl	50				
	10^3				
	10^6				
Dielektrischer Verlustfaktor tan δ	50				
	10^3				
	10^6				

Spezifischer Durchgangs-
    widerstand   Ohm · cm
Durchschlagfestigkeit   kV/mm   mm dick
Oberflächenwiderstand   Ohm

Kriechstromfestigkeit   KC   KB   KA
Elektrolytische Korrosionswirkung
Lichtbogenfestigkeit nach DIN
            nach ASTM   s

Beständigkeit (Chemische Beständigkeit siehe Anhang)

Wasseraufnahme

Feuchtigkeitsaufnahme Normalklima   %
Wetterbeständigkeit

Spannungskorrosion

Optische Eigenschaften

Brechungszahl n$_D$
Transmissionsgrad τ_c %   mm dick
Lichtdurchlässigkeit

Produkt	Polyethylen niedriger Dichte	**PE**
Handelsname	**Stamylan LD NC104/2**	
Hersteller	DSM	
DIN-Bez 1 *DIN-Bez 2*	16776-PE,FBGS,20-D003	

Zusätze	Gleitmittel (Erucamid); Antiblockmittel	*Füllstoffe/* *Verstärkung*	
Bevorzugte *Verarbeitung*	Blasfolien-Extrusion	*Lieferform*	Granulat
		Farben	Natur
Besondere *Merkmale*	Ausgezeichnete Verarbeitungseigen- schaften; Gute optische Eigenschaf- ten; Niedriger Schmelzindex	*Bevorzugte* *Anwendungen*	Blasfolie; Folie fuer automatische Ver- packung; Schrumpffolie; Wickelfolie; Schrumpfhaube; Palettenhaube; Duenne technische Folie; Kaschierfolie

Dichte	g/cm³	0.922	*Schmelzindex*	g/10 min	0.3: 190/2.16
Schüttdichte	g/cm³		*Volumenfließindex*	cm³/10 min	:
Viskositätszahl	ml/g				

Verarbeitungsbedingungen für Spritzgießen

Massetemp.	°C		*Schwindung*	%	lgs , quer
Werkzeugtemp.	°C		*Bemerkungen*		
Spritzdruck	bar				

Zugversuch 23 °C   ASTM D 882(A);

	Probekörper:	*Form* Folienstreifen quer	*Herstellung*	Blasfolienextrusion
		Zustand	*Vorbehandlung*	Normalklima

Streckspannung	N/mm² 10	*Dehnung bei Streckspannung*	%	
Zugfestigkeit	N/mm²	*Reißdehnung*	%	570
Reißfestigkeit	N/mm² 25	% *Dehnspannung*	N/mm²	
E-Modul	N/mm² 175	*Dehnung bei* % *Dehnspg.*	%	

Kriechmoduln und Zeitstandwerte 23 °C

	Probekörper:	*Form*	*Herstellung*
		Zustand	*Vorbehandlung*

Kriechmodul	1 min N/mm²	*Zeitstandzugfestigkeit*	h N/mm²
Kriechmodul	1000 h N/mm²	*Zeitdehnspg.* %	h N/mm²
bei Spannung	N/mm²		

Biegeversuch 23 °C

	Probekörper:	*Form*	*Herstellung*
		Zustand	*Vorbehandlung*

Biegefestigkeit	N/mm²	*E-Modul*	N/mm²
3,5% Biegespannung	N/mm²		

Härte 23 °C

	Probekörper:	*Zustand*	*Herstellung* *Vorbehandlung*

Kugeldruckhärte	N/mm² bei N, s	*Shore-Härte* A	
Rockwellhärte		*Shore-Härte* D	

Schlagversuch

	Probekörper:	*(1)* *(2)* *Zustand*	*Herstellung* *Vorbehandlung*
		°C °C °C	*Probekörper-Form*

Schlagzähigkeit	kJ/m²
Kerbschlagzähigkeit (1)	kJ/m²
IZOD-Kerbschlagzähigkeit (2)	J/m
Kerbschlagzugzähigkeit	kJ/m²

Abrieb und Reibung

Taber-Abrieb (Reibradverfahren)   mm³/100 U
Abriebfaktor LNP (Thrust washer) Vergleichswert
Statische Reibungszahl   0.31
Dynamische Reibungszahl   (p·v =   N/mm² ·   m/min)   0.18
Zulässiger p · v Wert   N/mm² · (m/min)   v =   m/min
                                                                     v =   m/min

Thermische Eigenschaften

Formbeständigkeit in der Wärme	Verfahren		°C
	Verfahren		°C
Vicat Erweichungstemperatur (VST)	Verfahren		°C
	Verfahren		°C
Kristallit-Schmelzpunkt	Verfahren		
Längenausdehnungskoeffizient	Bereich	°C	$\cdot 10^{-4} K^{-1}$
	Temperatur		$\cdot 10^{-4} K^{-1}$
Wärmeleitfähigkeit	Verfahren		W/(K · m)
Spezifische Wärmekapazität	Verfahren		J/(K · g)
Glasumwandlungstemperatur	Torsionsschwingungsversuch	°C	
	Differentialkalorimetrie	°C	

Brandverhalten

UL-Test vertikal   Dicke   mm, Wert
                                  Dicke   mm, Wert

	Norm	Bewertung	Abmessungen
Sauerstoff-Index	ASTM D 2863		
Glühstab-Verfahren			
Brandverhalten	DIN 4102		
MVSS			
FAR			

Elektrische Eigenschaften

	Hz	°C	Probekörper, Form
Dielektrizitätszahl	50		
	10^3		
	10^6		
Dielektrischer Verlustfaktor tan δ	50		
	10^3		
	10^6		

Spezifischer Durchgangs-
  widerstand   Ohm · cm
Durchschlagfestigkeit   kV/mm   mm dick
Oberflächenwiderstand   Ohm

Kriechstromfestigkeit   KC   KB   KA
Elektrolytische Korrosionswirkung
Lichtbogenfestigkeit nach DIN
              nach ASTM   s

Beständigkeit (Chemische Beständigkeit siehe Anhang)

Wasseraufnahme

Feuchtigkeitsaufnahme Normalklima   %
Wetterbeständigkeit

Spannungskorrosion

Optische Eigenschaften

Brechungszahl n_D
Transmissionsgrad τ_c %   mm dick
Lichtdurchlässigkeit

Produkt	Polyethylen niedriger Dichte		**PE**
Handelsname	**Stamylan LD 2201TH00**		
Hersteller	DSM		
DIN-Bez 1 *DIN-Bez 2*	16776-PE,FG,20-D012		
Zusätze		*Füllstoffe/* *Verstärkung*	
Bevorzugte *Verarbeitung*	Blasfolien-Extrusion	*Lieferform*	Granulat
		Farben	Natur
Besondere *Merkmale*	Leicht zu verarbeiten; Zaeh; Hohe Reissfestigkeit; Ausgezeichnete optische Eigenschaften; Mindestfoliendicke 0.030 mm	*Bevorzugte* *Anwendungen*	Blasfolie; Schrumpffolie; Wickelfolie; Luftpolsterfolie; Klebefolie; Haushaltfolie; Pharmazeutische Folie; Windel

Dichte	g/cm³	0.922	*Schmelzindex*	g/10 min	0.9: 190/2.16
Schüttdichte	g/cm³		*Volumenfließindex*	cm³/10 min	:
Viskositätszahl	ml/g				

Verarbeitungsbedingungen für Spritzgießen

Massetemp.	°C		*Schwindung*	%	lgs , quer
Werkzeugtemp.	°C		*Bemerkungen*		
Spritzdruck	bar				

Zugversuch 23 °C   ASTM D 882(A);

	Probekörper:	*Form*	Folienstreifen quer	*Herstellung*	Blasfolienextrusion
		Zustand		*Vorbehandlung*	Normalklima
Streckspannung	N/mm² 10			*Dehnung bei Streckspannung*	%
Zugfestigkeit	N/mm²			*Reißdehnung*	% 590
Reißfestigkeit	N/mm² 24			*% Dehnspannung*	N/mm²
E-Modul	N/mm² 175			*Dehnung bei % Dehnspg.*	%

Kriechmoduln und Zeitstandwerte 23 °C

	Probekörper:	*Form*	*Herstellung*	
		Zustand	*Vorbehandlung*	
Kriechmodul	1 min N/mm²		*Zeitstandzugfestigkeit*	h N/mm²
Kriechmodul	1000 h N/mm²		*Zeitdehnspg. %*	h N/mm²
bei Spannung	N/mm²			

Biegeversuch 23 °C

	Probekörper:	*Form*	*Herstellung*	
		Zustand	*Vorbehandlung*	
Biegefestigkeit	N/mm²		*E-Modul*	N/mm²
3,5% Biegespannung	N/mm²			

Härte 23 °C

	Probekörper:	*Zustand*	*Herstellung*	
			Vorbehandlung	
Kugeldruckhärte	N/mm²	bei N, s	*Shore-Härte* A	
Rockwellhärte			*Shore-Härte* D	

Schlagversuch

	Probekörper:	*(1)*		
		(2)	*Herstellung*	
		Zustand	*Vorbehandlung*	
	°C	°C	°C	*Probekörper-Form*

Schlagzähigkeit	kJ/m²
Kerbschlagzähigkeit (1)	kJ/m²
IZOD-Kerbschlagzähigkeit (2)	J/m
Kerbschlagzugzähigkeit	kJ/m²

Abrieb und Reibung

Taber-Abrieb (Reibradverfahren)	mm³/100 U
Abriebfaktor LNP (Thrust washer) Vergleichswert	
Statische Reibungszahl	1.45
Dynamische Reibungszahl	(p·v = N/mm² · m/min) 1.15
Zulässiger p · v Wert	N/mm² · (m/min) v = m/min
	v = m/min

Thermische Eigenschaften

Formbeständigkeit in der Wärme	*Verfahren*		°C
	Verfahren		°C
Vicat Erweichungstemperatur (VST)	*Verfahren*		°C
	Verfahren		°C
Kristallit-Schmelzpunkt	*Verfahren*		
Längenausdehnungskoeffizient	*Bereich*	°C	$\cdot 10^{-4} \mathrm{K}^{-1}$
	Temperatur		$\cdot 10^{-4} \mathrm{K}^{-1}$
Wärmeleitfähigkeit	*Verfahren*		W/(K · m)
Spezifische Wärmekapazität	*Verfahren*		J/(K · g)
Glasumwandlungstemperatur	*Torsionsschwingungsversuch*	°C	
	Differentialkalorimetrie	°C	

Brandverhalten

UL-Test vertikal	*Dicke*	mm, Wert	
	Dicke	mm, Wert	

	Norm	*Bewertung*	*Abmessungen*
Sauerstoff-Index	ASTM D 2863		
Glühstab-Verfahren			
Brandverhalten	DIN 4102		
MVSS			
FAR			

Elektrische Eigenschaften

	Hz	*°C*	*Probekörper, Form*
Dielektrizitätszahl	50		
	10^3		
	10^6		
Dielektrischer Verlustfaktor tan δ	50		
	10^3		
	10^6		
Spezifischer Durchgangs-widerstand	Ohm · cm		
Durchschlagfestigkeit	kV/mm		mm dick
Oberflächenwiderstand	Ohm		

Kriechstromfestigkeit	KC	KB	KA
Elektrolytische Korrosionswirkung			
Lichtbogenfestigkeit nach DIN			
nach ASTM	s		

Beständigkeit *(Chemische Beständigkeit siehe Anhang)*

Wasseraufnahme

Feuchtigkeitsaufnahme Normalklima   %
Wetterbeständigkeit

Spannungskorrosion

Optische Eigenschaften

Brechungszahl n_D
Transmissionsgrad τ_c %   mm dick
Lichtdurchlässigkeit

Produkt	Polyethylen niedriger Dichte	**PE**
Handelsname	**Stamylan LD 2201TH16**	
Hersteller	DSM	
DIN-Bez 1	16776-PE,FBGS,20-D012	
DIN-Bez 2		

Zusätze	Gleitmittel; Antiblockmittel	*Füllstoffe/ Verstärkung*	
Bevorzugte Verarbeitung	Blasfolien-Extrusion	*Lieferform*	Granulat
		Farben	Natur
Besondere Merkmale	Leicht zu verarbeiten; Zaeh; Hohe Reissfestigkeit; Ausgezeichnete optische Eigenschaften; Mindestfoliendikke 0.030 mm	*Bevorzugte Anwendungen*	Blasfolie; Gefrierbeutel; Tragetasche; Folie fuer automatisches Schnellverpacken; Schrumpffolie; Wickelfolie; Klebfolie

Dichte	g/cm^3	0.922	*Schmelzindex* g/10 min	0.9: 190/2.16
Schüttdichte	g/cm^3		*Volumenfließindex* cm^3/10 min	:
Viskositätszahl	ml/g			

Verarbeitungsbedingungen für Spritzgießen

Massetemp.	°C	*Schwindung* %	lgs , quer
Werkzeugtemp.	°C	*Bemerkungen*	
Spritzdruck	bar		

Zugversuch 23 °C   ASTM D 882(A);

Probekörper:	*Form* Folienstreifen quer	*Herstellung*	Blasfolienextrusion
	Zustand	*Vorbehandlung*	Normalklima

Streckspannung	N/mm^2	10	*Dehnung bei Streckspannung*	%
Zugfestigkeit	N/mm^2		*Reißdehnung*	% 590
Reißfestigkeit	N/mm^2	24	*% Dehnspannung*	N/mm^2
E-Modul	N/mm^2	175	*Dehnung bei % Dehnspg.*	%

Kriechmoduln und Zeitstandwerte 23 °C

Probekörper:	*Form*	*Herstellung*	
	Zustand	*Vorbehandlung*	

Kriechmodul	1 min N/mm^2	*Zeitstandzugfestigkeit*	h N/mm^2
Kriechmodul	1000 h N/mm^2	*Zeitdehnspg. %*	h N/mm^2
bei Spannung	N/mm^2		

Biegeversuch 23 °C

Probekörper:	*Form*	*Herstellung*	
	Zustand	*Vorbehandlung*	

Biegefestigkeit	N/mm^2	*E-Modul*	N/mm^2
3,5% Biegespannung	N/mm^2		

Härte 23 °C

Probekörper:	*Zustand*	*Herstellung*	
		Vorbehandlung	

Kugeldruckhärte	N/mm^2 bei N, s	*Shore-Härte* A	
Rockwellhärte		*Shore-Härte* D	

Schlagversuch

Probekörper:	*(1)*		
	(2)	*Herstellung*	
	Zustand	*Vorbehandlung*	
	°C °C °C	*Probekörper-Form*	

Schlagzähigkeit	kJ/m^2
Kerbschlagzähigkeit (1)	kJ/m^2
IZOD-Kerbschlagzähigkeit (2)	J/m
Kerbschlagzugzähigkeit	kJ/m^2

Abrieb und Reibung

Taber-Abrieb (Reibradverfahren)	mm³/100 U	
Abriebfaktor LNP (Thrust washer) Vergleichswert		
Statische Reibungszahl	0.60	
Dynamische Reibungszahl	$(p \cdot v =$ N/mm² · m/min) 0.24	
Zulässiger p · v Wert	N/mm² · (m/min) v = m/min	
	v = m/min	

Thermische Eigenschaften

Formbeständigkeit in der Wärme	*Verfahren*	°C
	Verfahren	°C
Vicat Erweichungstemperatur (VST)	*Verfahren*	°C
	Verfahren	°C
Kristallit-Schmelzpunkt	*Verfahren*	
Längenausdehnungskoeffizient	*Bereich* °C	$\cdot 10^{-4} \mathrm{K}^{-1}$
	Temperatur	$\cdot 10^{-4} \mathrm{K}^{-1}$
Wärmeleitfähigkeit	*Verfahren*	W/(K · m)
Spezifische Wärmekapazität	*Verfahren*	J/(K · g)
Glasumwandlungstemperatur	*Torsionsschwingungsversuch* °C	
	Differentialkalorimetrie °C	

Brandverhalten

UL-Test vertikal		*Dicke* mm, *Wert*	
		Dicke mm, *Wert*	
	Norm	*Bewertung*	*Abmessungen*
Sauerstoff-Index	ASTM D 2863		
Glühstab-Verfahren			
Brandverhalten	DIN 4102		
MVSS			
FAR			

Elektrische Eigenschaften

	Hz	°C		*Probekörper, Form*
Dielektrizitätszahl	50			
	10^3			
	10^6			
Dielektrischer Verlustfaktor tan δ	50			
	10^3			
	10^6			
Spezifischer Durchgangs-				
* widerstand*	Ohm · cm			
Durchschlagfestigkeit	kV/mm			mm dick
Oberflächenwiderstand	Ohm			
Kriechstromfestigkeit	KC	KB	KA	
Elektrolytische Korrosionswirkung				
Lichtbogenfestigkeit nach DIN				
* nach ASTM*	s			

Beständigkeit *(Chemische Beständigkeit siehe Anhang)*

Wasseraufnahme	
Feuchtigkeitsaufnahme Normalklima	%
Wetterbeständigkeit	
Spannungskorrosion	

Optische Eigenschaften

Brechungszahl n_D	
Transmissionsgrad τ_c %	mm dick
Lichtdurchlässigkeit	

Produkt	Polyethylen niedriger Dichte	**PE**
Handelsname	**Stamylan LD 2201TH17**	
Hersteller	DSM	
DIN-Bez 1	16776-PE,FBGS,20-D012	
DIN-Bez 2		

Zusätze	Gleitmittel; Antiblockmittel	*Füllstoffe/ Verstärkung*	
Bevorzugte Verarbeitung	Blasfolien-Extrusion	*Lieferform*	Granulat
		Farben	Natur
Besondere Merkmale	Leicht zu verarbeiten; Zaeh; Hohe Reissfestigkeit; Ausgezeichnete optische Eigenschaften; Mindestfoliendikke 0.030 mm	*Bevorzugte Anwendungen*	Blasfolie; Gefrierbeutel; Tragetasche; Folie fuer automatisches Schnellverpacken; Klebfolie

---

Dichte	g/cm³	0.922	*Schmelzindex* g/10 min	0.9: 190/2.16
Schüttdichte	g/cm³		*Volumenfließindex* cm³/10 min	:
Viskositätszahl	ml/g			

Verarbeitungsbedingungen für Spritzgießen

Massetemp.	°C	*Schwindung* %	lgs , quer
Werkzeugtemp.	°C	*Bemerkungen*	
Spritzdruck	bar		

Zugversuch 23 °C ASTM D 882(A);

	Probekörper:	*Form*	Folienstreifen quer	*Herstellung* Blasfolienextrusion
		Zustand		*Vorbehandlung* Normalklima
Streckspannung	N/mm² 10		*Dehnung bei Streckspannung*	%
Zugfestigkeit	N/mm²		*Reißdehnung*	% 590
Reißfestigkeit	N/mm² 24		*% Dehnspannung*	N/mm²
E-Modul	N/mm² 175		*Dehnung bei % Dehnspg.*	%

Kriechmoduln und Zeitstandwerte 23 °C

	Probekörper:	*Form*	*Herstellung*
		Zustand	*Vorbehandlung*
Kriechmodul	1 min N/mm²	*Zeitstandzugfestigkeit*	h N/mm²
Kriechmodul	1000 h N/mm²	*Zeitdehnspg.* %	h N/mm²
bei Spannung	N/mm²		

Biegeversuch 23 °C

	Probekörper:	*Form*	*Herstellung*
		Zustand	*Vorbehandlung*
Biegefestigkeit	N/mm²	*E-Modul*	N/mm²
3,5% Biegespannung	N/mm²		

Härte 23 °C

	Probekörper:	*Zustand*	*Herstellung*
			Vorbehandlung
Kugeldruckhärte	N/mm²	bei N, s	*Shore-Härte* A
Rockwellhärte			*Shore-Härte* D

Schlagversuch

	Probekörper:	*(1)*	
		(2)	*Herstellung*
		Zustand	*Vorbehandlung*
	°C	°C °C	*Probekörper-Form*

Schlagzähigkeit	kJ/m²
Kerbschlagzähigkeit (1)	kJ/m²
IZOD-Kerbschlagzähigkeit (2)	J/m
Kerbschlagzugzähigkeit	kJ/m²

Abrieb und Reibung

Taber-Abrieb (Reibradverfahren)   mm³/100 U
Abriebfaktor LNP (Thrust washer) Vergleichswert
Statische Reibungszahl   0.45
Dynamische Reibungszahl   (p·v =   N/mm² ·   m/min)   0.16
Zulässiger p · v Wert   N/mm² · (m/min)   v =   m/min
                                                                           v =   m/min

Thermische Eigenschaften

Formbeständigkeit in der Wärme   Verfahren   °C
                                      Verfahren   °C
Vicat Erweichungstemperatur (VST)   Verfahren   °C
                                      Verfahren   °C
Kristallit-Schmelzpunkt   Verfahren

Längenausdehnungskoeffizient   Bereich   °C $\cdot 10^{-4} \mathrm{K}^{-1}$
                                      Temperatur $\cdot 10^{-4} \mathrm{K}^{-1}$
Wärmeleitfähigkeit   Verfahren   W/(K · m)

Spezifische Wärmekapazität   Verfahren   J/(K · g)

Glasumwandlungstemperatur   Torsionsschwingungsversuch   °C
                                      Differentialkalorimetrie   °C

Brandverhalten

UL-Test vertikal   Dicke   mm, Wert
                                      Dicke   mm, Wert

	Norm	Bewertung	Abmessungen
Sauerstoff-Index	ASTM D 2863		
Glühstab-Verfahren			
Brandverhalten	DIN 4102		
MVSS			
FAR			

Elektrische Eigenschaften

	Hz	°C	Probekörper, Form
Dielektrizitätszahl	50		
	10^3		
	10^6		
Dielektrischer Verlustfaktor tan δ	50		
	10^3		
	10^6		

Spezifischer Durchgangs-
   widerstand   Ohm · cm
Durchschlagfestigkeit   kV/mm   mm dick
Oberflächenwiderstand   Ohm

Kriechstromfestigkeit   KC   KB   KA
Elektrolytische Korrosionswirkung
Lichtbogenfestigkeit nach DIN
            nach ASTM   s

Beständigkeit (Chemische Beständigkeit siehe Anhang)

Wasseraufnahme

Feuchtigkeitsaufnahme Normalklima   %
Wetterbeständigkeit

Spannungskorrosion

Optische Eigenschaften

Brechungszahl n_D
Transmissionsgrad τ_c %   mm dick
Lichtdurchlässigkeit

Produkt	Polyethylen niedriger Dichte	**PE**
Handelsname	**Stamylan LD 2300GN00**	
Hersteller	DSM	
DIN-Bez 1	16776-PE,FG,25-D003	
DIN-Bez 2		

Zusätze		*Füllstoffe/ Verstärkung*	
Bevorzugte Verarbeitung	Blasfolien-Extrusion	*Lieferform*	Granulat
		Farben	Natur
Besondere Merkmale	Ausgezeichnete Verarbeitungseigen-schaften; Gute optische Eigenschaf-ten; Niedriger Schmelzindex; Homoge-nisiert	*Bevorzugte Anwendungen*	Blasfolie; Milchbeutel; Sack fuer Indu-strie und Grosshandel; Schrumpfhau-be; Palettenhaube; Technische Folie

Dichte	g/cm^3	0.923	*Schmelzindex*	g/10 min	0.3: 190/2.16
Schüttdichte	g/cm^3		*Volumenfließindex*	cm^3/10 min	:
Viskositätszahl	ml/g				

Verarbeitungsbedingungen für Spritzgießen

Massetemp.	°C		*Schwindung*	%	lgs , quer
Werkzeugtemp.	°C		*Bemerkungen*		
Spritzdruck	bar				

Zugversuch 23 °C ASTM D 882(A);

Probekörper:	*Form*	Folienstreifen quer	*Herstellung*	Blasfolienextrusion
	Zustand		*Vorbehandlung*	Normalklima

Streckspannung	N/mm^2	10	*Dehnung bei Streckspannung*	%	
Zugfestigkeit	N/mm^2		*Reißdehnung*	%	570
Reißfestigkeit	N/mm^2	31	*% Dehnspannung*	N/mm^2	
E-Modul	N/mm^2	180	*Dehnung bei % Dehnspg.*	%	

Kriechmoduln und Zeitstandwerte 23 °C

Probekörper:	*Form*	*Herstellung*	
	Zustand	*Vorbehandlung*	

Kriechmodul	1 min N/mm^2	*Zeitstandzugfestigkeit*	h N/mm^2	
Kriechmodul	1000 h N/mm^2	*Zeitdehnspg. %*	h N/mm^2	
bei Spannung	N/mm^2			

Biegeversuch 23 °C

Probekörper:	*Form*	*Herstellung*	
	Zustand	*Vorbehandlung*	

Biegefestigkeit	N/mm^2	*E-Modul*	N/mm^2
3,5% Biegespannung	N/mm^2		

Härte 23 °C *Probekörper:* *Zustand* *Herstellung* *Vorbehandlung*

Kugeldruckhärte	N/mm^2 bei N, s	*Shore-Härte* A	
Rockwellhärte		*Shore-Härte* D	

Schlagversuch

Probekörper:	(1)		
	(2)	*Herstellung*	
	Zustand	*Vorbehandlung*	

°C	°C	°C	*Probekörper-Form*

Schlagzähigkeit	kJ/m^2
Kerbschlagzähigkeit (1)	kJ/m^2
IZOD-Kerbschlagzähigkeit (2)	J/m
Kerbschlagzugzähigkeit	kJ/m^2

Abrieb und Reibung

Taber-Abrieb (Reibradverfahren)   mm³/100 U
Abriebfaktor LNP (Thrust washer) Vergleichswert
Statische Reibungszahl   0.97
Dynamische Reibungszahl   (p·v =   N/mm² ·   m/min)   0.68
Zulässiger p · v Wert   N/mm² · (m/min)   v =   m/min
                                                       v =   m/min

Thermische Eigenschaften

Formbeständigkeit in der Wärme	Verfahren		°C
	Verfahren		°C
Vicat Erweichungstemperatur (VST)	Verfahren		°C
	Verfahren		°C
Kristallit-Schmelzpunkt	Verfahren		

Längenausdehnungskoeffizient   Bereich   °C $\cdot 10^{-4}\mathrm{K}^{-1}$
                                       Temperatur $\cdot 10^{-4}\mathrm{K}^{-1}$
Wärmeleitfähigkeit   Verfahren   W/(K · m)

Spezifische Wärmekapazität   Verfahren   J/(K · g)

Glasumwandlungstemperatur   Torsionsschwingungsversuch   °C
                                       Differentialkalorimetrie   °C

Brandverhalten

UL-Test vertikal   Dicke   mm, Wert
                                       Dicke   mm, Wert

	Norm	Bewertung	Abmessungen
Sauerstoff-Index	ASTM D 2863		
Glühstab-Verfahren			
Brandverhalten	DIN 4102		
MVSS			
FAR			

Elektrische Eigenschaften

	Hz	°C	Probekörper, Form
Dielektrizitätszahl	50		
	10³		
	10⁶		
Dielektrischer Verlustfaktor tan δ	50		
	10³		
	10⁶		

Spezifischer Durchgangs-
    widerstand   Ohm · cm
Durchschlagfestigkeit   kV/mm   mm dick
Oberflächenwiderstand   Ohm

Kriechstromfestigkeit   KC   KB   KA
Elektrolytische Korrosionswirkung
Lichtbogenfestigkeit nach DIN
             nach ASTM   s

Beständigkeit (Chemische Beständigkeit siehe Anhang)

Wasseraufnahme

Feuchtigkeitsaufnahme Normalklima   %
Wetterbeständigkeit

Spannungskorrosion

Optische Eigenschaften

Brechungszahl n_D
Transmissionsgrad τ_c %   mm dick
Lichtdurchlässigkeit

			PE
Produkt	Polyethylen niedriger Dichte		
Handelsname	**Stamylan LD 2100TN00**		
Hersteller	DSM		
DIN-Bez 1 *DIN-Bez 2*	16776-PE,FG,20-D003		
Zusätze		*Füllstoffe/* *Verstärkung*	
Bevorzugte *Verarbeitung*	Blasfolien-Extrusion	*Lieferform*	Granulat
		Farben	Natur
Besondere *Merkmale*	Ausgezeichnete Zaehigkeit und Zugfe- stigkeit; Hervorragende Schrumpfei- genschaften; Mindestfoliendicke 0.040 mm	*Bevorzugte* *Anwendungen*	Blasfolie; Fleischbeutel; Sack fuer In- dustrie und Grosshandel; Offener Sack (geschweisst); Ventilsack (verleimt); Schrumpffolie; Baufolie; Bodenab- deckfolie fuer Gartenbau

Dichte	g/cm³	0.921	*Schmelzindex*	g/10 min	0.3: 190/2.16
Schüttdichte	g/cm³		*Volumenfließindex*	cm³/10 min	:
Viskositätszahl	ml/g				

Verarbeitungsbedingungen für Spritzgießen

Massetemp.	°C		*Schwindung*	%	lgs , quer
Werkzeugtemp.	°C		*Bemerkungen*		
Spritzdruck	bar				

Zugversuch 23 °C ASTM D 882(A);

	Probekörper:	*Form*	Folienstreifen quer	*Herstellung*	Blasfolienextrusion
		Zustand		*Vorbehandlung*	Normalklima
Streckspannung	N/mm²	10	*Dehnung bei Streckspannung*	%	
Zugfestigkeit	N/mm²		*Reißdehnung*	%	580
Reißfestigkeit	N/mm²	25	*% Dehnspannung*	N/mm²	
E-Modul	N/mm²	140	*Dehnung bei % Dehnspg.*	%	

Kriechmoduln und Zeitstandwerte 23 °C

	Probekörper:	*Form*		*Herstellung*	
		Zustand		*Vorbehandlung*	
Kriechmodul	*1 min* N/mm²		*Zeitstandzugfestigkeit*	h N/mm²	
Kriechmodul	*1000 h* N/mm²		*Zeitdehnspg.* %	h N/mm²	
bei Spannung	N/mm²				

Biegeversuch 23 °C

	Probekörper:	*Form*	*Herstellung*	
		Zustand	*Vorbehandlung*	
Biegefestigkeit	N/mm²		*E-Modul*	N/mm²
3,5% Biegespannung	N/mm²			

Härte 23 °C

	Probekörper:	*Zustand*	*Herstellung*	
			Vorbehandlung	
Kugeldruckhärte	N/mm²	bei N, s	*Shore-Härte* A	
Rockwellhärte			*Shore-Härte* D	

Schlagversuch

	Probekörper:	*(1)*		
		(2)	*Herstellung*	
		Zustand	*Vorbehandlung*	
		°C	°C	°C *Probekörper-Form*

Schlagzähigkeit	kJ/m²	
Kerbschlagzähigkeit (1)	kJ/m²	
IZOD-Kerbschlagzähigkeit (2)	J/m	
Kerbschlagzugzähigkeit	kJ/m²	

Abrieb und Reibung

Taber-Abrieb (Reibradverfahren)   mm³/100 U
Abriebfaktor LNP (Thrust washer) Vergleichswert
Statische Reibungszahl   0.95
Dynamische Reibungszahl   (p·v=   N/mm² ·   m/min)   0.70
Zulässiger p · v Wert   N/mm² · (m/min)   v=   m/min
                                                                        v=   m/min

Thermische Eigenschaften

Formbeständigkeit in der Wärme   *Verfahren*   °C
                                         Verfahren   °C
Vicat Erweichungstemperatur (VST)   *Verfahren*   °C
                                         Verfahren   °C
Kristallit-Schmelzpunkt   *Verfahren*

Längenausdehnungskoeffizient   *Bereich*   °C $\cdot 10^{-4} K^{-1}$
                                         Temperatur $\cdot 10^{-4} K^{-1}$
Wärmeleitfähigkeit   *Verfahren*   W/(K · m)

Spezifische Wärmekapazität   *Verfahren*   J/(K · g)

Glasumwandlungstemperatur   *Torsionsschwingungsversuch*   °C
                                         Differentialkalorimetrie   °C

Brandverhalten

UL-Test vertikal   *Dicke*   mm, *Wert*
                                         Dicke   mm, *Wert*

                    Norm   *Bewertung*   *Abmessungen*

Sauerstoff-Index   ASTM D 2863
Glühstab-Verfahren
Brandverhalten   DIN 4102
MVSS
FAR

Elektrische Eigenschaften

                                         Hz   °C   *Probekörper, Form*

Dielektrizitätszahl   50
                                         10^3
                                         10^6
Dielektrischer Verlustfaktor tan δ   50
                                         10^3
                                         10^6
Spezifischer Durchgangs-
*   widerstand*   Ohm · cm
Durchschlagfestigkeit kV/mm   mm dick
Oberflächenwiderstand Ohm

Kriechstromfestigkeit   KC   KB   KA
Elektrolytische Korrosionswirkung
Lichtbogenfestigkeit nach DIN
*   nach ASTM*   s

Beständigkeit *(Chemische Beständigkeit siehe Anhang)*

Wasseraufnahme

Feuchtigkeitsaufnahme Normalklima   %
Wetterbeständigkeit

Spannungskorrosion

Optische Eigenschaften

Brechungszahl n_D
Transmissionsgrad τ_c %   mm dick
Lichtdurchlässigkeit

Produkt	Polyethylen niedriger Dichte	**PE**
Handelsname	**Stamylan LD 2300G**	
Hersteller	DSM	
DIN-Bez 1	16776-PE,FG,25-D003	
DIN-Bez 2		

Zusätze		*Füllstoffe/ Verstärkung*		
Bevorzugte Verarbeitung	Blasfolien-Extrusion	*Lieferform*	Granulat	
		Farben	Natur	
Besondere Merkmale	Sehr hohe Reissfestigkeit; Zaeh; Mindestfoliendicke 0.090 mm	*Bevorzugte Anwendungen*	Blasfolie; Schwergutsack (Blockventilsack); Schrumpfhaube; Tragetasche fuer Qualitaetsbedruckung	

Dichte	g/cm^3	0.923	*Schmelzindex*	g/10 min	0.3: 190/2.16
Schüttdichte	g/cm^3		*Volumenfließindex*	cm^3/10 min	:
Viskositätszahl	ml/g				

Verarbeitungsbedingungen für Spritzgießen

Massetemp.	°C		*Schwindung*	%	lgs , quer
Werkzeugtemp.	°C		*Bemerkungen*		
Spritzdruck	bar				

Zugversuch 23 °C   ASTM D 882(A);

	Probekörper:	*Form* Folienstreifen quer	*Herstellung*	Blasfolienextrusion
		Zustand	*Vorbehandlung*	Normalklima

Streckspannung	N/mm^2 11	*Dehnung bei Streckspannung*	%	
Zugfestigkeit	N/mm^2	*Reißdehnung*	%	600
Reißfestigkeit	N/mm^2 20	% *Dehnspannung*	N/mm^2	
E-Modul	N/mm^2 160	*Dehnung bei* % *Dehnspg.*	%	

Kriechmoduln und Zeitstandwerte 23 °C

	Probekörper:	*Form*	*Herstellung*
		Zustand	*Vorbehandlung*

Kriechmodul	1 min N/mm^2	*Zeitstandzugfestigkeit*	h N/mm^2
Kriechmodul	1000 h N/mm^2	*Zeitdehnspg.* %	h N/mm^2
bei Spannung	N/mm^2		

Biegeversuch 23 °C

	Probekörper:	*Form*	*Herstellung*
		Zustand	*Vorbehandlung*

Biegefestigkeit	N/mm^2	*E-Modul*	N/mm^2
3,5% Biegespannung	N/mm^2		

Härte 23 °C   *Probekörper:* *Zustand*   *Herstellung* *Vorbehandlung*

Kugeldruckhärte	N/mm^2 bei N, s	*Shore-Härte* A	
Rockwellhärte		*Shore-Härte* D	

Schlagversuch

	Probekörper:	*(1)*	
		(2)	*Herstellung*
		Zustand	*Vorbehandlung*
	°C	°C °C	*Probekörper-Form*

Schlagzähigkeit	kJ/m^2
Kerbschlagzähigkeit (1)	kJ/m^2
IZOD-Kerbschlagzähigkeit (2)	J/m
Kerbschlagzugzähigkeit	kJ/m^2

Abrieb und Reibung

Taber-Abrieb (Reibradverfahren) — mm³/100 U
Abriebfaktor LNP (Thrust washer) Vergleichswert
Statische Reibungszahl — 0.91
Dynamische Reibungszahl — (p·v = N/mm² · m/min) 0.63
Zulässiger p · v Wert — N/mm² · (m/min) v = m/min
v = m/min

Thermische Eigenschaften

Formbeständigkeit in der Wärme — Verfahren — °C
Verfahren — °C
Vicat Erweichungstemperatur (VST) — Verfahren — °C
Verfahren — °C
Kristallit-Schmelzpunkt — Verfahren

Längenausdehnungskoeffizient — Bereich °C — $\cdot 10^{-4} K^{-1}$
Temperatur — $\cdot 10^{-4} K^{-1}$
Wärmeleitfähigkeit — Verfahren — $W/(K \cdot m)$

Spezifische Wärmekapazität — Verfahren — $J/(K \cdot g)$

Glasumwandlungstemperatur — Torsionsschwingungsversuch — °C
Differentialkalorimetrie — °C

Brandverhalten

UL-Test vertikal — Dicke mm, Wert
Dicke mm, Wert

	Norm	*Bewertung*	*Abmessungen*
Sauerstoff-Index	ASTM D 2863		
Glühstab-Verfahren			
Brandverhalten	DIN 4102		
MVSS			
FAR			

Elektrische Eigenschaften

	Hz	°C	*Probekörper, Form*
Dielektrizitätszahl	50		
	10^3		
	10^6		
Dielektrischer Verlustfaktor tan δ	50		
	10^3		
	10^6		

Spezifischer Durchgangs-
*   widerstand* — Ohm · cm
Durchschlagfestigkeit — kV/mm — mm dick
Oberflächenwiderstand — Ohm

Kriechstromfestigkeit — KC — KB — KA
Elektrolytische Korrosionswirkung
Lichtbogenfestigkeit nach DIN
nach ASTM — s

Beständigkeit *(Chemische Beständigkeit siehe Anhang)*

Wasseraufnahme

Feuchtigkeitsaufnahme Normalklima — %
Wetterbeständigkeit

Spannungskorrosion

Optische Eigenschaften

Brechungszahl n_D
Transmissionsgrad τ_c — % — mm dick
Lichtdurchlässigkeit

Produkt	Polyethylen niedriger Dichte		**PE**
Handelsname	**Stamylan LD 2500HX00**		
Hersteller	DSM		
DIN-Bez 1	16776-PE,FG,25-D003		
DIN-Bez 2			
Zusätze		*Füllstoffe/ Verstärkung*	
Bevorzugte Verarbeitung	Blasfolien-Extrusion	*Lieferform*	Granulat
		Farben	Natur
Besondere Merkmale	Besondere Molekularstruktur; Sehr hohe thermische Schrumpfkraft; Geringe Neigung zur Lochbildung	*Bevorzugte Anwendungen*	Blasfolie; Schrumpffolie

---

Dichte	g/cm³	0.925	*Schmelzindex*	g/10 min	0.3: 190/2.16
Schüttdichte	g/cm³		*Volumenfließindex*	cm³/10 min	:
Viskositätszahl	ml/g				

Verarbeitungsbedingungen für Spritzgießen

Massetemp.	°C		*Schwindung*	%	lgs , quer
Werkzeugtemp.	°C		*Bemerkungen*		
Spritzdruck	bar				

Zugversuch 23 °C   ASTM D 882(A);

	Probekörper:	*Form*	Folienstreifen quer	*Herstellung*	Blasfolienextrusion
		Zustand		*Vorbehandlung*	Normalklima
Streckspannung	N/mm²	11	*Dehnung bei Streckspannung*	%	
Zugfestigkeit	N/mm²		*Reißdehnung*	%	580
Reißfestigkeit	N/mm²	26	*% Dehnspannung*	N/mm²	
E-Modul	N/mm²	150	*Dehnung bei % Dehnspg.*	%	

Kriechmoduln und Zeitstandwerte 23 °C

	Probekörper:	*Form*	*Herstellung*	
		Zustand	*Vorbehandlung*	
Kriechmodul	*1 min* N/mm²		*Zeitstandzugfestigkeit*	h N/mm²
Kriechmodul	*1000 h* N/mm²		*Zeitdehnspg.* %	h N/mm²
bei Spannung	N/mm²			

Biegeversuch 23 °C

	Probekörper:	*Form*	*Herstellung*	
		Zustand	*Vorbehandlung*	
Biegefestigkeit	N/mm²		*E-Modul*	N/mm²
3,5% Biegespannung	N/mm²			

Härte 23 °C

	Probekörper:	*Zustand*	*Herstellung*	
			Vorbehandlung	
Kugeldruckhärte	N/mm²	bei N, s	*Shore-Härte* A	
Rockwellhärte			*Shore-Härte* D	

Schlagversuch

	Probekörper:	*(1)*	
		(2)	*Herstellung*
		Zustand	*Vorbehandlung*
	°C	°C	°C *Probekörper-Form*

Schlagzähigkeit	kJ/m²	
Kerbschlagzähigkeit (1)	kJ/m²	
IZOD-Kerbschlagzähigkeit (2)	J/m	
Kerbschlagzugzähigkeit	kJ/m²	

Abrieb und Reibung

Taber-Abrieb (Reibradverfahren)	mm³/100 U	
Abriebfaktor LNP (Thrust washer) Vergleichswert		
Statische Reibungszahl	0.83	
Dynamische Reibungszahl	(p · v = N/mm² · m/min) 0.60	
Zulässiger p · v Wert	` N/mm² · (m/min) v = m/min	
	v = m/min	

Thermische Eigenschaften

Formbeständigkeit in der Wärme	*Verfahren*		°C
	Verfahren		°C
Vicat Erweichungstemperatur (VST)	*Verfahren*		°C
	Verfahren		°C
Kristallit-Schmelzpunkt	*Verfahren*		
Längenausdehnungskoeffizient	*Bereich*	°C	$\cdot 10^{-4} \mathrm{K}^{-1}$
	Temperatur		$\cdot 10^{-4} \mathrm{K}^{-1}$
Wärmeleitfähigkeit	*Verfahren*		W/(K · m)
Spezifische Wärmekapazität	*Verfahren*		J/(K · g)
Glasumwandlungstemperatur	*Torsionsschwingungsversuch*	°C	
	Differentialkalorimetrie	°C	

Brandverhalten

UL-Test vertikal   Dicke   mm, Wert
                            Dicke   mm, Wert

	Norm	Bewertung	Abmessungen
Sauerstoff-Index	ASTM D 2863		
Glühstab-Verfahren			
Brandverhalten	DIN 4102		
MVSS			
FAR			

Elektrische Eigenschaften

	Hz	°C	Probekörper, Form
Dielektrizitätszahl	50		
	10^3		
	10^6		
Dielektrischer Verlustfaktor tan δ	50		
	10^3		
	10^6		
Spezifischer Durchgangs-			
widerstand	Ohm · cm		
Durchschlagfestigkeit	kV/mm		mm dick
Oberflächenwiderstand	Ohm		
Kriechstromfestigkeit	KC KB KA		
Elektrolytische Korrosionswirkung			
Lichtbogenfestigkeit nach DIN			
nach ASTM	s		

Beständigkeit *(Chemische Beständigkeit siehe Anhang)*

Wasseraufnahme

Feuchtigkeitsaufnahme Normalklima   %
Wetterbeständigkeit

Spannungskorrosion

Optische Eigenschaften

Brechungszahl n_D
Transmissionsgrad τ_c %   mm dick
Lichtdurchlässigkeit

Produkt	Polyamid 66		**PA**
Handelsname	**Maranyl AD329**		
Hersteller	ICI		
DIN-Bez 1			
DIN-Bez 2			
Zusätze		*Füllstoffe/ Verstärkung*	
Bevorzugte Verarbeitung	Spritzgiessen	*Lieferform*	Granulat
		Farben	Natur
Besondere Merkmale	Verbesserte Bestaendigkeit gegen heisse Oele und Fette; Mittlere Viskositaet; Ausgeglichenes Eigenschaftsbild; Hohe Bestaendigkeit gegen das Altern in heisser Luft	*Bevorzugte Anwendungen*	Kfz-Industrie; Waelzlagerkaefig; Getriebekastendeckel; Kipphebelabdeckung

Dichte	g/cm³	1.14	*Schmelzindex*	g/10 min	:
Schüttdichte	g/cm³		*Volumenfließindex*	cm³/10 min	:
Viskositätszahl	ml/g	150			

Verarbeitungsbedingungen für Spritzgießen

Massetemp.	°C		*Schwindung*	%	lgs , quer
Werkzeugtemp.	°C		*Bemerkungen*		
Spritzdruck	bar				

Zugversuch 23 °C DIN 53455;

Probekörper:	Form		Herstellung	Spritzgiessen
	Zustand	Spritzfrisch	Vorbehandlung	

Streckspannung	N/mm²	85	*Dehnung bei Streckspannung*	%	
Zugfestigkeit	N/mm²		*Reißdehnung*	%	60–70
Reißfestigkeit	N/mm²		*% Dehnspannung*	N/mm²	
E-Modul	N/mm²		*Dehnung bei % Dehnspg.*	%	

Kriechmoduln und Zeitstandwerte 23 °C

Probekörper:	Form	Herstellung
	Zustand	Vorbehandlung

Kriechmodul	1 min	N/mm²	*Zeitstandzugfestigkeit*	h	N/mm²
Kriechmodul	1000 h	N/mm²	*Zeitdehnspg. %*	h	N/mm²
bei Spannung		N/mm²			

Biegeversuch 23 °C DIN 53452;

Probekörper:	Form		Herstellung	Spritzgiessen
	Zustand	Spritzfrisch	Vorbehandlung	

Biegefestigkeit	N/mm²	105	*E-Modul*	N/mm² 2800
3,5% Biegespannung	N/mm²			

Härte 23 °C

Probekörper:	Zustand	Spritzfrisch	Herstellung	Spritzgiessen
			Vorbehandlung	

Kugeldruckhärte	N/mm²	bei N, s	*Shore-Härte A*	
Rockwellhärte			*Shore-Härte D*	80

Schlagversuch

Probekörper:	(1)			
	(2) V-Kerbe A		Herstellung	Spritzgiessen
	Zustand	Spritzfrisch	Vorbehandlung	
	°C	°C	°C	Probekörper-Form

Schlagzähigkeit	kJ/m²		
Kerbschlagzähigkeit (1)	kJ/m²		
IZOD-Kerbschlagzähigkeit (2)	J/m	23	65
Kerbschlagzugzähigkeit	kJ/m²		

Abrieb und Reibung

Taber-Abrieb (Reibradverfahren)	mm³/100 U	
Abriebfaktor LNP (Thrust washer) Vergleichswert		
Statische Reibungszahl		
Dynamische Reibungszahl	(p·v = N/mm² ·	m/min)
Zulässiger p · v Wert	N/mm² · (m/min) v =	m/min
	v =	m/min

Thermische Eigenschaften

Formbeständigkeit in der Wärme	Verfahren	A	100 °C
	Verfahren		°C
Vicat Erweichungstemperatur (VST)	Verfahren	B/50	$\geqq$ 250 °C
	Verfahren		°C
Kristallit-Schmelzpunkt	Verfahren	ISO 1218	256 °C
Längenausdehnungskoeffizient	Bereich	°C	$\cdot 10^{-4} \mathrm{K}^{-1}$
	Temperatur 23 °C		$0.92 \cdot 10^{-4} \mathrm{K}^{-1}$
Wärmeleitfähigkeit	Verfahren		W/(K · m)
Spezifische Wärmekapazität	Verfahren		J/(K · g)
Glasumwandlungstemperatur	Torsionsschwingungsversuch	°C	
	Differentialkalorimetrie	°C	

Brandverhalten

UL-Test vertikal	Dicke	mm, Wert	
	Dicke	mm, Wert	

	Norm	*Bewertung*	*Abmessungen*
Sauerstoff-Index	ASTM D 2863		
Glühstab-Verfahren			
Brandverhalten	DIN 4102		
MVSS			
FAR			

Elektrische Eigenschaften

	Hz	°C		*Probekörper, Form*
Dielektrizitätszahl	50	23	3.9	
	10^3	23	3.7	
	10^6			
Dielektrischer Verlustfaktor tan δ	50	23	0.01	
	10^3	23	0.03	
	10^6			
Spezifischer Durchgangs-widerstand Ohm · cm		23	1.0*10**15	
Durchschlagfestigkeit kV/mm				mm dick
Oberflächenwiderstand Ohm				

Kriechstromfestigkeit	KC 600	KB 600	KA
Elektrolytische Korrosionswirkung			
Lichtbogenfestigkeit nach DIN			
nach ASTM s			

Beständigkeit *(Chemische Beständigkeit siehe Anhang)*

Wasseraufnahme 23 C	1 d	1.3 %
Feuchtigkeitsaufnahme Normalklima		%
Wetterbeständigkeit		
Spannungskorrosion		

Optische Eigenschaften

Brechungszahl n_D		
Transmissionsgrad τ_c %		mm dick
Lichtdurchlässigkeit		

Produkt	Polyamid 66	**PA**
Handelsname	**Maranyl AD359**	
Hersteller	ICI	
DIN-Bez 1		
DIN-Bez 2		

Zusätze		*Füllstoffe/ Verstärkung*	
Bevorzugte Verarbeitung	Spritzgiessen	*Lieferform*	Granulat
		Farben	Natur
Besondere Merkmale	Dem AD329 ueberlegene Bestaendigkeit gegen heisse Oele und Fette; Mittelhohe Viskositaet; Geringere Bestaendigkeit gegen das Altern in heisser Luft	*Bevorzugte Anwendungen*	Kfz-Industrie; Waelzlagerkaefig; Getriebekastendeckel; Kipphebelabdeckung

Dichte	g/cm^3	1.14	*Schmelzindex*	g/10 min		:
Schüttdichte	g/cm^3		*Volumenfließindex*	cm^3/10 min		:
Viskositätszahl	ml/g	310				

Verarbeitungsbedingungen für Spritzgießen

Massetemp.	°C		*Schwindung*	%	lgs	, quer
Werkzeugtemp.	°C		*Bemerkungen*			
Spritzdruck	bar					

Zugversuch 23 °C DIN 53455;

	Probekörper:	Form		*Herstellung*	Spritzgiessen
		Zustand	Spritzfrisch	*Vorbehandlung*	
Streckspannung	N/mm^2	85	*Dehnung bei Streckspannung*	%	
Zugfestigkeit	N/mm^2		*Reißdehnung*	%	80–100
Reißfestigkeit	N/mm^2		% *Dehnspannung*	N/mm^2	
E-Modul	N/mm^2		*Dehnung bei* % *Dehnspg.*	%	

Kriechmoduln und Zeitstandwerte 23 °C

	Probekörper:	Form	*Herstellung*	
		Zustand	*Vorbehandlung*	
Kriechmodul	1 min N/mm^2		*Zeitstandzugfestigkeit*	h N/mm^2
Kriechmodul	1000 h N/mm^2		*Zeitdehnspg.* %	h N/mm^2
bei Spannung	N/mm^2			

Biegeversuch 23 °C DIN 53452;

	Probekörper:	Form		*Herstellung*	Spritzgiessen
		Zustand	Spritzfrisch	*Vorbehandlung*	
Biegefestigkeit	N/mm^2	105	*E-Modul*	N/mm^2	2800
3,5% Biegespannung	N/mm^2				

Härte 23 °C

	Probekörper:	Zustand	Spritzfrisch	*Herstellung*	Spritzgiessen
				Vorbehandlung	
Kugeldruckhärte	N/mm^2	bei N, s	*Shore-Härte* A		
Rockwellhärte			*Shore-Härte* D	80	

Schlagversuch

	Probekörper:	(1)		
		(2) V-Kerbe A	*Herstellung*	Spritzgiessen
		Zustand Spritzfrisch	*Vorbehandlung*	
		°C	°C	°C	*Probekörper-Form*

Schlagzähigkeit	kJ/m^2		
Kerbschlagzähigkeit (1)	kJ/m^2		
IZOD-Kerbschlagzähigkeit (2)	J/m	23	80
Kerbschlagzugzähigkeit	kJ/m^2		

Abrieb und Reibung

Taber-Abrieb (Reibradverfahren)	mm³/100 U
Abriebfaktor LNP (Thrust washer) Vergleichswert	
Statische Reibungszahl	
Dynamische Reibungszahl	(p · v = N/mm² · m/min)
Zulässiger p · v Wert	N/mm² · (m/min) v = m/min
	v = m/min

Thermische Eigenschaften

Formbeständigkeit in der Wärme	*Verfahren*	A	100 °C
	Verfahren		°C
Vicat Erweichungstemperatur (VST)	*Verfahren*	B/50	$\geqq$ 250 °C
	Verfahren		°C
Kristallit-Schmelzpunkt	*Verfahren*	ISO 1218	256 °C
Längenausdehnungskoeffizient	*Bereich*	°C	$\cdot\,10^{-4}\mathrm{K}^{-1}$
	Temperatur 23 °C		$0.92 \cdot 10^{-4}\mathrm{K}^{-1}$
Wärmeleitfähigkeit	*Verfahren*		W/(K · m)
Spezifische Wärmekapazität	*Verfahren*		J/(K · g)
Glasumwandlungstemperatur	*Torsionsschwingungsversuch*		°C
	Differentialkalorimetrie		°C

Brandverhalten

UL-Test vertikal		Dicke mm, Wert	
		Dicke mm, Wert	

	Norm	*Bewertung*	*Abmessungen*
Sauerstoff-Index	ASTM D 2863		
Glühstab-Verfahren			
Brandverhalten	DIN 4102		
MVSS			
FAR			

Elektrische Eigenschaften

	Hz	°C		*Probekörper, Form*
Dielektrizitätszahl	50	23	3.9	
	10^3	23	3.7	
	10^6			
Dielektrischer Verlustfaktor tan δ	50	23	0.01	
	10^3	23	0.03	
	10^6			
Spezifischer Durchgangs-				
widerstand Ohm · cm		23	1.0*10**15	
Durchschlagfestigkeit kV/mm				mm dick
Oberflächenwiderstand Ohm				
Kriechstromfestigkeit	KC 600	KB 600	KA	
Elektrolytische Korrosionswirkung				
Lichtbogenfestigkeit nach DIN				
nach ASTM s				

Beständigkeit *(Chemische Beständigkeit siehe Anhang)*

Wasseraufnahme 23 C		1 d	1.3 %
Feuchtigkeitsaufnahme Normalklima			%
Wetterbeständigkeit			
Spannungskorrosion			

Optische Eigenschaften

Brechungszahl n_D		
Transmissionsgrad τ_c %		mm dick
Lichtdurchlässigkeit		

Produkt	Polyamid 66		**PA**
Handelsname	**Maranyl AD385**		
Hersteller	ICI		
DIN-Bez 1			
DIN-Bez 2			
Zusätze		*Füllstoffe/ Verstärkung*	25.0% Glasfaser
Bevorzugte Verarbeitung	Spritzgiessen	*Lieferform*	Granulat
		Farben	Natur
Besondere Merkmale	Hohe Bestaendigkeit gegen heisse Oele und Fette; Hoher Modul	*Bevorzugte Anwendungen*	Kfz-Industrie; Waelzlagerkaefig; Getriebekastendeckel; Kipphebelabdeckung

Dichte	g/cm^3	1.32	*Schmelzindex*	g/10 min	:
Schüttdichte	g/cm^3		*Volumenfließindex*	cm^3/10 min	:
Viskositätszahl	ml/g	150			

Verarbeitungsbedingungen für Spritzgießen

Massetemp.	°C		*Schwindung*	%	lgs	, quer
Werkzeugtemp.	°C		*Bemerkungen*			
Spritzdruck	bar					

Zugversuch 23 °C DIN 53455;

	Probekörper:	*Form*		*Herstellung*	Spritzgiessen
		Zustand Spritzfrisch		*Vorbehandlung*	
Streckspannung	N/mm^2 170		*Dehnung bei Streckspannung*	%	
Zugfestigkeit	N/mm^2		*Reißdehnung*	%	3
Reißfestigkeit	N/mm^2		% *Dehnspannung*	N/mm^2	
E-Modul	N/mm^2		*Dehnung bei* % *Dehnspg.*	%	

Kriechmoduln und Zeitstandwerte 23 °C

	Probekörper:	*Form*		*Herstellung*
		Zustand		*Vorbehandlung*
Kriechmodul	1 min N/mm^2		*Zeitstandzugfestigkeit*	h N/mm^2
Kriechmodul	1000 h N/mm^2		*Zeitdehnspg.* %	h N/mm^2
bei Spannung	N/mm^2			

Biegeversuch 23 °C DIN 53452;

	Probekörper:	*Form*		*Herstellung*	Spritzgiessen
		Zustand Spritzfrisch		*Vorbehandlung*	
Biegefestigkeit	N/mm^2 220		*E-Modul*	N/mm^2 7200	
3,5% Biegespannung	N/mm^2				

Härte 23 °C

	Probekörper:	*Zustand* Spritzfrisch	*Herstellung*	Spritzgiessen
			Vorbehandlung	
Kugeldruckhärte	N/mm^2	bei N, s	*Shore-Härte* A	
Rockwellhärte			*Shore-Härte* D	85

Schlagversuch

	Probekörper:	*(1)*		
		(2) V-Kerbe A	*Herstellung*	Spritzgiessen
		Zustand Spritzfrisch	*Vorbehandlung*	
		°C °C	°C	*Probekörper-Form*

Schlagzähigkeit	kJ/m^2		
Kerbschlagzähigkeit (1)	kJ/m^2		
IZOD-Kerbschlagzähigkeit (2)	J/m	23	90
Kerbschlagzugzähigkeit	kJ/m^2		

Abrieb und Reibung

Taber-Abrieb (Reibradverfahren)	mm³/100 U
Abriebfaktor LNP (Thrust washer) Vergleichswert	
Statische Reibungszahl	
Dynamische Reibungszahl	(p·v = $\quad$ N/mm² · $\quad$ m/min)
Zulässiger p · v Wert	N/mm² · (m/min) v = $\quad$ m/min
	v = $\quad$ m/min

Thermische Eigenschaften

Formbeständigkeit in der Wärme	*Verfahren*	A	238 °C
	Verfahren		°C
Vicat Erweichungstemperatur (VST)	*Verfahren*	B/50	≧ 250 °C
	Verfahren		°C
Kristallit-Schmelzpunkt	*Verfahren*	ISO 1218	257 °C
Längenausdehnungskoeffizient	*Bereich*	°C	$\cdot 10^{-4} K^{-1}$
	Temperatur 23 °C		$0.38 \cdot 10^{-4} K^{-1}$
Wärmeleitfähigkeit	*Verfahren*		W/(K · m)
Spezifische Wärmekapazität	*Verfahren*		J/(K · g)
Glasumwandlungstemperatur	*Torsionsschwingungsversuch*		°C
	Differentialkalorimetrie		°C

Brandverhalten

UL-Test vertikal	*Dicke*	mm, Wert	
	Dicke	mm, Wert	

	Norm	*Bewertung*	*Abmessungen*
Sauerstoff-Index	ASTM D 2863		
Glühstab-Verfahren			
Brandverhalten	DIN 4102		
MVSS			
FAR			

Elektrische Eigenschaften

		Hz	°C		*Probekörper, Form*
Dielektrizitätszahl		50	23	3.6	
		10^3	23	3.6	
		10^6			
Dielektrischer Verlustfaktor tan δ		50	23	0.007	
		10^3	23	0.01	
		10^6			
Spezifischer Durchgangs-					
widerstand	Ohm · cm		23	1.0*10**15	
Durchschlagfestigkeit	kV/mm				mm dick
Oberflächenwiderstand	Ohm				
Kriechstromfestigkeit		KC 550	KB 425	KA	
Elektrolytische Korrosionswirkung					
Lichtbogenfestigkeit nach DIN					
nach ASTM	s				

Beständigkeit *(Chemische Beständigkeit siehe Anhang)*

Wasseraufnahme 23 C		1 d	0.7 %
Feuchtigkeitsaufnahme Normalklima			%
Wetterbeständigkeit			
Spannungskorrosion			

Optische Eigenschaften

Brechungszahl n_D			
Transmissionsgrad τ_c	%	mm dick	
Lichtdurchlässigkeit			

Produkt	Polyamid 66	**PA**
Handelsname	**Maranyl AD391**	
Hersteller	ICI	
DIN-Bez 1		
DIN-Bez 2		

Zusätze		*Füllstoffe/ Verstärkung*	33.0% Glasfaser	
Bevorzugte Verarbeitung	Spritzgiessen	*Lieferform*	Granulat	
		Farben	Natur	
Besondere Merkmale	Hoehere Bestaendigkeit gegen Oele und Fette; Hohe Bestaendigkeit gegen das Altern in heisser Luft	*Bevorzugte Anwendungen*	Kfz-Industrie; Waelzlagerkaefig; Getriebekastendeckel; Kipphebelabdeckung	

Dichte	g/cm^3	1.39	*Schmelzindex*	g/10 min		:
Schüttdichte	g/cm^3		*Volumenfließindex*	cm^3/10 min		:
Viskositätszahl	ml/g	150				

Verarbeitungsbedingungen für Spritzgießen

Massetemp.	°C		*Schwindung*	%	lgs , quer
Werkzeugtemp.	°C		*Bemerkungen*		
Spritzdruck	bar				

Zugversuch 23 °C   DIN 53455;

	Probekörper:	*Form*		*Herstellung*	Spritzgiessen
		Zustand Spritzfrisch		*Vorbehandlung*	

Streckspannung	N/mm^2	190	*Dehnung bei Streckspannung*	%	
Zugfestigkeit	N/mm^2		*Reißdehnung*	%	3
Reißfestigkeit	N/mm^2		*% Dehnspannung*	N/mm^2	
E-Modul	N/mm^2		*Dehnung bei % Dehnspg.*	%	

Kriechmoduln und Zeitstandwerte 23 °C

	Probekörper:	*Form*		*Herstellung*	
		Zustand		*Vorbehandlung*	

Kriechmodul	1 min N/mm^2		*Zeitstandzugfestigkeit*	h N/mm^2	
Kriechmodul	1000 h N/mm^2		*Zeitdehnspg. %*	h N/mm^2	
bei Spannung	N/mm^2				

Biegeversuch 23 °C   DIN 53452;

	Probekörper:	*Form*		*Herstellung*	Spritzgiessen
		Zustand Spritzfrisch		*Vorbehandlung*	

Biegefestigkeit	N/mm^2 250	*E-Modul*	N/mm^2 8900	
3,5% Biegespannung	N/mm^2			

Härte 23 °C

	Probekörper:	*Zustand* Spritzfrisch	*Herstellung*	Spritzgiessen
			Vorbehandlung	
Kugeldruckhärte	N/mm^2	bei N, s	*Shore-Härte* A	
Rockwellhärte			*Shore-Härte* D	85

Schlagversuch

	Probekörper:	*(1)*		
		(2) V-Kerbe A	*Herstellung*	Spritzgiessen
		Zustand Spritzfrisch	*Vorbehandlung*	
		°C °C	°C	*Probekörper-Form*

Schlagzähigkeit	kJ/m^2		
Kerbschlagzähigkeit (1)	kJ/m^2		
IZOD-Kerbschlagzähigkeit (2)	J/m	23 110	
Kerbschlagzugzähigkeit	kJ/m^2		

Abrieb und Reibung

Taber-Abrieb (Reibradverfahren)   mm³/100 U
Abriebfaktor LNP (Thrust washer) Vergleichswert
Statische Reibungszahl
Dynamische Reibungszahl $(p \cdot v =$ N/mm² ·   m/min)
Zulässiger $p \cdot v$ Wert   N/mm² · (m/min)   v =   m/min
                                                                      v =   m/min

Thermische Eigenschaften

Formbeständigkeit in der Wärme	Verfahren	A	238 °C
	Verfahren		°C
Vicat Erweichungstemperatur (VST)	Verfahren	B/50	$\geqq$ 250 °C
	Verfahren		°C
Kristallit-Schmelzpunkt	Verfahren	ISO 1218	258 °C

Längenausdehnungskoeffizient   Bereich   °C $\cdot 10^{-4} \mathrm{K}^{-1}$
                                    Temperatur 23 °C $0.41 \cdot 10^{-4} \mathrm{K}^{-1}$
Wärmeleitfähigkeit   Verfahren   W/(K · m)

Spezifische Wärmekapazität   Verfahren   J/(K · g)

Glasumwandlungstemperatur   Torsionsschwingungsversuch   °C
                                    Differentialkalorimetrie   °C

Brandverhalten

UL-Test vertikal   Dicke   mm, Wert
                                    Dicke   mm, Wert

	Norm	Bewertung		Abmessungen
Sauerstoff-Index	ASTM D 2863			
Glühstab-Verfahren				
Brandverhalten	DIN 4102			
MVSS				
FAR				

Elektrische Eigenschaften

		Hz	°C		Probekörper, Form
Dielektrizitätszahl		50	23	4.3	
		10³	23	4.2	
		10⁶			
Dielektrischer Verlustfaktor tan δ		50	23	0.006	
		10³	23	0.01	
		10⁶			
Spezifischer Durchgangs-					
widerstand	Ohm · cm		23	1.0*10**15	
Durchschlagfestigkeit	kV/mm				mm dick
Oberflächenwiderstand	Ohm				
Kriechstromfestigkeit		KC 600	KB 375	KA	
Elektrolytische Korrosionswirkung					
Lichtbogenfestigkeit nach DIN					
nach ASTM	s				

Beständigkeit (Chemische Beständigkeit siehe Anhang)

Wasseraufnahme 23 C   1 d   0.6 %

Feuchtigkeitsaufnahme Normalklima   %
Wetterbeständigkeit

Spannungskorrosion

Optische Eigenschaften

Brechungszahl n_D
Transmissionsgrad τ_c %   mm dick
Lichtdurchlässigkeit

Produkt	Polyethylen mittlerer Dichte	**PE**
Handelsname	**Neste Polyethylene DGDS-2424**	
Hersteller	NESTE	
DIN-Bez 1	16776-PE,ECGL,35-D006	
DIN-Bez 2		

Zusätze		*Füllstoffe/ Verstärkung*	
Bevorzugte Verarbeitung	Extrudieren	*Lieferform*	Granulat
		Farben	Blau
Besondere Merkmale	Ausgezeichnete UV-Bestaendigkeit; Erfuellt BS 6527; Erfuellt NWC 4/32/02; Erfuellt DIN 8075	*Bevorzugte Anwendungen*	Druckwasserrohr

---

Dichte	g/cm^3	0.936	*Schmelzindex*	g/10 min	0.7: 190/5.00
Schüttdichte	g/cm^3		*Volumenfließindex*	cm^3/10 min	:
Viskositätszahl	ml/g				

Verarbeitungsbedingungen für Spritzgießen

Massetemp.	°C	*Schwindung*	%	lgs , quer
Werkzeugtemp.	°C	*Bemerkungen*		
Spritzdruck	bar			

Zugversuch 23 °C   ISO 6259;

	Probekörper:	*Form*	*Herstellung*	Pressen
		Zustand	*Vorbehandlung*	Normalklima
Streckspannung	N/mm^2	17	*Dehnung bei Streckspannung*	%
Zugfestigkeit	N/mm^2		*Reißdehnung*	% $\geqq$ 600
Reißfestigkeit	N/mm^2		% *Dehnspannung*	N/mm^2
E-Modul	N/mm^2		*Dehnung bei* % *Dehnspg.*	%

Kriechmoduln und Zeitstandwerte 23 °C

	Probekörper:	*Form*	*Herstellung*
		Zustand	*Vorbehandlung*
Kriechmodul	1 min N/mm^2	*Zeitstandzugfestigkeit*	h N/mm^2
Kriechmodul	1000 h N/mm^2	*Zeitdehnspg.* %	h N/mm^2
bei Spannung	N/mm^2		

Biegeversuch 23 °C

	Probekörper:	*Form*	*Herstellung*
		Zustand	*Vorbehandlung*
Biegefestigkeit	N/mm^2	*E-Modul*	N/mm^2
3,5% Biegespannung	N/mm^2		

Härte 23 °C

	Probekörper: *Zustand*	*Herstellung*	Spritzgiessen
		Vorbehandlung	Normalklima
Kugeldruckhärte	N/mm^2 bei N, s	*Shore-Härte* A	
Rockwellhärte		*Shore-Härte* D	57

Schlagversuch

	Probekörper:	(1)
		(2)
		Zustand
	Herstellung	
	Vorbehandlung	

	°C	°C	°C	*Probekörper-Form*

Schlagzähigkeit	kJ/m^2
Kerbschlagzähigkeit (1)	kJ/m^2
IZOD-Kerbschlagzähigkeit (2)	J/m
Kerbschlagzugzähigkeit	kJ/m^2

Abrieb und Reibung

Taber-Abrieb (Reibradverfahren)   mm³/100 U
Abriebfaktor LNP (Thrust washer) Vergleichswert
Statische Reibungszahl
Dynamische Reibungszahl   (p·v=   N/mm² ·   m/min)
Zulässiger p·v Wert   N/mm² · (m/min)   v=   m/min
                                                                        v=   m/min

Thermische Eigenschaften

Formbeständigkeit in der Wärme	Verfahren				°C
	Verfahren				°C
Vicat Erweichungstemperatur (VST)	Verfahren	A/50			120 °C
	Verfahren				°C
Kristallit-Schmelzpunkt	Verfahren	DSC			124–128 °C
Längenausdehnungskoeffizient	Bereich	20–90	°C		$2.4 \cdot 10^{-4} \mathrm{K}^{-1}$
	Temperatur	°C			$\cdot 10^{-4} \mathrm{K}^{-1}$
Wärmeleitfähigkeit	Verfahren	DIN 52612		23 °C	0.36 W/(K · m)
Spezifische Wärmekapazität	Verfahren	DSC		23 °C	1.92 J/(K · g)
Glasumwandlungstemperatur	Torsionsschwingungsversuch			°C	
	Differentialkalorimetrie			°C	

Brandverhalten

UL-Test vertikal   Dicke   mm, Wert
                                        Dicke   mm, Wert

	Norm	Bewertung	Abmessungen
Sauerstoff-Index	ASTM D 2863		
Glühstab-Verfahren			
Brandverhalten	DIN 4102		
MVSS			
FAR			

Elektrische Eigenschaften

	Hz	°C	Probekörper, Form
Dielektrizitätszahl	50		
	10³		
	10⁶		
Dielektrischer Verlustfaktor tan δ	50		
	10³		
	10⁶		

Spezifischer Durchgangs-
  widerstand   Ohm · cm
Durchschlagfestigkeit   kV/mm   mm dick
Oberflächenwiderstand   Ohm

Kriechstromfestigkeit   KC   KB   KA
Elektrolytische Korrosionswirkung
Lichtbogenfestigkeit nach DIN
              nach ASTM   s

Beständigkeit (Chemische Beständigkeit siehe Anhang)

Wasseraufnahme

Feuchtigkeitsaufnahme Normalklima   %
Wetterbeständigkeit

Spannungskorrosion ASTM D-1693/A : GT 1000 h

Optische Eigenschaften

Brechungszahl n_D
Transmissionsgrad τ_c %   mm dick
Lichtdurchlässigkeit

Produkt	Polyethylen hoher Dichte		**PE**
Handelsname	**Neste Polyethylene DGDS-2467 IM**		
Hersteller	NESTE		
DIN-Bez 1	16776-PE,ECG,55-D000		
DIN-Bez 2			
Zusätze		*Füllstoffe/ Verstärkung*	
Bevorzugte Verarbeitung	Spritzgiessen	*Lieferform*	Granulat
		Farben	Schwarz
Besondere Merkmale	Gutes Schlagverhalten	*Bevorzugte Anwendungen*	Rohrformstueck; Fitting

---

Dichte	g/cm³	0.943	*Schmelzindex*	g/10 min	≦0.1 : 190/2.16
Schüttdichte	g/cm³		*Volumenfließindex*	cm³/10 min	:
Viskositätszahl	ml/g				

Verarbeitungsbedingungen für Spritzgießen

Massetemp.	°C		*Schwindung*	%	lgs , quer
Werkzeugtemp.	°C		*Bemerkungen*		
Spritzdruck	bar				

Zugversuch 23 °C   ISO 6259;

	Probekörper: Form	*Herstellung*	Pressen
	Zustand	*Vorbehandlung*	Normalklima

Streckspannung	N/mm²	20	*Dehnung bei Streckspannung*	%
Zugfestigkeit	N/mm²		*Reißdehnung*	%	≧600
Reißfestigkeit	N/mm²		% *Dehnspannung*	N/mm²
E-Modul	N/mm²		*Dehnung bei* % *Dehnspg.*	%

Kriechmoduln und Zeitstandwerte 23 °C

	Probekörper: Form	*Herstellung*
	Zustand	*Vorbehandlung*

Kriechmodul	1 min N/mm²	*Zeitstandzugfestigkeit*	h N/mm²
Kriechmodul	1000 h N/mm²	*Zeitdehnspg.* %	h N/mm²
bei Spannung	N/mm²		

Biegeversuch 23 °C

	Probekörper: Form	*Herstellung*
	Zustand	*Vorbehandlung*

Biegefestigkeit	N/mm²	*E-Modul*	N/mm²
3,5% Biegespannung	N/mm²		

Härte 23 °C   *Probekörper:* Zustand

		Herstellung Spritzgiessen
		Vorbehandlung Normalklima
Kugeldruckhärte	N/mm² bei N, s	*Shore-Härte* A
Rockwellhärte		*Shore-Härte* D 64

Schlagversuch   *Probekörper:* (1)

	(2)	*Herstellung*
	Zustand	*Vorbehandlung*
	°C °C °C	*Probekörper-Form*

Schlagzähigkeit	kJ/m²
Kerbschlagzähigkeit (1)	kJ/m²
IZOD-Kerbschlagzähigkeit (2)	J/m
Kerbschlagzugzähigkeit	kJ/m²

Abrieb und Reibung

Taber-Abrieb (Reibradverfahren)   mm³/100 U
Abriebfaktor LNP (Thrust washer) Vergleichswert
Statische Reibungszahl
Dynamische Reibungszahl   (p·v =   N/mm² ·   m/min)
Zulässiger p · v Wert   N/mm² · (m/min)   v =   m/min
                                                                   v =   m/min

---

Thermische Eigenschaften

Formbeständigkeit in der Wärme   *Verfahren*   °C
                                        Verfahren   °C
Vicat Erweichungstemperatur (VST)   *Verfahren*   °C
                                        Verfahren   °C
Kristallit-Schmelzpunkt   *Verfahren*

Längenausdehnungskoeffizient   *Bereich*   °C $\cdot 10^{-4} \text{K}^{-1}$
                                        Temperatur $\cdot 10^{-4} \text{K}^{-1}$
Wärmeleitfähigkeit   *Verfahren*   W/(K · m)

Spezifische Wärmekapazität   *Verfahren*   J/(K · g)

Glasumwandlungstemperatur   *Torsionsschwingungsversuch*   °C
                                        Differentialkalorimetrie   °C

Brandverhalten

UL-Test vertikal   Dicke   mm, Wert
                                        Dicke   mm, Wert

	Norm	*Bewertung*	*Abmessungen*
Sauerstoff-Index	ASTM D 2863		
Glühstab-Verfahren			
Brandverhalten	DIN 4102		
MVSS			
FAR			

Elektrische Eigenschaften

	Hz	°C	*Probekörper, Form*
Dielektrizitätszahl	50		
	10^3		
	10^6		
Dielektrischer Verlustfaktor tan δ	50		
	10^3		
	10^6		

Spezifischer Durchgangs-
     widerstand   Ohm · cm
Durchschlagfestigkeit   kV/mm   mm dick
Oberflächenwiderstand   Ohm

Kriechstromfestigkeit   KC   KB   KA
Elektrolytische Korrosionswirkung
Lichtbogenfestigkeit nach DIN
            nach ASTM   s

Beständigkeit *(Chemische Beständigkeit siehe Anhang)*

Wasseraufnahme

Feuchtigkeitsaufnahme Normalklima   %
Wetterbeständigkeit

Spannungskorrosion

Optische Eigenschaften

Brechungszahl n_D
Transmissionsgrad τ_c %   mm dick
Lichtdurchlässigkeit

Produkt	Polyethylen hoher Dichte		**PE**
Handelsname	**Neste Polyethylene DMDS-2233**		
Hersteller	NESTE		
DIN-Bez 1	16776-PE,MCG,50-D000		
DIN-Bez 2			
Zusätze		*Füllstoffe/ Verstärkung*	
Bevorzugte Verarbeitung	Spritzgiessen	*Lieferform*	Granulat
		Farben	Natur
Besondere Merkmale	Gutes Schlagverhalten	*Bevorzugte Anwendungen*	Verschluss fuer Chemikalienbehaelter

---

Dichte	g/cm³	0.951	*Schmelzindex*	g/10 min	≦0.1 : 190/2.16
Schüttdichte	g/cm³		*Volumenfließindex*	cm³/10 min	:
Viskositätszahl	ml/g				

Verarbeitungsbedingungen für Spritzgießen

Massetemp.	°C		*Schwindung*	%	lgs , quer
Werkzeugtemp.	°C		*Bemerkungen*		
Spritzdruck	bar				

Zugversuch 23 °C

Probekörper: Form Zustand   Herstellung Vorbehandlung

Streckspannung	N/mm²	*Dehnung bei Streckspannung*	%
Zugfestigkeit	N/mm²	*Reißdehnung*	%
Reißfestigkeit	N/mm²	*% Dehnspannung*	N/mm²
E-Modul	N/mm²	*Dehnung bei % Dehnspg.*	%

Kriechmoduln und Zeitstandwerte 23 °C

Probekörper: Form Zustand   Herstellung Vorbehandlung

Kriechmodul	1 min N/mm²	*Zeitstandzugfestigkeit*	h N/mm²
Kriechmodul	1000 h N/mm²	*Zeitdehnspg. %*	h N/mm²
bei Spannung	N/mm²		

Biegeversuch 23 °C

Probekörper: Form Zustand   Herstellung Vorbehandlung

Biegefestigkeit	N/mm²	*E-Modul*	N/mm²
3,5% Biegespannung	N/mm²		

Härte 23 °C   Probekörper: Zustand   Herstellung Spritzgiessen / Vorbehandlung Normalklima

Kugeldruckhärte	N/mm² bei N, s	*Shore-Härte* A	
Rockwellhärte		*Shore-Härte* D	64

Schlagversuch   Probekörper: (1) (2) Zustand   Herstellung Vorbehandlung

	°C	°C	°C	Probekörper-Form

Schlagzähigkeit	kJ/m²
Kerbschlagzähigkeit (1)	kJ/m²
IZOD-Kerbschlagzähigkeit (2)	J/m
Kerbschlagzugzähigkeit	kJ/m²

Abrieb und Reibung

Taber-Abrieb (Reibradverfahren)   mm³/100 U
Abriebfaktor LNP (Thrust washer) Vergleichswert
Statische Reibungszahl
Dynamische Reibungszahl   (p·v =   N/mm² ·   m/min)
Zulässiger p · v Wert   N/mm² · (m/min)   v =   m/min
                                                                     v =   m/min

Thermische Eigenschaften

Formbeständigkeit in der Wärme   *Verfahren*   °C
                                       Verfahren   °C
Vicat Erweichungstemperatur (VST)   *Verfahren*   °C
                                       Verfahren   °C
Kristallit-Schmelzpunkt   *Verfahren*

Längenausdehnungskoeffizient   *Bereich*   °C $\cdot 10^{-4} \mathrm{K}^{-1}$
                                       Temperatur $\cdot 10^{-4} \mathrm{K}^{-1}$
Wärmeleitfähigkeit   *Verfahren*   W/(K · m)

Spezifische Wärmekapazität   *Verfahren*   J/(K · g)

Glasumwandlungstemperatur   *Torsionsschwingungsversuch*   °C
                                       Differentialkalorimetrie   °C

Brandverhalten

UL-Test vertikal   Dicke   mm, Wert
                                       Dicke   mm, Wert

                       Norm   *Bewertung*   *Abmessungen*

Sauerstoff-Index   ASTM D 2863
Glühstab-Verfahren
Brandverhalten   DIN 4102
MVSS
FAR

Elektrische Eigenschaften

                                       Hz   °C   *Probekörper, Form*

Dielektrizitätszahl   50
                                       10^3
                                       10^6
Dielektrischer Verlustfaktor tan δ   50
                                       10^3
                                       10^6
Spezifischer Durchgangs-
  widerstand   Ohm · cm
Durchschlagfestigkeit   kV/mm   mm dick
Oberflächenwiderstand   Ohm

Kriechstromfestigkeit   KC   KB   KA
Elektrolytische Korrosionswirkung
Lichtbogenfestigkeit nach DIN
            nach ASTM   s

Beständigkeit *(Chemische Beständigkeit siehe Anhang)*

Wasseraufnahme

Feuchtigkeitsaufnahme Normalklima   %
Wetterbeständigkeit

Spannungskorrosion

Optische Eigenschaften

Brechungszahl n_D
Transmissionsgrad τ_c %   mm dick
Lichtdurchlässigkeit

Produkt	Polyethylen hoher Dichte	**PE**

Handelsname **Neste Polyethylene DMDS-7003**

Hersteller NESTE

DIN-Bez 1 16776-PE,MCGL,60-D022
DIN-Bez 2

Zusätze	UV-Stabilisator	*Füllstoffe/* *Verstärkung*	
Bevorzugte *Verarbeitung*	Spritzgiessen	*Lieferform*	Granulat
		Farben	Natur
Besondere *Merkmale*	Ausgewogene Eigenschaften	*Bevorzugte* *Anwendungen*	Korb; Abfalleimer; Muelleimer; Technisches Formteil

---

Dichte	g/cm³	0.958	*Schmelzindex*	g/10 min	3: 190/2.16
Schüttdichte	g/cm³		*Volumenfließindex*	cm³/10 min	:
Viskositätszahl	ml/g				

Verarbeitungsbedingungen für Spritzgießen

Massetemp.	°C	230–280	*Schwindung*	%	lgs 1.5–2.0, quer 1.5–2.0
Werkzeugtemp.	°C	≤40	*Bemerkungen*		
Spritzdruck	bar	900–1100			

Zugversuch 23 °C ISO R 527;

	Probekörper:	*Form*	*Herstellung*	Spritzgiessen
		Zustand	*Vorbehandlung*	Normalklima
Streckspannung	N/mm²	30	*Dehnung bei Streckspannung* %	
Zugfestigkeit	N/mm²		*Reißdehnung* %	1400
Reißfestigkeit	N/mm²		% *Dehnspannung* N/mm²	
E-Modul	N/mm²		*Dehnung bei* % *Dehnspg.* %	

Kriechmoduln und Zeitstandwerte 23 °C

	Probekörper:	*Form*	*Herstellung*	
		Zustand	*Vorbehandlung*	
Kriechmodul	*1 min* N/mm²		*Zeitstandzugfestigkeit*	h N/mm²
Kriechmodul	*1000 h* N/mm²		*Zeitdehnspg.* %	h N/mm²
bei Spannung	N/mm²			

Biegeversuch 23 °C ISO R 178;

	Probekörper:	*Form*	*Herstellung*	Spritzgiessen
		Zustand	*Vorbehandlung*	Normalklima
Biegefestigkeit	N/mm²		*E-Modul*	N/mm² 1000
3,5% Biegespannung	N/mm²			

Härte 23 °C

	Probekörper:	*Zustand*	*Herstellung*	Spritzgiessen
			Vorbehandlung	Normalklima
Kugeldruckhärte	N/mm²	bei N, s	*Shore-Härte* A	
Rockwellhärte			*Shore-Härte* D	63

Schlagversuch

	Probekörper:	*(1)*	
		(2)	*Herstellung*
		Zustand	*Vorbehandlung*
	°C	°C °C	*Probekörper-Form*

Schlagzähigkeit	kJ/m²	
Kerbschlagzähigkeit (1)	kJ/m²	
IZOD-Kerbschlagzähigkeit (2)	J/m	
Kerbschlagzugzähigkeit	kJ/m²	

Abrieb und Reibung

Taber-Abrieb (Reibradverfahren)	mm³/100 U
Abriebfaktor LNP (Thrust washer) Vergleichswert	
Statische Reibungszahl	
Dynamische Reibungszahl	(p · v = N/mm² · m/min)
Zulässiger p · v Wert	N/mm² · (m/min) v = m/min
	v = m/min

Wobei $p \cdot v$, Reibungszahl und N/mm^2 mit den Einheiten m/min angegeben werden.

Thermische Eigenschaften

Formbeständigkeit in der Wärme	*Verfahren*	°C
	Verfahren	°C
Vicat Erweichungstemperatur (VST)	*Verfahren*	°C
	Verfahren	°C
Kristallit-Schmelzpunkt	*Verfahren*	
Längenausdehnungskoeffizient	*Bereich* °C	$\cdot 10^{-4} K^{-1}$
	Temperatur	$\cdot 10^{-4} K^{-1}$
Wärmeleitfähigkeit	*Verfahren*	W/(K · m)
Spezifische Wärmekapazität	*Verfahren*	J/(K · g)
Glasumwandlungstemperatur	*Torsionsschwingungsversuch*	°C
	Differentialkalorimetrie	°C

Brandverhalten

UL-Test vertikal   Dicke   mm, Wert
                 Dicke   mm, Wert

	Norm	*Bewertung*	*Abmessungen*
Sauerstoff-Index	ASTM D 2863		
Glühstab-Verfahren			
Brandverhalten	DIN 4102		
MVSS			
FAR			

Elektrische Eigenschaften

	Hz	°C	*Probekörper, Form*
Dielektrizitätszahl	50		
	10^3		
	10^6		
Dielektrischer Verlustfaktor tan δ	50		
	10^3		
	10^6		

Spezifischer Durchgangs-		
widerstand	Ohm · cm	
Durchschlagfestigkeit	kV/mm	mm dick
Oberflächenwiderstand	Ohm	

Kriechstromfestigkeit	KC	KB	KA
Elektrolytische Korrosionswirkung			
Lichtbogenfestigkeit nach DIN			
nach ASTM s			

Beständigkeit *(Chemische Beständigkeit siehe Anhang)*

Wasseraufnahme

Feuchtigkeitsaufnahme Normalklima   %
Wetterbeständigkeit

Spannungskorrosion

Optische Eigenschaften

Brechungszahl n_D
Transmissionsgrad τ_c %   mm dick
Lichtdurchlässigkeit

Produkt	Polyethylen hoher Dichte		**PE**
Handelsname	**Neste Polyethylene DMDS-7007**		
Hersteller	NESTE		
DIN-Bez 1	16776-PE,MCG,65-D090		
DIN-Bez 2			
Zusätze		*Füllstoffe/ Verstärkung*	
Bevorzugte Verarbeitung	Spritzgiessen	*Lieferform*	Granulat
		Farben	Natur; Standard
Besondere Merkmale	Ausgewogene Eigenschaften	*Bevorzugte Anwendungen*	Allgemeine Anwendung; Korb; Kuebel; Behaelter

Dichte	g/cm³	0.964	*Schmelzindex*	g/10 min	7: 190/2.16
Schüttdichte	g/cm³		*Volumenfließindex*	cm³/10 min	:
Viskositätszahl	ml/g				

Verarbeitungsbedingungen für Spritzgießen

Massetemp.	°C	230–280	*Schwindung*	%	lgs 1.5–2.0, quer 1.5–2.0
Werkzeugtemp.	°C	≦ 40	*Bemerkungen*		
Spritzdruck	bar	900–1050			

Zugversuch 23 °C ISO R 527;

	Probekörper:	*Form*		*Herstellung*	Spritzgiessen
		Zustand		*Vorbehandlung*	Normalklima
Streckspannung	N/mm²	33	*Dehnung bei Streckspannung*	%	
Zugfestigkeit	N/mm²		*Reißdehnung*	%	1300
Reißfestigkeit	N/mm²		*% Dehnspannung*	N/mm²	
E-Modul	N/mm²		*Dehnung bei % Dehnspg.*	%	

Kriechmoduln und Zeitstandwerte 23 °C

	Probekörper:	*Form*	*Herstellung*	
		Zustand	*Vorbehandlung*	
Kriechmodul	1 min N/mm²		*Zeitstandzugfestigkeit*	h N/mm²
Kriechmodul	1000 h N/mm²		*Zeitdehnspg. %*	h N/mm²
bei Spannung	N/mm²			

Biegeversuch 23 °C ISO R 178;

	Probekörper:	*Form*	*Herstellung*	Spritzgiessen
		Zustand	*Vorbehandlung*	Normalklima
Biegefestigkeit	N/mm²		*E-Modul*	N/mm² 1300
3,5% Biegespannung	N/mm²			

Härte 23 °C

	Probekörper:	*Zustand*	*Herstellung*	Spritzgiessen
			Vorbehandlung	Normalklima
Kugeldruckhärte	N/mm²	bei N, s	*Shore-Härte A*	
Rockwellhärte			*Shore-Härte D*	67

Schlagversuch

	Probekörper:	*(1)*	
		(2)	*Herstellung*
		Zustand	*Vorbehandlung*
	°C	°C °C	*Probekörper-Form*

Schlagzähigkeit	kJ/m²
Kerbschlagzähigkeit (1)	kJ/m²
IZOD-Kerbschlagzähigkeit (2)	J/m
Kerbschlagzugzähigkeit	kJ/m²

Abrieb und Reibung

Taber-Abrieb (Reibradverfahren) mm³/100 U
Abriebfaktor LNP (Thrust washer) Vergleichswert
Statische Reibungszahl
Dynamische Reibungszahl (p · v = N/mm² · m/min)
Zulässiger p · v Wert N/mm² · (m/min) v = m/min
  v = m/min

Thermische Eigenschaften

Formbeständigkeit in der Wärme *Verfahren* °C
  Verfahren °C
Vicat Erweichungstemperatur (VST) *Verfahren* °C
  Verfahren °C
Kristallit-Schmelzpunkt *Verfahren*

Längenausdehnungskoeffizient *Bereich* °C $\cdot 10^{-4} K^{-1}$
  Temperatur $\cdot 10^{-4} K^{-1}$
Wärmeleitfähigkeit *Verfahren* W/(K · m)

Spezifische Wärmekapazität *Verfahren* J/(K · g)

Glasumwandlungstemperatur *Torsionsschwingungsversuch* °C
  Differentialkalorimetrie °C

Brandverhalten

UL-Test vertikal *Dicke* mm, Wert
  Dicke mm, Wert

	Norm	*Bewertung*	*Abmessungen*
Sauerstoff-Index	ASTM D 2863		
Glühstab-Verfahren			
Brandverhalten	DIN 4102		
MVSS			
FAR			

Elektrische Eigenschaften

	Hz	°C	*Probekörper, Form*
Dielektrizitätszahl	50		
	10^3		
	10^6		
Dielektrischer Verlustfaktor tan δ	50		
	10^3		
	10^6		

Spezifischer Durchgangs-
  widerstand Ohm · cm
Durchschlagfestigkeit kV/mm mm dick
Oberflächenwiderstand Ohm

Kriechstromfestigkeit KC KB KA
Elektrolytische Korrosionswirkung
Lichtbogenfestigkeit nach DIN
  nach ASTM s

Beständigkeit *(Chemische Beständigkeit siehe Anhang)*

Wasseraufnahme

Feuchtigkeitsaufnahme Normalklima %
Wetterbeständigkeit

Spannungskorrosion

Optische Eigenschaften

Brechungszahl n_D
Transmissionsgrad τ_c % mm dick
Lichtdurchlässigkeit

		PE
Produkt	Polyethylen hoher Dichte	
Handelsname	**Neste Polyethylene DMDS-7015**	
Hersteller	NESTE	
DIN-Bez 1	16776-PE,MCG,60-D200	
DIN-Bez 2		

Zusätze		*Füllstoffe/ Verstärkung*	
Bevorzugte Verarbeitung	Spritzgiessen	*Lieferform*	Granulat
		Farben	Natur; Standard
Besondere Merkmale	Leichtfliessend	*Bevorzugte Anwendungen*	Duennwandiges Formtei; Haushaltsteil; Korb; Behaelter

---

			Schmelzindex	g/10 min	15:	190/2.16
Dichte	g/cm³	0.962	*Volumenfließindex*	cm³/10 min	:	
Schüttdichte	g/cm³					
Viskositätszahl	ml/g					

Verarbeitungsbedingungen für Spritzgießen

Massetemp.	°C	210–260	*Schwindung*	%	lgs 1.5–2.0, quer 1.5–2.0
Werkzeugtemp.	°C	≦40	*Bemerkungen*		
Spritzdruck	bar	900–1050			

Zugversuch 23 °C ISO R 527;

	Probekörper:	*Form*	*Herstellung*	Spritzgiessen
		Zustand	*Vorbehandlung*	Normalklima

Streckspannung	N/mm² 28	*Dehnung bei Streckspannung*	%
Zugfestigkeit	N/mm²	*Reißdehnung*	% 1000
Reißfestigkeit	N/mm²	*% Dehnspannung*	N/mm²
E-Modul	N/mm²	*Dehnung bei % Dehnspg.*	%

Kriechmoduln und Zeitstandwerte 23 °C

	Probekörper:	*Form*	*Herstellung*
		Zustand	*Vorbehandlung*

Kriechmodul	1 min N/mm²	*Zeitstandzugfestigkeit*	h N/mm²
Kriechmodul	1000 h N/mm²	*Zeitdehnspg. %*	h N/mm²
bei Spannung	N/mm²		

Biegeversuch 23 °C ISO R 178;

	Probekörper:	*Form*	*Herstellung*	Spritzgiessen
		Zustand	*Vorbehandlung*	Normalklima

Biegefestigkeit	N/mm²	*E-Modul*	N/mm² 1250
3,5% Biegespannung	N/mm²		

Härte 23 °C

	Probekörper:	*Zustand*	*Herstellung*	Spritzgiessen
			Vorbehandlung	Normalklima

Kugeldruckhärte	N/mm²	bei	N, s	*Shore-Härte* A	
Rockwellhärte				*Shore-Härte* D	66

Schlagversuch

	Probekörper:	(1)	
		(2)	*Herstellung*
		Zustand	*Vorbehandlung*

	°C	°C	°C	*Probekörper-Form*

Schlagzähigkeit	kJ/m²
Kerbschlagzähigkeit (1)	kJ/m²
IZOD-Kerbschlagzähigkeit (2)	J/m
Kerbschlagzugzähigkeit	kJ/m²

Abrieb und Reibung

Taber-Abrieb (Reibradverfahren)　　　　　　　　　　mm³/100 U
Abriebfaktor LNP (Thrust washer) Vergleichswert
Statische Reibungszahl
Dynamische Reibungszahl　　　　　　　　　　　　　$(p \cdot v =$ 　　　$N/mm^2 \cdot$ 　　　m/min$)$
Zulässiger $p \cdot v$ Wert　　　　　　　　　　　　　$N/mm^2 \cdot$ (m/min)　$v =$ 　　　m/min
　　　　　　　　　　　　　　　　　　　　　　　　　　　　　　　　　$v =$ 　　　m/min

Thermische Eigenschaften

Formbeständigkeit in der Wärme　　　　Verfahren　　　　　　　　　　　　　　°C
　　　　　　　　　　　　　　　　　　　Verfahren　　　　　　　　　　　　　　°C
Vicat Erweichungstemperatur (VST)　　Verfahren　　　　　　　　　　　　　　°C
　　　　　　　　　　　　　　　　　　　Verfahren　　　　　　　　　　　　　　°C
Kristallit-Schmelzpunkt　　　　　　　　Verfahren

Längenausdehnungskoeffizient　　　　　Bereich　　　　　°C　　　　　　　　$\cdot 10^{-4} K^{-1}$
　　　　　　　　　　　　　　　　　　　Temperatur　　　　　　　　　　　　　$\cdot 10^{-4} K^{-1}$
Wärmeleitfähigkeit　　　　　　　　　　Verfahren　　　　　　　　　　　　　　$W/(K \cdot m)$

Spezifische Wärmekapazität　　　　　　Verfahren　　　　　　　　　　　　　　$J/(K \cdot g)$

Glasumwandlungstemperatur　　　　　　Torsionsschwingungsversuch　　　　°C
　　　　　　　　　　　　　　　　　　　Differentialkalorimetrie　　　　　　　°C

Brandverhalten

UL-Test vertikal　　　　　　　　　　　　Dicke　　mm, Wert
　　　　　　　　　　　　　　　　　　　　Dicke　　mm, Wert

	Norm	Bewertung		Abmessungen
Sauerstoff-Index	ASTM D 2863			
Glühstab-Verfahren				
Brandverhalten	DIN 4102			
MVSS				
FAR				

Elektrische Eigenschaften

	Hz	°C	Probekörper, Form
Dielektrizitätszahl	50		
	10^3		
	10^6		
Dielektrischer Verlustfaktor $\tan \delta$	50		
	10^3		
	10^6		

Spezifischer Durchgangs-
　widerstand　　　　　　　Ohm · cm
Durchschlagfestigkeit　　　kV/mm　　　　　　　　　　　　　　　mm dick
Oberflächenwiderstand　　　Ohm

Kriechstromfestigkeit　　　　　　　　　KC　　　　　KB　　　　　KA
Elektrolytische Korrosionswirkung
Lichtbogenfestigkeit nach DIN
　　　　　　nach ASTM　　s

Beständigkeit (Chemische Beständigkeit siehe Anhang)

Wasseraufnahme

Feuchtigkeitsaufnahme Normalklima　　　　　　　　　　　　　　　　　　　%
Wetterbeständigkeit

Spannungskorrosion

Optische Eigenschaften

Brechungszahl n_D
Transmissionsgrad τ_c　　　%　　　　　　　　mm dick
Lichtdurchlässigkeit

Produkt	Polyethylen hoher Dichte	**PE**
Handelsname	**Neste Polyethylene DMDS-7028**	
Hersteller	NESTE	
DIN-Bez 1	16776-PE,MCG,60-D400	
DIN-Bez 2		
Zusätze		*Füllstoffe/ Verstärkung*
Bevorzugte Verarbeitung	Spritzgiessen	*Lieferform* Granulat
		Farben Natur; Standard
Besondere Merkmale	Sehr leichtfliessend	*Bevorzugte Anwendungen* Duennwandiges Formteil; Eiscrembehaelter

Dichte	g/cm^3	0.960	*Schmelzindex* g/10 min	28: 190/2.16
Schüttdichte	g/cm^3		*Volumenfließindex* cm^3/10 min	:
Viskositätszahl	ml/g			

Verarbeitungsbedingungen für Spritzgießen

Massetemp.	°C	180–230	*Schwindung* %	lgs 1.5–2.0, quer 1.5–2.0
Werkzeugtemp.	°C	$\leqq$ 40	*Bemerkungen*	
Spritzdruck	bar	800–1000		

Zugversuch 23 °C   ISO R 527;

	Probekörper:	*Form*	*Herstellung*	Spritzgiessen
		Zustand	*Vorbehandlung*	Normalklima
Streckspannung	N/mm^2	24	*Dehnung bei Streckspannung* %	
Zugfestigkeit	N/mm^2		*Reißdehnung* %	$\geqq$ 500
Reißfestigkeit	N/mm^2		*% Dehnspannung* N/mm^2	
E-Modul	N/mm^2		*Dehnung bei % Dehnspg.* %	

Kriechmoduln und Zeitstandwerte 23 °C

	Probekörper:	*Form*	*Herstellung*	
		Zustand	*Vorbehandlung*	
Kriechmodul	*1 min* N/mm^2		*Zeitstandzugfestigkeit* h N/mm^2	
Kriechmodul	*1000 h* N/mm^2		*Zeitdehnspg. %* h N/mm^2	
bei Spannung	N/mm^2			

Biegeversuch 23 °C   ISO R 178;

	Probekörper:	*Form*	*Herstellung*	Spritzgiessen
		Zustand	*Vorbehandlung*	Normalklima
Biegefestigkeit	N/mm^2		*E-Modul*	N/mm^2 1150
3,5% Biegespannung	N/mm^2			

Härte 23 °C

	Probekörper:	*Zustand*	*Herstellung*	Spritzgiessen
			Vorbehandlung	Normalklima
Kugeldruckhärte	N/mm^2	bei N, s	*Shore-Härte* A	
Rockwellhärte			*Shore-Härte* D	66

Schlagversuch

	Probekörper:	(1)
		(2)
		Zustand *Herstellung*
		Vorbehandlung
	°C °C °C	*Probekörper-Form*

Schlagzähigkeit	kJ/m^2
Kerbschlagzähigkeit (1)	kJ/m^2
IZOD-Kerbschlagzähigkeit (2)	J/m
Kerbschlagzugzähigkeit	kJ/m^2

Abrieb und Reibung

Taber-Abrieb (Reibradverfahren) $mm^3/100\,U$
Abriebfaktor LNP (Thrust washer) Vergleichswert
Statische Reibungszahl
Dynamische Reibungszahl $(p \cdot v =$ $N/mm^2 \cdot$ $m/min)$
Zulässiger $p \cdot v$ Wert $N/mm^2 \cdot (m/min)$ $v =$ m/min
$v =$ m/min

Thermische Eigenschaften

Formbeständigkeit in der Wärme Verfahren °C
Verfahren °C
Vicat Erweichungstemperatur (VST) Verfahren °C
Verfahren °C
Kristallit-Schmelzpunkt Verfahren

Längenausdehnungskoeffizient Bereich °C $\cdot 10^{-4}K^{-1}$
Temperatur $\cdot 10^{-4}K^{-1}$
Wärmeleitfähigkeit Verfahren $W/(K \cdot m)$

Spezifische Wärmekapazität Verfahren $J/(K \cdot g)$

Glasumwandlungstemperatur Torsionsschwingungsversuch °C
Differentialkalorimetrie °C

Brandverhalten

UL-Test vertikal Dicke mm, Wert
Dicke mm, Wert

	Norm	Bewertung	Abmessungen
Sauerstoff-Index	ASTM D 2863		
Glühstab-Verfahren			
Brandverhalten	DIN 4102		
MVSS			
FAR			

Elektrische Eigenschaften

	Hz	°C	Probekörper, Form
Dielektrizitätszahl	50		
	10^3		
	10^6		
Dielektrischer Verlustfaktor tan δ	50		
	10^3		
	10^6		

Spezifischer Durchgangs-
widerstand Ohm · cm
Durchschlagfestigkeit kV/mm mm dick
Oberflächenwiderstand Ohm

Kriechstromfestigkeit KC KB KA
Elektrolytische Korrosionswirkung
Lichtbogenfestigkeit nach DIN
nach ASTM s

Beständigkeit *(Chemische Beständigkeit siehe Anhang)*

Wasseraufnahme

Feuchtigkeitsaufnahme Normalklima %
Wetterbeständigkeit

Spannungskorrosion

Optische Eigenschaften

Brechungszahl n_D
Transmissionsgrad τ_c % mm dick
Lichtdurchlässigkeit

Produkt	Polyethylen mittlerer Dichte	**PE**
Handelsname	**Neste Polyethylene DGDS-2418 IM**	
Hersteller	NESTE	
DIN-Bez 1	16776-PE,ECG,40-D000	
DIN-Bez 2		

Zusätze		*Füllstoffe/ Verstärkung*	
Bevorzugte Verarbeitung	Spritzgiessen	*Lieferform*	Granulat
		Farben	Schwarz
Besondere Merkmale	Gutes Schlagverhalten	*Bevorzugte Anwendungen*	Rohrformstueck; Fitting

Dichte	g/cm³	0.936	*Schmelzindex* g/10 min	$\leq$0.1: 190/2.16
Schüttdichte	g/cm³		*Volumenfließindex* cm³/10 min	:
Viskositätszahl	ml/g			

Verarbeitungsbedingungen für Spritzgießen

Massetemp.	°C	230–290	*Schwindung* % lgs	, quer
Werkzeugtemp.	°C		*Bemerkungen*	
Spritzdruck	bar			

Zugversuch 23 °C ISO/DIS 6259;

	Probekörper: Form	*Herstellung*	Spritzgiessen
	Zustand	*Vorbehandlung*	Normalklima
Streckspannung	N/mm² 17	*Dehnung bei Streckspannung*	%
Zugfestigkeit	N/mm²	*Reißdehnung*	% $\geq$600
Reißfestigkeit	N/mm²	% *Dehnspannung*	N/mm²
E-Modul	N/mm²	*Dehnung bei* % *Dehnspg.*	%

Kriechmoduln und Zeitstandwerte 23 °C

	Probekörper: Form	*Herstellung*	
	Zustand	*Vorbehandlung*	
Kriechmodul	1 min N/mm²	*Zeitstandzugfestigkeit*	h N/mm²
Kriechmodul	1000 h N/mm²	*Zeitdehnspg.* %	h N/mm²
bei Spannung	N/mm²		

Biegeversuch 23 °C

	Probekörper: Form	*Herstellung*	
	Zustand	*Vorbehandlung*	
Biegefestigkeit	N/mm²	*E-Modul*	N/mm²
3,5% Biegespannung	N/mm²		

Härte 23 °C

	Probekörper: Zustand	*Herstellung*	Spritzgiessen
		Vorbehandlung	Normalklima
Kugeldruckhärte	N/mm² bei N, s	*Shore-Härte* A	
Rockwellhärte		*Shore-Härte* D	61

Schlagversuch

	Probekörper: (1)		
	(2)	*Herstellung*	
	Zustand	*Vorbehandlung*	
	°C °C	°C	*Probekörper-Form*

Schlagzähigkeit	kJ/m²
Kerbschlagzähigkeit (1)	kJ/m²
IZOD-Kerbschlagzähigkeit (2)	J/m
Kerbschlagzugzähigkeit	kJ/m²

Abrieb und Reibung

Taber-Abrieb (Reibradverfahren)   mm³/100 U
Abriebfaktor LNP (Thrust washer) Vergleichswert
Statische Reibungszahl
Dynamische Reibungszahl   (p·v =   N/mm² ·   m/min)
Zulässiger p · v Wert   N/mm² · (m/min)   v =   m/min
                                                                              v =   m/min

Thermische Eigenschaften

Formbeständigkeit in der Wärme   *Verfahren*   °C
                                            Verfahren   °C
Vicat Erweichungstemperatur (VST)   *Verfahren*   °C
                                            Verfahren   °C
Kristallit-Schmelzpunkt   *Verfahren*

Längenausdehnungskoeffizient   *Bereich*   °C $\cdot 10^{-4} K^{-1}$
                                            Temperatur $\cdot 10^{-4} K^{-1}$
Wärmeleitfähigkeit   *Verfahren*   W/(K · m)

Spezifische Wärmekapazität   *Verfahren*   J/(K · g)

Glasumwandlungstemperatur   *Torsionsschwingungsversuch*   °C
                                            Differentialkalorimetrie   °C

Brandverhalten

UL-Test vertikal   Dicke   mm, Wert
                                            Dicke   mm, Wert

                        Norm   *Bewertung*   *Abmessungen*

Sauerstoff-Index   ASTM D 2863
Glühstab-Verfahren
Brandverhalten   DIN 4102
MVSS
FAR

Elektrische Eigenschaften

                                            Hz   °C   *Probekörper, Form*

Dielektrizitätszahl   50
                                            10³
                                            10⁶
Dielektrischer Verlustfaktor tan δ   50
                                            10³
                                            10⁶
Spezifischer Durchgangs-
  widerstand   Ohm · cm
Durchschlagfestigkeit   kV/mm   mm dick
Oberflächenwiderstand   Ohm

Kriechstromfestigkeit   KC   KB   KA
Elektrolytische Korrosionswirkung
Lichtbogenfestigkeit nach DIN
            nach ASTM   s

Beständigkeit *(Chemische Beständigkeit siehe Anhang)*

Wasseraufnahme

Feuchtigkeitsaufnahme Normalklima   %
Wetterbeständigkeit

Spannungskorrosion

Optische Eigenschaften

Brechungszahl n_D
Transmissionsgrad τ_c %   mm dick
Lichtdurchlässigkeit

Produkt	Lineares Polyethylen mittlerer Dichte	**PE**
Handelsname	**Neste Polyethylene LPLD-8016**	
Hersteller	NESTE	
DIN-Bez 1	16776-PE,MCGL,35-D045	
DIN-Bez 2		

Zusätze	UV-Stabilisator	*Füllstoffe/ Verstärkung*	
Bevorzugte Verarbeitung	Spritzgiessen	*Lieferform*	Granulat
		Farben	Natur
Besondere Merkmale	Verbesserte Witterungsbestaendigkeit; Ausgewogene mechanische Eigenschaften	*Bevorzugte Anwendungen*	Technisches Formteil

---

Dichte	g/cm^3 0.934		*Schmelzindex*	g/10 min	3.5: 190/2.16
Schüttdichte	g/cm^3		*Volumenfließindex*	cm^3/10 min	:
Viskositätszahl	ml/g				

Verarbeitungsbedingungen für Spritzgießen

Massetemp.	°C	*Schwindung*	% lgs , quer
Werkzeugtemp.	°C	*Bemerkungen*	
Spritzdruck	bar		

Zugversuch 23 °C   ISO R 527;

	Probekörper:	*Form*	*Herstellung*	Spritzgiessen
		Zustand	*Vorbehandlung*	Normalklima
Streckspannung	N/mm^2 16		*Dehnung bei Streckspannung*	%
Zugfestigkeit	N/mm^2		*Reißdehnung*	% 600
Reißfestigkeit	N/mm^2		*% Dehnspannung*	N/mm^2
E-Modul	N/mm^2		*Dehnung bei % Dehnspg.*	%

Kriechmoduln und Zeitstandwerte 23 °C

	Probekörper:	*Form*	*Herstellung*	
		Zustand	*Vorbehandlung*	
Kriechmodul	*1 min* N/mm^2		*Zeitstandzugfestigkeit*	h N/mm^2
Kriechmodul	*1000 h* N/mm^2		*Zeitdehnspg. %*	h N/mm^2
bei Spannung	N/mm^2			

Biegeversuch 23 °C   ISO R 178;

	Probekörper:	*Form*	*Herstellung*	Spritzgiessen
		Zustand	*Vorbehandlung*	Normalklima
Biegefestigkeit	N/mm^2		*E-Modul*	N/mm^2 500
3,5% Biegespannung	N/mm^2			

Härte 23 °C

	Probekörper:	*Zustand*	*Herstellung*	Spritzgiessen
			Vorbehandlung	Normalklima
Kugeldruckhärte	N/mm^2 bei N, s		*Shore-Härte* A	
Rockwellhärte			*Shore-Härte* D	52

Schlagversuch

	Probekörper:	*(1)*		
		(2)	*Herstellung*	
		Zustand	*Vorbehandlung*	
		°C °C °C	*Probekörper-Form*	

Schlagzähigkeit	kJ/m^2	
Kerbschlagzähigkeit (1)	kJ/m^2	
IZOD-Kerbschlagzähigkeit (2)	J/m	
Kerbschlagzugzähigkeit	kJ/m^2	

Abrieb und Reibung

Taber-Abrieb (Reibradverfahren)	mm³/100 U	
Abriebfaktor LNP (Thrust washer) Vergleichswert		
Statische Reibungszahl		
Dynamische Reibungszahl	($p \cdot v =$ N/mm² · m/min)	
Zulässiger $p \cdot v$ Wert	N/mm² · (m/min) $v =$ m/min	
	$v =$ m/min	

Thermische Eigenschaften

Formbeständigkeit in der Wärme	*Verfahren*		°C
	Verfahren		°C
Vicat Erweichungstemperatur (VST)	*Verfahren* A/50		111 °C
	Verfahren		°C
Kristallit-Schmelzpunkt	*Verfahren*		
Längenausdehnungskoeffizient	*Bereich*	°C	$\cdot 10^{-4} K^{-1}$
	Temperatur		$\cdot 10^{-4} K^{-1}$
Wärmeleitfähigkeit	*Verfahren*		W/(K · m)
Spezifische Wärmekapazität	*Verfahren*		J/(K · g)
Glasumwandlungstemperatur	*Torsionsschwingungsversuch*	°C	
	Differentialkalorimetrie	°C	

Brandverhalten

UL-Test vertikal   Dicke   mm, Wert
                            Dicke   mm, Wert

	Norm	Bewertung	Abmessungen
Sauerstoff-Index	ASTM D 2863		
Glühstab-Verfahren			
Brandverhalten	DIN 4102		
MVSS			
FAR			

Elektrische Eigenschaften

	Hz	°C	Probekörper, Form
Dielektrizitätszahl	50		
	10^3		
	10^6		
Dielektrischer Verlustfaktor tan δ	50		
	10^3		
	10^6		
Spezifischer Durchgangs-			
widerstand	Ohm · cm		
Durchschlagfestigkeit	kV/mm		mm dick
Oberflächenwiderstand	Ohm		

Kriechstromfestigkeit	KC	KB	KA
Elektrolytische Korrosionswirkung			
Lichtbogenfestigkeit nach DIN			
nach ASTM	s		

Beständigkeit *(Chemische Beständigkeit siehe Anhang)*

Wasseraufnahme

Feuchtigkeitsaufnahme Normalklima   %
Wetterbeständigkeit

Spannungskorrosion ASTM D 1693/A : GT 1000 h

Optische Eigenschaften

Brechungszahl n_D
Transmissionsgrad τ_c %   mm dick
Lichtdurchlässigkeit

Produkt	Polyethylen niedriger Dichte	**PE**
Handelsname	**Neste Polyethylene DFDS-0100**	
Hersteller	NESTE	
DIN-Bez 1	16776-PE,MCG,20-D022	
DIN-Bez 2		

Zusätze		*Füllstoffe/ Verstärkung*	
Bevorzugte Verarbeitung	Spritzgiessen	*Lieferform*	Granulat
		Farben	Natur; Standard
Besondere Merkmale	Gutes Schlagverhalten	*Bevorzugte Anwendungen*	Schraubkappe; Haushaltsware

---

Dichte	g/cm³	0.921	*Schmelzindex*	g/10 min	2: 190/2.16
Schüttdichte	g/cm³		*Volumenfließindex*	cm³/10 min	:
Viskositätszahl	ml/g				

Verarbeitungsbedingungen für Spritzgießen

Massetemp.	°C		*Schwindung*	%	lgs , quer
Werkzeugtemp.	°C		*Bemerkungen*		
Spritzdruck	bar				

Zugversuch 23 °C

	Probekörper: *Form*		*Herstellung*
	Zustand		*Vorbehandlung*
Streckspannung	N/mm²	*Dehnung bei Streckspannung*	%
Zugfestigkeit	N/mm²	*Reißdehnung*	%
Reißfestigkeit	N/mm²	% *Dehnspannung*	N/mm²
E-Modul	N/mm²	*Dehnung bei* % *Dehnspg.*	%

Kriechmoduln und Zeitstandwerte 23 °C

	Probekörper: *Form*		*Herstellung*
	Zustand		*Vorbehandlung*
Kriechmodul	*1 min* N/mm²	*Zeitstandzugfestigkeit*	h N/mm²
Kriechmodul	*1000 h* N/mm²	*Zeitdehnspg.* %	h N/mm²
bei Spannung	N/mm²		

Biegeversuch 23 °C

	Probekörper: *Form*		*Herstellung*
	Zustand		*Vorbehandlung*
Biegefestigkeit	N/mm²	*E-Modul*	N/mm²
3,5% Biegespannung	N/mm²		

Härte 23 °C

	Probekörper: *Zustand*	*Herstellung*	Spritzgiessen
		Vorbehandlung	Normalklima
Kugeldruckhärte	N/mm² bei N, s	*Shore-Härte* A	
Rockwellhärte		*Shore-Härte* D	48

Schlagversuch

	Probekörper: *(1)*	
	(2)	*Herstellung*
	Zustand	*Vorbehandlung*
	°C °C °C	*Probekörper-Form*

Schlagzähigkeit	kJ/m²
Kerbschlagzähigkeit (1)	kJ/m²
IZOD-Kerbschlagzähigkeit (2)	J/m
Kerbschlagzugzähigkeit	kJ/m²

Abrieb und Reibung

Taber-Abrieb (Reibradverfahren)　　　　　　　　　mm^3/100 U
Abriebfaktor LNP (Thrust washer) Vergleichswert
Statische Reibungszahl
Dynamische Reibungszahl　　　　　　　　　　　　$(p \cdot v =$　　　$N/mm^2 \cdot$　　　m/min)
Zulässiger $p \cdot v$ Wert　　　　　　　　　　　　$N/mm^2 \cdot$ (m/min)　$v =$　　m/min
　　　　　　　　　　　　　　　　　　　　　　　　　　　　　　　$v =$　　m/min

Thermische Eigenschaften

Formbeständigkeit in der Wärme　　　　　Verfahren　　　　　　　　　　　　　　　°C
　　　　　　　　　　　　　　　　　　　　　Verfahren　　　　　　　　　　　　　　　°C
Vicat Erweichungstemperatur (VST)　　　Verfahren　　　　　　　　　　　　　　　°C
　　　　　　　　　　　　　　　　　　　　　Verfahren　　　　　　　　　　　　　　　°C
Kristallit-Schmelzpunkt　　　　　　　　　Verfahren

Längenausdehnungskoeffizient　　　　　Bereich　　　　　°C　　　　　　　$\cdot 10^{-4} K^{-1}$
　　　　　　　　　　　　　　　　　　　　　Temperatur　　　　　　　　　　　$\cdot 10^{-4} K^{-1}$
Wärmeleitfähigkeit　　　　　　　　　　　Verfahren　　　　　　　　　　　　　$W/(K \cdot m)$

Spezifische Wärmekapazität　　　　　　Verfahren　　　　　　　　　　　　　$J/(K \cdot g)$

Glasumwandlungstemperatur　　　　　　Torsionsschwingungsversuch　　　°C
　　　　　　　　　　　　　　　　　　　　　Differentialkalorimetrie　　　　　　°C

Brandverhalten

UL-Test vertikal　　　　　　　　　　　　Dicke　　　mm, Wert
　　　　　　　　　　　　　　　　　　　　　Dicke　　　mm, Wert

	Norm	Bewertung	Abmessungen
Sauerstoff-Index	ASTM D 2863		
Glühstab-Verfahren			
Brandverhalten	DIN 4102		
MVSS			
FAR			

Elektrische Eigenschaften

	Hz	°C	Probekörper, Form
Dielektrizitätszahl	50		
	10^3		
	10^6		
Dielektrischer Verlustfaktor $\tan\delta$	50		
	10^3		
	10^6		

Spezifischer Durchgangs-
　widerstand　　　　　　　Ohm $\cdot$ cm
Durchschlagfestigkeit　　kV/mm　　　　　　　　　　　　　　　　　　　mm dick
Oberflächenwiderstand　Ohm

Kriechstromfestigkeit　　　　　　　KC　　　　　KB　　　　　KA
Elektrolytische Korrosionswirkung
Lichtbogenfestigkeit nach DIN
　　　　　　　nach ASTM　　s

Beständigkeit (Chemische Beständigkeit siehe Anhang)

Wasseraufnahme

Feuchtigkeitsaufnahme Normalklima　　　　　　　　　　　　　　　　　　　　　　%
Wetterbeständigkeit

Spannungskorrosion

Optische Eigenschaften

Brechungszahl n_D
Transmissionsgrad τ_c　　　%　　　　　　　　　　mm dick
Lichtdurchlässigkeit

Produkt	Polyethylen niedriger Dichte	**PE**
Handelsname	**Neste Polyethylene DFDS-4046**	
Hersteller	NESTE	
DIN-Bez 1	16776-PE,MCG,25-D045	
DIN-Bez 2		

Zusätze		*Füllstoffe/ Verstärkung*	
Bevorzugte Verarbeitung	Spritzgiessen	*Lieferform*	Granulat
		Farben	Natur; Standard
Besondere Merkmale	Ausgewogene Eigenschaften	*Bevorzugte Anwendungen*	Kappe; Verschluss; Haushaltsware

---

Dichte	g/cm^3	0.922	*Schmelzindex* g/10 min	4.5: 190/2.16
Schüttdichte	g/cm^3		*Volumenfließindex* cm^3/10 min	:
Viskositätszahl	ml/g			

Verarbeitungsbedingungen für Spritzgießen

Massetemp.	°C	*Schwindung* %	lgs , quer
Werkzeugtemp.	°C	*Bemerkungen*	
Spritzdruck	bar		

Zugversuch 23 °C

	Probekörper: Form		*Herstellung*
	Zustand		*Vorbehandlung*
Streckspannung	N/mm^2	*Dehnung bei Streckspannung*	%
Zugfestigkeit	N/mm^2	*Reißdehnung*	%
Reißfestigkeit	N/mm^2	*% Dehnspannung*	N/mm^2
E-Modul	N/mm^2	*Dehnung bei % Dehnspg.*	%

Kriechmoduln und Zeitstandwerte 23 °C

	Probekörper: Form		*Herstellung*
	Zustand		*Vorbehandlung*
Kriechmodul	1 min N/mm^2	*Zeitstandzugfestigkeit*	h N/mm^2
Kriechmodul	1000 h N/mm^2	*Zeitdehnspg. %*	h N/mm^2
bei Spannung	N/mm^2		

Biegeversuch 23 °C

	Probekörper: Form		*Herstellung*
	Zustand		*Vorbehandlung*
Biegefestigkeit	N/mm^2	*E-Modul*	N/mm^2
3,5% Biegespannung	N/mm^2		

Härte 23 °C

	Probekörper: Zustand	*Herstellung*	Spritzgiessen
		Vorbehandlung	Normalklima
Kugeldruckhärte	N/mm^2 bei N, s	*Shore-Härte* A	
Rockwellhärte		*Shore-Härte* D	48

Schlagversuch

	Probekörper: (1)		
	(2)		*Herstellung*
	Zustand		*Vorbehandlung*
	°C	°C °C	*Probekörper-Form*

Schlagzähigkeit	kJ/m^2
Kerbschlagzähigkeit (1)	kJ/m^2
IZOD-Kerbschlagzähigkeit (2)	J/m
Kerbschlagzugzähigkeit	kJ/m^2

Abrieb und Reibung

Taber-Abrieb (Reibradverfahren)	mm³/100 U
Abriebfaktor LNP (Thrust washer) Vergleichswert	
Statische Reibungszahl	
Dynamische Reibungszahl	$(p \cdot v =$ N/mm² $\cdot$ m/min)
Zulässiger p · v Wert	N/mm² · (m/min) v = m/min
	v = m/min

Thermische Eigenschaften

Formbeständigkeit in der Wärme	*Verfahren*		°C
	Verfahren		°C
Vicat Erweichungstemperatur (VST)	*Verfahren*		°C
	Verfahren		°C
Kristallit-Schmelzpunkt	*Verfahren*		
Längenausdehnungskoeffizient	*Bereich*	°C	$\cdot 10^{-4} K^{-1}$
	Temperatur		$\cdot 10^{-4} K^{-1}$
Wärmeleitfähigkeit	*Verfahren*		W/(K · m)
Spezifische Wärmekapazität	*Verfahren*		J/(K · g)
Glasumwandlungstemperatur	*Torsionsschwingungsversuch*	°C	
	Differentialkalorimetrie	°C	

Brandverhalten

UL-Test vertikal   Dicke   mm, Wert
             Dicke   mm, Wert

	Norm	*Bewertung*	*Abmessungen*
Sauerstoff-Index	ASTM D 2863		
Glühstab-Verfahren			
Brandverhalten	DIN 4102		
MVSS			
FAR			

Elektrische Eigenschaften

	Hz	°C	*Probekörper, Form*
Dielektrizitätszahl	50		
	10^3		
	10^6		
Dielektrischer Verlustfaktor tan δ	50		
	10^3		
	10^6		
Spezifischer Durchgangs-widerstand	Ohm · cm		
Durchschlagfestigkeit	kV/mm		mm dick
Oberflächenwiderstand	Ohm		

Kriechstromfestigkeit	KC	KB	KA
Elektrolytische Korrosionswirkung			
Lichtbogenfestigkeit nach DIN			
nach ASTM	s		

Beständigkeit *(Chemische Beständigkeit siehe Anhang)*

Wasseraufnahme

Feuchtigkeitsaufnahme Normalklima   %
Wetterbeständigkeit

Spannungskorrosion

Optische Eigenschaften

Brechungszahl n_D
Transmissionsgrad τ_c %   mm dick
Lichtdurchlässigkeit

Produkt	Polyethylen niedriger Dichte	**PE**
Handelsname	**Neste Polyethylene C2224-01**	
Hersteller	NESTE	
DIN-Bez 1	16776-PE,MCG,20-D400	
DIN-Bez 2		

Zusätze		*Füllstoffe/ Verstärkung*	
Bevorzugte Verarbeitung	Spritzgiessen	*Lieferform*	Granulat
		Farben	Natur; Standard
Besondere Merkmale	Leichtfliessend	*Bevorzugte Anwendungen*	Duennwandiges Formteil; Flexibles Formteil; Verschluss

---

Dichte	g/cm^3	0.924	*Schmelzindex*	g/10 min	20: 190/2.16
Schüttdichte	g/cm^3		*Volumenfließindex*	cm^3/10 min	:
Viskositätszahl	ml/g				

Verarbeitungsbedingungen für Spritzgießen

Massetemp.	°C		*Schwindung*	%	lgs , quer
Werkzeugtemp.	°C		*Bemerkungen*		
Spritzdruck	bar				

Zugversuch 23 °C

	Probekörper:	*Form*	*Herstellung*	
		Zustand	*Vorbehandlung*	
Streckspannung	N/mm^2		*Dehnung bei Streckspannung*	%
Zugfestigkeit	N/mm^2		*Reißdehnung*	%
Reißfestigkeit	N/mm^2		*% Dehnspannung*	N/mm^2
E-Modul	N/mm^2		*Dehnung bei % Dehnspg.*	%

Kriechmoduln und Zeitstandwerte 23 °C

	Probekörper:	*Form*	*Herstellung*	
		Zustand	*Vorbehandlung*	
Kriechmodul	*1 min* N/mm^2		*Zeitstandzugfestigkeit*	h N/mm^2
Kriechmodul	*1000 h* N/mm^2		*Zeitdehnspg.* %	h N/mm^2
bei Spannung	N/mm^2			

Biegeversuch 23 °C

	Probekörper:	*Form*	*Herstellung*	
		Zustand	*Vorbehandlung*	
Biegefestigkeit	N/mm^2		*E-Modul*	N/mm^2
3,5% Biegespannung	N/mm^2			

Härte 23 °C

	Probekörper:	*Zustand*	*Herstellung* Spritzgiessen
			Vorbehandlung Normalklima
Kugeldruckhärte	N/mm^2 bei N, s		*Shore-Härte* A
Rockwellhärte			*Shore-Härte* D 48

Schlagversuch

	Probekörper:	*(1)*	
		(2)	*Herstellung*
		Zustand	*Vorbehandlung*
		°C °C °C	*Probekörper-Form*

Schlagzähigkeit	kJ/m^2
Kerbschlagzähigkeit (1)	kJ/m^2
IZOD-Kerbschlagzähigkeit (2)	J/m
Kerbschlagzugzähigkeit	kJ/m^2

Abrieb und Reibung

Taber-Abrieb (Reibradverfahren)   mm³/100 U
Abriebfaktor LNP (Thrust washer) Vergleichswert
Statische Reibungszahl
Dynamische Reibungszahl $(p \cdot v =$ N/mm² ·   m/min$)$
Zulässiger p · v Wert   N/mm² · (m/min)   v =   m/min
                                                                              v =   m/min

Thermische Eigenschaften

Formbeständigkeit in der Wärme   *Verfahren*   °C
                                          Verfahren   °C
Vicat Erweichungstemperatur (VST)   *Verfahren*   °C
                                          Verfahren   °C
Kristallit-Schmelzpunkt   *Verfahren*

Längenausdehnungskoeffizient   *Bereich*   °C $\cdot 10^{-4} K^{-1}$
                                          Temperatur $\cdot 10^{-4} K^{-1}$
Wärmeleitfähigkeit   *Verfahren*   W/(K · m)

Spezifische Wärmekapazität   *Verfahren*   J/(K · g)

Glasumwandlungstemperatur   *Torsionsschwingungsversuch*   °C
                                          Differentialkalorimetrie   °C

Brandverhalten

UL-Test vertikal   *Dicke*   mm, *Wert*
                                          Dicke   mm, *Wert*

	Norm	*Bewertung*	*Abmessungen*
Sauerstoff-Index	ASTM D 2863		
Glühstab-Verfahren			
Brandverhalten	DIN 4102		
MVSS			
FAR			

Elektrische Eigenschaften

	Hz	°C	*Probekörper, Form*
Dielektrizitätszahl	50		
	10^3		
	10^6		
Dielektrischer Verlustfaktor tan δ	50		
	10^3		
	10^6		

Spezifischer Durchgangs-
  widerstand   Ohm · cm
Durchschlagfestigkeit   kV/mm   mm dick
Oberflächenwiderstand   Ohm

Kriechstromfestigkeit   KC   KB   KA
Elektrolytische Korrosionswirkung
Lichtbogenfestigkeit nach DIN
              nach ASTM   s

Beständigkeit *(Chemische Beständigkeit siehe Anhang)*

Wasseraufnahme

Feuchtigkeitsaufnahme Normalklima   %
Wetterbeständigkeit

Spannungskorrosion

Optische Eigenschaften

Brechungszahl n_D
Transmissionsgrad τ_c %   mm dick
Lichtdurchlässigkeit

			PE
Produkt	Polyethylen niedriger Dichte		
Handelsname	**Neste Polyethylene C3515-01**		
Hersteller	NESTE		
DIN-Bez 1	16776-PE,MCG,15-D400		
DIN-Bez 2			

Zusätze		*Füllstoffe/ Verstärkung*	
Bevorzugte Verarbeitung	Spritzgiessen	*Lieferform*	Granulat
		Farben	Natur; Standard
Besondere Merkmale	Leichtfliessend	*Bevorzugte Anwendungen*	Duennwandiges Formteil; Flexibles Formteil; Verschluss; Spielwaren; Einwegartikel

---

Dichte	g/cm³	0.915	*Schmelzindex*	g/10 min	32: 190/2.16
Schüttdichte	g/cm³		*Volumenfließindex*	cm³/10 min	:
Viskositätszahl	ml/g				

Verarbeitungsbedingungen für Spritzgießen

Massetemp.	°C		*Schwindung*	%	lgs , quer
Werkzeugtemp.	°C		*Bemerkungen*		
Spritzdruck	bar				

Zugversuch 23 °C

	Probekörper:	*Form*		*Herstellung*	
		Zustand		*Vorbehandlung*	
Streckspannung	N/mm²		*Dehnung bei Streckspannung*	%	
Zugfestigkeit	N/mm²		*Reißdehnung*	%	
Reißfestigkeit	N/mm²		*% Dehnspannung*	N/mm²	
E-Modul	N/mm²		*Dehnung bei % Dehnspg.*	%	

Kriechmoduln und Zeitstandwerte 23 °C

	Probekörper:	*Form*		*Herstellung*	
		Zustand		*Vorbehandlung*	
Kriechmodul	1 min	N/mm²	*Zeitstandzugfestigkeit*	h	N/mm²
Kriechmodul	1000 h	N/mm²	*Zeitdehnspg. %*	h	N/mm²
bei Spannung		N/mm²			

Biegeversuch 23 °C

	Probekörper:	*Form*		*Herstellung*	
		Zustand		*Vorbehandlung*	
Biegefestigkeit	N/mm²		*E-Modul*	N/mm²	
3,5% Biegespannung	N/mm²				

Härte 23 °C

	Probekörper:	*Zustand*	*Herstellung*	Spritzgiessen
			Vorbehandlung	Normalklima
Kugeldruckhärte	N/mm²	bei N, s	*Shore-Härte A*	
Rockwellhärte			*Shore-Härte D*	42

Schlagversuch

	Probekörper:	*(1)*			
		(2)		*Herstellung*	
		Zustand		*Vorbehandlung*	
		°C	°C	°C	*Probekörper-Form*

Schlagzähigkeit	kJ/m²	
Kerbschlagzähigkeit (1)	kJ/m²	
IZOD-Kerbschlagzähigkeit (2)	J/m	
Kerbschlagzugzähigkeit	kJ/m²	

Abrieb und Reibung

Taber-Abrieb (Reibradverfahren)   mm³/100 U
Abriebfaktor LNP (Thrust washer) Vergleichswert
Statische Reibungszahl
Dynamische Reibungszahl   (p·v =   N/mm² ·   m/min)
Zulässiger p · v Wert   N/mm² · (m/min)   v =   m/min
                                                                      v =   m/min

Thermische Eigenschaften

Formbeständigkeit in der Wärme   Verfahren   °C
                                        Verfahren   °C
Vicat Erweichungstemperatur (VST)   Verfahren   °C
                                        Verfahren   °C
Kristallit-Schmelzpunkt   Verfahren

Längenausdehnungskoeffizient   Bereich   °C $\cdot 10^{-4}\text{K}^{-1}$
                                        Temperatur $\cdot 10^{-4}\text{K}^{-1}$
Wärmeleitfähigkeit   Verfahren   W/(K · m)

Spezifische Wärmekapazität   Verfahren   J/(K · g)

Glasumwandlungstemperatur   Torsionsschwingungsversuch   °C
                                        Differentialkalorimetrie   °C

Brandverhalten

UL-Test vertikal   Dicke   mm, Wert
                                        Dicke   mm, Wert

              Norm   *Bewertung*   *Abmessungen*

Sauerstoff-Index   ASTM D 2863
Glühstab-Verfahren
Brandverhalten   DIN 4102
MVSS
FAR

Elektrische Eigenschaften

                                        Hz   °C   *Probekörper, Form*

Dielektrizitätszahl   50
                                        10³
                                        10⁶
Dielektrischer Verlustfaktor tan δ   50
                                        10³
                                        10⁶
Spezifischer Durchgangs-
  widerstand   Ohm · cm
Durchschlagfestigkeit   kV/mm   mm dick
Oberflächenwiderstand   Ohm

Kriechstromfestigkeit   KC   KB   KA
Elektrolytische Korrosionswirkung
Lichtbogenfestigkeit nach DIN
              nach ASTM   s

Beständigkeit *(Chemische Beständigkeit siehe Anhang)*

Wasseraufnahme

Feuchtigkeitsaufnahme Normalklima   %
Wetterbeständigkeit

Spannungskorrosion

Optische Eigenschaften

Brechungszahl n_D
Transmissionsgrad τ_c %   mm dick
Lichtdurchlässigkeit

			PE

Produkt	Polyethylen niedriger Dichte		
Handelsname	**Neste Polyethylene LPLD-8050**		
Hersteller	NESTE		
DIN-Bez 1	16776-PE,MCG,25-D400		
DIN-Bez 2			
Zusätze		*Füllstoffe/ Verstärkung*	
Bevorzugte Verarbeitung	Spritzgiessen	*Lieferform*	Granulat
		Farben	Natur; Standard
Besondere Merkmale	Sehr leichtfliessend	*Bevorzugte Anwendungen*	Duennwandiges Formteil; Kappe; Verschluss

Dichte	g/cm^3	0.926	*Schmelzindex*	g/10 min 50: 190/2.16
Schüttdichte	g/cm^3		*Volumenfließindex*	cm^3/10 min :
Viskositätszahl	ml/g			

Verarbeitungsbedingungen für Spritzgießen

Massetemp.	°C	150–220	*Schwindung*	% lgs 1.5, quer 1.5
Werkzeugtemp.	°C	≦40	*Bemerkungen*	
Spritzdruck	bar			

Zugversuch 23 °C ISO R 527;

	Probekörper:	*Form*	*Herstellung*	Spritzgiessen
		Zustand	*Vorbehandlung*	Normalklima
Streckspannung	N/mm^2	10	*Dehnung bei Streckspannung*	%
Zugfestigkeit	N/mm^2		*Reißdehnung*	% 400
Reißfestigkeit	N/mm^2		*% Dehnspannung*	N/mm^2
E-Modul	N/mm^2		*Dehnung bei % Dehnspg.*	%

Kriechmoduln und Zeitstandwerte 23 °C

	Probekörper:	*Form*	*Herstellung*	
		Zustand	*Vorbehandlung*	
Kriechmodul	1 min	N/mm^2	*Zeitstandzugfestigkeit*	h N/mm^2
Kriechmodul	1000 h	N/mm^2	*Zeitdehnspg. %*	h N/mm^2
bei Spannung		N/mm^2		

Biegeversuch 23 °C ISO R 178;

	Probekörper:	*Form*	*Herstellung*	Spritzgiessen
		Zustand	*Vorbehandlung*	Normalklima
Biegefestigkeit	N/mm^2		*E-Modul*	N/mm^2 290
3,5% Biegespannung	N/mm^2			

Härte 23 °C

	Probekörper:	*Zustand*	*Herstellung*	Spritzgiessen
			Vorbehandlung	Normalklima
Kugeldruckhärte	N/mm^2	bei N, s	*Shore-Härte* A	
Rockwellhärte			*Shore-Härte* D	52

Schlagversuch

	Probekörper:	*(1)*		
		(2)	*Herstellung*	
		Zustand	*Vorbehandlung*	
		°C °C °C		*Probekörper-Form*

Schlagzähigkeit	kJ/m^2	
Kerbschlagzähigkeit (1)	kJ/m^2	
IZOD-Kerbschlagzähigkeit (2)	J/m	
Kerbschlagzugzähigkeit	kJ/m^2	

Abrieb und Reibung

Taber-Abrieb (Reibradverfahren) $mm^3/100\ U$
Abriebfaktor LNP (Thrust washer) Vergleichswert
Statische Reibungszahl
Dynamische Reibungszahl $(p \cdot v =$ $N/mm^2 \cdot$ m/min$)$
Zulässiger $p \cdot v$ Wert $N/mm^2 \cdot$ (m/min) $v =$ m/min
                $v =$ m/min

Thermische Eigenschaften

Formbeständigkeit in der Wärme Verfahren   °C
              Verfahren   °C
Vicat Erweichungstemperatur (VST) Verfahren   °C
              Verfahren   °C
Kristallit-Schmelzpunkt   Verfahren

Längenausdehnungskoeffizient Bereich °C $\cdot 10^{-4}K^{-1}$
              Temperatur $\cdot 10^{-4}K^{-1}$
Wärmeleitfähigkeit   Verfahren $W/(K \cdot m)$

Spezifische Wärmekapazität Verfahren $J/(K \cdot g)$

Glasumwandlungstemperatur Torsionsschwingungsversuch °C
              Differentialkalorimetrie °C

Brandverhalten

UL-Test vertikal   Dicke mm, Wert
            Dicke mm, Wert

	Norm	Bewertung	Abmessungen
Sauerstoff-Index	ASTM D 2863		
Glühstab-Verfahren			
Brandverhalten	DIN 4102		
MVSS			
FAR			

Elektrische Eigenschaften

	Hz	°C	Probekörper, Form
Dielektrizitätszahl	50		
	10^3		
	10^6		
Dielektrischer Verlustfaktor $\tan \delta$	50		
	10^3		
	10^6		

Spezifischer Durchgangs-
 widerstand   Ohm $\cdot$ cm
Durchschlagfestigkeit kV/mm   mm dick
Oberflächenwiderstand Ohm

Kriechstromfestigkeit   KC   KB   KA
Elektrolytische Korrosionswirkung
Lichtbogenfestigkeit nach DIN
      nach ASTM s

Beständigkeit (Chemische Beständigkeit siehe Anhang)

Wasseraufnahme

Feuchtigkeitsaufnahme Normalklima   %
Wetterbeständigkeit

Spannungskorrosion

Optische Eigenschaften

Brechungszahl n_D
Transmissionsgrad τ_c %   mm dick
Lichtdurchlässigkeit

Produkt	Polyethylen niedriger Dichte	**PE**
Handelsname	**Neste Polyethylene LPLD-8099**	
Hersteller	NESTE	
DIN-Bez 1	16776-PE,MCG,25-D700	
DIN-Bez 2		

Zusätze		*Füllstoffe/ Verstärkung*	
Bevorzugte Verarbeitung	Spritzgiessen	*Lieferform*	Granulat
		Farben	Natur
Besondere Merkmale	Sehr leichtfliessend; Hoher Glanz	*Bevorzugte Anwendungen*	Duennwandiges Formteil; Verschluss; Flexibles Formteil; Spielwaren; Medizintechnik; Lebensmittelverpackung

---

Dichte	g/cm³	0.926	*Schmelzindex*	g/10 min	100: 190/2.16
Schüttdichte	g/cm³		*Volumenfließindex*	cm³/10 min	:
Viskositätszahl	ml/g				

Verarbeitungsbedingungen für Spritzgießen

Massetemp.	°C	150–210	*Schwindung*	%	lgs 1.5, quer 1.5
Werkzeugtemp.	°C	≦30	*Bemerkungen*		
Spritzdruck	bar				

Zugversuch 23 °C   ISO R 527;

	Probekörper:	*Form*	*Herstellung*	Spritzgiessen
		Zustand	*Vorbehandlung*	Normalklima
Streckspannung	N/mm²	10	*Dehnung bei Streckspannung*	%
Zugfestigkeit	N/mm²		*Reißdehnung*	% 200
Reißfestigkeit	N/mm²		*% Dehnspannung*	N/mm²
E-Modul	N/mm²		*Dehnung bei % Dehnspg.*	%

Kriechmoduln und Zeitstandwerte 23 °C

	Probekörper:	*Form*	*Herstellung*	
		Zustand	*Vorbehandlung*	
Kriechmodul	*1 min* N/mm²		*Zeitstandzugfestigkeit*	h N/mm²
Kriechmodul	*1000 h* N/mm²		*Zeitdehnspg.* %	h N/mm²
bei Spannung	N/mm²			

Biegeversuch 23 °C   ISO R 178;

	Probekörper:	*Form*	*Herstellung*	Spritzgiessen
		Zustand	*Vorbehandlung*	Normalklima
Biegefestigkeit	N/mm²	*E-Modul*	N/mm² 250	
3,5% Biegespannung	N/mm²			

Härte 23 °C

	Probekörper:	*Zustand*	*Herstellung*	Spritzgiessen
			Vorbehandlung	Normalklima
Kugeldruckhärte	N/mm²	bei N, s	*Shore-Härte* A	
Rockwellhärte			*Shore-Härte* D	52

Schlagversuch

	Probekörper:	*(1)*	
		(2)	*Herstellung*
		Zustand	*Vorbehandlung*
		°C °C °C	*Probekörper-Form*

Schlagzähigkeit	kJ/m²
Kerbschlagzähigkeit (1)	kJ/m²
IZOD-Kerbschlagzähigkeit (2)	J/m
Kerbschlagzugzähigkeit	kJ/m²

Abrieb und Reibung

Taber-Abrieb (Reibradverfahren)	mm³/100 U
Abriebfaktor LNP (Thrust washer) Vergleichswert	
Statische Reibungszahl	
Dynamische Reibungszahl	(p·v = N/mm² · m/min)
Zulässiger p · v Wert	N/mm² · (m/min) v = m/min
	v = m/min

Thermische Eigenschaften

Formbeständigkeit in der Wärme	*Verfahren*		°C
	Verfahren		°C
Vicat Erweichungstemperatur (VST)	*Verfahren*		°C
	Verfahren		°C
Kristallit-Schmelzpunkt	*Verfahren*		
Längenausdehnungskoeffizient	*Bereich*	°C	$\cdot 10^{-4} \mathrm{K}^{-1}$
	Temperatur		$\cdot 10^{-4} \mathrm{K}^{-1}$
Wärmeleitfähigkeit	*Verfahren*		W/(K · m)
Spezifische Wärmekapazität	*Verfahren*		J/(K · g)
Glasumwandlungstemperatur	*Torsionsschwingungsversuch*	°C	
	Differentialkalorimetrie	°C	

Brandverhalten

UL-Test vertikal   Dicke   mm, Wert
                             Dicke   mm, Wert

	Norm	*Bewertung*	*Abmessungen*
Sauerstoff-Index	ASTM D 2863		
Glühstab-Verfahren			
Brandverhalten	DIN 4102		
MVSS			
FAR			

Elektrische Eigenschaften

	Hz	°C	*Probekörper, Form*
Dielektrizitätszahl	50		
	10^3		
	10^6		
Dielektrischer Verlustfaktor tan δ	50		
	10^3		
	10^6		
Spezifischer Durchgangs-			
widerstand	Ohm · cm		
Durchschlagfestigkeit	kV/mm		mm dick
Oberflächenwiderstand	Ohm		

Kriechstromfestigkeit   KC   KB   KA
Elektrolytische Korrosionswirkung
Lichtbogenfestigkeit nach DIN
             nach ASTM   s

Beständigkeit *(Chemische Beständigkeit siehe Anhang)*

Wasseraufnahme

Feuchtigkeitsaufnahme Normalklima   %
Wetterbeständigkeit

Spannungskorrosion

Optische Eigenschaften

Brechungszahl n_D
Transmissionsgrad τ_c %   mm dick
Lichtdurchlässigkeit

Datenbank-Nr.	**T05006**		Merkblatt-Nr. **3152**

			E/BA
Produkt	Ethylen-Butylacrylat-Copolymerisat		
Handelsname	**Neste Polyethylene EBA-6417**		
Hersteller	NESTE		
DIN-Bez 1			
DIN-Bez 2			
Zusätze		*Füllstoffe/ Verstärkung*	
Bevorzugte Verarbeitung	Spritzgiessen	*Lieferform*	Granulat
		Farben	Natur
Besondere Merkmale	Gummiaehnlich; Weich	*Bevorzugte Anwendungen*	Dichtung; Balgen; Flexibles Formteil

Dichte	g/cm³	0.925	*Schmelzindex*	g/10 min	7: 190/2.16
Schüttdichte	g/cm³		*Volumenfließindex*	cm³/10 min	:
Viskositätszahl	ml/g				

Verarbeitungsbedingungen für Spritzgießen

Massetemp.	°C		*Schwindung*	%	lgs	, quer
Werkzeugtemp.	°C		*Bemerkungen*			
Spritzdruck	bar					

Zugversuch 23 °C

	Probekörper: Form		*Herstellung*
	Zustand		*Vorbehandlung*
Streckspannung	N/mm²	*Dehnung bei Streckspannung*	%
Zugfestigkeit	N/mm²	*Reißdehnung*	%
Reißfestigkeit	N/mm²	*% Dehnspannung*	N/mm²
E-Modul	N/mm²	*Dehnung bei % Dehnspg.*	%

Kriechmoduln und Zeitstandwerte 23 °C

	Probekörper: Form		*Herstellung*
	Zustand		*Vorbehandlung*
Kriechmodul	1 min N/mm²	*Zeitstandzugfestigkeit*	h N/mm²
Kriechmodul	1000 h N/mm²	*Zeitdehnspg. %*	h N/mm²
bei Spannung	N/mm²		

Biegeversuch 23 °C

	Probekörper: Form		*Herstellung*
	Zustand		*Vorbehandlung*
Biegefestigkeit	N/mm²	*E-Modul*	N/mm²
3,5% Biegespannung	N/mm²		

Härte 23 °C

	Probekörper: Zustand	*Herstellung*	Spritzgiessen
		Vorbehandlung	Normalklima
Kugeldruckhärte	N/mm² bei N, s	*Shore-Härte* A	
Rockwellhärte		*Shore-Härte* D	31

Schlagversuch

	Probekörper: (1)		
	(2)	*Herstellung*	
	Zustand	*Vorbehandlung*	
	°C °C °C		*Probekörper-Form*

Schlagzähigkeit	kJ/m²
Kerbschlagzähigkeit (1)	kJ/m²
IZOD-Kerbschlagzähigkeit (2)	J/m
Kerbschlagzugzähigkeit	kJ/m²

Abrieb und Reibung

Taber-Abrieb (Reibradverfahren)   mm³/100 U
Abriebfaktor LNP (Thrust washer) Vergleichswert
Statische Reibungszahl
Dynamische Reibungszahl   (p·v =   N/mm² ·   m/min)
Zulässiger p · v Wert   N/mm² · (m/min)   v =   m/min
                           v =   m/min

Thermische Eigenschaften

Formbeständigkeit in der Wärme   *Verfahren*   °C
                                     Verfahren   °C
Vicat Erweichungstemperatur (VST)   *Verfahren*   °C
                                       Verfahren   °C
Kristallit-Schmelzpunkt   *Verfahren*

Längenausdehnungskoeffizient   *Bereich*   °C $\cdot 10^{-4} \mathrm{K}^{-1}$
                                Temperatur $\cdot 10^{-4} \mathrm{K}^{-1}$
Wärmeleitfähigkeit   *Verfahren*   W/(K · m)

Spezifische Wärmekapazität   *Verfahren*   J/(K · g)

Glasumwandlungstemperatur   *Torsionsschwingungsversuch*   °C
                                   Differentialkalorimetrie   °C

Brandverhalten

UL-Test vertikal   Dicke   mm, Wert
                         Dicke   mm, Wert

	Norm	*Bewertung*	*Abmessungen*
Sauerstoff-Index	ASTM D 2863		
Glühstab-Verfahren			
Brandverhalten	DIN 4102		
MVSS			
FAR			

Elektrische Eigenschaften

	Hz	°C	*Probekörper, Form*
Dielektrizitätszahl	50		
	10^3		
	10^6		
Dielektrischer Verlustfaktor tan δ	50		
	10^3		
	10^6		

Spezifischer Durchgangs-
    widerstand   Ohm · cm
Durchschlagfestigkeit   kV/mm   mm dick
Oberflächenwiderstand   Ohm

Kriechstromfestigkeit   KC   KB   KA
Elektrolytische Korrosionswirkung
Lichtbogenfestigkeit nach DIN
            nach ASTM   s

Beständigkeit *(Chemische Beständigkeit siehe Anhang)*

Wasseraufnahme

Feuchtigkeitsaufnahme Normalklima   %
Wetterbeständigkeit

Spannungskorrosion

Optische Eigenschaften

Brechungszahl n_D
Transmissionsgrad τ_c %   mm dick
Lichtdurchlässigkeit

Produkt	Ethylen-Butylacrylat-Copolymerisat	**E/BA**
Handelsname	**Neste Polyethylene EBA-6471**	
Hersteller	NESTE	
DIN-Bez 1		
DIN-Bez 2		

Zusätze		*Füllstoffe/ Verstärkung*		
Bevorzugte Verarbeitung	Spritzgiessen	*Lieferform*	Granulat	
		Farben	Natur	
Besondere Merkmale	Gummiaehnlich; Weich; Lebensmittel-geeignet	*Bevorzugte Anwendungen*	Dichtung; Balgen; Additiv zum Weich-machen anderer LD- und HD-Typen	

Dichte	g/cm³	0.925	*Schmelzindex*	g/10 min	1:	190/2.16
Schüttdichte	g/cm³		*Volumenfließindex*	cm³/10 min	:	
Viskositätszahl	ml/g					

Verarbeitungsbedingungen für Spritzgießen

Massetemp.	°C	170–220	*Schwindung*	%	lgs	1.5, quer 1.5
Werkzeugtemp.	°C	≦50	*Bemerkungen*			
Spritzdruck	bar					

Zugversuch 23 °C ISO R 527;

	Probekörper:	*Form*	*Herstellung*	Spritzgiessen
		Zustand	*Vorbehandlung*	Normalklima
Streckspannung	N/mm² 20		*Dehnung bei Streckspannung*	%
Zugfestigkeit	N/mm²		*Reißdehnung*	% 600
Reißfestigkeit	N/mm²		*% Dehnspannung*	N/mm²
E-Modul	N/mm²		*Dehnung bei % Dehnspg.*	%

Kriechmoduln und Zeitstandwerte 23 °C

	Probekörper:	*Form*	*Herstellung*	
		Zustand	*Vorbehandlung*	
Kriechmodul	*1 min* N/mm²		*Zeitstandzugfestigkeit*	h N/mm²
Kriechmodul	*1000 h* N/mm²		*Zeitdehnspg.* %	h N/mm²
bei Spannung	N/mm²			

Biegeversuch 23 °C ASTM D 790;

	Probekörper:	*Form*	*Herstellung*	Spritzgiessen
		Zustand	*Vorbehandlung*	Normalklima
Biegefestigkeit	N/mm²		*E-Modul*	N/mm² 165
3,5% Biegespannung	N/mm²			

Härte 23 °C

	Probekörper:	*Zustand*	*Herstellung*	Spritzgiessen
			Vorbehandlung	Normalklima
Kugeldruckhärte	N/mm²	bei N, s	*Shore-Härte* A	
Rockwellhärte			*Shore-Härte* D	40

Schlagversuch

	Probekörper:	*(1)*		
		(2)	*Herstellung*	
		Zustand	*Vorbehandlung*	
	°C	°C	°C	*Probekörper-Form*

Schlagzähigkeit	kJ/m²
Kerbschlagzähigkeit (1)	kJ/m²
IZOD-Kerbschlagzähigkeit (2)	J/m
Kerbschlagzugzähigkeit	kJ/m²

Abrieb und Reibung

Taber-Abrieb (Reibradverfahren) $mm^3/100\,U$
Abriebfaktor LNP (Thrust washer) Vergleichswert
Statische Reibungszahl
Dynamische Reibungszahl $(p \cdot v = \quad N/mm^2 \cdot \quad m/min)$
Zulässiger p · v Wert $N/mm^2 \cdot (m/min) \quad v = \quad m/min$
$v = \quad m/min$

Thermische Eigenschaften

Formbeständigkeit in der Wärme *Verfahren* °C
Verfahren °C
Vicat Erweichungstemperatur (VST) *Verfahren* °C
Verfahren °C
Kristallit-Schmelzpunkt *Verfahren*

Längenausdehnungskoeffizient *Bereich* °C $\cdot 10^{-4}K^{-1}$
Temperatur $\cdot 10^{-4}K^{-1}$
Wärmeleitfähigkeit *Verfahren* $W/(K \cdot m)$

Spezifische Wärmekapazität *Verfahren* $J/(K \cdot g)$

Glasumwandlungstemperatur *Torsionsschwingungsversuch* °C
Differentialkalorimetrie °C

Brandverhalten

UL-Test vertikal *Dicke* mm, Wert
Dicke mm, Wert

	Norm	*Bewertung*	*Abmessungen*
Sauerstoff-Index	ASTM D 2863		
Glühstab-Verfahren			
Brandverhalten	DIN 4102		
MVSS			
FAR			

Elektrische Eigenschaften

	Hz	°C	*Probekörper, Form*
Dielektrizitätszahl	50		
	10^3		
	10^6		
Dielektrischer Verlustfaktor $\tan\delta$	50		
	10^3		
	10^6		

Spezifischer Durchgangs-
  widerstand Ohm · cm
Durchschlagfestigkeit kV/mm mm dick
Oberflächenwiderstand Ohm

Kriechstromfestigkeit KC KB KA
Elektrolytische Korrosionswirkung
Lichtbogenfestigkeit nach DIN
  nach ASTM s

Beständigkeit *(Chemische Beständigkeit siehe Anhang)*

Wasseraufnahme

Feuchtigkeitsaufnahme Normalklima %
Wetterbeständigkeit

Spannungskorrosion

Optische Eigenschaften

Brechungszahl n_D
Transmissionsgrad τ_c % mm dick
Lichtdurchlässigkeit

Produkt	Polyethylen niedriger Dichte	**PE**
Handelsname	**Neste Polyethylene LPLM-8682**	
Hersteller	NESTE	
DIN-Bez 1	16776-PE,RLNP,25-D045	
DIN-Bez 2		

Zusätze	UV-Stabilisator	*Füllstoffe/ Verstärkung*	
Bevorzugte Verarbeitung	Rotationsformen	*Lieferform*	Pulver
		Farben	Natur
Besondere Merkmale	Enge Molmasseverteilung; Hohe Schlagzaehigkeit; Ausgezeichnete Spannungsrissbestaendigkeit; Lebensmittelgeeignet	*Bevorzugte Anwendungen*	Behaelter; Aussenanwendung

---

Dichte	g/cm³	0.924	*Schmelzindex*	g/10 min	4.0: 190/2.16
Schüttdichte	g/cm³		*Volumenfließindex*	cm³/10 min	:
Viskositätszahl	ml/g				

Verarbeitungsbedingungen für Spritzgießen

Massetemp.	°C		*Schwindung*	%	lgs , quer
Werkzeugtemp.	°C		*Bemerkungen*		
Spritzdruck	bar				

Zugversuch 23 °C   ISO R 527;

Probekörper: Form	*Herstellung*	Spritzgiessen
Zustand	*Vorbehandlung*	Normalklima

Streckspannung	N/mm² 11	*Dehnung bei Streckspannung*	%	
Zugfestigkeit	N/mm²	*Reißdehnung*	%	≧900
Reißfestigkeit	N/mm²	*% Dehnspannung*	N/mm²	
E-Modul	N/mm²	*Dehnung bei % Dehnspg.*	%	

Kriechmoduln und Zeitstandwerte 23 °C

Probekörper: Form	*Herstellung*	
Zustand	*Vorbehandlung*	

Kriechmodul	1 min N/mm²	*Zeitstandzugfestigkeit*	h N/mm²	
Kriechmodul	1000 h N/mm²	*Zeitdehnspg. %*	h N/mm²	
bei Spannung	N/mm²			

Biegeversuch 23 °C   ISO R 178;

Probekörper: Form	*Herstellung*	Spritzgiessen
Zustand	*Vorbehandlung*	Normalklima

Biegefestigkeit	N/mm²	*E-Modul*	N/mm² 400
3,5% Biegespannung	N/mm²		

Härte 23 °C

Probekörper: Zustand	*Herstellung*	Spritzgiessen
	Vorbehandlung	Normalklima

Kugeldruckhärte	N/mm² bei N, s	*Shore-Härte* A	
Rockwellhärte		*Shore-Härte* D	50

Schlagversuch

Probekörper: (1)		
(2)	*Herstellung*	
Zustand	*Vorbehandlung*	

°C	°C	°C	*Probekörper-Form*

Schlagzähigkeit	kJ/m²
Kerbschlagzähigkeit (1)	kJ/m²
IZOD-Kerbschlagzähigkeit (2)	J/m
Kerbschlagzugzähigkeit	kJ/m²

Abrieb und Reibung

Taber-Abrieb (Reibradverfahren)	mm^3/100 U
Abriebfaktor LNP (Thrust washer) Vergleichswert	
Statische Reibungszahl	
Dynamische Reibungszahl	(p · v = N/mm^2 · m/min)
Zulässiger p · v Wert	N/mm^2 · (m/min) v = m/min
	v = m/min

Thermische Eigenschaften

Formbeständigkeit in der Wärme	*Verfahren*		°C
	Verfahren		°C
Vicat Erweichungstemperatur (VST)	*Verfahren*	A/50	108 °C
	Verfahren		°C
Kristallit-Schmelzpunkt	*Verfahren*		
Längenausdehnungskoeffizient	*Bereich*	°C	· 10^{-4}K^{-1}
	Temperatur		· 10^{-4}K^{-1}
Wärmeleitfähigkeit	*Verfahren*		W/(K · m)
Spezifische Wärmekapazität	*Verfahren*		J/(K · g)
Glasumwandlungstemperatur	*Torsionsschwingungsversuch*		°C
	Differentialkalorimetrie		°C

Brandverhalten

UL-Test vertikal   Dicke   mm, Wert
                            Dicke   mm, Wert

	Norm	*Bewertung*	*Abmessungen*
Sauerstoff-Index	ASTM D 2863		
Glühstab-Verfahren			
Brandverhalten	DIN 4102		
MVSS			
FAR			

Elektrische Eigenschaften

	Hz	°C	*Probekörper, Form*
Dielektrizitätszahl	50		
	10^3		
	10^6		
Dielektrischer Verlustfaktor tan δ	50		
	10^3		
	10^6		
Spezifischer Durchgangs-widerstand	Ohm · cm		
Durchschlagfestigkeit	kV/mm		mm dick
Oberflächenwiderstand	Ohm		

Kriechstromfestigkeit   KC   KB   KA
Elektrolytische Korrosionswirkung
Lichtbogenfestigkeit nach DIN
          nach ASTM   s

Beständigkeit *(Chemische Beständigkeit siehe Anhang)*

Wasseraufnahme

Feuchtigkeitsaufnahme Normalklima   %
Wetterbeständigkeit

Spannungskorrosion ASTM D 1693 : > 1500 h

Optische Eigenschaften

Brechungszahl n$_D$
Transmissionsgrad τ_c %   mm dick
Lichtdurchlässigkeit

Produkt	Polyethylen niedriger Dichte	**PE**
Handelsname	**Neste Polyethylene LPLD-8682**	
Hersteller	NESTE	
DIN-Bez 1	16776-PE,RGLN,25-D045	
DIN-Bez 2		

Zusätze	UV-Stabilisator	*Füllstoffe/ Verstärkung*		
Bevorzugte Verarbeitung	Rotationsformen	*Lieferform*	Granulat	
		Farben	Natur	
Besondere Merkmale	Enge Molmasseverteilung; Hohe Schlagzaehigkeit; Ausgezeichnete Spannungsrissbestaendigkeit; Lebensmittelgeeignet	*Bevorzugte Anwendungen*	Behaelter; Aussenanwendung	

Dichte	g/cm^3	0.924	*Schmelzindex*	g/10 min	4.0: 190/2.16
Schüttdichte	g/cm^3		*Volumenfließindex*	cm^3/10 min	:
Viskositätszahl	ml/g				

Verarbeitungsbedingungen für Spritzgießen

Massetemp.	°C	*Schwindung*	%	lgs , quer
Werkzeugtemp.	°C	*Bemerkungen*		
Spritzdruck	bar			

Zugversuch 23 °C　ISO R 527;

			Herstellung	Spritzgiessen
	Probekörper:	*Form*		
		Zustand	*Vorbehandlung*	Normalklima

Streckspannung	N/mm^2 11	*Dehnung bei Streckspannung*	%	
Zugfestigkeit	N/mm^2	*Reißdehnung*	%	$\geqq$ 900
Reißfestigkeit	N/mm^2	% *Dehnspannung*	N/mm^2	
E-Modul	N/mm^2	*Dehnung bei* % *Dehnspg.*	%	

Kriechmoduln und Zeitstandwerte 23 °C

			Herstellung	
	Probekörper:	*Form*		
		Zustand	*Vorbehandlung*	

Kriechmodul	1 min N/mm^2	*Zeitstandzugfestigkeit*	h N/mm^2	
Kriechmodul	1000 h N/mm^2	*Zeitdehnspg.* %	h N/mm^2	
bei Spannung	N/mm^2			

Biegeversuch 23 °C　ISO R 178;

			Herstellung	Spritzgiessen
	Probekörper:	*Form*		
		Zustand	*Vorbehandlung*	Normalklima

Biegefestigkeit	N/mm^2	*E-Modul*	N/mm^2 400
3,5% Biegespannung	N/mm^2		

Härte 23 °C

			Herstellung	Spritzgiessen
	Probekörper:	*Zustand*	*Vorbehandlung*	Normalklima

Kugeldruckhärte	N/mm^2 bei N, s	*Shore-Härte* A	
Rockwellhärte		*Shore-Härte* D	50

Schlagversuch

	Probekörper:	*(1)*	
		(2)	*Herstellung*
		Zustand	*Vorbehandlung*

°C	°C	°C	*Probekörper-Form*

Schlagzähigkeit	kJ/m^2	
Kerbschlagzähigkeit (1)	kJ/m^2	
IZOD-Kerbschlagzähigkeit (2)	J/m	
Kerbschlagzugzähigkeit	kJ/m^2	

Abrieb und Reibung

Taber-Abrieb (Reibradverfahren)	mm³/100 U
Abriebfaktor LNP (Thrust washer) Vergleichswert	
Statische Reibungszahl	
Dynamische Reibungszahl	(p·v = N/mm² · m/min)
Zulässiger p · v Wert	N/mm² · (m/min) v = m/min
	v = m/min

Thermische Eigenschaften

Formbeständigkeit in der Wärme	*Verfahren*		°C
	Verfahren		°C
Vicat Erweichungstemperatur (VST)	*Verfahren*	A/50	108 °C
	Verfahren		°C
Kristallit-Schmelzpunkt	*Verfahren*		
Längenausdehnungskoeffizient	*Bereich*	°C	$\cdot 10^{-4} \mathrm{K}^{-1}$
	Temperatur		$\cdot 10^{-4} \mathrm{K}^{-1}$
Wärmeleitfähigkeit	*Verfahren*		W/(K · m)
Spezifische Wärmekapazität	*Verfahren*		J/(K · g)
Glasumwandlungstemperatur	*Torsionsschwingungsversuch*	°C	
	Differentialkalorimetrie	°C	

Brandverhalten

UL-Test vertikal	*Dicke* mm, Wert		
	Dicke mm, Wert		

	Norm	*Bewertung*	*Abmessungen*
Sauerstoff-Index	ASTM D 2863		
Glühstab-Verfahren			
Brandverhalten	DIN 4102		
MVSS			
FAR			

Elektrische Eigenschaften

	Hz	°C	*Probekörper, Form*
Dielektrizitätszahl	50		
	10³		
	10⁶		
Dielektrischer Verlustfaktor tan δ	50		
	10³		
	10⁶		
Spezifischer Durchgangswiderstand	Ohm · cm		
Durchschlagfestigkeit	kV/mm		mm dick
Oberflächenwiderstand	Ohm		
Kriechstromfestigkeit	KC	KB	KA
Elektrolytische Korrosionswirkung			
Lichtbogenfestigkeit nach DIN			
nach ASTM	s		

Beständigkeit *(Chemische Beständigkeit siehe Anhang)*

Wasseraufnahme

Feuchtigkeitsaufnahme Normalklima   %
Wetterbeständigkeit

Spannungskorrosion ASTM D 1693 : > 1500 h

Optische Eigenschaften

Brechungszahl n_D
Transmissionsgrad τ_c %   mm dick
Lichtdurchlässigkeit

Produkt	Polyethylen niedriger Dichte	**PE**
Handelsname	**Neste Polyethylene LPLM-8016**	
Hersteller	NESTE	
DIN-Bez 1	16776-PE,RLNP,35-D045	
DIN-Bez 2		

Zusätze	UV-Stabilisator	*Füllstoffe/ Verstärkung*	
Bevorzugte Verarbeitung	Rotationsformen	*Lieferform*	Pulver
		Farben	Natur
Besondere Merkmale	Enge Molmasseverteilung; Hohe Schlagzaehigkeit; Ausgezeichnete Spannungsrissbestaendigkeit; Steif	*Bevorzugte Anwendungen*	Behaelter; Tank; Bootskoerper

---

Dichte	g/cm³ 0.934	*Schmelzindex*	g/10 min	3.2: 190/2.16
Schüttdichte	g/cm³	*Volumenfließindex*	cm³/10 min	:
Viskositätszahl	ml/g			

Verarbeitungsbedingungen für Spritzgießen

Massetemp.	°C	*Schwindung*	% lgs	, quer
Werkzeugtemp.	°C	*Bemerkungen*		
Spritzdruck	bar			

Zugversuch 23 °C ISO R 527;

	Probekörper: Form		*Herstellung*	Spritzgiessen
	Zustand		*Vorbehandlung*	Normalklima
Streckspannung	N/mm² 16	*Dehnung bei Streckspannung*	%	
Zugfestigkeit	N/mm²	*Reißdehnung*	%	≧ 600
Reißfestigkeit	N/mm²	% *Dehnspannung*	N/mm²	
E-Modul	N/mm²	*Dehnung bei* % *Dehnspg.*	%	

Kriechmoduln und Zeitstandwerte 23 °C

	Probekörper: Form	*Herstellung*	
	Zustand	*Vorbehandlung*	
Kriechmodul	1 min N/mm²	*Zeitstandzugfestigkeit*	h N/mm²
Kriechmodul	1000 h N/mm²	*Zeitdehnspg.* %	h N/mm²
bei Spannung	N/mm²		

Biegeversuch 23 °C ASTM D 790;

	Probekörper: Form	*Herstellung*	Spritzgiessen
	Zustand	*Vorbehandlung*	Normalklima
Biegefestigkeit	N/mm²	*E-Modul*	N/mm² 610
3,5% Biegespannung	N/mm²		

Härte 23 °C

	Probekörper: Zustand	*Herstellung*	Spritzgiessen
		Vorbehandlung	Normalklima
Kugeldruckhärte	N/mm² bei N, s	*Shore-Härte* A	
Rockwellhärte		*Shore-Härte* D	52

Schlagversuch

	Probekörper: (1)	
	(2)	*Herstellung*
	Zustand	*Vorbehandlung*
	°C °C °C	*Probekörper-Form*

Schlagzähigkeit	kJ/m²
Kerbschlagzähigkeit (1)	kJ/m²
IZOD-Kerbschlagzähigkeit (2)	J/m
Kerbschlagzugzähigkeit	kJ/m²

Abrieb und Reibung

Taber-Abrieb (Reibradverfahren)	mm³/100 U
Abriebfaktor LNP (Thrust washer) Vergleichswert	
Statische Reibungszahl	
Dynamische Reibungszahl	(p·v = $\qquad$ N/mm² · $\qquad$ m/min)
Zulässiger p · v Wert	N/mm² · (m/min) v = $\qquad$ m/min
	v = $\qquad$ m/min

Thermische Eigenschaften

Formbeständigkeit in der Wärme	*Verfahren*	°C
	Verfahren	°C
Vicat Erweichungstemperatur (VST)	*Verfahren* A/50	111 °C
	Verfahren	°C
Kristallit-Schmelzpunkt	*Verfahren*	
Längenausdehnungskoeffizient	*Bereich* °C	· 10^{-4}K^{-1}
	Temperatur	· 10^{-4}K^{-1}
Wärmeleitfähigkeit	*Verfahren*	W/(K · m)
Spezifische Wärmekapazität	*Verfahren*	J/(K · g)
Glasumwandlungstemperatur	*Torsionsschwingungsversuch*	°C
	Differentialkalorimetrie	°C

Brandverhalten

UL-Test vertikal Dicke mm, Wert
Dicke mm, Wert

	Norm	Bewertung	Abmessungen
Sauerstoff-Index	ASTM D 2863		
Glühstab-Verfahren			
Brandverhalten	DIN 4102		
MVSS			
FAR			

Elektrische Eigenschaften

	Hz	°C	Probekörper, Form
Dielektrizitätszahl	50		
	10^3		
	10^6		
Dielektrischer Verlustfaktor tan δ	50		
	10^3		
	10^6		
Spezifischer Durchgangs-			
widerstand	Ohm · cm		
Durchschlagfestigkeit	kV/mm		mm dick
Oberflächenwiderstand	Ohm		

Kriechstromfestigkeit KC KB KA
Elektrolytische Korrosionswirkung
Lichtbogenfestigkeit nach DIN
nach ASTM s

Beständigkeit *(Chemische Beständigkeit siehe Anhang)*

Wasseraufnahme

Feuchtigkeitsaufnahme Normalklima   %
Wetterbeständigkeit

Spannungskorrosion ASTM D 1693 : > 1000 h

Optische Eigenschaften

Brechungszahl n$_D$
Transmissionsgrad τ_c % mm dick
Lichtdurchlässigkeit

Produkt	Polyethylen niedriger Dichte	**PE**
Handelsname	**Neste Polyethylene LPLD-8016**	
Hersteller	NESTE	
DIN-Bez 1	16776-PE,RGLN,35-D045	
DIN-Bez 2		

Zusätze	UV-Stabilisator	*Füllstoffe/ Verstärkung*	
Bevorzugte Verarbeitung	Rotationsformen	*Lieferform*	Granulat
		Farben	Natur
Besondere Merkmale	Enge Molmasseverteilung; Hohe Schlagzaehigkeit; Ausgezeichnete Spannungsrissbestaendigkeit; Steif	*Bevorzugte Anwendungen*	Behaelter; Tank; Bootskoerper

---

Dichte	g/cm^3	0.934	*Schmelzindex*	g/10 min	3.2: 190/2.16
Schüttdichte	g/cm^3		*Volumenfließindex*	cm^3/10 min	:
Viskositätszahl	ml/g				

Verarbeitungsbedingungen für Spritzgießen

Massetemp.	°C		*Schwindung*	%	lgs , quer
Werkzeugtemp.	°C		*Bemerkungen*		
Spritzdruck	bar				

Zugversuch 23 °C   ISO R 527;

	Probekörper:	*Form*	*Herstellung* Spritzgiessen
		Zustand	*Vorbehandlung* Normalklima

Streckspannung	N/mm^2 16	*Dehnung bei Streckspannung*	%	
Zugfestigkeit	N/mm^2	*Reißdehnung*	%	$\geq$600
Reißfestigkeit	N/mm^2	% *Dehnspannung*	N/mm^2	
E-Modul	N/mm^2	*Dehnung bei* % *Dehnspg.*	%	

Kriechmoduln und Zeitstandwerte 23 °C

	Probekörper:	*Form*	*Herstellung*
		Zustand	*Vorbehandlung*

Kriechmodul	1 min N/mm^2	*Zeitstandzugfestigkeit*	h N/mm^2
Kriechmodul	1000 h N/mm^2	*Zeitdehnspg.* %	h N/mm^2
bei Spannung	N/mm^2		

Biegeversuch 23 °C   ASTM D 790;

	Probekörper:	*Form*	*Herstellung* Spritzgiessen
		Zustand	*Vorbehandlung* Normalklima

Biegefestigkeit	N/mm^2	*E-Modul*	N/mm^2 610
3,5% Biegespannung	N/mm^2		

Härte 23 °C

	Probekörper: *Zustand*		*Herstellung* Spritzgiessen
			Vorbehandlung Normalklima

Kugeldruckhärte	N/mm^2 bei N, s	*Shore-Härte* A	
Rockwellhärte		*Shore-Härte* D	52

Schlagversuch

Probekörper:	(1)
	(2)
	Zustand

Herstellung
Vorbehandlung

°C	°C	°C	*Probekörper-Form*

Schlagzähigkeit	kJ/m^2
Kerbschlagzähigkeit (1)	kJ/m^2
IZOD-Kerbschlagzähigkeit (2)	J/m
Kerbschlagzugzähigkeit	kJ/m^2

Abrieb und Reibung

Taber-Abrieb (Reibradverfahren)	mm³/100 U
Abriebfaktor LNP (Thrust washer) Vergleichswert	
Statische Reibungszahl	
Dynamische Reibungszahl	$(p \cdot v =$ N/mm² · m/min)
Zulässiger p · v Wert	N/mm² · (m/min) v = m/min
	v = m/min

Thermische Eigenschaften

Formbeständigkeit in der Wärme	*Verfahren*		°C
	Verfahren		°C
Vicat Erweichungstemperatur (VST)	*Verfahren*	A/50	111 °C
	Verfahren		°C
Kristallit-Schmelzpunkt	*Verfahren*		
Längenausdehnungskoeffizient	*Bereich*	°C	$\cdot 10^{-4} \mathrm{K}^{-1}$
	Temperatur		$\cdot 10^{-4} \mathrm{K}^{-1}$
Wärmeleitfähigkeit	*Verfahren*		W/(K · m)
Spezifische Wärmekapazität	*Verfahren*		J/(K · g)
Glasumwandlungstemperatur	*Torsionsschwingungsversuch*	°C	
	Differentialkalorimetrie	°C	

Brandverhalten

UL-Test vertikal   Dicke   mm, Wert
                            Dicke   mm, Wert

	Norm	*Bewertung*	*Abmessungen*
Sauerstoff-Index	ASTM D 2863		
Glühstab-Verfahren			
Brandverhalten	DIN 4102		
MVSS			
FAR			

Elektrische Eigenschaften

	Hz	°C	*Probekörper, Form*
Dielektrizitätszahl	50		
	10^3		
	10^6		
Dielektrischer Verlustfaktor tan δ	50		
	10^3		
	10^6		
Spezifischer Durchgangs-			
widerstand	Ohm · cm		
Durchschlagfestigkeit	kV/mm		mm dick
Oberflächenwiderstand	Ohm		

Kriechstromfestigkeit	KC	KB	KA
Elektrolytische Korrosionswirkung			
Lichtbogenfestigkeit nach DIN			
nach ASTM s			

Beständigkeit *(Chemische Beständigkeit siehe Anhang)*

Wasseraufnahme

Feuchtigkeitsaufnahme Normalklima   %
Wetterbeständigkeit

Spannungskorrosion ASTM D 1693 : > 1000 h

Optische Eigenschaften

Brechungszahl n_D
Transmissionsgrad τ_c %   mm dick
Lichtdurchlässigkeit

Produkt	Polyethylen niedriger Dichte		**PE**
Handelsname	**Neste Polyethylene LPLM-8627**		
Hersteller	NESTE		
DIN-Bez 1 *DIN-Bez 2*	16776-PE,RCLP,35-D045		
Zusätze	UV-Stabilisator; Russ	*Füllstoffe/* *Verstärkung*	
Bevorzugte *Verarbeitung*	Rotationsformen	*Lieferform*	Pulver
		Farben	Schwarz
Besondere *Merkmale*	Enge Molmasseverteilung; Verbesserte Witterungsbestaendigkeit; Lebensmit-telgeeignet	*Bevorzugte* *Anwendungen*	Behaelter; Tank

---

Dichte	g/cm³ 0.934	*Schmelzindex* g/10 min	3.2: 190/2.16
Schüttdichte	g/cm³	*Volumenfließindex* cm³/10 min	:
Viskositätszahl	ml/g		

Verarbeitungsbedingungen für Spritzgießen

Massetemp.	°C	*Schwindung* % lgs , quer	
Werkzeugtemp.	°C	*Bemerkungen*	
Spritzdruck	bar		

Zugversuch 23 °C ISO R 527;

	Probekörper: Form	*Herstellung*	Spritzgiessen
	Zustand	*Vorbehandlung*	Normalklima
Streckspannung	N/mm² 16	*Dehnung bei Streckspannung* %	
Zugfestigkeit	N/mm²	*Reißdehnung* %	≧600
Reißfestigkeit	N/mm²	% *Dehnspannung* N/mm²	
E-Modul	N/mm²	*Dehnung bei* % *Dehnspg.* %	

Kriechmoduln und Zeitstandwerte 23 °C

	Probekörper: Form	*Herstellung*	
	Zustand	*Vorbehandlung*	
Kriechmodul	1 min N/mm²	*Zeitstandzugfestigkeit* h N/mm²	
Kriechmodul	1000 h N/mm²	*Zeitdehnspg.* % h N/mm²	
bei Spannung	N/mm²		

Biegeversuch 23 °C ASTM D 790;

	Probekörper: Form	*Herstellung*	Spritzgiessen
	Zustand	*Vorbehandlung*	Normalklima
Biegefestigkeit	N/mm²	*E-Modul*	N/mm² 615
3,5% Biegespannung	N/mm²		

Härte 23 °C

	Probekörper: Zustand	*Herstellung*	Spritzgiessen
		Vorbehandlung	Normalklima
Kugeldruckhärte	N/mm² bei N, s	*Shore-Härte* A	
Rockwellhärte		*Shore-Härte* D	52

Schlagversuch

	Probekörper: (1)		
	(2)	*Herstellung*	
	Zustand	*Vorbehandlung*	
	°C °C	°C	*Probekörper-Form*

Schlagzähigkeit	kJ/m²
Kerbschlagzähigkeit (1)	kJ/m²
IZOD-Kerbschlagzähigkeit (2)	J/m
Kerbschlagzugzähigkeit	kJ/m²

Abrieb und Reibung

Taber-Abrieb (Reibradverfahren) $mm^3/100\ U$
Abriebfaktor LNP (Thrust washer) Vergleichswert
Statische Reibungszahl
Dynamische Reibungszahl $(p \cdot v =$ $N/mm^2 \cdot$ $m/min)$
Zulässiger p · v Wert $N/mm^2 \cdot (m/min)$ $v =$ m/min
                     $v =$ m/min

Thermische Eigenschaften

Formbeständigkeit in der Wärme   *Verfahren*   °C
                                       Verfahren   °C
Vicat Erweichungstemperatur (VST)   *Verfahren*   A/50   111 °C
                                         Verfahren   °C
Kristallit-Schmelzpunkt   *Verfahren*

Längenausdehnungskoeffizient   *Bereich*   °C $\cdot 10^{-4} K^{-1}$
                                         Temperatur $\cdot 10^{-4} K^{-1}$
Wärmeleitfähigkeit   *Verfahren* $W/(K \cdot m)$

Spezifische Wärmekapazität   *Verfahren* $J/(K \cdot g)$

Glasumwandlungstemperatur   *Torsionsschwingungsversuch*   °C
                                      Differentialkalorimetrie   °C

Brandverhalten

UL-Test vertikal   *Dicke*   mm, *Wert*
                                    Dicke   mm, *Wert*

	Norm	*Bewertung*	*Abmessungen*
Sauerstoff-Index	ASTM D 2863		
Glühstab-Verfahren			
Brandverhalten	DIN 4102		
MVSS			
FAR			

Elektrische Eigenschaften

	Hz	°C	*Probekörper, Form*
Dielektrizitätszahl	50		
	10^3		
	10^6		
Dielektrischer Verlustfaktor $\tan \delta$	50		
	10^3		
	10^6		

Spezifischer Durchgangs-
   widerstand $Ohm \cdot cm$
Durchschlagfestigkeit kV/mm mm dick
Oberflächenwiderstand Ohm

Kriechstromfestigkeit   KC   KB   KA
Elektrolytische Korrosionswirkung
Lichtbogenfestigkeit nach DIN
            nach ASTM   s

Beständigkeit *(Chemische Beständigkeit siehe Anhang)*

Wasseraufnahme

Feuchtigkeitsaufnahme Normalklima   %
Wetterbeständigkeit

Spannungskorrosion ASTM D 1693 : > 1000 h

Optische Eigenschaften

Brechungszahl n_D
Transmissionsgrad τ_c %   mm dick
Lichtdurchlässigkeit

Produkt	Polyethylen niedriger Dichte		**PE**

Produkt   Polyethylen niedriger Dichte

Handelsname   **Neste Polyethylene LPLD-8627**

Hersteller   NESTE

DIN-Bez 1   16776-PE,RCGL,35-D045
DIN-Bez 2

Zusätze   UV-Stabilisator; Russ   *Füllstoffe/*
                                                            Verstärkung

Bevorzugte   Rotationsformen   *Lieferform*   Granulat
Verarbeitung
                                                            Farben   Schwarz

Besondere   Enge Molmasseverteilung; Verbesserte   *Bevorzugte*   Behaelter; Tank
Merkmale   Witterungsbestaendigkeit; Lebensmit-   *Anwendungen*
                   telgeeignet

Dichte   g/cm³   0.934   *Schmelzindex*   g/10 min   3.2:   190/2.16
Schüttdichte   g/cm³   *Volumenfließindex*   cm³/10 min   :
Viskositätszahl   ml/g

Verarbeitungsbedingungen für Spritzgießen

Massetemp.   °C   *Schwindung*   %   lgs   , quer
Werkzeugtemp.   °C   *Bemerkungen*
Spritzdruck   bar

Zugversuch 23 °C   ISO R 527;
                       Probekörper: *Form*   *Herstellung*   Spritzgiessen
                                        Zustand   *Vorbehandlung*   Normalklima

Streckspannung   N/mm² 16   *Dehnung bei Streckspannung*   %
Zugfestigkeit   N/mm²   *Reißdehnung*   %   ≧ 600
Reißfestigkeit   N/mm²   % *Dehnspannung*   N/mm²
E-Modul   N/mm²   *Dehnung bei*   % *Dehnspg.*   %

Kriechmoduln und Zeitstandwerte 23 °C
                       Probekörper: *Form*   *Herstellung*
                                        Zustand   *Vorbehandlung*

Kriechmodul   *1 min* N/mm²   *Zeitstandzugfestigkeit*   h N/mm²
Kriechmodul   *1000 h* N/mm²   *Zeitdehnspg.* %   h N/mm²
bei Spannung   N/mm²

Biegeversuch 23 °C   ASTM D 790;
                       Probekörper: *Form*   *Herstellung*   Spritzgiessen
                                        Zustand   *Vorbehandlung*   Normalklima

Biegefestigkeit   N/mm²   *E-Modul*   N/mm² 615
3,5% Biegespannung   N/mm²

Härte 23 °C   *Probekörper:*   *Zustand*   *Herstellung*   Spritzgiessen
                                                                          Vorbehandlung   Normalklima

Kugeldruckhärte   N/mm²   bei   N, s   *Shore-Härte* A
Rockwellhärte   *Shore-Härte* D 52

Schlagversuch   *Probekörper:*   *(1)*
                                        (2)
                                        Zustand   *Herstellung*
                                                                          Vorbehandlung

                                        °C   °C   °C   *Probekörper-Form*

Schlagzähigkeit   kJ/m²
Kerbschlagzähigkeit (1)   kJ/m²
IZOD-Kerbschlagzähigkeit (2)   J/m
Kerbschlagzugzähigkeit   kJ/m²

Abrieb und Reibung

Taber-Abrieb (Reibradverfahren)   mm³/100 U
Abriebfaktor LNP (Thrust washer) Vergleichswert
Statische Reibungszahl
Dynamische Reibungszahl   (p·v =   N/mm² ·   m/min)
Zulässiger p · v Wert   N/mm² · (m/min)   v =   m/min
                                                                   v =   m/min

Thermische Eigenschaften

Formbeständigkeit in der Wärme   *Verfahren*   °C
                                       Verfahren   °C
Vicat Erweichungstemperatur (VST)   *Verfahren*   A/50   111 °C
                                       Verfahren   °C
Kristallit-Schmelzpunkt   *Verfahren*

Längenausdehnungskoeffizient   *Bereich*   °C $\cdot 10^{-4} \mathrm{K}^{-1}$
                                       Temperatur $\cdot 10^{-4} \mathrm{K}^{-1}$
Wärmeleitfähigkeit   *Verfahren*   W/(K · m)

Spezifische Wärmekapazität   *Verfahren*   J/(K · g)

Glasumwandlungstemperatur   *Torsionsschwingungsversuch*   °C
                                       Differentialkalorimetrie   °C

Brandverhalten

UL-Test vertikal   Dicke   mm, Wert
                                       Dicke   mm, Wert

                  Norm   *Bewertung*   *Abmessungen*

Sauerstoff-Index   ASTM D 2863
Glühstab-Verfahren
Brandverhalten   DIN 4102
MVSS
FAR

Elektrische Eigenschaften

                                       Hz   °C   *Probekörper, Form*

Dielektrizitätszahl   50
                                       10³
                                       10⁶
Dielektrischer Verlustfaktor tan δ   50
                                       10³
                                       10⁶
Spezifischer Durchgangs-
  widerstand   Ohm · cm
Durchschlagfestigkeit kV/mm   mm dick
Oberflächenwiderstand Ohm

Kriechstromfestigkeit   KC   KB   KA
Elektrolytische Korrosionswirkung
Lichtbogenfestigkeit nach DIN
              nach ASTM   s

Beständigkeit *(Chemische Beständigkeit siehe Anhang)*

Wasseraufnahme

Feuchtigkeitsaufnahme Normalklima   %
Wetterbeständigkeit

Spannungskorrosion ASTM D 1693 : > 1000 h

Optische Eigenschaften

Brechungszahl n_D
Transmissionsgrad τ_c %   mm dick
Lichtdurchlässigkeit

Produkt	Polyethylen mittlerer Dichte	**PE**
Handelsname	**Neste Polyethylene LPLM-8644**	
Hersteller	NESTE	
DIN-Bez 1	16776-PE,RLNP,35-D090	
DIN-Bez 2		

Zusätze	UV-Stabilisator	*Füllstoffe/ Verstärkung*	
Bevorzugte Verarbeitung	Rotationsformen	*Lieferform*	Pulver
		Farben	Natur
Besondere Merkmale	Enge Molmasseverteilung; Ausgezeichnete Fliesseigenschaften; Lebensmittelgeeignet; Niedrige Zykluszeiten	*Bevorzugte Anwendungen*	Behaelter

Dichte	g/cm³	0.935	*Schmelzindex* g/10 min	8.0:　　190/2.16
Schüttdichte	g/cm³		*Volumenfließindex* cm³/10 min	:
Viskositätszahl	ml/g			

Verarbeitungsbedingungen für Spritzgießen

Massetemp.	°C		*Schwindung* %	lgs　　, quer
Werkzeugtemp.	°C		*Bemerkungen*	
Spritzdruck	bar			

Zugversuch 23 °C　ISO R 527;

	Probekörper: Form	*Herstellung*	Spritzgiessen
	Zustand	*Vorbehandlung*	Normalklima
Streckspannung	N/mm² 13	*Dehnung bei Streckspannung* %	
Zugfestigkeit	N/mm²	*Reißdehnung* %	$\geq$ 600
Reißfestigkeit	N/mm²	*% Dehnspannung* N/mm²	
E-Modul	N/mm²	*Dehnung bei % Dehnspg.* %	

Kriechmoduln und Zeitstandwerte 23 °C

	Probekörper: Form	*Herstellung*	
	Zustand	*Vorbehandlung*	
Kriechmodul	1 min N/mm²	*Zeitstandzugfestigkeit* h N/mm²	
Kriechmodul	1000 h N/mm²	*Zeitdehnspg.* % h N/mm²	
bei Spannung	N/mm²		

Biegeversuch 23 °C　ASTM D 790;

	Probekörper: Form	*Herstellung*	Spritzgiessen
	Zustand	*Vorbehandlung*	Normalklima
Biegefestigkeit	N/mm²	*E-Modul*	N/mm² 600
3,5% Biegespannung	N/mm²		

Härte 23 °C

	Probekörper: Zustand	*Herstellung*	
		Vorbehandlung	
Kugeldruckhärte	N/mm²　　bei　N, s	*Shore-Härte* A	
Rockwellhärte		*Shore-Härte* D	

Schlagversuch

	Probekörper: (1)		
	(2)	*Herstellung*	
	Zustand	*Vorbehandlung*	
	°C　　　　°C　　　　°C	*Probekörper-Form*	

Schlagzähigkeit	kJ/m²
Kerbschlagzähigkeit (1)	kJ/m²
IZOD-Kerbschlagzähigkeit (2)	J/m
Kerbschlagzugzähigkeit	kJ/m²

Abrieb und Reibung

Taber-Abrieb (Reibradverfahren)   mm³/100 U
Abriebfaktor LNP (Thrust washer) Vergleichswert
Statische Reibungszahl
Dynamische Reibungszahl   (p·v =   N/mm² ·   m/min)
Zulässiger p · v Wert   N/mm² · (m/min)   v =   m/min
                                                                       v =   m/min

Thermische Eigenschaften

Formbeständigkeit in der Wärme   *Verfahren*   °C
                                          Verfahren   °C
Vicat Erweichungstemperatur (VST)   *Verfahren*   A/50   111 °C
                                          Verfahren   °C
Kristallit-Schmelzpunkt   *Verfahren*

Längenausdehnungskoeffizient   *Bereich*   °C $\cdot 10^{-4} K^{-1}$
                                          Temperatur $\cdot 10^{-4} K^{-1}$
Wärmeleitfähigkeit   *Verfahren*   W/(K · m)

Spezifische Wärmekapazität   *Verfahren*   J/(K · g)

Glasumwandlungstemperatur   *Torsionsschwingungsversuch*   °C
                                          Differentialkalorimetrie   °C

Brandverhalten

UL-Test vertikal   Dicke   mm, Wert
                                          Dicke   mm, Wert

	Norm	Bewertung		Abmessungen
Sauerstoff-Index	ASTM D 2863			
Glühstab-Verfahren				
Brandverhalten	DIN 4102			
MVSS				
FAR				

Elektrische Eigenschaften

	Hz	°C		Probekörper, Form
Dielektrizitätszahl	50			
	10³			
	10⁶			
Dielektrischer Verlustfaktor tan δ	50			
	10³			
	10⁶			

Spezifischer Durchgangs-
  widerstand   Ohm · cm
Durchschlagfestigkeit   kV/mm   mm dick
Oberflächenwiderstand   Ohm

Kriechstromfestigkeit   KC   KB   KA
Elektrolytische Korrosionswirkung
Lichtbogenfestigkeit nach DIN
            nach ASTM   s

Beständigkeit *(Chemische Beständigkeit siehe Anhang)*

Wasseraufnahme

Feuchtigkeitsaufnahme Normalklima   %
Wetterbeständigkeit

Spannungskorrosion ASTM D 1693 : 250 h

Optische Eigenschaften

Brechungszahl n_D
Transmissionsgrad τ_c %   mm dick
Lichtdurchlässigkeit

Produkt	Polyethylen mittlerer Dichte			**PE**
Handelsname	**Neste Polyethylene LPLD-8644**			
Hersteller	NESTE			
DIN-Bez 1	16776-PE,RGLN,35-D090			
DIN-Bez 2				
Zusätze	UV-Stabilisator	*Füllstoffe/ Verstärkung*		
Bevorzugte Verarbeitung	Rotationsformen	*Lieferform*	Granulat	
		Farben	Natur	
Besondere Merkmale	Enge Molmasseverteilung; Ausgezeichnete Fliesseigenschaften; Lebensmittelgeeignet; Niedrige Zykluszeiten	*Bevorzugte Anwendungen*	Behaelter	

Dichte	g/cm^3	0.935	*Schmelzindex*	g/10 min	8.0: 190/2.16
Schüttdichte	g/cm^3		*Volumenfließindex*	cm^3/10 min	:
Viskositätszahl	ml/g				

Verarbeitungsbedingungen für Spritzgießen

Massetemp.	°C		*Schwindung*	%	lgs , quer
Werkzeugtemp.	°C		*Bemerkungen*		
Spritzdruck	bar				

Zugversuch 23 °C ISO R 527;

	Probekörper:	*Form*	*Herstellung*	Spritzgiessen
		Zustand	*Vorbehandlung*	Normalklima
Streckspannung	N/mm^2 13		*Dehnung bei Streckspannung*	%
Zugfestigkeit	N/mm^2		*Reißdehnung*	% $\geqq 600$
Reißfestigkeit	N/mm^2		*% Dehnspannung*	N/mm^2
E-Modul	N/mm^2		*Dehnung bei % Dehnspg.*	%

Kriechmoduln und Zeitstandwerte 23 °C

	Probekörper:	*Form*	*Herstellung*	
		Zustand	*Vorbehandlung*	
Kriechmodul	1 min N/mm^2		*Zeitstandzugfestigkeit*	h N/mm^2
Kriechmodul	1000 h N/mm^2		*Zeitdehnspg. %*	h N/mm^2
bei Spannung	N/mm^2			

Biegeversuch 23 °C

	Probekörper:	*Form*	*Herstellung*	
		Zustand	*Vorbehandlung*	
Biegefestigkeit	N/mm^2		*E-Modul*	N/mm^2
3,5% Biegespannung	N/mm^2			

Härte 23 °C

	Probekörper:	*Zustand*	*Herstellung*	
			Vorbehandlung	
Kugeldruckhärte	N/mm^2	bei N, s	*Shore-Härte* A	
Rockwellhärte			*Shore-Härte* D	

Schlagversuch

	Probekörper:	*(1)*		
		(2)	*Herstellung*	
		Zustand	*Vorbehandlung*	
		°C °C	°C	*Probekörper-Form*

Schlagzähigkeit	kJ/m^2
Kerbschlagzähigkeit (1)	kJ/m^2
IZOD-Kerbschlagzähigkeit (2)	J/m
Kerbschlagzugzähigkeit	kJ/m^2

Abrieb und Reibung

Taber-Abrieb (Reibradverfahren)   mm³/100 U
Abriebfaktor LNP (Thrust washer) Vergleichswert
Statische Reibungszahl
Dynamische Reibungszahl   (p·v =   N/mm² ·   m/min)
Zulässiger p · v Wert   N/mm² · (m/min)   v =   m/min
                                                                        v =   m/min

Thermische Eigenschaften

Formbeständigkeit in der Wärme   Verfahren   °C
                                      Verfahren   °C
Vicat Erweichungstemperatur (VST)   Verfahren   A/50   111 °C
                                      Verfahren   °C
Kristallit-Schmelzpunkt   Verfahren

Längenausdehnungskoeffizient   Bereich   °C $\cdot 10^{-4} K^{-1}$
                                      Temperatur $\cdot 10^{-4} K^{-1}$
Wärmeleitfähigkeit   Verfahren   W/(K · m)

Spezifische Wärmekapazität   Verfahren   J/(K · g)

Glasumwandlungstemperatur   Torsionsschwingungsversuch   °C
                                      Differentialkalorimetrie   °C

Brandverhalten

UL-Test vertikal   Dicke   mm, Wert
                                      Dicke   mm, Wert

	Norm	*Bewertung*	*Abmessungen*
Sauerstoff-Index	ASTM D 2863		
Glühstab-Verfahren			
Brandverhalten	DIN 4102		
MVSS			
FAR			

Elektrische Eigenschaften

	Hz	°C	*Probekörper, Form*
Dielektrizitätszahl	50		
	10^3		
	10^6		
Dielektrischer Verlustfaktor tan δ	50		
	10^3		
	10^6		

Spezifischer Durchgangs-
   widerstand   Ohm · cm
Durchschlagfestigkeit   kV/mm   mm dick
Oberflächenwiderstand   Ohm

Kriechstromfestigkeit   KC   KB   KA
Elektrolytische Korrosionswirkung
Lichtbogenfestigkeit nach DIN
          nach ASTM   s

Beständigkeit *(Chemische Beständigkeit siehe Anhang)*

Wasseraufnahme

Feuchtigkeitsaufnahme Normalklima   %
Wetterbeständigkeit

Spannungskorrosion ASTM D 1693 : 250 h

Optische Eigenschaften

Brechungszahl n_D
Transmissionsgrad τ_c %   mm dick
Lichtdurchlässigkeit

PE

Produkt	Polyethylen mittlerer Dichte
Handelsname	**Neste Polyethylene LPLM-8590**
Hersteller	NESTE
DIN-Bez 1	16776-PE,RLNP,40-D022
DIN-Bez 2	

Zusätze	UV-Stabilisator	*Füllstoffe/ Verstärkung*	
Bevorzugte Verarbeitung	Rotationsformen	*Lieferform*	Pulver
		Farben	Natur
Besondere Merkmale	Enge Molmasseverteilung; Gute Steifheit; Geringer Verzug; Lebensmittelgeeignet	*Bevorzugte Anwendungen*	Grosse Hohlkoerper

---

Dichte	g/cm³	0.940	*Schmelzindex* g/10 min	3.0: 190/2.16
Schüttdichte	g/cm³		*Volumenfließindex* cm³/10 min	:
Viskositätszahl	ml/g			

Verarbeitungsbedingungen für Spritzgießen

Massetemp.	°C	*Schwindung* %	lgs , quer
Werkzeugtemp.	°C	*Bemerkungen*	
Spritzdruck	bar		

Zugversuch 23 °C ISO R 527;

	Probekörper: Form	*Herstellung*	Spritzgiessen
	Zustand	*Vorbehandlung*	Normalklima

Streckspannung	N/mm² 19	*Dehnung bei Streckspannung*	%
Zugfestigkeit	N/mm²	*Reißdehnung*	% ≧ 600
Reißfestigkeit	N/mm²	% *Dehnspannung*	N/mm²
E-Modul	N/mm²	*Dehnung bei* % *Dehnspg.*	%

Kriechmoduln und Zeitstandwerte 23 °C

	Probekörper: Form	*Herstellung*	
	Zustand	*Vorbehandlung*	

Kriechmodul	1 min N/mm²	*Zeitstandzugfestigkeit*	h N/mm²
Kriechmodul	1000 h N/mm²	*Zeitdehnspg.* %	h N/mm²
bei Spannung	N/mm²		

Biegeversuch 23 °C ASTM D 790;

	Probekörper: Form	*Herstellung*	Spritzgiessen
	Zustand	*Vorbehandlung*	Normalklima

Biegefestigkeit	N/mm²	*E-Modul*	N/mm² 800
3,5% Biegespannung	N/mm²		

Härte 23 °C

	Probekörper: Zustand	*Herstellung*	Spritzgiessen
		Vorbehandlung	Normalklima

Kugeldruckhärte	N/mm² bei N, s	*Shore-Härte* A	
Rockwellhärte		*Shore-Härte* D	54

Schlagversuch

	Probekörper: (1)	
	(2)	*Herstellung*
	Zustand	*Vorbehandlung*

°C	°C	°C	*Probekörper-Form*

Schlagzähigkeit	kJ/m²
Kerbschlagzähigkeit (1)	kJ/m²
IZOD-Kerbschlagzähigkeit (2)	J/m
Kerbschlagzugzähigkeit	kJ/m²

Abrieb und Reibung

Taber-Abrieb (Reibradverfahren)	mm³/100 U
Abriebfaktor LNP (Thrust washer) Vergleichswert	
Statische Reibungszahl	
Dynamische Reibungszahl	(p·v = N/mm² · m/min)
Zulässiger p · v Wert	N/mm² · (m/min) v = m/min
	v = m/min

Thermische Eigenschaften

Formbeständigkeit in der Wärme	*Verfahren*		°C
	Verfahren		°C
Vicat Erweichungstemperatur (VST)	*Verfahren*	A/50	112 °C
	Verfahren		°C
Kristallit-Schmelzpunkt	*Verfahren*		
Längenausdehnungskoeffizient	*Bereich*	°C	$\cdot 10^{-4} K^{-1}$
	Temperatur		$\cdot 10^{-4} K^{-1}$
Wärmeleitfähigkeit	*Verfahren*		W/(K · m)
Spezifische Wärmekapazität	*Verfahren*		J/(K · g)
Glasumwandlungstemperatur	*Torsionsschwingungsversuch*	°C	
	Differentialkalorimetrie	°C	

Brandverhalten

UL-Test vertikal	*Dicke* mm, *Wert*	
	Dicke mm, *Wert*	

	Norm	*Bewertung*	*Abmessungen*
Sauerstoff-Index	ASTM D 2863		
Glühstab-Verfahren			
Brandverhalten	DIN 4102		
MVSS			
FAR			

Elektrische Eigenschaften

	Hz	°C	*Probekörper, Form*
Dielektrizitätszahl	50		
	10^3		
	10^6		
Dielektrischer Verlustfaktor tan δ	50		
	10^3		
	10^6		
Spezifischer Durchgangs- *widerstand*	Ohm · cm		
Durchschlagfestigkeit	kV/mm		mm dick
Oberflächenwiderstand	Ohm		

Kriechstromfestigkeit	KC	KB	KA
Elektrolytische Korrosionswirkung			
Lichtbogenfestigkeit nach DIN			
nach ASTM	s		

Beständigkeit *(Chemische Beständigkeit siehe Anhang)*

Wasseraufnahme

Feuchtigkeitsaufnahme Normalklima   %
Wetterbeständigkeit

Spannungskorrosion

Optische Eigenschaften

Brechungszahl n$_D$
Transmissionsgrad τ_c %   mm dick
Lichtdurchlässigkeit

Produkt	Polyethylen niedriger Dichte		**PE**
Handelsname	**Neste Polyethylene LPLD-8590**		
Hersteller	NESTE		
DIN-Bez 1	16776-PE,RGLN,40-D022		
DIN-Bez 2			
Zusätze	UV-Stabilisator	*Füllstoffe/ Verstärkung*	
Bevorzugte Verarbeitung	Rotationsformen	*Lieferform*	Granulat
		Farben	Natur
Besondere Merkmale	Enge Molmasseverteilung; Gute Steifheit; Geringer Verzug	*Bevorzugte Anwendungen*	Grosser Hohlkoerper

Dichte	g/cm³	0.940	*Schmelzindex*	g/10 min	3.0: 190/2.16
Schüttdichte	g/cm³		*Volumenfließindex*	cm³/10 min	:
Viskositätszahl	ml/g				

Verarbeitungsbedingungen für Spritzgießen

Massetemp.	°C		*Schwindung*	%	lgs , quer
Werkzeugtemp.	°C		*Bemerkungen*		
Spritzdruck	bar				

Zugversuch 23 °C ISO R 527;

	Probekörper:	*Form*	*Herstellung*	Spritzgiessen
		Zustand	*Vorbehandlung*	Normalklima
Streckspannung	N/mm²	19	*Dehnung bei Streckspannung*	%
Zugfestigkeit	N/mm²		*Reißdehnung*	% ≧ 600
Reißfestigkeit	N/mm²		*% Dehnspannung*	N/mm²
E-Modul	N/mm²		*Dehnung bei % Dehnspg.*	%

Kriechmoduln und Zeitstandwerte 23 °C

	Probekörper:	*Form*	*Herstellung*	
		Zustand	*Vorbehandlung*	
Kriechmodul	1 min	N/mm²	*Zeitstandzugfestigkeit*	h N/mm²
Kriechmodul	1000 h	N/mm²	*Zeitdehnspg. %*	h N/mm²
bei Spannung		N/mm²		

Biegeversuch 23 °C ASTM D 790;

	Probekörper:	*Form*	*Herstellung*	Spritzgiessen
		Zustand	*Vorbehandlung*	Normalklima
Biegefestigkeit	N/mm²		*E-Modul*	N/mm² 800
3,5% Biegespannung	N/mm²			

Härte 23 °C

	Probekörper:	*Zustand*	*Herstellung*	Spritzgiessen
			Vorbehandlung	Normalklima
Kugeldruckhärte	N/mm² bei N, s		*Shore-Härte* A	
Rockwellhärte			*Shore-Härte* D	54

Schlagversuch

	Probekörper:	*(1)*		
		(2)	*Herstellung*	
		Zustand	*Vorbehandlung*	
		°C °C °C		*Probekörper-Form*

Schlagzähigkeit	kJ/m²
Kerbschlagzähigkeit (1)	kJ/m²
IZOD-Kerbschlagzähigkeit (2)	J/m
Kerbschlagzugzähigkeit	kJ/m²

Abrieb und Reibung

Taber-Abrieb (Reibradverfahren)   mm³/100 U
Abriebfaktor LNP (Thrust washer) Vergleichswert
Statische Reibungszahl
Dynamische Reibungszahl   (p·v =   N/mm² ·   m/min)
Zulässiger p · v Wert   N/mm² · (m/min)   v =   m/min
                                                                  v =   m/min

Thermische Eigenschaften

Formbeständigkeit in der Wärme   *Verfahren*   °C
                                        Verfahren   °C
Vicat Erweichungstemperatur (VST)   *Verfahren* A/50   112 °C
                                        Verfahren   °C
Kristallit-Schmelzpunkt   *Verfahren*

Längenausdehnungskoeffizient   *Bereich*   °C $\cdot 10^{-4} K^{-1}$
                                        Temperatur $\cdot 10^{-4} K^{-1}$
Wärmeleitfähigkeit   *Verfahren*   W/(K · m)

Spezifische Wärmekapazität   *Verfahren*   J/(K · g)

Glasumwandlungstemperatur   *Torsionsschwingungsversuch*   °C
                                        Differentialkalorimetrie   °C

Brandverhalten

UL-Test vertikal   Dicke   mm, Wert
                                        Dicke   mm, Wert

	Norm	Bewertung	Abmessungen
Sauerstoff-Index	ASTM D 2863		
Glühstab-Verfahren			
Brandverhalten	DIN 4102		
MVSS			
FAR			

Elektrische Eigenschaften

	Hz	°C	Probekörper, Form
Dielektrizitätszahl	50		
	10³		
	10⁶		
Dielektrischer Verlustfaktor tan δ	50		
	10³		
	10⁶		

Spezifischer Durchgangs-
  widerstand   Ohm · cm
Durchschlagfestigkeit   kV/mm   mm dick
Oberflächenwiderstand   Ohm

Kriechstromfestigkeit   KC   KB   KA
Elektrolytische Korrosionswirkung
Lichtbogenfestigkeit nach DIN
              nach ASTM   s

Beständigkeit *(Chemische Beständigkeit siehe Anhang)*

Wasseraufnahme

Feuchtigkeitsaufnahme Normalklima   %
Wetterbeständigkeit

Spannungskorrosion

Optische Eigenschaften

Brechungszahl n_D
Transmissionsgrad τ_c   %   mm dick
Lichtdurchlässigkeit

<table>
<tr><td>Datenbank-Nr.</td><td>T05018</td><td align="right">Merkblatt-Nr. 3164</td></tr>
</table>

Produkt	Ethylen-Butylacrylat-Copolymerisat	**E/BA**
Handelsname	**Neste Polyethylene NEWM-1420**	
Hersteller	NESTE	
DIN-Bez 1 *DIN-Bez 2*	16776-PE,RLNP,25-D090	

Zusätze	UV-Stabilisator	*Füllstoffe/ Verstärkung*	
Bevorzugte Verarbeitung	Rotationsformen	*Lieferform*	Pulver
		Farben	Natur
Besondere Merkmale	Hohe Kaelteschlagzaehigkeit; Gute Spannungsrissbestaendigkeit; Flexibel; Weich	*Bevorzugte Anwendungen*	Stossfaenger; Strassenmarkierungsteil; Flexibles Formteil

---

Dichte	g/cm³	0.924	*Schmelzindex* g/10 min	7.0: 190/2.16
Schüttdichte	g/cm³		*Volumenfließindex* cm³/10 min	:
Viskositätszahl	ml/g			

Verarbeitungsbedingungen für Spritzgießen

Massetemp.	°C	*Schwindung* % lgs	, quer
Werkzeugtemp.	°C	*Bemerkungen*	
Spritzdruck	bar		

Zugversuch 23 °C ISO R 527;

	Probekörper:	Form	*Herstellung*	Spritzgiessen
		Zustand	*Vorbehandlung*	Normalklima
Streckspannung	N/mm² 7		*Dehnung bei Streckspannung* %	
Zugfestigkeit	N/mm²		*Reißdehnung* %	≧ 200
Reißfestigkeit	N/mm²		*% Dehnspannung* N/mm²	
E-Modul	N/mm²		*Dehnung bei % Dehnspg.* %	

Kriechmoduln und Zeitstandwerte 23 °C

	Probekörper:	Form	*Herstellung*
		Zustand	*Vorbehandlung*
Kriechmodul	1 min N/mm²		*Zeitstandzugfestigkeit* h N/mm²
Kriechmodul	1000 h N/mm²		*Zeitdehnspg.* % h N/mm²
bei Spannung	N/mm²		

Biegeversuch 23 °C ASTM D 790;

	Probekörper:	Form	*Herstellung* Spritzgiessen
		Zustand	*Vorbehandlung* Normalklima
Biegefestigkeit	N/mm²	*E-Modul*	N/mm² 120
3,5% Biegespannung	N/mm²		

Härte 23 °C

	Probekörper: Zustand	*Herstellung*	Spritzgiessen
		Vorbehandlung	Normalklima
Kugeldruckhärte	N/mm² bei N, s	*Shore-Härte* A	
Rockwellhärte		*Shore-Härte* D	32

Schlagversuch

	Probekörper: (1)	
	(2)	*Herstellung*
	Zustand	*Vorbehandlung*
	°C °C °C	*Probekörper-Form*

Schlagzähigkeit	kJ/m²
Kerbschlagzähigkeit (1)	kJ/m²
IZOD-Kerbschlagzähigkeit (2)	J/m
Kerbschlagzugzähigkeit	kJ/m²

Abrieb und Reibung

Taber-Abrieb (Reibradverfahren)   mm³/100 U
Abriebfaktor LNP (Thrust washer) Vergleichswert
Statische Reibungszahl
Dynamische Reibungszahl   (p · v =   N/mm² ·   m/min)
Zulässiger p · v Wert   N/mm² · (m/min)   v =   m/min
                                                                              v =   m/min

Thermische Eigenschaften

Formbeständigkeit in der Wärme   *Verfahren*   °C
                                             Verfahren   °C
Vicat Erweichungstemperatur (VST)   *Verfahren*   °C
                                             Verfahren   °C
Kristallit-Schmelzpunkt   *Verfahren*

Längenausdehnungskoeffizient   *Bereich*   °C $\cdot 10^{-4} K^{-1}$
                                             Temperatur $\cdot 10^{-4} K^{-1}$
Wärmeleitfähigkeit   *Verfahren*   W/(K · m)

Spezifische Wärmekapazität   *Verfahren*   J/(K · g)

Glasumwandlungstemperatur   *Torsionsschwingungsversuch*   °C
                                             Differentialkalorimetrie   °C

Brandverhalten

UL-Test vertikal   Dicke   mm, Wert
                                             Dicke   mm, Wert

	Norm	*Bewertung*	*Abmessungen*
Sauerstoff-Index	ASTM D 2863		
Glühstab-Verfahren			
Brandverhalten	DIN 4102		
MVSS			
FAR			

Elektrische Eigenschaften

	Hz	°C	*Probekörper, Form*
Dielektrizitätszahl	50		
	10^3		
	10^6		
Dielektrischer Verlustfaktor tan δ	50		
	10^3		
	10^6		

Spezifischer Durchgangs-
  widerstand   Ohm · cm
Durchschlagfestigkeit   kV/mm   mm dick
Oberflächenwiderstand   Ohm

Kriechstromfestigkeit   KC   KB   KA
Elektrolytische Korrosionswirkung
Lichtbogenfestigkeit nach DIN
    nach ASTM   s

Beständigkeit *(Chemische Beständigkeit siehe Anhang)*

Wasseraufnahme

Feuchtigkeitsaufnahme Normalklima   %
Wetterbeständigkeit

Spannungskorrosion ASTM D 1693 : 500 h

Optische Eigenschaften

Brechungszahl n_D
Transmissionsgrad τ_c %   mm dick
Lichtdurchlässigkeit

		PE
Produkt	Polyethylen niedriger Dichte	
Handelsname	**Neste Polyethylene B 2226**	
Hersteller	NESTE	
DIN-Bez 1	16776-PE,HGN,25-D022	
DIN-Bez 2		

Zusätze		*Füllstoffe/* *Verstärkung*	
Bevorzugte *Verarbeitung*	Extrusionsbeschichtung	*Lieferform*	Granulat
		Farben	Natur
Besondere *Merkmale*	Zaeh; Heissiegelfest; Gute Oberflae-che; Lebensmittelgeeignet; Gute ther-mische Stabilitaet der Schmelze	*Bevorzugte* *Anwendungen*	Beschichtung; Verpackungsindustrie

Dichte	g/cm³	0.926	*Schmelzindex*	g/10 min	2.2: 190/2.16
Schüttdichte	g/cm³		*Volumenfließindex*	cm³/10 min	:
Viskositätszahl	ml/g				

Verarbeitungsbedingungen für Spritzgießen

Massetemp.	°C		*Schwindung*	%	lgs , quer
Werkzeugtemp.	°C		*Bemerkungen*		
Spritzdruck	bar				

Zugversuch 23 °C

	Probekörper:	*Form*		*Herstellung*	
		Zustand		*Vorbehandlung*	
Streckspannung	N/mm²		*Dehnung bei Streckspannung*	%	
Zugfestigkeit	N/mm²		*Reißdehnung*	%	
Reißfestigkeit	N/mm²		*% Dehnspannung*	N/mm²	
E-Modul	N/mm²		*Dehnung bei % Dehnspg.*	%	

Kriechmoduln und Zeitstandwerte 23 °C

	Probekörper:	*Form*		*Herstellung*	
		Zustand		*Vorbehandlung*	
Kriechmodul	1 min N/mm²		*Zeitstandzugfestigkeit*	h N/mm²	
Kriechmodul	1000 h N/mm²		*Zeitdehnspg. %*	h N/mm²	
bei Spannung	N/mm²				

Biegeversuch 23 °C

	Probekörper:	*Form*		*Herstellung*	
		Zustand		*Vorbehandlung*	
Biegefestigkeit	N/mm²		*E-Modul*	N/mm²	
3,5% Biegespannung	N/mm²				

Härte 23 °C

	Probekörper:	*Zustand*	*Herstellung*	
			Vorbehandlung	
Kugeldruckhärte	N/mm²	bei N, s	*Shore-Härte* A	
Rockwellhärte			*Shore-Härte* D	

Schlagversuch

	Probekörper:	*(1)*			
		(2)		*Herstellung*	
		Zustand		*Vorbehandlung*	
		°C	°C	°C	*Probekörper-Form*

Schlagzähigkeit	kJ/m²
Kerbschlagzähigkeit (1)	kJ/m²
IZOD-Kerbschlagzähigkeit (2)	J/m
Kerbschlagzugzähigkeit	kJ/m²

Abrieb und Reibung

Taber-Abrieb (Reibradverfahren)   mm^3/100 U
Abriebfaktor LNP (Thrust washer) Vergleichswert
Statische Reibungszahl
Dynamische Reibungszahl   (p·v =   N/mm^2 ·   m/min)
Zulässiger p · v Wert   N/mm^2 · (m/min)   v =   m/min
                                                                    v =   m/min

Thermische Eigenschaften

Formbeständigkeit in der Wärme   *Verfahren*   °C
                                     Verfahren   °C
Vicat Erweichungstemperatur (VST) *Verfahren* A/50   98 °C
                                     Verfahren   °C
Kristallit-Schmelzpunkt   *Verfahren* DSC; Mettler 300   113 °C

Längenausdehnungskoeffizient   *Bereich*   °C   · 10^{-4}K^{-1}
                                     Temperatur   · 10^{-4}K^{-1}
Wärmeleitfähigkeit   *Verfahren*   W/(K · m)

Spezifische Wärmekapazität   *Verfahren*   J/(K · g)

Glasumwandlungstemperatur   *Torsionsschwingungsversuch*   °C
                                     Differentialkalorimetrie   °C

Brandverhalten

UL-Test vertikal   Dicke   mm, Wert
                                     Dicke   mm, Wert

                   Norm   *Bewertung*   *Abmessungen*

Sauerstoff-Index   ASTM D 2863
Glühstab-Verfahren
Brandverhalten   DIN 4102
MVSS
FAR

Elektrische Eigenschaften

                                     Hz   °C   *Probekörper, Form*

Dielektrizitätszahl   50
                                     10^3
                                     10^6
Dielektrischer Verlustfaktor tan δ 50
                                     10^3
                                     10^6
Spezifischer Durchgangs-
  widerstand   Ohm · cm
Durchschlagfestigkeit   kV/mm   mm dick
Oberflächenwiderstand   Ohm

Kriechstromfestigkeit   KC   KB   KA
Elektrolytische Korrosionswirkung
Lichtbogenfestigkeit nach DIN
          nach ASTM   s

Beständigkeit *(Chemische Beständigkeit siehe Anhang)*

Wasseraufnahme

Feuchtigkeitsaufnahme Normalklima   %
Wetterbeständigkeit

Spannungskorrosion

Optische Eigenschaften

Brechungszahl n$_D$
Transmissionsgrad τ$_c$ %   mm dick
Lichtdurchlässigkeit

Produkt	Polyethylen niedriger Dichte	**PE**
Handelsname	**Neste Polyethylene B 4524**	
Hersteller	NESTE	
DIN-Bez 1	16776-PE,HGN,25-D045	
DIN-Bez 2		

Zusätze		*Füllstoffe/ Verstärkung*	
Bevorzugte Verarbeitung	Extrusionsbeschichtung	*Lieferform*	Granulat
		Farben	Natur
Besondere Merkmale	Gute Verarbeitbarkeit; Lebensmittelge- eignet; Geringe Gasdurchlaessigkeit; Geringe Wasserdampfdurchlaessigkeit	*Bevorzugte Anwendungen*	Beschichtung

Dichte	g/cm³	0.924	*Schmelzindex*	g/10 min	4.5: 190/2.16
Schüttdichte	g/cm³		*Volumenfließindex*	cm³/10 min	:
Viskositätszahl	ml/g				

Verarbeitungsbedingungen für Spritzgießen

Massetemp.	°C	*Schwindung*	%	lgs , quer
Werkzeugtemp.	°C	*Bemerkungen*		
Spritzdruck	bar			

Zugversuch 23 °C

Probekörper:	*Form*		*Herstellung*
	Zustand		*Vorbehandlung*

Streckspannung	N/mm²	*Dehnung bei Streckspannung*	%
Zugfestigkeit	N/mm²	*Reißdehnung*	%
Reißfestigkeit	N/mm²	*% Dehnspannung*	N/mm²
E-Modul	N/mm²	*Dehnung bei % Dehnspg.*	%

Kriechmoduln und Zeitstandwerte 23 °C

Probekörper:	*Form*		*Herstellung*
	Zustand		*Vorbehandlung*

Kriechmodul	1 min N/mm²	*Zeitstandzugfestigkeit*	h N/mm²	
Kriechmodul	1000 h N/mm²	*Zeitdehnspg. %*	h N/mm²	
bei Spannung	N/mm²			

Biegeversuch 23 °C

Probekörper:	*Form*		*Herstellung*
	Zustand		*Vorbehandlung*

Biegefestigkeit	N/mm²	*E-Modul*	N/mm²
3,5% Biegespannung	N/mm²		

Härte 23 °C

Probekörper:	*Zustand*		*Herstellung*
			Vorbehandlung

Kugeldruckhärte	N/mm² bei N, s	*Shore-Härte* A	
Rockwellhärte		*Shore-Härte* D	

Schlagversuch

Probekörper:	*(1)*		
	(2)		*Herstellung*
	Zustand		*Vorbehandlung*
	°C °C	°C	*Probekörper-Form*

Schlagzähigkeit	kJ/m²
Kerbschlagzähigkeit (1)	kJ/m²
IZOD-Kerbschlagzähigkeit (2)	J/m
Kerbschlagzugzähigkeit	kJ/m²

Abrieb und Reibung

Taber-Abrieb (Reibradverfahren)   mm³/100 U
Abriebfaktor LNP (Thrust washer) Vergleichswert
Statische Reibungszahl
Dynamische Reibungszahl   (p·v =   N/mm² ·   m/min)
Zulässiger p · v Wert   N/mm² · (m/min)   v =   m/min
                                                                       v =   m/min

Thermische Eigenschaften

Formbeständigkeit in der Wärme   *Verfahren*   °C
                                       Verfahren   °C
Vicat Erweichungstemperatur (VST)   *Verfahren*   °C
                                       Verfahren   °C
Kristallit-Schmelzpunkt   *Verfahren*

Längenausdehnungskoeffizient   *Bereich*   °C $\cdot 10^{-4} K^{-1}$
                                       Temperatur $\cdot 10^{-4} K^{-1}$
Wärmeleitfähigkeit   *Verfahren*   W/(K · m)

Spezifische Wärmekapazität   *Verfahren*   J/(K · g)

Glasumwandlungstemperatur   *Torsionsschwingungsversuch*   °C
                                       Differentialkalorimetrie   °C

Brandverhalten

UL-Test vertikal   Dicke   mm, Wert
                                       Dicke   mm, Wert

                    Norm   *Bewertung*   *Abmessungen*

Sauerstoff-Index   ASTM D 2863
Glühstab-Verfahren
Brandverhalten   DIN 4102
MVSS
FAR

Elektrische Eigenschaften

                                       Hz   °C   *Probekörper, Form*

Dielektrizitätszahl   50
                                       10³
                                       10⁶
Dielektrischer Verlustfaktor tan δ   50
                                       10³
                                       10⁶
Spezifischer Durchgangs-
*   widerstand*   Ohm · cm
Durchschlagfestigkeit   kV/mm   mm dick
Oberflächenwiderstand   Ohm

Kriechstromfestigkeit   KC   KB   KA
Elektrolytische Korrosionswirkung
Lichtbogenfestigkeit nach DIN
*   nach ASTM*   s

Beständigkeit *(Chemische Beständigkeit siehe Anhang)*

Wasseraufnahme

Feuchtigkeitsaufnahme Normalklima   %
Wetterbeständigkeit

Spannungskorrosion

Optische Eigenschaften

Brechungszahl n_D
Transmissionsgrad τ_c %   mm dick
Lichtdurchlässigkeit

Produkt	Polyethylen niedriger Dichte		**PE**
Handelsname	**Neste Polyethylene B 7518**		
Hersteller	NESTE		
DIN-Bez 1	16776-PE,HGN,20-D090		
DIN-Bez 2			
Zusätze		*Füllstoffe/ Verstärkung*	
Bevorzugte Verarbeitung	Extrusionsbeschichtung	*Lieferform*	Granulat
		Farben	Natur
Besondere Merkmale	Geeignet fuer hohe Verarbeitungsgeschwindigkeiten und geringe Schichtdicken; Gute Heissiegelfaehigkeit; Gute Haftung	*Bevorzugte Anwendungen*	Beschichtung; Flexible Verpackung

Dichte	g/cm³	0.918	*Schmelzindex* g/10 min	7.5: 190/2.16
Schüttdichte	g/cm³		*Volumenfließindex* cm³/10 min	:
Viskositätszahl	ml/g			

Verarbeitungsbedingungen für Spritzgießen

Massetemp.	°C		*Schwindung* %	lgs , quer
Werkzeugtemp.	°C		*Bemerkungen*	
Spritzdruck	bar			

Zugversuch 23 °C

	Probekörper: Form		*Herstellung*
	Zustand		*Vorbehandlung*
Streckspannung	N/mm²	*Dehnung bei Streckspannung*	%
Zugfestigkeit	N/mm²	*Reißdehnung*	%
Reißfestigkeit	N/mm²	% *Dehnspannung*	N/mm²
E-Modul	N/mm²	*Dehnung bei* % *Dehnspg.*	%

Kriechmoduln und Zeitstandwerte 23 °C

	Probekörper: Form		*Herstellung*
	Zustand		*Vorbehandlung*
Kriechmodul	1 min N/mm²	*Zeitstandzugfestigkeit*	h N/mm²
Kriechmodul	1000 h N/mm²	*Zeitdehnspg.* %	h N/mm²
bei Spannung	N/mm²		

Biegeversuch 23 °C

	Probekörper: Form		*Herstellung*
	Zustand		*Vorbehandlung*
Biegefestigkeit	N/mm²	*E-Modul*	N/mm²
3,5% Biegespannung	N/mm²		

Härte 23 °C

	Probekörper: Zustand		*Herstellung*
			Vorbehandlung
Kugeldruckhärte	N/mm² bei N, s	*Shore-Härte* A	
Rockwellhärte		*Shore-Härte* D	

Schlagversuch

	Probekörper: (1)			
	(2)		*Herstellung*	
	Zustand		*Vorbehandlung*	
	°C	°C	°C	*Probekörper-Form*

Schlagzähigkeit	kJ/m²
Kerbschlagzähigkeit (1)	kJ/m²
IZOD-Kerbschlagzähigkeit (2)	J/m
Kerbschlagzugzähigkeit	kJ/m²

Abrieb und Reibung

Taber-Abrieb (Reibradverfahren)	mm³/100 U	
Abriebfaktor LNP (Thrust washer) Vergleichswert		
Statische Reibungszahl		
Dynamische Reibungszahl	(p·v = N/mm² · m/min)	
Zulässiger p · v Wert	N/mm² · (m/min) v = m/min	
	v = m/min	

Thermische Eigenschaften

Formbeständigkeit in der Wärme	*Verfahren*	°C
	Verfahren	°C
Vicat Erweichungstemperatur (VST)	*Verfahren*	°C
	Verfahren	°C
Kristallit-Schmelzpunkt	*Verfahren*	
Längenausdehnungskoeffizient	*Bereich* °C	$\cdot 10^{-4} K^{-1}$
	Temperatur	$\cdot 10^{-4} K^{-1}$
Wärmeleitfähigkeit	*Verfahren*	W/(K · m)
Spezifische Wärmekapazität	*Verfahren*	J/(K · g)
Glasumwandlungstemperatur	*Torsionsschwingungsversuch*	°C
	Differentialkalorimetrie	°C

Brandverhalten

UL-Test vertikal		*Dicke* mm, Wert	
		Dicke mm, Wert	
	Norm	*Bewertung*	*Abmessungen*
Sauerstoff-Index	ASTM D 2863		
Glühstab-Verfahren			
Brandverhalten	DIN 4102		
MVSS			
FAR			

Elektrische Eigenschaften

	Hz	°C	*Probekörper, Form*
Dielektrizitätszahl	50		
	10^3		
	10^6		
Dielektrischer Verlustfaktor tan δ	50		
	10^3		
	10^6		
Spezifischer Durchgangs- widerstand	Ohm · cm		
Durchschlagfestigkeit	kV/mm		mm dick
Oberflächenwiderstand	Ohm		
Kriechstromfestigkeit	KC	KB	KA
Elektrolytische Korrosionswirkung			
Lichtbogenfestigkeit nach DIN			
nach ASTM s			

Beständigkeit *(Chemische Beständigkeit siehe Anhang)*

Wasseraufnahme	
Feuchtigkeitsaufnahme Normalklima	%
Wetterbeständigkeit	
Spannungskorrosion	

Optische Eigenschaften

Brechungszahl n_D		
Transmissionsgrad τ_c	%	mm dick
Lichtdurchlässigkeit		

Produkt	Polyethylen niedriger Dichte	**PE**
Handelsname	**Neste Polyethylene C 1515**	
Hersteller	NESTE	
DIN-Bez 1	16776-PE,HGN,15-D200	
DIN-Bez 2		

Zusätze		*Füllstoffe/* *Verstärkung*	
Bevorzugte Verarbeitung	Extrusionsbeschichtung	*Lieferform*	Granulat
		Farben	Natur
Besondere Merkmale	Speziell geeignet fuer Heissiegeln im niedrigeren Temperaturbereich; Gute Haftung; Klare Beschichtungen	*Bevorzugte Anwendungen*	Beschichtung

---

Dichte	g/cm^3	0.915	*Schmelzindex* g/10 min	15.0: 190/2.16
Schüttdichte	g/cm^3		*Volumenfließindex* cm^3/10 min	:
Viskositätszahl	ml/g			

Verarbeitungsbedingungen für Spritzgießen

Massetemp.	°C	*Schwindung* %	lgs , quer
Werkzeugtemp.	°C	*Bemerkungen*	
Spritzdruck	bar		

Zugversuch 23 °C

Probekörper: Form   Herstellung
                Zustand   Vorbehandlung

Streckspannung	N/mm^2	*Dehnung bei Streckspannung*	%
Zugfestigkeit	N/mm^2	*Reißdehnung*	%
Reißfestigkeit	N/mm^2	% *Dehnspannung*	N/mm^2
E-Modul	N/mm^2	*Dehnung bei* % *Dehnspg.*	%

Kriechmoduln und Zeitstandwerte 23 °C

Probekörper: Form   Herstellung
                Zustand   Vorbehandlung

Kriechmodul	1 min N/mm^2	*Zeitstandzugfestigkeit*	h N/mm^2
Kriechmodul	1000 h N/mm^2	*Zeitdehnspg.* %	h N/mm^2
bei Spannung	N/mm^2		

Biegeversuch 23 °C

Probekörper: Form   Herstellung
                Zustand   Vorbehandlung

Biegefestigkeit	N/mm^2	*E-Modul*	N/mm^2
3,5% Biegespannung	N/mm^2		

Härte 23 °C *Probekörper:* Zustand   Herstellung
                                                        Vorbehandlung

Kugeldruckhärte	N/mm^2	bei N, s	*Shore-Härte* A
Rockwellhärte			*Shore-Härte* D

Schlagversuch *Probekörper:* (1)
                               (2)   Herstellung
                               Zustand   Vorbehandlung

                               °C   °C   °C   *Probekörper-Form*

Schlagzähigkeit	kJ/m^2
Kerbschlagzähigkeit (1)	kJ/m^2
IZOD-Kerbschlagzähigkeit (2)	J/m
Kerbschlagzugzähigkeit	kJ/m^2

Abrieb und Reibung

Taber-Abrieb (Reibradverfahren)   mm³/100 U
Abriebfaktor LNP (Thrust washer) Vergleichswert
Statische Reibungszahl
Dynamische Reibungszahl   (p·v =   N/mm² ·   m/min)
Zulässiger p · v Wert   N/mm² · (m/min)   v =   m/min
                                                                           v =   m/min

Thermische Eigenschaften

Formbeständigkeit in der Wärme   Verfahren   °C
                                        Verfahren   °C
Vicat Erweichungstemperatur (VST)   Verfahren   °C
                                        Verfahren   °C
Kristallit-Schmelzpunkt   Verfahren

Längenausdehnungskoeffizient   Bereich   °C $\cdot 10^{-4} K^{-1}$
                                        Temperatur $\cdot 10^{-4} K^{-1}$
Wärmeleitfähigkeit   Verfahren   W/(K · m)

Spezifische Wärmekapazität   Verfahren   J/(K · g)

Glasumwandlungstemperatur   Torsionsschwingungsversuch   °C
                                        Differentialkalorimetrie   °C

Brandverhalten

UL-Test vertikal   Dicke   mm, Wert
                                        Dicke   mm, Wert

	Norm	Bewertung		Abmessungen
Sauerstoff-Index	ASTM D 2863			
Glühstab-Verfahren				
Brandverhalten	DIN 4102			
MVSS				
FAR				

Elektrische Eigenschaften

	Hz	°C			Probekörper, Form
Dielektrizitätszahl	50				
	10^3				
	10^6				
Dielektrischer Verlustfaktor tan δ	50				
	10^3				
	10^6				

Spezifischer Durchgangs-
   widerstand   Ohm · cm
Durchschlagfestigkeit   kV/mm   mm dick
Oberflächenwiderstand   Ohm

Kriechstromfestigkeit   KC   KB   KA
Elektrolytische Korrosionswirkung
Lichtbogenfestigkeit nach DIN
              nach ASTM   s

Beständigkeit (Chemische Beständigkeit siehe Anhang)

Wasseraufnahme

Feuchtigkeitsaufnahme Normalklima   %
Wetterbeständigkeit

Spannungskorrosion

Optische Eigenschaften

Brechungszahl n_D
Transmissionsgrad τ_c %   mm dick
Lichtdurchlässigkeit

Produkt	Polyethylen niedriger Dichte		**PE**
Handelsname	**Neste Polyethylene DFDS-1171**		
Hersteller	NESTE		
DIN-Bez 1	16776-PE,HGN,20-D045		
DIN-Bez 2			

Zusätze

Füllstoffe/ Verstärkung

Bevorzugte Verarbeitung	Extrusionsbeschichtung	*Lieferform*	Granulat
		Farben	Natur
Besondere Merkmale	Gute Tiefziehfaehigkeit; Gute Heissiegelfaehigkeit	*Bevorzugte Anwendungen*	Verpackungsmittel fuer fluessige Gueter

---

Dichte	g/cm³	0.919	*Schmelzindex*	g/10 min	4.5: 190/2.16
Schüttdichte	g/cm³		*Volumenfließindex*	cm³/10 min	:
Viskositätszahl	ml/g				

Verarbeitungsbedingungen für Spritzgießen

Massetemp.	°C		*Schwindung*	%	lgs , quer
Werkzeugtemp.	°C		*Bemerkungen*		
Spritzdruck	bar				

Zugversuch 23 °C

	Probekörper: Form	*Herstellung*
	Zustand	*Vorbehandlung*

Streckspannung	N/mm²	*Dehnung bei Streckspannung*	%
Zugfestigkeit	N/mm²	*Reißdehnung*	%
Reißfestigkeit	N/mm²	*% Dehnspannung*	N/mm²
E-Modul	N/mm²	*Dehnung bei % Dehnspg.*	%

Kriechmoduln und Zeitstandwerte 23 °C

	Probekörper: Form	*Herstellung*
	Zustand	*Vorbehandlung*

Kriechmodul	1 min N/mm²	*Zeitstandzugfestigkeit*	h N/mm²
Kriechmodul	1000 h N/mm²	*Zeitdehnspg. %*	h N/mm²
bei Spannung	N/mm²		

Biegeversuch 23 °C

	Probekörper: Form	*Herstellung*
	Zustand	*Vorbehandlung*

Biegefestigkeit	N/mm²	*E-Modul*	N/mm²
3,5% Biegespannung	N/mm²		

Härte 23 °C

	Probekörper: Zustand	*Herstellung*
		Vorbehandlung

Kugeldruckhärte	N/mm² bei N, s	*Shore-Härte* A	
Rockwellhärte		*Shore-Härte* D	

Schlagversuch

	Probekörper: (1)	
	(2)	*Herstellung*
	Zustand	*Vorbehandlung*
	°C °C °C	*Probekörper-Form*

Schlagzähigkeit	kJ/m²
Kerbschlagzähigkeit (1)	kJ/m²
IZOD-Kerbschlagzähigkeit (2)	J/m
Kerbschlagzugzähigkeit	kJ/m²

Abrieb und Reibung

Taber-Abrieb (Reibradverfahren)   mm³/100 U
Abriebfaktor LNP (Thrust washer) Vergleichswert
Statische Reibungszahl
Dynamische Reibungszahl $(p \cdot v = \quad N/mm^2 \cdot \quad m/min)$
Zulässiger p · v Wert $N/mm^2 \cdot (m/min)$ v =   m/min
                                                                               v =   m/min

Thermische Eigenschaften

Formbeständigkeit in der Wärme   *Verfahren*   °C
                                        Verfahren   °C
Vicat Erweichungstemperatur (VST)   *Verfahren*   °C
                                        Verfahren   °C
Kristallit-Schmelzpunkt   *Verfahren*

Längenausdehnungskoeffizient   *Bereich*   °C $\cdot 10^{-4} K^{-1}$
                                        Temperatur $\cdot 10^{-4} K^{-1}$
Wärmeleitfähigkeit   *Verfahren* $W/(K \cdot m)$

Spezifische Wärmekapazität   *Verfahren* $J/(K \cdot g)$

Glasumwandlungstemperatur   *Torsionsschwingungsversuch*   °C
                                        Differentialkalorimetrie   °C

Brandverhalten

UL-Test vertikal   Dicke   mm, Wert
                                        Dicke   mm, Wert

                Norm   *Bewertung*   *Abmessungen*

Sauerstoff-Index   ASTM D 2863
Glühstab-Verfahren
Brandverhalten   DIN 4102
MVSS
FAR

Elektrische Eigenschaften

                                        Hz   °C   *Probekörper, Form*

Dielektrizitätszahl   50
                                        10^3
                                        10^6
Dielektrischer Verlustfaktor $\tan \delta$ 50
                                        10^3
                                        10^6
Spezifischer Durchgangs-
  widerstand   Ohm · cm
Durchschlagfestigkeit   kV/mm   mm dick
Oberflächenwiderstand   Ohm

Kriechstromfestigkeit   KC   KB   KA
Elektrolytische Korrosionswirkung
Lichtbogenfestigkeit nach DIN
          nach ASTM   s

Beständigkeit *(Chemische Beständigkeit siehe Anhang)*

Wasseraufnahme

Feuchtigkeitsaufnahme Normalklima   %
Wetterbeständigkeit

Spannungskorrosion

Optische Eigenschaften

Brechungszahl n_D
Transmissionsgrad τ_c %   mm dick
Lichtdurchlässigkeit

Produkt	Polyethylen niedriger Dichte		**PE**
Handelsname	**Neste Polyethylene B 7518-10**		
Hersteller	NESTE		
DIN-Bez 1	16776-PE,HGN,20-D090		
DIN-Bez 2			
Zusätze		*Füllstoffe/ Verstärkung*	
Bevorzugte Verarbeitung	Extrusionsbeschichtung	*Lieferform*	Granulat
		Farben	Natur
Besondere Merkmale	Hoher Oberflaechenglanz; Geringerer Reibungskoeffizient	*Bevorzugte Anwendungen*	Beschichtung

---

Dichte	g/cm³	0.918	*Schmelzindex* g/10 min	7.5: 190/2.16
Schüttdichte	g/cm³		*Volumenfließindex* cm³/10 min	:
Viskositätszahl	ml/g			

Verarbeitungsbedingungen für Spritzgießen

Massetemp.	°C	*Schwindung* %	lgs , quer
Werkzeugtemp.	°C	*Bemerkungen*	
Spritzdruck	bar		

Zugversuch 23 °C

	Probekörper: Form		*Herstellung*
	Zustand		*Vorbehandlung*
Streckspannung	N/mm²	*Dehnung bei Streckspannung*	%
Zugfestigkeit	N/mm²	*Reißdehnung*	%
Reißfestigkeit	N/mm²	*% Dehnspannung*	N/mm²
E-Modul	N/mm²	*Dehnung bei % Dehnspg.*	%

Kriechmoduln und Zeitstandwerte 23 °C

	Probekörper: Form		*Herstellung*
	Zustand		*Vorbehandlung*
Kriechmodul	1 min N/mm²	*Zeitstandzugfestigkeit*	h N/mm²
Kriechmodul	1000 h N/mm²	*Zeitdehnspg. %*	h N/mm²
bei Spannung	N/mm²		

Biegeversuch 23 °C

	Probekörper: Form		*Herstellung*
	Zustand		*Vorbehandlung*
Biegefestigkeit	N/mm²	*E-Modul*	N/mm²
3,5% Biegespannung	N/mm²		

Härte 23 °C

	Probekörper: Zustand		*Herstellung*
			Vorbehandlung
Kugeldruckhärte	N/mm² bei N, s	*Shore-Härte* A	
Rockwellhärte		*Shore-Härte* D	

Schlagversuch

	Probekörper: (1)		
	(2)		*Herstellung*
	Zustand		*Vorbehandlung*
	°C	°C	°C *Probekörper-Form*

Schlagzähigkeit	kJ/m²
Kerbschlagzähigkeit (1)	kJ/m²
IZOD-Kerbschlagzähigkeit (2)	J/m
Kerbschlagzugzähigkeit	kJ/m²

Abrieb und Reibung

Taber-Abrieb (Reibradverfahren)   mm³/100 U
Abriebfaktor LNP (Thrust washer) Vergleichswert
Statische Reibungszahl
Dynamische Reibungszahl $(p \cdot v =$ N/mm² ·   m/min)
Zulässiger p · v Wert   N/mm² · (m/min)   v =   m/min
                                                                     v =   m/min

Thermische Eigenschaften

Formbeständigkeit in der Wärme   *Verfahren*   °C
                                        Verfahren   °C
Vicat Erweichungstemperatur (VST)   *Verfahren*   °C
                                        Verfahren   °C
Kristallit-Schmelzpunkt   *Verfahren*

Längenausdehnungskoeffizient   *Bereich*   °C $\cdot 10^{-4} \mathrm{K}^{-1}$
                                        Temperatur $\cdot 10^{-4} \mathrm{K}^{-1}$
Wärmeleitfähigkeit   *Verfahren*   W/(K · m)

Spezifische Wärmekapazität   *Verfahren*   J/(K · g)

Glasumwandlungstemperatur   *Torsionsschwingungsversuch*   °C
                                        Differentialkalorimetrie   °C

Brandverhalten

UL-Test vertikal   Dicke   mm, Wert
                                        Dicke   mm, Wert

	Norm	Bewertung	Abmessungen
Sauerstoff-Index	ASTM D 2863		
Glühstab-Verfahren			
Brandverhalten	DIN 4102		
MVSS			
FAR			

Elektrische Eigenschaften

	Hz	°C		Probekörper, Form
Dielektrizitätszahl	50			
	10^3			
	10^6			
Dielektrischer Verlustfaktor tan δ	50			
	10^3			
	10^6			

Spezifischer Durchgangs-
*   widerstand*   Ohm · cm
Durchschlagfestigkeit   kV/mm   mm dick
Oberflächenwiderstand   Ohm

Kriechstromfestigkeit   KC   KB   KA
Elektrolytische Korrosionswirkung
Lichtbogenfestigkeit nach DIN
*   nach ASTM*   s

Beständigkeit *(Chemische Beständigkeit siehe Anhang)*

Wasseraufnahme

Feuchtigkeitsaufnahme Normalklima   %
Wetterbeständigkeit

Spannungskorrosion

Optische Eigenschaften

Brechungszahl n_D
Transmissionsgrad τ_c %   mm dick
Lichtdurchlässigkeit

Produkt	Polyethylen hoher Dichte	**PE**
Handelsname	**Neste Polyethylene NEWS-2617**	
Hersteller	NESTE	
DIN-Bez 1	16776-PE,HGN,45-D090	
DIN-Bez 2		

Zusätze		*Füllstoffe/ Verstärkung*	
Bevorzugte Verarbeitung	Extrusionsbeschichtung	*Lieferform*	Granulat
		Farben	Natur
Besondere Merkmale	Sehr gute Barriere-Eigenschaften; Gute Oelbestaendigkeit; Gute Fettbestaendigkeit; Geringer Reibungskoeffizient; Hohe Steifigkeit; Gute Verarbeitbarkeit	*Bevorzugte Anwendungen*	Beschichtung von Papier und Karton; Verpackungsindustrie

---

Dichte	g/cm^3	0.943	*Schmelzindex* g/10 min	8.5: 190/2.16
Schüttdichte	g/cm^3		*Volumenfließindex* cm^3/10 min	:
Viskositätszahl	ml/g			

Verarbeitungsbedingungen für Spritzgießen

Massetemp.	°C		*Schwindung* %	lgs , quer
Werkzeugtemp.	°C		*Bemerkungen*	
Spritzdruck	bar			

Zugversuch 23 °C

	Probekörper:	*Form*	*Herstellung*
		Zustand	*Vorbehandlung*

Streckspannung	N/mm^2	*Dehnung bei Streckspannung*	%
Zugfestigkeit	N/mm^2	*Reißdehnung*	%
Reißfestigkeit	N/mm^2	% *Dehnspannung*	N/mm^2
E-Modul	N/mm^2	*Dehnung bei* % *Dehnspg.*	%

Kriechmoduln und Zeitstandwerte 23 °C

	Probekörper:	*Form*	*Herstellung*
		Zustand	*Vorbehandlung*

Kriechmodul	1 min N/mm^2	*Zeitstandzugfestigkeit*	h N/mm^2
Kriechmodul	1000 h N/mm^2	*Zeitdehnspg.* %	h N/mm^2
bei Spannung	N/mm^2		

Biegeversuch 23 °C

	Probekörper:	*Form*	*Herstellung*
		Zustand	*Vorbehandlung*

Biegefestigkeit	N/mm^2	*E-Modul*	N/mm^2
3,5% Biegespannung	N/mm^2		

Härte 23 °C   *Probekörper:* *Zustand*   *Herstellung* / *Vorbehandlung*

Kugeldruckhärte	N/mm^2	bei N, s	*Shore-Härte* A
Rockwellhärte			*Shore-Härte* D

Schlagversuch   *Probekörper:* (1) (2) *Zustand*   *Herstellung* / *Vorbehandlung*

°C	°C	°C	*Probekörper-Form*

Schlagzähigkeit	kJ/m^2
Kerbschlagzähigkeit (1)	kJ/m^2
IZOD-Kerbschlagzähigkeit (2)	J/m
Kerbschlagzugzähigkeit	kJ/m^2

Abrieb und Reibung

Taber-Abrieb (Reibradverfahren)	mm^3/100 U	
Abriebfaktor LNP (Thrust washer) Vergleichswert		
Statische Reibungszahl		
Dynamische Reibungszahl	(p·v = N/mm^2 · m/min)	
Zulässiger p · v Wert	N/mm^2 · (m/min) v = m/min	
	v = m/min	

Thermische Eigenschaften

Formbeständigkeit in der Wärme	*Verfahren*	°C
	Verfahren	°C
Vicat Erweichungstemperatur (VST)	*Verfahren*	°C
	Verfahren	°C
Kristallit-Schmelzpunkt	*Verfahren*	
Längenausdehnungskoeffizient	*Bereich* °C	·10^{-4}K^{-1}
	Temperatur	·10^{-4}K^{-1}
Wärmeleitfähigkeit	*Verfahren*	W/(K · m)
Spezifische Wärmekapazität	*Verfahren*	J/(K · g)
Glasumwandlungstemperatur	*Torsionsschwingungsversuch*	°C
	Differentialkalorimetrie	°C

Brandverhalten

UL-Test vertikal	*Dicke* mm, *Wert*	
	Dicke mm, *Wert*	

	Norm	*Bewertung*	*Abmessungen*
Sauerstoff-Index	ASTM D 2863		
Glühstab-Verfahren			
Brandverhalten	DIN 4102		
MVSS			
FAR			

Elektrische Eigenschaften

	Hz	°C	*Probekörper, Form*
Dielektrizitätszahl	50		
	10^3		
	10^6		
Dielektrischer Verlustfaktor tan δ	50		
	10^3		
	10^6		

Spezifischer Durchgangs-widerstand	Ohm · cm		
Durchschlagfestigkeit	kV/mm		mm dick
Oberflächenwiderstand	Ohm		
Kriechstromfestigkeit	KC	KB	KA
Elektrolytische Korrosionswirkung			
Lichtbogenfestigkeit nach DIN			
nach ASTM s			

Beständigkeit *(Chemische Beständigkeit siehe Anhang)*

Wasseraufnahme

Feuchtigkeitsaufnahme Normalklima   %
Wetterbeständigkeit

Spannungskorrosion

Optische Eigenschaften

Brechungszahl n$_D$
Transmissionsgrad τ_c %   mm dick
Lichtdurchlässigkeit

Produkt	Polyethylen niedriger Dichte	**PE**
Handelsname	**Neste Polyethylene NEWS-8665**	
Hersteller	NESTE	
DIN-Bez 1	16776-PE,HGN,20-D090	
DIN-Bez 2		

Zusätze		*Füllstoffe/ Verstärkung*	
Bevorzugte Verarbeitung	Extrusionsbeschichtung	*Lieferform*	Granulat
		Farben	Natur
Besondere Merkmale	Ausgezeichnete Dehnbarkeit; Gute Spannungsrissbestaendigkeit; Hohe Einreissfestigkeit; Steif; Gute Abriebfestigkeit; Gute Heissiegelfaehigkeit	*Bevorzugte Anwendungen*	Beschichtung

---

Dichte	g/cm³	0.922	*Schmelzindex* g/10 min	6.5: 190/2.16
Schüttdichte	g/cm³		*Volumenfließindex* cm³/10 min	:
Viskositätszahl	ml/g			

Verarbeitungsbedingungen für Spritzgießen

Massetemp.	°C	*Schwindung* %	lgs , quer
Werkzeugtemp.	°C	*Bemerkungen*	
Spritzdruck	bar		

Zugversuch 23 °C

	Probekörper: Form		*Herstellung*
	Zustand		*Vorbehandlung*
Streckspannung	N/mm²	*Dehnung bei Streckspannung*	%
Zugfestigkeit	N/mm²	*Reißdehnung*	%
Reißfestigkeit	N/mm²	*% Dehnspannung*	N/mm²
E-Modul	N/mm²	*Dehnung bei % Dehnspg.*	%

Kriechmoduln und Zeitstandwerte 23 °C

	Probekörper: Form		*Herstellung*
	Zustand		*Vorbehandlung*
Kriechmodul	1 min N/mm²	*Zeitstandzugfestigkeit*	h N/mm²
Kriechmodul	1000 h N/mm²	*Zeitdehnspg. %*	h N/mm²
bei Spannung	N/mm²		

Biegeversuch 23 °C

	Probekörper: Form		*Herstellung*
	Zustand		*Vorbehandlung*
Biegefestigkeit	N/mm²	*E-Modul*	N/mm²
3,5% Biegespannung	N/mm²		

Härte 23 °C

	Probekörper: Zustand		*Herstellung*
			Vorbehandlung
Kugeldruckhärte	N/mm² bei N, s	*Shore-Härte* A	
Rockwellhärte		*Shore-Härte* D	

Schlagversuch

	Probekörper: (1)		
	(2)		*Herstellung*
	Zustand		*Vorbehandlung*
	°C	°C	°C *Probekörper-Form*

Schlagzähigkeit	kJ/m²
Kerbschlagzähigkeit (1)	kJ/m²
IZOD-Kerbschlagzähigkeit (2)	J/m
Kerbschlagzugzähigkeit	kJ/m²

Abrieb und Reibung

Taber-Abrieb (Reibradverfahren)　　　　　　　　　　mm^3/100 U
Abriebfaktor LNP (Thrust washer) Vergleichswert
Statische Reibungszahl
Dynamische Reibungszahl　　　　　　　　　　　　　　$(p \cdot v =$　　　$N/mm^2 \cdot$　　　m/min$)$
Zulässiger p · v Wert　　　　　　　　　　　　　　　　$N/mm^2 \cdot$ (m/min)　$v =$　　　m/min
　　　　　　　　　　　　　　　　　　　　　　　　　　　　　　　　　$v =$　　　m/min

Thermische Eigenschaften

Formbeständigkeit in der Wärme　　　　*Verfahren*　　　　　　　　　　　　　　　　°C
　　　　　　　　　　　　　　　　　　　　　　Verfahren　　　　　　　　　　　　　　　　°C
Vicat Erweichungstemperatur (VST)　　*Verfahren*　　　　　　　　　　　　　　　　°C
　　　　　　　　　　　　　　　　　　　　　　Verfahren　　　　　　　　　　　　　　　　°C
Kristallit-Schmelzpunkt　　　　　　　　　*Verfahren*

Längenausdehnungskoeffizient　　　　　*Bereich*　　　　　　°C　　　　　　　　　　$\cdot 10^{-4} K^{-1}$
　　　　　　　　　　　　　　　　　　　　　　Temperatur　　　　　　　　　　　　　　　$\cdot 10^{-4} K^{-1}$
Wärmeleitfähigkeit　　　　　　　　　　　　*Verfahren*　　　　　　　　　　　　　　　　$W/(K \cdot m)$

Spezifische Wärmekapazität　　　　　　*Verfahren*　　　　　　　　　　　　　　　　$J/(K \cdot g)$

Glasumwandlungstemperatur　　　　　　*Torsionsschwingungsversuch*　　　°C
　　　　　　　　　　　　　　　　　　　　　　Differentialkalorimetrie　　　　　　　°C

Brandverhalten

UL-Test vertikal　　　　　　　　　　　　　*Dicke*　　mm, Wert
　　　　　　　　　　　　　　　　　　　　　　Dicke　　mm, Wert

	Norm	*Bewertung*	*Abmessungen*
Sauerstoff-Index	ASTM D 2863		
Glühstab-Verfahren			
Brandverhalten	DIN 4102		
MVSS			
FAR			

Elektrische Eigenschaften

　　　　　　　　　　　　　　　　　　　　　　Hz　　　°C　　　　　　　　　*Probekörper, Form*

Dielektrizitätszahl　　　　　　　　　　　50
　　　　　　　　　　　　　　　　　　　　　　10^3
　　　　　　　　　　　　　　　　　　　　　　10^6
Dielektrischer Verlustfaktor tan δ　　50
　　　　　　　　　　　　　　　　　　　　　　10^3
　　　　　　　　　　　　　　　　　　　　　　10^6
Spezifischer Durchgangs-
　widerstand　　　　　　　　*Ohm · cm*
Durchschlagfestigkeit　　　*kV/mm*　　　　　　　　　　　　　　　　mm dick
Oberflächenwiderstand　　*Ohm*

Kriechstromfestigkeit　　　　　　　　　KC　　　　　　KB　　　　　　KA
Elektrolytische Korrosionswirkung
Lichtbogenfestigkeit nach DIN
　　　　　　　nach ASTM　　s

Beständigkeit *(Chemische Beständigkeit siehe Anhang)*

Wasseraufnahme

Feuchtigkeitsaufnahme Normalklima　　　　　　　　　　　　　　　　　　　　　%
Wetterbeständigkeit

Spannungskorrosion

Optische Eigenschaften

Brechungszahl n_D
Transmissionsgrad τ_c　　　%　　　　　　　mm dick
Lichtdurchlässigkeit

Produkt	Polyethylen niedriger Dichte		**PE**
Handelsname	**Neste Polyethylene NEWS-8647**		
Hersteller	NESTE		
DIN-Bez 1	16776-PE,HGN,30-D090		
DIN-Bez 2			

Zusätze		*Füllstoffe/ Verstärkung*	
Bevorzugte Verarbeitung	Extrusionsbeschichtung	*Lieferform*	Granulat
		Farben	Natur
Besondere Merkmale	Ausgezeichnete Dehnbarkeit; Gute Spannungsrissbestaendigkeit; Hohe Einreissfestigkeit; Steif; Gute Abriebfestigkeit; Lebensmittelgeeignet	*Bevorzugte Anwendungen*	Beschichtung

---

Dichte	g/cm^3	0.932	*Schmelzindex*	g/10 min	7.5: 190/2.16
Schüttdichte	g/cm^3		*Volumenfließindex*	cm^3/10 min	:
Viskositätszahl	ml/g				

Verarbeitungsbedingungen für Spritzgießen

Massetemp.	°C		*Schwindung*	%	lgs , quer
Werkzeugtemp.	°C		*Bemerkungen*		
Spritzdruck	bar				

Zugversuch 23 °C

	Probekörper:	Form		*Herstellung*
		Zustand		*Vorbehandlung*
Streckspannung	N/mm^2		*Dehnung bei Streckspannung*	%
Zugfestigkeit	N/mm^2		*Reißdehnung*	%
Reißfestigkeit	N/mm^2		% *Dehnspannung*	N/mm^2
E-Modul	N/mm^2		*Dehnung bei* % *Dehnspg.*	%

Kriechmoduln und Zeitstandwerte 23 °C

	Probekörper:	Form		*Herstellung*
		Zustand		*Vorbehandlung*
Kriechmodul	1 min N/mm^2		*Zeitstandzugfestigkeit*	h N/mm^2
Kriechmodul	1000 h N/mm^2		*Zeitdehnspg.* %	h N/mm^2
bei Spannung	N/mm^2			

Biegeversuch 23 °C

	Probekörper:	Form		*Herstellung*
		Zustand		*Vorbehandlung*
Biegefestigkeit	N/mm^2		*E-Modul*	N/mm^2
3,5% Biegespannung	N/mm^2			

Härte 23 °C

	Probekörper:	Zustand		*Herstellung*
				Vorbehandlung
Kugeldruckhärte	N/mm^2	bei N, s	*Shore-Härte* A	
Rockwellhärte			*Shore-Härte* D	

Schlagversuch

	Probekörper:	(1)		
		(2)		*Herstellung*
		Zustand		*Vorbehandlung*
	°C	°C	°C	*Probekörper-Form*

Schlagzähigkeit	kJ/m^2
Kerbschlagzähigkeit (1)	kJ/m^2
IZOD-Kerbschlagzähigkeit (2)	J/m
Kerbschlagzugzähigkeit	kJ/m^2

Abrieb und Reibung

Taber-Abrieb (Reibradverfahren)   mm³/100 U
Abriebfaktor LNP (Thrust washer) Vergleichswert
Statische Reibungszahl
Dynamische Reibungszahl   (p·v =   N/mm² ·   m/min)
Zulässiger p · v Wert   N/mm² · (m/min)   v =   m/min
                                                                       v =   m/min

Thermische Eigenschaften

Formbeständigkeit in der Wärme   *Verfahren*   °C
                                       Verfahren   °C
Vicat Erweichungstemperatur (VST)   *Verfahren*   °C
                                       Verfahren   °C
Kristallit-Schmelzpunkt   *Verfahren*

Längenausdehnungskoeffizient   *Bereich*   °C $\cdot 10^{-4} \mathrm{K}^{-1}$
                                       Temperatur $\cdot 10^{-4} \mathrm{K}^{-1}$
Wärmeleitfähigkeit   *Verfahren*   W/(K · m)

Spezifische Wärmekapazität   *Verfahren*   J/(K · g)

Glasumwandlungstemperatur   *Torsionsschwingungsversuch*   °C
                                       Differentialkalorimetrie   °C

Brandverhalten

UL-Test vertikal   *Dicke*   mm, Wert
                                               Dicke   mm, Wert

	Norm	*Bewertung*	*Abmessungen*
Sauerstoff-Index	ASTM D 2863		
Glühstab-Verfahren			
Brandverhalten	DIN 4102		
MVSS			
FAR			

Elektrische Eigenschaften

	Hz	°C	*Probekörper, Form*
Dielektrizitätszahl	50		
	10³		
	10⁶		
Dielektrischer Verlustfaktor tan δ	50		
	10³		
	10⁶		

Spezifischer Durchgangs-
      widerstand   Ohm · cm
Durchschlagfestigkeit   kV/mm   mm dick
Oberflächenwiderstand   Ohm

Kriechstromfestigkeit   KC   KB   KA
Elektrolytische Korrosionswirkung
Lichtbogenfestigkeit nach DIN
            nach ASTM   s

Beständigkeit *(Chemische Beständigkeit siehe Anhang)*

Wasseraufnahme

Feuchtigkeitsaufnahme Normalklima   %
Wetterbeständigkeit

Spannungskorrosion

Optische Eigenschaften

Brechungszahl $\mathrm{n_D}$
Transmissionsgrad τ_c %   mm dick
Lichtdurchlässigkeit

Produkt	Ethylen-Butylacrylat-Copolymerisat	**E/BA**
Handelsname	**Neste Polyethylene DFDS-6417**	
Hersteller	NESTE	
DIN-Bez 1	16776-PE,HGN,25-D090	
DIN-Bez 2		

Zusätze		*Füllstoffe/ Verstärkung*	
Bevorzugte Verarbeitung	Extrusionsbeschichtung	*Lieferform*	Granulat
		Farben	Natur
Besondere Merkmale	Sehr geringe Heissiegeltemperatur; Weich; Gummiaehnlich; Hoher Reibungskoeffizient; Ausgezeichnete Spannungsrissbestaendigkeit	*Bevorzugte Anwendungen*	Coextrusion mit LDPE

Dichte	g/cm³	0.924	*Schmelzindex* g/10 min	7.0: 190/2.16
Schüttdichte	g/cm³		*Volumenfließindex* cm³/10 min	:
Viskositätszahl	ml/g			

Verarbeitungsbedingungen für Spritzgießen

Massetemp.	°C		*Schwindung* %	lgs , quer
Werkzeugtemp.	°C		*Bemerkungen*	
Spritzdruck	bar			

Zugversuch 23 °C

	Probekörper:	Form	*Herstellung*	
		Zustand	*Vorbehandlung*	
Streckspannung	N/mm²		*Dehnung bei Streckspannung*	%
Zugfestigkeit	N/mm²		*Reißdehnung*	%
Reißfestigkeit	N/mm²		*% Dehnspannung*	N/mm²
E-Modul	N/mm²		*Dehnung bei* % Dehnspg.	%

Kriechmoduln und Zeitstandwerte 23 °C

	Probekörper:	Form	*Herstellung*	
		Zustand	*Vorbehandlung*	
Kriechmodul	1 min N/mm²		*Zeitstandzugfestigkeit*	h N/mm²
Kriechmodul	1000 h N/mm²		*Zeitdehnspg. %*	h N/mm²
bei Spannung	N/mm²			

Biegeversuch 23 °C

	Probekörper:	Form	*Herstellung*	
		Zustand	*Vorbehandlung*	
Biegefestigkeit	N/mm²		*E-Modul*	N/mm²
3,5% Biegespannung	N/mm²			

Härte 23 °C

	Probekörper:	Zustand	*Herstellung*	
			Vorbehandlung	
Kugeldruckhärte	N/mm²	bei N, s	*Shore-Härte* A	
Rockwellhärte			*Shore-Härte* D	

Schlagversuch

	Probekörper:	(1)		
		(2)	*Herstellung*	
		Zustand	*Vorbehandlung*	
		°C	°C	°C *Probekörper-Form*

Schlagzähigkeit	kJ/m²
Kerbschlagzähigkeit (1)	kJ/m²
IZOD-Kerbschlagzähigkeit (2)	J/m
Kerbschlagzugzähigkeit	kJ/m²

Abrieb und Reibung

Taber-Abrieb (Reibradverfahren)	mm^3/100 U
Abriebfaktor LNP (Thrust washer) Vergleichswert	
Statische Reibungszahl	
Dynamische Reibungszahl	$(p \cdot v =$ N/mm$^2 \cdot$ m/min$)$
Zulässiger p · v Wert	N/mm$^2 \cdot$ (m/min) v = m/min
	v = m/min

Thermische Eigenschaften

Formbeständigkeit in der Wärme	*Verfahren*	°C
	Verfahren	°C
Vicat Erweichungstemperatur (VST)	*Verfahren*	°C
	Verfahren	°C
Kristallit-Schmelzpunkt	*Verfahren*	
Längenausdehnungskoeffizient	*Bereich* °C	$\cdot 10^{-4}$K^{-1}
	Temperatur	$\cdot 10^{-4}$K^{-1}
Wärmeleitfähigkeit	*Verfahren*	W/(K · m)
Spezifische Wärmekapazität	*Verfahren*	J/(K · g)
Glasumwandlungstemperatur	*Torsionsschwingungsversuch*	°C
	Differentialkalorimetrie	°C

Brandverhalten

UL-Test vertikal   Dicke   mm, Wert
                          Dicke   mm, Wert

	Norm	*Bewertung*	*Abmessungen*
Sauerstoff-Index	ASTM D 2863		
Glühstab-Verfahren			
Brandverhalten	DIN 4102		
MVSS			
FAR			

Elektrische Eigenschaften

	Hz	°C	*Probekörper, Form*
Dielektrizitätszahl	50		
	10^3		
	10^6		
Dielektrischer Verlustfaktor tan δ	50		
	10^3		
	10^6		

Spezifischer Durchgangs-			
widerstand	Ohm · cm		
Durchschlagfestigkeit	kV/mm		mm dick
Oberflächenwiderstand	Ohm		

Kriechstromfestigkeit	KC	KB	KA
Elektrolytische Korrosionswirkung			
Lichtbogenfestigkeit nach DIN			
nach ASTM s			

Beständigkeit *(Chemische Beständigkeit siehe Anhang)*

Wasseraufnahme

Feuchtigkeitsaufnahme Normalklima   %
Wetterbeständigkeit

Spannungskorrosion

Optische Eigenschaften

Brechungszahl n$_D$
Transmissionsgrad τ$_c$ %   mm dick
Lichtdurchlässigkeit

Produkt	Polyethylen niedriger Dichte	**PE**
Handelsname	**Neste Polyethylene B 7518-76**	
Hersteller	NESTE	
DIN-Bez 1	16776-PE,HGC,20-D090	
DIN-Bez 2		

Zusätze		*Füllstoffe/ Verstärkung*	6.0% Titandioxid
Bevorzugte Verarbeitung	Extrusionsbeschichtung	*Lieferform*	Granulat
		Farben	Weiss
Besondere Merkmale	Ausgezeichnete Beschichtung auch bei hohen Verarbeitungsgeschwindig-keiten	*Bevorzugte Anwendungen*	Beschichtung

---

Dichte	g/cm^3	0.918	*Schmelzindex*	g/10 min	7.5: 190/2.16
Schüttdichte	g/cm^3		*Volumenfließindex*	cm^3/10 min	:
Viskositätszahl	ml/g				

Verarbeitungsbedingungen für Spritzgießen

Massetemp.	°C		*Schwindung*	%	lgs , quer
Werkzeugtemp.	°C		*Bemerkungen*		
Spritzdruck	bar				

Zugversuch 23 °C

	Probekörper:	Form	Herstellung
		Zustand	Vorbehandlung

Streckspannung	N/mm^2	*Dehnung bei Streckspannung*	%
Zugfestigkeit	N/mm^2	*Reißdehnung*	%
Reißfestigkeit	N/mm^2	% *Dehnspannung*	N/mm^2
E-Modul	N/mm^2	*Dehnung bei* % *Dehnspg.*	%

Kriechmoduln und Zeitstandwerte 23 °C

	Probekörper:	Form	Herstellung
		Zustand	Vorbehandlung

Kriechmodul	1 min N/mm^2	*Zeitstandzugfestigkeit*	h N/mm^2
Kriechmodul	1000 h N/mm^2	*Zeitdehnspg.* %	h N/mm^2
bei Spannung	N/mm^2		

Biegeversuch 23 °C

	Probekörper:	Form	Herstellung
		Zustand	Vorbehandlung

Biegefestigkeit	N/mm^2	*E-Modul*	N/mm^2
3,5% Biegespannung	N/mm^2		

Härte 23 °C

	Probekörper:	Zustand	Herstellung
			Vorbehandlung

Kugeldruckhärte	N/mm^2	bei N, s	*Shore-Härte* A	
Rockwellhärte			*Shore-Härte* D	

Schlagversuch

	Probekörper:	(1)	
		(2)	Herstellung
		Zustand	Vorbehandlung
		°C °C °C	Probekörper-Form

Schlagzähigkeit	kJ/m^2
Kerbschlagzähigkeit (1)	kJ/m^2
IZOD-Kerbschlagzähigkeit (2)	J/m
Kerbschlagzugzähigkeit	kJ/m^2

Abrieb und Reibung

Taber-Abrieb (Reibradverfahren)	mm^3/100 U
Abriebfaktor LNP (Thrust washer) Vergleichswert	
Statische Reibungszahl	
Dynamische Reibungszahl	(p·v=　　　N/mm^2·　　　m/min)
Zulässiger p · v Wert	N/mm^2 · (m/min)　v=　　m/min
	v=　　m/min

Thermische Eigenschaften

Formbeständigkeit in der Wärme	*Verfahren*	°C
	Verfahren	°C
Vicat Erweichungstemperatur (VST)	*Verfahren*	°C
	Verfahren	°C
Kristallit-Schmelzpunkt	*Verfahren*	
Längenausdehnungskoeffizient	*Bereich*　　　°C	·10^{-4}K^{-1}
	Temperatur	·10^{-4}K^{-1}
Wärmeleitfähigkeit	*Verfahren*	W/(K · m)
Spezifische Wärmekapazität	*Verfahren*	J/(K · g)
Glasumwandlungstemperatur	*Torsionsschwingungsversuch*	°C
	Differentialkalorimetrie	°C

Brandverhalten

UL-Test vertikal	Dicke　　mm, Wert	
	Dicke　　mm, Wert	

	Norm	*Bewertung*	*Abmessungen*
Sauerstoff-Index	ASTM D 2863		
Glühstab-Verfahren			
Brandverhalten	DIN 4102		
MVSS			
FAR			

Elektrische Eigenschaften

	Hz	°C	*Probekörper, Form*
Dielektrizitätszahl	50		
	10^3		
	10^6		
Dielektrischer Verlustfaktor tan δ	50		
	10^3		
	10^6		
Spezifischer Durchgangs-widerstand	Ohm · cm		
Durchschlagfestigkeit	kV/mm		mm dick
Oberflächenwiderstand	Ohm		

Kriechstromfestigkeit	KC	KB	KA
Elektrolytische Korrosionswirkung			
Lichtbogenfestigkeit nach DIN			
nach ASTM　s			

Beständigkeit *(Chemische Beständigkeit siehe Anhang)*

Wasseraufnahme

Feuchtigkeitsaufnahme Normalklima　　　　　　　　　　　　　　　　　　　　%
Wetterbeständigkeit

Spannungskorrosion

Optische Eigenschaften

Brechungszahl n$_D$
Transmissionsgrad τ_c　　%　　　　　　mm dick
Lichtdurchlässigkeit

Produkt	Polyethylen niedriger Dichte		**PE**
Handelsname	**Neste Polyethylene B 4524-90**		
Hersteller	NESTE		
DIN-Bez 1	16776-PE,HGC,25-D045		
DIN-Bez 2			
Zusätze		*Füllstoffe/ Verstärkung*	12.5% Titandioxid
Bevorzugte Verarbeitung	Extrusionsbeschichtung	*Lieferform*	Granulat
		Farben	Weiss
Besondere Merkmale	Ausgezeichnete Beschichtung auch bei hohen Verarbeitungsgeschwindigkeiten	*Bevorzugte Anwendungen*	Beschichtung

---

Dichte	g/cm³	0.924	*Schmelzindex*	g/10 min	4.5: 190/2.16
Schüttdichte	g/cm³		*Volumenfließindex*	cm³/10 min	:
Viskositätszahl	ml/g				

Verarbeitungsbedingungen für Spritzgießen

Massetemp.	°C		*Schwindung*	%	lgs , quer
Werkzeugtemp.	°C		*Bemerkungen*		
Spritzdruck	bar				

Zugversuch 23 °C

	Probekörper:	Form	*Herstellung*	
		Zustand	*Vorbehandlung*	
Streckspannung	N/mm²		*Dehnung bei Streckspannung*	%
Zugfestigkeit	N/mm²		*Reißdehnung*	%
Reißfestigkeit	N/mm²		% *Dehnspannung*	N/mm²
E-Modul	N/mm²		*Dehnung bei* % *Dehnspg.*	%

Kriechmoduln und Zeitstandwerte 23 °C

	Probekörper:	Form	*Herstellung*	
		Zustand	*Vorbehandlung*	
Kriechmodul	1 min N/mm²		*Zeitstandzugfestigkeit*	h N/mm²
Kriechmodul	1000 h N/mm²		*Zeitdehnspg.* %	h N/mm²
bei Spannung	N/mm²			

Biegeversuch 23 °C

	Probekörper:	Form	*Herstellung*	
		Zustand	*Vorbehandlung*	
Biegefestigkeit	N/mm²		*E-Modul*	N/mm²
3,5% Biegespannung	N/mm²			

Härte 23 °C

	Probekörper:	Zustand	*Herstellung*	
			Vorbehandlung	
Kugeldruckhärte	N/mm²	bei N, s	*Shore-Härte* A	
Rockwellhärte			*Shore-Härte* D	

Schlagversuch

	Probekörper:	(1)		
		(2)	*Herstellung*	
		Zustand	*Vorbehandlung*	
	°C	°C	°C	*Probekörper-Form*

Schlagzähigkeit	kJ/m²
Kerbschlagzähigkeit (1)	kJ/m²
IZOD-Kerbschlagzähigkeit (2)	J/m
Kerbschlagzugzähigkeit	kJ/m²

Abrieb und Reibung

Taber-Abrieb (Reibradverfahren)   mm^3/100 U
Abriebfaktor LNP (Thrust washer) Vergleichswert
Statische Reibungszahl
Dynamische Reibungszahl   (p·v =   N/mm^2·   m/min)
Zulässiger p · v Wert   N/mm^2·(m/min)   v =   m/min
                                                v =   m/min

Thermische Eigenschaften

Formbeständigkeit in der Wärme   *Verfahren*   °C
                                           Verfahren   °C
Vicat Erweichungstemperatur (VST)   *Verfahren*   °C
                                           Verfahren   °C
Kristallit-Schmelzpunkt   *Verfahren*

Längenausdehnungskoeffizient   *Bereich*   °C   ·10^{-4}K^{-1}
                                           Temperatur   ·10^{-4}K^{-1}
Wärmeleitfähigkeit   *Verfahren*   W/(K·m)

Spezifische Wärmekapazität   *Verfahren*   J/(K·g)

Glasumwandlungstemperatur   *Torsionsschwingungsversuch*   °C
                                           Differentialkalorimetrie   °C

Brandverhalten

UL-Test vertikal   *Dicke*   *mm, Wert*
                                     Dicke   *mm, Wert*

	Norm	*Bewertung*	*Abmessungen*
Sauerstoff-Index	ASTM D 2863		
Glühstab-Verfahren			
Brandverhalten	DIN 4102		
MVSS			
FAR			

Elektrische Eigenschaften

	Hz	*°C*	*Probekörper, Form*
Dielektrizitätszahl	50		
	10^3		
	10^6		
Dielektrischer Verlustfaktor tan δ	50		
	10^3		
	10^6		

*Spezifischer Durchgangs-
   widerstand*   Ohm·cm
Durchschlagfestigkeit   kV/mm   mm dick
Oberflächenwiderstand   Ohm

Kriechstromfestigkeit   KC   KB   KA
Elektrolytische Korrosionswirkung
Lichtbogenfestigkeit nach DIN
               nach ASTM   s

Beständigkeit *(Chemische Beständigkeit siehe Anhang)*

Wasseraufnahme

Feuchtigkeitsaufnahme Normalklima   %
Wetterbeständigkeit

Spannungskorrosion

Optische Eigenschaften

Brechungszahl n$_D$
Transmissionsgrad τ$_c$ %   mm dick
Lichtdurchlässigkeit

Produkt	Polyethylen niedriger Dichte	**PE**
Handelsname	**Neste Polyethylene B 4524-60**	
Hersteller	NESTE	
DIN-Bez 1	16776-PE,HGC,25-D045	
DIN-Bez 2		

Zusätze	3.0% Russ	*Füllstoffe/ Verstärkung*	
Bevorzugte Verarbeitung	Extrusionsbeschichtung	*Lieferform*	Granulat
		Farben	Schwarz
Besondere Merkmale	Ausgezeichnete Beschichtung auch bei geringen Flaechengewichten	*Bevorzugte Anwendungen*	Beschichtung

---

Dichte	g/cm³	0.924	*Schmelzindex* g/10 min	4.5 : 190/2.16
Schüttdichte	g/cm³		*Volumenfließindex* cm³/10 min	:
Viskositätszahl	ml/g			

Verarbeitungsbedingungen für Spritzgießen

Massetemp.	°C	*Schwindung* %	lgs , quer
Werkzeugtemp.	°C	*Bemerkungen*	
Spritzdruck	bar		

Zugversuch 23 °C

	Probekörper: Form		*Herstellung*
	Zustand		*Vorbehandlung*
Streckspannung	N/mm²	*Dehnung bei Streckspannung*	%
Zugfestigkeit	N/mm²	*Reißdehnung*	%
Reißfestigkeit	N/mm²	*% Dehnspannung*	N/mm²
E-Modul	N/mm²	*Dehnung bei % Dehnspg.*	%

Kriechmoduln und Zeitstandwerte 23 °C

	Probekörper: Form		*Herstellung*
	Zustand		*Vorbehandlung*
Kriechmodul	1 min N/mm²	*Zeitstandzugfestigkeit*	h N/mm²
Kriechmodul	1000 h N/mm²	*Zeitdehnspg. %*	h N/mm²
bei Spannung	N/mm²		

Biegeversuch 23 °C

	Probekörper: Form		*Herstellung*
	Zustand		*Vorbehandlung*
Biegefestigkeit	N/mm²	*E-Modul*	N/mm²
3,5% Biegespannung	N/mm²		

Härte 23 °C

	Probekörper: Zustand		*Herstellung*
			Vorbehandlung
Kugeldruckhärte	N/mm² bei N, s	*Shore-Härte* A	
Rockwellhärte		*Shore-Härte* D	

Schlagversuch

	Probekörper: (1)		
	(2)		*Herstellung*
	Zustand		*Vorbehandlung*
	°C °C	°C	*Probekörper-Form*

Schlagzähigkeit	kJ/m²
Kerbschlagzähigkeit (1)	kJ/m²
IZOD-Kerbschlagzähigkeit (2)	J/m
Kerbschlagzugzähigkeit	kJ/m²

Abrieb und Reibung

Taber-Abrieb (Reibradverfahren)   mm³/100 U
Abriebfaktor LNP (Thrust washer) Vergleichswert
Statische Reibungszahl
Dynamische Reibungszahl   (p·v =   N/mm² ·   m/min)
Zulässiger p · v Wert   N/mm² · (m/min)   v =   m/min
                                                                  v =   m/min

Thermische Eigenschaften

Formbeständigkeit in der Wärme   *Verfahren*   °C
                                        Verfahren   °C
Vicat Erweichungstemperatur (VST)   *Verfahren*   °C
                                        Verfahren   °C
Kristallit-Schmelzpunkt   *Verfahren*

Längenausdehnungskoeffizient   *Bereich*   °C $\cdot 10^{-4} \mathrm{K}^{-1}$
                                        Temperatur $\cdot 10^{-4} \mathrm{K}^{-1}$
Wärmeleitfähigkeit   *Verfahren*   W/(K · m)

Spezifische Wärmekapazität   *Verfahren*   J/(K · g)

Glasumwandlungstemperatur   *Torsionsschwingungsversuch*   °C
                                        Differentialkalorimetrie   °C

Brandverhalten

UL-Test vertikal   Dicke   mm, Wert
                                        Dicke   mm, Wert

                  Norm   *Bewertung*   *Abmessungen*

Sauerstoff-Index   ASTM D 2863
Glühstab-Verfahren
Brandverhalten   DIN 4102
MVSS
FAR

Elektrische Eigenschaften

                                        Hz   °C   *Probekörper, Form*

Dielektrizitätszahl   50
                                        10³
                                        10⁶
Dielektrischer Verlustfaktor tan δ   50
                                        10³
                                        10⁶
Spezifischer Durchgangs-
    widerstand   Ohm · cm
Durchschlagfestigkeit   kV/mm   mm dick
Oberflächenwiderstand   Ohm

Kriechstromfestigkeit   KC   KB   KA
Elektrolytische Korrosionswirkung
Lichtbogenfestigkeit nach DIN
            nach ASTM   s

Beständigkeit *(Chemische Beständigkeit siehe Anhang)*

Wasseraufnahme

Feuchtigkeitsaufnahme Normalklima   %
Wetterbeständigkeit

Spannungskorrosion

Optische Eigenschaften

Brechungszahl n_D
Transmissionsgrad τ_c %   mm dick
Lichtdurchlässigkeit

Produkt	Polyamid 12	**PA**
Handelsname	**Rilsan AESN TL**	
Hersteller	ATO	
DIN-Bez 1		
DIN-Bez 2		

Zusätze		*Füllstoffe/ Verstärkung*	
Bevorzugte Verarbeitung	Extrudieren	*Lieferform*	Granulat
		Farben	Natur; Schwarz
Besondere Merkmale	Steif; Verbesserte Witterungsstabilitaet	*Bevorzugte Anwendungen*	Rohr mit geringem Durchmesser und geringer Wanddicke

---

Dichte	g/cm³	1.01–1.02	*Schmelzindex*	g/10 min	:
Schüttdichte	g/cm³		*Volumenfließindex*	cm³/10 min	:
Viskositätszahl	ml/g				

Verarbeitungsbedingungen für Spritzgießen

Massetemp.	°C		*Schwindung*	%	lgs , quer
Werkzeugtemp.	°C		*Bemerkungen*		
Spritzdruck	bar				

Zugversuch 23 °C DIN 53455;

Probekörper:	*Form*	Nr.3	*Herstellung*	Spritzgiessen
	Zustand	Luftfeucht	*Vorbehandlung*	15 d bei 20 C/65 %

Streckspannung	N/mm²	36	*Dehnung bei Streckspannung*	%	16
Zugfestigkeit	N/mm²	65	*Reißdehnung*	%	310
Reißfestigkeit	N/mm²		*% Dehnspannung*	N/mm²	
E-Modul	N/mm²		*Dehnung bei % Dehnspg.*	%	

Kriechmoduln und Zeitstandwerte 23 °C

Probekörper:	*Form*	*Herstellung*	
	Zustand	*Vorbehandlung*	

Kriechmodul	1 min N/mm²	*Zeitstandzugfestigkeit*	h N/mm²	
Kriechmodul	1000 h N/mm²	*Zeitdehnspg.* %	h N/mm²	
bei Spannung	N/mm²			

Biegeversuch 23 °C DIN 53452; DIN 53457

Probekörper:	*Form*		*Herstellung*	Spritzgiessen
	Zustand	Luftfeucht	*Vorbehandlung*	15 d bei 20 C/65 %

Biegefestigkeit	N/mm²	48	*E-Modul*	N/mm² 1200
3,5 % Biegespannung	N/mm²			

Härte 23 °C

Probekörper:	*Zustand*	Luftfeucht	*Herstellung*	Spritzgiessen
			Vorbehandlung	15 d bei 20 C/65 %

Kugeldruckhärte	N/mm²	bei N, s	*Shore-Härte* A	
Rockwellhärte	R 107		*Shore-Härte* D	70

Schlagversuch

Probekörper:	*(1)* U-Kerbe			
	(2)		*Herstellung*	Spritzgiessen
	Zustand	Luftfeucht	*Vorbehandlung*	15 d bei 20 C/65 %

	°C	°C	°C	*Probekörper-Form*
Schlagzähigkeit	kJ/m² 20 o.B.	-40 o.B.		NKS
Kerbschlagzähigkeit (1)	kJ/m² 20 120	-40 75		NKS
IZOD-Kerbschlagzähigkeit (2)	J/m			
Kerbschlagzugzähigkeit	kJ/m²			

Abrieb und Reibung

Taber-Abrieb (Reibradverfahren)	mm^3/100 U
Abriebfaktor LNP (Thrust washer) Vergleichswert	
Statische Reibungszahl	
Dynamische Reibungszahl	(p·v = N/mm^2· m/min)
Zulässiger p · v Wert	N/mm^2· (m/min) v = m/min
	v = m/min

Thermische Eigenschaften

Formbeständigkeit in der Wärme	*Verfahren*	B	137 °C
	Verfahren	A	55 °C
Vicat Erweichungstemperatur (VST)	*Verfahren*	A/50	174 °C
	Verfahren	B/50	140 °C
Kristallit-Schmelzpunkt	*Verfahren*	DIN 53181	174–177 °C
Längenausdehnungskoeffizient	*Bereich*	-20–50 °C	$1.0 \cdot 10^{-4} K^{-1}$
	Temperatur		$\cdot 10^{-4} K^{-1}$
Wärmeleitfähigkeit	*Verfahren*		W/(K · m)
Spezifische Wärmekapazität	*Verfahren*		J/(K · g)
Glasumwandlungstemperatur	*Torsionsschwingungsversuch*		°C
	Differentialkalorimetrie		°C

Brandverhalten

UL-Test vertikal		Dicke 1.6 mm, Wert HB	
		Dicke mm, Wert	

	Norm	*Bewertung*	*Abmessungen*
Sauerstoff-Index	ASTM D 2863	22%	
Glühstab-Verfahren			
Brandverhalten	DIN 4102		
MVSS			
FAR			

Elektrische Eigenschaften

		Hz	°C			*Probekörper, Form*
Dielektrizitätszahl		50				
		10^3				
		10^6				
Dielektrischer Verlustfaktor tan δ		50				
		10^3				
		10^6				
Spezifischer Durchgangs-widerstand	Ohm · cm		20	1.0*10**14		
Durchschlagfestigkeit	kV/mm		23	30		0.5 mm dick
Oberflächenwiderstand	Ohm					
Kriechstromfestigkeit		KC	KB >600		KA	
Elektrolytische Korrosionswirkung						
Lichtbogenfestigkeit nach DIN						
nach ASTM	s					

Beständigkeit *(Chemische Beständigkeit siehe Anhang)*

Wasseraufnahme

Feuchtigkeitsaufnahme Normalklima   %
Wetterbeständigkeit

Spannungskorrosion

Optische Eigenschaften

Brechungszahl n$_D$
Transmissionsgrad τ_c %   mm dick
Lichtdurchlässigkeit

Produkt	Polyamid 12		**PA**
Handelsname	**Rilsan AESN P40 TL**		
Hersteller	ATO		
DIN-Bez 1			
DIN-Bez 2			
Zusätze		*Füllstoffe/ Verstärkung*	
Bevorzugte Verarbeitung	Extrudieren	*Lieferform*	Granulat
		Farben	Natur; Schwarz
Besondere Merkmale	Steif; Verbesserte Witterungsstabilitaet	*Bevorzugte Anwendungen*	Flexibles Rohr zum Transport heisser Fluessigkeiten

Dichte	g/cm^3	1.03	*Schmelzindex*	g/10 min		:
Schüttdichte	g/cm^3		*Volumenfließindex*	cm^3/10 min		:
Viskositätszahl	ml/g					

Verarbeitungsbedingungen für Spritzgießen

Massetemp.	°C		*Schwindung*	%	lgs	, quer
Werkzeugtemp.	°C		*Bemerkungen*			
Spritzdruck	bar					

Zugversuch 23 °C DIN 53455;

	Probekörper:	*Form*	Nr.3	*Herstellung*	Spritzgiessen
		Zustand	Luftfeucht	*Vorbehandlung*	15 d bei 20 C/65 %
Streckspannung	N/mm^2 22			*Dehnung bei Streckspannung*	% 28
Zugfestigkeit	N/mm^2 60			*Reißdehnung*	% 345
Reißfestigkeit	N/mm^2			*% Dehnspannung*	N/mm^2
E-Modul	N/mm^2			*Dehnung bei % Dehnspg.*	%

Kriechmoduln und Zeitstandwerte 23 °C

	Probekörper:	*Form*	*Herstellung*	
		Zustand	*Vorbehandlung*	
Kriechmodul	*1 min* N/mm^2		*Zeitstandzugfestigkeit*	h N/mm^2
Kriechmodul	*1000 h* N/mm^2		*Zeitdehnspg.* %	h N/mm^2
bei Spannung	N/mm^2			

Biegeversuch 23 °C DIN 53452; DIN 53457

	Probekörper:	*Form*		*Herstellung*	Spritzgiessen
		Zustand	Luftfeucht	*Vorbehandlung*	15 d bei 20 C/65 %
Biegefestigkeit	N/mm^2 17		*E-Modul*		N/mm^2 360
3,5% Biegespannung	N/mm^2				

Härte 23 °C

	Probekörper:	*Zustand*	Luftfeucht	*Herstellung*	Spritzgiessen
				Vorbehandlung	15 d bei 20 C/65 %
Kugeldruckhärte	N/mm^2	bei	N, s	*Shore-Härte* A	
Rockwellhärte	R 75			*Shore-Härte* D	60

Schlagversuch

	Probekörper:	*(1)* U-Kerbe			
		(2)		*Herstellung*	Spritzgiessen
		Zustand Luftfeucht		*Vorbehandlung*	15 d bei 20 C/65 %
		°C	°C	°C	*Probekörper-Form*
Schlagzähigkeit	kJ/m^2	20 o.B.	-40 o.B.		NKS
Kerbschlagzähigkeit (1)	kJ/m^2	20 o.B.	-40 85		NKS
IZOD-Kerbschlagzähigkeit (2)	J/m				
Kerbschlagzugzähigkeit	kJ/m^2				

Abrieb und Reibung

Taber-Abrieb (Reibradverfahren)	mm³/100 U
Abriebfaktor LNP (Thrust washer) Vergleichswert	
Statische Reibungszahl	
Dynamische Reibungszahl	$(p \cdot v =$ $N/mm^2 \cdot$ m/min)
Zulässiger $p \cdot v$ Wert	$N/mm^2 \cdot$ (m/min) v = m/min
	v = m/min

Thermische Eigenschaften

Formbeständigkeit in der Wärme	*Verfahren*	B	124 °C
	Verfahren	A	48 °C
Vicat Erweichungstemperatur (VST)	*Verfahren*	A/50	161 °C
	Verfahren	B/50	127 °C
Kristallit-Schmelzpunkt	*Verfahren*	DIN 53181	174–177 °C
Längenausdehnungskoeffizient	*Bereich*	-20–50 °C	$1.5 \cdot 10^{-4} K^{-1}$
	Temperatur		$\cdot 10^{-4} K^{-1}$
Wärmeleitfähigkeit	*Verfahren*		$W/(K \cdot m)$
Spezifische Wärmekapazität	*Verfahren*		$J/(K \cdot g)$
Glasumwandlungstemperatur	*Torsionsschwingungsversuch*		°C
	Differentialkalorimetrie		°C

Brandverhalten

UL-Test vertikal	Dicke 1.6 mm, Wert HB	
	Dicke mm, Wert	

	Norm	*Bewertung*	*Abmessungen*
Sauerstoff-Index	ASTM D 2863		
Glühstab-Verfahren			
Brandverhalten	DIN 4102		
MVSS			
FAR			

Elektrische Eigenschaften

	Hz	°C		*Probekörper, Form*
Dielektrizitätszahl	50			
	10^3			
	10^6			
Dielektrischer Verlustfaktor tan δ	50			
	10^3			
	10^6			
Spezifischer Durchgangs-				
widerstand	Ohm · cm	20	1.0*10**11	
Durchschlagfestigkeit	kV/mm	23	26	0.5 mm dick
Oberflächenwiderstand	Ohm			
Kriechstromfestigkeit	KC	KB >600	KA	
Elektrolytische Korrosionswirkung				
Lichtbogenfestigkeit nach DIN				
nach ASTM	s			

Beständigkeit *(Chemische Beständigkeit siehe Anhang)*

Wasseraufnahme

Feuchtigkeitsaufnahme Normalklima   %
Wetterbeständigkeit

Spannungskorrosion

Optische Eigenschaften

Brechungszahl n_D
Transmissionsgrad τ_c %   mm dick
Lichtdurchlässigkeit

Produkt	Polyamid 12		**PA**
Handelsname	**Rilsan AECN TL**		
Hersteller	ATO		
DIN-Bez 1			
DIN-Bez 2			
Zusätze		*Füllstoffe/ Verstärkung*	
Bevorzugte Verarbeitung	Extrudieren	*Lieferform*	Granulat
		Farben	Natur; Schwarz
Besondere Merkmale	Steif; Verbesserte Witterungsstabilitaet	*Bevorzugte Anwendungen*	Kabelummantelung; Aderisolierung; Ummantelung von Stahlseilen

---

Dichte	g/cm³	1.01–1.02	*Schmelzindex*	g/10 min	:
Schüttdichte	g/cm³		*Volumenfließindex*	cm³/10 min	:
Viskositätszahl	ml/g				

Verarbeitungsbedingungen für Spritzgießen

Massetemp.	°C		*Schwindung*	%	lgs , quer
Werkzeugtemp.	°C		*Bemerkungen*		
Spritzdruck	bar				

Zugversuch 23 °C　DIN 53455;

Probekörper:	Form	Nr.3	*Herstellung*	Spritzgiessen
	Zustand	Luftfeucht	*Vorbehandlung*	15 d bei 20 C/65 %

Streckspannung	N/mm²	36	*Dehnung bei Streckspannung*	%	14
Zugfestigkeit	N/mm²	62	*Reißdehnung*	%	350
Reißfestigkeit	N/mm²		*% Dehnspannung*	N/mm²	
E-Modul	N/mm²		*Dehnung bei % Dehnspg.*	%	

Kriechmoduln und Zeitstandwerte 23 °C

Probekörper:	Form	*Herstellung*	
	Zustand	*Vorbehandlung*	

Kriechmodul	1 min N/mm²	*Zeitstandzugfestigkeit*	h N/mm²	
Kriechmodul	1000 h N/mm²	*Zeitdehnspg. %*	h N/mm²	
bei Spannung	N/mm²			

Biegeversuch 23 °C　DIN 53452; DIN 53457

Probekörper:	Form		*Herstellung*	Spritzgiessen
	Zustand	Luftfeucht	*Vorbehandlung*	15 d bei 20 C/65 %

Biegefestigkeit	N/mm²	42	*E-Modul*	N/mm² 1100
3,5% Biegespannung	N/mm²			

Härte 23 °C

Probekörper:	Zustand	Luftfeucht	*Herstellung*	Spritzgiessen
			Vorbehandlung	15 d bei 20 C/65 %

Kugeldruckhärte	N/mm²	bei N, s	*Shore-Härte A*	
Rockwellhärte	R 107		*Shore-Härte D*	67

Schlagversuch

Probekörper:	(1) U-Kerbe			
	(2)		*Herstellung*	Spritzgiessen
	Zustand	Luftfeucht	*Vorbehandlung*	15 d bei 20 C/65 %
	°C	°C	°C	*Probekörper-Form*

Schlagzähigkeit	kJ/m²	20 o.B.	-40 o.B.		NKS
Kerbschlagzähigkeit (1)	kJ/m²	20 50	-40 28		NKS
IZOD-Kerbschlagzähigkeit (2)	J/m				
Kerbschlagzugzähigkeit	kJ/m²				

Abrieb und Reibung

Taber-Abrieb (Reibradverfahren)   mm³/100 U
Abriebfaktor LNP (Thrust washer) Vergleichswert
Statische Reibungszahl
Dynamische Reibungszahl $(p \cdot v =$ N/mm² ·   m/min)
Zulässiger p · v Wert   N/mm² · (m/min)   v =   m/min
                                              v =   m/min

Thermische Eigenschaften

Formbeständigkeit in der Wärme	*Verfahren*	B	137 °C
	Verfahren	A	55 °C
Vicat Erweichungstemperatur (VST)	*Verfahren*	A/50	172 °C
	Verfahren	B/50	138 °C
Kristallit-Schmelzpunkt	*Verfahren*	DIN 53181	174–177 °C

Längenausdehnungskoeffizient   *Bereich*   -20–50   °C $1.0 \cdot 10^{-4} \mathrm{K}^{-1}$
                                   Temperatur $\cdot 10^{-4} \mathrm{K}^{-1}$
Wärmeleitfähigkeit   *Verfahren*   W/(K · m)

Spezifische Wärmekapazität   *Verfahren*   J/(K · g)

Glasumwandlungstemperatur   *Torsionsschwingungsversuch*   °C
                                   Differentialkalorimetrie   °C

Brandverhalten

UL-Test vertikal   Dicke 1.6   mm, Wert HB
                            Dicke   mm, Wert

	Norm	*Bewertung*	*Abmessungen*
Sauerstoff-Index	ASTM D 2863	22%	
Glühstab-Verfahren			
Brandverhalten	DIN 4102		
MVSS			
FAR			

Elektrische Eigenschaften

		Hz	°C		*Probekörper, Form*
Dielektrizitätszahl		50			
		10^3			
		10^6			
Dielektrischer Verlustfaktor tan δ		50			
		10^3			
		10^6			
Spezifischer Durchgangs-widerstand	Ohm · cm		20	1.0*10**14	
Durchschlagfestigkeit	kV/mm		23	30	0.5 mm dick
Oberflächenwiderstand	Ohm				
Kriechstromfestigkeit		KC	KB >600	KA	
Elektrolytische Korrosionswirkung					
Lichtbogenfestigkeit nach DIN					
nach ASTM	s				

Beständigkeit *(Chemische Beständigkeit siehe Anhang)*

Wasseraufnahme

Feuchtigkeitsaufnahme Normalklima   %
Wetterbeständigkeit

Spannungskorrosion

Optische Eigenschaften

Brechungszahl n_D
Transmissionsgrad τ_c %   mm dick
Lichtdurchlässigkeit

Produkt	Polyamid 11		**PA**
Handelsname	**Rilsan BMN**		
Hersteller	ATO		

DIN-Bez 1
DIN-Bez 2

Zusätze		*Füllstoffe/ Verstärkung*	
Bevorzugte Verarbeitung	Spritzgiessen	*Lieferform*	Granulat
		Farben	Natur; Standard
Besondere Merkmale	Steif	*Bevorzugte Anwendungen*	Technisches Formteil; Feinmechanik; Elektroindustrie

---

Dichte	g/cm³ 1.03	*Schmelzindex*	g/10 min	:
Schüttdichte	g/cm³	*Volumenfließindex*	cm³/10 min	:
Viskositätszahl	ml/g			

Verarbeitungsbedingungen für Spritzgießen

Massetemp.	°C	*Schwindung*	%	lgs , quer
Werkzeugtemp.	°C	*Bemerkungen*		
Spritzdruck	bar			

Zugversuch 23 °C

Probekörper: *Form*   *Herstellung*
Zustand   *Vorbehandlung*

Streckspannung	N/mm²	*Dehnung bei Streckspannung*	%
Zugfestigkeit	N/mm²	*Reißdehnung*	%
Reißfestigkeit	N/mm²	*% Dehnspannung*	N/mm²
E-Modul	N/mm²	*Dehnung bei % Dehnspg.*	%

Kriechmoduln und Zeitstandwerte 23 °C

Probekörper: *Form*   *Herstellung*
Zustand   *Vorbehandlung*

Kriechmodul	1 min N/mm²	*Zeitstandzugfestigkeit*	h N/mm²
Kriechmodul	1000 h N/mm²	*Zeitdehnspg. %*	h N/mm²
bei Spannung	N/mm²		

Biegeversuch 23 °C

Probekörper: *Form*   *Herstellung*
Zustand   *Vorbehandlung*

Biegefestigkeit	N/mm²	*E-Modul*	N/mm²
3,5% Biegespannung	N/mm²		

Härte 23 °C   *Probekörper:* *Zustand*   *Herstellung*
Vorbehandlung

Kugeldruckhärte	N/mm² bei N, s	*Shore-Härte* A	
Rockwellhärte		*Shore-Härte* D	

Schlagversuch   *Probekörper:* (1) U-Kerbe
(2)   *Herstellung* Spritzgiessen
Zustand 0.5-0.7% Luftfeuchte   *Vorbehandlung*

	°C	°C	°C	*Probekörper-Form*
Schlagzähigkeit kJ/m²				
Kerbschlagzähigkeit (1) kJ/m²	20 22			NKS
IZOD-Kerbschlagzähigkeit (2) J/m				
Kerbschlagzugzähigkeit kJ/m²				

Abrieb und Reibung

Taber-Abrieb (Reibradverfahren)	mm³/100 U
Abriebfaktor LNP (Thrust washer) Vergleichswert	
Statische Reibungszahl	
Dynamische Reibungszahl	(p · v = N/mm² · m/min)
Zulässiger p · v Wert	N/mm² · (m/min) v = m/min
	v = m/min

Thermische Eigenschaften

Formbeständigkeit in der Wärme	*Verfahren*	A	50–60 °C
	Verfahren	B	145–155 °C
Vicat Erweichungstemperatur (VST)	*Verfahren*		°C
	Verfahren		°C
Kristallit-Schmelzpunkt	*Verfahren*	ASTM D 789	184–187 °C
Längenausdehnungskoeffizient	*Bereich*	-30–40 °C	$0.9 \cdot 10^{-4} \mathrm{K}^{-1}$
	Temperatur °C		$\cdot 10^{-4} \mathrm{K}^{-1}$
Wärmeleitfähigkeit	*Verfahren*		W/(K · m)
Spezifische Wärmekapazität	*Verfahren*		J/(K · g)
Glasumwandlungstemperatur	*Torsionsschwingungsversuch*		°C
	Differentialkalorimetrie		°C

Brandverhalten

UL-Test vertikal   Dicke 3.2   mm, Wert V-2
                       Dicke   mm, Wert

	Norm	Bewertung	Abmessungen
Sauerstoff-Index	ASTM D 2863		
Glühstab-Verfahren			
Brandverhalten	DIN 4102		
MVSS			
FAR			

Elektrische Eigenschaften

	Hz	°C			Probekörper, Form
Dielektrizitätszahl	50				
	10^3				
	10^6				
Dielektrischer Verlustfaktor tan δ	50				
	10^3				
	10^6				
Spezifischer Durchgangs-					
widerstand	Ohm · cm	20	1.0*10**14		
Durchschlagfestigkeit	kV/mm	23	17		3.0 mm dick
Oberflächenwiderstand	Ohm	20	1.0*10**14		
Kriechstromfestigkeit	KC		KB	KA	
Elektrolytische Korrosionswirkung					
Lichtbogenfestigkeit nach DIN					
nach ASTM	s				

Beständigkeit *(Chemische Beständigkeit siehe Anhang)*

Wasseraufnahme 23 C		1 d	0.23 %
Feuchtigkeitsaufnahme Normalklima			%
Wetterbeständigkeit			
Spannungskorrosion			

Optische Eigenschaften

Brechungszahl n_D		
Transmissionsgrad τ_c	%	mm dick
Lichtdurchlässigkeit		

Produkt	Polyamid 11	**PA**
Handelsname	**Rilsan BMF**	
Hersteller	ATO	
DIN-Bez 1		
DIN-Bez 2		

Zusätze		*Füllstoffe/ Verstärkung*	
Bevorzugte Verarbeitung	Spritzgiessen	*Lieferform*	Granulat
		Farben	Natur; Standard
Besondere Merkmale	Besser fliessend als BMN	*Bevorzugte Anwendungen*	Technisches Formteil; Feinmechanik; Elektroindustrie; Gehaeuse, Funkenschutz bei Kontaktgebern

---

Dichte	g/cm^3	1.03	*Schmelzindex*	g/10 min	:
Schüttdichte	g/cm^3		*Volumenfließindex*	cm^3/10 min	:
Viskositätszahl	ml/g				

Verarbeitungsbedingungen für Spritzgießen

Massetemp.	°C		*Schwindung*	%	lgs	, quer
Werkzeugtemp.	°C		*Bemerkungen*			
Spritzdruck	bar					

Zugversuch 23 °C

Probekörper:	*Form*		*Herstellung*
	Zustand		*Vorbehandlung*

Streckspannung	N/mm^2	*Dehnung bei Streckspannung*	%	
Zugfestigkeit	N/mm^2	*Reißdehnung*	%	
Reißfestigkeit	N/mm^2	% *Dehnspannung*	N/mm^2	
E-Modul	N/mm^2	*Dehnung bei* % *Dehnspg.*	%	

Kriechmoduln und Zeitstandwerte 23 °C

Probekörper:	*Form*		*Herstellung*
	Zustand		*Vorbehandlung*

Kriechmodul	1 min	N/mm^2	*Zeitstandzugfestigkeit*	h	N/mm^2
Kriechmodul	1000 h	N/mm^2	*Zeitdehnspg.* %	h	N/mm^2
bei Spannung		N/mm^2			

Biegeversuch 23 °C

Probekörper:	*Form*		*Herstellung*
	Zustand		*Vorbehandlung*

Biegefestigkeit	N/mm^2	*E-Modul*	N/mm^2
3,5% Biegespannung	N/mm^2		

Härte 23 °C

Probekörper:	*Zustand*		*Herstellung*
			Vorbehandlung

Kugeldruckhärte	N/mm^2	bei	N, s	*Shore-Härte* A
Rockwellhärte				*Shore-Härte* D

Schlagversuch

Probekörper:	*(1)* U-Kerbe		
	(2)	*Herstellung*	Spritzgiessen
	Zustand 0.5-0.7% Luftfeuchte	*Vorbehandlung*	
	°C	°C	°C	*Probekörper-Form*

Schlagzähigkeit	kJ/m^2			
Kerbschlagzähigkeit (1)	kJ/m^2	20 18		NKS
IZOD-Kerbschlagzähigkeit (2)	J/m			
Kerbschlagzugzähigkeit	kJ/m^2			

Abrieb und Reibung

Taber-Abrieb (Reibradverfahren)	mm³/100 U
Abriebfaktor LNP (Thrust washer) Vergleichswert	
Statische Reibungszahl	
Dynamische Reibungszahl	(p·v = $\quad$ N/mm² · $\quad$ m/min)
Zulässiger p · v Wert	N/mm² · (m/min) v = $\quad$ m/min
	v = $\quad$ m/min

Thermische Eigenschaften

Formbeständigkeit in der Wärme	*Verfahren*	A	50–60 °C
	Verfahren	B	145–155 °C
Vicat Erweichungstemperatur (VST)	*Verfahren*		°C
	Verfahren		°C
Kristallit-Schmelzpunkt	*Verfahren*	ASTM D 789	184–187 °C
Längenausdehnungskoeffizient	*Bereich*	-30–40 $\quad$ °C	$0.9 \cdot 10^{-4} K^{-1}$
	Temperatur °C		$\cdot 10^{-4} K^{-1}$
Wärmeleitfähigkeit	*Verfahren*		W/(K · m)
Spezifische Wärmekapazität	*Verfahren*		J/(K · g)
Glasumwandlungstemperatur	*Torsionsschwingungsversuch*		°C
	Differentialkalorimetrie		°C

Brandverhalten

UL-Test vertikal $\qquad$ Dicke 3.2 $\quad$ mm, Wert V-2
$\qquad\qquad\qquad\qquad$ Dicke $\quad$ mm, Wert

	Norm	Bewertung	Abmessungen
Sauerstoff-Index	ASTM D 2863		
Glühstab-Verfahren			
Brandverhalten	DIN 4102		
MVSS			
FAR			

Elektrische Eigenschaften

		Hz	°C			Probekörper, Form
Dielektrizitätszahl		50				
		10^3				
		10^6				
Dielektrischer Verlustfaktor tan δ		50				
		10^3				
		10^6				
Spezifischer Durchgangs-						
widerstand	Ohm · cm		20	1.0*10**14		
Durchschlagfestigkeit	kV/mm		23	17		3.0 mm dick
Oberflächenwiderstand	Ohm		20	1.0*10**14		
Kriechstromfestigkeit	KC		KB		KA	
Elektrolytische Korrosionswirkung						
Lichtbogenfestigkeit nach DIN						
nach ASTM	s					

Beständigkeit *(Chemische Beständigkeit siehe Anhang)*

Wasseraufnahme 23 C		1 d	0.23 %
Feuchtigkeitsaufnahme Normalklima			%
Wetterbeständigkeit			
Spannungskorrosion			

Optische Eigenschaften

Brechungszahl n_D
Transmissionsgrad τ_c $\quad$ % $\qquad\qquad\qquad$ mm dick
Lichtdurchlässigkeit

Produkt	Polyamid 11		**PA**
Handelsname	**Rilsan BMV**		
Hersteller	ATO		
DIN-Bez 1			
DIN-Bez 2			
Zusätze		*Füllstoffe/ Verstärkung*	
Bevorzugte Verarbeitung	Spritzgiessen	*Lieferform*	Granulat
		Farben	Natur; Standard
Besondere Merkmale	Steif; Hochviskos; Sehr abriebfest; Sehr schlagfest	*Bevorzugte Anwendungen*	Technisches Formteil; Zahnrad mit grossem Modul; Dickwandiges Lager; Fadenfuehrer von Strickmaschinen

---

Dichte	g/cm³	1.03		*Schmelzindex*	g/10 min		:
Schüttdichte	g/cm³			*Volumenfließindex*	cm³/10 min		:
Viskositätszahl	ml/g						

Verarbeitungsbedingungen für Spritzgießen

Massetemp.	°C		*Schwindung*	%	lgs	, quer
Werkzeugtemp.	°C		*Bemerkungen*			
Spritzdruck	bar					

Zugversuch 23 °C

	Probekörper:	Form		*Herstellung*	
		Zustand		*Vorbehandlung*	
Streckspannung	N/mm²		*Dehnung bei Streckspannung*	%	
Zugfestigkeit	N/mm²		*Reißdehnung*	%	
Reißfestigkeit	N/mm²		% *Dehnspannung*	N/mm²	
E-Modul	N/mm²		*Dehnung bei* % *Dehnspg.*	%	

Kriechmoduln und Zeitstandwerte 23 °C

	Probekörper:	Form		*Herstellung*	
		Zustand		*Vorbehandlung*	
Kriechmodul	1 min N/mm²		*Zeitstandzugfestigkeit*	h N/mm²	
Kriechmodul	1000 h N/mm²		*Zeitdehnspg.* %	h N/mm²	
bei Spannung	N/mm²				

Biegeversuch 23 °C

	Probekörper:	Form		*Herstellung*	
		Zustand		*Vorbehandlung*	
Biegefestigkeit	N/mm²		*E-Modul*	N/mm²	
3,5% Biegespannung	N/mm²				

Härte 23 °C

	Probekörper:	Zustand		*Herstellung*	
				Vorbehandlung	
Kugeldruckhärte	N/mm²	bei N, s	*Shore-Härte* A		
Rockwellhärte			*Shore-Härte* D		

Schlagversuch

	Probekörper:	(1) U-Kerbe			
		(2)		*Herstellung*	Spritzgiessen
		Zustand 0.5-0.7% Luftfeuchte		*Vorbehandlung*	
		°C	°C	°C	*Probekörper-Form*
Schlagzähigkeit	kJ/m²				
Kerbschlagzähigkeit (1)	kJ/m²	20 30			NKS
IZOD-Kerbschlagzähigkeit (2)	J/m				
Kerbschlagzugzähigkeit	kJ/m²				

Abrieb und Reibung

Taber-Abrieb (Reibradverfahren)	mm³/100 U
Abriebfaktor LNP (Thrust washer) Vergleichswert	
Statische Reibungszahl	
Dynamische Reibungszahl	(p·v = N/mm² · m/min)
Zulässiger p · v Wert	N/mm² · (m/min) v = m/min
	v = m/min

Thermische Eigenschaften

Formbeständigkeit in der Wärme	*Verfahren*	A	50–60 °C
	Verfahren	B	145–155 °C
Vicat Erweichungstemperatur (VST)	*Verfahren*		°C
	Verfahren		°C
Kristallit-Schmelzpunkt	*Verfahren*	ASTM D 789	184–187 °C
Längenausdehnungskoeffizient	*Bereich*	-30–40 °C	$0.9 \cdot 10^{-4} K^{-1}$
	Temperatur °C		$\cdot 10^{-4} K^{-1}$
Wärmeleitfähigkeit	*Verfahren*		W/(K · m)
Spezifische Wärmekapazität	*Verfahren*		J/(K · g)
Glasumwandlungstemperatur	*Torsionsschwingungsversuch*	°C	
	Differentialkalorimetrie	°C	

Brandverhalten

UL-Test vertikal   Dicke 3.2   mm, Wert V-2
               Dicke   mm, Wert

	Norm	*Bewertung*	*Abmessungen*
Sauerstoff-Index	ASTM D 2863		
Glühstab-Verfahren			
Brandverhalten	DIN 4102		
MVSS			
FAR			

Elektrische Eigenschaften

		Hz	°C			*Probekörper, Form*
Dielektrizitätszahl		50				
		10³				
		10⁶				
Dielektrischer Verlustfaktor tan δ		50				
		10³				
		10⁶				
Spezifischer Durchgangs-widerstand	Ohm · cm	20	1.0*10**14			
Durchschlagfestigkeit	kV/mm	23	17		3.0 mm dick	
Oberflächenwiderstand	Ohm	20	1.0*10**14			
Kriechstromfestigkeit	KC		KB	KA		
Elektrolytische Korrosionswirkung						
Lichtbogenfestigkeit nach DIN						
nach ASTM	s					

Beständigkeit *(Chemische Beständigkeit siehe Anhang)*

Wasseraufnahme 23 C	1 d	0.23 %
Feuchtigkeitsaufnahme Normalklima		%
Wetterbeständigkeit		
Spannungskorrosion		

Optische Eigenschaften

Brechungszahl n_D
Transmissionsgrad τ_c %   mm dick
Lichtdurchlässigkeit

Produkt	Polyamid 11		**PA**
Handelsname	**Rilsan KMF**		
Hersteller	ATO		
DIN-Bez 1			
DIN-Bez 2			
Zusätze		*Füllstoffe/ Verstärkung*	
Bevorzugte Verarbeitung	Spritzgiessen; Rotationsformen	*Lieferform*	Granulat
		Farben	Natur; Schwarz
Besondere Merkmale	Steif; Gut fliessend	*Bevorzugte Anwendungen*	Technisches Formteil; Formteil mit geringen Wanddicken; Filterscheibe; Lippendichtung fuer Pumpe

Dichte	g/cm^3	1.03	*Schmelzindex*	g/10 min	:	
Schüttdichte	g/cm^3		*Volumenfließindex*	cm^3/10 min	:	
Viskositätszahl	ml/g					

Verarbeitungsbedingungen für Spritzgießen

Massetemp.	°C		*Schwindung*	%	lgs	, quer
Werkzeugtemp.	°C		*Bemerkungen*			
Spritzdruck	bar					

Zugversuch 23 °C

	Probekörper:	*Form*	*Herstellung*	
		Zustand	*Vorbehandlung*	
Streckspannung	N/mm^2		*Dehnung bei Streckspannung*	%
Zugfestigkeit	N/mm^2		*Reißdehnung*	%
Reißfestigkeit	N/mm^2		*% Dehnspannung*	N/mm^2
E-Modul	N/mm^2		*Dehnung bei % Dehnspg.*	%

Kriechmoduln und Zeitstandwerte 23 °C

	Probekörper:	*Form*	*Herstellung*	
		Zustand	*Vorbehandlung*	
Kriechmodul	*1 min* N/mm^2		*Zeitstandzugfestigkeit*	h N/mm^2
Kriechmodul	*1000 h* N/mm^2		*Zeitdehnspg. %*	h N/mm^2
bei Spannung	N/mm^2			

Biegeversuch 23 °C

	Probekörper:	*Form*	*Herstellung*	
		Zustand	*Vorbehandlung*	
Biegefestigkeit	N/mm^2		*E-Modul*	N/mm^2
3,5% Biegespannung	N/mm^2			

Härte 23 °C

	Probekörper:	*Zustand*	*Herstellung*	
			Vorbehandlung	
Kugeldruckhärte	N/mm^2	bei N, s	*Shore-Härte* A	
Rockwellhärte			*Shore-Härte* D	

Schlagversuch

	Probekörper:	*(1)* U-Kerbe		
		(2)	*Herstellung*	Spritzgiessen
		Zustand 0.5-0.7% Luftfeuchte	*Vorbehandlung*	
		°C °C	°C	*Probekörper-Form*
Schlagzähigkeit	kJ/m^2			
Kerbschlagzähigkeit (1)	kJ/m^2 20 15			NKS
IZOD-Kerbschlagzähigkeit (2)	J/m			
Kerbschlagzugzähigkeit	kJ/m^2			

Abrieb und Reibung

Taber-Abrieb (Reibradverfahren)	mm³/100 U
Abriebfaktor LNP (Thrust washer) Vergleichswert	
Statische Reibungszahl	
Dynamische Reibungszahl	(p·v = N/mm² · m/min)
Zulässiger p · v Wert	N/mm² · (m/min) v = m/min
	v = m/min

Thermische Eigenschaften

Formbeständigkeit in der Wärme	*Verfahren*	A	50–60 °C
	Verfahren	B	145–155 °C
Vicat Erweichungstemperatur (VST)	*Verfahren*		°C
	Verfahren		°C
Kristallit-Schmelzpunkt	*Verfahren*	ASTM D 789	184–187 °C
Längenausdehnungskoeffizient	*Bereich*	-30–40 °C	$0.9 \cdot 10^{-4} \mathrm{K}^{-1}$
	Temperatur °C		$\cdot 10^{-4} \mathrm{K}^{-1}$
Wärmeleitfähigkeit	*Verfahren*		W/(K · m)
Spezifische Wärmekapazität	*Verfahren*		J/(K · g)
Glasumwandlungstemperatur	*Torsionsschwingungsversuch*		°C
	Differentialkalorimetrie		°C

Brandverhalten

UL-Test vertikal   Dicke 3.2   mm, Wert V-2
                  Dicke   mm, Wert

	Norm	*Bewertung*	*Abmessungen*
Sauerstoff-Index	ASTM D 2863		
Glühstab-Verfahren			
Brandverhalten	DIN 4102		
MVSS			
FAR			

Elektrische Eigenschaften

		Hz	°C		*Probekörper, Form*
Dielektrizitätszahl		50			
		10^3			
		10^6			
Dielektrischer Verlustfaktor tan δ		50			
		10^3			
		10^6			
Spezifischer Durchgangs-widerstand	Ohm · cm	20	1.0*10**14		
Durchschlagfestigkeit	kV/mm	23	17		3.0 mm dick
Oberflächenwiderstand	Ohm	20	1.0*10**14		
Kriechstromfestigkeit	KC		KB	KA	
Elektrolytische Korrosionswirkung					
Lichtbogenfestigkeit nach DIN					
nach ASTM	s				

Beständigkeit *(Chemische Beständigkeit siehe Anhang)*

Wasseraufnahme 23 C		1 d	0.23 %
Feuchtigkeitsaufnahme Normalklima			%
Wetterbeständigkeit			
Spannungskorrosion			

Optische Eigenschaften

Brechungszahl n_D
Transmissionsgrad τ_c %   mm dick
Lichtdurchlässigkeit

Produkt	Polyamid 11	**PA**
Handelsname	**Rilsan BMV P 10**	
Hersteller	ATO	

DIN-Bez 1
DIN-Bez 2

Zusätze	Weichmacher	*Füllstoffe/ Verstärkung*	
Bevorzugte Verarbeitung	Spritzgiessen	*Lieferform*	Granulat
		Farben	Natur; Standard
Besondere Merkmale	Hochviskos; Etwas flexibel; Ausgezeichnete Verschleissfestigkeit; Ausgezeichnete Schlagfestigkeit	*Bevorzugte Anwendungen*	Technisches Formteil; Rolle und Walze fuer Bergbau; Hochspannungs-Schalthebel

Dichte	g/cm^3	1.03		*Schmelzindex*	g/10 min		:
Schüttdichte	g/cm^3			*Volumenfließindex*	cm^3/10 min		:
Viskositätszahl	ml/g						

Verarbeitungsbedingungen für Spritzgießen

Massetemp.	°C		*Schwindung*	%	lgs , quer
Werkzeugtemp.	°C		*Bemerkungen*		
Spritzdruck	bar				

Zugversuch 23 °C

	Probekörper:	*Form*		*Herstellung*
		Zustand		*Vorbehandlung*
Streckspannung	N/mm^2		*Dehnung bei Streckspannung*	%
Zugfestigkeit	N/mm^2		*Reißdehnung*	%
Reißfestigkeit	N/mm^2		% *Dehnspannung*	N/mm^2
E-Modul	N/mm^2		*Dehnung bei* % *Dehnspg.*	%

Kriechmoduln und Zeitstandwerte 23 °C

	Probekörper:	*Form*		*Herstellung*
		Zustand		*Vorbehandlung*
Kriechmodul	1 min N/mm^2		*Zeitstandzugfestigkeit*	h N/mm^2
Kriechmodul	1000 h N/mm^2		*Zeitdehnspg.* %	h N/mm^2
bei Spannung	N/mm^2			

Biegeversuch 23 °C

	Probekörper:	*Form*		*Herstellung*
		Zustand		*Vorbehandlung*
Biegefestigkeit	N/mm^2		*E-Modul*	N/mm^2
3,5% Biegespannung	N/mm^2			

Härte 23 °C

	Probekörper:	*Zustand*		*Herstellung*
				Vorbehandlung
Kugeldruckhärte	N/mm^2	bei N, s	*Shore-Härte* A	
Rockwellhärte			*Shore-Härte* D	

Schlagversuch

	Probekörper:	*(1)*		
		(2)		*Herstellung*
		Zustand		*Vorbehandlung*
		°C °C °C		*Probekörper-Form*

Schlagzähigkeit	kJ/m^2
Kerbschlagzähigkeit (1)	kJ/m^2
IZOD-Kerbschlagzähigkeit (2)	J/m
Kerbschlagzugzähigkeit	kJ/m^2

Abrieb und Reibung

Taber-Abrieb (Reibradverfahren)   mm³/100 U
Abriebfaktor LNP (Thrust washer) Vergleichswert
Statische Reibungszahl
Dynamische Reibungszahl   (p·v =   N/mm² ·   m/min)
Zulässiger p · v Wert   N/mm² · (m/min)   v =   m/min
                                                                  v =   m/min

---

Thermische Eigenschaften

Formbeständigkeit in der Wärme   *Verfahren* A   50–60 °C
                                     Verfahren B   145–155 °C
Vicat Erweichungstemperatur (VST) *Verfahren*   °C
                                     Verfahren   °C
Kristallit-Schmelzpunkt   *Verfahren* ASTM D 789   184–187 °C

Längenausdehnungskoeffizient   *Bereich*   -30–40   °C $0.9 \cdot 10^{-4} \text{K}^{-1}$
                                     Temperatur °C $\cdot 10^{-4} \text{K}^{-1}$
Wärmeleitfähigkeit   *Verfahren*   W/(K · m)

Spezifische Wärmekapazität   *Verfahren*   J/(K · g)

Glasumwandlungstemperatur   *Torsionsschwingungsversuch*   °C
                                     Differentialkalorimetrie   °C

Brandverhalten

UL-Test vertikal   Dicke 3.2   mm, Wert HB
                                     Dicke   mm, Wert

	Norm	*Bewertung*	*Abmessungen*
Sauerstoff-Index	ASTM D 2863		
Glühstab-Verfahren			
Brandverhalten	DIN 4102		
MVSS			
FAR			

Elektrische Eigenschaften

	Hz	°C			*Probekörper, Form*
Dielektrizitätszahl	50				
	10^3				
	10^6				
Dielektrischer Verlustfaktor tan δ	50				
	10^3				
	10^6				

Spezifischer Durchgangs-
   widerstand   Ohm · cm
Durchschlagfestigkeit   kV/mm   mm dick
Oberflächenwiderstand   Ohm

Kriechstromfestigkeit   KC   KB   KA
Elektrolytische Korrosionswirkung
Lichtbogenfestigkeit nach DIN
          nach ASTM   s

Beständigkeit *(Chemische Beständigkeit siehe Anhang)*

Wasseraufnahme 23 C   1 d   0.23 %

Feuchtigkeitsaufnahme Normalklima   %
Wetterbeständigkeit

Spannungskorrosion

Optische Eigenschaften

Brechungszahl n_D
Transmissionsgrad τ_c %   mm dick
Lichtdurchlässigkeit

Produkt	Polyamid 11		**PA**
Handelsname	**Rilsan BMN P 10**		
Hersteller	ATO		
DIN-Bez 1			
DIN-Bez 2			
Zusätze	Weichmacher	*Füllstoffe/ Verstärkung*	
Bevorzugte Verarbeitung	Spritzgiessen	*Lieferform*	Granulat
		Farben	Natur; Standard
Besondere Merkmale	Halbflexibel; Geraeuschdaempfend; Vibrationsdaempfend	*Bevorzugte Anwendungen*	Technisches Formteil; Maschinenbau; Elektroindustrie

Dichte	g/cm³	1.04	*Schmelzindex*	g/10 min	:
Schüttdichte	g/cm³		*Volumenfließindex*	cm³/10 min	:
Viskositätszahl	ml/g				

Verarbeitungsbedingungen für Spritzgießen

Massetemp.	°C		*Schwindung*	%	lgs , quer
Werkzeugtemp.	°C		*Bemerkungen*		
Spritzdruck	bar				

Zugversuch 23 °C

	Probekörper: Form	*Herstellung*	
	Zustand	*Vorbehandlung*	
Streckspannung	N/mm²	*Dehnung bei Streckspannung*	%
Zugfestigkeit	N/mm²	*Reißdehnung*	%
Reißfestigkeit	N/mm²	% *Dehnspannung*	N/mm²
E-Modul	N/mm²	*Dehnung bei* % *Dehnspg.*	%

Kriechmoduln und Zeitstandwerte 23 °C

	Probekörper: Form	*Herstellung*	
	Zustand	*Vorbehandlung*	
Kriechmodul	1 min N/mm²	*Zeitstandzugfestigkeit*	h N/mm²
Kriechmodul	1000 h N/mm²	*Zeitdehnspg.* %	h N/mm²
bei Spannung	N/mm²		

Biegeversuch 23 °C

	Probekörper: Form	*Herstellung*	
	Zustand	*Vorbehandlung*	
Biegefestigkeit	N/mm²	*E-Modul*	N/mm²
3,5% Biegespannung	N/mm²		

Härte 23 °C

	Probekörper: Zustand	*Herstellung*	
		Vorbehandlung	
Kugeldruckhärte	N/mm² bei N, s	*Shore-Härte* A	
Rockwellhärte		*Shore-Härte* D	

Schlagversuch

	Probekörper: (1)		
	(2)	*Herstellung*	
	Zustand	*Vorbehandlung*	
	°C	°C	°C	*Probekörper-Form*

Schlagzähigkeit	kJ/m²
Kerbschlagzähigkeit (1)	kJ/m²
IZOD-Kerbschlagzähigkeit (2)	J/m
Kerbschlagzugzähigkeit	kJ/m²

Abrieb und Reibung

Taber-Abrieb (Reibradverfahren)	mm³/100 U
Abriebfaktor LNP (Thrust washer) Vergleichswert	
Statische Reibungszahl	
Dynamische Reibungszahl	(p · v = N/mm² · m/min)
Zulässiger p · v Wert	N/mm² · (m/min) v = m/min
	v = m/min

Thermische Eigenschaften

Formbeständigkeit in der Wärme	*Verfahren*	A	50–60 °C
	Verfahren	B	140–155 °C
Vicat Erweichungstemperatur (VST)	*Verfahren*		°C
	Verfahren		°C
Kristallit-Schmelzpunkt	*Verfahren*	ASTM D 789	184–187 °C
Längenausdehnungskoeffizient	*Bereich*	-30–40 °C	$0.9 \cdot 10^{-4} \mathrm{K}^{-1}$
	Temperatur °C		$\cdot 10^{-4} \mathrm{K}^{-1}$
Wärmeleitfähigkeit	*Verfahren*		W/(K · m)
Spezifische Wärmekapazität	*Verfahren*		J/(K · g)
Glasumwandlungstemperatur	*Torsionsschwingungsversuch*		°C
	Differentialkalorimetrie		°C

Brandverhalten

UL-Test vertikal   Dicke 3.2   mm, Wert HB
                  Dicke   mm, Wert

	Norm	*Bewertung*	*Abmessungen*
Sauerstoff-Index	ASTM D 2863		
Glühstab-Verfahren			
Brandverhalten	DIN 4102		
MVSS			
FAR			

Elektrische Eigenschaften

		Hz	°C			*Probekörper, Form*
Dielektrizitätszahl		50				
		10^3				
		10^6				
Dielektrischer Verlustfaktor tan δ		50				
		10^3				
		10^6				
Spezifischer Durchgangs-widerstand	Ohm · cm		20	1.0*10**12		
Durchschlagfestigkeit	kV/mm		23	17		3.0 mm dick
Oberflächenwiderstand	Ohm		20	2.0*10**12		
Kriechstromfestigkeit	KC		KB		KA	
Elektrolytische Korrosionswirkung						
Lichtbogenfestigkeit nach DIN						
nach ASTM	s					

Beständigkeit *(Chemische Beständigkeit siehe Anhang)*

Wasseraufnahme 23 C		1 d	0.23 %
Feuchtigkeitsaufnahme Normalklima			%
Wetterbeständigkeit			
Spannungskorrosion			

Optische Eigenschaften

Brechungszahl n_D
Transmissionsgrad τ_c %   mm dick
Lichtdurchlässigkeit

Produkt	Polyamid 11		**PA**
Handelsname	**Rilsan BMN P 40**		
Hersteller	ATO		
DIN-Bez 1			
DIN-Bez 2			
Zusätze	Weichmacher	*Füllstoffe/ Verstärkung*	
Bevorzugte Verarbeitung	Spritzgiessen	*Lieferform*	Granulat
		Farben	Natur; Standard
Besondere Merkmale	Flexibel; Stossfest; Schlagfest	*Bevorzugte Anwendungen*	Dichtung; Elastische Abdeckung; Flexible Membran; Technisches Formteil

Dichte	g/cm^3	1.05	*Schmelzindex*	g/10 min		:
Schüttdichte	g/cm^3		*Volumenfließindex*	cm^3/10 min		:
Viskositätszahl	ml/g					

Verarbeitungsbedingungen für Spritzgießen

Massetemp.	°C	*Schwindung*	%	lgs	, quer
Werkzeugtemp.	°C	*Bemerkungen*			
Spritzdruck	bar				

Zugversuch 23 °C

	Probekörper:	*Form*		*Herstellung*	
		Zustand		*Vorbehandlung*	
Streckspannung	N/mm^2		*Dehnung bei Streckspannung*	%	
Zugfestigkeit	N/mm^2		*Reißdehnung*	%	
Reißfestigkeit	N/mm^2		% *Dehnspannung*	N/mm^2	
E-Modul	N/mm^2		*Dehnung bei*	% *Dehnspg.* %	

Kriechmoduln und Zeitstandwerte 23 °C

	Probekörper:	*Form*		*Herstellung*	
		Zustand		*Vorbehandlung*	
Kriechmodul	1 min N/mm^2		*Zeitstandzugfestigkeit*	h N/mm^2	
Kriechmodul	1000 h N/mm^2		*Zeitdehnspg.* %	h N/mm^2	
bei Spannung	N/mm^2				

Biegeversuch 23 °C

	Probekörper:	*Form*		*Herstellung*	
		Zustand		*Vorbehandlung*	
Biegefestigkeit	N/mm^2		*E-Modul*	N/mm^2	
3,5% Biegespannung	N/mm^2				

Härte 23 °C

	Probekörper:	*Zustand*	*Herstellung*	
			Vorbehandlung	
Kugeldruckhärte	N/mm^2	bei N, s	*Shore-Härte* A	
Rockwellhärte			*Shore-Härte* D	

Schlagversuch

	Probekörper:	*(1)* U-Kerbe		
		(2)	*Herstellung*	Spritzgiessen
		Zustand 0.5-0.7% Luftfeuchte	*Vorbehandlung*	
		°C　　　　°C	°C	*Probekörper-Form*
Schlagzähigkeit	kJ/m^2			
Kerbschlagzähigkeit (1)	kJ/m^2	20 o.B.		NKS
IZOD-Kerbschlagzähigkeit (2)	J/m			
Kerbschlagzugzähigkeit	kJ/m^2			

Abrieb und Reibung

Taber-Abrieb (Reibradverfahren)	mm^3/100 U
Abriebfaktor LNP (Thrust washer) Vergleichswert	
Statische Reibungszahl	
Dynamische Reibungszahl	(p·v = N/mm^2 · m/min)
Zulässiger p · v Wert	N/mm^2 · (m/min) v = m/min
	v = m/min

Thermische Eigenschaften

Formbeständigkeit in der Wärme	*Verfahren*	A	40–50 °C
	Verfahren	B	130–150 °C
Vicat Erweichungstemperatur (VST)	*Verfahren*		°C
	Verfahren		°C
Kristallit-Schmelzpunkt	*Verfahren*	ASTM D 789	184–187 °C
Längenausdehnungskoeffizient	*Bereich*	-30–40 °C	0.9 · 10^{-4}K^{-1}
	Temperatur °C		· 10^{-4}K^{-1}
Wärmeleitfähigkeit	*Verfahren*		W/(K · m)
Spezifische Wärmekapazität	*Verfahren*		J/(K · g)
Glasumwandlungstemperatur	*Torsionsschwingungsversuch*		°C
	Differentialkalorimetrie		°C

Brandverhalten

UL-Test vertikal	Dicke 3.2 mm, Wert HB
	Dicke mm, Wert

	Norm	*Bewertung*	*Abmessungen*
Sauerstoff-Index	ASTM D 2863		
Glühstab-Verfahren			
Brandverhalten	DIN 4102		
MVSS			
FAR			

Elektrische Eigenschaften

		Hz	°C			*Probekörper, Form*
Dielektrizitätszahl		50				
		10^3				
		10^6				
Dielektrischer Verlustfaktor tan δ		50				
		10^3				
		10^6				
Spezifischer Durchgangs-						
widerstand	Ohm · cm		20	1.0*10**11		
Durchschlagfestigkeit	kV/mm		23	17		3.0 mm dick
Oberflächenwiderstand	Ohm		20	5.0*10**11		
Kriechstromfestigkeit		KC		KB	KA	
Elektrolytische Korrosionswirkung						
Lichtbogenfestigkeit nach DIN						
nach ASTM	s					

Beständigkeit *(Chemische Beständigkeit siehe Anhang)*

Wasseraufnahme 23 C		1 d	0.23 %
Feuchtigkeitsaufnahme Normalklima			%
Wetterbeständigkeit			
Spannungskorrosion			

Optische Eigenschaften

Brechungszahl n$_D$			
Transmissionsgrad τ_c	%		mm dick
Lichtdurchlässigkeit			

Produkt	Polyamid 11	**PA**
Handelsname	**Rilsan BMHV P 40**	
Hersteller	ATO	
DIN-Bez 1		
DIN-Bez 2		

Zusätze	Weichmacher	*Füllstoffe/ Verstärkung*	
Bevorzugte Verarbeitung	Spritzgiessen	*Lieferform*	Granulat
		Farben	Natur; Standard
Besondere Merkmale	Sehr hochviskos; Sehr gute Schlagfestigkeit; Sehr gute Abriebfestigkeit	*Bevorzugte Anwendungen*	Technisches Formteil; Dickwandiges Formteil; Picker

---

Dichte	g/cm³	1.05	*Schmelzindex*	g/10 min	:
Schüttdichte	g/cm³		*Volumenfließindex*	cm³/10 min	:
Viskositätszahl	ml/g				

Verarbeitungsbedingungen für Spritzgießen

Massetemp.	°C	*Schwindung*	%	lgs　, quer
Werkzeugtemp.	°C	*Bemerkungen*		
Spritzdruck	bar			

Zugversuch 23 °C

Probekörper:	*Form*	*Herstellung*	
	Zustand	*Vorbehandlung*	

Streckspannung	N/mm²	*Dehnung bei Streckspannung*	%
Zugfestigkeit	N/mm²	*Reißdehnung*	%
Reißfestigkeit	N/mm²	*% Dehnspannung*	N/mm²
E-Modul	N/mm²	*Dehnung bei　% Dehnspg.*	%

Kriechmoduln und Zeitstandwerte 23 °C

Probekörper:	*Form*	*Herstellung*	
	Zustand	*Vorbehandlung*	

Kriechmodul	1 min N/mm²	*Zeitstandzugfestigkeit*	h	N/mm²
Kriechmodul	1000 h N/mm²	*Zeitdehnspg.* %	h	N/mm²
bei Spannung	N/mm²			

Biegeversuch 23 °C

Probekörper:	*Form*	*Herstellung*	
	Zustand	*Vorbehandlung*	

Biegefestigkeit	N/mm²	*E-Modul*	N/mm²
3,5% Biegespannung	N/mm²		

Härte 23 °C

Probekörper:	*Zustand*	*Herstellung*	
		Vorbehandlung	

Kugeldruckhärte	N/mm²　　bei　N, s	*Shore-Härte* A	
Rockwellhärte		*Shore-Härte* D	

Schlagversuch

Probekörper:	*(1)* U-Kerbe		
	(2)	*Herstellung*	Spritzgiessen
	Zustand 0.5-0.7% Luftfeuchte	*Vorbehandlung*	
	°C　　　　　°C	°C	*Probekörper-Form*

Schlagzähigkeit	kJ/m²		
Kerbschlagzähigkeit (1)	kJ/m²	20 o.B.	NKS
IZOD-Kerbschlagzähigkeit (2)	J/m		
Kerbschlagzugzähigkeit	kJ/m²		

Abrieb und Reibung

Taber-Abrieb (Reibradverfahren)	mm^3/100 U
Abriebfaktor LNP (Thrust washer) Vergleichswert	
Statische Reibungszahl	
Dynamische Reibungszahl	(p·v = N/mm^2 · m/min)
Zulässiger p · v Wert	N/mm^2 · (m/min) v = m/min
	v = m/min

Thermische Eigenschaften

Formbeständigkeit in der Wärme	*Verfahren*	A	40–50 °C
	Verfahren	B	130–150 °C
Vicat Erweichungstemperatur (VST)	*Verfahren*		°C
	Verfahren		°C
Kristallit-Schmelzpunkt	*Verfahren*	ASTM D 789	184–187 °C
Längenausdehnungskoeffizient	*Bereich*	-30–40 °C	0.9 · 10^{-4}K^{-1}
	Temperatur °C		· 10^{-4}K^{-1}
Wärmeleitfähigkeit	*Verfahren*		W/(K · m)
Spezifische Wärmekapazität	*Verfahren*		J/(K · g)
Glasumwandlungstemperatur	*Torsionsschwingungsversuch*		°C
	Differentialkalorimetrie		°C

Brandverhalten

UL-Test vertikal   Dicke 3.2   mm, Wert   HB
                  Dicke   mm, Wert

	Norm	*Bewertung*	*Abmessungen*
Sauerstoff-Index	ASTM D 2863		
Glühstab-Verfahren			
Brandverhalten	DIN 4102		
MVSS			
FAR			

Elektrische Eigenschaften

		Hz	°C		*Probekörper, Form*
Dielektrizitätszahl		50			
		10^3			
		10^6			
Dielektrischer Verlustfaktor tan δ		50			
		10^3			
		10^6			
Spezifischer Durchgangswiderstand	Ohm · cm	20	1.0*10**11		
Durchschlagfestigkeit	kV/mm	23	17		3.0 mm dick
Oberflächenwiderstand	Ohm	20	5.0*10**11		
Kriechstromfestigkeit	KC		KB	KA	
Elektrolytische Korrosionswirkung					
Lichtbogenfestigkeit nach DIN					
nach ASTM	s				

Beständigkeit *(Chemische Beständigkeit siehe Anhang)*

Wasseraufnahme 23 C		1 d	0.23 %
Feuchtigkeitsaufnahme Normalklima			%
Wetterbeständigkeit			
Spannungskorrosion			

Optische Eigenschaften

Brechungszahl n$_D$		
Transmissionsgrad τ_c	%	mm dick
Lichtdurchlässigkeit		

Produkt	Polyamid 11	**PA**
Handelsname	**Rilsan BMN W 3**	
Hersteller	ATO	
DIN-Bez 1		
DIN-Bez 2		

Zusätze   Brandschutzmittel   Füllstoffe/
                                     Verstärkung

Bevorzugte   Spritzgiessen   Lieferform   Granulat
Verarbeitung
                                    Farben   Schwarz

Besondere   Ausgewogene mechanische Eigen-   Bevorzugte   Technisches Formteil; Elektroindustrie
Merkmale   schaften   Anwendungen

Dichte   g/cm³   1.10   Schmelzindex   g/10 min   :
Schüttdichte   g/cm³   Volumenfließindex cm³/10 min   :
Viskositätszahl   ml/g

Verarbeitungsbedingungen für Spritzgießen

Massetemp.   °C   Schwindung   %   lgs   , quer
Werkzeugtemp.   °C   Bemerkungen
Spritzdruck   bar

Zugversuch 23 °C

            Probekörper: Form   Herstellung
                          Zustand   Vorbehandlung

Streckspannung   N/mm²   Dehnung bei Streckspannung   %
Zugfestigkeit   N/mm²   Reißdehnung   %
Reißfestigkeit   N/mm²   % Dehnspannung   N/mm²
E-Modul   N/mm²   Dehnung bei   % Dehnspg. %

Kriechmoduln und Zeitstandwerte 23 °C

            Probekörper: Form   Herstellung
                          Zustand   Vorbehandlung

Kriechmodul   1 min N/mm²   Zeitstandzugfestigkeit   h N/mm²
Kriechmodul   1000 h N/mm²   Zeitdehnspg. %   h N/mm²
bei Spannung   N/mm²

Biegeversuch 23 °C

            Probekörper: Form   Herstellung
                          Zustand   Vorbehandlung

Biegefestigkeit   N/mm²   E-Modul   N/mm²
3,5% Biegespannung   N/mm²

Härte 23 °C   Probekörper: Zustand   Herstellung
                                                       Vorbehandlung

Kugeldruckhärte   N/mm²   bei   N, s   Shore-Härte A
Rockwellhärte   Shore-Härte D

Schlagversuch   Probekörper: (1) U-Kerbe
                                  (2)   Herstellung   Spritzgiessen
                                  Zustand   0.5-0.7% Luftfeuchte   Vorbehandlung

                                  °C   °C   °C   Probekörper-Form

Schlagzähigkeit   kJ/m²
Kerbschlagzähigkeit (1)   kJ/m²   20 15   NKS
IZOD-Kerbschlagzähigkeit (2) J/m
Kerbschlagzugzähigkeit   kJ/m²

Abrieb und Reibung

Taber-Abrieb (Reibradverfahren)	mm^3/100 U
Abriebfaktor LNP (Thrust washer) Vergleichswert	
Statische Reibungszahl	
Dynamische Reibungszahl	(p·v = 　　N/mm^2 ·　　m/min)
Zulässiger p · v Wert	N/mm^2 · (m/min)　v =　　m/min
	v =　　m/min

Thermische Eigenschaften

Formbeständigkeit in der Wärme	*Verfahren*	A	50–60 °C
	Verfahren	B	150–155 °C
Vicat Erweichungstemperatur (VST)	*Verfahren*		°C
	Verfahren		°C
Kristallit-Schmelzpunkt	*Verfahren*	ASTM D 789	184–187 °C
Längenausdehnungskoeffizient	*Bereich*	-30–50　　°C	1.0 · 10^{-4}K^{-1}
	Temperatur °C		· 10^{-4}K^{-1}
Wärmeleitfähigkeit	*Verfahren*		W/(K · m)
Spezifische Wärmekapazität	*Verfahren*		J/(K · g)
Glasumwandlungstemperatur	*Torsionsschwingungsversuch*		°C
	Differentialkalorimetrie		°C

Brandverhalten

UL-Test vertikal	Dicke 3.2　mm, Wert V-2	
	Dicke　　mm, Wert	

	Norm	*Bewertung*	*Abmessungen*
Sauerstoff-Index	ASTM D 2863		
Glühstab-Verfahren			
Brandverhalten	DIN 4102		
MVSS			
FAR			

Elektrische Eigenschaften

		Hz	°C		*Probekörper, Form*
Dielektrizitätszahl		50			
		10^3			
		10^6			
Dielektrischer Verlustfaktor tan δ		50			
		10^3			
		10^6			
Spezifischer Durchgangs-widerstand	Ohm · cm		20	1.0*10**14	
Durchschlagfestigkeit	kV/mm		23	17	mm dick
Oberflächenwiderstand	Ohm				
Kriechstromfestigkeit	KC		KB	KA	
Elektrolytische Korrosionswirkung					
Lichtbogenfestigkeit nach DIN					
nach ASTM	s				

Beständigkeit *(Chemische Beständigkeit siehe Anhang)*

Wasseraufnahme

Feuchtigkeitsaufnahme Normalklima　　　　　　　　　　　　　　　　　　%
Wetterbeständigkeit

Spannungskorrosion

Optische Eigenschaften

Brechungszahl n$_D$
Transmissionsgrad τ$_c$　　%　　　　　　mm dick
Lichtdurchlässigkeit

Produkt	Polyamid 11		**PA**
Handelsname	**Rilsan BMN F 15**		
Hersteller	ATO		
DIN-Bez 1			
DIN-Bez 2			
Zusätze		*Füllstoffe/ Verstärkung*	
Bevorzugte Verarbeitung	Spritzgiessen	*Lieferform*	Granulat
		Farben	Natur; Schwarz
Besondere Merkmale	Flexibel; Gute Rueckprallelastizitaet	*Bevorzugte Anwendungen*	Sportschuhsohle; Dichtung; Kolbenteil

---

Dichte	g/cm³	1.06	*Schmelzindex*	g/10 min		:
Schüttdichte	g/cm³		*Volumenfließindex*	cm³/10 min		:
Viskositätszahl	ml/g					

Verarbeitungsbedingungen für Spritzgießen

Massetemp.	°C	*Schwindung*	%	lgs	, quer
Werkzeugtemp.	°C	*Bemerkungen*			
Spritzdruck	bar				

Zugversuch 23 °C

Probekörper:	*Form*	*Herstellung*	
	Zustand	*Vorbehandlung*	
Streckspannung	N/mm²	*Dehnung bei Streckspannung*	%
Zugfestigkeit	N/mm²	*Reißdehnung*	%
Reißfestigkeit	N/mm²	*% Dehnspannung*	N/mm²
E-Modul	N/mm²	*Dehnung bei % Dehnspg.*	%

Kriechmoduln und Zeitstandwerte 23 °C

Probekörper:	*Form*	*Herstellung*	
	Zustand	*Vorbehandlung*	
Kriechmodul	1 min N/mm²	*Zeitstandzugfestigkeit*	h N/mm²
Kriechmodul	1000 h N/mm²	*Zeitdehnspg. %*	h N/mm²
bei Spannung	N/mm²		

Biegeversuch 23 °C

Probekörper:	*Form*	*Herstellung*	
	Zustand	*Vorbehandlung*	
Biegefestigkeit	N/mm²	*E-Modul*	N/mm²
3,5% Biegespannung	N/mm²		

Härte 23 °C

Probekörper:	*Zustand*	*Herstellung*	
		Vorbehandlung	
Kugeldruckhärte	N/mm²　　bei　N, s	*Shore-Härte* A	
Rockwellhärte		*Shore-Härte* D	

Schlagversuch

Probekörper:	*(1)* U-Kerbe		
	(2)	*Herstellung*	Spritzgiessen
	Zustand 0.5-0.7% Luftfeuchte	*Vorbehandlung*	
	°C　　　　　°C	°C	*Probekörper-Form*

Schlagzähigkeit	kJ/m²		
Kerbschlagzähigkeit (1)	kJ/m²	20 o.B.	NKS
IZOD-Kerbschlagzähigkeit (2)	J/m		
Kerbschlagzugzähigkeit	kJ/m²		

Abrieb und Reibung

Taber-Abrieb (Reibradverfahren)   mm³/100 U
Abriebfaktor LNP (Thrust washer) Vergleichswert
Statische Reibungszahl
Dynamische Reibungszahl $(p \cdot v = \quad N/mm^2 \cdot \quad m/min)$
Zulässiger p · v Wert $N/mm^2 \cdot (m/min) \quad v = \quad m/min$
                                                      $v = \quad m/min$

Thermische Eigenschaften

Formbeständigkeit in der Wärme   *Verfahren*   °C
                                         Verfahren   °C
Vicat Erweichungstemperatur (VST)   *Verfahren*   °C
                                         Verfahren   °C
Kristallit-Schmelzpunkt   *Verfahren*   ASTM D 789   170–180 °C

Längenausdehnungskoeffizient   *Bereich*   -30–50   °C $1.3 \cdot 10^{-4} K^{-1}$
                                         Temperatur °C $\cdot 10^{-4} K^{-1}$
Wärmeleitfähigkeit   *Verfahren* $W/(K \cdot m)$

Spezifische Wärmekapazität   *Verfahren* $J/(K \cdot g)$

Glasumwandlungstemperatur   *Torsionsschwingungsversuch*   °C
                                         Differentialkalorimetrie   °C

Brandverhalten

UL-Test vertikal   Dicke 3.2   mm, Wert HB
                                         Dicke   mm, Wert

	Norm	*Bewertung*	*Abmessungen*
Sauerstoff-Index	ASTM D 2863		
Glühstab-Verfahren			
Brandverhalten	DIN 4102		
MVSS			
FAR			

Elektrische Eigenschaften

	Hz	°C		*Probekörper, Form*
Dielektrizitätszahl	50			
	10^3			
	10^6			
Dielektrischer Verlustfaktor tan δ	50			
	10^3			
	10^6			

Spezifischer Durchgangs-
  widerstand   Ohm · cm
Durchschlagfestigkeit   kV/mm   mm dick
Oberflächenwiderstand   Ohm

Kriechstromfestigkeit   KC   KB   KA
Elektrolytische Korrosionswirkung
Lichtbogenfestigkeit nach DIN
            nach ASTM   s

Beständigkeit *(Chemische Beständigkeit siehe Anhang)*

Wasseraufnahme

Feuchtigkeitsaufnahme Normalklima   %
Wetterbeständigkeit

Spannungskorrosion

Optische Eigenschaften

Brechungszahl n_D
Transmissionsgrad τ_c %   mm dick
Lichtdurchlässigkeit

			PA
Produkt	Polyamid 11		
Handelsname	**Rilsan BMN G8**		
Hersteller	ATO		
DIN-Bez 1			
DIN-Bez 2			
Zusätze	Graphit	*Füllstoffe/ Verstärkung*	
Bevorzugte Verarbeitung	Spritzgiessen	*Lieferform*	Granulat
		Farben	Grau-schwarz metallisch
Besondere Merkmale	Niedrigerer Reibungskoeffizient als BMN (Standardtyp ohne Zusaetze)	*Bevorzugte Anwendungen*	Technisches Formteil; Zahnrad; Zapfen; Nocken; Lager; Buchse

Dichte	g/cm³	1.04	*Schmelzindex*	g/10 min	:
Schüttdichte	g/cm³		*Volumenfließindex*	cm³/10 min	:
Viskositätszahl	ml/g				

Verarbeitungsbedingungen für Spritzgießen

Massetemp.	°C		*Schwindung*	%	lgs , quer
Werkzeugtemp.	°C		*Bemerkungen*		
Spritzdruck	bar				

Zugversuch 23 °C

	Probekörper: Form		*Herstellung*
	Zustand		*Vorbehandlung*
Streckspannung	N/mm²	*Dehnung bei Streckspannung*	%
Zugfestigkeit	N/mm²	*Reißdehnung*	%
Reißfestigkeit	N/mm²	*% Dehnspannung*	N/mm²
E-Modul	N/mm²	*Dehnung bei % Dehnspg.*	%

Kriechmoduln und Zeitstandwerte 23 °C

	Probekörper: Form		*Herstellung*
	Zustand		*Vorbehandlung*
Kriechmodul	1 min N/mm²	*Zeitstandzugfestigkeit*	h N/mm²
Kriechmodul	1000 h N/mm²	*Zeitdehnspg. %*	h N/mm²
bei Spannung	N/mm²		

Biegeversuch 23 °C

	Probekörper: Form		*Herstellung*
	Zustand		*Vorbehandlung*
Biegefestigkeit	N/mm²	*E-Modul*	N/mm²
3,5% Biegespannung	N/mm²		

Härte 23 °C

	Probekörper: Zustand		*Herstellung*
			Vorbehandlung
Kugeldruckhärte	N/mm² bei N, s	*Shore-Härte* A	
Rockwellhärte		*Shore-Härte* D	

Schlagversuch

	Probekörper: (1)		
	(2)		*Herstellung* Spritzgiessen
	Zustand 0.5-0.7 Luftfeuchte		*Vorbehandlung*
	°C	°C	°C *Probekörper-Form*

Schlagzähigkeit	kJ/m²		
Kerbschlagzähigkeit (1)	kJ/m²	20 20	NKS
IZOD-Kerbschlagzähigkeit (2)	J/m		
Kerbschlagzugzähigkeit	kJ/m²		

Abrieb und Reibung

Taber-Abrieb (Reibradverfahren)	mm^3/100 U
Abriebfaktor LNP (Thrust washer) Vergleichswert	
Statische Reibungszahl	
Dynamische Reibungszahl	(p·v = N/mm^2· m/min)
Zulässiger p · v Wert	N/mm^2 · (m/min) v = m/min
	v = m/min

Thermische Eigenschaften

Formbeständigkeit in der Wärme	*Verfahren*	B	160–170 °C
	Verfahren	A	55–65 °C
Vicat Erweichungstemperatur (VST)	*Verfahren*		°C
	Verfahren		°C
Kristallit-Schmelzpunkt	*Verfahren*	ASTM D 789	184–187 °C
Längenausdehnungskoeffizient	*Bereich*	-30–40 °C	1.0 · 10^{-4}K^{-1}
	Temperatur		· 10^{-4}K^{-1}
Wärmeleitfähigkeit	*Verfahren*		W/(K · m)
Spezifische Wärmekapazität	*Verfahren*		J/(K · g)
Glasumwandlungstemperatur	*Torsionsschwingungsversuch*		°C
	Differentialkalorimetrie		°C

Brandverhalten

UL-Test vertikal   Dicke 3.2   mm, Wert V-2
                                       Dicke   mm, Wert

	Norm	*Bewertung*	*Abmessungen*
Sauerstoff-Index	ASTM D 2863		
Glühstab-Verfahren			
Brandverhalten	DIN 4102		
MVSS			
FAR			

Elektrische Eigenschaften

		Hz	°C		*Probekörper, Form*
Dielektrizitätszahl		50			
		10^3			
		10^6			
Dielektrischer Verlustfaktor tan δ		50			
		10^3			
		10^6			
Spezifischer Durchgangs-					
widerstand	Ohm · cm		20	1.4*10**14	
Durchschlagfestigkeit	kV/mm		23	18	3 mm dick
Oberflächenwiderstand	Ohm		20	1.1*10**14	
Kriechstromfestigkeit	KC		KB	KA	
Elektrolytische Korrosionswirkung					
Lichtbogenfestigkeit nach DIN					
nach ASTM s					

Beständigkeit *(Chemische Beständigkeit siehe Anhang)*

Wasseraufnahme 23 C	1 d	0.23 %
Feuchtigkeitsaufnahme Normalklima		%
Wetterbeständigkeit		
Spannungskorrosion		

Optische Eigenschaften

Brechungszahl n$_D$
Transmissionsgrad τ_c %   mm dick
Lichtdurchlässigkeit

Produkt	Polyamid 11	**PA**
Handelsname	**Rilsan BMN Y**	
Hersteller	ATO	
DIN-Bez 1		
DIN-Bez 2		

Zusätze	Molybdaendisulfid	*Füllstoffe/ Verstärkung*	
Bevorzugte Verarbeitung	Spritzgiessen	*Lieferform*	Granulat
		Farben	Grau-schwarz metallisch
Besondere Merkmale	Sehr niedriger Reibungskoeffizient; Bessere Schlagzaehigkeit als BMN G8; Niedrigere Druckfestigkeit als BMN G8	*Bevorzugte Anwendungen*	Technisches Formteil; Zahnrad; Zapfen; Nocken; Lager; Buchse

---

Dichte	g/cm³	1.03	*Schmelzindex*	g/10 min	:
Schüttdichte	g/cm³		*Volumenfließindex*	cm³/10 min	:
Viskositätszahl	ml/g				

Verarbeitungsbedingungen für Spritzgießen

Massetemp.	°C		*Schwindung*	%	lgs , quer
Werkzeugtemp.	°C		*Bemerkungen*		
Spritzdruck	bar				

Zugversuch 23 °C

	Probekörper: Form		*Herstellung*
	Zustand		*Vorbehandlung*
Streckspannung	N/mm²	*Dehnung bei Streckspannung*	%
Zugfestigkeit	N/mm²	*Reißdehnung*	%
Reißfestigkeit	N/mm²	% *Dehnspannung*	N/mm²
E-Modul	N/mm²	*Dehnung bei* % *Dehnspg.*	%

Kriechmoduln und Zeitstandwerte 23 °C

	Probekörper: Form		*Herstellung*
	Zustand		*Vorbehandlung*
Kriechmodul	1 min N/mm²	*Zeitstandzugfestigkeit*	h N/mm²
Kriechmodul	1000 h N/mm²	*Zeitdehnspg.* %	h N/mm²
bei Spannung	N/mm²		

Biegeversuch 23 °C

	Probekörper: Form		*Herstellung*
	Zustand		*Vorbehandlung*
Biegefestigkeit	N/mm²	*E-Modul*	N/mm²
3,5% Biegespannung	N/mm²		

Härte 23 °C

	Probekörper: Zustand		*Herstellung*
			Vorbehandlung
Kugeldruckhärte	N/mm² bei N, s	*Shore-Härte* A	
Rockwellhärte		*Shore-Härte* D	

Schlagversuch

	Probekörper: (1)		
	(2)	*Herstellung*	Spritzgiessen
	Zustand 0.5-0.7 Luftfeuchte	*Vorbehandlung*	
	°C °C	°C	*Probekörper-Form*

Schlagzähigkeit	kJ/m²		
Kerbschlagzähigkeit (1)	kJ/m²	20 18	NKS
IZOD-Kerbschlagzähigkeit (2)	J/m		
Kerbschlagzugzähigkeit	kJ/m²		

Abrieb und Reibung

Taber-Abrieb (Reibradverfahren)   mm^3/100 U
Abriebfaktor LNP (Thrust washer) Vergleichswert
Statische Reibungszahl
Dynamische Reibungszahl   (p·v =   N/mm^2·   m/min)
Zulässiger p · v Wert   N/mm^2 · (m/min)   v =   m/min
                                                                             v =   m/min

Thermische Eigenschaften

Formbeständigkeit in der Wärme	*Verfahren*	B	140–160 °C
	Verfahren	A	50–60 °C
Vicat Erweichungstemperatur (VST)	*Verfahren*		°C
	Verfahren		°C
Kristallit-Schmelzpunkt	*Verfahren*	ASTM D 789	184–187 °C
Längenausdehnungskoeffizient	*Bereich*	-30–40 °C	0.9 · 10^{-4}K^{-1}
	Temperatur		· 10^{-4}K^{-1}
Wärmeleitfähigkeit	*Verfahren*		W/(K · m)
Spezifische Wärmekapazität	*Verfahren*		J/(K · g)
Glasumwandlungstemperatur	*Torsionsschwingungsversuch*		°C
	Differentialkalorimetrie		°C

Brandverhalten

UL-Test vertikal   Dicke 3.2   mm, Wert V-2
                                      Dicke   mm, Wert

	Norm	*Bewertung*	*Abmessungen*
Sauerstoff-Index	ASTM D 2863		
Glühstab-Verfahren			
Brandverhalten	DIN 4102		
MVSS			
FAR			

Elektrische Eigenschaften

		Hz	°C			*Probekörper, Form*
Dielektrizitätszahl		50				
		10^3				
		10^6				
Dielektrischer Verlustfaktor tan δ		50				
		10^3				
		10^6				
Spezifischer Durchgangs-						
widerstand	Ohm · cm		20	1.0*10**14		
Durchschlagfestigkeit	kV/mm		23	22		3 mm dick
Oberflächenwiderstand	Ohm		20	2.8*10**14		
Kriechstromfestigkeit		KC		KB	KA	
Elektrolytische Korrosionswirkung						
Lichtbogenfestigkeit nach DIN						
nach ASTM	s					

Beständigkeit *(Chemische Beständigkeit siehe Anhang)*

Wasseraufnahme 23 C   1 d   0.25 %

Feuchtigkeitsaufnahme Normalklima   %
Wetterbeständigkeit

Spannungskorrosion

Optische Eigenschaften

Brechungszahl n$_D$
Transmissionsgrad τ$_c$ %   mm dick
Lichtdurchlässigkeit

Produkt	Polyamid 11		**PA**
Handelsname	**Rilsan BMN Y BZ TL**		
Hersteller	ATO		
DIN-Bez 1			
DIN-Bez 2			
Zusätze	Molybdaendisulfid; Lichtstabilisator	*Füllstoffe/ Verstärkung*	Bronzekugel, fein
Bevorzugte Verarbeitung	Spritzgiessen	*Lieferform*	Granulat
		Farben	Braun metallisch
Besondere Merkmale	Ausgezeichnete Druckfestigkeit; Gute Waermeleitfaehigkeit; Waermestabilisiert	*Bevorzugte Anwendungen*	Technisches Formteil; Zahnrad; Zapfen; Nocken; Lager; Buchse

Dichte	g/cm^3	3.8–4.2	*Schmelzindex*	g/10 min		:
Schüttdichte	g/cm^3		*Volumenfließindex*	cm^3/10 min		:
Viskositätszahl	ml/g					

Verarbeitungsbedingungen für Spritzgießen

Massetemp.	°C	*Schwindung*	%	lgs	, quer
Werkzeugtemp.	°C	*Bemerkungen*			
Spritzdruck	bar				

Zugversuch 23 °C

		Probekörper:	Form	*Herstellung*	
			Zustand	*Vorbehandlung*	
Streckspannung	N/mm^2			*Dehnung bei Streckspannung*	%
Zugfestigkeit	N/mm^2			*Reißdehnung*	%
Reißfestigkeit	N/mm^2			% *Dehnspannung*	N/mm^2
E-Modul	N/mm^2			*Dehnung bei* % *Dehnspg.*	%

Kriechmoduln und Zeitstandwerte 23 °C

		Probekörper:	Form	*Herstellung*	
			Zustand	*Vorbehandlung*	
Kriechmodul	1 min N/mm^2			*Zeitstandzugfestigkeit*	h N/mm^2
Kriechmodul	1000 h N/mm^2			*Zeitdehnspg.* %	h N/mm^2
bei Spannung	N/mm^2				

Biegeversuch 23 °C

		Probekörper:	Form	*Herstellung*	
			Zustand	*Vorbehandlung*	
Biegefestigkeit	N/mm^2		*E-Modul*	N/mm^2	
3,5% Biegespannung	N/mm^2				

Härte 23 °C   *Probekörper:* Zustand   *Herstellung* / *Vorbehandlung*

Kugeldruckhärte	N/mm^2	bei N, s	*Shore-Härte* A	
Rockwellhärte			*Shore-Härte* D	

Schlagversuch   *Probekörper:* (1) / (2) / Zustand   *Herstellung* / *Vorbehandlung*

	°C	°C	°C	*Probekörper-Form*

Schlagzähigkeit	kJ/m^2	
Kerbschlagzähigkeit (1)	kJ/m^2	
IZOD-Kerbschlagzähigkeit (2)	J/m	
Kerbschlagzugzähigkeit	kJ/m^2	

Abrieb und Reibung

Taber-Abrieb (Reibradverfahren)	mm³/100 U
Abriebfaktor LNP (Thrust washer) Vergleichswert	
Statische Reibungszahl	
Dynamische Reibungszahl	$(p \cdot v =$ N/mm² · m/min)
Zulässiger p · v Wert	N/mm² · (m/min) v = m/min
	v = m/min

Thermische Eigenschaften

Formbeständigkeit in der Wärme	*Verfahren*	B	170 °C
	Verfahren	A	100 °C
Vicat Erweichungstemperatur (VST)	*Verfahren*		°C
	Verfahren		°C
Kristallit-Schmelzpunkt	*Verfahren*	ASTM D 789	184–187 °C
Längenausdehnungskoeffizient	*Bereich*	≤ 40 °C	$0.7 \cdot 10^{-4} \mathrm{K}^{-1}$
	Temperatur		$\cdot 10^{-4} \mathrm{K}^{-1}$
Wärmeleitfähigkeit	*Verfahren*		$W/(K \cdot m)$
Spezifische Wärmekapazität	*Verfahren*		$J/(K \cdot g)$
Glasumwandlungstemperatur	*Torsionsschwingungsversuch*		°C
	Differentialkalorimetrie		°C

Brandverhalten

UL-Test vertikal	Dicke	mm, Wert
	Dicke	mm, Wert

	Norm	*Bewertung*	*Abmessungen*
Sauerstoff-Index	ASTM D 2863		
Glühstab-Verfahren			
Brandverhalten	DIN 4102		
MVSS			
FAR			

Elektrische Eigenschaften

		Hz	°C		*Probekörper, Form*
Dielektrizitätszahl		50			
		10^3			
		10^6			
Dielektrischer Verlustfaktor $\tan \delta$		50			
		10^3			
		10^6			
Spezifischer Durchgangs-widerstand	Ohm · cm		20	3.0*10**4–4.0*10**8	
Durchschlagfestigkeit	kV/mm				mm dick
Oberflächenwiderstand	Ohm				
Kriechstromfestigkeit		KC	KB	KA	
Elektrolytische Korrosionswirkung					
Lichtbogenfestigkeit nach DIN					
nach ASTM	s				

Beständigkeit *(Chemische Beständigkeit siehe Anhang)*

Wasseraufnahme 23 C	1 d	0.05 %
Feuchtigkeitsaufnahme Normalklima		%
Wetterbeständigkeit		
Spannungskorrosion		

Optische Eigenschaften

Brechungszahl n_D			
Transmissionsgrad τ_c	%		mm dick
Lichtdurchlässigkeit			

Produkt	Polyamid 11	**PA**
Handelsname	**Rilsan BZM 23 G9**	
Hersteller	ATO	
DIN-Bez 1		
DIN-Bez 2		

Zusätze	Graphit	*Füllstoffe/ Verstärkung*	23.0% Glasfaser
Bevorzugte Verarbeitung	Spritzgiessen	*Lieferform*	Granulat
		Farben	Grau-schwarz metallisch
Besondere Merkmale	Grosse Steifigkeit; Hohe Druckfestigkeit; Geringer Ausdehnungskoeffizient; Begrenzte Abriebfestigkeit	*Bevorzugte Anwendungen*	Technisches Formteil; Zahnrad; Zapfen; Nocken; Lager; Buchse

Dichte	g/cm^3	1.22	*Schmelzindex*	g/10 min	:
Schüttdichte	g/cm^3		*Volumenfließindex*	cm^3/10 min	:
Viskositätszahl	ml/g				

Verarbeitungsbedingungen für Spritzgießen

Massetemp.	°C		*Schwindung*	%	lgs , quer
Werkzeugtemp.	°C		*Bemerkungen*		
Spritzdruck	bar				

Zugversuch 23 °C

	Probekörper:	*Form*	*Herstellung*
		Zustand	*Vorbehandlung*

Streckspannung	N/mm^2	*Dehnung bei Streckspannung*	%
Zugfestigkeit	N/mm^2	*Reißdehnung*	%
Reißfestigkeit	N/mm^2	*% Dehnspannung*	N/mm^2
E-Modul	N/mm^2	*Dehnung bei % Dehnspg.*	%

Kriechmoduln und Zeitstandwerte 23 °C

	Probekörper:	*Form*	*Herstellung*
		Zustand	*Vorbehandlung*

Kriechmodul	1 min N/mm^2	*Zeitstandzugfestigkeit*	h N/mm^2
Kriechmodul	1000 h N/mm^2	*Zeitdehnspg. %*	h N/mm^2
bei Spannung	N/mm^2		

Biegeversuch 23 °C

	Probekörper:	*Form*	*Herstellung*
		Zustand	*Vorbehandlung*

Biegefestigkeit	N/mm^2	*E-Modul*	N/mm^2
3,5% Biegespannung	N/mm^2		

Härte 23 °C

	Probekörper:	*Zustand*	*Herstellung*
			Vorbehandlung

Kugeldruckhärte	N/mm^2	bei N, s	*Shore-Härte* A
Rockwellhärte			*Shore-Härte* D

Schlagversuch

	Probekörper:	*(1)*	
		(2)	*Herstellung* Spritzgiessen
		Zustand 0.5-0.7 Luftfeuchte	*Vorbehandlung*

	°C	°C	°C	*Probekörper-Form*

Schlagzähigkeit	kJ/m^2			
Kerbschlagzähigkeit (1)	kJ/m^2	20 22		NKS
IZOD-Kerbschlagzähigkeit (2)	J/m			
Kerbschlagzugzähigkeit	kJ/m^2			

Abrieb und Reibung

Taber-Abrieb (Reibradverfahren)	mm³/100 U
Abriebfaktor LNP (Thrust washer) Vergleichswert	
Statische Reibungszahl	
Dynamische Reibungszahl	(p·v = N/mm² · m/min)
Zulässiger p · v Wert	N/mm² · (m/min) v = m/min
	v = m/min

Thermische Eigenschaften

Formbeständigkeit in der Wärme	*Verfahren*	B	180–185 °C
	Verfahren	A	170–175 °C
Vicat Erweichungstemperatur (VST)	*Verfahren*		°C
	Verfahren		°C
Kristallit-Schmelzpunkt	*Verfahren*	ASTM D 789	184–187 °C
Längenausdehnungskoeffizient	*Bereich*	-30–150 °C	$0.3 \cdot 10^{-4} \mathrm{K}^{-1}$
	Temperatur		$\cdot 10^{-4} \mathrm{K}^{-1}$
Wärmeleitfähigkeit	*Verfahren*		W/(K · m)
Spezifische Wärmekapazität	*Verfahren*		J/(K · g)
Glasumwandlungstemperatur	*Torsionsschwingungsversuch*		°C
	Differentialkalorimetrie		°C

Brandverhalten

UL-Test vertikal		Dicke 3.2 mm, Wert HB		
		Dicke mm, Wert		
	Norm	*Bewertung*		*Abmessungen*
Sauerstoff-Index	ASTM D 2863			
Glühstab-Verfahren				
Brandverhalten	DIN 4102			
MVSS				
FAR				

Elektrische Eigenschaften

	Hz	°C		*Probekörper, Form*
Dielektrizitätszahl	50			
	10^3			
	10^6			
Dielektrischer Verlustfaktor tan δ	50			
	10^3			
	10^6			
Spezifischer Durchgangswiderstand	Ohm · cm	20	1.9*10**13	
Durchschlagfestigkeit	kV/mm			mm dick
Oberflächenwiderstand	Ohm	20	5.7*10**11	
Kriechstromfestigkeit	KC	KB	KA	
Elektrolytische Korrosionswirkung				
Lichtbogenfestigkeit nach DIN				
nach ASTM	s			

Beständigkeit *(Chemische Beständigkeit siehe Anhang)*

Wasseraufnahme 23 C		1 d	0.10 %
Feuchtigkeitsaufnahme Normalklima			%
Wetterbeständigkeit			
Spannungskorrosion			

Optische Eigenschaften

Brechungszahl n_D			
Transmissionsgrad τ_c	%	mm dick	
Lichtdurchlässigkeit			

Produkt	Polyamid 11		**PA**
Handelsname	**Rilsan BZM 43 G9**		
Hersteller	ATO		
DIN-Bez 1			
DIN-Bez 2			
Zusätze	Graphit	*Füllstoffe/ Verstärkung*	43.0% Glasfaser
Bevorzugte Verarbeitung	Spritzgiessen	*Lieferform*	Granulat
		Farben	Grau-schwarz metallisch
Besondere Merkmale	Sehr hohe Steifigkeit; Sehr niedriger Ausdehnungskoeffizient; Begrenzte Abriebfestigkeit	*Bevorzugte Anwendungen*	Technisches Formteil; Zahnrad; Zapfen; Nocken; Lager; Buchse

Dichte	g/cm^3	1.42	*Schmelzindex*	g/10 min		:
Schüttdichte	g/cm^3		*Volumenfließindex*	cm^3/10 min		:
Viskositätszahl	ml/g					

Verarbeitungsbedingungen für Spritzgießen

Massetemp.	°C	*Schwindung*	%	lgs	, quer
Werkzeugtemp.	°C	*Bemerkungen*			
Spritzdruck	bar				

Zugversuch 23 °C

	Probekörper:	Form	*Herstellung*	
		Zustand	*Vorbehandlung*	
Streckspannung	N/mm^2		*Dehnung bei Streckspannung*	%
Zugfestigkeit	N/mm^2		*Reißdehnung*	%
Reißfestigkeit	N/mm^2		% *Dehnspannung*	N/mm^2
E-Modul	N/mm^2		*Dehnung bei* % *Dehnspg.*	%

Kriechmoduln und Zeitstandwerte 23 °C

	Probekörper:	Form	*Herstellung*	
		Zustand	*Vorbehandlung*	
Kriechmodul	1 min N/mm^2		*Zeitstandzugfestigkeit*	h N/mm^2
Kriechmodul	1000 h N/mm^2		*Zeitdehnspg.* %	h N/mm^2
bei Spannung	N/mm^2			

Biegeversuch 23 °C

	Probekörper:	Form	*Herstellung*	
		Zustand	*Vorbehandlung*	
Biegefestigkeit	N/mm^2		*E-Modul*	N/mm^2
3,5% Biegespannung	N/mm^2			

Härte 23 °C

	Probekörper:	Zustand	*Herstellung*	
			Vorbehandlung	
Kugeldruckhärte	N/mm^2	bei N, s	*Shore-Härte* A	
Rockwellhärte			*Shore-Härte* D	

Schlagversuch

	Probekörper:	(1)			
		(2)	*Herstellung*	Spritzgiessen	
		Zustand 0.5-0.7 Luftfeuchte	*Vorbehandlung*		
		°C	°C	°C	*Probekörper-Form*
Schlagzähigkeit	kJ/m^2				
Kerbschlagzähigkeit (1)	kJ/m^2 20 25				NKS
IZOD-Kerbschlagzähigkeit (2)	J/m				
Kerbschlagzugzähigkeit	kJ/m^2				

Abrieb und Reibung

Taber-Abrieb (Reibradverfahren)	mm³/100 U	
Abriebfaktor LNP (Thrust washer) Vergleichswert		
Statische Reibungszahl		
Dynamische Reibungszahl	$(p \cdot v =$ N/mm² · m/min$)$	
Zulässiger p · v Wert	N/mm² · (m/min) v = m/min	
	v = m/min	

Thermische Eigenschaften

Formbeständigkeit in der Wärme	*Verfahren*	B	185–190 °C
	Verfahren	A	175–185 °C
Vicat Erweichungstemperatur (VST)	*Verfahren*		°C
	Verfahren		°C
Kristallit-Schmelzpunkt	*Verfahren*	ASTM D 789	184–187 °C
Längenausdehnungskoeffizient	*Bereich*	50–150 °C	$0.13 \cdot 10^{-4} \mathrm{K}^{-1}$
	Temperatur		$\cdot 10^{-4} \mathrm{K}^{-1}$
Wärmeleitfähigkeit	*Verfahren*		W/(K · m)
Spezifische Wärmekapazität	*Verfahren*		J/(K · g)
Glasumwandlungstemperatur	*Torsionsschwingungsversuch*		°C
	Differentialkalorimetrie		°C

Brandverhalten

UL-Test vertikal	Dicke 3.2 mm, Wert HB	
	Dicke mm, Wert	

	Norm	*Bewertung*	*Abmessungen*
Sauerstoff-Index	ASTM D 2863		
Glühstab-Verfahren			
Brandverhalten	DIN 4102		
MVSS			
FAR			

Elektrische Eigenschaften

		Hz	°C		*Probekörper, Form*
Dielektrizitätszahl		50			
		10^3			
		10^6			
Dielektrischer Verlustfaktor $\tan \delta$		50			
		10^3			
		10^6			
Spezifischer Durchgangs-widerstand	Ohm · cm		20	4.5*10**13	
Durchschlagfestigkeit	kV/mm				mm dick
Oberflächenwiderstand	Ohm		20	5.9*10**12	
Kriechstromfestigkeit	KC		KB	KA	
Elektrolytische Korrosionswirkung					
Lichtbogenfestigkeit nach DIN					
nach ASTM s					

Beständigkeit *(Chemische Beständigkeit siehe Anhang)*

Wasseraufnahme 23 C		1 d	0.10 %
Feuchtigkeitsaufnahme Normalklima			%
Wetterbeständigkeit			
Spannungskorrosion			

Optische Eigenschaften

Brechungszahl n_D		
Transmissionsgrad τ_c	%	mm dick
Lichtdurchlässigkeit		

Produkt	Polyamid 66	**PA**
Handelsname	**Durethan AKV 30**	
Hersteller	BAYER	
DIN-Bez 1		
DIN-Bez 2		

Zusätze		*Füllstoffe/ Verstärkung*	30.0% Glasfaser
Bevorzugte Verarbeitung	Spritzgiessen	*Lieferform*	Granulat
		Farben	Natur; Standard gedeckt
Besondere Merkmale	Hohe Festigkeit; Hohe Steifigkeit; Hohe Haerte	*Bevorzugte Anwendungen*	Elektrotechnik; Maschinenbau; Fein- werktechnik; Fahrzeugbau; Haushalts- artikel; Bedarfsartikel; Bauindustrie; Moebelindustrie; Freizeitartikel; Sport- artikel

---

Dichte	g/cm^3	1.35		*Schmelzindex*	g/10 min	:
Schüttdichte	g/cm^3	0.70		*Volumenfließindex*	cm^3/10 min	:
Viskositätszahl	ml/g					

Verarbeitungsbedingungen für Spritzgießen

Massetemp.	°C	270–290		*Schwindung*	%	lgs	0.3, quer
Werkzeugtemp.	°C	80–120		*Bemerkungen*		
Spritzdruck	bar	≧800				

Zugversuch 23 °C DIN 53455; DIN 53457

	Probekörper:	*Form*	Nr.3	*Herstellung*	Spritzgiessen
		Zustand	Spritzfrisch	*Vorbehandlung*	

Streckspannung	N/mm^2		*Dehnung bei Streckspannung*	%	
Zugfestigkeit	N/mm^2		*Reißdehnung*	%	3.5
Reißfestigkeit	N/mm^2	200	*0.1% Dehnspannung*	N/mm^2	115
E-Modul	N/mm^2	9700	*Dehnung bei* 0.1% *Dehnspg.*	%	1.3

Kriechmoduln und Zeitstandwerte 23 °C

	Probekörper:	*Form*	*Herstellung*	
		Zustand	*Vorbehandlung*	

Kriechmodul	*1 min* N/mm^2		*Zeitstandzugfestigkeit*	h N/mm^2	
Kriechmodul	*1000 h* N/mm^2		*Zeitdehnspg.* %	h N/mm^2	
bei Spannung	N/mm^2				

Biegeversuch 23 °C DIN 53452; DIN 53457

	Probekörper:	*Form*	120 x 10 x 4 mm	*Herstellung*	Spritzgiessen
		Zustand	Spritzfrisch	*Vorbehandlung*	

Biegefestigkeit	N/mm^2 280	*E-Modul*	N/mm^2 9500
3,5% Biegespannung	N/mm^2 260		

Härte 23 °C

	Probekörper:	*Zustand*	Spritzfrisch	*Herstellung*	Spritzgiessen
				Vorbehandlung	

Kugeldruckhärte	N/mm^2 220	bei N, 30 s	*Shore-Härte* A	
Rockwellhärte			*Shore-Härte* D	

Schlagversuch

	Probekörper:	*(1)* U-Kerbe		
		(2) V-Kerbe	*Herstellung*	Spritzgiessen
		Zustand Spritzfrisch	*Vorbehandlung*	

	°C	°C	°C	*Probekörper-Form*
Schlagzähigkeit	kJ/m^2 23 50	-40 40		NKS
Kerbschlagzähigkeit (1)	kJ/m^2 23 13			NKS
IZOD-Kerbschlagzähigkeit (2)	J/m 23 100			63.5 x 12.7 x 3.2 mm
Kerbschlagzugzähigkeit	kJ/m^2			

Abrieb und Reibung

Taber-Abrieb (Reibradverfahren)   mm³/100 U
Abriebfaktor LNP (Thrust washer) Vergleichswert
Statische Reibungszahl
Dynamische Reibungszahl   (p·v =   N/mm² ·   m/min)
Zulässiger p · v Wert   N/mm² · (m/min)   v =   m/min
                                                                    v =   m/min

Thermische Eigenschaften

Formbeständigkeit in der Wärme	Verfahren	A	250 °C
	Verfahren	B	250 °C
Vicat Erweichungstemperatur (VST)	Verfahren	B/50	$\geqq$ 200 °C
	Verfahren		°C
Kristallit-Schmelzpunkt	Verfahren	Kofler-Bank	255 °C

Längenausdehnungskoeffizient   Bereich   °C $\cdot 10^{-4} K^{-1}$
                                     Temperatur 23 °C $0.20–0.30 \cdot 10^{-4} K^{-1}$
Wärmeleitfähigkeit   Verfahren   DIN 52612   23 °C   0.2–0.3 W/(K · m)

Spezifische Wärmekapazität   Verfahren   23 °C   1.4–1.5 J/(K · g)

Glasumwandlungstemperatur   Torsionsschwingungsversuch   °C
                                     Differentialkalorimetrie   °C

Brandverhalten

UL-Test vertikal   Dicke 1.6   mm, Wert HB
                                     Dicke   mm, Wert

	Norm	Bewertung	Abmessungen
Sauerstoff-Index	ASTM D 2863		
Glühstab-Verfahren			
Brandverhalten	DIN 4102		
MVSS			
FAR			

Elektrische Eigenschaften

		Hz	°C		Probekörper, Form
Dielektrizitätszahl		50	23	4.1	2 mm dick
		10^3	23	4.1	2 mm dick
		10^6	23	3.8	2 mm dick
Dielektrischer Verlustfaktor tan δ	.	50	23	0.0076	2 mm dick
		10^3	23	0.013	2 mm dick
		10^6	23	0.017	2 mm dick
Spezifischer Durchgangs-					
widerstand	Ohm · cm		23	1.0*10**15	2 mm dick
Durchschlagfestigkeit	kV/mm		23	$\geqq$ 80	1 mm dick
Oberflächenwiderstand	Ohm		23	1.0*10**14	2 mm dick

Kriechstromfestigkeit   KC >500   KB   KA 400
Elektrolytische Korrosionswirkung   AN 1.6   2 mm dick
Lichtbogenfestigkeit nach DIN
                  nach ASTM   s

Beständigkeit (Chemische Beständigkeit siehe Anhang)

Wasseraufnahme A/23 C   1 d   0.8 %

Feuchtigkeitsaufnahme Normalklima   1.3–1.7 %
Wetterbeständigkeit

Spannungskorrosion

Optische Eigenschaften

Brechungszahl n_D
Transmissionsgrad τ_c %   mm dick
Lichtdurchlässigkeit

Produkt	Polyamid 66	**PA**
Handelsname	**Durethan AKV 30 H**	
Hersteller	BAYER	
DIN-Bez 1		
DIN-Bez 2		

Zusätze	Waermestabilisator	*Füllstoffe/ Verstärkung*	30.0% Glasfaser
Bevorzugte Verarbeitung	Spritzgiessen	*Lieferform*	Granulat
		Farben	Natur; Standard gedeckt
Besondere Merkmale	Hohe Festigkeit; Hohe Steifigkeit; Hohe Haerte; Erhoehte Waermealterungsbestaendigkeit	*Bevorzugte Anwendungen*	Elektrotechnik; Maschinenbau; Feinwerktechnik; Fahrzeugbau; Haushaltsartikel; Bedarfsartikel; Bauindustrie; Moebelindustrie; Freizeitartikel; Sportartikel

Dichte	g/cm³	1.35	*Schmelzindex*	g/10 min	:	
Schüttdichte	g/cm³	0.70	*Volumenfließindex*	cm³/10 min	:	
Viskositätszahl	ml/g					

Verarbeitungsbedingungen für Spritzgießen

Massetemp.	°C	270–290	*Schwindung*	%	lgs	, quer
Werkzeugtemp.	°C	80–120	*Bemerkungen*			
Spritzdruck	bar	≥800				

Zugversuch 23 °C   DIN 53455; DIN 53457

	Probekörper:	*Form*	Nr.3	*Herstellung*	Spritzgiessen
		Zustand	Spritzfrisch	*Vorbehandlung*	

Streckspannung	N/mm²		*Dehnung bei Streckspannung*	%	
Zugfestigkeit	N/mm²		*Reißdehnung*	%	3.5
Reißfestigkeit	N/mm²	200	*0.1% Dehnspannung*	N/mm²	115
E-Modul	N/mm²	9700	*Dehnung bei* 0.1% *Dehnspg.*	%	1.3

Kriechmoduln und Zeitstandwerte 23 °C

	Probekörper:	*Form*	*Herstellung*	
		Zustand	*Vorbehandlung*	

Kriechmodul	1 min N/mm²	*Zeitstandzugfestigkeit*	h N/mm²	
Kriechmodul	1000 h N/mm²	*Zeitdehnspg.* %	h N/mm²	
bei Spannung	N/mm²			

Biegeversuch 23 °C   DIN 53452; DIN 53457

	Probekörper:	*Form*	120 x 10 x 4 mm	*Herstellung*	Spritzgiessen
		Zustand	Spritzfrisch	*Vorbehandlung*	

Biegefestigkeit	N/mm² 280	*E-Modul*	N/mm² 9500	
3,5% Biegespannung	N/mm² 260			

Härte 23 °C

	Probekörper:	*Zustand*	Spritzfrisch	*Herstellung*	Spritzgiessen
				Vorbehandlung	

Kugeldruckhärte	N/mm² 220	bei N, 30 s	*Shore-Härte* A	
Rockwellhärte			*Shore-Härte* D	

Schlagversuch

	Probekörper:	*(1)* U-Kerbe		
		(2) V-Kerbe	*Herstellung*	Spritzgiessen
		Zustand Spritzfrisch	*Vorbehandlung*	

	°C	°C	°C	*Probekörper-Form*
Schlagzähigkeit	kJ/m²	23 50	-40 40	NKS
Kerbschlagzähigkeit (1)	kJ/m²	23 13		NKS
IZOD-Kerbschlagzähigkeit (2)	J/m	23 100		63.5 x 12.7 x 3.2 mm
Kerbschlagzugzähigkeit	kJ/m²			

Abrieb und Reibung

Taber-Abrieb (Reibradverfahren)	mm³/100 U	
Abriebfaktor LNP (Thrust washer) Vergleichswert		
Statische Reibungszahl		
Dynamische Reibungszahl	$(p \cdot v =$ N/mm² · m/min)	
Zulässiger p · v Wert	N/mm² · (m/min) $v =$ m/min	
	$v =$ m/min	

Thermische Eigenschaften

Formbeständigkeit in der Wärme	*Verfahren*	A	250 °C
	Verfahren	B	250 °C
Vicat Erweichungstemperatur (VST)	*Verfahren*	B/50	$\geq$ 200 °C
	Verfahren		°C
Kristallit-Schmelzpunkt	*Verfahren*	Kofler-Bank	255 °C
Längenausdehnungskoeffizient	*Bereich*	°C	$\cdot 10^{-4} K^{-1}$
	Temperatur 23 °C		$0.20{-}0.30 \cdot 10^{-4} K^{-1}$
Wärmeleitfähigkeit	*Verfahren* DIN 52612	23 °C	0.2–0.3 W/(K · m)
Spezifische Wärmekapazität	*Verfahren*	23 °C	1.4–1.5 J/(K · g)
Glasumwandlungstemperatur	*Torsionsschwingungsversuch*		°C
	Differentialkalorimetrie		°C

Brandverhalten

UL-Test vertikal   Dicke 1.6   mm, Wert HB
             Dicke   mm, Wert

	Norm	*Bewertung*	*Abmessungen*
Sauerstoff-Index	ASTM D 2863		
Glühstab-Verfahren			
Brandverhalten	DIN 4102		
MVSS			
FAR			

Elektrische Eigenschaften

	Hz	°C	*Probekörper, Form*
Dielektrizitätszahl	50		
	10^3		
	10^6		
Dielektrischer Verlustfaktor $\tan \delta$	50		
	10^3		
	10^6		
Spezifischer Durchgangs-widerstand	Ohm · cm		
Durchschlagfestigkeit	kV/mm		mm dick
Oberflächenwiderstand	Ohm		
Kriechstromfestigkeit	KC > 500 KB KA 400		
Elektrolytische Korrosionswirkung			
Lichtbogenfestigkeit nach DIN			
nach ASTM	s		

Beständigkeit *(Chemische Beständigkeit siehe Anhang)*

Wasseraufnahme A/23 C	1 d	0.8 %
Feuchtigkeitsaufnahme Normalklima		1.3–1.7 %
Wetterbeständigkeit		
Spannungskorrosion		

Optische Eigenschaften

Brechungszahl n_D		
Transmissionsgrad τ_c	%	mm dick
Lichtdurchlässigkeit		

Produkt	Polyamid 6		**PA**

Handelsname **Durethan BKV 30**

Hersteller BAYER

DIN-Bez 1
DIN-Bez 2

Zusätze		*Füllstoffe/ Verstärkung*	30.0% Glasfaser
Bevorzugte Verarbeitung	Spritzgiessen	*Lieferform*	Granulat
		Farben	Natur; Standard gedeckt
Besondere Merkmale	Standardtyp; Hohe Festigkeit; Hohe Steifigkeit; Hohe Haerte	*Bevorzugte Anwendungen*	Elektrotechnik; Maschinenbau; Feinwerktechnik; Fahrzeugbau; Haushaltsartikel; Bedarfsartikel; Bauindustrie; Moebelindustrie; Freizeitartikel; Sportartikel

---

Dichte	g/cm^3	1.36	*Schmelzindex*	g/10 min	:
Schüttdichte	g/cm^3	0.70	*Volumenfließindex*	cm^3/10 min	:
Viskositätszahl	ml/g				

Verarbeitungsbedingungen für Spritzgießen

Massetemp.	°C	240–290	*Schwindung*	%	lgs	, quer
Werkzeugtemp.	°C	80–120	*Bemerkungen*			
Spritzdruck	bar	≥ 800				

Zugversuch 23 °C DIN 53457

Probekörper:	*Form*	Nr.3	*Herstellung*	Spritzgiessen
	Zustand	Spritzfrisch	*Vorbehandlung*	

Streckspannung	N/mm^2	100	*Dehnung bei Streckspannung*	%	3.7
Zugfestigkeit	N/mm^2		*Reißdehnung*	%	5
Reißfestigkeit	N/mm^2	170	*0.1% Dehnspannung*	N/mm^2	110
E-Modul	N/mm^2	9000	*Dehnung bei 0.1% Dehnspg.*	%	1.3

Kriechmoduln und Zeitstandwerte 23 °C

Probekörper:	*Form*		*Herstellung*	
	Zustand		*Vorbehandlung*	

Kriechmodul	*1 min* N/mm^2	*Zeitstandzugfestigkeit*	h N/mm^2
Kriechmodul	*1000 h* N/mm^2	*Zeitdehnspg.* %	h N/mm^2
bei Spannung	N/mm^2		

Biegeversuch 23 °C DIN 53452; DIN 53457

Probekörper:	*Form*	120 x 10 x 4 mm	*Herstellung*	Spritzgiessen
	Zustand	Spritzfrisch	*Vorbehandlung*	

Biegefestigkeit	N/mm^2	250	*E-Modul*	N/mm^2	8400
3,5% Biegespannung	N/mm^2	220			

Härte 23 °C

Probekörper:	*Zustand*	Spritzfrisch	*Herstellung*	Spritzgiessen
			Vorbehandlung	

Kugeldruckhärte	N/mm^2 200	bei	N, 30 s	*Shore-Härte* A
Rockwellhärte				*Shore-Härte* D

Schlagversuch

Probekörper:	*(1)* U-Kerbe			
	(2) V-Kerbe		*Herstellung*	Spritzgiessen
	Zustand Spritzfrisch		*Vorbehandlung*	

		°C		°C		°C		*Probekörper-Form*
Schlagzähigkeit	kJ/m²	23	60	-40	50			NKS
Kerbschlagzähigkeit (1)	kJ/m²	23	14					NKS
IZOD-Kerbschlagzähigkeit (2)	J/m	23	110					63.5 x 12.7 x 3.2 mm
Kerbschlagzugzähigkeit	kJ/m²							

Abrieb und Reibung

Taber-Abrieb (Reibradverfahren)   mm³/100 U
Abriebfaktor LNP (Thrust washer) Vergleichswert
Statische Reibungszahl
Dynamische Reibungszahl $(p \cdot v =$ $N/mm^2 \cdot$ m/min)
Zulässiger p · v Wert $N/mm^2 \cdot$ (m/min)   v =   m/min
    v =   m/min

Thermische Eigenschaften

Formbeständigkeit in der Wärme	*Verfahren*	A	200 °C
	Verfahren	B	215 °C
Vicat Erweichungstemperatur (VST)	*Verfahren*	B/50	≧ 200 °C
	Verfahren		°C
Kristallit-Schmelzpunkt	*Verfahren*	Kofler-Bank	217–221 °C

Längenausdehnungskoeffizient   *Bereich*   °C $\cdot 10^{-4} K^{-1}$
    Temperatur 23 °C $0.25 \cdot 10^{-4} K^{-1}$
Wärmeleitfähigkeit   *Verfahren* DIN 52612   23 °C   0.33 W/(K · m)

Spezifische Wärmekapazität   *Verfahren*   23 °C   1.3 J/(K · g)

Glasumwandlungstemperatur   *Torsionsschwingungsversuch*   °C
    Differentialkalorimetrie   °C

Brandverhalten

UL-Test vertikal   Dicke 1.6   mm, Wert HB
    Dicke   mm, Wert

	Norm	*Bewertung*	*Abmessungen*
Sauerstoff-Index	ASTM D 2863		
Glühstab-Verfahren			
Brandverhalten	DIN 4102		
MVSS			
FAR			

Elektrische Eigenschaften

		Hz	°C		*Probekörper, Form*
Dielektrizitätszahl		50	23	4.1	2 mm dick
		10^3	23	4.1	2 mm dick
		10^6	23	3.9	2 mm dick
Dielektrischer Verlustfaktor tan δ		50	23	0.006	2 mm dick
		10^3	23	0.011	2 mm dick
		10^6	23	0.015	2 mm dick
Spezifischer Durchgangs-widerstand	Ohm · cm		23	1.0*10**15	2 mm dick
Durchschlagfestigkeit	kV/mm		23	≧ 80	1 mm dick
Oberflächenwiderstand	Ohm		23	1.0*10**14	2 mm dick
Kriechstromfestigkeit	KC > 500	KB		KA 400	
Elektrolytische Korrosionswirkung	AN 1.6				2 mm dick
Lichtbogenfestigkeit nach DIN					
nach ASTM	s				

Beständigkeit *(Chemische Beständigkeit siehe Anhang)*

Wasseraufnahme A/23 C   1 d   1 %

Feuchtigkeitsaufnahme Normalklima   1.2–1.8 %
Wetterbeständigkeit

Spannungskorrosion

Optische Eigenschaften

Brechungszahl n_D
Transmissionsgrad τ_c %   mm dick
Lichtdurchlässigkeit

Produkt	Polyethylen mittlerer Dichte	**PE**
Handelsname	**Neste Polyethylene NEWS/M-8714**	
Hersteller	NESTE	
DIN-Bez 1	16776-PE,RLNP,40-D022	
DIN-Bez 2		

Zusätze	UV-Stabilisator	*Füllstoffe/* *Verstärkung*	
Bevorzugte *Verarbeitung*	Rotationsformen	*Lieferform*	Pulver
		Farben	Natur
Besondere *Merkmale*	Enge Molmasseverteilung; Gute Steif-heit; Geringer Verzug; Lebensmittelge-eignet	*Bevorzugte* *Anwendungen*	Grosse Hohlkoerper

---

Dichte	g/cm³	0.940	*Schmelzindex* g/10 min	3.0: 190/2.16
Schüttdichte	g/cm³		*Volumenfließindex* cm³/10 min	:
Viskositätszahl	ml/g			

Verarbeitungsbedingungen für Spritzgießen

Massetemp.	°C	*Schwindung* %	lgs , quer
Werkzeugtemp.	°C	*Bemerkungen*	
Spritzdruck	bar		

Zugversuch 23 °C ISO R 527;

	Probekörper: Form	*Herstellung*	Spritzgiessen
	Zustand	*Vorbehandlung*	Normalklima
Streckspannung	N/mm² 19	*Dehnung bei Streckspannung*	%
Zugfestigkeit	N/mm²	*Reißdehnung*	% ≧ 600
Reißfestigkeit	N/mm²	% *Dehnspannung*	N/mm²
E-Modul	N/mm²	*Dehnung bei* % *Dehnspg.*	%

Kriechmodul und Zeitstandwerte 23 °C

	Probekörper: Form	*Herstellung*	
	Zustand	*Vorbehandlung*	
Kriechmodul	*1 min* N/mm²	*Zeitstandzugfestigkeit*	h N/mm²
Kriechmodul	*1000 h* N/mm²	*Zeitdehnspg.* %	h N/mm²
bei Spannung	N/mm²		

Biegeversuch 23 °C ASTM D 790;

	Probekörper: Form	*Herstellung*	Spritzgiessen
	Zustand	*Vorbehandlung*	Normalklima
Biegefestigkeit	N/mm²	*E-Modul*	N/mm² 800
3,5% Biegespannung	N/mm²		

Härte 23 °C

	Probekörper: Zustand	*Herstellung*	Spritzgiessen
		Vorbehandlung	Normalklima
Kugeldruckhärte	N/mm² bei N, s	*Shore-Härte* A	
Rockwellhärte		*Shore-Härte* D	54

Schlagversuch

	Probekörper: (1)		
	(2)	*Herstellung*	
	Zustand	*Vorbehandlung*	
	°C °C	°C	*Probekörper-Form*

Schlagzähigkeit	kJ/m²
Kerbschlagzähigkeit (1)	kJ/m²
IZOD-Kerbschlagzähigkeit (2)	J/m
Kerbschlagzugzähigkeit	kJ/m²

Abrieb und Reibung

Taber-Abrieb (Reibradverfahren)   mm^3/100 U
Abriebfaktor LNP (Thrust washer) Vergleichswert
Statische Reibungszahl
Dynamische Reibungszahl   (p · v =   N/mm^2 ·   m/min)
Zulässiger p · v Wert   N/mm^2 · (m/min)   v =   m/min
                                                                           v =   m/min

Thermische Eigenschaften

Formbeständigkeit in der Wärme   *Verfahren*   °C
                                         Verfahren   °C
Vicat Erweichungstemperatur (VST)   *Verfahren*   A/50   112 °C
                                         Verfahren   °C
Kristallit-Schmelzpunkt   *Verfahren*

Längenausdehnungskoeffizient   *Bereich*   °C   · 10^{-4}K^{-1}
                                         Temperatur   · 10^{-4}K^{-1}
Wärmeleitfähigkeit   *Verfahren*   W/(K · m)

Spezifische Wärmekapazität   *Verfahren*   J/(K · g)

Glasumwandlungstemperatur   *Torsionsschwingungsversuch*   °C
                                         Differentialkalorimetrie   °C

Brandverhalten

UL-Test vertikal   Dicke   mm, Wert
                                         Dicke   mm, Wert

                    Norm   *Bewertung*   *Abmessungen*

Sauerstoff-Index   ASTM D 2863
Glühstab-Verfahren
Brandverhalten   DIN 4102
MVSS
FAR

Elektrische Eigenschaften

                                         Hz   °C   *Probekörper, Form*

Dielektrizitätszahl   50
                                         10^3
                                         10^6
Dielektrischer Verlustfaktor tan δ   50
                                         10^3
                                         10^6
Spezifischer Durchgangs-
  widerstand   Ohm · cm
Durchschlagfestigkeit   kV/mm   mm dick
Oberflächenwiderstand   Ohm

Kriechstromfestigkeit   KC   KB   KA
Elektrolytische Korrosionswirkung
Lichtbogenfestigkeit nach DIN
                nach ASTM   s

Beständigkeit *(Chemische Beständigkeit siehe Anhang)*

Wasseraufnahme

Feuchtigkeitsaufnahme Normalklima   %
Wetterbeständigkeit

Spannungskorrosion

Optische Eigenschaften

Brechungszahl n$_D$
Transmissionsgrad τ$_c$ %   mm dick
Lichtdurchlässigkeit

Produkt	Polyethylen mittlerer Dichte	**PE**
Handelsname	**Neste Polyethylene NEWS/M-8724**	
Hersteller	NESTE	
DIN-Bez 1 *DIN-Bez 2*	16776-PE,RLNP,40-D022	

Zusätze	UV-Stabilisator	*Füllstoffe/* *Verstärkung*	
Bevorzugte *Verarbeitung*	Rotationsformen	*Lieferform*	Pulver
		Farben	Schwarz
Besondere *Merkmale*	Enge Molmasseverteilung; Gute Steif- heit; Geringer Verzug; Lebensmittelge- eignet	*Bevorzugte* *Anwendungen*	Grosse Hohlkoerper

Dichte	g/cm³	0.940	*Schmelzindex*	g/10 min	3.0: 190/2.16
Schüttdichte	g/cm³		*Volumenfließindex*	cm³/10 min	:
Viskositätszahl	ml/g				

Verarbeitungsbedingungen für Spritzgießen

Massetemp.	°C		*Schwindung*	%	lgs , quer
Werkzeugtemp.	°C		*Bemerkungen*		
Spritzdruck	bar				

Zugversuch 23 °C ISO R 527;

	Probekörper:	*Form*	*Herstellung*	Spritzgiessen
		Zustand	*Vorbehandlung*	Normalklima
Streckspannung	N/mm² 19		*Dehnung bei Streckspannung*	%
Zugfestigkeit	N/mm²		*Reißdehnung*	% ≧ 600
Reißfestigkeit	N/mm²		*% Dehnspannung*	N/mm²
E-Modul	N/mm²		*Dehnung bei % Dehnspg.*	%

Kriechmoduln und Zeitstandwerte 23 °C

	Probekörper:	*Form*	*Herstellung*	
		Zustand	*Vorbehandlung*	
Kriechmodul	*1 min* N/mm²		*Zeitstandzugfestigkeit*	h N/mm²
Kriechmodul	*1000 h* N/mm²		*Zeitdehnspg.* %	h N/mm²
bei Spannung	N/mm²			

Biegeversuch 23 °C ASTM D 790;

	Probekörper:	*Form*	*Herstellung*	Spritzgiessen
		Zustand	*Vorbehandlung*	Normalklima
Biegefestigkeit	N/mm²	*E-Modul*		N/mm² 800
3,5% Biegespannung	N/mm²			

Härte 23 °C

	Probekörper:	*Zustand*	*Herstellung*	Spritzgiessen
			Vorbehandlung	Normalklima
Kugeldruckhärte	N/mm² bei N, s		*Shore-Härte* A	
Rockwellhärte			*Shore-Härte* D	54

Schlagversuch

	Probekörper:	*(1)*	
		(2)	*Herstellung*
		Zustand	*Vorbehandlung*
	°C	°C °C	*Probekörper-Form*

Schlagzähigkeit	kJ/m²	
Kerbschlagzähigkeit (1)	kJ/m²	
IZOD-Kerbschlagzähigkeit (2)	J/m	
Kerbschlagzugzähigkeit	kJ/m²	

Abrieb und Reibung

Taber-Abrieb (Reibradverfahren)	mm³/100 U
Abriebfaktor LNP (Thrust washer) Vergleichswert	
Statische Reibungszahl	
Dynamische Reibungszahl	$(p \cdot v =$ N/mm² · m/min$)$
Zulässiger p · v Wert	N/mm² · (m/min) v = m/min
	v = m/min

Thermische Eigenschaften

Formbeständigkeit in der Wärme	*Verfahren*		°C
	Verfahren		°C
Vicat Erweichungstemperatur (VST)	*Verfahren*	A/50	112 °C
	Verfahren		°C
Kristallit-Schmelzpunkt	*Verfahren*		
Längenausdehnungskoeffizient	*Bereich*	°C	$\cdot 10^{-4} \mathrm{K}^{-1}$
	Temperatur		$\cdot 10^{-4} \mathrm{K}^{-1}$
Wärmeleitfähigkeit	*Verfahren*		W/(K · m)
Spezifische Wärmekapazität	*Verfahren*		J/(K · g)
Glasumwandlungstemperatur	*Torsionsschwingungsversuch*	°C	
	Differentialkalorimetrie	°C	

Brandverhalten

UL-Test vertikal	*Dicke*	mm, Wert
	Dicke	mm, Wert

	Norm	*Bewertung*	*Abmessungen*
Sauerstoff-Index	ASTM D 2863		
Glühstab-Verfahren			
Brandverhalten	DIN 4102		
MVSS			
FAR			

Elektrische Eigenschaften

	Hz	°C		*Probekörper, Form*
Dielektrizitätszahl	50			
	10^3			
	10^6			
Dielektrischer Verlustfaktor tan δ	50			
	10^3			
	10^6			
Spezifischer Durchgangs-widerstand	Ohm · cm			
Durchschlagfestigkeit	kV/mm			mm dick
Oberflächenwiderstand	Ohm			
Kriechstromfestigkeit	KC	KB	KA	
Elektrolytische Korrosionswirkung				
Lichtbogenfestigkeit nach DIN				
nach ASTM	s			

Beständigkeit *(Chemische Beständigkeit siehe Anhang)*

Wasseraufnahme

Feuchtigkeitsaufnahme Normalklima   %
Wetterbeständigkeit

Spannungskorrosion

Optische Eigenschaften

Brechungszahl n_D
Transmissionsgrad τ_c %   mm dick
Lichtdurchlässigkeit